全国高等学校自动化专业系列教材

教育部高等学校自动化专业教学指导分委员会牵头规划

普通高等教育“十一五”国家级规划教材

Principles of Automatic Control

自动控制原理（第2版）（上册）

清华大学 吴　麒 Wu Qi　王诗宓 Wang Shifu　杜继宏 Du Jihong　高黛陵 Gao Dailing 编著

清华大学出版社
北京

内容简介

本书比较全面地覆盖了大学本科“自动控制理论”课程的主要内容，是大学的本科基础教材。本书在处理传统控制理论与状态空间控制理论的关系上，采取“数学描述统一，工程研究分开”的方法。在状态空间控制理论的陈述方法上，本书努力避免单调的数学论证模式，而尽量联系工程实际，这些特点使本书既保持应有的理论水平，又适合于实际教学使用。

本书上册叙述控制系统的数学描述(经典的和状态空间的)和经典控制理论的大部分内容，下册除叙述非线性系统和采样系统外，主要叙述状态空间控制理论和最优控制。·

本书可作为自动化专业本科生的教科书，也可作为其他与控制有关的专业的本科生与研究生以及科技与工程人员的参考书。

图书在版编目(CIP)数据

自动控制原理·上册/吴麒，王诗宓主编.—2版.—北京：清华大学出版社，2006.8
(2025.3重印)
(全国高等学校自动化专业系列教材)
ISBN 7-302-12969-1

Ⅰ.自…　Ⅱ.①吴…　②王…　Ⅲ.自动控制理论—高等学校—教材　Ⅳ.TP13

中国版本图书馆CIP数据核字(2006)第043864号

责任编辑：王一玲
责任印制：曹婉颖

出版发行：清华大学出版社
网　　址：https://www.tup.com.cn, https://www.wqxuetang.com
地　　址：北京清华大学学研大厦A座　　**邮　　编**：100084
社 总 机：010-83470000　　**邮　　购**：010-62786544
投稿与读者服务：010-62776969，c-service@tup.tsinghua.edu.cn
质量反馈：010-62772015，zhiliang@tup.tsinghua.edu.cn
印 装 者：三河市君旺印务有限公司
经　　销：全国新华书店
开　　本：175mm×245mm(附光盘1张)　　**印　　张**：34　　**字　　数**：695千字
版　　次：2006年8月第2版　　**印　　次**：2025年3月第17次印刷
定　　价：86.00元

产品编号：017428-04/TP

出版说明

《全国高等学校自动化专业系列教材》

为适应我国对高等学校自动化专业人才培养的需要,配合各高校教学改革的进程,创建一套符合自动化专业培养目标和教学改革要求的新型自动化专业系列教材,“教育部高等学校自动化专业教学指导分委员会”(简称“教指委”)联合了“中国自动化学会教育工作委员会”、“中国电工技术学会高校工业自动化教育专业委员会”、“中国系统仿真学会教育工作委员会”和“中国机械工业教育协会电气工程及自动化学科委员会”四个委员会,以教学创新为指导思想,以教材带动教学改革为方针,设立专项资助基金,采用全国公开招标方式,组织编写出版一套自动化专业系列教材——《全国高等学校自动化专业系列教材》.

本系列教材主要面向本科生,同时兼顾研究生;覆盖面包括专业基础课、专业核心课、专业选修课、实践环节课和专业综合训练课;重点突出自动化专业基础理论和前沿技术;以文字教材为主,适当包括多媒体教材;以主教材为主,适当包括习题集、实验指导书、教师参考书、多媒体课件、网络课程脚本等辅助教材;力求做到符合自动化专业培养目标、反映自动化专业教育改革方向、满足自动化专业教学需要;努力创造使之成为具有先进性、创新性、适用性和系统性的特色品牌教材.

本系列教材在“教指委”的领导下,从2004年起,通过招标机制,计划用3～4年时间出版50本左右教材,2006年开始陆续出版问世.为满足多层面、多类型的教学需求,同类教材可能出版多种版本.

本系列教材的主要读者群是自动化专业及相关专业的大学生和研究生,以及相关领域和部门的科学工作者和工程技术人员.我们希望本系列教材既能为在校大学生和研究生的学习提供内容先进、论述系统和适于教学的教材或参考书,也能为广大科学工作者和工程技术人员的知识更新与继续学习提供适合的参考资料.感谢使用本系列教材的广大教师、学生和科技工作者的热情支持,并欢迎提出批评和意见.

《全国高等学校自动化专业系列教材》编审委员会

2005年10月于北京

《全国高等学校自动化专业系列教材》编审委员会

顾　　问（按姓氏笔画）：

王行愚（华东理工大学）　冯纯伯（东南大学）
孙优贤（浙江大学）　吴启迪（同济大学）
张嗣瀛（东北大学）　陈伯时（上海大学）
陈翰馥（中国科学院）　郑大钟（清华大学）
郑南宁（西安交通大学）　韩崇昭（西安交通大学）

主任委员：　吴　澄（清华大学）

副主任委员：　赵光宙（浙江大学）　萧德云（清华大学）

委　　员（按姓氏笔画）：

王　雄（清华大学）　方华京（华中科技大学）
史　震（哈尔滨工程大学）　田作华（上海交通大学）
卢京潮（西北工业大学）　孙鹤旭（河北工业大学）
刘建昌（东北大学）　吴　刚（中国科技大学）
吴成东（沈阳建筑工程学院）　吴爱国（天津大学）
陈庆伟（南京理工大学）　陈兴林（哈尔滨工业大学）
郑志强（国防科技大学）　赵　曜（四川大学）
段其昌（重庆大学）　程　鹏（北京航空航天大学）
谢克明（太原理工大学）　韩九强（西安交通大学）
褚　健（浙江大学）　蔡鸿程（清华大学出版社）
廖晓钟（北京理工大学）　戴先中（东南大学）

工作小组（组长）：　萧德云（清华大学）

（成员）：　陈伯时（上海大学）　郑大钟（清华大学）
田作华（上海交通大学）　赵光宙（浙江大学）
韩九强（西安交通大学）　陈兴林（哈尔滨工业大学）
陈庆伟（南京理工大学）

（助理）：　郭晓华（清华大学）

责任编辑：　王一玲（清华大学出版社）

序

FOREWORD

自动化学科有着光荣的历史和重要的地位，20 世纪 50 年代我国政府就十分重视自动化学科的发展和自动化专业人才的培养. 五十多年来，自动化科学技术在众多领域发挥了重大作用，如航空、航天等，“两弹一星”的伟大工程就包含了许多自动化科学技术的成果. 自动化科学技术也改变了我国工业整体的面貌，不论是石油化工、电力、钢铁，还是轻工、建材、医药等领域都要用到自动化手段，在国防工业中自动化的作用更是巨大的. 现在，世界上有很多非常活跃的领域都离不开自动化技术，比如机器人、月球车等. 另外，自动化学科对一些交叉学科的发展同样起到了积极的促进作用，例如网络控制、量子控制、流媒体控制、生物信息学、系统生物学等学科就是在系统论、控制论、信息论的影响下得到不断的发展. 在整个世界已经进入信息时代的背景下，中国要完成工业化的任务还很重，或者说我们正处在后工业化的阶段. 因此，国家提出走新型工业化的道路和“信息化带动工业化，工业化促进信息化”的科学发展观，这对自动化科学技术的发展是一个前所未有的战略机遇.

机遇难得，人才更难得. 要发展自动化学科，人才是基础、是关键. 高等学校是人才培养的基地，或者说人才培养是高等学校的根本. 作为高等学校的领导和教师始终要把人才培养放在第一位，具体对自动化系或自动化学院的领导和教师来说，要时刻想着为国家关键行业和战线培养和输送优秀的自动化技术人才.

影响人才培养的因素很多，涉及教学改革的方方面面，包括如何拓宽专业口径、优化教学计划、增强教学柔性、强化通识教育、提高知识起点、降低专业重心、加强基础知识、强调专业实践等，其中构建融会贯通、紧密配合、有机联系的课程体系，编写有利于促进学生个性发展、培养学生创新能力的教材尤为重要. 清华大学吴澄院士领导的《全国高等学校自动化专业系列教材》编审委员会，根据自动化学科对自动化技术人才素质与能力的需求，充分吸取国外自动化教材的优势与特点，在全国范围内，以招标方式，组织编写了这套自动化专业系列教材，这对推动高等学校自动化专业发展与人才培养具有重要的意义. 这套系列教材的建设有新思路、新机制，适应了高等学校教学改革与发展的新形势，立足创建精品教材，重视实践性环节在人才培养中的作用，采用了竞争机制，以激励和推动教材建设.在此,我谨向参与本系列教材规划、组织、编写的老师致以诚挚的感谢,并希望该系列教材在全国高等学校自动化专业人才培养中发挥应有的作用.

吴启迪教授

2005年10月于教育部

序

FOREWORD

《全国高等学校自动化专业系列教材》编审委员会在对国内外部分大学有关自动化专业的教材做深入调研的基础上，广泛听取了各方面的意见，以招标方式，组织编写了一套面向全国本科生(兼顾研究生)、体现自动化专业教材整体规划和课程体系、强调专业基础和理论联系实际的系列教材，自2006年起将陆续面世.全套系列教材共50多本，涵盖了自动化学科的主要知识领域，大部分教材都配置了包括电子教案、多媒体课件、习题辅导、课程实验指示书等立体化教材配件.此外，为强调落实"加强实践教育，培养创新人才"的教学改革思想，还特别规划了一组专业实验教程，包括《自动控制原理实验教程》、《运动控制实验教程》、《过程控制实验教程》、《检测技术实验教程》和《计算机控制系统实验教程》等.

自动化科学技术是一门应用性很强的学科，面对的是各种各样错综复杂的系统，控制对象可能是确定性的，也可能是随机性的；控制方法可能是常规控制，也可能需要优化控制.这样的学科专业人才应该具有什么样的知识结构，又应该如何通过专业教材来体现，这正是"系列教材编审委员会"规划系列教材时所面临的问题.为此，设立了《自动化专业课程体系结构研究》专项研究课题，成立了由清华大学萧德云教授负责，包括清华大学、上海交通大学、西安交通大学和东北大学等多所院校参与的联合研究小组，对自动化专业课程体系结构进行深入的研究，提出了按"控制理论与工程、控制系统与技术、系统理论与工程、信息处理与分析、计算机与网络、软件基础与工程、专业课程实验"等知识板块构建的课程体系结构.以此为基础，组织规划了一套涵盖几十门自动化专业基础课程和专业课程的系列教材.从基础理论到控制技术，从系统理论到工程实践，从计算机技术到信号处理，从设计分析到课程实验，涉及的知识单元多达数百个、知识点几千个，介入的学校50多所，参与的教授120多人，是一项庞大的系统工程.从编制招标要求、公布招标公告，到组织投标和评审，最后商定教材大纲，凝聚着全国百余名教授的心血，为的是编写出版一套具有一定规模、富有特色的、既考虑研究型大学又考虑应用型大学的自动化专业创新型系列教材.

然而，如何进一步构建完善的自动化专业教材体系结构？如何建设基础知识与最新知识有机融合的教材？如何充分利用现代技术，适应现代大学生的接受习惯，改变教材单一形态，建设数字化、电子化、网络化等多元形态、开放性的“广义教材”？等等，这些都还有待我们进行更深入的研究.

本套系列教材的出版，对更新自动化专业的知识体系、改善教学条件、创造个性化的教学环境，一定会起到积极的作用.但是由于受各方面条件所限，本套教材从整体结构到每本书的知识组成都可能存在许多不当甚至谬误之处，还望使用本套教材的广大教师、学生及各界人士不吝批评指正.

吴澄 院士
2005年10月于清华大学

再版前言

PREFACE

在本书初版问世后的十几年里，世界和中国都发生了巨大变化，控制理论及其在高等院校教学中的面貌也有了长足发展．现在对这部教科书修订再版，应该是适时的．

与初版书相比，再版书的编著者队伍有重要调整．初版的编者中，慕春棣和解学书不再参加，新添了王诗宓和高黛陵．由吴麒和王诗宓共同担任主编．

与初版书相比，再版书的内容有大量改动．凡更换了执笔编著者的各章，几乎都全文重写．考虑到本书虽主要针对工科院校自动控制与自动化专业本科师生编写，但也需要兼顾研究型的院校和专业，同时注意到十几年来高等院校师生的水平有了显著进步，所以再版书增补了若干比较深入的内容．全书新写的和作了重要增补的内容有：多输入多输出控制系统的系统矩阵描述理论、对角优势系统的逆奈奎斯特阵列理论、多输入多输出系统的特征轨迹理论以及鲁棒控制系统的正规矩阵设计方法、恒值调节系统的设计方法、补根轨迹、修正的 z 变换、线性系统的循环矩阵、特征结构、多输入量系统的极点配置与特征结构配置、可观测性指数、可达性矩阵与可达程度、无法实现正确四分解的条件、带输入补偿器的解耦控制、离散时间系统的结构分析、采样控制系统的校正、非线性系统的吸引域及其计算方法、极小值原理的推导，等等．再版书对理论内容的陈述也较初版书有所改进．在教学中实际使用本书时，对全书内容可以酌情选用．

再版书比较重视计算机在分析与设计控制系统中的作用，尽量收入了与此相关的内容，同时删减了繁冗过时的某些手工作图技巧．本书编著者于此早已有心，但过去条件不够成熟．今天计算机在中国已相当普及，但计算机在控制理论教学中的应用还有很大可以开发的空间．再版书的编著者希望与我国的专家学者们一起在这方面开创新局面．为此，在清华大学出版社的大力支持下，编著者还将自行研制的一种控制系统分析和设计软件 IntelDes 3.0 制成光盘，随书免费赠送读者，欢迎读者试用和提出宝贵意见，详见第 5 章附录 5.2 的说明．

过去高等学校的专业教科书有在卷首叙述本学科发展简史和中国科学家对本学科的贡献的传统．“文化大革命”后许多教材略去了这部分内容，本书初版亦然.这样或许能避免“招惹是非”，但终属“因噎废食”.有鉴于此，在许多专家学者的大力支持和帮助下，再版书编著者以相当的精力收集了这方面的一些资料，整理成再版书第1章的最后两节和附录1，希望对读者有所裨益.编著者自知知识狭浅，见闻孤陋，所述难登大雅.尤其是对于中国科学家的贡献，不但评述很可能失当，收录的范围更肯定是挂一漏万(不少学者因过谦而不愿提供资料也是原因之一)，但为了帮助青年学生了解几代前人毕生劳动留下的雪泥鸿爪，鼓励青年学生踏在前人肩头继续攀登，编著者决心不计个人得失，大胆地开这个头.一切疏漏不当欢迎读者批评指正，并留待未来订正补充.相信读者对此能予理解.

再版书仍由12章组成，但各章的顺序和内容与初版书颇有不同.再版书的第1,3,5章由吴麒执笔(惟其中附录5.2由高黛陵执笔)；第2章由高黛陵执笔；第4章由高黛陵和吴麒共同执笔；第6,7,8,12章由王诗宓执笔；第9,10,11章由杜继宏执笔；部分章节使用的MATLAB命令段由王诗宓设计；部分习题的答案由王诗宓和杜继宏给出(惟题号后标有“*”号的习题可能费时较多，是否适宜作为课外作业须请任课教师酌定).软件IntelDes 3.0由高黛陵指导研究生葛军等研制.再版书的部分参考资料在正文中以脚注给出，书后不再另列参考书目.全书的错误和缺点由两主编和全体编著者共同负责.欢迎广大师生和专家学者提出宝贵意见.

再版书是在初版书的基础上改写的，并利用了初版书的部分材料.在此谨向初版书的编者表示衷心感谢.

编著者

2006年1月

初版前言

PREFACE

十年来，我国陆续出版了好几种控制原理课程的大学教科书，其中大多数都各有特色，质量很好，满足了“文化革命”后对教材的急需，对培养新一代科技人才起了重要作用，为我国的社会主义教育事业作出了贡献.

十年来，在控制原理课程的教学实践中，不少教师和学生感觉到了一些需要研究的问题.

首先，是怎样处理传统控制理论（常被称为“古典”控制理论）与状态空间控制理论（常被称为“现代”控制理论）这两部分内容的关系.有的院校把这两部分内容分开讲授，互不联系，甚至开成两门不同的课程.有的院校则力图把这两部分内容合并起来，在教学的每一段落都平行地讲授这两种理论的有关内容.这两种不同的处理方法也反映到教科书的编写上：有的教科书把这两部分内容截然分开，有的则力图把它们“结合”起来.按照这两种写法写的教科书，都有写得很好的.

本书编者通过自己的教学实践感到，将这两部分内容截然分开讲授，固然思路比较清楚，但容易使学生以为这两种理论是没有内在联系的，不可互通的；甚至从名称上望文生义，以为其中一种是过时的，应被淘汰的，另一种才是符合现代化需要的.反之，将这两部分内容处处“结合”起来平行讲授，固然强调了它们的联系，但却增加了教师讲课的困难.因为这两种理论的思路和方法事实上都很不相同，硬要把它们处处“结合”，有些地方就难免生硬勉强，有些地方可能会出现“牛刀杀鸡”的情况.

在本书中，编者尝试采用另一种处理方法.这就是：数学描述统一，工程研究分开.编者以为，描述动力学系统运动的各种数学工具，如微分方程、复变函数、矩阵和向量等，都已存在很久，并且有内在联系.用它们描述运动，在学理上容易融通.在讲授动力学系统的数学描述时，可以很自然地把这些方法统一起来讲，使学生对系统的运动规律有统一的深入的认识.另一方面，对控制系统运动的工程分析乃至综合和设计，则是工程技术问题，在历史发展过程中事实上已形成两套系统的方法，勉强地逐章平行讲授两种方法，对学生的学习未必有益处.不如基本上维持历史形成的思路体系，分别讲清，或许教学效果倒还好些.

十年教学实践中感觉到的另一个问题是：状态空间控制理论部分的教学中，比较普遍地存在着控制理论与工程实际问题和工程实例结合不紧密的情况. 在某些教科书中，不少重要的概念和关系停留在数学表达式上. 有的甚至摹仿数学教科书的写法，把大部分内容表述为一系列定理. 由于这些，状态空间控制理论的教学往往抽象枯燥，师生都感到棘手. 这种状况多少与状态空间控制理论引进我国教学不过十年多一点，教学经验总结不够有关. 不像传统控制理论在我国工科院校已有三十多年的教学实践，已经积累了较为成熟的经验，理论与工程结合得较好. 所以，在控制原理课程的教学中，传统部分与状态空间部分的陈述风格往往迥然不同，形成一个“断层”.

为了改善这种状况，本书编者作了一些努力，试图避免“引理—定理—证明—推论”的单调模式，尽量从工程实例出发引入某些重要的概念和方法. 有些次要的证明过程，如果本身不提供新的概念，则予删去. 必要的证明也在陈述上力求避免繁冗，有的利用对偶性质加以简化. 另外，本书还试图把状态空间控制理论的若干内容(例如关于观测器和鲁棒调节器的部分)用频率域的概念来解释和补充. 在讨论解耦控制时，本书采用了逆系统方法这一新的研究成果.

关于最优控制的一章，虽然篇幅有限，编者还是努力在系统地叙述变分法、极大值原理和动态规划等方法及其应用条件以外，也扼要地介绍了时间最优控制器和线性二次型最优控制器的综合设计方法.

虽然本书编者主观上作了一些努力，希望能编出一本有些特色的教科书，但编后回顾，自觉这个希望并未很好地实现. 全书缺点不少，也不敢说完全没有错误. 希望读者和有关高校师生多向我们批评指教.

本书上册共六个章. 除控制系统的数学描述外，讲授传统控制理论的大部分内容. 下册共六个章. 除采样控制和非线性控制系统外，主要讲授状态空间控制理论和最优控制.

本书第一、二章由吴麒执笔，第三至六章和第九章由慕春棣执笔，第七、八、十、十一章由杜继宏执笔，第十二章由解学书执笔. 全书上册经吴麒校改，下册经吴麒和解学书合作校改. 全书并经上海交通大学施颂椒、曹柱中等老师审校和提出许多宝贵的修改意见. 编者谨在此致谢.

编　者

一九八九年一月

上册目录

CONTENTS

第1章 绪　论

1.1 自动控制

从20世纪以来，特别是第二次世界大战以来，自动控制科学和技术迅速发展. 自动控制极大地提高了社会的劳动生产率，极大地提高了产品和服务的质量，极大地推动了社会生活的进步. 在军事上，自动控制极大地提高了武器的精确度和杀伤力. 在工业和农业、交通运输、航天、核能、医疗、军事等方面，自动控制都是不可缺少的. 下面举几个例子.

在往复式轧钢机中，在钢材往复地两次通过轧辊的短暂时间间隔里，一方面要使辊道停下，把钢材拨正，再使辊道反转，把钢材反向送入轧辊；另一方面又要使轧辊及时停转并反向，达到正确转速；同时还必须把上下两个轧辊之间的辊距按照工艺要求调到正确数值，方能迎接反向而来的钢材. 自动控制技术保证所有这些动作互相配合，迅速完成. 在人工操作时，由于很难配合得紧密，因而常造成钢材或轧辊的等待. 采用自动控制后如果每一个轧程能少等待1秒钟，一台轧钢机一年就能多生产上万吨钢材.

工业加热炉的炉温应当按照生产工艺要求维持在一定的数值. 但是炉的热负荷经常在变化(例如常常要打开炉门取出已加热的工件和送入冷的工件)，在这种条件下要靠自动控制技术准确控制炉温，保持炉温的误差很小. 而靠人力调整则难以做到，从而会造成能源的浪费甚至影响产品质量.

在一个电网中，输电的功率主要是受限于输电的稳定性. 发电厂因受稳定性限制而不能满负荷发电的情形，在我国和外国都是常见的. 采用先进自动控制技术提高输电的稳定性，保证发电厂尽量多发电，具有极大的经济意义.

核能是当今世界上最新和前途最广阔的能源. 全球核电站的总装机容量已超过1×10^6 MW. 核反应堆的自动控制对于核电站安全运行的决定性意义是不言而喻的.

现代战争普遍使用威力强大的制导武器.超音速的防空导弹能自动进行复杂的数学计算,以极高的精确度自动跟踪正在按复杂轨道运行的敌方高速飞行器,迅速摧毁目标.

人们每年都把许多重量达到吨级的人造地球卫星准确送入位于数百千米乃至数万千米高空的预先计算好的轨道,并一直保持其姿态正确,也就是使它的太阳能电池帆板保持指向太阳,使它的无线电天线保持指向地球.这只有依靠先进的自动控制技术才能做到.

然而在国际形势日益复杂、科学技术日益进步的今天,人造地球卫星和宇宙飞船已经不能完全满足需要,近年来出现的"空天飞行器"要求既能在大气层外飞行,又能在返回大气层以后转为像飞机那样自主地高速航行,而不像人造卫星或宇宙飞船那样在返回大气层以后只能被动地降落地面.研制这种"空天飞行器"必须解决的技术难题之一就是智能自主控制技术.

总而言之,自动控制是现代世界应用最广泛和最不可缺少的一门科学技术.可以毫不夸张地说,没有自动控制,就没有现代化的社会生活.

在工业和军事领域中,自动控制的主要作用是:**不需要人的直接参与,而控制某些物理量按照指定的规律变化**.在所有上述例子中,自动控制技术所做的事,如:使轧辊下降一定距离,使导弹的舵面偏转一定角度等等,都是在使某些物理量按照指定规律变化.使加热炉的炉温保持恒定也应当理解为使它按照一种特殊的"指定规律"变化,即保持等于某一常数.

应当指出,仅仅使某些物理量发生变化并不困难.困难在于要求其变化符合指定的规律,而事物的**惰性**和环境的**扰动**总是妨碍实现这种要求.轧辊有很大的机械惰性,加热炉有很大的热惰性,如果没有先进的自动控制技术而靠人力操纵,这些物理量的变化必定不是超过就是不及,无法保证精度.至于敌方飞行器下一瞬的飞行途径,我方事先根本不知道,却要求惰性很大的导弹精确跟踪其轨迹,人工控制更是不可想象.加热炉运行时工件的取出和送入,就是对炉温的扰动.炉的电源电压的波动也是扰动.电力系统的负荷的变化是对发电机的扰动,输电线路上瞬时发生的短路事故(即使立即自动清除)更是很大的扰动.总之,客观存在的惰性和扰动,与物理量的变化要符合指定规律这一要求,构成矛盾的双方.自动控制就是要**在惰性和扰动存在的客观条件下**控制某些物理量按照指定的规律变化.这就是自动控制科学研究的内容.

1.2 反馈控制

实现自动控制的一种最基本的方法是采用**反馈**原理.下面举例说明.

图 1.2.1 表示一台直流发电机 **1** 向负载供电.由于负载的变化和其他原因,发电机的端电压 U 时时都在波动.为了把电压波动限制到尽量小,由一名操作工人

监视电压表 **3**. 当发现 U 偏离规定的数值(称为**整定值**)U_0 时,就调节变阻器 **4**,以改变通过励磁绕组 **2** 的电流 I_f,从而改变发电机的电势 E,使端电压 U 恢复为整定值. 这样就能以某种精度实现使物理量 U 按照指定规律变化(在本例是保持其等于整定值 U_0),也就是实现了对发电机端电压的**控制**.

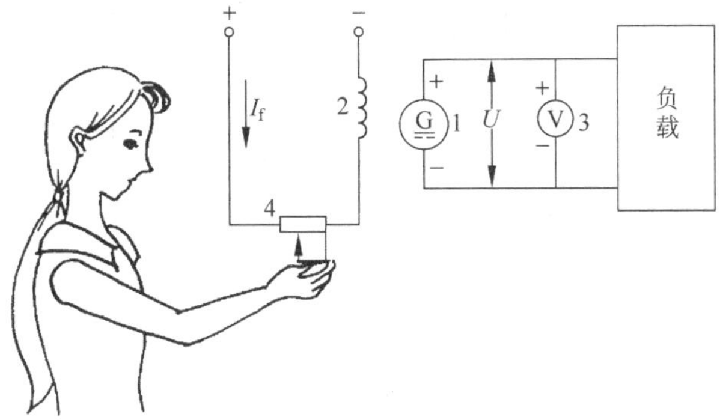

图 1.2.1　直流发电机端电压的控制

在本例中,发电机是**被控制对象**,其端电压 U 是**被控制量**. 控制过程可以这样表述: 检测被控制量的值并与它的整定值相比较,根据二者之差(称为**误差**或**偏差**)而改变被控制对象的某个物理量(本例是励磁电流 I_f),通过它来影响被控制量,使之向其整定值变化.

这一过程的思路是: 从被控制对象获取信息,据此作出控制的决策(应该增大还是应该减小电压),再反过来把调节被控制量的作用馈送给被控制对象. 这就是**反馈控制**. 在反馈控制过程中,由被控制对象获得的信息经过一些实现控制作用的设备(在本例中是电压表,人的眼、脑、手,变阻器等)又作用于被控制对象本身. 这些实现控制作用的设备总称为**控制器**. 信息的传送途径是从被控制对象经过控制器又回到被控制对象,形成一个自身闭合的环. 反馈控制通过这个由被控制对象和控制器二者组成的**闭环**实现. 它们二者互相作用,互相制约,构成一个整体,称为**控制系统**. 作为整体的控制系统,有其自身的运动规律,比单一的控制器或单一的被控制对象的运动规律更复杂.

既然反馈控制的目的是要消除(至少是要减小)被控制量与其整定值之间的偏差,不言而喻,控制作用的方向就必须与偏差的方向相反. 在本例中,当端电压高于整定值时,调节变阻器的方向必须是使发电机的电势降低; 反之,当端电压偏低时,则必须使电势升高. 这样的反馈称为**负反馈**. 注意: 这里的**"负"字是指控制作用的方向与偏差的方向相反这一性质**,而不是指某一物理量的极性为负. 负反馈是实现控制的基本方法. 如果不采取负反馈而采取**正反馈**,则表示当端电压偏高时就把发电机的电势也调高,当端电压偏低时就把发电机的电势也调低. 显然,这是与控制的目的背道而驰的.

图 1.2.1 的控制系统中,控制作用是由人实现的. 它不是**自动**控制系统. 要把

它改为自动控制系统，应当做以下几件事.

首先把执行控制任务(调节变阻器)的人手改为机械. 可以按照图 1.2.2(a)那样采用一台小电动机 **5**(称为**执行电动机**)和适当的减速传动机构 **6**，与变阻器相联结.

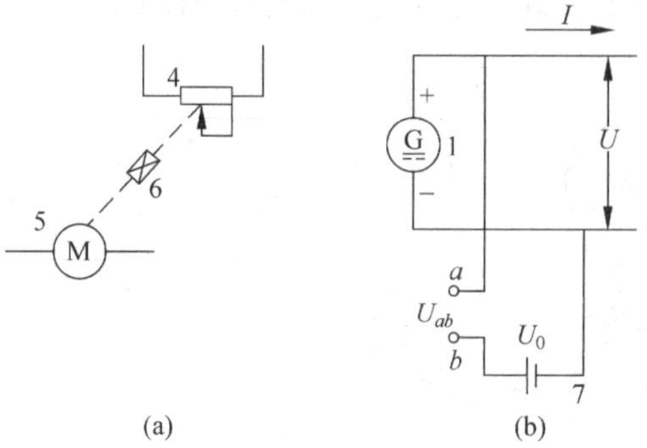

图 1.2.2　用机械代替人的操作

其次把观察电压表并判断电压偏差的极性的工作改用机械完成. 在本例中这只要用图 1.2.2(b)的电路就能做到. 图中使用了稳压电源 **7**，其电压等于端电压的整定值 U_0，因此图中的电压 U_{ab} 就等于偏差电压：$U_{ab}=U-U_0$. 当电压 U 比整定值 U_0 高时，电压 U_{ab} 为某一极性；而当 U 比 U_0 低时，电压 U_{ab} 的极性则与此相反.

理论上说，可以把偏差电压 U_{ab} 与执行电动机 **5** 连接起来，用 U_{ab} 驱动执行电动机旋转. 旋转的方向应当是：当端电压 U 高于整定值 U_0 时，U_{ab} 的极性使执行电动机的旋转方向实现增大变阻器 **4** 的电阻值，从而减小励磁电流，使 U 降低；而当 U 低于 U_0 时则相反. 这样就代替了图 1.2.1 中的操作工人.

但是偏差电压 U_{ab} 的值可能很小，不足以驱动执行电动机. 因此需要在 U_{ab} 与执行电动机之间插入一台放大器，这样就构成了图 1.2.3 所示的系统. 图中的 **8** 就是放大器，它的输出电压的极性应当随输入电压 U_{ab} 的极性而变，并且其幅度和功率应足以驱动执行电动机 **5**，这样就足以实现自动控制了. 至于放大器采用什么器件和线路，对于实现自动控制并不重要.

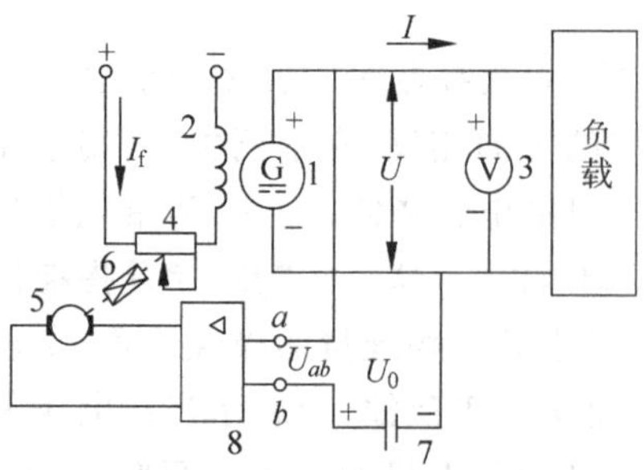

图 1.2.3　直流发电机端电压的简单的自动控制系统

图 1.2.3 就是一个完整的自动控制系统. 如果设计得当，它可以不需要人的直接参与而以一定的精度把端电压 U 近似维持为 U_0. 当发电机的负载变化，或由于其他原因，而使 U 偏离 U_0 时，执行电动机 **5** 就会自动调节变阻器 **4**，使 U 返回 U_0.

下面看一个与此略有不同的自动控制系统. 从图 1.2.3 中去掉变阻器 **4** 和执行电动机 **5** 以及传动机构 **6**，而把放大器 **8** 的

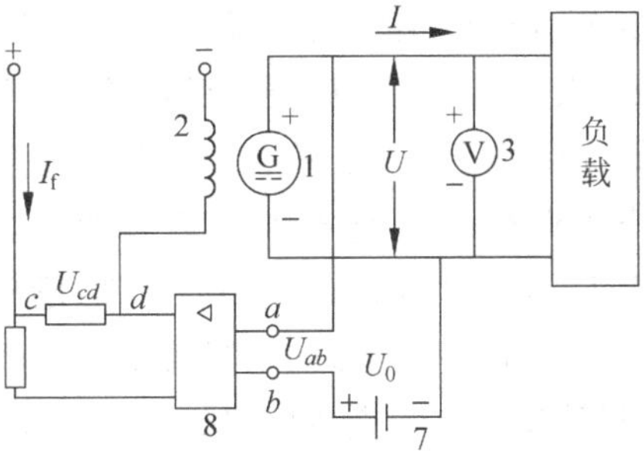

图 1.2.4　端电压的有静差自动控制系统

输出电压取出一部分来串联在励磁电路内，如图 1.2.4 中的 U_{cd}. 电压 U_{cd} 的极性是：当 U 高于 U_0 时，U_{cd} 的串入会减小 I_f，从而使 U 降低；而当 U 低于 U_0 时，U_{cd} 的串入则会增大 I_f 而使 U 升高. 因此图 1.2.4 也是一个有效的端电压自动控制系统.

现在来分析图 1.2.3 和图 1.2.4 的控制系统在原理上的一点不同. 可以断言：图 1.2.4 的控制系统虽然能使端电压 U 保持在 U_0 附近，但当发电机的负载电流 I 发生变化时，U 仍然会有某些变化，也就是说，与整定值 U_0 相比，仍有一定的误差，只不过比无控制时的误差减小些罢了. 这个断言可以论证如下：姑且假设负载电流 I 增大了而端电压 U 由于控制系统的作用却能保持不变，那么，由于发电机内电枢上的电压降已随 I 的增大而变大，为保持 U 不变，发电机的电势 E 显然必须升高. 因此励磁电流必须增大. 这意味着电压 U_{cd} 必须有变化. 相应地，电压 U_{ab} 就必须有变化. 但这显然与端电压 U 保持不变的假设相矛盾. 由此可知端电压 U 不可能不因负载电流 I 的变化而变化. 也就是说，端电压的偏差不可避免.

事实上，系统正是借助端电压的这个偏差经过放大后产生电压 U_{cd} 以改变 I_f，从而产生控制作用的. 假设在无控制时，负载电流 I 某一幅度的变化本来会导致端电压 U 下降 10V，而在有控制时，电流 I 的同样幅度的变化只导致 U 下降了 1V，那么正是这 1V 偏差电压经放大后造成的 I_f 的变化使发电机的电势上升了 9V，才产生了控制效果而使偏差缩小到原来的 1/10.

图 1.2.3 的系统的原理则与此不同. 在不同的负载电流下，它总能保持端电压 U 等于 U_0 而没有偏差. 因为，只要还有偏差残留，即有 $U \neq U_0$，就有 $U_{ab} \neq 0$，那么执行电动机 **5** 就会继续旋转，继续调节 I_f，从而调节 U. 要使执行电动机 **5** 停止旋转，除非 $U_{ab}=0$，即 $U=U_0$.

因此，在静止状态下，图 1.2.4 的控制系统有一些偏差，称为**静态误差**，简称**静差**. 图 1.2.3 的系统则没有这样的偏差. 这两种系统分别称为**有静差**的和**无静差**的控制系统.

应当指出，一个反馈控制系统也可能对于某种外作用是无静差的，而对于另一种外作用却是有静差的. 还要指出，在实际运行时，无静差系统中仍然会有一些偏差. 不过这种偏差的性质与上述不同：它不是因反馈控制的原理而固有，它是其他因素造成的. 例如，当残留的电压 U_{ab} 数值很小时，由于存在机械摩擦，残留的电压可能微小到不足以驱动执行电动机，因而端电压恢复不到应有的数值.

在图 1.2.1 的人工控制系统中，控制过程是否顺利，与操作工人的技巧有关. 设想如下的情况：一位不熟练的操作工发现端电压偏高，就调大变阻器 **4** 的电阻.

但由于励磁电路的惰性，励磁电流只能渐渐地减小，从而端电压 U 也只能渐渐地降低. 操作工以为自己调节的幅度还不够，就继续调大变阻器的电阻. 结果，当 U 正好降到等于 U_0 时，变阻器的调节幅度已经过度，造成其电阻值太大，致使 U 的下降势头不止，一直降到比 U_0 更低. 这时操作工连忙把变阻器向反方向调节以求增大 U. 但是由于励磁电路的惰性，励磁电流和端电压也只能渐渐地增大. 于是操作工又可能把变阻器的电阻值调得过小，以致 U 又升高到 U_0 以上，如此往复. 总之，尽管操作工一直在按照负反馈的原则操作，但由于系统中的惰性，被控制量却要往复**振荡**多次方能静止下来.

上述情况在自动控制系统中也可能发生. 设计欠佳的自动控制系统，其**动态特性**就好像上面说的那位不熟练的操作工人，对于被控制量的偏差的反应过于敏感或过于迟钝. 其结果，或是调节过程振荡剧烈，或是调节过程过于迟慢，总之是控制过程的**动态品质**低劣，甚至可能无法实现控制的功能.

今后，我们把物体的各种物理量的变化统称为物体的**运动**. 由上述可知，控制系统的运动规律可能很复杂. 控制科学家和工程师有必要深入研究控制系统的运动规律，把它用严格的数学语言描述，并进而总结出分析和设计控制系统的理论，以指导工程实践. 这正是“**控制原理**”或称“**自动控制原理**”课程的目的.

1.3 按扰动控制

如前所述，反馈控制是根据被控制量对于整定值的偏差，按反方向调节被控制量. 所以这种控制方式也可以称作**按偏差控制**. 按偏差控制得到了广泛的应用. **本书主要研究按偏差控制**.

另一种控制方式是**按扰动控制**.

仍以上节所举的发电机端电压控制为例. 假设已知造成该发电机端电压波动的主要因素是负载电流 I 的变化，即 I 是该控制系统的主要扰动. 如果先测出 I 每增大 1A 所引起的 U 下降的量 ΔU，就可以设计一个装置，当 I 每增大 1A，该装置就自动将发电机的励磁电流增大若干，使发电机的电势相应地升高 ΔU，正好补偿 I 增大所造成的端电压降落. 这样，当负载电流波动时端电压就可以保持恒定. 图 1.3.1(a)就是按照以上思路设计的控制方案. 图中的小电阻 r 是用来取得一个与 I 成正比的电压信号. 图 1.3.1(b)是改进的方案，利用发电机的串联励磁绕组 S 实现同一目的.

按扰动控制时，信息来自扰动，而作用于被控制量，所以不构成闭环，而是**开环**；不是反馈，而是**顺馈**控制，也可以说是按扰动进行**补偿**.

图 1.3.2(a)和(b)分别是按偏差控制和按扰动控制的示意图.

按扰动控制有时比按偏差控制简单易行，但只有在扰动是**可测量**的情形下才能使用. 如果系统可能受到多种扰动的作用(这是常见的)，就不得不为每一种扰

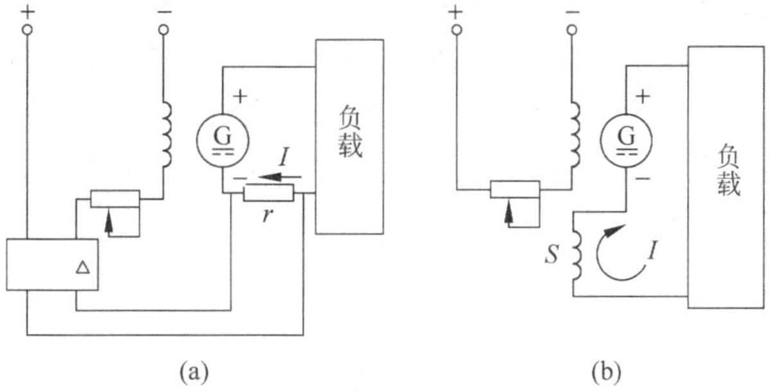

图 1.3.1 按扰动控制

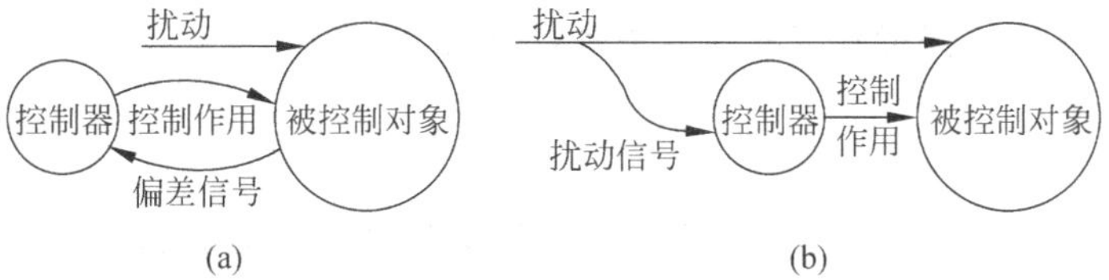

图 1.3.2 按偏差控制与按扰动控制

动配备一个补偿装置,这既复杂又降低可靠性.不仅如此,各种补偿装置彼此还可能有矛盾.以图 1.3.1 的两种补偿为例,它们用于补偿负载电流 I 波动的影响是有效的,但用于补偿发电机转速波动的影响却适得其反.设想发电机的转速略有升高,则发电机的电势上升,电流 I 相应地增大,于是补偿装置就会按照"负载电流变大了"的情况来处理,即自动增大发电机的励磁电流,结果是使发电机的电势升高得更多.由此可见,对于一种扰动有益的补偿装置,对于另一种扰动可能反而有害.

有鉴于此,一种常用的做法是把按扰动控制与按偏差控制结合起来:既采用补偿装置抑制某一种主要扰动的影响,又采用闭环控制方式消除其他各种扰动造成的偏差.由于主要扰动已经被补偿或被近似补偿,剩余的扰动大大减轻,闭环控制的部分就比较容易设计,可以获得更好的效果.这种方法称为**复合控制**.

1.4 控制器的构成

反馈控制系统由被控制对象和控制器组成,其中控制器又是由一些基本的功能性部件或元件构成.在典型情况下,有以下这些基本部件或元件.

1. 量测元件

其职能是量测被控制的物理量.在 1.2 节所举的系统中,被控制量就是发电机的端电压,无须用专门的元件量测.如果被控制的物理量是非电量,就要采用专门的量测元件把它转换成电量,以便处理.例如用自整角机或电位器量测轴的转角,用测速发电机量测转速,用热电偶量测温度,等等.可以认为:量测元件是用电的手段测量非电量的元件.优良的量测元件是优良的控制系统的关键.随着控制技术应用的日益广泛,被控制的物理量日益多样化,有时需要使用相当复杂的装置作为控制系统的量测元件.

2. 整定元件

其职能是给出代表被控制量的整定值的信号.在1.2节所举的系统中,电源 U_0 就是整定元件.不言而喻,整定元件给出的信号必须准确、稳定.它的精度通常应当高于要求实现的控制精度.但整定元件给出的信号的数值不一定要等于整定值,而可以与整定值保持一定的函数关系,例如正比关系.

3. 比较元件

其职能是对量测元件与整定元件给出的信号进行比较,给出二者的差值.差动放大器、差动变压器、差动齿轮组和电桥等都是常用的比较元件.在1.2节所举的系统中,因为 U 和 U_0 都是直流电压,只要把它们反向串联,就可得到差值电压 U_{ab},所以无须引入专门的比较元件.

4. 放大元件

比较元件给出的误差信号通常微弱,不足以驱动被控制量的变化,所以一般都须加以放大.这就是放大元件的职能.放大元件必须能输出足够的功率,方能实现控制.各种电子放大器是最常用的放大元件,如1.2节所举系统中的放大器**8**.

5. 执行元件

其职能是直接推动被控制对象或其某一部件,以改变被控制量.在1.2节所举的系统中的执行电动机**5**就是.

6. 校正元件

在1.2节的最后曾经说过,设计得不好的控制系统,其控制的质量可能低劣,甚至可能无法实现控制功能.因此实际控制系统中通常总要加入某种装置来校正控制器的动态性质,使之与被控制对象的动态性质相适应,使二者的总体能配合适当,很好地实现控制的目的.这些加入的装置就是校正元件.可以说,校正元件的职能是:**根据误差信号形成适当的控制作用**,或者说是**实现适当的控制规律**.不难理解,校正装置是控制系统中很重要的部分.实际控制系统中使用的校正装置的结构和参数往往需要通过复杂的计算和工程设计方能求出.最简单的校正装置可以是由电阻器和电容器构成的电路网络.复杂的校正装置可以含有电子计算装置. 在 1.2 节所举的系统中没有使用校正装置.

校正装置的职能既然是使控制器与被控制对象的动态性质相适应,所以必须根据具体的被控制对象的动态性质"量身定做"地设计. 适用于某一对象的校正装置,未必适用于其他对象. 无所谓"通用"或"最好"的校正装置.

7. 能源元件

其职能是为整个控制器提供能源(电源). 它不涉及控制系统的运动规律,所以在研究控制系统的运动和动态设计问题时,常略而不提.

在一个实际的自动控制系统中,上述的每一种职能元件往往并非正好就是一个实体的元件. 常有使用几个实体元件共同实现某一职能的情形,反之,也常有一个实体元件兼任几种职能的情形.

1.5 随动系统与恒值调节系统

随着控制技术的发展,产生了形形色色的自动控制系统. 相应地就有了控制系统的各种分类方法. 例如分为大功率控制系统与小功率控制系统; 分为电动控制系统、液动控制系统与气动控制系统; 分为连续控制系统与采样控制系统,等等.

从研究控制原理特别是研究控制系统的设计方法的角度来看,可以把自动控制系统分为随动系统与恒值调节系统两大类.

第 1.1 节已指出,妨碍某些物理量按照特定规律变化的有两项因素,即被控制对象的惰性和环境的扰动. 惰性与扰动存在于一切控制系统中. 但是由于各个特定的控制系统的运行方式和环境彼此不同,这两项因素造成的困难的相对重要程度也有不同. 下面分别加以分析.

随动系统的任务是保持被控制量等于某个不能预知的变化量. 例如,雷达高射炮的控制系统必须控制炮身时刻跟踪敌方飞行器的飞行而旋转,但敌方飞行器的方位时刻变化,不可预知,而炮身笨重,动作迟缓. 又如,飞机着陆时其襟翼须随着驾驶员的手把的操纵动作而旋转; 潜艇须按照命令下潜至指定的深度. 这些都是随动系统的例子. 在随动系统中,被控制量的整定值的变化居于主导地位. 控制器的任务就是保证被控制量迅速跟随整定值的变化而变化. 由于被控制对象(如炮身)的惰性,在跟随过程中不可避免地会产生误差. 因此,被控制对象的惰性是随动系统面对的主要矛盾. 设计良好的随动系统应使跟随误差尽量小.

恒值调节系统的任务是保持被控制量等于某一整定的恒值. 第 1.2 节所述的发电机端电压控制系统就是一个例子. 恒值调节系统面对的主要矛盾是各种能使被控制量偏离整定值的扰动. 在上述的端电压控制系统中,负载电流的波动,发电机温度的波动,发电机励磁电流的波动,发电机转速的波动,等等,都能使端电压偏离整定值,所以都是扰动.控制系统应当在各种扰动的作用下保持被控制量等于其整定值.在运行过程中虽不可避免地会产生误差,但设计良好的恒值调节系统应使误差尽量小.

随动系统和恒值调节系统都是闭环控制系统,它们的运动规律有共同性.在恒值调节系统中,有时也需要被控制量作跟随运动(例如偶尔需要把端电压调整到另一整定值);在随动系统中,也有各种外来的扰动作用造成跟随误差.但是这两类系统的主要任务不同.所以在设计系统时应当区分:克服惰性与克服扰动二者中,哪一个是主要的.主要矛盾不同,则设计时需要注意的侧重点也不同.因此,从理论研究与工程设计的角度看,把控制系统分为随动系统与恒值调节系统两大类,是合理的.

自第二次世界大战以来,随着计算机的迅速发展和广泛应用,又有许多新的控制方式得到实现和推广,如最优控制、极值控制、自适应控制,等等.本书不一一叙述.

1.6 自动控制理论的发展简史

自动控制理论是随着自动控制技术的产生和发展而产生和发展的,而自动控制技术则是人类长期以来社会活动的产物,特别是工业生产和军事活动的产物.纵观数千年的人类文明史,曾有不少带有自动控制意味的巧妙的发明创造,因而现代人在回顾自动控制的发展史时往往就把自动控制的起源追溯到很久以前,甚至有追溯到中国古代黄帝征蚩尤的历史的.但是如果观察确曾对一段历史时期的社会发展起过重要作用并产生重要后续影响的事件,那么比较得到公认的事实是:自动控制技术最初产生于18世纪60年代.俄国人波尔祖诺夫(И. И. Ползунов)于1765年发明了控制锅炉水位的自动装置,用浮筒与杠杆操纵蒸汽锅炉的进水阀门以调节锅炉水位;英国人瓦特(J. Watt)于1768年发明了飞球调速器,利用蒸汽机飞轮带动的金属飞球的离心力操纵蒸汽机的进汽阀门以控制蒸汽机的转速.由于蒸汽机是当时工业革命的重要原动机,所以这些发明对于当时的社会进步起了巨大的影响.有人估计,1868年时仅英国本土就有75000台采用瓦特飞球调速器的蒸汽机在运行.自动控制技术对当时工业生产的作用可想而知.

生产的发展与社会的需求总是推动科学的进步.当时蒸汽机在运行中普遍地频繁地发生一种被称作"猎振"(hunting)的现象,就是蒸汽机的转速时快时慢,发生周期性的变化.今天人们都知道这是闭环系统不稳定的结果.但在当年,人们为消灭这种神秘的"猎振",却下工夫长期摸索改进蒸汽机的制造工艺,如减少摩擦等,结果是无济于事.而且,当时在采用恒值调速系统的天文望远镜中也发现了类似现象.正是这些问题推动了最初的自动控制理论的产生和发展.

麦克斯韦(J. C. Maxwell)于1868年首先应用天体力学分析和解释"猎振"现

象.他指出,在控制系统的平衡点的邻域内,运动可以用线性微分方程描述,因此可以根据特征方程的根的位置判断系统的稳定性.维什聂格拉茨基(И. А. Вышнеградский)于 1876—1877 年进一步指出,由于工艺进步,使蒸汽机的机械摩擦减小,飞轮尺寸缩小(因而系统的惯性减小),飞球加重(为了带动更重的汽门),而这些都不利于闭环系统的稳定性.他还提出了为改进系统稳定性而要求工程参数遵守的一套规则.

1877 年劳斯(E. J. Routh)提出了稳定性的一种代数判据,1895 年赫尔维茨(A. Hurwitz)又提出了另一种.后来已经证明,这两种稳定性代数判据是等价的.1879 年,有人在飞球调速器中采用液压放大机构,从而在控制系统中引入了积分作用,这样就减小了静态误差.稍后又有人在鱼雷的深度控制系统中引入了微分反馈作用以改善系统的阻尼.因而可以说,在 19 世纪 70 年代,比例、积分和微分作用在控制系统中都已经存在了.当时就曾有人指出,甚至生物体内的调节系统,其机理也是与物理量(速度、温度等)的控制系统一致的.1873 年,文献中开始出现"servomechanism"(伺服机构)一词.1912 年,瑞典科学家达楞(Dalen)发明了用于灯塔和灯标的自动调节器,为此获得了诺贝尔奖.

如果把上述使用微分方程分析控制系统运动的思路称为"机械工程师思路",那么从 20 世纪初开始又形成了一种"通讯工程师思路".

通讯工程师的思路是把系统的各个部分看成一些"盒子"或"框",信号在各"框"之间传送,由"框"中的"算子"对信号进行基于傅里叶(Fourier)分析的变换.这种思路产生的最初成果是:反馈系统产生自激振荡的条件可以用公式表示为 $KF(\mathrm{j}\omega)=1$,但这种思路当时还不能解释条件稳定现象.直至 1932 年,奈奎斯特(H. Nyquist)发表的划时代的论文才彻底地解决了自激振荡的条件问题.

推动奈奎斯特进行研究的动力仍然是生产的发展,具体说是长途电话技术的发展.1915 年,美国贝尔公司(Bell System)实现了纽约至旧金山之间的 5000km 长途电话的实验性话音传输线路.线路的总衰减为 60dB(分贝),话音信号全程经过 6 次增音(即音频放大),总增益为 42dB,最后的净衰减为 18dB,尚能满足通话需要.但采用载波技术后,衰减就比这大得多,所以全程需要的增音次数也多得多.为使话音信号的总失真保持在可接受的限度内,要求每台增音机的非线性失真不能超过千分之几,因而必须采用反馈放大器.然而采用反馈放大器后发现系统中容易发生"啸鸣"现象,即自激振荡.特别不可理解的是,有时竟然在放大器增益降低时发生"啸鸣",这就是条件稳定的表现.长途电话的"啸鸣"与飞球调速器的"猎振"显然有相似之处,但其机理当时却无法解释.尤其是,一台增音机含有几十个储能元件,显然不可能像对待"猎振"问题那样通过分析系统的微分方程来处理.这才促使奈奎斯特在上述论文中另辟蹊径解决了这个难题.他不但给出了反馈系统稳定性的严格判据,还为反馈系统的研究开辟了全新的前景.奈奎斯特对控制理论的重大贡献大大推动了各种工业控制工程.

奈奎斯特稳定判据的巨大价值在于：它并不要求知道系统的微分方程或特征多项式，只须用仪器测出开环系统的增益对频率的关系，就可以使用这种判据. 它是与实验直接挂钩的. 不仅如此，奈奎斯特图还可以直接提示如何通过调整开环增益与频率的关系来改进系统的稳定性.

对于开环传递函数为有理解析函数的情形，奈奎斯特本人给出了其稳定判据的证明. 后人又把证明扩充到更一般的情形. 伯德(H. W. Bode)更进一步指出幅频特性函数与相应的最小相位函数的关系，并引入对数单位来计量增益和频率，使研究控制系统的频率响应方法具有了现代的形式. 苏联的米哈依洛夫 (A. B. Михайлов)和崔普金 (Я. З. Цыпкин)还把奈奎斯特判据拓展到开环系统在原点或右半面有极点的情形.

奈奎斯特的工作使人们看到了应用复变函数理论研究反馈系统的巨大潜力. 在奈奎斯特之前，微分方程方法曾是控制理论中占绝对统治地位的方法，而奈奎斯特的论文发表后仅仅 10 年，他采用的复变函数方法在控制理论领域已经完全取代了微分方程方法.

特别应当指出的是，奈奎斯特稳定判据的表述极为直观，非常容易理解，建立于奈奎斯特判据基础上的整套控制理论，使从事反馈控制的工程人员能够方便地互相交流. 尽管下文将要叙述的状态空间控制理论后来已经发展得十分完整，但许多设计人员仍然以奈奎斯特、伯德和艾文斯(W. R. Evans)的技术作为基本武器，许多控制理论研究人员仍然以频率响应的理论作为共同的语言. 这个长期存在的事实表明建立在奈奎斯特判据基础上的频率域控制理论的强大的生命力.

这样，到 20 世纪 30 年代，控制理论领域中已经形成两种研究方法流派：一种是时间响应方法，主要用于研究机械、航海、航空和化工自动控制；另一种是频率响应方法. 正如上文所指出，频率响应方法把系统看成一些处理信号的抽象的"框"，这种观点十分灵活，可以通用于各种系统，所以这种工具很自然地扩展到各种工程领域.

第二次世界大战大大促进了对高性能伺服系统的需求，使设计和建造反馈控制系统的方法有了很大进步. 在设计技术方面，频率响应方法迅速推广到机械、航空、航海和化工等领域，形成了统一的严谨的理论体系. 战后出版了一大批优秀教科书和专著，使频率域思路迅速推广和普及. 由于雷达的应用，许多火力控制系统要求处理离散的采样数据，因而奈奎斯特稳定判据被推广到了离散数据形式. 崔普金开发了分析采样数据系统的频率域方法. 拉格基尼(J. R. Ragazzini)等在教科书中叙述了与连续系统中的 s 变换方法相平行的 z 变换方法. 艾文斯于 1948 年提出了根轨迹方法. 他运用复变函数方法解决了当线性系统开环增益变化时判断闭环系统的特征频率如何变化的问题.

维纳(N. Wiener)于 1948 年出版了名著《控制论 (或关于在动物与机器中控制和通信的科学)》(汉译本由郝季仁译，科学出版社，1961). 书中首次提出了"控制论”作为这门学科的名称. 他特别从工程角度与生理角度关注控制与通信二者之间的关系，并用广义傅里叶变换研究通信和控制，对于将反馈控制的概念，特别是频率域方法传播到随机系统理论与生理学领域起了重大的作用.

1943 年克雷洛夫 (Н. М. Крылов)与波戈留波夫 (Н. Н. Боголюбов)提出了研究非线性力学的“谐波平衡”方法，从而将频率响应方法推广到了非线性反馈控制问题，创建了描述函数法. 这种方法的理论基础最初是不严格的，后来得到了完善. 艾泽曼 (М. А. Айзерман)提出了关于系统稳定性与“扇形非线性区域”相关联的猜想，由此导致了对于“绝对稳定性”的研究，并进而引出了著名的波波夫 (Е. П. Попов)稳定判据以及非线性系统稳定性的一系列“圆判据”.

到 20 世纪 50 年代，频率响应方法已经成为控制领域中居主导地位的方法. 框图、传递函数、奈奎斯特图、伯德图、描述函数、根轨迹图等概念和方法，都已是众所熟知的有效又方便的工具，就连随机扰动的作用也已能用频率响应方法表示. 频率响应方法的成就达到了高峰. 20 年代以前那种时间域方法主导一切的局面为之一变.

然而，形势又一次起了变化. 数字计算机问世了. 它既是强有力的计算工具，又可作为空前快速和灵活的信息处理装置以实现控制的功能，这就使人们有条件考虑同时控制多个变量并实现某些原先的频率响应方法不可能实现的更复杂的控制目标，例如使耗能达到最小. 美国与苏联都投入了巨大力量对空间运载工具的发射、操纵、制导和跟踪的控制问题进行研究. 由于这类被控制对象是弹道性的，其力学模型可以比较精确地建立，而控制目标又往往是使某一指标达到最小，所以人们又重新注意到对常微分方程组的控制问题，以及力学中经典的变分学问题. 苏联的庞特里亚金 (Л. С. Понтрягин)于 1963 年提出的极大值原理奠定了最优控制理论的基础.

在对多变量控制问题作上述处理时，重要的是要把一般的动力学系统表示为一阶常微分方程组. 还在 1892 年庞卡莱(H. Poincaré)就系统地处理了这个问题. 他并提出把一组变量看作 n 维空间中的点的轨迹. 1907 年李雅普诺夫 (А. М. Ляпунов)曾发表关于稳定性的著名论著. 这些形成了状态空间方法的理论基础. 今天“状态”已成为动力学理论的基本概念. 应用状态空间方法处理动力学问题和反馈问题，使控制理论的研究迅速深化，可以说是标志着控制科学的进一步成熟. 贝尔曼(R. Bellman)的动态规划研究的也是约束下的动态优化问题. 贝尔曼揭示了状态概念对于许多决策问题与控制问题的重要意义. 卡尔曼(R. E. Kalman)于 1960 年基于状态概念深入解决了二次型性能指标下的线性最优控制问题. 他的方法的特色是综合性的，避免了此前研究工作的试凑做法. 由于研究状态空间模型与传递函数描述之间的关系，就建立了可控制性与可观测性这两个基本的系统结构的概念. 1962 年罗森布罗克(H. H. Rosenbrock)提出了模态控制的概念. 1967 年旺纳姆(W. M. Wonham)导出了一个可控制系统的全部闭环特征频率可以通过反馈任意配置的充分条件. 所有这些成果为解决制导问题作出了重要的贡献.

状态空间方法的重要价值在于：它比频率域的理论更为一般、更为严格，也更为深刻地反映系统的内在结构.状态空间方法对控制理论发展的影响更为广泛.

形势的发展使控制领域中频率响应方法的科研文献明显减少，甚至滤波理论也受到状态空间方法的影响.从杂有噪声的信号中恢复有用信号的问题，过去总是按照频率响应的思路来处理，但卡尔曼和布西(R. S. Bucy)却看出多变量时间响应方法也适用于这个目的.由于这种方法能方便地处理非平稳随机过程，滤波技术也就获得了重要进展.特别有意义的是，它还揭示了反馈对于滤波理论的重要作用.1961年得到的多变量滤波器，即卡尔曼-布西滤波器，主要就是一个加有多变量反馈的信号发生器的动力学模型.这也表明了多变量反馈控制问题与多变量反馈滤波问题二者之间的深刻的对偶关系.由于这一进展，很自然地就把二次型性能指标下线性对象的最优控制问题改进为从受高斯(Gauss)噪声过程污染的观测中利用卡尔曼-布西滤波器提取对状态的估计的问题，即标准的"LQG最优控制"问题.这正是以状态空间方法处理多变量控制问题的关键.

虽然最优反馈控制与最优反馈滤波理论在航空与航天工程中取得了出色的成绩，但它们在用于地面工业时却遇到了困难.这是因为：一则地面被控制对象的模型通常不够精确；再则地面工业对于要求实现的性能指标往往也不是界定得很具体；三则最优反馈控制与最优反馈滤波方法设计所得的控制器总是过于复杂.在许多地面的控制问题中，关于对象通常只掌握其某一工作点邻域内的粗略模型，而对于控制器则只要求能镇定对象，又含有某种积分作用以抑制低频扰动，但却希望它相对简单.熟悉频率响应思路的工程师往往感到难以掌握复杂的最优控制理论，而更愿意运用物理概念清晰的某些简明方法(如积分和微分作用)来解决问题.因此，经过一段时间后对频率域方法的兴趣渐渐复活起来.

在这种形势下，古典的单环频率响应方法与针对航天工程需要的精致的多变量时间响应方法二者之间的深深的鸿沟愈来愈引人注目.于是有一批学者开始致力于弥合这一鸿沟.从20世纪60年代起，罗森布罗克以频率域理论分析和设计多变量反馈系统，这在学术界引起了持久的兴趣.在此之前就已有学者研究过用串联补偿器实现对角的即无交连的系统传递函数矩阵，以求用标准的单环设计技术完成控制器设计，但如此得到的控制器矩阵通常过于复杂.罗森布罗克提出的逆奈奎斯特阵列设计方法则不需追求完全无交连，而只须将交连减弱到可以应用单环设计技术的程度，即实现对角优势.他的方法带动了一系列后续的研究工作.

与罗森布罗克不同的另一个研究方向是将多变量系统的传递函数矩阵视为一个整体，而在多变量情形下为它寻找与单变量情形相对应的各项基本概念，如极点、零点、奈奎斯特图、根轨迹图，等等.在这个方向上的努力导致产生了3种设计方法，即代数方法、几何方法和复变函数方法.

在代数方法方面，卡尔曼应用有理传递函数矩阵的麦克米伦(McMillan)规范形研究了最小实现问题. 罗森布罗克应用史密斯-麦克米伦(Smith-McMillan)形研究了多变量零点的问题. 旺纳姆提出了极点位移理论. 卢恩伯格(D. G. Luenberger)使用观测器从被噪声污染的系统输出中估计系统的状态. 在随机系统的最优控制问题方面,建立了"分离原理". 这些都缩小了上面所说的古典频率响应方法与多变量时间响应方法二者之间的鸿沟. 不过令人遗憾的是,多变量时间响应方法如今却常被称为"现代"控制理论.

在几何方法方面,旺纳姆开辟了控制科学的新的境界. 他深入地研究了状态空间中一系列子空间的作用,并以非常新颖的手法论述了解耦等问题. 从该书以及其他学者的著作可以看出,几何理论对于在多变量情形下融合状态空间方法与频率响应方法可以发挥重要的作用.

在复变函数方法方面,麦克法兰(A. G. J. MacFarlane)及其合作者们指出,可以通过代数函数将复变函数理论推广到多变量反馈情形. 他证明,用代数方法(通过有理传递函数矩阵的史密斯-麦克米伦形)为传递函数矩阵定义的极点和零点,与该传递函数矩阵的某一相应的复变函数的极点和零点密切相关. 这一成果就使古典的奈奎斯特稳定判据得以推广到多变量情形. 而随着奈奎斯特稳定判据的推广,根轨迹技术很快也得到了平行的推广.

在上述各项成果的基础上,麦克法兰及其合作者们通过更深入的研究发现,由复变函数所定义的表征一个系统的极点、零点以及根轨迹的渐近线,与该系统的状态空间描述的基本算子之间,存在着深刻的重要联系. 这一发现更加证明了研究控制理论的代数方法和几何方法的重要意义.

运用频率响应方法研究鲁棒系统,产生了一系列互动式(interactive)设计方法,即设计人在计算机的显示器的现场配合下进行设计的方法. 这些方法对于有经验的设计人所掌握的经验和灵感的依赖性很强. 这一点与最优控制设计方法的"给了指标,就能综合"的特色恰恰相反. 为了利用单变量频率响应设计方法的成果,在罗森布罗克的逆奈奎斯特阵列设计方法中,先用补偿器使系统具有对角优势,利用对角优势系统的稳定性与闭环系统品质可以根据其对角元判定这一原理,便能完成多变量系统的设计. 梅恩(D. Q. Mayne)于稍后提出的序列回差设计方法也是着眼于尽量利用单变量频率响应方法的成果. 另一些学者则与此不同. 他们将单变量技术直接用于广义奈奎斯特图与广义根轨迹图,例如麦克法兰与库伐里塔基斯(B. Kouvaritakis)提出的传递函数矩阵的特征函数与特征轨迹设计方法. 这方面的工作后来发展到对输入量数目与输出量数目不相等的系统的研究. 此外还有欧文斯(D. H. Owens)提出的将传递函数矩阵展开为一系列"并矢"之和并在其基础上进行设计的方法,沃洛维奇(W. A. Wolovich)将多变量频率响应方法用于校正、解耦与极点配置的方法等许多丰硕成果.

从 20 世纪 70 年代和 80 年代以来,随着工业和航天工程规模的急剧扩大,特别是随着计算机的急剧发展与普及,一些与自动控制技术相邻接的新的重要科技领域不断被开辟出来.系统工程、大系统理论、队决策理论、模式识别等许多学科一个接一个地形成和得到迅猛发展.

展望未来,自动控制学科还会有更宽广的发展.恐怕需要以更高的视角和更新的视野才能把它发展成为一个新的更加宏伟的学科体系.这也是历史对读者诸君的期待.

1.7 自动控制学科在中国的发展历程

古代中国文明昌盛.几千年来,我们祖先的学者哲人和能工巧匠曾经创造过光辉灿烂的科学文化.在自动控制领域,也曾有过不少发明创造.在民间传说中和历史文献的记载里,黄帝征蚩尤时(公元前26世纪)使用的指南车、计时的铜壶滴漏(公元前14至前11世纪)、北宋的水运仪象台(公元11世纪)等等,都有学者加以考证,认为是开环补偿甚至闭环控制原理的应用①.这表明古代的中国人民在自动控制科学技术的发展史上很早就曾做出过自己的贡献.但是,由于长期封建制度造成的生产力低下,这些科技成就不可能对中国的历史产生重大的影响.特别是,19世纪以来帝国主义殖民统治压抑和扼杀了中国科学技术的发展.在贫穷落后的旧中国,根本不可能形成自动化与自动控制这样一门学科.虽然张钟俊等个别学者曾于1948年在国内为研究生讲授过关于控制理论的课程,但是中国学者没有自己的研究成果.

中国学者系统地研究自动化和自动控制,是随着中华人民共和国的成立而开始的.

中华人民共和国创立伊始,中共中央与国务院就制订了《中华人民共和国1956—1967科学技术发展远景规划纲要》这一历史性文件,其中明确规定自动化技术为国家优先发展的学科之一.以这个文件为纲,国家及时采取了一系列有力措施,培养自动化与自动控制学科的专业人才和开展这个学科的科研工作.这些措施包括:立即在中国科学院建立自动化研究所(1956年);立即在清华大学建立自动控制专业(1956年)和自动控制系(1958年),并立即从清华大学电机系高年级抽调两届优秀学生,从全国各重点高校相近专业高年级抽调287名优秀学生,进入该专业对应的年级插班学习;动员和组织一批年长专家放弃自己原已熟悉的专业,而来创建我国的自动化和自动控制学科;从科技先进的国家号召中国学者回到祖国参加社会主义建设(有的学者,如关肇直,是毅然放弃了即将取得博士学位的机会从法国巴黎大学回国;有的学者,如钱学森,是经过中国政府多年交涉,才冲破美国政府的重重阻挠回国);从苏联聘请专家来中国指导重点院校自动化和自动控制专业的建设;向苏联和东欧各人民民主国家派遣自动化与自动控制学科的留学生,等等.

---

① 参见:中国大百科全书·自动控制与系统工程.上海:中国大百科全书出版社,1991
刘仙洲.中国机械工程发明史(第一编).北京:科学出版社,1962
万百五.我国古代自动装置的原理分析及其成就的探讨.自动化学报,1965,3(2)

钱学森于1955年回国后，先后参与创建了中国科学院力学研究所、国防部第五研究院、中国空间技术研究院、中国自动化学会等机构和团体.1956年，钱学森在力学研究所举办了“工程控制论讲习班”，亲自为北京和天津的科技专家以及北京大学和清华大学的高年级学生200多人讲授工程控制论.接着教育部又于1957年委托钱学森和钟士模在北京举办“自动化进修班”，培养全国各高等学校教师和企业工程人员掌握自动化科学技术.进修班结束，进修人员返回各自的单位后，都成为各单位自动化和自动控制学科的科技骨干.紧接着，全国各重点高校就如雨后春笋般纷纷创办了各自的自动化或自动控制专业，大量培养专业人才.

就这样，自动化与自动控制学科在年轻的人民共和国诞生和起步了.从那时起，新中国的自动化与自动控制科学家、工程师和教师队伍从无到有，从小到大，在筚路蓝缕的条件下长期不懈地艰苦创业.1957年，《自动化学报》创刊(初期名《自动化》).1960年，自动化与自动控制学科的中国科学家和工程师的学术团体“中国自动化学会”成立.1962年，关肇直领导的中国科学院数学研究所控制理论研究室成立.1979年，中国科学院系统科学研究所成立.1984年，《控制理论与应用》创刊……半个多世纪以来，一代又一代中国科学家、工程师和教师们为祖国工业、农业和国防的社会主义现代化，为“两弹一星”的历史性工程，为“神舟5号”和“神舟6号”载人宇宙飞船的成功发射与顺利返回，为推动自动化与自动控制科学技术的进步，为提高祖国的综合国力和国际地位，做出了举世瞩目的贡献.

应当特别指出，即使是在20世纪60年代中国的物质生活异常艰苦的岁月，中国学者在自动化与自动控制学科的某些方面也曾取得过国际领先的成果.

不幸的是，由于“文化大革命”的灾难性破坏，中国学者的努力遭到了严重挫折.中国与先进国家在科学技术上本已缩小了的差距又令人痛心地重新拉大了.直到70年代后期，国家实行改革开放，大力发展科学技术，自动化与自动控制学科的学者们在党的领导下重整和扩大队伍，奋起直追，开始新的长征.

1957年，国际自动控制联合会(International Federation of Automatic Control, IFAC)成立，这是自动控制领域最具权威的国际学术团体.中华人民共和国是该学术团体的创始会员国之一.钱学森曾被推选为IFAC执行委员会委员.中国自动化与自动控制学科学者的活动领域从此拓展到了国际学术界.每三年举行一届的IFAC世界大会，代表国际自动控制界的最高水平，是国际自动控制界的“奥林匹克”大会.只有自动化与自动控制科学具有相当水平的国家，才有资格承办IFAC世界大会.经过多年持续不断的努力争取，1999年7月，由中国自动化学会承办的IFAC第14届世界大会在中国北京举行.这是IFAC首次在发展中国家举行的世界大会.来自世界50多个国家和地区的专家、学者近2000人出席了这次历时5天的盛会，分220个组发表了1500多篇学术论文.其中，中国学者发表的论文有200多篇，数量上居世界第四位(在1960年的IFAC第1届世界大会上中国学者的论文只有4篇).论文的质量方面，在有些学术方向上中国学者的贡献突出，受到国际同行的高度评价.但从总体上看,中国的自动控制学科与世界先进水平相比还有不小的差距.当前,中国的控制科学家、工程师和教师们还在继续努力创造和前进.

为了帮助读者大致了解有关自动控制学科在中国的发展过程的一些史实,在全国许多控制科学家的指导和大力帮助下,本书编著者不揣鄙陋,试对半个世纪以来中国学者在自动控制理论方面取得的独创性成果作了一个很不全面的简述,见本书的**附录1**.应当声明的是:由于本书编著者知识和见闻过于窄浅,而科学家们往往又过于谦虚,教科书的篇幅又很有限,所以这个附录漏列的人物与事实必定不少,对科学家们的成就的评价也未必准确和中肯.它或许只能在总体上为读者展示一点新中国控制科学家群体的星光灿烂的风貌,鼓励读者超越前人继续迈进.如果真的起到了这一点作用,本书的编著者们也就在歉疚之余感到一丝自慰.对这个附录作进一步补充订正的任务只能留给本书的第3版了.

附录1 中国学者在自动控制理论方面的研究成果

如本书1.7节所述,新中国建立以来,自动化与自动控制的科学家、工程师和教师队伍从无到有,从小到大,长期不懈地艰苦创业,取得了不少研究成果.限于本书编著者的见闻和教科书的篇幅,本附录只能很不全面地举出其中的一部分,帮助读者了解一个概貌.

《工程控制论》及其他重要著作 钱学森的名著《工程控制论》①于1954年在美国问世,成为控制科学与控制工程界的经典著作,并于1958年由戴汝为、何善堉译成中文,由科学出版社出版.书中全面阐述了工程技术方面的自动控制和自动调节理论,并探讨了控制学科的前进方向.书中指出,工程控制论是一门技术科学,其目的是总结工程实践的成果使之成为理论,以更广阔的眼界和更系统的方法研究问题和揭示新的前景.这本由中国学者撰写的第一部控制科学的巨著荣获中国科学院1956年度一等科学奖金,对于培养新中国几代控制科学家和工程技术人员发挥了历史性的作用.后来,钱学森与宋健组织于景元、唐志强、林金、郭孝宽等多位学者合作,并以王寿云在"文化大革命"劫难中克服困难秘密保存下来的手稿为基础,合著了《工程控制论(修订版)》,于1980和1981年分上下两册问世.修订版的篇幅增加到原著的几乎4倍.全书各章的内容均有大量更新,甚至几乎重写,新增的有5章,反映了原著出版后20多年来控制学科的发展和进步.原著及修订版都已成为中国控制界的经典著作.钱学森在修订版的序言中提出,应当考虑把工程控制论、生物控制论、经济控制论和社会控制论等等统一发展成为一门基础科学,即理论控制论.

几乎与此同时,刘豹于1954年出版了第一部中文的控制理论专著《自动控制原理》(上海:中国科学图书仪器公司).

---

① Tsien, H S. Engineering Cybernetics, New York: McGraw-Hill, 1954

在编著教科书方面，薛景瑄和胡中辑根据苏联专家的讲稿出版了中国教师自己编撰的第一部自动控制原理教科书《自动调节原理》(哈尔滨工业大学出版社，1956). 其后的几十年里，中国学者陆续编撰出版了大量自动化和自动控制方面的教科书，为培养新中国自动控制专业的人才创造了丰富的物质条件.

中国学者还大量翻译出版外国的重要教科书和专著. 特别值得提到的是王众讬于20世纪50年代中期到60年代初翻译了当时国际上关于控制理论和计算机应用的三部苏联名著：索洛多夫尼柯夫 (В. В. Солодовников)的《自动调整原理》、崔普金 (Я. З. Цыпкин)的《脉冲系统理论》和费里德鲍姆 (А. А. Фельдбаум)的《自动系统中的计算装置》，以及多种其他重要著作. 这三部权威性极高的巨著总字数达200余万字，对于培养我国几代控制科学家和工程师起过重要的作用. 涂其栵于1963年翻译出版了美国兰宁 (J. H. Laning)和白亭 (R. H. Battin)著的《自动控制中的随机过程》，向中国读者介绍了随机控制的基础知识.

控制系统的稳定性 中国科学家在20世纪五六十年代就开辟了控制系统特别是大型系统稳定性的研究这一领域.

谢绪恺于1957年给出了线性正系数多项式的全部零点均位于复数平面左半面上的新条件，即线性控制系统稳定性的新代数判据. 虽然新判据是分别给出充分条件与必要条件，而不是像经典判据那样给出充分必要条件，但新判据的计算量小得多，因而使用起来更为方便，工程的实用价值更大. 聂义勇于1976年对谢绪恺给出的充分条件作了重要改进，并提出了多项式稳定性的"逐级判定法". 谢朗与谢琳于1988年证明：聂义勇给出的充分条件中的主要系数已达到最佳. 以上结果常被称为谢绪恺-聂义勇稳定判据. 王浣尘于1962年提出用作图法判断系统稳定性的一种几何判据.

秦元勋于1959年就飞机自动驾驶仪的设计问题提出了大型动态系统的稳定性分解的概念，即当控制系统可以分为若干个子系统时，如何由子系统的稳定性判定整个系统的稳定性，以及如何根据部分子系统为稳定或不稳定而选取参数使整个系统为稳定的课题. 王慕秋于1959年首先解决了线性定常系统的稳定性的分解问题，刘永清于1965年在非线性控制系统的处理中提出了大系统的李雅普诺夫函数分解法，以估计其稳定域，可以减少计算量，而国际上直到1966年才提出这类问题，1970年才提出标量和的李雅普诺夫函数法. 1973年王慕秋又利用矢量李雅普诺夫函数的概念改进了所得的结果，包括了更广泛的调节系统，还显著地扩大了国外文献给出的稳定区域的参数范围.

秦元勋、刘永清、王联于1958—1963年期间研究了具有任意大的时间滞后的线性系统的零解均为渐近稳定的条件问题，给出了处理的方法. 1984年他们与合作者指出，上述条件可以归结为代数方程在 $[-1,1]$ 区间内无实根的判定问题，并对4次方程情形给出了显式条件. 李训经与谢惠民等从1962至1964年研究时滞系统的绝对稳定性问题，获得了有价值的结果.

此外,张嗣瀛于1959年给出了有限时间区间内运动的稳定性的判据;秦元勋、王联、王慕秋于1978年研究变系数系统的运动稳定性问题;涂奉生于1981年研究线性系统的结构稳定性问题;张学铭于1958至1982年研究集中参数系统和时滞系统的稳定性、分布参数系统的最优控制及现代控制理论在现代物理中的应用等问题.他们都获得了有价值的结果.

1993年,王恩平利用值映射方法,提出并证明了判定多项式族赫尔维茨(Hurwitz)稳定的原象定理.

杨志坚于1962年将苏联学者创立的适用于含有1或2个可变参数的控制系统稳定性的D域划分方法推广到含有更多可变参数甚至有1个单值非线性的情形,1965年并推广到对系统的一个环节或一个部分的情形,形成了广义的D域划分方法.1992年他给出了稳定性的一种代数拓扑判据和一个必要条件.

王联和王慕秋于1977年将李雅普诺夫函数方法应用到锁相环路,特别是具有正切鉴相特性的锁相环路的分析和设计,论证了这类锁相环路没有失锁点的特性,并解决了其分析和设计问题.1992年王联等给出了保证一类非线性差分微分方程组和一类有时间滞后的控制系统为稳定的若干充分条件.

廖山涛在20世纪60年代对微分动力系统理论的现代研究做出了开拓性的贡献,获得关于微分动力系统的遍历性质的重要成果.他创造了典范方程组和阻碍集等方法,对若干长期未得解决的关于稳定性的猜想作出了证明和澄清.秦化淑及陈彭年、王朝珠于1996年就平面常微分方程组全局渐近稳定条件的"雅可比(Jacobi)猜想"得到了如下结果:以D表示二维平面上含原点为内点的有界区域,如果在D的内部的所有点上,微分方程组的雅可比矩阵的所有特征值皆具有负的实部,且在D的边界上微分方程组的轨线都进入D的内部,则原点是微分方程组的渐近稳定平衡点,且区域D是方程组的吸引区.

胥布工于2001年提出了一种从定号到不定号的模式的稳定性分析方法,从而扩展了经典的李雅普诺夫函数的概念.在此基础上,他给出了一般动态系统和线性定常系统的指数稳定性的充分必要定理和稳定性分析方法,还给出了线性变时滞系统的改进的稳定性条件.

线性系统的分析与综合 万百五于1957年改进了按实频特性计算控制系统过渡过程的方法,比当时权威的苏联学者的方法减少了计算量,提高了精度.1958年他提出频率特性转移法,将苏联学者的随动系统综合方法推广于多种复杂情形的设计问题.刘豹于1963年将设计控制系统的频率法扩充到同时按扰动作用和给定作用综合.1966年又将该方法推广于综合一类非线性系统.范崇惠于1958年提出了滞后系统的质量分析与综合方法.

黄琳于1963年在IFAC第2届世界大会上将李雅普诺夫函数作为系统扰动的度量提出了衰减时间的概念,并给出其估计方法,进而与郑应平、张迪合作提出并证明了在单输入情形下完全可控性是线性定常系统极点可以任意配置的充分必要条件，给出了二次型最优控制的存在性、唯一性与线性控制律．这些已成为现代控制理论的基本成果．1989 年黄琳又对连续线性系统给出了可用输出反馈实现二次型最优控制的充分必要条件，并指出在一般情况下该问题无解．

郑应平于 20 世纪 60 年代初发现并指出：动态规划的贝尔曼函数可用作求解 LQ 问题的李雅普诺夫函数．只要为迭代过程找到能使系统渐近稳定的初始值，极点配置问题就全部解决，郑应平并指出该迭代算法的收敛速度为 α^{2^k}．此成果给出了李雅普诺夫方法的定量研究的一个重要结果，不但可用于判别稳定性，而且可用于反馈设计和极点配置．至少三年后美国学者才发表了同类结果．

裘聿皇于 1980 年率先以计算机实现控制系统的横山（Yokoyama）标准形．

韩正之与郑毓蕃于 1982 年提出线性控制系统的（$\boldsymbol{A},\boldsymbol{B}$）特征子空间理论，证明任何一个（$\boldsymbol{A},\boldsymbol{B}$）不变子空间都包含一个（$\boldsymbol{A},\boldsymbol{B}$）特征子空间，从而完成了线性代数的几何理论到线性控制系统的几何理论的平行推广，还用它全面研究了线性系统的输出反馈和大系统分散镇定．涂奉生于 1982 年给出了在坐标变换和输出反馈变换意义下的输入输出结构不变量和相应的结构形式；1987 年他给出了线性系统的若尔当标准形下的输入输出完备不变量和相应的标准形．

韩京清与许可康于 20 世纪 80 年代系统地提出了研究线性控制系统的构造性方法，成功地建立了线性控制系统的状态空间描述形式与多项式矩阵描述形式之间的等价关系，并在多项式矩阵描述形式中提出了矩阵序列结构算法．他们于 1982 年提出了控制系统在状态反馈下的绝对可观子系统的新概念，并用以解决了干扰解耦和稳定干扰解耦的问题；于 1984 年发展了线性控制系统理论中的横山标准形，并用以解决了极点配置及方形系统的解耦问题与稳定解耦问题；于 1986 年首先给出了多项式描述的系统的标准分解．许可康于 1988 年利用半序结构理论及最小合并方法彻底地解决了给定的线性控制系统的块解耦问题：可以给出该问题有解所对应的全部输出分割，或者判定该问题对于所有输出分割均无解．

丘立(香港)及其合作者于 1993 年提出一个简洁的公式，深刻表明伺服机构性能的根本局限性完全取决于控制对象的非最小相位零点．

张东韩于 1959 年给出了从微分方程系数直接计算偏差的平方矩的积分的方法，将问题归结为线性代数方程组的求解．钟士模与郑大钟于 1964 年研究了扩展拉普拉斯变换优点的问题；张洪钺于 1965 年研究了拉普拉斯变换的初始条件项问题．他们都得出了有益的结果．郑大钟于 1983 年提出一种用计算机求高维数矩阵的特征多项式的新算法．

采样控制　薛景瑄于 1964 年首先提出广义点变换法，可用于确定非线性脉冲系统的自持振荡的稳定区域和求取参数的临界值，从而突破点变换法此前在国际上仅能用于研究非线性连续系统的局限，而也可用于研究非线性采样控制系统．

王新民及合作者于 1965 年分析了脉冲继电控制系统中的分频振荡，得出了有益的结论．

徐凤安于1982年用最小响应法给出了2阶以上的无静差采样控制系统的动态综合设计公式.

陈通文与弗朗西斯 (B. A. Francis)合作，于20世纪90年代研究基于连续时间性能指标直接设计数字控制器，并兼顾采样点之间的动态性能，开辟了现代采样数据控制这一研究方向.

陈通文与丘立(香港)合作，于20世纪90年代彻底解决了结构因果约束这一阻碍多率控制发展的难题，与其他合作者于21世纪初首次系统地提出和解决了多率系统的随机辨识问题，为多率控制的工业应用创造了条件.

变参数系统 秦元勋、王联和王慕秋于1972年运用构造变系数的二次型李雅普诺夫函数的方法，导出了保证一般的时变线性系统的零解为稳定的若干充分条件，王慕秋和王联于1979—1981年将李雅普诺夫函数方法扩充应用到变系数系统，从而为缓变的稳定线性系统确定了系数缓变的变化率界限，以及附加的非线性界限和时滞界限，为工程上研究变系数系统稳定性问题的“冻结系数法”提供了理论根据. 徐道义及合作者于1985—1986年也对“冻结系数法”进行了研究，得到了有益的结果.

非线性系统 高为炳是我国最早从事非线性控制理论研究的学者之一. 早在20世纪60年代他就对鲁立叶 (A. И. Лурье)直接控制系统提出了“消除中间变量法”，导出了最少保守性的绝对稳定性判据. 他用李雅普诺夫的 V 函数方法研究了含有可以分段线性描述的非线性元件的系统的全局稳定性和吸引区等问题. 他解决了用谐波平衡法研究含多个非线性元件的系统的自激振荡问题. 他提出了“谐波线性化 D 域方法”，系统地解决了二阶非线性系统的多类稳定性问题. 1965年他用李雅普诺夫方法研究了系统的绝对稳定性问题，建立了一些充分性判据，并讨论了廖托夫 (A. M. Летов)问题的几个情况. 20世纪80年代，高为炳和他的学生在非线性系统的解耦和观测器设计等方面取得了一批重要理论成果，得到国际同行的高度评价. 高为炳1988年出版的专著《非线性控制系统导论》是我国关于非线性控制的第一部有重要影响的巨著.

项国波于1962年提出非线性系统的对数分析法，并应用于电站并联运行的稳定性研究，他指出利用振荡和各种非线性积分器可以改善受控系统的品质. 项国波于20世纪70年代将谐波线性化方法用于移动电站并联运行的稳定性研究，发现并消除了由于电网非线性共振而造成的奇异中线电流.

王联、王慕秋于1977年和1979年运用非线性控制理论分析具有正切鉴相特性的2阶的锁相环路方程. 1984年他们进而研究了3阶的锁相环路方程，获得方程的解的全局稳定性结构，因而从理论上解释了这类锁相系统的一系列特性.

韩京清于1981年提出了非线性系统的直接反馈线性化思想，发展了包括非线性跟踪微分器、扩张状态观测器、非线性 PID 和自抗扰控制器等技术的自抗扰控制技术，并已在发电机的励磁控制、精密机械加工、航空航天、化工等领域获得应用.

李训经利用系统的线性部分的频率特性研究具有多个非线性反馈的微分差分系统的绝对稳定性，给出了一些充分条件. 1984年，他进而利用线性部分的频率特性研究非线性反馈中的时滞为任意时系统的绝对稳定性. 把问题归结为简单的代数问题.

李春文于1986年在冯元琨的指导下将逆系统的概念推广于多变量非线性控制系统的设计理论，并用以构造伪线性系统模式，以实现系统的解耦及线性化，进而利用线性系统理论的成果完成系统的综合. 他们的成果推动了控制界对于逆系统理论及方法的进一步研究和应用.

张恭庆、姜伯驹等曾于1978年研究带间断非线性的偏微分方程. 他们主要利用集值映象的不动点理论判断方程的多重解，并用所得结果解决了一些实际问题.

杨成梧于1987年为用微分几何理论解决非线性系统控制问题撰写了专著《非线性系统的几何理论》. 杨成梧及邹云并于1995年出版了国内第一部关于2-D状态空间理论的专著《2-D线性离散系统》. 杨成梧及其学生在广义系统理论方面也取得了重要成果.

程代展与谈自忠(美籍)等于1988年对于带输出非线性系统线性化问题做了有奠基意义的工作. 他与合作者解决了李群及其陪集上的系统的可观测性问题，以导数齐次李雅普诺夫函数方法解决了一类非线性系统的镇定问题. 他与学生在广义哈密顿系统理论及其在电力系统的应用方面做出了有价值的贡献.

韩正之于1988年给出例子说明非线性系统全局镇定不成立分离设计，以后又证明非线性系统存在观测器就存在降维观测器，还获得了应用观测器反馈镇定的一系列结果.

郑大钟于1989年提出一类非线性内联系统的分散输出反馈镇定的结果.

韩志刚于20世纪80年代提出了一种多层递阶辨识、预报和控制方法，解决了非线性系统的建模、预报和控制问题，成功地应用于石油、气象、农业、水利、交通、轻工和经济等领域.

高龙与韩京清、范玉顺等在20世纪90年代合作提出一类非线性系统的直接反馈线性化理论，可避免复杂的微分同胚运算，便于工程应用. 他们证明所提出的"隐动态"概念与"零动态"等价. 用该方法得到的非线性反馈控制器在某电厂的励磁控制器上应用，提高了运行稳定性.

韩京清于1994年提出利用非线性特性改造传统的PID调节器，以及系统的时间尺度、控制器的适应性等新概念.

1997年，王恩平与合作者用单向极值的概念与方法解决了多项式族稳定性在非线性参数化情况下的边界检验问题，给出了非线性参数化多项式族稳定性满足边界检验的充分必要条件.

郑毓蕃于20世纪90年代最早解决了非线性控制系统的最小阶右逆与左逆系统阶的估计，及最小阶右逆与左逆系统的构造及算法，给出了非线性系统对干扰解耦的充分与必要条件.

21世纪初年，郑毓蕃给出了非线性控制系统可控性的代数判据，从而为研究非线性控制系统提供了一种新工具.胡庭姝系统地使用了组合二次型李雅普诺夫函数、李雅普诺夫频率分析方法以及以共轭李雅普诺夫函数分析线性微分包含的稳定性和性能的方法，分析并设计了执行元件具有饱和的系统.胡寿松针对一类具有状态时滞和控制时滞的不确定性非线性系统提出了一种具有模糊模型和神经网络的混合控制方法，证明了闭环模糊系统的渐近稳定性，可实现控制律在线重构，保证系统具有全局的期望性能.

傅立成(台湾)在非线性控制、自适应控制和磁悬浮系统控制等方面多有成就.

最优控制 张钟俊于1956年在国内最早运用运筹学方法建立了各发电厂负荷经济分配的条件，并给出补偿位置及容量的计算方法.戴汝为于20世纪50年代提出快速最优控制的计算方法.

叶正明于1959年将最优控制理论应用于巨型直流电机，得到了新的结果.1964年他又提出按误差平方和为极小的准则综合控制系统前馈环节的理论和方法，以实现将不变性原理应用于火箭的地面试验系统和可逆轧机的动态补偿.经长期运行检验，证明效果很好.

宋健于20世纪50年代末解决了双控制器非线性系统最优控制和三维空间中最优控制的设计问题，建立了双参数最优控制理论.60年代初他应用等时场的概念解决了定常和非定常线性系统的最速控制综合理论问题，发展和完善了最速控制理论.1963年曾在国际自动控制联合会(IFAC)的世界大会上与韩京清共同发表了这一成果，以后又有所发展.

张嗣瀛于1966年研究了相空间坐标受限时的最优控制问题，改进了前人的结果，并给出了一些新结果，如关于轨线末端或两端受限制时的极值控制的必要条件与充分条件，以及关于相空间坐标受限制时的极值控制和关于快速控制的条件.

何毓琦(美籍)于20世纪60～70年代在最优控制与大系统理论方面曾作出有重要价值的成果.

项国波于1977年指出ITAE最佳控制性能快速平稳，适合工程需要.他给出新的定义和新的传递函数标准型，发展了ITAE最佳控制，并推广其应用.高越农于1989年给出了ITAE指标收敛的充分必要条件.陈文华于1996年用l^1理论研究了按ITAE指标设计最优控制的问题.

李训经和姚允龙于1978年证明了无限维线性系统不同于有限维系统，其可达集未必是凸的，但其可达集的闭包一定是凸的.由此他们证明了无限维线性系统的时间最优控制的最大值原理.1985年，他们又证明了对于一般半线性发展型分布参数系统，如果终端约束满足有限余维数条件，则最优控制满足最大值原理.1989年，李训经与雍炯敏合作证明了一般半线性发展型分布参数系统具有终初端混合约束的最优控制所满足的最大值原理，并完善了适用于无限维控制系统最大值原理证明的“针状变分方法”. 这些结果是作为最优控制理论的三个里程碑之一的庞特里亚金(Л. С. Понтрягин)的最大值原理在无限维空间中的形式，在国内外控制理论界有很大影响，被称为“复旦大学学派”的工作.

吴沧浦于 1979 年建立多指标动态规划的一种基本理论，并于 1981 年作出实质性推广：在指标空间为巴那赫空间、最优解为任意闭凸锐锥下的有效解、控制时限可为无限的情况下，严格证明了多指标动态规划基本方程及其最优性原理. 这项成果突破了国外同期成果在上述各方面的多项限制. 在建立该理论的过程中，吴沧浦率先发现了动态规划基本理论的两项理论基础：最优化算子的可分解性及其与目标函数算子的可交换性. 此成果为 20 世纪 90 年代的某些研究新成果奠定了基础.

言茂松于 1978—1979 年率先在国内出版专著及在学术期刊上全文连载，引进最优控制与观测的理论与技术，并推动其在电力工程中的应用.

用罚函数求解有约束最优控制问题时，通常假定有从内部逼近的解. 陈祖浩于 1982 年证明了这假定在用外罚函数时并非必要，而在用内罚函数时却是充分必要的. 他还建立了新的罚函数理论与方法，并对最优控制理论在经济与社会问题中的应用做出了有影响的成果.

王朝珠、王恩平于 1983—1985 年研究了二次型指标下线性最优控制系统的频率域综合方法，给出了解的频率域形式. 他们采用谱分解技术把问题归结为求解的一个或两个丢番图方程(Diophantine equations)(在多输入多输出情形为多项式矩阵的丢番图方程).

王子才于 1983—1987 年结合飞行器控制的研究提出了一种次时间最优控制的理论和设计方法，并在实际应用中证明有应用价值.

郑大钟于 1986 年提出线性二次型最优调节系统在参数摄动下的性能鲁棒性的概念和结果.

项国波等于 1995 年提出纯时滞系统的两次优化控制理论并给出两种优化算法和有关定律. 他还于 1998 年提出几种多目标优化算法.

涂序彦于 1981 年提出“最经济控制”理论，给出最经济控制系统的结构综合方法、分型可控性和分型可观测性定理.

王众讬于 20 世纪 80 年代提出网络计划技术方面的两种新的分析与优化方法. 他还提出了电力系统规划的优化和分解协调算法并开发了我国最早的软件，及我国最早的炼油企业产品结构的多目标优化方法，都产生了重大的经济效益.

叶庆凯于 1982—1988 年将某些力学问题归结为索波列夫空间中的极值问题而用最优控制理论和方法求解，得到了有用的结果.

多变量控制系统　涂序彦于 1960 年在 IFAC 首届世界大会上提出按协调偏差进行控制并利用有益关联抵消有害关联的不同于“自治调节”和“不互相影响的控制”的多变量“协调控制”的理论，受到国际同行瞩目.

龚炳铮于 1961 年提出了相关联多变量对象控制系统的工程设计及最佳整定方

法，提出了多变量对象的关联度概念、控制方案的选择准则及多步逼近的最佳整定法，把单变量系统的设计和整定方法(如扩充频率法)推广到多变量系统和串级系统，为工业自动化系统的设计、整定、仿真模拟及现场调试提供了一种实用方法，其后并推广到计算机分布式控制系统.

邓聚龙于1966年提出综合多变量控制系统的“去余”控制方法，引入“实外反馈”以抵消模型中以“虚内反馈”形式作用于系统的多余部分，使系统获得预期的动态特性.

白方周、庞国仲、李嗣福、鲍远律、濮洪钧等从20世纪70年代起开始研究多变量频率域控制理论及设计方法，在国内是最早的. 他们提出“准优势化”算法、多频率点与全频段的自加权设计控制器算法等，并研制了相关的计算机辅助设计软件包. 他们将多变量频率域控制理论用于多项工业生产，如南京烷基苯厂加热炉控制、兰州炼油厂常压精馏塔控制等，取得显著效果. 他们还在频率域研究了多变量系统和多变量时滞系统的鲁棒稳定性，特别是鲁棒稳定性与传递函数矩阵的对角优势的关系，得到了有价值的结论，进而提出了多变量系统鲁棒设计方法和鲁棒准优势化算法.

洪仰三(香港)于1982年提出多变量反馈系统的一种“准传统”频率域设计方法.

王恩平、王朝珠于20世纪80年代初利用多项式和有理分式矩阵理论将内模原理推广到用微分算子阵描述的多变量系统，且获得了内模原理的频域形式. 包括：结构稳定系统的结构性质；无静差和结构无静差系统的结构特征——内模原理；结构无静差动态补偿器的存在条件和传递函数设计方法，并首次解决了反馈控制系统的非退化条件和物理可实现性之间的关系.

周其节于20世纪80至90年代提出多变量系统的最小方差控制方法和分布参数变结构系统的控制方法，并在机器人控制方面做出了很好的研究成果.

郑毓蕃于20世纪90年代给出了用状态反馈实现局部及大范围输出调节的充分与必要条件.

叶庆凯于2003年将线性控制系统的预期频率特性扩充到多输入多输出线性系统，并成功地用纯数值方法在计算机上表达多项式矩阵及有理分式矩阵，从而将单输入单输出线性系统的典型设计方法推广到多输入多输出系统.

胡寿松于2003年分析了多输入多输出网络控制系统的时延问题，提出了一类有噪声的长时延网络控制系统的数学模型，给出了其可控性和可观性的条件，分析了其随机稳定性问题，并提出了最优控制器的设计方法.

不确定系统与模糊控制　邓聚龙于1979年提出关于信息不完全或不确定的系统的灰色系统理论，其研究内容包括系统的建模、分析、预测、控制等. 在军事、经济、工业、气象、教育、管理等方面均有应用.

王文俊(台湾)与郑振发(台湾)、陈博现(台湾)、李嘉陵(台湾)、王荣爵(台湾)、林育平(台湾)、毛立国(台湾)等合作，在20世纪90年代对于含有不确定性或有时滞的大系统提出了多种分散型控制方法，包括观测器控制、可变结构控制等，达到使系统稳定的目的. 2002年和2003年，王文俊(台湾)与骆乐(台湾)提出一种求解模糊理论中模糊关系的图案消去法，可以大幅减少计算量与计算复杂度. 2004年，王文俊(台湾)与孙崇训(台湾)利用分段李雅普诺夫定理推导出一种T-S模糊离散系统的稳定性判据及设计方法，与已有的方法不同，且大为放宽设计限制. 王文俊(台湾)并与滕有为(台湾)提出一种直接从数字数据自动建立一种基于基因算法的非线性函数或系统的近似模糊模式，与前人不同的是无须事先预定规则数，模式化所用的参数也大幅减少，近似度也大大高于已有方法.

林进灯(台湾)在计算机视觉、模糊类神经网络和语音处理与控制等方面多有成就.

混合系统　陈宗基于1995年提出一种适合递阶混合控制系统分析、设计和综合的模型和设计方法. 徐心和等于1997年在混合系统的研究中提出一种含有变形连续变量系统状态方程的广义佩特里(Petri)网模型，合理设计了两类系统间的接口，提出了一种混合状态，并论述了其运行特征.

鲁棒控制与 H_∞ 控制　黄琳与他的同事们对于鲁棒控制理论做出了一整套系统性很强的具有国际领先学术水平的研究成果，成为现代鲁棒控制理论的基础.

首先，黄琳与美国学者合作于1986年给出了稳定多项式的凸组合保持稳定的充分必要条件，及利用顶点集与边界集判断多面体稳定的一组充分条件. 1988年他们又一起给出并证明了关于参数摄动系统鲁棒性的"棱边定理"，具有里程碑的意义.

继而，黄琳与他的中国同事们合作，得出了更具普遍性意义的"边界定理". 它不但把棱边定理更加一般化，而且可以把历史上一系列结果如哈里托诺夫(Харитонов)定理、菱形族定理等作为其特殊情形或推论而涵盖. 与此相关，还提出了一系列重要的基本概念和方法，大大推进和丰富了鲁棒控制理论，形成了一整套理论体系，改变了国际上对鲁棒性问题的研究局限于系数独立变化情形的局面.

除此以外，黄琳与他的同事和学生们还对参数摄动系统的品质与控制问题进行了深入的研究，得出了鲁棒严格正实检验的强哈里托诺夫型的结论和关于系统可强镇定的充分必要条件，对于防止发生指数爆炸情形有很高的实际价值.

涂奉生于1981年给出了以传递函数矩阵描述的有输出反馈的闭环系统具有鲁棒稳定性的充分必要条件，1984年还给出了以多项式矩阵描述的系统存在鲁棒控制器及控制器为鲁棒控制器的充分必要条件.

陈宗基于1982年证明：对于测量噪声、外扰动、时变参数，相对阶相同的建模误差，模型参考自适应控制系统具有一定的鲁棒性；对于相对阶不同的建模误差则没有鲁棒性. 他并提出使系统具有强鲁棒性的扩展纳兰德拉(Narendra)方案.

徐冬玲及合作者在张钟俊与施颂椒指导下于1986年初在国内率先研究 H_∞ 控制理论. 对于单输入单输出广义系统，她提出一种设计反馈控制器的新的频率域方法,不但可消除脉冲模态,而且可镇定系统,并使系统对扰动的敏感度达到最小. 对于多输入多输出系统,她用 H_∞ 最优设计理论提出一种解耦设计方法使所得的控制器在敏感度与鲁棒性两方面均达到最佳.

钟宜生于1987年提出了基于信号补偿的鲁棒控制方法,该方法将受控对象的不确定性和时变非线性等视为干扰,而用鲁棒补偿器予以抑制,以实现鲁棒控制. 已经证明,该方法对于参数摄动、定结构阶次摄动和不定结构模型摄动同时存在的线性单变量系统,和具有一定相对阶次且范数有界的不确定性非线性时变系统,能实现多种测度的鲁棒控制,特别是能指导使用者进行控制器的在线整定.

顾大伟及其同事于1988年对于鲁棒控制器设计的 H_∞ 优化及超优化问题提出了状态空间的理论和计算方法,并为 H_∞ 方法用于控制系统设计提出了混合优化设计方法,以适应多目标设计问题的需要.

丘立(香港)及其合作者于1992年解决了当控制对象和控制器同时发生由鸿沟度量描述的摄动时如何确定反馈系统鲁棒稳定性的问题,并进而提出了使系统鲁棒稳定性达到最优的控制器设计方法. 丘立(香港)及其合作者并于1995年彻底解决了多年来困扰控制理论科学家和数学家的参数不确定性下系统稳定性鲁棒分析的核心问题——系统实稳定半径的计算. 这是鲁棒控制理论中影响深远的成果之一.

周彤于1992年在国际上首先成功地将 H_∞ 控制理论应用于无机械支撑的两自由度弹性梁磁悬浮系统设计. 实验结果表明,控制系统具有很快的响应速度、良好的鲁棒特性和共振抑制特性. 周彤及其合作者并于2004年在国际上首次成功地实现了高温超导(线材)磁悬浮系统的稳定悬浮. 段广仁自1992年起针对各种线性系统建立了显含待定闭环极点的各种反馈控制律的完全参数化表示,并以此为基础解决了线性系统的鲁棒极点配置、鲁棒观测器设计、鲁棒故障检测、鲁棒跟踪和多目标优化设计等问题,同时将所提出的方法成功地用于导弹自动驾驶仪设计和磁浮系统的鲁棒控制等工程问题.

陈博现(台湾)自1997年以来与合作者对于随机系统及模糊系统的混合式 H_2/H_∞ 控制设计理论进行了深入的研究,提出了新的设计方法,并将其应用于人造卫星、机器人及导弹等的姿态控制以及滤波器的设计等方面.

1999年,王恩平与合作者针对受控对象传递函数分子分母存在独立参数摄动的情况,给出了鲁棒镇定控制器存在的条件及镇定控制器的集合. 王恩平并与合作者于2000年研究了加权区间系统的最大 H_∞ 范数的计算问题,并给出了使得顶点检验成立的关于加权函数的一个充分条件. 同年,他们又将这一结果推广到区间反馈系统.

胡庭姝在鲁棒控制和非线性控制的研究中于2004年提出了广义扇区的概念. 对于具备广义扇区条件的系统,胡庭姝与合作者提出一种实现绝对稳定性的有效工具. 她以两个分段线性函数而不是两个线性函数来界定非线性与不确定性,因而可以刻画得更加灵活和精确. 胡庭姝进而导出了一组线性矩阵不等式作为系统的二次型稳定性的充分必要条件，使广义扇区更易于处理.

分布参数系统　关肇直、张学铭、宋健等早在20世纪60年代初期就开始了分布参数系统的研究工作.对于控制项出现在方程右端的线性问题，他们利用线性算子的紧扰动的理论与半群理论获得系统可镇定的条件以及可控、可观测的条件，比国外的鲁塞尔（D. L. Russell）用其他方法所获得的结果合理得多.对于弹性振动用平常的控制回路实现，从而偏微分方程中的右端函数由一组常微分方程的解提供这样一类集中参数系统与分布参数系统的耦合问题，是由宋健与于景元首先提出，他们与关肇直、王康宁相继讨论了这种耦合系统的可控性、可观测性与镇定问题，进一步考虑了自动驾驶仪等小回路的状态方程与弹性振动的耦合，得出计算闭合回路前几个振动频率与振型的近似算法，并研究了可控性、可观测性等问题.另一类弹性振动问题可以把控制力理想化成加在一个点或几个点上，而量测元件也理想化成敏感点处的量这种点观测与点控制的问题，有δ函数出现于方程中.宋健、于景元用赋阴范空间的工具解决了这种问题.对于分布参数系统的辨识，孙顺华、白东华曾做过工作.王耿介（美籍）曾建议把分布参数系统的辨识用于石油探测.王耿介（美籍）还曾在1966年提出过用边界定位作为控制的实际问题（水翼船），其中通过移动箱壁的某部分以响应一个反馈信号，来控制箱中流体的振荡.毕大川和王康宁于1966年分析了具有分布参数的控制系统的最优控制问题，得到了有益的结果.

另外，何善堉于1955年研究了作为分布参数对象的变截面梁的挠度问题，得到重要结果，在国际上受到高度重视.

奇异系统与广义系统　程兆林及其合作者于1987年在奇异系统的线性二次型指标最优控制问题上突破了前人的结果中关于矩阵$\boldsymbol{Q}$须为正定的限制，与国外学者几乎同时独立地得到了该问题的解，但程兆林的方法更为简捷.

杨成梧、邹云于1990年给出了奇异系统正常观测器存在的充分必要条件及其设计方法.邹云等人于2000—2004年为2维离散奇异系统定义了跳跃模态和稳定性的概念，给出了稳定性基本定理，建立了1维和2维离散奇异系统稳定性分析的李雅普诺夫方程，得到了2维奇异系统结构稳定的充分必要条件，并建立了2维奇异系统的界实引理.邹云等人于2003年提出了非线性奇异系统故障后结构保持模型稳定的充分条件.

王朝珠和王恩平于20世纪90年代系统地研究了广义系统和奇异系统以及广义分散系统的最优控制和最优滤波问题，获得了一系列有价值的结果，给出了奇异系统的局部极大值原理.

变结构控制　在变结构系统的控制方面，高为炳提出了“趋近律”方法，将传统方法中求解高阶不等式组的问题简化为求解一个简单的代数方程，并通过适当选取方程中的函数和参数，可得到不同控制性能的变结构控制器.此方法不仅设计简单，还可削弱抖振，保证控制过程品质，已成为设计变结构控制器的一种新的基本途径,在国内外被广泛应用.高为炳论述变结构控制理论及应用的两部专著分别于1990年和1996年出版,受到国内外极大重视.

随机控制 陈翰馥于1976—1978年对于随机可控性与随机可观测性两概念作了较系统的研究.当时国外有些学者所提出的随机可观测性概念在去掉随机干扰时不能化成确定性系统的完全可观测性,而关于随机可控性更没有合适提法.陈翰馥找出了随机可控性的充分必要条件,并且证明当随机系统退化成确定性系统时,随机可观测性与随机可控性分别化成平常的确定性线性系统的完全可观测性与完全可控性.陈翰馥研究了缺初始值递推估计及其与卡尔曼滤波、随机系统可控性和可观测性的关系,以及奇异系统的随机控制问题,得到了重要的结果.

贾沛璋、朱征桃于1978年研究卫星回收轨道与大气外机动导弹的实时跟踪,为减少计算量而又保证一定的滤波精度,他们提出解耦的卡尔曼滤波与改进的$\alpha-\beta-\gamma$滤波,并为探测与跟踪目标机动,在滤波中加了自适应功能.通过模拟计算与实测数据的处理,结果表明两种方法都有效.徐建华等提出了两种自适应滤波,用于实时跟踪目标.

陈翰馥于1979年给出了在随机干扰作用下寻求控制律的分离定理的证明.

何梁昌、王德宁、王家声、郑毓蕃等于1979年将分离定理应用于极小方差递归滤波,分别实现了砷化镓单晶炉和力学持久机炉温的自动控制.王恩平和崔毅于1980年将分离定理应用于组合导航,做了理论分析与数值计算,缩短了计算时间和减小了占用的计算机容量,把对计算机的要求降低到当时我国计算机水平以内.齐哲扬、王德宁于1979年用循环(递归)低通数字滤波和测量电视解决了光环边缘气泡的干扰,准确地测得砷化镓单晶的直径.

彭实戈1990年获得了随机最优控制系统的一般最大值原理,解决了这个长期未获解决的公开问题.受此启发,他又证明了倒向随机微分方程的解的存在唯一性定理,发现了非线性费恩曼卡克(Feynman-Kac)公式,并引入了时间相容的非线性期望的概念.

谢贤亚等于1991年采用隐马尔可夫模型(Hidden Markov models)研究多目标多频率线跟踪算法.特别是在低信噪比条件下,提出混合轨迹的概念以避开数据关联,再用“假设—检验”法从中分出各个轨迹.

陈翰馥于2002年提出了一种轨道子序列分析方法.通过与扩展截尾技巧相结合,极大地拓展了随机逼近的应用范围.利用这一思想,他成功地将随机逼近方法广泛应用于系统、控制、优化和信号处理等领域以解决诸多实际问题.

郭雷与陈翰馥等合作,于20世纪90年代解决了随机自适应控制系统中几个基本的理论问题,即随机自适应跟踪、极点配置、LQG控制、反馈系统的阶的估计等.特别,对于在工业中广泛应用的最小二乘自校正调节器,解决了相应的闭环非线性随机动态系统的稳定性和收敛性这一国际上长期未能解决的著名难题,取得了公认的最重要的突破.

郭雷于 20 世纪 90 年代提出了“条件激励”的思想，从而突破了对于信号平稳性的传统限制，创造了分析随机时变系统稳定性的新方法，并与雍(Ljung)等合作系统地建立了一般的非平稳时变参数系统的估计理论，为实际中常用的三类最基本的信号跟踪算法(LMS，RLS，KF)奠定了严格的数学理论基础.

汤善健于 2003 年解决了毕斯默 (J.-M. Bismut)提出的在国际上长期未得解决的由布朗运动驱动的一般的倒向随机里卡蒂 (Riccati)微分方程的解的存在唯一性问题，对线性二次型随机最优控制理论作出了贡献.

工业控制与故障诊断　郎世俊于 20 世纪 50 年代深入我国钢铁工业第一线研究生产的自动控制问题，并提出了开闭环控制的新思想和加快自动电力拖动系统过渡过程的一种新方法，在 IFAC 首届世界大会上发表，引起了与会者的浓厚兴趣和热烈讨论. 80 年代初期，他又提出了控制精度更高的用微型计算机加快自动电力拖动系统过渡过程的新方法，并在工业实验中取得显著效果.

钱钟韩于 20 世纪 50 至 60 年代大型计算机尚未在国际上广泛应用时，提出用无源电路等效地模拟窑炉、锅炉和汽轮发电机组的动态行为，解决了当时工程界的一些重要争议问题. 他与周其鉴、胡锡恒于 1985 年系统地提出了“分频段处理”、“信息资源合理分配”的原则，导出了适合工程应用的新的模型降阶方法.

疏松桂于 1957—1960 年指导研究三峡高坝通航和升船机的同步电力拖动，取得了开拓性的成果. 他本人并研究开发了一种新的“双绕组平滑调速感应电动机”.

刘豹于 1958 年至 1962 年深入研究了气动单元组合仪表和气动数字仪表，提出用白噪声直接求算一类工业过程的频率特性的方案——热工参数的气测法.

疏松桂从 1960 年起在负责研制我国核武器自动引爆控制系统的过程中提出并实现了自动转换及自动同步测试线路，以确保产品质量，使 15 年间的十几次试验每次都准确无误. 与此结合，他 30 年来深入地研究了控制系统的可靠性问题，扩展了系统可靠性的涵义和应用范围，取得了一系列创造性的成果. 1979 年，疏松桂分析了备用复式控制系统的可靠性问题，推导出成套的预计公式.

方崇智于 20 世纪 60 年代创建并主持了我国第一个过程自动控制学科. 他和他的同事与学生在故障诊断理论与方法的研究方面，以及在长输管线和大型旋转机械中的应用方面取得了许多成果. 他们提出了故障检测观测器的一般结构和一种故障分离的鲁棒性原理，形成了完整的故障诊断系统设计方法.

李训经等在炼油厂常压蒸馏装置的控制上采用了带确定性干扰的线性状态方程和分段常值控制、二次性能指标，所得的最优控制于 1977 年起用于生产，效果很好. 周春晖于 20 世纪 70 年代成功地将自动控制理论应用于炼油、化工和造纸等生产过程，取得了显著的经济效益. 郑维敏于 20 世纪 70 年代提出把一类控制器命名为顺序控制器，给出了其控制编程方法，并将它应用于某工厂的酸洗车间.

蒋慰孙于 20 世纪 80 年代对于分级过程和分布参数过程，以及多种化工生产过程的建模、优化和控制做出了许多研究成果并获得很大经济效益. 舒迪前及其合作者于1986年成功地将多变量极点配置自校正预测控制与智能控制结合,用于某钢铁厂罩式退火炉群控.刘宏才与合作者于1989年研发成功一种多变量极点配置自校正控制器并成功地应用于某钢铁公司轧辊厂的退火炉.

童世璜于1984年为采用线性规划与质量管理方法,对于中国石油化工总公司某炼油厂实行综合调度以明显缩短流动资金的周转期,提出了详细的建议书,产生了可观的经济效益.

王恩平于1985年指导严伟勇获得了有理严格正实矩阵鲁棒性的若干充分必要条件.他们于1988年用代数几何方法解决了分散控制系统的极点配置问题.1988年和1990年,王恩平、王朝珠以及刘万泉率先提出了广义分散控制系统,并给出了其无穷固定模态与有穷固定模态的充分必要判据.

裘聿皇于1989年提出(0,1,*)矩阵法,成功地用于生态经济区划、动物聚类研究、机床成组技术及印刷体字符识别.他用此法对我国草兔聚类的研究消除了动物学家们的长期争论,为进一步研究草兔亚种的分化提供了正确依据,引起多国学者重视.基于遗传算法的(0,1,*)矩阵法用于印刷体邮政编码的样本库,识别率达98.1%(传统的模板匹配法只有92.1%),并大大缩短了识别时间.

韩志刚于20世纪90年代提出了一种无模型控制理论与方法,对大时滞、非线性、时变、强干扰、强耦合对象有很好的控制功能,在石油、化工、电力、冶金、玻璃和轻工等行业中应用,效果显著.

毛宗源在20世纪70年代将模糊控制应用于快艇控制,并以自动舵为例阐明其设计方法;80年代将模糊逻辑用于柴油发电机组的故障诊断和橡胶厂的燃油锅炉控制,取得了较好的效益.90年代又利用神经网络实现推理的模糊控制.毛宗源在变结构控制、机器人控制、异步电动机控制、现代功率电子技术等方面也有创造性的成就.

胡寿松于1999年提出基于RBF神经网络观测器、小波神经网络、粗集模型及支持向量机等非线性系统的故障诊断及组合故障模式识别的新方法.

李祖添(台湾)在控制理论及控制工程方面多有成就.

蔡明祺(台湾)在用于控制的精密发动机的研发及应用等方面多有成就.

陈伟基(澳门)及同事和合作者在将先进资讯技术应用于控制和旅游产业方面做出不少贡献.

飞行器控制与舰艇控制 从20世纪60年代开始,关肇直主持了不少国防武器控制系统设计的课题,为中国的国防高科技事业做出了突出的贡献,如"现代控制理论在武器系统中的应用"、"我国第一颗人造卫星的轨道计算和轨道选择"、"飞行器弹性控制理论研究"、"细长飞行器弹性振动控制研究"等,都取得了很好的结果.其中有些理论成果已成为导弹运载火箭设计中不可缺少的理论依据.关肇直本人荣获(1985年追授)国家科技进步金质奖章.20世纪80年代,关肇直还多次发表论文和演讲,从战略眼光阐述控制理论和系统科学的内涵,以及所面临的各种问题，这些观点对我国控制理论和系统科学的健康发展产生了很大影响.

杨嘉墀从 1966 年开始组织设计和研制我国第一颗返回式卫星的姿态控制系统及卫星的总装测试，为我国后来各类卫星控制系统的研制打下了良好基础，使我国以后发射的新型返回式卫星在运行时间和控制精度上有了很大提高. 有许多方案是当时国外同类卫星未采用过的.

屠善澄早在 1959 年就提出我国人造地球卫星的稳定控制方案. 他主持我国"东方红 2 号"长寿命通信卫星的全部控制系统的方案设计、系统研制、飞行试验，直至 3 年寿命期限内的全部测控过程. 由于在飞行过程的不同时刻采用不同测量数据并采用扩展卡尔曼滤波，使卫星较快地实现了机动变轨. 1984 年 1 月我国发射的一颗卫星因运载故障未能入轨，星上计算机不能正常工作. 屠善澄当机立断，组织力量编制应急软件发出指令，使卫星上的远地点发动机点火工作，首次实现了卫星转发电视信号和另一些试验. 同年 4 月发射的另一颗卫星因星上蓄电池过度充电而发热，形势紧急，屠善澄冒很大风险指令卫星多次作特殊的姿态机动，经过几天努力，终于使卫星温度恢复正常，使它超过 3 年的设计寿命而无故障连续工作 4 年以上. 在当时我国已发射的 5 颗通信卫星中，控制系统从未出现故障.

文传源领导同事于 1959 年研制成功我国第一架自动控制的无人驾驶飞机，实现自动起飞、空中遥控航线和各种飞行姿态及自动安全着陆. 1978—1984 年领导研制成功中国第一台飞行模拟器歼 6 飞行模拟机. 他还指导研究生研制成功了飞行/推进/火力综合控制系统仿真试验设备.

陈德仁于 1962 年主持分析我国自行研制的中近程弹道导弹首发飞行失败的原因. 在数据不全又无经验的条件下经过艰苦努力，终于查明主要原因是弹体结构的弹性振动导致导弹失控. 这项工作不但保证了改进设计的导弹于 1964 年再次试验时取得圆满成功，也为以后的控制系统结果分析提供了范例. 他于 1965 年决定在一般陀螺积分仪上加装标准视速盘，使制导误差减小到可以忽略，这在当时是一项重大技术进步.

陆元九 1964 年率先将自动控制原理引入陀螺仪表的分析，并指出改进陀螺仪表性能和大大提高其精度的途径和方法，对我国惯性技术的发展起了重要推动作用.

朱培基于 1964 年主持研制成功国内最早的也是世界上不多见的大型模拟计算装置，为我国导弹、卫星和核能工程的研究发挥了重要作用.

钟士模于 20 世纪 60 年代主持和组织了我国第一台 3 自由度飞行模拟平台的研制，为我国自行研制的几种新型歼击机的驾驶仪提供了试验条件.

孙柏林于 1970 年主持设计了我国首台伪随机数字信号产生器等仪器，推动了控制系统测试设备的数字化和在线化，为国家的航天工程提供了重要的测试手段.

韩京清等于 20 世纪 70 年代对于导弹拦截目标，在不同的简化条件下，按照时间指标或二次性能指标,导出了各最优导引律.

对于大气外拦截,由于推力通过燃料消耗实现,因而拦截器是变质量的.秦化淑、王朝珠于1977年导出非线性状态方程,综合出最优控制律.再适当考虑到导弹的动态特性,也综合出最优制导律,包括比例导引的改进形式.

郭孝宽、岳丕玉、韩京清于1979年把预测制导的思想用到运载火箭主动段横向的摄动,并提出“零控可拦截状态”的概念,由此得出把初态引导到零控拦截曲面上去的一类导引律,不加控制便能达到最终零脱靶,称为对准法导引律.王恩平等曾于1980年用观测器制定惯性导航的初始对准方案.

林金于1980年提出变参数线性控制系统的外干扰完全补偿理论,对于飞行器和弹道火箭的惯性制导系统的设计起了重要作用.

冯国楠于1981年分析了干摩擦及电动机齿槽对伺服系统低速特性的影响,提出一种新的设计思想及其工程实现方法,成功地应用于我国某飞行模拟器的研制,显著提高了系统的性能.他还导出了啤酒发酵过程的数学模型并提出一种智能控制方法,产生了可观的经济效益.

在航天飞行器控制方面,高为炳于1985年提出了解决大型空间柔性结构状态观测问题的新方法.

严筱钧于20世纪60年代初期领导高速舰艇试验的自动控制系统的设计与制造,于1965年一次试车就获成功,为我国高速舰艇的发展作出了重要贡献.1975年领导设计北京汽车厂的国内第一家自动化高层立体仓库的计算机控制系统获得成功.

张嗣瀛于1973年运用控制理论解决了某型反坦克导弹因控制指令的交叉耦合而脱靶的关键问题.

韩光渭(台湾)曾主持台湾某型导弹控制系统的设计,取得显著成功.

微分对策 在空战格斗一类问题中,作战双方都施加控制.双方控制的理论就是微分对策理论.何毓琦(美籍)于1965年开创了微分对策的研究方向,证明了比例导引律的最优性,并于1972年提出团队论的概念.

张嗣瀛在60年代初期研究了轨线末端受限制时和轨线两端均受限制时的最优控制问题,得到了有用的结果.他把所用的处理快速控制的方法加以推广,用以求得定性对策中最优策略所满足的必要条件,确定了界栅方程.对于常系数线性系统,他还讨论了其充分条件.外国学者把他得到的定理用于单方控制的特例便得出“可控性最小原理”.张嗣瀛于1980—1987年建立了微分对策理论的定性极大值原理,建立了一整套关于定量与定性两类基本问题的新理论和方法,形成了新的理论体系,并给出了一系列应用.在此基础上他进而于1986年在主从对策理论上取得系统的成果.

机器人 蒋新松领导的科研队伍于1985年实现了我国第一台水下机器人样机首航成功,在国内外产生很大影响.在此基础上,蒋新松开发了系列的水下机器人产品. 1995 年,他们研制成功我国第一台潜深 6000 米的无缆水下机器人,1997 年战胜深水高压下定位与控制以及通信等困难,胜利完成了南太平洋的海底探测.

高为炳于 1984 年提出了多机器人的“主—助”型控制策略,提供了机器人间的负荷分配新方法,为多机器人的协调控制提供了新的思路.

谈自忠(美籍)率先系统地研究了离散双线性系统的控制与观测问题,并率先提出了基于事件进行规划与控制的全新研究方法,不仅改善了机器人系统的操作,也在嵌入式系统的设计中发挥重大作用. 20 世纪 80 年代,他完成了量子控制系统建模、可控性和可逆性等方面的一系列奠基性成果,成为设计量子控制系统的重要基础.

蔡自兴于 1985 年提出并建立了机器人规划专家系统,实现了专家系统与机器人技术的结合,为基于知识的生产过程自动规划和高层控制开辟了一条新途径.

自寻最优运转点的控制　李耀滋(美籍)于 1951 年与美国学者合作提出自动寻求最优运转点的控制方法及理论,为自动控制开拓了一个新的分支.

童世璜于 20 世纪 60 年代初期研究锅炉燃烧的自动寻求最优运转点控制获得成效.

王众讬于 1962 年提出一种按正常运行数据工作的无探索式自寻最优点控制方法,并曾为我国最早自行设计制造的输油管卷管机开发过自动控制系统,为我国最早的电渣重熔设备实现了交流控制. 欧阳景正于 1963 年分析了两种极值调节系统在随机干扰下的运动,得出了有益的结论.

人口控制　从 20 世纪 70 年代后期开始,宋健与于景元合作应用控制论与系统工程的方法研究中国的人口控制问题,建立了人口系统的各种模型,并首次作出中国人口发展趋势的长期预报,为国家制定人口政策提供了科学依据. 他们用偏微分方程广义解理论为人口平均期望寿命等人口学概念给出了新定义和计算公式,定量研究了中国人口长远目标问题,建立了人口系统稳定性理论和人口状态转换的最优控制理论以及非定常人口系统理论,从而创立了控制论的一个新的分支——人口控制论,1987 年获国家科技进步一等奖和国际数学建模学会最高奖——艾伯特 · 爱因斯坦奖.

王浣尘于 20 世纪 70 年代后期应用控制论与系统工程的方法研究和建立中国人口控制问题的基于离散状态方程的数学模型. 在当时还没有计算机的条件下,夜以继日地用笔算和珠算艰苦地工作. 1979 年他提出了一种适合中国国情的“U 型人口控制战略方案”,引起国际社会的高度注意,并首先在上海得到实际应用和取得成效. 1979 年起,王浣尘与宋健合作,在人口控制问题上继续作出贡献,提出了几类预测方案,证明了人口时变系统稳定性的充分必要条件,等等.

建模与模型降阶　刘豹于 1962 年提出用白噪声为输入信号以求取工业过程

的频率特性的方法.

李祖枢、周其鉴、任伟等在1982—1985年提出控制系统的“类等效”数学模型简化理论,运用可调参数方法,使简化模型在主要的特征参数上与原模型一致.不但在拟合精度上高于由其他数学模型简化得到的模型,而且能保留原模型的主要动态特性,解决了保留原模型稳定性特征的难题.

观测与滤波 张钟俊于1964年首先将卡尔曼滤波技术应用于“远航仪”的接收信号处理,70年代,他与他的同事们又用卡尔曼滤波技术处理惯性导航系统的反馈信号,大大提高了导航精度.

高龙与陈文德于1981年提出线性状态观测器的并合设计方法,得出一种新结构,可避免可能出现的纯积分环节所带来的调整困难.其存在条件与卢恩伯格观测器相同,便于工程实现,适用于全维、降维观测器设计.

涂奉生于1987年在卡尔曼线性系统模论中引入模基底与坐标,表明线性系统的多项式矩阵描述与状态空间描述可以通过基底的坐标变换而互化,从而使这两种描述在模论的意义下得到统一.

周东华于1990年创立了强跟踪滤波器理论.与扩展卡尔曼滤波器相比,具有更强的关于非线性系统突变状态的跟踪能力和更强的关于模型不确定性的鲁棒性.该滤波器理论已在非线性系统的故障检测与诊断、非线性系统的容错控制、非线性系统的自适应控制、柔性机器人的自适应最优控制、非线性自适应观测器、非线性系统时变时滞的在线估计及机动目标跟踪与定位等问题中得到成功应用.

姚一新与合作者于1995年提出了同时观测给定的对象集合(而不是单一对象)的状态的问题,指出该问题与同时镇定问题是对偶的,并给出同时观测器存在的充分必要条件.在此基础上姚一新等还实现了同时观测器的参数化.这些结果发展了控制系统的鲁棒观测理论,并被用于基于模型的控制系统失效检测.他并于1996—1997年与合作者证明了时滞系统的状态观测器和输入时滞系统的函数观测器存在的充分必要条件,并实现了观测器的参数化.

汤善健于2000年在具极大秩的假定下,对任意维数的状态空间完全解决了非线性滤波理论中由勃罗凯特(R. W. Brockett)提出的“有限维估计代数”的分类问题.

自适应控制 卢桂章与合作者于20世纪80年代初期提出了一种多变量自校正控制算法,并应用于某化工厂的两个分馏塔的自动控制,取得了很好的效果.

徐心和及合作者于1982年基于一种模型参考自适应控制算法实现了狗的血压自适应控制.

谢贤亚及合作者于1984年针对快时变对象采用将时变参数再度参数化的方法提出相应的自适应控制算法,并论证了其稳定性.

吴宏鑫、萨支天于1985年针对一类参数未知及慢变对象的控制问题提出了全系数自适应控制理论，从而导出了一种新的参数递推算法，可以在线实时辨识对象模型的全部系数，在航天工程及工业控制中得到了广泛应用.

郭雷于 20 世纪 90 年代提出了定量研究反馈机制的最大能力与局限这一基本问题的理论框架，发现并证明了一类非线性系统能被反馈机制所全局镇定的充分必要条件. 这一结果刻画了自适应反馈对于非线性不确定性系统具有的控制能力及其极限.

韩曾晋于 20 世纪 80 年代至 90 年代以自适应控制理论与人工智能方法结合解决复杂过程的建模、预报和控制问题，在高炉铁水含硅量的在线预报和操作指导、电力系统的负荷预报等方面获得良好的效果. 韩曾晋并于 1995 至 2000 年以非线性自适应控制方法与 H_∞ 优化设计方法应用于交流电机的调速与伺服系统，取得良好的效果.

大系统与系统学 高为炳于 1978 年提出了“多层结构分解法”，将大系统分层分解为两类简单的基本结构，为简化大系统的稳定性分析和镇定开辟了新的途径.

郑应平于 1981 年在研究主从对策和激励策略时利用函数空间概念给出一种可以计算的解答. 他还进一步证明：在大系统集结降阶的过程中，新系统的本征结构(若当型)一定被嵌套在原系统的本征结构中.

郑应平于 20 世纪 80 年代与何毓琦(美籍)等合作，结合中国企业管理的实际问题开展“非对称信息下的激励策略及其在企业节能、节水中的应用”的研究. 历经三年，结合某石化公司的实际问题取得了实效，成果达到国际先进水平，所用理论方法和实践于 1988 年在国际权威刊物发表.

万百五于 1982—2001 年对于大工业过程的计算机在线稳态优化控制作出一系列研究成果，包括稳态模型的递阶辨识、凸化算法、多目标优化算法、模型未知的稳态优化算法、广义稳态优化算法、稳态智能优化算法以及结合产品质量控制等.

郑毓蕃与韩正之于 1984—1987 年用几何方法对线性大系统的分散固定模的性质和存在性给出新的充分必要条件，并对分散大系统的信息结构不完整作出定量分析和描述，提出改造信息结构不完整性的最经济方式.

何善堉与裘聿皇于 1986—1987 年合作提出大规模生态系统的一种建模方法——模型叠加方法. 对于复杂系统的建模特别是生态系统和社会经济系统的分析和研究有重要的理论意义与实用价值.

张嗣瀛于 20 世纪 90 年代首先提出复杂控制系统对称性和相似性结构与控制规律这一全新的研究方向，在此方向上他对线性系统、非线性系统及组合大系统已取得系统性的成果.

涂序彦于 1994 年提出给出大系统广义模型和多级、多段、多层智能控制方法.

钱学森于20世纪80年代提出建立系统科学体系的完整思想.他认为系统科学是以系统为研究和应用对象的一个科学技术部门.系统科学由三个层次组成,即系统工程、技术科学和系统学.从20世纪80年代开始,钱学森与戴汝为、于景元、王寿云共同推动中国的系统学研究,于1990年提出开放的复杂巨系统这一全新概念,并提出处理开放的复杂巨系统的方法论——从定性到定量的综合集成法.戴汝为等并从智能工程系统的角度,把研讨厅体系建立成可操作的平台.这样就便于处理与开放复杂巨系统有关的复杂问题.

许国志自1956年起长期从事运筹学的引进、研究和人才培养,从70年代开始致力于组合最优化研究和系统工程的研究,取得了很多重要成果.他与钱学森共同倡导中国系统工程的研究和应用,参加创建中国科学院系统科学研究所,筹建和组织中国系统工程学会,为我国在这个领域内赶超世界先进水平作出了重要贡献.

系统辨识与模式识别 陈翰馥、安万福于1966年研究了系数未知的多项式叠加平稳过程的信号的预报和过滤问题,把贝突(P. Béthoux)对于一次多项式情形的预报方法推广到任意次多项式,给出了最优预报及多项式系数估计中谱特性应满足的条件,指出该问题归结为线性代数方程的求解.

戴汝为于20世纪70年代在国内率先领导研究模式识别.他领导的小组于1974年研制成功手写数字识别系统,实现了信函的自动分拣.80年代初,他创造性地建立了语义句法的模式识别方法,为联机手写汉字识别奠定了基础.80年代后期,戴汝为把综合集成的构思用于脱机手写汉字识别,与他的学生们一起建立了脱机手写汉字识别系统,在国内外引起强烈反响.

韩志刚于1978年从实际生产规模进行了硫酸盐木浆蒸煮过程中主要化学变化的调查研究,引用"H因子"方法对蒸煮过程中主要化学反应进行研究,建立了造纸蒸煮过程的数学模型.钟延炯于1979年用逆重复m序列对炼钢过程作了系统辨识.

卢桂章与合作者于20世纪80年代对于系统辨识技术提出适宜选择、规范型和多变量系统辨识的概念和算法,并提出了多变量系统辨识的一种新的递推算法.

冯纯伯于1986年提出系统辨识的偏差补偿最小二乘法.他采用信号预处理的办法,将已知的零点和极点嵌入需要辨识的系统中,利用这些零点和极点提供的已知条件消除普通最小二乘法产生的偏差,达到无偏辨识.

李友善于1986年提出脉冲调宽系统的状态转移分析方法,1991年至1996年提出了辨识系统的模糊模型的一种新方法——模糊推理合成法及二级倒立摆的一种控制系统,并研究了模糊控制理论在工业过程控制中的应用问题.

李嗣福于1988年将状态空间描述方法引入模型预测控制,实现了在线迭代预测,从而大大减少了在线计算量,并使模型算法控制、动态矩阵控制和广义预测控制归纳为统一的形式.他并对模型算法控制和动态矩阵控制提出了多种改进算法,还对一类非线性系统提出了一种预测控制策略.

张洪钺于 1990 年研究了用方脉冲函数辨识多变量随机连续系统参数的问题,避免了连续模型与离散系统之间的反复转化及方脉冲积分造成的白噪声有色化问题.

陈翰馥于 1991 年得到了闭环辨识中线性系统参数的相合估计(一致估计)及其收敛速度. 此外,他还得到汉默斯坦(Hammerstein)系统的相合估计(一致估计). 基于激励方法,他导出几种自适应控制算法,不仅保证了参数估计的收敛性,同时还保证了诸如跟踪误差、二次性能指标等趋于其最优值.

张纪峰于 20 世纪 90 年代与陈翰馥、郭雷等合作,针对定常参数系统提出了时滞估计判据,给出了使阶、时滞和系数估计收敛、闭环性能最优的适应控制；为开环可能不稳定且可能是非最小相位的、具有未知干扰的系统设计了适应镇定控制. 他还于 1995 年与凯恩斯 (P. E. Caines)合作对突变参数系统给出了参数估计误差上界的估计式,为设计该类系统的适应控制和分析闭环系统的性能提供了有力工具.

周彤于 1993 年与外国学者几乎同时发现了模型集检验与卡拉德多瑞费叶(Carathedory-Fejer)插值定理之间的密切关系,并证明了基于时域实验数据的模型集检验在很多情形下可转化为凸优化问题. 在此基础上他于 1996 年得到了模型集非伪概率的一些上界和下界. 他还证明了：无论辨识实验提供频率域数据还是时间域数据,所有不能为关于控制对象的知识否定的模型均可表示为系统的不可测数据和外部干扰的一个线性分式变换. 这一结论为模型集辨识提供了一个带有根本性区别的统一框架.

舒迪前及合作者于 1996 年提出用内模控制结构建立各种预测控制算法的统一格式,推导了在统一格式下实现闭环无偏跟踪时系统的特性,并证明了在显式和隐式条件下非参数模型和参数模型两类预测控制算法自校正控制器的全局收敛性.

周彤于 2000 年提出了一种基于频率域实验数据的模型集非伪概率的定义,在国际上被承认为对鲁棒控制和系统辨识的重要贡献. 周彤并证明了当实验数据较长时,随机性框架在模型集检验中优于确定性框架. 周彤并利用插值定理得到了控制对象正规互质因子的参数化表示. 在此基础上他于 2001 年推导出了基于闭环频率域实验数据的控制对象正规互质因子极大似然估计表达式及一系列重要统计特性,为辨识正规互质因子扰动模型集奠定了基础.

张纪峰于 2003 年与王乐一(美籍)、殷刚(美籍)等合作开启了对基于诸如双值传感器的集值输出系统的辨识研究,给出了最优辨识误差、时间复杂度估计,以及未知干扰和未建模动态对这些估计的影响,提出的辨识方法和思路为后来研究一般的集值输出和有限信息输出系统的辨识与控制问题奠定了基础.

计算机辅助设计控制系统　1962 年和 1964 年,王正中提出了采用高频辅助通道改善脉冲调制乘法运算器系统动态品质的概念与方法. 他进而研究了混合仿真中的系统误差问题,并于 1979 年作出了混合仿真中的系统误差对于采样频率的限制的重要论述.

韩京清于20世纪70年代提出以有限步的初等变换和矩阵序列结构算法完成控制理论的命题证明和求解的构造性方法,为研发控制系统计算机辅助设计的大型应用软件提供了算法依据.

杨嘉墀1983年倡导并组织全国15所高等学校和科研院所合作开发了控制系统计算机辅助设计软件系统,于1991年通过国家级鉴定,鉴定委员会认为该软件系统已达到当时的国际先进水平.

彭国雄(香港)于1987年对计算机辅助设计多变量控制系统提出一种专家系统方法,并开发了相关的实用软件.

刘宏才与合作者于1988年研发成功计算机辅助控制系统教学软件包.

离散事件动态系统　何毓琦(美籍)于20世纪80年代初率先研究离散事件系统.他的研究成果奠定了"摄动分析"(1983年)和"序优化"(1992年)研究领域的基础,导致生产自动化和通讯网络等研究中的一系列突破.

曹希仁(香港)与何毓琦(美籍)合作于1983年提出了摄动分析应用于排队网络的一般原理与第一个算法.

曹希仁(香港)于1985年给出了基于单个样本轨迹灵敏度估计无偏性及强一致性的条件,进而对无穷小摄动的偏差作出了估计.该工作奠定了摄动分析的理论基础.

胡保生于20世纪90年代研究离散事件动态系统的建模、调度与控制,均有显著成果.韩曾晋于20世纪90年代提出基于扰动分析的离散事件随机动态系统的某些优化算法以及混合动态系统的佩特里网设计方法在某类生产线上的应用.

郑大钟、王龙和赵千川于20世纪90年代关于线性离散事件动态系统提出了其在极大代数上的特征值的解析化算法,还提出了在参数摄动下的周期性稳态性能的渐近估计和鲁棒性条件及稳态周期参数的配置算法和辨识方法,以及在区间参数摄动下的序列性鲁棒性的哈里托诺夫型判据.

陈文德和齐向东于1993年得到了离散事件动态系统中的"多周期"系统("周期"指极大代数上的矩阵$\boldsymbol{A}$的特征值,相当于线性系统的极点)可用状态反馈进行"极点"配置的充分必要条件.此前国外学者仅得到了容易的"单周期"系统的"极点"配置条件.

曹希仁(香港)于1996年提出了离散事件系统基于性能势的统一理论,开创了多学科结合的新的研究方向.

社会经济系统　张钟俊于1983年率领考察组从上海到新疆进行实地考察,整理分析了获得的50万个数据,于1984年建立了新疆的宏观经济动力学模型、投入产出模型和用状态空间描述的动态经济控制模型.这是我国第一个采用系统工程方法建立大型地区性社会经济模型,对于指导新疆的经济发展有重要的作用.

陈珽与他的同事和学生于20世纪80年代对于多目标决策问题、群(多人)决策问题、冲突的仲裁问题、以及多层决策问题,分别提出了实用的理论和方法,并应用于河流的最优开发和中国三峡工程的综合效益研究,以及大型多用途水库的建设.

智能控制　吴宏鑫于 1999 年提出基于特征建模的黄金分割智能控制方法,为降阶控制器和智能控制器的设计开拓了新的道路,属于国内外首创.他还针对一类复杂对象的智能控制器问题提出了设计的理论依据.

杨林发(香港)与英国学者合作,于 20 世纪 80 年代将对角优势传递函数矩阵的概念推广为优势概念的统一原理,将对角优势的要求降到最低,从而推动了解决许多非线性规划困难的结构性问题.杨林发率先引入了混合整数规划以解决大规模线性和模糊系统中的聚类问题.他们并开发了一种基于田口(Taguchi)算法的新的快速遗传算法,可以避开现今遗传算法中的许多类随机问题.

张明廉及其学生于 1994 年基于拟人智能控制理论成功地实现了单电机驱动的三级倒立摆稳定控制,解决了控制技术的这一长期难题.其后他们又相继实现了二维平面运动倒立摆、平行双摆以及甩起倒立摆等的稳定控制,都有很强的鲁棒性.

李祖枢于 20 世纪 90 年代和 21 世纪初继承周其鉴提出的仿人智能控制,对其理论体系的形成和在复杂系统中的扩展做出了贡献.仿人智能控制理论提出了特征模型、特征辨识、特征记忆、多模态控制、瞬态性能指标、稳定性监控和高阶产生式分层递阶结构等一系列新概念,在多级倒立摆、三关节体操机器人等非线性欠驱动的复杂系统的控制上取得了突破.在国际上首次实现了倾斜轨道上小车二级摆摆起倒立的实时控制和小车三级摆摆起倒立仿真,并率先实现了三关节单杠体操机器人的高难度动作的仿真.

蔡自兴在把人工智能与自动控制结合方面做了重要贡献,于 1996 年提出了智能控制四元交集结构理论.

涂序彦于 2002 年提出"基于人工生命的智能控制".

时代不断前进,祖国正在发展.上文提到不少有杰出贡献的科学家、工程师和教师,他们中有些人今天已经步入历史,更多新的英才正在源源涌现.本书编著者殷殷期望读者们踏上前人的肩头努力攀登,为人民做出更大的贡献.

第2章 控制系统的数学描述

2.1 引言

控制理论研究的主要问题是：(1)一个给定的控制系统，它的运动具有哪些性质和特征；(2)怎样设计一个控制系统，使它的运动具有给定的性质和特征．前一个问题称为控制系统的分析，后一个问题称为控制系统的综合和设计．它们都离不开对控制系统的**运动**的研究．控制科学中的“运动”一词，并非只指物体位置的移动或旋转，而是泛指一切物理量随时间的变化，如磁场的增强和减弱，温度的升高和降低，人口的增多和减少等．要研究各种物理量的运动，必须把它们彼此间互相作用的关系和规律以数学形式表示出来．用工程语言说就是要为运动对象建立**数学模型**．这里所说的“**对象**”，是泛指所研究的一切事物，可以指个别物体，也可以指一个复杂的系统．

建立和研究控制系统的数学模型，是控制科学家和工程师首先重视的问题．有了正确的数学模型，方能定量地研究对象的运动．

举例说，在一个由电阻 R 和电感 L 串联并加上电压 u 的电路中，电流 i 的变化可以用如下的微分方程描述：

$$L\frac{\mathrm{d}i}{\mathrm{d}t}+Ri=u.$$

上式就是这个电路中电流运动的数学模型．研究这个方程的数学性质，就可以知道该电路中电流运动的特点．在作这样的研究时，人们暂时不再注意方程中的变量 i 和 u 的物理意义，只把它们看作抽象的**变量**．同样，人们也暂时不再注意 L 和 R 的物理意义，只把它们看作抽象的**参数**．直到方程的数学性质研究清楚或解出方程以后，人们才用所得的结果描述电流变化的规律，以及各参数对它的影响．可以说，在这一过程中人们的思维经历了两次飞跃：在列写方程时，是**从物理抽象到数学**；而在数学问题解决后，又**从数学回归到物理**．

在研究控制系统时，为了语言简洁，有时就把某一对象的数学模型，例如一个微分方程(组)叫做这个对象.

工程上最常用的数学模型是常微分方程、差分方程和代数方程. 求解这些方程(组)的常规方法大体上都已收入工科大学的数学课程,因此本书一般不再详细叙述. 但是应当强调指出：从工程角度看,人们并不满足于解出方程. 工程上感兴趣的通常是更深入的问题,诸如：方程的解有哪些主要特征？系统的参数值的变动对解有什么影响？怎样修改某些参数的值,甚至修改系统的结构,方能改进解的性质,使之满足工程上的要求？等等.

"自动控制原理"课程将着重研究这些问题.

本章的前一半主要讲述如何列写和处理描述控制系统运动的常微分方程组,其中包括一种特定形式的常微分方程组,即状态方程组. 在控制系统的这些描述中,讨论的对象主要是**实数时间** t 的函数,所以这类描述通常称为**时间域**描述. 本章的后一半主要讲述描述控制系统运动的另一些数学工具,即传递函数(矩阵)和系统矩阵. 第 4 章还要讲述另一种与之相关的工具,即频率特性. 在这些描述中,并不直接讨论时间函数本身,而是讨论时间函数经过特定数学**变换**后得到的某种"象函数",象函数的自变量不再是实数时间 t,而是**复数频率** s. 尽管 s 未必代表某种真实的频率,但由于历史原因,通常仍把这类数学描述称为**频率域**描述. 读者对本章讲述的几种描述都应当深入掌握,融会贯通,善于熟练地运用它们研究问题和解决问题.

2.2 运动对象的微分方程描述

建立描述控制系统运动的微分方程的主要方法有两种. 第一种方法是首先分析系统的各个部件运动的机理,根据这些机理分别列写出描述系统每一部件运动的微分方程. 这些部件的微分方程合在一起便是整个系统的微分方程(组). 第二种方法是在系统上人为地加上某种测试信号,记录在此信号作用下系统中各变量的运动,然后选择适当的微分方程,使之能近似地表示这种运动,就以此作为系统的数学模型. 有时连测试信号也不加,就径直记录系统正常运行时各变量的实际运动数据,据以建立系统的数学模型. 这第二种方法称为**系统辨识**,主要用于系统的运动机理很复杂因而不便分析或无法分析的情形. 系统辨识现已发展成为一个专门的学科.

本书只讨论根据系统运动机理建立其数学模型的方法,并主要是通过实例说明. 本节所举的实例只限于线性对象,即可以用线性微分方程和线性代数方程描述的对象；只限于定常对象,即其参数不随时间变化的对象；只限于集总参数对象,即其各物理量不是连续地分布于空间的对象. 这种**线性**、**定常**、**集总参数**的对象是工程上最常见的.

2.2.1 列写原始运动方程组

本节通过4个具体例子说明按照运动机理列写运动对象的运动方程组的方法.

例 2.2.1 图2.2.1是由质量、弹簧和空气阻尼器组成的运动系统. 它有相当广泛的代表性. 系统运动部分的质量为 m,位移为 x,弹簧的应力方向与 x 相反,而大小正比于 x,比例系数为 $k(>0)$. 阻尼器的阻力方向与活塞的运动速度 $\mathrm{d}x/\mathrm{d}t$ 的方向相反,而大小正比于 $\mathrm{d}x/\mathrm{d}t$,比例系数为 $h(>0)$. 作用于系统上的外力为 $F(t)$.

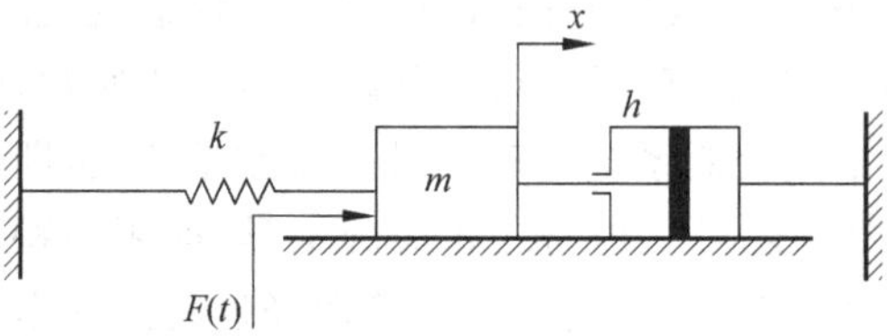

图 2.2.1 质量、弹簧和阻尼器系统

忽略摩擦,可以按牛顿定律写出系统运动的微分方程如下:

$$F(t)-kx-h\frac{\mathrm{d}x}{\mathrm{d}t}=m\frac{\mathrm{d}^2x}{\mathrm{d}t^2}.$$

稍加整理即得描述此对象运动的微分方程

$$m\frac{\mathrm{d}^2x}{\mathrm{d}t^2}+h\frac{\mathrm{d}x}{\mathrm{d}t}+kx=F(t). \tag{2.2.1}$$

这是一个2阶的线性微分方程. 其中,外力 $F(t)$是引起系统运动的**原因**,位移的运动 $x(t)$是**结果**. 把体现运动原因和结果的物理量分别称为对象的**输入量**和**受控量**. 本例 $F(t)$是输入量,而 $x(t)$是受控量,当然 $\mathrm{d}x/\mathrm{d}t$ 甚至 $\mathrm{d}^2x/\mathrm{d}t^2$ 等也都是受控量. 输入量与各受控量的运动之间的关系是因果关系. 也可以把它们的关系想象成信号的传输与变换的关系,好像在电子放大器的输入端加上信号电压后,放大器内部的各电压电流及输出端的电压都随之变化一样. 通常,输入量为已知,受控量为待求. 方程的数目应当等于独立的待求量的数目,方能求解. 本例方程数目是1,独立待求量数目也是1,即 $x(t)$,其他待求量如 $\mathrm{d}x/\mathrm{d}t$ 等都可以从 $x(t)$导出,不是独立的. □

例 2.2.2 图2.2.2是一个电阻器、电感器、电容器串联电路. $U(t)$是外加电压. 根据电路原理容易写出其微分方程,即

$$L\frac{\mathrm{d}i}{\mathrm{d}t}+Ri+u_C=U(t) \tag{2.2.2}$$

和

$$i = C\frac{\mathrm{d}u_C}{\mathrm{d}t}. \tag{2.2.3}$$

这就是描述图 2.2.2 电路的微分方程组. 它由 2 个 1 阶微分方程组成. 外电压 $U(t)$是输入量,电流 $i(t)$和电容器上的电压 $u_C(t)$是两个独立的受控量. 方程数目等于独立受控量数目.

在受控量有多个的情形下,往往只需要着重研究其中的某几个,而认为其他受控量是次要的. 这些**需要着重研究的受控量称为对象的输出量**. 其他受控量则视为对象的**中间变量**或**内部变量**. 在一个控制系统中,把哪些受控量选作输出量,以及选取的输出量的数目,都是人们自主决定的,对于系统本身的运动性质没有影响. 有时可以在方程中消去一些中间变量而只留下输出量. 在本例中,如果需要着重研究电容器上的电压 $u_C(t)$,就可以从式(2.2.2)和式(2.2.3)中消去 $i(t)$而得到

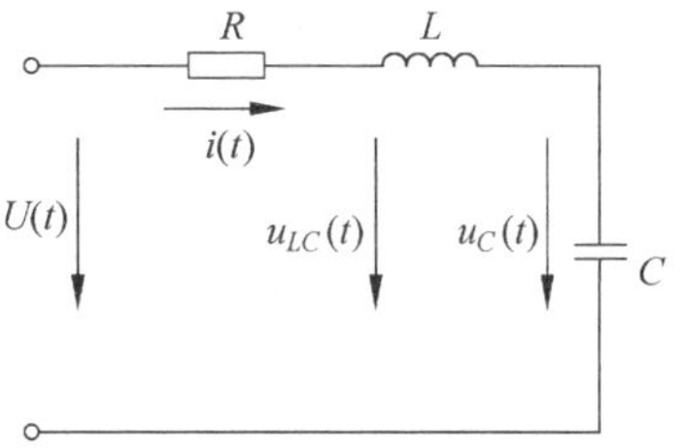

图 2.2.2　电阻、电感、电容串联电路

$$LC\frac{\mathrm{d}^2 u_C}{\mathrm{d}t^2} + RC\frac{\mathrm{d}u_C}{\mathrm{d}t} + u_C = U(t). \tag{2.2.4}$$

这时待求量与方程的数目都减为 1,但微分方程的阶则升为 2.

输出量也可以是几个受控量的**线性组合**,甚至是受控量与输入量的线性组合. 例如在图 2.2.2 中如果选 $u_{LC}(t)$作为输出量,就有

$$u_{LC}(t) = U(t) - Ri(t). \tag{2.2.5}$$

式(2.2.5)把输出量表示为受控量和输入量之间的线性组合关系,称为**输出方程**.

方程式(2.2.1)是例 2.2.1 的机械系统的数学模型,方程式(2.2.4)是例 2.2.2 的电路的数学模型. 二者的物理性质完全不同,但它们的数学模型却极其相似. 这生动地表明: 数学模型是舍弃了各种事物的个性,而把它们的共性(即运动规律)抽象出来. 所以数学模型具有比具体事物更一般的品格. 数学模型相同的事物,其运动规律自然相同. 所以可以断言: 尽管例 2.2.1 与例 2.2.2 是完全不同的事物,但例 2.2.1中物体的位移的变化规律必与例 2.2.2 中电压的变化规律有共同点.

设电路的参数为 $R=10\Omega$,$L=50\mathrm{H}$,$C=400\times10^{-6}\mathrm{F}$,则式(2.2.4)化为数字系数的微分方程:

$$0.02\frac{\mathrm{d}^2 u_C}{\mathrm{d}t^2} + 0.004\frac{\mathrm{d}u_C}{\mathrm{d}t} + u_C = U(t). \tag{2.2.6}$$

给定函数 $U(t)$后,此方程就可以用任何一种方法(包括用计算机)求解. □

例 2.2.3　图 2.2.3 所示的直流他励电动机既有电磁作用,又有机械转动,是一个机电对象.

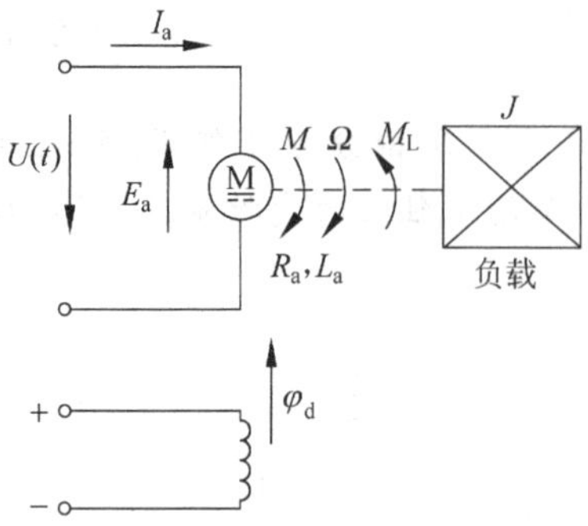

图 2.2.3 直流他励电动机

首先列写其电路方程,有

$$U - E_a = L_a \frac{dI_a}{dt} + R_a I_a, \quad (2.2.7)$$

其中 U 是外加的电枢电压,E_a 是电枢电势,I_a 是电枢电流,L_a 和 R_a 分别是电枢电路的总电感和总电阻.

其次列写机械运动方程:

$$M - M_L = J \frac{d\Omega}{dt}, \quad (2.2.8)$$

其中 M 是电动机产生的电磁力矩,M_L 是电动机轴上的反向力矩(包括负载、摩擦、空气阻力等),J 是电动机旋转部分的总转动惯量(包括减速系统和负载机械等的转动惯量,全部折算到电动机轴),Ω 是电动机轴的角速度.

还有两个描述电路与旋转部分的联系的方程:

$$E_a = k_d \Omega, \quad (2.2.9)$$

$$M = k_d I_a, \quad (2.2.10)$$

这里 k_d 是电动机的比例系数:

$$k_d = \frac{pN}{2\pi a} \varphi_d, \quad (2.2.11)$$

其中 p 是电动机的极对数,N 是电枢绕组的有效导体数,a 是电枢绕组的支路数,φ_d 是每磁极下的磁通量. 因此 k_d 仅取决于电动机的结构参数与励磁的工况,而与系统中的各变量无关,是电动机的已知参数①.

方程组(2.2.7)~(2.2.10)就是直流他励电动机的原始运动方程. 它由 2 个 1 阶微分方程和 2 个代数方程组成. 方程组中共有 6 个变量: $U, E_a, I_a, M, M_L, \Omega$. 这里电压 U 和力矩 M_L 是从外部加到电动机上的,是导致电动机运动的输入量; 其余 4 个变量 E_a, I_a, M, Ω 是体现电动机的运动的受控量. 如果主要注意电动机转速的变化,即把 Ω 看作输出量,则可以从上面这 4 个方程中消去 E_a, I_a, M 这 3 个中间变量,而得到仅含 Ω 的 2 阶微分方程如下:

$$T_a T_m \frac{d^2\Omega}{dt^2} + T_m \frac{d\Omega}{dt} + \Omega = \frac{1}{k_d} U - \frac{R_a}{k_d^2} \left(T_a \frac{dM_L}{dt} + M_L \right), \quad (2.2.12)$$

其中

① 式(2.2.9)和式(2.2.10)中,等号右端的比例系数都是 k_d. 这是由于采用国际单位制(SI),以 rad/s(弧度/秒)为角速度的单位,以 N·m(牛顿·米)为力矩的单位,以 Wb(韦伯)为磁通的单位. 工程界至今有人沿习惯以转/分为角速度的单位,以公斤力·米为力矩的单位,则这两个公式中的比例系数不相同,两公式分别成为 $E_a = k_e \Omega$ 和 $M = k_m I_a$,而 $k_e \approx 1.03 k_m$.

$$T_a = \frac{L_a}{R_a} \tag{2.2.13}$$

称为电动机电枢电路的**电磁时间常数**，而

$$T_m = \frac{JR_a}{k_d^2} \tag{2.2.14}$$

称为电动机的**机电时间常数**①.

有些场合下 $T_a \ll T_m$. 如果略去 T_a，则式(2.2.12)简化为 1 阶微分方程：

$$T_m \frac{d\Omega}{dt} + \Omega = \frac{1}{k_d} U - \frac{R_a}{k_d^2} M_L. \tag{2.2.15}$$

□

例 2.2.4　在图 2.2.4 的加热系统中，冷液体进入箱内加热并搅拌后流出. 设热液体的出口温度为 $\Theta(t)$，冷液体的入口温度为恒值 Θ_0，单位时间内流过的液体质量为恒值 F，箱内液体的质量为恒值 M，又设液体的比热为 c. 以加热器单位时间内产生的热量 $H(t)$ 为系统的输入量，则在时间 dt 内进入系统的热量是

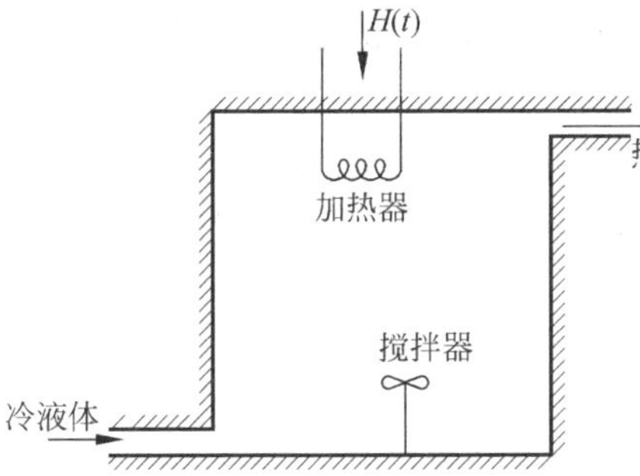

图 2.2.4　液体加热系统

$$dQ_1 = Hdt + cF\Theta_0 dt,$$

而在时间 dt 内离开系统的热量是

$$dQ_2 = cF\Theta dt.$$

箱内液体所含热量的增量则是

$$dQ_3 = cMd\Theta.$$

把以上 3 式代入热量平衡方程

$$dQ_1 - dQ_2 = dQ_3$$

并整理后，可得

$$cM \frac{d\Theta}{dt} + cF\Theta - cF\Theta_0 = H. \tag{2.2.16}$$

---

① 不妨这样验证 T_m 的量纲：据式(2.2.9)，k_d 的量纲是[电压]/[角速度]，亦即[电压]·[时间]. 又据式(2.2.10)，也可以认为 k_d 的量纲是[力矩]/[电流]. 所以可以认为 k_d^2 的量纲是[电压]·[时间]·[力矩]/[电流]. 把这代入式(2.2.14)，并注意到[力矩]=[转动惯量]·[角加速度]=[转动惯量]·[时间]$^{-2}$，就可以看出 T_m 的量纲是[时间].

记液体在出口与入口的温度差为 θ:

$$\theta = \Theta - \Theta_0,$$

便可把式(2.2.16)简化为

$$\frac{M}{F}\frac{\mathrm{d}\theta}{\mathrm{d}t} + \theta = \frac{1}{cF}H. \tag{2.2.17}$$

这就是以温度差 θ 为输出量时加热系统的数学模型. □

2.2.2 非线性方程的线性化

2.2.1 节的 4 个例子中得到的数学模型都是线性微分方程. 但工程上也常见非线性的模型,即受控量与输入量之间的关系须用非线性方程描述. 它们通常比线性方程难处理. 所以工程上常常希望用线性方程近似地代替非线性方程. 下面讨论这个问题.

受控量与输入量之间的函数关系可分为两类. 一类函数的性质是:当输入量连续变化时,函数值及其各阶导数值的变化都是连续的,至少在对象的运行范围内是如此. 我们称这类函数为**光滑函数**(图 2.2.5),否则就称为**不光滑函数**(图 2.2.6). 不光滑函数是不可能用线性函数近似地代替的. 光滑函数则有时可以在一个小范围内用线性函数近似地代替. 下面举例说明.

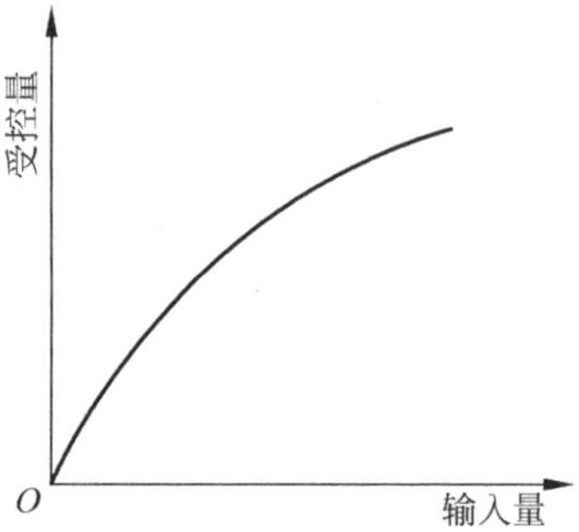

图 2.2.5 光滑函数

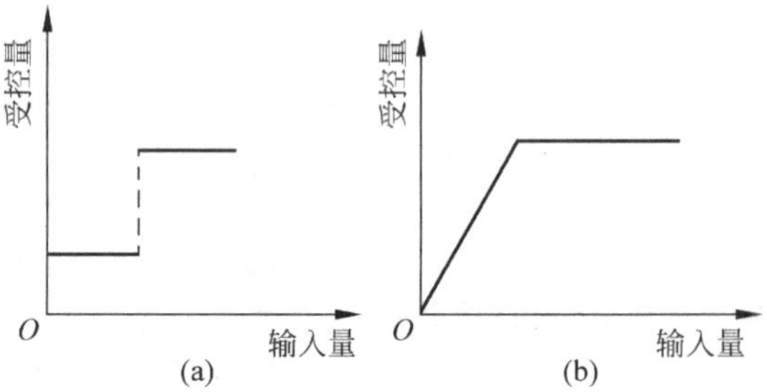

图 2.2.6 不光滑函数

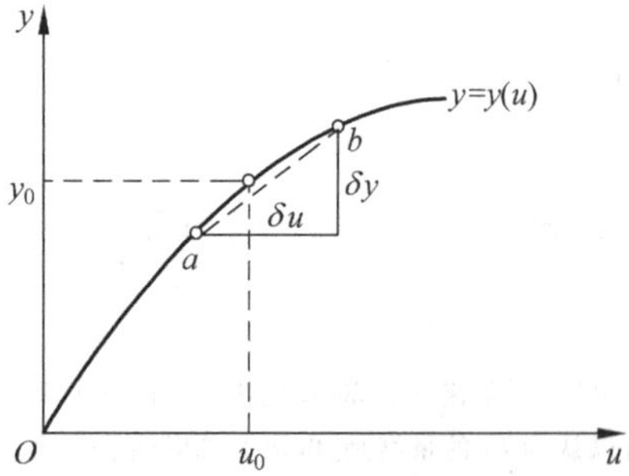

图 2.2.7 非线性函数的微偏线性化

设某对象的输入量 u 与受控量 y 之间的非线性函数关系如图 2.2.7 所示. 设在运行过程中 u 与 y 的运动范围为图中的曲线段 ab. 输入量的近似值与受控量的近似值分别为 u_0 与 y_0,而二者的变化幅度分别为 δu 与 δy. 只要 $|\delta u|$ 与 $|\delta y|$ 都充分小,就可用图中虚线表示的直线段 ab 近似地代替对象运行时的实际特性曲线,而把 u 与 y 之间的函数关系近似地表示为

$$y - y_0 = \frac{\delta y}{\delta u}(u - u_0).$$

把 $u-u_0$ 和 $y-y_0$ 分别称为变量 u 与 y 关于点 u_0 与 y_0 的**微偏量**，分别记作 Δu 与 Δy，又把常量 $\delta y/\delta u$ 记作 h，上式就可改写为

$$\Delta y = h\Delta u. \tag{2.2.18}$$

用这个关于微偏量的线性方程代替关于实际变量 u 和 y 的非线性方程，可以使研究工作便利得多. 这称为非线性函数的**微偏线性化**，是工程上很有用的一项技巧.

如果对象的输入量 u 与受控量 y 之间的非线性函数关系是以解析函数

$$y = f(u)$$

的形式表示，则可以用对函数求微分的方法进行微偏线性化. 在 $u=u_0$ 点对上式两端同求微分，得

$$dy = f'(u_0)du.$$

以增量代替微分，就得到与式(2.2.18)相同的结果：

$$\Delta y = h\Delta u, \tag{2.2.19}$$

其中 $h=f'(u_0)$. 注意方程式(2.2.18)和式(2.2.19)只在小范围内有效.

2.2.3 为复杂对象建立数学模型

2.2.1 节所举的 4 个对象都是比较简单的. 如果要为复杂对象建立数学模型，就需要详细了解对象的运动机理并周密思考. 复杂对象常由几部分组成. 应当先为每一部分列写运动方程，再用一些**联系方程**把它们联结起来. 如果对象的运动机理包含多个学科的物理现象，就要像例 2.2.3 那样先分别按照各学科的原理列写方程，再寻找联系方程. 列出各运动方程和联系方程后，最好作量纲检查，以防止错误.

在为复杂对象建立数学模型时，要注意区分输入量与受控变量. 特别要注意检查受控变量的数目. 最后得到的**方程的数目必须与独立受控变量的数目相等**，否则方程组不可能求解，或不可能有唯一解.

下面举两个例子.

例 2.2.5 图 2.2.8 是一个闭环反馈控制系统. 它是一个小功率随动系统的示意图. 两个相同的电位器 **1**,**2** 由同一直流电源供电. 电位器 **1** 的滑臂由手柄 **3** 转动. 以 ψ 和 φ 分别表示两电位器滑臂的位置. 若 $\varphi\neq\psi$，则两滑臂电位不等，就形成信号电压 u_p，经放大器 **4** 放大后，在直流发电机 **5** 的励磁绕组 **6** 中产生励磁电流 I_f. 发电机的电势使直流他励电动机 **8** 经传动机构 **9** 驱动负载 **10** 旋转，同时带动电位器 **2** 的滑臂 **11**，直到 $\varphi=\psi$，即负载机械的角位置符合操纵手柄给定的角位置，整个系统才有可能静止下来. 这就实现了负载 **10** 对于手柄 **3** 的**无静差**随动. 图 2.2.8 中，**7** 是发电机 **5** 的原动机，它的转速是恒定的，**12** 是电动机 **8** 的励磁

绕组.

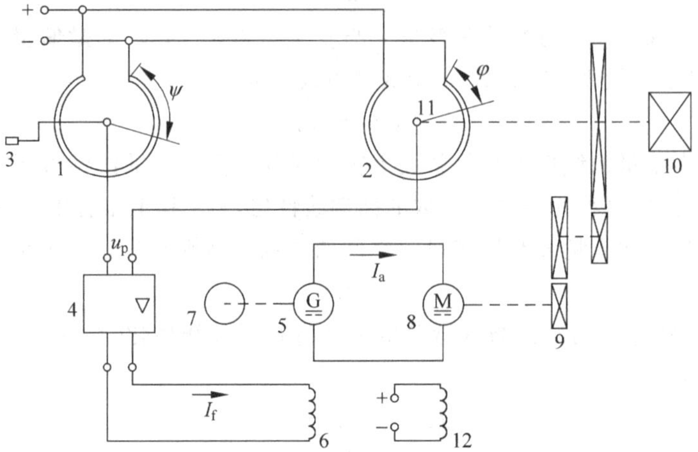

图 2.2.8　小功率随动系统

下面我们分别列写这个闭环系统的各个部分的运动方程.

(1) 电位器组. 它们的输入量是角 ψ 和角 φ,输出量是电压 u_p. 描述电位器组运动的方程是代数方程

$$u_p = k_p\psi - k_p\varphi, \tag{2.2.20}$$

其中 k_p 是电位器的比例系数.

(2) 放大器. 放大器的输入量是电压 u_p,输出量是电流 I_f. 假设放大器工作于其特性的线性段,其电压放大倍数是常量 k_a,它的输出电路的总电阻(包括放大器的等效内阻)是 R_f,励磁绕组 **6** 的电感(认为发电机的磁路未饱和)是常量 L_f. 于是就可写出放大器的方程:

$$k_a u_p = R_f I_f + L_f\frac{dI_f}{dt}$$

或

$$T_f\frac{dI_f}{dt} + I_f = \frac{k_a}{R_f}u_p, \tag{2.2.21}$$

其中 $T_f = L_f/R_f$ 是励磁电路的电磁时间常数.

(3) 发电机电动机组. 它的输入量是励磁电流 I_f,输出量是电动机的角速度 Ω. 由于认为发电机的磁路未饱和,故发电机的电势正比于励磁电流. 设其比例系数是 k_g,发电机的电势就是 $k_g I_f$. 至于电动机,在例 2.2.3 中已经得到它的方程式(2.2.12),只须将式中的 U 用 $k_g I_f$ 代替就可以了. 于是有

$$T_a T_m\frac{d^2\Omega}{dt^2} + T_m\frac{d\Omega}{dt} + \Omega = \frac{k_g}{k_d}I_f - \frac{R_a}{k_d^2}\left(T_a\frac{dM_L}{dt} + M_L\right). \tag{2.2.22}$$

(4) 传动机构. 它的输入量是电动机的角速度 Ω,输出量是电位器 **2** 的转角 φ. 其方程显然就是

$$\frac{\mathrm{d}\varphi}{\mathrm{d}t} = k_t \Omega, \tag{2.2.23}$$

其中 k_t 是传动机构的传动比(从动轴的转速比驱动轴的转速).

方程组(2.2.20)～(2.2.23)就是这个随动系统的数学模型. 它由 4 个方程组成: 1 个 2 阶微分方程,2 个 1 阶微分方程,1 个代数方程. 它含有 6 个变量: $\psi, \varphi, u_p, I_f, M_L, \Omega$. 其中 ψ 和 M_L 是从外部加到这个系统上并导致其运动的原因,所以它们是对象的输入量,其余 4 个变量则是受控量. 受控量数目与方程数目相等. □

例 2.2.6 图 2.2.9 表示一个造纸机的集流箱. 箱内的原料是纸浆的悬浮液,液面以上是压缩空气. 原料由于空气的压力和自身的重量而以一定的速度从出料口流出. 输入量是单位时间内注入集流箱的原料体积 Q_1 和单位时间内注入集流箱的空气质量 F_1. 取箱内原料高度 L 和箱内空气质量 M 作为输出量.

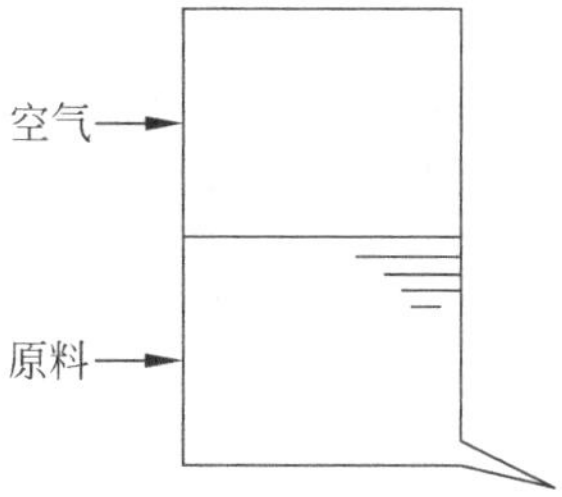

图 2.2.9　造纸机的集流箱

设单位时间内流出集流箱的原料体积为 Q_2,单位时间内流出集流箱的空气质量为 F_2,集流箱的截面积为 E. 可以写出

$$Q_1 - Q_2 = E\frac{\mathrm{d}L}{\mathrm{d}t}, \tag{2.2.24}$$

$$F_1 - F_2 = \frac{\mathrm{d}M}{\mathrm{d}t}. \tag{2.2.25}$$

现在方程数目为 2,而受控变量(F_2, Q_2, L, M)数目为 4,两者不等,方程的数目缺少 2. 因此需要寻找 L 与 M 之间的关系,以补充一些联系方程. 设集流箱总容积为 V_b 而空气所占体积为 V,则有

$$V + EL = V_b, \tag{2.2.26}$$

又 V 与 M 应服从气体方程

$$PV = \frac{M}{M_w}RT. \tag{2.2.27}$$

上式中 P 是箱内空气压力,M_w 是空气的分子量,R 是气体常数,T 是空气温度(设为常量). 至此已经找到了 2 个方程把 L 与 M 借助于 V 联系起来. 现在方程数目已达到 4,但受控变量(F_2, Q_2, L, M, V, P)数目却增加到 6,所以还需要再补充一些联系方程.

根据流体力学知识,F_2 和 Q_2 分别有以下性质:

$$F_2 = F_m\sqrt{1 - \frac{P_a}{P}}, \tag{2.2.28}$$

$$Q_2 = bC\sqrt{2gH}, \tag{2.2.29}$$

式中 F_m 是常量,P_a 是集流箱外的大气压力,也是常量,b 是出料口宽度,C 是出料口有效排料厚度,g 是重力加速度,H 是出料口总压力折合成原料的高度,即

$$H = L + \frac{P - P_a}{\rho_0}, \tag{2.2.30}$$

其中 ρ_0 是单位体积原料的重量.

现在方程数目和受控变量(F_2, Q_2, L, M, V, P, H)数目均达到 7. 二者相等. 方程数目够了.

在式(2.2.24)～式(2.2.30)这 7 个方程中,有 3 个是非线性方程,即方程式(2.2.27)～式(2.2.29). 因此需要对全部方程组作微偏线性化处理.

把系统运行于静态工作点时各**变量** F_2, Q_2, L, M, V, P, H 的值分别记作 F_{20}, $Q_{20}, L_0, M_0, V_0, P_0, H_0$,它们都是**常量**. 在此工作点上对上述 7 个方程分别求微分,并用增量代替,就分别得到下面的 7 个线性化方程:

$$\Delta Q_1 - \Delta Q_2 = E\frac{\mathrm{d}\Delta L}{\mathrm{d}t}, \tag{2.2.31}$$

$$\Delta F_1 - \Delta F_2 = \frac{\mathrm{d}\Delta M}{\mathrm{d}t}, \tag{2.2.32}$$

$$\Delta V + E\Delta L = 0, \tag{2.2.33}$$

$$P_0\Delta V + V_0\Delta P = \frac{RT}{M_w}\Delta M = \frac{P_0V_0}{M_0}\Delta M, \tag{2.2.34}$$

$$\Delta F_2 = F_m\frac{1}{2\sqrt{1-\dfrac{P_a}{P_0}}}\frac{P_a}{P_0^2}\Delta P = \frac{F_{20}}{2\left(\dfrac{P_0}{P_a}-1\right)P_0}\Delta P, \tag{2.2.35}$$

$$\Delta Q_2 = bC\frac{\sqrt{2g}}{2\sqrt{H_0}}\Delta H = \frac{Q_{20}}{2H_0}\Delta H, \tag{2.2.36}$$

$$\Delta H = \Delta L + \frac{1}{\rho_0}\Delta P. \tag{2.2.37}$$

式(2.2.31)～式(2.2.37)这 7 个联立的方程就是集流箱的线性化数学模型. 前 2 个是微分方程,后 5 个是代数方程. 其中 ΔF_1 和 ΔQ_1 是 2 个输入量; ΔF_2, $\Delta Q_2, \Delta L, \Delta M, \Delta V, \Delta P, \Delta H$ 是 7 个受控变量. 方程数目与受控变量数目相等. □

如果被研究的运动对象只有 1 个输入量和 1 个输出量,就叫做**单输入单输出**的对象,简称**单变量**对象. 如果有多个输入量和多个输出量,就叫做**多输入多输出**的对象,简称**多变量**对象. 例 2.2.6 就是一个 2 输入 2 输出对象.

2.2.4 从原始方程组导出单变量微分方程

上面 6 个例子详细说明了为控制系统建立以微分方程为主体的数学模型的方法. 如果研究的是现实的控制系统,这样得到的方程组中通常不会含有矛盾方程或相依方程. 因此,只要方程的数目与独立受控变量的数目相等,各输入量函数均为已知且数学性质适当(这些性质将在 2.4 节中说明),而且各受控变量的初值均已给定,则方程组必有解而且解是唯一的.因此,从原则上说,建立了微分方程组,求解应无问题.至于如何进一步根据所得的解的表达式(或曲线)解释控制系统的实际运动,即具体实现第 2.1 节所说的"从数学回归到物理",还必须依靠对物理过程的深入了解,特别要注意到物理过程所受的客观约束,即数学模型无法确切描述的限制条件,方能做到.

许多情况下,需要从含有多个受控量的原始的微分方程和代数方程组中消去相对次要的那些受控量,将方程组合并成为只含有一个受控量(即输出量)的单变量微分方程,再对它进行研究.所得的单变量微分方程一般是高阶的.例 2.2.3 的方程式(2.2.12)就是经过合并处理所得.下面系统地叙述进行这种合并的方法.

合并过程分为 4 步:

第 1 步　首先确定原始方程组中哪些是输入量,哪些是受控量,哪个是合并后需要保留的输出量.在每一个方程中将各变量排列整齐:受控量置于等号左端,输入量置于等号右端.

第 2 步　在所有方程中暂时用算符 s 代替微分算符 $\frac{\mathrm{d}}{\mathrm{d}t}$,用 s^2 代替 $\frac{\mathrm{d}^2}{\mathrm{d}t^2}$,等等.从而使微分方程也取代数方程的形式.

第 3 步　把所有方程一律**视为**代数方程,按照代数方程组的解法**形式地**解出需要保留的输出量.如此得到的结果必是 s 的有理函数,其中含有各个输入量.

第 4 步　用该有理函数的分母多项式乘结果的两端,再把 s 和 s^2 等还原为 $\frac{\mathrm{d}}{\mathrm{d}t}$ 和 $\frac{\mathrm{d}^2}{\mathrm{d}t^2}$ 等,就得到所要的结果.

例 2.2.7　仍以例 2.2.5 的闭环系统的方程组(2.2.20)~(2.2.23)为例,要求消去各中间变量而导出关于输出量 φ 的单变量微分方程.

首先,整理原方程组(2.2.20)~(2.2.23):在每个方程中,将各受控量移到等号左端,将输入量 ψ 和 M_{L} 移到等号右端,并排列整齐.用 s 和 s^2 等代替 $\frac{\mathrm{d}}{\mathrm{d}t}$ 和 $\frac{\mathrm{d}^2}{\mathrm{d}t^2}$ 等,得到形式上的代数方程组如下:

$$\left.\begin{aligned}
&k_{\mathrm{p}}\varphi + u_{\mathrm{p}} = k_{\mathrm{p}}\psi,\\
&(T_{\mathrm{f}}s+1)I_{\mathrm{f}} - \frac{k_{\mathrm{a}}}{R_{\mathrm{f}}}u_{\mathrm{p}} = 0,\\
&-\frac{k_{\mathrm{g}}}{k_{\mathrm{d}}}I_{\mathrm{f}} + (T_{\mathrm{a}}T_{\mathrm{m}}s^2 + T_{\mathrm{m}}s + 1)\Omega = -\frac{R_{\mathrm{a}}}{k_{\mathrm{d}}^2}(T_{\mathrm{a}}s+1)M_{\mathrm{L}},\\
&s\varphi - k_{\mathrm{t}}\Omega = 0.
\end{aligned}\right\}\tag{2.2.38}$$

用矩阵和向量将上面的联立方程组改写为以下形式:

$$\boldsymbol{T}(s)\boldsymbol{x} = \boldsymbol{u},\tag{2.2.39}$$

其中

$$\boldsymbol{T}(s)=\begin{bmatrix} k_{\mathrm{p}} & 0 & 0 & 1 \\ 0 & (T_{\mathrm{f}}s+1) & 0 & -\dfrac{k_{\mathrm{a}}}{R_{\mathrm{f}}} \\ 0 & -\dfrac{k_{\mathrm{g}}}{k_{\mathrm{d}}} & (T_{\mathrm{a}}T_{\mathrm{m}}s^2+T_{\mathrm{m}}s+1) & 0 \\ s & 0 & -k_{\mathrm{t}} & 0 \end{bmatrix},\quad \boldsymbol{x}=\begin{bmatrix} \varphi \\ I_{\mathrm{f}} \\ \Omega \\ u_{\mathrm{p}} \end{bmatrix},$$

$$\boldsymbol{u}=\begin{bmatrix} k_{\mathrm{p}}\psi \\ 0 \\ -\dfrac{R_{\mathrm{a}}}{k_{\mathrm{d}}^2}(T_{\mathrm{a}}s+1)M_{\mathrm{L}} \\ 0 \end{bmatrix}.$$

由于已做到方程的数目与受控变量的数目相等,所以矩阵 $\boldsymbol{T}(s)$ 必是方的.

从式(2.2.39)可以形式地解出 $\boldsymbol{x}$,得到

$$\boldsymbol{x}=\boldsymbol{T}^{-1}(s)\boldsymbol{u}=\frac{\mathrm{adj}\boldsymbol{T}(s)}{\det\boldsymbol{T}(s)}\boldsymbol{u}, \tag{2.2.40}$$

其中 $\det\boldsymbol{T}(s)$ 是 s 的标量多项式,称为方程组(2.2.38)的**特征多项式**,记作 $\rho(s)$:

$$\rho(s)=\det\boldsymbol{T}(s)=-s(T_{\mathrm{f}}s+1)(T_{\mathrm{a}}T_{\mathrm{m}}s^2+T_{\mathrm{m}}s+1)-\frac{k_{\mathrm{p}}k_{\mathrm{a}}k_{\mathrm{g}}k_{\mathrm{t}}}{k_{\mathrm{d}}R_{\mathrm{f}}}. \tag{2.2.41}$$

伴随矩阵 $\mathrm{adj}\boldsymbol{T}(s)$ 是一个多项式矩阵. 把它求出后,与 $\det\boldsymbol{T}(s)$ 和 $\boldsymbol{u}$ 一同代入式(2.2.40),就可得到 $\boldsymbol{x}$. 再注意到

$$\varphi=[1\quad 0\quad 0\quad 0]\boldsymbol{x},$$

便得

$$\varphi=\frac{\dfrac{k_{\mathrm{p}}k_{\mathrm{a}}k_{\mathrm{g}}k_{\mathrm{t}}}{k_{\mathrm{d}}R_{\mathrm{f}}}}{s(T_{\mathrm{f}}s+1)(T_{\mathrm{a}}T_{\mathrm{m}}s^2+T_{\mathrm{m}}s+1)+\dfrac{k_{\mathrm{p}}k_{\mathrm{a}}k_{\mathrm{g}}k_{\mathrm{t}}}{k_{\mathrm{d}}R_{\mathrm{f}}}}\psi + \frac{-\dfrac{k_{\mathrm{t}}R_{\mathrm{a}}}{k_{\mathrm{d}}^2}(T_{\mathrm{f}}s+1)(T_{\mathrm{a}}s+1)}{s(T_{\mathrm{f}}s+1)(T_{\mathrm{a}}T_{\mathrm{m}}s^2+T_{\mathrm{m}}s+1)+\dfrac{k_{\mathrm{p}}k_{\mathrm{a}}k_{\mathrm{g}}k_{\mathrm{t}}}{k_{\mathrm{d}}R_{\mathrm{f}}}}M_{\mathrm{L}}. \tag{2.2.42}$$

用 $-\rho(s)$ 乘上式两端,再把 s,s^2 等还原为 $\dfrac{\mathrm{d}}{\mathrm{d}t}$ 和 $\dfrac{\mathrm{d}^2}{\mathrm{d}t^2}$ 等,就得到关于 φ 的单一的微分方程:

$$a_4\frac{\mathrm{d}^4\varphi}{\mathrm{d}t^4}+a_3\frac{\mathrm{d}^3\varphi}{\mathrm{d}t^3}+a_2\frac{\mathrm{d}^2\varphi}{\mathrm{d}t^2}+a_1\frac{\mathrm{d}\varphi}{\mathrm{d}t}+a_0\varphi=b_0\psi+\left(c_2\frac{\mathrm{d}^2M_{\mathrm{L}}}{\mathrm{d}t^2}+c_1\frac{\mathrm{d}M_{\mathrm{L}}}{\mathrm{d}t}+c_0M_{\mathrm{L}}\right). \tag{2.2.43}$$

式中各系数如下:

$$\left.\begin{aligned}
a_4 &= T_f T_a T_m,\\
a_3 &= (T_f + T_a) T_m,\\
a_2 &= T_f + T_m,\\
a_1 &= 1,\\
a_0 &= \frac{k_p k_a k_g k_t}{k_d R_f},\\
b_0 &= \frac{k_p k_a k_g k_t}{k_d R_f},\\
c_2 &= -k_t R_a T_f T_a / k_d^2,\\
c_1 &= -k_t R_a (T_f + T_a) / k_d^2,\\
c_0 &= -k_t R_a / k_d^2.
\end{aligned}\right\} \tag{2.2.44}$$

□

特别值得注意的是微分方程的特征多项式 $\rho(s)$，下面正式给出它的定义：

定义 2.2.1　对于微分方程组或微分方程与代数方程混合的方程组

$$\boldsymbol{T}(s)\boldsymbol{x} = \boldsymbol{u},$$

其中 $\boldsymbol{T}(s)$为微分算符 $s(\equiv \mathrm{d}/\mathrm{d}t)$的方形多项式矩阵，向量 $\boldsymbol{x}$ 和向量 $\boldsymbol{u}$ 维数相同. 定义 s 的多项式

$$\rho(s) = \det \boldsymbol{T}(s)$$

为矩阵 $\boldsymbol{T}(s)$的**特征多项式**. □

特征多项式 $\rho(s)$的次数称为方程组的**阶**，记作 n. 以 δ 表示多项式的次数，即 $n=\delta(\det \boldsymbol{T}(s))$. 可以证明：将微分方程与代数方程混合的方程组化为单一受控量的微分方程后，所得微分方程的阶数即为 n. 例 2.2.7 有 $n=4$.

当 s 取某些值时，$\rho(s)=0$. 此时多项式矩阵 $\boldsymbol{T}(s)$**降秩**. 这些值是 $\rho(s)$的**零点**，也称为**矩阵 $\boldsymbol{T}(s)$的零点**. 显然，**特征多项式允许乘以任意非零常数**，而不影响其零点.

以后会看到，**特征多项式的零点关系到控制系统的稳定性**和其他重要动态性质，所以它对于研究控制系统的运动有极重要的意义.

假设给定上述系统的各参数值为①：

$k_p = 2.00\mathrm{V/rad}$，　$k_a = 20.0$，　$k_g = 200\mathrm{V/A}$，　$k_t = 1/25$，

$k_d = 1.60\mathrm{V\cdot s/rad}$，　$R_a = 0.640\Omega$，　$R_f = 200\Omega$，　$L_f = 100\mathrm{H}$，

$T_a = 0.050\mathrm{s}$，　$T_m = 1.00\mathrm{s}$.

把它们代入式(2.2.44)，算出各系数，再代入式(2.2.43)，就得到数字系数的微分方程：

$$0.025\frac{\mathrm{d}^4\varphi}{\mathrm{d}t^4} + 0.55\frac{\mathrm{d}^3\varphi}{\mathrm{d}t^3} + 1.5\frac{\mathrm{d}^2\varphi}{\mathrm{d}t^2} + \frac{\mathrm{d}\varphi}{\mathrm{d}t} + \varphi = \psi - \left(0.00025\frac{\mathrm{d}^2 M_L}{\mathrm{d}t^2} + 0.0055\frac{\mathrm{d}M_L}{\mathrm{d}t} + 0.01M_L\right). \tag{2.2.45}$$

---

① 此处各数据中 rad 表示弧度，是弧长与半径之比，无量纲.

它的特征多项式是

$$\rho(s) = 0.025s^4 + 0.55s^3 + 1.5s^2 + s + 1. \tag{2.2.46}$$

注意：在解方程式所得的表达式(2.2.42)的右端，含有 ψ 和含有 M_L 的两项，其分母都是微分方程的特征多项式 $\rho(s)$. 这意味着关于各输出量的微分方程的左端都相同. 进而言之，在得到方程组(2.2.38)后，如果不以 φ 为输出量，而要以 u_p 或 I_f 或 Ω 为输出量，则所得的微分方程的左端多项式必仍与式(2.2.43)左端相同. 因此，任何一个受控量函数的解中，对应于齐次微分方程的通解的部分都是同一些函数的线性组合. 不同受控量的齐次方程通解之间的差别，只是线性组合的系数不同而已.

不同的受控量的运动规律之所以有如此的共同性，是因为本例处理的是一个**闭环**系统. 它的每一个部件的运动，经由闭环的传递作用，都会影响到所有其他部件，从而造成所有部件的运动规律有其内在的一致性.

顺便指出：**这里的 s 不是数**，只是微分算符 d/dt 的简写记号. 因此，尽管在以上推导过程中把它视同文字系数进行四则运算，但如果某一含 s 的因子同时出现于等式两端，或出现于分子和分母中，是**不能把它们“消去”**的. 举例说，不能在表达式

$$y = \frac{s+1}{s^2+3s+2}u = \frac{s+1}{(s+1)(s+2)}u$$

的分子与分母中无条件地“消去”因子$(s+1)$而认为

$$y = \frac{1}{s+2}u,$$

因为这意味着把 2 阶微分方程

$$\frac{\mathrm{d}^2 y}{\mathrm{d}t^2} + 3\frac{\mathrm{d}y}{\mathrm{d}t} + 2y = \frac{\mathrm{d}u}{\mathrm{d}t} + u$$

无条件地改为 1 阶微分方程

$$\frac{\mathrm{d}y}{\mathrm{d}t} + 2y = u\ .$$

只要想到 2 阶微分方程可以满足 2 个任意的初值条件，而 1 阶微分方程只能满足 1 个初值条件，就可以明白这两个微分方程当然不可能是同解的. 至于什么条件下才能消去等式两端或分子与分母中的相同的多项式因子，留到 2.5.3 节再说明.

2.2.5 离散时间运动方程

有些对象的运动，其自变量不是连续的时间，而是等间距的离散时刻. 例如工厂的年产量，只存在 1983 年，1984 年，……的值，而不存在 1983.74 年的值. 又如由计算机控制其运动的生产机械，每隔一定时间间隔，计算机通过采样部件从生产机械获取有关变量 v 的一个值. 如果用 Δt 表示这个时间间隔，则计算机获取的

只有变量在各时刻 $t=k\Delta t$ 的值，即 $v(k\Delta t)$，其中 $k=0,1,2,\cdots$. 变量 v 虽是时间 t 的连续函数，但计算机获取到的只是它在一系列离散时刻 $k\Delta t$ 的值. 所以自变量事实上已不再是连续的时间 t，而是**离散的整数系列** k. 因此可以把变量 v 在这些离散时刻的值 $v(k\Delta t)$ 视为整数变量 k 的函数，简记为 $v[k]$，其中 $k=0,1,2,\cdots$.

描述对象的各变量在离散时刻的关系的数学模型是**差分方程**. 下面是两个例子.

例 2.2.8　某城市的人口流动规律如下：每年由市区流向郊区的人口与当年市区人口之比为 C_1. 每年由郊区流向市区的人口与当年郊区人口超过市区人口数量之比为 C_2. 又人口的年自然增长率为 C_3. 要求为上述人口流动规律建立数学模型.

分别记第 i 年的市区人口与郊区人口为 $x[i]$ 和 $y[i]$. 根据上述有

$$x[i+1]=x[i]-C_1x[i]+C_2(y[i]-x[i])+C_3x[i], \tag{2.2.47}$$

$$y[i+1]=y[i]-C_2(y[i]-x[i])+C_1x[i]+C_3y[i]. \tag{2.2.48}$$

整理后得

$$x[i+1]=(1-C_1-C_2+C_3)x[i]+C_2y[i], \tag{2.2.49}$$

$$y[i+1]=(C_1+C_2)x[i]+(1-C_2+C_3)y[i], \tag{2.2.50}$$

$$i=0,1,2,\cdots.$$

□

例 2.2.9　图 2.2.10 中电容器上的电压 $u(t)$ 本来是时间的连续函数，可以表示为

$$u(t)=(u_0-U)\mathrm{e}^{-t/RC}+U, \tag{2.2.51}$$

其中 u_0 是 u 在 $t=0$ 时刻的初值. 现在只研究 u 在各离散时刻 $t=ih$ 的值，其中 h 是固定的时间间隔，$i=0,1,2,\cdots$. 分别以 $t=ih$ 和 $t=(i+1)h$ 代入上式，并把 $u(ih)$ 和 $u((i+1)h)$ 分别记作 $u[i]$ 和 $u[i+1]$，得到

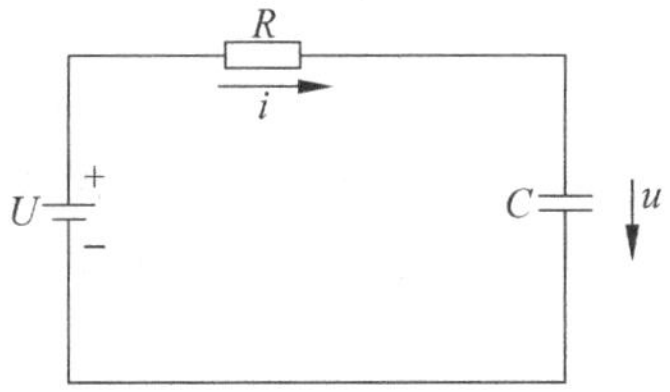

图 2.2.10　例 2.2.9 的电路

$$u[i]=(u_0-U)\mathrm{e}^{-ih/RC}+U$$

和

$$u[i+1]=(u_0-U)\mathrm{e}^{-(i+1)h/RC}+U.$$

在以上两式中消去初值 u_0，就得到

$$u[i+1]=u[i]\mathrm{e}^{-h/RC}+U(1-\mathrm{e}^{-h/RC}). \tag{2.2.52}$$

这称为式(2.2.51)的**离散化方程**.

□

2.3　微分方程的解的结构与运动的模态

列出运动对象的微分方程后，就可解出微分方程. 线性常系数常微分方程在给定**初值**下的求解，可以利用**特征多项式解法**，或称古典解法. 这在大学低年级的

数学课程中已经讲授过，本书不再重复. 但是对于研究控制理论而言，还有两个问题需要深入考虑. 这就是微分方程的解的结构问题和解在初始时刻的跳变问题. 本节和下节分别讨论.

本节讨论微分方程的**解的结构**与运动的**模态**. 众所周知，一个 n 阶线性常微分方程的解由两部分组成：其一是与它对应的齐次微分方程的通解，它有 n 个待定常数；其二是满足该微分方程右端函数的任一个特解. 现在要着重讨论的是：如果右端函数为 0，即微分方程是齐次的，则方程描述的就是没有外作用时对象的**自由运动**. 自由运动表现的是对象**内在**的性质，所以有特殊的重要性. 此时 0 也是方程的一个特解.

以上节描述小功率随动系统的微分方程式(2.2.43)为例，如果有 $\psi(t)=0$，$M_L(t)=0$，就得到描述其自由运动的齐次微分方程

$$0.025\frac{d^4\varphi}{dt^4}+0.55\frac{d^3\varphi}{dt^3}+1.5\frac{d^2\varphi}{dt^2}+\frac{d\varphi}{dt}+\varphi=0. \tag{2.3.1}$$

它的特征多项式已在式(2.2.46)给出，即

$$\rho(s)=0.025s^4+0.55s^3+1.5s^2+s+1.$$

本书定义 $j=\sqrt{-1}$，上面这个特征多项式的零点，即微分方程的特征根，就是

$$s_1=-18.94,$$
$$s_2=-2.606,$$
$$s_3,s_4=-0.2283\pm j0.8708.$$

以 $\varphi_0(t)$ 记该齐次微分方程式(2.3.1)的通解，就有

$$\varphi_0(t)=C_1e^{-18.94t}+C_2e^{-2.606t}+C_3e^{-0.2283t}\sin0.8708t+C_4e^{-0.2283t}\cos0.8708t, \tag{2.3.2}$$

其中 C_1,C_2,C_3,C_4 是任意常数.

这表明，齐次微分方程式(2.3.1)在任何初值下的自由运动 $\varphi_0(t)$ 总可以表示为以下 4 个函数的线性组合：

$$\mu_1(t)=e^{-18.94t},$$
$$\mu_2(t)=e^{-2.606t},$$
$$\mu_3(t)=e^{-0.2283t}\sin0.8708t,$$
$$\mu_4(t)=e^{-0.2283t}\cos0.8708t.$$

这 4 个函数线性无关.

在研究对象的运动时，把 $\mu_1(t),\mu_2(t),\mu_3(t),\mu_4(t)$ 这一组函数称为该对象运动的**模态**，或**振型**. 模态是一组形如 $e^{\lambda t}$ 的函数，其中 λ 是对象微分方程的**特征多项式的零点**，即特征根. **模态的数目等于特征多项式的次数**. 如果 λ 是复数，它必以共轭对出现，如上例中的 s_3 与 s_4. 把系数 C_3 与 C_4 取为共轭复数，就可得到振荡型的**实**模态函数 $\mu_3(t)$ 和 $\mu_4(t)$. 如果特征多项式有相重的零点，则还有 $te^{\lambda t}$，$t^2e^{\lambda t}$ 等模态. 总之，不妨把模态想象为构成对象的运动的一组基本“成分”. 方程式(2.3.1)在任

意初值下的解都可表示为各模态函数的线性组合. 因此,自由运动的**模态完全由对象的特征多项式的零点即特征根决定**. 由此可见特征多项式对于研究运动的重要. 注意：**特征多项式可乘以任意非零常数**而不影响其零点,从而也不影响运动的模态.

容易理解：一个齐次微分方程的解的全体在实数域上构成一个线性空间,称为该方程的**解空间**. 本例中,$\mu_1(t)$,$\mu_2(t)$,$\mu_3(t)$,$\mu_4(t)$就是齐次微分方程式(2.3.1)的解空间的一组**基**,即一个**基本解组**. 对于一个确定的微分方程,其**模态组是唯一的**. 但其解空间的基或基本解组却不是唯一的. 在本例中,$\mu_1(t)$,$\mu_2(t)$,$\mu_3(t)$,$\mu_4(t)$固然是解空间的一组基,但 $\mu_1(t)+3\mu_2(t)$,$\mu_2(t)$,$\mu_3(t)-2\mu_4(t)$,$\mu_4(t)$也可以构成一组基.

本例的 $\mu_1(t)$,$\mu_2(t)$,$\mu_3(t)$,$\mu_4(t)$等 4 个模态的图像如图 2.3.1 所示.

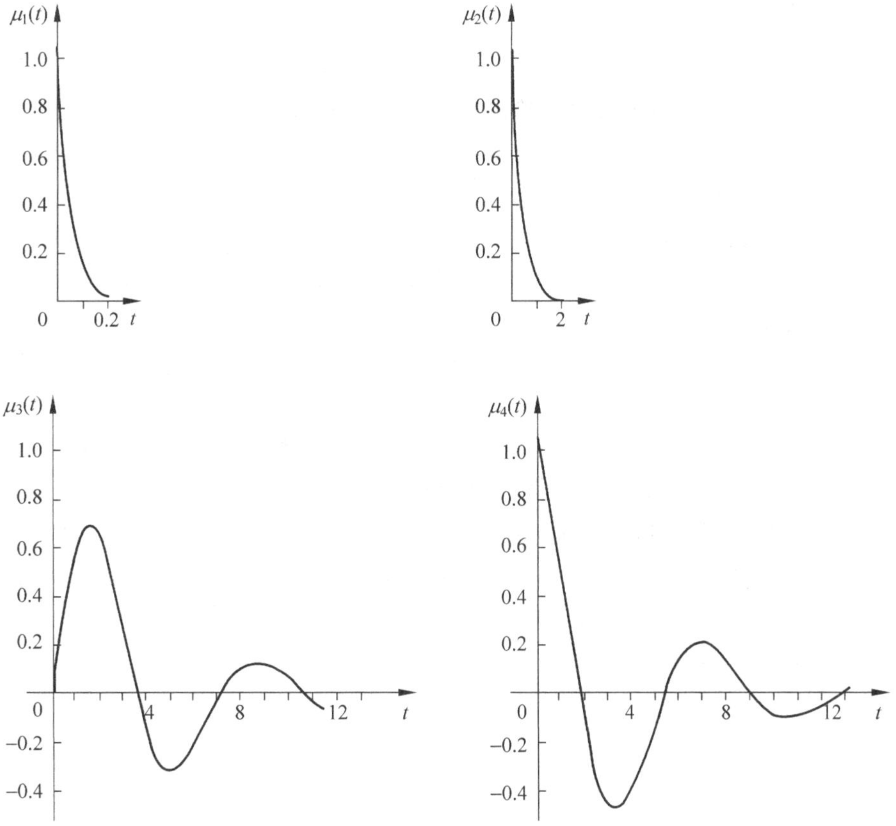

图 2.3.1　小功率随动系统自由运动的模态

众所周知,任意线性常微分方程的解由两部分组成：一是与它对应的齐次微分方程的通解,二是满足该方程右端函数的任一个特解. 现在进一步指出：一个**给定初值条件的**线性常微分方程的解由下述两部分组成：一是与它对应的齐次方程在该给定初值条件下的解,二是在零初值条件下满足该方程右端函数的特解.这可用下面的定理表述.

定理 2.3.1 设微分方程

$$a_n \frac{d^{(n)} y}{dt^n} + a_{n-1} \frac{d^{(n-1)} y}{dt^{n-1}} + \cdots + a_1 \frac{dy}{dt} + a_0 y = f(t) \tag{2.3.3}$$

在给定的初值条件

$$y(0) = y_0, \quad \dot{y}(0) = \dot{y}_0, \quad \ddot{y}(0) = \ddot{y}_0, \quad \cdots, \quad \overset{(n-1)}{y}(0) = \overset{(n-1)}{y_0} \tag{2.3.4}$$

下的解是 $y(t)$.称该方程在同一右端函数 $f(t)$与零初值条件

$$y(0) = 0, \quad \dot{y}(0) = 0, \quad \ddot{y}(0) = 0, \quad \cdots, \quad \overset{(n-1)}{y}(0) = 0 \tag{2.3.5}$$

下的解为**零初值解**,记作 $y(t)\Big|_{y(0)=0}$.称该方程在给定初值条件式(2.3.4)而 $f(t)=0$ 时的解,即方程

$$a_n \frac{d^{(n)} y}{dt^n} + a_{n-1} \frac{d^{(n-1)} y}{dt^{n-1}} + \cdots + a_1 \frac{dy}{dt} + a_0 y = 0 \tag{2.3.6}$$

在初值条件式(2.3.4)下的解为**零输入解**,记作 $y(t)|_{f(t)=0}$,则有

$$y(t) = y(t)\,|_{y(0)=0} + y(t)\,|_{f(t)=0}. \tag{2.3.7}$$

证明 首先,验证 $y(t)$,$y(t)|_{y(0)=0}$,$y(t)|_{f(t)=0}$三者在区间 $t>0$ 上的值.既然 $y(t)|_{y(0)=0}$是方程式(2.3.3)的一个解,故将 $y(t)|_{y(0)=0}$代入方程式(2.3.3)的左端应得 $f(t)$.又,既然 $y(t)|_{f(t)=0}$是方程式(2.3.6)的解,故将 $y(t)|_{f(t)=0}$代入方程式(2.3.3)的左端应得 0.因此,将二者之和 $y(t)|_{y(0)=0}+y(t)|_{f(t)=0}$代入方程式(2.3.3)的左端应得 $f(t)+0$,即 $f(t)$,故 $y(t)|_{y(0)=0}+y(t)|_{f(t)=0}$满足方程式(2.3.3).

其次,验证 $y(t)$,$y(t)|_{y(0)=0}$,$y(t)|_{f(t)=0}$三者在 $t=0$ 时的初值.既然 $y(t)|_{y(0)=0}$满足初值条件式(2.3.5),$y(t)|_{f(t)=0}$满足初值条件式(2.3.4),故二者之和 $y(t)|_{y(0)=0}+y(t)|_{f(t)=0}$应该满足的初值条件应是式(2.3.5)与式(2.3.4)之和,即式(2.3.4).

综上所述,$y(t)|_{y(0)=0}+y(t)|_{f(t)=0}$既满足微分方程式(2.3.3),又满足初值条件式(2.3.4),所以它就是方程的解,即 $y(t)$. □

例 2.3.1 设微分方程为

$$2\frac{d^2 y}{dt^2} + 3\frac{dy}{dt} + y = 20e^{-3t}, \tag{2.3.8}$$

初值为

$$y(0) = 1, \quad \dot{y}(0) = -6. \tag{2.3.9}$$

求解.

解 首先求方程式(2.3.8)在零初值条件下的特解,即该方程在 $y(0)=0$,$\dot{y}(0)=0$条件下的解,得

$$y(t)\,|_{y(0)=0} = -10e^{-t} + 8e^{-t/2} + 2e^{-3t}. \tag{2.3.10}$$

其次,写出与方程式(2.3.8)对应的齐次方程:

$$2\frac{\mathrm{d}^2 y}{\mathrm{d}t^2}+3\frac{\mathrm{d}y}{\mathrm{d}t}+y=0, \tag{2.3.11}$$

在式(2.3.9)给定的初值下，求得方程式(2.3.11)的解是

$$y(t)\mid_{f(t)=0}=11\mathrm{e}^{-t}-10\mathrm{e}^{-t/2}. \tag{2.3.12}$$

于是，依定理 2.3.1 知道，方程式(2.3.8)在初值条件式(2.3.9)下的解是

$$y(t)=y(t)\mid_{y(0)=0}+y(t)\mid_{f(t)=0}=\mathrm{e}^{-t}-2\mathrm{e}^{-t/2}+2\mathrm{e}^{-3t}. \tag{2.3.13}$$

容易验证此解满足方程式(2.3.8)和初值条件式(2.3.9). □

虽然实际上很少会使用定理 2.3.1 求解微分方程，但以后会看到，这个定理对于研究微分方程的解的结构是有用的.

2.4　微分方程的解在初始时刻的跳变

本节讨论微分方程的解在初始时刻发生的跳变.

用微分方程描述一个对象的运动时，只要方程的基本性质满足一定条件，又给定了输入量函数(即微分方程的右端函数)，并给定了各受控变量的初值，方程就有唯一确定的解. 假设对象的微分方程是

$$a_n(t)\frac{\mathrm{d}^{(n)}y}{\mathrm{d}t^n}+a_{n-1}(t)\frac{\mathrm{d}^{(n-1)}y}{\mathrm{d}t^{n-1}}+\cdots+a_1(t)\frac{\mathrm{d}y}{\mathrm{d}t}+a_0(t)y=f(t), \tag{2.4.1}$$

其中 $n\geqslant 1$，$a_n(t)\neq 0$. 上文所说的微分方程的基本性质应当满足的条件是：

条件 1　所有各系数函数 $a_i(t)$ 在区间 (t_a,t_b) 上**连续**，$\forall i$；

条件 2　右端函数 $f(t)$ 在区间 (t_a,t_b) 上**连续**.

在上述条件下，对于规定于 $t=t_0$ 时刻($t_a<t_0<t_b$)的初值，方程式(2.4.1)在区间 (t_a,t_b) 上有满足此初值的**唯一**解. 初值是指 $y(t)$ 及其直至 $n-1$ 阶的各阶导数在 $t=t_0$ 时刻的值.

如果研究的是常系数微分方程

$$a_n\frac{\mathrm{d}^{(n)}y}{\mathrm{d}t^n}+a_{n-1}\frac{\mathrm{d}^{(n-1)}y}{\mathrm{d}t^{n-1}}+\cdots+a_1\frac{\mathrm{d}y}{\mathrm{d}t}+a_0y=f(t), \tag{2.4.2}$$

则条件 1 自然满足. 工程上通常把初值规定于时刻 $t=0$，即取 $t_0=0$，而求区间 $t\geqslant 0$ 上的解. 方程式(2.4.2)的解法众所周知，本书不再赘述. 但是在工程应用中，有一个看似简单实则常被误解的问题需要在此一提. 这就是**右端函数 $f(t)$ 在初始时刻不连续所带来的解的初值跳变**问题. 下面讨论这个问题.

在研究控制系统的运动时经常遇到如下的情况：系统原来静止，而在某一时刻加上输入量，即输入量在该时刻由零“跳变”到某非零值. 图 2.4.1(a)表示这种典型的跳变：在时间 $t=0$ 时函数的值由 0 跳变为 1. 这种函数称为单位阶跃函数，记作 $1(t)$.

定义 2.4.1 单位阶跃函数 $1(t)$的定义如下：

$$1(t)=\begin{cases}0, & t<0;\\ 1, & t\geqslant 0.\end{cases} \tag{2.4.3a}$$

如果某函数 $u(t)$在 $t<a$ 时恒为 0，而在 $t=a$ 时刻由 0 跳变为 1，如图 2.4.1(b)所示，则可把该函数表示为

$$u(t)=1(t-a). \tag{2.4.3b}$$

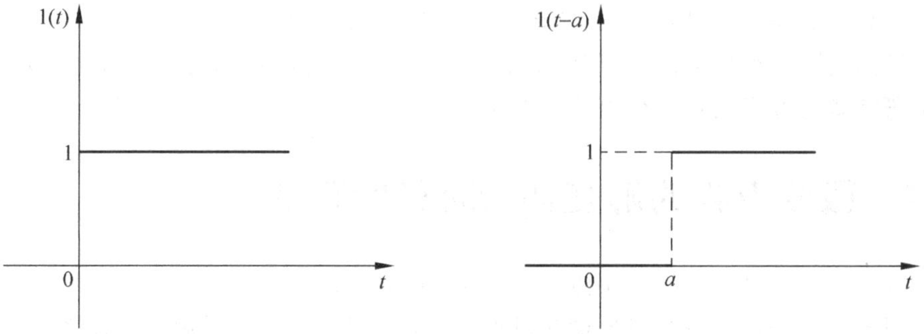

(a) 单位阶跃函数1(t)　　(b) 延时单位阶跃函数1(t–a)

图 2.4.1　阶跃函数

下面来具体分析一个右端函数 $f(t)$不连续的例子.

例 2.4.1　在图 2.4.2 的电路中，记恒压电源的电压为 V，而加到电路上的电压为 $U(t)$. 设电容器上原来无电荷，而开关 S 在 $t=0$ 时闭合，则当 $t=0$ 时 $U(t)$从 0 跳变至 V，即 $U(t)=V\cdot 1(t)$，以电阻上的电压降 $u_R(t)$为输出量，记作 y，则**在区间 $t\geqslant 0$ 内**该电路的运动可用如下方程组描述：

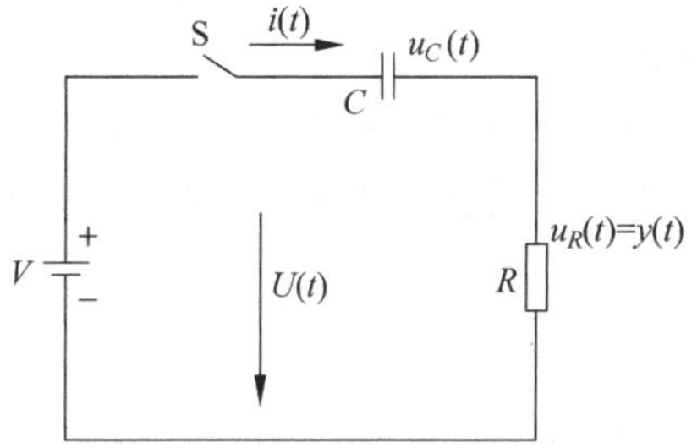

图 2.4.2　右端函数在初始时刻跳变的电路

$$\begin{cases}U(t)=u_C+u_R, & (2.4.4a)\\ y=u_R=Ri, & (2.4.4b)\\ i=C\dfrac{\mathrm{d}u_C}{\mathrm{d}t}. & (2.4.4c)\end{cases}$$

从方程组中消去 u_C 和 i，得

$$RC\frac{\mathrm{d}y}{\mathrm{d}t}+y=RC\frac{\mathrm{d}U(t)}{\mathrm{d}t}. \tag{2.4.5}$$

要求解出区间 $t\geqslant 0$ 内的 $y(t)$.

这个问题看似简单，但因 $U(t)=V\cdot 1(t)$，因而方程式(2.4.5)的**右端函数在点 $t=0$ 不连续.** 尽管此右端函数 $RC\frac{\mathrm{d}U(t)}{\mathrm{d}t}$在 $t<0$ 与 $t>0$ 两个区间内分别均等于常数 0，即分别均为连续，但它在 $t=0$ 这一点上却不连续，因而不满足上文所说保证微分方程有唯一解的条件 2. 因此方程式(2.4.5)**在包含点 $t=0$ 的区间内没有唯一解**，即在区间 $t\geqslant 0$ 内没有唯一解.

想克服这个困难，只能把右端函数不连续的点，即 $t=0$ 这个点，从所研究的区间剔除，改为只研究该微分方程在时间区间 $[\varepsilon,\infty)$ 内的性质，其中 ε 可以是任意地接近于 0 的正数：$\varepsilon\to0$，但不允许 $\varepsilon=0$. 这样，右端函数在此区间内就处处均为连续，条件 2 得到满足了.

不过这时就要回答另一个问题：在区间 $[\varepsilon,\infty)$ 内，$y(t)$ 的初值，即 $y(\varepsilon)$，或者更严格地说，$\lim\limits_{\substack{\varepsilon\to0\\(\varepsilon>0)}} y(\varepsilon)$，是多少呢？我们只知道当 $t<0$ 时有 $y(t)=0$，至于 $t>0$ 时 y 的值，由于**方程尚未解出**，所以尚属未知，既然初值为未知，就无法解微分方程.

这就是右端函数 $f(t)$ 在初始时刻不连续带来的问题.

要解决这个问题，不能靠数学本身，而要靠物理知识. 就图 2.4.2 的电路而言，根据物理知识，电容器上的电压 u_C **不能跳变**，因为如果 u_C 跳变，则在跳变的瞬刻，根据方程式(2.4.4c)可知就会有 $i=\infty$. 但这是物理上不可能发生的. 上文已假设在 S 闭合前电容器上无电荷，即当 $t<0$ 时有 $u_C=0$，由于 u_C 不能跳变，在 $t=0$ 时刻应仍有 $u_C=0$. 但 $U(t)$ 已跳变至 V，故根据式(2.4.4a)可知 u_R 此时也应从 0 跳变至 V. 因此 u_R 的初值为 $\lim\limits_{\substack{\varepsilon\to0\\(\varepsilon>0)}} u_R(\varepsilon)=V$. 这才是方程式(2.4.5)中 y 的初值.

求得此初值后，才可以在区间 $[\varepsilon,\infty)$ 内严格地求解微分方程式(2.4.5). 方程式(2.4.5)的齐次方程的通解为 $y(t)=A\mathrm{e}^{-t/RC}$；而由于在此区间内其右端函数处处为 0，故它有特解 0，全解为 $y(t)=A\mathrm{e}^{-t/RC}+0$ 即 $A\mathrm{e}^{-t/RC}$. 把上述初值代入，最后得到

$$y(t)=V\mathrm{e}^{-t/RC},\quad t>0. \tag{2.4.6}$$

□

从上面这个简单例子看出，微分方程右端函数在初始时刻不连续会带来解的初值跳变问题，而正确处理这个问题是相当繁冗的. 对于比较复杂的工程问题，右端函数在初始时刻不连续带来的初值跳变问题比本例更要复杂得多. 工程上总是尽量利用拉普拉斯变换来求解线性微分方程，重要原因之一就是想避免这种繁冗. 本章 2.5 节将复习有关拉普拉斯变换的基本知识，以及利用拉普拉斯变换求解线性微分方程的方法.

2.5　拉普拉斯变换

拉普拉斯变换是法国的拉普拉斯(P. S. Laplace)发明的一种积分变换. 读者在数学课程中已经学习过. 本节只对它略作复习.

为了较好地联系控制理论叙述拉普拉斯变换，首先定义记号“0^-”和“0^+”.

对于实函数 $y(t)$，当自变量 t 从左边趋于 0 并以 0 为极限时，记 $y(t)$ 的**左极限**为 $y(0^-)$；而当 t 从右边趋于 0 并以 0 为极限时，记 $y(t)$ 的**右极限**为 $y(0^+)$：

$$y(0^-)=\lim_{\substack{t\to0\\(t<0)}} y(t);\qquad y(0^+)=\lim_{\substack{t\to0\\(t>0)}} y(t). \tag{2.5.1}$$

注意这里的“0^-”和“0^+”**不是数**，而是表示变量的**极限**时所使用的记号. 切不可把“0^-”和“0^+”理解为“某个很接近于 0 的负(正)数”. 在文字叙述中，为了方便，有时也直接用“当 $t=0^-$”或“当 $t=0^+$”之类的说法. 应当按照式(2.5.1)理解这种说法的确切含义.

现在定义冲激函数. 先看图 2.5.1(a)的脉冲函数，其幅度为 h，宽度为 $1/h$. 它与横坐标轴所夹的面积(称为它的**冲量**)等于 1. 现在想象它的宽度无限地缩短，但保持冲量等于 1，则它的幅度会无限地增高. 其极限情形是：脉冲的宽度缩至 0，而幅度增至∞，冲量则仍保持为 1，如图 2.5.1(b). 这是脉冲函数的极限情形. 把此极限情形下的函数称为**单位冲激函数**，简称**δ 函数**，记作 $\delta(t)$，定义如下.

定义 2.5.1　单位冲激函数的定义是

$$\delta(t)=\begin{cases}0, & t\neq 0\\ \infty, & t=0\end{cases} \tag{2.5.2a}$$

且

$$\int_{-\infty}^{\infty}\delta(t)\,\mathrm{d}t=\int_{0^-}^{0^+}\delta(t)\,\mathrm{d}t=1. \tag{2.5.2b}$$

□

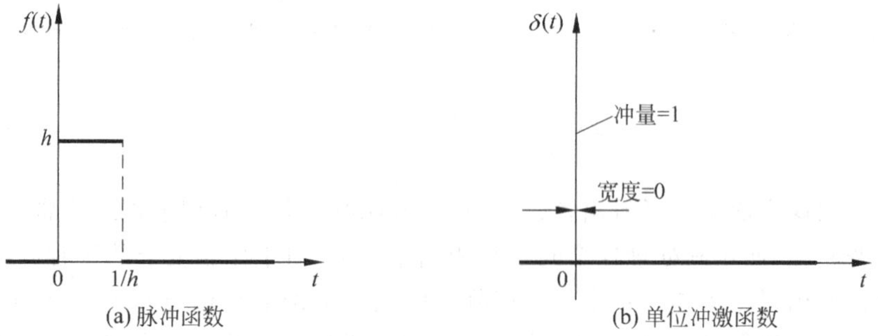

图 2.5.1　脉冲函数与单位冲激函数

注意式(2.5.2)是 δ 函数的确切定义. 上文引入 δ 函数时，是把它作为图 2.5.1(a)的矩形脉冲的极限情形加以定义的，但这并非必要. 完全可以把 δ 函数视为冲量等于 1 而无限窄的**任意**函数. 例如，可以把 δ 函数视为冲量等于 1 的指数函数$(\mathrm{e}^{-t/T})/T$ 当 T 趋于 0 时的极限情形. 这对所得结果不会有任何影响.

δ 函数也可以看作单位阶跃函数 $1(t)$对时间的导函数：

$$\delta(t)=\frac{\mathrm{d}(1(t))}{\mathrm{d}t}. \tag{2.5.3}$$

下面引入拉普拉斯变换的定义.

2.5.1　拉普拉斯变换的定义

定义 2.5.2(拉普拉斯变换)　对于给定的在区间 $t\geqslant 0$ 上至少为分段连续的实函数 $f(t)$，定义函数

$$F(s)=\int_{0^-}^{\infty} f(t)\mathrm{e}^{-st}\,\mathrm{d}t \tag{2.5.4}$$

即

$$F(s)=\lim_{\substack{\varepsilon\to 0\\(\varepsilon<0)}}\int_{\varepsilon}^{\infty} f(t)\mathrm{e}^{-st}\,\mathrm{d}t$$

为函数 $f(t)$的**拉普拉斯变换**，其中 $s=\sigma+\mathrm{j}\omega$ 为复数自变量. □

容易理解，积分式(2.5.4)要存在，s 的实部 σ 必须大于某一确定的实数：$\mathrm{Re}\, s=\sigma>\sigma_c$. 此实数 σ_c 因函数 $f(t)$的性质而异，称为函数 $f(t)$的**绝对收敛横坐标**. 绝对收敛横坐标必**大于 $\boldsymbol{F(s)}$的所有极点的实部**. 如果函数 $f(t)$在 $t\to\infty$的远方增长得比指数函数更快，例如 $f(t)=\mathrm{e}^{(t^2)}$，以致不存在有限的 σ_c 使积分式(2.5.4)存在，则函数 $f(t)$的拉普拉斯变换不存在. 不过工程上一般不会遇到这种情形.

作为例子，试求单位阶跃函数的拉普拉斯变换，即设 $f(t)=1(t)$. 显然，只须任意取 $\mathrm{Re}\, s=\sigma>0$，积分式(2.5.4)就可存在，即有 $\sigma_c=0$. 根据 2.4.3 节的式(2.4.3a)，可求得积分的结果是

$$F(s)=\lim_{\substack{\varepsilon\to 0\\(\varepsilon<0)}}\int_{\varepsilon}^{\infty} 1(t)\mathrm{e}^{-st}\,\mathrm{d}t=\int_{0}^{\infty}\mathrm{e}^{-st}\,\mathrm{d}t=\left.\frac{\mathrm{e}^{-st}}{-s}\right|_{t=0}^{t=\infty}=\frac{1}{s}.$$

这就是单位阶跃函数的拉普拉斯变换. 再设

$$f(t)=\mathrm{e}^{-at}\cdot 1(t),\quad (a>0)$$

对此只须取 $\mathrm{Re}\, s=\sigma>-a$，积分式(2.5.4)就可存在，即有 $\sigma_c=-a$. 积分的结果是

$$F(s)=\lim_{\substack{\varepsilon\to 0\\(\varepsilon<0)}}\int_{\varepsilon}^{\infty}\mathrm{e}^{-at}\cdot 1(t)\mathrm{e}^{-st}\,\mathrm{d}t=\int_{0}^{\infty}\mathrm{e}^{-at}\mathrm{e}^{-st}\,\mathrm{d}t=\left.\frac{\mathrm{e}^{-(s+a)t}}{-(s+a)}\right|_{t=0}^{t=\infty}=\frac{1}{s+a}.$$

函数 $f(t)$称为函数 $F(s)$的**原函数**；而 $F(s)$则称为 $f(t)$的**象函数**. 如果用小写英文字母表示某原函数，则常以对应的大写字母表示其象函数. 当然也可以用其他记号. **本书中，如果原函数不是用小写英文字母表示，则用上划线表示其象函数**，或另加说明.

虽然积分式(2.5.4)仅在条件 $\mathrm{Re}\, s>\sigma_c$ 下存在，但可以运用复变函数的**解析开拓**方法把 $F(s)$的定义域扩充到整个复平面. 对于解析开拓，可以这样粗浅地理解：在 $\mathrm{Re}\, s>\sigma_c$ 的区域，用式(2.5.4)定义象函数 $F(s)$；而对于 $\mathrm{Re}\, s\leqslant\sigma_c$ 的区域，则不再考虑式(2.5.4)，而径直把已照该式求出的象函数直接**定义**为该区域内的象函数. 如此，象函数在整个复平面上就可有统一的表达式. 上例所得的 $\mathrm{e}^{-at}\cdot 1(t)$的象函数 $1/(s+a)$就可以在整个复平面上使用.

关于拉普拉斯变换，有两点要说明. 第一，如果在 $t=0$ 时刻原函数本身发生**幅**

度有限的跳变,由于拉普拉斯变换的定义式(2.5.4)只在区间$[0,\infty]$上积分,原函数在区间$t<0$的值并不参与积分,故该跳变对于象函数没有影响.第二,如果在$t=0$时刻原函数本身发生**幅度无限**的跳变,即原函数含有冲激函数$\delta(t)$,则鉴于式(2.5.4)**将积分下限规定为0^-**,此冲激函数当然应当参与积分.现在考虑它参与积分的后果.把$\delta(t)$的拉普拉斯变换象函数记作$\bar{\delta}(s)$.由于当$t=0$时有$e^{-st}=1$,而当$t>0$时恒有$\delta(t)=0$,故根据定义式(2.5.2)和式(2.5.4)可知有

$$\bar{\delta}(s)=\int_{0^-}^{\infty}\delta(t)e^{-st}dt=\int_{0^-}^{0^+}\delta(t)e^{-st}dt=\int_{0^-}^{0^+}\delta(t)dt=1.$$

由此可见,如果在定义式(2.5.4)中不是把积分下限明确规定为0^-,而是笼统规定为0,则在将此0理解为0^-或理解为0^+两种不同的理解下,函数$F(s)$就会有两种不同结果,产生歧义.

2.5.2 拉普拉斯变换的基本性质

下面以一组命题的形式复习拉普拉斯变换的基本性质.各命题中a,b均为实常数.

性质1(线性) 设$g(t)=af_1(t)+bf_2(t)$,则显然有

$$G(s)=aF_1(s)+bF_2(s).\tag{2.5.5}$$

性质2(衰减定理) 设$g(t)=f(t)e^{-at}$,容易证明有

$$G(s)=F(s+a).\tag{2.5.6}$$

性质3(延时定理) 设原函数在时间上延迟$a(\geqslant 0)$,即有$g(t)=f(t-a)\cdot 1(t-a)$:

$$g(t)=\begin{cases}0, & t<a\\ f(t-a), & t\geqslant a\end{cases}$$

如图2.5.2所示,则容易证明有

$$G(s)=e^{-as}F(s).\tag{2.5.7}$$

性质4(时间尺度定理) 若

$$g(t)=f\left(\frac{t}{a}\right),$$

其中$a>0$,如图2.5.3所示,则容易证明有

$$G(s)=aF(as),\tag{2.5.8}$$

如图2.5.4所示.这定理的意思是:如果原函数在时间轴上"**展宽**"若干倍,则象函数在复平面上按同样比例向原点方向"**收缩**".其直观表现是象函数的极点与零点向原点方向"收缩".反之,如果原函数在时间轴上"收缩",则象函数在复平面上"展宽".

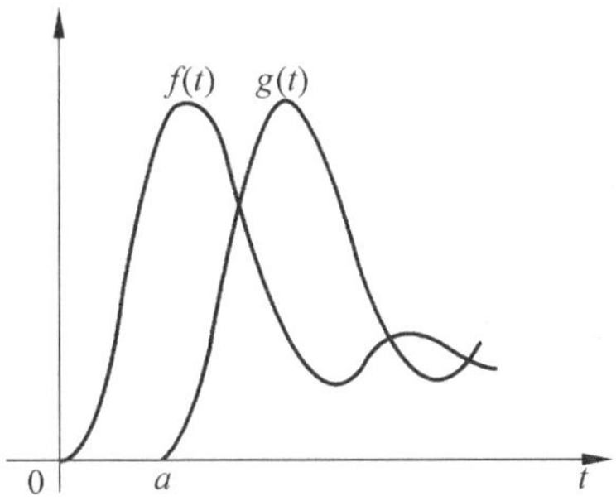

图 2.5.2　延时定理

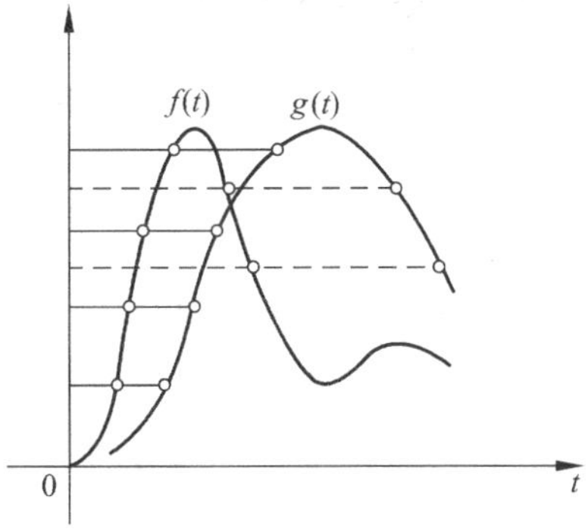

图 2.5.3　原函数"展宽"

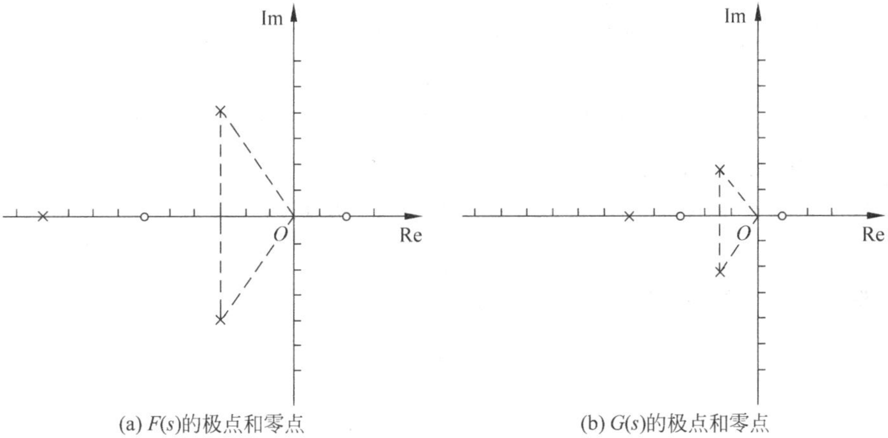

图 2.5.4　象函数的极点与零点"收缩"

性质 5(积分定理)　若

$$f(t) = \int g(t)\mathrm{d}t,$$

则有

$$F(s) = \frac{G(s)}{s} + \frac{f(0^-)}{s}. \qquad (2.5.9a)$$

例如：设 $g(t)=\mathrm{e}^{-t/2}\cdot 1(t)$，则按照定义式(2.5.4)可求得 $G(s)=2/(2s+1)$. 此时 $f(t)=\int g(t)\mathrm{d}t=-2\mathrm{e}^{-t/2}+C$，此处 C 为任意实常数. 故 $f(0^-)=-2+C$(注意 $f(0^-)$ 不等于 0). 代入式(2.5.9a) 即得 $F(s)=-4/(2s+1)+C/s$.

如果 $f(0^-)=0$，就有更简洁的公式：

$$F(s) = \frac{G(s)}{s}. \qquad (2.5.9b)$$

性质6(微分定理) 若

$$g(t)=\frac{\mathrm{d}f(t)}{\mathrm{d}t},$$

则

$$G(s)=sF(s)-f(0^-). \qquad (2.5.10)$$

这实际就是式(2.5.9a)的改写.

重复应用微分定理,可以得到高阶导函数的象函数.若

$$g(t)=\frac{\mathrm{d}^{(n)}f(t)}{\mathrm{d}t^n}, \quad (n\geqslant 1)$$

则重复应用微分定理 n 次就可得到

$$\begin{aligned}G(s)=&s^nF(s)-s^{n-1}f(0^-)-s^{n-2}f'(0^-)\\&-s^{n-3}f''(0^-)-\cdots-sf^{(n-2)}(0^-)-f^{(n-1)}(0^-).\end{aligned} \qquad (2.5.11)$$

特别,**如果已知当 $t=0^-$ 时函数 $f(t)$ 及其各阶导数均为 0**,则得到更简洁的公式:

$$G(s)=s^nF(s). \qquad (2.5.12)$$

性质7(初值定理) 利用拉普拉斯变换可以求得原函数在 $t=0^+$ 的初值(注意**不是 $t=0^-$ 的初值**.按照拉普拉斯变换的定义,在 t 从 0^- 到 0^+ 的区间原函数的值如发生幅度有限的跳变,不可能在象函数中得到反映),公式如下:

$$f(0^+)=\lim_{s\to\infty}sF(s). \qquad (2.5.13)$$

证明 用分部积分法计算下面的积分:

$$\begin{aligned}\int_{t=0^+}^{\infty}\mathrm{e}^{-st}f'(t)\mathrm{d}t&=\mathrm{e}^{-st}f(t)\Big|_{t=0^+}^{\infty}-\int_{t=0^+}^{\infty}(-s\mathrm{e}^{-st})f(t)\mathrm{d}t\\&=0-f(0^+)+s\int_{t=0^+}^{\infty}\mathrm{e}^{-st}f(t)\mathrm{d}t\\&=-f(0^+)+s\int_{t=0^-}^{\infty}\mathrm{e}^{-st}f(t)\mathrm{d}t-s\int_{t=0^-}^{0^+}\mathrm{e}^{-st}f(t)\mathrm{d}t\\&=-f(0^+)+sF(s)-s\int_{t=0^-}^{0^+}\mathrm{e}^{-st}f(t)\mathrm{d}t.\end{aligned}$$

只要 $f(t)$ 不是 $\delta(t)$ 型的函数,上式右端最后一个积分就等于0.于是上式化为

$$\int_{t=0^+}^{\infty}\mathrm{e}^{-st}f'(t)\mathrm{d}t=-f(0^+)+sF(s).$$

在此式两端同时命 $s\to\infty$,则由于在 t 的开区间 $(0^+,\infty)$ 内恒有 $\mathrm{e}^{-st}=0$,故此式左端为0.于是有

$$0=-f(0^+)+\lim_{s\to\infty}sF(s).$$

这就是式(2.5.13). □

性质8(终值定理) 如果原函数 $f(t)$ 在 $t\to\infty$ 时有极限**存在**,则此极限称为其**终值**,记作 $f(\infty)$.终值也可以利用拉普拉斯变换求得,公式如下:

$$f(\infty)=\lim_{t\to\infty}f(t)=\lim_{s\to 0}sF(s). \qquad (2.5.14)$$

证明　用分部积分法计算下面的积分：

$$\begin{aligned}\int_{t=0^-}^{\infty} e^{-st} f'(t)\,dt &= e^{-st} f(t)\Big|_{t=0^-}^{\infty} - \int_{t=0^-}^{\infty} (-se^{-st}) f(t)\,dt \\ &= 0 - f(0^-) + s\int_{t=0^-}^{\infty} e^{-st} f(t)\,dt \\ &= -f(0^-) + sF(s).\end{aligned}$$

在上式两端同时命 $s\to 0$，得

$$\int_{t=0^-}^{\infty} f'(t)\,dt = -f(0^-) + \lim_{s\to 0} sF(s).$$

即

$$f(\infty) - f(0^-) = -f(0^-) + \lim_{s\to 0} sF(s).$$

从而得到式(2.5.14). □

注意本定理证明过程中曾命 $s\to 0$，所以本定理只对于函数 $F(s)$ 的绝对收敛横坐标 $\sigma_c<0$ 的情形成立. 又由于 σ_c 必大于象函数 $F(s)$ 的所有极点的实部，故本定理只对所有极点都在左半复平面上的象函数成立. 例如对于象函数 $F(s)=\omega/(s^2+\omega^2)$ 就不能应用终值定理. 事实上该函数的原函数为 $\sin\omega t$，在 $t\to\infty$ 时没有极限.

性质 9(褶积定理)　设当 $t<0$ 时函数 $f_1(t)$ 和 $f_2(t)$ 均等于 0，且有

$$f(t) = \int_0^t f_1(t-\tau) f_2(\tau)\,d\tau, \quad (\tau > 0) \tag{2.5.15}$$

则称函数 $f(t)$ 为函数 $f_1(t)$ 和 $f_2(t)$ 的**褶积**或**卷积**，常简记为

$$f(t) = f_1(t) * f_2(t),$$

且可以证明有

$$f_1(t) * f_2(t) = f_2(t) * f_1(t).$$

褶积定理断言：设 $f_1(t)$ 和 $f_2(t)$ 各自的拉普拉斯变换分别为 $F_1(s)$ 和 $F_2(s)$，则有

$$F(s) = F_1(s)F_2(s). \tag{2.5.16}$$

证明　因对于 $\tau>t$ 有 $f_1(t-\tau)=0$，可将式(2.5.15)改写为

$$f(t) = \int_{0^-}^{\infty} f_1(t-\tau) f_2(\tau)\,d\tau.$$

于是有

$$\begin{aligned}F(s) &= \int_{0^-}^{\infty} e^{-st}\left[\int_{0^-}^{\infty} f_1(t-\tau) f_2(\tau)\,d\tau\right]dt \\ &= \int_{0^-}^{\infty}\int_{0^-}^{\infty} e^{-st} f_1(t-\tau) f_2(\tau)\,d\tau\,dt.\end{aligned}$$

命 $\lambda=t-\tau$，并变更积分的顺序，即得

$$\begin{aligned}F(s) &= \int_{0^-}^{\infty} e^{-s(\lambda+\tau)} f_1(\lambda)\,d\lambda \int_{0^-}^{\infty} f_2(\tau)\,d\tau \\ &= \int_{0^-}^{\infty} e^{-s\lambda} f_1(\lambda)\,d\lambda \int_{0^-}^{\infty} e^{-s\tau} f_2(\tau)\,d\tau = F_1(s)F_2(s).\end{aligned}$$

□

顺便指出,褶积定理还可以推广到矩阵的情形.设以上的定理和证明中,$f_1(t)$和$f_2(t)$都是函数矩阵,且维数可以相乘,其褶积矩阵为$f(t)$,满足式(2.5.15),又设它们各自的拉普拉斯变换分别为矩阵$F_1(s)$,$F_2(s)$和$F(s)$,则式(2.5.16)同样成立.

性质10(量纲) 指数函数e^p中的p和正弦函数$\sin q$及余弦函数$\cos q$中的q,都是没有量纲的.因此,在拉普拉斯变换的定义式(2.5.4)中,指数因式的幂$-st$是无量纲的纯数.由此可知复数s的量纲应该是$[T]^{-1}$,s的实部和虚部的量纲均与此相同.另外,在式(2.5.4)中,因子e^{-st}也是无量纲的纯数,dt的量纲当然与t的量纲相同,而积分就是求和,所以$F(s)$的量纲应是$f(t)$的量纲乘以[T].例如:如果$f(t)$是速度,单位为$m \cdot s^{-1}$,则$F(s)$的单位应是m.

性质11(向量与矩阵的拉普拉斯变换) 向量的拉普拉斯变换定义为其每个分量的拉普拉斯变换构成的同维数向量.矩阵的拉普拉斯变换定义为其每个元的拉普拉斯变换构成的同维数矩阵.如此,m维向量

$$\boldsymbol{y}(t) = [y_1(t) \quad y_2(t) \quad \cdots \quad y_m(t)]^{\mathrm{T}}$$

的拉普拉斯变换即为m维向量

$$\boldsymbol{Y}(s) = [Y_1(s) \quad Y_2(s) \quad \cdots \quad Y_m(s)]^{\mathrm{T}};$$

而$m\times l$的矩阵

$$\boldsymbol{h}(t) = \begin{bmatrix} h_{1,1}(t) & h_{1,2}(t) & \cdots & h_{1,l}(t) \\ h_{2,1}(t) & h_{2,2}(t) & \cdots & h_{2,l}(t) \\ \vdots & \vdots & & \vdots \\ h_{m,1}(t) & h_{m,2}(t) & \cdots & h_{m,l}(t) \end{bmatrix}$$

的拉普拉斯变换即为$m\times l$的矩阵

$$\boldsymbol{H}(s) = \begin{bmatrix} H_{1,1}(s) & H_{1,2}(s) & \cdots & H_{1,l}(s) \\ H_{2,1}(s) & H_{2,2}(s) & \cdots & H_{2,l}(s) \\ \vdots & \vdots & & \vdots \\ H_{m,1}(s) & H_{m,2}(s) & \cdots & H_{m,l}(s) \end{bmatrix}.$$

性质12(拉普拉斯反变换) 拉普拉斯反变换的公式是

$$f(t) = \frac{1}{2\pi \mathrm{j}}\int_{\sigma-\mathrm{j}\infty}^{\sigma+\mathrm{j}\infty} F(s)\mathrm{e}^{ts}\,\mathrm{d}s. \tag{2.5.17}$$

它是复平面s上的积分,计算起来很困难.绝大多数情形下,工程上遇到的$F(s)$是有理函数,所以总是把它分解为部分分式,然后利用拉普拉斯反变换表求出原函数.

表2.5.1列出了控制工程中比较常用的一些函数的拉普拉斯反变换.

表 2.5.1　常用拉普拉斯反变换表

(a,T,ω,ζ 均为实常数，$0<\zeta<1$. n 为自然数. $0!=1$.)

$F(s)$	$f(t)$
1	$\delta(t)$
$\frac{1}{s}$	$1(t)$
$\frac{1}{s^n}$	$\frac{t^{n-1}}{(n-1)!}$
$\frac{1}{Ts+1}$	$e^{-t/T}/T$
$\frac{1}{(Ts+1)^n}$	$\frac{t^{n-1}e^{-t/T}}{(n-1)!\ T^n}$
$\frac{1}{s^2+\omega^2}$	$\frac{\sin\omega t}{\omega}$
$\frac{s}{s^2+\omega^2}$	$\cos\omega t$
$\frac{1}{(s+a)^2+\omega^2}$	$\frac{e^{-at}\sin\omega t}{\omega}$
$\frac{s+a}{(s+a)^2+\omega^2}$	$e^{-at}\cos\omega t$
$\frac{aTs+1}{T^2s^2+2\zeta Ts+1}$	$e^{-\zeta t/T}\left(\frac{1-a\zeta}{\sqrt{1-\zeta^2}T}\sin\sqrt{1-\zeta^2}\frac{t}{T}+\frac{a}{T}\cos\sqrt{1-\zeta^2}\frac{t}{T}\right)$

2.5.3　用拉普拉斯变换解线性微分方程

下面试用拉普拉斯变换分析例 2.4.1 的电路. 重新写出方程式(2.4.5)如下：

$$RC\frac{dy}{dt}+y=RC\frac{dU(t)}{dt}.$$

由于本书对于拉普拉斯变换的定义式(2.5.4)是以 $t=0^-$ 为下限的积分变换，它只要求原函数在区间$[0^-,\infty)$上分段连续，故原函数在 $t=0$ 时刻的幅度有限的跳变并不造成问题. 正因为如此，求解微分方程时可以省去求 $t=0^+$ 时刻的初值的手续.

对上式的两端同取拉普拉斯变换，由于系统在 $t<0$ 时完全静止，故 $t=0^-$ 时所有变量和它们的各阶导数的初值均为 0. 因此根据拉普拉斯变换基本性质之 6 即得

$$RCsY(s)+Y(s)=RCsU(s).$$

取 $U(t)=V\cdot 1(t)$，于是有 $U(s)=V/s$. 代入上式，即得

$$Y(s)=\frac{RCV}{RCs+1}.$$

利用表 2.5.1 可立得

$$y(t)=Ve^{-t/RC}.$$

这个结果与式(2.4.6)完全相同,但求解的过程却简单得多.

另外,在2.2.4节中曾强调:由于 s 是**微分算符** $\mathrm{d}/\mathrm{d}t$ 的简写记号,因此如果某一含 s 的多项式因子同时出现于分子与分母中,不能把它们无条件地"消去".现在 s 不再是算符,而是拉普拉斯变换的复数自变量.所以**只要在 $t<0$ 时对象完全静止,即在 $t=0^-$ 时刻所有变量及它们的各阶导数均等于0**,则对于同时出现于分子与分母中的 s 的多项式因子,就**可以按照代数运算的法则消去**.

本书今后不再严格区分作为微分算符的 s 与作为拉普拉斯变换自变量的 s.

例2.5.1　用拉普拉斯变换求解2.2.4节的微分方程式(2.2.43).方程重新写出如下:

$$a_4\frac{\mathrm{d}^4\varphi}{\mathrm{d}t^4}+a_3\frac{\mathrm{d}^3\varphi}{\mathrm{d}t^3}+a_2\frac{\mathrm{d}^2\varphi}{\mathrm{d}t^2}+a_1\frac{\mathrm{d}\varphi}{\mathrm{d}t}+a_0\varphi$$
$$=b_0\psi+\left(c_2\frac{\mathrm{d}^2M_\mathrm{L}}{\mathrm{d}t^2}+c_1\frac{\mathrm{d}M_\mathrm{L}}{\mathrm{d}t}+c_0M_\mathrm{L}\right).\tag{2.5.18}$$

解　首先注意:假设**在 $t<0$ 时对象完全静止**,即**在 $t<0$ 时** $\varphi(t),\psi(t)$,$M_\mathrm{L}(t)$**以及它们的各阶导数均等于0**.设在 $t\geqslant0$ 时,$\psi(t)$ 仍保持为0,但 $M_\mathrm{L}(t)=1(t)$,即电动机轴上突然受到单位反向力矩的作用,因而函数 $M_\mathrm{L}(t)$ 在 $t=0$ 时刻不连续,以致**方程式(2.5.18)的右端在 $t=0$ 时刻含有 δ 函数甚至 δ 函数的导数**.可以想见,这会给方程的解及解的各阶导数带来复杂的跳变.如果采用类似例2.4.1的方法,首先设法确定 $\varphi(t)$ 及其各阶导数在 $t=0^+$ 时刻跳变后的初值,然后再求方程的全解,较之例2.4.1肯定会更繁冗.

下面用拉普拉斯变换求解方程式(2.5.18).

对式(2.5.18)的两端同求拉普拉斯变换.把 $\varphi(t)$,$\psi(t)$ 和 $M_\mathrm{L}(t)$ 的拉普拉斯变换象函数分别记作 $\bar{\varphi}(s)$,$\bar{\psi}(s)$ 和 $\overline{M}_\mathrm{L}(s)$.注意到 $t<0$ 时系统完全静止,即 $\varphi(t)$,$\psi(t)$ 和 $M_\mathrm{L}(t)$ 以及它们的各阶导数在 $t<0$ 时均等于0的事实,就无须考虑 $t=0^+$ 时各变量的初值,而根据拉普拉斯变换基本性质之6直接得到下面的代数方程:

$$a_4s^4\bar{\varphi}(s)+a_3s^3\bar{\varphi}(s)+a_2s^2\bar{\varphi}(s)+a_1s\bar{\varphi}(s)+a_0\bar{\varphi}(s)$$
$$=b_0\bar{\psi}(s)+(c_2s^2\overline{M}_\mathrm{L}(s)+c_1s\overline{M}_\mathrm{L}(s)+c_0\overline{M}_\mathrm{L}(s)).$$

解此代数方程,立得

$$\bar{\varphi}(s)=\frac{b_0}{a_4s^4+a_3s^3+a_2s^2+a_1s+a_0}\bar{\psi}(s)$$
$$+\frac{c_2s^2+c_1s+c_0}{a_4s^4+a_3s^3+a_2s^2+a_1s+a_0}\overline{M}_\mathrm{L}(s).\tag{2.5.19}$$

把式(2.2.44)的各系数代入,就得到与式(2.2.42)完全相同的表达式.二者的唯一差别是:此处的 s 不是代表微分算符 $\mathrm{d}/\mathrm{d}t$,而是零初值条件下拉普拉斯变换的自变量.

在方程式(2.5.18)中,有 $\psi(t)=0$,又因 $M_\mathrm{L}(t)=1(t)$,故 $\overline{M}_\mathrm{L}(s)=1/s$,把这些和式(2.2.44)的各系数的值代入式(2.5.19),整理后即得

$$\bar{\varphi}(s)=\frac{-(0.00025s^2+0.0055s+0.01)}{(0.025s^4+0.55s^3+1.5s^2+s+1)}\frac{1}{s}$$
$$=\frac{-0.01(0.05s+1)(0.5s+1)}{(0.05281s+1)(0.3837s+1)(1.234s^2+0.5635s+1)}\frac{1}{s}. \qquad (2.5.20)$$

分解为部分分式：

$$\bar{\varphi}(s)=\frac{-0.01}{s}+\frac{8.7\times10^{-8}}{0.05281s+1}+\frac{-1.482\times10^{-4}}{0.3837s+1}+\frac{0.01281s+0.004648}{1.234s^2+0.5635s+1}. \qquad (2.5.21)$$

利用表 2.5.1 可立即求得(对于 $t>0$)

$$\varphi(t)=-0.01+1.65\times10^{-6}e^{-t/0.05281}-3.86\times10^{-4}e^{-t/0.3837}+0.00160e^{-t/4.379}\sin 0.8708t+0.01038e^{-t/4.379}\cos 0.8708t. \qquad (2.5.22)$$

□

式(2.5.22)就是微分方程式(2.5.18)在 $t<0$ 时系统完全静止这一初始条件下的全解[①]. 读者必定已经注意到：由于避免了计算 $t=0$ 时刻各变量的跳变幅度，本例的求解过程非常简单. 这是在拉普拉斯变换的定义公式中把积分下限定为 0^- 带来的便利.

虽然在以上的求解过程中根本未考虑 $t=0$ 时刻各变量发生的跳变，但得到的结果对于 $t=0^+$ 时刻却是正确的. 对式(2.5.21)多次应用拉普拉斯变换的初值定理和微分定理，可以容易地得到

$$\varphi(0^+)=0;\quad \varphi'(0^+)=0;\quad \varphi''(0^+)=-0.01;\quad \varphi'''(0^+)=0.$$

可见 $\varphi''(t)$ 在初始时刻确实发生了跳变. 如果将解的表达式(2.5.22)对 t 逐次求导，然后以 $t=0$ 代入，得到的结果也与此相同.

图 2.5.5(a),(b),(c),(d)分别是该随动系统在 $M_L(t)=1(t)$ 作用下 $\varphi(t)$ 及其各阶导数的图像. 在反向力矩 $M_L(t)$ 的冲击下，φ 首先向负方向变化，然后在反馈控制系统的作用下向 0 复原，复原过程是振荡性的. 最终保留的静态误差为 -0.01，即该系统对于反向力矩有**静态误差**. 这是因为：为了在静态下平衡反向力矩 $M_L=1$，电动机必须保留一个正向力矩. 而为了产生此正向力矩，电动机上必须有一定的电枢电压，因而放大器输入端必须保留一定的误差电压. 这就是输出角 φ 的静态误差的由来. 在 2.2.3 节中曾指出，这个随动系统对于手柄的转动角 ψ 无静差. 现在我们又看到，同一个随动系统对于反向力矩 M_L 这一外加扰动却是有静差的.

---

① 当然式(2.5.22)也可以采用式(2.3.2)的格式写成

$$\varphi(t)=-0.01+1.65\times10^{-6}e^{-18.94t}-3.86\times10^{-4}e^{-2.606t}+0.00160e^{-0.2283t}\sin 0.8708t+0.01038e^{-0.2283t}\cos 0.8708t.$$

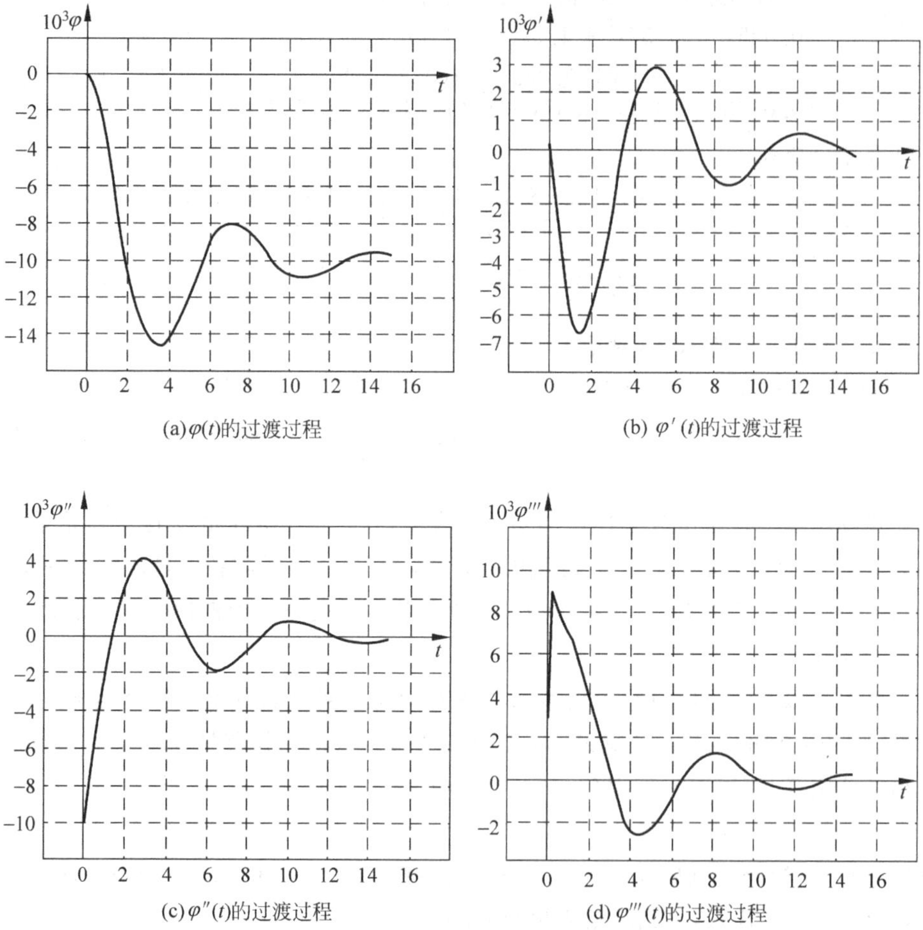

图 2.5.5 单位反向力矩作用下随动系统的过渡过程

2.6 运动对象的状态空间描述

以上讨论的是用普通的线性常微分方程组描述对象的运动.本节将引入一种特定形式的常微分方程组,即**状态方程组**.用状态方程组描述运动,是现代控制理论的基本特征.在研究对象的运动时引入**状态**这一概念,是控制理论在 20 世纪 60 年代的极为重要的发展.上文 2.2.4 节所述的将原始运动方程组合并为单变量微分方程的做法,其优点在于把研究重点集中于一个主要变量即输出量的运动,但其缺点也正在于:由于不关注对象的其他变量,因而可能失去对象内部的许多重要信息.引入状态的概念从根本上改变了这种情况.状态的概念有助于从全局上有机地把握对象运动的特征.不仅如此,基于状态的控制理论还提出了控制系统的**可控性**与**可观测性**这一对极为重要的基本概念,并推动了**最优控制**理论和方法的创立,对控制理论的发展作出了重大贡献.

本节将叙述状态的概念与用状态描述对象运动的方法. 在此基础上,本书下册还将详细叙述基于状态的控制理论.

2.6.1　状态变量、状态向量与状态空间

一个对象的运动总是可以用多个实数变量来描述. 举例说,2.2 节的例 2.2.3 所举的直流他励电动机,就可以用 E_a,I_a,M,Ω 等 4 个实数变量来描述其运动,甚至还可以加上 $\mathrm{d}\Omega/\mathrm{d}t$,$\mathrm{d}^2\Omega/\mathrm{d}t^2$ 等变量. 全体变量随时间变化的情况,就描述了该对象的运动. 但这些变量并非都是独立的. 例如 E_a 和 Ω 两个变量中,只要知道了任何一个,就可以从方程式(2.2.9)唯一地确定另一个. 同样,I_a 和 M 也不是互相独立的. 所以,要描述电动机的运动,实际上不需要那么多变量.

在描述任何一个对象的运动的所有变量中,必定存在**数目最少的一组变量,足以描述对象的全部运动**. 这组变量就称为该对象的**状态变量**. 这里说的"足以描述对象的全部运动"的确切含义是: **只要确定该组变量在任一初始时刻(例如 $t=t_0$)的数值,并且给定从这一时刻起的某一时间区间内($t_0\leqslant t\leqslant t_1$)所有从外部加于对象上的作用(即输入量)的数值,则对象的所有变量从这一时刻起($t_0\leqslant t\leqslant t_1$)的运动都被唯一地确定.**

在 2.2.1 节的例 2.2.3 中,描述直流他励电动机运动的 4 个方程中,只有 2 个是微分方程. 只要确定了 I_a 与 Ω 这 2 个变量在任一时刻 t_0 的初值,并确定了输入量函数 $U(t)$与 $M_L(t)$从这一时刻起所有时刻的值,全部方程的解就是唯一确定的. 这是因为: 确定了 I_a 与 Ω 的初值,则从方程式(2.2.9)和式(2.2.10)立刻可以确定 E_a 和 M 的初值,再连同已确定的 $U(t)$与 $M_L(t)$,微分方程组(2.2.7)和(2.2.8)的初值和右端函数就全部确定,因而微分方程组有唯一确定的解. 从而各代数方程的解也就确定了. 反之,如果仅确定 I_a 这 1 个变量的初值,而未确定 Ω 的初值,则微分方程组(2.2.7)和(2.2.8)的解无法唯一地确定. 由此可见,I_a 与 Ω 这 2 个(但不是 4 个或更多)变量就是数目最少而又足以描述系统的全部运动的变量,它们就构成系统的状态变量组.(严格地说,要使微分方程的解为唯一,还须要求其右端函数为连续,这在 2.4 节已经指出.)

根据同样道理,也可以认为 E_a 和 M 是一组状态变量. 同样还可以认为,M 与 Ω,或 E_a 与 I_a,也分别构成一组状态变量. 因此**状态变量组的选取不是唯一的**. 但也不可任意选取. 例如不能说 E_a 与 Ω 是一组状态变量,因为无法仅根据它们的初值确定 I_a 与 M 的初值,从而不能唯一地确定微分方程式(2.2.7)和式(2.2.8)的解.

在 2.2.3 节的例 2.2.6 中,可以选取 ΔL 与 ΔM 为一组状态变量. 因为只要知道了在任一初始时刻 ΔL 与 ΔM 的值,以及输入量函数 ΔF_1 与 ΔQ_1 的值,其余 5 个受控变

量 ΔF_2,ΔQ_2,ΔP,ΔV,ΔH 在该时刻的值都可以从代数方程组(2.2.33)～(2.2.37)联立解得,从而微分方程组(2.2.31)～(2.2.32)就有唯一确定的解.当然,也可选取 ΔM 和 ΔH 为一组状态变量,但不能认为 ΔV 和 ΔL 是一组状态变量.

从上面的例子看出,在一个具体对象的所有变量中,应当选取哪些变量才能构成一组状态变量,并不总是显而易见的.甚至,一个对象应当有几个状态变量,也不是显而易见的.需要确定的是:为使对象的微分方程组的解为唯一,它的各变量的初值有几个**自由度**.众所周知,n 阶的单变量微分方程的解有 n 个自由度.因此该对象的状态变量的数目应当是 n.照此推理,就要先导出单变量微分方程,然后方能确定状态变量的数目并具体选取状态变量.对于复杂的运动对象,这样做是相当困难的.

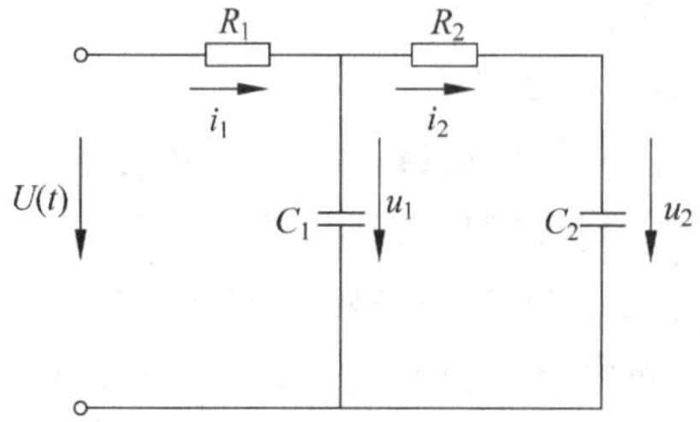

图 2.6.1　选取状态变量

以图 2.6.1 的电路为例.显然该电路可以用 2 阶微分方程描述.因此其状态变量的数目必为 2.把外加电压 $U(t)$ 取为输入量,从图中可以看出该电路至少有 4 个受控变量:i_1,i_2,u_1,u_2.在尚未列写出该电路的微分方程时就能判定:可以把 u_1 和 i_2 取为一组状态变量.这是因为:u_1 和 i_2 确定后,利用电路原理的知识,另两个变量 u_2 和 i_1 就可唯一地确定.同理,也可以选取 u_1 和 u_2,或 i_1 和 i_2,或 i_1 和 u_2,或 i_2 和 u_2 为一组状态变量.但不能认为 i_1 和 u_1 是一组状态变量,因为这两个变量之间存在 $R_1 i_1 + u_1 = U(t)$ 的约束关系,所以它们实际上只代表 1 个自由度.仅仅确定 i_1 和 u_1,并不足以确定 i_2 或 u_2.

把一组状态变量写成一个列向量,就称为**状态向量**.如果某对象可以用一组 n 个状态变量 x_1,x_2,…,x_n 描述,就可以把它们表示为 n 维的状态向量 $\boldsymbol{x}$:

$$\boldsymbol{x} = \begin{bmatrix} x_1 \\ x_2 \\ \vdots \\ x_n \end{bmatrix}.$$

例如在图 2.6.1 中可取 $[u_1 \quad i_2]^{\mathrm{T}}$ 为状态向量,在 2.2.3 节的例 2.2.6 中可取 $[\Delta L \quad \Delta M]^{\mathrm{T}}$ 为状态向量.有时就把一个对象的状态向量称为该对象的**状态**.

在 2.2.1 节中曾指出,从外部作用于对象上并引起对象运动的变量称为**输入量**.又,有时只需要着重研究对象的某几个受控量,这些需要着重研究的受控量称为对象的**输出量**.设所研究的对象有 l 个输入量和 m 个输出量,则可以把它们分别表示为 l 维的**输入向量** $\boldsymbol{u}$ 和 m 维的**输出向量** $\boldsymbol{y}$:

$$\boldsymbol{u}=\begin{bmatrix}u_1\\u_2\\\vdots\\u_l\end{bmatrix},\quad \boldsymbol{y}=\begin{bmatrix}y_1\\y_2\\\vdots\\y_m\end{bmatrix}.$$

上述的 $\boldsymbol{x},\boldsymbol{u},\boldsymbol{y}$ 都是**变量**列向量. 这些变量列向量在某一时刻所取的**值**则是**实数**列向量. 全体 n 维实数状态向量构成 n 维的线性空间,称为**状态空间**. 仿此有 l 维的**输入量空间**和 m 维的**输出量空间**. 同一个对象中,输入向量、输出向量和状态向量的维数 l,m,n 不必相等.

2.6.2　状态方程与输出方程

现代时间域控制理论用**状态方程组**描述对象的运动. 状态方程组是一种特定形式的微分方程组. 状态方程组的规范是:

(1) 在全体受控变量中,只选取一组状态变量来列写方程组,**状态变量以外的受控变量不得进入状态方程组**.

(2) 状态方程组完全由 1 阶微分方程组成,**每个状态方程必须含有且只能含有 1 个状态变量的 1 阶导数**.

一个 n 维系统的状态方程组的标准形式如下

$$\left.\begin{aligned}\frac{\mathrm{d}x_1}{\mathrm{d}t}&=f_1(x_1,x_2,\cdots,x_n;\ u_1,u_2,\cdots,u_l;\ t),\\\frac{\mathrm{d}x_2}{\mathrm{d}t}&=f_2(x_1,x_2,\cdots,x_n;\ u_1,u_2,\cdots,u_l;\ t),\\&\vdots\\\frac{\mathrm{d}x_n}{\mathrm{d}t}&=f_n(x_1,x_2,\cdots,x_n;\ u_1,u_2,\cdots,u_l;\ t).\end{aligned}\right\}\tag{2.6.1}$$

写成向量形式就是

$$\frac{\mathrm{d}\boldsymbol{x}}{\mathrm{d}t}=\boldsymbol{f}(\boldsymbol{x},\boldsymbol{u},t),\tag{2.6.2}$$

其中 $\boldsymbol{f}$ 是 n 维函数列向量 $[f_1\quad f_2\quad\cdots\quad f_n]^{\mathrm{T}}$.

实际工作中不仅有时需要着重研究对象的一部分受控变量,而且还有时需要研究由一部分受控变量相组合的变量,甚至研究一部分受控变量与一部分输入量相组合的变量,因此线性系统输出量 $y_1,y_2,\cdots,y_m$ 的一般的表示式应当是如下的一组代数表达式

$$\left.\begin{aligned}y_1&=g_1(x_1,x_2,\cdots,x_n;\ u_1,u_2,\cdots,u_l;\ t),\\y_2&=g_2(x_1,x_2,\cdots,x_n;\ u_1,u_2,\cdots,u_l;\ t),\\&\vdots\\y_m&=g_m(x_1,x_2,\cdots,x_n;\ u_1,u_2,\cdots,u_l;\ t).\end{aligned}\right\}\tag{2.6.3}$$

上式称为该系统的**输出方程组**.写成向量形式就是

$$\boldsymbol{y}=\boldsymbol{g}(\boldsymbol{x},\boldsymbol{u},t), \tag{2.6.4}$$

其中 $\boldsymbol{g}$ 是 m 维函数列向量 $[g_1 \quad g_2 \quad \cdots \quad g_m]^{\mathrm{T}}$.

状态方程组和输出方程组也可统称为状态方程组.

最简单而常用的状态方程组是**线性**微分方程组.它的每个函数 f_i 和 g_j($i=1,2,\cdots,n$; $j=1,2,\cdots,m$)分别都是各个自变量函数的线性组合,即

$$\left.\begin{aligned}\frac{\mathrm{d}x_1}{\mathrm{d}t}&=a_{1,1}x_1+a_{1,2}x_2+\cdots+a_{1,n}x_n+b_{1,1}u_1+b_{1,2}u_2+\cdots+b_{1,l}u_l,\\\frac{\mathrm{d}x_2}{\mathrm{d}t}&=a_{2,1}x_1+a_{2,2}x_2+\cdots+a_{2,n}x_n+b_{2,1}u_1+b_{2,2}u_2+\cdots+b_{2,l}u_l,\\&\vdots\\\frac{\mathrm{d}x_n}{\mathrm{d}t}&=a_{n,1}x_1+a_{n,2}x_2+\cdots+a_{n,n}x_n+b_{n,1}u_1+b_{n,2}u_2+\cdots+b_{n,l}u_l.\end{aligned}\right\} \tag{2.6.5}$$

和

$$\left.\begin{aligned}y_1&=c_{1,1}x_1+c_{1,2}x_2+\cdots+c_{1,n}x_n+d_{1,1}u_1+d_{1,2}u_2+\cdots+d_{1,l}u_l,\\y_2&=c_{2,1}x_1+c_{2,2}x_2+\cdots+c_{2,n}x_n+d_{2,1}u_1+d_{2,2}u_2+\cdots+d_{2,l}u_l,\\&\vdots\\y_m&=c_{m,1}x_1+c_{m,2}x_2+\cdots+c_{m,n}x_n+d_{m,1}u_1+d_{m,2}u_2+\cdots+d_{m,l}u_l.\end{aligned}\right\} \tag{2.6.6}$$

状态方程组(2.6.5)和输出方程组(2.6.6)可写成紧凑的向量形式,成为

$$\dot{\boldsymbol{x}}=\boldsymbol{A}\boldsymbol{x}+\boldsymbol{B}\boldsymbol{u}, \tag{2.6.7}$$

$$\boldsymbol{y}=\boldsymbol{C}\boldsymbol{x}+\boldsymbol{D}\boldsymbol{u}, \tag{2.6.8}$$

其中 $\boldsymbol{A},\boldsymbol{B},\boldsymbol{C},\boldsymbol{D}$ 分别是 $n\times n,n\times l,m\times n$ 和 $m\times l$ 的矩阵:

$$\left.\begin{aligned}\boldsymbol{A}&=\begin{bmatrix}a_{1,1}&a_{1,2}&\cdots&a_{1,n}\\a_{2,1}&a_{2,2}&\cdots&a_{2,n}\\&\vdots&&\\a_{n,1}&a_{n,2}&\cdots&a_{n,n}\end{bmatrix}, &\boldsymbol{B}&=\begin{bmatrix}b_{1,1}&b_{1,2}&\cdots&b_{1,l}\\b_{2,1}&b_{2,2}&\cdots&b_{2,l}\\&\vdots&&\\b_{n,1}&b_{n,2}&\cdots&b_{n,l}\end{bmatrix},\\\boldsymbol{C}&=\begin{bmatrix}c_{1,1}&c_{1,2}&\cdots&c_{1,n}\\c_{2,1}&c_{2,2}&\cdots&c_{2,n}\\&\vdots&&\\c_{m,1}&c_{m,2}&\cdots&c_{m,n}\end{bmatrix}, &\boldsymbol{D}&=\begin{bmatrix}d_{1,1}&d_{1,2}&\cdots&d_{1,l}\\d_{2,1}&d_{2,2}&\cdots&d_{2,l}\\&\vdots&&\\d_{m,1}&d_{m,2}&\cdots&d_{m,l}\end{bmatrix}.\end{aligned}\right\}$$

注意式(2.6.7)和式(2.6.8)是状态方程组和输出方程组的规范写法,$\boldsymbol{A},\boldsymbol{B},\boldsymbol{C},\boldsymbol{D}$ 是其中4个矩阵的规范记号.为了紧凑,也常将状态方程与输出方程合并写成

$$\begin{bmatrix}\dot{\boldsymbol{x}}\\\boldsymbol{y}\end{bmatrix}=\begin{bmatrix}\boldsymbol{A}&\boldsymbol{B}\\\boldsymbol{C}&\boldsymbol{D}\end{bmatrix}\begin{bmatrix}\boldsymbol{x}\\\boldsymbol{u}\end{bmatrix}, \tag{2.6.9}$$

有时并将式(2.6.9)表示的对象简记为 $\Sigma(\boldsymbol{A},\boldsymbol{B},\boldsymbol{C},\boldsymbol{D})$. 如果 $\boldsymbol{D}$ 是零矩阵 $\boldsymbol{0}_{m\times l}$,还可进一步简记为 $\Sigma(\boldsymbol{A},\boldsymbol{B},\boldsymbol{C})$.

如果矩阵 $\boldsymbol{A},\boldsymbol{B},\boldsymbol{C},\boldsymbol{D}$ 的各元都是不随时间变化的实常数,则称该对象是**定常**的;反之,如果这些矩阵中有一些元随时间而变,则称该对象是**时变**的. 并把这些矩阵写作 $\boldsymbol{A}(t),\boldsymbol{B}(t),\boldsymbol{C}(t),\boldsymbol{D}(t)$.

本章只讨论线性定常的状态方程组.

根据上述,控制系统的状态方程是关于状态变量的特定形式的 1 阶微分方程组;输出方程是关于状态变量与输入变量的特定形式的代数方程组. 因此本章 2.2 节中关于一般运动方程组的讨论,对于状态方程都适用. 根据状态变量的定义,只要给定状态向量在某一初始时刻 t_0(通常取 $t_0=0$)的值和从该时刻起的各输入量函数 $\boldsymbol{u}(t)$的值,状态方程就有唯一确定的解 $\boldsymbol{x}(t)$. 把 $\boldsymbol{x}(t)$和 $\boldsymbol{u}(t)$代入输出方程,就可求得输出量 $\boldsymbol{y}(t)$.

将状态方程组(2.6.7)两端取拉普拉斯变换并移项,写成

$$(s\boldsymbol{I}_n-\boldsymbol{A})\boldsymbol{x}=\boldsymbol{B}\boldsymbol{u},$$

并与 2.2.4 节的式(2.2.39)相比较,就看出状态方程是运动方程的一种特例,并且有

$$\boldsymbol{T}(s)=s\boldsymbol{I}_n-\boldsymbol{A}. \tag{2.6.10}$$

因而其特征多项式是

$$\rho(s)=\det\boldsymbol{T}(s)=\det(s\boldsymbol{I}_n-\boldsymbol{A}).$$

2.3 节中曾指出,特征多项式对于研究运动十分重要. 因此我们把上式表述为如下的重要命题.

命题 2.6.1　采用状态方程组(2.6.7)描述运动对象时,其**特征多项式**是

$$\rho(s)=\det(s\boldsymbol{I}_n-\boldsymbol{A}). \tag{2.6.11}$$

□

特征多项式的零点称为状态方程组(2.6.7)的零点. 前已说明,特征多项式允许乘以任意非零常数而不影响其零点.

2.6.3　从原始方程组导出状态方程组

状态方程描述是现代时间域控制理论的基本工具. 用状态方程组描述系统的运动,格式整齐划一,便于用矩阵和向量处理,而且现代控制理论的许多重要的研究成果都是以状态方程描述为基础的. 所以必须掌握状态方程描述方法.

但是正如 2.6.2 节所指出,状态方程组在格式上的要求很严. 第一,要在对象的众多受控变量中确定哪些受控变量可以作为一组状态变量. 第二,线性状态方程组必须符合 2.6.2 节所述的规范,即(1)除状态变量外,其他受控变量不得进入方程组;(2)每个方程必须含有恰好 1 个状态变量的恰好 1 阶导数. 容易想象,根

据所研究的对象的各部件的运动机理初步建立起来的原始方程组，一般都难以恰好满足这些要求.第2.2.3节所举的两个例子就都不满足这些要求.

因此在实际工作中往往暂时不顾对状态方程组的上述要求，先列出原始的微分方程和代数方程组，再从它们推导出规范的状态方程组.但是这一推导过程往往相当繁冗.

下面分3个步骤叙述对于线性系统进行这一推导的一般过程.

第1步 首先检查是否有某个微分方程含有多于1个受控量的导数项，如果有，则要用代数方法处理，做到每个微分方程恰好只含1个受控量的导数项.

第2步 经过第1步处理后，如果有的微分方程中受控变量的导数项高于1阶，或含有输入量的导数项，则要引入新的变量进行置换，做到每个微分方程只含1个受控量的1阶导数项(这些受控量就成为对象的状态变量)，且没有输入量的导数项.

第3步 用代数处理消去冗余变量.这里说的冗余变量是指所有微分方程与代数方程中，除状态变量、输入量和输出量以外的变量.

下面对以上3个步骤的每一步分别举例说明.

关于第1步，即实现每个微分方程只含1个受控量的导数项，以下面的线性微分方程组为例：

$$\left.\begin{aligned}\dot{x}_1+\dot{x}_2&=x_2,\\ \dot{x}_1+\ddot{x}_2&=x_1+u.\end{aligned}\right\}$$

它的每个方程中，受控量的导数项都超过1个.先引入变量 x_3，命

$$\dot{x}_2=x_3,$$

现在原方程组化为

$$\dot{x}_1+x_3=x_2,$$

$$\dot{x}_1+\dot{x}_3=x_1+u.$$

把以上3个方程联立，就可解得

$$\left.\begin{aligned}\dot{x}_1&=x_2-x_3,\\ \dot{x}_2&=x_3,\\ \dot{x}_3&=x_1-x_2+x_3+u.\end{aligned}\right\}\tag{2.6.12}$$

用式(2.6.12)代替原方程组，就达到目的.

关于第2步，即实现每个微分方程只含1个受控量的1阶导数项(这些受控量就成为对象的状态变量)，且没有输入量的导数项.这一步的处理工作量较大.考虑下面的线性微分方程：

$$a_n\overset{(n)}{x}+a_{n-1}\overset{(n-1)}{x}+\cdots+a_1\dot{x}+a_0x=b_n\overset{(n)}{u}+b_{n-1}\overset{(n-1)}{u}+\cdots+b_1\dot{u}+b_0u,\tag{2.6.13}$$

其中 $n\geqslant 1, a_n\neq 0$. 这个微分方程不满足第 2 步要求实现的条件. 有两种处理方法.

第一种处理方法：取一组 n 个状态变量 $\xi_1,\xi_2,\cdots,\xi_n$，并设置一组 n 个待定常数 $\beta_0,\beta_1,\cdots,\beta_{n-1}$. 命

$$\left.\begin{aligned}\xi_1 &= x-\beta_0 u,\\ \xi_2 &= \dot{\xi}_1-\beta_1 u,\\ \xi_3 &= \dot{\xi}_2-\beta_2 u,\\ &\ \vdots\\ \xi_{n-1} &= \dot{\xi}_{n-2}-\beta_{n-2} u,\\ \xi_n &= \dot{\xi}_{n-1}-\beta_{n-1} u.\end{aligned}\right\}\tag{2.6.14}$$

由此容易推得

$$\left.\begin{aligned}x &= \xi_1+\beta_0 u,\\ \dot{x} &= \xi_2+\beta_0\dot{u}+\beta_1 u,\\ \ddot{x} &= \xi_3+\beta_0\ddot{u}+\beta_1\dot{u}+\beta_2 u,\\ &\ \vdots\\ \overset{(n-2)}{x} &= \xi_{n-1}+\beta_0\overset{(n-2)}{u}+\beta_1\overset{(n-3)}{u}+\cdots+\beta_{n-3}\dot{u}+\beta_{n-2}u,\\ \overset{(n-1)}{x} &= \xi_n+\beta_0\overset{(n-1)}{u}+\beta_1\overset{(n-2)}{u}+\cdots+\beta_{n-3}\ddot{u}+\beta_{n-2}\dot{u}+\beta_{n-1}u.\end{aligned}\right\}\tag{2.6.15}$$

再将式(2.6.15)的最后一行对 t 求导一次，得

$$\overset{(n)}{x}=\dot{\xi}_n+\beta_0\overset{(n)}{u}+\beta_1\overset{(n-1)}{u}+\cdots+\beta_{n-3}\dddot{u}+\beta_{n-2}\ddot{u}+\beta_{n-1}\dot{u}.\tag{2.6.16}$$

将式(2.6.15)与式(2.6.16)代入原方程式(2.6.13)的左端以取代 x 及 x 的各阶导数项. 在所得方程的左端只保留含 $\dot{\xi}_n$ 的一项，而将其余各项均移至方程右端. 整理后得

$$\begin{aligned}a_n\dot{\xi}_n =& (b_n-a_n\beta_0)\overset{(n)}{u}\\ &+(b_{n-1}-a_n\beta_1-a_{n-1}\beta_0)\overset{(n-1)}{u}\\ &+(b_{n-2}-a_n\beta_2-a_{n-1}\beta_1-a_{n-2}\beta_0)\overset{(n-2)}{u}\\ &+\ \cdots\\ &+(b_1-a_n\beta_{n-1}-a_{n-1}\beta_{n-2}-a_{n-2}\beta_{n-3}-\cdots-a_2\beta_1-a_1\beta_0)\dot{u}\\ &+(b_0-a_{n-1}\beta_{n-1}-a_{n-2}\beta_{n-2}-\cdots-a_2\beta_2-a_1\beta_1-a_0\beta_0)u\\ &-(a_0\xi_1+a_1\xi_2+\cdots+a_{n-2}\xi_{n-1}+a_{n-1}\xi_n).\end{aligned}\tag{2.6.17}$$

为了将式(2.6.17)化为不含 u 的导数项的表达式，在式(2.6.17)的等号右端，依

次地令含有 $\overset{(n)}{u}$，$\overset{(n-1)}{u}$，…，$\ddot{u}$，$\dot{u}$ 的各项的系数等于 0，便可依次求得各待定系数 β_0，β_1，…，β_{n-1}应取的值如下：

$$\left.\begin{aligned}
&\beta_0 = b_n/a_n,\\
&\beta_1 = (b_{n-1} - a_{n-1}\beta_0)/a_n,\\
&\beta_2 = (b_{n-2} - a_{n-1}\beta_1 - a_{n-2}\beta_0)/a_n,\\
&\beta_3 = (b_{n-3} - a_{n-1}\beta_2 - a_{n-2}\beta_1 - a_{n-3}\beta_0)/a_n,\\
&\qquad\qquad\vdots\\
&\beta_{n-2} = (b_2 - a_{n-1}\beta_{n-3} - a_{n-2}\beta_{n-4} - \cdots - a_3\beta_1 - a_2\beta_0)/a_n,\\
&\beta_{n-1} = (b_1 - a_{n-1}\beta_{n-2} - a_{n-2}\beta_{n-3} - \cdots - a_3\beta_2 - a_2\beta_1 - a_1\beta_0)/a_n.
\end{aligned}\right\}$$

(2.6.18)

令 β_0，β_1，…，β_{n-1}分别按照式(2.6.18)取值，则式(2.6.17)等号右端含有 $\overset{(n)}{u}$，$\overset{(n-1)}{u}$，…，$\ddot{u}$，$\dot{u}$ 的各项的系数均化为 0，而式(2.6.17)化为

$$\begin{aligned}
a_n\dot{\xi}_n =& -(a_0\xi_1 + a_1\xi_2 + \cdots + a_{n-2}\xi_{n-1} + a_{n-1}\xi_n)\\
&+(b_0 - a_{n-1}\beta_{n-1} - a_{n-2}\beta_{n-2} - \cdots - a_2\beta_2 - a_1\beta_1 - a_0\beta_0)u.
\end{aligned}$$

(2.6.19)

注意：式(2.6.14)中的最后 $n-1$ 个微分方程，加上式(2.6.19)，共计 n 个微分方程，它们以 ξ_1，ξ_2，…，ξ_n 为受控量，每个微分方程正是只含 1 个受控量的 1 阶导数项，而且没有输入量的导数项. 因此它们构成以 ξ_1，ξ_2，…，ξ_n 为状态变量的状态方程组. 下面把它们整理后重新写出：

$$\left.\begin{aligned}
&\dot{\xi}_1 = \xi_2 + \beta_1 u,\\
&\dot{\xi}_2 = \xi_3 + \beta_2 u,\\
&\qquad\vdots\\
&\dot{\xi}_{n-1} = \xi_n + \beta_{n-1} u,\\
&a_n\dot{\xi}_n = -(a_0\xi_1 + a_1\xi_2 + \cdots + a_{n-2}\xi_{n-1} + a_{n-1}\xi_n)\\
&\qquad +(b_0 - a_{n-1}\beta_{n-1} - a_{n-2}\beta_{n-2} - \cdots - a_2\beta_2 - a_1\beta_1 - a_0\beta_0)u.
\end{aligned}\right\}$$

(2.6.20)

其中 β_0，β_1，…，β_{n-1}的值由式(2.6.18)依次算出.

从状态方程组(2.6.20)解出各状态变量 ξ_1，ξ_2，…，ξ_n 后，可用式(2.6.14)的第 1 个方程即

$$x = \xi_1 + \beta_0 u \tag{2.6.21}$$

作为联系方程求出原方程中的变量 x.

第二种处理方法：取一组 n 个状态变量 ξ_1，ξ_2，…，ξ_n，并取 $n+1$ 维列向量 $\boldsymbol{b}$ 为

$$\boldsymbol{b}=\begin{bmatrix} b_n \\ b_{n-1} \\ b_{n-2} \\ \vdots \\ b_0 \end{bmatrix}. \tag{2.6.22}$$

用计算机算出如下的 $n+1$ 维列向量

$$\boldsymbol{\beta}=\begin{bmatrix} \beta_0 \\ \beta_1 \\ \beta_2 \\ \vdots \\ \beta_n \end{bmatrix}=\begin{bmatrix} a_n & & & & \\ a_{n-1} & a_n & & \boldsymbol{0} & \\ a_{n-2} & a_{n-1} & a_n & & \\ & \vdots & & & \\ a_0 & a_1 & a_2 & \cdots & a_n \end{bmatrix}^{-1}\boldsymbol{b}. \tag{2.6.23}$$

则下列的 n 维微分方程组就可作为原微分方程式(2.6.13)的状态方程组:

$$\begin{bmatrix} \dot{\xi}_1 \\ \dot{\xi}_2 \\ \vdots \\ \dot{\xi}_{n-1} \\ \dot{\xi}_n \end{bmatrix}=\begin{bmatrix} 0 & 1 & 0 & \cdots & 0 \\ 0 & 0 & 1 & \cdots & 0 \\ & \vdots & & & \\ 0 & 0 & 0 & \cdots & 1 \\ -\dfrac{a_0}{a_n} & -\dfrac{a_1}{a_n} & -\dfrac{a_2}{a_n} & \cdots & -\dfrac{a_{n-1}}{a_n} \end{bmatrix}\begin{bmatrix} \xi_1 \\ \xi_2 \\ \vdots \\ \xi_{n-1} \\ \xi_n \end{bmatrix}+\begin{bmatrix} \beta_1 \\ \beta_2 \\ \vdots \\ \beta_{n-1} \\ \beta_n \end{bmatrix}u. \tag{2.6.24}$$

状态变量和原方程的受控变量之间的联系方程是

$$x=\xi_1+\beta_0 u. \tag{2.6.25}$$

这个联系方程与第一种处理方法的联系方程相同.

以上两种处理方法是等价的.

顺便指出,在上述第 2 种处理方法中,如果对象有 $l(>1)$个输入量,可以把全体输入量表为 l 维列向量 $\boldsymbol{u}$,在式(2.6.22)的右端把 $b_n,b_{n-1},\cdots,b_0$ 都改为 l 维行向量. 于是 $\boldsymbol{b}$ 成为$(n+1)\times l$ 维的矩阵,从式(2.6.23)求得的$\boldsymbol{\beta}$也是$(n+1)\times l$ 维的矩阵. 而$\boldsymbol{\beta}$的每个分量 $\beta_0,\beta_1,\cdots,\beta_n$ 则都成为 l 维行向量.

下面举两个例子.

例 2.6.1 要求将下面的线性微分方程改写为状态方程组:

$$\begin{aligned} &24\frac{\mathrm{d}^4 x}{\mathrm{d}t^4}+50\frac{\mathrm{d}^3 x}{\mathrm{d}t^3}+35\frac{\mathrm{d}^2 x}{\mathrm{d}t^2}+10\frac{\mathrm{d}x}{\mathrm{d}t}+x \\ &=24\frac{\mathrm{d}^4 u}{\mathrm{d}t^4}-22\frac{\mathrm{d}^3 u}{\mathrm{d}t^3}-7\frac{\mathrm{d}^2 u}{\mathrm{d}t^2}+4\frac{\mathrm{d}u}{\mathrm{d}t}+u. \end{aligned} \tag{2.6.26}$$

解 此方程不满足第 2 步要求实现的条件. 此方程有

$$n=4,\quad a_4=24,\quad a_3=50,\quad a_2=35,\quad a_1=10,\quad a_0=1,$$
$$b_4=24,\quad b_3=-22,\quad b_2=-7,\quad b_1=4,\quad b_0=1.$$

取状态向量为$[\xi_1\quad \xi_2\quad \xi_3\quad \xi_4]^{\mathrm{T}}$. 按上述的第 1 种方法处理,将各系数依次代入

式(2.6.18),可依次求得

$$\beta_0 = 1, \quad \beta_1 = -3, \quad \beta_2 = 4.5, \quad \beta_3 = 5.25.$$

将这些参数代入式(2.6.20),即得状态方程组:

$$\left.\begin{aligned} \dot{\xi}_1 &= \xi_2 - 3u, \\ \dot{\xi}_2 &= \xi_3 + 4.5u, \\ \dot{\xi}_3 &= \xi_4 - 5.25u, \\ \dot{\xi}_4 &= (-\xi_1 - 10\xi_2 - 35\xi_3 - 50\xi_4 + 135u)/24. \end{aligned}\right\} \tag{2.6.27}$$

取式(2.6.21)为联系方程,得

$$x = \xi_1 + u. \tag{2.6.28}$$

若按上述的第 2 种方法处理,则先依式(2.6.22)取

$$\boldsymbol{b} = [24 \quad -22 \quad -7 \quad 4 \quad 1]^{\mathrm{T}}.$$

用式(2.6.23)求出

$$\begin{bmatrix} \beta_0 \\ \beta_1 \\ \beta_2 \\ \beta_3 \\ \beta_4 \end{bmatrix} = \begin{bmatrix} 24 & & & & \\ 50 & 24 & & & \\ 35 & 50 & 24 & & \\ 10 & 35 & 50 & 24 & \\ 1 & 10 & 35 & 50 & 24 \end{bmatrix}^{-1} \begin{bmatrix} 24 \\ -22 \\ -7 \\ 4 \\ 1 \end{bmatrix} = \begin{bmatrix} 1 \\ -3 \\ 4.5 \\ -5.25 \\ 5.625 \end{bmatrix},$$

可见求得的 $\beta_0,\beta_1,\beta_2,\beta_3$ 均与第 1 种方法所得的相同,但增加了 $\beta_4=5.625$. 把这些代入式(2.6.24),便得

$$\left.\begin{aligned} \dot{\xi}_1 &= \xi_2 - 3u, \\ \dot{\xi}_2 &= \xi_3 + 4.5u, \\ \dot{\xi}_3 &= \xi_4 - 5.25u, \\ \dot{\xi}_4 &= -(\xi_1 + 10\xi_2 + 35\xi_3 + 50\xi_4)/24 + 5.625u. \end{aligned}\right\} \tag{2.6.29}$$

联系方程为

$$x = \xi_1 + u. \tag{2.6.30}$$

此结果与第 1 种方法得到的完全相同. □

例 2.6.2 要求将 2.2.1 节的例 2.2.3 已得到的直流他励电动机的微分方程式(2.2.12)改写为状态方程组,并求出其特征多项式.

解 该微分方程重新写出如下:

$$T_{\mathrm{a}} T_{\mathrm{m}} \frac{\mathrm{d}^2 \Omega}{\mathrm{d}t^2} + T_{\mathrm{m}} \frac{\mathrm{d}\Omega}{\mathrm{d}t} + \Omega = \frac{1}{k_{\mathrm{d}}} U - \frac{R_{\mathrm{a}}}{k_{\mathrm{d}}^2}\left(T_{\mathrm{a}} \frac{\mathrm{d}M_{\mathrm{L}}}{\mathrm{d}t} + M_{\mathrm{L}}\right). \tag{2.6.31}$$

此式 $n=2$,但有 2 个输入量,即其输入量 $\boldsymbol{u}$ 是 2 维列向量:$l=2$. 取 $x=\Omega$,$\boldsymbol{u}=\begin{bmatrix} U \\ M_{\mathrm{L}} \end{bmatrix}$,并命 $a_2=T_{\mathrm{a}}T_{\mathrm{m}}$,$a_1=T_{\mathrm{m}}$,$a_0=1$. 现在 $\boldsymbol{b}_2,\boldsymbol{b}_1,\boldsymbol{b}_0$ 均应视为 2 维行向量:

$$\boldsymbol{b}_2=[0\quad 0],\quad \boldsymbol{b}_1=\left[0\quad -\frac{R_a}{k_d^2}T_a\right],\quad \boldsymbol{b}_0=\left[\frac{1}{k_a}\quad -\frac{R_a}{k_d^2}\right],$$

而原微分方程式(2.6.31)可写成

$$a_2\ddot{\Omega}+a_1\dot{\Omega}+a_0\Omega=\boldsymbol{b}_2\ddot{\boldsymbol{u}}+\boldsymbol{b}_1\dot{\boldsymbol{u}}+\boldsymbol{b}_0\boldsymbol{u}. \tag{2.6.32}$$

由式(2.6.23)求得

$$\boldsymbol{\beta}=\begin{bmatrix}\boldsymbol{\beta}_0\\ \boldsymbol{\beta}_1\\ \boldsymbol{\beta}_2\end{bmatrix}=\begin{bmatrix}T_aT_m & 0 & 0\\ T_m & T_aT_m & 0\\ 1 & T_m & T_aT_m\end{bmatrix}^{-1}\begin{bmatrix}0 & 0\\ 0 & -R_aT_a/k_d^2\\ 1/k_d & -R_a/k_d^2\end{bmatrix}$$

$$=\begin{bmatrix}0 & 0\\ 0 & -R_a/(k_d^2T_m)\\ 1/(k_dT_aT_m) & 0\end{bmatrix},$$

即有

$$\boldsymbol{\beta}_0=[0\quad 0],\quad \boldsymbol{\beta}_1=\left[0\quad -\frac{R_a}{k_d^2T_m}\right],\quad \boldsymbol{\beta}_2=\left[\frac{1}{k_dT_aT_m}\quad 0\right].$$

代入式(2.6.24)和式(2.6.25)，便得电动机的状态方程和联系方程如下：

$$\dot{\xi}_1=\xi_2-\frac{R_a}{k_d^2T_m}M_L, \tag{2.6.33}$$

$$\dot{\xi}_2=-\frac{1}{T_aT_m}\xi_1-\frac{1}{T_a}\xi_2+\frac{1}{k_dT_aT_m}U, \tag{2.6.34}$$

$$\Omega=\xi_1. \tag{2.6.35}$$

即有

$$\left.\begin{aligned}&\boldsymbol{A}=\begin{bmatrix}0 & 1\\ -\frac{1}{T_aT_m} & -\frac{1}{T_a}\end{bmatrix},\quad \boldsymbol{B}=\begin{bmatrix}0 & -\frac{R_a}{k_d^2T_m}\\ \frac{1}{k_dT_aT_m} & 0\end{bmatrix},\\ &\boldsymbol{C}=[1\quad 0],\qquad\qquad \boldsymbol{D}=[0\quad 0].\end{aligned}\right\} \tag{2.6.36}$$

把矩阵 $\boldsymbol{A}$ 代入式(2.6.11)，得到电动机的特征多项式为

$$\rho(s)=\det(s\boldsymbol{I}_2-\boldsymbol{A})=s^2+\frac{1}{T_a}s+\frac{1}{T_aT_m}.$$

如果从式(2.6.31)直接计算，则由于其 $\boldsymbol{T}(s)$ 是标量而有

$$\rho(s)=\det\boldsymbol{T}(s)=\boldsymbol{T}(s)=T_aT_ms^2+T_ms+1.$$

可见这两种方法求得的 $\rho(s)$ 只相差非零常数倍，它们的零点相同. □

关于第 3 步，即实现用代数处理消去冗余变量，由于冗余方程数目与冗余变量数目相等，所以从理论上说，只要适当利用矩阵运算，应当没有原则上的困难，但如果冗余变量较多，这一步的推导过程可能相当繁琐. 下面叙述一种适合计算机处理的一般性的推导方法.

经过前两步的处理，已经得到一个微分方程与代数方程混合描述的方程组. 设

方程组共有 r 个变量,其中 $x_1, x_2, \cdots, x_n$ 为 n 个状态变量($n \leqslant r$); $x_{n+1}, x_{n+2}, \cdots, x_r$ 为($r-n$)个冗余变量.微分方程组可表示为

$$\begin{aligned}
\frac{\mathrm{d}x_1}{\mathrm{d}t} &= a_{1,1}x_1 + \cdots + a_{1,n}x_n + a_{1,n+1}x_{n+1} + \cdots + a_{1,r}x_r + b_{1,1}u_1 + \cdots + b_{1,l}u_l, \\
\frac{\mathrm{d}x_2}{\mathrm{d}t} &= a_{2,1}x_1 + \cdots + a_{2,n}x_n + a_{2,n+1}x_{n+1} + \cdots + a_{2,r}x_r + b_{2,1}u_1 + \cdots + b_{2,l}u_l, \\
&\vdots \\
\frac{\mathrm{d}x_n}{\mathrm{d}t} &= a_{n,1}x_1 + \cdots + a_{n,n}x_n + a_{n,n+1}x_{n+1} + \cdots + a_{n,r}x_r + b_{n,1}u_1 + \cdots + b_{n,l}u_l;
\end{aligned} \tag{2.6.37}$$

代数方程组可表示为

$$\begin{aligned}
0 &= a_{n+1,1}x_1 + \cdots \cdots \cdots + a_{n+1,r}x_r + b_{n+1,1}u_1 + \cdots + b_{n+1,l}u_l, \\
0 &= a_{n+2,1}x_1 + \cdots \cdots \cdots + a_{n+2,r}x_r + b_{n+2,1}u_1 + \cdots + b_{n+2,l}u_l, \\
&\vdots \\
0 &= a_{r,1}x_1 + \cdots \cdots \cdots + a_{r,r}x_r + b_{r,1}u_1 + \cdots + b_{r,l}u_l;
\end{aligned} \tag{2.6.38}$$

输出方程组可表示为

$$\begin{aligned}
y_1 &= c_{1,1}x_1 + \cdots + c_{1,n}x_n + c_{1,n+1}x_{n+1} + \cdots + c_{1,r}x_r + d_{1,1}u_1 + \cdots + d_{1,l}u_l, \\
y_2 &= c_{2,1}x_1 + \cdots + c_{2,n}x_n + c_{2,n+1}x_{n+1} + \cdots + c_{2,r}x_r + d_{2,1}u_1 + \cdots + d_{2,l}u_l, \\
&\vdots \\
y_m &= c_{m,1}x_1 + \cdots + c_{m,n}x_n + c_{m,n+1}x_{n+1} + \cdots + c_{m,r}x_r + d_{m,1}u_1 + \cdots + d_{m,l}u_l.
\end{aligned} \tag{2.6.39}$$

以 $\boldsymbol{x}_{\mathrm{I}}$ 表示状态向量,以 $\boldsymbol{x}_{\mathrm{II}}$ 表示冗余变量的向量,即

$$\boldsymbol{x}_{\mathrm{I}} = [x_1 \quad x_2 \quad \cdots \quad x_n]^{\mathrm{T}}, \quad \boldsymbol{x}_{\mathrm{II}} = [x_{n+1} \quad x_{n+2} \quad \cdots \quad x_r]^{\mathrm{T}}.$$

记

$$\boldsymbol{u} = [u_1 \quad u_2 \quad \cdots \quad u_l]^{\mathrm{T}}, \quad \boldsymbol{y} = [y_1 \quad y_2 \quad \cdots \quad y_m]^{\mathrm{T}}.$$

用矩阵表示式(2.6.37)～式(2.6.39)右端的系数组:

$$\boldsymbol{A}_{\mathrm{I,I}} = \begin{bmatrix} a_{1,1} & a_{1,2} & \cdots & a_{1,n} \\ a_{2,1} & a_{2,2} & \cdots & a_{2,n} \\ & \vdots & & \\ a_{n,1} & a_{n,2} & \cdots & a_{n,n} \end{bmatrix}, \quad \boldsymbol{A}_{\mathrm{I,II}} = \begin{bmatrix} a_{1,n+1} & a_{1,n+2} & \cdots & a_{1,r} \\ a_{2,n+1} & a_{2,n+2} & \cdots & a_{2,r} \\ & \vdots & & \\ a_{n,n+1} & a_{n,n+2} & \cdots & a_{n,r} \end{bmatrix},$$

$$\boldsymbol{A}_{\mathrm{II,I}} = \begin{bmatrix} a_{n+1,1} & a_{n+1,2} & \cdots & a_{n+1,n} \\ a_{n+2,1} & a_{n+2,2} & \cdots & a_{n+2,n} \\ & \vdots & & \\ a_{r,1} & a_{r,2} & \cdots & a_{r,n} \end{bmatrix}, \quad \boldsymbol{A}_{\mathrm{II,II}} = \begin{bmatrix} a_{n+1,n+1} & a_{n+1,n+2} & \cdots & a_{n+1,r} \\ a_{n+2,n+1} & a_{n+2,n+2} & \cdots & a_{n+2,r} \\ & \vdots & & \\ a_{r,n+1} & a_{r,n+2} & \cdots & a_{r,r} \end{bmatrix},$$

$$\boldsymbol{B}_{\mathrm{I}}=\begin{bmatrix} b_{1,1} & b_{1,2} & \cdots & b_{1,l} \\ b_{2,1} & b_{2,2} & \cdots & b_{2,l} \\ & \vdots & & \\ b_{n,1} & b_{n,2} & \cdots & b_{n,l} \end{bmatrix},\quad \boldsymbol{B}_{\mathrm{II}}=\begin{bmatrix} b_{n+1,1} & b_{n+1,2} & \cdots & b_{n+1,l} \\ b_{n+2,1} & b_{n+2,2} & \cdots & b_{n+2,l} \\ & \vdots & & \\ b_{r,1} & b_{r,2} & \cdots & b_{r,l} \end{bmatrix},$$

$$\boldsymbol{C}_{\mathrm{I}}=\begin{bmatrix} c_{1,1} & c_{1,2} & \cdots & c_{1,n} \\ c_{2,1} & c_{2,2} & \cdots & c_{2,n} \\ & \vdots & & \\ c_{m,1} & c_{m,2} & \cdots & c_{m,n} \end{bmatrix},\quad \boldsymbol{C}_{\mathrm{II}}=\begin{bmatrix} c_{1,n+1} & c_{1,n+2} & \cdots & c_{1,r} \\ c_{2,n+1} & c_{2,n+2} & \cdots & c_{2,r} \\ & \vdots & & \\ c_{m,n+1} & c_{m,n+2} & \cdots & c_{m,r} \end{bmatrix},$$

$$\boldsymbol{D}_0=\begin{bmatrix} d_{1,1} & d_{1,2} & \cdots & d_{1,l} \\ d_{2,1} & d_{2,2} & \cdots & d_{2,l} \\ & \vdots & & \\ d_{m,1} & d_{m,2} & \cdots & d_{m,l} \end{bmatrix}.$$

注意此处的矩阵 $\boldsymbol{A}_{\mathrm{I,I}}$，$\boldsymbol{A}_{\mathrm{I,II}}$，$\boldsymbol{A}_{\mathrm{II,I}}$，$\boldsymbol{A}_{\mathrm{II,II}}$，$\boldsymbol{B}_{\mathrm{I}}$，$\boldsymbol{B}_{\mathrm{II}}$，$\boldsymbol{C}_{\mathrm{I}}$，$\boldsymbol{C}_{\mathrm{II}}$ 并不是状态方程描述格式中的矩阵 $\boldsymbol{A}$，$\boldsymbol{B}$，$\boldsymbol{C}$，也不是它们的一部分.

在零初值条件下对方程组(2.6.37)～(2.6.39)取拉普拉斯变换，用上划线表示拉普拉斯变换的象函数，并利用以上各系数矩阵，可以写成较紧凑的方程组如下：

$$\begin{bmatrix} s\boldsymbol{I}_n-\boldsymbol{A}_{\mathrm{I,I}} & -\boldsymbol{A}_{\mathrm{I,II}} \\ -\boldsymbol{A}_{\mathrm{II,I}} & -\boldsymbol{A}_{\mathrm{II,II}} \end{bmatrix}\begin{bmatrix} \bar{\boldsymbol{x}}_{\mathrm{I}}(s) \\ \bar{\boldsymbol{x}}_{\mathrm{II}}(s) \end{bmatrix}=\begin{bmatrix} \boldsymbol{B}_{\mathrm{I}} \\ \boldsymbol{B}_{\mathrm{II}} \end{bmatrix}\bar{\boldsymbol{u}}(s). \tag{2.6.40}$$

$$\bar{\boldsymbol{y}}(s)=[\boldsymbol{C}_{\mathrm{I}} \ \vdots \ \boldsymbol{C}_{\mathrm{II}}]\begin{bmatrix} \bar{\boldsymbol{x}}_{\mathrm{I}}(s) \\ \bar{\boldsymbol{x}}_{\mathrm{II}}(s) \end{bmatrix}+\boldsymbol{D}_0\,\bar{\boldsymbol{u}}(s). \tag{2.6.41}$$

可以认为：式(2.6.40)中的$(r-n)\times(r-n)$子块 $\boldsymbol{A}_{\mathrm{II,II}}$ 是非奇异的. 否则式(2.6.38)的方程组必为线性相关，因而可以通过线性变换预先消去其中一些方程而降低 $\boldsymbol{x}_{\mathrm{II}}$ 的维数. $\boldsymbol{A}_{\mathrm{II,II}}$ 既为非奇异，故可构造矩阵

$$\begin{bmatrix} \boldsymbol{I}_n & -\boldsymbol{A}_{\mathrm{I,II}}\boldsymbol{A}_{\mathrm{II,II}}^{-1} \\ \boldsymbol{0}_{(r-n)\times n} & \boldsymbol{I}_{r-n} \end{bmatrix},$$

用它左乘式(2.6.40)的两端，可以得到

$$[s\boldsymbol{I}_n-(\boldsymbol{A}_{\mathrm{I,I}}-\boldsymbol{A}_{\mathrm{I,II}}\boldsymbol{A}_{\mathrm{II,II}}^{-1}\boldsymbol{A}_{\mathrm{II,I}})]\boldsymbol{x}_{\mathrm{I}}(s)=[\boldsymbol{B}_{\mathrm{I}}-\boldsymbol{A}_{\mathrm{I,II}}\boldsymbol{A}_{\mathrm{II,II}}^{-1}\boldsymbol{B}_{\mathrm{II}}]\bar{\boldsymbol{u}}(s). \tag{2.6.42}$$

容易看出，这一操作的实质是在利用式(2.6.38)的$(r-n)$个代数方程消去式(2.6.37)中的 x_{n+1}，x_{n+2}，…，x_r 等$(r-n)$个冗余变量. 所得的式(2.6.42)已经不含冗余变量 $\boldsymbol{x}_{\mathrm{II}}$，达到了消去冗余变量的目的. 对式(2.6.42)取拉普拉斯反变换，就得到该对象的状态方程组

$$\frac{\mathrm{d}\boldsymbol{x}_{\mathrm{I}}}{\mathrm{d}t}=(\boldsymbol{A}_{\mathrm{I,I}}-\boldsymbol{A}_{\mathrm{I,II}}\boldsymbol{A}_{\mathrm{II,II}}^{-1}\boldsymbol{A}_{\mathrm{II,I}})\boldsymbol{x}_{\mathrm{I}}+(\boldsymbol{B}_{\mathrm{I}}-\boldsymbol{A}_{\mathrm{I,II}}\boldsymbol{A}_{\mathrm{II,II}}^{-1}\boldsymbol{B}_{\mathrm{II}})\boldsymbol{u}. \tag{2.6.43}$$

用类似方法可以消去输出方程组中的冗余变量,得到

$$y = (C_{\mathrm{I}} - C_{\mathrm{II}}A_{\mathrm{II,II}}^{-1}A_{\mathrm{II,I}})x_{\mathrm{I}} + (C_{\mathrm{II}}A_{\mathrm{II,II}}^{-1}B_{\mathrm{II}} + D_0)u. \tag{2.6.44}$$

从式(2.6.43)和式(2.6.44)便可写出状态空间描述的诸矩阵

$$A = A_{\mathrm{I,I}} - A_{\mathrm{I,II}}A_{\mathrm{II,II}}^{-1}A_{\mathrm{II,I}}, \tag{2.6.45a}$$

$$B = B_{\mathrm{I}} - A_{\mathrm{I,II}}A_{\mathrm{II,II}}^{-1}B_{\mathrm{II}}, \tag{2.6.45b}$$

$$C = C_{\mathrm{I}} - C_{\mathrm{II}}A_{\mathrm{II,II}}^{-1}A_{\mathrm{II,I}}, \tag{2.6.45c}$$

$$D = C_{\mathrm{II}}A_{\mathrm{II,II}}^{-1}B_{\mathrm{II}} + D_0. \tag{2.6.45d}$$

例 2.6.3 要求为2.2.3节的例2.2.6中已经得到的造纸机集流箱的7个原始运动方程式(2.2.31)～式(2.2.37)列写状态方程组.

解 原始运动方程式(2.2.31)～式(2.2.37)中仅有 ΔL 和 ΔM 是2个状态变量,故最后应得2个状态方程.另外有5个冗余方程,而7个受控变量中也有5个是需要消去的冗余变量,即 ΔF_2,ΔQ_2,ΔV,ΔP 和 ΔH.现在以零初值条件下的拉普拉斯变换形式重新写出这些方程如下:

$$s\,\overline{\Delta L}(s) = -\frac{1}{E}\,\overline{\Delta Q_2}(s) + \frac{1}{E}\,\overline{\Delta Q_1}(s),$$

$$s\,\overline{\Delta M}(s) = -\overline{\Delta F_2}(s) + \overline{\Delta F_1}(s),$$

$$0 = E\,\overline{\Delta L}(s) + \overline{\Delta V}(s),$$

$$0 = \frac{P_0V_0}{M_0}\,\overline{\Delta M}(s) - P_0\,\overline{\Delta V}(s) - V_0\,\overline{\Delta P}(s),$$

$$0 = \overline{\Delta F_2}(s) - \frac{F_{20}}{2\left(\dfrac{P_0}{P_a} - 1\right)P_0}\,\overline{\Delta P}(s),$$

$$0 = \overline{\Delta Q_2}(s) - \frac{Q_{20}}{2H_0}\,\overline{\Delta H}(s),$$

$$0 = \overline{\Delta L}(s) + \frac{1}{\rho_0}\,\overline{\Delta P}(s) - \overline{\Delta H}(s).$$

取

$$x_{\mathrm{I}} = [\overline{\Delta L}(s) \quad \overline{\Delta M}(s)]^{\mathrm{T}},$$

$$x_{\mathrm{II}} = [\overline{\Delta F_2}(s) \quad \overline{\Delta Q_2}(s) \quad \overline{\Delta V}(s) \quad \overline{\Delta P}(s) \quad \overline{\Delta H}(s)]^{\mathrm{T}},$$

$$u = [\overline{\Delta F_1}(s) \quad \overline{\Delta Q_1}(s)]^{\mathrm{T}},$$

$$y = [\overline{\Delta L}(s) \quad \overline{\Delta M}(s)]^{\mathrm{T}},$$

并将以上7个方程写成式(2.6.40)和式(2.6.41)的形式,则有

$$A_{\mathrm{I,I}} = \begin{bmatrix} 0 & 0 \\ 0 & 0 \end{bmatrix}, \quad A_{\mathrm{I,II}} = \begin{bmatrix} 0 & -1/E & 0 & 0 & 0 \\ -1 & 0 & 0 & 0 & 0 \end{bmatrix},$$

$$A_{\mathrm{II,I}}=\begin{bmatrix}E & 0\\ 0 & \dfrac{P_0V_0}{M_0}\\ 0 & 0\\ 0 & 0\\ 1 & 0\end{bmatrix},\quad A_{\mathrm{II,II}}=\begin{bmatrix}0 & 0 & 1 & 0 & 0\\ 0 & 0 & -P_0 & -V_0 & 0\\ 1 & 0 & 0 & -\dfrac{F_{20}}{2\left(\dfrac{P_0}{P_a}-1\right)P_0} & 0\\ 0 & 1 & 0 & 0 & -\dfrac{Q_{20}}{2H_0}\\ 0 & 0 & 0 & \dfrac{1}{\rho_0} & -1\end{bmatrix},$$

$$B_{\mathrm{I}}=\begin{bmatrix}0 & 1/E\\ 1 & 0\end{bmatrix},\qquad B_{\mathrm{II}}=\begin{bmatrix}0 & 0\\ 0 & 0\\ 0 & 0\\ 0 & 0\\ 0 & 0\end{bmatrix}.$$

矩阵 C_{I},C_{II}和 D_0 此处从略.

将这些矩阵代入式(2.6.45a,b),经过繁冗的推导和计算,特别是对高维数矩阵 $A_{\mathrm{II,II}}$的求逆,就得到集流箱的状态空间描述矩阵

$$A=\begin{bmatrix}-\dfrac{Q_{20}}{2H_0}\left(\dfrac{P_0}{\rho_0V_0}+\dfrac{1}{E}\right) & -\dfrac{P_0Q_{20}}{2\rho_0EH_0M_0}\\ -\dfrac{EF_{20}}{2\left(\dfrac{P_0}{P_a}-1\right)V_0} & -\dfrac{F_{20}}{2\left(\dfrac{P_0}{P_a}-1\right)M_0}\end{bmatrix}, \tag{2.6.46}$$

$$B=\begin{bmatrix}0 & 1/E\\ 1 & 0\end{bmatrix}. \tag{2.6.47}$$

据此便可写出造纸机集流箱的不含冗余变量的状态方程组,以及按照命题 2.6.1 写出它的特征多项式 $\rho(s)$. 矩阵 C 和 D 此处从略. □

本节分三个步骤详细叙述了从原始的运动方程组推导出状态方程组的过程. 读者必定已经从中看出:对于稍微复杂些的实际工程对象,这些推导过程可能相当繁冗. 而当对它们加上反馈控制作用形成复杂的控制系统后,推导过程肯定会更加复杂.

总之,从对象的原始运动方程导出状态方程组往往是一件有相当难度并且相当繁重的工作. 其所以如此,就是因为状态方程组在格式方面的规范非常严格.

如果把状态方程组的规范放宽,做到:(1)允许方程中含有状态变量以外的受控变量;(2)允许方程中存在状态变量的高于 1 阶的导数项;(3)允许一个方程中存在多个状态变量的导数项;(4)允许存在代数方程,那么,只须按照 2.2.1 节至 2.2.3 节所述的方法列出原始的运动方程组,这些原始的运动方程组就已经满足规范的要求,因而可省却大量繁冗的推导. 这就是**系统矩阵描述**. 基于系统矩阵描述而建立对象的数学模型并进行研究,已经成功地发展成为一套完整的理论. 本

书将在 2.13 节至 2.15 节叙述系统矩阵描述方法.

2.6.4 状态向量的变换

2.6.1 节中已经指出,对于一个对象,状态变量组的选取不是唯一的.例如对于直流他励电动机,既可选取 E_a 和 M 作为一组状态变量,也可选取 M 与 Ω,或 E_a 与 I_a,作为一组状态变量.选取不同的状态变量组,列写出来的状态方程组自然不同.但是容易想到,既然是同一个对象,仅仅是因为选取了不同的状态向量而得到不同的状态方程组,那么这些状态方程组彼此之间应当有某种共性,或某种联系.

设想我们为某一对象选取了两组不同的状态向量,分别记作 $\boldsymbol{x}$ 和 $\boldsymbol{x}^*$.根据状态变量的定义,只要确定状态变量在任一初始时刻的值,并且给定输入量的值,则对象的**所有**变量从这一时刻起的值都被唯一地确定.因此,从 $\boldsymbol{x}$ 应当可以唯一地确定 $\boldsymbol{x}^*$,从 $\boldsymbol{x}^*$ 也应当可以唯一地确定 $\boldsymbol{x}$.这就表明,$\boldsymbol{x}$ 与 $\boldsymbol{x}^*$ 之间有一一对应的变换关系,即可逆变换的关系.对于线性的对象,这种关系就是线性**非奇异变换**,即 $\boldsymbol{x}$ 与 $\boldsymbol{x}^*$ 之间必可用表达式

$$\boldsymbol{x} = \boldsymbol{R}\boldsymbol{x}^* \tag{2.6.48}$$

相联系,其中 $\boldsymbol{R}$ 是非奇异常数矩阵.

设某对象在以 $\boldsymbol{x}$ 为状态向量时的状态方程与输出方程是

$$\left.\begin{aligned} \dot{\boldsymbol{x}} &= \boldsymbol{A}\boldsymbol{x} + \boldsymbol{B}\boldsymbol{u} \\ \boldsymbol{y} &= \boldsymbol{C}\boldsymbol{x} + \boldsymbol{D}\boldsymbol{u} \end{aligned}\right\}, \tag{2.6.49}$$

而同一对象在以 $\boldsymbol{x}^*$ 为状态向量时的状态方程与输出方程是

$$\left.\begin{aligned} \dot{\boldsymbol{x}}^* &= \boldsymbol{A}^*\boldsymbol{x}^* + \boldsymbol{B}^*\boldsymbol{u} \\ \boldsymbol{y} &= \boldsymbol{C}^*\boldsymbol{x}^* + \boldsymbol{D}^*\boldsymbol{u} \end{aligned}\right\}, \tag{2.6.50}$$

并且 $\boldsymbol{x}$ 与 $\boldsymbol{x}^*$ 之间有式(2.6.48)的非奇异变换关系.现在研究这两组状态方程与输出方程之间的关系,即矩阵 $\boldsymbol{A},\boldsymbol{B},\boldsymbol{C},\boldsymbol{D}$ 与矩阵 $\boldsymbol{A}^*,\boldsymbol{B}^*,\boldsymbol{C}^*,\boldsymbol{D}^*$ 之间的关系.把式(2.6.48)代入方程组(2.6.49),并用矩阵 $\boldsymbol{R}^{-1}$ 左乘其第 1 个方程,便得

$$\left.\begin{aligned} \dot{\boldsymbol{x}}^* &= \boldsymbol{R}^{-1}\boldsymbol{A}\boldsymbol{R}\boldsymbol{x}^* + \boldsymbol{R}^{-1}\boldsymbol{B}\boldsymbol{u} \\ \boldsymbol{y} &= \boldsymbol{C}\boldsymbol{R}\boldsymbol{x}^* + \boldsymbol{D}\boldsymbol{u} \end{aligned}\right\}. \tag{2.6.51}$$

比较式(2.6.50)与式(2.6.51),便知道有

$$\left.\begin{aligned} \boldsymbol{A}^* &= \boldsymbol{R}^{-1}\boldsymbol{A}\boldsymbol{R} \\ \boldsymbol{B}^* &= \boldsymbol{R}^{-1}\boldsymbol{B} \\ \boldsymbol{C}^* &= \boldsymbol{C}\boldsymbol{R} \\ \boldsymbol{D}^* &= \boldsymbol{D} \end{aligned}\right\}. \tag{2.6.52}$$

式(2.6.52)给出了选取不同的状态变量组描述同一对象时矩阵 $\boldsymbol{A},\boldsymbol{B},\boldsymbol{C},\boldsymbol{D}$ 的变换关系.尤其是,其中第 1 个公式表明:不同的状态向量所对应的矩阵 $\boldsymbol{A}$,彼此有**相似变换**关系.

以 $\boldsymbol{x}^*$ 为状态向量时的对象的特征多项式应为 $\det(s\boldsymbol{I}_n-\boldsymbol{A}^*)$. 但

$$\det(s\boldsymbol{I}_n-\boldsymbol{A}^*)=\det(s\boldsymbol{I}_n-\boldsymbol{R}^{-1}\boldsymbol{A}\boldsymbol{R})=\det(\boldsymbol{R}^{-1}(s\boldsymbol{I}_n-\boldsymbol{A})\boldsymbol{R})=\det(s\boldsymbol{I}_n-\boldsymbol{A}),$$

所以，**选取不同的状态变量组描述同一对象，不影响对象的特征多项式**，从而**不影响运动的模态**. 这是状态空间描述的重要基本性质，也是根据物理知识可以确定的.

例 2.6.4　要求对 2.6.1 节图 2.6.1 的电路用两组不同的状态变量列出状态方程组.

解　首先把该图重画为图 2.6.2. 容易列出该电路原始运动方程为

$$U(t)=R_1i_1+u_1,$$

$$u_1=R_2i_2+u_2,$$

$$i_1-i_2=C_1\frac{\mathrm{d}u_1}{\mathrm{d}t},$$

$$i_2=C_2\frac{\mathrm{d}u_2}{\mathrm{d}t}.$$

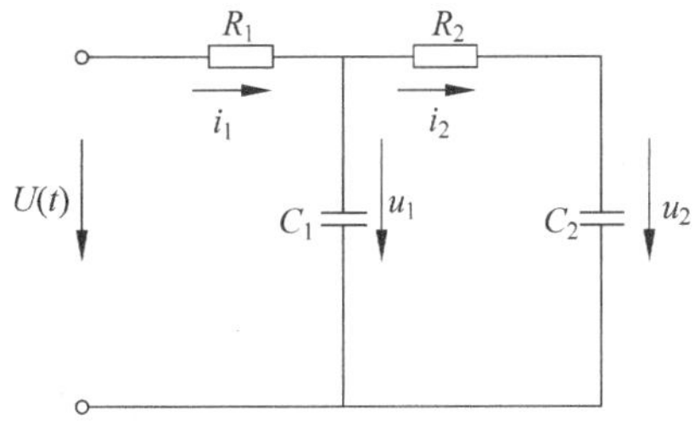

图 2.6.2　状态向量的变换

取定 u_2 为输出量. 如果取 u_1 和 u_2 为状态变量，则

$$\boldsymbol{x}=[u_1\quad u_2]^{\mathrm{T}},\quad \boldsymbol{y}=u_2. \tag{2.6.53}$$

经过整理，可得状态方程为

$$\frac{\mathrm{d}u_1}{\mathrm{d}t}=-\frac{R_1+R_2}{R_1R_2}\frac{1}{C_1}u_1+\frac{1}{R_2C_1}u_2+\frac{1}{R_1C_1}U,$$

$$\frac{\mathrm{d}u_2}{\mathrm{d}t}=\frac{1}{R_2C_2}u_1-\frac{1}{R_2C_2}u_2.$$

故有

$$\left.\begin{aligned}&\boldsymbol{A}=\begin{bmatrix}-\dfrac{R_1+R_2}{R_1R_2}\dfrac{1}{C_1} & \dfrac{1}{R_2C_1}\\ \dfrac{1}{R_2C_2} & -\dfrac{1}{R_2C_2}\end{bmatrix},\quad \boldsymbol{B}=\begin{bmatrix}\dfrac{1}{R_1C_1}\\ 0\end{bmatrix},\\ &\boldsymbol{C}=[0\quad 1],\qquad\qquad\qquad\qquad \boldsymbol{D}=0.\end{aligned}\right\} \tag{2.6.54}$$

但如果将状态向量取为

$$\boldsymbol{x}^*=[u_2\quad i_2]^{\mathrm{T}}, \tag{2.6.55}$$

则可得状态方程和输出方程为

$$\frac{\mathrm{d}u_2}{\mathrm{d}t}=\frac{1}{C_2}i_2,$$

$$\frac{\mathrm{d}i_2}{\mathrm{d}t}=-\frac{1}{R_1R_2C_1}u_2-\left(\frac{R_1+R_2}{R_1R_2}\frac{1}{C_1}+\frac{1}{R_2C_2}\right)i_2+\frac{1}{R_1R_2C_1}U.$$

故有

$$\left.\begin{aligned}&\boldsymbol{A}^{*}=\begin{bmatrix}0 & \dfrac{1}{C_2}\\ -\dfrac{1}{R_1R_2C_1} & -\left(\dfrac{R_1+R_2}{R_1R_2}\dfrac{1}{C_1}+\dfrac{1}{R_2C_2}\right)\end{bmatrix}, && \boldsymbol{B}^{*}=\begin{bmatrix}0\\ \dfrac{1}{R_1R_2C_1}\end{bmatrix},\\ &\boldsymbol{C}^{*}=[1\quad 0], && \boldsymbol{D}^{*}=0.\end{aligned}\right\} \tag{2.6.56}$$

容易证明,只须取

$$\boldsymbol{R}=\begin{bmatrix}1 & R_2\\ 1 & 0\end{bmatrix},$$

式(2.6.53)和式(2.6.55)之间就可以建立如式(2.6.48)的联系.式(2.6.54)与式(2.6.56)也满足式(2.6.52)的关系.不难验证有

$$\begin{aligned}\det(s\boldsymbol{I}_2-\boldsymbol{A})&=\det(s\boldsymbol{I}_2-\boldsymbol{A}^{*})\\ &=s^2+\frac{(R_1+R_2)C_2+R_1C_1}{R_1R_2C_1C_2}s+\frac{1}{R_1R_2C_1C_2}.\end{aligned}$$

可见选取不同的状态变量不影响对象运动的模态. □

2.7 矩阵指数函数

如前所述,状态方程不过是有严格规范格式的1阶线性微分方程组.从这个意义上说,它与2.2节所讨论的微分方程没有什么不同.而且由于状态方程的右端函数不含输入量的导数项,所以不存在2.4节所说的初值跳变问题.2.5.3节所说的求解微分方程的方法对于求解状态方程也都适用.

求解状态方程还有另外的方法.本节叙述用矩阵指数函数求解状态方程的方法.在此基础上,下节将提出状态转移矩阵的概念.

2.7.1 矩阵指数函数的定义与基本性质

给定 $n\times n$ 的方形矩阵 $\boldsymbol{A}$,可以定义一种特殊的矩阵如下.

定义 2.7.1 $n\times n$ 的**矩阵指数函数** $e^{\boldsymbol{A}t}$(或记作 $\exp(\boldsymbol{A}t)$)的定义如下:

$$e^{\boldsymbol{A}t}=\exp(\boldsymbol{A}t)=\boldsymbol{I}_n+\boldsymbol{A}t+\frac{1}{2!}\boldsymbol{A}^2t^2+\cdots+\frac{1}{k!}\boldsymbol{A}^kt^k+\cdots=\sum_{k=0}^{\infty}\frac{\boldsymbol{A}^kt^k}{k!},\tag{2.7.1}$$

其中,对于任意方矩阵 $\boldsymbol{A}$,规定 $\boldsymbol{A}^0=\boldsymbol{I}_n$.

可以证明,对于任意的 $\boldsymbol{A}$ 和任意的 t,上式右端的矩阵级数为绝对收敛.对于 $\boldsymbol{A}=\boldsymbol{0}_{n\times n}$,根据定义式(2.7.1)有 $e^{\boldsymbol{A}t}=e^{\boldsymbol{0}_{n\times n}}=\boldsymbol{I}_n$.

例 2.7.1 给定矩阵

$$\boldsymbol{A}=\begin{bmatrix}0 & -2\\ 1 & -3\end{bmatrix}.$$

写出关于它的矩阵指数函数.

解 根据定义 2.7.1,有

$$e^{\boldsymbol{A}t}=\begin{bmatrix}1&0\\0&1\end{bmatrix}+\begin{bmatrix}0&-2\\1&-3\end{bmatrix}t+\frac{1}{2!}\begin{bmatrix}-2&6\\-3&7\end{bmatrix}t^2+\frac{1}{3!}\begin{bmatrix}6&-14\\7&-15\end{bmatrix}t^3+\cdots$$

$$=\begin{bmatrix}1-t^2+t^3+\cdots & -2t+3t^2-\frac{7}{3}t^3+\cdots\\ t-\frac{3}{2}t^2+\frac{7}{6}t^3+\cdots & 1-3t+\frac{7}{2}t^2-\frac{5}{2}t^3+\cdots\end{bmatrix}.\qquad\square$$

矩阵指数函数有以下基本性质.

性质 1($e^{\boldsymbol{A}t}$ 与 $\boldsymbol{A}^k$ 的可交换性) 对于任意自然数 k,易证

$$e^{\boldsymbol{A}t}\boldsymbol{A}^k=\boldsymbol{A}^k e^{\boldsymbol{A}t}.\tag{2.7.2}$$

性质 2(乘法公式)

$$e^{\boldsymbol{A}t}e^{\boldsymbol{A}\tau}=e^{\boldsymbol{A}(t+\tau)}.\tag{2.7.3}$$

证明

$$e^{\boldsymbol{A}t}e^{\boldsymbol{A}\tau}=\left(\sum_{k=0}^{\infty}\frac{\boldsymbol{A}^k t^k}{k!}\right)\left(\sum_{j=0}^{\infty}\frac{\boldsymbol{A}^j\tau^j}{j!}\right)$$

$$=\sum_{i=0}^{\infty}\boldsymbol{A}^i\left(\sum_{k=0}^{i}\frac{t^k}{k!}\frac{\tau^{i-k}}{(i-k)!}\right).$$

在上式中以

$$(t+\tau)^i=\sum_{k=0}^{\infty}\frac{i!}{k!(i-k)!}t^k\tau^{i-k},\quad i=0,1,2,\cdots$$

代入,便得

$$e^{\boldsymbol{A}t}e^{\boldsymbol{A}\tau}=\sum_{i=0}^{\infty}\boldsymbol{A}^i\frac{(t+\tau)^i}{i!}=e^{\boldsymbol{A}(t+\tau)}.\qquad\square$$

性质 3 当 $\boldsymbol{A}$ 与 $\boldsymbol{B}$ 为**可交换矩阵**,即有 $\boldsymbol{AB}=\boldsymbol{BA}$ 时,且仅当此时,有 $e^{\boldsymbol{A}t}e^{\boldsymbol{B}t}=e^{(\boldsymbol{A}+\boldsymbol{B})t}$.

证明 当矩阵 $\boldsymbol{A}$ 与 $\boldsymbol{B}$ 为维数相同的方形矩阵时,看下面的计算:

$$e^{\boldsymbol{A}t}e^{\boldsymbol{B}t}=\left(\boldsymbol{I}_n+\boldsymbol{A}t+\frac{1}{2!}\boldsymbol{A}^2t^2+\cdots+\frac{1}{k!}\boldsymbol{A}^kt^k+\cdots\right)$$

$$\times\left(\boldsymbol{I}_n+\boldsymbol{B}t+\frac{1}{2!}\boldsymbol{B}^2t^2+\cdots+\frac{1}{k!}\boldsymbol{B}^kt^k+\cdots\right)$$

$$=\boldsymbol{I}_n+(\boldsymbol{A}+\boldsymbol{B})t+\left(\frac{\boldsymbol{A}^2}{2!}+\boldsymbol{AB}+\frac{\boldsymbol{B}^2}{2!}\right)t^2+\left(\frac{\boldsymbol{A}^3}{3!}+\frac{\boldsymbol{A}^2\boldsymbol{B}}{2!}+\frac{\boldsymbol{AB}^2}{2!}+\frac{\boldsymbol{B}^3}{3!}\right)t^3+\cdots;$$

而

$$e^{(\boldsymbol{A}+\boldsymbol{B})t}=\boldsymbol{I}_n+(\boldsymbol{A}+\boldsymbol{B})t+\frac{(\boldsymbol{A}+\boldsymbol{B})^2}{2!}t^2+\frac{(\boldsymbol{A}+\boldsymbol{B})^3}{3!}t^3+\cdots$$

$$=\boldsymbol{I}_n+(\boldsymbol{A}+\boldsymbol{B})t+\left(\frac{\boldsymbol{A}^2+\boldsymbol{AB}+\boldsymbol{BA}+\boldsymbol{B}^2}{2!}\right)t^2$$

$$+\frac{\boldsymbol{A}^3+\boldsymbol{ABA}+\boldsymbol{BA}^2+\boldsymbol{A}^2\boldsymbol{B}+\boldsymbol{AB}^2+\boldsymbol{B}^2\boldsymbol{A}+\boldsymbol{BAB}+\boldsymbol{B}^3}{3!}t^3+\cdots.$$

比较以上两式右端的 t^2 项和 t^3 项的系数矩阵,就可看出:当 $\boldsymbol{A}$ 与 $\boldsymbol{B}$ 为可交换矩阵,

即 $\boldsymbol{AB}=\boldsymbol{BA}$ 时，且仅当此时，它们相等. 事实上此关系对于式中所有项均成立. □

性质4(矩阵反号后的矩阵指数函数) 根据定义式(2.7.1)容易看出有

$$\mathrm{e}^{(-\boldsymbol{A})t}=\mathrm{e}^{\boldsymbol{A}(-t)}. \tag{2.7.4}$$

性质5(矩阵指数函数的逆) 在式(2.7.3)中取 $\tau=-t$，并注意到式(2.7.4)，可知有

$$\mathrm{e}^{\boldsymbol{A}t}\mathrm{e}^{-\boldsymbol{A}t}=\mathrm{e}^{\boldsymbol{A}(t-t)}=\mathrm{e}^{\boldsymbol{0}_{n\times n}}=\boldsymbol{I}_n.$$

同样可证有

$$\mathrm{e}^{-\boldsymbol{A}t}\mathrm{e}^{\boldsymbol{A}t}=\boldsymbol{I}_n.$$

因此 $\mathrm{e}^{\boldsymbol{A}t}$ 的逆是 $\mathrm{e}^{-\boldsymbol{A}t}$. 既然 $\mathrm{e}^{\boldsymbol{A}t}$ 总是有逆，所以**矩阵指数函数是非奇异矩阵**，即使矩阵 $\boldsymbol{A}$ 是奇异矩阵也如此.

性质6(对角矩阵的矩阵指数函数) 设 $\boldsymbol{A}$ 是对角矩阵：

$$\boldsymbol{A}=\mathrm{diag}(\lambda_1,\lambda_2,\cdots,\lambda_n),$$

则有

$$\exp(\boldsymbol{A}t)=\mathrm{diag}(\exp(\lambda_1 t),\exp(\lambda_2 t),\cdots,\exp(\lambda_n t)). \tag{2.7.5}$$

证明 因 $\boldsymbol{A}$ 是对角矩阵，故 $\boldsymbol{A}^k$ 也是对角矩阵：

$$\boldsymbol{A}^k=\mathrm{diag}(\lambda_1^k,\lambda_2^k,\cdots,\lambda_n^k)$$

代入定义式(2.7.1)，即得

$$\begin{aligned}\exp(\boldsymbol{A}t)&=\sum_{k=0}^{\infty}\frac{1}{k!}\mathrm{diag}(\lambda_1^k,\lambda_2^k,\cdots,\lambda_n^k)t^k\\&=\mathrm{diag}\left(\sum_{k=0}^{\infty}\frac{\lambda_1^k t^k}{k!},\sum_{k=0}^{\infty}\frac{\lambda_2^k t^k}{k!},\cdots,\sum_{k=0}^{\infty}\frac{\lambda_n^k t^k}{k!}\right)\\&=\mathrm{diag}(\exp(\lambda_1 t),\exp(\lambda_2 t),\cdots,\exp(\lambda_n t)).\end{aligned}$$

□

性质7 对矩阵指数函数 $\mathrm{e}^{\boldsymbol{A}t}$ 作**相似变换**，相当于对矩阵 $\boldsymbol{A}$ 作同一相似变换.

证明 对定义式(2.7.1)的两端施以任意的同一相似变换，并注意到

$$\boldsymbol{WA}^k\boldsymbol{W}^{-1}=(\boldsymbol{WAW}^{-1})^k,\quad (k=0,1,2,\cdots)$$

即得

$$\boldsymbol{W}\mathrm{e}^{\boldsymbol{A}t}\boldsymbol{W}^{-1}=\sum_{k=0}^{\infty}\frac{(\boldsymbol{WAW}^{-1})^k t^k}{k!}=\exp(\boldsymbol{WAW}^{-1}t). \tag{2.7.6}$$

□

性质8 设矩阵 $\boldsymbol{A}$ 的**特征值**为 $\lambda_1,\lambda_2,\cdots,\lambda_n$，没有重特征值，则矩阵指数函数 $\mathrm{e}^{\boldsymbol{A}t}$ 的诸特征值为 $\exp(\lambda_1 t),\exp(\lambda_2 t),\cdots,\exp(\lambda_n t)$.

证明 矩阵 $\boldsymbol{A}$ 既没有重特征值，则可写为

$$\boldsymbol{A}=\boldsymbol{W}\mathrm{diag}(\lambda_1,\lambda_2,\cdots,\lambda_n)\boldsymbol{W}^{-1},$$

其中 $\boldsymbol{W}$ 为矩阵 $\boldsymbol{A}$ 的特征向量矩阵. 于是由式(2.7.6)和式(2.7.5)有

$$\begin{aligned}\exp(\boldsymbol{A}t)&=\exp(\boldsymbol{W}\mathrm{diag}(\lambda_1,\lambda_2,\cdots,\lambda_n)\boldsymbol{W}^{-1}t)\\&=\boldsymbol{W}\exp(\mathrm{diag}(\lambda_1,\lambda_2,\cdots,\lambda_n)t)\boldsymbol{W}^{-1}\\&=\boldsymbol{W}\mathrm{diag}(\exp(\lambda_1 t),\exp(\lambda_2 t),\cdots,\exp(\lambda_n t))\boldsymbol{W}^{-1}.\end{aligned}$$

□

性质 9(微分公式)

$$\frac{\mathrm{d}}{\mathrm{d}t}\mathrm{e}^{\boldsymbol{A}t} = \boldsymbol{A}\mathrm{e}^{\boldsymbol{A}t} = \mathrm{e}^{\boldsymbol{A}t}\boldsymbol{A}. \tag{2.7.7}$$

证明　由于定义式(2.7.1)右端的级数为绝对收敛,故可以逐项求导.再注意到式(2.7.2),便有

$$\begin{aligned}\frac{\mathrm{d}}{\mathrm{d}t}\mathrm{e}^{\boldsymbol{A}t} &= \frac{\mathrm{d}}{\mathrm{d}t}\left(\boldsymbol{I}_n + \boldsymbol{A}t + \frac{1}{2!}\boldsymbol{A}^2t^2 + \cdots + \frac{1}{k!}\boldsymbol{A}^kt^k + \cdots\right)\\ &= \boldsymbol{A} + \boldsymbol{A}^2t + \frac{1}{2!}\boldsymbol{A}^3t^2 + \frac{1}{3!}\boldsymbol{A}^4t^3 + \cdots + \frac{1}{k!}\boldsymbol{A}^{k+1}t^k + \cdots\\ &= \boldsymbol{A}\left(\boldsymbol{I}_n + \boldsymbol{A}t + \frac{1}{2!}\boldsymbol{A}^2t^2 + \cdots + \frac{1}{k!}\boldsymbol{A}^kt^k + \cdots\right)\\ &= \boldsymbol{A}\mathrm{e}^{\boldsymbol{A}t} = \mathrm{e}^{\boldsymbol{A}t}\boldsymbol{A}.\end{aligned}$$

□

注意式(2.7.1)和式(2.7.7)在形式上分别与标量指数函数的对应公式相同.

性质 10(拉普拉斯变换)　以"$\mathcal{L}$"表示拉普拉斯变换的象函数,则有

$$\mathcal{L}(\mathrm{e}^{\boldsymbol{A}t}) = (s\boldsymbol{I}_n - \boldsymbol{A})^{-1}. \tag{2.7.8}$$

证明　对定义式(2.7.1)逐项求拉普拉斯变换,可得

$$\mathcal{L}(\mathrm{e}^{\boldsymbol{A}t}) = \mathcal{L}\left(\sum_{k=0}^{\infty}\frac{\boldsymbol{A}^kt^k}{k!}\right) = \sum_{k=0}^{\infty}\frac{\boldsymbol{A}^k}{k!}\mathcal{L}(t^k) = \sum_{k=0}^{\infty}\frac{\boldsymbol{A}^k}{k!}\frac{k!}{s^{k+1}} = \sum_{k=0}^{\infty}\frac{\boldsymbol{A}^k}{s^{k+1}}.$$

用$(s\boldsymbol{I}_n - \boldsymbol{A})$左乘上式两端,得

$$(s\boldsymbol{I}_n - \boldsymbol{A})\,\mathcal{L}(\mathrm{e}^{\boldsymbol{A}t}) = (s\boldsymbol{I}_n - \boldsymbol{A})\sum_{k=0}^{\infty}\frac{\boldsymbol{A}^k}{s^{k+1}} = \sum_{k=0}^{\infty}\frac{\boldsymbol{A}^k}{s^k} - \sum_{k=0}^{\infty}\frac{\boldsymbol{A}^{k+1}}{s^{k+1}} = \frac{\boldsymbol{A}^0}{s^0} = \boldsymbol{I}_n.$$

由此便知有$\mathcal{L}(\mathrm{e}^{\boldsymbol{A}t}) = (s\boldsymbol{I}_n - \boldsymbol{A})^{-1}$.　□

这个结果常被用来计算 $\mathrm{e}^{\boldsymbol{A}t}$.顺便指出,这个结果表明,无论矩阵 $\boldsymbol{A}$ 是否奇异,**多项式矩阵$(s\boldsymbol{I}_n - \boldsymbol{A})$必为非奇异.**

例 2.7.2　给定矩阵

$$\boldsymbol{A} = \begin{bmatrix}0 & -2\\ 1 & -3\end{bmatrix},$$

求关于它的矩阵指数函数及其拉普拉斯变换.

解

$$\begin{aligned}\mathcal{L}(\mathrm{e}^{\boldsymbol{A}t}) &= (s\boldsymbol{I}_2 - \boldsymbol{A})^{-1} = \begin{bmatrix}s & 2\\ -1 & s+3\end{bmatrix}^{-1}\\ &= \begin{bmatrix}\dfrac{s+3}{(s+1)(s+2)} & \dfrac{-2}{(s+1)(s+2)}\\ \dfrac{1}{(s+1)(s+2)} & \dfrac{s}{(s+1)(s+2)}\end{bmatrix}.\end{aligned} \tag{2.7.9}$$

对式(2.7.9)右端的矩阵逐元求拉普拉斯反变换,就得到

$$\mathrm{e}^{\boldsymbol{A}t} = \begin{bmatrix}2\mathrm{e}^{-t} - \mathrm{e}^{-2t} & -2\mathrm{e}^{-t} + 2\mathrm{e}^{-2t}\\ \mathrm{e}^{-t} - \mathrm{e}^{-2t} & -\mathrm{e}^{-t} + 2\mathrm{e}^{-2t}\end{bmatrix}. \tag{2.7.10}$$

□

如果把式(2.7.9)的各元展成幂级数,就可看出与例2.7.1的结果是一样的.但许多场合下用式(2.7.9)比较方便.

2.7.2 用矩阵指数函数解状态方程

为了说明如何用矩阵指数函数求解状态方程,先证明如下的命题.

命题2.7.1 设有

$$\boldsymbol{P}(t)=\boldsymbol{Q}(t)\boldsymbol{R}(t),$$

其中 $\boldsymbol{P}(t),\boldsymbol{Q}(t),\boldsymbol{R}(t)$ 是维数合乎乘法要求的以 t 为自变量的函数矩阵,则

$$\frac{\mathrm{d}\boldsymbol{P}(t)}{\mathrm{d}t}=\boldsymbol{Q}(t)\frac{\mathrm{d}\boldsymbol{R}(t)}{\mathrm{d}t}+\frac{\mathrm{d}\boldsymbol{Q}(t)}{\mathrm{d}t}\boldsymbol{R}(t). \tag{2.7.11}$$

证明 以 l 表示矩阵 $\boldsymbol{Q}(t)$ 的列数和矩阵 $\boldsymbol{R}(t)$ 的行数,就有

$$\begin{aligned}\left[\frac{\mathrm{d}\boldsymbol{P}(t)}{\mathrm{d}t}\right]_{i,j}&=\frac{\mathrm{d}p_{i,j}(t)}{\mathrm{d}t}=\frac{\mathrm{d}}{\mathrm{d}t}\sum_{k=1}^{l}q_{i,k}(t)r_{k,j}(t)\\&=\sum_{k=1}^{l}\left[q_{i,k}(t)\frac{\mathrm{d}r_{k,j}(t)}{\mathrm{d}t}+\frac{\mathrm{d}q_{i,k}(t)}{\mathrm{d}t}r_{k,j}(t)\right]\\&=\sum_{k=1}^{l}q_{i,k}(t)\frac{\mathrm{d}r_{k,j}(t)}{\mathrm{d}t}+\sum_{k=1}^{l}\frac{\mathrm{d}q_{i,k}(t)}{\mathrm{d}t}r_{k,j}(t)\\&=\left[\boldsymbol{Q}(t)\frac{\mathrm{d}\boldsymbol{R}(t)}{\mathrm{d}t}\right]_{i,j}+\left[\frac{\mathrm{d}\boldsymbol{Q}(t)}{\mathrm{d}t}\boldsymbol{R}(t)\right]_{i,j}.\end{aligned}$$ □

现在用矩阵指数函数求状态方程

$$\dot{\boldsymbol{x}}(t)=\boldsymbol{A}\boldsymbol{x}(t)+\boldsymbol{B}\boldsymbol{u}(t) \tag{2.7.12}$$

的解.为此首先引入如下定理.

定理2.7.1 在初值 $\boldsymbol{x}(0)=\boldsymbol{x}_0$ 和输入量 $\boldsymbol{u}(t)$ 作用下,状态方程式(2.7.12)的解是

$$\boldsymbol{x}(t)=\mathrm{e}^{\boldsymbol{A}t}x_0+\int_0^t\mathrm{e}^{\boldsymbol{A}(t-\tau)}\boldsymbol{B}\boldsymbol{u}(\tau)\mathrm{d}\tau. \tag{2.7.13}$$

证明 将方程式(2.7.12)移项后用 $\mathrm{e}^{-\boldsymbol{A}t}$ 左乘,得

$$\mathrm{e}^{-\boldsymbol{A}t}\dot{\boldsymbol{x}}(t)-\mathrm{e}^{-\boldsymbol{A}t}\boldsymbol{A}\boldsymbol{x}(t)=\mathrm{e}^{-\boldsymbol{A}t}\boldsymbol{B}\boldsymbol{u}(t).$$

根据式(2.7.11)和式(2.7.7)知道

$$\frac{\mathrm{d}}{\mathrm{d}t}(\mathrm{e}^{-\boldsymbol{A}t}x(t))=\mathrm{e}^{-\boldsymbol{A}t}\dot{\boldsymbol{x}}(t)-\mathrm{e}^{-\boldsymbol{A}t}\boldsymbol{A}\boldsymbol{x}(t),$$

代入上式左端,即有

$$\frac{\mathrm{d}}{\mathrm{d}t}(\mathrm{e}^{-\boldsymbol{A}t}\boldsymbol{x}(t))=\mathrm{e}^{-\boldsymbol{A}t}\boldsymbol{B}\boldsymbol{u}(t).$$

将此式两端在区间[0,t]上积分,并注意到初值条件 $\boldsymbol{x}(0)=\boldsymbol{x}_0$,即得

$$\mathrm{e}^{-\boldsymbol{A}t}\boldsymbol{x}(t)-\boldsymbol{I}_n\boldsymbol{x}_0=\int_0^t\mathrm{e}^{-\boldsymbol{A}\tau}\boldsymbol{B}\boldsymbol{u}(\tau)\mathrm{d}\tau.$$

用 $e^{\boldsymbol{A}t}$ 左乘其两端并移项，即得式(2.7.13). □

式(2.7.13)的右端是两项之和：第一项由状态向量的初值 $\boldsymbol{x}_0$ 产生；第二项由外作用 $\boldsymbol{u}(t)$ 产生. 如果没有外作用，即 $\boldsymbol{u}(t)=\boldsymbol{0}$，则得到系统从初值 $\boldsymbol{x}_0$ 开始的自由运动的表达式：

$$\boldsymbol{x}(t) = e^{\boldsymbol{A}t}\boldsymbol{x}_0. \tag{2.7.14}$$

状态方程式(2.7.12)也可以用拉普拉斯变换求解. 对式(2.7.12)的两端取拉普拉斯变换，得

$$s\boldsymbol{X}(s) - \boldsymbol{x}_0 = \boldsymbol{A}\boldsymbol{X}(s) + \boldsymbol{B}\boldsymbol{U}(s),$$

即

$$(s\boldsymbol{I}_n - \boldsymbol{A})\boldsymbol{X}(s) = \boldsymbol{x}_0 + \boldsymbol{B}\boldsymbol{U}(s).$$

根据 2.7.1 节所述的性质 10，多项式矩阵 $(s\boldsymbol{I}_n-\boldsymbol{A})$ 必为非奇异，故有

$$\boldsymbol{X}(s) = (s\boldsymbol{I}_n - \boldsymbol{A})^{-1}\boldsymbol{x}_0 + (s\boldsymbol{I}_n - \boldsymbol{A})^{-1}\boldsymbol{B}\boldsymbol{U}(s). \tag{2.7.15}$$

对式(2.7.15)逐项求拉普拉斯反变换，其中，把右端的末项视为 $(s\boldsymbol{I}_n-\boldsymbol{A})^{-1}$ 与 $\boldsymbol{B}\boldsymbol{U}(s)$ 的乘积而运用拉普拉斯变换的褶积定理式(2.5.15)和式(2.5.16)，另外注意到式(2.7.8)，便得到

$$\boldsymbol{x}(t) = e^{\boldsymbol{A}t}\boldsymbol{x}_0 + \int_0^t e^{\boldsymbol{A}(t-\tau)}\boldsymbol{B}\boldsymbol{u}(\tau)d\tau.$$

这与式(2.7.13)相同.

例 2.7.3　给定状态方程

$$\begin{cases} \dot{x}_1 = -2x_2 + u_1 + u_2, \\ \dot{x}_2 = x_1 - 3x_2 + 2u_1. \end{cases} \tag{2.7.16}$$

输入量为 $u_1(t)=1(t)$，$u_2(t)=0$. 初值为 $x_1(0)=0$，$x_2(0)=-1$. 求解 $x_1(t)$ 和 $x_2(t)$.

解　已知

$$\boldsymbol{A} = \begin{bmatrix} 0 & -2 \\ 1 & -3 \end{bmatrix}, \quad \boldsymbol{B} = \begin{bmatrix} 1 & 1 \\ 2 & 0 \end{bmatrix},$$

$$\boldsymbol{x}_0 = \begin{bmatrix} 0 \\ -1 \end{bmatrix}, \qquad \boldsymbol{u}(t) = \begin{bmatrix} 1(t) \\ 0 \end{bmatrix}.$$

将它们代入式(2.7.13)，并利用式(2.7.10)的结果，就得到

$$\begin{aligned} \boldsymbol{x}(t) = &\begin{bmatrix} 2e^{-t} - e^{-2t} & -2e^{-t} + 2e^{-2t} \\ e^{-t} - e^{-2t} & -e^{-t} + 2e^{-2t} \end{bmatrix}\begin{bmatrix} 0 \\ -1 \end{bmatrix} \\ &+ \int_0^t \begin{bmatrix} 2e^{-(t-\tau)} - e^{-2(t-\tau)} & -2e^{-(t-\tau)} + 2e^{-2(t-\tau)} \\ e^{-(t-\tau)} - e^{-2(t-\tau)} & -e^{-(t-\tau)} + 2e^{-2(t-\tau)} \end{bmatrix}\begin{bmatrix} 1 & 1 \\ 2 & 0 \end{bmatrix}\begin{bmatrix} 1 \\ 0 \end{bmatrix}d\tau \\ = &\begin{bmatrix} 2e^{-t} - 2e^{-2t} \\ e^{-t} - 2e^{-2t} \end{bmatrix} + \begin{bmatrix} -0.5 + 2e^{-t} - 1.5e^{-2t} \\ 0.5 + e^{-t} - 1.5e^{-2t} \end{bmatrix} = \begin{bmatrix} -0.5 + 4e^{-t} - 3.5e^{-2t} \\ 0.5 + 2e^{-t} - 3.5e^{-2t} \end{bmatrix}. \end{aligned}$$

即有

$$x_1(t) = -0.5 + 4e^{-t} - 3.5e^{-2t},$$

$$x_2(t) = 0.5 + 2e^{-t} - 3.5e^{-2t}.$$ □

容易验证此解满足状态方程式(2.7.16)和初值条件.

2.8 状态转移矩阵

2.7.2节已经给出状态方程式(2.7.12)在初值 $\boldsymbol{x}_0$ 即 $\boldsymbol{x}(0)$ 和输入量 $\boldsymbol{u}(t)$ 下的解式(2.7.13).现在不考虑输入量的作用,而专门研究对象的**自由运动**,即取 $\boldsymbol{u}(t)=\boldsymbol{0}$,则式(2.7.12)化为描述对象自由运动的齐次微分方程:

$$\dot{\boldsymbol{x}}(t) = \boldsymbol{A}\boldsymbol{x}(t), \tag{2.8.1}$$

其解式(2.7.13)也化为自由运动的表达式

$$\boldsymbol{x}(t) = e^{\boldsymbol{A}t}\boldsymbol{x}(0). \tag{2.8.2}$$

注意到 $\boldsymbol{x}(0)$ 是状态向量 $\boldsymbol{x}$ 在时刻0的值,$\boldsymbol{x}(t)$ 则是状态向量 $\boldsymbol{x}$ 在时刻 t 的值,因此式(2.8.2)提示了一个有趣的事实:用 $e^{\boldsymbol{A}t}$ 左乘 $\boldsymbol{x}$ 在时刻0的值,就得到 $\boldsymbol{x}$ 在时刻 t 的值.所以不妨认为,矩阵指数函数 $e^{\boldsymbol{A}t}$ 的"功能"是:把自由运动的状态向量 $\boldsymbol{x}$ 的值沿正方向"转移"一段时间 t.如果把 t 具体地取为某值 t_1,就有

$$e^{\boldsymbol{A}t_1}\boldsymbol{x}(0) = \boldsymbol{x}(t_1). \tag{2.8.3}$$

进而可以理解有

$$e^{\boldsymbol{A}t_2}\boldsymbol{x}(t_1) = \boldsymbol{x}(t_1 + t_2). \tag{2.8.4}$$

如果取 $t_2=-t$,则从式(2.8.4)可得

$$e^{-\boldsymbol{A}t}\boldsymbol{x}(t_1) = \boldsymbol{x}(t_1 - t). \tag{2.8.5}$$

这表明,矩阵指数函数 $e^{-\boldsymbol{A}t}$ 的"功能"与 $e^{\boldsymbol{A}t}$ 相反,是把自由运动的状态向量 $\boldsymbol{x}$ 的值沿负方向"转移"一段时间 t.

以上事实说明,以矩阵指数函数 $e^{\boldsymbol{A}t}$ 左乘某一状态向量,其效果是把对象自由运动的状态顺向转移时间 t(如果 t 为负,则是逆向转移).因此称 $e^{\boldsymbol{A}t}$ 为**状态转移矩阵**.

全体 n 维实数向量在实数域上构成 n 维的线性空间.所以状态向量 $\boldsymbol{x}$ 由一个值 $\boldsymbol{x}(0)$ 转移到另一个值 $\boldsymbol{x}(t)$,可以看成是向量的**线性变换**,其变换矩阵就是状态转移矩阵,即矩阵指数函数 $e^{\boldsymbol{A}t}$.把 $\boldsymbol{x}(0)$ 和 $\boldsymbol{x}(t)$ 视作 n 维线性空间中的两个点,则用 $e^{\boldsymbol{A}t}$ 左乘 $\boldsymbol{x}(0)$ 的效果就是使对象的状态从点 $\boldsymbol{x}(0)$ 变到点 $\boldsymbol{x}(t)$.如果 t 是连续变化的量,则矩阵 $e^{\boldsymbol{A}t}$ 也是连续变化的,而点 $\boldsymbol{x}(t)$ 也就在 n 维空间中连续运动,描出一条连续的轨线.这条轨线就代表 n 维的状态 $\boldsymbol{x}(t)$ 的自由运动.图2.8.1是一个3维对象的状态的自由运动轨线的示

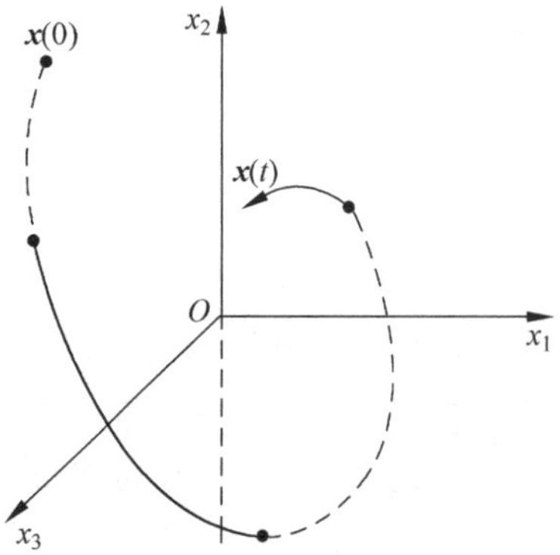

图2.8.1 状态的自由运动轨线

意图.

作为更一般的概念,状态转移矩阵可以定义如下.

定义 2.8.1　n 维的对象 $\Sigma(\boldsymbol{A},\boldsymbol{B},\boldsymbol{C},\boldsymbol{D})$ 的状态转移矩阵 $\boldsymbol{\Phi}(t)$ 是一个 $n\times n$ 的矩阵,满足以下两项要求:

(1) $\dfrac{\mathrm{d}\boldsymbol{\Phi}(t)}{\mathrm{d}t}=\boldsymbol{A\Phi}(t)$;　(2.8.6a)

(2) $\boldsymbol{\Phi}(0)=\boldsymbol{I}_n$.　(2.8.6b)

□

定理 2.8.1　用状态转移矩阵 $\boldsymbol{\Phi}(t)$ 左乘自由运动的对象 $\Sigma(\boldsymbol{A},\boldsymbol{B},\boldsymbol{C},\boldsymbol{D})$ 在某一时刻 t_1 的状态向量 $\boldsymbol{x}(t_1)$,所得即是时间沿正方向转移 t 的状态向量 $\boldsymbol{x}(t_1+t)$,即有

$$\boldsymbol{\Phi}(t)\boldsymbol{x}(t_1)=\boldsymbol{x}(t_1+t). \tag{2.8.7}$$

证明　要求证明的是:式(2.8.7)给出的 $\boldsymbol{x}(t_1+t)$ 确是对象在时刻 t_1+t 的状态,即 $\boldsymbol{\Phi}(t)\boldsymbol{x}(t_1)$ 满足对象自由运动的状态方程式(2.8.1). 现在把 $\boldsymbol{\Phi}(t)\boldsymbol{x}(t_1)$ 代入该方程的两端,则该方程的左端化为 $\dfrac{\mathrm{d}\boldsymbol{\Phi}(t)}{\mathrm{d}t}\boldsymbol{x}(t_1)$,右端化为 $\boldsymbol{A\Phi}(t)\boldsymbol{x}(t_1)$. 根据 $\boldsymbol{\Phi}(t)$ 的定义式(2.8.6a)便知两端确实相等. 又当 $t=0$ 时有 $\boldsymbol{\Phi}(0)\boldsymbol{x}(t_1)=\boldsymbol{I}_n\boldsymbol{x}(t_1)=\boldsymbol{x}(t_1+0)$. 因此式(2.8.7)在 $t=0$ 时也成立.　□

容易验证,矩阵指数函数 $\mathrm{e}^{\boldsymbol{A}t}$ 满足定义式(2.8.6a)和式(2.8.6b)的要求,所以它就是状态转移矩阵的一种具体形式.

将时刻 t_1+t 的状态向量 $\boldsymbol{x}(t_1+t)$ 沿负方向转移时间 t,应得到 $\boldsymbol{x}(t_1+t-t)=\boldsymbol{x}(t_1)$. 注意到式(2.8.7),可知有

$$\boldsymbol{x}(t_1)=\boldsymbol{\Phi}(-t)\boldsymbol{x}(t_1+t)=\boldsymbol{\Phi}(-t)\boldsymbol{\Phi}(t)\boldsymbol{x}(t_1).$$

因此有 $\boldsymbol{\Phi}(-t)\boldsymbol{\Phi}(t)=\boldsymbol{I}_n$. 故 $\boldsymbol{\Phi}(t)$ 恒为非奇异矩阵,其逆即为 $\boldsymbol{\Phi}(-t)$. 这些性质,矩阵指数函数 $\mathrm{e}^{\boldsymbol{A}t}$ 都具备.

考察齐次微分方程式(2.8.1)可知,如果 $\boldsymbol{x}_1(t)$ 和 $\boldsymbol{x}_2(t)$ 分别是它的两个解,a 和 b 是任意实常数,则 $a\boldsymbol{x}_1(t)+b\boldsymbol{x}_2(t)$ 也是它的解. 换言之,一个齐次微分方程的解 $\boldsymbol{x}(t)$ 的全体构成实数域上的一个**向量空间**,称为该齐次微分方程的**解空间**.

如果把状态转移矩阵 $\boldsymbol{\Phi}(t)$ 的第 i 列记作 $\boldsymbol{\varphi}_i(t)(i=1,2,\cdots,n)$,即

$$\boldsymbol{\Phi}(t)=[\boldsymbol{\varphi}_1(t)\ \vdots\ \boldsymbol{\varphi}_2(t)\ \vdots\ \cdots\ \vdots\ \boldsymbol{\varphi}_n(t)],$$

并设对象在时刻 t_1 的初值为 $\boldsymbol{x}(t_1)=[x_{11}\quad x_{12}\quad \cdots\quad x_{1n}]^{\mathrm{T}}$,代入式(2.8.7)便得

$$\begin{aligned}\boldsymbol{x}(t_1+t)&=\boldsymbol{\Phi}(t)\boldsymbol{x}(t_1)\\&=x_{11}\boldsymbol{\varphi}_1(t)+x_{12}\boldsymbol{\varphi}_2(t)+\cdots+x_{1n}\boldsymbol{\varphi}_n(t).\end{aligned} \tag{2.8.8}$$

这表明,在任意初值下,对象的自由运动总是状态转移矩阵 $\boldsymbol{\Phi}(t)$ 的各个列向量的线性组合. 因 $\boldsymbol{\Phi}(t)$ 非奇异,故诸 $\boldsymbol{\varphi}_i(t)$ 线性无关. 因此诸列向量 $\boldsymbol{\varphi}_1(t),\boldsymbol{\varphi}_2(t),\cdots,\boldsymbol{\varphi}_n(t)$ 构成齐次方程式(2.8.1)的一个**基本解组**,也可以说是解空间的一组基,而 $\boldsymbol{\Phi}(t)$ 也可称为方程式(2.8.1)的一个**基本解矩阵**.

值得注意的是,基本解矩阵$\boldsymbol{\Phi}(t)$既然只取决于矩阵$\boldsymbol{A}$,而与矩阵$\boldsymbol{B},\boldsymbol{C},\boldsymbol{D}$无关,可见它**与对象的输入量和输出量无关**.不论各输入量作用于对象的哪些点,也不论以对象的哪些变量(或它们的线性组合)作为输出量,都不会影响到基本解矩阵,从而也不会影响对象的自由运动.

下面看一个例子.

例 2.8.1 设对象的齐次状态方程为

$$\left.\begin{aligned}\dot{x}_1 &= -2x_2,\\ \dot{x}_2 &= x_1 - 3x_2.\end{aligned}\right\} \tag{2.8.9}$$

即

$$\boldsymbol{A} = \begin{bmatrix} 0 & -2 \\ 1 & -3 \end{bmatrix}.$$

在2.7.1节的例2.7.2中已求得其状态转移矩阵为

$$\boldsymbol{\Phi}(t) = \mathrm{e}^{\boldsymbol{A}t} = \begin{bmatrix} 2\mathrm{e}^{-t} - \mathrm{e}^{-2t} & -2\mathrm{e}^{-t} + 2\mathrm{e}^{-2t} \\ \mathrm{e}^{-t} - \mathrm{e}^{-2t} & -\mathrm{e}^{-t} + 2\mathrm{e}^{-2t} \end{bmatrix}, \tag{2.8.10}$$

即有

$$\boldsymbol{\varphi}_1(t) = \begin{bmatrix} 2\mathrm{e}^{-t} - \mathrm{e}^{-2t} \\ \mathrm{e}^{-t} - \mathrm{e}^{-2t} \end{bmatrix},$$

$$\boldsymbol{\varphi}_2(t) = \begin{bmatrix} -2\mathrm{e}^{-t} + 2\mathrm{e}^{-2t} \\ -\mathrm{e}^{-t} + 2\mathrm{e}^{-2t} \end{bmatrix}.$$

该对象在任意初值下的自由运动必可表示为$\boldsymbol{\varphi}_1$和$\boldsymbol{\varphi}_2$的一个线性组合.反之,$\boldsymbol{\varphi}_1$和$\boldsymbol{\varphi}_2$的任意线性组合必代表该对象在某一初值下的自由运动.例如,该对象在初值$\boldsymbol{x}_0 = [x_{01} \quad x_{02}]^{\mathrm{T}}$下的自由运动为

$$\begin{aligned}\boldsymbol{x}(t) &= \boldsymbol{\Phi}(t)\boldsymbol{x}_0 = [\boldsymbol{\varphi}_1 \quad \boldsymbol{\varphi}_2]\begin{bmatrix} x_{01} \\ x_{02} \end{bmatrix} \\ &= x_{01}\boldsymbol{\varphi}_1 + x_{02}\boldsymbol{\varphi}_2 \\ &= \begin{bmatrix} (2x_{01} - 2x_{02})\mathrm{e}^{-t} + (-x_{01} + 2x_{02})\mathrm{e}^{-2t} \\ (x_{01} - x_{02})\mathrm{e}^{-t} + (-x_{01} + 2x_{02})\mathrm{e}^{-2t} \end{bmatrix}.\end{aligned}$$

□

由式(2.8.6a,b)定义的状态转移矩阵$\boldsymbol{\Phi}(t)$还可以推广到时变对象的情形.举例如下.

例 2.8.2 考虑时变对象

$$\left.\begin{aligned}\dot{x}_1(t) &= tx_1(t),\\ \dot{x}_2(t) &= x_1(t).\end{aligned}\right\} \tag{2.8.11}$$

它具有时变的矩阵$\boldsymbol{A}$:

$$\boldsymbol{A} = \begin{bmatrix} t & 0 \\ 1 & 0 \end{bmatrix}.$$

可以验证,对于此$\boldsymbol{A}$矩阵,下面这个矩阵满足定义式(2.8.6a,b),因此具有状态转

移功能：

$$\boldsymbol{\Phi}(t)=\begin{bmatrix}\exp(t^2/2) & 0\\ \int_0^t\exp(t^2/2)\mathrm{d}t & 1\end{bmatrix}=\begin{bmatrix}1+\dfrac{t^2}{2}+\dfrac{t^4}{8}+\cdots & 0\\ t+\dfrac{t^3}{6}+\dfrac{t^5}{40}+\cdots & 1\end{bmatrix}. \quad (2.8.12)$$

但此$\boldsymbol{\Phi}(t)$并不是矩阵指数函数，不可能表为 e^{At} 的形式. □

2.9　运动对象的传递函数描述

迄今为止，讨论的是动态对象的**时间域**描述，即直接以微分方程为工具进行研究的方法. 状态方程是特殊形式的微分方程，拉普拉斯变换则是求解微分方程的工具.

本节将要开始叙述动态对象的另一种数学描述，即**频率域**描述. 它虽也使用拉普拉斯变换，但并不是直接求解或讨论微分方程，而是用拉普拉斯变换建立动态对象的另一种数学模型，称为对象的**传递函数**，或**传递函数矩阵**. 在这种数学模型中，自变量不是**实数时间** t，而是拉普拉斯变换公式中的**复数频率** s. 正如 2.1 节已说过的，尽管 s 未必代表真实的频率，但由于历史原因，仍把这类数学描述称为**频率域**描述.

时间域描述和频率域描述都是很好的描述，都已发展成熟. 它们各有长处，互相补充，互相不能取代，更谈不上谁淘汰谁. 研究控制工程或控制理论的工程师与科学家对于这两种描述都应该很好地掌握.

2.9.1　传递函数

定义 2.9.1　单输入单输出**线性**定常动态对象的**传递函数**是**零初值**下该对象的输出量的拉普拉斯变换象函数与输入量的拉普拉斯变换象函数之比. □

设某动态对象只有 1 个输入量 $u(t)$，只有 1 个输出量 $y(t)$，并设这个对象可用线性常微分方程

$$\begin{aligned}&a_n\frac{\mathrm{d}^{(n)}y}{\mathrm{d}t^n}+a_{n-1}\frac{\mathrm{d}^{(n-1)}y}{\mathrm{d}t^{n-1}}+\cdots+a_1\frac{\mathrm{d}y}{\mathrm{d}t}+a_0y\\ &=b_m\frac{\mathrm{d}^{(m)}u}{\mathrm{d}t^m}+b_{m-1}\frac{\mathrm{d}^{(m-1)}u}{\mathrm{d}t^{m-1}}+\cdots+b_1\frac{\mathrm{d}u}{\mathrm{d}t}+b_0u\end{aligned} \quad (2.9.1)$$

描述，其中 $n\geqslant1, m\geqslant0, a_n\neq0, b_m\neq0$. 假设已知在 $t=0^-$ 时刻 $u(t)$ 和 $y(t)$ 以及它们的各阶导数都是 0. 对式(2.9.1)的两端取拉普拉斯变换，得到

$$\begin{aligned}&a_ns^nY(s)+a_{n-1}s^{n-1}Y(s)+\cdots+a_1sY(s)+a_0Y(s)\\ &=b_ms^mU(s)+b_{m-1}s^{m-1}U(s)+\cdots+b_1sU(s)+b_0U(s).\end{aligned}$$

命

$$G(s)=\frac{Y(s)}{U(s)},\tag{2.9.2}$$

则有

$$G(s)=\frac{b_m s^m+b_{m-1}s^{m-1}+\cdots+b_1 s+b_0}{a_n s^n+a_{n-1}s^{n-1}+\cdots+a_1 s+a_0}.\tag{2.9.3}$$

$G(s)$就是这个动态对象的传递函数.作为输出量与输入量的拉普拉斯变换象函数**之比**,传递函数显然**不因输入量或输出量是何函数而异**.

$G(s)$的自变量就是拉普拉斯变换定义式(2.5.4)中的复数自变量 s:

$$s=\sigma+\mathrm{j}\omega,$$

其中 σ 和 ω 都是实数.所以 $G(s)$是一个**复变函数**,具有复变函数的一切性质.在工程上,由于历史原因,常称 s 为**复频率**,称其虚部 ω 为**角频率**(有时甚至简称为**频率**).比较式(2.9.1)与式(2.9.3)可见,传递函数的分母多项式和分子多项式分别与微分方程左端和右端的微分算符 $\mathrm{d}/\mathrm{d}t$ 的多项式相同,只是把微分算符换成复变数 s 而已.所以,式(2.9.3)的 $G(s)$包含了微分方程的全部系数.只要 $G(s)$的**分子与分母不含可以相消的因子**,则它与微分方程式(2.9.1)所含的信息完全相同.只须把 $\mathrm{d}/\mathrm{d}t$ 与 s 互换,就可以实现微分方程与传递函数的互化.

今后除非另有声明,在本书中都**默认传递函数的分子与分母不含可以相消的因子**.

2.3节中曾指出,对象自由运动的模态完全取决于微分方程的特征多项式.既然默认传递函数的分子与分母不含可以相消的因子,则微分方程的**特征多项式就是传递函数的分母多项式**.因此可以补充说:**自由运动的模态完全取决于传递函数的分母多项式**.

在必要时,可以用记号 $G_{u-y}(s)$表示复杂系统中从变量 u 到变量 y 的传递函数.

例 2.9.1 求2.2.1节例2.2.4加热系统的传递函数.

解 该节中已得出加热系统的微分方程式(2.2.17).现重写如下:

$$\frac{M}{F}\frac{\mathrm{d}\theta}{\mathrm{d}t}+\theta=\frac{1}{cF}H,\tag{2.9.4}$$

其中 θ 为输出量,H 为输入量.对式(2.9.4)的两端求拉普拉斯变换,得

$$\frac{M}{F}s\bar{\theta}(s)+\bar{\theta}(s)=\frac{1}{cF}\overline{H}(s).$$

因此加热系统的传递函数为

$$G(s)=\frac{\bar{\theta}(s)}{\overline{H}(s)}=\frac{1/(cF)}{(M/F)s+1}.\tag{2.9.5}$$

□

例 2.9.2 求2.2.3节例2.2.5小功率随动系统的传递函数.

解 2.2.4节中已得到随动系统的微分方程式(2.2.45),重新写出如下:

$$0.025\frac{d^4\varphi}{dt^4}+0.55\frac{d^3\varphi}{dt^3}+1.5\frac{d^2\varphi}{dt^2}+\frac{d\varphi}{dt}+\varphi$$
$$=\psi-\left(0.00025\frac{d^2M_L}{dt^2}+0.0055\frac{dM_L}{dt}+0.01M_L\right). \tag{2.9.6}$$

这个对象有 2 个输入量 ψ 和 M_L，但传递函数是描述单输入量与单输出量之间的关系的，所以分两次讨论，每次对 1 个输入量求它的传递函数. 这样，这个对象共有 2 个传递函数. 首先对式(2.9.6)的两端求拉普拉斯变换，得

$$0.025s^4\bar{\varphi}(s)+0.55s^3\bar{\varphi}(s)+1.5s^2\bar{\varphi}(s)+s\bar{\varphi}(s)+\bar{\varphi}(s)$$
$$=\bar{\psi}(s)-(0.00025s^2\overline{M}_L(s)+0.0055s\overline{M}_L(s)+0.01\overline{M}_L(s)). \tag{2.9.7}$$

由此得到

$$\bar{\varphi}(s)=\frac{1}{0.025s^4+0.55s^3+1.5s^2+s+1}\bar{\psi}(s)$$
$$+\frac{-(0.00025s^2+0.0055s+0.01)}{0.025s^4+0.55s^3+1.5s^2+s+1}\overline{M}_L(s). \tag{2.9.8}$$

用 $G_{\psi-\varphi}(s)$表示“(当 $M_L=0$ 时)从 ψ 到 φ 的”传递函数，用 $G_{M_L-\varphi}(s)$表示“(当 $\psi=0$ 时)从 M_L 到 φ 的”传递函数，式(2.9.8)就可以写成

$$\bar{\varphi}(s)=G_{\psi-\varphi}(s)\bar{\psi}(s)+G_{M_L-\varphi}(s)\overline{M}_L(s), \tag{2.9.9}$$

其中

$$G_{\psi-\varphi}(s)=\left.\frac{\bar{\varphi}(s)}{\bar{\psi}(s)}\right|_{M_L=0}=\frac{1}{0.025s^4+0.55s^3+1.5s^2+s+1}, \tag{2.9.10}$$

$$G_{M_L-\varphi}(s)=\left.\frac{\bar{\varphi}(s)}{\overline{M}_L(s)}\right|_{\psi=0}=\frac{-(0.00025s^2+0.0055s+0.01)}{0.025s^4+0.55s^3+1.5s^2+s+1}. \tag{2.9.11}$$

□

知道一个动态对象的传递函数后，就很容易根据给定的输入量函数求得它在零初值条件下的输出量函数. 假设给定的输入量函数是 $u(t)$，其拉普拉斯变换象函数是 $U(s)$，根据传递函数的定义式(2.9.2)就容易得到输出量函数的拉普拉斯变换象函数

$$Y(s)=G(s)U(s). \tag{2.9.12}$$

再用拉普拉斯反变换就可求得输出量函数 $y(t)$.

以上各例中得到的传递函数都是 s 的**有理函数**，即两个多项式函数之比，这是因为这些对象在物理上都是**集总参数**的，在数学上都是以**常微分方程**描述的. 分布参数的对象须用偏微分方程描述，其传递函数不是 s 的有理函数. 本书不讨论.

在有理函数的标准形式式(2.9.3)中，分母的次数为 n，分子的次数为 m. 如果

$$m\leqslant n, \tag{2.9.13}$$

就称 $G(s)$为**真有理函数**(真有理分式). 特别地，如果

$$m<n, \tag{2.9.14}$$

就称 $G(s)$ 为**严格真有理函数**(严格真有理分式).

严格地说,一个实际的即物理上**可以实现**的动态对象,其传递函数总是严格真有理函数.只是在人们作抽象研究时,为了方便而有意忽略了它的一些影响微小的因素,才可能在式(2.9.3)中出现 $m=n$ 的情形.

在特定条件下作理论研究时,为了方便,有时甚至在某个局部设想 $m>n$ 的情形.这当然更是一种数学抽象.另外还应当指出,在应用控制理论研究社会问题等"广义"系统时,不受 $m\leqslant n$ 的限制.

由于 $Y(s)$ 和 $U(s)$ 都是 s 的有理函数,有理函数的全体构成一个域,$Y(s)$ 和 $U(s)$ 都是其中的元.所以可以认为,式(2.9.12)中的传递函数 $G(s)$ 表示的是函数域上的一种**线性变换**.

2.9.2 框图

研究控制系统时,**框图**(或称**结构图**)是广泛使用的一种工具.上节例2.9.1的加热系统的数学模型可以表示为图2.9.1的框图.例2.9.2的小功率随动系统的数学模型可以表示为图2.9.2的框图.框图中的每个框代表一个或一组部件.框内可以标注它的传递函数.当然也可以标注其他信息.从外部指向框的箭头表示该框的输入量,从框指向外部的箭头则是该框的输出量.表示输入量和输出量的箭头旁可以标注各物理量本身的记号,也可以标注其拉普拉斯变换象函数.

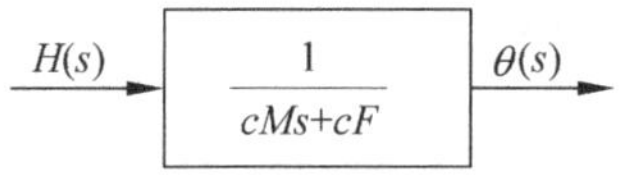

图2.9.1 加热系统的框图

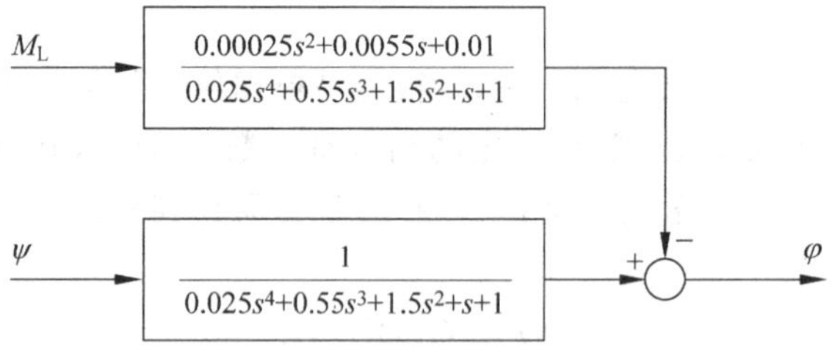

图2.9.2 小功率随动系统的框图

图2.9.2中的圆圈记号称为**求和单元**.求和单元也是一个框.它的特点是有两个或更多个输入量,但只有1个输出量.它的输出量规定为**所有输入量之和**.输入量的箭头旁的记号"-"表示该量在求和前须先乘以-1,记号"+"则表示不须乘以-1,记号"+"有时可以省略.图2.9.3表示求和单元的几种画法,含义自明.

传递函数的基本关系式(2.9.2)和式(2.9.12)在形式上好像放大器的关系式.传递函数 $G(s)$ 好像是从输入量 $U(s)$ 到输出量 $Y(s)$ 的"放大系数".框图使这种

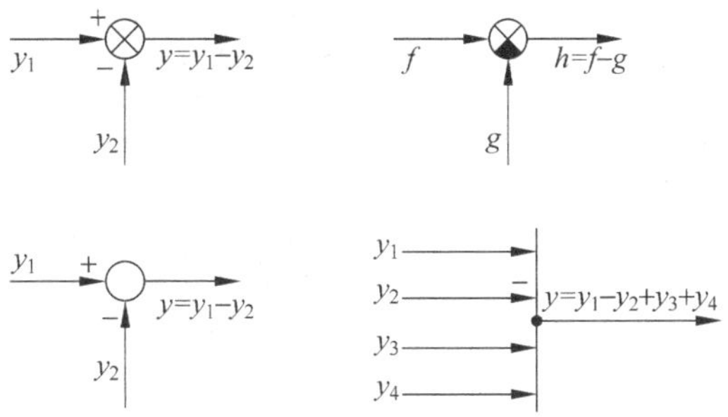

图 2.9.3　求和单元的几种画法

关系更加形象化了.框图提示人们把一个动态对象或一个控制系统看作一个信号传递装置或信号变换装置.用这样的观点观察和分析控制系统,常常能很好地启发人们的思路.

框图是表示动态对象的十分灵活的工具.下面举两种情况说明框图的灵活性.第一种情况是:对于同一对象,如果讨论的侧重点不同,画成不同的框图可能效果更好.例 2.9.2 的小功率随动系统的原始微分方程组是 2.2.3 节的方程组(2.2.20)～(2.2.23).用传递函数表示其中的每一个方程,就可以把这个随动系统表示为图 2.9.4.它在形式上不同于图 2.9.2.可见同一对象可以根据需要用不同的框图表示.

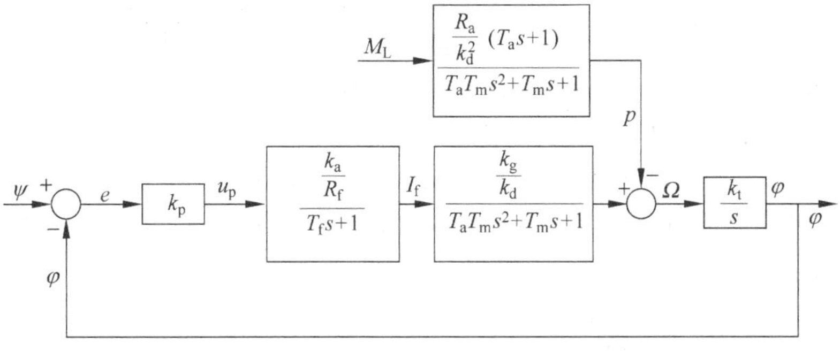

图 2.9.4　小功率随动系统框图的另一种画法

说明框图灵活性的第二种情况是:某些问题用文字或公式说明可能很繁冗,而用框图说明却十分简洁.以 2.3 节的定理 2.3.1 为例,该定理就可以用图 2.9.5(a,b)这两个框图更简明地叙述如下:"图 2.9.5(a)与图 2.9.5(b)中对象的输出量相同".

在图 2.9.4 中多处出现这样的情况:一个框的输出量正好是下一个框的输入量.此时两框之间就用一个箭头连接起来.这样,图 2.9.4 就自然地形成了一个首尾相接的闭环.它形象地表现了这个随动系统各个部分之间的关系.从图 2.9.4 中可以直观地看出,这个系统中的 u_p,I_f,Ω 等变量,虽然就局部来说是这些框的输

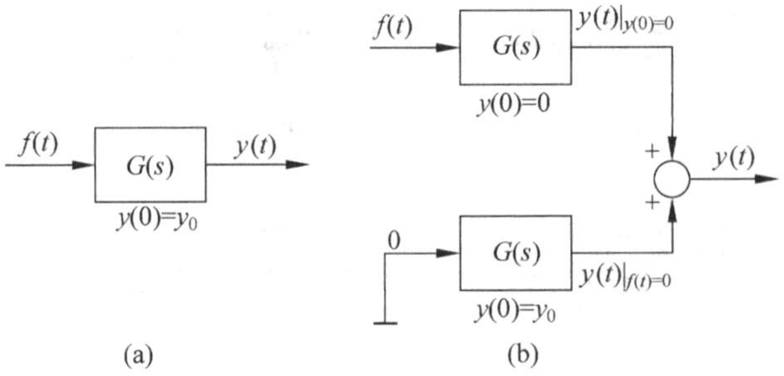

图 2.9.5　说明定理 2.3.1 的框图

出量或输入量，但就整个系统来说，它们只不过是一些**中间变量或内部变量**. 从系统外部加在系统上的输入量只有 2 个，即 ψ 和 M_L.

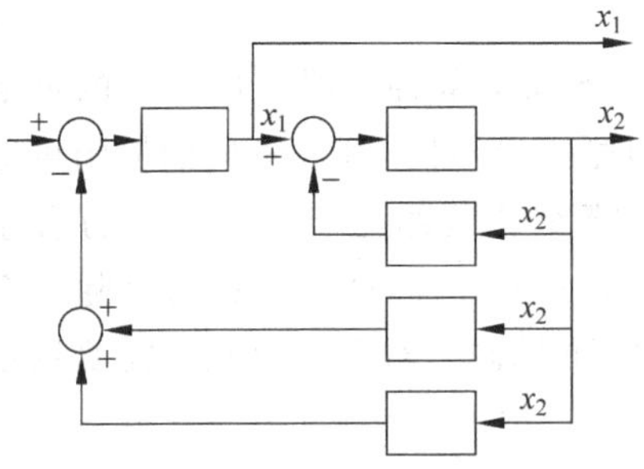

图 2.9.6　信号的分接

图 2.9.4 中，在变量 φ 处有一个分岔. 在控制系统的框图画法中规定，同一个信号不论分接到多少个点，每个点分接的都是**同一信号**. 所以图 2.9.4 中岔出的两个箭头代表的都是信号 φ，而不是各代表 $\varphi/2$. 图 2.9.6 也是表示这样的含义. 这种画法形象地表明，控制系统的框图所表示的只是**信号**的传递和变换关系，而不是**能量**关系. 同时，这种画法也表明，无论把系统中的哪个受控量作为系统的输出量，都不影响系统内部各变量之间的关系，从而也不影响系统本身的动态性质.

在图 2.9.7(a)中，一个框的输出量就是另一个框的输入量. 我们称这两个框接成**串联**. 把串联的两个框看作一个整体，如图 2.9.7(b)所示，记它的传递函数为 $G(s)$，则有

$$G(s)=\frac{X_3(s)}{X_1(s)}=\frac{X_3(s)}{X_2(s)}\frac{X_2(s)}{X_1(s)}=G_2(s)G_1(s). \tag{2.9.15}$$

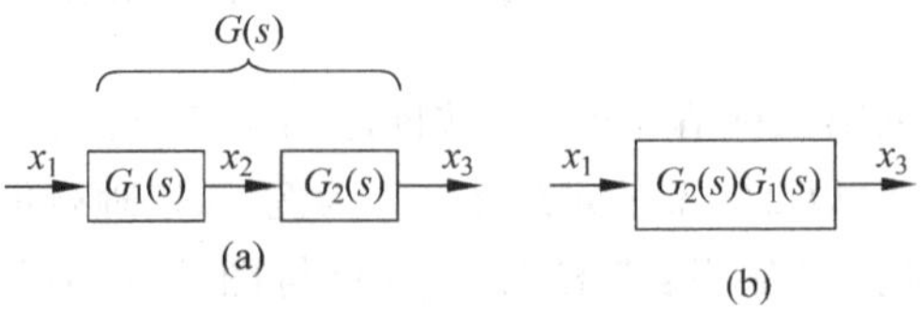

图 2.9.7　框的串联

在图 2.9.8(a)中，两个框的输入量相同，而输出量相加成为总的输出量. 我们称这两个框接成**并联**. 把并联的两个框看作一个整体，如图 2.9.8(b)所示，记它的传递函数为 $G(s)$，则有

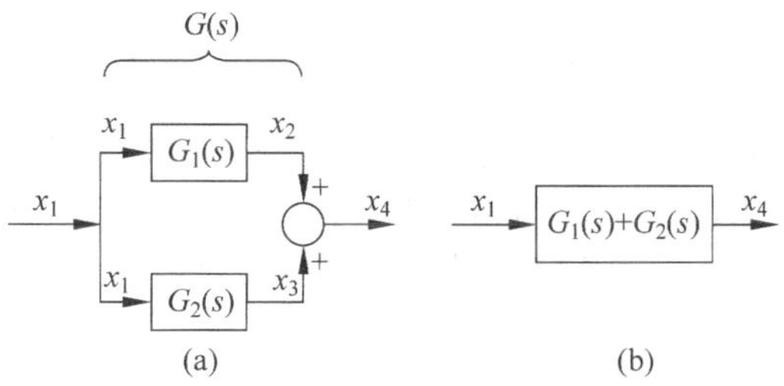

图 2.9.8　框的并联

$$G(s)=\frac{X_4(s)}{X_1(s)}=\frac{X_2(s)+X_3(s)}{X_1(s)}$$
$$=\frac{X_2(s)}{X_1(s)}+\frac{X_3(s)}{X_1(s)}=G_1(s)+G_2(s).\qquad(2.9.16)$$

式(2.9.15)和式(2.9.16)可以概括为：**框串联则传递函数相乘；框并联则传递函数相加**.这个规律可以推广到多个框串联或并联构成的"框组合"的情况.

利用框图研究结构复杂的控制系统，容易收到一目了然的效果，非常方便.

2.9.3　传递函数的极点与零点

单输入单输出运动对象的有理函数形式的传递函数式(2.9.3)的分母和分子分别是 s 的 n 次多项式和 m 次多项式.

分母多项式决定传递函数的 n 个**极点**的值，故称为传递函数的**极点多项式**.

分子多项式决定传递函数的 m 个**零点**的值，故称为传递函数的**零点多项式**.

这些极点和零点都可以是实数或(共轭)复数.另外还有 1 个实数比例系数 b_m/a_n.以上 $n+m+1$ 个常数完全确定了传递函数 $G(s)$，所以传递函数紧凑地包含了一个动态对象的全部动态性质.这些极点和零点中也可以有重极点和重零点，但目前我们只就极点互相不同、零点也互相不同的情形考察它们对于对象的运动的影响.

首先，考察传递函数的极点对于对象运动的影响.既已默认传递函数的分子与分母不含可以相消的因子，则传递函数的极点由其分母多项式即对象的极点多项式决定.2.9.1 节已指出，自由运动的模态取决于传递函数的分母多项式.因此**传递函数的极点决定自由运动的模态**.由此可见极点对于研究运动的重要.设某对象的传递函数是

$$G(s)=\frac{6(3s+1)}{(s+1)(s+2)}.\qquad(2.9.17)$$

它有 2 个极点：-1 和 -2，有 1 个零点：$-1/3$.设输入量为

$$u(t)=c_1+c_2\mathrm{e}^{-5t},$$

即

$$U(s)=\frac{c_1}{s}+\frac{c_2}{s+5}$$

其中 c_1 和 c_2 都是实常数. 在零初值条件下,根据式(2.9.12)得

$$Y(s)=\frac{6(3s+1)}{(s+1)(s+2)}\left(\frac{c_1}{s}+\frac{c_2}{s+5}\right).$$

由此求得输出量为

$$y(t)=3c_1-7c_2\mathrm{e}^{-5t}+(12c_1-3c_2)\mathrm{e}^{-t}+(-15c_1+10c_2)\mathrm{e}^{-2t}. \tag{2.9.18}$$

分析式(2.9.18)右端的各项,可见其前两项函数与输入量 $u(t)$ 的函数属于同一类,它们是由输入量直接产生的"强迫运动",也可以说它们是由输入量"传递"过来的运动,或者说是受输入量直接"控制"的运动;而式(2.9.18)右端的后两项函数则是输入量 $u(t)$ 中并不存在的函数类型,它们是与对象的传递函数 $G(s)$ 的极点对应的模态,它们是由对象本身的动态性质决定的自由运动. 不过这两项函数的幅度表达式中含有 c_1 和 c_2,表明它们还是受到输入量的制约. 输入量的作用是把它们"激发"出来.

可以说,传递函数的**极点的作用是把对象固有的运动模态在输出量中"生成"出来**.

其次,考察传递函数的零点对于对象运动的影响. 设两个对象的传递函数分别是

$$G_1(s)=\frac{4s+2}{(s+1)(s+2)},\quad G_2(s)=\frac{1.5s+2}{(s+1)(s+2)}.$$

它们的极点相同而零点不同,$G_1(s)$ 的零点是 $-1/2$,$G_2(s)$ 的零点是 $-4/3$. 设它们的输入量都是单位阶跃函数 $1(t)$,可以求得它们的输出量分别是

$$\left.\begin{aligned}y_1(t)&=1+2\mathrm{e}^{-t}-3\mathrm{e}^{-2t},\\ y_2(t)&=1-0.5\mathrm{e}^{-t}-0.5\mathrm{e}^{-2t}.\end{aligned}\right\} \tag{2.9.19}$$

这表明,输出量 $y_1(t)$ 和 $y_2(t)$ 所含的函数类型是一样的,但各函数的幅度不同. 由此可见,一个对象的传递函数的**零点的作用是调节对象的各个自由运动模态在输出量中的"比重"**. 把式(2.9.19)画成图像,如图 2.9.9 所示. 可见,尽管 $y_1(t)$ 与 $y_2(t)$ 由相同类型的函数构成,但二者的图像很不相同. 由此可知,从工程角度看,

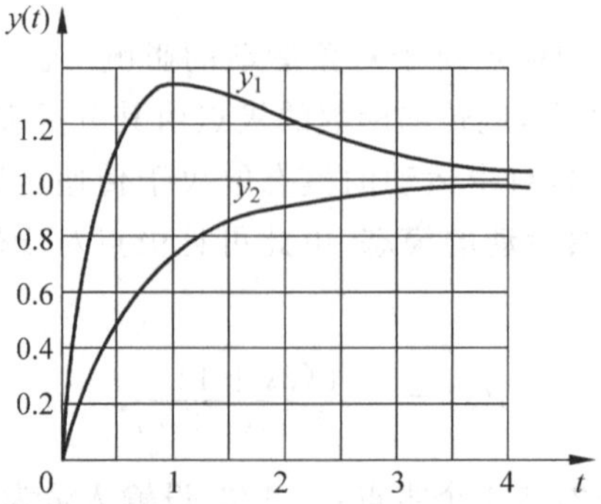

图 2.9.9 零点对动态性质的影响

不能认为一个对象的动态性质唯一地或主要地决定于传递函数的极点，必须注意到零点的作用.

不仅如此，传递函数的**零点还能“阻断”输入量中某一成分的传递**. 设某对象的传递函数为

$$G(s)=\frac{s-b}{s-a},$$

其中 a 是传递函数的极点，而 b 是其零点，且 $b\neq a$. 又设输入量为 $u(t)=e^{ct}$，即 $U(t)=1/(s-c)$，其中 $c\neq a$. 可以求得在零初值下的输出量为

$$y(t)=\frac{a-b}{a-c}e^{at}+\frac{b-c}{a-c}e^{ct}. \tag{2.9.20}$$

式(2.9.20)右端的第 1 项是对象的自由运动，第 2 项是由输入量造成的强迫运动，或者说，第 2 项是由输入量“传递”过来的运动. 现在设传递函数的零点恰好与输入量象函数的极点相重合，即有 $b=c$，则右端的第 2 项化为 0，而有

$$y(t)=e^{at}.$$

这意味着输入量中的一个成分 e^{ct} 被传递函数的零点阻断而不能“传递”到输出端.

综合以上，可以说：**传递函数的极点生成输出量中的某些成分，而传递函数的零点阻断输入量中的某些成分**.

2.9.4　传递函数的解耦零点

2.5.3 节中曾经指出，在用拉普拉斯变换处理单变量的微分方程时，如果某一含 s 的多项式因子同时出现于某表达式的分子与分母中，只要在 $t<0$ 时对象是处于“零状态”，就可以把该因子消去. 据此，如果有传递函数

$$G_1(s)=\frac{s+1}{(s+1)(s+2)},$$

就可以把其中的因子$(s+1)$消去，成为

$$G_2(s)=\frac{1}{s+2}.$$

从形式上看，就是把传递函数 $G_1(s)$中 $s=-1$ 的极点与 $s=-1$ 的零点“消去”了. 当然，严格按照复变函数理论来说，$s=-1$ 既不是函数 $G_1(s)$的极点，也不是它的零点，而是它的一个“**可去奇点**”. 不过习惯上常常把上述情形说成是“**极点与零点相消**”.

极点与零点相消，对于单输入单输出对象的运动有什么影响，是控制理论中一个重要的概念性问题. 下面分三种情形讨论.

第 1 种情形　设某单输入单输出对象的框图如图 2.9.10 所示. 根据式(2.9.15)，从 u 到 y 的传递函数为

$$G_{u-y}(s)=G_{v-y}(s)G_{u-v}(s)=\frac{1}{s+1}\frac{s+1}{s+2}=\frac{1}{s+2}. \tag{2.9.21}$$

在 $s=-1$ 处的极点与零点互相消去.

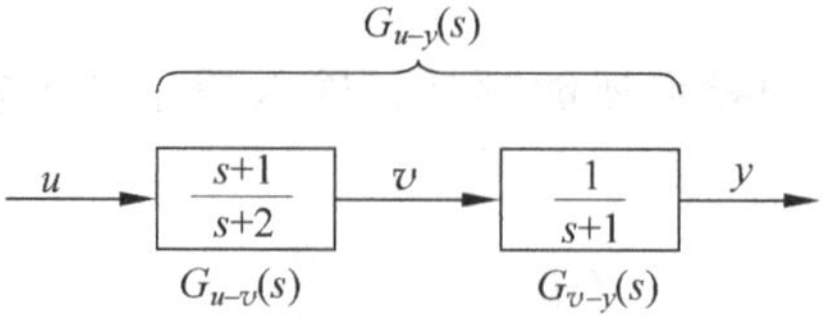

图 2.9.10 极点与零点相消：输入解耦

现在来考查该对象的运动. 设 $v(t)$ 和 $y(t)$ 的初值分别为

$$v(0^-)=v_0,\quad y(0^-)=y_0,$$

而输入量为

$$u(t)=at\mathrm{e}^{-5t}. \tag{2.9.22}$$

第1个框的微分方程是

$$\frac{\mathrm{d}v}{\mathrm{d}t}+2v=\frac{\mathrm{d}u}{\mathrm{d}t}+u.$$

以式(2.9.22)代入上式右端,得

$$\frac{\mathrm{d}v}{\mathrm{d}t}+2v=a(-4t+1)\mathrm{e}^{-5t}.$$

在初值 $v(0^-)=v_0$ 下,它的解是

$$v(t)=\frac{a}{9}(12t+1)\mathrm{e}^{-5t}+\left(v_0-\frac{a}{9}\right)\mathrm{e}^{-2t}. \tag{2.9.23}$$

显然,这个解的第1项是由本框的输入量 $u(t)$"传递"而来,第2项则是由本框传递函数的极点 $s=-2$ 所"生成"的自由运动.

第2个框的微分方程是

$$\frac{\mathrm{d}y}{\mathrm{d}t}+y=v.$$

以式(2.9.23)代入其右端,得

$$\frac{\mathrm{d}y}{\mathrm{d}t}+y=\frac{a}{9}(12t+1)\mathrm{e}^{-5t}+(v_0-\frac{a}{9})\mathrm{e}^{-2t}.$$

在初值 $y(0^-)=y_0$ 下,它的解是

$$y(t)=\frac{a}{9}(-3t-1)\mathrm{e}^{-5t}+\left(-v_0+\frac{a}{9}\right)\mathrm{e}^{-2t}+(v_0+y_0)\mathrm{e}^{-t}. \tag{2.9.24}$$

这个解的前两项是由本框的输入量 $v(t)$"传递"而来,第3项则是由本框传递函数的极点 $s=-1$ 所"生成"的自由运动.

现在把图2.9.10中串联的两个框视为一个整体的对象,则可认为式(2.9.24)右端的第1项是由输入量 $u(t)$"传递"而来,而后面两项则是由此整体对象的传递函数的两个极点 $s=-2$ 与 $s=-1$ 所"生成"的自由运动.

式(2.9.24)的引人注目之点是：它的最后一项与 a 无关,而只由对象的初值

v_0 和 y_0 决定. 这表明，函数 $y(t)$ 中的 e^{-t} 这个自由运动成分**不受输入量 $u(t)$ 的制约**，这与式(2.9.18)的情形完全不同. 因此，控制理论中把这个对象的 e^{-t} 这一运动模态称为它的**不可控模态**. 与此对比，式(2.9.24)中的 e^{-2t} 这个成分则可以受到输入量 $u(t)$ 的影响，所以 e^{-2t} 是可控模态.

图 2.9.10 的对象产生不可控运动模态的原因，可以用 2.3 节的定理 2.3.1 解释. 定理 2.3.1 指出，线性微分方程的解由两个部分组成：一是与它对应的齐次方程在给定初值条件下的解 $y(t)\Big|_{f(t)=0}$，二是方程在零初值条件下的特解 $y(t)\Big|_{y(0)=0}$. 前者既然是齐次方程的解，当然与右端函数无关，也就是不受输入量的制约. 后者既然是零初值条件下的解，就可以用传递函数来计算，但该对象的传递函数是式(2.9.21)，其中已经消去了因子 $(s+1)$，当然就不会含有 e^{-t} 这个模态了.

仿照图 2.9.5 的做法，可以把图 2.9.10 的解用框图 2.9.11 表示. 这样更容易看清因子 $(s+1)$ 所代表的模态 e^{-t} 不受输入量制约的机理.

图 2.9.10 中，零点因子 $(s+1)$ 位于极点因子 $(s+1)$ **之前**，它的存在使输入量无法影响对象的某一内部变量，所以零点 $s=-1$ 称为这个对象的**输入解耦零点**.

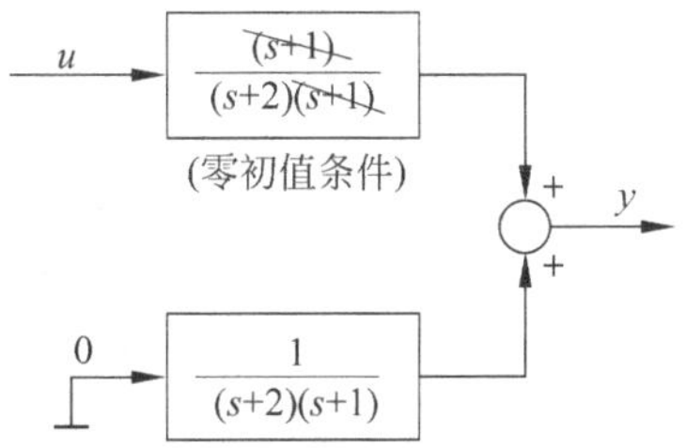

图 2.9.11　不可控模态形成的机理

对象运动中出现不可控模态造成的后果如何，要看该不可控模态的性质而定. 如果不可控模态的动态性质有害(例如是剧烈的振荡或收敛缓慢的过程，甚至是不稳定的运动)，其影响就无法靠输入信号来消除. 一般说，工程上总是要尽力避免不可控模态的产生.

第 2 种情形　设某单输入单输出对象的框图如图 2.9.12 所示. 根据式(2.9.15)，从 u 到 y 的传递函数为

$$G_{u-y}(s)=G_{z-y}(s)G_{u-z}(s)=\frac{s+1}{s+3}\,\frac{1}{s+1}=\frac{1}{s+3}. \tag{2.9.25}$$

在 $s=-1$ 处的极点与零点互相消去.

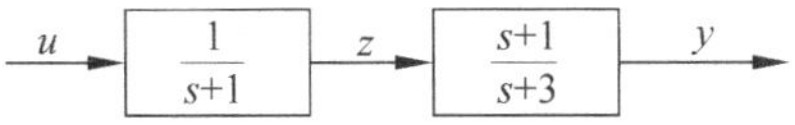

图 2.9.12　极点与零点相消：输出解耦

现在来考查该对象的运动. 设 $z(t)$ 和 $y(t)$ 的初值分别为

$$z(0^-)=z_0,\quad y(0^-)=y_0,$$

而输入量为

$$u(t)=ate^{-5t}. \tag{2.9.26}$$

仿照上例可求得

$$z(t)=\frac{a}{16}(-4t-1)\mathrm{e}^{-5t}+\left(z_0+\frac{a}{16}\right)\mathrm{e}^{-t},\tag{2.9.27}$$

$$y(t)=\frac{a}{4}(-2t-1)\mathrm{e}^{-5t}+\left(y_0+\frac{a}{4}\right)\mathrm{e}^{-3t}.\tag{2.9.28}$$

显然,$z(t)$的第1项是输入量$u(t)$“传递”而来,第2项的函数e^{-t}则是由第1个框的极点$s=-1$所生成的自由运动.但是当$z(t)$加到第2个框上后,在输出量函数$y(t)$中,函数e^{-t}的成分却不见了.把图2.9.12的两个框看做一个整体对象,则$z(t)$只是这个对象的内部变量.这就表明:对象的内部虽存在e^{-t}这种模态的运动,但在对象的输出端却观察不到.这种模态称为对象的**不可观测模态**,简称**不可观模态**.

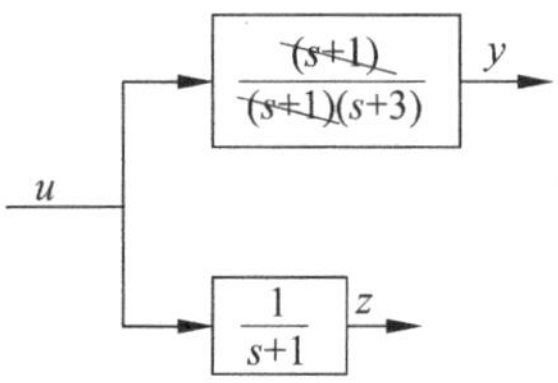

图2.9.13 不可观模态形成的机理

把图2.9.12改画为图2.9.13,不可观模态的形成机理就更清楚了.

2.9.3节中曾指出,零点能阻断输入量中某一成分的传递.对象的运动中出现不可观模态就是一个生动的例子.图2.9.12中,函数e^{-t}体现的运动成分被阻断了.在图2.9.12中,零点因子$(s+1)$位于极点因子$(s+1)$**之后**,它的存在使对象的某一内部变量无法影响输出量,所以零点$s=-1$称为这个对象的**输出解耦零点**.

对象中出现不可观模态造成的后果,也要看该模态的性质而定.如果不可观模态的动态性质有害,虽然在输出端观察不到它,它却可能在对象内部对某些部件的运动造成不良后果.所以工程上也总是要设法避免不可观模态的产生.

第3种情形 设某单输入单输出对象的框图如图2.9.14所示.根据式(2.9.15),从u到y的传递函数为

$$\begin{aligned}G_{u-y}(s)&=G_{z-y}(s)G_{v-z}(s)G_{u-v}(s)\\&=\frac{s+1}{s+3}\,\frac{1}{s+1}\,\frac{s+1}{s+2}=\frac{s+1}{(s+3)(s+2)}.\end{aligned}\tag{2.9.29}$$

在$s=-1$处有1个极点和2个零点.可以认为此极点与其中1个零点相消去.

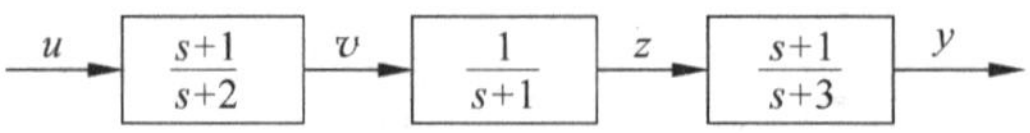

图2.9.14 极点与零点相消:输入输出解耦

现在来考察该对象的运动.设$v(t)$,$z(t)$,$y(t)$的初值分别为

$$v(0^-)=v_0,\quad z(0^-)=z_0,\quad y(0^-)=y_0,$$

而输入量为

$$u(t)=at\mathrm{e}^{-5t}.\tag{2.9.30}$$

仿照上例可求得

$$v(t)=\frac{a}{9}(12t+1)e^{-5t}+\left(v_0-\frac{a}{9}\right)e^{-2t},\tag{2.9.31}$$

$$z(t)=\frac{a}{9}(-3t-1)e^{-5t}+\left(-v_0+\frac{a}{9}\right)e^{-2t}+(v_0+y_0)e^{-t},\tag{2.9.32}$$

$$y(t)=\frac{a}{9}\left(-6t-\frac{7}{2}\right)e^{-5t}+\left(v_0-\frac{a}{9}\right)e^{-2t}+\left(-v_0+y_0+\frac{a}{2}\right)e^{-3t}.\tag{2.9.33}$$

研究这一组解，可以看出，由于第 1 个框中存在输入解耦零点 $s=-1$，所以第 2 个框的输出量 $z(t)$ 中出现不可控模态 e^{-t}. 但这个模态又被第 3 个框中的输出解耦零点 $s=-1$ 所阻断，因而在输出量 $y(t)$ 中观察不到. 所以，e^{-t} 这个模态虽然存在于对象的内部变量 $z(t)$ 中，但它既不受输入量的制约，又不能在输出量中观察到，因此称为**不可控不可观模态**. 极点因子 $(s+1)$ **之前和之后**各有一个零点因子 $(s+1)$. 零点 $s=-1$ 称为**输入输出解耦零点**. 不言而喻，工程上也总是要设法避免这类解耦零点.

控制理论的初学者有时误以为：如果控制系统的传递函数的某个极点造成了动态性质不良的运动模态，只须设法在控制器的传递函数中安插一个适当的零点，以"消去"这个极点，就可以改进动态性质了. 读了本节关于解耦零点的分析后，应当理解：这种做法只是把不良模态变成不可控的或不可观测的而已，于事无补. 更进一步说，对象运行时，其参数总会有些变化，因此事实上不可能保证所安插的零点与想消去的极点精确地相等，所以不良模态也不可能精确消去. 总之，**不应该指望以零点与极点的"相消"来消除对象的不良模态**，而要依靠**合理设计闭环控制**来可靠地改造不良模态.

2.9.5　传递函数矩阵

现在把以上关于传递函数和框图的讨论扩充到多变量对象，即对象有多个输入量与多个输出量的情形. 设对象有 l 个输入量，m 个输出量，每个输入量与每个输出量之间的关系都可以用传递函数描述. 把全体输入量表示为 l 维的输入向量 $\boldsymbol{u}(t)$，记它的拉普拉斯变换为 $\boldsymbol{U}(s)$；把全体输出量表示为 m 维的输出向量 $\boldsymbol{y}(t)$，记它的拉普拉斯变换为 $\boldsymbol{Y}(s)$. 把 $\boldsymbol{U}(s)$ 与 $\boldsymbol{Y}(s)$ 之间的关系用 $m\times l$ 的传递函数矩阵 $\boldsymbol{G}(s)$ 描述，即

$$\boldsymbol{Y}(s)=\boldsymbol{G}(s)\boldsymbol{U}(s),\tag{2.9.34}$$

其中 $\boldsymbol{G}(s)$ 的每个元 $G_{i,j}(s)$ 分别是当 $\boldsymbol{u}(t)$ 的其他分量均为 0 时从 $\boldsymbol{u}(t)$ 的第 j 个分量 $u_j(t)$ 到 $\boldsymbol{y}(t)$ 的第 i 个分量 $y_i(t)$ 的传递函数($i=1,2,\cdots,m,j=1,2,\cdots,l$)：

$$G_{i,j}(s)=\left.\frac{Y_i(s)}{U_j(s)}\right|_{u_k=0,\forall k\neq j},\quad \begin{aligned}i&=1,2,\cdots,m,\\ j&=1,2,\cdots,l.\end{aligned}\tag{2.9.35}$$

而

$$\boldsymbol{G}(s)=\begin{bmatrix} G_{1,1}(s) & G_{1,2}(s) & \cdots & G_{1,l}(s) \\ G_{2,1}(s) & G_{2,2}(s) & \cdots & G_{2,l}(s) \\ \vdots & \vdots & & \vdots \\ G_{m,1}(s) & G_{m,2}(s) & \cdots & G_{m,l}(s) \end{bmatrix}.$$

在多变量情形下 $\boldsymbol{Y}(s)$ 与 $\boldsymbol{U}(s)$ 都是向量，所以切不可像式(2.9.2)那样把 $\boldsymbol{G}(s)$ 表示为 $\boldsymbol{Y}(s)$ 与 $\boldsymbol{U}(s)$ 的“商”. 还有，在多变量情况下，对于图 2.9.7，由于

$$\boldsymbol{X}_3(s)=\boldsymbol{G}_2(s)\boldsymbol{X}_2(s)=\boldsymbol{G}_2(s)(\boldsymbol{G}_1(s)\boldsymbol{X}_1(s))=\boldsymbol{G}_2(s)\boldsymbol{G}_1(s)\boldsymbol{X}_1(s),$$

所以串联后的传递函数矩阵是 $\boldsymbol{G}_2(s)\boldsymbol{G}_1(s)$，不可写成 $\boldsymbol{G}_1(s)\boldsymbol{G}_2(s)$.

2.9.1 节的式(2.9.10)和式(2.9.11)已经分别给出小功率随动系统当 $M_L=0$ 时从 ψ 到 φ 的传递函数和当 $\psi=0$ 时从 M_L 到 φ 的传递函数. 如果用传递函数矩阵 $\boldsymbol{G}(s)$ 集中地表示，则可取 $u_1(t)=\psi(t)$，$u_2(t)=M_L(t)$，$\boldsymbol{u}(t)=[\psi(t)\quad M_L(t)]^T$，$\boldsymbol{y}(t)=\varphi(t)$，$y_1(t)=\varphi(t)$，就可写出该随动系统的 1×2 传递函数矩阵：

$$\boldsymbol{G}(s)=\left[\frac{1}{0.025s^4+0.55s^3+1.5s^2+s+1}\quad \frac{-(0.00025s^2+0.0055s+1)}{0.025s^4+0.55s^3+1.5s^2+s+1}\right]. \tag{2.9.36}$$

该随动系统的基本关系式是

$$\bar{\varphi}(s)=\boldsymbol{G}(s)\boldsymbol{U}(s)=\boldsymbol{G}(s)\begin{bmatrix}\bar{\psi}(s)\\ \bar{M}_L(s)\end{bmatrix}.$$

传递函数矩阵也有极点和零点，但是其性质比较复杂，将在 2.14 节讨论.

不难想象，多变量对象的框图一般比较复杂. 图 2.9.15 的 3 输入 3 输出对象的框图就是一例. 因此有时用图 2.9.16 那样的**复线框图**表示多变量对象. 图中的复线箭头表示变量向量，而框表示传递函数矩阵. 在不致引起误解的场合，甚至可以更加简化，就直接以普通的单线框图表示多变量系统，如直接用图 2.9.17 代替图 2.9.16.

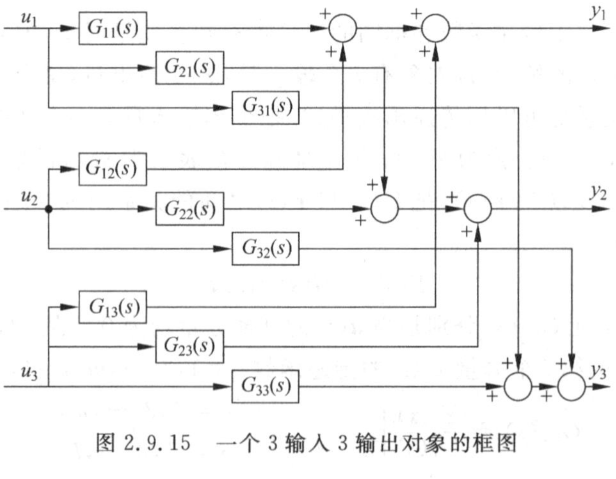

图 2.9.15 一个 3 输入 3 输出对象的框图

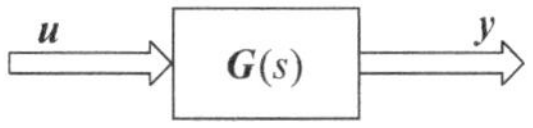

图 2.9.16　复线框图

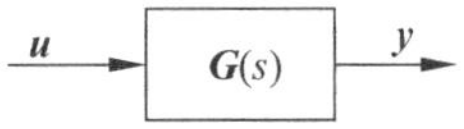

图 2.9.17　简化后的框图

2.9.6　状态空间描述下的传递函数矩阵

现在考虑运动对象的状态方程与传递函数矩阵之间的关系. 设某 l 输入 m 输出的对象的状态方程和输出方程如下:

$$\dot{\boldsymbol{x}} = \boldsymbol{A}\boldsymbol{x} + \boldsymbol{B}\boldsymbol{u}, \tag{2.9.37}$$

$$\boldsymbol{y} = \boldsymbol{C}\boldsymbol{x} + \boldsymbol{D}\boldsymbol{u}. \tag{2.9.38}$$

其中 $\boldsymbol{A}$ 为 $n\times n$ 的矩阵. 在零初值条件下,对式(2.9.37)取拉普拉斯变换,得

$$s\boldsymbol{X}(s) = \boldsymbol{A}\boldsymbol{X}(s) + \boldsymbol{B}\boldsymbol{U}(s).$$

移项,得

$$(s\boldsymbol{I}_n - \boldsymbol{A})\boldsymbol{X}(s) = \boldsymbol{B}\boldsymbol{U}(s).$$

2.7.1 节中论证矩阵指数函数之性质 10 时已经指出,多项式矩阵 $(s\boldsymbol{I}_n-\boldsymbol{A})$ 必为非奇异. 因此可求出

$$\boldsymbol{X}(s) = (s\boldsymbol{I}_n - \boldsymbol{A})^{-1}\boldsymbol{B}\boldsymbol{U}(s).$$

对式(2.9.38)取拉普拉斯变换后以上式代入,即得

$$\boldsymbol{Y}(s) = (\boldsymbol{C}(s\boldsymbol{I}_n - \boldsymbol{A})^{-1}\boldsymbol{B} + \boldsymbol{D})\boldsymbol{U}(s),$$

与式(2.9.34)比较,就知道该系统的传递函数矩阵是

$$\boldsymbol{G}(s) = \boldsymbol{C}(s\boldsymbol{I}_n - \boldsymbol{A})^{-1}\boldsymbol{B} + \boldsymbol{D}. \tag{2.9.39}$$

许多情况下 $\boldsymbol{D}=\boldsymbol{0}$,则有

$$\boldsymbol{G}(s) = \boldsymbol{C}(s\boldsymbol{I}_n - \boldsymbol{A})^{-1}\boldsymbol{B}. \tag{2.9.40}$$

式(2.9.39)和式(2.9.40)给出了状态空间描述下的传递函数矩阵,是很重要的公式. 对于 $l=m=1$ 的情形,则给出的是标量传递函数.

例 2.9.3　要求从直流他励电动机的状态空间描述求出其传递函数矩阵.

解　2.6.3 节已求得直流他励电动机的状态空间描述式(2.6.36),其中输入向量为 $\boldsymbol{u}=[U \quad M_{\mathrm{L}}]^{\mathrm{T}}$,输出量为标量 $y=\Omega$. 现将所得矩阵 $\boldsymbol{A},\boldsymbol{B},\boldsymbol{C},\boldsymbol{D}$ 重新写出如下:

$$\boldsymbol{A} = \begin{bmatrix} 0 & 1 \\ -\dfrac{1}{T_{\mathrm{a}}T_{\mathrm{m}}} & -\dfrac{1}{T_{\mathrm{a}}} \end{bmatrix}, \quad \boldsymbol{B} = \begin{bmatrix} 0 & -\dfrac{R_{\mathrm{a}}}{k_{\mathrm{d}}^2 T_{\mathrm{m}}} \\ \dfrac{1}{k_{\mathrm{d}}T_{\mathrm{a}}T_{\mathrm{m}}} & 0 \end{bmatrix},$$

$$\boldsymbol{C} = [1 \quad 0], \qquad \boldsymbol{D} = [0 \quad 0].$$

把它们代入式(2.9.39)或式(2.9.40),即可求得直流他励电动机的 1×2 传递函数矩阵为

$$\boldsymbol{G}(s)=\left[\begin{matrix}\dfrac{\dfrac{1}{k_{\mathrm{d}}}}{T_{\mathrm{a}}T_{\mathrm{m}}s^2+T_{\mathrm{m}}s+1} & \dfrac{-\dfrac{R_{\mathrm{a}}}{k_{\mathrm{d}}^2}(T_{\mathrm{a}}s+1)}{T_{\mathrm{a}}T_{\mathrm{m}}s^2+T_{\mathrm{m}}s+1}\end{matrix}\right]. \tag{2.9.41}$$

□

例 2.9.4 图 2.9.18 是一个双连通容器. 两容器的截面积都是均匀的,分别为 a_1 和 a_2;两容器的输入流量(单位时间内注入的液体体积)分别为 u_1 和 u_2;两容器的液位(液面高度)分别为 x_1 和 x_2;认为各容器底部的输出流量正比于液位,比例系数分别为 β_1 和 β_2;认为两容器之间从容器 1 流向容器 2 的耦合流量正比于两容器的液位之差,比例系数为 β_{12}. 上述各参数均为正数. 要求以液位 x_1 和 x_2 作为输出量 y_1 和 y_2,写出该系统的传递函数矩阵.

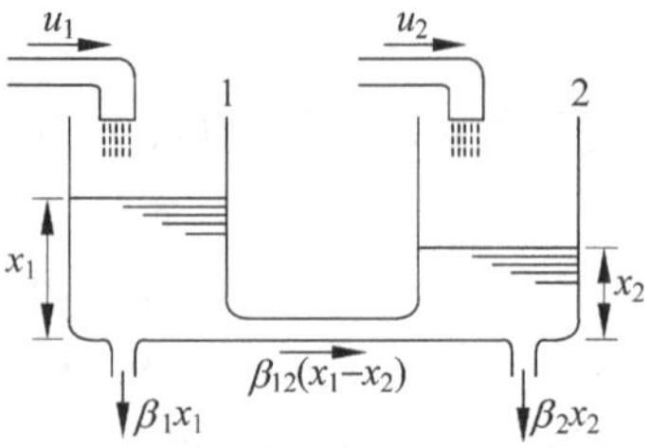

图 2.9.18 双连通容器

解 容易写出描述此双连通容器运动的状态方程组是

$$\left.\begin{aligned}a_1\frac{\mathrm{d}x_1}{\mathrm{d}t}&=u_1-\beta_1x_1-\beta_{12}(x_1-x_2),\\a_2\frac{\mathrm{d}x_2}{\mathrm{d}t}&=u_2-\beta_2x_2+\beta_{12}(x_1-x_2),\\y_1&=x_1,\\y_2&=x_2.\end{aligned}\right\} \tag{2.9.42}$$

即有

$$\boldsymbol{u}=[u_1\quad u_2]^{\mathrm{T}},\qquad \boldsymbol{y}=\boldsymbol{x}=[x_1\quad x_2]^{\mathrm{T}},$$

$$\boldsymbol{A}=\begin{bmatrix}-\dfrac{\beta_1+\beta_{12}}{a_1} & \dfrac{\beta_{12}}{a_1}\\ \dfrac{\beta_{12}}{a_2} & -\dfrac{\beta_2+\beta_{12}}{a_2}\end{bmatrix},\quad \boldsymbol{B}=\begin{bmatrix}\dfrac{1}{a_1} & \\ & \dfrac{1}{a_2}\end{bmatrix},$$

$$\boldsymbol{C}=\boldsymbol{I}_2,\qquad \boldsymbol{D}=\boldsymbol{0}_{2\times2}.$$

由此可求得双连通容器的传递函数矩阵为

$$\boldsymbol{G}(s)=\boldsymbol{C}(s\boldsymbol{I}_2-\boldsymbol{A})^{-1}\boldsymbol{B}+\boldsymbol{D}=\frac{1}{d(s)}\begin{bmatrix}n_{1,1}(s) & n_{1,2}(s)\\ n_{2,1}(s) & n_{2,2}(s)\end{bmatrix}, \tag{2.9.43}$$

其中

$$\begin{aligned}&n_{1,1}(s)=a_2s+(\beta_2+\beta_{12}),\\&n_{1,2}(s)=n_{2,1}(s)=\beta_{12},\\&n_{2,2}(s)=a_1s+(\beta_1+\beta_{12}),\\&d(s)=a_1a_2s^2+[a_1(\beta_2+\beta_{12})+a_2(\beta_1+\beta_{12})]s+[\beta_1\beta_2+(\beta_1+\beta_2)\beta_{12}].\end{aligned} \tag{2.9.44}$$

如果 $a_1=20, a_2=1, \beta_1=\beta_2=0.02$,则

$$G(s)=\frac{1}{1.667\times10^4s^2+700s+1}\begin{bmatrix}833.3s+33.33 & 16.67\\ 16.67 & 1.667\times10^4s+33.33\end{bmatrix}$$
$$=\frac{1}{(675.3s+1)(24.68s+1)}\begin{bmatrix}833.3s+33.33 & 16.67\\ 16.67 & 1.667\times10^4s+33.33\end{bmatrix}. \tag{2.9.45}$$

□

同一对象在取不同的变量作为状态向量时，所得的 $\boldsymbol{A},\boldsymbol{B},\boldsymbol{C},\boldsymbol{D}$ 矩阵是不同的. 一个很自然的问题就是：把不同的 $\boldsymbol{A},\boldsymbol{B},\boldsymbol{C},\boldsymbol{D}$ 矩阵代入式(2.9.39)，得到的传递函数矩阵是否也会不同？下面的定理回答这个问题.

定理 2.9.1　对于运动对象的同一组输入向量与输出向量，选取不同的状态变量描述对象的运动，不影响其传递函数矩阵.

证明　2.6.4 节中已证明，当状态向量作式(2.6.48)的非奇异变换时，变换前的矩阵 $\boldsymbol{A},\boldsymbol{B},\boldsymbol{C},\boldsymbol{D}$ 与变换后的矩阵 $\boldsymbol{A}^*,\boldsymbol{B}^*,\boldsymbol{C}^*,\boldsymbol{D}^*$ 之间的关系是式(2.6.52). 现在据此将变换后的矩阵代入式(2.9.39)计算变换后传递函数矩阵 $\boldsymbol{G}^*(s)$，得到

$$\begin{aligned}\boldsymbol{G}^*(s)&=\boldsymbol{C}^*(s\boldsymbol{I}_n-\boldsymbol{A}^*)^{-1}\boldsymbol{B}^*+\boldsymbol{D}^*\\&=\boldsymbol{CR}(s\boldsymbol{I}_n-\boldsymbol{R}^{-1}\boldsymbol{AR})^{-1}\boldsymbol{R}^{-1}\boldsymbol{B}+\boldsymbol{D}\\&=\boldsymbol{CR}(\boldsymbol{R}^{-1}(s\boldsymbol{I}_n-\boldsymbol{A})\boldsymbol{R})^{-1}\boldsymbol{R}^{-1}\boldsymbol{B}+\boldsymbol{D}\\&=\boldsymbol{CRR}^{-1}(s\boldsymbol{I}_n-\boldsymbol{A})^{-1}\boldsymbol{RR}^{-1}\boldsymbol{B}+\boldsymbol{D}\\&=\boldsymbol{C}(s\boldsymbol{I}_n-\boldsymbol{A})^{-1}\boldsymbol{B}+\boldsymbol{D}\\&=\boldsymbol{G}(s).\end{aligned}$$

□

从物理上考虑，上述结论是当然的.

2.10　闭环系统的传递函数

绝大多数情况下，控制工程研究和处理的对象是**闭环**控制系统. 闭环控制系统往往部件众多，结构复杂，列写和合并其运动方程的过程往往比较繁冗和容易出错. 2.2.4 节为小功率随动系统列写微分方程式(2.2.43)的工作量就相当可观，但是工程中的许多闭环控制系统比那个例子还要复杂得多.

本节叙述利用传递函数及传递函数矩阵与框图列写复杂的闭环系统的运动方程的方法. 它可以使上述过程大为简化. 为此，先叙述为复杂框图求传递函数的一般方法.

2.10.1　复杂框图的传递函数

框图是用以表示动态对象的各变量之间关系的图形. 只要能把这些关系正确表示出来，同一对象就允许灵活地用不同的框图表示. 上节中的图 2.9.2 与图 2.9.4 表

示的是同一对象,已经说明了框图的这种灵活性.研究复杂的控制系统时,经常利用这种灵活性把复杂的框图变换为较简单的框图,这称为框图的**简化**.框图简化后,就可较容易地求出从整个系统的输入量到输出量的传递函数或传递函数矩阵.

框图简化必须遵守**传递函数不变**的原则."传递函数不变"的意思是:在简化前与简化后的框图中,**同名**的"变量对"之间的传递函数必须保持相同.

最简单也最常用的框图简化就是框的串联和并联.其公式在2.9.2节中已经给出.

简化框图的更一般的方法是:改变某一个框的输入点的位置或输出点的位置,同时改变该框的传递函数,以保持同名的变量对之间的关系不变,即实现传递函数不变原则.经过这样的变换,原框图中的某些变量在新框图中可能不复存在;或者反之,新框图中出现了某些原框图中不存在的变量,这些都是允许的.

举例说,在图2.10.1中,可以改变**3**号框的输出点位置,同时改变其传递函数,使之成为图2.10.2中的**5**号框.再应用框的串联关系,可把图2.10.2中的**1**号框和**2**号框合并为图2.10.3中的**6**号框;又应用框的并联关系,把图2.10.2中的**4**号框和**5**号框合并为图2.10.3中的**7**号框,最后得到图2.10.3.注意图2.10.1中的变量$x_3(t)$在图2.10.2中已不复存在,而在图2.10.2中出现了一个新变量$x_6(t)$,但这些都无碍同名变量对之间的传递函数不变的原则.在图2.10.1～图2.10.3中,从$u(t)$到$y(t)$的传递函数都相同,所以这几幅图都是可以互相替换的.

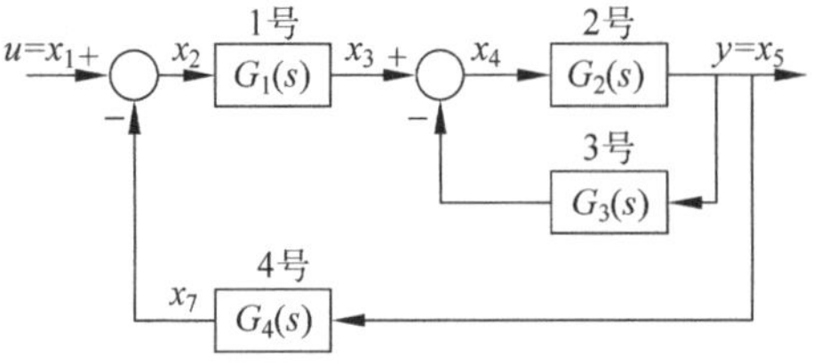

图2.10.1　复杂框图

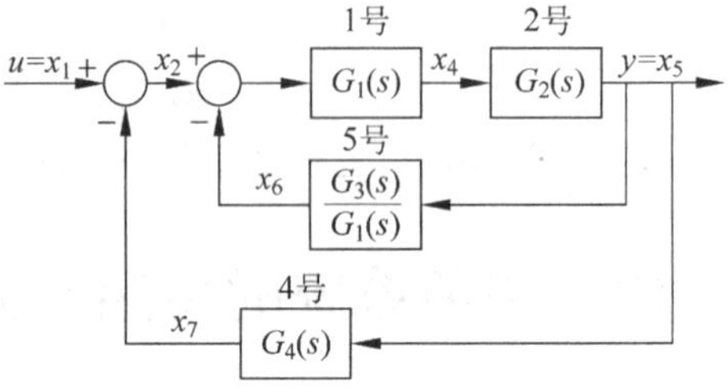

图2.10.2　初步简化后的框图

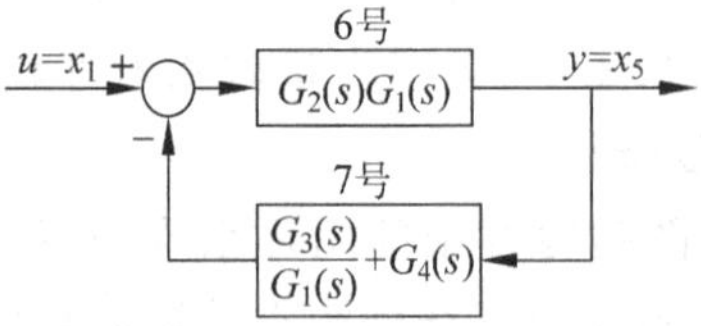

图2.10.3　同名变量对之间的传递函数不变

为更复杂的框图求传递函数时,较好的方法是先为每个框(包括求和单元)的输入变量与受控变量分别列写方程,然后保留需要的输出量,而消去其他各受控变量,方可得到所需要的传递函数.下面举例说明.更详细的计算流程见本书的**附录2.1**.

例2.10.1　求图2.10.4所示的复杂系统的传递函数矩阵.

解　图2.10.4的框图共有6个框(每个求和单元也是1个框).图中各变量都是向量,其中$\boldsymbol{U}_1$为系统的输入量,$\boldsymbol{U}_2$为系统受到的扰动,它们都是从外部加入的已知量.其余6个变量$\boldsymbol{X}_1,\boldsymbol{X}_2,\boldsymbol{X}_3,\boldsymbol{X}_4,\boldsymbol{X}_5,\boldsymbol{X}_6$均为系统的受控量,它们都是未知

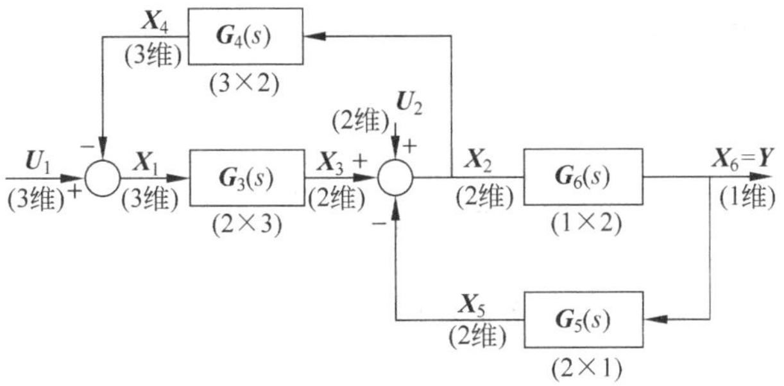

图 2.10.4　复杂系统的框图

的. $\boldsymbol{Y}$ 即 $\boldsymbol{X}_6$ 为系统的输出量. 各变量的维数和各框的传递函数矩阵的维数已在图中注明. 为框图中的每个框列写 1 个方程，因每个框必有且只有 1 个受控向量，故受控向量的总数必正好等于方程的总数. 列出的 6 个方程如下：

$$\boldsymbol{X}_1(s)=-\boldsymbol{X}_4(s)+\boldsymbol{U}_1(s),$$
$$\boldsymbol{X}_2(s)=\boldsymbol{X}_3(s)-\boldsymbol{X}_5(s)+\boldsymbol{U}_2(s),$$
$$\boldsymbol{X}_3(s)=\boldsymbol{G}_3(s)\boldsymbol{X}_1(s),$$
$$\boldsymbol{X}_4(s)=\boldsymbol{G}_4(s)\boldsymbol{X}_2(s),$$
$$\boldsymbol{X}_5(s)=\boldsymbol{G}_5(s)\boldsymbol{X}_6(s),$$
$$\boldsymbol{X}_6(s)=\boldsymbol{G}_6(s)X_2(s).$$

从以上 6 个方程消去 5 个受控向量而解出 1 个受控量 $\boldsymbol{X}_6(s)$，即系统的输出向量 $\boldsymbol{Y}(s)$，就得到

$$\begin{aligned}\boldsymbol{Y}(s)=&\boldsymbol{G}_6(s)(\boldsymbol{I}_2+\boldsymbol{G}_3(s)\boldsymbol{G}_4(s)+\boldsymbol{G}_5(s)\boldsymbol{G}_6(s))^{-1}\boldsymbol{G}_3(s)\boldsymbol{U}_1(s)\\&+\boldsymbol{G}_6(s)(\boldsymbol{I}_2+\boldsymbol{G}_3(s)\boldsymbol{G}_4(s)+\boldsymbol{G}_5(s)\boldsymbol{G}_6(s))^{-1}\boldsymbol{U}_2(s).\end{aligned}\tag{2.10.1}$$

据此便可画出简化后的框图并求出系统的传递函数矩阵，如图 2.10.5 所示.

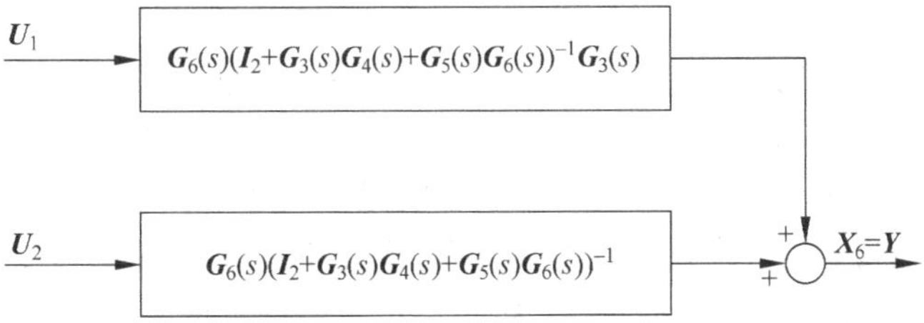

图 2.10.5　简化后的框图

如果本例系统中的每个框都是单输入单输出的，则以上各向量均成为标量，各传递函数矩阵均成为标量传递函数，式(2.10.1)就化为标量方程：

$$\begin{aligned}Y(s)=&\frac{G_6(s)G_3(s)}{1+G_3(s)G_4(s)+G_5(s)G_6(s)}U_1(s)\\&+\frac{G_6(s)}{1+G_3(s)G_4(s)+G_5(s)G_6(s)}U_2(s),\end{aligned}\tag{2.10.2}$$

而图 2.10.5 化为图 2.10.6. □

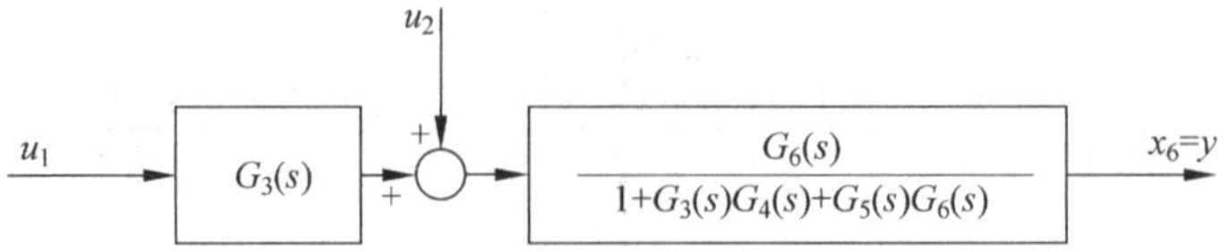

图 2.10.6 各框为单变量框时的图 2.10.5

2.10.2 闭环系统的传递函数

定义 2.9.1 已经说明,传递函数是指所研究的对象在零初值条件下输出量与输入量的拉普拉斯变换象函数之比. 但如果该对象包含一个闭环,而且**所研究的输入量是从闭环的外部(通过求和单元)加到闭环上的**,如图 2.10.7 所示,那么实际作用于该对象上的不仅是该输入量,而且还有该输入量通过闭环的作用而产生的**反馈量**. 所以当闭环闭合时和闭环断开时,输出量并不相同,因而传递函数也不同. 对象的"闭环"传递函数是指: **当闭环闭合时**,以从**外部**加到闭环上的某变量为输入量,以闭环的某受控量为输出量,二者的拉普拉斯变换象函数之比.

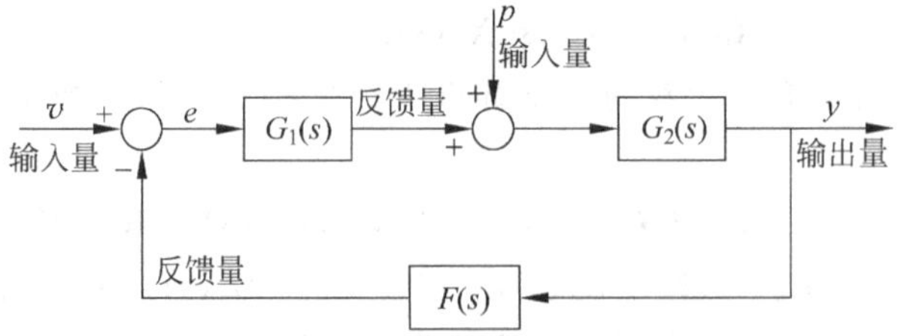

图 2.10.7 闭环传递函数

图 2.10.8 是一个典型的闭环控制系统的框图. 图中 $\boldsymbol{y}(t)$ 是被控制对象的 m 维输出向量,例如某飞行器绕其各轴偏转的角度. $\boldsymbol{z}(t)$ 是检测元件输出的信号,其值就代表输出量 $\boldsymbol{y}(t)$ 的实际值,只不过它可能是不同于 $\boldsymbol{y}(t)$ 的物理量,例如 $\boldsymbol{y}(t)$ 可能是角度或温度,而 $\boldsymbol{z}(t)$ 则可能是与 $\boldsymbol{y}(t)$ 成比例的或经过某种变换的电压信号. $\boldsymbol{z}(t)$ 的维数也可能与 $\boldsymbol{y}(t)$ 不同,设为 l 维. $\boldsymbol{u}(t)$ 是设定的 l 维整定向量,它的值就代表对 $\boldsymbol{z}(t)$ 的期望值. 向量 $\boldsymbol{e}(t)$ 是 $\boldsymbol{u}(t)$ 与 $\boldsymbol{z}(t)$ 的差,代表控制系统的误差,也是

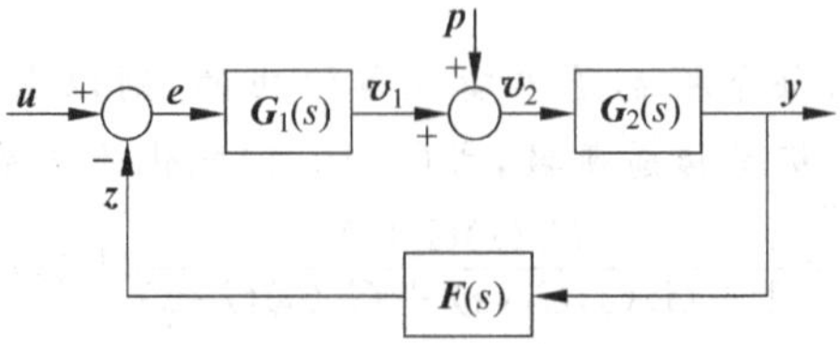

图 2.10.8 典型闭环控制系统

l 维. $\boldsymbol{p}(t)$是从外部加在系统上的扰动向量，设为 k 维. $\boldsymbol{G}_1(s)$是 $k\times l$ 的控制器矩阵，$\boldsymbol{G}_2(s)$是 $m\times k$ 的被控制对象，$\boldsymbol{F}(s)$是测量输出向量 $\boldsymbol{y}(t)$的检测元件或仪表，是 $l\times m$ 的矩阵. 通常认为检测元件输出的信号 $\boldsymbol{z}(t)$经**反号**后才送入求和元件. 由于被控制对象 $\boldsymbol{G}_2(s)$的惰性，以及由于扰动 $\boldsymbol{p}(t)$的作用，输出量 $\boldsymbol{y}(t)$的实际值总是会偏离其期望值. 闭环控制系统的作用就是要克服各种惰性与扰动的影响，力求保持 $\boldsymbol{z}(t)$等于其期望值 $\boldsymbol{u}(t)$，也就是力求使 $\boldsymbol{e}(t)$的各分量的绝对值尽量小.

如果 $m=l$，且 $\boldsymbol{F}(s)=\boldsymbol{I}_m$，则控制系统称为**单位反馈**的，或**直接反馈**的.

在图 2.10.8 中，$\boldsymbol{u}(t)$和 $\boldsymbol{p}(t)$就是从外部加到闭环上的输入量. 从 $\boldsymbol{u}(t)$到$\boldsymbol{y}(t)$，或从 $\boldsymbol{u}(t)$到 $\boldsymbol{e}(t)$；以及从 $\boldsymbol{p}(t)$到 $\boldsymbol{y}(t)$，或从 $\boldsymbol{p}(t)$到 $\boldsymbol{e}(t)$的传递函数矩阵，都是闭环传递函数矩阵. 为了与开环的情况相区分，今后用记号 $\boldsymbol{H}(s)$表示系统的闭环传递函数矩阵(或标量闭环传递函数，下同). 例如用 $\boldsymbol{H}_{u-y}(s)$表示“当其他输入量均为 0 时从 $\boldsymbol{U}$ 到 $\boldsymbol{Y}$ 的**闭环**传递函数矩阵”，而用 $\boldsymbol{G}_{u-y}(s)$表示“当**闭环断开**且其他输入量均为 0 时，从 $\boldsymbol{U}$ 到 $\boldsymbol{Y}$ 的**开环**传递函数矩阵”；记号 $\boldsymbol{H}_{p-y}(s)$与 $\boldsymbol{G}_{p-y}(s)$的含义类此.

为图 2.10.8 的 5 个框的输入向量与受控向量分别写出以下代数方程：

$$\boldsymbol{U}(s)-\boldsymbol{Z}(s)=\boldsymbol{E}(s), \tag{2.10.3a}$$

$$\boldsymbol{G}_1(s)\boldsymbol{E}(s)=\boldsymbol{V}_1(s), \tag{2.10.3b}$$

$$\boldsymbol{V}_1(s)+\boldsymbol{P}(s)=\boldsymbol{V}_2(s), \tag{2.10.3c}$$

$$\boldsymbol{G}_2(s)\boldsymbol{V}_2(s)=\boldsymbol{Y}(s), \tag{2.10.3d}$$

$$\boldsymbol{F}(s)\boldsymbol{Y}(s)=\boldsymbol{Z}(s). \tag{2.10.3e}$$

从以上 5 个方程中消去 $\boldsymbol{E}(s)$，$\boldsymbol{Z}(s)$，$\boldsymbol{V}_1(s)$，$\boldsymbol{V}_2(s)$等 4 个向量，就得到

$$\begin{aligned}\boldsymbol{Y}(s)=&(\boldsymbol{I}_m+\boldsymbol{G}_2(s)\boldsymbol{G}_1(s)\boldsymbol{F}(s))^{-1}\boldsymbol{G}_2(s)\boldsymbol{G}_1(s)\boldsymbol{U}(s)\\&+(\boldsymbol{I}_m+\boldsymbol{G}_2(s)\boldsymbol{G}_1(s)\boldsymbol{F}(s))^{-1}\boldsymbol{G}_2(s)\boldsymbol{P}(s).\end{aligned} \tag{2.10.4}$$

记

$$\boldsymbol{Q}(s)=\boldsymbol{G}_2(s)\boldsymbol{G}_1(s), \tag{2.10.5}$$

则 $\boldsymbol{Q}(s)$是 $m\times l$ 的矩阵. 由式(2.10.4)得到从整定量到输出量的闭环传递函数矩阵为

$$\boldsymbol{H}_{u-y}(s)=(\boldsymbol{I}_m+\boldsymbol{Q}(s)\boldsymbol{F}(s))^{-1}\boldsymbol{Q}(s), \tag{2.10.6}$$

而从外加扰动到输出量的闭环传递函数矩阵为

$$\boldsymbol{H}_{p-y}(s)=(\boldsymbol{I}_m+\boldsymbol{Q}(s)\boldsymbol{F}(s))^{-1}\boldsymbol{G}_2(s). \tag{2.10.7}$$

考虑恒等式

$$\boldsymbol{Q}(s)(\boldsymbol{I}_l+\boldsymbol{F}(s)\boldsymbol{Q}(s))=(\boldsymbol{I}_m+\boldsymbol{Q}(s)\boldsymbol{F}(s))\boldsymbol{Q}(s),$$

用$(\boldsymbol{I}_m+\boldsymbol{Q}(s)\boldsymbol{F}(s))^{-1}$左乘此等式两端，同时用$(\boldsymbol{I}_l+\boldsymbol{F}(s)\boldsymbol{Q}(s))^{-1}$右乘此等式两端，可以得到如下的有用关系式：

$$(\boldsymbol{I}_m+\boldsymbol{Q}(s)\boldsymbol{F}(s))^{-1}\boldsymbol{Q}(s)=\boldsymbol{Q}(s)(\boldsymbol{I}_l+\boldsymbol{F}(s)\boldsymbol{Q}(s))^{-1}. \tag{2.10.8}$$

将它代入式(2.10.6)的右端，就得到 $\boldsymbol{H}_{u-y}(s)$的另一个表达式：

$$\boldsymbol{H}_{u-y}(s)=\boldsymbol{Q}(s)(\boldsymbol{I}_l+\boldsymbol{F}(s)\boldsymbol{Q}(s))^{-1}. \tag{2.10.9}$$

在图 2.10.8 的闭环中,通常称从误差信号 $\boldsymbol{e}(t)$ 到输出量 $\boldsymbol{y}(t)$ 的通道为**前向通道**,或**主通道**;称从输出量 $\boldsymbol{y}(t)$ 到检测元件输出信号 $\boldsymbol{z}(t)$ 的通道为**反馈通道**.在图 2.10.8 中,前向通道的传递函数为 $\boldsymbol{G}_2(s)\boldsymbol{G}_1(s)$,即 $\boldsymbol{Q}(s)$,反馈通道的传递函数为 $\boldsymbol{F}(s)$.

想象图 2.10.8 的闭环在某一点断开,设想某变量向量沿此断开的环传递一周(但经过求和元件时不考虑其反号作用),称此途径为该**闭合回路的开环途径**,称沿此途径的传递函数矩阵为该**闭合回路的开环传递函数矩阵**,并记作 $\boldsymbol{G}_{\mathrm{open}}(s)$.如果按图 2.10.9(a)断开闭环,则有

$$\boldsymbol{G}_{\mathrm{open}}(s)=\boldsymbol{Q}(s)\boldsymbol{F}(s),\quad (\boldsymbol{G}_{\mathrm{open}}(s)\text{ 为 } m\times m \text{ 的矩阵});$$

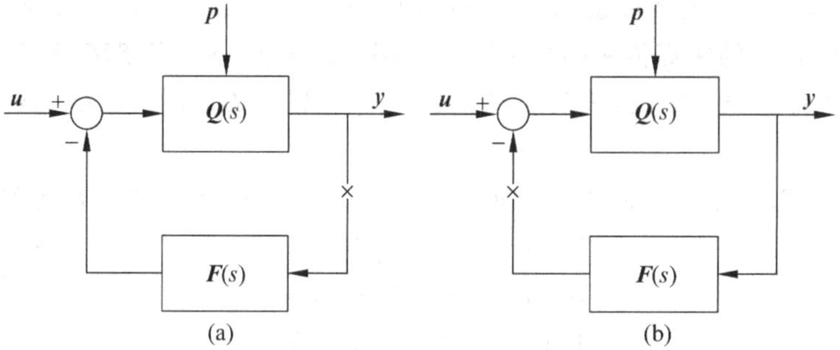

图 2.10.9 开环传递函数矩阵

但如果按图 2.10.9(b)断开闭环,则有

$$\boldsymbol{G}_{\mathrm{open}}(s)=\boldsymbol{F}(s)\boldsymbol{Q}(s),\quad (\boldsymbol{G}_{\mathrm{open}}(s)\text{ 为 } l\times l \text{ 的矩阵}).$$

在需要区分二者的场合,可采用如下的记号:

$$\boldsymbol{G}_{\mathrm{open}}(s)_{QF}=\boldsymbol{Q}(s)\boldsymbol{F}(s), \tag{2.10.10a}$$

$$\boldsymbol{G}_{\mathrm{open}}(s)_{FQ}=\boldsymbol{F}(s)\boldsymbol{Q}(s). \tag{2.10.10b}$$

于是,式(2.10.6)和式(2.10.9)可分别简写为

$$\boldsymbol{H}_{u-y}(s)=(\boldsymbol{I}_m+\boldsymbol{G}_{\mathrm{open}}(s)_{QF})^{-1}\boldsymbol{Q}(s) \tag{2.10.11}$$

和

$$\boldsymbol{H}_{u-y}(s)=\boldsymbol{Q}(s)(\boldsymbol{I}_m+\boldsymbol{G}_{\mathrm{open}}(s)_{FQ})^{-1}. \tag{2.10.12}$$

而式(2.10.7)可简写为

$$\boldsymbol{H}_{p-y}(s)=(\boldsymbol{I}_m+\boldsymbol{G}_{\mathrm{open}}(s)_{QF})^{-1}\boldsymbol{G}_2(s). \tag{2.10.13}$$

工程上有时直接分析系统的误差更为方便.从方程组(2.10.3a)~(2.10.3e)消去 $\boldsymbol{Y}(s)$,$\boldsymbol{Z}(s)$,$\boldsymbol{V}_1(s)$,$\boldsymbol{V}_2(s)$ 等 4 个向量,并利用式(2.10.5)和式(2.10.10b),就得到误差向量的表达式:

$$\boldsymbol{E}(s)=(\boldsymbol{I}_l+\boldsymbol{G}_{\mathrm{open}}(s)_{FQ})^{-1}\boldsymbol{U}(s)-(\boldsymbol{I}_l+\boldsymbol{G}_{\mathrm{open}}(s)_{FQ})^{-1}\boldsymbol{F}(s)\boldsymbol{G}_2(s)\boldsymbol{P}(s). \tag{2.10.14}$$

因此,从整定量到误差的闭环传递函数矩阵是

$$\boldsymbol{H}_{u-e}(s) = (\boldsymbol{I}_l + \boldsymbol{G}_{\text{open}}(s)_{FQ})^{-1}, \tag{2.10.15}$$

而从扰动量到误差的闭环传递函数矩阵是

$$\boldsymbol{H}_{p-e}(s) = -(\boldsymbol{I}_l + \boldsymbol{G}_{\text{open}}(s)_{FQ})^{-1}\boldsymbol{F}(s)\boldsymbol{G}_2(s). \tag{2.10.16}$$

以上讨论的是系统中各框都是多输入多输出的情形,对于 $m=l=k=1$ 即各框都是**单输入单输出**的情形,式(2.10.4)～式(2.10.16)分别化为

$$Y(s) = \frac{G_2(s)G_1(s)}{1+G_2(s)G_1(s)F(s)}U(s) + \frac{G_2(s)}{1+G_2(s)G_1(s)F(s)}P(s), \tag{2.10.17}$$

$$H_{u-y}(s) = \frac{G_2(s)G_1(s)}{1+G_2(s)G_1(s)F(s)} = \frac{Q(s)}{1+G_{\text{open}}(s)}, \tag{2.10.18}$$

$$H_{p-y}(s) = \frac{G_2(s)}{1+G_2(s)G_1(s)F(s)} = \frac{G_2(s)}{1+G_{\text{open}}(s)}, \tag{2.10.19}$$

$$H_{u-e}(s) = \frac{1}{1+G_{\text{open}}(s)}, \tag{2.10.20}$$

$$H_{p-e}(s) = \frac{-F(s)G_2(s)}{1+G_{\text{open}}(s)}, \tag{2.10.21}$$

其中

$$Q(s) = G_1(s)G_2(s) = G_2(s)G_1(s), \tag{2.10.22}$$

$$G_{\text{open}}(s) = G_{\text{open}}(s)_{QF} = G_{\text{open}}(s)_{FQ} = Q(s)F(s) = F(s)Q(s). \tag{2.10.23}$$

图 2.10.8 的典型闭环系统有很强的代表性,许多复杂的闭环系统都可简化成该图的结构,因此闭环传递函数式(2.10.11)～式(2.10.13),式(2.10.15)～式(2.10.16),式(2.10.18)～式(2.10.21)值得记住,以便随时方便地引用.

下面是记忆单输入单输出传递函数式(2.10.18)～式(2.10.21)的一个**简捷方法**:以闭环断开时对应的开环传递函数作为闭环传递函数的**分子**;以闭合回路的开环传递函数加 1 作为闭环传递函数的**分母**.

顺便指出式(2.10.20)的一项工程意义如下.根据该式,有

$$E(s) = \frac{1}{1+G_{\text{open}}(s)}U(s). \tag{2.10.24}$$

现在考虑:如果系统的整定量 $u(t)$ 并未变化,而系统自身的开环传递函数 $G_{\text{open}}(s)$ 由于某种原因(例如温度升降、更换零件、材料老化等)发生了微小变化,对系统的误差会造成什么影响.在 $U(s)$ 不变的条件下对式(2.10.24)的两端求微分,得

$$dE(s) = -\frac{U(s)}{(1+G_{\text{open}}(s))^2}dG_{\text{open}}(s). \tag{2.10.25}$$

将式(2.10.25)的两端分别除以式(2.10.24)的两端,得

$$\frac{dE(s)}{E(s)} = -\frac{dG_{\text{open}}(s)}{1+G_{\text{open}}(s)}.$$

如果函数 $Q_{\text{open}}(s)$ 的模很大:$|G_{\text{open}}(s)| \gg 1$,则上式化为

$$\frac{dE(s)}{E(s)} \approx -\frac{dG_{\text{open}}(s)}{G_{\text{open}}(s)}. \tag{2.10.26}$$

对式(2.10.26)可以这样理解：误差波动幅度的百分率与开环传递函数 $G_{\text{open}}(s)$ 波动幅度的百分率近似相等但反号. 举例说，如果串联在前向通道中的电子放大器的增益减小了 8%，则闭环系统的误差量将增大原有误差量的约 8%. 假设闭环系统原有的误差量为整定量的 5%，则其增大的幅度约为整定量的 5%之 8%，即整定量的 0.4%.

例 2.10.2 求 2.9.2 节的图 2.9.4 所示的小功率随动系统的闭环传递函数.

解 将图 2.9.4 与图 2.10.8 对比，可见：

$$G_1(s)=\frac{k_g/k_d}{T_aT_ms^2+T_ms+1}\cdot\frac{k_a/R_f}{T_fs+1}\cdot k_p,\quad G_2(s)=k_t/s,$$

$$F(s)=1,\quad U(s)=\bar{\psi}(s),\quad P(s)=\frac{-\dfrac{R_a}{k_d^2}(T_as+1)}{T_aT_ms^2+T_ms+1}\bar{M}_L(s),$$

$$Y(s)=\bar{\varphi}(s).$$

本例的前向通道传递函数为

$$\begin{aligned}Q(s)&=\frac{k_t}{s}\,\frac{\dfrac{k_g}{k_d}}{T_aT_ms^2+T_ms+1}\,\frac{\dfrac{k_a}{R_f}}{T_fs+1}\cdot k_p\\&=\frac{\dfrac{k_pk_ak_gk_t}{k_dR_f}}{s(T_fs+1)(T_aT_ms^2+T_ms+1)},\end{aligned}$$

而闭合回路的开环传递函数为

$$G_{\text{open}}(s)=\frac{\dfrac{k_pk_ak_gk_t}{k_dR_f}}{s(T_fs+1)(T_aT_ms^2+T_ms+1)},\tag{2.10.27}$$

把以上各式代入式(2.10.18)和式(2.10.19)，并注意到

$$H_{M_L-\varphi}(s)=\frac{-(R_a/k_d^2)(T_as+1)}{T_aT_ms^2+T_ms+1}H_{p-y}(s),$$

就分别得到从 ψ 到 φ 和从 M_L 到 φ 的闭环传递函数：

$$H_{\psi-\varphi}(s)=\frac{\dfrac{k_pk_ak_gk_t}{k_dR_f}}{s(T_fs+1)(T_aT_ms^2+T_ms+1)+\dfrac{k_pk_ak_gk_t}{k_dR_f}},\tag{2.10.28}$$

$$H_{M_L-\varphi}(s)=\frac{-\dfrac{k_tR_a}{k_d^2}(T_fs+1)(T_as+1)}{s(T_fs+1)(T_aT_ms^2+T_ms+1)+\dfrac{k_pk_ak_gk_t}{k_dR_f}}.\tag{2.10.29}$$

□

式(2.10.28)和式(2.10.29)与 2.2.4 节求得的式(2.2.42)完全一致，但推导过程简单得多. 如果利用前述的记忆闭环系统传递函数的简捷方法，甚至可以不必推导就直接写出来.

对于最常见的单输入单输出反馈系统，$l=m=1$，设其前向通道的传递函数为

$$G(s)=\frac{N_G(s)}{D_G(s)}, \tag{2.10.30a}$$

反馈通道的传递函数为

$$F(s)=\frac{N_F(s)}{D_F(s)}, \tag{2.10.30b}$$

其中 $N_G(s),D_G(s),N_F(s),D_F(s)$ 均为 s 的多项式. 简记 $D(s)=D_G(s)D_F(s)$，$N(s)=N_G(s)N_F(s)$，则反馈系统的开环传递函数显然是

$$Q(s)=G(s)F(s)=\frac{N(s)}{D(s)}, \tag{2.10.31}$$

其中 $D(s)$ 称为**开环极点多项式**，而 $N(s)$ 称为**开环零点多项式**. 进而，容易求得反馈系统的闭环传递函数是

$$H(s)=\frac{G(s)}{1+G(s)F(s)}=\frac{N_G(s)D_F(s)}{D(s)+N(s)}. \tag{2.10.32}$$

因此，反馈系统的开环特征多项式和闭环特征多项式分别是

$$\rho_{\text{open}}(s)=D(s), \tag{2.10.33}$$

$$\rho_{\text{clsd}}(s)=D(s)+N(s). \tag{2.10.34}$$

据此，对于单输入单输出反馈系统，有下面几个工程上很有用的命题.

命题 2.10.1　闭环特征多项式等于闭合回路的开环零点多项式与开环极点多项式之和(记住这个关系，可以便捷地写出闭环系统的特征多项式).

命题 2.10.2　只要闭合回路的开环传递函数是严格真有理函数，则闭环系统与开环系统的特征多项式的次数相同.

命题 2.10.3　闭环传递函数与开环传递函数没有公共极点. 这是因为多项式 $D(s)$ 与 $N(s)$ 没有公因子(因 $D(s)$ 与 $N(s)$ 如有公因子则在开环传递函数表达式(2.10.31)中也已消去)，所以 $D(s)+N(s)$ 与 $D(s)$ 也没有公因子.

命题 2.10.4　闭环系统与开环系统的零点相同.

例 2.10.2 的结果可以验证这些命题的正确性.

2.11　控制系统的基本单元

2.9.1 节的式(2.9.3)已经给出单输入单输出运动对象的传递函数的典型表达式：

$$G(s)=\frac{b_m s^m+b_{m-1}s^{m-1}+\cdots+b_1 s+b_0}{a_n s^n+a_{n-1}s^{n-1}+\cdots+a_1 s+a_0}, \tag{2.11.1}$$

其中各系数 a_i 和 b_j 均为实常数，$n\geqslant 1,m\geqslant 0,a_n\neq 0,b_m\neq 0$. 如果传递函数是严格真有理函数，则有 $m<n$.

一个 n 次的实系数多项式有 n 个实零点或共轭的复零点，故可分解为一系列形如

$$(s+\alpha) \quad \text{或} \quad (s^2+2\beta s+(\beta^2+\gamma^2))$$

的“基本”因子的乘积，其中 α,β,γ 均为实数. 在控制理论中，把这些基本因子组成一些**基本单元**(也称基本环节). 一切对象的有理传递函数都可认为是若干基本单元构成的“单元组合”. 把基本单元的性质研究清楚，是研究复杂对象的运动的基础.

下面依次讨论几种单输入单输出基本单元的性质.

1. 惰性单元

惰性单元也称惯性单元. 其传递函数的标准形式是

$$G(s)=\frac{1}{Ts+1}. \tag{2.11.2}$$

它有1个实参数 $T>0$，有1个负实极点 $-1/T$，没有零点. 它也可表示为

$$G(s)=\frac{\omega_0}{s+\omega_0}.$$

其中 $\omega_0=1/T$. 现在分析参数 T 的意义. 根据 $G(s)$ 写出惰性单元的微分方程：

$$T\frac{\mathrm{d}y}{\mathrm{d}t}+y=u(t).$$

如果输入量是阶跃函数 $u(t)=u_0\cdot 1(t)$，而输出量 $y(t)$ 的初值是 $y(0^+)=y_0$，该方程的解就是

$$y(t)=u_0+(y_0-u_0)\mathrm{e}^{-t/T}. \tag{2.11.3}$$

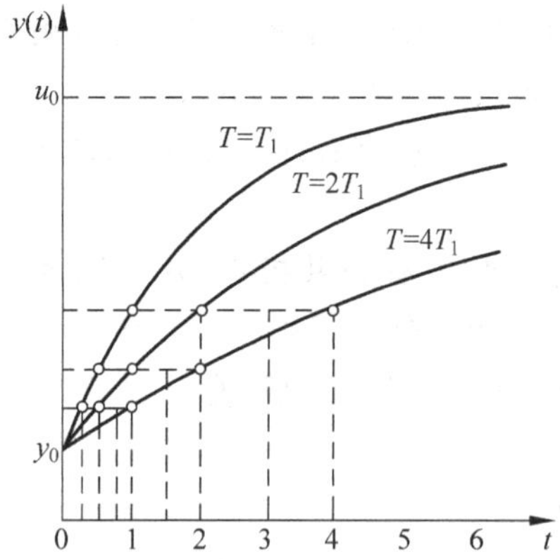

图 2.11.1　时间常数的意义

注意上式中自变量 t 与参数 T 结合在一起以 t/T 的形式出现. 因此参数 T 可以视为时间 t 的尺度. 如果时间 t 与参数 T 增大同样倍数，则 $y(t)$ 的值就不变. 换言之，如果参数 T 按某一比例增大或缩小，则曲线 $y(t)$ 就在横坐标方向按同样比例“展宽”或“压缩”(图2.11.1). 正因为如此，参数 T 称为惰性单元的**时间常数**，从式(2.11.3)可以看出，T 的量纲就是时间[T]. 顺便指出，如果 $u_0=1$ 而初值 $y_0=0$，则 $y(t)$ 的初始斜率即为 $1/T$.

2.9.1节例2.9.1的传递函数式(2.9.5)就是惰性单元. 它的时间常数是 $T=M/F$，并附有一个比例系数 $1/(cF)$.

2. 振荡单元

振荡单元的传递函数的标准形式是

$$G(s)=\frac{1}{T^2s^2+2\zeta Ts+1}, \tag{2.11.4}$$

也可表示为

$$G(s)=\frac{\omega_0^2}{s^2+2\zeta\omega_0 s+\omega_0^2}.$$

它有 2 个实参数：$T>0, 0<\zeta<1$，而 $\omega_0=1/T$. 它有一对共轭复极点

$$\frac{1}{T}(-\zeta\pm \mathrm{j}\sqrt{1-\zeta^2})\quad 或\quad \omega_0(-\zeta\pm \mathrm{j}\sqrt{1-\zeta^2}),$$

位于复平面的左半面或虚轴上，没有零点.

振荡单元的参数 T 也称为**时间常数**，其性质和量纲与惰性单元的相同. 无量纲的参数 ζ 称为振荡单元的**阻尼系数**，其性质将在下一章中讨论. 如果 $\zeta\geqslant 1$，则 $G(s)$ 的分母可以分解为两个 1 次多项式因子的乘积，也就是化为两个串联的惰性单元.

设一个 2 阶的单元的传递函数是

$$G(s)=\frac{K}{as^2+bs+c},$$

则如果有 $b^2-4ac<0$，该单元就是振荡单元；否则就可化为两个串联的惰性单元.

2.5.3 节例 2.5.1 的式(2.5.20)的分母中有一个因子($1.234s^2+0.5635s+1$). 因此可知它的传递函数中含有一个振荡单元. 容易算出它有 $T=1.111\mathrm{s}$ 和 $\zeta=0.254$.

从 2.2.1 节例 2.2.3 的直流他励电动机的微分方程式(2.2.12)可以看出，当反向力矩 $M_L=0$ 时，电动机的传递函数为

$$G(s)=\frac{1/k_d}{T_a T_m s^2+T_m s+1}. \tag{2.11.5}$$

如果 $T_m<4T_a$，它就是振荡单元，其参数为

$$T=\sqrt{T_a T_m},\qquad \zeta=\frac{1}{2}\sqrt{\frac{T_m}{T_a}}.$$

3. 积分单元

积分单元的传递函数的标准形式是

$$G(s)=\frac{1}{Ts}. \tag{2.11.6}$$

积分单元有 1 个极点 $s=0$，位于复平面的原点. 它没有零点. 它的微分方程是

$$T\frac{\mathrm{d}y}{\mathrm{d}t}=u(t). \tag{2.11.7}$$

在零初值下，其解是

$$y(t)=\frac{1}{T}\int_0^t u(t)\mathrm{d}t,$$

即输出量是输入量对时间的积分. 积分单元由此得名.

顺便指出，如果将惰性单元的传递函数乘以比例系数 K，同时将其时间常数也乘以 K，使式(2.11.2)成为 $G(s)=K/(KTs+1)$，再令 $K\to\infty$，则该式就化为

式(2.11.6).所以有时可以把积分单元想象为时间常数与比例系数同步地趋于无穷大的惰性单元,而工程上有时也就把式(2.11.6)中的参数 T 称为积分单元的"时间常数".当然也可把 $1/T$ 称为积分单元的比例系数.

2.2.3节例2.2.5的方程式(2.2.23)就是一个积分单元,它附有比例系数 k_t.

4. 不稳定单元

不稳定单元的传递函数可以有两种标准形式,一种形式是

$$G(s)=\frac{1}{Ts+1},\tag{2.11.8a}$$

也可表示为

$$G(s)=\frac{\omega_0}{s+\omega_0},$$

但其中 $T<0,\omega_0=1/T$; 另一种形式是

$$G(s)=\frac{1}{T^2s^2+2\zeta Ts+1},\tag{2.11.8b}$$

也可表示为

$$G(s)=\frac{\omega_0^2}{s^2+2\zeta\omega_0 s+\omega_0^2},$$

其中 $T>0$,但 $0>\zeta>-1$,而 $\omega_0=1/T$.不稳定单元的极点位于复平面的右半面.

5. 微分单元

微分单元的传递函数的标准形式有3种,即

$$G(s)=Ts,\tag{2.11.9a}$$

$$G(s)=Ts+1,\tag{2.11.9b}$$

$$G(s)=T^2s^2+2\zeta Ts+1,\tag{2.11.9c}$$

其中 $T>0,0<\zeta<1$.也可表示为

$$G(s)=s/\omega_0,$$

$$G(s)=\frac{s}{\omega_0}+1,$$

$$G(s)=\frac{s^2+2\zeta\omega_0 s+\omega_0^2}{\omega_0^2}.$$

微分单元的输出量中含有输入量的时间导数.微分单元即由此得名.例如式(2.11.9b)型的微分单元,其方程就是

$$y=T\frac{\mathrm{d}u}{\mathrm{d}t}+u.$$

微分单元的传递函数只有零点,没有极点,所以不是真有理分式.在实际控制系统中它们不可能独立存在.

6. 比例单元

比例单元也称放大单元，其传递函数是

$$G(s)=k,\quad k\neq 0. \tag{2.11.10}$$

其中 k 为非零实数，称为**比例系数**，或称放大系数. 比例单元没有极点和零点. 它用来描述两个变量成正比的关系(如理想放大器、跟随器、传动齿轮). 比例系数的量纲就是输出量的量纲与输入量的量纲之比. 例如测速发电机的输入量是轴的转速，单位是 rad/s，输出量是电压，单位是 V，则 k 的单位是 V・s.

比例单元是一种灵活的概念. 它可以与其他单元结合使用. 例如传递函数 $G(s)=2/(5s+1)$，既可视为一个惰性单元 $1/(5s+1)$ 与一个比例单元 $k=2$ 的乘积，也不妨简单地视为一个 $T=5$ 的惰性单元，但附有比例系数 2.

有些情况下把比例系数 k 称为**增益**. 但更妥当的说法是把 $\lg k$ 称为增益，以**“贝[尔]”**(bel，符号为 B)为增益的单位，并规定 1“贝[尔]”等于 20“分贝[尔]”(decibel，符号为 dB，简称**“分贝”**)①. 例如 $k=50$ 相当于增益 1.7 贝[尔]，或 34 分贝.

以上 6 种基本单元的乘积可以组成一切有理传递函数.

求和单元也可算作一种基本单元.

2.5.3 节的例 2.5.1 已得出从 M_L 到 φ 的传递函数，即式(2.5.20)右端的分式

$$\frac{-0.01(0.05s+1)(0.5s+1)}{(0.05281s+1)(0.3837s+1)(1.234s^2+0.5635s+1)}.$$

它可视为由 6 个基本单元组成，即 2 个惰性单元，时间常数分别为 0.05281s 和 0.3837s；1 个振荡单元，时间常数为 1.111s，阻尼系数为 0.254；2 个微分单元，时间常数分别为 0.05s 和 0.5s；1 个比例单元，比例系数为 −0.01.

下面叙述一种与上述所有单元都有很大不同的基本单元——延时单元.

7. 延时单元

延时单元也称滞后单元. 延时是工程上有时会遇到的现象. 如果用管道输送流体，以流体从管道的一端流入的流量为输入量，以它从管道另一端流出的流量为输出量，并认为流速不变，则这一管道的输出量函数与输入量函数之间的关系就是延时关系(图 2.11.2).

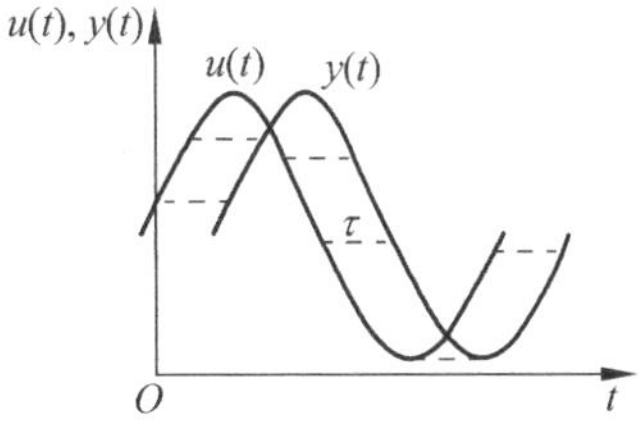

图 2.11.2 延时关系

---

① “贝尔”原为电声学中度量电平的单位. 功率相差 10 倍则电平相差 1“贝尔”. 规定 1“贝尔”等于 10“分贝尔”. 在度量电压和其他信号的电平时，因功率正比于电压的平方，电压相差 10 倍则功率相差 100 倍，因而衍生“1 贝尔等于 20 分贝尔”之说. 现已约定俗成.

表示延时关系的方程是

$$y(t)=u(t-\tau), \tag{2.11.11}$$

其中 τ 是正实数,称为该单元的**延时**(量). 式(2.11.11)不是微分方程,而是差分方程. 对它的两端同取拉普拉斯变换,得

$$Y(s)=e^{-\tau s}U(s).$$

所以延时单元的传递函数是

$$G(s)=\frac{Y(s)}{U(s)}=e^{-\tau s}. \tag{2.11.12}$$

式(2.11.12)不是 s 的有理函数. 按照复变函数理论,它在开复平面上处处正则,但在 $s=\infty$ 点有一个"**本性奇点**". 在点 $s=\infty$ 的邻域内,函数 $e^{-\tau s}$ 可以无限多次地取任意值(包括∞和0). 换言之,在点 $s=\infty$ 的邻域内,函数 $e^{-\tau s}$ 有无穷多个极点和无穷多个零点,所以是不可能表示为有理函数的.

但是工程上有时还是希望用有理函数近似地代替函数 $e^{-\tau s}$. 如果必要,可以采用下述两种方法中的一种.

方法1 根据指数函数的性质,有

$$e^{-\tau s}=\lim_{n\to\infty}\left(1+\frac{\tau}{n}s\right)^{-n}.$$

因此可以认为

$$G(s)\approx\frac{1}{\left(1+\frac{\tau}{n}s\right)^{n}},\quad n\gg 1. \tag{2.11.13}$$

即用多个串联的惰性单元代替1个延时单元,而这些惰性单元的时间常数的总和等于延时单元的延时量. 所用惰性单元的数量越多,则这种方法的精度越高(图2.11.3),但近似公式越复杂. 反之,工程上有时也用1个延时单元近似地代替若干个串联的小时间常数的惰性单元,以求简化分析过程.

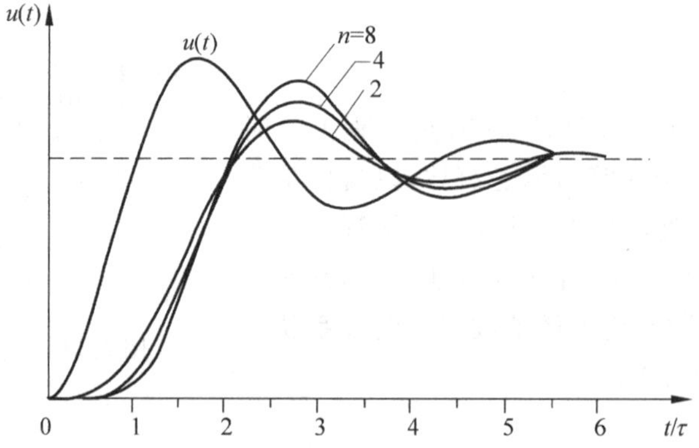

图2.11.3 用多个小惰性单元近似延时单元

方法 2 把式(2.11.12)展开为泰勒级数：

$$G(s)=\mathrm{e}^{-\tau s}=1-\tau s+\frac{\tau^2}{2}s^2-\cdots.$$

就看出延时单元的输出量中含有输入量的各阶导数. 如果输入量的变化相当缓慢,就可以略去其高阶导数项,而取

$$G(s)=\mathrm{e}^{-\tau s}\approx 1-\tau s+\frac{\tau^2}{2}s^2,$$

甚至取

$$G(s)=\mathrm{e}^{-\tau s}\approx 1-\tau s.$$

这种方法比较简便,但如果输入量函数含有迅速变化的成分(例如阶跃函数或快速的振荡),则精度较差,如图 2.11.4 所示. 图中 $u(t)$ 和 $v(t)$ 分别表示延时单元的输入量和输出量.

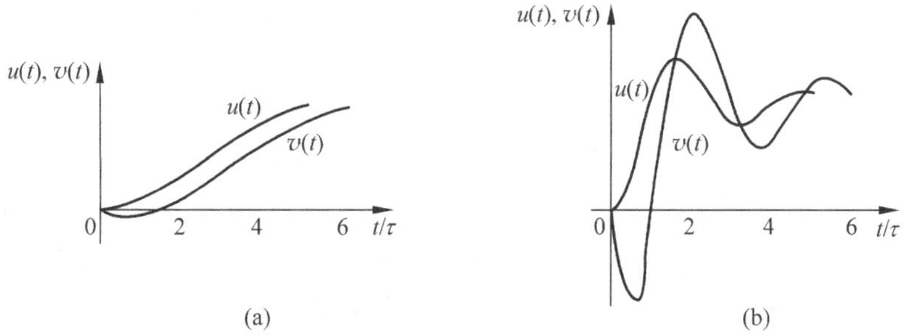

图 2.11.4 用泰勒级数的前几项近似延时单元

2.12 信号流图

除框图外,还有一种表示复杂系统中各变量的关系的图形,称为**信号流图**. 图 2.12.1(a)是一个例子. 它对应于图 2.12.1(b)的框图. 比较两图就可看出,信号流图的作图规则如下：

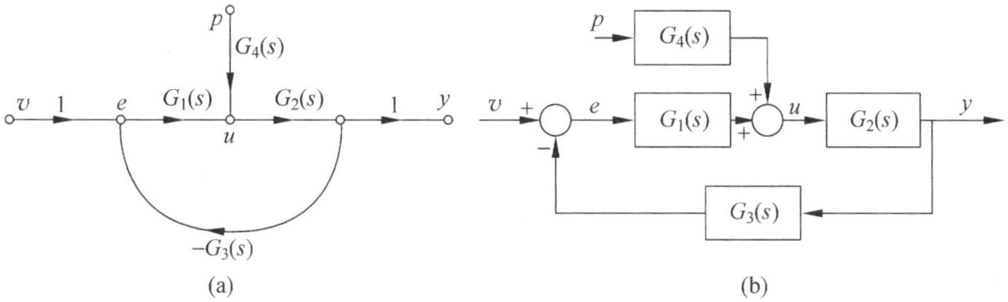

图 2.12.1 信号流图与框图

(1) 每一个**节点**代表一个框的输出量(如图中的 u 和 y),或来自系统外部的输入量(如图中的 v 和 p),或求和单元的输出量(如图中的 e).

(2) 每一条画有箭头的线段代表框图中的一个框,或代表一个直接连接的**通道**.框的传递函数注在线段旁;如果是直接连接,其传递函数就是1.

(3) 求和单元中的反号运算可直接进入相应的传递函数(如图中的 $-G_3(s)$).

由上述可见,信号流图与框图并没有实质的差别,不过所用的记号体系不同罢了.信号流图也可以变换和化简;也可以从信号流图推导出闭环系统的传递函数.这些处理的方法都与2.10节所述的相类似.

从信号流图求闭环系统传递函数的一种方法是如下的**梅逊(S. J. Mason)公式**:

$$H(s)=\frac{1}{\Delta(s)}\sum_i Q_i(s)\Delta_i(s). \tag{2.12.1}$$

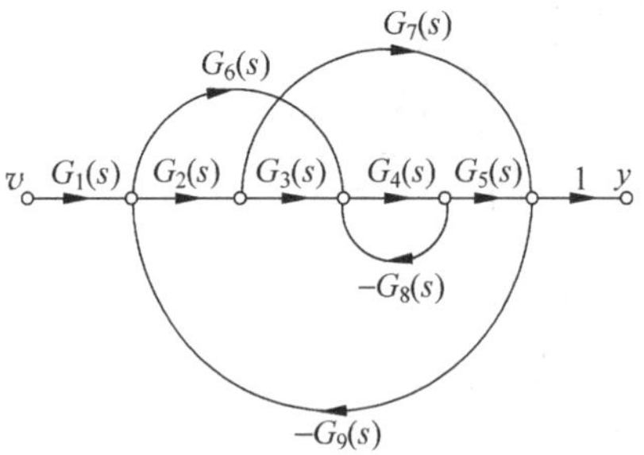

图 2.12.2 闭环系统的信号流图与梅逊公式

下面逐一解释式(2.12.1)中的各个记号.

式(2.12.1)中的 $H(s)$ 是从某个(来自闭环以外的)输入量到某个输出量的闭环传递函数;每个 $Q_i(s)$ 是从该输入量到该输出量的某一前向通道的传递函数.前向通道是指从该输入量到该输出量的一条可循箭头方向走通而在每个经过的节点只通过一次的通道.以图2.12.2的系统为例,从 v 到 y 的通道共有3条,其传递函数分别是

$$Q_1(s)=G_1(s)G_2(s)G_3(s)G_4(s)G_5(s),$$
$$Q_2(s)=G_1(s)G_6(s)G_4(s)G_5(s),$$
$$Q_3(s)=G_1(s)G_2(s)G_7(s).$$

式(2.12.1)中的 $\Delta(s)$ 称为信号流图的特征式,其定义如下:

$\Delta(s)=1-$所有不同回路的传递函数之和
$+$每两个互不接触的回路的传递函数的乘积之和
$-$每三个互不接触的回路的传递函数的乘积之和
$+\cdots$

$$=1-N_1(s)+N_2(s)-N_3(s)+\cdots. \tag{2.12.2}$$

这里,"回路"指信号流图中每一个循箭头方向首尾衔接而在每个经过的节点又只通过一次的通道.以图2.12.2的闭环系统为例,共有4个这样的通道,其传递函数分别是

$$L_1(s)=G_4(s)(-G_8(s)), \tag{2.12.3a}$$
$$L_2(s)=G_2(s)G_7(s)(-G_9(s)), \tag{2.12.3b}$$
$$L_3(s)=G_6(s)G_4(s)G_5(s)(-G_9(s)), \tag{2.12.3c}$$

$$L_4(s) = G_2(s)G_3(s)G_4(s)G_5(s)(-G_9(s)). \tag{2.12.3d}$$

这些回路中，只有 $L_1(s)$ 与 $L_2(s)$ 互不接触，此外任何两个回路都互有接触. 因此在式(2.12.2)中有

$$N_1(s) = L_1(s) + L_2(s) + L_3(s) + L_4(s),$$
$$N_2(s) = L_1(s)L_2(s),$$
$$N_3(s) = N_4(s) = \cdots = 0.$$

于是在式(2.12.1)中有

$$\Delta(s) = 1 - [L_1(s) + L_2(s) + L_3(s) + L_4(s)] + L_1(s)L_2(s). \tag{2.12.4}$$

将式(2.12.3a,b,c,d)代入此式，即可得到式(2.12.1)中的 $\Delta(s)$.

最后，式(2.12.1)中的 $\Delta_i(s)$ 是指在 $\Delta(s)$ 的表达式中把所有与前向通道 $Q_i(s)$ 相接触的诸回路的传递函数置为 0 后所得的表达式. 在图 2.12.2 中，与 $Q_1(s)$ 相接触的回路有 $L_1(s)$，$L_2(s)$，$L_3(s)$，$L_4(s)$. 在式(2.12.4)中把它们都置为 0 后就得到

$$\Delta_1(s) = 1.$$

与 $Q_2(s)$ 相接触的回路也是 $L_1(s)$，$L_2(s)$，$L_3(s)$，$L_4(s)$，所以同样有

$$\Delta_2(s) = 1.$$

与 $Q_3(s)$ 相接触的回路只有 $L_2(s)$，$L_3(s)$，$L_4(s)$，在式(2.12.4)中把它们都置为 0 后得到

$$\Delta_3(s) = 1 - L_1(s).$$

把以上得到的各表达式都代入式(2.12.1)，就可以得出闭环系统传递函数 $H(s)$.

如果采用 2.10.1 节的例 2.10.1 所述的方法，求得的结果与上述结果完全相同. 但为了使用梅逊公式，必须记忆和推导上述的许多复杂公式，这是信号流图与梅逊公式的不便之处.

2.13 控制系统的系统矩阵描述

从本节开始将要叙述控制系统的**系统矩阵描述**. 基于系统矩阵描述而建立对象的数学模型并进行研究，已经发展成一套完整的理论.

系统矩阵描述的产生与发展有其客观的需要和基础.

首先，2.6.3 节曾经指出，从对象的原始运动方程组导出状态方程组往往相当困难和繁冗. 如果把状态方程组在规范性方面的限制放宽，做到原始运动方程组也能满足规范性的要求，就可省却许多繁冗的推导. 这对于控制理论和控制工程的研究当然大有裨益. 因此系统矩阵描述应运而生.

进一步说，在某些由多个子系统组成的复杂系统中，由于建立各个子系统数学模型时采用的描述可能不同，在分析和设计时往往需要将基于不同描述而建立的各个子系统的模型转换为统一的描述形式. 为此就需要一种统一而直观的描

述，它既能直观地保留各子系统的特征而不丢失各子系统的信息，又便于用计算机与其他各种描述互相变换. 系统矩阵描述正是能满足这种要求的描述方法.

控制系统既可以用状态空间描述，也可以用传递函数矩阵(或传递函数)以及系统矩阵描述. 这几种描述方法各有优缺点. 当前，文献中普遍强调状态空间描述的优越性，而认为频率域描述"只是一种端部描述，不够全面"，云云. 这种看法固然有一定道理，但也未必尽然. 事实上，状态空间描述的优越性主要是针对控制系统的理论研究和分析而言，而对于控制系统的工程设计，这些优点并不总是特别重要. 控制系统的设计工程师关注的主要是控制系统的输出量的表现，而这正是频率域描述的重点. 工程上确实需要一种兼备状态空间描述与频率域描述二者的优点的描述. 这也是促成系统矩阵描述的重要原因.

上述各点，可以说是系统矩阵描述产生和发展的背景与基础.

2.13.1 广义状态方程与系统矩阵

改进状态空间描述方法的主要措施是放宽对状态方程在规范性方面的限制. 如果允许方程中出现受控量的高于1阶的导数项，允许出现输入量的导数项，允许同一个方程中出现几个受控量的导数项，允许出现代数方程，那么只要按2.2.1节至2.2.3节所述的方法列出原始方程组，就已经满足要求，而2.6.3节所述的将原始方程组变换为状态方程组的大量数学推导都可以省却.

假设某线性运动对象含有 r 个受控变量，分别记作 $\xi_1,\xi_2,\cdots,\xi_r$(用 ξ 表示受控变量是历史形成的习惯，与用 x 表示完全一样，不影响下文的讨论)，对象受到 l 个输入量的作用，分别记作 $u_1,u_2,\cdots,u_l$，则该对象的原始运动方程组中的某一个(例如第 i 个)方程就可能取如下的形式：

$$\begin{aligned}&5\frac{\mathrm{d}^3\xi_1}{\mathrm{d}t^3}+7\frac{\mathrm{d}^2\xi_1}{\mathrm{d}t^2}-2\frac{\mathrm{d}\xi_1}{\mathrm{d}t}+15\xi_1+6\xi_2+11\frac{\mathrm{d}^2\xi_3}{\mathrm{d}t^2}+9\frac{\mathrm{d}\xi_3}{\mathrm{d}t}-4\xi_3\\&+\cdots+\frac{\mathrm{d}^3\xi_r}{\mathrm{d}t^3}-8\frac{\mathrm{d}^2\xi_r}{\mathrm{d}t^2}+\frac{\mathrm{d}\xi_r}{\mathrm{d}t}+3\xi_r\\=\;&2\frac{\mathrm{d}^2u_1}{\mathrm{d}t^2}+\frac{\mathrm{d}u_1}{\mathrm{d}t}+4u_1+5u_2+\cdots+12\frac{\mathrm{d}u_l}{\mathrm{d}t}+3u_l.\end{aligned}$$

在零初始条件下对上式取拉普拉斯变换，得到(用上划线表示拉普拉斯变换象函数)：

$$\begin{aligned}&(5s^3+7s^2-2s+15)\bar{\xi}_1+6\bar{\xi}_2+(11s^2+9s-4)\bar{\xi}_3+\cdots\\&+(s^3-8s^2+s+3)\bar{\xi}_r\\=\;&(2s^2+s+4)\,\bar{u}_1+5\,\bar{u}_2+\cdots+(12s+3)\,\bar{u}_l.\end{aligned}$$

上式中等号右端各圆括号内的表达式分别是各 $\bar{\xi}_j$ 和各 $\bar{u}_k$ 的系数($j=1,2,\cdots,r$；$k=1,2,\cdots,l$)，它们都是 s 的**多项式**，把它们分别简记为 $t_{i,j}(s)$ 和 $u_{i,k}(s)$，上式就可紧凑地写成

$$t_{i,1}(s)\bar{\xi}_1+t_{i,2}(s)\bar{\xi}_2+\cdots+t_{i,r}(s)\bar{\xi}_r=u_{i,1}(s)\,\bar{u}_1+u_{i,2}(s)\,\bar{u}_2+\cdots+u_{i,l}(s)\,\bar{u}_l.$$

这个方程只是该对象的原始运动方程组中的第 i 个. 由 r 个这样的方程构成的全体运动方程组可表示为

$$\begin{aligned}
t_{1,1}(s)\bar{\xi}_1+t_{1,2}(s)\bar{\xi}_2+\cdots+t_{1,r}(s)\bar{\xi}_r&=u_{1,1}(s)\,\bar{u}_1+u_{1,2}(s)\,\bar{u}_2+\cdots+u_{1,l}(s)\,\bar{u}_l,\\
t_{2,1}(s)\bar{\xi}_1+t_{2,2}(s)\bar{\xi}_2+\cdots+t_{2,r}(s)\bar{\xi}_r&=u_{2,1}(s)\,\bar{u}_1+u_{2,2}(s)\,\bar{u}_2+\cdots+u_{2,l}(s)\,\bar{u}_l,\\
&\vdots\\
t_{r,1}(s)\bar{\xi}_1+t_{r,2}(s)\bar{\xi}_2+\cdots+t_{r,r}(s)\bar{\xi}_r&=u_{r,1}(s)\,\bar{u}_1+u_{r,2}(s)\,\bar{u}_2+\cdots+u_{r,l}(s)\,\bar{u}_l.
\end{aligned}$$

更进一步，把各 $t_{i,j}(s)$组成的 $r\times r$ 矩阵记作 $\boldsymbol{T}(s)$，把各 $u_{i,k}(s)$组成的 $r\times l$ 矩阵记作 $\boldsymbol{U}(s)$，把各变量 $\bar{\xi}_j$ 组成的 r 维向量记作$\bar{\boldsymbol{\xi}}$，把各变量$\bar{u}_k$ 组成的 l 维向量记作 $\bar{\boldsymbol{u}}$，上面的方程组就可以用矩阵和向量的形式更紧凑地写成

$$\boldsymbol{T}(s)\,\bar{\boldsymbol{\xi}}=\boldsymbol{U}(s)\,\bar{\boldsymbol{u}}. \tag{2.13.1a}$$

仿此，把对象的各输出量集中表示为 m 维向量$\bar{\boldsymbol{y}}$，并认为它一般地是各受控变量 $\bar{\xi}_j$ 与各输入变量$\bar{u}_k$ 以及它们的各阶导数的线性组合，就可写出对象的输出方程：

$$\bar{\boldsymbol{y}}=\boldsymbol{V}(s)\,\bar{\boldsymbol{\xi}}+\boldsymbol{W}(s)\,\bar{\boldsymbol{u}}. \tag{2.13.1b}$$

其中矩阵 $\boldsymbol{V}(s)$和 $\boldsymbol{W}(s)$的维数分别为 $m\times r$ 和 $m\times l$.

方程组(2.13.1a)和(2.13.1b)分别是**广义状态方程组**(也有文献称“分状态方程组”)与**广义输出方程组**的规范形式. 它们也常统称为**广义状态方程组**.

与常规的状态方程组

$$\frac{\mathrm{d}\boldsymbol{x}}{\mathrm{d}t}=\boldsymbol{A}\boldsymbol{x}+\boldsymbol{B}\boldsymbol{u}, \tag{2.13.2a}$$

$$\boldsymbol{y}=\boldsymbol{C}\boldsymbol{x}+\boldsymbol{D}\boldsymbol{u}. \tag{2.13.2b}$$

相比较，矩阵 $\boldsymbol{T}(s)$相当于矩阵$(s\boldsymbol{I}_n-\boldsymbol{A})$，矩阵 $\boldsymbol{U}(s)$，$\boldsymbol{V}(s)$和 $\boldsymbol{W}(s)$分别相当于矩阵 $\boldsymbol{B}$，$\boldsymbol{C}$ 和 $\boldsymbol{D}$. 但是 $\boldsymbol{A}$，$\boldsymbol{B}$，$\boldsymbol{C}$，$\boldsymbol{D}$ 只是常数矩阵，而 $\boldsymbol{T}(s)$，$\boldsymbol{U}(s)$，$\boldsymbol{V}(s)$和 $\boldsymbol{W}(s)$的各元都是 s 的多项式，而且可以含有 s 的高次项，所以方程组(2.13.1a，b)可以表示每一个方程中含有**多个**受控变量的**高阶**导数的复杂微分方程组. 另外，矩阵 $\boldsymbol{T}(s)$，$\boldsymbol{U}(s)$，$\boldsymbol{V}(s)$和 $\boldsymbol{W}(s)$中也可以有某些行完全由常数组成而不含算子 s，所以也可以包含**代数**方程组. 由此可见，广义状态方程的表示能力比常规状态方程广泛得多，灵活得多. **广义状态方程包含了常规状态方程**，而常规状态方程只是广义状态方程的特例.

特别要注意向量 $\boldsymbol{\xi}$. 它并不等同于常规的状态向量 $\boldsymbol{x}$，它的维数 r 也未必与状态向量 $\boldsymbol{x}$ 的维数 n 相等. 向量 $\boldsymbol{\xi}$ 所含的变量可以是状态向量 $\boldsymbol{x}$ 所含变量的全部($r=n$)，但由于广义状态方程允许含有受控变量的高阶导数，所以向量 $\boldsymbol{\xi}$ 也可以只含有 $\boldsymbol{x}$ 的一部分($r<n$). 另外，向量 $\boldsymbol{\xi}$ 也可以比状态向量 $\boldsymbol{x}$ 所含变量数目更多($r>n$)，即除了状态变量以外还包含对象的其他受控变量. 今后把这个 r 维的向量 $\boldsymbol{\xi}$ 称为系统的**广义状态向量**(也有文献把它们称为“分状态向量”).

按照上述不难理解，方程式(2.13.1a)与2.2.4节所述的原始运动方程组(2.2.39)并没有原则性的差别，它们都是微分方程与代数方程混合的方程组. 因此，2.2.4节中关于特征多项式的表述，即定义2.2.1，对于系统矩阵描述同样适用，下面重新写出：

$$\rho(s)=\det \boldsymbol{T}(s). \tag{2.13.3}$$

不过，在系统矩阵描述中，主要是采用以s为复数自变量的象函数来**分析**系统的动态性质和**设计**系统，而不是用拉普拉斯变换来**求解微分方程**. 所以，用到系统矩阵描述时，主要是在复变函数的域内进行**研究**，而不是在实数时间t的域内进行**计算**. 因此系统矩阵描述属于**频率域**描述. 在这一点上，它与常规状态空间描述不同.

例 2.13.1 采用广义状态向量和广义状态方程表示2.2.3节中例2.2.5的小功率随动系统.

解 该例已给出原始运动方程组(3个1阶和2阶微分方程，1个代数方程)如下：

$$u_p=k_p\psi-k_p\varphi, \tag{2.13.4}$$

$$T_f\frac{dI_f}{dt}+I_f=\frac{k_a}{R_f}u_p, \tag{2.13.5}$$

$$T_aT_m\frac{d^2\Omega}{dt^2}+T_m\frac{d\Omega}{dt}+\Omega=\frac{k_g}{k_d}I_f-\frac{R_a}{k_d^2}\left(T_a\frac{dM_L}{dt}+M_L\right), \tag{2.13.6}$$

$$\frac{d\varphi}{dt}=k_t\Omega. \tag{2.13.7}$$

这个原始方程组共含6个变量：$u_p,\psi,\varphi,I_f,\Omega$和$M_L$，其中$\psi$和$M_L$是从外部加在系统上的变量，故把系统的输入向量取为

$$\boldsymbol{u}=[\psi \quad M_L]^T, \tag{2.13.8}$$

于是广义状态向量应为

$$\boldsymbol{\xi}=[\varphi \quad I_f \quad \Omega \quad u_p]^T, \tag{2.13.9}$$

又取输出向量为

$$\boldsymbol{y}=\varphi, \tag{2.13.10}$$

则有$r=4,l=2,m=1$. 在零初值条件下对方程组(2.13.4)～(2.13.7)两端求拉普拉斯变换，并将各受控变量写在等式左端，各输入量写在右端，得

$$k_p\varphi+u_p=k_p\psi,$$

$$(T_fs+1)I_f-\frac{k_a}{R_f}u_p=0,$$

$$-\frac{k_g}{k_d}I_f+(T_aT_ms^2+T_ms+1)\Omega=-\frac{R_a}{k_d^2}(T_as+1)M_L,$$

$$s\varphi-k_t\Omega=0.$$

写成向量和矩阵形式，是

$$\begin{bmatrix} k_p & 0 & 0 & 1 \\ 0 & T_f s+1 & 0 & -\dfrac{k_a}{R_f} \\ 0 & -\dfrac{k_g}{k_d} & T_a T_m s^2 + T_m s + 1 & 0 \\ s & 0 & -k_t & 0 \end{bmatrix} \begin{bmatrix} \varphi \\ I_f \\ \Omega \\ u_p \end{bmatrix}$$

$$= \begin{bmatrix} k_p & 0 \\ 0 & 0 \\ 0 & -\dfrac{R_a}{k_d^2}(T_a s+1) \\ 0 & 0 \end{bmatrix} \begin{bmatrix} \psi \\ M_L \end{bmatrix}. \tag{2.13.11}$$

故有

$$T(s) = \begin{bmatrix} k_p & 0 & 0 & 1 \\ 0 & T_f s+1 & 0 & -\dfrac{k_a}{R_f} \\ 0 & -\dfrac{k_g}{k_d} & T_a T_m s^2 + T_m s + 1 & 0 \\ s & 0 & -k_t & 0 \end{bmatrix}, \tag{2.13.12}$$

$$U(s) = \begin{bmatrix} k_p & 0 \\ 0 & 0 \\ 0 & -\dfrac{R_a}{k_d^2}(T_a s+1) \\ 0 & 0 \end{bmatrix}. \tag{2.13.13}$$

因输出方程为 $\boldsymbol{y}=\varphi$，故有

$$\boldsymbol{V}(s) = [1 \quad 0 \quad 0 \quad 0], \tag{2.13.14}$$

$$\boldsymbol{W}(s) = [0 \quad 0]. \tag{2.13.15}$$

这组矩阵 $\boldsymbol{T}(s)$，$\boldsymbol{U}(s)$，$\boldsymbol{V}(s)$，$\boldsymbol{W}(s)$ 就构成该随动系统的广义状态方程，无须再做 2.6.3节所述的复杂繁冗的推导和变换. 注意到原始方程组中含有输入量的导数 $\mathrm{d}M_L/\mathrm{d}t$，如果采用常规状态方程描述，推导过程必定会麻烦得多. □

不难看出本例的 $\rho(s)$ 即 $\det\boldsymbol{T}(s)$ 是 4 次多项式，即 $n=4$. 因此本例有 $r=n$.

例 2.13.2　采用广义状态向量和广义状态方程表示 2.2.3 节中例 2.2.6 的造纸机集流箱.

解　在该例中已经给出原始运动方程组的 7 个方程如下：

$$\Delta Q_1 - \Delta Q_2 = E\frac{\mathrm{d}\Delta L}{\mathrm{d}t}, \tag{2.13.16}$$

$$\Delta F_1 - \Delta F_2 = \frac{\mathrm{d}\Delta M}{\mathrm{d}t}, \tag{2.13.17}$$

$$\Delta V + E\Delta L = 0, \tag{2.13.18}$$

$$P_0\Delta V + V_0\Delta P = \frac{P_0 V_0}{M_0}\Delta M, \tag{2.13.19}$$

$$\Delta F_2 = \frac{F_{20}}{2\left(\dfrac{P_0}{P_a} - 1\right)P_0}\Delta P, \tag{2.13.20}$$

$$\Delta Q_2 = \frac{Q_{20}}{2H_0}\Delta H, \tag{2.13.21}$$

$$\Delta H = \Delta L + \frac{1}{\rho}\Delta P. \tag{2.13.22}$$

以上原始方程组含有2个微分方程和5个代数方程.取

$$\boldsymbol{u} = [\Delta F_1 \quad \Delta Q_1]^{\mathrm{T}},$$

$$\boldsymbol{y} = [\Delta L \quad \Delta M]^{\mathrm{T}},$$

$$\boldsymbol{\xi} = [\Delta L \quad \Delta M \quad \Delta F_2 \quad \Delta Q_2 \quad \Delta V \quad \Delta P \quad \Delta H]^{\mathrm{T}},$$

则有 $r=7, l=2, m=2$. 可仿上写出

$$\begin{bmatrix} Es & 0 & 0 & 1 & 0 & 0 & 0 \\ 0 & s & 1 & 0 & 0 & 0 & 0 \\ E & 0 & 0 & 0 & 1 & 0 & 0 \\ 0 & -\dfrac{P_0 V_0}{M_0} & 0 & 0 & P_0 & V_0 & 0 \\ 0 & 0 & 1 & 0 & 0 & \dfrac{F_{20}}{2(P_0/P_a - 1)} & 0 \\ 0 & 0 & 0 & 1 & 0 & 0 & -\dfrac{Q_{20}}{2H_0} \\ -1 & 0 & 0 & 0 & 0 & -\dfrac{1}{\rho} & 1 \end{bmatrix} \begin{bmatrix} \Delta L \\ \Delta M \\ \Delta F_2 \\ \Delta Q_2 \\ \Delta V \\ \Delta P \\ \Delta H \end{bmatrix} = \begin{bmatrix} 1 & 0 \\ 0 & 1 \\ 0 & 0 \\ 0 & 0 \\ 0 & 0 \\ 0 & 0 \\ 0 & 0 \end{bmatrix} \begin{bmatrix} \Delta F_1 \\ \Delta Q_1 \end{bmatrix}$$

及

$$\begin{bmatrix} \Delta L \\ \Delta M \end{bmatrix} = \begin{bmatrix} 1 & 0 & 0 & 0 & 0 & 0 & 0 \\ 0 & 1 & 0 & 0 & 0 & 0 & 0 \end{bmatrix} \begin{bmatrix} \Delta L \\ \Delta M \\ \Delta F_2 \\ \Delta Q_2 \\ \Delta V \\ \Delta P \\ \Delta H \end{bmatrix}.$$

故有

$$\boldsymbol{T}(s)=\begin{bmatrix} Es & 0 & 0 & 1 & 0 & 0 & 0 \\ 0 & s & 1 & 0 & 0 & 0 & 0 \\ E & 0 & 0 & 0 & 1 & 0 & 0 \\ 0 & -\dfrac{P_0V_0}{M_0} & 0 & 0 & P_0 & V_0 & 0 \\ 0 & 0 & 1 & 0 & 0 & \dfrac{F_{20}}{2(P_0/P_a-1)} & 0 \\ 0 & 0 & 0 & 1 & 0 & 0 & -\dfrac{Q_{20}}{2H_0} \\ -1 & 0 & 0 & 0 & 0 & -\dfrac{1}{\rho} & 1 \end{bmatrix},$$

$$\boldsymbol{U}(s)=\begin{bmatrix} 1 & 0 & 0 & 0 & 0 & 0 & 0 \\ 0 & 1 & 0 & 0 & 0 & 0 & 0 \end{bmatrix}^{\mathrm{T}},$$

$$\boldsymbol{V}(s)=\begin{bmatrix} 1 & 0 & 0 & 0 & 0 & 0 & 0 \\ 0 & 1 & 0 & 0 & 0 & 0 & 0 \end{bmatrix},$$

$$\boldsymbol{W}(s)=\begin{bmatrix} 0 & 0 \\ 0 & 0 \end{bmatrix}.$$

矩阵 $\boldsymbol{T}(s)$,$\boldsymbol{U}(s)$,$\boldsymbol{V}(s)$,$\boldsymbol{W}(s)$就构成该集流箱的广义状态方程,无须再做 2.6.3 节例 2.6.3 那样复杂繁冗的推导和变换,特别是避免了式(2.6.45)所含的高维数矩阵求逆运算. □

容易判断 $\det\boldsymbol{T}(s)$是 2 次多项式,即 $n=2$,故本例有 $r>n$.

方程组(2.13.1a,b)可以紧凑地写成如下的矩阵方程形式:

$$\begin{bmatrix} \boldsymbol{T}(s) & \boldsymbol{U}(s) \\ -\boldsymbol{V}(s) & \boldsymbol{W}(s) \end{bmatrix}\begin{bmatrix} \bar{\boldsymbol{\xi}} \\ -\bar{\boldsymbol{u}} \end{bmatrix}=\begin{bmatrix} \boldsymbol{0}_{r\times 1} \\ -\bar{\boldsymbol{y}} \end{bmatrix}. \tag{2.13.23}$$

式(2.13.23)是系统矩阵描述即广义状态空间描述的规范形式.下面给出记忆系统矩阵规范形式的规则:

规则 1 等式左端的向量是$\begin{bmatrix} \boldsymbol{\xi} \\ -\boldsymbol{u} \end{bmatrix}$,即上部是 r 维的广义状态向量,下部是反号的输入向量.

规则 2 等式右端的向量是$\begin{bmatrix} \boldsymbol{0}_{r\times 1} \\ -\boldsymbol{y} \end{bmatrix}$,即上部是 r 维的零向量,下部是反号的输出向量.

规则 3 按上述规则写好等式两端的向量后,再在等式左端的矩阵里正确填入各矩阵块,以使广义状态方程式(2.13.1a,b)逐行成立.

定义$(r+m)\times(r+l)$的矩阵

$$\boldsymbol{P}(s)=\begin{bmatrix} \boldsymbol{T}(s) & \boldsymbol{U}(s) \\ -\boldsymbol{V}(s) & \boldsymbol{W}(s) \end{bmatrix} \tag{2.13.24}$$

为对象的**系统矩阵**(也称**多项式系统矩阵**). 根据式(2.13.3),上式中的 $r\times r$ 矩阵 $\boldsymbol{T}(s)$ 可以称为对象的**特征多项式矩阵**. 于是方程组(2.13.1a,b)可以更紧凑地写成

$$\boldsymbol{P}(s)\begin{bmatrix}\bar{\boldsymbol{\xi}}\\ -\bar{\boldsymbol{u}}\end{bmatrix}=\begin{bmatrix}\boldsymbol{0}_{r\times 1}\\ -\bar{\boldsymbol{y}}\end{bmatrix}. \tag{2.13.25}$$

因为常数矩阵也是多项式矩阵,所以式(2.13.25)也可包含代数方程组. 总之,式(2.13.25)既可以含有1阶微分方程,也可以含有高阶微分方程,还可以含有代数方程,方程的数目也不必等于状态向量的维数 n,比状态空间描述灵活得多.

例 2.13.3 求出例 2.13.1 的小功率随动系统的系统矩阵.

解 在例 2.13.1 中已经写出它的 4 个矩阵 $\boldsymbol{T}(s),\boldsymbol{U}(s),\boldsymbol{V}(s),\boldsymbol{W}(s)$,所以依式(2.13.24)可以立即写出它的系统矩阵如下:

$$\boldsymbol{P}(s)=\left[\begin{array}{cccc:cc} k_{\mathrm{p}} & 0 & 0 & 1 & k_{\mathrm{p}} & 0\\ 0 & T_{\mathrm{f}}s+1 & 0 & -\dfrac{k_{\mathrm{a}}}{R_{\mathrm{f}}} & 0 & 0\\ 0 & -\dfrac{k_{\mathrm{g}}}{k_{\mathrm{d}}} & T_{\mathrm{a}}T_{\mathrm{m}}s^2+T_{\mathrm{m}}s+1 & 0 & 0 & -\dfrac{R_{\mathrm{a}}}{k_{\mathrm{d}}^2}(T_{\mathrm{a}}s+1)\\ s & 0 & -k_{\mathrm{t}} & 0 & 0 & 0\\ \hdashline -1 & 0 & 0 & 0 & 0 & 0 \end{array}\right]. \tag{2.13.26}$$

□

如果 $\boldsymbol{T}(s)=s\boldsymbol{I}_n-\boldsymbol{A},\boldsymbol{U}(s)=\boldsymbol{B},\boldsymbol{V}(s)=\boldsymbol{C},\boldsymbol{W}(s)=\boldsymbol{D}(s)$,其中 $\boldsymbol{A},\boldsymbol{B},\boldsymbol{C}$ 都是常数矩阵,则有 $r=n$,且

$$\boldsymbol{P}(s)=\begin{bmatrix}s\boldsymbol{I}_n-\boldsymbol{A} & \boldsymbol{B}\\ -\boldsymbol{C} & \boldsymbol{D}(s)\end{bmatrix}. \tag{2.13.27}$$

称此 $\boldsymbol{P}(s)$ 为**状态空间系统矩阵**. 注意其中 $\boldsymbol{D}(s)$ 可以是多项式矩阵. 如果 $\boldsymbol{D}(s)$ 也是常数矩阵,则可以记作 $\boldsymbol{D}$,并可用向量 $\boldsymbol{x}$ 代替 $\boldsymbol{\xi}$,而把式(2.13.23)写成如下形式:

$$\begin{bmatrix}s\boldsymbol{I}_n-\boldsymbol{A} & \boldsymbol{B}\\ -\boldsymbol{C} & \boldsymbol{D}\end{bmatrix}\begin{bmatrix}\bar{\boldsymbol{x}}\\ -\bar{\boldsymbol{u}}\end{bmatrix}=\begin{bmatrix}\boldsymbol{0}_{n\times 1}\\ -\bar{\boldsymbol{y}}\end{bmatrix}, \tag{2.13.28}$$

此时系统矩阵描述退化为常规状态空间描述. 由此可见,系统矩阵描述包含了常规状态空间描述,而常规状态空间描述可看作是系统矩阵描述的特例.

本书**今后对于记号 $\boldsymbol{\xi}$ 和 $\boldsymbol{x}$ 不再严格区分**,在系统矩阵描述中也使用记号 $\boldsymbol{x}$.

2.2.4 节已指出,对象的微分方程的阶 n 等于矩阵 $\boldsymbol{T}(s)$ 的行列式的次数,即有 $n=\delta(\det\boldsymbol{T}(s))$. 对于 $r<n$ 的情况,为了便于在计算机上进行各种系统描述的相互变换,有时需要把系统矩阵 $\boldsymbol{P}(s)$ 行数和列数各增加 $(n-r)$,成为增广形式. 例如假设某对象的 $r=4$,而 $n=6$,则 $n-r=2$,就可以在 $\boldsymbol{P}(s)$ 的左上角添加一个 2×2 的

单位矩阵块，成为 $\boldsymbol{P}(s)$ 的**增广**形式，记作 $\boldsymbol{P}_{\text{augm}}(s)$：

$$\boldsymbol{P}_{\text{augm}}(s)=\left[\begin{array}{cc:c}1 & 0 & \\ & & \boldsymbol{0}_{2\times(r+l)} \\ 0 & 1 & \\ \hdashline \multicolumn{2}{c:}{\boldsymbol{0}_{(r+m)\times 2}} & \boldsymbol{P}(s)\end{array}\right]. \tag{2.13.29}$$

此时矩阵 $\boldsymbol{T}(s)$ 也被同样地增广，即矩阵 $\boldsymbol{P}(s)$ 的上方和 $\boldsymbol{P}(s)$ 的左方也各增加一个零块. 增广形式只是为了便于在计算机上对系统矩阵进行操作，并不改变矩阵 $\boldsymbol{P}(s)$ 和 $\boldsymbol{T}(s)$ 的性质，也不改变系统的阶 $n=\delta(\det\boldsymbol{T}(s))$，对系统的分析和设计不会产生任何影响.

$r>n$ 的对象也很常见. 上面所举的例 2.13.2 就是如此.

2.13.2　系统矩阵描述下的传递函数矩阵

为了研究系统矩阵描述下的传递函数和传递函数矩阵，把运动对象的系统矩阵描述式(2.13.1a,b)重新写出如下：

$$\boldsymbol{T}(s)\,\bar{\boldsymbol{x}}(s)=\boldsymbol{U}(s)\,\bar{\boldsymbol{u}}(s), \tag{2.13.30a}$$

$$\bar{\boldsymbol{y}}(s)=\boldsymbol{V}(s)\,\bar{\boldsymbol{x}}(s)+\boldsymbol{W}(s)\,\bar{\boldsymbol{u}}(s). \tag{2.13.30b}$$

从式(2.13.30a)解出 $\bar{\boldsymbol{x}}(s)$：

$$\bar{\boldsymbol{x}}(s)=\boldsymbol{T}^{-1}(s)\boldsymbol{U}(s)\,\bar{\boldsymbol{u}}(s),$$

代入式(2.13.30b)，得到

$$\bar{\boldsymbol{y}}(s)=(\boldsymbol{V}(s)\boldsymbol{T}^{-1}(s)\boldsymbol{U}(s)+\boldsymbol{W}(s))\,\bar{\boldsymbol{u}}(s).$$

由此可知该对象传递函数矩阵是

$$\boldsymbol{G}(s)=\boldsymbol{V}(s)\boldsymbol{T}^{-1}(s)\boldsymbol{U}(s)+\boldsymbol{W}(s). \tag{2.13.31}$$

例 2.13.4　利用式(2.13.31)求例 2.13.1 的小功率随动系统的传递函数矩阵.

解　首先要求出矩阵 $\boldsymbol{T}(s)$ 的逆 $\boldsymbol{T}^{-1}(s)$. 例 2.13.1 已求得 $\boldsymbol{V}(s)$ 有 3 个零列，$\boldsymbol{U}(s)$ 有 2 个零行，所以只需求出 $\boldsymbol{T}^{-1}(s)$ 的第(1,1)元和第(1,3)元就够了. 根据式(2.13.12)求出这两个元，连同式(2.13.13)～式(2.13.15)一起代入式(2.13.31)，便得到

$$\boldsymbol{G}(s)=[1\quad 0\quad 0\quad 0]\times\frac{\begin{bmatrix}-\dfrac{k_{\mathrm{t}}k_{\mathrm{g}}k_{\mathrm{a}}}{k_{\mathrm{d}}R_{\mathrm{f}}} & \cdots & -k_{\mathrm{t}}(T_{\mathrm{f}}s+1) & \cdots \\ \cdots & \cdots & \cdots & \cdots \\ \cdots & \cdots & \cdots & \cdots \\ \cdots & \cdots & \cdots & \cdots\end{bmatrix}}{-s(T_{\mathrm{f}}s+1)(T_{\mathrm{a}}T_{\mathrm{m}}s^2+T_{\mathrm{m}}s+1)-\dfrac{k_{\mathrm{t}}k_{\mathrm{g}}k_{\mathrm{a}}k_{\mathrm{p}}}{k_{\mathrm{d}}R_{\mathrm{f}}}}$$

$$\times\begin{bmatrix} k_p & 0 \\ 0 & 0 \\ 0 & -\frac{R_a}{k_d^2}(T_a s+1) \\ 0 & 0 \end{bmatrix} = \begin{bmatrix} G_{1,1}(s) & G_{1,2}(s) \end{bmatrix},$$

其中

$$G_{1,1}(s) = \frac{\frac{k_p k_a k_g k_t}{k_d R_f}}{s(T_f s+1)(T_a T_m s^2 + T_m s + 1) + \frac{k_p k_a k_g k_t}{k_d R_f}}, \tag{2.13.32a}$$

$$G_{1,2}(s) = \frac{-\frac{k_t R_a}{k_d^2}(T_f s+1)(T_a s+1)}{s(T_f s+1)(T_a T_m s^2 + T_m s + 1) + \frac{k_p k_a k_g k_t}{k_d R_f}}. \tag{2.13.32b}$$

这与2.10.2节例2.10.2得到的结果式(2.10.28)和式(2.10.29)相同. □

如果退化到常规状态空间描述,即如果有 $r=n$,且 $\boldsymbol{T}(s)=s\boldsymbol{I}_n-\boldsymbol{A}$,$\boldsymbol{U}(s)=\boldsymbol{B}$,$\boldsymbol{V}(s)=\boldsymbol{C}$,$\boldsymbol{W}(s)=\boldsymbol{D}$,其中 $\boldsymbol{A},\boldsymbol{B},\boldsymbol{C},\boldsymbol{D}$ 都是常数矩阵,则式(2.13.31)化为2.9.6节之式(2.9.39).

2.14 系统矩阵的严格系统等价变换

如上所述,系统矩阵 $\boldsymbol{P}(s)$ 不过是矩阵 $\boldsymbol{T}(s)$,$\boldsymbol{U}(s)$,$\boldsymbol{V}(s)$,$\boldsymbol{W}(s)$ 的一种紧凑写法,方程式(2.13.25)也不过是方程组(2.13.1a,b)的一种紧凑写法. 在研究运动对象的性质时,经常需要对描述它的方程组作某些运算与变换,这相当于对矩阵 $\boldsymbol{T}(s)$,$\boldsymbol{U}(s)$,$\boldsymbol{V}(s)$,$\boldsymbol{W}(s)$,亦即对矩阵 $\boldsymbol{P}(s)$ 作某些运算与变换. 因此有必要首先研究系统矩阵的变换问题.

现在举一简例来说明运算与变换的关系. 设有运动方程组

$$\begin{cases} \frac{\mathrm{d}x_1}{\mathrm{d}t} + 3x_1 + x_2 = u_1, \\ -x_1 + 5x_2 = 2u_2 \end{cases} \tag{2.14.1}$$

写成矩阵形式就是

$$\begin{bmatrix} s+3 & 1 \\ -1 & 5 \end{bmatrix}\begin{bmatrix} \bar{x}_1 \\ \bar{x}_2 \end{bmatrix} = \begin{bmatrix} \bar{u}_1 \\ 2\bar{u}_2 \end{bmatrix}. \tag{2.14.2}$$

在运算的过程中,如果把式(2.14.1)的第2式求导后加到第1式上,又把第2式的 -4 倍也加到第1式上,所得的等式自然仍成立. 但上述处理等价于用变换矩阵

$$\boldsymbol{Z}(s) = \begin{bmatrix} 1 & s-4 \\ 0 & 1 \end{bmatrix} \tag{2.14.3}$$

左乘方程式(2.14.2)的两端. 这就是对原方程组的一种变换.

再看另一简例. 在对方程组(2.14.2)作运算的过程中,如果把该方程组改写为

$$\begin{bmatrix} s+3 & 1 \\ -1 & 5 \end{bmatrix}\boldsymbol{Z}(s)\boldsymbol{Z}^{-1}(s)\begin{bmatrix} \bar{x}_1 \\ \bar{x}_2 \end{bmatrix}=\begin{bmatrix} \bar{u}_1 \\ 2\,\bar{u}_2 \end{bmatrix},$$

其中矩阵 $\boldsymbol{Z}(s)$ 如式(2.14.3)所示,再引入新的变量组

$$\begin{bmatrix} \tilde{x}_1 \\ \tilde{x}_2 \end{bmatrix}=\boldsymbol{Z}^{-1}(s)\begin{bmatrix} \bar{x}_1 \\ \bar{x}_2 \end{bmatrix}, \tag{2.14.4}$$

上式就成为

$$\begin{bmatrix} s+3 & 1 \\ -1 & 5 \end{bmatrix}\boldsymbol{Z}(s)\begin{bmatrix} \tilde{x}_1 \\ \tilde{x}_2 \end{bmatrix}=\begin{bmatrix} \bar{u}_1 \\ 2\,\bar{u}_2 \end{bmatrix},$$

即

$$\begin{bmatrix} s+3 & s^2-s-1 \\ -1 & -s+9 \end{bmatrix}\begin{bmatrix} \tilde{x}_1 \\ \tilde{x}_2 \end{bmatrix}=\begin{bmatrix} \bar{u}_1 \\ 2\,\bar{u}_2 \end{bmatrix}.$$

它自然也是成立的. 但在上述处理过程中使用矩阵

$$\boldsymbol{Z}(s)=\begin{bmatrix} 1 & s-4 \\ 0 & 1 \end{bmatrix}$$

右乘了原方程中的 2×2 矩阵,这等价于将该矩阵的第 1 列乘以$(s-4)$再加到第 2 列上. 这也是对该矩阵的一种变换.

由此可见,对方程组的合法运算常常可以用对矩阵的合法变换来实现.

为了说明对矩阵的哪些变换是合法的,先定义一类特殊的矩阵,即单模矩阵.

定义 2.14.1　单模矩阵是行列式等于非零常数的方形多项式矩阵. □

多项式矩阵的各元都是 s 的多项式,故其行列式一般也是 s 的多项式. 只有行列式等于非零常数的多项式矩阵才是单模矩阵. 非奇异常数矩阵是单模矩阵的特例.

可以证明:**任何单模矩阵都可表示为 3 种特殊的单模矩阵的乘积**. 这 3 种特殊的单模矩阵称为**初等单模矩阵**.

定义 2.14.2　第 1 种初等单模矩阵是把单位矩阵的任一对角元置换为任意非零常数而形成的,记作 $\boldsymbol{K}_1$:

$$\boldsymbol{K}_1=\begin{bmatrix} 1 & & & & \\ & \ddots & & & \\ & & \alpha & & \\ & & & \ddots & \\ & & & & 1 \end{bmatrix}, \tag{2.14.5}$$

其中 α 为任意非零常数. □

定义 2.14.3　第 2 种初等单模矩阵是把单位矩阵的任意两个对角元,例如第

(i,i)元与第(j,j)元置换为0(i,j均为任意,$i\neq j$),同时把第(i,j)元和第(j,i)元置换为1而形成的,记作$\boldsymbol{K}_2$:

$$\boldsymbol{K}_2=\begin{bmatrix}1&&&&&&\\&\ddots&&&&&\\&&0&\cdots&1&&\\&&\vdots&\ddots&\vdots&&\\&&1&\cdots&0&&\\&&&&&\ddots&\\&&&&&&1\end{bmatrix}. \qquad (2.14.6)$$

□

定义 2.14.4　第3种初等单模矩阵是把单位矩阵的任意一个非对角元置换为s的不恒等于0的多项式而形成的,记作$\boldsymbol{K}_3(s)$:

$$\boldsymbol{K}_3(s)=\begin{bmatrix}1&&&&\\&\ddots&&\alpha(s)&\\&&\ddots&&\\&&&\ddots&\\&&&&1\end{bmatrix}, \qquad (2.14.7)$$

其中$\alpha(s)$是s的不恒等于0的任意多项式.　□

在以上的$\boldsymbol{K}_1$,$\boldsymbol{K}_2$与$\boldsymbol{K}_3(s)$的表达式中,所有未注明的对角元均为1,所有未注明的非对角元均为0.

容易验证,$\boldsymbol{K}_1$,$\boldsymbol{K}_2$与$\boldsymbol{K}_3(s)$的行列式均为非零常数.

任意多个维数相同的任意单模矩阵的乘积显然仍是单模矩阵.这是因为,乘积矩阵的行列式等于各因子矩阵的行列式的乘积,而非零常数的乘积仍是非零常数.一般单模矩阵各元的函数可以很复杂,完全不像$\boldsymbol{K}_1$,$\boldsymbol{K}_2$与$\boldsymbol{K}_3(s)$那样容易识别.

容易理解,单模矩阵必有逆,且其逆也是单模矩阵.第1种初等单模矩阵的逆也是第1种初等单模矩阵,只是把对角元α改为$1/\alpha$;第2种初等单模矩阵的逆就是它自身;第3种初等单模矩阵的逆也是第3种初等单模矩阵,只是把$\alpha(s)$改为$-\alpha(s)$.

现在考察初等单模矩阵在矩阵运算中的作用.显然,用第1种初等单模矩阵左(右)乘另一矩阵,相当于用非零常数α乘该矩阵的某一行(列);用第2种初等单模矩阵左(右)乘另一矩阵,相当于把该矩阵的某两行(列)对调;用第3种初等单模矩阵左(右)乘另一矩阵,相当于用一个不恒等于0的多项式$\alpha(s)$乘该矩阵的某一行(列)后再加到另一行(列)上.

用这3种初等单模矩阵实现的变换分别称为对矩阵的**第1,2,3种初等变换**.

上文所举简例中,式(2.14.3)的矩阵$\boldsymbol{Z}(s)$就是一个第3种初等单模矩阵.简例中对方程式(2.14.2)所作的变换表明,如果对运动对象的系统矩阵描述中的矩阵$\boldsymbol{T}(s)$进行某一初等变换,则只要对矩阵$\boldsymbol{U}(s)$或向量$\bar{\boldsymbol{x}}$相应地施以同样的初等变换，所得的方程组仍然成立. 因而这种变换是合法的.

由于任意单模矩阵可视为多个初等单模矩阵的乘积，所以用**任意**单模矩阵对矩阵 $\boldsymbol{T}(s)$ 进行变换，等价于把 3 种初等变换连续进行多次，因而总是合法的.

由于单模矩阵的行列式是非零常数，所以对矩阵 $\boldsymbol{T}(s)$ 进行初等变换后，$\boldsymbol{T}(s)$ 的行列式只会被乘以非零常数，因而不会改变其特征多项式的性质.

2.14.1 严格系统等价变换

"严格系统等价"(strict system equivalence，简称 s. s. e.)是关于系统矩阵的一类特殊的初等变换的性质. 下面是严格系统等价变换的定义.

定义 2.14.5 设 $(r+m)\times(r+l)$ 的多项式矩阵

$$\boldsymbol{P}(s)=\begin{bmatrix}\boldsymbol{T}(s) & \boldsymbol{U}(s)\\ -\boldsymbol{V}(s) & \boldsymbol{W}(s)\end{bmatrix} \tag{2.14.8}$$

是对象的系统矩阵，其中矩阵块 $\boldsymbol{T}(s)$，$\boldsymbol{U}(s)$，$\boldsymbol{V}(s)$ 和 $\boldsymbol{W}(s)$ 的维数和意义均与式(2.13.1a,b)相同，又设 $\boldsymbol{M}(s)$ 与 $\boldsymbol{N}(s)$ 均为 $r\times r$ 的单模矩阵，$\boldsymbol{X}(s)$ 与 $\boldsymbol{Y}(s)$ 分别为 $m\times r$ 和 $r\times l$ 的**任意**多项式矩阵块，构造维数和分块结构均与 $\boldsymbol{P}(s)$ 相同的两个多项式矩阵作为左右变换矩阵：

$$\boldsymbol{L}_0(s)=\begin{bmatrix}\boldsymbol{M}(s) & \boldsymbol{0}_{r\times m}\\ \boldsymbol{X}(s) & \boldsymbol{I}_m\end{bmatrix}, \tag{2.14.9a}$$

$$\boldsymbol{R}_0(s)=\begin{bmatrix}\boldsymbol{N}(s) & \boldsymbol{Y}(s)\\ \boldsymbol{0}_{l\times r} & \boldsymbol{I}_l\end{bmatrix}, \tag{2.14.9b}$$

称如下运算为对 $\boldsymbol{P}(s)$ 的**严格系统等价变换**：

$$\begin{aligned}\boldsymbol{P}_{\text{sse}}(s)&=\boldsymbol{L}_0(s)\boldsymbol{P}(s)\boldsymbol{R}_0(s)\\&=\begin{bmatrix}\boldsymbol{M}(s) & \boldsymbol{0}_{r\times m}\\ \boldsymbol{X}(s) & \boldsymbol{I}_m\end{bmatrix}\boldsymbol{P}(s)\begin{bmatrix}\boldsymbol{N}(s) & \boldsymbol{Y}(s)\\ \boldsymbol{0}_{l\times r} & \boldsymbol{I}_l\end{bmatrix},\end{aligned} \tag{2.14.10}$$

称 $\boldsymbol{P}_{\text{sse}}(s)$ 为 $\boldsymbol{P}(s)$ 的**严格系统等价矩阵**，简称**严格等价矩阵**. □

首先注意有 $\det\boldsymbol{L}_0(s)=\det\boldsymbol{M}(s)$ 和 $\det\boldsymbol{R}_0(s)=\det\boldsymbol{N}(s)$，所以 $\boldsymbol{L}_0(s)$ 和 $\boldsymbol{R}_0(s)$ 都是单模矩阵. 上文已经说明，用任意单模矩阵进行变换都是合法的初等变换. 但是，注意到 $\boldsymbol{L}_0(s)$ 的左下角和 $\boldsymbol{R}_0(s)$ 的右上角分别有一个任意多项式矩阵块，所以在用它们作为变换矩阵时，还应该进一步具体考察其运算效果.

把式(2.14.10)写成

$$\begin{aligned}\boldsymbol{P}_{\text{sse}}(s)&=\begin{bmatrix}\boldsymbol{M}(s) & \boldsymbol{0}_{r\times m}\\ \boldsymbol{X}(s) & \boldsymbol{I}_m\end{bmatrix}\begin{bmatrix}\boldsymbol{T}(s) & \boldsymbol{U}(s)\\ -\boldsymbol{V}(s) & \boldsymbol{W}(s)\end{bmatrix}\boldsymbol{R}_0(s)\\&=\begin{bmatrix}\boldsymbol{M}(s)\boldsymbol{T}(s) & \boldsymbol{M}(s)\boldsymbol{U}(s)\\ \boldsymbol{X}(s)\boldsymbol{T}(s)-\boldsymbol{V}(s) & \boldsymbol{X}(s)\boldsymbol{U}(s)+\boldsymbol{W}(s)\end{bmatrix}\boldsymbol{R}_0(s).\end{aligned}$$

考虑等号右端矩阵中的矩阵块 $\boldsymbol{X}(s)\boldsymbol{T}(s)-\boldsymbol{V}(s)$ 的第 i 行，有

$$[\boldsymbol{X}(s)\boldsymbol{T}(s)-\boldsymbol{V}(s)]_{\text{row }i}=[\boldsymbol{X}(s)]_{\text{row }i}\boldsymbol{T}(s)-[\boldsymbol{V}(s)]_{\text{row }i}$$
$$=\sum_{k=1}^{r}[\boldsymbol{X}(s)]_{i,k}[\boldsymbol{T}(s)]_{\text{row }k}-[V(s)]_{\text{row }i}.$$

注意到 $\boldsymbol{X}(s)$是任意多项式矩阵块,就看出上式就是用任意一组多项式分别乘矩阵块 $\boldsymbol{T}(s)$的各行,再加到矩阵块$-\boldsymbol{V}(s)$的第 i 行上所得的结果.

仿此考虑矩阵块 $\boldsymbol{X}(s)\boldsymbol{U}(s)+\boldsymbol{W}(s)$的第 i 行,有

$$[\boldsymbol{X}(s)\boldsymbol{U}(s)+\boldsymbol{W}(s)]_{\text{row }i}=\sum_{k=1}^{r}[\boldsymbol{X}(s)]_{i,k}[\boldsymbol{U}(s)]_{\text{row }k}+[\boldsymbol{W}(s)]_{\text{row }i}.$$

同理可以看出此式就是用与上式相同的一组多项式分别乘矩阵块 $\boldsymbol{U}(s)$的各行,再加到矩阵块 $\boldsymbol{W}(s)$的第 i 行上所得的结果.

综合考虑以上两项结果可以看出,矩阵 $\boldsymbol{L}_0(s)$的左下角的任意矩阵块 $\boldsymbol{X}(s)$的作用是:允许用任意一组多项式分别乘以矩阵块$[\boldsymbol{T}(s)\quad \boldsymbol{U}(s)]$的任意行,再加到矩阵块$[-\boldsymbol{V}(s)\quad \boldsymbol{W}(s)]$的任意行上.

与此同理,矩阵 $\boldsymbol{R}_0(s)$的右上角的任意矩阵块 $\boldsymbol{Y}(s)$的作用是:允许用任意一组多项式分别乘以矩阵块$[\boldsymbol{T}(s)\quad -\boldsymbol{V}(s)]^{\mathrm{T}}$的任意列,再加到矩阵块$[\boldsymbol{U}(s)\quad \boldsymbol{W}(s)]^{\mathrm{T}}$的任意列上.

总括起来,式(2.14.10)所定义的严格系统等价变换所实现的运算有:(1)用任意非零常数乘系统矩阵 $\boldsymbol{P}(s)$的前 r 行(列)中的任一行(列);(2)把系统矩阵 $\boldsymbol{P}(s)$的前 r 行(列)中的任意两行(列)对调;(3)用不恒等于 0 的任意多项式乘系统矩阵 $\boldsymbol{P}(s)$的前 r 行(列)中的任意一行(列)后,再加到系统矩阵的任意一行(列)上.

这些运算显然都不会改变系统矩阵的性质,因而都是合法的.

将 $\boldsymbol{P}_{\text{sse}}(s)$按照与 $\boldsymbol{P}(s)$相同的方法分块,成为

$$\boldsymbol{P}_{\text{sse}}(s)=\begin{bmatrix}\boldsymbol{T}_{\text{sse}}(s) & \boldsymbol{U}_{\text{sse}}(s)\\ -\boldsymbol{V}_{\text{sse}}(s) & \boldsymbol{W}_{\text{sse}}(s)\end{bmatrix},\tag{2.14.11}$$

容易导出,严格系统等价变换后,矩阵块 $\boldsymbol{T}(s)$,$\boldsymbol{U}(s)$,$\boldsymbol{V}(s)$和 $\boldsymbol{W}(s)$分别变为

$$\boldsymbol{T}_{\text{sse}}(s)=\boldsymbol{M}(s)\boldsymbol{T}(s)\boldsymbol{N}(s),\tag{2.14.12a}$$
$$\boldsymbol{U}_{\text{sse}}(s)=\boldsymbol{M}(s)[\boldsymbol{T}(s)\boldsymbol{Y}(s)+\boldsymbol{U}(s)],\tag{2.14.12b}$$
$$\boldsymbol{V}_{\text{sse}}(s)=[\boldsymbol{V}(s)-\boldsymbol{X}(s)\boldsymbol{T}(s)]\boldsymbol{N}(s),\tag{2.14.12c}$$
$$\boldsymbol{W}_{\text{sse}}(s)=\boldsymbol{X}(s)\boldsymbol{T}(s)\boldsymbol{Y}(s)-\boldsymbol{V}(s)\boldsymbol{Y}(s)+\boldsymbol{X}(s)\boldsymbol{U}(s)+\boldsymbol{W}(s).\tag{2.14.12d}$$

将式(2.14.10)用单模矩阵 $\boldsymbol{L}_0^{-1}(s)$左乘和用单模矩阵 $\boldsymbol{R}_0^{-1}(s)$右乘,得

$$\boldsymbol{L}_0^{-1}(s)\boldsymbol{P}_{\text{sse}}(s)\boldsymbol{R}_0^{-1}(s)=\boldsymbol{P}(s).\tag{2.14.13}$$

注意到

$$\boldsymbol{L}_0^{-1}(s)=\begin{bmatrix}\boldsymbol{M}^{-1}(s) & \boldsymbol{0}_{r\times m}\\ -\boldsymbol{X}(s)\boldsymbol{M}^{-1}(s) & \boldsymbol{I}_m\end{bmatrix},$$

$$\boldsymbol{R}_0^{-1}(s)=\begin{bmatrix}\boldsymbol{N}^{-1}(s) & -\boldsymbol{N}^{-1}(s)\boldsymbol{Y}(s)\\ \boldsymbol{0}_{l\times r} & \boldsymbol{I}_l\end{bmatrix},$$

它们的分块结构分别与 $\boldsymbol{L}_0(s)$ 和 $\boldsymbol{R}_0(s)$ 的分块结构相同，因此 $\boldsymbol{P}(s)$ 也是 $\boldsymbol{P}_{\mathrm{sse}}(s)$ 的严格等价矩阵，即 $\boldsymbol{P}(s)$ 与 $\boldsymbol{P}_{\mathrm{sse}}(s)$ **互为**严格等价矩阵.

严格系统等价变换是一种很重要的矩阵变换，是深入研究系统矩阵描述的运动对象的重要工具.

可以证明，在严格系统等价变换下，运动对象的系统矩阵有以下重要性质：

性质 1　对象的阶不变；

性质 2　对象的传递函数矩阵不变.

此外还可以证明，在严格系统等价变换下，对象的可控子空间以及与之相关联的状态空间描述的特征值不变；对象的不可观子空间不变；对象的可控不可观子空间也不变. 不过这些概念本身须待读者学过本书第 7 章后方能了解. 总之，所有这些性质充分表明：**严格系统等价变换完全不影响对象的动态性质**. 但限于篇幅，不能在此展开论述并予以证明.

下面的两个命题说明如何用严格系统等价变换简化矩阵，很有用处.

命题 2.14.1　设某多项式矩阵的 (i,j) 元为非零常数，第 i 行的其他各元均为 0，则可用严格系统等价变换将其第 j 列的各元（(i,j) 元除外）均化为 0.

证明　设某 $m\times l$ 多项式矩阵的 (i,j) 元为常数 $c\neq 0$，第 i 行的其他各元均为 0，该矩阵的 (k,j) 元（$k=1,2,\cdots,m,k\neq i$）为多项式 $p_{k,j}(s)$. 只须用第 3 种初等变换将该矩阵的第 i 行乘以 $-p_{k,j}(s)/c$ 后依次加于第 k 行（$k=1,2,\cdots,m,k\neq i$），即可将该矩阵第 j 列的各元（(i,j) 元除外）均化为 0，而矩阵的其他部分不受影响.　□

与此完全平行，有如下的命题.

命题 2.14.2　设某多项式矩阵的 (i,j) 元为非零常数，第 j 列的其他各元均为 0，则可用严格系统等价变换将其第 i 行的各元（(i,j) 元除外）均化为 0.　□

2.13.1 节曾指出，常规的状态空间描述是系统矩阵描述的特例. 当 $r=n$，而 $\boldsymbol{T}(s)=s\boldsymbol{I}_n-\boldsymbol{A}$，$\boldsymbol{U}(s)=\boldsymbol{B}$，$\boldsymbol{V}(s)=\boldsymbol{C}$，$\boldsymbol{W}(s)=\boldsymbol{D}(s)$ 时，系统矩阵描述退化为式(2.13.27). 如果 $\boldsymbol{D}(s)$ 是常数矩阵，可取 $\boldsymbol{M}(s)=\boldsymbol{R}^{-1}$，$\boldsymbol{N}(s)=\boldsymbol{R}$，$\boldsymbol{X}(s)=\boldsymbol{0}_{m\times r}$，$\boldsymbol{Y}(s)=\boldsymbol{0}_{r\times l}$，对式(2.13.27)施行如式(2.14.10)那样的严格系统等价变换. 此时由式(2.14.12a，b，c，d)得

$$
\begin{aligned}
\boldsymbol{T}_{\mathrm{sse}}(s) &= s\boldsymbol{I}_n-\boldsymbol{R}^{-1}\boldsymbol{A}\boldsymbol{R},\\
\boldsymbol{U}_{\mathrm{sse}}(s) &= \boldsymbol{R}^{-1}\boldsymbol{B},\\
\boldsymbol{V}_{\mathrm{sse}}(s) &= \boldsymbol{C}\boldsymbol{R},\\
\boldsymbol{W}_{\mathrm{sse}}(s) &= \boldsymbol{D}.
\end{aligned}
$$

与 2.6.4 节的式(2.6.52)相比较便看出，常规状态空间描述中对状态变量的线性变换是系统矩阵描述中的严格系统等价变换的特例. 特别地，如果 $l=m$，则 $\boldsymbol{R}_0(s)=\boldsymbol{L}_0^{-1}(s)$，而式(2.14.10)退化为对 $\boldsymbol{P}(s)$ 的相似变换. 所以相似变换是严格系统等价变换的特例.

严格系统等价变换还有一种重要的功能：利用它可以把系统矩阵描述变换为

常规的状态空间描述，如下面的定理所述.

定理 2.14.1 任一个多项式系统矩阵 $\boldsymbol{P}(s)$ 通过严格系统等价变换可以变成相应的状态空间系统矩阵或其增广形式，即

$$\boldsymbol{P}_{\mathrm{sse}}(s)=\begin{bmatrix} s\boldsymbol{I}_n-\boldsymbol{A} & \boldsymbol{B} \\ -\boldsymbol{C} & \boldsymbol{D}(s) \end{bmatrix}$$

或

$$\boldsymbol{P}_{\mathrm{sse}}(s)=\begin{bmatrix} \boldsymbol{I}_{r-n} & \boldsymbol{0} & \boldsymbol{0} \\ \boldsymbol{0} & s\boldsymbol{I}_n-\boldsymbol{A} & \boldsymbol{B} \\ \boldsymbol{0} & -\boldsymbol{C} & \boldsymbol{D}(s) \end{bmatrix}.$$ □

此定理的证明从略. 附带说明，已经有实用的计算机软件可以实现此变换.

2.14.2 传递函数矩阵的史密斯-麦克米伦标准形

单变量运动对象的极点和零点，以及极点多项式和零点多项式，在 2.9.3 节与 2.9.4 节已有叙述. 多变量运动对象的极点和零点，以及传递函数矩阵的极点多项式和零点多项式，比单变量的情况要复杂得多. 从本节起将用适当的篇幅讨论.

为研究传递函数矩阵的极点和零点，本节首先引入多项式矩阵的"史密斯标准形"，进而说明有理函数矩阵的"史密斯-麦克米伦标准形". 下节将利用史密斯-麦克米伦标准形说明传递函数矩阵的极点和零点的定义与性质. 然后，还要说明极点多项式和零点多项式与系统矩阵的关系. 这些都是多变量运动对象十分重要的基本性质.

定理 2.14.2 设 $m\times l$ 的多项式矩阵 $\boldsymbol{N}(s)$ 的秩为 $r\leqslant\min(m,l)$，必存在 $m\times m$ 的单模矩阵 $\boldsymbol{L}(s)$ 和 $l\times l$ 的单模矩阵 $\boldsymbol{R}(s)$，化 $\boldsymbol{N}(s)$ 为其**史密斯标准形** $\boldsymbol{S}(s)$：

$$\boldsymbol{S}(s)=\boldsymbol{L}(s)\boldsymbol{N}(s)\boldsymbol{R}(s)=\left[\begin{array}{cccc:c} S_1(s) & & & & \\ & S_2(s) & & & \boldsymbol{0}_{r\times(l-r)} \\ & & \ddots & & \\ & & & S_r(s) & \\ \hdashline & \boldsymbol{0}_{(m-r)\times r} & & & \boldsymbol{0}_{(m-r)\times(l-r)} \end{array}\right], \tag{2.14.14}$$

其中诸 $S_i(s), i=1,2,\cdots,r$，为 s 的**首一多项式**(即最高次项系数为 1 的多项式)，称为矩阵 $\boldsymbol{N}(s)$ 的**不变因子**，且诸 $S_i(s)$ 具有**"依次可整除"**性质，即满足 $S_i(s)\mid S_{i+1}(s), i=1,2,\cdots,r-1$，记号"|"表示"可整除". □

此定理的证明从略.

一个矩阵的所有不恒为零的 k 阶子式的首一最大公因子称为该矩阵的 k 阶**行列式因子**. 按此定义，容易理解：式(2.14.14)中的矩阵 $\boldsymbol{S}(s)$ 的 k 阶行列式因子为

$\prod_{j=1}^{k} S_j(s)$. 可以证明：记矩阵 $\boldsymbol{N}(s)$ 的 k 阶行列式因子为 $d_k(s)$，则 $\boldsymbol{N}(s)$ 的各阶行列式因子分别与其史密斯标准形的同阶行列式因子相等，即有

$$d_k(s) = \prod_{j=1}^{k} S_j(s), \quad k = 1,2,\cdots,r. \tag{2.14.15}$$

为了方便，定义 $d_0(s)=1$. 这样就可以写出如下的普遍公式：

$$S_k(s) = \frac{d_k(s)}{d_{k-1}(s)}, \quad k = 1,2,\cdots,r. \tag{2.14.16}$$

一个多项式矩阵与它的史密斯标准形之间的变换既可以用单模矩阵实现，所以是一种初等变换.

按照上述定义求一个矩阵的史密斯标准形，必须先计算它的所有各阶的所有子式的行列式，再求出它们的最大公因子，方能得到诸 $S_i(s)$. 当矩阵的维数较高时，这项计算很繁重. 在计算机上做这样的计算困难更多. 下面给出一个在计算机上求矩阵的史密斯标准形的实用算法.

求多项式矩阵的史密斯标准形的算法

步骤 1　若 $\boldsymbol{N}(s)$ 已为零矩阵：$\boldsymbol{N}(s)=\boldsymbol{0}$，则过程已完成，否则 $\boldsymbol{N}(s)$ 中至少有 1 个非零元，则转步骤 2.

步骤 2　将矩阵中幂最低的非零元用第 2 种初等变换交换到(1,1)元位置. 转步骤 3. 今后在每一步骤中，把正在处理的矩阵的 (i,j) 元记为 $n_{i,j}(s)$.

步骤 3　将第 1 行和第 1 列的每个非零元都用 $n_{1,1}(s)$ 试除，分别求出其商和余式：

$$n_{1,j}(s) = n_{1,1}(s)q_{1,j}(s) + r_{1,j}(s), \quad j \neq 1;$$
$$n_{i,1}(s) = n_{1,1}(s)q_{i,1}(s) + r_{i,1}(s), \quad i \neq 1.$$

若上述每个非零元都能被 $n_{1,1}(s)$ 整除，即所有余式 $r_{1,j}(s)$ 和 $r_{i,1}(s)$ 都等于 0，则转步骤 4；否则在诸非零的余式中选出一个幂最低的，例如 $r_{1,k}$(或 $r_{k,1}$)，用第 3 种初等变换将第 1 列(行)的 $-q_{1,k}$ 倍($-q_{k,1}$ 倍)加到第 k 列(行)上. 此时所得的新的 $n_{1,k}$(或新的 $n_{k,1}$)成为第 1 行与第 1 列中幂最低的. 这一操作可称为“将$(1,k)$元降幂”或“将$(k,1)$元降幂”. 转步骤 2.

显然，步骤 3 和步骤 2 每反复进行一次，在(1,1)位置的元的幂至少降低 1. 所以经过有限次这样的反复后必可使第 1 行和第 1 列的每个非零元均能被 $n_{1,1}(s)$ 整除，即所有余式 $r_{1,j}(s)$ 和 $r_{i,1}(s)$ 都等于 0(这是因为：至迟，当 $n_{1,1}(s)$ 的幂降低到 0 即当 $n_{1,1}(s)$ 成为常数时，它必能整除任何多项式). 于是转步骤 4.

注意在上述步骤 3 和步骤 2 反复进行的过程中，$n_{1,1}(s)$ 的幂虽不断降低，但矩阵中其他各元的幂未必降低，甚至还可能升高. 这是正常的.

步骤 4　用第 3 种初等变换对每个第 i 行($i\neq1$)加上第 1 行的 $-q_{i,1}$ 倍，又对每个第 j 列($j\neq1$)加上第 1 列的 $-q_{1,j}$ 倍. 此时第 1 行和第 1 列的每个元(除 $n_{1,1}(s)$ 外)均变为 0，得到新的多项式矩阵：

$$\begin{bmatrix} n_{1,1}(s) & 0 & \cdots & 0 \\ 0 & n_{2,2} & \cdots & n_{2,l} \\ \vdots & \vdots & \vdots & \vdots \\ 0 & n_{m,2} & \cdots & n_{m,l} \end{bmatrix}, \tag{2.14.17}$$

其右下角是一个$(m-1)\times(l-1)$的矩阵子块.如果此时右下角已没有矩阵子块或矩阵子块中已没有非零元,则转步骤6.否则逐个地检查右下角矩阵子块中所有非零的$n_{i,j}(s)$:

(1) 若有某个非零的$n_{i,j}(s)$的幂低于$n_{1,1}(s)$的幂,则转步骤2;

(2) 否则,若所有非零的$n_{i,j}(s)$均可被$n_{1,1}(s)$整除,则转步骤5;

(3) 否则,至少有某个非零的$n_{i,j}(s)$的幂不低于$n_{1,1}(s)$的幂但又不能被$n_{1,1}(s)$整除,则用第3种初等变换将第i行(或第j列)加到第1行(列)上,然后转步骤3.

步骤5 此时,除第1行和第1列外,式(2.14.17)的右下角的矩阵子块的所有非零元均能被$n_{1,1}(s)$整除.容易理解:此后再对该矩阵子块进行任何初等变换,所得的矩阵子块的所有非零元仍能被$n_{1,1}(s)$整除.

现在,如果余下的$(m-1)\times(l-1)$的矩阵子块已是1×1的标量,则转步骤6,否则将此子块视为新的矩阵$\boldsymbol{N}(s)$.继续对它进行步骤1至步骤5的操作.

照此一层一层地进行下去,直至右下角没有矩阵子块或子块中没有非零元为止.矩阵$\boldsymbol{N}(s)$最后变成下面的形式:

$$\begin{bmatrix} \begin{matrix} n_{1,1}(s) & & & & \\ & n_{2,2}(s) & & & \\ & & \ddots & & \\ & & & \ddots & \\ & & & & n_{r,r}(s) \end{matrix} & \boldsymbol{0}_{r\times(l-r)} \\ \boldsymbol{0}_{(m-r)\times r} & \boldsymbol{0}_{(m-r)\times(l-r)} \end{bmatrix}. \tag{2.14.18}$$

其中$r\leqslant\min(m,l)$是矩阵$\boldsymbol{N}(s)$的秩.在式(2.14.18)中,每个主对角元$n_{i,i}(s)$能整除$n_{i+1,i+1}(s)$,$i=1,2,\cdots,r-1$.

步骤6 如果在所得的式(2.14.18)中有某个$n_{i,i}(s)$不是首一多项式,只须用第1种初等变换将第i行(或列)除以$n_{i,i}(s)$的最高次项的系数,就可将它化为式(2.14.14)的规范形式. □

显然,一个多项式矩阵与它的史密斯标准形之间是初等变换关系.

例2.14.1 要求用上述算法求下面的多项式矩阵$\boldsymbol{N}(s)$的史密斯标准形:

$$\boldsymbol{N}(s)=\begin{bmatrix} s^2+4s+3 & -s^4-6s^3-11s^2-6s & s^4+6s^3+11s^2+6s \\ s^2+3s+1 & -s^4-5s^3-7s^2-2s+1 & s^4+5s^3+7s^2+2s-1 \end{bmatrix}. \tag{2.14.19}$$

解 本例$m=2,l=3$,容易查证有$r=2$.

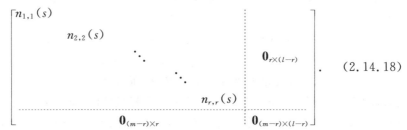

按照上述求多项式矩阵的史密斯标准形的算法一步一步地计算，最后得到矩阵 $\boldsymbol{N}(s)$ 的史密斯标准形如下：

$$\boldsymbol{N}(s)=\boldsymbol{L}(s)\boldsymbol{S}(s)\boldsymbol{R}(s), \tag{2.14.20}$$

其中

$$\boldsymbol{S}(s)=\begin{bmatrix}1 & 0 & 0\\ 0 & (s+1)(s+3) & 0\end{bmatrix}. \tag{2.14.21}$$

可见 $\boldsymbol{S}(s)$ 的各主对角元均为首一多项式，且具有依次可整除性，两个变换矩阵分别为

$$\boldsymbol{L}(s)=\begin{bmatrix}-1 & 1\\ 1 & 0\end{bmatrix} \tag{2.14.22}$$

和

$$\boldsymbol{R}(s)=\begin{bmatrix}s^2+2s & s^3+4s^2+4s+1 & 0\\ 1 & s+2 & 1\\ 0 & 0 & 1\end{bmatrix}. \tag{2.14.23}$$

它们都是单模矩阵. □

本例题的分步骤详细计算过程见本章的**附录 2.2**.

在多项式矩阵的史密斯标准形的基础上，下面讨论有理函数矩阵的史密斯-麦克米伦标准形.

定理 2.14.3　设 $m\times l$ 的有理函数矩阵 $\boldsymbol{G}(s)$ 的秩为 $r\leqslant\min(m,l)$，必存在 $m\times m$ 的单模矩阵 $\boldsymbol{L}(s)$ 和 $l\times l$ 的单模矩阵 $\boldsymbol{R}(s)$，化 $\boldsymbol{G}(s)$ 为其**史密斯-麦克米伦标准形** $\boldsymbol{M}(s)$：

$$\boldsymbol{M}(s)=\boldsymbol{L}(s)\boldsymbol{G}(s)\boldsymbol{R}(s)$$
$$=\left[\begin{array}{cccc|c}\dfrac{\varepsilon_1(s)}{\psi_1(s)} & & & & \\ & \dfrac{\varepsilon_2(s)}{\psi_2(s)} & & & \boldsymbol{0}_{r\times(l-r)}\\ & & \ddots & & \\ & & & \dfrac{\varepsilon_r(s)}{\psi_r(s)} & \\ \hline & \boldsymbol{0}_{(m-r)\times r} & & & \boldsymbol{0}_{(m-r)\times(l-r)}\end{array}\right], \tag{2.14.24}$$

其中诸 $\varepsilon_i(s)$ 和诸 $\psi_i(s)$ 均为 s 的首一多项式，$i=1,2,\cdots,r$. 且诸 $\varepsilon_i(s)$ 具有依次可整除性，而诸 $\psi_i(s)$ 具有依次可被整除性，即 $\varepsilon_i(s)\mid\varepsilon_{i+1}(s)$，而 $\psi_{i+1}(s)\mid\psi_i(s)$，$i=1,2,\cdots,r-1$.

证明　矩阵 $\boldsymbol{G}(s)$ 的各元都是 s 的有理分式. 设各元的首一最小公分母为多项式 $d(s)$. 则 $\boldsymbol{G}(s)$ 可表示为

$$\boldsymbol{G}(s)=\frac{1}{d(s)}\boldsymbol{N}(s), \tag{2.14.25}$$

其中 $\boldsymbol{N}(s)=d(s)\boldsymbol{G}(s)$ 是多项式矩阵. 根据定理 2.14.2,必存在 $m\times m$ 的单模矩阵 $\boldsymbol{L}(s)$ 和 $l\times l$ 的单模矩阵 $\boldsymbol{R}(s)$,化 $\boldsymbol{N}(s)$ 为其史密斯标准形 $\boldsymbol{S}(s)$:

$$\boldsymbol{L}(s)\boldsymbol{N}(s)\boldsymbol{R}(s)=\boldsymbol{S}(s).$$

用多项式 $d(s)$ 除上式两端,并利用式(2.14.14)和式(2.14.25),得

$$\begin{aligned}\frac{1}{d(s)}\boldsymbol{L}(s)\boldsymbol{N}(s)\boldsymbol{R}(s)&=\boldsymbol{L}(s)\boldsymbol{G}(s)\boldsymbol{R}(s)=\boldsymbol{M}(s)\\&=\left[\begin{array}{cccc|c}\frac{S_1(s)}{d(s)}&&&&\\&\frac{S_2(s)}{d(s)}&&&\boldsymbol{0}_{r\times(l-r)}\\&&\ddots&&\\&&&\frac{S_r(s)}{d(s)}&\\\hline&\boldsymbol{0}_{(m-r)\times r}&&&\boldsymbol{0}_{(m-r)\times(l-r)}\end{array}\right].\end{aligned}$$

其中每个 $S_i(s)$ 均为首一多项式. 将每个 $S_i(s)$ 与 $d(s)$ 消去公因子后,即可得到式(2.14.24). 因诸 $S_i(s)$ 有依次可整除性,故容易理解式(2.14.24)中的诸 $\varepsilon_i(s)$ 亦具有依次可整除性,而诸 $\psi_i(s)$ 则具有依次可被整除性. □

例 2.14.2 求下面的有理函数矩阵 $\boldsymbol{G}(s)$ 的史密斯-麦克米伦标准形:

$$\boldsymbol{G}(s)=\begin{bmatrix}\frac{s+3}{(s+1)(s+2)}&\frac{-s^2-3s}{s+1}&\frac{s^2+3s}{s+1}\\\frac{s^2+3s+1}{(s+1)^2(s+2)}&\frac{-s^3-4s^2-3s+1}{(s+1)(s+2)}&\frac{s^3+4s^2+3s-1}{(s+1)(s+2)}\end{bmatrix}.\tag{2.14.26}$$

解 本例 $l=3,m=2$,容易看出 $r=2$. $\boldsymbol{G}(s)$ 的各元的最小公分母为

$$d(s)=(s+1)^2(s+2),$$

而

$$\begin{aligned}\boldsymbol{N}(s)&=d(s)\boldsymbol{G}(s)\\&=\begin{bmatrix}s^2+4s+3&-s^4-6s^3-11s^2-6s&s^4+6s^3+11s^2+6s\\s^2+3s+1&-s^4-5s^3-7s^2-2s+1&s^4+5s^3+7s^2+2s-1\end{bmatrix}.\end{aligned}$$

此 $\boldsymbol{N}(s)$ 的史密斯标准形 $\boldsymbol{S}(s)$ 已在例 2.14.1 中求得,即式(2.14.21). 将它用公分母 $d(s)$ 除,即得 $\boldsymbol{G}(s)$ 的史密斯-麦克米伦标准形为

$$\begin{aligned}\boldsymbol{M}(s)&=\frac{1}{d(s)}\boldsymbol{S}(s)\\&=\begin{bmatrix}\frac{1}{(s+1)^2(s+2)}&0&0\\0&\frac{s+3}{(s+1)(s+2)}&0\end{bmatrix}.\end{aligned}\tag{2.14.27}$$

这就是所求的史密斯-麦克米伦标准形. 由此得到

$$\varepsilon_1(s) = 1,\quad \psi_1(s) = (s+1)^2(s+2), \tag{2.14.28a}$$

$$\varepsilon_2(s) = s+3,\quad \psi_2(s) = (s+1)(s+2). \tag{2.14.28b}$$

它们分别具有依次可整除性和依次可被整除性. 变换矩阵同式(2.14.22)和式(2.14.23). □

2.14.3 传递函数矩阵的极点和零点

多变量运动对象的极点和零点以及解耦零点的定义与性质,比单变量的复杂得多. **本书不讨论多变量对象的解耦零点**. 假设多变量运动对象不存在解耦零点,则其极点与零点是这样定义的: 首先求出对象的传递函数矩阵 $\boldsymbol{G}(s)$的史密斯-麦克米伦标准形 $\boldsymbol{M}(s)$. 设 $\boldsymbol{M}(s)$的主对角线上的各元为 $\varepsilon_i(s)/\psi_i(s)$, $i=1,2,\cdots,r$,其中 r 为该传递函数矩阵的秩. 记

$$\psi(s) = \prod_{i=1}^{r} \psi_i(s), \tag{2.14.29}$$

$$\varepsilon(s) = \prod_{i=1}^{r} \varepsilon_i(s). \tag{2.14.30}$$

分别称 $\psi(s)$和 $\varepsilon(s)$为有理传递函数矩阵 $\boldsymbol{G}(s)$的**极点多项式**和**零点多项式**.

定义 2.14.6　有理函数矩阵的**极点**定义为该矩阵的极点多项式 $\psi(s)$的零点. □

定义 2.14.7　有理函数矩阵的**零点**定义为该矩阵的零点多项式 $\varepsilon(s)$的零点. □

以例 2.14.2 的传递函数矩阵 $\boldsymbol{G}(s)$为例. 根据式(2.14.28a,b),它的极点多项式和零点多项式分别是

$$\psi(s) = \psi_1(s)\psi_2(s) = (s+1)^3(s+2)^2,$$

$$\varepsilon(s) = \varepsilon_1(s)\varepsilon_2(s) = s+3.$$

所以该例的 $\boldsymbol{G}(s)$有 5 个极点: −1,−1,−1,−2,−2; 有 1 个零点: −3.

关于传递函数矩阵的极点和零点,有几点需要特别注意:

第一,定义 2.14.6 和定义 2.14.7 规定的极点和零点,有时称为**史密斯-麦克米伦极点**和**史密斯-麦克米伦零点**. 文献中对于多变量对象的极点和零点还有其他定义. 但**切不可把传递函数矩阵的各元的极点和零点误称为该传递函数矩阵的极点和零点**. 以例 2.14.2 的传递函数矩阵 $\boldsymbol{G}(s)$为例,$s=0$ 虽是 $\boldsymbol{G}(s)$的(1,2)元和(1,3)元的零点,却不是 $\boldsymbol{G}(s)$的零点.

第二,一个矩阵的极点和零点中,可能有某些极点与某些零点相重合,但如果这些极点所对应的因子与这些零点所对应的因子位于史密斯-麦克米伦标准形的不同的对角元上,则它们之间不存在相消关系. 具体说,如果在式(2.14.24)中矩阵 $\boldsymbol{M}(s)$的某 $\psi_i(s)$与某 $\varepsilon_j(s)$含有相同的因子$(s-a)$,但 $i\neq j$,则相应的极点与零点之间不存在相消关系. 点 $s=a$ 既是矩阵 $\boldsymbol{G}(s)$的极点,同时又是矩阵 $\boldsymbol{G}(s)$的零点.

第三,有理函数矩阵的史密斯-麦克米伦零点的标志是:**在零点上矩阵降秩**.这是因为,在零点上,矩阵的史密斯-麦克米伦标准形 $\boldsymbol{M}(s)$ 中 $\varepsilon(s)=0$,故至少有一个 $\varepsilon_i(s)=0$.因此矩阵 $\boldsymbol{M}(s)$ 的秩至少降低 1.由于矩阵 $\boldsymbol{L}(s)$ 与 $\boldsymbol{R}(s)$ 均为满秩矩阵,故 $\boldsymbol{G}(s)$ 的秩必也降低.反之,如果在 s 取某值时矩阵 $\boldsymbol{G}(s)$ 降秩,则 $\boldsymbol{M}(s)$ 中至少有 1 个 $\varepsilon_i(s)=0$.在例 2.14.2 中,把 $s=-3$ 代入式(2.14.26),就可验证 $\boldsymbol{G}(s)$ 降秩.

对于单变量对象,其标量传递函数的分子和分母显然可以视为 $\varepsilon(s)$ 和 $\psi(s)$ 的退化情形.在零点上,传递函数的值化为 0,可以视为它的"秩"从 1 降为 0.这可以视为有理函数矩阵在零点上降秩的特例.

关于传递函数矩阵的极点和零点,有一个重要定理.首先引入如下的命题:

命题 2.14.3(分块矩阵的行列式) 设有方形分块矩阵

$$\boldsymbol{P}=\begin{bmatrix}\boldsymbol{T} & \boldsymbol{U}\\ \boldsymbol{V} & \boldsymbol{W}\end{bmatrix},$$

其中 $\boldsymbol{T}$ 和 $\boldsymbol{W}$ 分别为 $r\times r$ 和 $m\times m$ 的方形矩阵块,且 $\boldsymbol{T}$ 非奇异,则有

$$\det\boldsymbol{P}=\det\boldsymbol{T}\det(\boldsymbol{W}-\boldsymbol{V}\boldsymbol{T}^{-1}\boldsymbol{U}).\tag{2.14.31}$$

证明 构造如下两个矩阵:

$$\boldsymbol{L}=\begin{bmatrix}\boldsymbol{I}_r & \boldsymbol{0}_{r\times m}\\ -\boldsymbol{V}\boldsymbol{T}^{-1} & \boldsymbol{I}_m\end{bmatrix},\quad \boldsymbol{R}=\begin{bmatrix}\boldsymbol{I}_r & -\boldsymbol{T}^{-1}\boldsymbol{U}\\ \boldsymbol{0}_{m\times r} & \boldsymbol{I}_m\end{bmatrix}.$$

容易验证有

$$\boldsymbol{LPR}=\begin{bmatrix}\boldsymbol{T} & \boldsymbol{0}_{r\times m}\\ \boldsymbol{0}_{m\times r} & \boldsymbol{W}-\boldsymbol{V}\boldsymbol{T}^{-1}\boldsymbol{U}\end{bmatrix}.$$

对此式两端同取行列式,注意到 $\det\boldsymbol{L}=\det\boldsymbol{R}=1$,即得式(2.14.31). □

上面这个命题有的文献中称为**舒尔公式**.现在证明如下的重要定理.

定理 2.14.4 设运动对象的输入量与输出量维数相同,系统矩阵为方形矩阵:

$$\boldsymbol{P}(s)=\begin{bmatrix}\boldsymbol{T}(s) & \boldsymbol{U}(s)\\ -\boldsymbol{V}(s) & \boldsymbol{W}(s)\end{bmatrix},$$

则有

$$\det\boldsymbol{G}(s)=\frac{\det\boldsymbol{P}(s)}{\det\boldsymbol{T}(s)},\tag{2.14.32}$$

其中 $\boldsymbol{G}(s)$ 是对象的传递函数矩阵.

证明 设对象的输入量与输出量均为 m 维,则矩阵 $\boldsymbol{P}(s)$ 为 $(r+m)\times(r+m)$ 的方形矩阵,其左上角与右下角分别为 $r\times r$ 与 $m\times m$ 的方形矩阵块,且左上角的矩阵块 $\boldsymbol{T}(s)$ 非奇异.对矩阵 $\boldsymbol{P}(s)$ 应用命题 2.14.3,可得

$$\det\boldsymbol{P}(s)=\det\boldsymbol{T}(s)\det[\boldsymbol{V}(s)\boldsymbol{T}^{-1}(s)\boldsymbol{U}(s)+\boldsymbol{W}(s)].$$

将 2.13.2 节的式(2.13.31)代入上式，即得式(2.14.32). □

例 2.14.3 在例 2.13.1 的小功率随动系统中，设规定 $M_L=0$，则输入量只有 1 维：$l=m=1$. 式(2.13.13)的矩阵 $\boldsymbol{U}(s)$ 化为

$$\boldsymbol{U}(s)=\begin{bmatrix}k_p\\0\\0\\0\\0\end{bmatrix},$$

而式(2.13.26)的系统矩阵 $\boldsymbol{P}(s)$ 化为 5×5 的方形矩阵：

$$\boldsymbol{P}(s)=\left[\begin{array}{cccc:c}k_p & 0 & 0 & 1 & k_p\\ 0 & T_f s+1 & 0 & -\dfrac{k_a}{R_f} & 0\\ 0 & -\dfrac{k_g}{k_d} & T_aT_ms^2+T_ms+1 & 0 & 0\\ s & 0 & -k_t & 0 & 0\\ \hdashline -1 & 0 & 0 & 0 & 0\end{array}\right].$$

容易求得

$$\det\boldsymbol{P}(s)=-\frac{k_pk_ak_gk_t}{k_dR_f}.$$

因输入量与输出量均为 1 维，故传递函数矩阵 $\boldsymbol{G}(s)$ 化为标量传递函数 $G(s)$，它就是已在 2.10.2 节式(2.10.28)求得的 $H_{\psi-\varphi}(s)$，重新写出如下：

$$G(s)=\frac{\dfrac{k_pk_ak_gk_t}{k_dR_f}}{s(T_fs+1)(T_aT_ms^2+T_ms+1)+\dfrac{k_pk_ak_gk_t}{k_dR_f}}.$$

又本例的 $\det\boldsymbol{T}(s)$ 已在式(2.2.41)求出为

$$\det\boldsymbol{T}(s)=\rho(s)=-s(T_fs+1)(T_aT_ms^2+T_ms+1)-\frac{k_pk_ak_gk_t}{k_dR_f}.$$

不难验证以上 3 个表达式满足式(2.14.32). □

注意到在矩阵 $\boldsymbol{G}(s)$ 的史密斯-麦克米伦标准形表达式(2.14.24)中变换矩阵 $\boldsymbol{L}(s)$ 和 $\boldsymbol{R}(s)$ 都是单模矩阵，所以 $\det\boldsymbol{G}(s)$ 与 $\det\boldsymbol{M}(s)$ 至多只相差非零常数倍，因此有

$$\det\boldsymbol{G}(s)=c\det\boldsymbol{M}(s)=c\frac{\varepsilon(s)}{\psi(s)},$$

其中 c 为非零常数，$\varepsilon(s)$ 和 $\psi(s)$ 分别为传递函数矩阵 $\boldsymbol{G}(s)$ 的零点多项式和极点多项式. 对于输入量与输出量维数相同的情形，**定义传递函数矩阵 $\boldsymbol{G}(s)$ 的特征多项式为 $\det\boldsymbol{G}(s)$ 的极点多项式**，就有

$$\rho(s)=\psi(s). \qquad (2.14.33)$$

另外，式(2.14.32)可改写为

$$c\frac{\varepsilon(s)}{\psi(s)}=\frac{\det\boldsymbol{P}(s)}{\det\boldsymbol{T}(s)}.$$

注意到在上式中 $\varepsilon(s)$, $\psi(s)$, $\det\boldsymbol{P}(s)$ 和 $\det\boldsymbol{T}(s)$ 都是 s 的多项式，且 2.13.1 节已指出 $\det\boldsymbol{T}(s)=\rho(s)$，因而 $\det\boldsymbol{T}(s)$ 与 $\psi(s)$ 至多只相差非零常数倍. 由此便可理解，$\det\boldsymbol{P}(s)$ 与 $\varepsilon(s)$ 至多也只相差非零常数倍. 因此有如下的定理.

定理 2.14.5 系统矩阵的行列式 $\det\boldsymbol{P}(s)$ 就是传递函数矩阵的零点多项式，至多只相差非零常数倍. □

例 2.14.3 也验证了这个定理.

众所周知，单变量情形下的传递函数 $\boldsymbol{G}(s)$ 等于其零点多项式与极点多项式之比. 现在，定理 2.14.4 和 2.14.5 表明，在多变量情形下，传递函数矩阵的行列式 $\det\boldsymbol{G}(s)$ 等于其零点多项式 $\det\boldsymbol{P}(s)$ 与极点多项式 $\det\boldsymbol{T}(s)$ 之比. 这又一次表明，传递函数矩阵是传递函数在多变量情形下的推广，而传递函数则是传递函数矩阵的退化.

2.15 闭环系统的特征多项式

绝大多数情况下，控制工程研究和处理的对象是闭环控制系统. 本节将用严格系统等价变换研究为**闭环**控制系统列写系统矩阵与特征多项式的方法，特别是闭环系统与开环系统的特征多项式之间的关系.

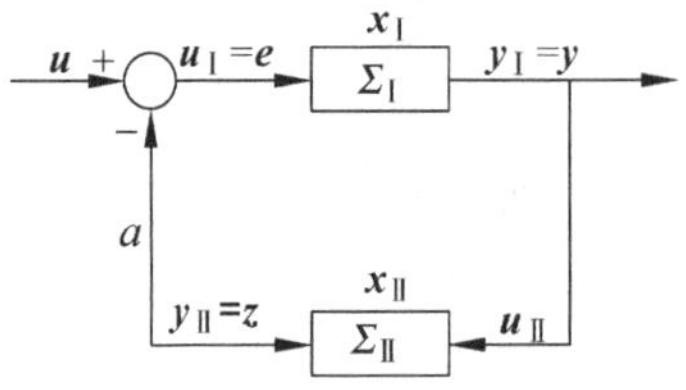

图 2.15.1 典型多变量反馈系统

考查图 2.15.1 的典型多变量反馈系统. 本节将结合这个典型系统进行讨论. 在此先要指出：闭环控制系统结构复杂，一个系统往往由多个子系统合成. 如果采用常规状态空间描述，由几个子系统的模型导出合成系统的模型的过程往往很繁杂，而且得到的合成系统状态方程一般难以保留各个子系统的特征，因而不便于分析和综合. 这是常规状态空间描述的一项弱点. 采用系统矩阵描述则可改进这个弱点. 为了对比，下面先用常规状态空间描述，再用系统矩阵描述，分别研究这个闭环反馈系统的数学模型.

图 2.15.1 的系统的前向通道是多变量子系统 Σ_{I}，反馈通道是多变量子系统 Σ_{II}. 子系统 Σ_{I} 的状态向量、输入向量和输出向量分别为 $\boldsymbol{x}_{\mathrm{I}}$, $\boldsymbol{u}_{\mathrm{I}}$ 和 $\boldsymbol{y}_{\mathrm{I}}$；子系统 Σ_{II} 的状态向量、输入向量和输出向量分别为 $\boldsymbol{x}_{\mathrm{II}}$, $\boldsymbol{u}_{\mathrm{II}}$ 和 $\boldsymbol{y}_{\mathrm{II}}$. 向量 $\boldsymbol{x}_{\mathrm{I}}$ 为 n_{I} 维，向量 $\boldsymbol{x}_{\mathrm{II}}$ 为 n_{II} 维；向量 $\boldsymbol{u}$, $\boldsymbol{u}_{\mathrm{I}}$ 和 $\boldsymbol{y}_{\mathrm{II}}$ 均为 l 维；向量 $\boldsymbol{y}$, $\boldsymbol{y}_{\mathrm{I}}$ 和 $\boldsymbol{u}_{\mathrm{II}}$ 均为 m 维.

首先看用常规状态方程描述的过程和结果. 把关于两个子系统各自的各矩阵和向量分别用下标“I”和下标“II”表示. 两个子系统的状态方程分别是

$$\Sigma_{\mathrm{I}}: \qquad \dot{\boldsymbol{x}}_{\mathrm{I}}=\boldsymbol{A}_{\mathrm{I}}\boldsymbol{x}_{\mathrm{I}}+\boldsymbol{B}_{\mathrm{I}}\boldsymbol{u}_{\mathrm{I}},$$

$$\boldsymbol{y}_{\mathrm{I}}=\boldsymbol{C}_{\mathrm{I}}\boldsymbol{x}_{\mathrm{I}}+\boldsymbol{D}_{\mathrm{I}}\boldsymbol{u}_{\mathrm{I}};$$

Σ_{II}:

$$\dot{\boldsymbol{x}}_{\mathrm{II}}=\boldsymbol{A}_{\mathrm{II}}\boldsymbol{x}_{\mathrm{II}}+\boldsymbol{B}_{\mathrm{II}}\boldsymbol{u}_{\mathrm{II}},$$
$$\boldsymbol{y}_{\mathrm{II}}=\boldsymbol{C}_{\mathrm{II}}\boldsymbol{x}_{\mathrm{II}}+\boldsymbol{D}_{\mathrm{II}}\boldsymbol{u}_{\mathrm{II}}.$$

又有

$$\boldsymbol{u}_{\mathrm{I}}=\boldsymbol{u}-\boldsymbol{y}_{\mathrm{II}},$$
$$\boldsymbol{u}_{\mathrm{II}}=\boldsymbol{y}_{\mathrm{I}},$$

以及

$$\boldsymbol{y}=\boldsymbol{y}_{\mathrm{I}}.$$

矩阵 $\boldsymbol{A}_{\mathrm{I}},\boldsymbol{B}_{\mathrm{I}},\boldsymbol{C}_{\mathrm{I}},\boldsymbol{D}_{\mathrm{I}}$ 和 $\boldsymbol{A}_{\mathrm{II}},\boldsymbol{B}_{\mathrm{II}},\boldsymbol{C}_{\mathrm{II}},\boldsymbol{D}_{\mathrm{II}}$的维数容易推定，无需细述. 经过相当繁冗的推导，方可由以上方程组得到闭环合成系统的常规状态方程为

$$\dot{\boldsymbol{x}}=\boldsymbol{A}\boldsymbol{x}+\boldsymbol{B}\boldsymbol{u},$$
$$\boldsymbol{y}=\boldsymbol{C}\boldsymbol{x}+\boldsymbol{D}\boldsymbol{u}.$$

其中

$$\boldsymbol{x}=\begin{bmatrix}\boldsymbol{x}_{\mathrm{I}}\\ \boldsymbol{x}_{\mathrm{II}}\end{bmatrix},$$

为合成系统的$(n_{\mathrm{I}}+n_{\mathrm{II}})$维状态向量，而

$$\boldsymbol{A}=\begin{bmatrix}\boldsymbol{A}_{\mathrm{I}}-\boldsymbol{B}_{\mathrm{I}}\boldsymbol{D}_{\mathrm{II}}\boldsymbol{J}\boldsymbol{C}_{\mathrm{I}} & -\boldsymbol{B}_{\mathrm{I}}\boldsymbol{C}_{\mathrm{II}}+\boldsymbol{B}_{\mathrm{I}}\boldsymbol{D}_{\mathrm{II}}\boldsymbol{J}\boldsymbol{D}_{\mathrm{I}}\boldsymbol{C}_{\mathrm{II}}\\ \boldsymbol{B}_{\mathrm{II}}\boldsymbol{J}\boldsymbol{C}_{\mathrm{I}} & \boldsymbol{A}_{\mathrm{II}}-\boldsymbol{B}_{\mathrm{II}}\boldsymbol{J}\boldsymbol{D}_{\mathrm{I}}\boldsymbol{C}_{\mathrm{II}}\end{bmatrix},$$

$$\boldsymbol{B}=\begin{bmatrix}\boldsymbol{B}_{\mathrm{I}}-\boldsymbol{B}_{\mathrm{I}}\boldsymbol{D}_{\mathrm{II}}\boldsymbol{J}\boldsymbol{D}_{\mathrm{I}}\\ \boldsymbol{B}_{\mathrm{II}}\boldsymbol{J}\boldsymbol{D}_{\mathrm{I}}\end{bmatrix},$$

$$\boldsymbol{C}=[\boldsymbol{J}\boldsymbol{C}_{\mathrm{I}}\quad -\boldsymbol{J}\boldsymbol{D}_{\mathrm{I}}\boldsymbol{C}_{\mathrm{II}}],$$

$$\boldsymbol{D}=\boldsymbol{J}\boldsymbol{D}_{\mathrm{I}},$$

其中 $\boldsymbol{J}=[\boldsymbol{I}_m+\boldsymbol{D}_{\mathrm{I}}\boldsymbol{D}_{\mathrm{II}}]^{-1}$.

从上面得到的结果可以看出，为了求得闭环合成系统的 $\boldsymbol{A},\boldsymbol{B},\boldsymbol{C},\boldsymbol{D}$ 矩阵，不但推导过程很繁琐，而且所得的各矩阵与两个子系统本身的相应矩阵之间的关系相当复杂，不能简明地反映各个子系统的特征. 至于求取闭环系统的特征多项式，显然会更难.

下面改用系统矩阵描述和严格系统等价变换处理上述闭环系统，并导出一些重要的结果. 从中可以看出系统矩阵描述在这方面的优越性.

设图 2.15.1 中两个子系统的系统矩阵分别是 $\boldsymbol{T}_{\mathrm{I}}(s),\boldsymbol{U}_{\mathrm{I}}(s),\boldsymbol{V}_{\mathrm{I}}(s),\boldsymbol{W}_{\mathrm{I}}(s)$和 $\boldsymbol{T}_{\mathrm{II}}(s),\boldsymbol{U}_{\mathrm{II}}(s),\boldsymbol{V}_{\mathrm{II}}(s),\boldsymbol{W}_{\mathrm{II}}(s)$. 两个子系统的输入向量与输出向量的维数同前. 两个子系统的广义状态向量 $\boldsymbol{x}_{\mathrm{I}}$ 与 $\boldsymbol{x}_{\mathrm{II}}$的维数分别为 r_{I}和 r_{II}，各矩阵的维数容易推定，无需细述. 根据图 2.15.1，两个子系统各自的系统矩阵分别应为

Σ_{I}:

$$\boldsymbol{T}_{\mathrm{I}}(s)\bar{\boldsymbol{x}}_{\mathrm{I}}(s)=\boldsymbol{U}_{\mathrm{I}}(s)\bar{\boldsymbol{e}}(s), \tag{2.15.1a}$$

$$\bar{\boldsymbol{y}}(s)=\boldsymbol{V}_{\mathrm{I}}(s)\bar{\boldsymbol{x}}_{\mathrm{I}}(s)+\boldsymbol{W}_{\mathrm{I}}(s)\bar{\boldsymbol{e}}(s); \tag{2.15.1b}$$

$$\Sigma_{\mathrm{II}}: \qquad \boldsymbol{T}_{\mathrm{II}}(s)\bar{\boldsymbol{x}}_{\mathrm{II}}(s)=\boldsymbol{U}_{\mathrm{II}}(s)\bar{\boldsymbol{y}}(s), \tag{2.15.1c}$$

$$\bar{\boldsymbol{z}}(s)=\boldsymbol{V}_{\mathrm{II}}(s)\bar{\boldsymbol{x}}_{\mathrm{II}}(s)+\boldsymbol{W}_{\mathrm{II}}(s)\bar{\boldsymbol{y}}(s). \tag{2.15.1d}$$

我们的目标是：求出此系统的开环特征多项式与闭环特征多项式，并研究二者之间的关系.

为此要做的第1步，是分别列写此系统的开环系统矩阵 $\boldsymbol{P}_{\text{open}}(s)$ 与闭环系统矩阵 $\boldsymbol{P}_{\text{clsd}}(s)$.

首先列写开环系统矩阵 $\boldsymbol{P}_{\text{open}}(s)$. 假想此系统在图2.15.1中的a点断开，形成2.10.2节所说的"闭合回路的开环途径". 方程式(2.15.1a,b,c,d)就是此开环合成系统的全部方程组. 为了写出此开环合成系统的系统矩阵，首先按照2.13.1节所述的"规则1"和"规则2"写出等号两端的向量. 依"规则1"，等号左端向量的上部应是开环合成系统的受控变量，下部应是开环合成系统的反号输入向量. 在本开环合成系统中，为下文推导方便，将受控变量取为 $\bar{\boldsymbol{x}}_{\mathrm{I}}(s)$，$-\bar{\boldsymbol{y}}(s)$，$\bar{\boldsymbol{x}}_{\mathrm{II}}(s)$ 和 $-\bar{\boldsymbol{z}}(s)$，开环合成系统的输入向量为 $\bar{\boldsymbol{e}}(s)$，输出向量为 $\bar{\boldsymbol{z}}(s)$. 因此，等号左端的向量应是

$$\begin{bmatrix} \bar{\boldsymbol{x}}_{\mathrm{I}}(s) \\ -\bar{\boldsymbol{y}}(s) \\ \bar{\boldsymbol{x}}_{\mathrm{II}}(s) \\ -\bar{\boldsymbol{z}}(s) \\ \hdashline -\bar{\boldsymbol{e}}(s) \end{bmatrix}.$$

此向量上部的维数是 $(r_{\mathrm{I}}+m+r_{\mathrm{II}}+l)$，这就是开环合成系统的 $\boldsymbol{T}(s)$ 矩阵的维数 r. 此向量下部的维数是 l.

依"规则2"，等号右端向量的上部的零向量的维数也应是 r，下部应是反号的开环合成系统输出向量，即 l 维的 $-\bar{\boldsymbol{z}}(s)$，故等号右端的向量应是

$$\begin{bmatrix} \boldsymbol{0}_{r_{\mathrm{I}}\times 1} \\ \boldsymbol{0}_{m\times 1} \\ \boldsymbol{0}_{r_{\mathrm{II}}\times 1} \\ \boldsymbol{0}_{l\times 1} \\ \hdashline -\bar{\boldsymbol{z}}(s) \end{bmatrix}.$$

写好这两个向量后，就可在等号左端首先按照应有的维数画出合成系统的空白系统矩阵：

$$\left[\begin{array}{cccc:c} * & * & * & * & * \\ * & * & * & * & * \\ * & * & * & * & * \\ * & * & * & * & * \\ \hdashline * & * & * & * & * \end{array}\right] \begin{bmatrix} \bar{\boldsymbol{x}}_{\mathrm{I}}(s) \\ -\bar{\boldsymbol{y}}(s) \\ \bar{\boldsymbol{x}}_{\mathrm{II}}(s) \\ -\bar{\boldsymbol{z}}(s) \\ \hdashline -\bar{\boldsymbol{e}}(s) \end{bmatrix} = \begin{bmatrix} \boldsymbol{0}_{r_{\mathrm{I}}\times 1} \\ \boldsymbol{0}_{m\times 1} \\ \boldsymbol{0}_{r_{\mathrm{II}}\times 1} \\ \boldsymbol{0}_{l\times 1} \\ \hdashline -\bar{\boldsymbol{z}}(s) \end{bmatrix},$$

然后再在矩阵内逐一填写相应的内容以满足式(2.15.1a,b,c,d)等 4 个方程，得到

$$\left[\begin{array}{cccc:c} \boldsymbol{T}_{\mathrm{I}}(s) & \boldsymbol{0} & \boldsymbol{0} & \boldsymbol{0} & \boldsymbol{U}_{\mathrm{I}}(s) \\ -\boldsymbol{V}_{\mathrm{I}}(s) & -\boldsymbol{I}_m & \boldsymbol{0} & \boldsymbol{0} & \boldsymbol{W}_{\mathrm{I}}(s) \\ \boldsymbol{0} & \boldsymbol{U}_{\mathrm{II}}(s) & \boldsymbol{T}_{\mathrm{II}}(s) & \boldsymbol{0} & \boldsymbol{0} \\ \boldsymbol{0} & \boldsymbol{W}_{\mathrm{II}}(s) & -\boldsymbol{V}_{\mathrm{II}}(s) & -\boldsymbol{I}_l & \boldsymbol{0} \\ \hdashline \boldsymbol{0} & \boldsymbol{0} & \boldsymbol{0} & \boldsymbol{I}_l & \boldsymbol{0} \end{array}\right] \left[\begin{array}{c} \bar{\boldsymbol{x}}_{\mathrm{I}}(s) \\ -\bar{\boldsymbol{y}}(s) \\ \bar{\boldsymbol{x}}_{\mathrm{II}}(s) \\ -\bar{\boldsymbol{z}}(s) \\ \hdashline -\bar{\boldsymbol{e}}(s) \end{array}\right] = \left[\begin{array}{c} \boldsymbol{0}_{r_{\mathrm{I}}\times 1} \\ \boldsymbol{0}_{m\times 1} \\ \boldsymbol{0}_{r_{\mathrm{II}}\times 1} \\ \boldsymbol{0}_{l\times 1} \\ \hdashline -\bar{\boldsymbol{z}}(s) \end{array}\right]. \tag{2.15.2}$$

式(2.15.2)就是此开环合成系统的系统矩阵描述.

现在仿照上述过程列写此系统的闭环合成系统矩阵 $\boldsymbol{P}_{\mathrm{clsd}}(s)$. 将图 2.15.1 中的 a 点恢复接通. 闭环合成系统的输入向量成为$\bar{\boldsymbol{u}}(s)$：

$$\bar{\boldsymbol{u}}(s) = \bar{\boldsymbol{e}}(s) + \bar{\boldsymbol{z}}(s),$$

把它代入式(2.15.1d)，以消去$\bar{\boldsymbol{z}}(s)$，得到

$$\bar{\boldsymbol{u}}(s) - \bar{\boldsymbol{e}}(s) = \boldsymbol{V}_{\mathrm{II}}(s)\,\bar{\boldsymbol{x}}_{\mathrm{II}}(s) + \boldsymbol{W}_{\mathrm{II}}(s)\,\bar{\boldsymbol{y}}(s), \tag{2.15.1e}$$

现在可以用式(2.15.1e)取代式(2.15.1d). 这只是为了在方程组中减少 1 个方程(同时减少 1 个变量$\bar{z}(s)$)，以简化方程组.

按照 2.13.1 节所述的“规则 1”和“规则 2”写出等号两端的向量. 因$\bar{\boldsymbol{z}}(s)$已消去，为下文推导方便，将闭环合成系统的 4 个受控向量取为，$\bar{\boldsymbol{x}}_{\mathrm{I}}(s)$，$-\bar{\boldsymbol{e}}(s)$，$\bar{\boldsymbol{x}}_{\mathrm{II}}(s)$，$-\bar{\boldsymbol{y}}(s)$. 闭环合成系统的输入向量是$\bar{\boldsymbol{u}}(s)$，输出向量是$\bar{\boldsymbol{y}}(s)$. 因此，等号左端与右端的向量分别应是

$$\left[\begin{array}{c} \bar{\boldsymbol{x}}_{\mathrm{I}}(s) \\ -\bar{\boldsymbol{e}}(s) \\ \bar{\boldsymbol{x}}_{\mathrm{II}}(s) \\ -\bar{\boldsymbol{y}}(s) \\ \hdashline -\bar{\boldsymbol{u}}(s) \end{array}\right] \quad 与 \quad \left[\begin{array}{c} \boldsymbol{0}_{r_{\mathrm{I}}\times 1} \\ \boldsymbol{0}_{l\times 1} \\ \boldsymbol{0}_{r_{\mathrm{II}}\times 1} \\ \boldsymbol{0}_{m\times 1} \\ \hdashline -\bar{\boldsymbol{y}}(s) \end{array}\right].$$

画出闭环合成系统的空白系统矩阵并在空白矩阵内填写相应的内容以满足式(2.15.1a,b,c,e)等 4 个方程后，得到

$$\left[\begin{array}{cccc:c} \boldsymbol{T}_{\mathrm{I}}(s) & \boldsymbol{U}_{\mathrm{I}}(s) & \boldsymbol{0} & \boldsymbol{0} & \boldsymbol{0} \\ -\boldsymbol{V}_{\mathrm{I}}(s) & \boldsymbol{W}_{\mathrm{I}}(s) & \boldsymbol{0} & -\boldsymbol{I}_m & \boldsymbol{0} \\ \boldsymbol{0} & \boldsymbol{0} & \boldsymbol{T}_{\mathrm{II}}(s) & \boldsymbol{U}_{\mathrm{II}}(s) & \boldsymbol{0} \\ \boldsymbol{0} & \boldsymbol{I}_l & -\boldsymbol{V}_{\mathrm{II}}(s) & \boldsymbol{W}_{\mathrm{II}}(s) & -\boldsymbol{I}_l \\ \hdashline \boldsymbol{0} & \boldsymbol{0} & \boldsymbol{0} & \boldsymbol{I}_m & \boldsymbol{0} \end{array}\right] \left[\begin{array}{c} \bar{\boldsymbol{x}}_{\mathrm{I}}(s) \\ -\bar{\boldsymbol{e}}(s) \\ \bar{\boldsymbol{x}}_{\mathrm{II}}(s) \\ -\bar{\boldsymbol{y}}(s) \\ \hdashline -\bar{\boldsymbol{u}}(s) \end{array}\right] = \left[\begin{array}{c} \boldsymbol{0}_{r_{\mathrm{I}}\times 1} \\ \boldsymbol{0}_{l\times 1} \\ \boldsymbol{0}_{r_{\mathrm{II}}\times 1} \\ \boldsymbol{0}_{m\times 1} \\ \hdashline -\bar{\boldsymbol{y}}(s) \end{array}\right]. \tag{2.15.3}$$

式(2.15.3)就是闭环合成系统的系统矩阵描述.

根据式(2.15.2)和式(2.15.3)，可写出

$$\boldsymbol{P}_{\text{open}}(s)=\left[\begin{array}{cccc:c}\boldsymbol{T}_{\text{I}}(s) & \boldsymbol{0} & \boldsymbol{0} & \boldsymbol{0} & \boldsymbol{U}_{\text{I}}(s)\\ -\boldsymbol{V}_{\text{I}}(s) & -\boldsymbol{I}_m & \boldsymbol{0} & \boldsymbol{0} & \boldsymbol{W}_{\text{I}}(s)\\ \boldsymbol{0} & \boldsymbol{U}_{\text{II}}(s) & \boldsymbol{T}_{\text{II}}(s) & \boldsymbol{0} & \boldsymbol{0}\\ \boldsymbol{0} & \boldsymbol{W}_{\text{II}}(s) & -\boldsymbol{V}_{\text{II}}(s) & -\boldsymbol{I}_l & \boldsymbol{0}\\ \hdashline \boldsymbol{0} & \boldsymbol{0} & \boldsymbol{0} & \boldsymbol{I}_l & \boldsymbol{0}\end{array}\right], \quad (2.15.4)$$

$$\boldsymbol{P}_{\text{clsd}}(s)=\left[\begin{array}{cccc:c}\boldsymbol{T}_{\text{I}}(s) & \boldsymbol{U}_{\text{I}}(s) & \boldsymbol{0} & \boldsymbol{0} & \boldsymbol{0}\\ -\boldsymbol{V}_{\text{I}}(s) & \boldsymbol{W}_{\text{I}}(s) & \boldsymbol{0} & -\boldsymbol{I}_m & \boldsymbol{0}\\ \boldsymbol{0} & \boldsymbol{0} & \boldsymbol{T}_{\text{II}}(s) & \boldsymbol{U}_{\text{II}}(s) & \boldsymbol{0}\\ \boldsymbol{0} & \boldsymbol{I}_l & -\boldsymbol{V}_{\text{II}}(s) & \boldsymbol{W}_{\text{II}}(s) & -\boldsymbol{I}_l\\ \hdashline \boldsymbol{0} & \boldsymbol{0} & \boldsymbol{0} & \boldsymbol{I}_m & \boldsymbol{0}\end{array}\right]. \quad (2.15.5)$$

第1步至此完成.

可以看出,在闭环合成系统的系统矩阵描述中,两个子系统的主要信息都被保留下来.

第2步要做的,是分别为开环合成系统和闭环合成系统求取系统矩阵的行列式,即 $\det\boldsymbol{P}_{\text{open}}(s)$和 $\det\boldsymbol{P}_{\text{clsd}}(s)$. 当然,为此首先要设定:系统的输入量与输出量维数相同,即 $l=m$,以使 $\boldsymbol{P}_{\text{open}}(s)$和 $\boldsymbol{P}_{\text{clsd}}(s)$都成为方形的.

现在来计算 $\det\boldsymbol{P}_{\text{open}}(s)$和 $\det\boldsymbol{P}_{\text{clsd}}(s)$. 直接从式(2.15.4)和式(2.15.5)计算行列式显然不便. 最好利用严格系统等价变换先把 $\boldsymbol{P}_{\text{open}}(s)$和 $\boldsymbol{P}_{\text{clsd}}(s)$化简后再求.

先化简 $\boldsymbol{P}_{\text{open}}(s)$. 利用第2种初等变换将式(2.15.4)的矩阵中从左向右的第2个、第4个、第5个列块互相调换位置,并将 l 改写为 m,得到

$$\boldsymbol{P}'_{\text{open}}(s)=\left[\begin{array}{cccc:c}\boldsymbol{T}_{\text{I}}(s) & \boldsymbol{U}_{\text{I}}(s) & \boldsymbol{0} & \boldsymbol{0} & \boldsymbol{0}\\ -\boldsymbol{V}_{\text{I}}(s) & \boldsymbol{W}_{\text{I}}(s) & \boldsymbol{0} & -\boldsymbol{I}_m & \boldsymbol{0}\\ \boldsymbol{0} & \boldsymbol{0} & \boldsymbol{T}_{\text{II}}(s) & \boldsymbol{U}_{\text{II}}(s) & \boldsymbol{0}\\ \boldsymbol{0} & \boldsymbol{0} & -\boldsymbol{V}_{\text{II}}(s) & \boldsymbol{W}_{\text{II}}(s) & -\boldsymbol{I}_m\\ \hdashline \boldsymbol{0} & \boldsymbol{0} & \boldsymbol{0} & \boldsymbol{0} & \boldsymbol{I}_m\end{array}\right].$$

现在上式的最后 m 行中,只含有一个非零的矩阵块 $\boldsymbol{I}_m$,其他都是零块,因此,矩阵 $\boldsymbol{P}'_{\text{open}}(s)$的最下方的 m 行中,每行都只含1个非零常数元,其他各元均为0. 这符合2.14.1节命题2.14.1的条件,所以可以用严格系统等价变换把这个矩阵块$\boldsymbol{I}_m$上方的各列都化为全0,于是得到

$$\boldsymbol{P}''_{\text{open}}(s)=\left[\begin{array}{cccc:c}\boldsymbol{T}_{\text{I}}(s) & \boldsymbol{U}_{\text{I}}(s) & \boldsymbol{0} & \boldsymbol{0} & \boldsymbol{0}\\ -\boldsymbol{V}_{\text{I}}(s) & \boldsymbol{W}_{\text{I}}(s) & \boldsymbol{0} & -\boldsymbol{I}_m & \boldsymbol{0}\\ \boldsymbol{0} & \boldsymbol{0} & \boldsymbol{T}_{\text{II}}(s) & \boldsymbol{U}_{\text{II}}(s) & \boldsymbol{0}\\ \boldsymbol{0} & \boldsymbol{0} & -\boldsymbol{V}_{\text{II}}(s) & \boldsymbol{W}_{\text{II}}(s) & \boldsymbol{0}\\ \hdashline \boldsymbol{0} & \boldsymbol{0} & \boldsymbol{0} & \boldsymbol{0} & \boldsymbol{I}_m\end{array}\right].$$

从而有

$$\det \boldsymbol{P}''_{\text{open}}(s)=\det\begin{bmatrix}\boldsymbol{T}_{\text{I}}(s) & \boldsymbol{U}_{\text{I}}(s)\\ -\boldsymbol{V}_{\text{I}}(s) & \boldsymbol{W}_{\text{I}}(s)\end{bmatrix}\det\begin{bmatrix}\boldsymbol{T}_{\text{II}}(s) & \boldsymbol{U}_{\text{II}}(s)\\ -\boldsymbol{V}_{\text{II}}(s) & \boldsymbol{W}_{\text{II}}(s)\end{bmatrix}\det[\boldsymbol{I}_m].$$

将子系统 Σ_{I} 和子系统 Σ_{II} 的系统矩阵分别记为 $\boldsymbol{P}_{\text{I}}(s)$ 和 $\boldsymbol{P}_{\text{II}}(s)$：

$$\boldsymbol{P}_{\text{I}}(s)=\begin{bmatrix}\boldsymbol{T}_{\text{I}}(s) & \boldsymbol{U}_{\text{I}}(s)\\ -\boldsymbol{V}_{\text{I}}(s) & \boldsymbol{W}_{\text{I}}(s)\end{bmatrix},\quad \boldsymbol{P}_{\text{II}}(s)=\begin{bmatrix}\boldsymbol{T}_{\text{II}}(s) & \boldsymbol{U}_{\text{II}}(s)\\ -\boldsymbol{V}_{\text{II}}(s) & \boldsymbol{W}_{\text{II}}(s)\end{bmatrix},$$

则有

$$\det \boldsymbol{P}''_{\text{open}}(s)=\det \boldsymbol{P}_{\text{I}}(s)\det \boldsymbol{P}_{\text{II}}(s). \tag{2.15.6}$$

再来化简 $\boldsymbol{P}_{\text{clsd}}(s)$. 注意到式(2.15.5)的矩阵 $\boldsymbol{P}_{\text{clsd}}(s)$ 的右下角的矩阵块是零块，而左下角分块中只含有一个非零的矩阵块 $\boldsymbol{I}_m$，其他也都是零块. 因此，矩阵 $\boldsymbol{P}_{\text{clsd}}(s)$ 的最下方的 m 行中，每行都只含 1 个非零元，其他各元均为 0. 这符合命题 2.14.1 的条件，所以可以用严格系统等价变换把这个矩阵块 $\boldsymbol{I}_m$ 上方的各列都化为全 0. 同理，矩阵 $\boldsymbol{P}_{\text{clsd}}(s)$ 的最右方的 l 列中，每列都只含 1 个非零元，其他各元均为 0. 这符合命题 2.14.2 的条件，所以可以用严格系统等价变换把矩阵块 $-\boldsymbol{I}_l$ 左方的各行都化为全 0. 经过如此简化，并把维数 l 也改写为 m 后，式(2.15.5)的矩阵 $\boldsymbol{P}_{\text{clsd}}(s)$ 被简化成如下的 $\boldsymbol{P}'_{\text{clsd}}(s)$：

$$\boldsymbol{P}'_{\text{clsd}}(s)=\left[\begin{array}{cccc:c}\boldsymbol{T}_{\text{I}}(s) & \boldsymbol{U}_{\text{I}}(s) & \boldsymbol{0}_{r_{\text{I}}\times r_{\text{II}}} & \boldsymbol{0}_{r_{\text{I}}\times m} & \boldsymbol{0}_{r_{\text{I}}\times m}\\ -\boldsymbol{V}_{\text{I}}(s) & \boldsymbol{W}_{\text{I}}(s) & \boldsymbol{0}_{m\times r_{\text{II}}} & \boldsymbol{0}_{m\times m} & \boldsymbol{0}_{m\times m}\\ \boldsymbol{0}_{r_{\text{II}}\times r_{\text{I}}} & \boldsymbol{0}_{r_{\text{II}}\times m} & \boldsymbol{T}_{\text{II}}(s) & \boldsymbol{0}_{r_{\text{II}}\times m} & \boldsymbol{0}_{r_{\text{II}}\times m}\\ \boldsymbol{0}_{m\times r_{\text{I}}} & \boldsymbol{0}_{m\times m} & \boldsymbol{0}_{m\times r_{\text{II}}} & \boldsymbol{0}_{m\times m} & -\boldsymbol{I}_m\\ \hdashline \boldsymbol{0}_{m\times r_{\text{I}}} & \boldsymbol{0}_{m\times m} & \boldsymbol{0}_{m\times r_{\text{II}}} & \boldsymbol{I}_m & \boldsymbol{0}_{m\times m}\end{array}\right].$$

将 $\boldsymbol{P}'_{\text{clsd}}(s)$ 重新分块成为 $\boldsymbol{P}''_{\text{clsd}}(s)$ 如下：

$$\boldsymbol{P}''_{\text{clsd}}(s)=\left[\begin{array}{cc:c:cc}\boldsymbol{T}_{\text{I}}(s) & \boldsymbol{U}_{\text{I}}(s) & & & \\ -\boldsymbol{V}_{\text{I}}(s) & \boldsymbol{W}_{\text{I}}(s) & & & \\ \hdashline & & \boldsymbol{T}_{\text{II}}(s) & & \\ \hdashline & & & \boldsymbol{0}_{m\times m} & -\boldsymbol{I}_m\\ & & & \boldsymbol{I}_m & \boldsymbol{0}_{m\times m}\end{array}\right], \tag{2.15.7}$$

上式中所有空白均表示零块. 现在可看出有

$$\begin{aligned}\det \boldsymbol{P}''_{\text{clsd}}(s)&=\det\begin{bmatrix}\boldsymbol{T}_{\text{I}}(s) & \boldsymbol{U}_{\text{I}}(s)\\ -\boldsymbol{V}_{\text{I}}(s) & \boldsymbol{W}_{\text{I}}(s)\end{bmatrix}\det \boldsymbol{T}_{\text{II}}(s)\det\begin{bmatrix}\boldsymbol{0}_{m\times m} & -\boldsymbol{I}_m\\ \boldsymbol{I}_m & \boldsymbol{0}_{m\times m}\end{bmatrix}\\ &=\det \boldsymbol{P}_{\text{I}}(s)\det \boldsymbol{T}_{\text{II}}(s).\end{aligned} \tag{2.15.8}$$

第 2 步至此完成. 注意上述 $\boldsymbol{P}_{\text{open}}(s)$ 和 $\boldsymbol{P}_{\text{clsd}}(s)$ 的简化过程只使用了严格系统等价变换，即单模矩阵乘法. 因此简化前与简化后的矩阵的行列式至多只相差非零常数倍.

第 3 步要做的，是利用 2.14.3 节的定理 2.14.4 分别求取开环系统的特征多

项式 $\rho_{\mathrm{open}}(s)$和闭环系统的特征多项式 $\rho_{\mathrm{clsd}}(s)$,并研究二者的关系.

根据 2.14.3 节的定理 2.14.4,有

$$\det\boldsymbol{P}_{\mathrm{open}}(s)=\rho_{\mathrm{open}}(s)\det\boldsymbol{G}_{\mathrm{open}}(s),\tag{2.15.9}$$

$$\det\boldsymbol{P}_{\mathrm{clsd}}(s)=\rho_{\mathrm{clsd}}(s)\det\boldsymbol{G}_{\mathrm{clsd}}(s),\tag{2.15.10}$$

其中 $\boldsymbol{G}_{\mathrm{open}}(s)$和 $\boldsymbol{G}_{\mathrm{clsd}}(s)$分别为开环系统和闭环系统的传递函数矩阵. 由此可得

$$\frac{\rho_{\mathrm{clsd}}(s)}{\rho_{\mathrm{open}}(s)}=\frac{\det\boldsymbol{P}_{\mathrm{clsd}}(s)}{\det\boldsymbol{G}_{\mathrm{clsd}}(s)}\frac{\det\boldsymbol{G}_{\mathrm{open}}(s)}{\det\boldsymbol{P}_{\mathrm{open}}(s)}.$$

根据式(2.15.6)和式(2.15.8),并将简化矩阵的过程带来的"相差非零常数倍"表示为非零常数 c,上式可化为

$$\frac{\rho_{\mathrm{clsd}}(s)}{\rho_{\mathrm{open}}(s)}=c\,\frac{\det\boldsymbol{P}_{\mathrm{I}}(s)\det\boldsymbol{T}_{\mathrm{II}}(s)}{\det\boldsymbol{G}_{\mathrm{clsd}}(s)}\frac{\det\boldsymbol{G}_{\mathrm{open}}(s)}{\det\boldsymbol{P}_{\mathrm{I}}(s)\det\boldsymbol{P}_{\mathrm{II}}(s)}.\tag{2.15.11}$$

根据定理 2.14.4,有

$$\det\boldsymbol{P}_{\mathrm{II}}(s)=\det\boldsymbol{T}_{\mathrm{II}}(s)\det\boldsymbol{G}_{\mathrm{II}}(s),$$

根据 2.9.2 节的式(2.9.15),有

$$\boldsymbol{G}_{\mathrm{open}}(s)=\boldsymbol{G}_{\mathrm{II}}(s)\boldsymbol{G}_{\mathrm{I}}(s),$$

又根据 2.10.2 节的式(2.10.6)和式(2.10.9),有

$$\begin{aligned}\boldsymbol{G}_{\mathrm{clsd}}(s)&=[\boldsymbol{I}_m+\boldsymbol{G}_{\mathrm{I}}(s)\boldsymbol{G}_{\mathrm{II}}(s)]^{-1}\boldsymbol{G}_{\mathrm{I}}(s)\\&=\boldsymbol{G}_{\mathrm{I}}(s)[\boldsymbol{I}_m+\boldsymbol{G}_{\mathrm{II}}(s)\boldsymbol{G}_{\mathrm{I}}(s)]^{-1},\end{aligned}$$

其中 $\boldsymbol{G}_{\mathrm{I}}(s)$和 $\boldsymbol{G}_{\mathrm{II}}(s)$分别是子系统 Σ_{I} 和子系统 Σ_{II}的传递函数矩阵. 把以上各式代入式(2.15.11),就得到以下重要关系式:

$$\begin{aligned}\frac{\rho_{\mathrm{clsd}}(s)}{\rho_{\mathrm{open}}(s)}&=c\det[\boldsymbol{I}_m+\boldsymbol{G}_{\mathrm{I}}(s)\boldsymbol{G}_{\mathrm{II}}(s)]\\&=c\det[\boldsymbol{I}_m+\boldsymbol{G}_{\mathrm{II}}(s)\boldsymbol{G}_{\mathrm{I}}(s)].\end{aligned}\tag{2.15.12}$$

式(2.15.12)中的 c 是任意的非零常数. 不妨把它取为 1,使公式简化为

$$\begin{aligned}\frac{\rho_{\mathrm{clsd}}(s)}{\rho_{\mathrm{open}}(s)}&=\det[\boldsymbol{I}_m+\boldsymbol{G}_{\mathrm{I}}(s)\boldsymbol{G}_{\mathrm{II}}(s)]\\&=\det[\boldsymbol{I}_m+\boldsymbol{G}_{\mathrm{II}}(s)\boldsymbol{G}_{\mathrm{I}}(s)].\end{aligned}\tag{2.15.13}$$

本章的 2.2.4 节曾指出,特征多项式 $\rho(s)$的零点关系到控制系统的稳定性,是重要的参数. 因此式(2.15.13)有特别重要的意义. 我们把它以定理的形式重新写出如下.

定理 2.15.1　开环系统的特征多项式 $\boldsymbol{\rho}_{\mathrm{open}}(s)$与对应的闭环系统的特征多项式 $\boldsymbol{\rho}_{\mathrm{clsd}}(s)$之间的关系如式(2.15.13)所示.

本章 2.10.2 节曾对单输入单输出的反馈系统的特征多项式作过分析,并在式(2.10.33)和式(2.10.34)给出:

$$\rho_{\mathrm{open}}(s)=D(s),$$

$$\rho_{\mathrm{clsd}}(s)=D(s)+N(s),$$

据此应有

$$\frac{\rho_{\text{clsd}}(s)}{\rho_{\text{open}}(s)}=\frac{D(s)+N(s)}{D(s)}=1+\frac{N(s)}{D(s)}=1+G(s)F(s). \quad (2.15.14)$$

把它与式(2.15.13)对照，可看出它是式(2.15.13)在 $m=1$ 的情形下的退化. 因此，2.10.2 节讨论的单输入单输出反馈系统可视为本节讨论的典型多变量反馈系统的退化.

2.16 小结

本章围绕运动对象和控制系统的数学描述问题，从数学工具的角度系统地叙述了研究控制理论所应当掌握的基本知识. 本章的内容大致分为四个单元，即基本的微分方程描述(2.2 至 2.5 节)，状态空间描述(2.6 至 2.8 节)，传递函数描述(2.9 至 2.12 节)，系统矩阵描述(2.13 至 2.15 节). 下面对这几种描述方法分别加以小结.

在运动对象和控制系统的上述几种描述中，微分方程描述是它们的共同基础. 状态空间描述是特定形式的微分方程描述；系统矩阵描述是微分方程与代数方程的混合描述；传递函数描述是微分方程与拉普拉斯变换结合所产生的描述方法. 初学者在实际应用这些描述中的任何一种分析问题时，如果发生疑难或矛盾，退而使用古典微分方程描述来思考一下或进行校核，往往就能豁然开朗，迎刃而解. 所以，读者应当透彻地掌握古典微分方程描述的原理，把它作为一种最基本、最可靠的武器. 当然，古典微分方程的直接求解并不方便，用它综合和设计控制系统尤其困难，所以不宜把它直接用于解决大多数具体工程问题.

以状态空间来描述运动对象和控制系统，是从 20 世纪六七十年代以来科学家和工程师广泛使用着而且十分有效的方法. 控制理论在状态空间描述的基础上得到了精深的发展，开辟了广阔的新的疆域. 读者应当深刻而灵活地掌握这种描述方法，才能学到和应用当代控制理论的主要精华，乃至对控制理论做出自己的独立的研究工作和贡献. 但是，正如本书所指出，对于仅从事实际工作的工程师而言，为一个具体的运动对象或控制系统列写状态方程组，在有些情况下可能是一件相当繁重甚至有一定难度的工作. 这也许是状态空间描述对于许多控制工程师的吸引力比对于控制科学家的吸引力稍差的原因之一. 不过，很好地掌握状态空间描述，仍然是控制工程师的必要修养，因为非如此不能系统地理解和运用控制科学的最新成就.

系统矩阵描述在一定程度上弥补了状态空间描述的上述不足，使控制工程师和控制科学家能更加得心应手地处理控制系统的描述、分析和设计问题. 正如本书所指出，这种描述还有一系列独特的优点. 遗憾的是，目前我国几乎还没有一本工科大学本科生教科书讲授系统矩阵的理论与应用. 本书虽然大胆地打破惯例，补充了关于系统矩阵描述的叙述，但因受限于工科大学本科生的学时数及教科书的篇幅,本书只能收入其最基本的材料.关于系统矩阵描述的许多深入精辟的成果,本书都未能涉及.尽管如此,编著者深信,即使是本书所讲到的这少量材料,无论对于帮助读者扩大眼界、打开思路,还是对于为读者提供新的实际研究工具,应该都是有益的.

以上三种描述的共同点是:它们都使用这样或那样的方程来描述对象的运动.它们把一个对象或一个控制系统看成一些机械地运动着的事物的总体,而用一组数学关系式综合地对这个总体加以描述.传递函数描述则与这三种描述截然不同.传递函数描述移植了通讯工程的思路,把运动对象或控制系统看作一系列因果关系的载体.输入量是引发对象运动的原因,输出量则是对象复杂运动的结果.一个复杂的系统被视为由一系列这样的因果关系组成的链状或环状结构.以上所说的三种描述中的每一个数学方程,在传递函数描述中被视为一个函数,求解方程组的过程则化为对这些函数的四则运算.这不但大大降低了数学处理的难度,更重要的是为控制工程师提供了深刻理解复杂控制系统运作机理的思路,从而为改进控制系统的动态性质和设计更好的控制系统提供启示.此外,由于因果链这种思路,自然地推出了控制系统的形象表示,即框图.形象表示从来都是工程师最欢迎的.在本章中,说明传递函数描述的插图数量比其他三种描述的插图的总量还要多,也正反映了传递函数描述的这一特点.框图容易变换和修改,这又为研究和改进控制系统提供了直观的帮助.因此,传递函数描述是上述三种描述的有益补充.

学习控制工程与控制科学的读者应当很好地掌握控制系统的各种数学描述,把它们结合起来活用.既要善于用它们解决具体工程问题,又应善于用它们进行理论思维.

钱学森指出①:控制理论"是一门技术科学"."理论分析是技术科学的主要内容,而且,它常常用到比较高深的数学工具".但是"数学上的困难常常带有很大的人为的性质.只要把问题的提法稍微加以改变,往往就可以使问题的数学困难减轻到进行研究工作的工程师所能处理的程度".在本书的开始,编著者首先用较多的篇幅讲述控制系统的数学描述问题,同时尽量降低了数学的深度和难度,正是希望为读者打好基础,铺平道路,作为向控制理论进军的开始.

附录2.1 从框图求传递函数的流程

(参看正文2.10.1节)

下面是为用框图表示的复杂系统求传递函数的一种算法.

---

① 钱学森.工程控制论·原序.戴汝为、何善堉译.科学出版社,1958

步骤 1　设系统的框图中共有 $N>1$ 个框(每个求和单元也算 1 个框). 因每个框必有且仅有 1 个受控量,故系统恰有 N 个受控量. 为每个框的受控量规定名字 $x_1, x_2, \cdots, x_N$. 称受控量为 x_i 的框为第 i 号框. 为了方便,规定赋予系统的输出量的名字为 x_N. 对于从系统外部加到系统上的变量,也规定名字如 f_1, f_2 等.

步骤 2　取零初值下各量的拉普拉斯变换象函数作为变量,依次为每个框写出代数方程. 为了简洁,下面各公式中就以 x_i 表示变量 $x_i(t)$ 的拉普拉斯变换象函数. 若第 i 框不是求和单元,框的输入量为 x_j 或 f_j,则该框方程的形式为 $x_i=G_i(s)x_j$ 或 $x_i=G_i(s)f_j$,其中 $G_i(s)$ 为第 i 框的传递函数. 若第 i 框是求和单元,框的输入量为 $x_j, f_k, -x_l$,则该框方程的形式为 $x_i=x_j+f_k-x_l$. 依此类推. 如此共得 N 个代数方程.

步骤 3　将所得方程组改写为矩阵与向量形式:

$$\boldsymbol{T}(s)\boldsymbol{x} = \boldsymbol{u}, \tag{2. A. 1}$$

其中 $\boldsymbol{T}(s)$ 是 $N\times N$ 矩阵,$\boldsymbol{x}$ 和 $\boldsymbol{u}$ 都是 N 维向量,$\boldsymbol{x}=[x_1 \quad x_2 \quad \cdots \quad x_N]^{\mathrm{T}}$,$\boldsymbol{T}(s)$ 和 $\boldsymbol{u}$ 的各元按照上述 N 个代数方程描述的关系填写. 从系统外部加到系统上的各变量如 f_j 等均填写在向量 $\boldsymbol{u}$ 中. 如此得到的矩阵 $\boldsymbol{T}(s)$ 的**各对角元均为 1**. 若第 i 框不是求和单元,则 $\boldsymbol{T}(s)$ 中的第 (i,j) 非对角元为 $-G_i(s)$ 或 0; 若第 i 框是求和单元,则 $\boldsymbol{T}(s)$ 第 i 行的诸非对角元为 1 或 -1 或 0. 向量 $\boldsymbol{u}$ 的各元均为诸 f_j 或 0. 解方程组(2. A. 1)即可得到系统的输出量 $x_N=\boldsymbol{T}^{-1}(s)\boldsymbol{u}$,而以外部所加的各变量 f_j 表示. 于是得到所要的传递函数.

由于矩阵 $\boldsymbol{T}(s)$ 通常为**"稀疏矩阵"**,即其绝大多数元为 0,故可以用消元法将它化为上三角矩阵. 这样求解方程组(2. A. 1)比计算逆矩阵 $\boldsymbol{T}^{-1}(s)$ 方便. 下面给出算法流程. 为便于排印,下面的流程中认为每个框的受控变量和传递函数均为标量. 但对于受控变量为向量、传递函数为矩阵的情形,只须将流程中的除法改为用逆矩阵左乘,流程同样适用.

框图方程组的上三角化流程

始　**对于** $j=1$ **至** $N-1$ **做**

　　始　**若** $T(j,j)=1$　**则**

　　　　　　　　　　否则　**始**　$u(j):=u(j)/T(j,j)$;

　　　　　　　　　　　　　　对于 $k=j$ **至** N **做**

　　　　　　　　　　　　　　　　$T(j,k):=T(j,k)/T(j,j)$

　　　　　　　　　　　　终;

　　　　　　　　[以 $t_{j,j}$ 除矩阵 $\boldsymbol{T}$ 的第 j 行和向量 $\boldsymbol{u}$ 的第 j 分量,使 $t_{j,j}$ 成为 1.]

　　　对于 $i=j+1$ **至** N **做**

若 $T(i,j)=0$

则

否则 始 $u(i) := u(i)-T(i,j) * u(j)$;

对于 $k=j$ 至 N 做

$T(i,k) := T(i,k)-T(i,j) * T(j,k)$

终

[从矩阵 $\boldsymbol{T}$ 的第 j 行下方的每行(第 i 行)减去第 j 行之 $t_{i,j}$ 倍. 由于 $t_{j,j}$ 为 1,故每行之第 j 元均成为 0. 向量 $\boldsymbol{u}$ 的对应分量也同样处理. 当 j 达到 $N-1$ 时, $\boldsymbol{T}$ 的对角线下方诸元即均成为 0.]

终;

$x_N := u(N)/T(N,N)$;

终; □

如此求得的 x_N 就是系统的输出量 y 的拉普拉斯变换象函数,用系统的各输入量 f_j 表示. 从此便可求出系统输出量对于各输入量的传递函数.

本书 2.10.1 节例 2.10.1 的 6 个方程可表示为如下的矩阵 $\boldsymbol{T}(s)$ 及向量 $\boldsymbol{x}$ 和 $\boldsymbol{u}$:

$$\boldsymbol{T}(s)=\begin{bmatrix} 1 & 0 & 0 & 1 & 0 & 0 \\ 0 & 1 & -1 & 0 & 1 & 0 \\ -G_3(s) & 0 & 1 & 0 & 0 & 0 \\ 0 & -G_4(s) & 0 & 1 & 0 & 0 \\ 0 & 0 & 0 & 0 & 1 & -G_5(s) \\ 0 & -G_6(s) & 0 & 0 & 0 & 1 \end{bmatrix},$$

$$\boldsymbol{x}=[x_1 \quad x_2 \quad x_3 \quad x_4 \quad x_5 \quad x_6]^{\mathrm{T}},$$

$$\boldsymbol{u}=[u_1 \quad u_2 \quad 0 \quad 0 \quad 0 \quad 0]^{\mathrm{T}}.$$

按照上述流程对它们运算,最后得到的上三角矩阵 $\boldsymbol{T}(s)$ 和右端向量 $\boldsymbol{u}$ 如下:

$$\boldsymbol{T}(s)=\begin{bmatrix} 1 & 0 & 0 & 1 & 0 & 0 \\ 0 & 1 & -1 & 0 & 1 & 0 \\ 0 & 0 & 1 & G_3(s) & 0 & 0 \\ 0 & 0 & 0 & 1 & \dfrac{G_4(s)}{1+G_3G_4(s)} & 0 \\ 0 & 0 & 0 & 0 & 1 & -G_5(s) \\ 0 & 0 & 0 & 0 & 0 & \dfrac{1+G_3(s)G_4(s)+G_5(s)G_6(s)}{1+G_3(s)G_4(s)} \end{bmatrix},$$

$$
\boldsymbol{u}=\begin{bmatrix} U_1 \\ U_2 \\ G_3(s)U_1 \\ \dfrac{G_3(s)G_4(s)U_1+G_4(s)U_2}{1+G_3(s)G_4(s)} \\ 0 \\ \dfrac{G_6(s)G_3(s)U_1+G_6(s)U_2}{1+G_3(s)G_4(s)} \end{bmatrix}.
$$

于是有

$$
\begin{aligned}
y=x_6(s)&=\frac{1}{T_{6,6}(s)}u_6\\
&=\frac{1}{\dfrac{1+G_3(s)G_4(s)+G_5(s)G_6(s)}{1+G_3(s)G_4(s)}}\cdot\frac{G_6(s)G_3(s)U_1+G_6(s)U_2}{1+G_3(s)G_4(s)}\\
&=\frac{G_6(s)G_3(s)U_1+G_6(s)U_2}{1+G_3(s)G_4(s)+G_5(s)G_6(s)}.
\end{aligned}
$$

这就是例 2.10.1 所得的结果,即式(2.10.2).

附录 2.2 求多项式矩阵的史密斯标准形的例题

(参看正文 2.14.2 节)

例 2.14.1 要求用 2.14.2 节叙述的求多项式矩阵的史密斯标准形的算法求下面的多项式矩阵 $\boldsymbol{N}(s)$ 的史密斯标准形:

$$
\boldsymbol{N}(s)=\begin{bmatrix} s^2+4s+3 & -s^4-6s^3-11s^2-6s & s^4+6s^3+11s^2+6s \\ s^2+3s+1 & -s^4-5s^3-7s^2-2s+1 & s^4+5s^3+7s^2+2s-1 \end{bmatrix}. \tag{2.14.19}
$$

解 本例 $m=2,l=3$,容易查证有 $r=2$.现在按照 2.14.2 节所述算法的各步骤求解如下:

第 1 步:执行步骤 1,立即转步骤 2.

第 2 步:执行步骤 2.因为没有哪个非零元的幂次比 $n_{1,1}(s)$ 的幂次更低,故无须移动 $n_{1,1}(s)$.转步骤 3.

第 3 步:执行步骤 3.试除的结果如下:

$$
\begin{aligned}
&q_{1,2}(s)=-s^2-2s, && r_{1,2}(s)=0;\\
&q_{1,3}(s)=s^2+2s, && r_{1,3}(s)=0;\\
&q_{2,1}(s)=1, && r_{2,1}(s)=-s-2.
\end{aligned}
$$

因为并非所有余式均为 0,又没有哪个非零的余式的幂比 $r_{2,1}(s)$ 的幂更低,故决定

将(2,1)元降幂.所用的变换矩阵为(左乘)

$$\boldsymbol{L}_1(s)=\begin{bmatrix}1 & 0\\ -q_{2,1}(s) & 1\end{bmatrix}=\begin{bmatrix}1 & 0\\ -1 & 1\end{bmatrix}.$$

得到

$$\begin{aligned}\boldsymbol{N}^{(1)}(s)&=\boldsymbol{L}_1(s)\boldsymbol{N}(s)\\&=\begin{bmatrix}s^2+4s+3 & -s^4-6s^3-11s^2-6s & s^4+6s^3+11s^2+6s\\ -s-2 & s^3+4s^2+4s+1 & -s^3-4s^2-4s-1\end{bmatrix}.\end{aligned}$$

转步骤2.

第4步:执行步骤2.将 $N^{(1)}(s)$ 之(2,1)元交换到(1,1)位置.变换矩阵为(左乘)

$$\boldsymbol{L}_2(s)=\begin{bmatrix}0 & 1\\ 1 & 0\end{bmatrix}.$$

得到

$$\begin{aligned}\boldsymbol{N}^{(2)}(s)&=\boldsymbol{L}_2(s)\boldsymbol{N}^{(1)}(s)\\&=\begin{bmatrix}-s-2 & s^3+4s^2+4s+1 & -s^3-4s^2-4s-1\\ s^2+4s+3 & -s^4-6s^3-11s^2-6s & s^4+6s^3+11s^2+6s\end{bmatrix}.\end{aligned}$$

转步骤3.

第5步:执行步骤3.试除的结果如下:

$$q_{1,2}(s)=-s^2-2s,\qquad r_{1,2}(s)=1;$$
$$q_{1,3}(s)=s^2+2s,\qquad r_{1,3}(s)=-1;$$
$$q_{2,1}(s)=-s-2,\qquad r_{2,1}(s)=-1.$$

决定将(1,2)元降幂.变换矩阵为(右乘)

$$\boldsymbol{R}_1(s)=\begin{bmatrix}1 & s^2+2s & 0\\ 0 & 1 & 0\\ 0 & 0 & 1\end{bmatrix}.$$

得到

$$\begin{aligned}\boldsymbol{N}^{(3)}(s)&=\boldsymbol{N}^{(2)}(s)\boldsymbol{R}_1(s)\\&=\begin{bmatrix}-s-2 & 1 & -s^3-4s^2-4s-1\\ s^2+4s+3 & 0 & s^4+6s^3+11s^2+6s\end{bmatrix}.\end{aligned}$$

转步骤2.

第6步:执行步骤2.将 $N^{(3)}(s)$ 之(1,2)元交换到(1,1)位置.变换矩阵为(右乘)

$$\boldsymbol{R}_2(s)=\begin{bmatrix}0 & 1 & 0\\ 1 & 0 & 0\\ 0 & 0 & 1\end{bmatrix}.$$

得到

$$\begin{aligned}\boldsymbol{N}^{(4)}(s) &= \boldsymbol{N}^{(3)}(s)\boldsymbol{R}_2(s)\\ &= \begin{bmatrix}1 & -s-2 & -s^3-4s^2-4s-1\\ 0 & s^2+4s+3 & s^4+6s^3+11s^2+6s\end{bmatrix}.\end{aligned}$$

转步骤 3.

第 7 步：执行步骤 3. 因(1,1)元为非零常数，必可整除任何多项式：

$$q_{1,2}(s)=-s-2,\qquad r_{1,2}(s)=0;$$
$$q_{1,3}(s)=-s^3-4s^2-4s-1,\qquad r_{1,3}(s)=0.$$

转步骤 4.

第 8 步：执行步骤 4. 变换矩阵为(右乘)

$$\boldsymbol{R}_3(s)=\begin{bmatrix}1 & -q_{1,2}(s) & -q_{1,3}(s)\\ 0 & 1 & 0\\ 0 & 0 & 1\end{bmatrix}=\begin{bmatrix}1 & s+2 & s^3+4s^2+4s+1\\ 0 & 1 & 0\\ 0 & 0 & 1\end{bmatrix}.$$

得到

$$\begin{aligned}\boldsymbol{N}^{(5)}(s) &= \boldsymbol{N}^{(4)}(s)\boldsymbol{R}_3(s)\\ &= \begin{bmatrix}1 & 0 & 0\\ 0 & s^2+4s+3 & s^4+6s^3+11s^2+6s\end{bmatrix}.\end{aligned}$$

显然右下角矩阵子块的各元均能被(1,1)元整除，故转步骤 5.

第 9 步：执行步骤 5. 视 $\boldsymbol{N}^{(5)}(s)$右下角的 1×2 子块为新的矩阵 $\boldsymbol{N}(s)$，转步骤 1，随即转步骤 2，随即转步骤 3. 用新矩阵 $\boldsymbol{N}(s)$的(1,1)元(即 $\boldsymbol{N}^{(5)}(s)$的(2,2)元)试除其他元的结果如下：

$$q_{2,3}(s)=s^2+2s,\quad r_{2,3}(s)=0.$$

可知新矩阵 $\boldsymbol{N}(s)$的该非零元可被新矩阵的(1,1)元整除. 故转步骤 4.

第 10 步：执行步骤 4. 变换矩阵为(右乘)

$$\boldsymbol{R}_4(s)=\begin{bmatrix}1 & 0 & 0\\ 0 & 1 & -q_{2,3}(s)\\ 0 & 0 & 1\end{bmatrix}=\begin{bmatrix}1 & 0 & 0\\ 0 & 1 & -s^2-2s\\ 0 & 0 & 1\end{bmatrix}.$$

得到

$$\boldsymbol{N}^{(6)}(s)=\boldsymbol{N}^{(5)}(s)\boldsymbol{R}_4(s)=\begin{bmatrix}1 & 0 & 0\\ 0 & s^2+4s+3 & 0\end{bmatrix}.$$

此时右下角已没有矩阵子块. 故转步骤 6.

第 11 步：执行步骤 6. 但因 $\boldsymbol{N}^{(6)}(s)$的各主对角元已均为首一多项式，故免. 矩阵 $\boldsymbol{N}^{(6)}(s)$就是所求的史密斯标准形 $\boldsymbol{S}(s)$. 最后得到矩阵 $\boldsymbol{N}(s)$的史密斯标准形如下：

$$\boldsymbol{N}(s)=\boldsymbol{L}(s)\boldsymbol{S}(s)\boldsymbol{R}(s),\tag{2.14.20}$$

其中 $\boldsymbol{S}(s)$就是 $\boldsymbol{N}^{(6)}(s)$. 将它的(2,2)元写成因子连乘积形式，得

$$\boldsymbol{S}(s)=\boldsymbol{N}^{(6)}(s)=\begin{bmatrix}1 & 0 & 0\\ 0 & (s+1)(s+3) & 0\end{bmatrix}.\tag{2.14.21}$$

可见$\boldsymbol{S}(s)$的各主对角元均为首一多项式，且具有依次可整除性. 两个变换矩阵分别为

$$\boldsymbol{L}(s)=\boldsymbol{L}_2(s)\boldsymbol{L}_1(s)=\begin{bmatrix}-1 & 1\\ 1 & 0\end{bmatrix} \tag{2.14.22}$$

和

$$\boldsymbol{R}(s)=\boldsymbol{R}_1(s)\boldsymbol{R}_2(s)\boldsymbol{R}_3(s)\boldsymbol{R}_4(s)=\begin{bmatrix}s^2+2s & s^3+4s^2+4s+1 & 0\\ 1 & s+2 & 1\\ 0 & 0 & 1\end{bmatrix}. \tag{2.14.23}$$

它们都是初等单模矩阵的连乘积，所以都是单模矩阵. □

习题

2.1 在图2.E.1中，以电压$v(t)$为输入量.

(a) 以电压$u_2(t)$为输出量，列写微分方程.

(b) 以电压$u_3(t)$为输出量，列写微分方程.

(c) 设$R_1=R_2=0.1\text{M}\Omega$，$C_1=10\mu\text{F}$，$C_2=2.5\mu\text{F}$，将(a)的结果写成数字形式.

2.2 图2.E.2是一种地震仪的原理图. 壳体**1**固定在地基**2**上. 重锤**3**由固装于壳体上的弹簧**4**支承. 当地基上下振动时，壳体随之振动. 但由于惰性的作用，重锤的运动幅度很小，因而它与壳体之间的相对运动的幅度就近似等于地震的幅度，并由指针**5**指示出来. 活塞**6**提供的阻尼力正比于其运动的速度，使指针在地震停止后能及时停止运动. 设重锤的质量为m，弹簧系数(弹簧的力与长度变化量之比)为k，活塞的阻尼系数(阻尼力与运动速度之比)为f.

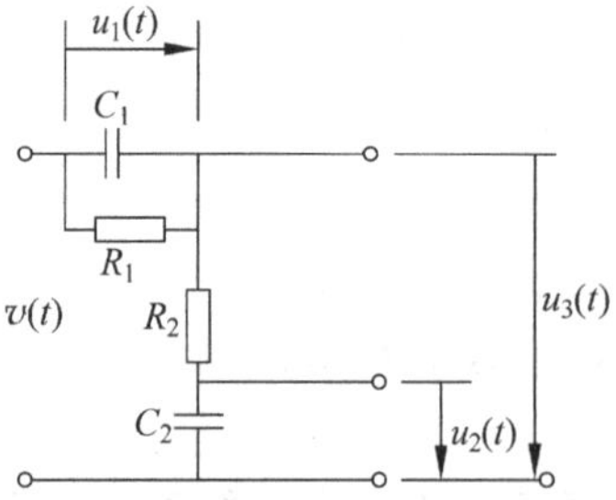

图2.E.1 含两个电容器的电路

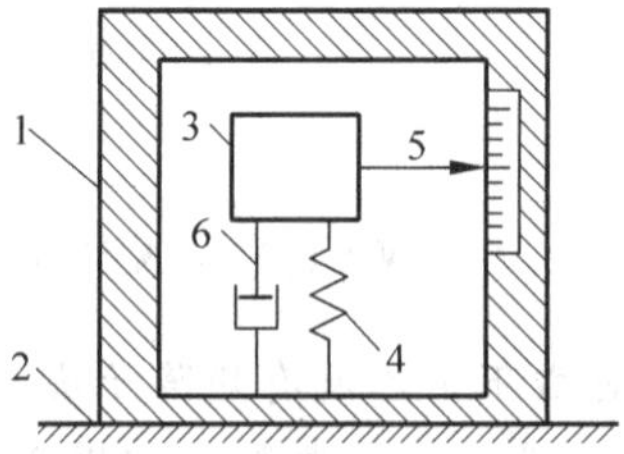

图2.E.2 地震仪原理图

(a) 写出以指针的位移为输出量的微分方程.

(b) 核对方程的量纲.

2.3 图2.E.3是一个加热系统的示意图. 设加热液体和被加热液体的成分相同，流量分别为Q_1和Q_2，入口温度分别为T_1和T_2，均为常量. 两容器之间的导

热部分的面积为 S，导热率（单位导热面积单位温差下单位时间内传导的热量）为 h. 以被加热液体的出口温度 θ 为输出量列写系统的微分方程.（提示：设两容器内的液体量分别为 V_1 和 V_2，温度分别为 θ_1 和 θ_2. $\theta=\theta_2$.）

2.4　图 2.E.4 是一个两弹簧和两重块的运动系统. m_1 和 m_2 分别是两个重块的质量. x_1 和 x_2 分别是两个重块的位移. r_1 和 r_2 分别是两个弹簧的弹性系数（应力与变形幅度之比）. 弹簧本身的质量很小，可以略去不计. $u(t)$ 是外加力. 以 $x_2(t)$ 为输出量写出系统的运动方程.

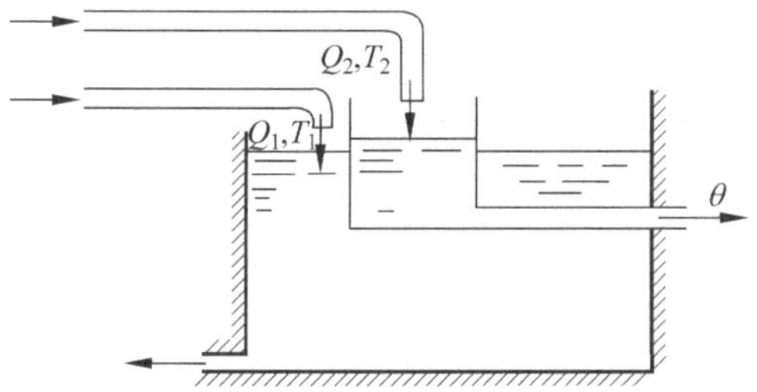

图 2.E.3　加热系统示意图

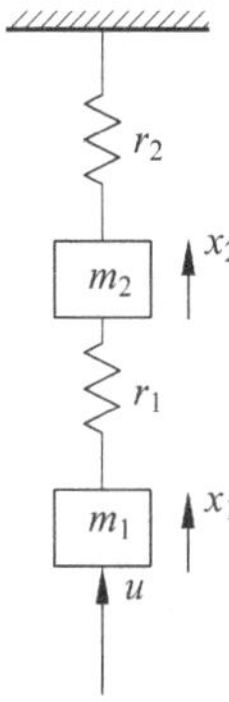

图 2.E.4　双弹簧运动系统

2.5　图 2.E.5 是一个简单随动系统的示意图. 其数据如下：电位器的比例系数为 0.1V/rad，放大器的电压放大倍数为 100，电动机电枢电路的电感为 $L=0.5\mathrm{H}$，电阻为 $R=10\Omega$，电动机转子连同转动部分的机电时间常数 T_m 为 0.4s，电动机的比例系数 k_d 为 $0.2\mathrm{V}/(\mathrm{rad}\cdot\mathrm{s}^{-1})$，减速器的减速比为 20∶1，负载力矩为 M_L.

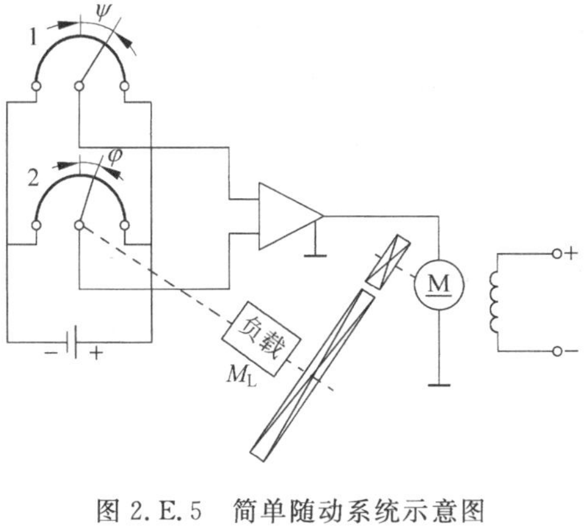

图 2.E.5　简单随动系统示意图

(a) 列写关于 $\varphi(t)$ 的微分方程.

(b) 列写关于电动机力矩 $M(t)$ 的微分方程.

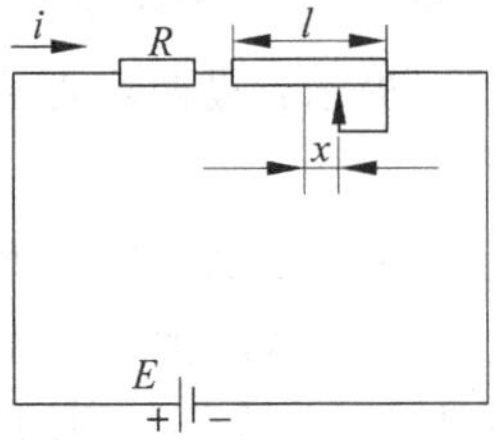

图 2.E.6 非线性电路

(c) 说明这个数学模型中忽略了哪些次要因素.

(d) 如果 $M_L=0$,且假设在时刻 $t=0$ 有 $\psi=0,\varphi=0$,仔细考虑一下:这时系统是否有可能运动?为什么?

2.6 在图 2.E.6 的电路中,变阻器的总电阻 r 沿变阻器的长度 l 均匀分布.设变阻器的滑臂距离变阻器中点的位移 x 随时间变化.

(a) 以 x 为自变量,写出关于电流 i 的方程.

(b) 设 $r\ll R$,写出关于电流 i 的近似线性方程.

2.7 某动态系统可用下列微分方程组描述:

$$\begin{cases} 2\dfrac{\mathrm{d}x}{\mathrm{d}t}+x-\dfrac{\mathrm{d}f}{\mathrm{d}t}-f=0, \\ 4\dfrac{\mathrm{d}y}{\mathrm{d}t}+y-2\dfrac{\mathrm{d}z}{\mathrm{d}t}-z=0, \\ 3\dfrac{\mathrm{d}z}{\mathrm{d}t}-x+z=0. \end{cases}$$

写出以 f 为输入量,以 y 为输出量的微分方程.

2.8 某山林中狼兔共存.设兔的自然增长率(定义为在无狼的条件下每年兔数比上年增长量与上年兔数之比)为常数 $\alpha>0$.又设狼的自然增长率受食物量之制约而可表示为 $k\beta+\gamma$,其中 $k>0,\gamma<0$,均为常数,β 为食物丰裕系数,即当年兔数减当年狼数之 λ 倍($\lambda>0$ 为每只狼平均每年食兔数,是常数),再除以当年狼数.

(a) 以狼数和兔数为状态变量,写出这个生态系统的状态方程组.

(b) 设 $\alpha=2.5,\lambda=250,k=0.004,\gamma=-1$,把所得方程组写成数字形式.

(c) 说明在建立上述数学模型的过程中有哪些假设和近似.

2.9 某社会有很多企业家把资金投向 $n>1$ 种行业.任何一种行业中的资金总额愈多,该行业的利润率就愈低.每年年终,所有企业家都把利润全部提走,同时总有一部分企业家根据当年各行业利润率的差别把自己在某些行业中的一部分资金抽出并转而投向利润率较高的另一些行业.因此每种行业的资金总额是逐年变化的.设利润率服从规律

$$\lambda_i = c-\alpha x_i,$$

其中 λ_i 为第 i 种行业的年利润率,$i=1,2,\cdots,n$; x_i 为该行业中当年的资金总额;$c>0$和 $\alpha>0$ 是与 i 无关的常数.又设资金的流动服从规律

$$p_{i,j} = k(\lambda_i-\lambda_j),$$

其中 $p_{i,j}$为:由于第 i 种行业当年的年利润率高于第 j 种行业,因而在当年年终时从第 j 种行业流到第 i 种行业的资金额($i,j=1,2,\cdots,n$; $i\neq j$),$k>0$ 为与 i,j 无关的常数.以每种行业的资金总额作为状态变量,写出这个社会资金活动的方程组.

2.10 在图 2.E.1 的电路中,以 C_1 上的电压 $u_1(t)$与 C_2 上的电压 $u_2(t)$为状

态变量，以电压 $u_3(t)$ 为输出量，写出状态空间描述的矩阵 $\boldsymbol{A},\boldsymbol{B},\boldsymbol{C},\boldsymbol{D}$.

2.11　同上题，但以 $u_2(t)$ 和 $u_3(t)$ 为状态变量，以 $u_3(t)$ 为输出量.

2.12　(a) 同上题，但自选另一组状态变量.

(b) 本题中可否以 $u_1(t)$ 和 $u_3(t)$ 为状态变量？为什么？

2.13　在题 2.2 的地震仪中，自选一组状态变量，列写状态方程和输出方程.

2.14　在题 2.3 的加热系统中，自选一组状态变量，列写状态方程和输出方程.

2.15　分别以 φ 和 M 为输出量，为题 2.5 的随动系统列写状态方程和输出方程，并写出矩阵 $\boldsymbol{A},\boldsymbol{B},\boldsymbol{C},\boldsymbol{D}$.

2.16　描述某运动系统的微分方程组为

$$\dot{x}_1 + \dddot{x}_2 = -x_1,$$
$$\dot{x}_1 + \dot{x}_2 = -x_2 + u,$$
$$y = x_1.$$

(a) 求出它的状态空间描述矩阵 $\boldsymbol{A},\boldsymbol{B},\boldsymbol{C},\boldsymbol{D}$.

(b) 求出传递函数矩阵 $\boldsymbol{G}(s)$.

(c) 求出系统的特征多项式 $\rho(s)$ 和阶 n.

2.17　描述某运动系统的微分方程组为

$$\dot{x}_1 + \dddot{x}_2 = -x_1,$$
$$\dot{x}_2 = -x_2 + u,$$
$$y = x_1.$$

(a) 求出它的状态空间描述矩阵 $\boldsymbol{A},\boldsymbol{B},\boldsymbol{C},\boldsymbol{D}$.

(b) 求出传递函数矩阵 $\boldsymbol{G}(s)$.

(c) 求出系统的特征多项式 $\rho(s)$ 和阶 n.

2.18　描述某运动系统的微分方程组为

$$\dot{x}_1 = -x_1 + u_1,$$
$$\dot{x}_2 = -x_2 + u_2.$$

其中 $[u_1\ u_2]^{\mathrm{T}}$ 是输入向量，$[x_1\ x_2]^{\mathrm{T}}$ 是状态向量，也是输出向量.

(a) 求出它的状态空间描述矩阵 $\boldsymbol{A},\boldsymbol{B},\boldsymbol{C},\boldsymbol{D}$.

(b) 求出传递函数矩阵 $\boldsymbol{G}(s)$.

(c) 求出系统的特征多项式 $\rho(s)$ 和阶 n.

2.19　在题 2.5 的随动系统中，设 $M_{\mathrm{L}}=0$，又已知当 $t<0$ 时 ψ 和 φ 均为 0. 设在 $t=0$ 时刻 ψ 突然变为 1rad.

(a) 用特征根解法解出该题已得到的微分方程以求出 $\varphi(t)$，并在 $0\leqslant t\leqslant 2\mathrm{s}$ 的区间内以 0.25s 为步长画出 $\varphi(t)$ 曲线.（提示：试特征根 -17.56.）

(b) 同题(a)，但用拉普拉斯变换求解.

2.20　同上题,但用任何一种算法在计算机上求解并画出 $\varphi(t)$ 曲线,要求计算区间为 $0\leqslant t\leqslant 5\mathrm{s}$.

2.21　(a) 写出题 2.5 的系统的自由运动的模态.

(b) 写出系统的任意两个基本解组.

(c) 把题 2.18 或题 2.19 求得的解分别用这两个基本解组的线性组合表示.

2.22　在题 2.8(b)的生态系统中,设第 0 年有狼 20 只,兔 10000 只.

(a) 求出狼数与兔数的变化函数.

(b) 经过多年以后,狼数与兔数的比例是多少?

(c) 经过多年以后,狼数与兔数的实际增长率各为多少?检验是否与原题所设条件相符.

2.23　给定

$$\boldsymbol{A}=\begin{bmatrix}-1 & 2\\ 3 & 4\end{bmatrix}.$$

(a) 求 $\mathrm{e}^{\boldsymbol{A}t}$.

(b) 求 $\mathrm{e}^{\boldsymbol{A}t}$ 的特征值.

(c) 用相似变换把 $\mathrm{e}^{\boldsymbol{A}t}$ 化为对角形.

2.24　同上题,但

$$\boldsymbol{A}=\begin{bmatrix}0 & 1 & 0\\ 0 & 0 & 1\\ -12 & -19 & -8\end{bmatrix}.$$

2.25　某系统的状态方程和输出方程为

$$\begin{cases}\dot{x}_1=x_2+u(t),\\ \dot{x}_2=-6x_1-5x_2,\\ y=x_1-x_2.\end{cases}$$

(a) 求它的状态转移矩阵 $\boldsymbol{\Phi}(t)$.

(b) 设 $u(t)=1(t)$,初始状态为 $x_1(0^-)=x_2(0^-)=0$,求 $x_1(t)$,$x_2(t)$ 和 $y(t)$.

(c) 同(b),但 $u(t)=0$,而 $x_1(0^-)=1$,$x_2(0^-)=0$.

(d) 同(b),但 $u(t)=1(t)$,而 $x_1(0^-)=1$,$x_2(0^-)=0$.

2.26　系统与题 2.25 相同,但 $u(t)=\mathrm{e}^{-t}$,初始状态为 $x_1(0^-)=x_2(0^-)=0$,求 $x_1(t)$,$x_2(t)$ 和 $y(t)$.

2.27　同上题,但 $u(t)=\delta(t)$.

2.28　求证矩阵微分方程

$$\begin{cases}\dfrac{\mathrm{d}\boldsymbol{X}}{\mathrm{d}t}=\boldsymbol{AX}+\boldsymbol{XB}\\ \boldsymbol{X}(0)=\boldsymbol{C}\end{cases}$$

的解是 $\boldsymbol{X}(t)=\mathrm{e}^{\boldsymbol{A}t}\boldsymbol{C}\mathrm{e}^{\boldsymbol{B}t}$,其中 $\boldsymbol{A}$,$\boldsymbol{B}$,$\boldsymbol{C}$ 是维数相同的方形实数矩阵,$\boldsymbol{X}(t)$ 是同一维数

的方形实函数矩阵.

2.29 某线性系统的状态转移矩阵为

$$\boldsymbol{\Phi}(t)=\frac{1}{2}\begin{bmatrix}3e^{-t}-e^{-3t} & e^{-t}-e^{-3t}\\ -3e^{-t}+3e^{-3t} & -e^{-t}+3e^{-3t}\end{bmatrix}.$$

(a) 求这个系统的状态空间描述的矩阵 $\boldsymbol{A}$.

(b) 根据矩阵 $\boldsymbol{A}$ 求这个系统的特征根和模态.

(c) 证明 $\boldsymbol{\Phi}(t)$ 的各列是系统的自由运动的一个基本解组.

2.30 (a) 写出题 2.10,题 2.11,题 2.12(a)所分别选取的 3 组状态向量彼此之间的变换矩阵.

(b) 验证题 2.10,题 2.11,题 2.12 所得的状态方程的矩阵 $\boldsymbol{A},\boldsymbol{B},\boldsymbol{C},\boldsymbol{D}$ 之间的变换关系.

(c) 验证题 2.10,题 2.11,题 2.12 的模态的不变性.

2.31 为题 2.1(a),(b),(c)的电路写出传递函数.

2.32 在题 2.3 的加热系统中,设被加热液体的入口温度 T_2 是随时间变化的,以它为输入量写出这个系统的传递函数.

2.33 在题 2.5 的随动系统中,以 ψ 为输入量写出传递函数.

2.34 在题 2.31 至题 2.33 所得的传递函数中,哪些是真有理函数? 哪些是严格真有理函数?

2.35 在复平面上标出题 2.33 所得的传递函数的极点的位置.(提示:利用题 2.18 的提示或结果.)

2.36 为题 2.7 的方程组画出框图.

2.37 为题 2.8 的生态系统画出框图.

2.38 为题 2.32 的加热系统画出框图.

2.39 (a) 假设在题 2.5 的随动系统中,将电位器 **2** 的滑臂接地,使系统成为开环的,画出此开环系统的框图,并求出从 ψ 到 φ 的传递函数.

(b) 恢复电位器 **2** 的正常接线.为该闭环随动系统画出框图,并在题(a)所得结果的基础上,求出从 ψ 到 φ 的闭环传递函数.

(c) 求出该闭环随动系统的特征多项式.

2.40 为图 2.E.7 的系统求出下列各传递函数:

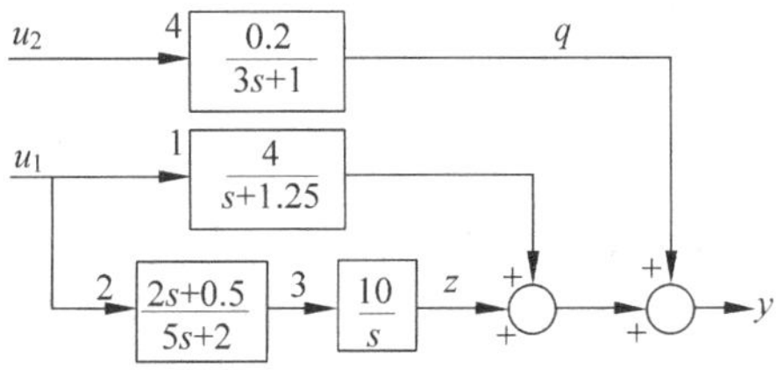

图 2.E.7 未加负反馈前系统的框图

(a) 从 u_1 到 y;

(b) 从 u_2 到 y;

(c) 从 q 到 y;

(d) 从 u_1 到 z.

2.41 把图 2.E.8 化为至多只有一个闭环与一个框相串联的形式.

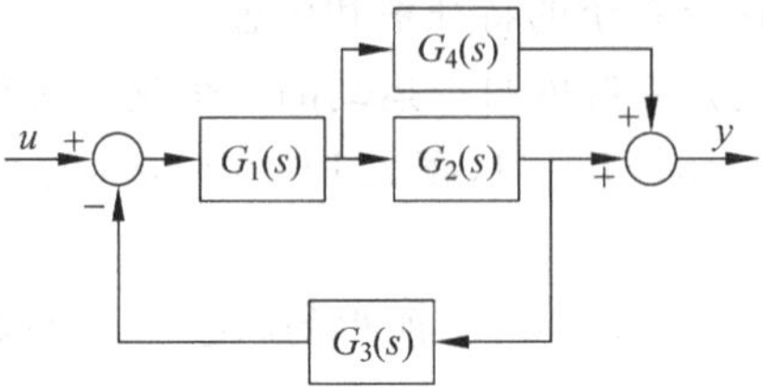

图 2.E.8 待化简的框图

2.42 把图 2.E.9 化为至多只有一个闭环与一个框相串联的形式.

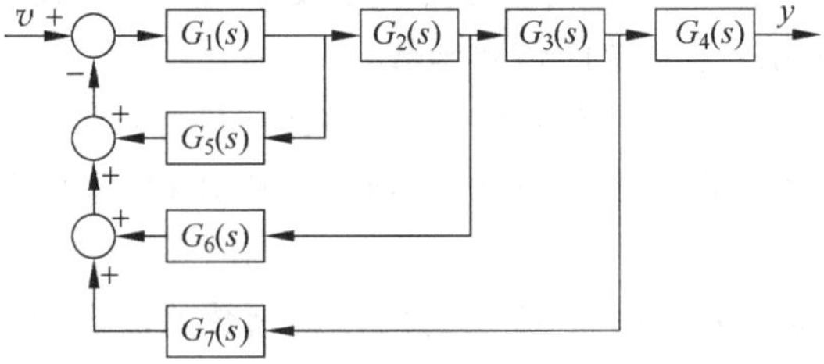

图 2.E.9 待化简的框图

2.43 分别根据题 2.10,题 2.11,题 2.12(a)的矩阵 $\boldsymbol{A},\boldsymbol{B},\boldsymbol{C},\boldsymbol{D}$ 求出从 v 到 u_3 的传递函数.

2.44 某控制系统有

$$\boldsymbol{A}=\begin{bmatrix}0 & 1 & 0 & \cdots & 0\\ 0 & 0 & 1 & \cdots & 0\\ & & \cdots & & \\ 0 & 0 & 0 & \cdots & 1\\ -a_0 & -a_1 & -a_2 & \cdots & -a_{n-1}\end{bmatrix}_{n\times n},\quad \boldsymbol{B}=\begin{bmatrix}0\\ \vdots\\ \vdots\\ 0\\ 1\end{bmatrix}_{n\times 1},$$

$$\boldsymbol{C}=[b_0 \quad b_1 \quad \cdots \quad \cdots \quad b_{n-1}]_{1\times n},\qquad \boldsymbol{D}=0.$$

求它的传递函数.(提示:注意矩阵 $\boldsymbol{B}$ 只有最后一个元非零,故在计算 $(s\boldsymbol{I}_n-\boldsymbol{A})^{-1}$ 时只需要计算其最后一列.另外,在计算方形矩阵的行列式时,可利用 2.14.3 节的命题 2.14.3.)

2.45 某控制系统有

$$A=\begin{bmatrix}0 & 0 & 0 & \cdots & -a_0\\ 1 & 0 & 0 & \cdots & -a_1\\ 0 & 1 & \cdots & 0 & -a_2\\ 0 & 0 & \cdots & & \\ 0 & 0 & \cdots & 1 & -a_{n-1}\end{bmatrix}_{n\times n},\quad B=\begin{bmatrix}b_0\\ b_1\\ \vdots\\ \vdots\\ b_{n-1}\end{bmatrix}_{n\times 1},$$

$$C=[0\quad 0\quad \cdots\quad 0\quad 1]_{1\times n},\qquad D=0.$$

求它的传递函数.(提示：利用矩阵 $\boldsymbol{A}$ 与上题的矩阵 $\boldsymbol{A}$ 之间的转置关系.)

2.46 求图 2.E.8 的系统从 u 到 y 的传递函数.

2.47 求图 2.E.10 的系统从 v 到 y 的传递函数.

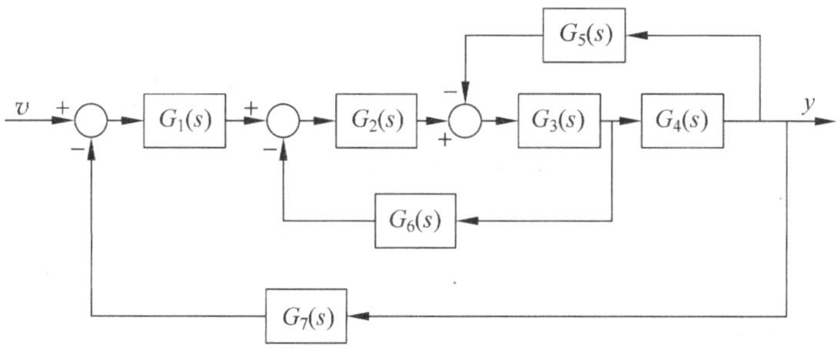

图 2.E.10 闭环系统的框图

2.48 题 2.40 的系统加上负反馈后成为图 2.E.11. 重新求出：

(a) 从 p 到 y 的传递函数；

(b) 从 e 到 y 的传递函数.

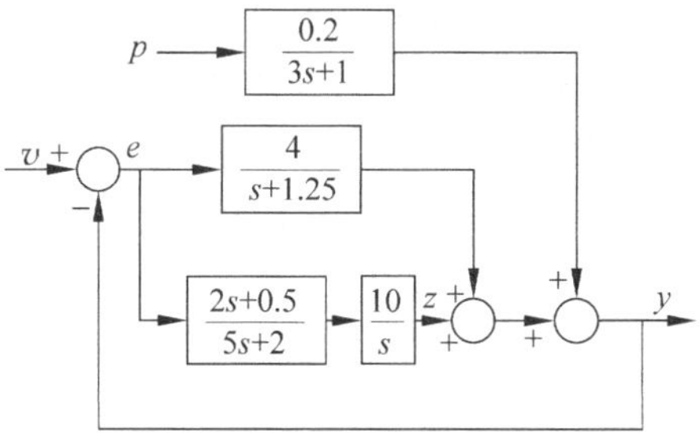

图 2.E.11 加上负反馈后系统的框图

2.49 对于图 2.E.11 的系统，

(a) 求闭合回路的从 v 到 y 的开环传递函数.

(b) 求从 v 到 y 的闭环传递函数.

2.50 在题 2.5 的简单随动系统中，以 ψ 和 M_L 为输入量，以 φ 和 M 为输出量，写出传递函数矩阵. 要求用以下两种方法做，并互相校核：

(a) 直接利用题 2.5 已得的结果.

(b) 从题 2.15 所得的结果导出.

2.51 图 2.E.12 是某两输入两输出控制系统的框图.

(a) 分别写出被控制对象、控制器和反馈通道的传递函数矩阵 $\boldsymbol{G}(s)$,$\boldsymbol{K}(s)$,$\boldsymbol{F}(s)$.

(b) 用两种方法写出这个系统关于输出量的传递函数矩阵 $\boldsymbol{H}_{v-y}(s)$.

(c) 写出这个系统关于误差的传递函数矩阵 $\boldsymbol{H}_{v-e}(s)$.

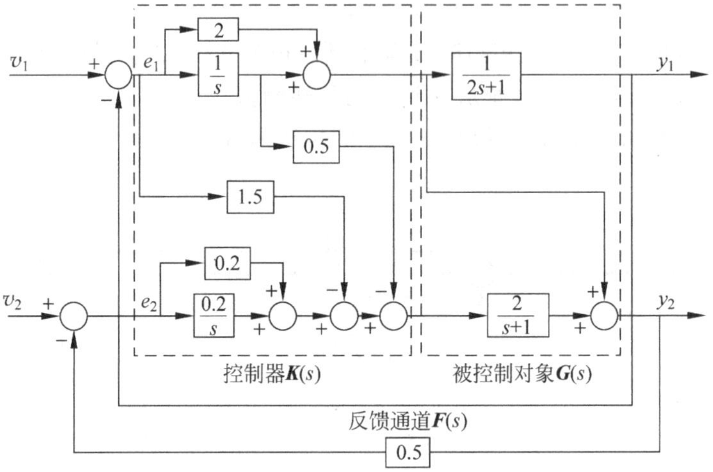

图 2.E.12 两输入两输出控制系统

2.52 分别指出图 2.E.7 的各框属于何种基本单元,并求出每个框的传递函数作为基本单元的各参数值.

2.53 把题 2.33 所得的传递函数分解为基本单元,并求出每个基本单元的各参数值.(提示:利用题 2.18 的提示和结果.)

2.54 图 2.E.13 的三角形脉冲 $x(t)$,其冲量等于 1.

(a) 求它的拉普拉斯变换象函数.

(b) 令 $\tau \to 0$,但保持脉冲的冲量为 1,求上述拉普拉斯变换象函数的极限.

(c) 由上面的结果可以得出什么结论?

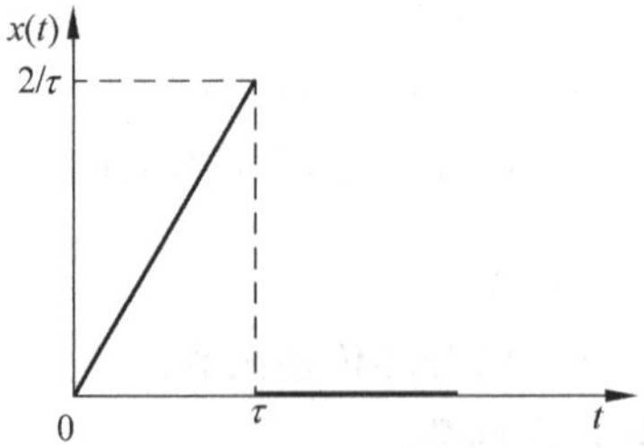

图 2.E.13 冲量为 1 的三角形脉冲

2.55　写出图 2.E.4 的系统的广义状态方程和系统矩阵.

2.56　写出图 2.E.14 的系统的广义状态方程和系统矩阵.

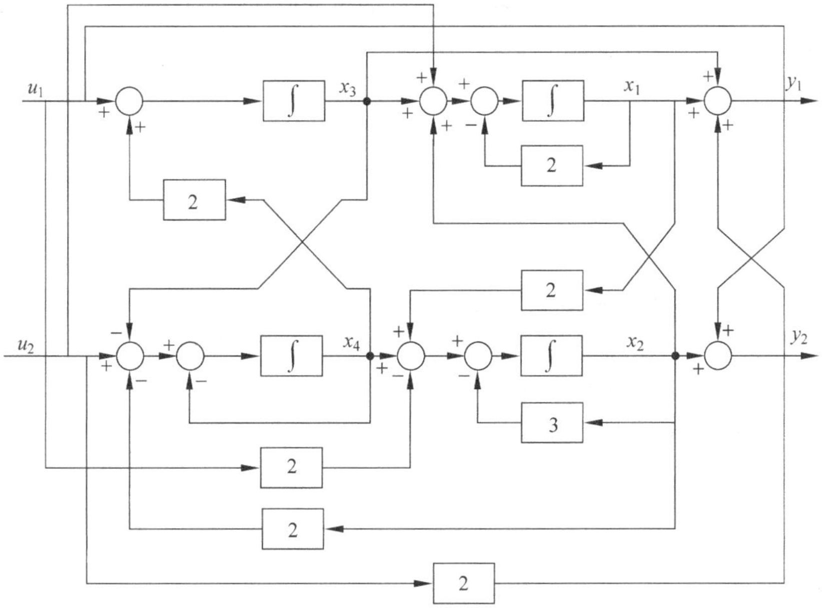

图 2.E.14　复杂的两输入两输出系统

2.57　描述某运动系统的微分方程组为

$$\dot{x}_1 + \dddot{x}_2 = -x_1,$$

$$\dot{x}_1 + \dot{x}_2 = -x_2 + u,$$

$$y = x_1.$$

(a) 写出它的系统矩阵描述的矩阵 $\boldsymbol{T}(s)$,$\boldsymbol{U}(s)$,$\boldsymbol{V}(s)$,$\boldsymbol{W}(s)$和矩阵 $\boldsymbol{P}(s)$.

(b) 从矩阵 $\boldsymbol{T}(s)$,$\boldsymbol{U}(s)$,$\boldsymbol{V}(s)$,$\boldsymbol{W}(s)$求出传递函数矩阵 $\boldsymbol{G}(s)$.

(c) 求出系统的特征多项式 $\rho(s)$和阶 n.

2.58　描述某运动系统的微分方程组为

$$\dot{x}_1 + \dddot{x}_2 = -x_1,$$

$$\dot{x}_2 = -x_2 + u,$$

$$y = x_1.$$

(a) 写出它的系统矩阵描述的矩阵 $\boldsymbol{T}(s)$,$\boldsymbol{U}(s)$,$\boldsymbol{V}(s)$,$\boldsymbol{W}(s)$和矩阵 $\boldsymbol{P}(s)$.

(b) 从矩阵 $\boldsymbol{T}(s)$,$\boldsymbol{U}(s)$,$\boldsymbol{V}(s)$,$\boldsymbol{W}(s)$求出传递函数矩阵 $\boldsymbol{G}(s)$.

(c) 求出系统的特征多项式 $\rho(s)$和阶 n.

2.59　给定多项式矩阵

$$\boldsymbol{N}(s) = \begin{bmatrix} (s+1)(s+3) & s+2 & s+3 \\ 0 & s+3 & 4 \end{bmatrix}.$$

用下列两种方法求 $\boldsymbol{N}(s)$的史密斯标准形：

(a) 用 2.14.2 节的式(2.14.16)；

(b) 用 2.14.2 节给出的“求多项式矩阵的史密斯标准形的算法”和附录 2.1.

2.60 给定有理函数矩阵

$$\boldsymbol{G}(s)=\begin{bmatrix}\dfrac{1}{s+1} & 0 & \dfrac{s-1}{(s+1)(s+2)} \\ \dfrac{-1}{s-1} & \dfrac{1}{s+2} & \dfrac{1}{s+2}\end{bmatrix}.$$

(a) 求 $\boldsymbol{G}(s)$的史密斯-麦克米伦标准形.

(b) 验证诸 $\varepsilon_i(s)$的依次可整除性和诸 $\psi_i(s)$的依次可被整除性.

(c) 求 $\boldsymbol{G}(s)$的零点多项式和极点多项式.

2.61 给定有理函数矩阵

$$\boldsymbol{G}(s)=\begin{bmatrix}\dfrac{1}{(s+1)^2} & \dfrac{1}{(s+1)(s+2)} \\ \dfrac{1}{(s+1)(s+2)} & \dfrac{s+3}{(s+2)^2}\end{bmatrix}.$$

(a) 求 $\boldsymbol{G}(s)$的史密斯-麦克米伦标准形.

(b) 验证诸 $\varepsilon_i(s)$的依次可整除性和诸 $\psi_i(s)$的依次可被整除性.

(c) 求 $\boldsymbol{G}(s)$的零点多项式和极点多项式.

2.62 (a) 假设在本书 2.2.3 节图 2.2.8 的随动系统中，将电位器 **2** 的滑臂 **11** 接地，使系统成为开环的，画出该开环系统的框图，并写出其广义状态方程和系统矩阵.

(b) 从题(a)的结果求出该开环系统的传递函数矩阵.

(c) 求出该开环随动系统的特征多项式.

(d) 恢复电位器 **2** 的正常接线. 为该闭环随动系统画出框图，并在题(a)所得结果的基础上，写出该闭环随动系统的广义状态方程和系统矩阵.

(e) 从题(d)的结果求出该闭环随动系统的传递函数矩阵.

(f) 求出该闭环随动系统的特征多项式.

(g) 求出该闭环随动系统的特征多项式与开环系统的特征多项式之比.

2.63 对 2.2.3 节图 2.2.8 的小功率随动系统采用系统矩阵描述，以 ψ 和 M_L 为输入量，以 φ 和 Ω 为输出量.

(a) 写出矩阵 $\boldsymbol{T}(s)$，$\boldsymbol{U}(s)$，$\boldsymbol{V}(s)$，$\boldsymbol{W}(s)$，系统矩阵 $\boldsymbol{P}(s)$和传递函数矩阵 $\boldsymbol{G}(s)$.(提示：允许尽量利用本书已求得的结果.)

(b) 用题(a)的结果验证定理 2.14.4 和定理 2.14.5.

2.64　某运动对象的传递函数矩阵如下：

$$\boldsymbol{G}(s)=\frac{k}{(s+1)(s+2)}\begin{bmatrix} s & 1 \\ -1 & s \end{bmatrix},$$

其中 $k>0$.

(a) 求它的开环特征多项式 $\rho_{\text{open}}(s)$.

(b) 求它在单位矩阵反馈下的闭环特征多项式 $\rho_{\text{clsd}}(s)$.

2.65　同上题,惟对象的传递函数矩阵为

$$\boldsymbol{G}(s)=\frac{k}{s(s+1)}\begin{bmatrix} s+1 & s+1 \\ s-2 & s+1 \end{bmatrix},$$

其中 $k>0$.

第3章 线性控制系统的运动

3.1 引言

本书第 2 章中已经详细讲述了如何用数学工具描述一个运动对象的运动. 只要知道了对象运动的微分方程和所有参数,就能准确地算出它的各物理量的变化规律. 但是从工程的观点看,这还很不够.

首先,运动对象愈复杂,描述其运动的微分方程的阶就愈高. 许多实际工程对象的微分方程常高达十几阶甚至几十阶. 即使使用计算机求解也非常不便. 更重要的是,实际的工程问题通常并不满足于简单地计算出一个既定对象的运动,而往往要问:该对象的某几个可选参数应当如何选择和组合,甚至应当如何修改该对象的结构,方能获得更好的运动性能?如果只会解微分方程,要回答这样的问题就必须对大量方案分别求解微分方程,再比较所得的结果. 这显然很不实际. 问题的症结在于,从对象的微分方程看不出影响对象运动特征的许多因素中哪些是主要的,哪些是次要的. 我们需要的是这样一类工程分析方法:它虽未必能精确地解出微分方程,却能提示对象运动的主要特征,并提示对象的运动主要受哪些参数的影响,从而指导如何改进对象的性能. 这种工程分析方法的计算量应当不太大,也不会因系统复杂而使计算量增加太多.

其次还要指出,从工程的角度看,精确求解微分方程往往并非必要. 举一个例子. 图 3.1.1 中,曲线 1 是 4 阶微分方程

$$0.5\frac{d^4y}{dt^4}+10\frac{d^3y}{dt^3}+10\frac{d^2y}{dt^2}+10\frac{dy}{dt}+y=1 \tag{3.1.1}$$

在初值 $y(0)=y'(0)=y''(0)=0, y'''(0)=20$ 下的解;而曲线 2 是 2 阶微分方程

$$1.21\frac{d^2y}{dt^2}+0.792\frac{dy}{dt}+y=1 \tag{3.1.2}$$

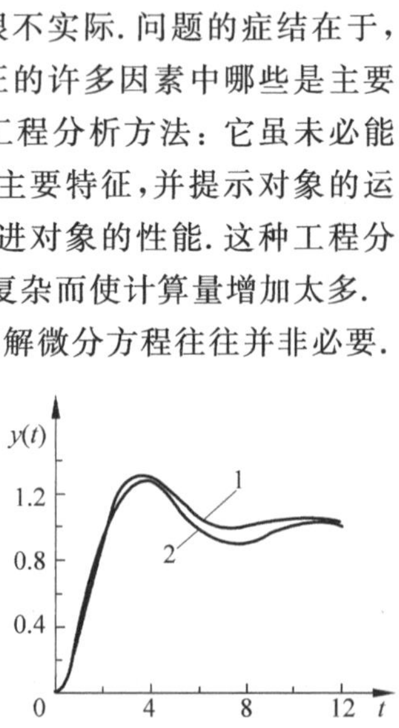

图 3.1.1 数学模型不同而运动规律相近的对象

在初值 $y(0)=y'(0)=0$ 下的解. 容易看出,尽管这两个微分方程差别很大,但从工程角度可以认为这两条曲线的主要特征相同,而细节的差别不重要. 因此这两个微分方程各自代表的对象的运动规律很相近. 所以,有的情况下,设法从微分方程直接判断运动的主要特征比精确地求解微分方程更有实用价值.

以上所述,就是提出分析控制系统的运动这一问题的根据.

分析一个控制系统的运动,首先要判定的是该系统的运动是否**稳定**. 下面说明理由.

第 1 章 1.2 节曾说过,负反馈是实现控制的基本方法. 但是仅仅实现了负反馈未必就能实现控制,更未必能实现性能满意的控制. 试观察秋千. 以秋千的垂直悬挂位置为基准. 在荡秋千时,当秋千摆到南边,就把它向北推; 摆到北边,就向南推. 这也是负反馈控制. 但这样"控制"的结果,不但不能使秋千回到垂直位置不动,相反却使秋千愈摆愈高,最后在基准位置的两侧形成大幅度的等幅振荡. 设计得不好的负反馈控制系统的被控制量也会出现与此类似的振荡. 在技术上就说该反馈系统**不稳定**. 不稳定的负反馈系统显然根本不可能实现自动控制,工程上不能接受.

关于稳定性的确切含义,3.2 节将详细讨论.

即使负反馈控制系统是稳定的,它的运动的质量也有优劣之分. 图 3.1.2 表示三个随动系统当整定量按照图中的虚线变化时输出量的变化过程. 系统 1 的输出量要经过很长时间方能跟上整定值的变化. 系统 2 的输出量虽然跟得很快,但却跟过了头,经过几次振荡才逐渐停在整定值上. 这两个系统显然都不能使人满意. 只有系统 3 才能较好地跟随整定量的变化. 在技术上就说系统 3 的**动态性能**(或**动态品质**)比另两个系统好. 动态性能的优劣在工程上往往至关重要.

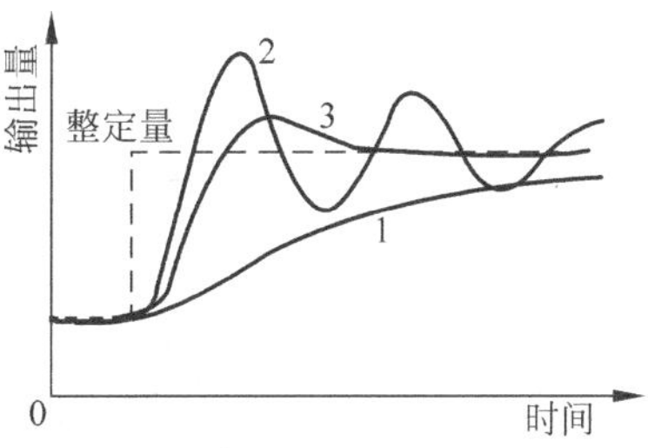

图 3.1.2　随动系统的动态性能

在控制理论发展的历史过程中,形成了多种分析控制系统运动的方法,如时间域分析方法,频率域分析方法等. 它们都得到了广泛应用.

本章研究时间域分析方法,包括稳定性、静态误差、一些最简单的系统的动态性能,以及近似分析高阶微分方程描述的运动特性等. 通过对这些问题的研究可以建立关于系统运动的基本概念. 本章还要从工程设计的角度提出对控制系统性能指标的要求以及一些基本设计原则和方法. 在此基础上,以下各章将进而叙述复杂系统的分析和设计方法.

3.2 稳定性问题

3.2.1 运动的稳定性

运动的首要问题是稳定性. 为了说明运动的稳定性的概念,我们先看下例.

例 3.2.1 微分方程

$$\frac{\mathrm{d}y}{\mathrm{d}t}+y(y-1)=0,\quad y(0)=y_0 \tag{3.2.1}$$

的解是

$$y(t)=\frac{1}{1-\left(1-\frac{1}{y_0}\right)\mathrm{e}^{-t}}. \tag{3.2.2}$$

对于不同的初值 y_0,画出该方程的解函数 $y(t)$ 的曲线如图 3.2.1 所示. □

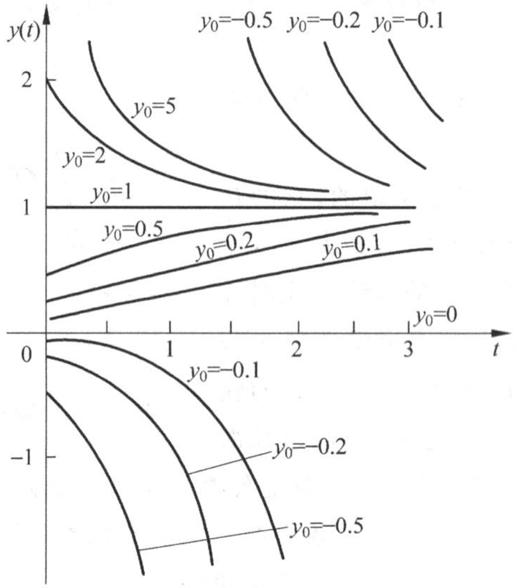

图 3.2.1 稳定运动与不稳定运动

从图 3.2.1 可以看出,所有解函数 $y(t)$ 分为两大类. 一类是 $y_0>0$ 的所有运动. 其共同特点是: 如果事先任意规定一个无论多么小的正数 ε,就必存在某一相应的正数 $\delta(\varepsilon)$,只要初值 y_0 的偏移量不超过 δ,解函数 $y(t)$ 的偏移量就总不会超过 ε. 例如初值为 $y_0=0.2$ 与初值为 $y_0=2$ 的解函数之间的差别无论何时都不会超过 1.8; 初值为 $y_0=0.5$ 与初值为 $y_0=1$ 的解函数之间的差别无论何时都不会超过 0.5. 另一类是 $y_0<0$ 的所有运动. 其共同特点是: 如果事先任意规定了任意小的正数 ε,则不存在上述的能限定解函数 $y(t)$ 的偏移量的正数 δ. 试看 $y_0=-0.1$ 对应的解函数与 $y_0=-0.2$ 对应的解函数之间的差别,在时间段 $1.79\leqslant t\leqslant 2.40$

内总是会超过事先任意规定的有限正数(注意对于 $y_0=-0.1$ 有 $y(2.398)=\infty$；对于$y_0=-0.2$ 有 $y(1.792)=\infty$). 用更严格的数学语言可以这样表述：对于前一类解函数，**只要**初值的偏移量充分小，解的偏移量**总可以**小于事先任意规定的小量；而对于后一类解函数，**无论**初值的偏移量多么小，解函数的偏移量**总不能**限定为事先任意规定的小量. 这两类解函数显然有原则性的差别. 在关于运动稳定性的理论中，前一类运动称为**稳定**的运动；后一类运动称为**不稳定**的运动.

这两类运动在生活中很常见. 以图 3.2.2 为例，小球若在初始位置 A，而发生不太大的位置偏移，其运动的幅度必有限，属于稳定运动；而小球若在初始位置 B，则不论发生多么小的位置偏移，都会发生幅度无法限制的运动，即失去稳定.

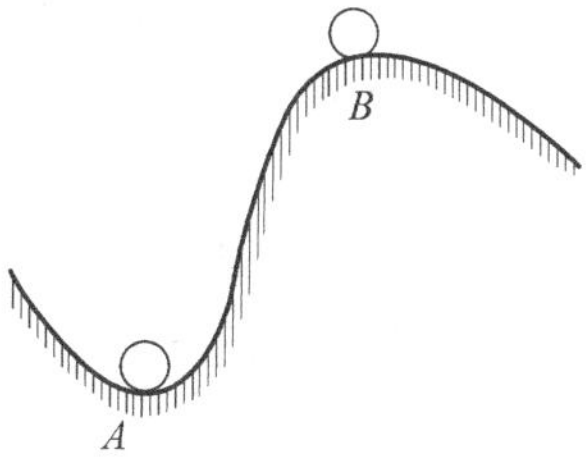

图 3.2.2　稳定与不稳定运动示意图

第 2 章 2.2.1 节曾提出运动对象的输入量和输出量的概念. 注意一个对象的某一运动是否稳定，是指它的所有变量**总体**的运动而言，与把系统中的哪些变量选为输入量或输出量无关，与输入量或输出量的数目也无关.

3.2.2　线性系统运动稳定性的充分必要条件

现在我们用上述观点来看第 2 章 2.2.3 节例 2.2.5 的小功率随动系统.

例 3.2.2　这个小功率随动系统的运动方程已在 2.2.4 节的式(2.2.45)求得. 现在重新写出如下：

$$0.025\frac{d^4\varphi}{dt^4}+0.55\frac{d^3\varphi}{dt^3}+1.5\frac{d^2\varphi}{dt^2}+\frac{d\varphi}{dt}+\varphi$$
$$=\psi-\left(0.00025\frac{d^2M_L}{dt^2}+0.0055\frac{dM_L}{dt}+0.01M_L\right). \tag{3.2.3}$$

注意它是一个线性微分方程. 2.2.4 节的式(2.2.46)已给出其特征多项式：

$$\rho(s)=0.025s^4+0.55s^3+1.5s^2+s+1.$$

它的 4 个零点也已在 2.3 节求出，是

$$s_1=-18.94,\quad s_2=-2.606,\quad s_3,s_4=-0.2283\pm j0.8708.$$

因此该微分方程的解可表为

$$\varphi(t)=C_1e^{-18.94t}+C_2e^{-2.606t}+C_3e^{-0.2283t}\sin0.8708t$$
$$+C_4e^{-0.2283t}\cos0.8708t+\varphi^*(t). \tag{3.2.4}$$

式中 $\varphi^*(t)$是方程的一个特解，由 $\psi(t)$和 $M_L(t)$决定；而 $\varphi(t)$前 4 项之和，即

$$\varphi_0(t)=C_1e^{-18.94t}+C_2e^{-2.606t}+C_3e^{-0.2283t}\sin0.8708t+C_4e^{-0.2283t}\cos0.8708t$$

是该微分方程所对应的齐次方程的通解. 它的 4 个待定系数 C_1,C_2,C_3,C_4 可由$\varphi(t)$及其 1 阶、2 阶、3 阶导数的初值 $\varphi(0),\varphi'(0),\varphi''(0),\varphi'''(0)$四者共同决定. □

特别要注意的是,待定系数 C_1,C_2,C_3,C_4 总是 $\varphi(0),\varphi'(0),\varphi''(0),\varphi'''(0)$四者的**连续**函数.只要这些初值的偏移量充分小,则待定系数 C_1,C_2,C_3,C_4 的偏移幅度一定可以限制到任意小.再注意到本例的特征多项式的4个零点都是**负实数或实部为负的共轭复数**,所以在 $t>0$ 的区间内,组成 $\varphi_0(t)$的4个函数都是**负幂**指数函数:$e^{-18.94t}$,$e^{-2.606t}$,$e^{-0.2283t}\sin 0.8708t$ 和 $e^{-0.2283t}\cos 0.8708t$.对于一切 $t>0$,它们总是取有限值.由此便可以判定:只要 $\varphi(t)$及其1,2,3阶导数的初值的偏移量**充分**小,则在 $t>0$ 的区间内 $\varphi(t)$的偏移幅度一定可以限制到**任意**小.所以,根据3.2.1节所述可以断言:**不论在什么初值下**,微分方程式(3.2.3)描述的运动总是稳定的.

图3.2.3中,曲线1,2分别是当 $\psi(t)=1(t)$,$M_L(t)=0$ 时微分方程式(3.2.3)在两组不同初值下的解.

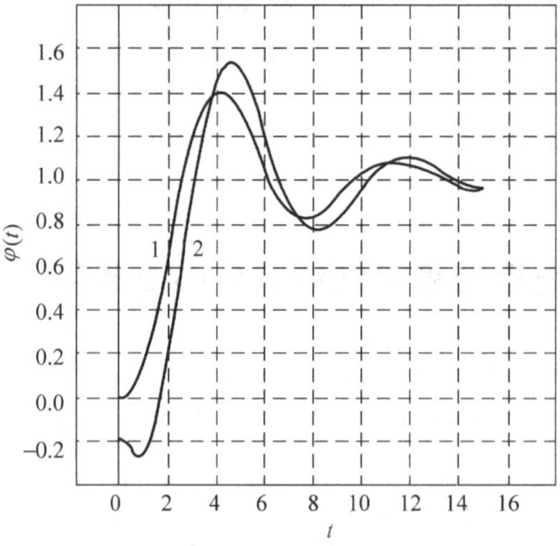

图3.2.3 稳定的运动

曲线1:$\varphi(0^-)=0,\varphi'(0^-)=0,\varphi''(0^-)=0,\varphi'''(0^-)=0$;

曲线2:$\varphi(0^-)=-0.2,\varphi'(0^-)=0.2,\varphi''(0^-)=-2,\varphi'''(0^-)=5$.

如果在例3.2.2中将放大器的放大倍数 k_a 增大到原来的10倍,而不改变其他参数,则微分方程变为

$$0.0025\frac{d^4\varphi}{dt^4}+0.055\frac{d^3\varphi}{dt^3}+0.15\frac{d^2\varphi}{dt^2}+0.1\frac{d\varphi}{dt}+\varphi$$

$$=\psi-\left(0.000025\frac{d^2M_L}{dt^2}+0.00055\frac{dM_L}{dt}+0.001M_L\right), \qquad (3.2.5)$$

特征多项式变为

$$\rho(s)=0.0025s^4+0.055s^3+0.15s^2+0.1s+1,$$

而其零点变为

$$s_1=-18.87,\quad s_2=-4.128,\quad s_3,s_4=+0.5011\pm j2.210.$$

于是微分方程式(3.2.5)的解变为

$$\varphi(t) = C_1 e^{-18.87t} + C_2 e^{-4.128t} + C_3 e^{+0.5011t} \sin 2.210t + C_4 e^{+0.5011t} \cos 2.210t + \varphi^*(t). \quad (3.2.6)$$

注意：由于特征多项式的 4 个零点中有些零点的实部变为正值，以致解函数式(3.2.6)中出现了**正幂**的指数函数 $e^{+0.5011t}$. 因此，只要系数 C_3 或 C_4 不恒为 0，函数 $\varphi(t)$的值就会随着 t 的增大而无限增大，如图 3.2.4 所示的增幅振荡. 这个增幅振荡迅速发展成为全解中的主要成分，而解函数的其他成分，包括特解 $\varphi^*(t)$，都变得无足轻重. 即使微分方程的初值只发生微小的偏移，从而造成系数 C_3 或 C_4 的值的微小偏移，则随着时间 t 的增大，全解的偏移量也无法用事先规定的任意小量限制. 因此根据 3.2.1 节的论点可以断言：**不论在什么初值下**，微分方程式(3.2.5)描述的运动总是不稳定的.

图 3.2.4 中，曲线 1,2 分别是当 $\psi(t)=1(t)$，$M_L(t)=0$ 时微分方程式(3.2.5)在两组不同初值下的解.

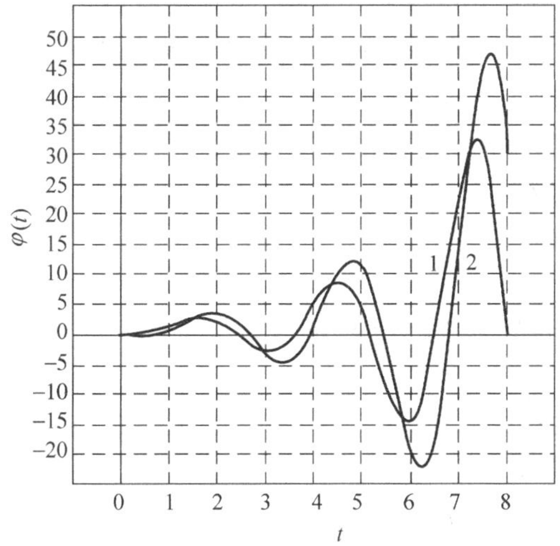

图 3.2.4　不稳定的运动

曲线 1：$\varphi(0^-)=0, \varphi'(0^-)=0, \varphi''(0^-)=0, \varphi'''(0^-)=0$；

曲线 2：$\varphi(0^-)=-0.4, \varphi'(0^-)=1, \varphi''(0^-)=-10, \varphi'''(0^-)=20$.

从例 3.2.2 的两个系统可以看出，**线性系统的运动是否稳定，完全取决于其特征多项式的零点，而与运动的初值无关**. 如果特征多项式的所有零点都是负实数或实部为负的共轭复数，即所有零点都位于左半复数平面，则它在任何初值下的运动都是稳定的；反之，如果特征多项式的所有零点中，即使只有 1 个位于右半复数平面，则它在任何初值下的运动都是不稳定的. 因此，**对于线性系统，常常就把系统本身说成是稳定的或不稳定的，而无须特指它的某一运动**. 与此相反，例 3.2.1的非线性系统则不是这样：同一个非线性系统在不同初值下的运动，有的稳定,有的不稳定.所以对于非线性系统不能这样笼统称呼,只能谈它的某一运动(微分方程的某一解或某一组解)是否稳定.这是线性系统与非线性系统的重要差别之一.

根据上文对例 3.2.2 的两个系统的运动的讨论,可以总结出如下的重要定理.

定理 3.2.1 一个线性系统为稳定(即它的所有运动均为稳定)的充分必要条件是它的微分方程的特征多项式的全部零点都位于左半复数平面. □

如果特征多项式有相重的实零点或相重的共轭复零点,如 α,或 $\beta\pm \mathrm{j}\gamma$,则微分方程的解中将出现形如

$$Ct^k \mathrm{e}^{\alpha t}, Ct^k \mathrm{e}^{\beta t}\sin\gamma t, Ct^k \mathrm{e}^{\beta t}\cos\gamma t, \quad k = 1,2,\cdots$$

之类的项.容易看出,这种情况下定理 3.2.1 仍然成立.

如果线性系统的特征多项式在右半复数平面上没有零点,但在虚轴上有零点,往往就说该线性系统是"临界稳定"的.工程上通常拒绝临界稳定的系统.

顺便说明:在实际的控制系统中,如果出现增幅振荡,则当振幅达到一定程度,就会受到系统内机械限位装置或电气保护装置的限制,也就是受到各种非线性因素的限制,其运动不能再用微分方程式(3.2.5)描述.这时增幅振荡通常会转为等幅振荡.振幅无限增大的情形在实际生活中不可能发生.3.2.1 节中例 3.2.1 的非线性系统当时间 t 接近 $\ln(1-1/y_0)$时,理论上会出现 $y\to\infty$,但事实上也会由于同样原因受到限制.

3.2.3 稳定性的李雅普诺夫定义

运动的稳定性的严格定义不止一种,其中最重要的是俄国学者李雅普诺夫于 1892 年提出的经典定义,下面加以叙述.

定义 3.2.1 如果一个关于向量变量 $\boldsymbol{x}(t)$的微分方程组,在初值 $\boldsymbol{x}(t_0)=\boldsymbol{x}_0$ 下有解 $\boldsymbol{x}(t)$,且对于任意给定的正数 $\varepsilon>0$,总存在一个正数 $\delta(\varepsilon)>0$,当初值 $\boldsymbol{x}_0$ 变为$\tilde{\boldsymbol{x}}_0$时,只要 $\|\tilde{\boldsymbol{x}}_0-\boldsymbol{x}_0\|\leqslant\delta$,其相应的解$\tilde{\boldsymbol{x}}(t)$在 $t>t_0$ 的任何时刻都满足 $\|\tilde{\boldsymbol{x}}(t)-\boldsymbol{x}(t)\|<\varepsilon$,则称解 $\boldsymbol{x}(t)$是稳定的.如果不存在这样的正数 δ,则称解 $\boldsymbol{x}(t)$是不稳定的. □

关于定义 3.2.1 需要说明三点.第一,此定义考虑的**不限于线性**微分方程组.第二,定义中的 $\boldsymbol{x}$ 是一个向量:$\boldsymbol{x}=(x_1,x_2,\cdots,x_n)^{\mathrm{T}}$.它的每一个分量 x_i 是一个独立的实变量,$i=1,2,\cdots,n$.初值 $\boldsymbol{x}_0$ 也是向量.第三,记号$\|\cdot\|$表示向量的**范数**.例如$(x_1^2+x_2^2+\cdots+x_n^2)^{1/2}$就是向量 $\boldsymbol{x}$ 的一种范数.也可以取其他范数.

在图 3.2.5 中,我们用 n 维的状态空间描述某系统(未必为线性)的运动,以说明定义 3.2.1 的意义.

设系统在 $t=t_0$ 时刻的初始状态为 $\boldsymbol{x}_0$.对应于这一初始状态的运动 $\boldsymbol{x}(t)$是状

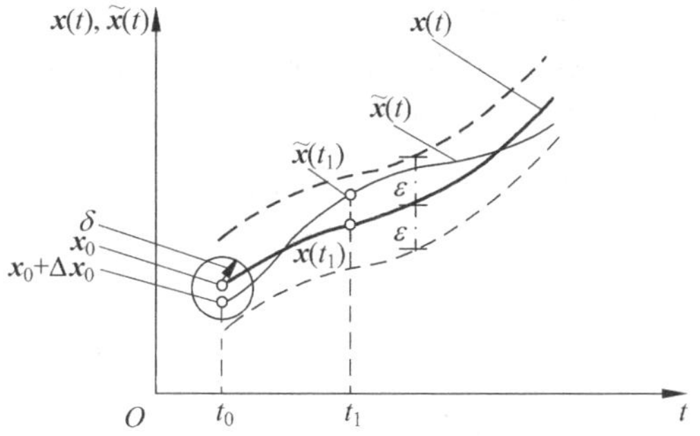

图 3.2.5　李雅普诺夫稳定性定义的几何解释

态空间中从点 $\boldsymbol{x}_0$ 出发的一条轨线，如图 3.2.5 中的粗实线所示．若初始状态的变化量是 $\Delta\boldsymbol{x}_0$，即新的初始状态为 $\boldsymbol{x}_0+\Delta\boldsymbol{x}_0$，从这一新的状态点出发的新的运动轨线是 $\tilde{\boldsymbol{x}}(t)$，且有 $\tilde{\boldsymbol{x}}(t_0)=\boldsymbol{x}_0+\Delta\boldsymbol{x}_0$．如果对于任意给定的正数 $\varepsilon>0$，总存在正数 $\delta(\varepsilon)>0$，只要 $\tilde{\boldsymbol{x}}(t_0)$ 位于以 $\boldsymbol{x}_0$ 为球心，以 δ 为半径的 n 维球体内或球面上任意一点，其运动轨线 $\tilde{\boldsymbol{x}}(t)$ 在 $t>t_0$ 的任何时刻 t_1 总不会逸出轨线 $\boldsymbol{x}(t)$ 上以点 $\boldsymbol{x}(t_1)$ 为球心，以 ε 为半径的 n 维球体以外，则称运动 $\boldsymbol{x}(t)$ 是稳定的．

这可以看作李雅普诺夫稳定性定义的几何解释．

容易理解，如果给定的运动偏差的幅度 ε 愈小，则容许的初值偏差幅度 δ 也会愈小．如果给定的 ε 较大，则容许的初值偏差幅度 δ 也可能大些．有的情况下，不论如何给定 ε，相应的 δ 总不能大于某一正数 δ_0，我们就称此 δ_0 为该系统的**稳定范围**．如果 δ 可以选为任意大，就说该运动是**大范围稳定**的．3.2.1 节的图 3.2.1 中，$y_0=0.2$ 的那个运动的稳定范围就是 0.2；而函数式(3.2.4)则是大范围稳定的．

显然，线性微分方程描述的运动如果是稳定的，就必是大范围稳定的．

工程上当然不满足于一个控制系统仅仅在某一组给定的参数值下为稳定，因为实际系统运行时，环境条件的变化、工况的调整、批量生产的产品的公差等都可能造成其参数的某些偏移．所以为了保证实际系统能稳定地运行，总是要求它的参数在适当的范围内波动时系统仍能保持稳定．这就是稳定范围 δ_0 这一概念的实用意义．

下面进一步来定义**渐近稳定**．如果一个运动不但满足上述的稳定定义，而且存在一个以 $\boldsymbol{x}_0$ 为球心，以正数 δ 为半径的 n 维球体，从球体内或球面上任意一点出发的运动轨线 $\tilde{\boldsymbol{x}}(t)$，随着时间的增大总会**无限地趋近**轨线 $\boldsymbol{x}(t)$，则称运动 $\boldsymbol{x}(t)$ 是渐近稳定的．显然，渐近稳定是比稳定更强的性质．3.2.2 节所举的函数式(3.2.4)就是渐近稳定的，而线性微分方程

$$\frac{\mathrm{d}^2 x}{\mathrm{d}t^2}+\omega^2 x=0$$

的解

$$x(t)=a\sin(\omega t+\theta)$$

虽为(临界)稳定,却不是渐近稳定.

工程上通常要求控制系统具有渐近稳定性,而拒绝非渐近稳定的系统.

李雅普诺夫不仅为运动的稳定性给出了严格的定义,还提出了从微分方程判定运动是否稳定的两种方法,通常称为李雅普诺夫第一方法和李雅普诺夫第二方法.下面叙述李雅普诺夫第一方法.李雅普诺夫第二方法将在本书第11章讲述.

3.2.4 李雅普诺夫第一方法

上文已经说明,稳定性是系统的首要问题,并且给出了线性系统稳定的定义和条件.但是运动对象的数学模型常含有非线性函数.2.2.2节固然曾指出:"光滑"的非线性函数有时可以通过微偏线性化处理而成为近似线性的.但是,这样处理后得到的近似线性系统的稳定性与原来的非线性系统的稳定性是否等同呢?这是一个需要严格论证的问题.李雅普诺夫对此经过缜密研究,得出了极为重要的系统性的结论,为使用微偏线性化方法处理系统的运动方程奠定了理论基础.本书不可能叙述李雅普诺夫的详细论证,只能以定理的形式给出其结论如下.

定理3.2.2(a) 如果微偏线性化后系统的特征多项式的全部零点(即传递函数的全部极点)都位于复数平面的左半面,则原来的非线性系统的运动不但是稳定的,而且是渐近稳定的.线性化过程中被略去的高次项不会影响系统的稳定性.

定理3.2.2(b) 如果微偏线性化后系统的特征多项式的全部零点(即传递函数的全部极点)中,哪怕只有一个位于复数平面的右半面,则原来的非线性系统的运动是不稳定的.线性化过程中被略去的高次项不会改变系统的不稳定性.

定理3.2.2(c) 如果微偏线性化后系统的特征多项式的全部零点(即传递函数的全部极点)都不位于复数平面的右半面,但有位于虚轴上的,则原来的非线性系统的运动是否稳定不能根据线性化后的系统判定,必须分析原来的非线性系统方能确定.

以上3个定理统称为处理系统稳定性问题的**李雅普诺夫第一方法**.以它作为基本的理论依据,就可以把仅对线性系统有效的定理3.2.1扩展应用于判定微偏线性化后的近似线性系统的运动稳定性.

如果用李雅普诺夫第一方法研究应用2.2.2节所述的微偏线性化方法处理非线性系统而得到的近似线性系统,其稳定范围δ_0必受到一定的局限.如果初值的偏移量超出这一范围,运动就可能失去稳定.δ_0的具体大小因系统而异.所以一般地说,用李雅普诺夫第一方法判定为稳定的系统只保证"无穷小"范围的稳定性.因此在工程上应用李雅普诺夫第一方法判定为稳定的系统,最好还要通过实验检验其稳定性. 尽管如此, 对于只含 2.2.2 节所说的"光滑"非线性函数的系统, 李雅普诺夫第一方法与定理 3.2.1 基本上仍是研究运动稳定性的有效方法. 对于含有"不光滑"非线性函数的系统, 由于不可能进行微偏线性化, 也就谈不上使用李雅普诺夫第一方法和定理 3.2.1, 而要用本书第 11 章所述的李雅普诺夫第二方法处理.

3.3 稳定性的代数判据

既然线性系统的稳定性完全取决于其微分方程的特征多项式的零点在复数平面上的位置, 那么只须解出微分方程的特征方程的全部根, 就可以判定线性系统的稳定性了. 在现代条件下, 用计算机求解一个代数方程的根并非难事. 但是在过去计算机问世之前, 求解高次(可能高达十几次甚至几十次)代数方程是非常困难的. 幸而判定稳定性并不需要求出根的确切数值, 只须判定它们是在左半复数平面还是右半复数平面就够了. 因此数学家们就创造了一些代数方法解决这个问题, 统称为稳定性的**代数判据**.

各种代数判据考虑的基本问题都是: 实系数多项式

$$\rho(s) = a_n s^n + a_{n-1} s^{n-1} + \cdots + a_1 s + a_0, \quad a_n > 0 \tag{3.3.1}$$

的全部零点都位于左半复数平面的条件, 其中 a_n 为正. 若原多项式首项系数为负, 可先乘以 −1. 第 2.2.4 节已指出: 特征多项式允许乘以任意非零常数, 而不影响其零点.

本节叙述 3 种代数判据: 劳斯判据、赫尔维茨判据和谢绪恺-聂义勇判据. 限于篇幅, 都不给出证明.

3.3.1 劳斯判据

劳斯判据由劳斯(E. J. Routh)于 1877 年提出, 本来可用以判定一个实系数多项式在复数平面的左半面与右半面各有几个零点, 甚至判定有几个纯虚数零点. 但是对于判定控制系统的稳定性, 这些功能都很罕用. 为了减少强记硬背无价值的操作, 我们只叙述使用劳斯判据判定是否**全部零点都在复数平面的左半面**的实用方法. 事实上, 如果某一特征多项式有纯虚数零点, 则当系统参数有微小偏移时, 纯虚数零点就可能变为复数平面右半面的零点, 使系统失去稳定. 工程上认为这类"临界稳定"的系统的"鲁棒性"不好, 所以总是拒绝使用. 因此劳斯判据的这类功能实际不重要.

实用的劳斯判据如下.

首先编制一个表格(称为"劳斯表"). 在表格的最上方的两行中, 按照表 3.3.1 的格式依次填入多项式(3.3.1)的各系数作为表头.

表 3.3.1 劳斯表的表头

第1行	a_n	a_{n-2}	a_{n-4}	…	…
第2行	a_{n-1}	a_{n-3}	a_{n-5}	…	…

然后从第3行起依次在各行各列中填入各元.第 i 行第 j 列填入的元是

$$r_{i,j} = -\det\begin{bmatrix} r_{i-2,1} & r_{i-2,j+1} \\ r_{i-1,1} & r_{i-1,j+1} \end{bmatrix}, \quad i \geqslant 3. \tag{3.3.2}$$

例如第3行第1列应填入

$$r_{3,1} = -\det\begin{bmatrix} r_{1,1} & r_{1,2} \\ r_{2,1} & r_{2,2} \end{bmatrix} = r_{2,1}r_{1,2} - r_{1,1}r_{2,2} = a_{n-1}a_{n-2} - a_n a_{n-3};$$

而第3行第2列应填入

$$r_{3,2} = -\det\begin{bmatrix} r_{1,1} & r_{1,3} \\ r_{2,1} & r_{2,3} \end{bmatrix} = r_{2,1}r_{1,3} - r_{1,1}r_{2,3} = a_{n-1}a_{n-4} - a_n a_{n-5}.$$

若式(3.3.2)中的 $r_{i-1,j+1}$ 在劳斯表内不存在,则代之以0.

如此填齐所有各行后,劳斯表应共有$(n+1)$行.最高的一行应有$(n+1)/2$列(若 n 为奇数)或$(n+2)/2$列(若 n 为偶数).最低的两行都只有1列,其上两行各有2列,再上两行各有3列,依此类推.填齐各行后,即可使用下述的劳斯判据.

定理 3.3.1(劳斯稳定性判据) 多项式(3.3.1)的全部零点都位于左半复数平面上的**充分必要条件**是其劳斯表第1列的$(n+1)$个元全部为正.

例 3.3.1 某线性控制系统的微分方程的特征多项式为

$$\rho(s) = 2s^6 + 5s^5 + 3s^4 + 4s^3 + 6s^2 + 14s + 7. \tag{3.3.3}$$

本例 $n=6$,首项系数 a_6 为正,符合式(3.3.1)的条件.劳斯表应有7行,如表3.3.2所示.

表 3.3.2 例 3.3.1 的劳斯表

第1行	2	3	6	7
第2行	5	4	14	
第3行	$-\det\begin{bmatrix}2 & 3\\5 & 4\end{bmatrix}=7$	$-\det\begin{bmatrix}2 & 6\\5 & 14\end{bmatrix}=2$	$-\det\begin{bmatrix}2 & 7\\5 & 0\end{bmatrix}=35$	
第4行	$-\det\begin{bmatrix}5 & 4\\7 & 2\end{bmatrix}=18$	$-\det\begin{bmatrix}5 & 14\\7 & 35\end{bmatrix}=-77$		
第5行	$-\det\begin{bmatrix}7 & 2\\18 & -77\end{bmatrix}=575$	$-\det\begin{bmatrix}7 & 35\\18 & 0\end{bmatrix}=630$		
第6行	$-\det\begin{bmatrix}18 & -77\\575 & 630\end{bmatrix}=-55615$			
第7行	$-\det\begin{bmatrix}575 & 630\\-55615 & 0\end{bmatrix}=-35037450$			

表 3.3.2 的第 1 列出现了非正数 $r_{6,1}=-55615$ 和 $r_{7,1}=-35037450$，所以可以判定特征多项式(3.3.3)必有位于复数平面右半平面的零点. 事实上该多项式的全部零点是 -2.182，-0.599，$-0.691\pm j1.059$，$+0.832\pm j0.992$，确有 2 个零点在复数平面的右半平面. □

由于稳定系统的劳斯表的第 1 列各元必须全部为正，故在表 3.3.2 中算出 $r_{6,1}$ 为非正后，其实已经可以终止计算，给出该系统不稳定的结论. 另外，由于劳斯表内的各元都是行列式，故在计算过程中允许以任何正数乘以某一行的全部元，而不会影响其下各行各元的符号. 例如在表 3.3.2 中算出第 5 行后，不妨以正数 0.1 乘以第 5 行的全部元，而代之以所得的新元 57.5 和 63，使下面的计算更简单些，而不影响结论.

当劳斯表的某行第 1 列出现 0 时，系统至多属于"临界稳定". 正如 3.2.3 节和 3.2.4 节所说，这类系统即使稳定，其稳定范围也是非常小，没有工程价值. 不值得对它作进一步的数学推敲，而应当明智地决定改进系统的参数或结构.

顺便指出任意阶线性系统稳定的一个必要条件如下.

命题 3.3.1　任意次数的多项式的全部零点均位于左半复数平面的一个必要条件是多项式的所有系数均为正数.

证明　当把特征多项式分解为 1 次和 2 次因子的乘积时，只可能有形如 $(s+\alpha)$ 的因子(对应于实零点 $-\alpha$)，与形如 $(s^2+2\beta s+(\beta^2+\gamma^2))$ 的因子(对应于共轭复零点 $(-\beta\pm j\gamma)$). 如果所有零点均位于左半复数平面，α 和 β 必均为正. 这两类因子的所有系数均为正数. 故由它们的乘积构成的特征多项式的所有系数只可能是正数. □

命题 3.3.1 显然也是 1 阶线性系统和 2 阶线性系统稳定的充分必要条件.

用劳斯判据研究 3 阶的特征多项式

$$\rho(s)=a_3s^3+a_2s^2+a_1s+a_0,$$

容易得到以下的简单命题。

命题 3.3.2　3 阶线性系统稳定的充分必要条件是其特征多项式的系数均为正数，且满足 $a_1a_2>a_0a_3$.

3.3.2　赫尔维茨判据

赫尔维茨判据由赫尔维茨(A. Hurwitz)于 1895 年提出，其功能与劳斯判据相同.

对于特征多项式(3.3.1)，构造 $n\times n$ 的赫尔维茨行列式 D：

$$D=\det\begin{bmatrix} a_{n-1} & a_{n-3} & a_{n-5} & \cdots & & 0 \\ a_n & a_{n-2} & a_{n-4} & \cdots & & \vdots \\ 0 & a_{n-1} & a_{n-3} & \cdots & & \vdots \\ 0 & a_n & a_{n-2} & \cdots & & \vdots \\ & \cdots & & \cdots & & \\ & \cdots & & \cdots & a_1 & 0 \\ & \cdots & & \cdots & a_2 & a_0 \end{bmatrix}. \tag{3.3.4}$$

行列式 D 的构造规则如下：D 的各主对角元依次为 $a_{n-1}, a_{n-2}, \cdots, a_0$；在 D 的每一列中自上而下依次按照下标递增的顺序填入多项式(3.3.1)的各系数；最后用 0 填满所有各元. 赫尔维茨判据如下.

定理 3.3.2(赫尔维茨稳定性判据) 多项式(3.3.1)的全部零点都位于左半复数平面上的**充分必要条件是**：行列式 D 的所有 n 个主子式的值全部为正.

例 3.3.2 仍以多项式(3.3.3)为例. 首先注意到它的所有系数均为正，满足命题 3.3.1 的必要条件. 其次写出它的赫尔维茨行列式：

$$D=\det\begin{bmatrix} 5 & 4 & 14 & 0 & 0 & 0 \\ 2 & 3 & 6 & 7 & 0 & 0 \\ 0 & 5 & 4 & 14 & 0 & 0 \\ 0 & 2 & 3 & 6 & 7 & 0 \\ 0 & 0 & 5 & 4 & 14 & 0 \\ 0 & 0 & 2 & 3 & 6 & 7 \end{bmatrix}$$

它的 6 个主子式依次是

$$D_1=\det[5]=5;\quad D_2=\det\begin{bmatrix} 5 & 4 \\ 2 & 3 \end{bmatrix}=7;\quad D_3=\det\begin{bmatrix} 5 & 4 & 14 \\ 2 & 3 & 6 \\ 0 & 5 & 4 \end{bmatrix}=18;$$

$$D_4=\det\begin{bmatrix} 5 & 4 & 14 & 0 \\ 2 & 3 & 6 & 7 \\ 0 & 5 & 4 & 14 \\ 0 & 2 & 3 & 6 \end{bmatrix}=115;\quad D_5=\det\begin{bmatrix} 5 & 4 & 14 & 0 & 0 \\ 2 & 3 & 6 & 7 & 0 \\ 0 & 5 & 4 & 14 & 0 \\ 0 & 2 & 3 & 6 & 7 \\ 0 & 0 & 5 & 4 & 14 \end{bmatrix}=-1589;$$

$$D_6=D=-11123.$$

由于 D_5 和 D_6 非正，故系统不稳定. 其实当算出 D_5 为非正后，已经可以终止计算，给出结论. □

劳斯判据与赫尔维茨判据其实是等价的. 从本例看，显然有 $D_1=r_{2,1}$，也容易看出有 $D_2=r_{3,1}$. 还可以证明，如果特征多项式的次数 $n\leqslant 7$，总有

$$\frac{D_3}{D_2}=\frac{r_{4,1}}{r_{3,1}},\quad \frac{D_4}{D_3}=\frac{r_{5,1}}{r_{4,1}r_{2,1}},\quad \frac{D_5}{D_4}=\frac{r_{6,1}}{r_{5,1}r_{3,1}},$$

$$\frac{D_6}{D_5}=\frac{r_{7,1}}{r_{6,1}r_{4,1}r_{2,1}},\quad \frac{D_7}{D_6}=\frac{r_{8,1}}{r_{7,1}r_{5,1}r_{3,1}};\tag{3.3.5a}$$

如果 $n\geqslant 8$,则有如下关系：

$$\frac{D_k}{D_{k-1}}=\frac{r_{k+1,1}}{r_{k,1}r_{k-2,1}r_{k-4,1}r_{k-6,1}},\quad k\geqslant 8.\tag{3.3.5b}$$

观察以上各式便知：如果劳斯表首列所有各元 $r_{k,1}$ 均为正,则赫尔维茨行列式所有各主子式 D_k 自然也均为正；反之亦然. 所以劳斯判据与赫尔维茨判据是等价的. 但是当多项式的次数增高时,赫尔维茨判据的计算量急剧增大,使用不便.

顺便指出,当多项式的次数增高时,这两种判据都容易产生对数据过于敏感的情形.

3.3.3 谢绪恺-聂义勇判据

谢绪恺-聂义勇判据是中国学者提出的判断多项式的全部零点是否均位于左半复数平面上的代数判据.

谢绪恺于 1957 年分别给出：

定理 3.3.3　对于 $n\geqslant 3$,线性正系数多项式(3.3.1)的全部零点均位于左半复数平面的一个必要条件为

$$a_{i-1}a_{i+2}<a_ia_{i+1};\quad i=1,2,\cdots,n-2.\tag{3.3.6}$$

一个充分条件为

$$3a_{i-1}a_{i+2}\leqslant a_ia_{i+1},\quad i=1,2,\cdots,n-2.\tag{3.3.7}$$

聂义勇于 1976 年将上述充分条件改进为

定理 3.3.4　对于 $n\geqslant 3$,线性正系数多项式(3.3.1)的全部零点均位于左半复数平面的一个充分条件为

$$\xi a_{i-1}a_{i+2}\leqslant a_ia_{i+1},\quad i=1,2,\cdots,n-2.\tag{3.3.8}$$

其中

$$\xi=2.147899\cdots$$

是方程 $\xi^3=(\xi+1)^2$ 的唯一实根. 但 $n=5$ 时式中的记号“$\leqslant$”应改为“$<$”.

谢朗与谢琳于 1988 年证明：对于 $n\geqslant 6$,上述 ξ 值已为最小.

以上各项结果常合称为“谢绪恺-聂义勇判据”.

例 3.3.3　仍以多项式(3.3.3)为例. 首先注意到它的所有系数均为正,满足命题 3.3.1 的必要条件. 其次计算出

$$a_0a_3=28;\quad a_1a_2=56;\quad a_1a_4=42;\quad a_2a_3=24;$$
$$a_2a_5=30;\quad a_3a_4=12;\quad a_3a_6=8;\quad a_4a_5=15.$$

显然,对于 $i=1$ 和 4,必要条件式(3.3.6)成立；但对于 $i=2$ 和 3,必要条件式(3.3.6)不成立. 既然稳定的必要条件不成立,可以断言该系统是不稳定的. □

例 3.3.4　设特征多项式为

$$\rho(s) = 2s^6 + 5s^5 + 10s^4 + 10s^3 + 8s^2 + 3s + 1. \tag{3.3.9}$$

首先注意到它的所有系数均为正,满足命题3.3.1的必要条件.其次计算出

$$a_0a_3 = 10;\quad a_1a_2 = 24;\quad a_1a_4 = 30;\quad a_2a_3 = 80;$$
$$a_2a_5 = 40;\quad a_3a_4 = 100;\quad a_3a_6 = 20;\quad a_4a_5 = 50.$$

容易检验这些数据满足不等式(3.3.8),即稳定的充分条件.因此可以判定:多项式(3.3.9)的全部零点均位于左半复数平面.该系统是稳定的.

如果用劳斯表检验本例,其首列各元依次为2,5,30,130,2470,76050和49432500.结论与此相同.

事实上多项式(3.3.9)的6个零点是$-0.1921\pm j0.4920$,$-0.5000\pm j0.8660$和$-0.5579\pm j1.2170$,都位于左半复数平面. □

例3.3.5 设特征多项式为

$$\rho(s) = 2s^6 + 5s^5 + 6s^4 + 7s^3 + 7s^2 + 8s + 7. \tag{3.3.10}$$

首先注意到它的所有系数均为正,满足命题3.3.1的必要条件.其次计算出

$$a_0a_3 = 49;\quad a_1a_2 = 56;\quad a_1a_4 = 48;\quad a_2a_3 = 49;$$
$$a_2a_5 = 35;\quad a_3a_4 = 42;\quad a_3a_6 = 14;\quad a_4a_5 = 30.$$

容易验证这些数据满足式(3.3.6)给出的稳定必要条件;但它不满足式(3.3.8)给出的充分条件.这种情况下,用谢绪恺-聂义勇判据**不能判定**该多项式的零点是否全部位于左半复数平面上.

事实上多项式(3.3.10)的6个零点是$-0.4802\pm j1.1253$,$-1.3457\pm j0.2688$,$+0.5760\pm j0.9538$,并非全部位于左半复数平面. □

谢绪恺-聂义勇判据的重要优点是计算量比劳斯判据和赫尔维茨判据小得多,使用非常方便.它的缺点是:对于例3.3.5那样的只满足稳定的必要条件但不满足稳定的充分条件的系统,它无法确切判定系统是否稳定.不过从工程观点看,这个缺点并非总是很重要,我们在3.2.3节和3.2.4节曾讨论过系统的稳定范围.不满足稳定性充分条件的系统,即使稳定,其稳定范围也往往较小.所以只要可能,工程上往往宁愿修改参数使系统满足稳定的充分条件.因此谢绪恺-聂义勇判据在工程应用上仍有重要价值.

记忆谢绪恺-聂义勇判据的一个简便方法如下:在特征多项式中,把每4个连续的系数视为一组,其首尾两个系数称为"外项",中间两个系数称为"内项",则稳定的必要条件是"内项之积大于外项之积";充分条件是"内项之积不小于外项之积的2.15倍".

3.4 参数对稳定性的影响

3.2.2节已指出,线性系统的稳定性取决于系统的特征多项式.但特征多项式的各系数完全由系统本身的结构和参数决定,而与初始条件和输入量无关.所以

系统本身的结构和参数直接影响系统的稳定性. 下面举例讨论一个系统的各个参数对稳定性有怎样的影响.

例 3.4.1 考虑 2.2.4 节中例 2.2.7 的随动系统. 根据该系统的微分方程式(2.2.43)和各参数的表达式组(2.2.44), 这个系统的特征多项式是

$$\rho(s) = T_f T_a T_m s^4 + (T_f + T_a) T_m s^3 + (T_f + T_m) s^2 + s + K, \quad (3.4.1)$$

其中

$$K = \frac{k_p k_a k_g k_t}{k_d R_f} \quad (3.4.2)$$

是该随动系统的**开环比例系数**.

为多项式(3.4.1)列出劳斯表, 如表 3.4.1 所示.

表 3.4.1 例 3.4.1 的劳斯表

第 1 行	$T_f T_a T_m$	$T_f + T_m$	K
第 2 行	$(T_f + T_a) T_m$	1	
第 3 行	$(T_f^2 + T_f T_m + T_a T_m) T_m$	$K(T_f + T_a) T_m$	
第 4 行	$(T_f^2 + T_f T_m + T_a T_m - K (T_f + T_a)^2 T_m) T_m$		
第 5 行	……		

该随动系统为稳定的充分必要条件是表 3.4.1 的首列全部为正. 由于已知 T_a, T_m, T_f 和 K 都是正数, 所以 $r_{1,1}$, $r_{2,1}$, $r_{3,1}$ 自然为正. 又因 $r_{5,1} = r_{4,1} r_{3,2}$, 而 $r_{3,2}$ 为正, 故 $r_{5,1}$ 与 $r_{4,1}$ 同号. 因此该系统为稳定的充分必要条件就是 $r_{4,1}$ 为正数, 即

$$(T_f^2 + T_f T_m + T_a T_m - K (T_f + T_a)^2 T_m) T_m > 0,$$

或

$$K < \frac{T_f^2 + T_f T_m + T_a T_m}{(T_f + T_a)^2 T_m}. \quad (3.4.3)$$

记

$$K_{crtc} = \frac{T_f^2 + T_f T_m + T_a T_m}{(T_f + T_a)^2 T_m} = \frac{1}{\left(1 + \frac{T_a}{T_f}\right)^2 T_m} + \frac{1}{T_f + T_a}, \quad (3.4.4)$$

称为该系统的**临界开环比例系数**, 则系统稳定的**充分必要条件**就是 $K < K_{crtc}$. □

我们就此来分析该系统的各参数对稳定性的影响.

首先, 从式(3.4.4)看出, 当系统的各时间常数 T_f, T_a, T_m 确定后, K_{crtc} 是一个确定的正数. 从式(3.4.3)看出, 开环比例系数 K 的值若超过这个数, 系统就失去稳定. 这可以表述为如下的提示.

提示 3.4.1 **增大开环比例系数**一般不利于系统的稳定性.

其次, 从式(3.4.4)看出: 增大 T_a 或 T_m 都会使 K_{crtc} 变小, 所以都不利于系统的稳定性. 这可以表述为如下的提示.

提示 3.4.2 系统中**存在惰性单元**一般不利于系统的稳定性.

以上两点提示，虽然是仅就这一具体的随动系统分析所得，而**不是普遍适用**于一切情形，但对于**大多数**闭环控制系统确有参考价值.

因此，改善系统稳定性的一种有效办法是减小开环比例系数. 但以后我们将看到，这样会牺牲系统的静态精度. 另一种办法是保持合理的(但不是过高的)开环比例系数，而调整系统中的某些参数，甚至增添一些装置(称为校正装置或镇定装置)，也就是改进系统的结构. 这些将在以后讨论.

3.5 参数的稳定区域

线性控制系统的设计中，一个重要的问题是如何选择系统中的某些参数以保证系统稳定. 参数的稳定区域就是在保证系统稳定的条件下参数的允许取值范围. 本节先讨论确定单参数稳定区域的方法，然后再讨论确定双参数稳定区域的方法.

3.5.1 单参数的稳定区域

设某闭环反馈系统的开环传递函数为

$$G_{\text{open}}(s)=\frac{K(s+1)}{s(3s+1)(6s+1)}. \tag{3.5.1}$$

要求确定：K 在什么范围内取值能保证闭环系统稳定.

首先写出闭环系统的特征方程：

$$s(3s+1)(6s+1)+K(s+1)=0. \tag{3.5.2}$$

在方程式(3.5.2)中，按照物理意义，K 应为实数. 现在暂时不管 K 的物理意义，只考虑数学关系，允许 K 为复数，那么对于每一个 K 值，s 的 3 个根可以都是复数但未必互相共轭. 只能说 s 是 K 的多值复变函数：$s=s(K)$. 例如 K 取图 3.5.1(a)中的复数值 K_0 时，s 可取图 3.5.1(b)中的 $s_{0,1}$，$s_{0,2}$ 和 $s_{0,3}$ 等 3 个值. 反过来，根据反函数的概念，自然也可以把 K 看作 s 的函数：$K=K(s)$. 由式(3.5.2)解出 K，就得到这个函数：

$$K=K(s)=-\frac{s(3s+1)(6s+1)}{(s+1)}. \tag{3.5.3}$$

注意 K 是 s 的单值有理函数.

命 s 为纯虚数：$s=\mathrm{j}\omega$，即专门研究方程式(3.5.2)的某一个根正好在虚轴上的情况.

将 $s=\mathrm{j}\omega$ 代入式(3.5.3)中，整理后得

$$K(\mathrm{j}\omega)=\frac{18\omega^4+8\omega^2}{\omega^2+1}+\mathrm{j}\,\frac{9\omega^3-\omega}{\omega^2+1}. \tag{3.5.4}$$

令 ω 从 $-\infty$ 变至 $+\infty$，用式(3.5.4)逐点算出函数 $K(\mathrm{j}\omega)$ 的值并标在复数平面上，

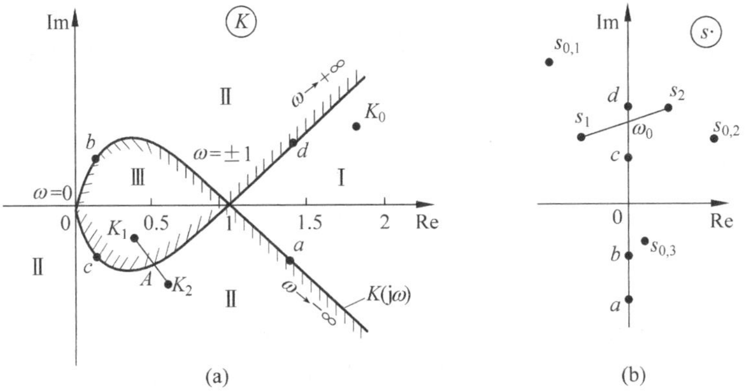

图 3.5.1　单参数的稳定区域

再把它们连成一条曲线，如图 3.5.1(a)的曲线 $abcd$ 所示. 按照复变函数理论，这条曲线就是复数平面上的虚轴关于函数 $K(\mathrm{j}\omega)$的“映象”.

想象复数平面上有一条穿过虚轴的短曲线，如图 3.5.1(b)的 s_1s_2. 当 s 沿曲线 s_1s_2 变化时，在复数平面上产生的映象是曲线 K_1K_2，其中 K_1 就是函数 $K(s)$在点 $s=s_1$ 的值 $K(s_1)$，K_2 就是函数 $K(s)$在点 $s=s_2$ 的值 $K(s_2)$. 根据有理函数的保角变换性质，由于点 s_1 位于虚轴左侧，可知其映象点 K_1 也必位于曲线 $abcd$ 的左侧. 同样，由于点 s_2 位于虚轴右侧，可知其映象点 K_2 也必位于曲线 $abcd$ 的右侧. 这里所说的虚轴的“左侧”和“右侧”是以虚轴上 ω 值增大的方向为准；同样，曲线 $abcd$ 的“左侧”和“右侧”也是以曲线 $abcd$ 上 ω 增大的方向为准.

从图 3.5.1(a)可见，曲线 $abcd$ 将复数平面分成 3 个区域，分别标为Ⅰ，Ⅱ和Ⅲ. 可以断言，当函数 $K(s)$的值由 K_1 穿过曲线 $abcd$ 变到 K_2 时，对应的特征方程式(3.5.2)必有一个根由点 s_1 穿过虚轴变到点 s_2，即从左半复数平面变到右半复数平面. 从而可知，区域Ⅲ内任何一点的 K 值所对应的方程式(3.5.2)的 3 个根中，位于左半复数平面的根的数目总比区域Ⅱ内的点的 K 值所对应的要多 1 个. 同理，当 K 在区域Ⅱ内取值时，所对应的左半复数平面的根的数目比 K 在区域Ⅰ内取值时又多 1 个. 由此可知，惟有当 K 在区域Ⅲ内取值时，特征方程的左半复数平面的根的数目最多.

虽然当 K 在区域Ⅲ内取值时，特征方程在左半复数平面的根数目最多，但此时左半复数平面根的数目是否恰等于 3，即是否**全部**根都在左半复数平面，尚待检验. 这只须在区域Ⅲ内任取一点，例如取 $K=0.5$，用任一种代数判据检验此时系统是否稳定. 本例的检验结果表明是稳定的. 因此可断定：区域Ⅲ中每个点的 K 值所对应的方程式(3.5.2)的 3 个根必都位于左半复数平面. 区域Ⅲ就是参数 K 的稳定区域.

根据物理意义，K 只能是实数. 因此参数 K 的有实际意义的稳定范围只是区域Ⅲ的实数部分，即 $0<K<1$.

下面叙述确定参数稳定区域的一般方法.

设闭环系统的特征方程含有1个待定参数 μ(不限于开环比例系数),且特征方程可以表示为

$$P(s)+\mu Q(s)=0$$

之形,其中 $P(s)$ 和 $Q(s)$ 都是 s 的解析函数.于是有

$$\mu=-\frac{P(s)}{Q(s)}. \tag{3.5.5}$$

显然 $\mu=\mu(s)$ 是 s 的解析函数.以 $s=\mathrm{j}\omega$ 代入式(3.5.5),并命 ω 从 $-\infty$ 连续地增大至 $+\infty$.这时复变函数 $\mu(s)$ 在复数平面上画出一条连续曲线 C.从 $\omega=-\infty$ 开始,以 ω 增大的方向为准,把曲线的左侧画上阴影线.当曲线卷绕而与自身相交时也继续这样画.然后把如此形成的各个区域按下述原则编号:在图中任何地方都要使曲线的有阴影线的一侧的标号比相邻的无阴影线的一侧的标号多1.最方便的做法是:在图中先找出这样一个区域,包围它的整个周界的内侧都画有阴影线.把这个区域标以最高的标号.从这个区域起,一层一层地向外标号,每层都把编号降低1.图3.5.1(a)就是这样做的.然后从编号最高的区域中取出一个 μ 值来用代数判据检验.如果在这个 μ 值下系统稳定,就可判定这个编号最高的区域正是 μ 值的稳定域.如果特征方程的次数为 n,而区域的总数正好等于 $n+1$,则无须检验就知最低的标号显然应是0,而最高的标号应是 n,且标号为 n 的区域显然就是该参数的稳定区域.但如果参数 μ 是实数,则只有该稳定区域中的实轴才是可用的参数范围.为确保系统中其他参数稍有波动时系统仍保持稳定,应避免采用过于靠近稳定区域边界的 μ 值.

用划分区域的方法确定参数的取值范围,便于选择系统的某一关键参数.这种方法由耐马克(Ю. И. Неймарк)于1948年提出,称作 Д 域(D域)划分.如果某参数已选定,也可用此法检验它离临界值有多远,以判断系统稳定性对于该参数的敏感程度.

3.5.2 双参数的稳定区域

3.5.1节叙述的确定单参数稳定区域的方法还可以推广到确定两个参数的稳定区域.下面加以叙述.

设有单位反馈系统的开环传递函数为

$$G_{\text{open}}(s)=\frac{K(\tau s+1)}{s(s+1)(2s+1)}.$$

其闭环特征方程为

$$s(s+1)(2s+1)+K(\tau s+1)=0. \tag{3.5.6}$$

令 $s=\mathrm{j}\omega$,代入方程式(3.5.6),得

$$(-3\omega^2+K)+\mathrm{j}[-2\omega^3+(K\tau+1)\omega]=0. \tag{3.5.7}$$

式(3.5.7)成立的充分必要条件为

$$\left.\begin{aligned}-3\omega^2+K&=0,\\-2\omega^3+(K\tau+1)\omega&=0.\end{aligned}\right\}\tag{3.5.8}$$

解方程组(3.5.8),得

$$\left.\begin{aligned}K&=3\omega^2,\\\tau&=\frac{2\omega^2-1}{3\omega^2}.\end{aligned}\right\}\tag{3.5.9}$$

只有当 K 和 τ 满足式(3.5.9)时,特征方程式(3.5.7)才有纯虚根 $s=\mathrm{j}\omega$. 在以 K 和 τ 构成的平面中可作出一条曲线如图 3.5.2 所示. 这条曲线将 K 和 τ 的平面划分为两个域. 用任何一种代数稳定判据检验其中任何一个点,可判断当 K 和 τ 在该区域内取值时系统是否稳定. 例如在图 3.5.2 中检验点 $K=1,\tau=0$,就很容易判断出图中画有阴影线的区域就是参数 K 和 τ 的稳定区域. 不过这样画出的图形有时相当复杂,要仔细分析才能判定稳定区域.

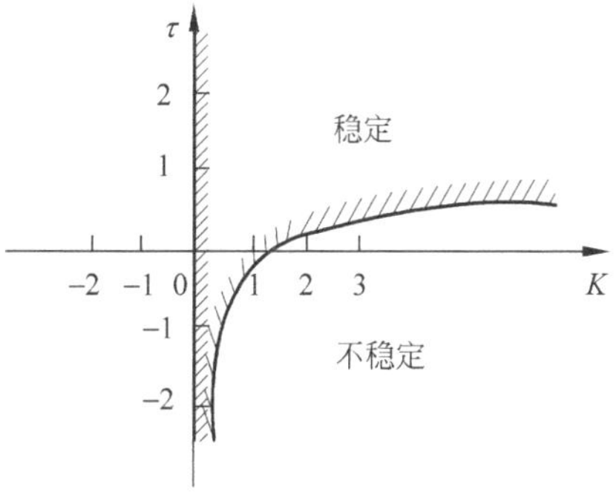

图 3.5.2　双参数的稳定区域

3.6　静态误差

在 3.2.3 节中说过,如果线性控制系统的某一运动是稳定的,则即使运动的初值有一些偏移,经过一段时间后,总会趋近至该运动的某一范围之内. 所以,经过一段时间后,总可以认为其过渡过程已经结束,进入与初始条件无关的某一运动状态,称为**静态**. 控制系统在静态下的精度怎样,是它的一项重要的技术指标,通常用静态下对于其输出量的期望值与输出量的实际值之间的差来衡量,称为**静态误差**或稳态误差,简称静差. 例如,设火炮随动系统的一个输入量是雷达测出的目标方位角(计入射击提前量)r_{in}. 它是随时间变化的量. 为了命中目标,火炮应该时刻跟踪目标. 理想的情况是炮的实际转角 r_{out}时时都等于 r_{in}. 但由于电动机轴承和传动机构的摩擦、电子放大器的漂移、外界的干扰等因素,都会使 r_{out}与 r_{in}不同. 第 1 章 1.2 节所说的有静差控制系统更是由于其本身的结构就决定了静态误差的存在. 当系统的输入量随时间变化时,静态误差一般也随时间变化. 容易理解,静态误差必有一定的允许范围,否则就会降低控制系统的工作质量,甚至不能使用.

不稳定的系统不能实现静态,因此也就谈不上静态误差. 讨论静态误差时所指的都是稳定的系统.

控制系统的静态误差因输入信号而异. 因此就需要规定一些典型信号. 通过评价系统在这些典型信号作用下的静态误差来衡量和比较系统的静态性能. 在控制工程中通常采用的典型信号有以下几种.

(1) 单位阶跃函数:

$$r_0(t) = 1(t) = \begin{cases} 0, & t < 0; \\ 1, & t \geqslant 0. \end{cases} \tag{3.6.1}$$

(2) 单位斜坡函数:

$$r_1(t) = \int_{-\infty}^{t} r_0(t)\mathrm{d}t = t \cdot 1(t) = \begin{cases} 0, & t < 0; \\ t, & t \geqslant 0. \end{cases} \tag{3.6.2}$$

(3) 单位加速度函数:

$$r_2(t) = \int_{-\infty}^{t} r_1(t)\mathrm{d}t = \frac{t^2}{2} \cdot 1(t) = \begin{cases} 0, & t < 0; \\ t^2/2, & t \geqslant 0. \end{cases} \tag{3.6.3}$$

这3个函数的图像分别如图3.6.1(a),(b),(c)所示,它们的拉普拉斯变换依次为 $1/s$,$1/s^2$ 和 $1/s^3$.

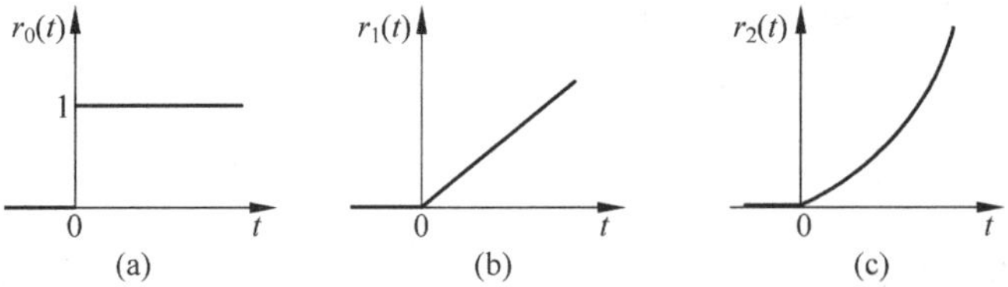

图3.6.1　三种典型信号

采用这几种信号作为典型信号的原因,一是它们比较简单,便于计算,二是它们能反映大多数控制系统的实际工作情况.

除这几种典型信号外,也常用正弦信号作为典型信号:

$$r_s(t) = \sin\omega t. \tag{3.6.4}$$

静态误差分为两种. 一种是当系统仅仅受到输入信号的作用而没有任何扰动时的静态误差,称为**关于输入量的**静态误差. 另一种是输入信号为0而有扰动作用于系统上时的静态误差,称为**关于扰动的**静态误差. 当线性系统同时受到输入信号作用和扰动作用时,它的静态误差是上述两项静态误差的代数和.

下面进一步分析这两种静态误差. 我们将看到它们都与系统的结构有直接关系.

3.6.1　静态误差的定义

图3.6.2表示一个典型的单输出反馈控制系统. 其中 $y(t)$是被控制量,f 是量测元件,$z(t)$是量测元件输出的信号,它代表了系统的输出信号 $y(t)$. 例如 $y(t)$可

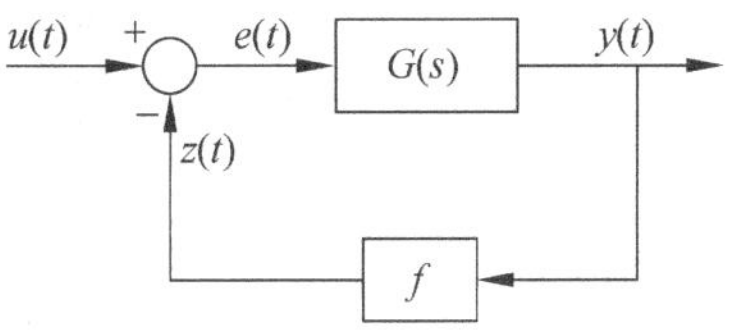

图 3.6.2　典型单输出反馈控制系统

能是角度，f 是量测角度的电位计，$z(t)$是代表角度的电压. 多数情形下，量测元件的惰性可以忽略不计. 所以它的传递函数就是比例系数 f，而 $z(t)$就与 $y(t)$成正比：

$$z(t) = f \cdot y(t). \tag{3.6.5}$$

一般，$y(t)$与 $z(t)$不是同一种物理量(在本例中，$y(t)$是角度，而 $z(t)$是电压). 图 3.6.2 中，$u(t)$是输入量即整定量. 它代表希望 $y(t)$具有的变化规律，也就是对 $y(t)$ 的期望值 $y_{xpct}(t)$，仅相差比例系数 f，即 $u(t)=f \cdot y_{xpct}(t)$. 人们当然希望时时保持 $y(t)$等于 $y_{xpct}(t)$，即等于 $u(t)/f$，但实际上二者之间总是有误差.

系统误差的基本定义是对被控制量的期望值 $y_{xpct}(t)$与其实际值 $y(t)$二者之差，即 $y_{xpct}(t)-y(t)$. 为了方便，也常把二者都折算为量测值来比较，即按图 3.6.2 中的关系把误差取为

$$e(t) = u(t) - z(t) \tag{3.6.6a}$$

或

$$e(t) = f \cdot y_{xpct}(t) - f \cdot y(t). \tag{3.6.6b}$$

不管取上述的哪种定义，误差 $e(t)$一般总是时间的函数. 例如设某加热炉的要求炉温为 600℃，它在某一时刻的实际炉温为 602℃，则此时的误差为－2℃. 如果测量元件的比例系数为 $f=1\text{mV}/℃$，则也可以定义此时的误差为 $e=-2\text{mV}$. 在单位反馈的情形下，$f=1$，这时两种定义是一样的.

如果量测元件有较大的惰性，它的传递函数就不能表示为常数 f，而应是 $F(s)$. 这种情况下 $z(t)$与 $y(t)$的瞬时值不成正比. 这时就不宜取式(3.6.6)作为误差的定义.

在某些情况下也有取 $y(t)$的静态值与它在过渡过程中的瞬时值之差作为误差的. 3.11 节将要讨论.

本节开始时已经指出，稳定的线性系统在外作用下，经过一段时间后，总会进入静态. 控制系统在静态下的误差称为**静态误差**，记作 $e_{st}(t)$：

$$e_{st}(t) = \lim_{t\to\infty} e(t). \tag{3.6.7}$$

如果静态误差是常量，就只须写作 e_{st}.

3.6.2　静态误差系数

我们来分析静态误差与系统传递函数的关系. 设系统框图如图 3.6.2 所示，并且为方便起见，采用图中的 $e(t)$作为误差.

容易求得，从输入信号到误差信号的传递函数为

$$H_{u-e}(s) = \frac{E(s)}{U(s)} = \frac{1}{1+G(s) \cdot f} = \frac{1}{1+G_{open}(s)}, \tag{3.6.8}$$

式中 $G_{\text{open}}(s)$ 是闭环系统的开环传递函数.

如果 $e(t)$ 是有终值的,根据拉普拉斯变换的终值定理有

$$\begin{aligned} e_{\text{st}} &= \lim_{t\to\infty} e(t) = \lim_{s\to 0} sE(s) \\ &= \lim_{s\to 0} sH_{u-e}(s)U(s) = \lim_{s\to 0} s\frac{1}{1+G_{\text{open}}(s)}U(s). \end{aligned} \tag{3.6.9}$$

可以看出,对于给定的输入量 $u(t)$,关于输入量的静态误差 e_{st} 只取决于系统的开环传递函数 $G_{\text{open}}(s)$.

当输入信号为三种典型信号之一时,上式化为

对于单位阶跃函数 $U(s)=1/s$: $\quad e_{\text{st}}=\lim\limits_{s\to 0}\dfrac{1}{1+G_{\text{open}}(s)}$; (3.6.10a)

对于单位斜坡函数 $U(s)=1/s^2$: $\quad e_{\text{st}}=\lim\limits_{s\to 0}\dfrac{1}{sG_{\text{open}}(s)}$; (3.6.10b)

对于单位加速度函数 $U(s)=1/s^3$: $\quad e_{\text{st}}=\lim\limits_{s\to 0}\dfrac{1}{s^2G_{\text{open}}(s)}$. (3.6.10c)

定义**静态误差系数**如下:

位置误差系数: $\quad K_{\text{p}}=\lim\limits_{s\to 0}G_{\text{open}}(s)$; (3.6.11a)

速度误差系数: $\quad K_{\text{v}}=\lim\limits_{s\to 0}sG_{\text{open}}(s)$; (3.6.11b)

加速度误差系数: $\quad K_{\text{a}}=\lim\limits_{s\to 0}s^2G_{\text{open}}(s)$. (3.6.11c)

把式(3.6.11a,b,c)分别代入式(3.6.10a,b,c),得

对于单位阶跃函数: $\quad e_{\text{st}}=1/(1+K_{\text{p}})$; (3.6.12a)

对于单位斜坡函数: $\quad e_{\text{st}}=1/K_{\text{v}}$; (3.6.12b)

对于单位加速度函数: $\quad e_{\text{st}}=1/K_{\text{a}}$. (3.6.12c)

通常有 $K_{\text{p}}\gg 1$,于是式(3.16.2a)化为 $e_{\text{st}}\approx 1/K_{\text{p}}$,与另外两个公式形式上相似.这表明:采用静态误差系数概念后可以认为,系统在三种典型输入信号作用下的**静态误差等于或近似等于相应的误差系数的倒数**.

下面进一步考察静态误差系数与系统的结构和参数的关系.

将系统的开环传递函数一般地写成

$$G_{\text{open}}(s) = \frac{K(\tau_1 s+1)(\tau_2 s+1)\cdots(\tau_m s+1)}{s^\nu(T_1 s+1)(T_2 s+1)\cdots(T_n s+1)}. \tag{3.6.13}$$

的形式.式中 K 是系统的开环比例系数;各 T_i 和各 τ_j 都可以是实数或共轭复数($i=1,2,\cdots,n$; $j=1,2,\cdots,m$).分母中的因子 s^ν 表明开环传递函数中含有 ν 个积分单元.工程上按照 ν 的值分别称系统为0型,1型,2型.$\nu>2$ 的系统实际上极少遇到,因为**含有多于两个积分单元的系统很难使之稳定**.因此一般情形下只使用0型,1型和2型的系统.

把式(3.6.13)代入静态误差系数的定义式(3.6.11a,b,c),得

$$K_{\text{p}} = \lim_{s\to 0}K/s^\nu; \quad K_{\text{v}} = \lim_{s\to 0}K/s^{\nu-1}; \quad K_{\text{a}} = \lim_{s\to 0}K/s^{\nu-2}. \tag{3.6.14}$$

从式(3.6.14)分别求出各型系统的静态误差系数,列于表 3.6.1；再从式(3.6.12a,b,c)分别求出静态误差,列于表 3.6.2.从这两个表可以看出：首先,就同一典型输入信号而言,积分单元数目愈多的系统,静态误差愈小；而就同一系统而言,输入信号变化率愈大,静态误差愈大.其次,不含积分单元的 0 型系统在阶跃输入信号下必有静差,所以称作**有静差系统**.对于有静差系统,只要在保证系统稳定的前提下提高系统的开环比例系数,就可以减小静差.至于含有积分单元的 1 型和 2 型系统,它们在阶跃输入信号作用下没有静差,称作**无静差系统**.有 ν 个积分单元就称为 ν **阶**的无静差系统,或说系统的**无静差度**是 ν.

表 3.6.1　各型系统的静态误差系数

系统类型	位置误差系数 K_p	速度误差系数 K_v	加速度误差系数 K_a
0 型($\nu=0$)	K	0	0
1 型($\nu=1$)	∞	K	0
2 型($\nu=2$)	∞	∞	K

表 3.6.2　各型系统的静态误差

系统类型	单位阶跃函数输入	单位斜坡函数输入	单位加速度函数输入
0 型($\nu=0$)	$1/(1+K)$	∞	∞
1 型($\nu=1$)	0	$1/K$	∞
2 型($\nu=2$)	0	0	$1/K$

显然,用 0 型系统跟踪恒速变化的信号时,它的输出量的速度总是赶不上输入信号的速度,以致差距愈来愈大.1 型系统则能以同样速度跟踪恒速变化的信号,但有一定的静差,以致输出量总比输入信号"落后"一个固定的量.输入信号变化的速度愈大,落后的量也愈大.图 3.6.3 表示单位反馈的 1 型系统对斜坡输入信号的响应.

从表 3.6.2 还可以看出,0 型和 1 型系统都不能跟踪恒加速度信号,而 2 型系统能跟踪恒加速度信号,但有静态误差.换句话说,它的输出量能与输入信号以同一加速度和同一速度变化,但总是"落后"一个固定的量 e_{st}.图 3.6.4 表示单位反馈的 2 型系统对恒加速度输入信号的响应.

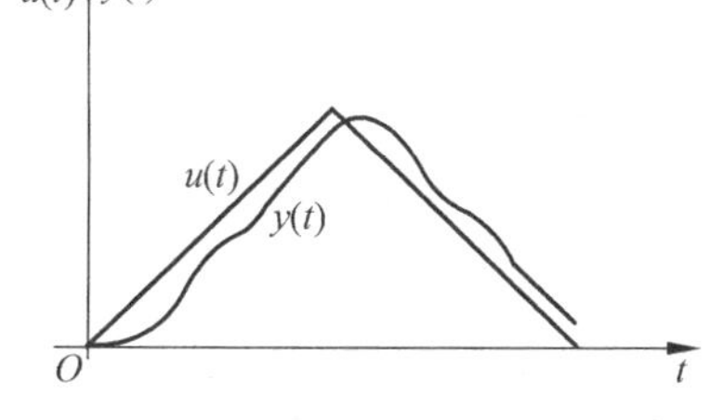

图 3.6.3　1 型系统对单位斜坡信号的响应

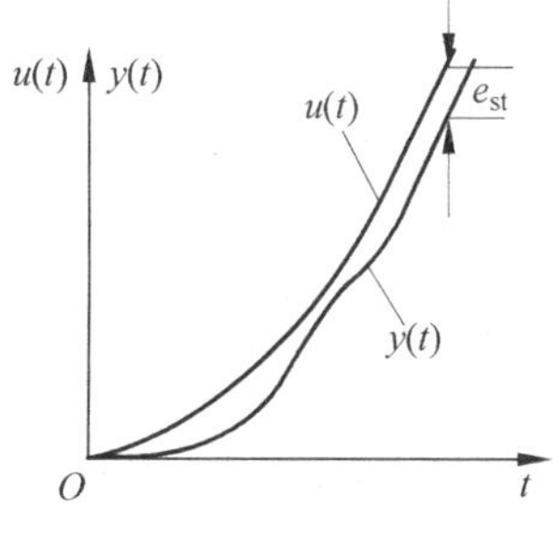

图 3.6.4　2 型系统对恒加速度信号的响应

综上所述,在保证系统稳定的前提下,如果系统的前向通道中积分单元数目愈多,则愈可以提高系统的无静差度.例如在0型系统的主通道中增加一个积分单元,就变成1型系统,对阶跃输入信号就由原来的有静差变成无静差.另外,增大系统的开环比例系数可以减小静态误差.这为选择系统的开环比例系数提供了依据.例如,要求某0型系统的静态误差不超过1%,则至少应选 K 为99;如果要求1型系统在信号变化速度为1°/s时的静态跟踪误差不超过1′,则至少应选 K 为 $60s^{-1}$.

3.6.3 静态误差的物理解释

为了从物理意义上理解静态误差与积分单元数目和开环比例系数的关系,下面考察一个实际系统.

把第2章例2.2.5的小功率随动系统的框图(见2.9.2节的图2.9.4)重新画出,如图3.6.5所示.

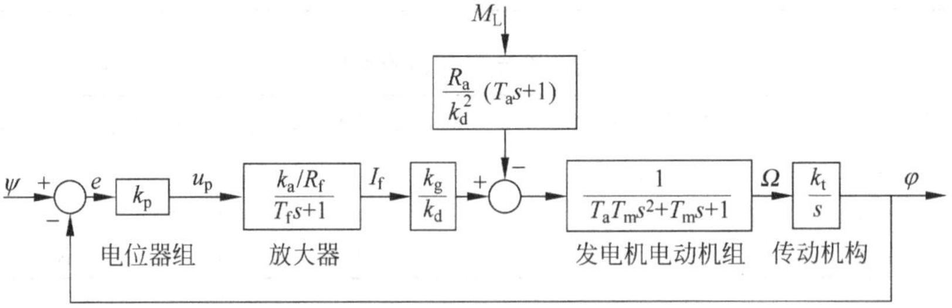

图 3.6.5 小功率随动系统的框图

研究这个系统关于输入信号的静态误差.为此假定 $M_L=0$,即忽略电动机轴上的阻力矩,只研究整定量 $\psi(t)$ 作用下系统的静态误差.2.10.2节式(2.10.27)已给出这时系统的开环传递函数:

$$G_{open}(s)=\frac{K}{s(T_f s+1)(T_a T_m s^2+T_m s+1)}, \tag{3.6.15}$$

其中 $K=k_p k_a k_g k_t/(k_d R_f)$ 是闭合回路的开环比例系数.这是一个1型系统,假设它是稳定的,我们来考虑它的静态误差.

情形1 假定 $\psi=\psi_0$ 为一常量.这相当于把图2.2.8中的手柄**3**旋转一个角度后固定不动的情况.由于假设了 $M_L=0$,因此在进入静态后,图2.2.8中电动机**8**的电磁力矩 M 也必须为0,才能保持平衡.既然 $M=M_L=0$,故电动机只可能匀速旋转或静止.又由于 ψ 为常数,故在静态下 φ 也应是常数,否则角差 $\varepsilon=\psi-\varphi$ 将随时间变化,这样就不可能保持 I_f 不变,从而不能保持 I_a 不变,也就不能保持 M 不变.φ 既是常数,说明电动机在静态下静止不转.电动机既静止,又无电磁力矩,说明它没有受到外加电压,即图3.6.5中有 $u_p=0$.从而容易理解角差 $e=\psi-\varphi$ 不但不随时间变化,而且必等于0.因此可知静态下电位器**2**转过的角度与电位器**1**

的相等，没有静差.

情形 2　假定 $\psi=vt$，其中 v 为常数. 这相当于匀速旋转手柄 **3** 的情况. 由于假设了 $M_L=0$，因此在静态下电动机的电磁力矩 M 也必须保持为 0，才能保持平衡. 又，既然 ψ 匀速变化，那么在静态下 φ 也应以同一速度匀速变化，否则角差 e 将随时间变化而不可能保持 I_f 不变，从而不能保持 I_a 不变，也就不能保持 M 不变. φ 既以匀速变化，说明电动机匀速旋转. 电动机既以匀速旋转而又没有电磁力矩，说明它受到恒定的外加电压. 因此放大器 **4** 的输入端必有一恒值电压，即图 3.6.5 中的 u_p 为一非零常数，故系统必有恒值的误差 e_{st}. 至于误差 e_{st} 的大小，可以这样分析：因为 K 是开环比例系数，即是转速增量与角差增量之比，因此若 K 愈大，为保持某一给定的转速 v 所需的角差 e 就愈小. 这表明静态误差反比于开环比例系数.

情形 3　假定 $\psi=at^2/2$，其中 a 为常数. 这相当于以恒加速度旋转手柄 **3** 的情况. 假设静态下电位器 **2** 也以同一加速度作匀加速旋转，就要求电动机的转速 Ω 必须匀速变化. 为此要求电动机控制绕组的电压必须匀速变化，亦即发电机励磁绕组的电流 I_f 也必须匀速变化，从而推出角差也应是匀速变化的. 这就是说，角差会愈来愈大.

对于以上三种情形所作的分析，与从表 3.6.2 得出的结论完全符合.

3.6.4　关于扰动的静态误差

现在分析控制系统关于扰动的静态误差. 将 2.10.2 节图 2.10.8 的典型闭环系统的框图重新画于图 3.6.6. 假设它是稳定的，可以求得在输入信号 $u(t)=0$ 的情况下，从扰动信号 $p(t)$ 到误差信号 $e(t)$ 的传递函数为

$$H_{p-e}(s)=\frac{E(s)}{P(s)}=-\frac{G_2(s)F(s)}{1+G_1(s)G_2(s)F(s)},\qquad(3.6.16)$$

式中的 $G_1(s)G_2(s)F(s)$ 是系统的开环传递函数.

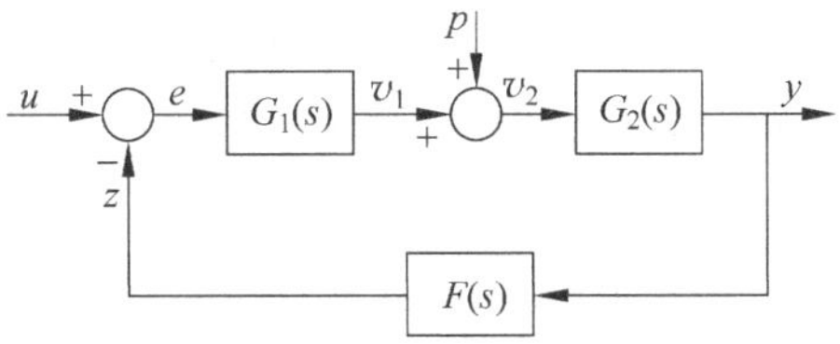

图 3.6.6　关于扰动的静态误差

利用拉普拉斯变换的终值定理，可以把关于扰动的静态误差写成

$$\begin{aligned}e_{st}&=\lim_{t\to\infty}e_{st}(t)=\lim_{s\to0}sE(s)\\&=-\lim_{s\to0}\frac{sG_2(s)F(s)}{1+G_1(s)G_2(s)F(s)}P(s).\end{aligned}\qquad(3.6.17)$$

当扰动信号为单位阶跃函数时，$P(s)=1/s$. 有

$$e_{\mathrm{st}}=-\lim_{s\to 0}\frac{G_2(s)F(s)}{1+G_1(s)G_2(s)F(s)}. \tag{3.6.18}$$

考查静态误差与系统结构的关系. 假设 $G_1(s)$ 和 $G_2(s)F(s)$ 分别可写成如下形式：

$$G_1(s)=\frac{K_1(\tau_{1,1}s+1)(\tau_{1,2}s+1)\cdots(\tau_{1,m}s+1)}{s^{\nu}(T_{1,1}s+1)(T_{1,2}s+1)\cdots(T_{1,n}s+1)}, \tag{3.6.19}$$

$$G_2(s)F(s)=\frac{K_2(\tau_{2,1}s+1)(\tau_{2,2}s+1)\cdots(\tau_{2,l}s+1)}{s^{\mu}(T_{2,1}s+1)(T_{2,2}s+1)\cdots(T_{2,q}s+1)}, \tag{3.6.20}$$

其中 K_1 和 K_2 分别表示系统中位于扰动点之前的那一部分的比例系数和其余部分的比例系数；ν 和 μ 分别表示这两部分所含串联积分单元的数目，$\nu\geqslant 0$，$\mu\geqslant 0$. 将式(3.6.19)和式(3.6.20)代入式(3.6.18)，可得

$$e_{\mathrm{st}}=-\lim_{s\to 0}\frac{\dfrac{K_2(\cdots)(\cdots)\cdots(\cdots)}{s^{\mu}(\cdots)(\cdots)\cdots(\cdots)}}{1+\dfrac{K_1K_2(\cdots)(\cdots)\cdots(\cdots)}{s^{\nu+\mu}(\cdots)(\cdots)\cdots(\cdots)}}.$$

上式中的各“$(\cdots)$”代表所有形如$(T_{i,j}s+1)$或$(\tau_{i,j}s+1)$的因子. 当 $s\to 0$，这些因子都化为1，于是得到

$$e_{\mathrm{st}}=-\lim_{s\to 0}\frac{K_2s^{\nu}}{s^{\nu+\mu}+K_1K_2}. \tag{3.6.21}$$

下面分两种情形来研究式(3.6.21).

情形1 $\nu=0$. 这时式(3.6.21)化为

$$e_{\mathrm{st}}=\begin{cases}-\dfrac{K_2}{1+K_1K_2} & (\mu=0),\\[2ex] -\dfrac{1}{K_1} & (\mu>0).\end{cases} \tag{3.6.22}$$

通常系统的开环比例系数 $K_1K_2\gg 1$，故可认为式(3.6.22)的两个表达式的右端实际都近似等于 $-1/K_1$. 这表明：如果 $\nu=0$，即在整定量与扰动量之间没有积分单元，则系统在阶跃扰动作用下有静态误差，其大小约等于 $-1/K_1$.

情形2 $\nu>0$. 这时式(3.6.21)化为

$$e_{\mathrm{st}}=0. \tag{3.6.23}$$

这表明，如果 $\nu>0$，即只要在整定量与扰动点之间有积分单元，则系统在阶跃扰动作用下就没有静态误差.

把以上的分析与3.6.2节的结论对比，可以看出两者很相似. 不同之点是，这里用整定量与扰动量之间的积分单元数目代替了3.6.2节所说的开环传递函数中积分单元总数，用整定量与扰动量之间的比例系数 K_1 代替了开环传递函数的比例系数.

以上讨论的是阶跃扰动的情况. 对于斜坡函数或等加速度函数的扰动，也有

相应的类似结论.

现在仍以图 3.6.5 为例,从物理意义上考虑该随动系统关于扰动信号的静态误差.我们把电动机轴上的阻力矩 M_L 看作扰动信号,并设 M_L 为非零常数.同时认为 $\psi=\psi_0$ 为常数.

由于有外力矩 M_L,因此在静态下电动机的电磁力矩 M 也必须等于 M_L,才能保持平衡.又,既然 ψ 为常数,那么在静态下 φ 也应是常数,否则角差 e 就不可能保持不变.φ 既是常数,说明电动机在静态下停止不转.电动机既静止又有恒定的电磁力矩 M,说明它必受到恒定的外加电压.因此放大器 **4** 的输入端必有一恒值电压,即系统必有一恒值的静态误差 e.这与上述关于当整定量与扰动量之间没有积分单元时扰动会造成静态误差的论断一致.

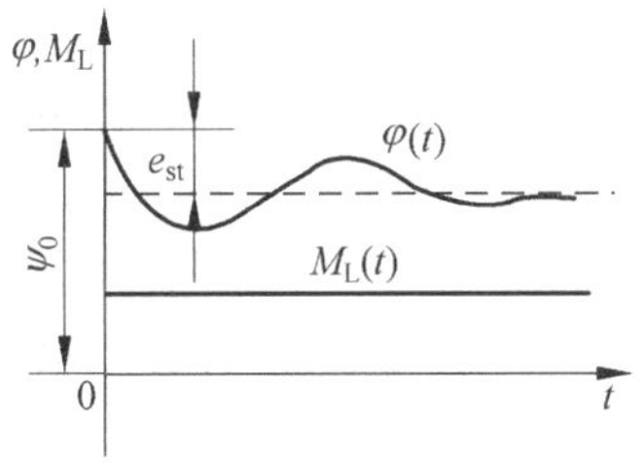

图 3.6.7　阻力矩造成静态误差

图 3.6.7显示由于阻力矩 M_L 的作用,系统的静态误差性质被破坏.

加在一个系统上的其实有许多外作用,阻力矩 M_L 不过是其中影响较大的一个,其他如放大器的噪声、漂移、电源电压的波动、温度的变化等等,也都影响着系统的状态.所有这些都是对系统的扰动.系统在扰动作用下的静态误差的大小是一项重要的性能指标.在整定量作用下静态误差小的系统,在扰动作用下的静态误差未必也小.在一种扰动作用下静态误差小的系统,在其他扰动作用下的静态误差也未必都小.

3.7　控制系统的动态性能

控制系统除了要满足对静态精度的要求外,对输入的控制信号的响应过程也要满足一定要求.响应过程的主要特征常称为系统的**动态性能**.

不稳定的线性系统不能实现控制,也没有实用价值,所以谈不上动态性能.

控制系统对于输入信号的响应过程不仅取决于系统本身的特性,也与输入信号有关.为了评价和比较动态性能,需要规定一些典型输入信号.原则上应当选用与系统正常运行情况下的实际输入信号相近的信号作为典型输入信号.例如如果系统正常运行时的输入信号是突变式的,则宜选用阶跃函数作为典型输入信号,等等.

大多数情况下,为了便于分析研究,最经常采用的典型输入信号是第 2 章 2.4 节定义 2.4.1 的**单位阶跃函数**,有时也采用 2.5 节定义 2.5.1 的**单位冲激函数**.对于这两种情形都应在**零初值**条件下研究,即认为在输入信号加上之前($t=0^-$)系统的输出量以及输出量对时间的各阶导数均等于零.如果以状态空间描述,则认为系统的所有状态变量的初值均等于零.下面分别讨论控制系统对这两种典型输入信号的响应.

3.7.1 阶跃响应

线性运动对象在零初值和单位阶跃函数作用下的响应过程曲线称为其**阶跃响应**.为了方便,可以用下标"step"表示.其典型形状如图 3.7.1 所示,阶跃响应的各项主要动态性能指标均示于该图中.下面分别叙述.

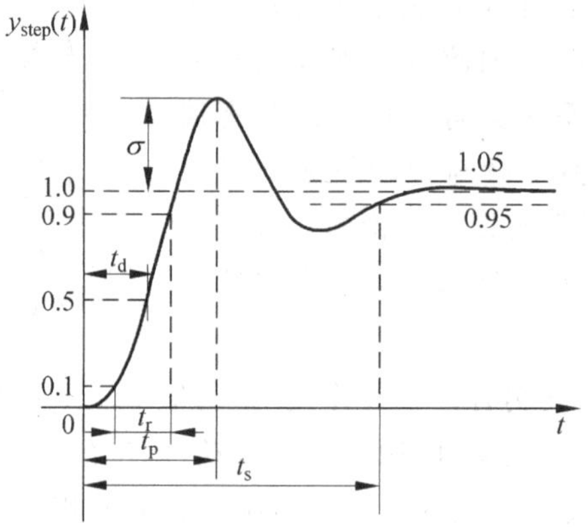

图 3.7.1 线性控制系统的典型阶跃响应 $y_{step}(t)$

1. 超调量

对于图 3.7.1 所示的振荡性的阶跃响应,响应曲线首次越过静态值达到峰点时,越过部分的幅度与静态值之比称为超调量,记作 σ:

$$\sigma=\frac{y_{max}-y(\infty)}{y(\infty)}. \tag{3.7.1}$$

式中 $y(\infty)$表示阶跃响应的静态值,y_{max}表示阶跃响应的峰值.

工程上往往以百分率表示超调量,记作 $\sigma\%$,即 $\sigma\%=\sigma\cdot 100$.

2. 阶跃响应时间

指阶跃响应最后进入偏离其静态值的误差为±5%(或取±2%)的范围并且不再越出这个范围的时间,记作 t_s,也常笼统称为过渡过程时间.

3. 振荡次数

指阶跃响应在 t_s 之前在静态值的上下振荡的次数.例如图 3.7.1 所示的阶跃响应在 t_s 之前在其静态值的上下振荡过 1 次,就说它的振荡次数为 1.如果阶跃响应的超调量大于 5%,而响应曲线在到达峰点后直接回落到误差为±5%(或±2%)的范围内,并且不再越出这个范围,则说其振荡次数为 0.5 次.

4. 延迟时间

指阶跃响应首次达到其静态值的一半所用的时间，记作 t_d.

5. 上升时间

指阶跃响应首次从静态值的 10%过渡到其 90%所用的时间(也有取从 0 首次达到静态值所用的时间)，记作 t_r.

6. 峰值时间

指阶跃响应首次达到峰点的时间，记作 t_{peak} 或 t_p.

另外，有些系统的输出量在达到峰值点以后，甚至在进入了偏离静态值的误差为±5%(或±2%)的范围之内以后，其趋向静态值的速度很慢，如图 3.7.2 所示，以致系统的实际阶跃响应过程延续的时间比 t_s 长得多. 这种现象称作**爬行**. 工程上通常要求避免爬行，但尚未形成定量的指标.

应当指出，上述各动态指标之间互有联系. 因此对于一个控制系统通常没有必要列举出所有动态指标. 另一方面，正是由于它们彼此有联系，在设计系统时不可能对所有指标都提出要求，因为这些要求可能彼此矛盾，以致在调整系统参数时顾此失彼. 我国工程界目前习惯于采用超调量 σ 和阶跃响应时间 t_s 两项作为动态性能的主要指标. 显然 σ 和 t_s 都是以小为好. 通常认为 σ 不宜超过 0.5($\sigma\% \leqslant 50$)，振荡次数不宜超过 1.5 次. 至于 t_s 则随被控制对象本身的时间尺度而可以有很大差别. 空军战机的转弯时间以秒计算，而大船的转弯时间则以分钟计算.

一个实际系统的阶跃响应不一定都如图 3.7.1 那样，它可能取单调过程的简单形式，如图 3.7.3 所示；它也可能很复杂，如图 3.7.4 所示. 图 3.7.4 的响应曲线是由一些快振荡过程与慢过程叠加而成的.

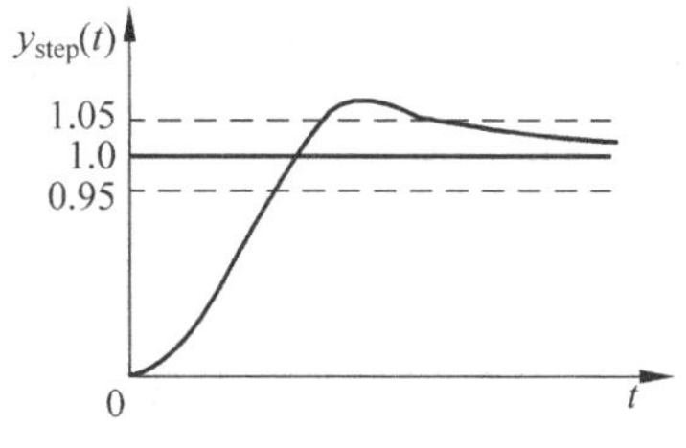

图 3.7.2 爬行现象

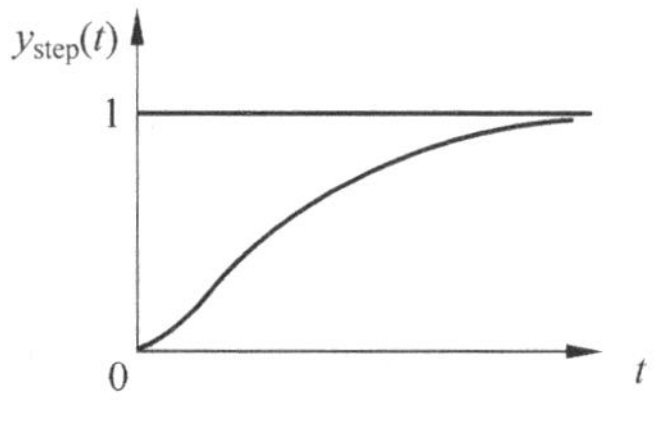

图 3.7.3 单调阶跃响应

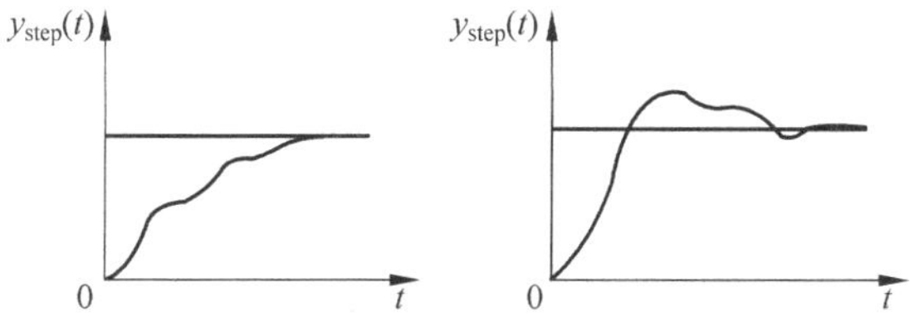

图 3.7.4 快振荡过程与慢过程叠加的阶跃响应

3.7.2 冲激响应

在 2.5 节已经给出单位冲激函数 $\delta(t)$ 的定义，并已求得其拉普拉斯变换为 $\bar{\delta}(s)=1$. 由于对于一切 $t\neq 0$ 有 $\delta(t)=0$，并且 $\int_{0^-}^{0^+}\delta(t)\mathrm{d}t=1$，故若设 $g(t)$ 是任意有限函数，在 $t=0$ 点连续，就有

$$g(t)\delta(t)=g(0)\delta(t) \tag{3.7.2a}$$

和

$$\int_{-\infty}^{\infty}g(t)\delta(t)\mathrm{d}t=\int_{0^-}^{0^+}g(t)\delta(t)\mathrm{d}t=\int_{0^-}^{0^+}g(0)\delta(t)\mathrm{d}t=g(0). \tag{3.7.2b}$$

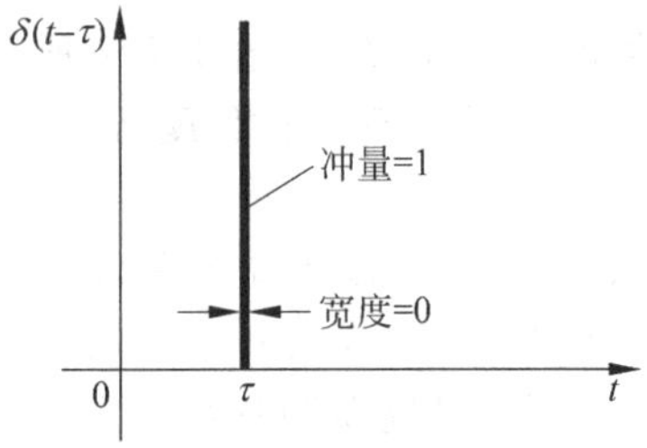

图 3.7.5 延时冲激函数 $\delta(t-\tau)$

如果一个单位冲激函数不是发生在 $t=0$ 时刻，而是发生在 $t=\tau>0$ 时刻，如图 3.7.5 所示，则可记作 $\delta(t-\tau)$，称为**延时冲激函数**. 利用 2.5.2 节所述拉普拉斯变换的性质 3(延时定理)可知延时冲激函数的拉普拉斯变换是 $\mathrm{e}^{-\tau s}$.

线性运动对象在零初值和单位冲激函数 $\delta(t)$ 作用下的响应过程曲线称为其**冲激响应**，或脉冲响应. 为了方便，可以用下标“imp”表示.

设对象的传递函数为 $G(s)$，记它的冲激响应为 $y_{\mathrm{imp}}(t)$. 根据传递函数的定义，$y_{\mathrm{imp}}(t)$ 的拉普拉斯变换就是

$$Y_{\mathrm{imp}}(s)=G(s)\bar{\delta}(s)=G(s)\cdot 1=G(s).$$

所以对象的**冲激响应的拉普拉斯变换就是它的传递函数**. 按照习惯上用大小写英文字母表示对应的拉普拉斯变换象函数和原函数的记法，可以把对象的冲激响应记作 $g(t)$.

利用对象的冲激响应可以计算它对于任意输入量的响应. 可用下面的定理说明.

定理 3.7.1 对象对于输入量的响应等于该对象的冲激响应与输入量函数的褶积.

证明 设对象的传递函数为 $G(s)$. 在输入量 $u(t)$ 的作用下，对象的输出量为 $y(t)$，则 $y(t)$ 的拉普拉斯变换应为 $Y(s)=G(s)U(s)$. 但根据拉普拉斯变换的褶积定理(第 2 章 2.5.2 节之“性质 9”)，只须将式(2.5.16)中的 $F(s)$ 取为 $Y(s)$，将 $F_1(s)$ 和 $F_2(s)$ 分别取为 $G(s)$ 和 $U(s)$，就可从式(2.5.15)得到

$$y(t)=\int_0^t g(t-\tau)u(\tau)\mathrm{d}\tau. \tag{3.7.3}$$

当然也可以写成

$$y(t)=\int_0^t g(\tau)u(t-\tau)\mathrm{d}\tau. \tag{3.7.4}$$

□

图 3.7.6 是定理 3.7.1 的形象化说明. 输入量 $u(t)$ 可以看作是一系列脉冲叠加而成. 每个脉冲的宽度是 $d\tau$，发生于时刻 τ 的单个脉冲的幅度是 $u(\tau)$，其冲量是 $u(\tau)d\tau$. 当 $d\tau \to 0$，它就是一个冲量等于 $u(\tau)d\tau$ 的延时冲激函数，可以表示为 $u(\tau)d\tau\delta(t-\tau)$. 对象对于这一个延时冲激函数的响应就应是 $u(\tau)d\tau g(t-\tau)$，而对象对于这一系列脉冲的总响应则应是所有这些响应的总和，即

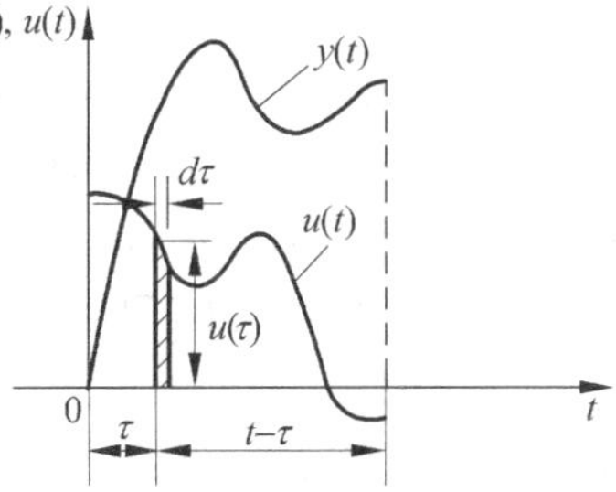

图 3.7.6　定理 3.7.1 的形象化说明

$$y(t) = \int_{\tau=0}^{\tau=t} u(\tau)\mathrm{d}\tau g(t-\tau).$$

这正是式(3.7.3).

同一个对象的阶跃响应与冲激响应之间有重要的关系. 只须注意到第 2 章 2.5.1 节给出的函数 $1(t)$ 与函数 $\delta(t)$ 之间的微分关系式(2.5.3)，就不难理解：同一个对象的阶跃响应 $y_{\text{step}}(t)$ 与冲激响应 $y_{\text{imp}}(t)$ 之间有如下关系：

$$y_{\text{imp}}(t) = \frac{\mathrm{d}}{\mathrm{d}t} y_{\text{step}}(t). \tag{3.7.5}$$

考虑到图 3.7.1，可知一般情况下有 $y_{\text{imp}}(\infty)=0$，故冲激响应无所谓超调量. 脉冲响应的最重要的动态性能指标是响应的**峰值**.

3.8　1 阶单输出系统的运动

1 阶和 2 阶系统是最简单的控制系统. 本节和 3.9 节研究这两种系统的运动的基本特点. 这不仅因为 1 阶和 2 阶系统在数学上容易分析，更重要的是因为：关于 1 阶和 2 阶系统的知识，特别是关于 2 阶系统的知识，是研究更高阶系统的基础.

本节研究 1 阶系统. 首先看如下的最简单的 1 阶线性微分方程：

$$T\frac{\mathrm{d}y}{\mathrm{d}t} + y = Ku. \tag{3.8.1}$$

在零初值（$y(0^-)=0$）下，用拉普拉斯变换求得其传递函数为

$$G(s) = \frac{K}{Ts+1}. \tag{3.8.2}$$

显然它就是第 2 章 2.11 节所述的惰性单元，但附有比例系数 K. 因此在单位阶跃信号 $u(t)=1(t)$ 作用下它的输出量的象函数为

$$Y(s) = \frac{K}{Ts+1}\frac{1}{s}.$$

利用第 2 章的表 2.5.1 就可求得方程式(3.8.1)的解，即系统的阶跃响应：

$$y_{\text{step}}(t) = K(1-\mathrm{e}^{-t/T}). \tag{3.8.3}$$

可见阶跃响应函数 $y(t)$ 是时间常数为 T 的指数曲线，没有振荡. 输出量的初值和

终值分别为

$$y(0^+) = 0 \quad 和 \quad y(\infty) = K.$$

故在单位阶跃信号加上系统时输出量无跳变,输出量的终值则为 K,如图 3.8.1 所示.

从式(3.8.3)看出,时间自变量 t 只与参数 T 结合成 t/T 的形式出现,故参数 T 实际上成为**时间的尺度**. 这就是它被称为"时间常数"的原因. 当 $t=T$,有 $y(T)\approx 0.63y(\infty)$. 按照 3.7 节关于阶跃响应时间 t_s 的定义,如果取允许的静态误差为 5%,则 $t_s\approx 3T$;如果取允许的静态误差为 2%,则 $t_s\approx 4T$.

根据式(3.7.5)和式(3.8.3),1 阶系统的冲激响应函数是

$$y_{imp}(t) = \frac{K}{T}e^{-t/T}, \tag{3.8.4}$$

其图像如图 3.8.2 所示.

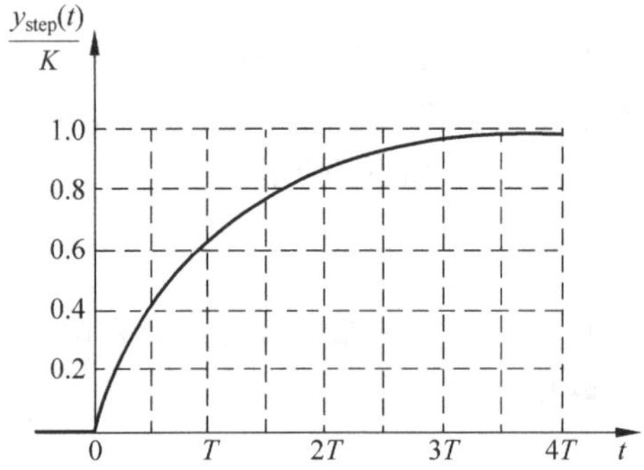

图 3.8.1 1 阶系统的阶跃响应 $y_{step}(t)$

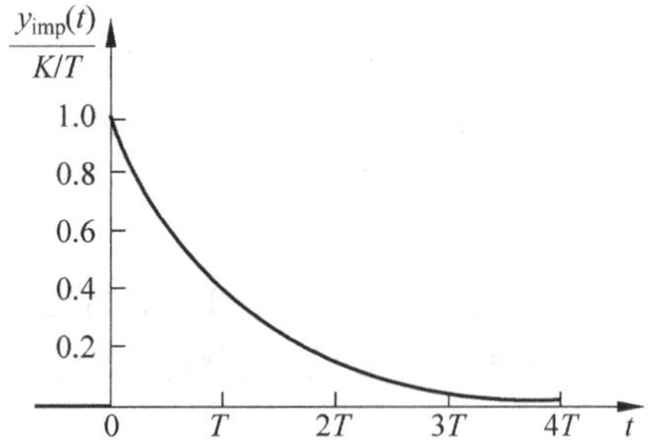

图 3.8.2 1 阶系统的冲激响应 $y_{imp}(t)$

进一步,我们研究附有微分作用的 1 阶系统. 其微分方程如下:

$$T\frac{dy}{dt} + y = K\left(\tau\frac{du}{dt} + u\right). \tag{3.8.5}$$

其中 $\tau>0$. 在零初值下($y(0^-)=0$),用拉普拉斯变换求得其传递函数为

$$G(s) = \frac{Y(s)}{U(s)} = K\frac{\tau s+1}{Ts+1}. \tag{3.8.6}$$

式(3.8.6)是一个时间常数为 T 的惰性单元与一个时间常数为 τ 的微分单元的组合,并附有比例系数 K. 在单位阶跃信号 $u(t)=1(t)$ 作用下,可用拉普拉斯变换求得其输出量函数为

$$y(t) = K\left[1-\left(1-\frac{\tau}{T}\right)e^{-t/T}\right]. \tag{3.8.7}$$

可见其阶跃响应函数 $y(t)$ 仍是时间常数为 T 的指数曲线,没有振荡. 从式(3.8.7)可知输出量的初值和终值分别为

$$y(0^+) = K\frac{\tau}{T} \quad 和 \quad y(\infty) = K.$$

故在单位阶跃信号加上系统的瞬间,输出量从 $y(0^-)=0$ **跳变**到 $y(0^+)=K\tau/T$;输

出量的终值则仍为 K，如图 3.8.3 所示. 如果 $\tau=0$，则方程式(3.8.5)退化为式(3.8.1)，而输出量的初值不跳变.

由于传递函数式(3.8.6)不是严格真有理函数，故当输入量为单位冲激函数 $\delta(t)$ 时，输出量中也将含有冲激函数. 即输出量在 $t=0$ 的瞬刻会发生幅度为无穷大的跳变. 我们不讨论传递函数不是真有理函数的情形.

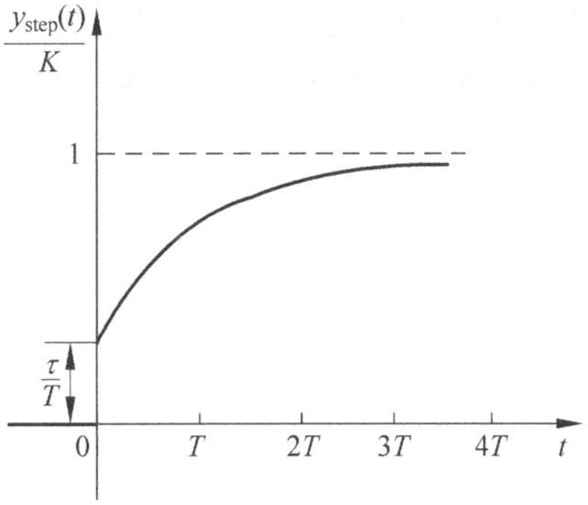

图 3.8.3 有微分作用的 1 阶系统的阶跃响应

如果对式(3.8.5)的对象加上负反馈，成为图 3.8.4，其中反馈通道的传递函数为实常数 $\beta>0$（实常数反馈常称为"硬"反馈），则其闭环系统的传递函数成为

$$H(s)=\frac{G(s)}{1+\beta G(s)}=\frac{K}{1+\beta K}\cdot\frac{\tau s+1}{\dfrac{T+\beta K\tau}{1+\beta K}s+1}. \tag{3.8.8}$$

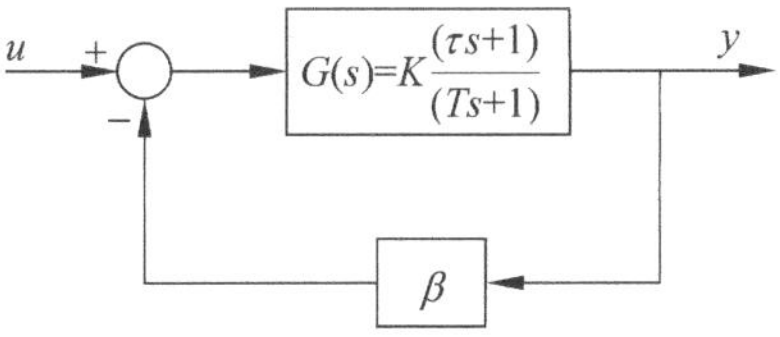

图 3.8.4 有强负反馈的 1 阶系统

与式(3.8.6)对比，可见它不过是将式(3.8.5)中的各系数作如下置换：

将 K 置换为 $K_{\text{clsd}}=\dfrac{K}{1+\beta K}$,

将 T 置换为 $T_{\text{clsd}}=\dfrac{T+\beta K\tau}{1+\beta K}$.

因此只须将阶跃响应函数式(3.8.7)中的各系数作同样的置换，就可得出此闭环系统的阶跃响应函数. 这里不再具体写出，只指出：第一，闭环阶跃响应仍是指数函数；第二，当 βK 充分大($\beta K\gg 1$ 且 $\beta K\gg T/\tau$)时，即有**强**负反馈时，有

$$K_{\text{clsd}}\approx 1/\beta \quad 和 \quad T_{\text{clsd}}\approx\tau. \tag{3.8.9}$$

代入式(3.8.8)，有

$$H(s)\approx 1/\beta. \tag{3.8.10}$$

由此看出，开环比例系数 βK 充分大的 1 阶强负反馈系统，其**闭环传递函数近似等于反馈通道传递函数之倒数**.

以后会看到，这种关系实际上适用于一切强负反馈系统.

3.9 简单 2 阶单输出系统的运动

本节首先研究最简单的 2 阶线性微分方程描述的系统的动态性能，然后再对附有微分作用的 2 阶系统稍作讨论. 最简单的 2 阶线性微分方程的标准形式是

$$T^2\frac{\mathrm{d}^2y}{\mathrm{d}t^2}+2\zeta T\frac{\mathrm{d}y}{\mathrm{d}t}+y=Ku, \tag{3.9.1}$$

其中 $y(t)$ 表示系统的输出量，$u(t)$ 表示其输入量. 这个方程有 3 个参数：T, ζ 和比

例系数K,不附微分作用.设系统是稳定的,即T和ζ均为正.称T为2阶系统的**时间常数**,称ζ为其**阻尼系数**.

微分方程式(3.9.1)所对应的传递函数为

$$G(s)=\frac{K}{T^2s^2+2\zeta Ts+1}. \tag{3.9.2}$$

也可以把2阶系统的微分方程式(3.9.1)写成

$$\frac{d^2y}{dt^2}+2\zeta\omega_n\frac{dy}{dt}+\omega_n^2y=K\omega_n^2u \tag{3.9.3}$$

的形式.其中$\omega_n=1/T$称为系统的(**无阻尼**)**自振角频率**.

3.9.1 简单2阶系统的阶跃响应

我们在零初值和单位阶跃输入量作用下研究微分方程式(3.9.1)的运动,即认为$y(0)=\dot{y}(0)=0$和$u(t)=1(t)$.为了简便,以下一律取$K=1$.方程式(3.9.1)可以分为三种情形求解.

情形1 对于$0<\zeta<1$,方程式(3.9.1)的特征多项式的零点为一对共轭复数:

$$s_1,s_2=-\frac{\zeta}{T}\pm j\frac{\sqrt{1-\zeta^2}}{T}=-\zeta\omega_n\pm j\omega_d, \tag{3.9.4}$$

其中$\omega_d=\sqrt{1-\zeta^2}\omega_n$称为系统的**阻尼振荡角频率**.

系统的阶跃响应为

$$\begin{aligned}y_{step}(t)&=1-\frac{1}{\sqrt{1-\zeta^2}}e^{-\zeta\frac{t}{T}}\sin\left(\sqrt{1-\zeta^2}\frac{t}{T}+\arctan\frac{\sqrt{1-\zeta^2}}{\zeta}\right)\\&=1-\frac{1}{\sqrt{1-\zeta^2}}e^{-\zeta\omega_nt}\sin(\omega_dt+\theta),\end{aligned} \tag{3.9.5}$$

其中

$$\theta=\arctan\frac{\sqrt{1-\zeta^2}}{\zeta}=\arccos\zeta. \tag{3.9.6}$$

情形2 对于$\zeta=1$,方程式(3.9.1)的特征多项式的零点为两个相等的实数:

$$s_1=s_2=-\frac{1}{T}=-\omega_n, \tag{3.9.7}$$

系统的阶跃响应为

$$y_{step}(t)=1-\left(1+\frac{t}{T}\right)e^{-\frac{t}{T}}=1-(1+\omega_nt)e^{-\omega_nt}. \tag{3.9.8}$$

情形3 对于$\zeta>1$,方程式(3.9.1)的特征多项式的零点为两个不同的负实数:

$$s_{1,2}=\frac{-\zeta\pm\sqrt{\zeta^2-1}}{T}=(-\zeta\pm\sqrt{\zeta^2-1})\omega_n. \tag{3.9.9}$$

系统的阶跃响应为

$$y_{\text{step}}(t)=1+\frac{1}{2\sqrt{\zeta^2-1}}\left[\frac{1}{\zeta+\sqrt{\zeta^2-1}}e^{-\left(\zeta+\sqrt{\zeta^2-1}\right)\frac{t}{T}}\right.$$

$$\left.-\frac{1}{\zeta-\sqrt{\zeta^2-1}}e^{-\left(\zeta-\sqrt{\zeta^2-1}\right)\frac{t}{T}}\right].\qquad(3.9.10)$$

这三种情形下的阶跃响应曲线如图 3.9.1 所示.

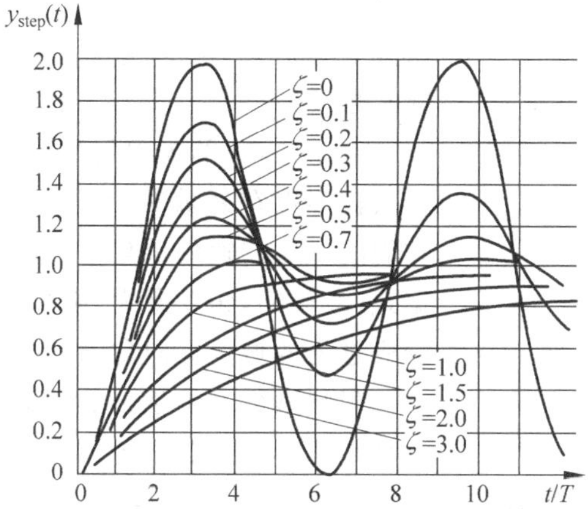

图 3.9.1　2 阶系统的阶跃响应

研究以上结果,可以得到如下两点重要结论:

(1) 在阶跃响应函数式(3.9.5),式(3.9.8)和式(3.9.10)中,时间自变量 t 总是与参数 T 结合出现.因此,2 阶系统中的参数 T 的性质类似 1 阶系统中的 T,是阶跃响应的时间尺度.如果 T 增大若干倍,那么只要 t 增大同样倍数,$y(t)$的值就保持不变,如图 3.9.2 所示.因此时间常数是描述系统动态性能的一个重要参数.

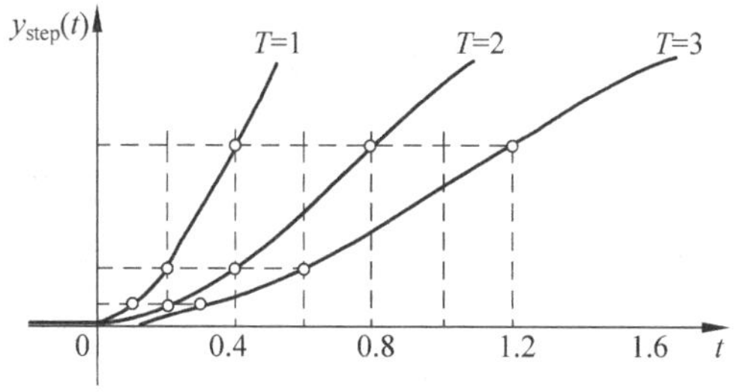

图 3.9.2　时间常数的意义

(2) 从图 3.9.1 看出,参数 ζ 对于阶跃响应曲线的形状影响极大.ζ 愈大,阶跃响应过程就愈滞缓;ζ 愈小,阶跃响应过程就愈剧烈.在零初始条件下,$\zeta\geqslant 1$ 的系统的阶跃响应没有振荡(但若$\dot{y}(0)\neq 0$ 则可以有半次振荡),而 $\zeta<1$ 的系统的阶跃响应必有减幅振荡.因此 ζ 也是描述系统动态性能的一个重要参数.工程上把

$\zeta>1$, $\zeta=1$ 和 $\zeta<1$ 的系统分别为**过阻尼**、**临界阻尼**和**欠阻尼**系统.

从图 3.9.1 看出,对于 $\zeta\geqslant 1$ 的过阻尼和临界阻尼情况,系统的响应是非振荡性的,谈不上 t_p 和 σ 等动态性能指标. $\zeta\geqslant 1$ 的系统实际是由两个惰性单元串联组成. 它们的时间常数分别是

$$T_1=\frac{T}{\zeta-\sqrt{\zeta^2-1}} \quad 和 \quad T_2=\frac{T}{\zeta+\sqrt{\zeta^2-1}}.$$

当 T_1 和 T_2 相差较大时,系统可近似看作由 1 阶微分方程描述,其响应特性主要取决于较大的时间常数 T_1.

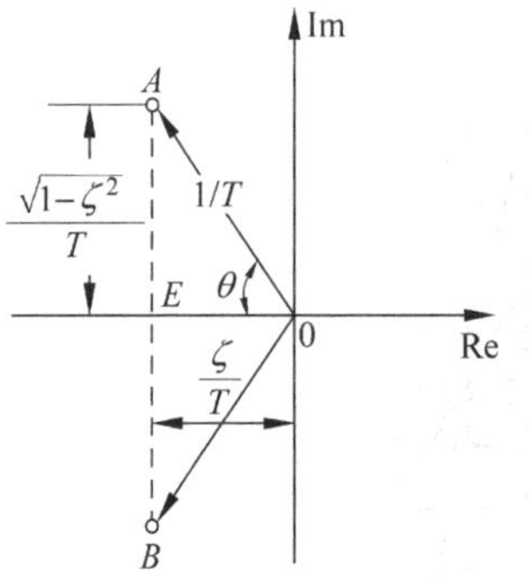

图 3.9.3 阻尼系数的几何表示

对于 $\zeta<1$ 的欠阻尼情况,其特征多项式的一对共轭零点在复数平面的位置如图 3.9.3 所示. 它们的一对共轭矢量与负实轴的夹角正好等于 θ. 据式(3.9.6),角 θ 愈大,阻尼系数 ζ 就愈小,阶跃响应过程的振荡倾向愈剧烈.

阻尼系数 ζ 的性质也可以从方程式(3.9.1)本身来解释. 定义系统的误差为 $e=u-y$,并认为输入量 u 是常数,则方程式(3.9.1)可化为关于 e 的微分方程

$$T^2\frac{\mathrm{d}^2e}{\mathrm{d}t^2}+2\zeta T\frac{\mathrm{d}e}{\mathrm{d}t}+e=0 \tag{3.9.11}$$

或

$$\ddot{e}=-\left(\frac{1}{T^2}e+\frac{2\zeta}{T}\dot{e}\right). \tag{3.9.12}$$

式(3.9.12)表明误差 e 的加速度 $\ddot{e}$ 是两部分之和: 第一部分正比于误差 e 本身,第二部分正比于误差的速度 $\dot{e}$,它们都与 e 反号. 第一部分就是负反馈作用,第二部分就是阻尼作用. 从式(3.9.12)容易理解,阻尼作用的效果是: 当误差变化的速度增大时,阻碍其变化的加速度也增强,使误差变化的速度受到更强的限制. 这种限制作用正比于阻尼系数 ζ. 所以在图 3.9.1 中, ζ 值较大的过程,其速度的变化幅度小,显得反应滞缓; 而 ζ 值较小的过程则速度大起大落,振荡性强. 由此可知在设计系统时 ζ 值的选择很重要.

3.9.2 简单 2 阶系统的动态性能指标

下面针对欠阻尼的 2 阶系统给出动态性能指标的解析表达式.

1. 上升时间

把上升时间 t_r 定义为输出量从零首次达到静态值的时间. 在式(3.9.5)和式(3.9.6)中令 $t=t_r$ 和 $y_{step}=1$,并注意到 $\mathrm{e}^{-\zeta t_r/T}\neq 0$,就知必有

$$\sin\left(\sqrt{1-\zeta^2}\,\frac{t_r}{T}+\arccos\zeta\right)=0.$$

因 t_r 为非负，故将上式左端括号内表达式的值取为 π，于是得

$$t_r=\frac{T}{\sqrt{1-\zeta^2}}(\pi-\arccos\zeta). \tag{3.9.13}$$

2. 峰值时间

在式(3.9.5)中命 $t=t_p$ 时 $dy_{step}/dt=0$，便得

$$-\frac{1}{\sqrt{1-\zeta^2}}\left(-\zeta\omega_n e^{-\zeta\omega_n t_p}\sin(\omega_d t_p+\theta)+e^{-\zeta\omega_n t_p}\omega_d\cos(\omega_d t_p+\theta)\right)=0.$$

化简上式，并注意到图 3.9.3 的关系，得

$$\tan(\omega_d t_p+\theta)=\frac{\omega_d}{\zeta\omega_n}=\frac{\sqrt{1-\zeta^2}}{\zeta}=\tan\theta.$$

故有 $\omega_d t_p=0,\pi,2\pi,\cdots$. 根据 t_p 的定义，显然应取 $\omega_d t_p=\pi$. 故得

$$t_p=\frac{\pi}{\omega_d}=\frac{\pi T}{\sqrt{1-\zeta^2}}. \tag{3.9.14}$$

3. 超调量

将 $t=t_p$ 代入式(3.9.5)，求出 $y=y(t_p)=y_{max}$，再代入超调量的定义式(3.7.1)中，取 $y(\infty)=1$，并注意到 $\omega_d t_p=\pi$ 和图 3.9.3 的关系，可得

$$\sigma=-\frac{1}{\sqrt{1-\zeta^2}}e^{-\zeta\omega_n t_p}\sin(\omega_d t_p+\theta)=\exp\left(-\frac{\zeta\pi}{\sqrt{1-\zeta^2}}\right). \tag{3.9.15}$$

4. 阶跃响应时间

根据阶跃响应时间的定义，可以写出如下等式：

$$|y(t_s)-y(\infty)|=0.05y(\infty). \tag{3.9.16}$$

在式(3.9.5)中命 $t=t_s$，将所得的 $y(t_s)$ 和 $y(\infty)=1$ 代入式(3.9.16)，从理论上说应当就可以求得阶跃响应时间 t_s. 但事实上要写出 t_s 的解析表达式非常困难和繁冗. 为满足工程实际需要，我们把超调量和阶跃响应时间与阻尼系数 ζ 的关系画成曲线备查，如图 3.9.4 所示.

从图 3.9.4 可以看出，在设计控制系统时，如有可能，阻尼系数宜选为 0.7 左右(实际选在 0.5～0.9 的范围内即可). 如此则阶跃响应过程比较快，超调量也不太大(超调量不超过 30%，阶跃响应时间约在 $3T\sim5T$ 范围内).

图 3.9.4 中 t_s 与 ζ 的关系曲线不是连续的. 这是因为，ζ 值的微小变化有时可能使阶跃响应过程曲线进入离静态值±5%范围的时刻恰好错过半个振荡周期. 图 3.9.5 是说明这个情况的示意图.

如果 ζ 值减小到 0，系统完全失去阻尼作用，方程式(3.9.1)成为

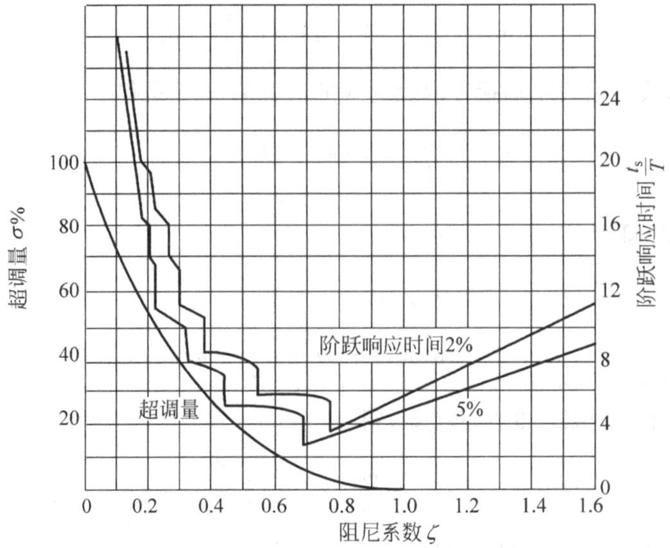

图 3.9.4 简单 2 阶线性系统的超调量和阶跃响应时间

$$T^2\frac{\mathrm{d}^2y}{\mathrm{d}t^2}+y=Ku, \tag{3.9.17}$$

它的 1 阶导数项的系数为 0,成为临界稳定.特征多项式的零点移到复数平面的虚轴上.仍取 $K=1$,则方程式(3.9.17)在零初值和单位阶跃输入下的解为不衰减的等幅振荡(图 3.9.6(a)):

$$y(t)=1-\cos\frac{t}{T}. \tag{3.9.18}$$

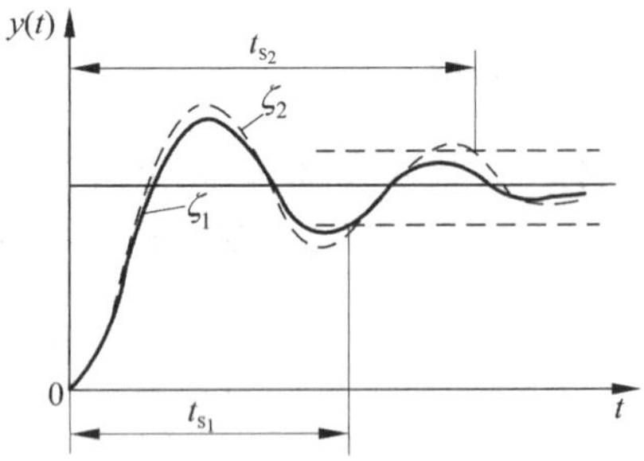

图 3.9.5 ζ 的微小变化可能造成 t_s 的不连续变化

如果 ζ 值再减小而取负值,则特征多项式的零点移到右半复数平面,系统成为不稳定而作增幅振荡(图 3.9.6(b)).

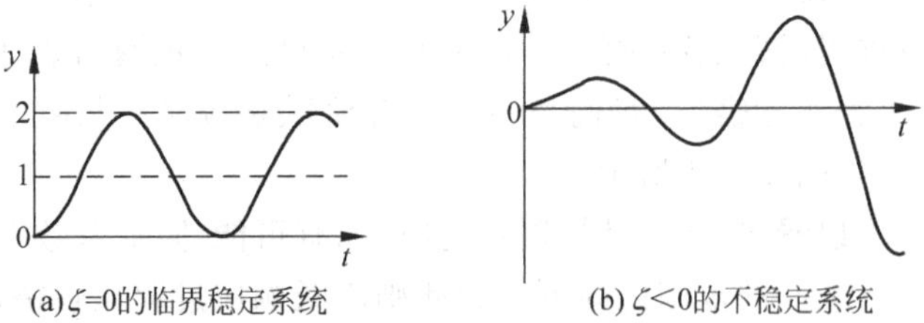

图 3.9.6 ζ≤0 的系统的阶跃响应

综上所述可知,当系统的阻尼系数 ζ 连续减小时,其特征多项式的零点从左半复数平面连续地移向右半复数平面.与此相应,其阶跃响应也从单调过程逐步过渡到振荡,从轻微振荡过渡到剧烈振荡,从减幅振荡过渡到增幅振荡.

3.9.3 简单 2 阶系统的冲激响应

利用式(3.7.5),可从式(3.9.5)、式(3.9.8)和式(3.9.10)分别求得 2 阶系统的冲激响应函数如下:

情形 1 对于 $0<\zeta<1$,有

$$y_{\text{imp}}(t)=\frac{1}{\sqrt{1-\zeta^2}\,T}e^{-\zeta\frac{t}{T}}\sin\sqrt{1-\zeta^2}\,\frac{t}{T}. \tag{3.9.19}$$

情形 2 对于 $\zeta=1$,有

$$y_{\text{imp}}(t)=\frac{t}{T^2}e^{-\frac{t}{T}}. \tag{3.9.20}$$

情形 3 对于 $\zeta>1$,有

$$y_{\text{imp}}(t)=\frac{1}{2\sqrt{\zeta^2-1}\,T}\left(e^{-\left(\zeta-\sqrt{\zeta^2-1}\right)t/T}-e^{-\left(\zeta+\sqrt{\zeta^2-1}\right)t/T}\right). \tag{3.9.21}$$

按照以上 3 个表达式画出的冲激响应曲线如图 3.9.7 所示. 从图中可以看出,对于欠阻尼情况,冲激响应也是振荡性函数,而对于临界阻尼和过阻尼情况,冲激响应也是非振荡性函数. 各冲激响应函数在 $t=0$ 处均无跳变,终值均为 0.

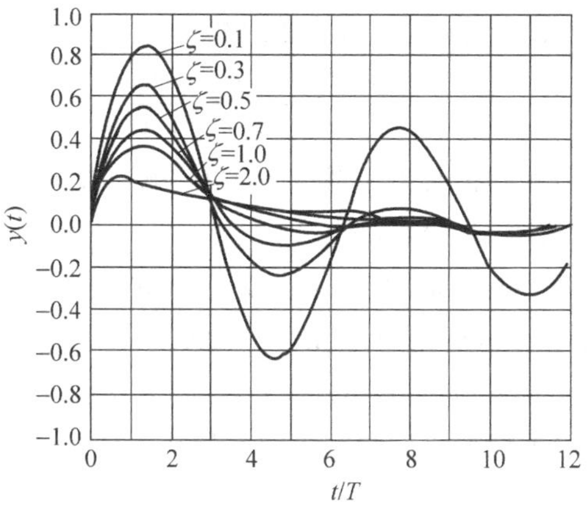

图 3.9.7 简单 2 阶系统的冲激响应

3.9.4 附有微分作用的 2 阶线性系统

附有 1 阶微分作用的 2 阶线性系统的微分方程如下:

$$T^2\frac{d^2y}{dt^2}+2\zeta T\frac{dy}{dt}+y=K\left(b_1\frac{du}{dt}+u\right), \tag{3.9.22}$$

其中 $b_1>0$. 系统的传递函数为

$$G(s)=\frac{K(b_1 s+1)}{T^2 s^2+2\zeta Ts+1}. \tag{3.9.23}$$

我们不再详细推导它的阶跃响应和冲激响应函数表达式，只指出两点：

第一点. 对于 $0<\zeta<1$ 的情形，它的阶跃响应和冲激响应也是振荡性的；而对于 $\zeta\geqslant 1$ 的情形，它们也是非振荡性的，但在某些初值下可能有半次振荡.

第二点. 由于存在微分作用，这种系统的阶跃响应和冲激响应的初值会有跳变. 因为，根据式(3.9.23)，系统的阶跃响应函数 $y_{\text{step}}(t)$ 的拉普拉斯变换为

$$Y_{\text{step}}(s)=\frac{K(b_1 s+1)}{T^2 s^2+2\zeta Ts+1}\frac{1}{s}.$$

而其冲激响应函数 $y_{\text{imp}}(t)$（即 $\mathrm{d}y_{\text{step}}/\mathrm{d}t$）的拉普拉斯变换为

$$Y_{\text{imp}}(s)=sY_{\text{step}}(s)=\frac{K(b_1 s+1)}{T^2 s^2+2\zeta Ts+1}.$$

用拉普拉斯变换的初值定理就可求得 $y_{\text{imp}}(t)$ 的初值为

$$y_{\text{imp}}(0^+)=\lim_{s\to\infty} sY_{\text{imp}}(s)=\frac{Kb_1}{T^2}>0.$$

所以，此系统的冲激响应的值在 $t=0$ 时刻会从 0 跳变到 Kb_1/T^2，即阶跃响应的斜率的初值发生跳变. 但阶跃响应的初值没有跳变.

如果系统附有 2 阶微分作用，即其传递函数为

$$G(s)=\frac{K(b_2 s^2+b_1 s+1)}{T^2 s^2+2\zeta Ts+1}, \tag{3.9.24}$$

其中 $b_2>0$，则阶跃响应的初值会发生跳变，而冲激响应在 $t=0$ 瞬刻的跳变幅度将为无穷大，即冲激响应将含有冲激函数.

如果对式(3.9.24)的对象加上传递函数为实常数 β 的负反馈，则仿照图 3.8.4 的处理方法不难证明：只要 βK 充分大($\beta K\gg 1$，$\beta K\gg 2\zeta T/b_1$，且 $\beta K\gg T^2/b_2$)，就有

$$H(s)\approx 1/\beta. \tag{3.9.25}$$

这与 3.8 节末尾得到的 1 阶强负反馈系统的性质相一致.

3.10 高阶单输出系统的运动

生活中实际遇到的控制系统的微分方程的阶往往较高. 以上所述的对 1 阶和 2 阶系统的分析和结论难以直接应用. 本书以后各章将要详细地论述高阶系统. 但是工程上在详细地计算高阶系统的运动之前，往往需要暂时忽略一些次要因素，将问题简化，以便对系统的基本性质进行初步分析，也就是将高阶系统**降阶**. 许多情况下，这样做有重要实际价值. 本节讨论将高阶系统近似地简化为 2 阶系统的问题和系统中的小惰性因素的问题，还要简略地讨论在参数摄动下系统的鲁棒性问题.

3.10.1　高阶系统的 2 阶近似

设一个稳定的高阶线性控制系统的闭环传递函数可以表示成如下的形式：

$$\begin{aligned} H(s) = \frac{Y(s)}{U(s)} &= \frac{b_m s^m + b_{m-1}s^{m-1} + \cdots + b_1 s + b_0}{a_n s^n + a_{n-1}s^{n-1} + \cdots + a_1 s + a_0} \\ &= \frac{K(s+z_1)(s+z_2)\cdots(s+z_m)}{(s+p_1)(s+p_2)\cdots(s+p_n)}. \end{aligned} \tag{3.10.1}$$

其中系统的闭环极点是诸 $-p_i$，系统的闭环零点是诸 $-z_j$ ($i=1,2,\cdots,n$; $j=1,2,\cdots,m$; $m<n$). 它们均可为实数或复数. 为叙述方便，假设其中没有重极点和重零点. 在零初值和单位阶跃输入 $U(s)=1/s$ 作用下，用拉普拉斯变换和留数法可求得

$$Y(s) = \frac{A_0}{s} + \sum_{i=1}^{n} \frac{A_i}{s+p_i}, \tag{3.10.2}$$

其中 A_0 是函数 $Y(s)$ 在极点 $s=0$ 处的留数：

$$A_0 = [sY(s)]_{s=0} = [H(s)]_{s=0}; \tag{3.10.3}$$

而诸 A_i 是函数 $Y(s)$ 在各极点 $s=-p_i$ 处的留数：

$$A_i = [(s+p_i)Y(s)]_{s=-p_i}, \quad i \neq 0. \tag{3.10.4}$$

系统的阶跃响应为

$$y(t) = A_0 + \sum_{i=1}^{n} A_i e^{-p_i t}. \tag{3.10.5}$$

可见系统的阶跃响应 $y(t)$ 是一些函数项的和，其中每一项在 $y(t)$ 中所占的“比重”则取决于 $|A_i|$ 的大小. 从这一事实出发分析 $H(s)$ 的零点和极点与它的阶跃响应的关系. 可以得出以下两个命题.

命题 3.10.1　如果 $H(s)$ 中有某一个极点 $-p_k$ 与某一个零点 $-z_r$ 相距很近，即有 k,r 使

$$|-p_k + z_r| \ll |-p_i + z_j| \quad \forall\, i,j \text{ 但 } (i,j) \neq (k,r), \tag{3.10.6}$$

则可认为该极点 $-p_k$ 被该零点 $-z_r$ 近似抵消.

证明　引用式(3.10.4)和式(3.10.5)计算该极点 $-p_k$ 所对应的运动 $A_k e^{-p_k t}$. 有

$$\begin{aligned} A_k &= [(s+p_k)Y(s)]_{s=-p_k} \\ &= \left[\frac{K(s+z_1)(s+z_2)\cdots(s+z_r)\cdots(s+z_m)}{s(s+p_1)(s+p_2)\cdots(s+p_k)\cdots(s+p_n)}(s+p_k)\right]_{s=-p_k} \\ &= \frac{K(-p_k+z_1)\cdots(-p_k+z_r)\cdots(-p_k+z_m)}{(-p_k)(-p_k+p_1)\cdots(-p_k+p_{k-1})(-p_k+p_{k+1})\cdots(-p_k+p_n)}. \end{aligned}$$

但对于任一个 $i \neq k$，有

$$A_i=[(s+p_i)Y(s)]_{s=-p_i}$$
$$=\frac{K(-p_i+z_1)\cdots(-p_i+z_r)\cdots(-p_i+z_m)}{(-p_i)(-p_i+p_1)\cdots(-p_i+p_{i-1})(-p_i+p_{i+1})\cdots(-p_i+p_n)}. \tag{3.10.7}$$

由于 A_k 表达式的分子中含有因子$(-p_k+z_r)$，而据式(3.10.6)，它远比 A_i 的分子中的任何因子为小，故显然有

$$|A_k|\ll|A_i|,\quad \forall i\neq k.$$

这表明：如果 $H(s)$的某一极点离某一零点很近，则这个极点所对应的运动函数在阶跃响应中所占的“比重”就会很小，就好像这个极点被离它很近的零点“抵消”了. □

命题 3.10.2 如果 $H(s)$中有某一个极点$-p_k$ 距原点很远，即有

$$|-p_k|\gg|-p_i|,\quad |-p_k|\gg|-z_j|,\quad \forall i\neq k,\forall j, \tag{3.10.8}$$

则可忽略该极点的作用.

证明 根据式(3.10.8)，可认为有

$$|-p_k+p_i|\approx|-p_k|,\quad \forall i\neq k$$

和

$$|-p_k+z_j|\approx|-p_k|,\quad \forall j.$$

于是

$$A_k=[(s+p_k)Y(s)]_{s=-p_k}$$
$$=\left[\frac{K(s+z_1)(s+z_2)\cdots(s+z_m)}{s(s+p_1)(s+p_2)\cdots(s+p_n)}(s+p_k)\right]_{s=-p_k}$$
$$=\frac{K(-p_k+z_1)\cdots(-p_k+z_m)}{(-p_k)(-p_k+p_1)\cdots(-p_k+p_{k-1})(-p_k+p_{k+1})\cdots(-p_k+p_n)}$$
$$\approx K/(-p_k)^{n-m}. \tag{3.10.9}$$

注意到 $m<n$ 和式(3.10.8)，并将式(3.10.9)与式(3.10.7)相比，便知必有

$$|A_k|\ll|A_i|,\quad \forall i\neq k.$$

这表明远离原点的极点所对应的运动在阶跃响应中的“比重”很小，不妨略去. □

根据以上两项命题，在研究高阶系统时，如果闭环系统传递函数中有符合上述条件的极点，就可以把它们看作次要因素予以忽略，而用一个低阶系统来近似一个高阶系统.

上述两个命题中的不等式(3.10.6)和式(3.10.8)，在工程中实际运用时，只要左右两端的大小相差在5倍以上，通常就认为条件已经满足了. 当然这并不是绝对的.

如果一个稳定的闭环控制系统在忽略上述极点后，余下的极点和零点的位置符合如下的模式：

(1) 左半复数平面上离虚轴最近的极点是一对共轭复极点(而不是实极点)，

而且它们的附近没有零点；

(2) 闭环系统的其他极点，有一些恰有邻近的零点与之近似相消，另一些又在上述这对极点的左方很远，并离所有零点也很远.

在这种情形下，根据命题 3.10.1 和命题 3.10.2，就可把系统中其他极点和零点的作用都略去不计，而把系统近似视为一个 2 阶系统，其动态特性主要地就由上述这一对离虚轴最近的极点决定. 于是就可利用 3.9 节所述各点对它进行初步的分析研究. 这一对离虚轴最近的极点称为闭环系统的**主导极点**.

3.10.2　开环系统的小参数对闭环系统的影响

以上分析的是高阶的**闭环**系统. 所得的结论之一是，有些情况下可以忽略远离原点的闭环极点. 如果这些极点是实的，它们就是微分方程中那些时间常数较小的惰性单元. 工程上常称作**小惰性**或**小参数**，并认为忽略它们无关大局. 现在要问，如果闭环系统的传递函数尚未求出，而是在研究**开环**传递函数，那么在开环传递函数中，多小的时间常数才是可以忽略的呢？

下面看一个例子.

例 3.10.1　对于 2.2.3 节中的例 2.2.5 的小功率随动系统，其方程如式(2.2.43)所示. 如果取 $T_f=0$，$T_m=0.75s$，$T_a=0.1s$，$a_0=b_0=K$，$M_L=0$，则方程式(2.2.43)成为

$$\frac{0.075}{K}\frac{d^3\varphi}{dt^3}+\frac{0.75}{K}\frac{d^2\varphi}{dt^2}+\frac{1}{K}\frac{d\varphi}{dt}+\varphi=\psi. \tag{3.10.10}$$

现在考虑忽略该系统中小惰性因素 T_a 的影响，即在式(2.2.43)中取 $T_a=0$，则式(3.10.10)就进一步化为

$$\frac{0.75}{K}\frac{d^2\varphi}{dt^2}+\frac{1}{K}\frac{d\varphi}{dt}+\varphi=\psi. \tag{3.10.11}$$

方程式(3.10.10)和式(3.10.11)的差别仅在于是否忽略 T_a 这个很小的时间常数($T_a \ll T_m$). 我们依次取 $K=2.5, 5.0, 7.5, 10.0$ 和 12.5 这 5 个值，分别求出微分方程式(3.10.10)的特征多项式的零点，并对于 $\psi(t)=1(t)$ 具体解出方程式(3.10.10)和式(3.10.11). 所得结果依次如表 3.10.1，图 3.10.1 和图 3.10.2. □

表 3.10.1　不同 K 值下方程式(3.10.10)的特征多项式的零点

K	方程式(3.10.10)的特征多项式的零点		阻尼系数 ζ
2.5	−8.92	−0.54±j1.86	0.28
5.0	−9.34	−0.33±j2.65	0.12
7.5	−9.69	−0.16±j3.17	0.05
10.0	−10.00	±j3.65	0
12.5	−10.28	+0.14±j4.02	−0.03

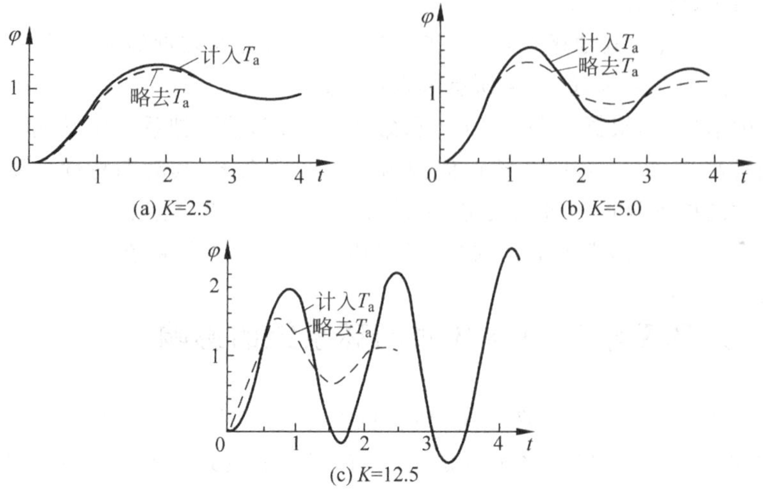

图 3.10.1 小惰性对闭环系统动态性能的影响

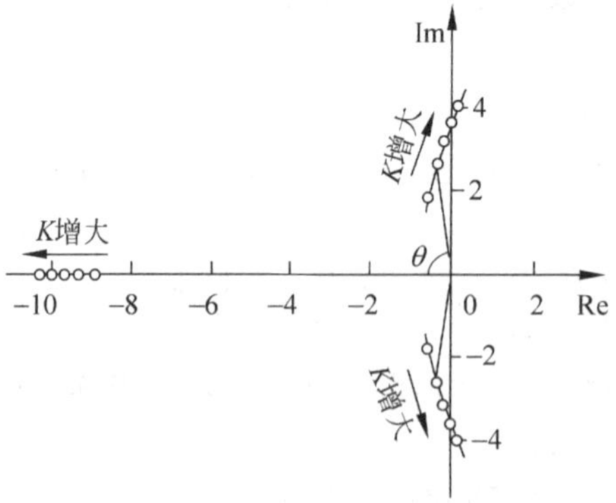

图 3.10.2 小惰性对闭环系统极点的影响

研究表 3.10.1,图 3.10.1 和图 3.10.2 可以看出:

(1) 当 $K=2.5$ 时,系统的动态性能尚可,这时略去 T_a 或不略去 T_a,对阶跃响应过程的影响还不很大;

(2) 当 $K=5.0$ 时,系统的动态性能较差(特征多项式的一对复零点的阻尼系数仅 0.12,阶跃响应的超调量很大),这时略去 T_a 或不略去 T_a,对阶跃响应过程的影响就较大;

(3) 当 $K=12.5$ 时,系统不稳定,谈不上动态性能.但这时若略去 T_a,系统可能被误认为是稳定的.

由此可见,同样是略去一个时间常数 $T_a=0.1\text{s}$ 的小惰性因素,但在不同的开环比例系数下,略去 T_a 的后果却很不相同.如果系统的开环比例系数比较适当,动态性能比较好,则略去较小的惰性一般不至于造成重大误差;而当系统的开环比例系数比较大,动态性能比较差的情况下,略去同样时间常数的惰性就要很慎重.

在大多数工程问题中,在实际系统投入运行之前,常常先略去某些较小的惰性因素,而对简化后的系统进行模拟实验或数字仿真检验.在这种情况下,如果略去较小的惰性后所得的近似响应动态性能较好,则不妨判断,实际系统的动态性能与实验结果所差不会很多.如果略去某一较小的惰性后,所得的近似响应性能不很好,则应当充分估计到,实际系统的动态性能可能比实验结果还要坏得多,甚至可能不稳定,需要慎重处理.

工程技术人员中有一种常见的误解:以为凡是某一惰性因素的时间常数不超过系统中最大时间常数的 5%或 10%的就总可以忽略.这种看法不全面.因为从开环系统的参数来判断闭环系统的动态性能时,开环系统中“小惰性”一词的界限不仅取决于开环系统的各时间常数的对比,而且还与**闭环系统是否濒临稳定边界**有关.

3.10.3　参数摄动下系统的鲁棒性

控制系统的鲁棒性问题是近 30 年来受到中外控制科学家特别关注的问题,已经形成很大的研究队伍并在工程中有重要的实际应用.“鲁棒性”是英语“robustness”的半音半意的译词,已经流行,也有译作“韧性”、“粗壮性”、“摄动稳定性”的.本书不可能展开讨论控制系统的鲁棒性问题,只能简略说明这个问题的含义.

控制系统的稳定性取决于其结构和参数,线性系统的稳定性取决于其特征多项式的零点在复数平面上的位置.工程上使用的控制系统总是有很多参数,而且它们在运行中,特别在长期运行中,总是会发生变化.举例说,零件的老化和更换、环境条件的变化(如温度的变化)、工况和原料的改变等等,都会造成系统的某些参数的实际值偏离其设计时所取的数值,工程术语称为参数发生“**摄动**”,从而影响到其特征多项式的零点在复数平面上的位置.在不利的条件下,这会影响到系统的静态和动态性能,而在最不利的条件下就可能影响到控制系统的稳定性,使原来稳定的系统失去稳定而无法工作.因此在设计控制系统时对于涉及稳定性的参数总是应当留有裕量.稳定的控制系统在参数发生变化时仍能保持其稳定性的能力就称为系统的鲁棒稳定性,常简称为**鲁棒性**.鲁棒性一词也扩充用于指控制系统的其他方面的动态性质保持少受参数变化影响的能力.控制科学家和工程师总是要努力增进所设计的控制系统的鲁棒稳定性.

多输入多输出系统由于其内部受控变量很多,各受控变量之间的相互影响错综复杂,所以鲁棒性问题比单输入单输出系统更为复杂.下面举一个简单例子.

例 3.10.2　某 2 输入 2 输出对象的开环传递函数矩阵为

$$G_{\mathrm{open}}(s)=\frac{1}{(s+1)(s+2)}\begin{bmatrix}-47s+2 & -56s\\ 42s & 50s+2\end{bmatrix}. \tag{3.10.12}$$

第2章2.14.3节的式(2.14.33)曾将传递函数矩阵的特征多项式定义为传递函数矩阵行列式的分母多项式.在本例中,因

$$\det G_{\mathrm{open}}(s)=\frac{1}{(s+1)^2(s+2)^2}\det\begin{bmatrix}-47s+2 & -56s\\ 42s & 50s+2\end{bmatrix},$$

故开环传递函数矩阵 $G_{\mathrm{open}}(s)$ 的特征多项式为

$$\rho_{\mathrm{open}}(s)=(s+1)^2(s+2)^2. \tag{3.10.13}$$

现在把该对象加上单位负反馈,根据第2章2.15节的定理2.15.1,闭环传递函数矩阵与开环传递函数矩阵二者的特征多项式的关系是

$$\frac{\rho_{\mathrm{clsd}}(s)}{\rho_{\mathrm{open}}(s)}=\det[I_2+G_{\mathrm{open}}(s)]. \tag{3.10.14}$$

将式(3.10.12)和式(3.10.13)代入式(3.10.14),就得到闭环系统的特征多项式:

$$\begin{aligned}\rho_{\mathrm{clsd}}(s)&=\det\begin{bmatrix}s^2-44s+4 & -56s\\ 42s & s^2+53s+4\end{bmatrix}\\ &=s^4+9s^3+28s^2+36s+16.\end{aligned} \tag{3.10.15}$$

使用3.3节给出的无论哪一种代数判据都能立刻判定 $\rho_{\mathrm{clsd}}(s)$ 的全部零点都位于左半复数平面,所以闭环系统是稳定的.事实上该 $\rho_{\mathrm{clsd}}(s)$ 的零点为:$-1,-2,-2,-4$.

现在假设式(3.10.12)的开环传递函数矩阵受到某种摄动,变为

$$G'_{\mathrm{open}}(s)=\frac{1}{(s+1)(s+2)}\begin{bmatrix}-51s+2 & -52s\\ 45s & 46s+2\end{bmatrix}. \tag{3.10.16}$$

与式(3.10.12)相比,$G_{\mathrm{open}}(s)$ 的每个元的摄动幅度都不超过8%,而且它的开环传递函数矩阵的特征多项式仍为 $\rho_{\mathrm{open}}(s)=(s+1)^2(s+2)^2$,即与式(3.10.13)相同.但由于 $G_{\mathrm{open}}(s)$ 发生了变化,摄动后的闭环系统特征多项式已变为

$$\begin{aligned}\rho'_{\mathrm{clsd}}(s)&=\det\begin{bmatrix}s^2-48s+4 & -52s\\ 45s & s^2+49s+4\end{bmatrix}\\ &=s^4+s^3-4s^2+4s+16.\end{aligned} \tag{3.10.17}$$

根据3.3.1节的命题3.3.1,立刻可以判定它在右半复数平面有零点.所以摄动后的闭环系统是不稳定的.事实上该 $\rho'_{\mathrm{clsd}}(s)$ 的零点是 $-2,-2,+1.5\pm j1.3229$. □

这个例子表明,确实存在这样的控制系统:虽然其本身是稳定的,但在参数发生很小的摄动时就可以变为不稳定.用工程术语说,就是它的鲁棒性很差.

如何评价和改进系统的鲁棒性,是控制科学界十分重视的问题.有很多专家在研究,并已取得不少成绩,但都需要较深的数学知识,已经超出本书能讲述的范围.

3.11　误差积分指标

除 3.7 节所述的几种动态指标以外，还有一类误差积分指标，例如

$$\int_0^\infty e^2(t)\mathrm{d}t,\quad \int_0^\infty te^2(t)\mathrm{d}t,\quad \int_0^\infty (e^2(t)+\tau^2\dot{e}^2(t))\mathrm{d}t,\quad \int_0^\infty t\,|e(t)|\,\mathrm{d}t$$

等等．它们分别称为**误差平方积分指标**，**时间加权误差平方积分指标**等等，统称为控制系统的**误差积分指标**．这些指标都是零初值和单位阶跃函数作用下系统误差的某个函数或加权函数的积分值．它们的共同点是用一个正数集中地刻画阶跃响应全过程中误差的大小，所以也可以作为闭环系统的动态指标．容易理解，无论采用上述哪一种积分指标，其思路都是：指标值愈小，意味着整个动态过程中，误差的"总体"愈小．也就是动态性能"总体上"愈好．

有必要指出，在使用误差积分指标时，不能采用 3.6.1 节的式(3.6.6)的误差定义，而须把误差定义为

$$e(t)=y(\infty)-y(t). \tag{3.11.1}$$

采用这种定义的原因是：对于有静差系统，由于 $y(\infty)\neq y_{\text{xpct}}(t)$，如果按式(3.6.6)定义误差，则因$\lim\limits_{t\to\infty}e(t)\neq 0$，会使上述所有积分都成为无穷大而失去意义．

各种误差积分指标都依赖于系统的结构和参数．对于选定的任一种误差积分指标，总可以通过调整系统中某些待定的参数值而使该指标的值达到最小．控制系统的动态性能也就在这个意义下被认为达到了"最优"．下面是一个例子．

例 3.11.1　某系统如图 3.11.1 所示．要求选择参数 ζ 的值($\zeta>0$)，使系统的阶跃响应的误差平方积分

$$I=\int_0^\infty e^2(t)\mathrm{d}t \tag{3.11.2}$$

取极小值．

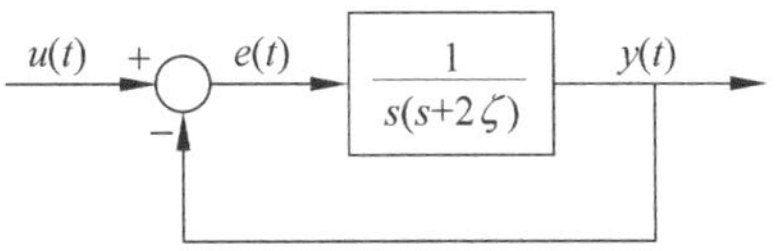

图 3.11.1　参数待优选的系统

解　由图 3.11.1 可以写出当 $u(t)=1(t)$ 时关于误差的微分方程：

$$\ddot{e}+2\zeta\dot{e}+e=0. \tag{3.11.3}$$

我们固然可以从方程式(3.11.3)解出 $e(t)$ 并代入式(3.11.2)求得 I，再将 I 对 ζ 优化，但控制系统的微分方程一般比式(3.11.3)复杂，这样计算必定很繁冗．采用误差积分指标的优点就在于**无须求解微分方程**而可以直接算出指标 I 的值，计算方法如下．

首先，在零初值下，有 $y(0)=\dot{y}(0)=0$．根据 $e(t)=u(t)-y(t)$ 和 $\dot{e}(t)=\dot{u}(t)-\dot{y}(t)$，应有 $e(0)=1$ 和 $\dot{e}(0)=0$．又因系统是稳定的，故有 $e(\infty)=\dot{e}(\infty)=0$．于是可按以下步骤做．

第 1 步　依次用 e 和 $\dot{e}$ 这两个变量乘方程式(3.11.3)的两端，并在区间$(0,\infty)$对 t 积分，便得到两个方程：

$$\int_0^\infty \ddot{e}e\,\mathrm{d}t + 2\zeta\int_0^\infty \dot{e}e\,\mathrm{d}t + \int_0^\infty e^2\,\mathrm{d}t = 0 \tag{3.11.4a}$$

和

$$\int_0^\infty \ddot{e}\,\dot{e}\,\mathrm{d}t + 2\zeta\int_0^\infty \dot{e}^2\,\mathrm{d}t + \int_0^\infty e\,\dot{e}\,\mathrm{d}t = 0. \tag{3.11.4b}$$

第2步 由于有

$$\int_0^\infty \dot{e}e\,\mathrm{d}t = \frac{e^2}{2}\bigg|_0^\infty = 0 - \frac{1}{2} = -\frac{1}{2}$$

和

$$\int_0^\infty \ddot{e}\,\dot{e}\,\mathrm{d}t = \frac{\dot{e}^2}{2}\bigg|_0^\infty = 0 - 0 = 0,$$

又利用分部积分可得

$$\int_0^\infty \ddot{e}e\,\mathrm{d}t = \dot{e}e\bigg|_0^\infty - \int_0^\infty \dot{e}^2\,\mathrm{d}t = 0 - 0 - \int_0^\infty \dot{e}^2\,\mathrm{d}t = -\int_0^\infty \dot{e}^2\,\mathrm{d}t,$$

把这些代入方程式(3.11.4a,b),这两个方程就化简为

$$-\int_0^\infty \dot{e}^2\,\mathrm{d}t - \zeta + \int_0^\infty e^2\,\mathrm{d}t = 0 \tag{3.11.5a}$$

和

$$2\zeta\int_0^\infty \dot{e}^2\,\mathrm{d}t - \frac{1}{2} = 0. \tag{3.11.5b}$$

第3步 从式(3.11.5a,b)这两个方程中就可解得$\int_0^\infty e^2\,\mathrm{d}t$和$\int_0^\infty \dot{e}^2\,\mathrm{d}t$这两个未知数.我们需要的是其中的1个,即

$$I = \int_0^\infty e^2(t)\,\mathrm{d}t = \zeta + \frac{1}{4\zeta}. \tag{3.11.6}$$

第4步 命 $\mathrm{d}I/\mathrm{d}\zeta=0$,便可求得 ζ 的最优值为 0.5.对应于 $I=I_{\min}=1$. □

例 3.11.1 的微分方程是 2 阶的,如果方程的阶为 $n>2$,只须在上述第 1 步中分别用 $e,\dot{e},\ddot{e},\cdots,\overset{(n-1)}{e}$ 等 n 个变量乘微分方程的两端,并分别在区间$(0,\infty)$对 t 积分,便得到 n 个方程.在第 2 步中多次反复使用分部积分法逐步降低方程中所含高阶导数的阶,最后必可解得$\int_0^\infty e^2\,\mathrm{d}t,\int_0^\infty \dot{e}^2\,\mathrm{d}t,\cdots,\int_0^\infty \left(\overset{(n-1)}{e}\right)^2\mathrm{d}t$ 这 n 个未知数,从而求得所需的误差积分指标.

用类似的方法可直接求出更复杂的误差积分指标,例如[①]

$$\int_0^\infty te^2(t)\,\mathrm{d}t = \zeta^2 + \frac{1}{8\zeta^2} \tag{3.11.7}$$

和

---

① 对于含有时间加权的误差积分指标,不求解微分方程而直接计算指标值的方法可参看:张东韩,关于偏差平方矩积分判据的一种算法.自动化,1959,2(2),77～84;或:吴麒、高黛陵,控制系统的智能设计.机械工业出版社,2003,第3章3.4节.

$$\int_0^\infty [e^2(t)+\dot{e}^2(t)]\mathrm{d}t=\zeta+\frac{1}{2\zeta}. \tag{3.11.8}$$

进而可以求出，对应于式(3.11.7)的最优 ζ 值为 0.59；对应于式(3.11.8)的最优 ζ 值为 0.71. 它们都与上面求出的 $\zeta=0.5$ 不同. 这是因为：事实上误差存在于整个响应过程的始终，时大时小. 要简单地比较各种不同响应曲线的“优劣”，自然可以有不同的侧重，因而也就有不同的选择. 图 3.11.2 显示了例 3.11.1 的系统在不同 ζ 值下的实际阶跃响应曲线. 可以看出，有的曲线动态误差较大但响应过程较快，有的则动态误差较小但响应过程较慢. 每种误差积分指标正是重点地反映系统动态性能的某一方面. 举例说，含有时间加权的指标，如 $\int_0^\infty te^2(t)\mathrm{d}t$ 和 $\int_0^\infty t|e(t)|\mathrm{d}t$，其被积函数的值随着时间 t 的增长而迅速增大. 采用这类积分作为指标，其效果就是优先选用 $e^2(t)$ 或 $|e(t)|$ 本身的值随时间迅速减小的系统，从而防止“爬行”现象. 总之，每种积分指标无非是在某种意义下或在某种约束条件下的一种折衷. 所谓最优，不过是折衷得较“好”而已，无所谓绝对的“最优”. 这种处理方法在许多工程问题上都是极为常见的.

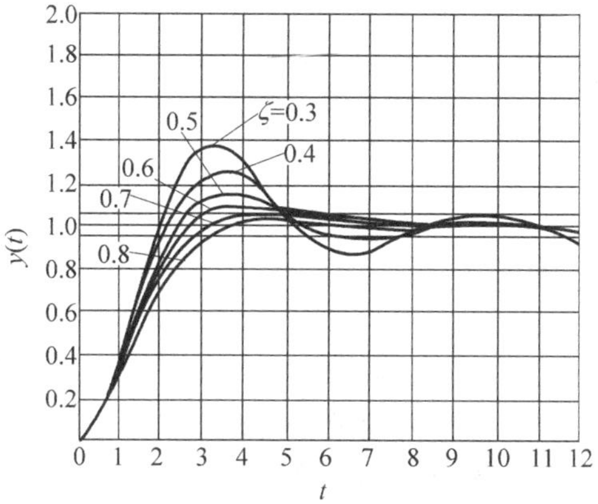

图 3.11.2　例 3.11.1 的系统在不同 ζ 值下的阶跃响应

应当指出，各类误差积分指标的共同优点是：无须求解微分方程便可求得描述系统动态性能的指标值. 它们的共同缺点则是：任何一种指标值本身都没有什么直观的意义，从积分指标的数值不可能看出或算出动态过程的具体特征，例如超调量等. 只能在参数不同的同一系统之间互相比较其积分指标值，以选取较好的参数组合.

顺便指出，上文提到的几种指标之一 $\int_0^\infty t|e(t)|\mathrm{d}t$ 称为“时间加权误差绝对值积分指标”，简称 **ITAE** 指标，在工程上是比较常用的动态指标之一.

3.12 交连

对于有多个输入量和多个输出量的受控对象，由于对象内部各变量之间的相互作用，如果只在对象的某一个输入端加控制信号，从原则上说系统的所有输出端都会产生响应. 例如化学反应塔的输出量可能有温度、浓度、流量等. 如果为了调整反应塔的温度，而在某一与之相应的输入端加上控制信号，其结果温度固然改变了，但同时浓度和流量也会发生变化. 这种效应称为各通道之间的**交连**，或称**耦合**. 在很多场合不希望通道之间有交连. 因此在多变量控制系统中，各通道之间的交连程度往往也是衡量系统动态性能的一项指标. 不过目前尚未形成公认的量化的表示方式.

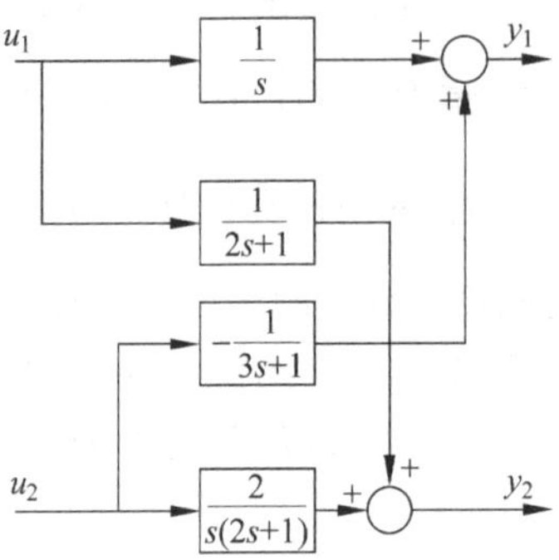

图 3.12.1 通道之间有交连的双输入双输出系统

交连现象在数学上的表现就是传递函数矩阵的非对角元不为 0. 图 3.12.1 表示一个双输入双输出系统. 从框图显然可见，u_1 不仅直接影响 y_1，而且还会影响 y_2；而 u_2 也不仅直接影响 y_2，而且还会影响 y_1. 这个系统的传递函数矩阵是

$$\boldsymbol{G}(s)=\begin{bmatrix}\dfrac{1}{s} & -\dfrac{1}{3s+1}\\ \dfrac{1}{2s+1} & \dfrac{2}{s(2s+1)}\end{bmatrix}. \tag{3.12.1}$$

由于 $g_{1,2}(s)\neq 0, g_{2,1}(s)\neq 0$，可知两通道之间有交连.

通常总是希望每个输入量只控制一个输出量，各个通道之间互不影响. 为此就要设计专门的控制器. 利用控制器各通道之间的相互关连完全地或部分地抵消受控对象各通道之间的相互关连. 这称为**解耦**或去耦. 初学者往往以为，对于图 3.12.1的对象，如果加进一个串联的控制器，令它的传递函数矩阵 $\boldsymbol{K}(s)$ 含有对象传递函数矩阵之逆，也就是

$$\boldsymbol{K}(s)=\boldsymbol{G}^{-1}(s)\boldsymbol{D}(s), \tag{3.12.2}$$

其中 $\boldsymbol{D}(s)=\mathrm{diag}(d_{1,1}(s), d_{2,2}(s))$ 是任意的对角矩阵，如图 3.12.2 所示，则加控制器后的传递函数矩阵就成为

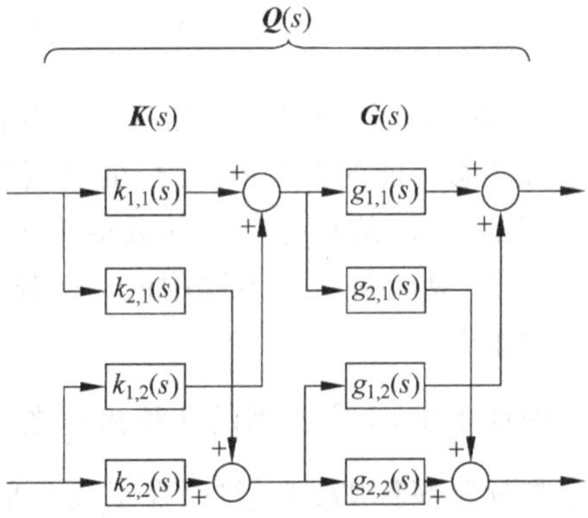

图 3.12.2 用串联控制器解耦

$$Q(s)=G(s)K(s)=G(s)G^{-1}(s)D(s)$$
$$=D(s)=\mathrm{diag}(d_{1,1}(s),d_{2,2}(s)),\qquad(3.12.3)$$

也就是成为无交连的对角传递函数矩阵.

上述的处理方法好像很理想,其实不然.由于式(3.12.2)中引入了$G(s)$的逆矩阵$G^{-1}(s)$,必然会使$K(s)$成为很复杂的矩阵.事实上,尽管式(3.12.1)的对象矩阵$G(s)$本身极其简单,但把它代入式(3.12.2)后求得的控制器矩阵却相当复杂:

$$K(s)=\frac{s}{2(0.1771s+1)(2.823s+1)}\begin{bmatrix}2(3s+1)d_{1,1}(s) & s(2s+1)d_{2,2}(s)\\ -s(3s+1)d_{1,1}(s) & (2s+1)(3s+1)d_{2,2}(s)\end{bmatrix}.$$

$K(s)$不仅形式上复杂,而且必须注意到:为了保证矩阵$K(s)$的所有 4 个元都是真有理分式,必须把$d_{1,1}(s)$和$d_{2,2}(s)$的分母多项式的次数选得比分子多项式的次数至少高 1 次,所以事实上$K(s)$比上式还要复杂.

从这个简单例子就可以看出:从工程的观点,利用对象传递函数矩阵的逆矩阵设计解耦控制不是一种妥善方法.第 2 章 2.9.4 节曾强调指出:不应该指望以零点与极点的“相消”来消除对象的不良模态,而要依靠合理设计闭环控制来可靠地改造不良模态.现在我们看到,企图用对象传递函数矩阵的逆矩阵来实现解耦,其思路上的不妥也与之类似.当然,如果能利用与对象传递函数矩阵的逆矩阵**近似**的控制器来实现近似解耦,并且做得好,则可以产生好的效果.本书将在 5.8 节至5.10节讨论这种方法.

还应指出,有些场合并不要求控制系统的各通道完全解耦,有时甚至要求它们之间互相配合,保持某种协调关系.这就是**协调控制**的思想.例如连轧机各机架轧辊速度的协调关系,大型龙门吊车的多电机拖动系统的同步关系等.也有些场合,由于受控对象本身机理所形成的各输出量之间的某种交连不但无害,反而有益.这种情况下,适当地利用受控对象的交连关系,可能是合理的.

3.13 控制系统的校正

多数情况下,为了使控制系统的静态和动态性能满足工程要求,简单地引进输出量的反馈还是不够的.因为在这种简单的反馈系统中,按照 3.4 节的提示 3.4.1 和 3.10.2 节的表 3.10.1 可知,开环比例系数过大往往会造成系统不稳定,至少容易使动态性能恶化;但按照 3.6.2 节的表 3.6.2,开环比例系数小了又难以保证静态精度(事实上还可能延缓系统的响应速度).总之很难仅靠调整开环比例系数这一个参数来兼顾静态和动态性能.因此,一般地说,需要在系统中加入某些装置,以全面地改善系统的特性,满足工程要求.这种措施称为**校正**.为此而加入的装置称为**校正装置**.

比较常用的校正方式有两种,即**串联校正**与**局部反馈校正**.图 3.13.1(a)所示的是串联校正.校正装置 $K(s)$ 与被控制对象(有时已加有某种预补偿)$G(s)$ 串联.图 3.13.1(b)所示的是局部反馈校正.即从系统中某一部件的输出引出反馈信号,通过校正装置 $L(s)$ 构成局部反馈回路.采用哪一种校正方式,取决于对系统性能的要求和被控对象本身的物理结构和动态特性等因素.两种校正也可并用于同一控制系统.

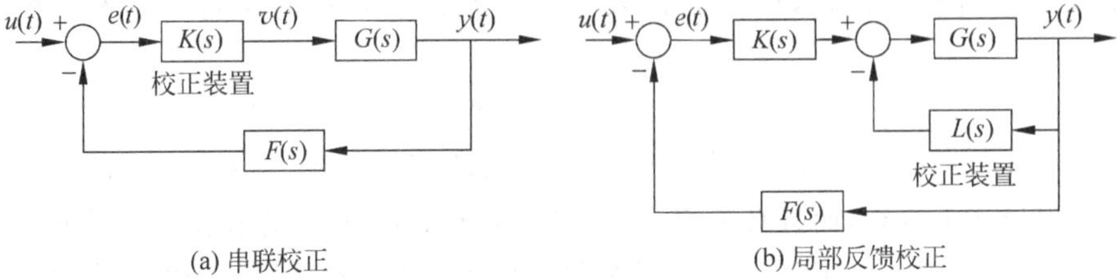

图 3.13.1 控制系统的校正

3.13.1 串联校正

串联校正采用得比较普遍,串联校正装置(有时也称补偿器)常常是控制器的主要部件.它的作用通常是对系统中的误差信号进行比例、积分、微分等运算,形成适用的控制信号,以获得满意的控制性能.所以,校正装置的功能可以说是:通过对信号的变换,改造系统原有的传递函数,即改变系统的运动规律,使系统性能满足工程需要.校正装置所进行的运算,即**校正方式**(常被称为系统的**控制规律**)有比例、积分、比例加积分、比例加微分、比例加积分加微分等等,常分别简写为 P,I,PI,PD,PID.下面采用图 3.13.1(a)的记号,以 $K(s)$ 表示校正装置的传递函数,简略说明各种校正方式的作用.

1. 比例校正(P)

比例校正装置的传递函数为

$$K(s) = K_p \quad (K_p > 0). \tag{3.13.1}$$

它的输入量 $e(t)$ 与输出量 $v(t)$ 的关系是 $v(t)=K_p e(t)$.

它仅含 1 个比例系数 K_p,其作用是调整开环系统的比例系数,以提高系统的静态精度,降低系统的惰性,加快响应速度.例如图 3.13.2 所示的加有比例校正的 2 阶系统,其闭环传递函数为

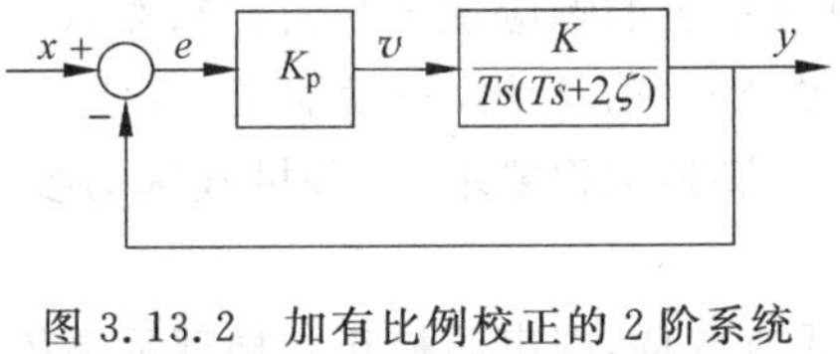

图 3.13.2 加有比例校正的 2 阶系统

$$H(s)=\frac{1}{\frac{T^2}{K_pK}s^2+\frac{2\zeta T}{K_pK}s+1}. \tag{3.13.2}$$

与未校正前($K_p=1$)相比,它的时间常数和阻尼系数都减小到原来的 $1/\sqrt{K_p}$ 倍. 可见比例校正可使系统的时间常数和阻尼系数同步减小. 在一定的参数配合下,它有可能起到既加速动态响应又改善系统的振荡特性的作用.

比例校正的最大优点是仅含 1 个参数 K_p,便于调整. 但靠 1 个参数来调整动态性能的多个方面,难免顾此失彼. 为了得到合适的时间常数,有时会使阻尼过小,系统的振荡过于剧烈,动态特性恶化. 为了得到合适的阻尼,有时又会使时间常数过大,系统的阶跃响应时间过长,同样不利于动态特性. 对于高于 2 阶的系统,K_p 过大通常会造成系统不稳定.

2. 积分校正(I)

积分校正装置的传递函数为

$$K(s)=\frac{1}{T_i s}. \tag{3.13.3}$$

它的输出量 $v(t)$是输入量 $e(t)$对时间的积分:

$$v(t)=\frac{1}{T_i}\int_0^t e(t)\mathrm{d}t. \tag{3.13.4}$$

它的特征是:当输入信号 $e(t)$变为 0 以后,控制信号 $v(t)$仍可以不为 0.

原来为 0 型的系统在加入积分校正后就变为 1 型,有静差系统变为无静差系统. 系统达到静态后,积分校正装置的输入信号 $e(t)$虽已为 0,但它输出的控制作用 $v(t)$仍可以维持在某一非 0 值. 靠该非 0 的控制作用,使静态输出量 $y(t)$保持与输入量 $u(t)$相等而没有静差. 这是比例控制器做不到的,也是积分校正的最大优点.

系统中加入积分单元后,其传递函数的阶升高,有时会因而使系统失去稳定. 即使能维持稳定,积分作用也往往会导致系统响应迟缓.

3. 比例加积分校正(PI)

比例加积分校正装置的传递函数为

$$K(s)=K_p\left(1+\frac{1}{T_i s}\right).$$

它的输入信号 $e(t)$与输出信号 $v(t)$的关系是

$$v(t)=K_p e+\frac{K_p}{T_i}\int_0^t e(t)\mathrm{d}t. \tag{3.13.5}$$

它兼备比例校正和积分校正的功能和优点. 由于它有 K_p 和 T_i 两个可调参数,适当加以选择就有可能使系统既无静态误差又具有较好的动态性能.

工程上采用的 PI 控制器常称为**滞后校正**控制器,其实际传递函数为

$$K(s) = K_p \frac{\tau_i s + 1}{T_i s + 1} \tag{3.13.6}$$

之形,其中 $T_i > \tau_i$.

4. 比例加微分校正(PD)

比例加微分校正装置的传递函数为

$$K(s) = K_p(1 + T_d s). \tag{3.13.7}$$

它的输入信号 $e(t)$ 与输出信号 $v(t)$ 的关系是

$$v(t) = K_p e(t) + K_p T_d \frac{\mathrm{d}e(t)}{\mathrm{d}t}. \tag{3.13.8}$$

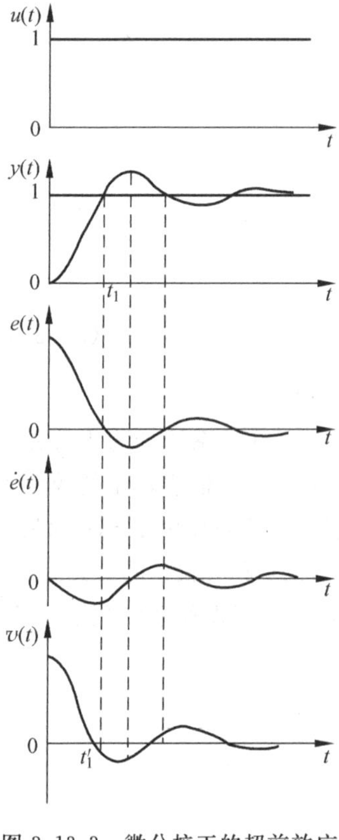

图 3.13.3 微分校正的超前效应

可见它所产生的控制作用不仅含有误差信号而且还含有误差信号的变化率. 图 3.13.3表示某反馈系统在阶跃信号作用下,输出量 $y(t)$,误差信号 $e(t)$,误差的导数 $\dot{e}(t)$,以及 PD 校正装置输出的控制信号 $v(t)$ 的图像.

比较图 3.13.3 中的 $v(t)$ 与 $e(t)$ 曲线,可以看出 $v(t)$ 发挥作用的时间比 $e(t)$"超前"了. 在没有微分作用的情况下,只要 $e(t)$ 为正,控制信号 $v(t)$ 就为正;只要 $e(t)$ 为负,$v(t)$ 就为负. 这是简单的负反馈. 它固然能根据误差的极性产生消除误差的作用,但由于对象的惰性,这种作用有时显得不够及时. 举例说,在该图中,当 $t < t_1$,e 保持为正值,它一直在努力发挥作用使 y 增大. 其效果是:到了 $t = t_1$ 时刻,虽然 e 已达到 0,但由于系统中各种惰性因素积累的作用,y 不可能立即停止变化,而是会继续增大一段时间. 这样就形成超调和振荡现象. 有了微分作用,则在 t 尚未达到 t_1 时,e 虽尚未达到 0,但 $\dot{e}$ 早已为负,因此在 t 接近 t_1 时,e 和 $\dot{e}$ 综合的效果已使 v 达到 0,在时间上"超前"发挥抑制 y 增大的作用,类似车辆快要驶到终点时的提前制动. 所以有微分作用的负反馈比简单负反馈可以做到超调小,振荡弱,过渡过程快.

还可以用秋千的例子来说明微分校正的作用. 当秋千在中央位置的南方时,地上的人就向北推秋千,当秋千在北方时,就向南推,这就是简单的负反馈. 但这样负反馈的结果,秋千并不停在中间位置,反倒形成增幅振荡. 为了使秋千停下,就应当引入微分校正,使推力并不是简单地与秋千的**位置**反向,而是有一部分推力与秋千的**速度**反向：当秋千还在从北向南荡，但尚未达到中央位置时，就提前向北推它；当秋千还在从南向北荡，但尚未达到中央位置时，就提前向南推它. 这样秋千的振荡就会迅速衰减下来. 从推力与速度的关系来看，后一种推法是引入了与速度反向的推力，即微分校正；而从时间上看，后一种推法的特征是每次推动秋千的时间比前一种推法超前. 这个例子说明适当超前的控制作用有利于系统的动态性能.

但是当过渡过程接近于结束时，误差信号的变化已不大或变化缓慢，微分作用也就微不足道，所以微分校正通常与比例校正结合使用.

工程上采用的 PD 控制器常称为**超前校正**控制器，其实际传递函数为

$$K(s)=K_{\mathrm{p}}\frac{T_{\mathrm{d}}s+1}{\tau_{\mathrm{d}}s+1}\tag{3.13.9}$$

之形，其中 $T_{\mathrm{d}}>\tau_{\mathrm{d}}$.

5. 比例加积分加微分校正(PID)

比例加积分加微分(PID)校正装置的传递函数为

$$K(s)=K_{\mathrm{p}}\left(1+\frac{1}{T_{\mathrm{i}}s}+T_{\mathrm{d}}s\right).\tag{3.13.10}$$

它的输入信号 $e(t)$与输出信号 $v(t)$的关系是

$$v(t)=K_{\mathrm{p}}e(t)+\frac{K_{\mathrm{p}}}{T_{\mathrm{i}}}\int_{0}^{t}e(t)\mathrm{d}t+K_{\mathrm{p}}T_{\mathrm{d}}\frac{\mathrm{d}e(t)}{\mathrm{d}t}.\tag{3.13.11}$$

它是由比例、积分、微分三种校正作用综合构成的，因而兼备这三种校正作用的优点，是应用很普遍的一种控制器.

工程上采用的 PID 控制器常称为**超前滞后校正**控制器，其实际传递函数为

$$K(s)=K\frac{(\tau_{\mathrm{i}}s+1)(T_{\mathrm{d}}s+1)}{(T_{\mathrm{i}}s+1)(\tau_{\mathrm{d}}s+1)}\tag{3.13.12}$$

之形，其中 $T_{\mathrm{i}}>\tau_{\mathrm{i}}$，$T_{\mathrm{d}}>\tau_{\mathrm{d}}$.

3.13.2　局部反馈校正

局部反馈校正的主要作用是改造被控制对象的某一局部的静态或动态性质，使其更易于控制，或使系统更易于获得优良的性能. 局部反馈校正通常总是与串联校正联合使用. 最常见的用法是：首先在控制对象上加装一个校正装置，构成局部反馈回路，形成一个局部的闭环，以改造对象本身的传递函数，使之比较容易控制. 然后再加上串联校正装置，使整个系统的静态和动态性能达到要求.

图 3.13.4 的随动系统采用测速发电机测量执行电动机的转速，并把测得的正比于转速的信号用于局部反馈，以形成局部闭环.

不难求出，图 3.13.4 中虚线框部分的传递函数为($K>0$，$k>0$，$\beta>0$)：

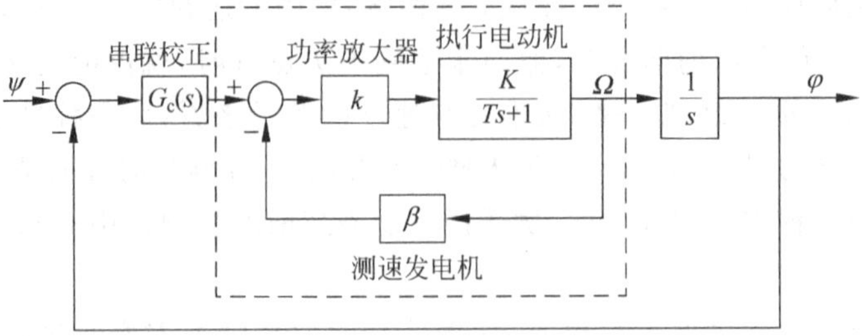

图 3.13.4 局部反馈校正

$$W(s)=\frac{\dfrac{Kk}{1+Kk\beta}}{\dfrac{T}{1+Kk\beta}s+1}. \tag{3.13.13}$$

可见测速发电机所构成的局部反馈改造了原有的功率放大器和执行电动机的传递函数,使执行电动机的时间常数 T 减小到 $T/(1+Kk\beta)$. 适当选择 K,k 和 β,就可以使这个时间常数比原来小得多,从而比较容易控制. 如果 $Kk\beta$ 充分大,形成3.8节所说的强负反馈,则 $W(s)$ 被改造成为近似等于 $1/\beta$,而与执行电动机自身的传递函数几乎无关了.

关于串联校正和局部反馈校正的设计问题,本书第5章还要进一步讨论.

3.14 小结

本章对于控制系统的运动规律作了初步阐述和研究. 本章的主要意义在于帮助读者建立基本概念,而不在于导出数学计算公式. 在这些基本概念中,最主要的首先是控制系统稳定性的概念. 只要读者以自动控制与自动化作为自己的专业和工作方向,则关于稳定性的确切的(而不是模糊或似是而非的)概念就会长期起到极其重要的作用,所以必须十分清楚地理解和认真地掌握. 至于线性控制系统稳定性的几种代数判据和静态特性,虽都很重要和很有用,但并不难学会.

在此基础上讲述的1阶和特别是2阶系统的运动特点,是本章的又一项重点内容. 对于这两类系统的运动的基本性质,应当建立清楚的概念并牢记其数学特征与形象(不是牢记复杂的公式). 关于高阶系统的运动,以及几种主要的校正方法,本章只指出了其最重要的特点,深入的分析须在以后各章陆续展开. 但是目前很好地理解这些特点,对于今后各章的学习是会有帮助的.

习题

3.1 判断第2章题2.5的随动系统的稳定性.

3.2 在第2章题2.5的随动系统中,若电动机的电磁时间常数($T_a=L/R$)可以改变,问 T_a 在什么范围内取值系统是稳定的?

3.3　在第 2 章题 2.5 的随动系统中,若忽略 T_a,系统相当于 ζ 等于多少的 2 阶系统? 设系统初始状态为零,按照这个 2 阶模型,利用图 3.9.4 求出在 $\psi(t)=1(t)$作用下,输出量 $\varphi(t)$的动态响应指标 t_r, t_p, σ, t_s 等,并利用图 3.9.1 画出 $\varphi(t)$的阶跃响应曲线草图.

3.4　如果第 2 章题 2.5 的随动系统中传动机构的机械摩擦不能忽略,当 ψ 为某一不变数值时,问:

(a) 静态下 φ 与 ψ 是否相等?

(b) 改变放大器的放大倍数对此有何影响?

(c) 改变放大器的放大倍数对此系统的动态性能又有何影响?

3.5　用 3.3.1 节的命题 3.3.1 和劳斯稳定判据判断下列各系统的稳定性. 这些系统的特征多项式分别是:

(a) $s^6+4s^5-4s^4+4s^3-7s^2-8s+10$;

(b) $s^6+6s^4+3s^3+2s^2+s+1$;

(c) $25s^5+105s^4+120s^3+122s^2+20s+1$;

(d) $(s+2)(s+4)(s^2+6s+25)+666.25$;

(e) $s^4+8s^3+18s^2+16s+5$.

3.6　用谢绪恺-聂义勇稳定判据判断题 3.5(c),(d),(e)的稳定性.

3.7　用赫尔维茨判据判断题 3.5(e)的稳定性.

3.8　对于图 3.E.1 所示的系统,用劳斯稳定判据确定系统稳定时系数 K 的取值范围.

3.9　对于图 3.E.2 所示的系统,分析系统稳定性与常系数 $a(>0)$的关系. 由此可以得出什么结论?

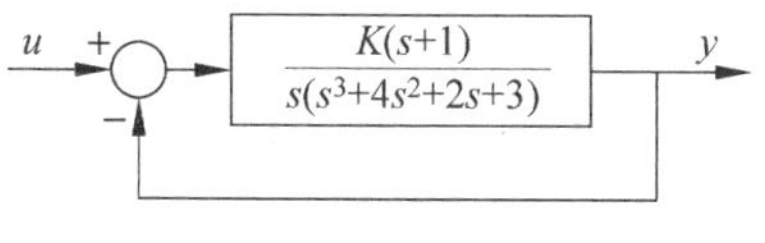

图 3.E.1　题 3.8 的系统

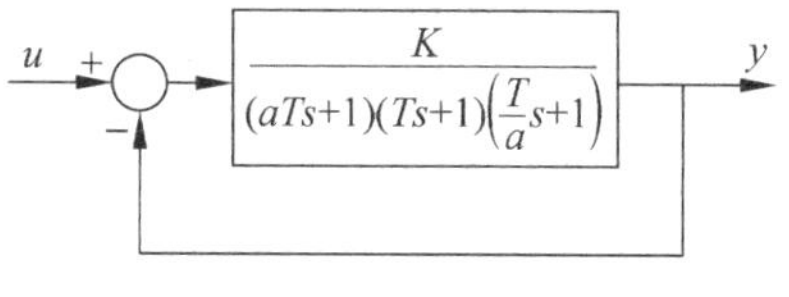

图 3.E.2　题 3.9 的系统

3.10　对于图 3.E.3 所示系统,分以下 3 种情况分别确定使系统稳定的 K 值的范围:(a)$n=3$;(b)$n=4$;(c)$n=5$. 从中可以得出什么结论?

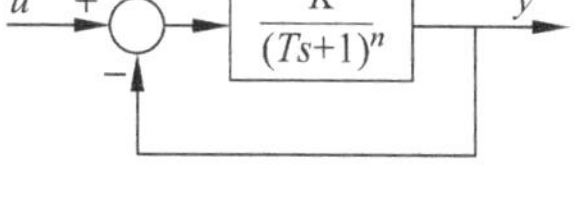

图 3.E.3　题 3.10 的系统

3.11　已知系统的开环传递函数为

$$G(s)=\frac{K}{(s+2)(s+4)(s^2+6s+25)},$$

要求用劳斯判据确定使该系统在单位反馈下达到临界稳定的 K 值,并求出这时的振荡频率.

3.12 某系统的开环传递函数为

$$G(s)=\frac{K(s+1)}{s(2s+1)(\tau s+1)},$$

要求用劳斯判据确定使该系统在单位反馈下达到临界稳定的 K 和 τ 的取值范围.

3.13 对于题 3.12,用确定双参数稳定域的方法确定参数 K 和 τ 的取值范围.

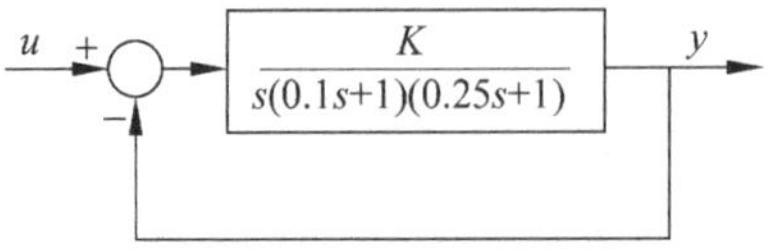

图 3.E.4 题 3.14 的系统

3.14 对于图 3.E.4 所示的控制系统,求出

(a) 使系统稳定的 K 值范围;

(b) 若为了使系统在某些参数稍有变化时仍能保持稳定而要求闭环系统全部极点都位于复数平面上直线 $\mathrm{Re}s=-1$ 的左方,确定允许 K 的取值范围.(提示:命 $s=\mu-1$.)

3.15 对于图 3.E.5(a),(b),(c)所示的0型,1型,2型系统,输入量都是电压,单位为V.分别求出其开环比例系数 K_p,K_v 和 K_a 的量纲和单位.

3.16 对于单位反馈系统,若开环传递函数分别为(以下均有 $\tau>T>0$):

(1) $G(s)=\dfrac{1}{Ts+1}$,

(2) $G(s)=\dfrac{1}{s(Ts+1)}$,

(3) $G(s)=\dfrac{\tau s+1}{s^2(Ts+1)}$,

分别求出

(a) 当输入量为 $u(t)=c\cdot 1(t)$ 时,输出量 $y(t)$ 的静态值;

(b) 当输入量为 $u(t)=ct$ 时,输出量 $y(t)$ 的静态速度;

(c) 当输入量为 $u(t)=ct^2/2$ 时,输出量 $y(t)$ 的静态加速度.

由此总结出规律,并与表 3.6.1 和表 3.6.2 相核对.

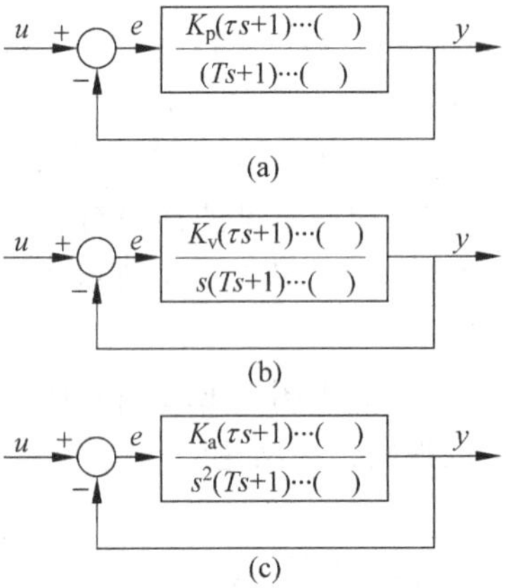

图 3.E.5 题 3.15 的系统

3.17 对于图 3.E.6 的系统,当 $u(t)=4+6t$,$p(t)=-1(t)$,求

(a) 系统的静态误差 e_{st}.

(b) 要减小关于扰动 $p(t)$ 的静态误差,应提高系统中哪个框的比例系数,为什么?

3.18 对于图 3.E.7 所示系统,求

(a) 当 $u(t)=0$,$p(t)=1(t)$ 时的静态误差 e_{st}.

(b) 当 $u(t)=1(t)$,$p(t)=1(t)$ 时的静态误差 e_{st}.

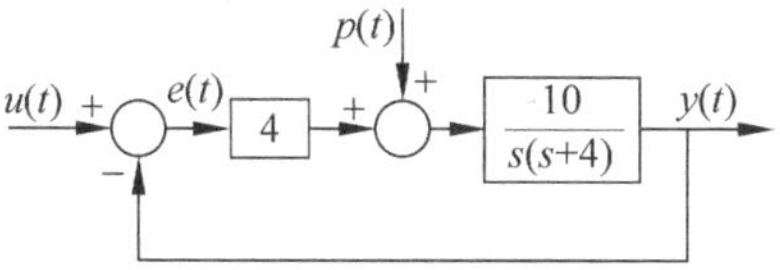

图 3.E.6　题 3.17 的系统

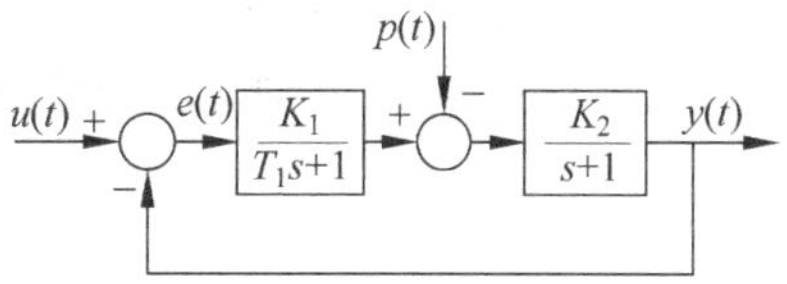

图 3.E.7　题 3.18 的系统

(c) 如果要求减小 e_{st}，应如何调整 K_1 和 K_2？

(d) 在扰动 $p(t)$ 的作用点之前加入积分单元，对静差 e_{st} 有什么影响？若在 $p(t)$ 的作用点之后加入积分单元，结果又如何？

3.19　控制系统的结构如图 3.E.8 所示．设 $u(t)=t\cdot 1(t)$，$p(t)=1(t)$，定义 $e(t)=u(t)-y(t)$．试求系统的静态误差．

3.20　有一控制系统如图 3.E.9 所示．定义 $e(t)=u(t)-y(t)$．设扰动信号为阶跃函数，欲使系统无静差，即 $\lim\limits_{t\to\infty}e(t)=0$，应选择怎样的补偿装置 $L(s)$？

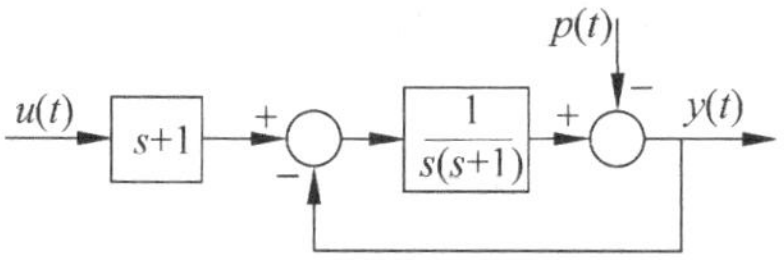

图 3.E.8　题 3.19 的系统

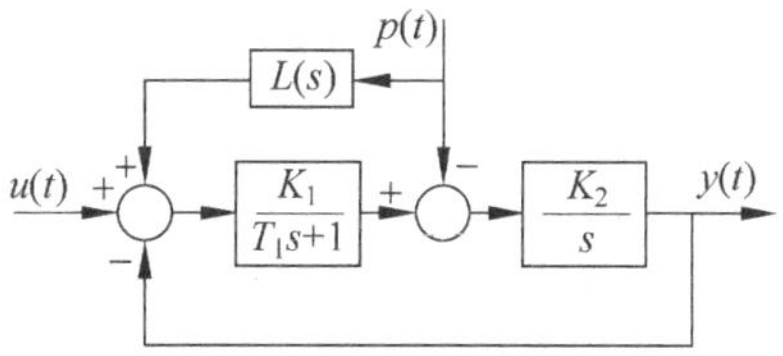

图 3.E.9　题 3.20 的系统

3.21　假设某系统对于单位阶跃输入信号的响应为

$$y(t)=1+0.2e^{-60t}-1.2e^{-10t}.$$

(a) 求该系统的闭环传递函数．

(b) 确定该系统的阻尼系数．

3.22　已知系统框图如图 3.E.10(a)所示．

(a) 求图 3.E.10(a)所示系统的阻尼系数，并简评其动态性能．

(b) 若对图 3.E.10(a)的系统加入速度反馈，成为图 3.E.10(b)，对系统的动态性能有何影响？

(c) 欲使图 3.E.10(b)的系统的阻尼系数成为 0.7，应取 γ 为何值？

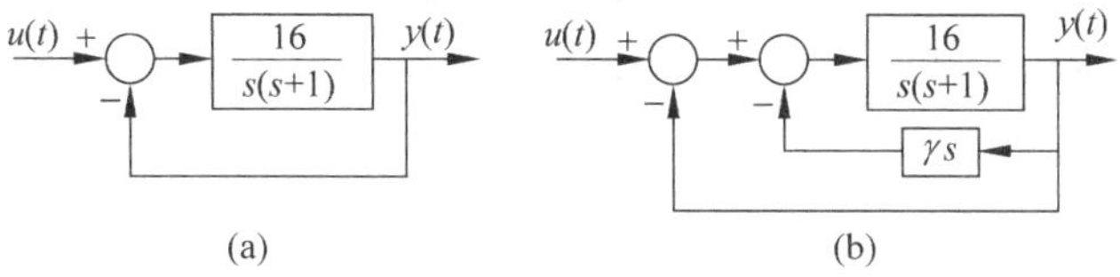

图 3.E.10　题 3.22 的系统

3.23　设在图 3.E.10(b)中取 $\gamma=0.2$．对于图 3.E.10(a)，(b)的系统，分别作出它们的阶跃响应曲线和在单位斜坡信号作用下的误差曲线．

3.24 图3.E.11和图3.E.12分别是两种液位控制系统的原理图,试分析它们各自的工作原理,并说明哪一种是有静差系统,哪一种是无静差系统.

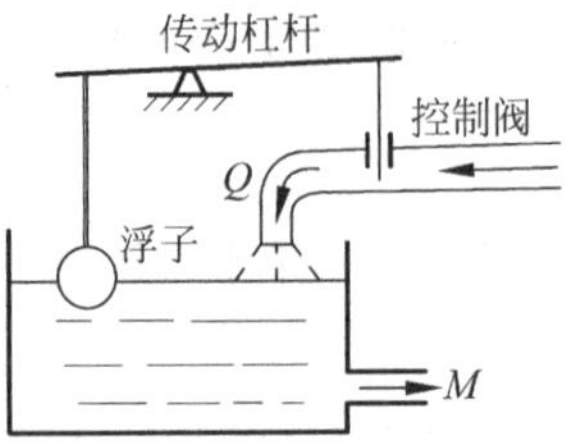

图3.E.11 一种液位控制系统

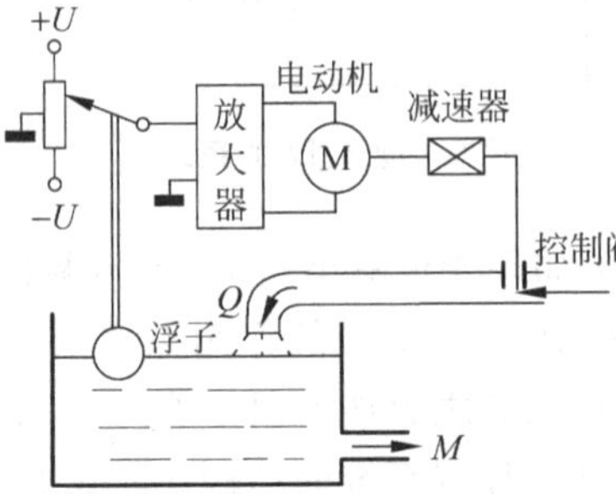

图3.E.12 另一种液位控制系统

3.25 某单位反馈系统的闭环传递函数为

$$H(s)=\frac{b_1 s+b_0}{a_n s^n+a_{n-1}s^{n-1}+\cdots+a_1 s+a_0},$$

其中 $b_1=a_1, b_0=a_0$. 试分别求出在单位斜坡函数输入下和在单位等加速度函数输入下系统的静态误差.

3.26 在图3.E.13的系统中,假设输入信号是斜坡函数,证明:通过适当地调节 K_1 可使系统关于输入量的静态误差为零.

3.27 对于图3.E.14的系统,给定 $\tau\geqslant 0, u(t)=1(t)$. 要求确定使

$$I=\int_0^{\infty}(e^2(t)+\tau^2\dot{e}^2)\mathrm{d}t$$

达到极小值的 ζ 值.

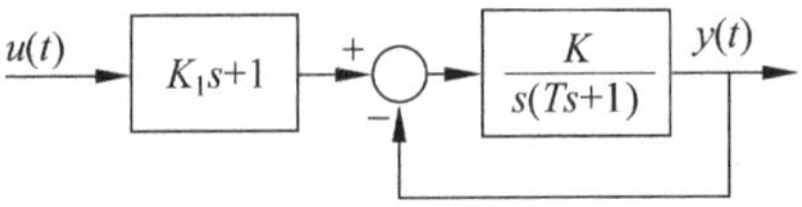

图3.E.13 题3.26的系统

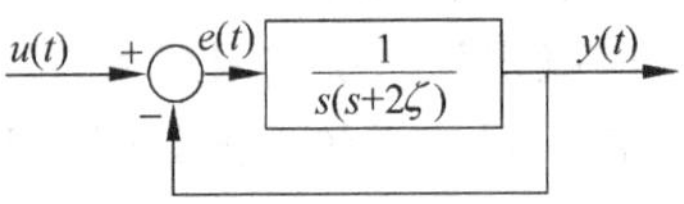

图3.E.14 题3.27的系统

3.28 已知某系统的输出量 $y(t)$ 对于扰动信号 $p(t)$ 的传递函数为

$$H_{p-y}(s)=\frac{Y(s)}{P(s)}=\frac{s(s+a)}{s^2+as+10},$$

要求确定常数 a 的值,使阶跃扰动引起的误差的平方积分达到极小.

第4章 线性控制系统的频率响应分析

4.1 引言

第3章3.1节已经指出，从工程角度看，直接从微分方程准确解出控制系统的运动函数这种做法既不充分，又非必要．人们期望于工程研究方法的是：数字计算量不太大，而且数字计算量不因微分方程的阶的升高而增加太多；容易分析系统各个部分对总体性能的影响，容易判明主要因素；最好还能用图形直观地表示系统性能的主要特征．这些要求，直接用微分方程研究系统很难做到，甚至做不到．而本章将要讲述的**频率响应分析**方法和第6章将要讲述的根轨迹法正是满足这些要求的很好的研究方法．

频率响应分析法的基本思想是把控制系统中的所有变量看成一些信号，而每个信号又是由许多不同频率的正弦信号所合成；各个变量的运动就是系统对各个不同频率信号的响应的总和．这种观察问题和处理问题的方法起源于通讯科学．在通讯科学中，各种音频信号（如电话）和视频信号（如电视）都被看作由不同频率的正弦信号合成，并按此观点进行处理和传递．20世纪30年代，这种观点被引进控制科学，对控制理论的发展起了重大的推动作用．它克服了直接用微分方程研究系统的种种困难，解决了许多理论问题和工程问题，迅速形成了在频率域中分析和综合控制系统的整套方法，即频率响应分析法．频率域方法与时间域方法同为控制理论的重要学派，它们彼此互相补充、互相渗透，平行地发展着．直到今日，频率域方法仍然是控制理论中极重要的基本内容．

频率响应方法所以能发挥重大作用，是由于它有一系列重要优点．

首先，频率响应方法的物理意义鲜明．按照频率响应的观点，一个控制系统的运动无非是信号在一个一个环节之间依次传递的过程；每个信号又由一些不同频率的正弦信号合成；在传递过程中，这些正弦信号的振幅和相角依严格的函数关系变化，产生形式多样的运动．与把控制系统"一揽子"地表示成一组微分方程的做法相比，频率法的因果概念显然更强，更容易理解，特别是便于启发人们区分主要因素和次要因素，进而考虑改善系统性能的办法. 其次，从信号传递的角度出发，容易想到，可以用实验方法求出对象的数学模型. 这一点在工程上价值很大，特别是对于机理复杂或机理不明而难以列写微分方程的对象，频率响应的观点提供了重要的实验处理方法. 第三，频率响应分析方法的计算量小. 与直接求解微分方程相比，用频率法分析系统所需的计算量简直不值一提. 第四，频率响应法的一部分工作可用作图完成，因而使它有较强的直观性，也便于研究参数变化对系统动态性能的影响，很受工程技术人员的欢迎. 频率响应法已发展到可以应用于多输入量多输出量系统.

由于这些优点，所以频率响应分析方法有重要的工程价值和理论价值.

为了说明用频率响应法分析控制系统的思路，看图 4.1.1 的**线性**电路.

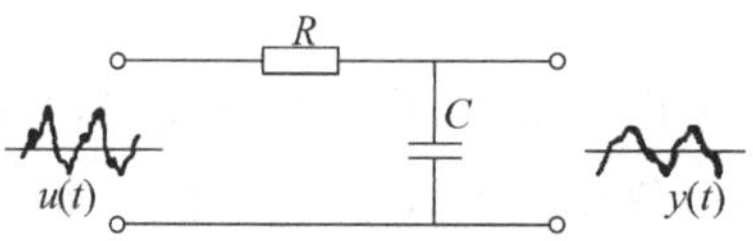

图 4.1.1 说明频率响应法思路的线性电路

在图 4.1.1 中，设电压 $u(t)$ 是正弦波形. 由于电路是线性的，在过渡过程结束后，电压 $y(t)$ 也是同频率的正弦波形. 按照交流电路的常规计算方法，用复数符号 $\dot{U}$ 和 $\dot{Y}$ 分别表示同一角频率 ω 的正弦信号 $u(t)$ 和 $y(t)$. 利用复数阻抗的概念，可知有

$$\dot{Y}=\frac{\dfrac{1}{\mathrm{j}\omega C}}{R+\dfrac{1}{\mathrm{j}\omega C}}\dot{U}. \tag{4.1.1}$$

如果 $u(t)$ 不是正弦函数，而是一般的周期函数，则可利用傅里叶级数将 $u(t)$ 分解成许多项角频率互不相同的正弦函数之和. 把其中的某一项角频率为 ω_a 的正弦函数记作 $\Delta u(t)$，则在过渡过程结束后，输出信号 $y(t)$ 中必有角频率与之相同的一项正弦函数 $\Delta y(t)$. 利用复数阻抗的概念，同样可知有

$$\Delta\dot{Y}=\frac{\dfrac{1}{\mathrm{j}\omega_a C}}{R+\dfrac{1}{\mathrm{j}\omega_a C}}\Delta\dot{U}. \tag{4.1.2}$$

周期函数 $u(t)$ 所含的每项正弦函数的角频率各不相同，但都是 $u(t)$ 的基波角频率的整数倍. 把如此求出的所有 $\Delta y(t)$ 相加，便可得到输出信号 $y(t)$ 的函数. 这样做当然比直接求解电路的微分方程简便得多.

为将计算线性交流电路的方法推广到自动控制系统，形成分析线性控制系统的频率响应法，需要解决以下几个问题.

首先，作用于自动控制系统的信号一般不是周期性函数，那么如何将非周期函数也像周期函数那样分解成一系列正弦波的和？

其次，对于分解出来的每一项正弦输入信号，如何求出与之相对应的一项正弦波输出信号？换言之，自动控制系统是否也有类似式(4.1.2)那样的关系式，把正弦函数的输入信号与输出信号联系起来？控制系统的这种关系式有哪些基本性质？

还有，上文导出式(4.1.2)时已声明其前提是"在过渡过程结束后"，即当输出信号 $\Delta y(t)$ 中所有过渡分量均已趋于 0，只余下正弦波形的分量后，式(4.1.2)才成立. 既然如此，频率响应法是否能用于分析系统的过渡过程呢？

再其次，求出每一项正弦函数输出信号之后，怎样把它们相加以形成具体的输出信号曲线？当然这一点不十分重要. 前文已经说过：通常没有必要准确求出过渡过程曲线.

进而，能否用频率响应法判断系统的稳定性，判断过渡过程的主要动态特征，甚至用它设计校正装置呢？这些都是本章将要论述的至关重要的问题.

应当特别注意的是：如果控制系统不是线性的，即不能用线性微分方程描述，则上文关于在正弦输入信号作用下产生同一频率的正弦输出信号这一基本原理不能成立. 因此，尽管频率响应方法在这方面也做出了一定的成绩(见本书第 7 章)，但从根本上说它不可能成为研究和设计非线性控制系统的主要工具. 这是它的重要的局限性.

4.2 傅里叶变换与非周期函数的频谱

为了正确而清楚地建立频率响应法的基本概念，应该掌握数学课程中已经学过的傅里叶变换. 傅里叶变换由法国的傅里叶(J. Fourier)发明. 本节首先复习周期函数的傅里叶级数，再将它发展为非周期函数的傅里叶变换.

4.2.1 周期函数的傅里叶级数

在数学课程中已经学过，任何满足狄利克雷(Dirichlet)条件的周期性实函数 $f(t)$ 都可以表示为**傅里叶级数**，即可以表示为一系列正弦函数与余弦函数之和：

$$f(t) = \sum_{n=1}^{\infty}(A_n \sin n\omega_1 t + B_n \cos n\omega_1 t) + B_0, \quad -T/2 < t \leqslant T/2. \tag{4.2.1}$$

其中 T 为函数 $f(t)$ 的周期，$\omega_1 = 2\pi/T$. 为了简便，下文把式(4.2.1)中的每一项正弦函数和余弦函数都统称为一个"谐波". 各个谐波的角频率分别是 $n\omega_1$，其中 n 是自然数：$n=1,2,3,\cdots$. 式中 $n=1$ 的一对谐波(即角频率等于 ω_1 的一对正弦和余弦函数)特称为**基波**，并称 ω_1 为**基波角频率**.

式(4.2.1)中的各系数的计算公式如下：

$$A_n = \frac{\omega_1}{\pi}\int_{-\pi/\omega_1}^{\pi/\omega_1} f(t)\sin n\omega_1 t\,\mathrm{d}t,\quad B_n = \frac{\omega_1}{\pi}\int_{-\pi/\omega_1}^{\pi/\omega_1} f(t)\cos n\omega_1 t\,\mathrm{d}t. \quad (4.2.2a)$$

$$B_0 = \frac{\omega_1}{2\pi}\int_{-\pi/\omega_1}^{\pi/\omega_1} f(t)\,\mathrm{d}t. \quad (4.2.2b)$$

式中 $n=1,2,3,\cdots$.

式(4.2.1)中的函数 $f(t)$应满足的狄利克雷条件是：在其一个周期内，

(1) $f(t)$的值除了在数目有限的点上作幅度有限的跳跃外，处处连续；

(2) $f(t)$的极大值点与极小值点的数目有限；

(3) $|f(t)|$的积分存在.

工程上遇到的绝大多数实际周期函数都能满足狄利克雷条件.

注意式(4.2.1)在 $f(t)$的全周期$(-T/2,T/2]$上“**几乎处处成立**”. 术语“几乎处处成立”的意思是：在函数 $f(t)$为连续的点上，式(4.2.1)右端的表达式收敛到 $f(t)$的真值；而在 $f(t)$作幅度有限的跳跃的孤立点上，则收敛到其左极限值与右极限值的平均值.

只有周期函数才能表示为傅里叶级数. 但控制科学中需要设法把非周期函数也分解成一系列谐波之和，这点将在下文讲述. 为了预作准备，须将式(4.2.1)和式(4.2.2a,b)改写为更紧凑的形式. 下面分两步叙述改写的过程.

第1步.

在式(4.2.1)和式(4.2.2a,b)形式的傅里叶级数的基础上，定义

$$a_n = \frac{\omega_1}{2\pi}\int_{-\pi/\omega_1}^{\pi/\omega_1} f(t)\sin n\omega_1 t\,\mathrm{d}t,\quad b_n = \frac{\omega_1}{2\pi}\int_{-\pi/\omega_1}^{\pi/\omega_1} f(t)\cos n\omega_1 t\,\mathrm{d}t. \quad (4.2.3)$$

注意式(4.2.3)中的 n 不限于自然数，而可取任意**正负整数或零**：$n=0,\pm1,\pm2,\cdots$.

因为根据式(4.2.2a)和式(4.2.1)中所有含 $\sin n\omega_1 t$ 的项可利用式(4.2.3)改写为

$$\begin{aligned}
A_n\sin n\omega_1 t &= \left(\frac{\omega_1}{\pi}\int_{-\pi/\omega_1}^{\pi/\omega_1} f(t)\sin n\omega_1 t\,\mathrm{d}t\right)\sin n\omega_1 t\\
&= \left(\frac{\omega_1}{2\pi}\int_{-\pi/\omega_1}^{\pi/\omega_1} f(t)\sin(-n\omega_1 t)\,\mathrm{d}t\right)\sin(-n\omega_1 t)\\
&\quad + \left(\frac{\omega_1}{2\pi}\int_{-\pi/\omega_1}^{\pi/\omega_1} f(t)\sin n\omega_1 t\,\mathrm{d}t\right)\sin n\omega_1 t\\
&= a_{-n}\sin(-n\omega_1 t) + a_n\sin(n\omega_1 t).
\end{aligned} \quad (4.2.4a)$$

式中，$n=1,2,\cdots,\infty$.

同样，根据式(4.2.2a)，式(4.2.1)中所有含 $\cos n\omega_1 t$ 的项可利用式(4.2.3)改写为

$$\begin{aligned}
B_n\cos n\omega_1 t &= \left(\frac{\omega_1}{\pi}\int_{-\pi/\omega_1}^{\pi/\omega_1} f(t)\cos n\omega_1 t\,\mathrm{d}t\right)\cos n\omega_1 t\\
&= \left(\frac{\omega_1}{2\pi}\int_{-\pi/\omega_1}^{\pi/\omega_1} f(t)\cos(-n\omega_1 t)\,\mathrm{d}t\right)\cos(-n\omega_1 t)
\end{aligned}$$

$$+\left(\frac{\omega_1}{2\pi}\int_{-\pi/\omega_1}^{\pi/\omega_1} f(t)\cos n\omega_1 t\,\mathrm{d}t\right)\cos n\omega_1 t$$
$$=b_{-n}\cos(-n\omega_1 t)+b_n\cos(n\omega_1 t).\tag{4.2.4b}$$

式中，$n=1,2,\cdots,\infty$.

至于式(4.2.1)中的常数项 B_0，根据式(4.2.2b)并利用式(4.2.3)可改写为

$$B_0=a_0\sin(0\omega_1 t)+b_0\cos(0\omega_1 t)=b_0.\tag{4.2.4c}$$

综合式(4.2.4a,b,c)，可将傅里叶级数式(4.2.1)改写为如下的紧凑形式：

$$f(t)=\sum_{n=-\infty}^{\infty}(a_n\sin n\omega_1 t+b_n\cos n\omega_1 t).\tag{4.2.5}$$

注意式(4.2.5)的和式记号 $\sum\limits_{n=-\infty}^{\infty}$ 中的自变量 n 不限于自然数，而可取所有正负整数及零：$n=0,\pm1,\pm2,\cdots$. 系数 a_n 和 b_n 的定义如式(4.2.3). 式(4.2.5)在 $f(t)$ 的全周期$(-T/2,T/2]$上几乎处处成立.

第 2 步.

在第 1 步改写所获得的傅里叶级数的紧凑表达式(4.2.5)的基础上，构造函数

$$f(t)=\sum_{n=-\infty}^{\infty}(b_n-\mathrm{j}a_n)\mathrm{e}^{\mathrm{j}n\omega_1 t},\tag{4.2.6}$$

其中 n 为整数，诸 a_n 与 b_n 的定义同式(4.2.3)，重新写出如下：

$$a_n=\frac{\omega_1}{2\pi}\int_{-\pi/\omega_1}^{\pi/\omega_1} f(t)\sin n\omega_1 t\,\mathrm{d}t,\quad b_n=\frac{\omega_1}{2\pi}\int_{-\pi/\omega_1}^{\pi/\omega_1} f(t)\cos n\omega_1 t\,\mathrm{d}t.\tag{4.2.7}$$

将式(4.2.7)代入式(4.2.6)，利用公式 $\mathrm{e}^{\mathrm{j}\theta}=\cos\theta+\mathrm{j}\sin\theta$ 展开，整理后得

$$f(t)=\sum_{n=-\infty}^{\infty}[(b_n\cos n\omega_1 t+a_n\sin n\omega_1 t)+\mathrm{j}(b_n\sin n\omega_1 t-a_n\cos n\omega_1 t)].\tag{4.2.8}$$

观察式(4.2.7)，可知 a_n 是 n 的奇函数，即有 $a_{-n}=-a_n$；而 b_n 是 n 的偶函数，即有 $b_{-n}=b_n$. 所以 $b_n\cos n\omega_1 t$ 和 $a_n\sin n\omega_1 t$ 是 n 的偶函数，而 $b_n\sin n\omega_1 t$ 和 $a_n\cos n\omega_1 t$ 是 n 的奇函数. 因此，式(4.2.8)右端的和式中的第 1 个圆括号内是 n 的偶函数，而第 2 个圆括号内是 n 的奇函数. 当在 n 的对称区间$(-\infty,\infty)$上计算式(4.2.8)右端的和式时，所有对应于 n 与 $-n$ 的各项奇函数正好互相抵消，故只须对第 1 个圆括号内的偶函数求和. 于是由式(4.2.8)算得的 $f(t)$是实函数：

$$f(t)=\sum_{n=-\infty}^{\infty}(b_n\cos n\omega_1 t+a_n\sin n\omega_1 t).$$

此式与(4.2.5)完全相同. 由此可知式(4.2.6)的 $f(t)$与式(4.2.5)的 $f(t)$是同一个函数. **而式(4.2.6)与式(4.2.7)是傅里叶级数式(4.2.1)的更加紧凑的形式.** 式(4.2.6)在 $f(t)$的全周期$(-T/2,T/2]$上几乎处处成立.

下面是一个例子.

例 4.2.1 图 4.2.1 的函数 $f(t)$ 的周期为 T,有 $0<\tau<T$,而在一个周期 $(-T/2, T/2]$ 内有

$$f(t)=\begin{cases}1, & |t|\leqslant \tau/2;\\ 0, & |t|>\tau/2.\end{cases} \tag{4.2.9}$$

此函数显然满足狄利克雷条件. 用式(4.2.7)可求得

$$a_n=0,\quad b_n=\frac{1}{n\pi}\sin\left(n\pi\frac{\tau}{T}\right),\quad n=0,\pm 1,\pm 2,\cdots. \tag{4.2.10}$$

故依式(4.2.6)得该 $f(t)$ 的傅里叶级数为

$$f(t)=\sum_{n=-\infty}^{\infty}\left(\frac{1}{n\pi}\sin\left(n\pi\frac{\tau}{T}\right)\right)e^{jn\omega_1 t}. \tag{4.2.11}$$

设 $T=10$, $\tau=1$,根据式(4.2.11)可算出该 $f(t)$ 的各次谐波的角频率 $n\omega_1$ 和幅值 b_n,如表 4.2.1 所示. 将 b_n 与 n 的关系画成图像,如图 4.2.2. 它形象地表示了图 4.2.1 的函数中所含的各种角频率的成分的大小. 因此称式(4.2.7)的一对函数 a_n 和 b_n 为周期函数 $f(t)$ 的**频谱**. 注意,这个频谱的谱线是**离散**的,即仅仅在某些特定角频率下才有谱线,而在其他角频率(例如 $\omega=1$)下则根本不存在谱线. 因为 $f(t)$ 中仅含有 n 等于整数的频率成分,而非含有一切频率成分. 每个角频率下的谱线的高度就等于这个角频率下的正弦(余弦)波的幅值. 式(4.2.10)在 $f(t)$ 的全周期 $(-T/2, T/2)$ 上几乎处处成立. 不论周期 T 的长短,这些谱线都存在. 每两条相邻谱线之间的角频率间隔为 $\omega_1=2\pi/T$. □

表 4.2.1 例 4.2.1 的周期函数的频谱

n	0	±1	±2	±3	±4	…
角频率 $n\omega_1$	0	±0.6283	±1.257	±1.885	±2.513	…
谐波幅值 b_n	0.1	0.09836	0.09355	0.08584	0.07568	…

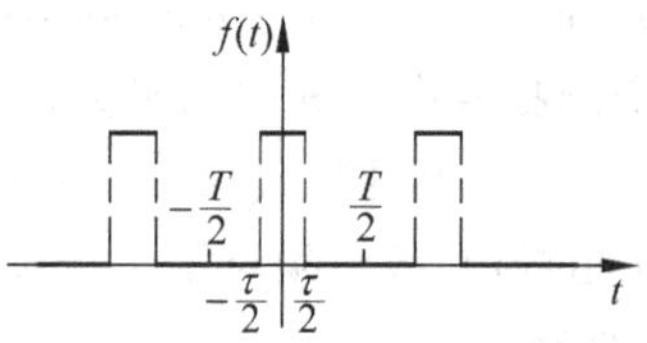

图 4.2.1 式(4.2.10)的周期函数

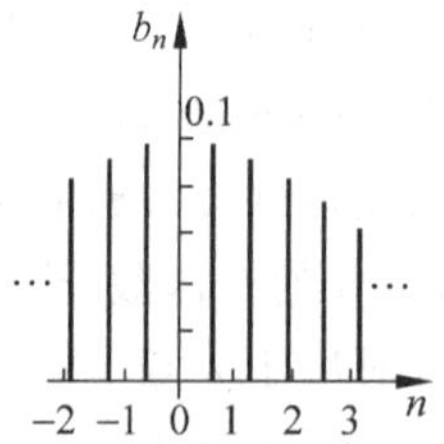

图 4.2.2 例 4.2.1 的周期函数的谱线

顺便说明,本例中所有的 a_n 均为 0,所以 $f(t)$ 的各次谐波都是余弦函数,不含正弦函数,这是本例的特殊情形. 一般情形下,这两种函数都可能存在. 因而除了用谱线的高度表示各谐波的幅值外,还应设法表示各谐波的相角.

4.2.2　非周期函数的傅里叶变换

设想在图 4.2.1 中保持 τ 不变而逐渐加长周期 T，使波形 $f(t)$ 由图 4.2.3(a) 逐步演变成图 4.2.3(b)和(c). 如果 T 加长到∞，周期函数就演变成单个波形，即转化成非周期函数了.

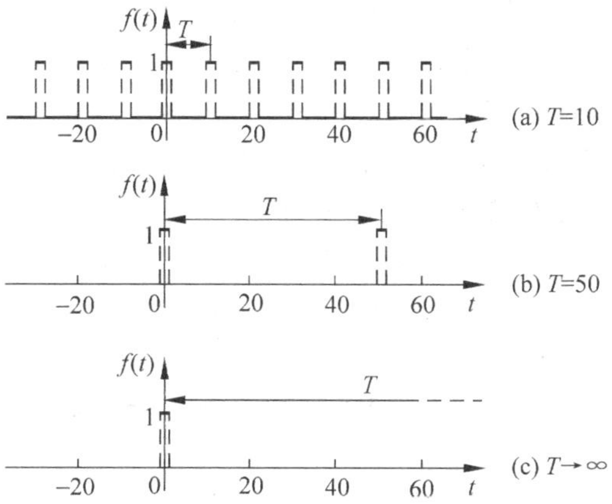

图 4.2.3　周期函数演变成非周期函数

现在研究，在 T 加长的过程中，$f(t)$的谱线如何变化. 首先，对于 $T=10$ 的情形，将图 4.2.2 的频谱重新画出如图 4.2.4(a). 然后，在式(4.2.10)中改取 $T=50$ (图 4.2.3(b))，重新计算 $f(t)$的各次谐波的幅值 b_n 并重画频谱，得图 4.2.4(b). 从式(4.2.10)，式(4.2.11)和图 4.2.4(a)，(b)不难看出两点：第一，根据式(4.2.11)，$f(t)$的各谐波的角频率分别为 $n\omega_1$，其中 n 为自变量. 如果以 ω 表示各谐波的角频率，即命 $\omega=n\omega_1$，并改以 ω 为自变量，则 ω_1 就是相邻两谐波之间的角频率递增量，即有 $\omega_1=\Delta\omega$. 当周期 T 加长，$\Delta\omega$ 随之减小，即各相邻谐波之间的角频率递增量随之缩小，频谱的各谱线变得更密集. 第二，由于 $\omega=n\omega_1$，随着 ω_1 的减小，同一角频率 ω 所对应的 n 值就增大，因而从式(4.2.10)可知相应的 b_n 值变小，即频谱的各谱线缩短. 以上两点在图 4.2.4(a)，(b)上都可以清楚看出.

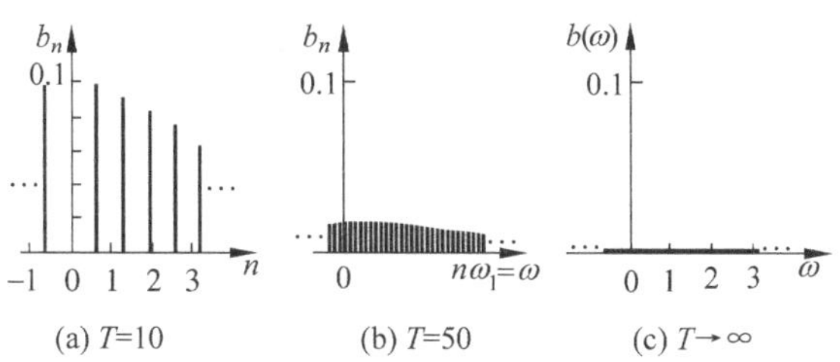

图 4.2.4　周期函数的频谱演变成非周期函数的频谱

当 $T\to\infty$，$f(t)$转化为非周期函数(图 4.2.3(c)). 由于 $\Delta\omega=\omega_1\to 0$，各相邻谱线变得无限密集，而各谱线都缩短为无穷小(图 4.2.4(c)). 离散的谱线转化为**连续**的频谱. 就是说：$f(t)$含有**一切**频率的谐波成分，而每一谐波的幅值 a_n 和 b_n 都是无穷小量. 因此，非周期函数可以看作是在 t 的全区间$(-\infty,\infty)$上具有一切频率成分的幅值为无穷小的无穷多个谐波之和. 这就是把非周期函数分解为傅里叶级数时的景象.

由于非周期函数的基波角频率 $\omega_1\to 0$，任何一个有限频率(例如 $\omega=1$)都相当于 $n=\infty$，即所有谐波的频率都是基波的“无穷大倍”，这样表述显然不便于互相区分和进行研究. 所以此时不宜采用式(4.2.6)与式(4.2.7)中的 n 为自变量，而应改为直接用谐波本身的实际角频率 ω 即 $n\omega_1$ 为自变量. 还有，尽管非周期函数的每一项谐波的幅值 a_n 和 b_n 都是无穷小量，但各项谐波的幅值并不相同，它们彼此之间仍有相对的大小. 把所有谐波的幅值 a_n 和 b_n 统统表示成 0 显然也不便于研究，应当把各项谐波改为用它们的相对大小表示. 所以今后不采用式(4.2.6)与式(4.2.7)中的 a_n 和 b_n 为变量，而改用相对值 a_n/ω_1 和 b_n/ω_1 为变量，并分别改记为 $\alpha(\omega)$和 $\beta(\omega)$. 称 $\alpha(\omega)$和 $\beta(\omega)$为非周期函数的**频谱密度**函数，它们都是 ω 的**连续**函数.

经过如此改造，式(4.2.6)与式(4.2.7)就成为如下形式：

$$f(t)=\sum_{\omega=-\infty}^{\infty}(\beta(\omega)-\mathrm{j}\alpha(\omega))\Delta\omega \mathrm{e}^{\mathrm{j}\omega t}, \tag{4.2.12}$$

$$\alpha(\omega)=\frac{1}{2\pi}\int_{-\infty}^{\infty}f(t)\sin\omega t\,\mathrm{d}t,\quad \beta(\omega)=\frac{1}{2\pi}\int_{-\infty}^{\infty}f(t)\cos\omega t\,\mathrm{d}t. \tag{4.2.13}$$

当 $T\to\infty$，有 $\omega_1=\Delta\omega\to 0$，式(4.2.12)右端的和式的极限便是如下的积分式：

$$f(t)=\int_{-\infty}^{\infty}(\beta(\omega)-\mathrm{j}\alpha(\omega))\mathrm{e}^{\mathrm{j}\omega t}\,\mathrm{d}\omega. \tag{4.2.14}$$

构造函数

$$F(\mathrm{j}\omega)=2\pi(\beta(\omega)-\mathrm{j}\alpha(\omega)), \tag{4.2.15}$$

则将式(4.2.13)代入式(4.2.15)后可得

$$\begin{aligned}F(\mathrm{j}\omega)&=\int_{-\infty}^{\infty}f(t)\cos\omega t\,\mathrm{d}t-\mathrm{j}\int_{-\infty}^{\infty}f(t)\sin\omega t\,\mathrm{d}t\\&=\int_{-\infty}^{\infty}f(t)(\cos\omega t-\mathrm{j}\sin\omega t)\,\mathrm{d}t,\end{aligned}$$

即有

$$F(\mathrm{j}\omega)=\int_{-\infty}^{\infty}f(t)\mathrm{e}^{-\mathrm{j}\omega t}\,\mathrm{d}t, \tag{4.2.16}$$

而式(4.2.14)就可根据式(4.2.15)改写为

$$f(t)=\frac{1}{2\pi}\int_{-\infty}^{\infty}F(\mathrm{j}\omega)\mathrm{e}^{\mathrm{j}\omega t}\,\mathrm{d}\omega. \tag{4.2.17}$$

式(4.2.16)和式(4.2.17)是非周期函数情形下相当于周期函数的傅里叶级

数式(4.2.7)和式(4.2.6)的公式.不过在非周期函数的情形下,级数变成了积分.

式(4.2.17)有很强的**物理意义**,即在 t 的全区间$(-\infty,\infty)$上,非周期函数 $f(t)$几乎处处可以视为无数个微小正弦函数与余弦函数之和,每个微小函数是

$$\Delta f(t)=\frac{1}{2\pi}F(\mathrm{j}\omega)(\cos\omega t+\mathrm{j}\sin\omega t)\Delta\omega,\quad \Delta\omega\to 0. \tag{4.2.18}$$

而其中的函数 $F(\mathrm{j}\omega)$由式(4.2.16)表示.

数学中称式(4.2.16)的复变函数 $F(\mathrm{j}\omega)$为实函数 $f(t)$的**傅里叶变换**;称式(4.2.17)的函数 $f(t)$为复函数 $F(\mathrm{j}\omega)$的**傅里叶反变换**.也可分别称 $f(t)$和$F(\mathrm{j}\omega)$为傅里叶变换的原函数与象函数.傅里叶变换与反变换在 t 的全区间$(-\infty,\infty)$上几乎处处成立.

根据上述定义,$\alpha(\omega)$和$\beta(\omega)$分别等于 a_n 和 b_n 除以 ω,故非周期函数 $f(t)$的傅里叶变换 $F(\mathrm{j}\omega)$的量纲是函数 $f(t)$的量纲除以$[\omega]$,即乘以$[\mathrm{T}]$.

下面是一个例子.

例 4.2.2　设原函数为单边指数函数(图 4.2.5):

$$f(t)=\mathrm{e}^{-at}\cdot 1(t)=\begin{cases}0, & t<0;\\ \mathrm{e}^{-at}, & t\geqslant 0,\quad a>0.\end{cases} \tag{4.2.19}$$

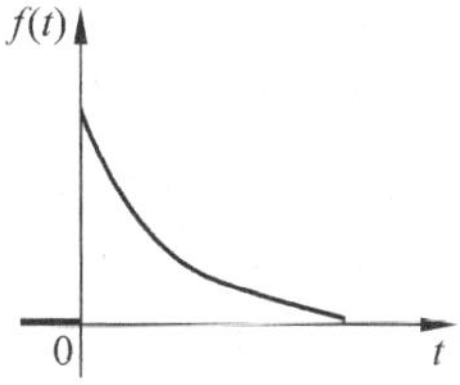

图 4.2.5　单边指数函数

此函数显然满足狄利克雷条件.将式(4.2.19)代入式(4.2.16),就得到其傅里叶变换式

$$\begin{aligned}F(\mathrm{j}\omega)&=\int_{-\infty}^{\infty}\mathrm{e}^{-at}\cdot 1(t)\mathrm{e}^{-\mathrm{j}\omega t}\mathrm{d}t=\int_{0}^{\infty}\mathrm{e}^{-at}\mathrm{e}^{-\mathrm{j}\omega t}\mathrm{d}t=\int_{0}^{\infty}\mathrm{e}^{-(\mathrm{j}\omega+a)t}\mathrm{d}t\\&=\left.\frac{\mathrm{e}^{-(\mathrm{j}\omega+a)t}}{-(\mathrm{j}\omega+a)}\right|_{t=0}^{t=\infty}=\frac{1}{\mathrm{j}\omega+a}.\end{aligned} \tag{4.2.20}$$

□

式(4.2.20)的 $F(\mathrm{j}\omega)$是复变函数.它的实部和虚部分别是 ω 的实函数:

$$\mathrm{Re}F(\mathrm{j}\omega)=\frac{a}{\omega^2+a^2},\quad \mathrm{Im}F(\mathrm{j}\omega)=\frac{-\omega}{\omega^2+a^2}. \tag{4.2.21}$$

它的模和角也分别是 ω 的实函数:

$$|F(\mathrm{j}\omega)|=\frac{1}{\sqrt{\omega^2+a^2}},\quad \arg F(\mathrm{j}\omega)=-\arctan(\omega/a). \tag{4.2.22}$$

如前所述,本例的函数 $f(t)$可以视为由无数个无限微小的函数组成,其中每个无限微小的函数可表示为

$$\begin{aligned}\Delta f(t)&=\frac{1}{2\pi}F(\mathrm{j}\omega)(\cos\omega t+\mathrm{j}\sin\omega t)\Delta\omega\\&=\frac{1}{2\pi}\frac{1}{\mathrm{j}\omega+a}(\cos\omega t+\mathrm{j}\sin\omega t)\Delta\omega\\&=\frac{(a-\mathrm{j}\omega)\Delta\omega}{2\pi(\omega^2+a^2)}(\cos\omega t+\mathrm{j}\sin\omega t),\end{aligned} \tag{4.2.23}$$

其中 $\Delta\omega\to 0$，而 ω 从 $-\infty$ 连续地变化到 ∞. 上式在 t 的全区间 $(-\infty,\infty)$ 上几乎处处成立. 现在具体计算这些微小函数 $\Delta f(t)$ 的和. 容易看出，每个微小函数 $\Delta f(t)$ 的右端表达式展开后，实部为 ω 的偶函数，而虚部为 ω 的奇函数. 故当 ω 历经所有正值与负值时，由全体微小奇函数组成的虚部恰好互相抵消，而由全体微小偶函数组成的实部恰好倍增. 故它们的总和是实函数 $f(t)$：

$$\begin{aligned}f(t)&=\lim_{\Delta\omega\to 0}\sum_{\omega=-\infty}^{\infty}\frac{\Delta\omega}{2\pi(\omega^2+a^2)}(a\cos\omega t+\omega\sin\omega t)\\&=\lim_{\Delta\omega\to 0}\sum_{\omega=0}^{\infty}\frac{\Delta\omega}{\pi(\omega^2+a^2)}(a\cos\omega t+\omega\sin\omega t)\\&=\lim_{\substack{\Delta\omega\to 0\\ N\to\infty}}\sum_{k=0}^{N}\frac{\Delta\omega}{\pi[(k\Delta\omega)^2+a^2]}\{a\cos[(k\Delta\omega)t]+(k\Delta\omega)\sin[(k\Delta\omega)t]\},\\&\qquad(-\infty<t<\infty).\end{aligned}\tag{4.2.24}$$

式(4.2.19)与式(4.2.24)表示的是同一个函数 $f(t)$. 这表明：无数"弯弯曲曲"的正弦函数与余弦函数在 t 的全区间 $(-\infty,\infty)$ 上相加后，在 $t<0$ 的区间上竟恰好处处等于 0，而在 $t>0$ 的区间上又一跃而成为光滑的指数曲线. 初学者对此往往一时难以想象. 为了帮助读者加深对这一事实的印象，本书编著者取 $a=1$，$\Delta\omega=0.02$，在计算机上逐项累加地计算式(4.2.24)右端的和式. 累加的终点依次取为 $N=100,300$ 和 1000(相当于变量 ω 从 0 分别积分到 2,6 和 20)，所得结果依次示于图 4.2.6(a)，(b)和(c). 图中的曲线是单边指数函数 $f(t)$，小圆圈是按式(4.2.24)累加的结果. 此图显示：当 $\Delta\omega$ 充分小而 N 充分大时，和式逼近的极限"几乎处处"等于原函数.

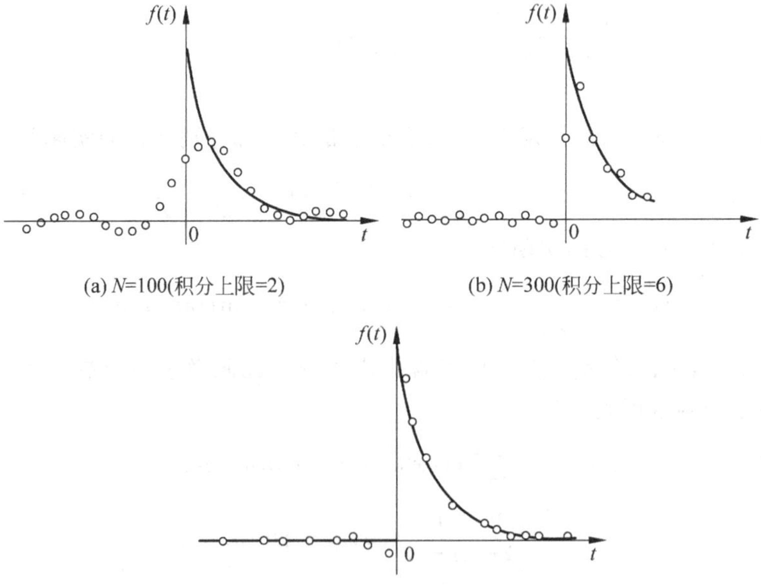

(a) N=100(积分上限=2)　(b) N=300(积分上限=6)

(c) N=1000(积分上限=20)

图 4.2.6　累加计算式(4.2.24)的结果

式(4.2.22)给出的傅里叶变换之模$|F(\mathrm{j}\omega)|$与角 $\arg F(\mathrm{j}\omega)$的函数图像分别如图 4.2.7(a),(b)所示.图 4.2.7(a)显示了单边指数函数中所含各角频率的微小函数的相对大小.它表明：当角频率 ω 达到很高以后,$|F(\mathrm{j}\omega)|$的值就减到很小.这说明单边指数函数中频率很高的成分的含量很小.其他形式的函数的$|F(\mathrm{j}\omega)|$曲线固然与本例不同,但对于很高的 ω,$|F(\mathrm{j}\omega)|$的值一般也总会减到很小.换言之,实际对象运动函数的频谱虽然"含有一切频率成分",但毕竟有一个**主要频(率)段**.频率超过主要频段的成分对于总和 $f(t)$的实际影响很小.因此需要一种方法界定运动对象的主要频带的宽度.工程上常把$|F(\mathrm{j}\omega)|$的值从 $F(\mathrm{j}0)$下降到$F(\mathrm{j}0)/\sqrt{2}$的角频率称为函数 $f(t)$的频谱的**截止(角)频率**,常记作 $\omega_{\mathrm{cut-off}}$或 ω_{cut}.这是历史形成的描述方法,并不意味着角频率高于 ω_{cut}的成分在函数 $f(t)$的频谱中完全不存在.在本例中,$F(\mathrm{j}0)=1/a$ 而$|F(\mathrm{j}a)|=1/(\sqrt{2}a)$,故函数 $f(t)$的频谱的截止角频率为 $\omega_{\mathrm{cut}}=a$.但从图 4.2.7(a)看出,函数 $f(t)$的主要频段实际达到 $5\omega_{\mathrm{cut}}$以上.

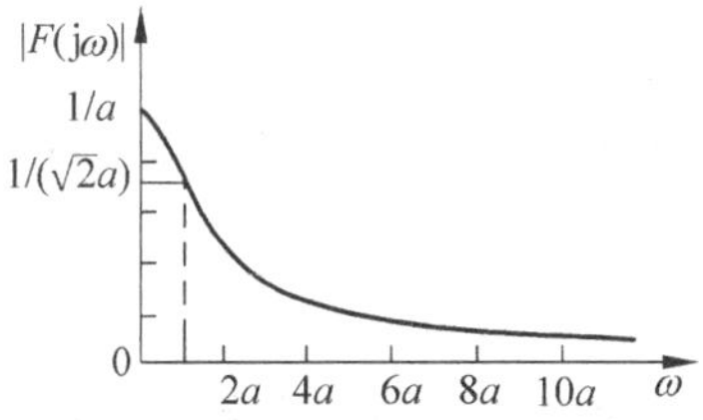

(a) $|F(\mathrm{j}\omega)|$的图像

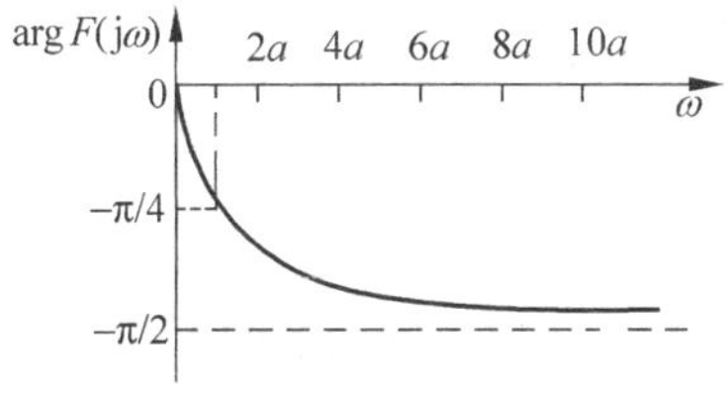

(b) $\arg F(\mathrm{j}\omega)$的图像

图 4.2.7　单边指数函数的傅里叶变换的图像

顺便指出,多数控制系统都含有机械运动部件,故控制系统的运动速度与通讯信号的变化速度不可同日而语.控制系统中的信号的截止频率一般只有几赫到几十赫,甚至在 1 赫以下.

4.2.3　傅里叶变换与拉普拉斯变换的关系

傅里叶变换不但如上所述有很强的物理意义,而且从数学角度看,它与拉普拉斯变换有极密切的关系.这从二者的定义式(2.5.4)和式(4.2.16)就可以看出：

拉普拉斯变换的定义公式：

$$F(s)=\int_{0^-}^{\infty} f(t)\mathrm{e}^{-st}\,\mathrm{d}t.$$

傅里叶变换的定义公式：

$$F(\mathrm{j}\omega)=\int_{-\infty}^{\infty} f(t)\mathrm{e}^{-\mathrm{j}\omega t}\,\mathrm{d}t.$$

如果在区间 $t<0$ 恒有 $f(t)=0$,则式(4.2.16)的积分下限可以改为 0.又因狄利克雷条件的限制,傅里叶变换的原函数 $f(t)$不可能含有冲激函数型的成分,所

以把傅里叶变换的积分下限取为0与取为0^-没有区别.因此,只须**用 jω 取代 s,拉普拉斯变换就转化为傅里叶变换**.比较第2章2.5.1节关于$f(t)=e^{-at}\cdot 1(t)$的例子得到的结果与本节的例4.2.2得到的结果式(4.2.20),就可以看出.这一性质是在控制科学中灵活运用拉普拉斯变换与傅里叶变换的重要理论依据.

需要注意的是,用jω取代s,相当于令s在复数平面的虚轴上取值.第2章2.5.1节曾指出,在拉普拉斯变换中,复变量$s=\sigma+j\omega$的实部σ必须大于$f(t)$的绝对收敛横坐标σ_c,从而必须大于象函数$F(s)$的所有极点的实部.现在考虑单位阶跃函数$1(t)$.它的象函数为$1/s$,其极点为$s=0$,极点的实部等于0,故必须有$\sigma>0$,即s必须在虚轴的右侧取值才合乎拉普拉斯变换的要求.而傅里叶变换要用jω取代s,就是命$\sigma=0$,是不合乎此要求的.故**阶跃函数 $1(t)$ 没有傅里叶变换**.(其实,函数$1(t)$也不满足狄利克雷条件之3).同理,**所有在复数平面的虚轴上或右半平面上有极点的函数都没有傅里叶变换**.因此,根据第3章定理3.2.2,**不稳定的和非渐近稳定的线性系统的运动函数都没有傅里叶变换.**

不考虑这些不合要求的函数,则拉普拉斯变换与傅里叶变换在形式上的唯一差别只是用jω取代s.因此不需要编制各种函数的傅里叶变换表,只要活用拉普拉斯变换的表(例如第2章的表2.5.1)就够了.仿照拉普拉斯变换原函数与象函数的记法,今后对于傅里叶变换的原函数与象函数也用对应的小写与大写英文字母表示,如果原函数不是用小写英文字母表示的,可用加上划线的办法表示其象函数.

4.3 频率特性函数

4.2节指出,傅里叶变换与拉普拉斯变换在形式上的唯一差别只是用jω取代s.但4.2.2节曾强调指出傅里叶变换有其物理意义:它把一般的非周期函数分解为不同频率的正弦和余弦函数.因此,一个很自然的问题就是:既然在控制系统中,各变量函数的拉普拉斯变换象函数之间可以用传递函数联系起来,那么它们的傅里叶变换象函数之间能否也用某种类似传递函数的数学工具联系起来呢?本节就来研究这个问题.

定义4.3.1 单输入单输出线性定常动态对象的**频率特性函数**是零初值下该对象的输出量的傅里叶变换象函数与输入量的傅里叶变换象函数之比. □

根据此定义,设对象的输入量和输出量分别是$u(t)$和$y(t)$,且均有傅里叶变换,则该对象的频率特性函数是

$$G(j\omega)=\frac{Y(j\omega)}{U(j\omega)}.$$

对于零初值下的线性对象,第2章曾定义输出量的拉普拉斯变换与输入量的拉普拉斯变换之比为该对象的传递函数(定义2.9.1).4.2.3节又已证明:只须用jω取代s,拉普拉斯变换就转化为傅里叶变换.因此显然可以得出下述命题:

命题 4.3.1　在线性对象的传递函数 $G(s)$ 中用 $j\omega$ 替换自变量 s，就得到其频率特性函数 $G(j\omega)$. □

例 4.3.1　仍以第 2 章 2.2.3 节例 2.2.5 的小功率随动系统为例. 根据 2.2.4 节的式(2.2.45)已可看出该系统从反向力矩 M_L 至输出角 φ 的传递函数是

$$H_{M_L-\varphi}(s) = \frac{-0.00025s^2 - 0.0055s - 0.01}{0.025s^4 + 0.55s^3 + 1.5s^2 + s + 1}. \tag{4.3.1}$$

用任何一种代数判据均可判定此对象的运动是稳定的. 故只要其输入量函数有傅里叶变换，则输出量函数必也有傅里叶变换. 根据命题 4.3.1，在 $G(s)$ 的表达式中用 $j\omega$ 替换自变量 s，就得此对象的频率特性函数如下：

$$\begin{aligned} H_{M_L-\varphi}(j\omega) &= \frac{-0.00025(j\omega)^2 - 0.0055(j\omega) - 0.01}{0.025(j\omega)^4 + 0.55(j\omega)^3 + 1.5(j\omega)^2 + (j\omega) + 1} \\ &= \frac{6.25\times10^{-6}\omega^6 + 0.0024\omega^4 + 0.00975\omega^2 - 0.01}{0.000625\omega^8 + 0.2275\omega^6 + 1.2\omega^4 - 2\omega^2 + 1} \\ &\quad + j\,\frac{0.0025\omega^3 + 0.0045\omega}{0.000625\omega^8 + 0.2275\omega^6 + 1.2\omega^4 - 2\omega^2 + 1}. \end{aligned} \tag{4.3.2}$$

按照 4.2.2 节所述的原理，在 t 的全区间$(-\infty,\infty)$上，输入量函数 $M_L(t)$ 和输出量函数 $\varphi(t)$ 可以分别视为无数个微小正弦函数与余弦函数之和，每个微小函数是

$$\left.\begin{aligned} \Delta M_L(t) &= \frac{1}{2\pi}\overline{M}_L(j\omega)(\cos\omega t + j\sin\omega t)\Delta\omega, \quad \Delta\omega\to 0; \\ \Delta\varphi(t) &= \frac{1}{2\pi}\bar{\varphi}(j\omega)(\cos\omega t + j\sin\omega t)\Delta\omega, \quad \Delta\omega\to 0. \end{aligned}\right\} \tag{4.3.3}$$

而

$$M_L(t) = \sum_{\omega=-\infty}^{\infty}\Delta M_L(t), \quad \varphi(t) = \sum_{\omega=-\infty}^{\infty}\Delta\varphi(t).$$

其中的函数 $\overline{M}_L(j\omega)$ 和 $\bar{\varphi}(j\omega)$ 分别是 $M_L(t)$ 和 $\varphi(t)$ 的傅里叶变换，形如式(4.2.16). 因此，根据定义 4.3.1 和式(4.3.3)可知，对象的频率特性函数 $H_{M_L-\varphi}(j\omega)$ 也就是角频率为 ω 的微小函数 $\Delta\varphi(t)$ 与 $\Delta M_L(t)$ 之比. 换言之，频率特性函数的**物理意义**就是输出量函数与输入量函数中，每一对角频率相同的谐波成分之比. 具体举例说，对于 $\omega=1$，从式(4.3.2)可算出 $G(j1)=0.005037+j0.01635$，即 $|G(j1)|=0.01711$，$\arg G(j1)=72.88°$. 这表明，输出量 $\varphi(t)$ 中角频率为 $\omega=1$ 的微小谐波的振幅等于输入量 $M_L(t)$ 中该角频率的微小谐波的振幅的 0.01711 倍，相角则领先于后者 72.88°. □

根据上述，则对象在输入信号作用下的运动就可以视为输入信号中各微小谐波在“通过”对象时受到对象的频率特性函数的“改造”，以致振幅与相角发生变化而形成与输入信号不同的输出信号. 以这种观点观察对象的运动，物理意义就很

明白，比用一个微分方程"一揽子"地表示对象的运动规律，在思路上要清晰得多. 由许多部件构成的复杂对象可以分解为一系列较简单的子对象，而把输入信号看成是依次"通过"各个子对象并一次次地受到"改造"，最终形成输出信号. 这样看问题，物理概念清楚，便于分析和思考，便于研究如何改进对象特性，使其运动规律满足工程需求. 所以，用频率特性函数研究控制系统的方法特别受到工程界的欢迎，称为**频率响应方法**.

这里需要说明一点.

在第2章2.3节讲述微分方程的特征多项式解法时曾指出："线性常微分方程的解由两部分组成：其一是与它对应的齐次微分方程的通解，……，其二是满足该微分方程右端函数的任一个特解." 但在本节讨论例4.3.1的解的意义时却说："输入量函数 $u(t)$ 和输出量函数 $y(t)$ 可以分别视为无数个微小正弦函数与余弦函数之和"，每个微小函数如式(4.3.3)所示. 初学者可能以为，后一种说法中的微小正弦函数与余弦函数只是"满足该微分方程右端函数的任一个特解"，而丢失了"齐次微分方程的通解"这一部分，进而以为用频率特性方法研究控制系统"有误差，不准确". 这是误解. 前文曾反复强调，用傅里叶变换表示一个函数，"在 t 的**全区间**$(-\infty,\infty)$上"成立. 例4.2.2的单边指数函数，虽然看来是在 $t=0$ 时刻才发生(在此以前它一直等于0)，但是对它进行傅里叶变换后得到的结果式(4.2.24)和图4.2.6都鲜明地表明：傅里叶变换在 t 的**全区间**$(-\infty,\infty)$上生效. 换句话说，可以认为**上述的无数个微小正弦函数与余弦函数远在 $t=-\infty$ 就已加于对象上**. 只不过在 $t<0$ 时它们的总和恰好等于0而已. 既然这些微小函数在 $t=-\infty$ 时就已加上，对象本身又是**稳定**的，那么到 $t=0$ 时，"齐次微分方程的通解"当然早已衰减为0. 就好像如果在 $t=0$ 时刻加上信号，到 $t=+\infty$ 时齐次微分方程的通解衰减为0一样. 所以，用傅里叶变换和频率特性函数研究控制系统，是完全准确可靠的.

反过来说，如果对象不稳定，即微分方程的特征多项式有实部非负的零点，则以上所述都不成立，自然也就谈不到在上述意义下的频率特性函数. 但为了讨论问题和推导公式的方便，有时仍把传递函数 $G(s)$ 中的 s 用 $\mathrm{j}\omega$ 代替. 这时不考虑运动是否稳定，而单纯地把 $G(\mathrm{j}\omega)$ 视为一个函数，并仍把它称作"频率特性函数". 这是把频率特性函数的定义拓宽了.

既然频率特性函数与传递函数有上述对应关系，所以关于传递函数的许多论断都可以推广到频率特性函数. 例如几个单元串联或并联时，其频率特性函数也是相乘或相加；当一些单元接成反馈闭环时，第2章的式(2.10.11)～式(2.10.21)等公式只须把 s 用 $\mathrm{j}\omega$ 代替，都是成立的，等等.

在控制工程中事实上并不使用频率特性函数来实际计算控制对象的运动. 重要的是建立频率特性的物理概念，并为研究控制系统的一系列重要方法和结论奠定理论基础.

4.4 频率特性图像

虽然在形式上频率特性函数与传递函数不过是自变量 s 与 $\mathrm{j}\omega$ 互换的关系，但是频率特性却有一个重要优点，即可以用图像表示. 从频率特性图像上可以方便地获得关于系统的许多重要信息. 因此有必要研究频率特性函数的图像表示.

工程实践中形成了频率特性函数的多种图示方法，如幅相频率特性图、逆幅相频率特性图、对数幅频特性图、对数相频特性图、对数幅相频率特性图，以及幅频(率)特性图、相频(率)特性图、实频(率)特性图、虚频(率)特性图，等等. 其中应用最广泛的是幅相频率特性图、对数幅频特性图和对数相频特性图. 本节分别叙述.

4.4.1 幅相频率特性图

频率特性函数的**幅相频率特性图**有时称为极坐标频率特性图，或简称为**奈奎斯特(Nyquist)图**，是频率特性函数的最基本的也是最直观的图像.

例 4.4.1 设某对象的频率特性函数为

$$G(\mathrm{j}\omega)=\frac{K}{\mathrm{j}\omega T+1},\tag{4.4.1}$$

其中 $K=45, T=0.5$. 函数 $G(\mathrm{j}\omega)$ 的模与角分别是角频率 ω 的实函数：

$$|G(\mathrm{j}\omega)|=\frac{K}{\sqrt{\omega^2T^2+1}}=\frac{45}{\sqrt{0.25\omega^2+1}},\tag{4.4.2}$$

$$\arg G(\mathrm{j}\omega)=-\arctan\omega T=\arctan 0.5\omega.\tag{4.4.3}$$

为了方便，有时也把 $|G(\mathrm{j}\omega)|$ 简记作 $A(G(\mathrm{j}\omega))$，或 $A(G)$，或 $A(\omega)$；把 $\arg G(\mathrm{j}\omega)$ 简记作 $\theta(G(\mathrm{j}\omega))$，或 $\theta(G)$，或 $\theta(\omega)$. 为 ω 给出从 0 至 $\pm\infty$ 的一系列数值，就可分别求出本例的 $|G(\mathrm{j}\omega)|$ 和 $\arg G(\mathrm{j}\omega)$ 的相应的数值，见表 4.4.1. 把它们分别画成图像，如图 4.4.1 所示，分别称为该对象的**幅频(率)特性图与相频(率)特性图**. □

表 4.4.1　例 4.4.1 的频率特性数据

ω	0	±1	±2	±3	±4	±5	±10	…
$\lvert G(\mathrm{j}\omega)\rvert$	45.00	40.25	31.82	24.96	20.12	16.71	8.83	…
$\arg(G(\mathrm{j}\omega))$	$0°$	$\mp26.6°$	$\mp45.0°$	$\mp56.3°$	$\mp63.4°$	$\mp68.2°$	$\mp78.7°$	…

表 4.4.1 表明，对于正值和负值的 ω，$|G(\mathrm{j}\omega)|$ 的值相等，而 $\arg(G(\mathrm{j}\omega))$ 的值反号. 换言之，**对于互为共轭的自变量** $\mathrm{j}\omega$，**函数** $G(\mathrm{j}\omega)$ **的值也互为共轭**. 这并不是本例特有的现象，而是由于函数 $G(\mathrm{j}\omega)$ 是其自变量 $\mathrm{j}\omega$ 的**实系数有理函数**的必然结果. 一切常系数线性微分方程的频率特性函数都有这样的性质.

更直观的方法是把复值函数 $G(\mathrm{j}\omega)$ 直接画在复数平面上,如图 4.4.2 所示,称为 $G(\mathrm{j}\omega)$ 的**幅相频率特性图**,简称幅相特性图. 图 4.4.2 中的实线线段对应于正值的 ω,而虚线线段对应于负值的 ω. 按照上文所述的共轭性质,可知**函数 $G(\mathrm{j}\omega)$ 的图像关于复数平面的实轴对称**. 幅相频率特性图的用途广泛,因而十分重要.

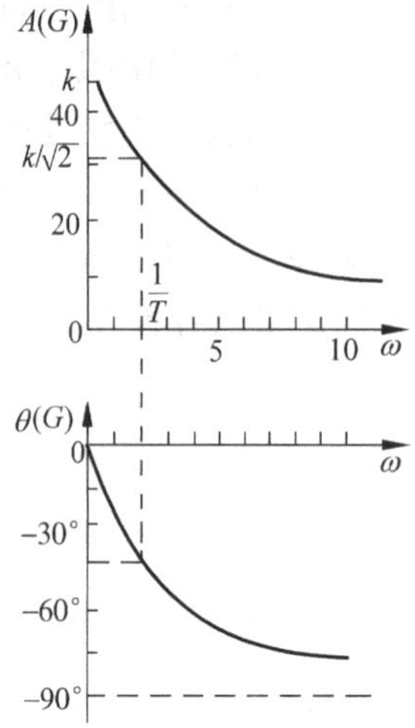

图 4.4.1 例 4.4.1 的幅频率特性图和相频率特性图

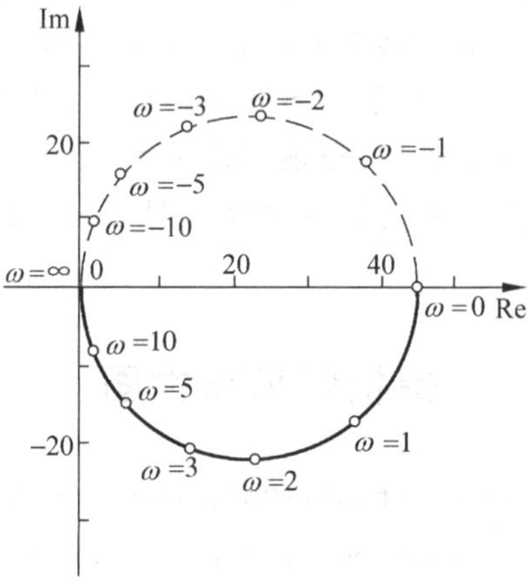

图 4.4.2 例 4.4.1 的幅相频率特性图

容易证明,图 4.4.2 的图像是一个圆. 因为根据式(4.4.1),有

$$G(\mathrm{j}\omega)=\frac{K}{\mathrm{j}\omega T+1}=\frac{K}{\omega^2T^2+1}-\mathrm{j}\,\frac{K\omega T}{\omega^2T^2+1}.$$

把上式右端表为 $x+\mathrm{j}y$,则有

$$x=\frac{K}{\omega^2T^2+1},\quad y=-\frac{K\omega T}{\omega^2T^2+1}.$$

它们满足方程

$$(x-K/2)^2+y^2=(K/2)^2,$$

因而其图像是以 $(K/2,0)$ 为圆心,以 $K/2$ 为半径的圆.

按照频率特性函数的物理意义,角频率 ω 本是正数. 所以往往只画出 ω 取正值的 $G(\mathrm{j}\omega)$ 曲线,仅在需要时才利用上述的 $G(\mathrm{j}\omega)$ 的共轭性质补画 ω 取负值的部分.

幅相频率特性图的重要优点是清楚直观,它的缺点是需要计算许多数据才能画出,而且需要在曲线图的许多个点上标明各点所对应的角频率值,如图 4.4.2 所示,否则就难以对曲线进行分析研究. 例 4.4.1 的函数固然相当简单,而例 4.3.1 的频率特性函数式(4.3.2)的计算量就要大得多. 尤有甚者,为了研究的需要,许多情形下必须把图形的某些细部画得特别准确,因而需要计算的数据的数目可能相当大,以致很不方便.

有时需要研究函数 $G(j\omega)$的倒数 $1/G(j\omega)$，称为**逆幅相频率特性函数**. 为了方便，有时把它记作$\hat{G}(j\omega)$，显然有

$$|\hat{G}(j\omega)| = \frac{1}{|G(j\omega)|}, \quad \arg \hat{G}(j\omega) = -\arg G(j\omega).$$

从式(4.4.1)容易看出，该例的逆幅相频率特性函数的图像是一条平行于虚轴的直线.

4.4.2　对数频率特性图

如果把角频率 ω（只取其正值部分）取对数，并把它与幅频率特性函数 $|G(j\omega)|$ 的对数值以及与相频率特性函数值的关系画成图像，则分别称为**对数幅频（率）特性图**和**对数相频（率）特性图**，总称**对数频率特性图**. 文献中也常称“伯德(Bode)图”. 有时分别简称对数幅频图和对数相频图，总称对数特性图. 本书采用以下记号：

$$\mu = \lg\omega, \tag{4.4.4a}$$

$$L(G(j\omega)) = \lg|G(j\omega)|, \tag{4.4.4b}$$

$$\theta(G(j\omega)) = \arg G(j\omega). \tag{4.4.4c}$$

对数特性图**不表现ω取负值的情形**，也不对 $\arg G(j\omega)$取对数值. 为了方便，有时也把 $L(G(j\omega))$简记作 $L(G)$或 $L_G(\mu)$或 $L(\mu)$，把 $\theta(G(j\omega))$简记作 $\theta(G)$或 $\theta_G(\mu)$或 $\theta(\mu)$.

不论$|G(j\omega)|$的量纲和单位是什么，统一称 L 为**增益**，并统一称 L 的单位为**贝[尔]**(Bel，简写为 B). 又规定 1 贝[尔]等于 20 **分贝[尔]**，简称**分贝**(decibel，简写为 dB). 关于“贝尔”一词，第 2 章 2.11 节讨论“比例单元”时已有说明. 称 θ 为频率特性的**相角**. 称 μ 为**对数（角）频率**，并称 μ 的单位为**十倍频程**(decade，简写为 dec). 用“贝[尔]”和“十倍频程”表示的都是**无量纲量**.“十倍频程”一词通常只用以度量两个频率值之间的倍数关系，而非用以度量某一个频率值本身. 例如若 $\omega_a=500$ 而 $\omega_b=0.1$，因而 $\mu_a=2.7$，$\mu_b=-1.0$，就说 ω_a 比 ω_b 高 3.7 十倍频程. 但不说 ω_a（或 μ_a）本身“等于 2.7 十倍频程”. 表 4.4.2 和图 4.4.3 分别显示 $L(G)$与 $|G|$ 的关系和 μ 与 ω 的关系.

表 4.4.2　增益的分贝数与真值对照表

L/dB	0	1	2	3	4	5	6	7	8	9	10
$\|G\|$	1.00	1.12	1.26	1.41	1.58	1.78	2.00	2.24	2.51	2.82	3.16

L/dB	11	12	13	14	15	16	17	18	19	20
$\|G\|$	3.55	3.98	4.47	5.01	5.62	6.31	7.08	7.94	8.91	10.00

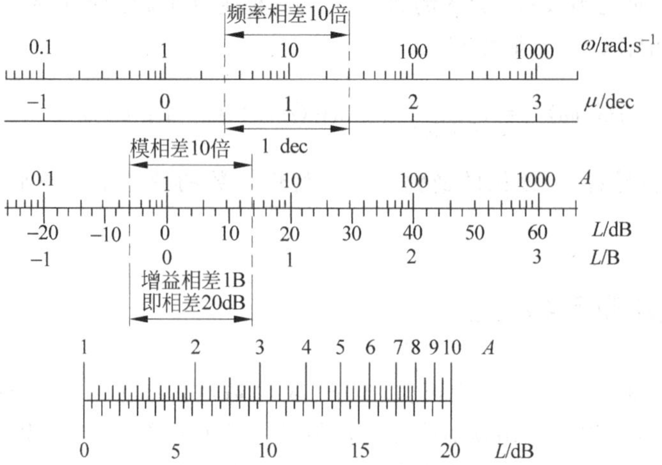

图 4.4.3 增益的分贝数与真值对照图

画对数频率特性图时,总是把对数幅频率特性和对数相频率特性这两条曲线同画在一幅图上,共用一个 μ 坐标轴.但横坐标轴上往往仍加注 ω 值,以便读取实际角频率值.式(4.4.1)的对数频率特性图如图 4.4.4 所示.

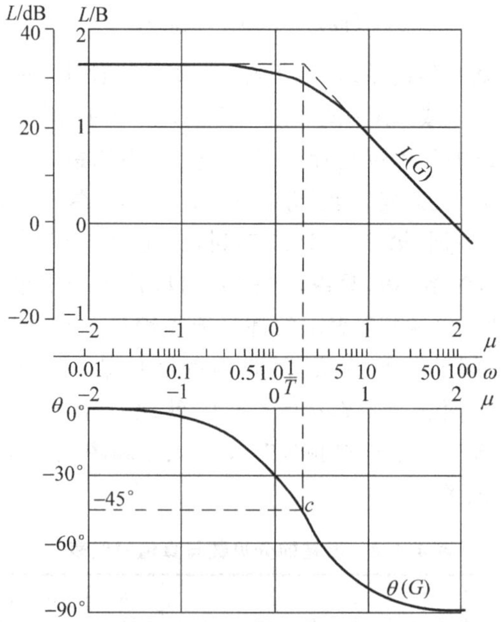

图 4.4.4 例 4.4.1 的对数频率特性图

用对数频率特性图表示对象的性质有很多优点.第一,可以展宽视界.一个控制系统的频率特性覆盖的频率变化范围和幅值变化范围都常常达到 $10^4:1$ 甚至更宽,而其在某些频率段中的变化的细节在工程上又至关重要.受限于图纸的幅面尺寸,在图 4.4.1 那样的幅相特性图中很难兼顾频率与幅值的如此宽的变化范围与图中的细节,而对频率和幅值取对数就可克服这个困难.第二,对数特性曲线的形状比较简单易画.在本例中,低频率段和高频率段的 $L(\mu)$ 曲线都接近于直线,$\theta(\mu)$ 的形状则关于 c 点对称,因而计算量较少,绘制比较方便.第三,当复杂控制系统是由多个典型单元串联组成时,要把多个频率特性函数相乘以形成系统的频率特性,为此只须把对数频率特性函数的值逐点相加,这比把幅相频率特性的值逐点相乘方便许多.

对数频率特性图还有一个重要优点.考虑两个频率特性函数 $G_1(\mathrm{j}\omega)$ 和 $G_2(\mathrm{j}\omega)=KG_1(\mathrm{j}\omega)$,其中 $K>0$ 是常数.显然有 $L_2(\mu)=L_1(\mu)+\lg K$,$\theta_2(\mu)=\theta_1(\mu)$.所以只须把整条 $L_1(\mu)$ 曲线向上移动一段距离 $\lg K$(实际只须把横坐标轴向下移动同样距离)就可以了.$\theta_1(\mu)$ 曲线则根本无须改动.再考虑两个频率特性函数

$$G_3(\mathrm{j}\omega)=\frac{K}{\mathrm{j}\omega T+1},\quad G_4(\mathrm{j}\omega)=\frac{K}{\mathrm{j}\omega\alpha T+1},$$

其中 $\alpha>0$ 为常数.显然 $G_4(\mathrm{j}\omega)$ 在角频率 ω_1 点所取的值与 $G_3(\mathrm{j}\omega)$ 在角频率 $\alpha\omega_1$ 点所取的值相同.因此,在对数频率特性图上,只须把曲线 $L_3(\mu)$ 和 $\theta_3(\mu)$ 左移一段距离 $\lg\alpha$(实际只须把纵坐标轴向右移动同样距离)就可以了.这样无须改变曲线形状而只须移动坐标轴,给绘图带来很大方便.因而对数频率特性函数应用广泛.

如果两个对象的频率特性互为倒数,即有 $G_1(\mathrm{j}\omega)=1/G_2(\mathrm{j}\omega)$,则 $|L(G_1)|=-|L(G_2)|$,$\theta(G_1)=-\theta(G_2)$.作图也很方便.

顺便指出,对于 $\omega=0$,有 $\mu=-\infty$,即 $\omega=0$ 点位于对数频率特性图左侧无穷远处.所以 $\omega=0$ 点在对数频率特性图上不可能表示.同理,$|G(\mathrm{j}\omega)|=0$ 在对数幅频特性图上也不可能表示.在对数幅频特性图上,坐标系的原点($\mu=0,L=0$)是点($\omega=1,|G(\mathrm{j}\omega)|=1$).具体作图时,图纸幅面覆盖的横坐标 μ 与纵坐标 L 的数值范围可根据所研究的对象的具体性质选定.

4.4.3 其他频率特性函数及图像

除上述两种最常用的频率特性函数外,实际工作中有时也用到对数幅相特性图、实频(率)特性图、虚频(率)特性图等图示法.

对数幅相特性图把对数幅频特性函数和对数相频特性函数这两条曲线合为一条.在所需的频率范围内,以对数幅值 L 作纵坐标,以相角值 θ 作横坐标,以角频率值 ω 为参变量绘制,也称尼科尔斯(Nichols)图.在 4.14.2 节讨论闭环系统对数频率特性图的绘制方法时会用到它.例 4.4.1 的对数幅相特性图如图 4.4.5 所示.

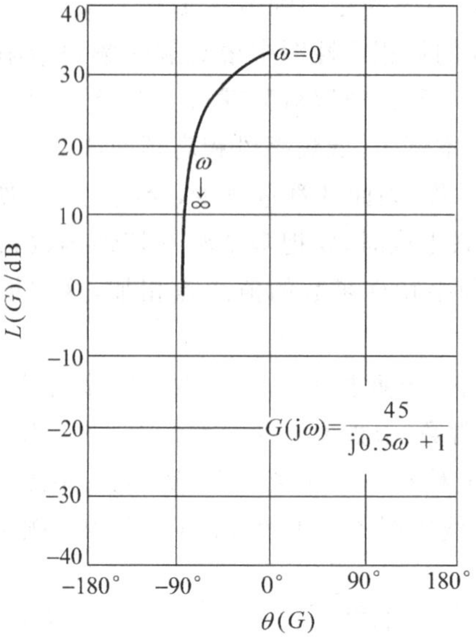

图 4.4.5 例 4.4.1 的对数幅相特性图

实频(率)特性图和虚频(率)特性图都以角频率 ω 为横坐标,而分别以频率特性函数的实部 $\mathrm{Re}\, G(\mathrm{j}\omega)$ 和虚部 $\mathrm{Im}\, G(\mathrm{j}\omega)$ 为纵坐标. 在频率响应研究方法的发展历史上曾发挥过重要作用.

4.5 基本单元的频率特性函数

第 2 章 2.11 节曾指出,复杂的运动对象可以看作一些基本单元的组合. 所以复杂对象的频率特性函数也可以利用基本单元的频率特性函数组成. 为了研究和绘制复杂对象的频率特性,应当首先熟悉这些基本单元的特性. 本节利用命题 4.3.1 逐个研究各基本单元的频率特性.

1. 惰性单元

根据命题 4.3.1 和式(2.11.2),可得惰性单元的频率特性函数是

$$G(\mathrm{j}\omega) = \frac{1}{\mathrm{j}\omega T + 1}, \quad T > 0. \tag{4.5.1}$$

故有

$$\begin{cases} |G(\mathrm{j}\omega)| = \dfrac{1}{\sqrt{\omega^2 T^2 + 1}}, \\ \arg G(\mathrm{j}\omega) = -\arctan \omega T, \end{cases} \quad T > 0. \tag{4.5.2}$$

4.4.1 节已证明它在复数平面上的图像是一个圆. 图 4.5.1 是 ω 取正值时式(4.5.2)

的图像. $|G(j\omega)|$与 $\arg G(j\omega)$的变化范围分别为由 1 至 0 和由 0°至−90°. 当 $\omega\to\infty$,曲线 $G(j\omega)$沿负虚轴趋于原点. 图像全部位于复数平面的第 4 象限.

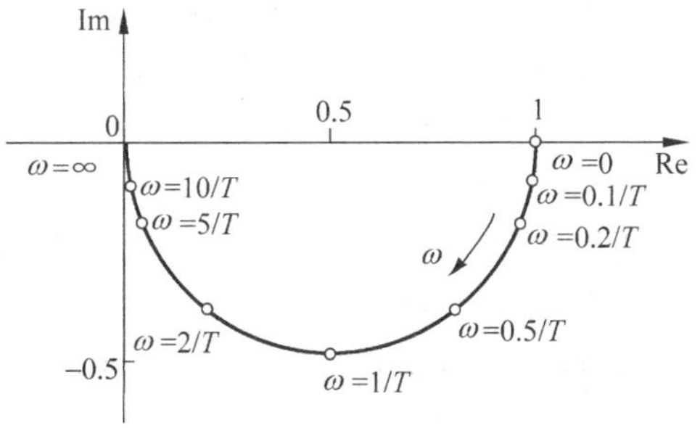

图 4.5.1　惰性单元的幅相频率特性图

惰性单元的对数频率特性函数是

$$\begin{cases} L(G) = -\dfrac{1}{2}\lg(\omega^2 T^2 + 1), \\ \theta(G) = -\arctan\omega T, \end{cases} \quad T > 0. \tag{4.5.3}$$

其图像如图 4.5.2 所示.

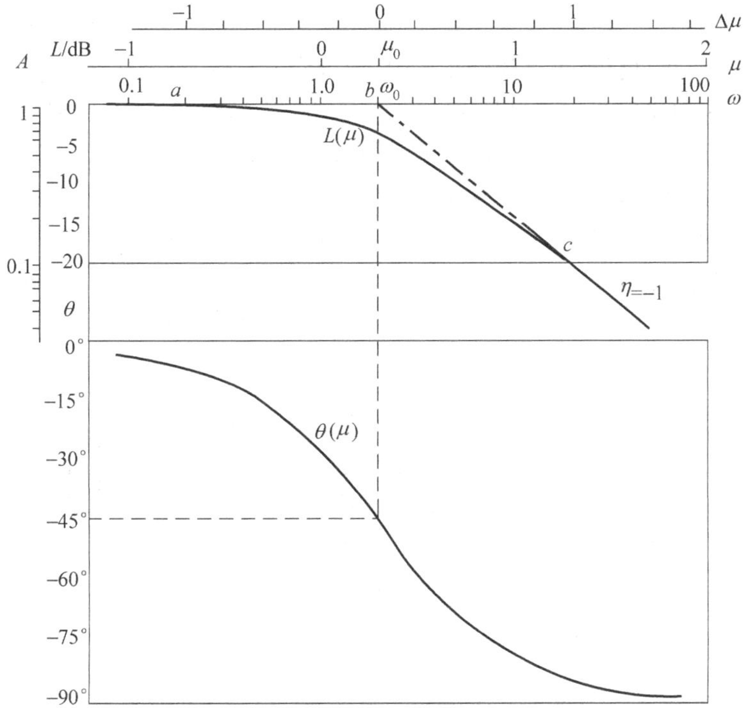

图 4.5.2　惰性单元的对数频率特性图

下面叙述图 4.5.2 的实用绘制方法. 首先叙述对数幅频特性图的画法.

记 $\omega_0=1/T$,并记 $\mu_0=\lg\omega_0=\lg(1/T)$.

注意在式(4.5.3)中,当 $\omega\ll\omega_0$ 即 μ 位于 μ_0 左侧远方时有 $L(\mu)\approx 0$. 因而在低频率区曲线 $L(\mu)$ 几乎与横坐标轴重合,如图 4.5.2 中的线段 ab 所示.

而在式(4.5.3)中当 $\omega\gg\omega_0$ 即 μ 位于 μ_0 右侧远方时有 $L(\mu)\approx-\mu+\mu_0$. 因而在高频率区曲线 $L(\mu)$ 几乎与直线 $L=-\mu+\mu_0$ 重合. 该直线斜率为 -1,而在点 $(\mu=\mu_0, L=0)$ 与横坐标轴相交,如图 4.5.2 中的点划线 bc 所示.

据此,惰性单元的对数幅频特性图可以这样绘制:先在图纸上确定点 b. 其坐标为 $(\mu=\mu_0, L=0)$. 将此点称为对数幅频特性曲线的**"转折点"**,称 $\omega_0=1/T$ 为**转折点(角)频率**. 从转折点向左画水平直线段,向右画斜率为 -1 的直线段. 这两个直线段构成图 4.5.2 中的点划折线 abc. 此折线 $L(\mu)$ 称为该单元的**折线对数幅频特性**,简称**折线特性**,记作 $L_{\text{brkn}}(\mu)$. 在转折点即 $\mu=\mu_0$ 点的左侧和右侧远方,对数幅频特性曲线 $L(\mu)$ 实际上与 $L_{\text{brkn}}(\mu)$ 重合. 至于在转折点附近的频率段,则只须选少数的点,按式(4.5.3)算出准确的 L 值标于图中,用曲线板连接作为修正,就可以得到光滑的 $L(\mu)$ 曲线,如图 4.5.2 中的实线 $L(\mu)$ 所示.

不难看出,采用对数频率特性比采用幅相频率特性方便得多,前者的计算量几乎微不足道. 从图 4.5.2 看,惰性单元的曲线 $L(\mu)$ 中需要作如上修正的频率范围实际上并不很宽,修正量也并不很大(最大修正量为 3dB). 所以在某些无须十分准确的情况下,也可以省去上述修正,而只用折线 $L_{\text{brkn}}(\mu)$ 近似代替 $L(\mu)$.

为进一步简化叙述,今后记 $\Delta\mu=\mu-\mu_0$, $\Delta L=L(\mu)-L_{\text{brkn}}(\mu)$. 称 $\Delta\mu$ 为 μ 的偏移量;称 ΔL 为 L 的修正量. 把转折点附近各点的修正量 $\Delta L(\Delta\mu)$ 绘成修正曲线,如图 4.5.3 所示;并以表格形式列于本章附录 4.2. 图 4.5.3 是与参数 T 无关的通用修正曲线. 只须把修正曲线图 4.5.3 与折线图 $L_{\text{brkn}}(\mu)$ 相叠置,并使二者的转折点(即点 $(\mu=\mu_0, L=0)$ 与点 $(\Delta\mu=0, \Delta L=0)$)相重合,然后把修正量 ΔL 逐点加到折线 $L_{\text{brkn}}(\mu)$ 上,就得到准确的对数幅频特性曲线 $L(\mu)$,如图 4.5.4 所示.

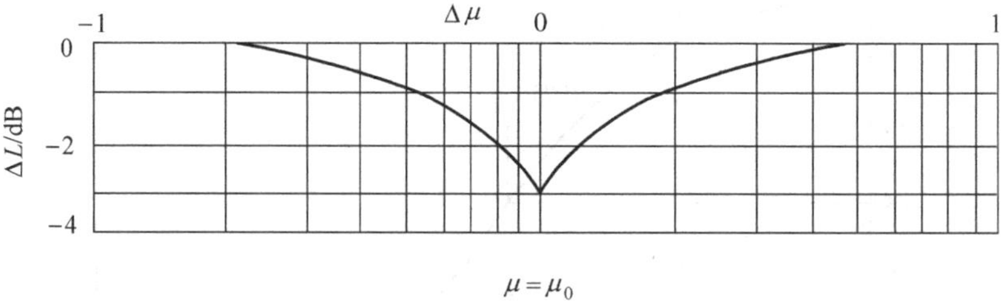

图 4.5.3 惰性单元对数幅频特性的修正曲线 $\Delta L(\Delta\mu)$

顺便指出,图 4.5.3 的修正曲线以 $\mu=\mu_0=\lg(1/T)$ 点为中心左右对称. 这可以证明如下:在横坐标轴上 $\mu=\mu_0$ 点的左右两侧各距离 $\lg\beta$ 处($\beta>1$)对称地取两个点 a 和 b,即取

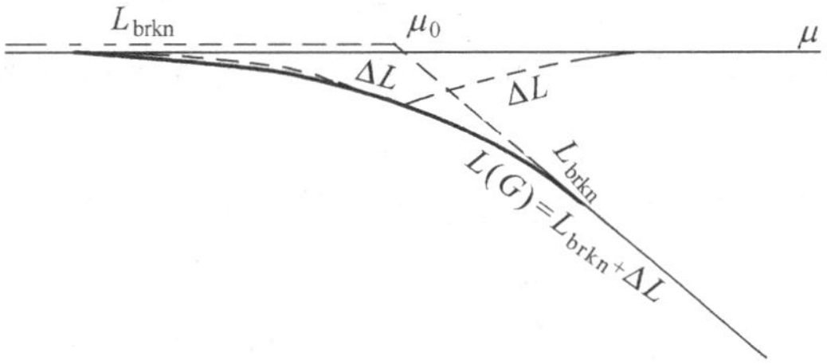

图 4.5.4　修正曲线的使用

$$\mu_a = \lg(1/T) - \lg\beta, \quad \mu_b = \lg(1/T) + \lg\beta.$$

这相当于

$$\omega_a = 1/(\beta T), \qquad \omega_b = \beta/T.$$

将 ω_a 和 ω_b 分别代入式(4.5.3)，算出 $L(\mu_a)$ 和 $L(\mu_b)$，并注意到在转折点左侧有 $L_{brkn}(\mu_a)=0$，而在转折点右侧有 $L_{brkn}(\mu_b)=-\mu_b+\mu_0$，就可证明有 $L(\mu_a)-L_{brkn}(\mu_a)=L(\mu_b)-L_{brkn}(\mu_b)$，即 $\Delta L(\mu_a)=\Delta L(\mu_b)$.

惰性单元的对数幅频特性图 $L(\mu)$ 表明惰性单元具有**低通**滤波器的性质. 低频正弦信号通过惰性单元时，由于增益 $L\approx 0$，所以几乎不受衰减. 从 $\omega\approx 1/T$ 开始，正弦信号通过时就要受到不同程度的衰减. 频率愈高衰减愈多. 所以，非周期信号通过惰性单元时，其低频成分可以很好地在输出信号中得到复现，而高频成分则受到削弱. 其结果，输出信号的波形变化必定不如输入信号剧烈，而会显得“迟钝”. 尽管 L 是随 ω 连续地变化，每个频率成分都受到一定衰减，但毕竟 $\omega=1/T$ 这个特殊角频率可以作为输入信号“开始”受遏阻的标志. 因此称 $\omega=1/T$ 为惰性单元的**截止(角)频率**，而把从 0 到 $1/T$ 的频率段称为惰性单元的**通频带**. 但是，与 4.2.2节引入的“非周期函数的截止角频率”类似，此处的“惰性单元的截止角频率”也并不意味着角频率高于 $1/T$ 的成分在通过惰性单元时完全被遏阻.

工程上实际绘制对数频率特性图时，横坐标 μ 与纵坐标 L 使用的未必正好是同一比例尺，所以“斜率为 -1 的直线段” 未必意味着线段在图纸上的倾角等于 $-45°$. 不少文献因此采用“斜率为 -20 分贝/十倍频程的直线段” 的冗长说法.

今后我们用 η 表示**对数幅频特性曲线** $L(\mu)$ **的斜率** $\mathrm{d}L/\mathrm{d}\mu$，并把 $|\eta|$ 称为曲线 $L(\mu)$ 的“**陡度**”.

下面研究惰性单元的对数相频特性图的画法.

对数相频特性曲线是一条关于其中心点对称的曲线，这可以证明如下：仿上，在横坐标轴上 $\mu=\mu_0=\lg(1/T)$ 点的左右两侧各距离 $\lg\beta$ 处对称地取两个点 a 和 $b(\beta>1)$，则 $\omega_a=1/(\beta T)$ 和 $\omega_b=\beta/T$. 于是根据式(4.5.3)有

$$\theta_a = -\arctan\omega_a T = -\arctan(1/\beta), \quad \text{即} \quad \tan\theta_a = -1/\beta;$$

$$\theta_b = -\arctan\omega_b T = -\arctan\beta, \quad \text{即} \quad \tan\theta_b = -\beta.$$

可见有 $\theta_a+\theta_b=-90°$. 这表明曲线 $\theta(\mu)$ 关于点 $(\mu=\mu_0, \theta=-45°)$ 对称.

根据式(4.5.3),当 $\omega \ll 1/T$,有 $\theta \approx 0°$;而当 $\omega \gg 1/T$,则有 $\theta \approx -90°$. 本章附录4.5列出了在 $\omega \approx 1/T$ 附近的一些频率点上 θ 的数值. 在对数相频特性图中标出这些点,并用曲线板连接,就可以得到图4.5.2的光滑曲线 $\theta(\mu)$.

从上述的作图方法可以看出,惰性单元的对数幅频特性图和对数相频特性图的一项重要性质是:它们的形状与时间常数 T 无关. 当 T 改变时,曲线 $L(\mu)$ 和曲线 $\theta(\mu)$ 只是随着横坐标轴上点 $1/T$ 的位置左右移动,而整条曲线的形状保持不变(图4.5.5). 所以可以按这些曲线的形状制成专用的曲线板以减轻作图的工作量.

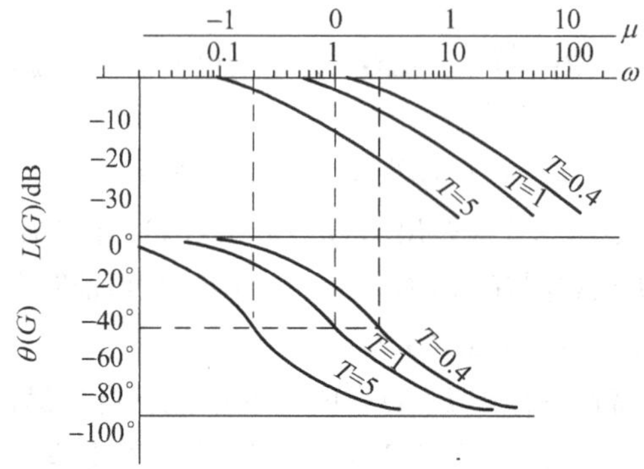

图4.5.5 时间常数 T 只影响对数频率特性的位置

2. 振荡单元

根据命题4.3.1和式(2.11.4),可得振荡单元的频率特性函数是

$$G(\mathrm{j}\omega) = \frac{1}{(\mathrm{j}\omega T)^2 + 2\zeta(\mathrm{j}\omega T) + 1}, \quad T > 0, \quad 0 < \zeta < 1 \tag{4.5.4}$$

即

$$\begin{cases} |G(\mathrm{j}\omega)| = \dfrac{1}{\sqrt{(1-\omega^2 T^2)^2 + 4\zeta^2\omega^2 T^2}}, \\ \arg G(\mathrm{j}\omega) = -\arctan \dfrac{2\zeta\omega T}{1-\omega^2 T^2}, \end{cases} \quad T > 0, \quad 0 < \zeta < 1. \tag{4.5.5}$$

其中 T 为振荡单元的时间常数,ζ 为阻尼系数.

振荡单元的幅相频率特性图如图4.5.6所示.

从图4.5.6看出,随着角频率 ω 从0增大,振荡单元的幅频特性 $|G(\mathrm{j}\omega)|$ 从0开始先增后减,在 $\omega = 1/T$ 附近可以达到很大数值,这是振荡单元的明显特点. 振荡单元的相频特性函数当 $\omega \ll 1/T$ 有 $\theta(\omega) \approx 0°$;当 $\omega = 1/T$ 有 $\theta(\omega) = -90°$;而当 $\omega \gg 1/T$ 有 $\theta \approx -180°$. 当 $\omega \to \infty$,曲线 $G(\mathrm{j}\omega)$ 最终沿负实轴趋于原点. 其图像在复数平面上跨第4象限和第3象限.

类似惰性单元的情形,称 $\omega_0 = 1/T$ 为振荡单元的**转折点(角)频率**,并记 $\mu_0 = \lg\omega_0 = \lg(1/T)$. 根据式(4.5.4),当 μ 位于转折点左侧远方的低频率区,有 $L(\mu) \approx$

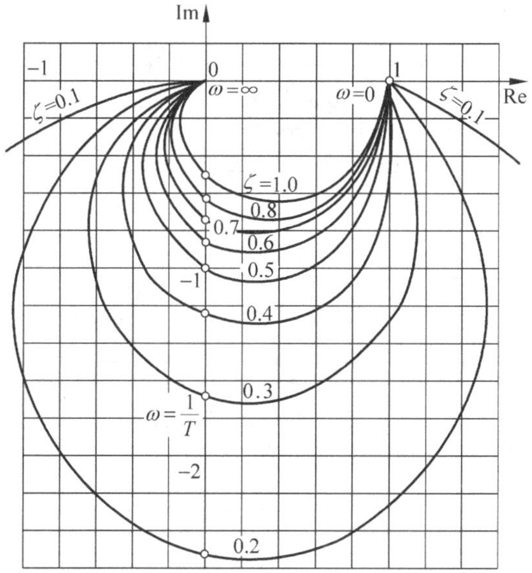

图 4.5.6　振荡单元的幅相频率特性图

0；而当 μ 位于转折点右侧远方的高频率区，则有 $L(\mu)\approx-\lg(\omega T)^2=-2\mu+2\mu_0$. 因此振荡单元的对数幅频特性图可按如下方法绘制：先在图纸上确定转折点，其坐标为($\mu=\mu_0$, $L=0$). 从转折点向左画水平直线段，向右画 $\eta=-2$ 的直线段. 这两个直线段构成的折线称为振荡单元的**折线对数幅频特性**，简称**折线特性** $L_{\mathrm{brkn}}(\mu)$. 在 $\mu=\mu_0$ 附近取几个点，按式(4.5.5)计算出 $L(\mu)$的值标于图中，用曲线板将它们与 $L_{\mathrm{brkn}}(\mu)$光滑地连接，就得到图 4.5.7 中准确的 $L(\mu)$曲线. 从图 4.5.7可见：当阻尼系数 ζ 较小时，对 $L_{\mathrm{brkn}}(\mu)$的修正量可能很大，所以对振荡单元不宜轻易省去修正. 图 4.5.8 是为少数几个 ζ 值给出的修正量曲线 $\Delta L(\Delta\mu)$. 可以参考它们近似地绘制曲线 $L(\mu)$. 修正量曲线 $\Delta L(\Delta\mu)$关于 $\mu=\mu_0$ 点左右对称. 证明从略.

从图 4.5.7 可以注意到，对数幅频特性 $L(\mu)$在角频率略低于 $1/T$ 处有一个谐振峰. 阻尼系数 ζ 愈小，则谐振峰的角频率愈接近 $1/T$，谐振峰也愈高. 这个谐振峰对应于图 4.5.6 中曲线"膨大"的部分. 可以证明：谐振峰点的角频率 ω_r 与谐振峰值 M_r 分别是

$$\omega_r=\frac{\sqrt{1-2\zeta^2}}{T},\quad M_r=\frac{1}{2\zeta\sqrt{1-\zeta^2}}. \tag{4.5.6}$$

记 $\Delta\mu_r=\lg\omega_r-\mu_0$，$\Delta L_r=20\lg M_r\,\mathrm{dB}$，谐振峰的数据列于本章附录 4.3.

从物理意义上说，谐振峰的存在表明振荡单元对于输入信号频谱中 $\omega\approx\omega_r$ 的频率段内的各谐波成分的增益特别高. 因而这些谐波成分在输出信号的波形中必然显得突出. 输出信号必具有以近似于 ω_r 的角频率振荡的倾向. 事实上在第 3 章

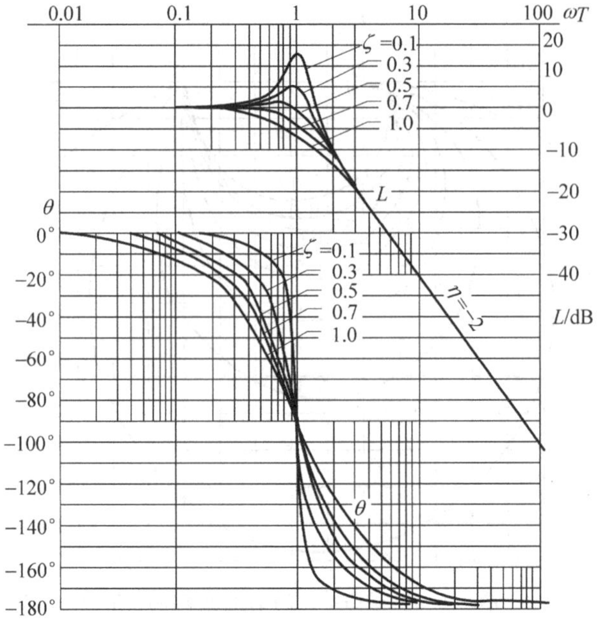

图 4.5.7 振荡单元的对数频率特性图

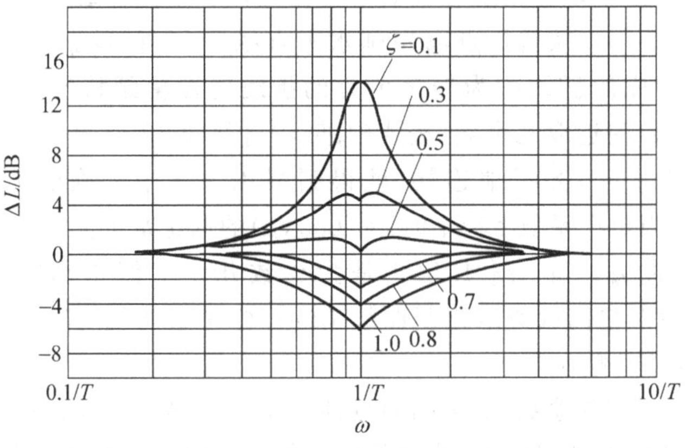

图 4.5.8 振荡单元对数幅频特性的修正曲线 $\Delta L(\Delta\mu)$

式(3.9.5)已求出：在阶跃信号作用下实际输出信号的阻尼振荡角频率为 $\omega_d=\sqrt{1-\zeta^2}/T\approx\omega_r$.

当 $0.707\leqslant\zeta<1$ 时，曲线 $L(\mu)$ 没有谐振峰，L 随 ω 的增大而单调减小. 但是与 $\zeta=1$ 的情形相比较可以看出，振荡单元在 $\omega=1/T$ 附近的幅频特性函数值仍略高于 $\zeta=1$ 的情形. 所以输出信号仍有轻微的振荡倾向.

从图 4.5.7 看出，振荡单元的对数相频特性曲线随 ζ 值的不同而有很大差别. 但所有对数相频曲线都通过点($\mu=\mu_0,\theta=-90°$)，并关于此点对称. 证明从略. 本章附录 4.6 对于少数几个 ζ 值给出了振荡单元的对数相频特性曲线的数据.

3. 积分单元

根据命题 4.3.1 和式(2.11.6),可得积分单元的频率特性函数是

$$G(\mathrm{j}\omega)=\frac{1}{\mathrm{j}\omega T},\tag{4.5.7}$$

即

$$\begin{cases}|G(\mathrm{j}\omega)|=1/(\omega T),\\ \arg G(\mathrm{j}\omega)=-90°.\end{cases}\tag{4.5.8}$$

其中 T 为积分单元的积分时间常数.

$T=1$ 的积分单元的幅相频率特性图如图 4.5.9 所示. 对于正值的 ω,$G(\mathrm{j}\omega)$与负虚轴重合. $\omega=0$ 是函数 $G(\mathrm{j}\omega)$的极点. 仿前记 $\mu_0=\lg\omega_0=\lg(1/T)$,则积分单元的对数频率特性函数是

$$\begin{cases}L(G)=-\mu+\mu_0,\\ \theta(G)=-90°.\end{cases}\tag{4.5.9}$$

其对数频率特性是一条通过点($\mu=\mu_0$,$L=0$)而 $\eta=-1$ 的直线,如图 4.5.10 所示.

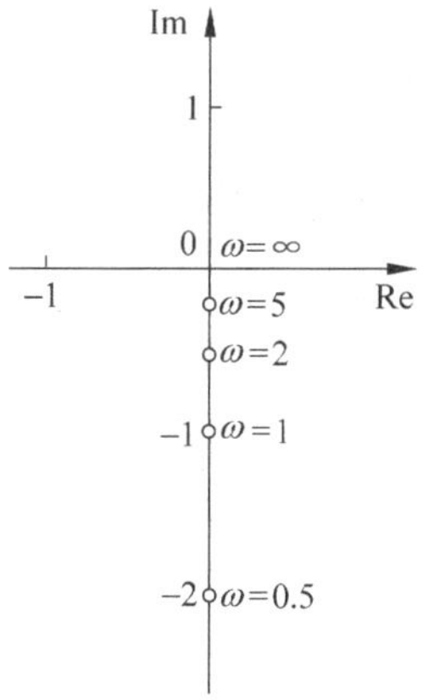

图 4.5.9　积分单元的幅相频率特性图

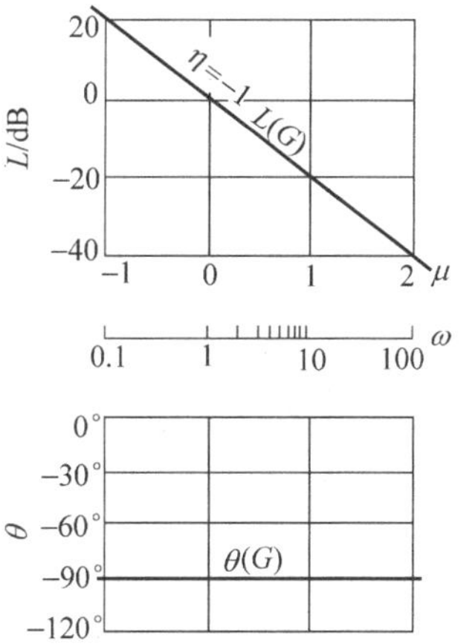

图 4.5.10　积分单元的对数频率特性图

第 2 章 2.11 节曾指出:“可以把积分单元想象为时间常数与比例系数同步地趋于无穷大的惰性单元”. 这一点在图 4.5.9 和图 4.5.10 中也可以看出.

4. 不稳定单元

根据命题 4.3.1 和式(2.11.8a,b),可得不稳定单元的频率特性函数是

$$G(\mathrm{j}\omega)=\frac{1}{\mathrm{j}\omega T+1},\quad T<0.\tag{4.5.10}$$

即

$$\begin{cases}|G(\mathrm{j}\omega)|=\dfrac{1}{\sqrt{\omega^2T^2+1}}, \\ \arg G(\mathrm{j}\omega)=-\arctan\omega T,\end{cases} \quad T<0 \tag{4.5.11}$$

或

$$G(\mathrm{j}\omega)=\frac{1}{(\mathrm{j}\omega T)^2+2\zeta(\mathrm{j}\omega T)+1}, \quad T>0, -1<\zeta<0. \tag{4.5.12}$$

即

$$\begin{cases}|G(\mathrm{j}\omega)|=\dfrac{1}{\sqrt{(1-\omega^2T^2)^2+4\zeta^2\omega^2T^2}}, \\ \arg G(\mathrm{j}\omega)=-\arctan\dfrac{2\zeta\omega T}{1-\omega^2T^2},\end{cases} \quad T>0, -1<\zeta<0. \tag{4.5.13}$$

比较式(4.5.11)、式(4.5.13)与式(4.5.2)、式(4.5.5),并注意其中 T 和 ζ 的符号,可见不稳定单元的幅频特性函数与惰性单元和振荡单元的完全相同,但相频特性函数则与它们的反号. 当 ω 从 0 变至 $+\infty$,式(4.5.11)的 $\arg G(\mathrm{j}\omega)$ 从 0°变至 +90°;式(4.5.13)的 $\arg G(\mathrm{j}\omega)$ 则从 0°变至 +180°. 它们的幅相频率特性图分别如图 4.5.11(a),(b)所示. 对数频率特性图分别如图 4.5.12(a),(b)所示.

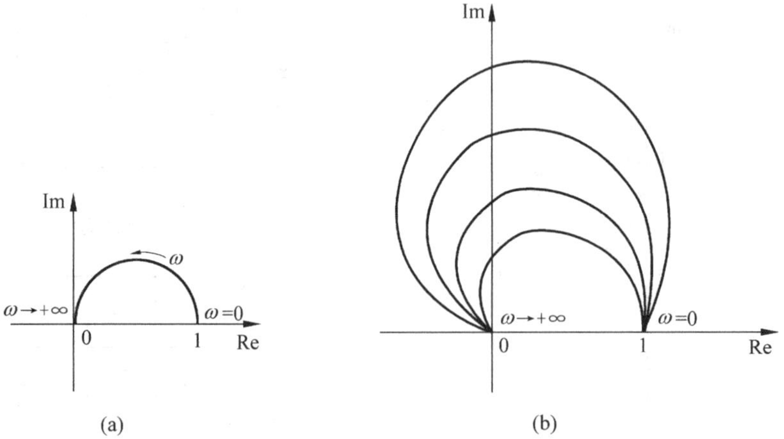

图 4.5.11 1阶和2阶不稳定单元的幅相频率特性图

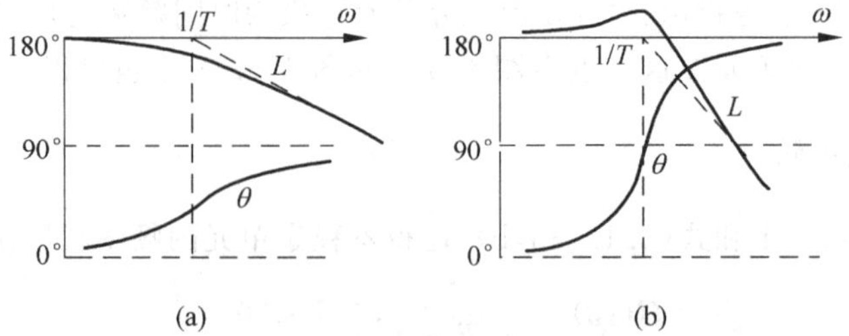

图 4.5.12 1阶和2阶不稳定单元的对数频率特性图

5. 微分单元

根据命题 4.3.1 和式(2.11.9a,b,c),可得 3 种微分单元的频率特性函数如下：

$$G(\mathrm{j}\omega)=\mathrm{j}\omega T,\quad T>0. \tag{4.5.14a}$$

$$G(\mathrm{j}\omega)=\mathrm{j}\omega T+1,\quad T\neq 0. \tag{4.5.14b}$$

$$G(\mathrm{j}\omega)=(\mathrm{j}\omega T)^2+2\zeta(\mathrm{j}\omega T)+1,\quad T>0,0<|\zeta|<1. \tag{4.5.14c}$$

其中式(4.5.14a)常称为**纯微分**单元.

对于参数 T 和 ζ 取正值的情形,注意到这些单元的传递函数分别是积分单元、惰性单元和振荡单元的传递函数的倒数.因此微分单元的频率特性函数也是这些单元的频率特性函数的倒数.它们的对数频率特性图则分别与后者反号.所以微分单元的幅相频率特性图分别如图 4.5.13(a,b,c)所示；而它们的对数频率特性图则分别如图 4.5.14(a,b,c)所示.

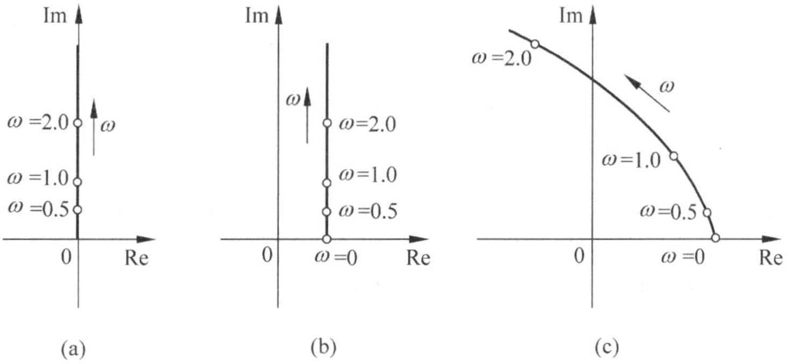

图 4.5.13　微分单元的幅相频率特性图

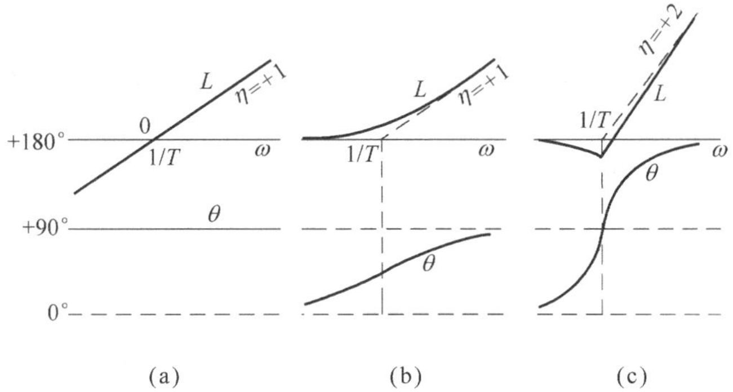

图 4.5.14　微分单元的对数频率特性图

6. 比例单元

根据命题 4.3.1 和式(2.11.10),可得比例单元的频率特性函数是

$$G(\mathrm{j}\omega)=k,\quad k\neq 0. \tag{4.5.15}$$

即

$$\begin{cases}|G(\mathrm{j}\omega)|=|k|,\\ \arg G(\mathrm{j}\omega)=\begin{cases}0^\circ, & k>0,\\ 180^\circ, & k<0.\end{cases}\end{cases} \tag{4.5.16}$$

故其幅相频率特性图是复数平面的实轴上的孤点$(k,0)$,而其对数频率特性函数是

$$\begin{cases}L(G)=\lg|k|,\\ \theta(G)=\begin{cases}0^\circ, & k>0,\\ 180^\circ, & k<0.\end{cases}\end{cases} \tag{4.5.17}$$

图 4.5.15 是 $k=3$ 的对数频率特性图.

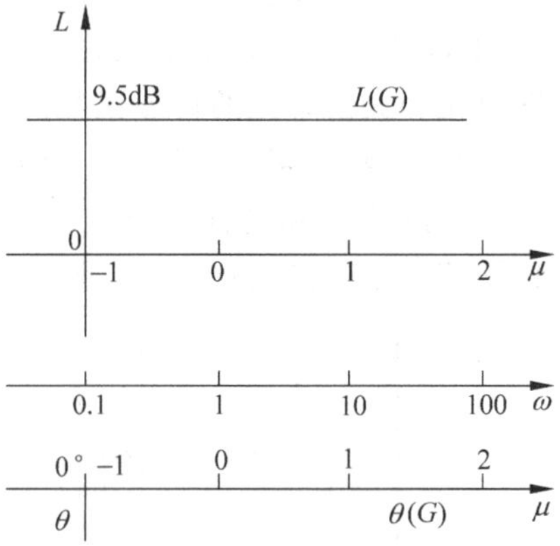

图 4.5.15 比例单元的对数频率特性图

7. 延时单元

根据命题 4.3.1 和式(2.11.12),可得延时单元的频率特性函数是

$$G(\mathrm{j}\omega)=\mathrm{e}^{-\mathrm{j}\omega\tau}, \tag{4.5.18}$$

其中 $\tau>0$ 是延时量.据此有

$$\begin{cases}|G(\mathrm{j}\omega)|=1,\\ \arg G(\mathrm{j}\omega)=-\omega\tau.\end{cases} \tag{4.5.19}$$

故延时单元的幅相特性函数是一个单位圆,随着 ω 的增高,它周而复始地沿单位圆顺钟向重复无限次,如图 4.5.16 所示.

延时单元的对数频率特性函数是

$$\begin{cases}L(G)=0,\\ \theta(G)=-\dfrac{180}{\pi}(10^{\mu})\tau.\end{cases} \tag{4.5.20}$$

其图像如图 4.5.17 所示.当 τ 改变时,曲线 $\theta(G)$ 随 τ 的变化而左右移动.但其形状不变,式(4.5.20)的 θ 是以度(°)为单位给出.式中的系数 $-(180/\pi)10^{\mu}$ 的值可从图 4.5.18查得.

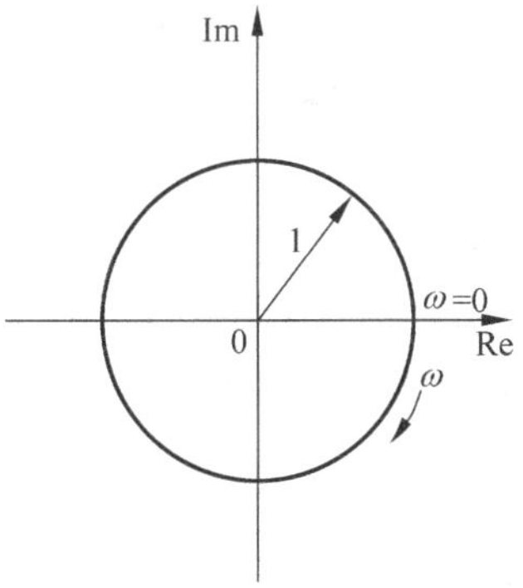

图 4.5.16　延时单元的幅相频率特性图

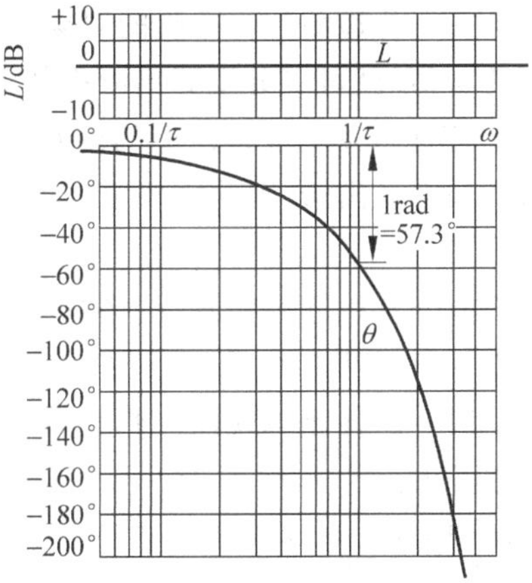

图 4.5.17　延时单元的对数频率特性图

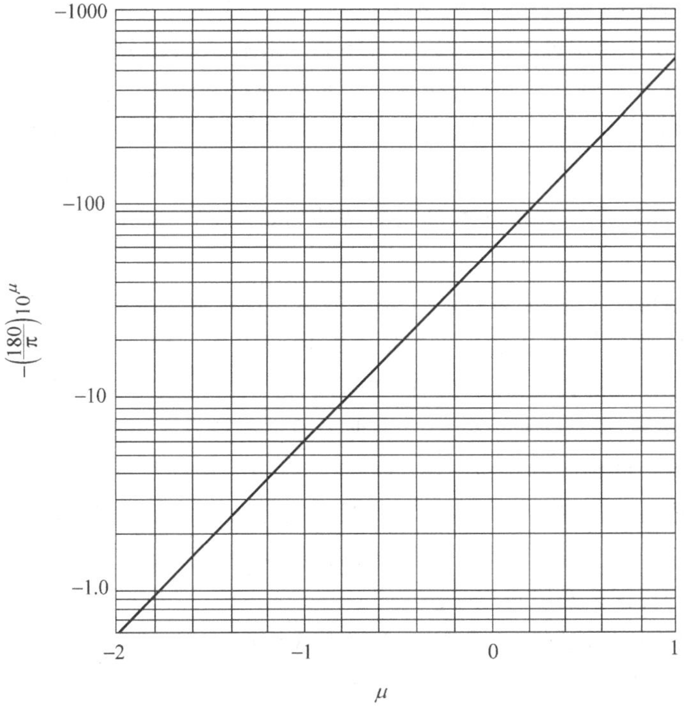

图 4.5.18　式(4.5.19)中系数$-(180/\pi)10^{\mu}$的值

4.6　复杂频率特性图的绘制

4.5 节给出了运动对象的各种基本单元的频率特性函数以及它们的图像. 控制系统的频率特性函数与图像当然比一个基本单元的复杂得多. 4.3 节的例 4.3.1

不过是一个传递函数为4阶的对象.从原理上说,只须在式(4.3.2)中代入一系列不同的 ω 值,就可以分别算出频率特性函数 $G(\mathrm{j}\omega)$ 相应的值,并在复数平面上画出 $G(\mathrm{j}\omega)$ 的图像,并没有原则上的困难.然而实际进行时就会发现,这样计算往往十分繁冗和容易出错.因此需要更方便的算法,既保证结果准确,又不需要花费过多时间.

当前计算机已经普及,已经有不少专用的计算软件可以极方便地实现上述所有计算并将结果画成曲线,既准确又迅速.研究控制科学与工程的工程师和学生应该掌握一两种此类软件,例如 MATLAB.凡是有计算机可用时都应尽量使用,以提高效率.

尽管如此,实际生活中还是经常会遇到这种情形:手头一时没有现成的计算机和适当的软件可用,却需要迅速画出精度虽不甚高但性质正确可靠的频率特性曲线草图,以便表述和考察问题概貌、探索思路、初步研究解决问题的办法或作方案比较.这种情形下,一个工程师如果离开计算机就束手无策,必定寸步难行.即使有计算机,在作初步思考的阶段,如果不善于先作大略的分析,只会对许许多多可能的情况统统详细计算,算出和画出大量的数据和图纸而抓不住问题的核心,这样的工程师,考虑和解决实际问题的能力必定也很受限制.因此有必要寻找简便易行的工程估算和描绘方法.本章就要探讨研究复杂控制系统性质的一些简易方法.本节首先以上述各种基本单元的特性为基础,叙述绘制复杂系统的频率特性图像的方法.

绝大多数情况下,控制系统是一些基本单元连接成串联、并联、求和及闭环反馈等关系的单元组合.第2章2.9.2节和2.10.2节曾分别推导了这些组合的传递函数与各基本单元的传递函数之间的关系.传递函数与频率特性函数的差别不过是 s 与 $\mathrm{j}\omega$ 的差别.所以工程实践中需要善于通过各种方式将基本单元的频率特性组合成复杂系统的频率特性和图像.

如果组成网络的各单元之间只有并联关系和求和关系,则采用幅相频率特性函数计算比较方便,因为只需将各单元的幅相特性函数值分解为实部与虚部,并分别对实部与虚部求和就可以了.

多数情况下,组成网络的各单元之间形成串联关系.这时采用对数频率特性函数计算最为方便,因为这种情形下需要将各单元的频率特性函数相乘,而这就相当于将它们的对数频率特性的增益函数 $L(\mu)$ 与相角函数 $\theta(\mu)$ 分别相加.

如果组成网络的各单元之间形成闭环反馈的关系,则计算公式中既有加法,又有乘除法,不论用幅相特性函数或对数特性函数都很费事.为此,历史上曾有不少科学家编制和出版过各种专用的列线图和数据表,供后人作这类计算时查用.不过这类图表大都是在计算机尚未问世前编制的,当时的意图是用它们做精确计算,所以许多图表都做得很细密.今天只需要用它们作某些辅助性的计算,所以只须用比较简略的图表就够了.

下面举例说明对复杂系统的频率特性进行工程计算和描绘其图像的方法.

例 4.6.1　第 2 章 2.9.2 节的图 2.9.4 已给出小功率随动系统的框图. 现重画为图 4.6.1(重画时已代入 2.2.4 节所给出的各参数的数据). 要求绘制其开环系统的对数频率特性图.

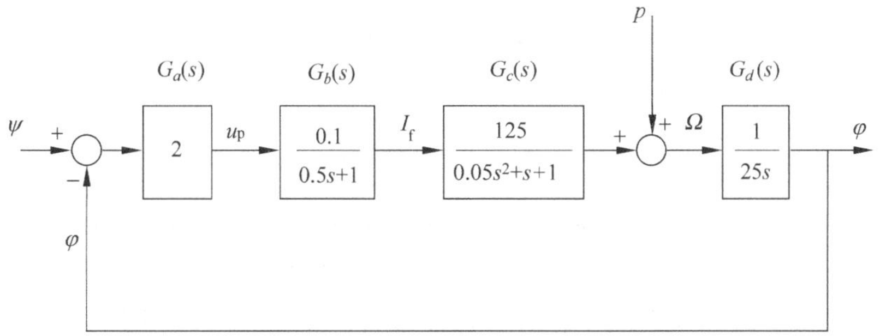

图 4.6.1　小功率随动系统的框图

根据图 4.6.1,该对象的开环传递函数是一组串联框的传递函数的乘积. 下面我们就以该对象为例,分步骤叙述绘制串联框组合的对数频率特性图的一般过程.

第 1 步(化传递函数为标准形式)　首先将对象的传递函数改写为标准形式. 为此须作如下的预处理: 将传递函数的分子与分母分别分解为因子的乘积,并将乘积分为两部分: $G_{\text{open}}(s)=G_0(s)G_1(s)$. 其中 $G_0(s)$仅含比例因子、积分因子、纯微分因子和延时因子,称为传递函数的无转折点部分; 余下的因子都合并为 $G_1(s)$,称为有转折点部分. 在有转折点部分中,对每个 2 次多项式因子用第 2 章 2.11 节所述方法检查是否为振荡性因子. 如不是,则分解为两个 1 次多项式因子之积. 如果分子与分母含有相同因子,则予消去. 如果分子或分母含有多重因子,可视为多个单重因子处理. 经过上述预处理后,这两个部分分别形如

$$G_0(s)=\frac{K\mathrm{e}^{-\tau s}}{s^{\nu}},\quad G_1(s)=\frac{(\cdots)(\cdots)\cdots(\cdots)}{(\cdots)(\cdots)\cdots(\cdots)}.\tag{4.6.1}$$

式中,$K\neq0$ 是开环比例系数; $\tau\geqslant0$ 是串联延时单元的总延时量,如果对象中不含延时单元,则取 $\tau=0$; ν 等于串联的积分单元数减去串联的纯微分单元数,通常 $\nu\geqslant0$,若串联的纯微分单元数多于积分单元数,则 $\nu<0$,但这种情形极为罕见. 式(4.6.1)中各$(\cdots)$代表传递函数中的所有形如

$$(T_is+1)\quad 或\quad (T_i^2s^2+2\zeta_iT_is+1)\tag{4.6.2}$$

的因子,其中 $T_i\neq0$,$0\leqslant|\zeta_i|<1$. 每个这类单元各有一个角频率为 $1/|T_i|$的转折点. 系数 K 应选择得使 $G_1(s)$的每个因子的常数项均为 1.

本例的对象是图 4.6.1 的系统的开环传递函数 $G_{\text{open}}(s)$. 它由以下各单元组成:

比例单元：传递函数为 $G_a(s)=2$；

惰性单元：传递函数为 $G_b(s)=0.1/(0.5s+1)$；

2阶单元：传递函数为 $G_c(s)=125/(0.05s^2+s+1)$；

积分单元：传递函数为 $G_d(s)=1/(25s)$.

本例没有延时单元.开环系统的传递函数为

$$G_{\mathrm{open}}(s)=G_a(s)G_b(s)G_c(s)G_d(s)$$
$$=\frac{1}{s(0.5s+1)(0.05s^2+s+1)}. \tag{4.6.3}$$

式(4.6.3)的分母中有1个2次多项式因子$(0.05s^2+s+1)$.经检查,其判别式为$\Delta=b^2-4ac=(1)^2-4(0.05)(1)>0$,故将它先分解为两个1次多项式因子之积：$(0.9472s+1)(0.05279s+1)$.于是得到式(4.6.3)的标准形式如下：

$$G_{\mathrm{open}}(s)=\frac{1}{s(0.5s+1)(0.9472s+1)(0.05279s+1)}. \tag{4.6.4}$$

它有$G_0(s)=1/s$,故$K=1$,$\nu=1$,此外并有3个形如式(4.6.2)的多项式因子.

第2步(转折点统一排序) 设标准形式的传递函数中的有转折点部分$G_1(s)$,即分子与分母中形如式(4.6.2)的含1次和2次多项式因子的部分共有因子N个.每个这样的因子有1个时间常数T_i,$i=1,2,\cdots,N$.各转折点的横坐标分别为$\mu_i=\lg(1/|T_i|)$.将分子与分母中所有1次与2次多项式因子统一按照$|T_i|$自大至小的顺序**混合编号**,分别记为$F_i(s)$,$i=1,2,\cdots,N$.

对于本例,式(4.6.4)有$N=3$.各因子按顺序编号如下：

$F_1(s)$(在分母中)：$(0.9472s+1)$,时间常数：$T_1=0.9472$,$\mu_1=\lg(1/|T_1|)=0.02356$.

$F_2(s)$(在分母中)：$(0.5s+1)$,时间常数：$T_2=0.5$,$\mu_2=\lg(1/|T_2|)=0.3010$.

$F_3(s)$(在分母中)：$(0.05279s+1)$,时间常数：$T_3=0.05279$,$\mu_3=\lg(1/|T_3|)=1.277$.

由于各因子按照$|T_i|$自大至小的顺序编号,故诸μ_i值在横坐标轴上自左至右排列.本例的传递函数经过预处理后没有2次多项式因子.本例分子中没有多项式因子.本例也没有时间常数为负的因子.本例也没有延时单元.所以本例属于最简单的情形.但如果含有这些因子,上述的混合编号规则不变.

第3步(画折线对数幅频特性) 将折线对数幅频特性记作$L_{\mathrm{brkn}}(\mu)$.画法如下：

第3.1步 首先画出无转折点部分即$G_0(s)$的对数幅频特性,作为$L_{\mathrm{brkn}}(\mu)$的第0段,即位于$L_{\mathrm{brkn}}(\mu)$最左方的一段.由于$|e^{-\tau s}|_{s=j\omega}$恒等于1,故$L_{\mathrm{brkn}}(\mu)$即等于$\lg|K/s^\nu|_{s=j\omega}$.其画法如下：令$\eta_0=-\nu$.自左向右画斜率为$\eta_0$并通过点$(\mu=0, L=\lg|K|)$的直线段,画到$\mu=\mu_1$处为终点.

就本例而言，有 $K=1$，$\nu=1$，$\mu_1=0.02356$，$\tau=0$. 按照上述方法画出其 $L_{\text{brkn}}(\mu)$ 的第 0 段如图 4.6.2 的线段 AB 所示.

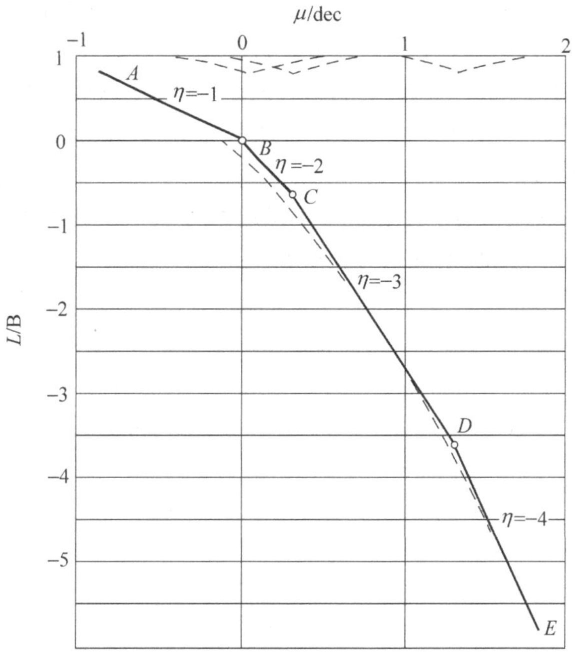

图 4.6.2 折线对数幅频特性 $L_{\text{brkn}}(\mu)$

第 3.2 步 按以下程序继续画 $L_{\text{brkn}}(\mu)$ 的第 1 至 N 段：

对于 $i=1$ 至 N 做

始 **若** 因子 $F_i(s)$ 是 1 次多项式因子 **则** $\Delta\eta_i:=1$ **否则** $\Delta\eta_i:=2$；

若 因子 $F_i(s)$ 在传递函数的分母中 **则** $\eta_i:=\eta_{i-1}-\Delta\eta_i$

否则 $\eta_i:=\eta_{i-1}+\Delta\eta_i$；

从第 $i-1$ 段的终点即 $\mu=\mu_i$ 处开始，以斜率 $\eta=\eta_i$ 向右方画直线段，至 $\mu=\mu_{i+1}$ 处为终点(若 $i=N$ 则画到图纸覆盖的频率范围满足需要为止)

终；

对于本例，按照此程序画出的折线对数幅频特性 $L_{\text{brkn}}(\mu)$ 的第 1 至 3 段如图 4.6.2的折线段 $BCDE$ 所示.

第 4 步(画折线特性 $L_{\text{brkn}}(\mu)$ 的修正曲线) (如认为无必要修正，此步可省略)为此，首先为标准形式的传递函数之有转折点部分的分母和分子的每一个因子分别按照本章的附录 4.1 至 4.3 画出对数幅频特性的修正曲线. 最后把各修正曲线的修正量逐点加到 $L_{\text{brkn}}(\mu)$ 上，所得代数和就是准确的 $L(\mu)$ 曲线，如图 4.6.2 的虚线所示.

第5步(画对数相频特性曲线) 首先算出对数频率特性函数中因子 K/s^{ν} 的相频特性数值 $\theta_{K\nu}=\theta_K+\theta_\nu$，其中，若 $K>0$ 则取 $\theta_K=0°$；若 $K<0$ 则取 $\theta_K=180°$ 或 $-180°$；而 $\theta_\nu=-\nu\cdot 90°$. 然后再为标准形式的传递函数中的每一个多项式因子分别按照本章的附录4.4至4.6画出其对数相频特性曲线，并为延时单元(如果有的话)画出对数相频特性曲线. 延时单元的对数相频特性的数据见图4.5.17和图4.5.18. 把所有因子的对数相频特性曲线的数据逐点相加，并加上常数 $\theta_{K\nu}$，就得到准确的 $\theta(\mu)$ 曲线.

对于本例，按照上述的第4和第5步完成的对数幅频特性和对数相频特性图分别如图4.6.2中的虚线和图4.6.3所示.

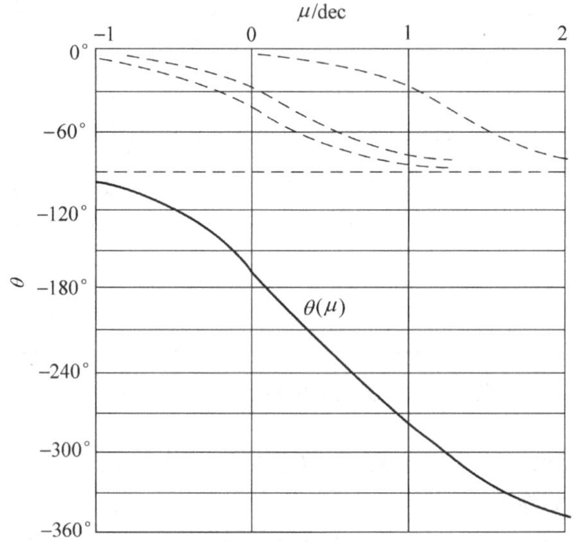

图4.6.3 例4.6.1小功率随动系统的开环对数相频特性图

第6步(极限频率点校核) 绘制复杂系统的对数频率特性图需要处理的步骤数目和数据量较多，容易出错. 在初步画好后，最好进行校核，至少对 $\omega=0$ 和 $\omega=\infty$ 这两个点进行校核. 从式(4.6.3)容易得到

$$G_{\text{open}}(s)\big|_{s=0}=1/s;\quad G_{\text{open}}(s)\big|_{s=\infty}=40/s^4.$$

因此，在极低频段，$|G_{\text{open}}(\text{j}\omega)|$ 应是一条 $\eta=-1$ 的直线段，通过点($\mu=0, L=0$)，而 $\arg G_{\text{open}}(\text{j}\omega)$ 应为 $-90°$. 在极高频段，则 $G_{\text{open}}(s)$ 应是一条 $\eta=-4$ 的直线段，其延长线通过点($\mu=0, L=\lg 40=1.602\text{B}=32\text{dB}$)，而 $\arg G_{\text{open}}(\text{j}\omega)$ 应为 $4\times(-90°)=-360°$. 这些在图4.6.2和图4.6.3中都可以核证. □

关于使用列线图(诺模图)从开环系统频率特性求闭环频率特性的方法，将在4.14节讨论.

4.7　频率特性函数的几项重要性质

本节叙述频率特性函数的几项最重要的性质，它们对于深入掌握频率响应分析方法很重要.

1. 线性性质

如果系统的频率特性函数 $G(\mathrm{j}\omega)$ 可表示为

$$G(\mathrm{j}\omega) = aG_1(\mathrm{j}\omega) + bG_2(\mathrm{j}\omega), \tag{4.7.1}$$

其中 a,b 为实常数，函数 $G_1(\mathrm{j}\omega)$ 和 $G_2(\mathrm{j}\omega)$ 在复数平面的右半面都没有极点，则系统在零初值下对某一输入信号 $u(t)$ 的响应 $y(t)$ 也可表示为

$$y(t) = ay_1(t) + by_2(t), \tag{4.7.2}$$

其中 $y_1(t)$ 和 $y_2(t)$ 分别是当 $u(t)$ 单独作用于 $G_1(\mathrm{j}\omega)$ 和 $G_2(\mathrm{j}\omega)$ 时在零初值下所产生的响应. 这个性质是第 2 章 2.5.2 节所述拉普拉斯变换的线性性质的自然推论.

2. 频率尺度与时间尺度的反比性质

设两个对象的频率特性函数分别为 $G_1(\mathrm{j}\omega)$ 和 $G_2(\mathrm{j}\omega)$，而

$$G_2(\mathrm{j}\omega) = G_1(\mathrm{j}a\omega), \tag{4.7.3}$$

又设 $G_1(\mathrm{j}\omega)$ 的阶跃响应为 $y_1(t)$，$G_2(\mathrm{j}\omega)$ 的阶跃响应为 $y_2(t)$，则有

$$y_2(t) = y_1(t/a). \tag{4.7.4}$$

证明　分别记这两个对象的拉普拉斯变换象函数为 $G_1(s)$ 和 $G_2(s)$，则有 $G_2(s)=G_1(as)$. 故它们的阶跃响应函数的拉普拉斯变换象函数分别是 $Y_1(s)=G_1(s)/s$ 和 $Y_2(s)=G_2(s)/s=G_1(as)/s$. 于是有 $Y_2(s)=aY_1(as)$. 根据第 2 章 2.5.2 节所述拉普拉斯变换的性质 4（时间尺度定理），在式(2.5.8)中取 $G(s)=Y_2(s)$，$F(s)=Y_1(s)$，即得式(4.7.4). □

式(4.7.3)和式(4.7.4)用图像表示出来，就是图 4.7.1(a)，(b). 这个性质可以说成是“频率特性图收缩的比例等于阶跃响应函数图展宽的比例.”注意：这个性质只适用于阶跃响应函数，而不是普遍适用于一切信号作用下系统的响应.

3. 幅频特性函数与相频特性函数的关系

在阅读本章 4.5 至 4.6 节的内容时，细心的读者可能已经注意到，对于各类稳定的基本单元，其对数频率特性图都有如下的共同特性：如果在某一相当宽的频率段，对数幅频特性的斜率 $\eta\approx 0$，则在该频率段其相频特性就满足 $\theta\approx 0$. 如果在某一相当宽的频率段，其对数幅频特性有 $\eta\approx -1$ 或 -2，则在该频率段其相频特性就满足 $\theta\approx -\pi/2$ 或 $-\pi$. 甚至对于一个复杂系统，如果在某一相当宽的频率段，对

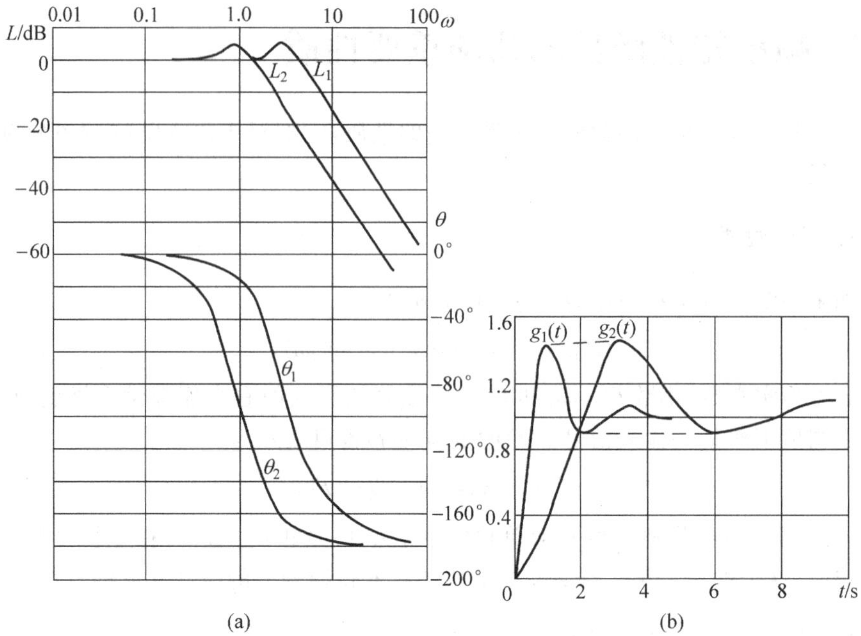

图 4.7.1 频率尺度与阶跃响应时间尺度的反比关系

数幅频特性函数处处有 $\eta\approx k$,则在该频率段相频特性函数就满足 $\theta\approx k(\pi/2)$.

这种情况并非偶然.数学上可以证明:在复数平面的**右半面上既无极点也无零点**的传递函数,其幅频特性函数与相频特性函数并非互相独立,两者间存在严格确定的关系.如果幅频特性函数已经给定,就可以用公式把相频特性函数计算出来.这个公式是

$$\theta(\omega_a)=\frac{1}{\pi}\int_{-\infty}^{\infty}\eta(v)\ln\coth\left|\frac{v}{2}\right|\mathrm{d}v, \tag{4.7.5}$$

其中 ω_a 为要求计算相频特性函数值的点的角频率;

$v=\ln(\omega/\omega_a)$;

ω 为角频率变量;

$\eta(v)$ 为对数幅频特性曲线在点 $v=\ln(\omega/\omega_a)$ 的斜率 $\mathrm{d}L/\mathrm{d}\mu$;

coth 是双曲余切函数的记号:$\coth x=\dfrac{\mathrm{e}^x+\mathrm{e}^{-x}}{\mathrm{e}^x-\mathrm{e}^{-x}}$.

许多文献将式(4.7.5)写作

$$\theta(\omega_a)=\frac{1}{\pi}\int_{-\infty}^{\infty}\frac{\mathrm{d}(\ln A)}{\mathrm{d}v}\ln\coth\left|\frac{v}{2}\right|\mathrm{d}v,$$

它与式(4.7.5)并无差别,因为

$$\frac{\mathrm{d}(\ln A)}{\mathrm{d}v}=\frac{\mathrm{d}(\ln A)}{\mathrm{d}(\ln(\omega/\omega_a))}=\frac{\mathrm{d}(\lg A)}{\mathrm{d}(\lg(\omega/\omega_a))}=\frac{\mathrm{d}(\lg A)}{\mathrm{d}(\lg\omega)}=\frac{\mathrm{d}L}{\mathrm{d}\mu}=\eta.$$

式(4.7.5)表明,θ 是对数幅频特性曲线的斜率 η 的加权平均值,其加权函数

就是 $\ln\coth|v/2|$. 这个函数的图像如图 4.7.2 所示.

从式(4.7.5)可以看出，如果对数幅频特性函数在 ω_a 点附近相当宽的频率段内处处都有斜率 $\eta=k$，而 k 为常数，就有

$$\theta(\omega_a)=\frac{1}{\pi}\int_{-\infty}^{\infty}k\coth\left|\frac{v}{2}\right|\mathrm{d}v=k\cdot\frac{\pi}{2}.$$

例如积分单元的对数幅频特性曲线的斜率处处等于 -1，其相频特性函数值就处处是 $-\pi/2$.

与此对等，也有从相频特性函数计算幅频特性函数的公式.

应当说明的是，在工程上并不使用式(4.7.5)来实际计算 $\theta(\omega)$ 函数的值. 式(4.7.5)的主要价值在于指出相频特性函数与对数幅频特性函数的斜率之间有确定的关系这一性质. 工程上常常利用这一性质，**根据幅频特性曲线的斜率大致勾画出相频特性曲线的草图**，进而粗略地分析系统的动态性质，而省去绘制准确相频特性曲线的步骤.

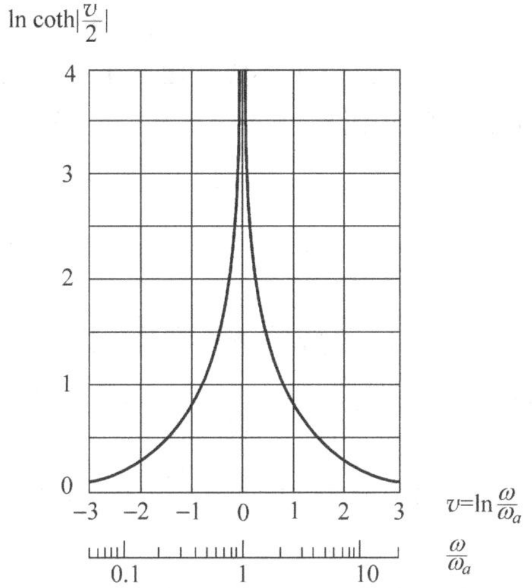

图 4.7.2　函数 $\ln\coth x$

注意上述性质只对在复数平面的**右半面上既无零点也无极点**的传递函数成立. 传递函数具有这种性质的对象称为**最小相位**对象.

“最小相位”这一名称来源于通讯科学. 它的意思是：如果两个传递函数，在频率区间$(0,\infty)$上它们的幅频特性函数完全相同，则其中在复数平面的右半面上既无零点也无极点的传递函数，其相频特性函数的变化幅度必为最小. 考察以下两个对象：

$$G_1(s)=\frac{2(2s+1)}{s(s+1)(5s+1)},\quad G_2(s)=\frac{2(-2s+1)}{s(s+1)(5s+1)}.$$

它们的幅频函数 $|G_1(\mathrm{j}\omega)|$ 与 $|G_2(\mathrm{j}\omega)|$ 完全相同，但当 ω 由 0 连续地增大，$\arg G_1(\mathrm{j}\omega)$ 由 $-90°$ 开始变化，时减时增，最后当 ω 变为 ∞ 时，$\arg G_1(\mathrm{j}\omega)$ 变为 $-180°$；而 $\arg G_2(\mathrm{j}\omega)$ 虽也由 $-90°$ 开始变化，但最后当 ω 变为 ∞ 时 $\arg G_2(\mathrm{j}\omega)$ 却变到 $-360°$，其变化幅度比 $\arg G_1(\mathrm{j}\omega)$ 大. 这就是对象 $G_2(s)$ 称为非最小相位对象的原因. 不稳定的传递函数和含有延时单元的传递函数显然是非最小相位的.

4. 非最小相位对象运动的特点

在阶跃信号作用下，非最小相位对象往往在响应的初始时刻作反向运动. 原因如下.

设非最小相位对象的开环传递函数 $G(s)$ 可表示为

$$G(s)=\frac{K\left(\frac{s}{-z}+1\right)(\tau_1 s+1)(\tau_2 s+1)\cdots(\tau_{m-1}s+1)}{s^{\nu}(T_1 s+1)(T_2 s+1)\cdots(T_{n-\nu}s+1)},\tag{4.7.6}$$

其中 $z>0$ 是 $G(s)$ 在复数平面右半面上的实数零点. 所有各 T_i 和 τ_j 均为正实数或实部为正的共轭复数. $K>0, n>m\geqslant 1, \nu\geqslant 0$. 将上式分子和分母分别展开写成

$$G(s)=\frac{N(s)}{D(s)}=\frac{b_m s^m+b_{m-1}s^{m-1}+\cdots+b_1 s+b_0}{a_n s^n+a_{n-1}s^{n-1}+\cdots+a_{\nu+1}s^{\nu+1}+a_{\nu}s^{\nu}},$$

则显然有

$$a_n>0,\quad b_m<0.\tag{4.7.7}$$

在单位反馈下, 系统的闭环传递函数是

$$\begin{aligned}H(s)&=\frac{N(s)}{D(s)+N(s)}=\frac{b_m s^m+b_{m-1}s^{m-1}+\cdots+b_1 s+b_0}{(a_n s^n+a_{n-1}s^{n-1}+\cdots+a_{\nu}s^{\nu})+(b_m s^m+b_{m-1}s^{m-1}+\cdots+b_1 s+b_0)}\\&=\frac{b_m s^m+b_{m-1}s^{m-1}+\cdots+b_1 s+b_0}{a_n s^n+a_{n-1}s^{n-1}+\cdots+a_{m+1}s^{m+1}+(a_m+b_m)s^m+(a_{m-1}+b_{m-1})s^m+\cdots}.\end{aligned}\tag{4.7.8}$$

在阶跃输入信号 $u(t)=1(t)$ 即 $U(s)=1/s$ 作用下, 系统的输出量是

$$Y(s)=H(s)U(s)=H(s)\frac{1}{s}.$$

反复应用拉普拉斯变换的微分定理式(2.5.11)和初值定理式(2.5.13), 就可以求得输出量 $y(t)$ 及其各阶导数的初值是

$$\begin{aligned}&y(0^+)=\dot{y}(0^+)=\cdots=\overset{(n-m-1)}{y}(0^+)=0;\\&\overset{(n-m)}{y}(0^+)=\frac{b_m}{a_n}<0;\quad \overset{(n-m+1)}{y}(0^+)=\cdots;\quad \cdots\end{aligned}$$

由此看出, 由于 $y(t)$ 的第 1 个非零导数 $\overset{(n-m)}{y}(0^+)$ 取负值, 故在阶跃响应的初始段, 输出量 $y(t)$ 的变化方向必然是趋负. 这就是非最小相位系统的阶跃响应在初始段往往先作反向运动并出现一个"负峰"的原因. 图 4.7.3 是一个例子. 由于反向运

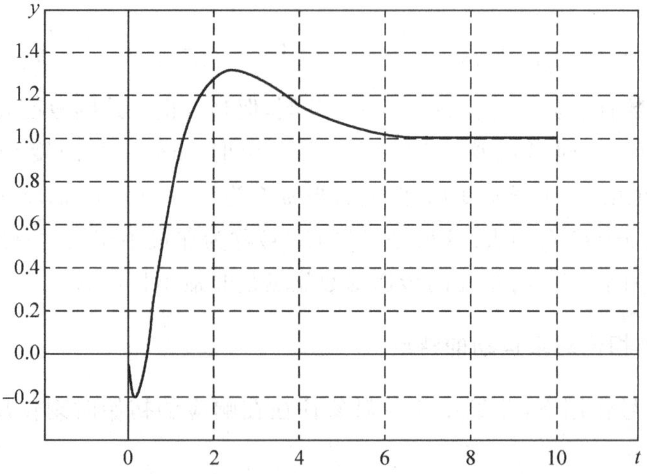

图 4.7.3 非最小相位系统阶跃响应初始段的反向运动和负峰

动和"负峰"，非最小相位系统的响应过程一般较迟缓，不利于实现控制. 所以，除非是被控制对象本身具有无法避免的非最小相位性质，否则在设计控制系统时总要尽力设法避免右半面的零点.

4.8　奈奎斯特稳定判据

奈奎斯特稳定判据由奈奎斯特(H. H. Nyquist)提出，是根据开环系统的频率特性图判断闭环系统稳定性的一种判据. 应用奈奎斯特稳定判据研究控制系统的稳定性有很多优点：它只使用控制系统的开环频率特性而不需要求出闭环频率特性；它主要靠作图，计算量很小；它不仅能判断系统是否稳定，而且还能描述系统接近于不稳定的程度，称为"稳定裕度"；更进一步，它往往还能提示改善系统稳定性的办法. 最独特的是：使用这个判据不需要知道系统的微分方程或传递函数，只须通过实验测出其开环频率特性就可以了. 由于这些显著优点，奈奎斯特稳定判据对于分析控制系统的稳定性十分重要. 从 20 世纪 30 年代至今，它一直是整个频率域控制理论的基石.

奈奎斯特稳定判据建立在复变函数理论的幅角原理的基础上. 为了说明这一判据，下面首先复习幅角原理.

4.8.1　幅角原理

设 $W(s)$是复变数 s 的一个单值函数，C 是复数平面上的任意闭围线；除了有限个极点以外，$W(s)$在 C 的内部为正则解析函数[①]，且连续到 C 上；在闭围线 C 的内部，$W(s)$的零点数为 Z，极点数为 P，多重零点和多重极点分别按各自的重数计数；闭围线 C 不通过 $W(s)$的任一零点或极点，则有以下的定理：

定理 4.8.1(幅角原理)　当 s 的值沿闭围线 C 连续地变化 1 周时，函数 $W(s)$ 的向量旋转的周数为 $Z-P$.

图 4.8.1 是幅角原理的示意图. 当 s 沿闭围线 C 变化时，函数 $W(s)$的值随之连续地变化，从原点指向动点 $W(s)$的向量也连续地旋转. 动点 $W(s)$在复数平面上描出一条曲线 C'，称为曲线 C 关于函数 $W(s)$的**映象**. 设 s 沿 C 变化 1 周时，函数 $W(s)$的向量旋转的周数为 w，则显然这也就是闭曲线 C'包围原点的周数. 幅角原理的结论就是

$$w = Z - P. \tag{4.8.1}$$

举例说，假设某函数 $W(s)$在闭围线 C 的内部有 3 个零点，1 个极点，$w=3-1=2$，则闭曲线 C'应包围原点 2 周，如图 4.8.1 所示.

---

① 在某区域内处处连续可导的复变函数称为该区域内的**正则解析函数**，也可简称为正则函数.

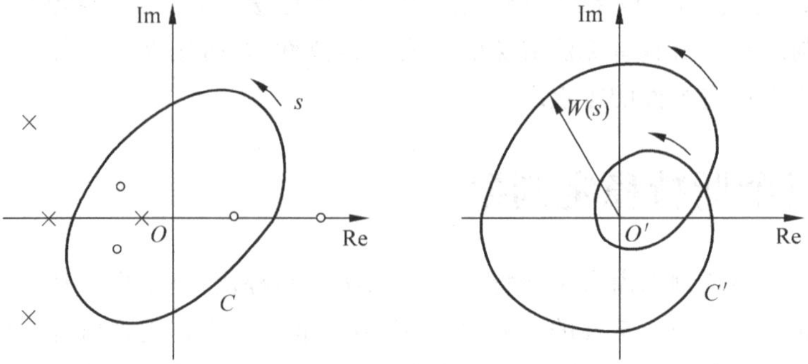

图 4.8.1 复数平面上闭围线的映象

○表示 $-W(s)$ 的零点 ×表示 $-W(s)$ 的极点

注意：幅角原理中说到"s 的值沿闭围线变化"、"向量旋转的周数"、"闭曲线包围原点的周数"等，都是按照数学惯例，以**逆钟向**(亦称逆时针方向)作为正方向. 如果某曲线是顺钟向包围原点，则该曲线包围原点的周数为负数. 本书也依此惯例. 但是下文在叙述和讨论奈奎斯特稳定判据时，却是依照工程习惯，以**顺钟向**(亦称顺时针方向)作为正方向. 读者对此须加注意. 不过，由于既规定以顺钟向作为 s 沿闭围线 C 变化的正方向，又规定以顺钟向作为向量 $W(s)$ 旋转的正方向即闭曲线 C' 包围原点的正方向，故式(4.8.1)显然仍成立. 下文就是这样处理的.

本章的附录 4.7 将给出幅角原理的严格证明. 本节仅就 $W(s)$ 是 s 的有理函数(即不含延时单元)这种特殊情形证明式(4.8.1). 这种情形下幅角原理的提法如下.

设 C 是复数平面上的任意闭围线，$W(s)$ 是 s 的有理函数，可表示为

$$W(s)=\frac{K(s-z_1)^{m_1}(s-z_2)^{m_2}\cdots(s-z_k)^{m_k}}{(s-p_1)^{n_1}(s-p_2)^{n_2}\cdots(s-p_l)^{n_l}},\tag{4.8.2}$$

其中 K 为非 0 实常数. $W(s)$ 的零点 $z_i(1\leqslant i\leqslant k)$ 的重数为 $m_i\geqslant 1$，极点 $p_j(1\leqslant j\leqslant l)$ 的重数为 $n_j\geqslant 1$. 如果 $W(s)$ 没有零点，只须把式(4.8.2)的分子改写为 K，并不影响下文的讨论. 设闭围线 C 不通过 $W(s)$ 的任一零点或极点. 于是除了在有限个极点以外，$W(s)$ 在 C 的内部为正则解析，且连续到 C 上. 设函数 $W(s)$ 在 C 的内部的零点总数为 Z，极点总数为 P，多重零点和多重极点分别按各自的重数计数. 在此条件下重新写出定理 4.8.1 如下.

定理 4.8.2(有理函数的幅角原理)　当 s 的值沿闭围线 C 连续地变化 1 周时，函数 $W(s)$ 的向量旋转的周数为 $Z-P$.

换言之，当 s 沿闭围线 C 连续地变化 1 周时，动点 $W(s)$ 在复数平面上描出闭曲线 C'，称为闭围线 C 的映象. 记 C' 包围原点的周数为 w，则式(4.8.1)成立.

证明　图 4.8.2(a)中画出了 $W(s)$ 位于闭围线 C 内部的 1 个极点 p_1，以及 3 个向量：s,p_1 和 $(s-p_1)$. 当 s 的值沿 C 连续地变化 1 周时，向量 $(s-p_1)$ 也连续地

旋转 1 周，其幅角的增量为 2π. 对于位于闭围线 C 内部的每个极点 p_j，情形都与此类似，每个向量 $(s-p_j)$ 的幅角的增量都是 2π. 对于位于闭围线 C 内部的每个零点 z_i，情形也类似，每个向量 $(s-z_i)$ 的幅角的增量也都是 2π. 相反，图 4.8.2(b) 中的 $W(s)$ 的极点 p_2 位于闭围线 C 的外部，所以当 s 的值沿闭围线 C 变化时，向量 $(s-p_2)$ 虽然也做连续的旋转运动，但当 s 变化 1 周时，此向量的幅角的净增量为 0. 既然 $W(s)$ 的全部零点中位于闭围线 C 的内部的零点数为 Z，全部极点中位于闭围线 C 的内部的极点数为 P，其他极点和零点均位于闭围线 C 的外部，所以根据式(4.8.2)可知，当 s 的值沿闭围线 C 连续变化 1 周时，函数 $W(s)$ 的幅角的净增量是 $Z\cdot 2\pi-P\cdot 2\pi$ 即 $(Z-P)(2\pi)$，也就是向量 $W(s)$ 旋转了 $Z-P$ 周. □

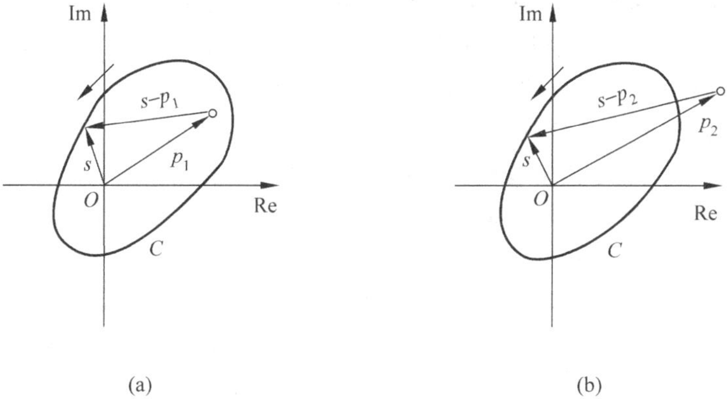

图 4.8.2 向量 $s-p_i$ 旋转的周数

4.8.2 奈奎斯特稳定判据

多数情形下，线性控制系统不含延时单元，其**开环**传递函数 $Q(s)$ 是已知的有理函数，可以表示为式(4.8.2). 为简明起见，把 $Q(s)$ 写作

$$Q(s)=\frac{N(s)}{D(s)}. \tag{4.8.3}$$

其中 $N(s)$ 和 $D(s)$ 都是 s 的已知多项式. 现在研究如何判断该**闭环**系统是否稳定.

闭环系统的传递函数为

$$H(s)=\frac{Q(s)}{1+Q(s)}=\frac{N(s)}{D(s)+N(s)}. \tag{4.8.4}$$

构造函数 $W(s)=1+Q(s)$，则

$$W(s)=1+\frac{N(s)}{D(s)}=\frac{D(s)+N(s)}{D(s)}. \tag{4.8.5}$$

显然，除了在其各极点以外，$W(s)$ 是正则解析函数. 注意 $W(s)$ 的分子多项式和分母多项式分别是闭环系统和开环系统传递函数的分母多项式.

在复数平面上构造如下的闭围线：它的一部分是整个虚轴；它的另一部分是虚轴右侧的半径为无穷大的半圆(图 4.8.3(a)). 这个闭围线正好把复数平面的整个右半面包围在内. 由于它的形状像字母 D,常称为 **D 形围线**. 现在约定：**以顺钟向作为 D 形围线的正方向**. 如果复变数 s 沿 D 形围线顺钟向变化 1 周,就说它沿 D 形围线变化了 1 周；如果 s 沿 D 形围线逆钟向变化 1 周,就说它沿 D 形围线变化了 −1 周.

暂且假设 D 形围线不通过函数 $W(s)$ 的任一零点或极点,我们就可以把 D 形围线看作上节所述的闭围线 C,而 C 的内部就是复数平面的整个右半面. 为简洁起见,今后当复变数 s 连续地变化时,把以 s 为自变量的函数描出的曲线称为该函数的**轨迹**. 现在对函数 $W(s)$ 和 D 形围线应用幅角原理. 由于已经约定以顺钟向为 D 形围线的正方向,我们也规定顺钟向为函数 $W(s)$ 的轨迹包围原点的正方向,如图 4.8.3(b)所示. 把 $W(s)$ 即 $1+Q(s)$ 的轨迹顺钟向包围原点的周数记作 w,则上文已经指出：式(4.8.1)仍然成立. 注意到式(4.8.3),式(4.8.4),式(4.8.5)和图 4.8.3(b),可知：当复变数 s 沿 D 形围线连续变化 1 周时有

$w = W(s)$ 在复数平面右半面的零点数 $- W(s)$ 在复数平面右半面的极点数

$= W(s)$ 的分子多项式 $D(s)+N(s)$ 在复数平面右半面的零点数

$- W(s)$ 的分母多项式 $D(s)$ 在复数平面右半面的零点数

$= H(s)$ 的分母多项式 $D(s)+N(s)$ 在复数平面右半面的零点数

$- Q(s)$ 的分母多项式 $D(s)$ 在复数平面右半面的零点数

$=$ 闭环传递函数 $H(s)$ 在复数平面右半面的极点数

$-$ 开环传递函数 $Q(s)$ 在复数平面右半面的极点数.

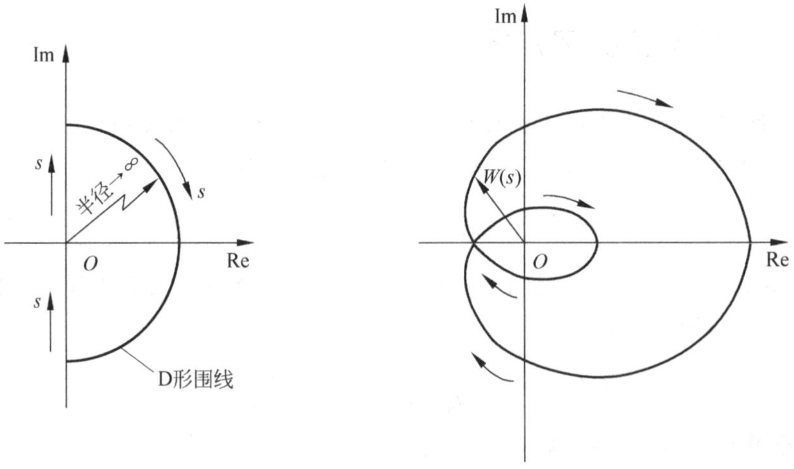

(a) (b)

图 4.8.3 D 形围线及其映象

把函数 $H(s)$ 和 $Q(s)$ 在复数平面右半面的极点数分别记作 h 和 q. 于是上式可简写为

$$w = h - q. \tag{4.8.6}$$

如果闭环系统稳定，则 $H(s)$ 在复数平面的右半面没有极点，即 $h=0$，于是有

$$w = -q. \tag{4.8.7}$$

由于已经约定以顺钟向作为函数 $W(s)$ 的轨迹包围原点的正方向，所以式(4.8.7)用文字叙述就是：设线性控制系统的开环传递函数 $Q(s)$ 在复数平面右半面的极点数为 q，则**闭环系统稳定的充分必要条件是：当 s 沿 D 形围线连续变化 1 周时，函数 $1+Q(s)$ 的轨迹(即 D 形围线关于函数 $1+Q(s)$ 的映象)逆钟向包围原点 q 周**.

上述的根据开环传递函数判断闭环系统稳定性的方法称为**奈奎斯特稳定判据**.

用奈奎斯特稳定判据判断闭环系统是否稳定，只需要：(1)知道开环传递函数 $Q(s)$ 在复数平面右半面的极点数 q；(2)画出当 s 沿 D 形围线连续变化 1 周时函数 $1+Q(s)$ 的轨迹. 这两件事都不困难.

为了有效地应用奈奎斯特稳定判据，下面再补充几点：

(1) 当 s 沿 D 形围线变化时，向量 $1+Q(s)$ 旋转的周数就等于函数 $Q(s)$ 的轨迹包围复数平面上 $-1+\mathrm{j}0$ 点的周数，这从图 4.8.4 就可清楚地看出. 因此奈奎斯特稳定判据可以改述为：**闭环系统稳定的充分必要条件是：当 s 沿 D 形围线连续变化 1 周时，函数 $Q(s)$ 的轨迹逆钟向包围复数平面上的 $-1+\mathrm{j}0$ 点 q 周**. 于是，判断闭环系统的稳定性可以无须画出函数 $1+Q(s)$ 的图像，只须画出函数 $Q(s)$ 的图像即可. 这是一项重要改进，因为在用对数频率特性表示时，计算函数 $1+Q(s)$ 比计算函数 $Q(s)$ 费事得多.

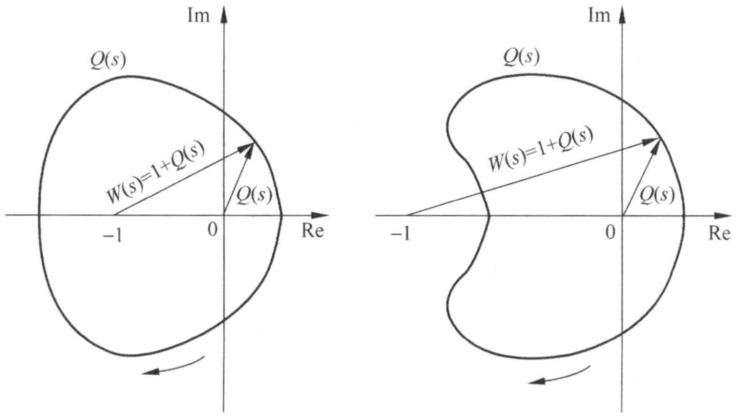

图 4.8.4　函数 $1+Q(s)$ 与函数 $Q(s)$ 的图像

(2) 许多情形下,开环传递函数 $Q(s)$ 在复数平面的右半面上没有极点,即 $q=0$. 奈奎斯特稳定判据在**这种情形下简化为:闭环系统稳定的充分必要条件是:当 s 沿 D 形围线连续变化 1 周时,函数 $Q(s)$ 的轨迹不包围复数平面上的 $-1+j0$ 点**.

(3) 在现实的控制系统中,绝大多数情形下 $Q(s)$ 是 s 的严格真有理分式,即其分母多项式的次数高于分子多项式的次数. 因此当 $s\to\infty$ 时总有 $Q(s)\to 0$. 换言之,当 s 沿 D 形围线的无穷大半圆变化时,$Q(s)$ 的轨迹总是停留在原点不动. 因此实际上只需要考虑 s 沿**虚轴**变化的这一部分就够了. 这样,$Q(s)$ 的轨迹就是 $Q(j\omega)$ 的轨迹,其中 ω 从 $-\infty$ 连续地变化到 $+\infty$,也就是**频率特性与传递函数可以互通**.

(4) 在 4.4.1 节中曾指出,当传递函数是有理函数时,其图像关于复数平面的实轴对称. 所以只需画出 ω 取正值的频率特性图,就可以利用对称性补出 ω 取负值的频率特性图,无须另行计算. 这使判断稳定性的过程更为简便.

(5) 在上文证明奈奎斯特稳定判据时,假设了 $Q(s)$ 是 s 的有理函数. 如果系统中具有延时单元,则其传递函数中含有 $e^{-\tau s}$ 型的因子,而不是 s 的有理函数. 但是这类系统仍然适用奈奎斯特稳定判据. 本章的附录 4.8 将对此给出证明.

(6) 上文在叙述奈奎斯特稳定判据时曾假设 D 形围线不通过函数 $W(s)$ 的任一零点或极点. 现在讨论这一假设.

首先考虑函数 $W(s)$ 的零点. 从式(4.8.4)和式(4.8.5)可知,函数 $W(s)$ 的零点也就是闭环传递函数 $H(s)$ 的极点. 如果闭环系统稳定,$H(s)$ 的极点应当都在复数平面的左半面而不会在虚轴上. 所以 D 形围线不会通过这些点.

再考虑函数 $W(s)$ 的极点. 从 $W(s)$ 的定义式 $W(s)=1+Q(s)$ 可知,$W(s)$ 的极点就是 $Q(s)$ 的极点,而 $Q(s)$ 的极点确有可能位于 D 形围线上. 举例说,设有

$$Q(s)=\frac{2}{s(s+1)(2s+1)},$$

则 $Q(s)$ 有一个极点 $s=0$ 位于原点,即位于 D 形围线上.

在这种情况下,为了保证闭围线 C 不通过函数 $W(s)$ 的任一零点或极点,但仍能包围复数平面的**整个**右半面,不得不对 D 形围线的形状稍作修改. 具体做法是:当 s 沿 D 形围线的正方向变化而经过 $Q(s)$ 的每一个极点时,在该极点的**右侧**画一个无穷小的半圆绕过该极点. 上文已经定义顺钟向为 D 形围线的正方向,所以经过这样修改的 D 形围线如图 4.8.5 所示. 由于这些半圆都是无穷小的,所以可以认为修改后的 D 形围线(下文称为**广义 D 形围线**)仍然把复数平面的**整个**右半面包围在内,但却把函数 $W(s)$ 的极点排除到了**围线的外**

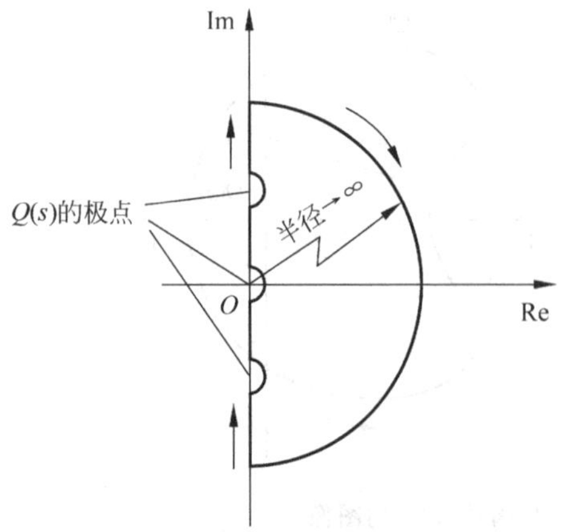

图 4.8.5　广义 D 形围线

部，从而使闭围线 C 不通过函数 $W(s)$ 的任一零点或极点.

现在把奈奎斯特稳定判据重新叙述如下：

设线性控制系统的开环传递函数 $Q(s)$ 在广义 D 形围线内部有 q 个极点，**则闭环系统稳定的充分必要条件是：当 s 沿广义 D 形围线连续变化 1 周时，函数 $Q(s)$ 的轨迹逆钟向包围复数平面上的 $-1+j0$ 点 q 周.**

4.8.3 奈奎斯特稳定判据应用举例

用奈奎斯特稳定判据研究反馈控制系统的稳定性，原理上非常方便. 但重要的是在各种复杂情形下善于熟练处理. 本节举一些例子说明几种常见的复杂情形的处理方法.

例 4.8.1 某反馈控制系统的开环传递函数为

$$Q(s)=\frac{K}{(10s+1)(2s+1)(0.2s+1)},\tag{4.8.8}$$

其中开环增益 $K=20$. 要求判断闭环系统是否稳定.

解 $Q(s)$ 是严格真有理函数，且显然 $Q(s)$ 在复数平面的右半面上没有极点，即 $q=0$. 又 $Q(s)$ 在虚轴上也没有极点，故广义 D 形围线就是 D 形围线本身. 因此根据奈奎斯特稳定判据，闭环系统稳定的充分必要条件是：当 ω 沿虚轴从 $-\infty$ 连续增大至 $+\infty$ 时，函数 $Q(j\omega)$ 的轨迹不包围复数平面上的 $-1+j0$ 点.

在复数平面上绘出开环频率特性 $Q(j\omega)$ 的幅相特性图如图 4.8.6(a). 为求清晰，将图 4.8.6(a) 中 $-1+j0$ 点附近的区域放大画于图 4.8.6(b). 图 4.8.6 可以直

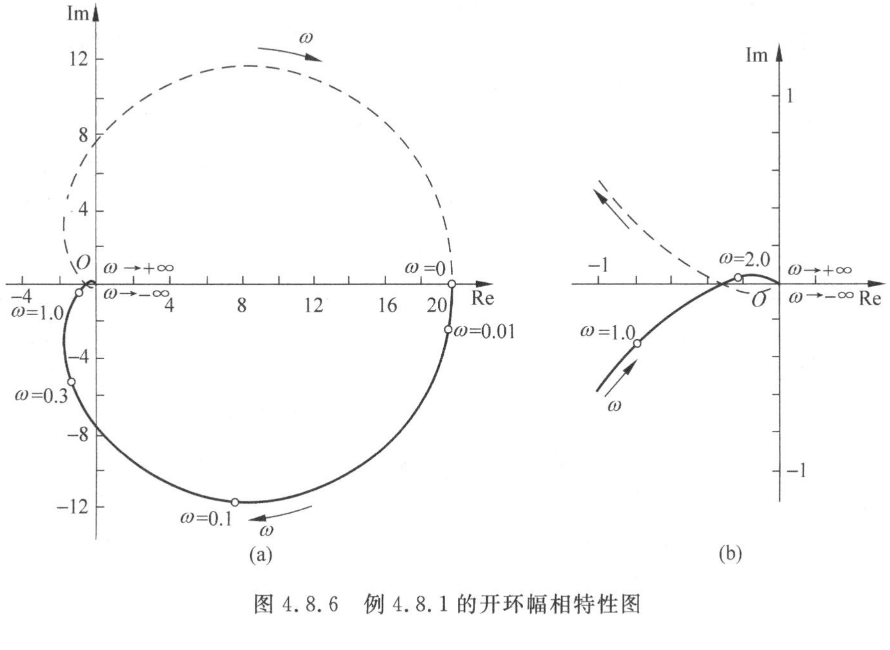

图 4.8.6　例 4.8.1 的开环幅相特性图

接用软件 MATLAB 绘制，也可以先绘出 $Q(\mathrm{j}\omega)$ 的对数特性图，如图 4.8.7 所示，再将它“移植”到复数平面上成为图 4.8.6. 实际作图时只需画出 ω 取正值的部分，再利用对称性质补上 ω 取负值的部分，如图中的虚线. 有充分经验后甚至可以免画 ω 取负值的部分，只在想象中补上即可.

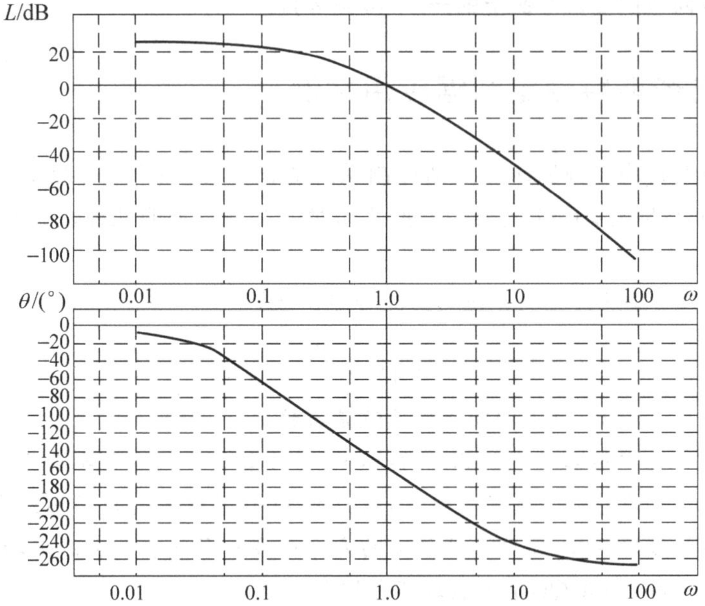

图 4.8.7 例 4.8.1 的开环对数特性图

观察图 4.8.6 可见，当 ω 从 $-\infty$ 连续增大至 $+\infty$ 时，$Q(\mathrm{j}\omega)$ 的轨迹没有包围复数平面上的 $-1+\mathrm{j}0$ 点. 故根据奈奎斯特稳定判据可以断言闭环系统是稳定的.

验算表明，闭环传递函数的 3 个极点是 -5.208 和 $-0.1960\pm\mathrm{j}0.9847$，均在复数平面的左半面上. □

从例 4.8.1 可以得到一点启发：在用奈奎斯特稳定判据判断控制系统的稳定性时，不一定需要把开环频率特性曲线 $Q(\mathrm{j}\omega)$ 画得十分精确. 因为重要的是整条 $Q(\mathrm{j}\omega)$ 曲线在复数平面上与 $-1+\mathrm{j}0$ 点的拓扑关系，而不是 $Q(\mathrm{j}\omega)$ 曲线本身形状的细节. 以图 4.8.7 为例，可见：(1)在低频段有 $L(Q)>20\mathrm{dB}$ 而 $\theta(Q)\approx 0$，可知 $Q(\mathrm{j}\omega)$ 的轨迹位于复数平面上的正实轴附近，且 $|Q|$ 很大，即离原点相当远(但 $|Q|$ 的精确数值不重要). (2)当 ω 增大时，$L(Q)$ 与 $\theta(Q)$ 都连续减小，可知 $Q(\mathrm{j}\omega)$ 的轨迹顺钟向旋转且其幅度连续“收缩”. (3)当 $L(Q)$ 减小至 0dB 时，$\theta(Q)$ 尚未减小至 $-180°$，由此可知：当 $|Q|$ 减小至 1 时，$Q(\mathrm{j}\omega)$ 的轨迹尚留在复数平面的第 3 象限而未旋转到负实轴. (4)当 $\theta(Q)$ 减小至 $-180°$ 时，$L(Q)$ 已取负值，可知当 $Q(\mathrm{j}\omega)$ 的轨迹旋转到负实轴时已有 $|Q|<1$(但 $|Q|$ 的精确数值不重要). (5)当 $\omega\to\infty$ 时，$L(Q)\to-\infty$，而 $\theta(Q)\to-270°$，可知 $Q(\mathrm{j}\omega)$ 的轨迹最后沿**正虚轴**趋于原点. 根据上述各特征，已经不

难徒手勾画出如图 4.8.8 那样的草图. 这种徒手勾出的草图虽不精确，也不甚美观，但已能清楚表明 $Q(\mathrm{j}\omega)$ 曲线包围或不包围 $-1+\mathrm{j}0$ 点，足以判断稳定性，又比画精确图形节省很多时间，很实用. 有充分经验后甚至不必勾画草图，只须注视图 4.8.7想象一番，便可判断系统的稳定性了.

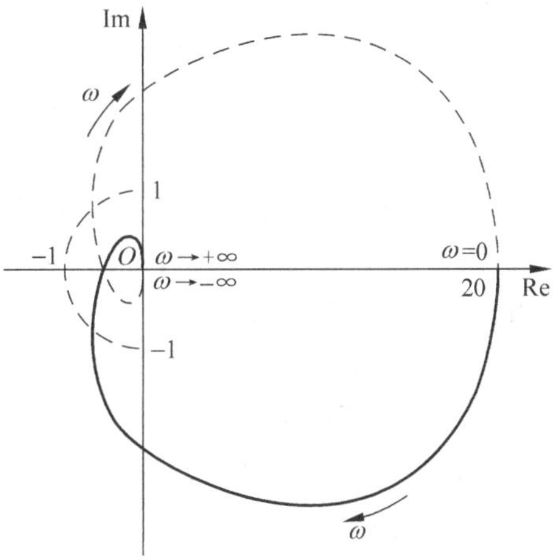

图 4.8.8　徒手勾画的 $Q(\mathrm{j}\omega)$ 草图

例 4.8.2　对于上例，**要求判定保证闭环系统稳定的开环增益 K 的取值范围.**

解　在式(4.8.8)中暂取 $K=1$. 仿上例画出曲线 $Q(\mathrm{j}\omega)$ 及其位于 $-1+\mathrm{j}0$ 点附近区域的局部，如图 4.8.9(a)和(b)所示. 可看出在此 K 值下曲线 $Q(\mathrm{j}\omega)$ 不包围 $-1+\mathrm{j}0$ 点，闭环系统稳定，且显然当 K 小于此值时闭环系统总保持稳定. 故只需判断 K 增到多大时曲线 $Q(\mathrm{j}\omega)$ 会包围 $-1+\mathrm{j}0$ 点而使闭环系统失去稳定.

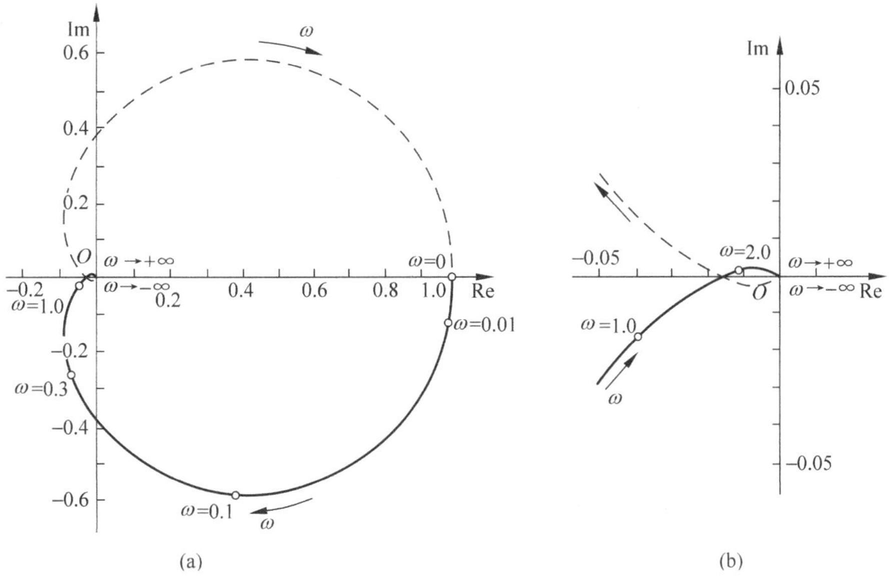

图 4.8.9　例 4.8.2 的开环幅相特性图($K=1$)

观察图 4.8.9 可见，曲线 $Q(\mathrm{j}\omega)$ 与负实轴的交点的坐标为 $-0.01485+\mathrm{j}0$. 因此时 $K=1$，故知当 K 值增大到 $(0.01485)^{-1}$ 即 67.32 时，$Q(\mathrm{j}\omega)$ 与负实轴的交点的坐标将按比例变为 $-1+\mathrm{j}0$. 如果 K 继续增大，曲线 $Q(\mathrm{j}\omega)$ 就会包围 $-1+\mathrm{j}0$ 点，闭

环系统将失去稳定.据此可以断言：为保证闭环系统稳定，开环增益允许的取值范围为 $K<67.32$.

验算表明，当 $K=67.32$ 时，闭环传递函数的3个极点是 -5.600 和 $0\pm j1.746$，系统属于临界稳定. □

本例提供的有益技巧是如果系统的开环传递函数可以表示为 $KQ_0(s)$ 之形，其中 K 为实数(开环增益)，则奈奎斯特稳定判据可以表述为：

设 $Q_0(s)$ 在广义D形围线内部有 q 个极点，则**闭环系统稳定的充分必要条件是：当 s 沿广义D形围线连续变化1周时，函数 $Q_0(s)$ 的轨迹逆钟向包围复数平面上的 $-(1/K)+j0$ 点 q 周.**

再看本例系统的增益 K 超过临界值时的情形. 图4.8.10是 $K=68$ 时 $Q(j\omega)$ 的图形. 可以看到此时闭曲线 $Q(j\omega)$ 顺钟向包围 $-1+j0$ 点2周，表明闭环系统不稳定. 将 $q=0$ 和 $w=2$ 代入式(4.8.6)可得 $h=2$，表明此时闭环系统传递函数 $H(s)$ 在复数平面的右半面上有2个极点. 这是利用奈奎斯特稳定判据判断不稳定系统在复数平面的右半面上的极点数的方法，在研究复杂系统时有时有用. 验算表明此时闭环传递函数的3个极点是 -5.605 和 $+0.002466\pm j1.754$，确实有2个极点位于复数平面的右半面上.

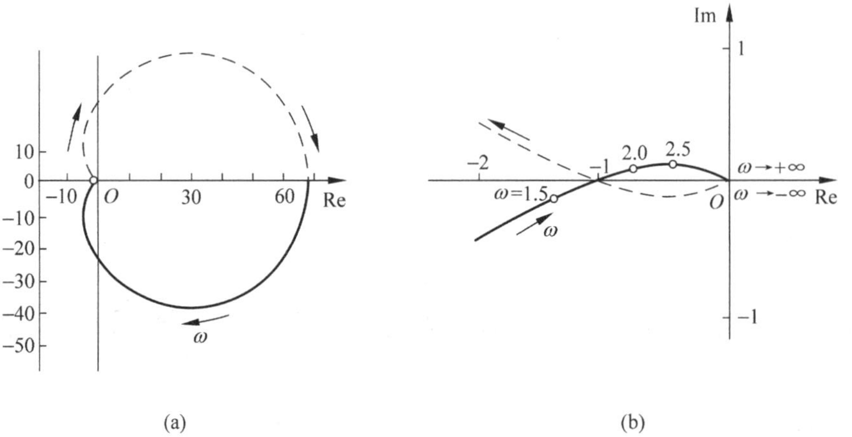

图4.8.10 不稳定系统的开环频率特性图

以上两例中，$Q(s)$ 在虚轴上都没有极点，所以广义D形围线就是D形围线本身，作图比较简单. 下面是一个较复杂的例子.

例4.8.3 系统的开环传递函数为

$$Q(s)=\frac{K}{s(s+1)(0.1s+1)}, \tag{4.8.9}$$

其中 $K=2$. 要求判断闭环系统是否稳定.

解　本例的 $Q(s)$ 在复数平面的原点处即在 D 形围线上有 1 个极点，故在采用奈奎斯特稳定判据判断稳定性时须作出广义 D 形围线，如图 4.8.11 所示. 在广义 D 形围线上，复变数 s 首先循 D 形围线的正方向从 F 点运动到 A 点，继续沿半径为 ε 的半圆 ABC 从原点的**右侧**运动到 C 点，从而把原点处的极点排除到了广义 D 形围线的**外部**，这里 ε 是一个很小的正数. 绕过了位于原点的极点后，s 继续运动到 D 点，再循 D 形围线的正方向沿无穷大半圆 DEF 返回. 如此构成的广义 D 形围线既未通过 $Q(s)$ 的任何极点，但当 $\varepsilon \to 0$ 时又包围了复数平面的**整个**右半面. 所以符合判断稳定性的要求. 本例广义 D 形围线的内部没有 $Q(s)$ 的极点，即有 $q=0$.

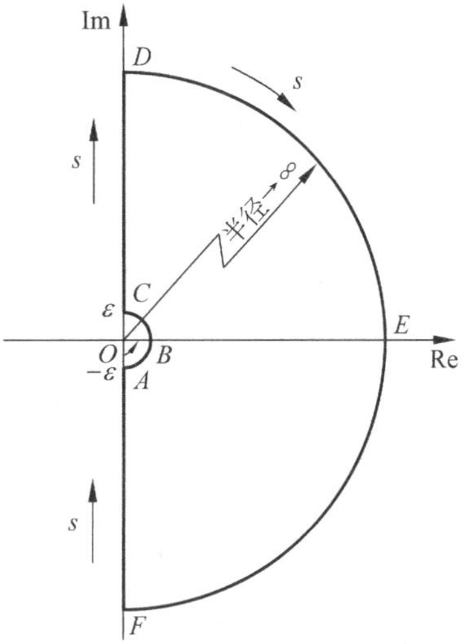

图 4.8.11　原点有极点时的广义 D 形围线

为了绘制 $Q(s)$ 的轨迹，即广义 D 形围线关于 $Q(s)$ 的映象，首先暂取 $K=1$ 作出 $Q(\mathrm{j}\omega)$ 的对数特性草图(无须精确)如图 4.8.12 所示. 对于题中规定的 $K=2$ 的情形，只须把 0dB 线下移 $20\lg 2=6\mathrm{dB}$ 到图中虚线 aa 的位置就可以了.

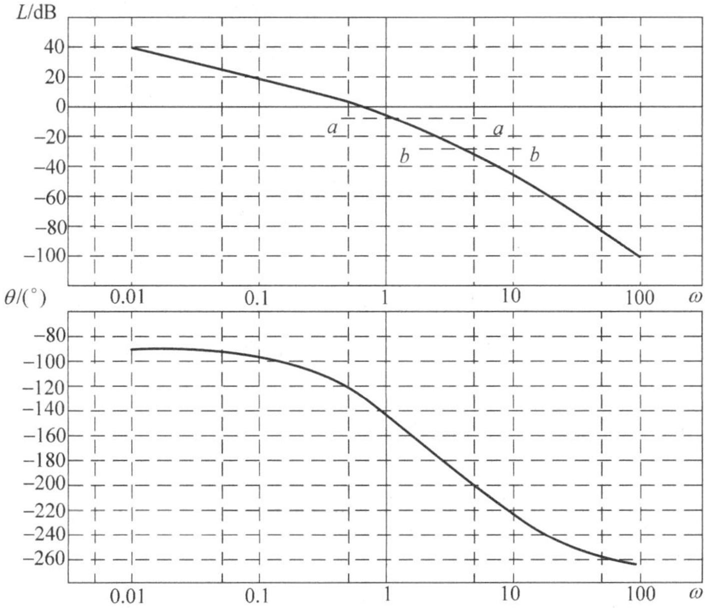

图 4.8.12　例 4.8.3 的开环对数特性图

现在根据图4.8.12来绘制$Q(\mathrm{j}\omega)$的幅相特性草图，如图4.8.13所示. 在图4.8.13中，首先画出$C'D'$段和$F'A'$段. 它们分别是广义D形围线的CD段和FA段的映象，只须用常规方法并利用对称性质徒手勾画即可. 继而考虑广义D形围线上的无穷小半圆ABC的映象. 在这一段上，复变数s可表为$s=\varepsilon e^{\mathrm{j}\theta}$，其中$\varepsilon\to 0$. 因此$Q(s)$在这一段上简化为

$$Q(s)=Q(\varepsilon e^{\mathrm{j}\theta})=\frac{2}{(\varepsilon e^{\mathrm{j}\theta})(\varepsilon e^{\mathrm{j}\theta}+1)(0.1\varepsilon e^{\mathrm{j}\theta}+1)}\approx\frac{2}{\varepsilon}e^{-\mathrm{j}\theta}.$$

显然这是一条圆弧，其半径为$2/\varepsilon$即无穷大，其角则为$-\theta$. 这表明：在广义D形围线的ABC段，随着θ从$-90°$连续地增大到$+90°$，$Q(s)$的角应从$+90°$连续地减小到$-90°$. 因此图4.8.11中无穷小半圆ABC的映象就是图4.8.13中的无穷大半圆$A'B'C'$. 最后，图4.8.11中无穷大半圆DEF的映象则是图4.8.13中的原点O. 最终得到的函数$Q(s)$的轨迹就是图4.8.13中的闭曲线$A'B'C'OA'$. 由于它是广义D形围线的映象，今后称为$Q(s)$的**广义幅相频率特性**.

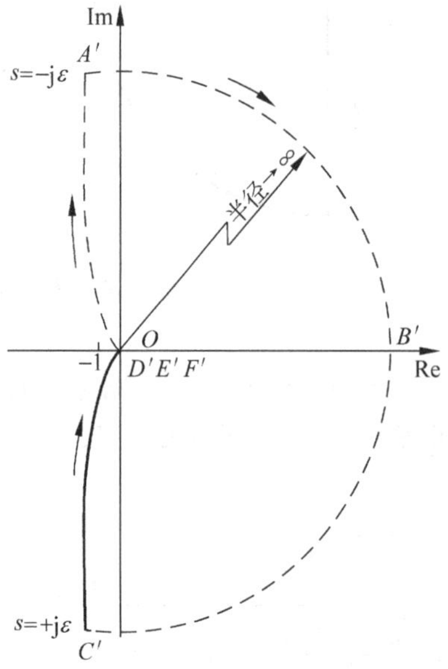

图4.8.13 例4.8.3的广义幅相频率特性图

沿广义幅相频率特性曲线巡视一周，可见它并不包围$-1+\mathrm{j}0$点，即有$w=0=-q$. 因此闭环系统是稳定的.

验算表明，此时闭环传递函数的3个极点是-10.21和$-0.3937\pm\mathrm{j}1.343$.

如果增益K的值增大到20，则图4.8.12的0dB线将下移$20\lg 20=26\mathrm{dB}$到图中虚线bb的位置. 仿前画出广义幅相特性草图如图4.8.14，可以看出它顺钟向包围$-1+\mathrm{j}0$点2周，即$w=2\neq -q$，故可判断闭环系统在此K值下应为不稳定. 验算表明，此时闭环传递函数的3个极点是-11.621和$+0.3103\pm\mathrm{j}4.137$. □

例4.8.4 某系统的开环传递函数为

$$Q(s)=\frac{-6(0.33s+1)}{s(-s+1)}. \tag{4.8.10}$$

要求判断闭环系统是否稳定.

解 本例的$Q(s)$在原点处有1个极点，因此也需要使用图4.8.11的广义D形围线. 本例$Q(s)$在复数平面的右半面上有1个实极点，因此在广义D形围线内部有1个极点，故$q=1$.

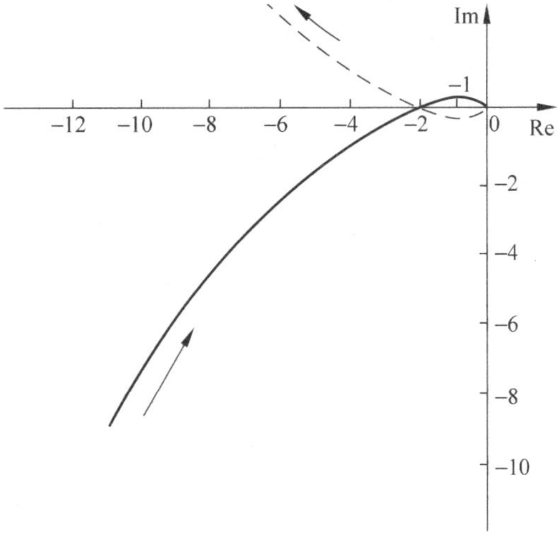

图 4.8.14　例 4.8.3 开环增益增大后的广义幅相频率特性图

用软件 MATLAB 画出 $Q(s)$的广义幅相特性如图 4.8.15(也可以先画出图 4.8.16的对数特性,再“移植”到复数平面上). 图中的 $C'D'$和 $F'A'$两段分别是广义 D 形围线上 CD 段和 FA 段的映象. 这两段只须用徒手勾画即可. 现在考虑广义 D 形围线上的无穷小半圆 ABC 的映象. 在这一段上,复变数 s 可表为 $s=\varepsilon e^{j\theta}$,其中 $\varepsilon\to 0$. 因此 $Q(s)$可表为

$$Q(s)=\frac{-6(0.33\varepsilon e^{j\theta}+1)}{\varepsilon e^{j\theta}(-\varepsilon e^{j\theta}+1)}\approx\frac{6}{\varepsilon}e^{j(\pi-\theta)}.$$

显然这是一条圆弧,其半径为 $6/\varepsilon$ 即无穷大,其角为 $\pi-\theta$. 故在广义 D 形围线的 ABC 段,随着 θ 从 $-90°$ 连续地增大到 $+90°$,$Q(s)$的角应从 $+270°$ 连续地减小到 $+90°$,因此图 4.8.11 中无穷小半圆 ABC 的映象就是图 4.8.15 中的无穷大半圆 $A'B'C'$. 最后,图 4.8.11 中无穷大半圆 DEF 的映象则是图 4.8.15 中的原点 O. 最终得到的函数 $Q(s)$的轨迹就是图 4.8.15 上的闭曲线$A'B'C'OA'$.

沿广义幅相特性曲线巡视,可见它逆钟向包围 $-1+j0$ 点 1 周,即有 $w=-1=-q$. 因此闭环系统是稳定的.

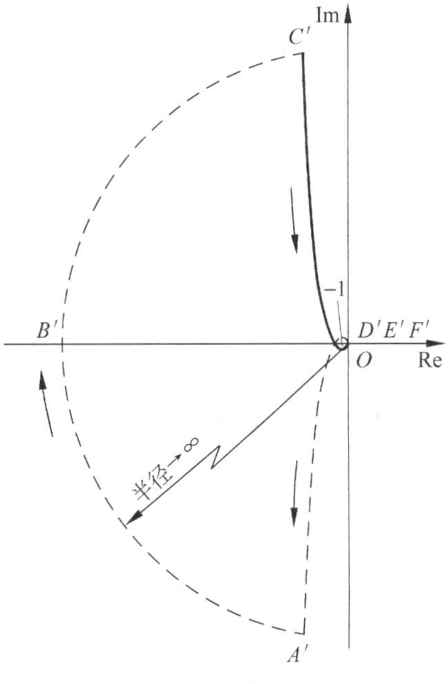

图 4.8.15　例 4.8.4 的广义幅相特性图

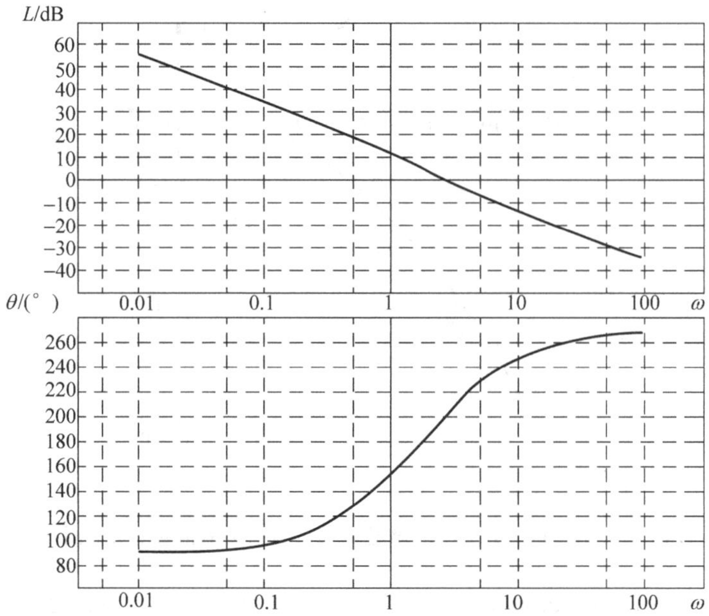

图 4.8.16 例 4.8.4 的开环对数频率特性图

验算表明,此时闭环传递函数的 2 个极点是 $-0.50\pm j2.40$. □

例 4.8.5 某系统的开环传递函数为

$$Q(s)=\frac{K(0.1s+1)^2}{(s+1)^3(0.01s+1)^2}. \tag{4.8.11}$$

要求判断能使闭环系统稳定的 K 值范围.

解 本例 $q=0$. 暂取 $K=1$,绘出系统的开环对数特性图如图 4.8.17 所示,注意图中 $\theta(\omega)$ 曲线在 L_0,M_0,N_0 诸点反复穿越 $-180°$ 线 3 次. 分析这种复杂图形时,不宜死记硬背向上穿越和向下穿越的次数应满足什么关系,最明智的方法是把图形“移植”到复数平面上画成草图,如图 4.8.18(a)所示. 它包围 $-1+j0$ 点的周数便可一目了然.

现在令 K 逐渐增大,则曲线 $Q(j\omega)$ 将按比例逐渐“膨胀”. 它与 $-1+j0$ 点的拓扑关系也将不断发生变化. 为了方便,不必为不同的 K 值多次画图,而可以采用例 4.8.2所总结的技巧,将奈奎斯特稳定判据改为判断 $Q_0(j\omega)$ 曲线包围 $-(1/K)+j0$ 点的周数. 图 4.8.18(a)所画的是 $K=1$ 情况下 $Q(j\omega)$ 的图像,因而也就是 $Q_0(j\omega)$ 的图像. 为清晰起见,将图 4.8.18(a) 中 $-1+j0$ 点附近的区域放大画成草图,如图 4.8.18(b)所示. 可见 $Q(j\omega)$ 曲线在 L,M,N 诸点反复穿越负实轴 3 次. 注意草图中坐标轴上标注的数字与图的尺寸不合比例,只为分析曲线 $Q(j\omega)$ 与 $-1+j0$ 点之间的拓扑关系.

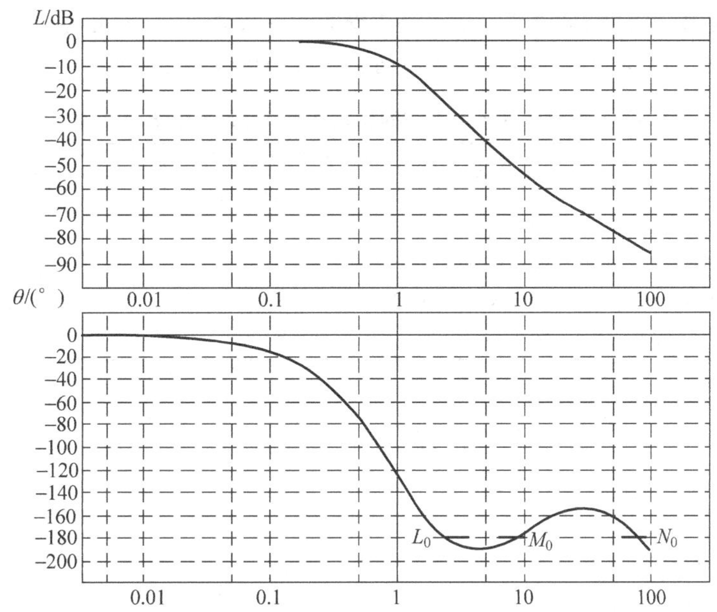

图 4.8.17　例 4.8.5 的开环对数特性图

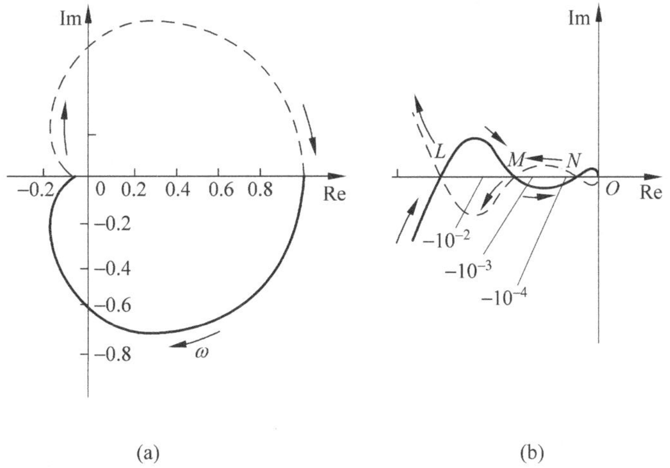

图 4.8.18　例 4.8.5 的幅相特性图($K=1$)

根据图 4.8.18(b)，曲线 $Q_0(\mathrm{j}\omega)$ 在负实轴上下穿越的 3 个点的坐标值分别是

点 L：　$-5.206\times10^{-2}+\mathrm{j}0$　$(\omega=2.545)$；

点 M：　$-2.993\times10^{-3}+\mathrm{j}0$　$(\omega=8.142)$；

点 N：　$-7.557\times10^{-5}+\mathrm{j}0$　$(\omega=81.06)$.

依次令以上 3 个点的横坐标值等于 $-1/K$，便可算出 K 的 3 个临界值分别是

19.21，334.1 和 1.323×10^4. 在 K 值连续增大的过程中，每经过一个临界值，函数 $Q_0(s)$ 的轨迹与 $-(1/K)+j0$ 点的拓扑关系就发生一次变化，如表 4.8.1 和图 4.8.19 所示. 这种稳定性与开环增益关系复杂的系统称为**条件稳定系统**. □

表 4.8.1 例 4.8.5 的系统的稳定性与开环增益值 K 的关系

K 值的范围	$Q(s)$ 的图形	曲线 $Q(s)$ 包围 -1 点的周数 w	闭环系统稳定性
$K<19.21$	图 4.8.19(a)	0	稳定
$19.21<K<334.1$	图 4.8.19(b)	2	不稳定
$334.1<K<1.323\times10^4$	图 4.8.19(c)	0	稳定
$K>1.323\times10^4$	图 4.8.19(d)	2	不稳定

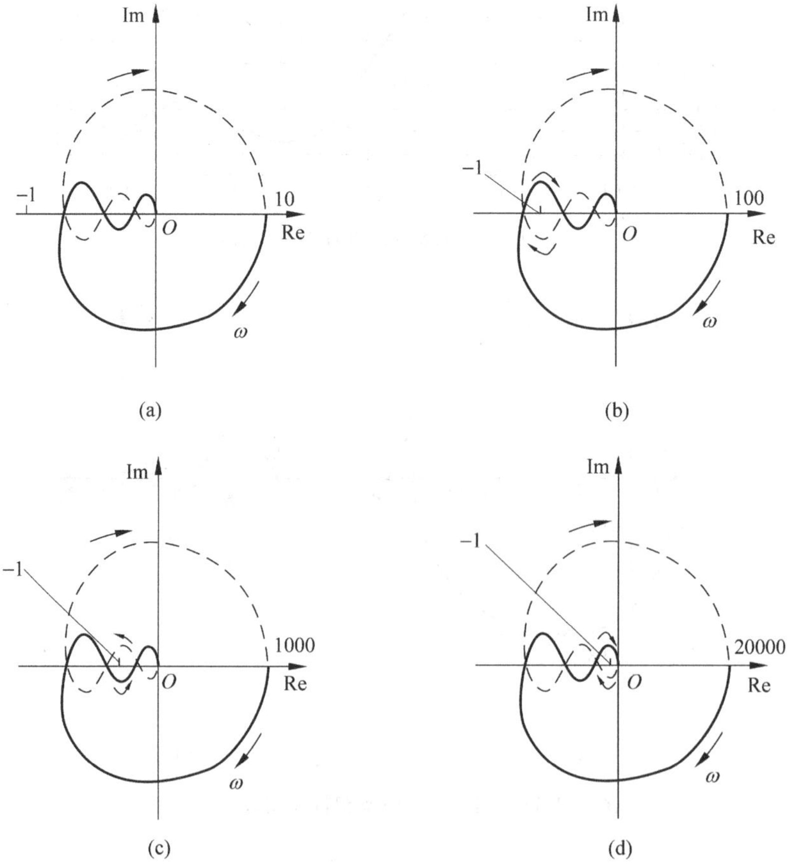

图 4.8.19 K 在不同区间取值时例 4.8.5 的幅相特性图

有的初学者简单地以为，反馈控制系统的开环增益如果很小，系统就稳定；如果开环增益过大，就失去稳定. 本例的 K 值从小逐渐增大的过程中，稳定与不稳定的现象交替出现. 这生动地表明上述观点是过于简单化的. 更有甚者，有的初学者还勉强地“解释”说：“在图 4.8.18(b)中的点 L，开环频率特性的相角为 $-180°$，表明输出量与输入量的相位相反，致使原来设计的负反馈变成了正反馈，造成不稳定”. 这种“解释”也是不对的. 从频率响应的理论看，输入量与反馈量都含有频率不同的无数分量，每个频率的这些分量的相位关系都不相同：总有一些频率的分量相位相同，形成负反馈；另一些频率的分量相位相反，形成正反馈；大多数频率的分量则相位既不相同也不相反，既不是负反馈也不是正反馈. 控制理论所说的“负”反馈，是指在**静态**下输入量与反馈量的关系，而不是指动态中它们的各个频率成分的关系. 系统是否稳定也不是简单地取决于系统是正反馈还是负反馈.

4.4.2 节曾指出，对数频率特性图的重要优点之一是可以展宽视界. 当控制系统频率特性覆盖的频率范围和幅值变化范围很宽而同时又需要关注其变化细节时，对数频率特性可以应付裕如. 例 4.8.5 就是一个很好的例子.

例 4.8.6 某线性系统含有延时单元，其开环传递函数为

$$Q(s) = \frac{K}{s}\mathrm{e}^{-\tau s}, \tag{4.8.12}$$

其中 $K>0$，$\tau>0$. 要求判断能使闭环系统稳定的 K 值范围.

解 本例的 $Q(s)$ 除了在无穷远点外，在复数平面的右半面上没有极点①. 换言之，$Q(s)$ 在广义 D 形围线内部没有极点，故 $q=0$. 采用图 4.8.11 的广义 D 形围线可画出 $K=1$ 且 $\tau=1$ 情况下 $Q(s)$ 的对数特性图与幅相特性草图如图 4.8.20(a)，(b). 可见，此时闭环系统虽是稳定的，但当 K 增大到某个值时 $Q(s)$ 必会包围 $-1+\mathrm{j}0$ 点而使闭环系统失去稳定. 另外，随着 τ 值增大，图 4.8.20(a)中的相频特性曲线将向左平移，使图 4.8.20(b)中曲线各点的相角更加趋负，如图中的点划线所示，从而也导致闭环系统失去稳定. 总之 K 增大或 τ 增大都不利于系统的稳定性.

在式(4.8.12)中令 $s=\mathrm{j}\omega$，可得

$$Q(\mathrm{j}\omega) = \frac{K}{\omega}\mathrm{e}^{\mathrm{j}(-\tau\omega-\pi/2)}, \tag{4.8.13}$$

如果闭环系统稳定，曲线 $Q(\mathrm{j}\omega)$ 应在 $-1+\mathrm{j}0$ 点的右方通过负实轴，即当其角为 $-\pi$ 时其模应小于 1，换言之，应有正的 ω 值同时满足

$$-\tau\omega - \frac{\pi}{2} = -\pi$$

与

$$\frac{K}{\omega} < 1.$$

① 根据复变函数的原理，函数 e^z 仅在无穷远点有一个本性奇点，此外处处为正则. 对此不熟悉的读者不妨这样理解：设 $z=a+\mathrm{j}b$，其中 a，b 均为实数，则 $\mathrm{e}^z=\mathrm{e}^a\mathrm{e}^{\mathrm{j}b}$. 故对于任何有限的 a 和 b，函数 e^z 的模恒为有限，因此说除了在无穷远点外它没有极点.

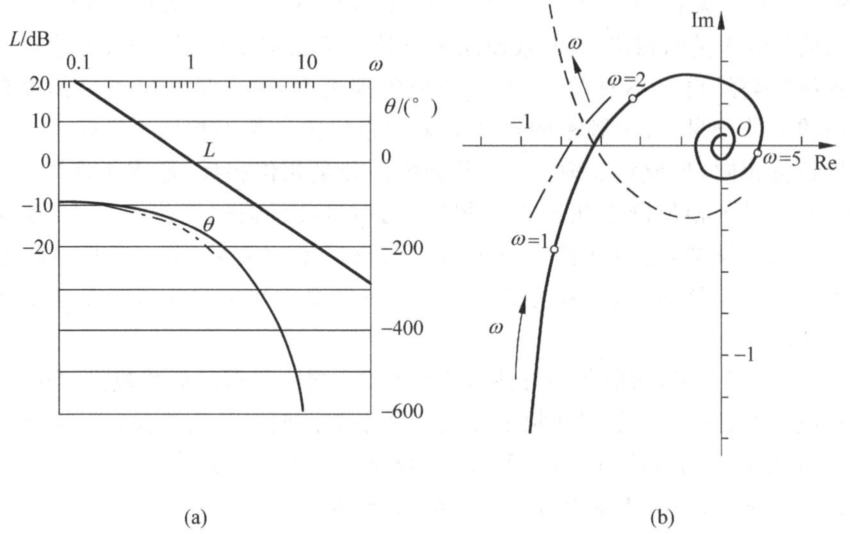

图 4.8.20 有延时的系统的开环频率特性图

从以上两式中消去 ω 即得

$$K<\frac{\pi}{2\tau}. \tag{4.8.14}$$

这就是闭环系统稳定的条件. 由式(4.8.14)可见,延时愈大,对稳定性愈不利. 作为对比,如果把本例中的延时单元换成惰性单元,则闭环系统是无条件稳定的. 由此更可看出延时对稳定性之害. □

例 4.8.7 某线性系统的开环传递函数为

$$Q(s)=\frac{K}{s^2(T_1s+1)(T_2s+1)}, \tag{4.8.15}$$

其中 $K>0,T_1>0,T_2>0$. 要求判断能使闭环系统稳定的各参数值范围.

解 本例 $q=0$. 画出 $Q(\mathrm{j}\omega)$ 的对数特性草图如图 4.8.21(a). 因函数 $Q(s)$ 在原点有两个极点,故采用图 4.8.11 的广义 D 形围线. 当复变数 s 沿广义 D 形围线上的 CD 段变化时,$Q(s)$ 描出图 4.8.21(b)中的 $C'D'$ 段; 当 s 沿广义 D 形围线上的 FA 段变化时,$Q(s)$ 描出图 4.8.21(b)中的 $F'A'$ 段; 而当 s 沿广义 D 形围线上的无穷小半圆 ABC 运动时,则有

$$Q(s)=Q(\varepsilon\mathrm{e}^{\mathrm{j}\theta})=\frac{K}{(\varepsilon\mathrm{e}^{\mathrm{j}\theta})^2(T_1\varepsilon\mathrm{e}^{\mathrm{j}\theta}+1)(T_2\varepsilon\mathrm{e}^{\mathrm{j}\theta}+1)}\approx\frac{K}{\varepsilon^2}\mathrm{e}^{-\mathrm{j}2\theta}.$$

故 $Q(s)$ 的轨迹是一段半径为无穷大的圆弧. $Q(s)$ 的角为 -2θ. 随着 θ 由 $-90°$ 连续地增大到 $+90°$,$Q(s)$ 的角应从 $+180°$ 连续地减小到 $-180°$,于是 $Q(s)$ 的轨迹应是图 4.8.21(b)中的无穷大圆弧 $A'B'C'$. 完整的 $Q(s)$ 轨迹是图 4.8.21(b)的 $F'A'B'C'D'E'F'$. 沿此轨迹巡视一周,发现它顺钟向包围 $-1+\mathrm{j}0$ 点 2 周,即 $w=2\neq -q$. 故闭环系统是不稳定的. 本例不论各参数 K,T_1,T_2 如何取值,都不能改变

图 4.8.21(b)所示的拓扑关系. 其不稳定性不可能通过调整参数值改善. 这种系统称为**结构不稳定系统**. 本例系统的结构不稳定性,显然是由于 $Q(s)$ 中含有两个积分单元. □

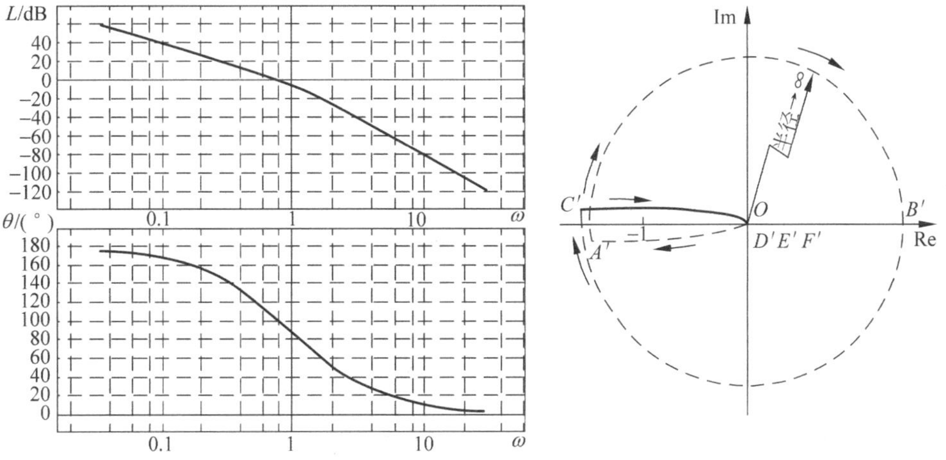

(a)　　　　　　　　　　(b)

图 4.8.21　例 4.8.7 的对数特性与幅相频率特性图

要纠正结构不稳定系统这种“先天”的不稳定性质,惟有加入适当的校正装置,以提升 $Q(s)$ 的分子多项式的次数. 假设在系统中串联一个校正装置,使 $Q(s)$ 改变成

$$Q(s)=\frac{K}{s^2(T_1s+1)(T_2s+1)}\,\frac{T_bs+1}{T_as+1},\tag{4.8.16}$$

且满足 $T_b>T_1>T_2>T_a$,使开环幅相频率特性变成图 4.8.22. 适当选择增益值 K,就有可能使图中的 L 点位于 $-1+\mathrm{j}0$ 点的右侧,从而使 $w=0=-q$,闭环系统稳定.

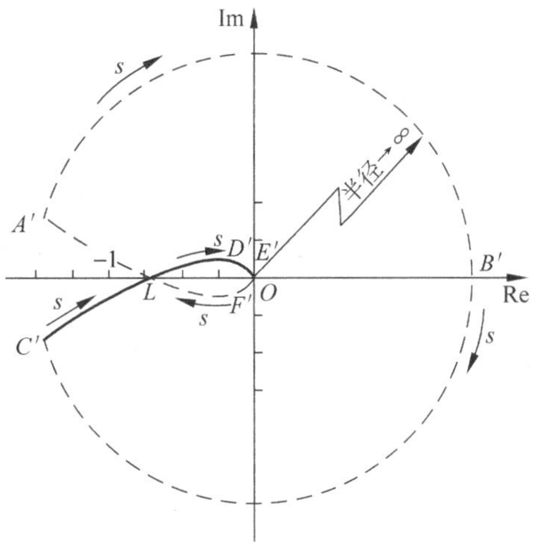

图 4.8.22　加入校正装置后的幅相特性图

4.8.4　在逆幅相特性图上应用奈奎斯特稳定判据

奈奎斯特稳定判据也可应用于逆幅相特性图. 为便于记述,将传递函数 $Q(s)$ 的逆 $1/Q(s)$ 简记为 $\hat{Q}(s)$. 应用于逆幅相特性图的奈奎斯特稳定判据如下:

设线性控制系统的开环传递函数 $Q(s)$ 在广义 D 形围线内部有 q 个极点,当 s

沿广义 D 形围线连续变化 1 周时,函数$\hat{Q}(s)$的轨迹顺钟向包围原点的周数为$\hat{q}$,顺钟向包围复数平面上的$-1+\mathrm{j}0$ 点的周数为$\hat{p}$,则**闭环系统稳定的充分必要条件是**

$$\hat{q}-\hat{p}=q. \tag{4.8.17}$$

证明 根据式(4.8.3)知有

$$\hat{Q}(s)=\frac{D(s)}{N(s)}.$$

构造函数

$$W(s)=\frac{1+\hat{Q}(s)}{\hat{Q}(s)}, \tag{4.8.18}$$

则有

$$W(s)=\frac{D(s)+N(s)}{D(s)}. \tag{4.8.19}$$

当 s 沿 D 形围线连续变化 1 周时,按照约定的记号,从式(4.8.18)可得

函数 $W(s)$ 包围原点的周数

=函数 $1+\hat{Q}(s)$ 包围原点的周数 − 函数$\hat{Q}(s)$ 包围原点的周数

=函数$\hat{Q}(s)$ 包围 $-1+\mathrm{j}0$ 点的周数 − 函数$\hat{Q}(s)$ 包围原点的周数

$=\hat{p}-\hat{q}$. (4.8.20)

又根据幅角原理,并注意到闭环系统为稳定,从式(4.8.19)知有

函数 $W(s)$ 包围原点的周数 =多项式 $D(s)+N(s)$ 在复数平面右半面的零点数

− 多项式 $D(s)$ 在复数平面右半面的零点数

=闭环系统在复数平面右半面的极点数

− 开环系统在复数平面右半面的极点数

$=0-q=-q$. (4.8.21)

由式(4.8.20)与式(4.8.21)即得式(4.8.17). □

例 4.8.8 系统的开环传递函数为

$$Q(s)=\frac{K}{s(s+1)(0.1s+1)}, \tag{4.8.22}$$

其中 $K=20$. 要求判断闭环系统是否稳定.

解 本例就是例 4.8.3 的第二部分. $q=0$. 现在用逆幅相特性图求解. 首先写出

$$\hat{Q}(s)=\frac{1}{K}s(s+1)(0.1s+1). \tag{4.8.23}$$

采用图 4.8.11 的广义 D 形围线画$\hat{Q}(s)$的轨迹. 首先画出线段 CD 与线段 FA 的映象,即图 4.8.23(a)中的 $C'D'$ 与 $F'A'$. 其次考虑广义 D 形围线的无穷小半圆 ABC,有

$$\hat{Q}(s)=\hat{Q}(\varepsilon e^{j\theta})=\frac{1}{K}(\varepsilon e^{j\theta})(\varepsilon e^{j\theta}+1)(0.1\varepsilon e^{j\theta}+1)\approx\frac{\varepsilon}{K}e^{j\theta}.$$

据此可画出其映象，即图 4.8.23(b) 中的无穷小半圆 $A'B'C'$.

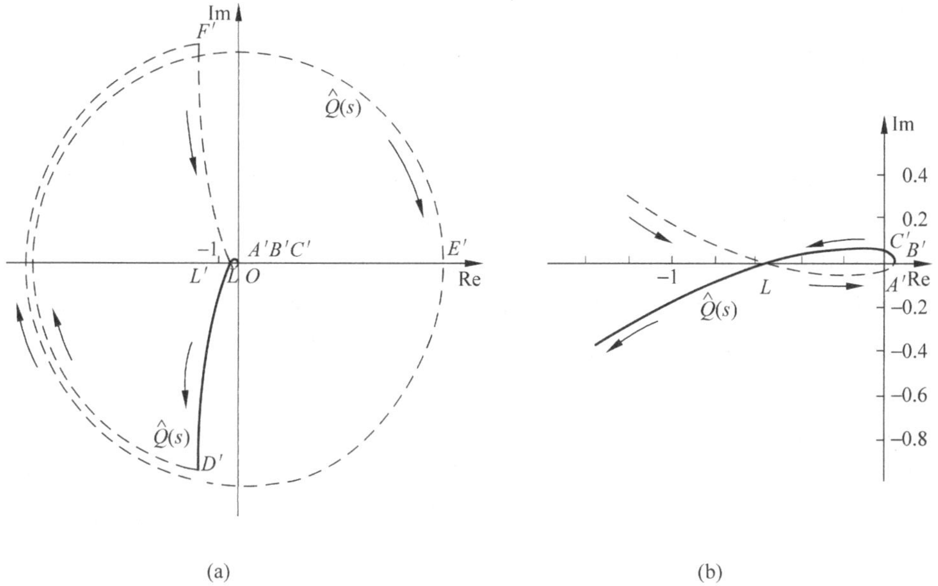

图 4.8.23　在逆幅相特性图上应用奈奎斯特稳定判据

在广义 D 形围线的无穷大半圆 DEF 上，有 $s=Re^{j\theta}$，其中 $R\to\infty$. 此时

$$\hat{Q}(s)=\hat{Q}(Re^{j\theta})=\frac{1}{K}(Re^{j\theta})(Re^{j\theta}+1)(0.1Re^{j\theta}+1)\approx\frac{0.1R^3}{K}e^{j3\theta}.$$

显然这是一个半径为无穷大的圆弧. 在半圆 DEF 上，随着 θ 从 $+90°$ 连续地减小到 $-90°$，$\hat{Q}(s)$ 的角 3θ 应从 $+270°$ 连续地减小到 $-270°$. 据此可画出图 4.8.23(a) 中的无穷大圆弧 $D'E'F'$，它在复数平面上连续旋转 $-540°$，即顺钟向旋转 1 周半. 至此轨迹 $\hat{Q}(s)$ 画完. 沿轨迹 $\hat{Q}(s)$ 巡视一周，可见它不包围原点，而顺钟向包围 $-1+j0$ 点 2 周，即有 $\hat{q}=0$，$\hat{p}=2$. 由于 $\hat{q}-\hat{p}=-2\neq q$，可知闭环系统不稳定.

如果把 K 减小到 2，由式 (4.8.23) 可知 $\hat{Q}(s)$ 的轨迹将"膨胀"到原来的 10 倍大. 不难看出，此时图 4.8.23(a) 中的点 L 将左移到 $-1+j0$ 点的左侧，即点 L' 的位置，使 $\hat{p}$ 变为 0. 于是 $\hat{q}-\hat{p}=0=q$ 成立，闭环系统变为稳定. □

4.9　控制系统的稳定裕度

从理论上说，一个线性系统的结构和参数一旦确定，它是否稳定就确定了. 但是实际情况并不如此简单. 大多数情况下，系统的参数总难免有**不确定性**. 也就是说，系统名义上的参数与它的实际参数可能有出入. 有的情况下连系统的结构(框图)都可能与实际有某些出入. 例如人们以为系统中某个惰性单元的传递函数是 $5/(2s+1)$，事实上它可能是 $5.5/(1.7s+1)$. 这样人们用稳定判据判断稳定性所得的结论就可能不正确. 人们以为是稳定的系统实际可能不稳定.

不确定性的原因很多. 例如测量的误差、公称值与实际值之间的正常偏差、温度变化引起的参数波动等等. 再如有的生产机械的参数经过长时间的运行可能发生相当大的变化；有的控制对象在不同的运行条件下(例如飞机在不同高度以不同速度飞行)其参数可以在很大范围内变化，甚至基本动态性质也会发生变化(惰性单元变为振荡单元)；还有些情况下，为了便于进行研究，人们有意地或不得已地忽略系统中某些次要的因素以求简化它的数学模型.

考虑到不确定性的存在，我们就不能满足于仅仅判明某一系统是否稳定，而往往要问：如果系统的参数或结构发生了某种程度的变化，这个我们原以为稳定的系统是否仍能保持稳定呢？我们自然不能对各参数可能发生变化的一切组合逐一判断系统是否稳定，而希望一个已经判明为稳定的系统本身就具有这样一种性质，即当参数(或结构)有某种程度的不确定性时系统仍能保持稳定. 这样就提出了“**稳定裕度**”的概念. 一个系统不但必须是稳定的，而且还应该有相当的稳定裕度，才是工程上实际可用的.

一个系统的稳定裕度有多大，以及如何提高其稳定裕度的问题，常被称为系统的鲁棒性问题.“鲁棒性”一词的含义已见第3章3.10.3节. 在单输入单输出系统中，鲁棒性问题常常用系统的开环频率特性曲线与复数平面上点 $-1+j0$ 的接近程度表征. 但对于多输入多输出系统的分析和设计，鲁棒性问题比单输入单输出系统更为复杂，是学者们长期深入研究的理论性很强的问题.

图4.9.1是一个普通的反馈控制系统的开环幅相频率特性图 $Q(j\omega)$. 三条曲线分别对应于三个不同的开环比例系数 K. 可以看出，当 K 较小时，曲线 $Q(j\omega)$ 不包围复数平面上的点 $-1+j0$，闭环系统是稳定的；随着 K 的增大，曲线 $Q(j\omega)$ 逐渐靠近复数平面上的点 $-1+j0$，系统濒临不稳定的边缘；当 K 再继续增大，曲线 $Q(j\omega)$ 就包围点 $-1+j0$，系统失去稳定. 因此，曲线 $Q(j\omega)$ 与复数平面上点 $-1+j0$ 接近的程度往往可以反映系统稳定的裕度. 如果开环幅相频率特性曲线 $Q(j\omega)$ 有一段离复数平面上的点 $-1+j0$ 很近，那么当系统的某些参数发生变化时，原来不包围复数平面上点 $-1+j0$ 的曲线 $Q(j\omega)$ 就可能变为包围该点，原来稳定的系统就可能失去稳定；而如果开环幅相频率特性曲线的各段都离点 $-1+j0$ 相当远，那么不难理解：即使系统的某些参数有些变

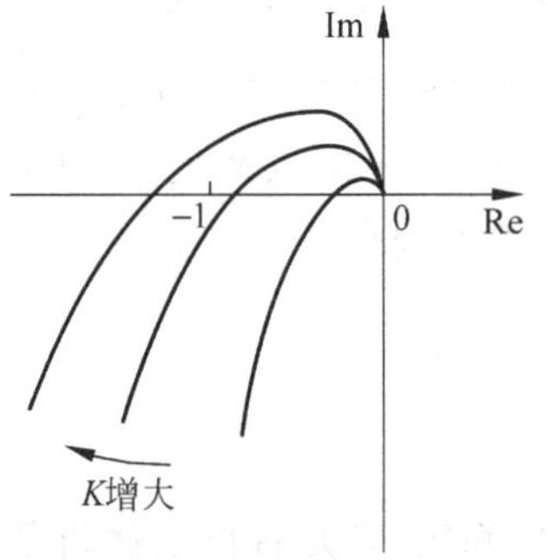

图4.9.1　参数变化影响系统的稳定性

化，引起曲线形状发生相应变化，也不容易影响曲线是否包围点 $-1+j0$ 这个基本特征，也就是不至于破坏系统的稳定性.

复数平面上的点 $-1+j0$，其模是 1，角是 $-180°$. 如果开环幅相频率特性曲线 $Q(j\omega)$ 的各段都远离点 $-1+j0$，那么当 $Q(j\omega)$ 的模等于 1 时，它的角必远离 $-180°$；而当它的角等于 $-180°$ 时，它的模必远离 1. 根据这个关系，工程上通常把一个系统的稳定裕度分解为**增益稳定裕度**和**相角稳定裕度**. 其定义方法如下：如果一个稳定系统的开环幅相频率特性曲线不包围复数平面上的点 $-1+j0$，则以原点为圆心，以 K_g 和 $1/K_g$ 为半径分别画两个圆弧（$K_g>1$），又在负实轴两侧以夹角 ϕ 各画一条辐射线，这两条圆弧与这两条辐射直线构成一个圆环扇形，如图 4.9.2 所示. 尽量增大 K_g 和 ϕ，而保持系统开环幅相频率特性曲线不进入这个圆环扇形，这样得到的最大的 K_g（以 $20\lg K_g$ dB 表示）和 ϕ（以度表示）就分别称为该系统的增益稳定裕度和相角稳定裕度（也称增益稳定储备和相角稳定储备）.

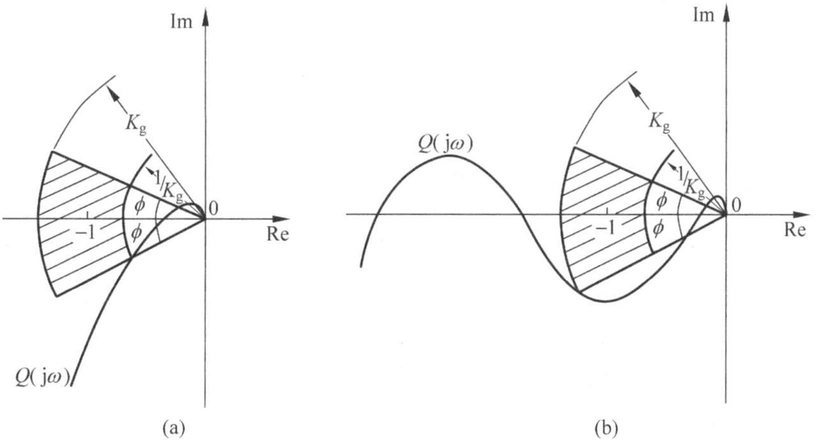

图 4.9.2 稳定裕度的定义

容易理解，按照上述定义，如果一个稳定系统的开环幅相频率特性的模增大到 K_g 倍或减小到 $1/K_g$ 倍，或者它的角增大 ϕ 或减小 ϕ，或者模和角同时发生上述变化，则变化后的开环频率特性曲线仍可不包围点 $-1+j0$，即系统仍然保持稳定. 这就是把 $20\lg K_g$ 和 ϕ 称为增益稳定裕度和相角稳定裕度的含义.

对于开环幅相频率特性曲线包围点 $-1+j0$ 的情形，例如 4.8.3 节的图 4.8.5，不可能使用上述的增益稳定裕度或相角稳定裕度定义.

不稳定的系统谈不上稳定裕度.

上述的稳定裕度定义在应用上的主要不便之处是：同一系统的稳定裕度可能不唯一. 例如图 4.9.3 的系统的稳定裕度既可认为是 K_{g1} 和 ϕ_1，也可认为是 K_{g2} 和 ϕ_2.

工程上常采用稳定裕度的另一种比较简便而明确的定义：设系统稳定，且其开环幅相频率特性曲线不包围点$-1+j0$. 把开环幅频特性函数的值等于 1 的角频率记作 ω_{cut},即 $A(Q(j\omega_{cut}))=1$,把开环相频特性函数在这一角频率的值减$-180°$的差值称为相角稳定裕度,记作 ϕ,即 $\phi=\theta(Q(j\omega_{cut}))-(-180°)=\theta(Q(j\omega_{cut}))+180°$. 另一方面,把开环相频特性函数值等于$-180°$的角频率记作 ω_0,即 $\theta(Q(j\omega_0))=-180°$,把这一角频率点的开环幅频特性函数值的倒数称为增益稳定裕度,记作 K_g,即 $K_g=1/A(Q(j\omega_0))$,将 $20\lg K_g$ 用 dB 表示. 这种定义如图 4.9.4 所示.

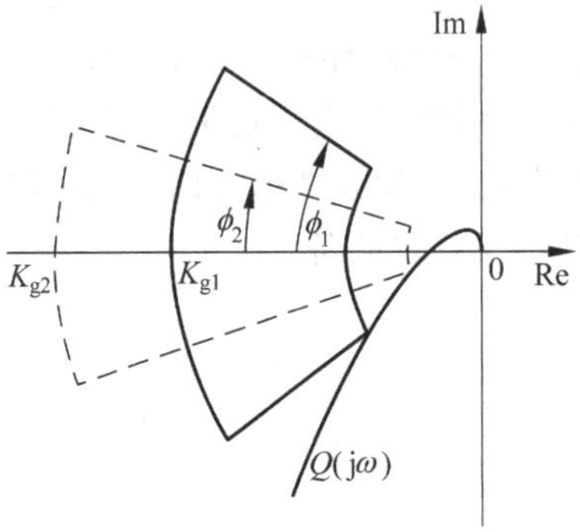

图 4.9.3　同一系统的稳定裕度的不同量度

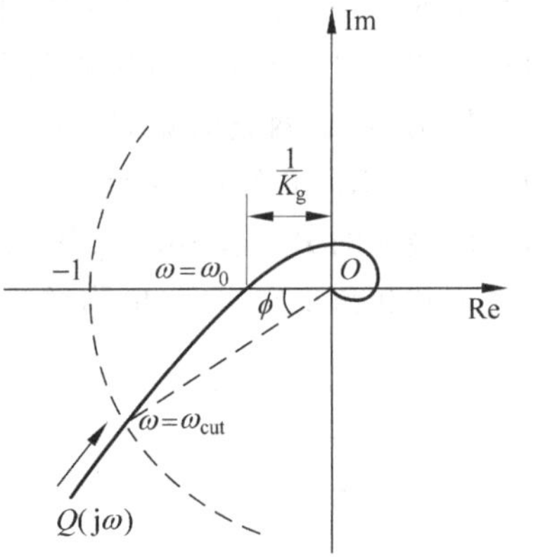

图 4.9.4　稳定裕度的工程定义

这样定义的稳定裕度在对数频率特性图上很容易表示. 在对数幅频特性曲线 $L(Q)$通过 0dB 的角频率 ω_{cut},对数相频特性值 $\theta(Q)$减去$-180°$的差值就是相角稳定裕度 ϕ. 在对数相频特性曲线 $\theta(Q)$通过$-180°$的角频率 ω_0,对数幅频特性值 $L(Q)$低于 0 dB 的差值(用 dB 表示)就是增益稳定裕度 K_g. 如图 4.9.5 所示.

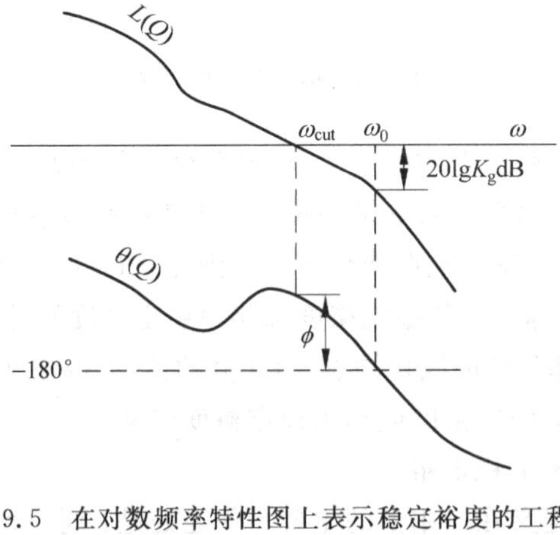

图 4.9.5　在对数频率特性图上表示稳定裕度的工程定义

容易理解,按照这样的定义,如果一个稳定系统的开环频率特性的模增大到 K_g 倍,但角不变;或者它的角滞后量增大 ϕ,但模不变,则变化后的开环幅相频率特性曲线仍可不包围点 $-1+j0$，即系统仍保持稳定. 这就是这样定义增益与相角稳定裕度的含义和优点.

但是，在这种定义下，如果在模增大到 K_g 倍的**同时**，角的滞后量也增大 ϕ，则系统不一定仍能保持稳定. 另外，这一定义不适用于如 4.8.3 节的图 4.8.18 那样的条件稳定系统.

增益稳定裕度能直接指出系统的开环增益还允许增加多大而不致破坏稳定性. 但增益稳定裕度和相角稳定裕度更重要的作用是大致刻画对于一个参数(或结构)不确定的系统的稳定性判断的可靠程度. 增益与相角这两项稳定裕度指标应当一同使用，不过工程实践中往往只使用其中一项指标作为对稳定裕度更简略的描述.

除指明系统在不确定情况下的性质外，稳定裕度还能简略地提示系统在阶跃信号作用下的动态特性. 系统的稳定裕度过小，阶跃响应往往剧烈，振荡倾向较严重. 反之，稳定裕度过大，其动态响应又往往迟钝缓慢. 因此正确设计系统的稳定裕度可以使控制系统具有适当的动态性能，同时避免系统中某些元部件参数不确定性的有害影响. 工程上一般设法使相角裕度在 30°至 60°之间，增益裕度不小于 6dB.

一个控制系统通常有许多参数，它的运动规律很复杂，有许多自由度. 仅用两个稳定裕度的数据当然不可能充分描述其特征. 所以稳定裕度只是工程上便于使用的一种经验性指标，只能在设计系统和估算系统性能时谨慎地用作参考，不可误以为是严格的理论依据. 特别应当强调，为了比较确切地描述系统的"稳定程度"，最好将增益裕度与相角裕度联合使用. 如果只用二者之一，则对于图 4.9.6 那样的开环频率特性(相角裕度很大，但增益裕度很小)就容易发生误判.

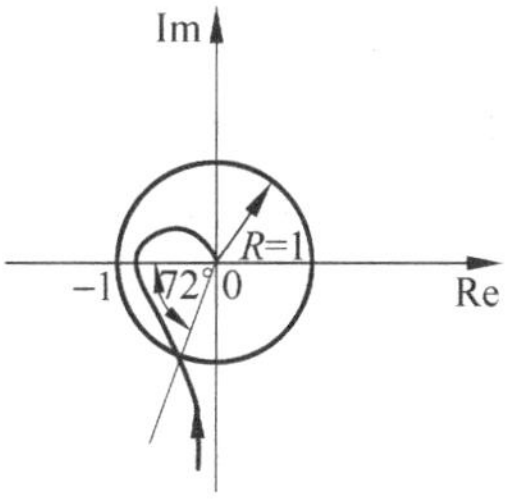

图 4.9.6　相角裕度虽大但实际濒于稳定性边缘

4.10　多输入多输出控制系统的特征多项式稳定判据

一个控制系统是否稳定，与它的输入量和输出量的数目完全无关. 因此从原理上说似乎没有理由特别提出多输入多输出系统的稳定性判据的问题. 然而实际困难在于：多输入多输出系统的结构通常很复杂，例如第 2 章 2.9.5 节的图 2.9.15 那样，是由许多单元以复杂的方式联结起来的. 如果想写出其特征多项式并判断其零点是否全部位于复数平面的左半面，则首先要做第 2 章 2.10.2 节式(2.10.9)那样的**矩阵求逆**和矩阵相乘的计算，数学推导与计算过程都极为繁冗. 4.8 节所述的常规的奈奎斯特稳定判据可以避免计算闭环系统的传递函数的步骤，而从开环传递函数直接判断闭环系统的稳定性.这是很大的进步.但对于像图2.9.15那样的复杂系统,如果要计算其开环传递函数,首先就要把它改画成单输入单输出的结构,所得的框图也会非常复杂和繁冗.固然,使用电子计算机可以轻易地完成各种复杂计算,然而对于分析研究控制系统的运动机理,以及考虑改进其运动性质的途径等课题,计算机往往是无能为力的.总之,从工程角度看,有必要另辟蹊径解决判断多变量控制系统稳定性的问题.

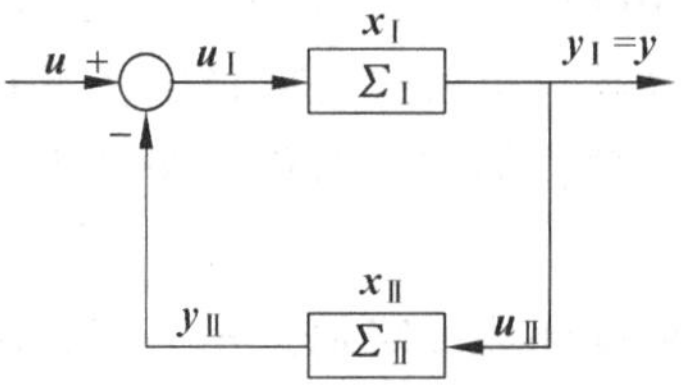

图 4.10.1 典型多变量反馈系统

如果注意到,绝大多数情形下,多输入多输出系统可以表示为如第2章2.15节图2.15.1所示的典型反馈系统,则判断闭环系统稳定性的问题就可以简化很多.现在把图2.15.1重新画出,作为图4.10.1.

2.15节已证明:具有图4.10.1所示典型结构的闭环系统,其开环系统的特征多项式 $\rho_{\rm open}(s)$ 与闭环系统的特征多项式 $\rho_{\rm clsd}(s)$ 之间的关系是式(2.15.13).现在把该式重新写在下面:

$$\frac{\rho_{\rm clsd}(s)}{\rho_{\rm open}(s)}=\det[\boldsymbol{I}_m+\boldsymbol{G}_{\rm I}(s)\boldsymbol{G}_{\rm II}(s)]=\det[\boldsymbol{I}_m+\boldsymbol{G}_{\rm II}(s)\boldsymbol{G}_{\rm I}(s)], \quad (4.10.1)$$

其中 m 是输入量与输出量共同的维数.上式表明,尽管 $\boldsymbol{G}_{\rm I}(s)\boldsymbol{G}_{\rm II}(s)\neq\boldsymbol{G}_{\rm II}(s)\boldsymbol{G}_{\rm I}(s)$,但却有 $\det[\boldsymbol{I}_m+\boldsymbol{G}_{\rm I}(s)\boldsymbol{G}_{\rm II}(s)]=\det[\boldsymbol{I}_m+\boldsymbol{G}_{\rm II}(s)\boldsymbol{G}_{\rm I}(s)]$.不妨把它们统一写作 $\det[\boldsymbol{I}_m+\boldsymbol{Q}(s)]$:

$$\frac{\rho_{\rm clsd}(s)}{\rho_{\rm open}(s)}=\det[\boldsymbol{I}_m+\boldsymbol{Q}(s)]. \quad (4.10.2)$$

设图4.10.1的开环系统的特征多项式 $\rho_{\rm open}(s)$ 在复数平面的右半面上有 q 个零点,而其闭环系统的特征多项式 $\rho_{\rm clsd}(s)$ 在右半面上有 p 个零点,则闭环系统稳定的充分必要条件就是 $p=0$.现在应用4.8.1节的定理4.8.1(幅角原理)和奈奎斯特稳定判据.把该定理中的函数 $W(s)$ 取为式(4.10.2)右端的行列式 $\det[\boldsymbol{I}_m+\boldsymbol{Q}(s)]$,把该定理中的闭围线取为(广义)D形围线,就可以得到如下的重要定理.

定理4.10.1(多变量系统的特征多项式稳定判据) 设 $m\times m$ 维的控制系统的开环传递函数矩阵为 $\boldsymbol{Q}(s)$,其特征多项式 $\rho_{\rm open}(s)$ 在复数平面的右半面上有 q 个零点,则闭环系统稳定的充分必要条件是:当 s 沿(广义)D形围线顺钟向连续变化1周时,函数 $\det[\boldsymbol{I}_m+\boldsymbol{Q}(s)]$ 的轨迹逆钟向包围原点 q 周.

例 4.10.1 第2章2.9.6节的例2.9.4曾给出某2输入2输出的双连通容器的传递函数矩阵式(2.9.45),现在重新写在下面:

$$\boldsymbol{G}(s)=\frac{1}{1.667\times10^4s^2+700s+1}\begin{bmatrix}833.3s+33.33 & 16.67\\ 16.67 & 1.667\times10^4s+33.33\end{bmatrix}. \quad (4.10.3)$$

如果为它安装 2 输入 2 输出的常数对角矩阵控制器 $\boldsymbol{K}(s)=k\boldsymbol{I}_2$. 要求对于 $k=0.1$ 和 $k=1$ 两种情形分别判断闭环系统是否稳定.

解　写出开环系统的传递函数矩阵 $\boldsymbol{Q}(s)$:

$$\boldsymbol{Q}(s)=\boldsymbol{G}(s)\boldsymbol{K}(s)=k\boldsymbol{G}(s)$$
$$=\frac{k}{1.667\times10^4s^2+700s+1}\begin{bmatrix}833.3s+33.33 & 16.67\\ 16.67 & 1.667\times10^4s+33.33\end{bmatrix}.$$

从上式已可看出开环系统的特征多项式在复数平面的右半面上没有极点,即有 $q=0$. 故加上控制器矩阵后闭环系统稳定的充分必要条件是 $\det[\boldsymbol{I}_2+\boldsymbol{Q}(s)]=-q=0$. 容易求得

$$\det[\boldsymbol{I}_2+\boldsymbol{Q}(s)]$$
$$=\det\left[\boldsymbol{I}_2+\frac{k}{1.667\times10^4s^2+700s+1}\begin{bmatrix}833.3s+33.33 & 16.67\\ 16.67 & 1.667\times10^4s+33.33\end{bmatrix}\right]$$
$$=\frac{1}{(1.667\times10^4s^2+700s+1)^2}[a_4s^4+a_3(k)s^3+a_2(k)s^2+a_1(k)s+a_0(k)],\tag{4.10.4}$$

其中　$a_4=2.778\times10^8$,

$a_3=2.917\times10^8k+2.333\times10^7$,

$a_2=1.389\times10^7k^2+1.336\times10^7k+5.233\times10^5$,

$a_1=5.833\times10^5k^2+6.417\times10^4k+1400$,

$a_0=833.3k^2+66.67k+1$.

代入 k 的数据后,当 $k=0.1$,有

$$\det[\boldsymbol{I}_2+\boldsymbol{Q}(s)]$$
$$=\frac{2.778\times10^8s^4+5.250\times10^7s^3+1.998\times10^6s^2+1.365\times10^4s+16}{(1.667\times10^4s^2+700s+1)^2};\tag{4.10.5a}$$

而当 $k=1$,有

$$\det[\boldsymbol{I}_2+\boldsymbol{Q}(s)]$$
$$=\frac{2.778\times10^8s^4+3.150\times10^8s^3+2.777\times10^7s^2+6.489\times10^5s+901}{(1.667\times10^4s^2+700s+1)^2}.\tag{4.10.5b}$$

分别画出式(4.10.5a)和式(4.10.5b)的图像,如图 4.10.2 和图 4.10.3(a,b)所示. 其中,图 4.10.3(b)是为了清晰而将图 4.10.3(a)原点附近的局部放大所得. 从图中明显看出:无论 $k=0.1$ 或 1,$\det[\boldsymbol{I}_2+\boldsymbol{Q}(s)]$的轨迹都不包围复数平面的原点,亦即包围原点 $-q$ 周. 故该闭环系统在这两种情形下都是稳定的.

经数字计算验证,闭环系统的极点确实都位于复数平面的左半面:

当 $k=0.1$:　　$-0.1402, -0.04051, -0.00685, -0.00148$;

当 $k=1$:　　$-1.040, -0.05192, -0.04056, -0.00148$.　□

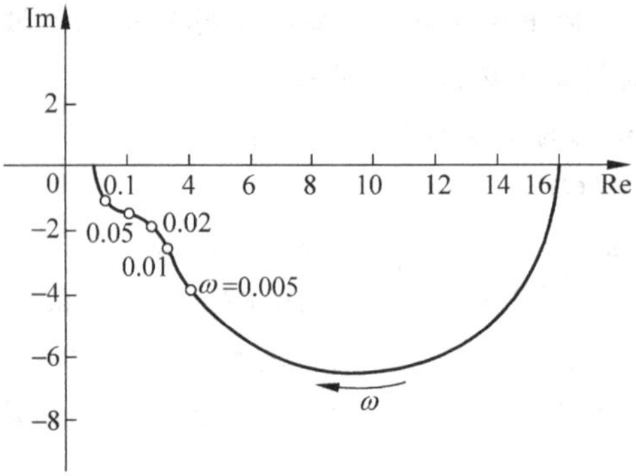

图 4.10.2 双连通容器闭环系统的稳定性判断($k=0.1$)

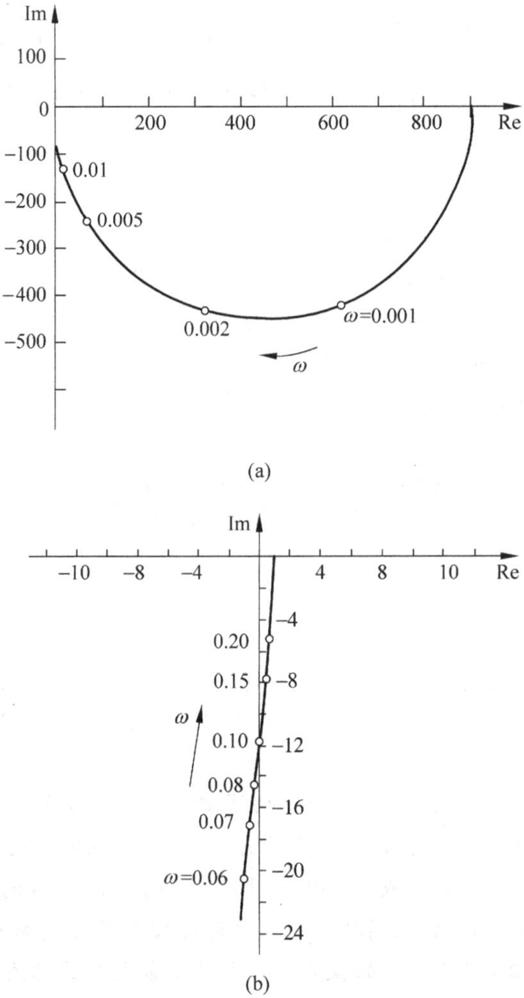

图 4.10.3 双连通容器闭环系统的稳定性判断($k=1$)

注意上述稳定判据有如下的重要缺点：在实际应用单变量的奈奎斯特稳定判据时，我们总是利用 4.8.2 节的第 1 点补充提示，把函数$[1+Q(s)]$的轨迹包围原点的周数转化为函数 $Q(s)$的轨迹包围点$-1+\mathrm{j}0$ 的周数. 这样可以便于一次性地研究系统在多个不同的开环比例系数值下的稳定性，如 4.8.3 节的例 4.8.2 的做法. 而在多变量情形下，却不可能将函数 $\det[\boldsymbol{I}_m+\boldsymbol{Q}(s)]$包围原点的周数化为函数 $\det\boldsymbol{Q}(s)$的轨迹"包围点$-\boldsymbol{I}_m+\mathrm{j}\boldsymbol{0}$"的周数，因为复数平面上根本不存在这样的"点". 如此，对于要研究系统在多个不同的开环比例系数值下的稳定性的问题，就无法利用如 4.8.3 节的例 4.8.2 的做法，即不可能一次性地画出函数 $\det\boldsymbol{Q}(s)$的轨迹就查明其在各个开环增益值下的稳定性，而必须如本例这样对每个开环增益值分别计算和画出 $\det[\boldsymbol{I}_m+\boldsymbol{Q}(s)]$的轨迹. 这样，多变量控制系统稳定性判据的优越性就大为减色.

有鉴于此，控制科学家们研究并提出过判断多变量控制系统稳定性的更好的方法和判据. 它们在历史上都曾起过作用，有的方法还能与控制系统的设计相结合. 但这些方法也都各有局限性. 它们共同的缺点是数字计算量都相当庞大，都要用专门的计算与设计软件实现. 为帮助读者扩大知识面，下节简述其中一种判据，即特征轨迹稳定判据.

4.11　多输入多输出控制系统的特征轨迹稳定判据

多变量控制系统的特征轨迹稳定判据是在特征多项式稳定判据的基础上发展起来的. 其严格证明需要用较深的数学工具. 其计算过程一般要用专门的计算机软件实现. 本节只用一个具体例子简略地说明. 读者如需要深入了解，可参阅其他有关文献[①].

定义 4.11.1　以复变数 s 为自变量的 $m\times m$ 矩阵，有 m 个特征值，都是 s 的函数，称为该矩阵的**特征值函数**. 当 s 在复数平面上沿(广义)D 形围线连续地变化 1 周时，m 个特征值函数在复数平面上描出 m 条闭合曲线，称为该矩阵的**特征轨迹**.

定理 4.11.1(基于特征轨迹的奈奎斯特稳定判据)　设控制系统的 $m\times m$ 开环传递函数矩阵 $\boldsymbol{Q}(s)$在复数平面的右半面上有 q 个史密斯-麦克米伦极点[②]，$q\geqslant 0$，且在右半面上没有解耦零点，则闭环系统稳定的充分必要条件为矩阵 $\boldsymbol{Q}(s)$的诸特征轨迹曲线在复数平面上逆钟向包围点$-1+\mathrm{j}0$ 的周数之和为 q.　□

定理 4.11.1 显然可以看作奈奎斯特稳定性判据的"多变量版". 它的证明要用到较深的数学知识，本书从略. 不过当 $m=1$ 时，特征轨迹退化为单变量系统的

---

① 例如：高黛陵、吴麒编著. 多变量频率域控制理论. 北京：清华大学出版社，1998.

② 见第 2 章 2.14.3 节之定义 2.14.6.

幅相频率特性曲线，所以可以看出，定理 4.11.1 退化为 4.8.2 节中经过第 1 点补充后的单变量系统的奈奎斯特稳定性判据.

例 4.11.1 仍看上节的例 4.10.1，有

$$\boldsymbol{Q}(s)=\frac{k}{1.667\times10^4s^2+700s+1}\begin{bmatrix}833.3s+33.33 & 16.67\\ 16.67 & 1.667\times10^4s+33.33\end{bmatrix}.$$

$\boldsymbol{Q}(s)$是一个以 s 为自变量的函数矩阵. 检验证明：它在复数平面的右半面上没有极点，也没有解耦零点，即有 $q=0$. 现在令复数自变量 s 沿 D 形围线连续变化. s 每取一个值，$\boldsymbol{Q}(s)$就成为一个复数矩阵. 例如当 $s=\mathrm{j}0.001$，有

$$\boldsymbol{Q}(\mathrm{j}0.001)=\frac{k}{0.9833+\mathrm{j}0.7}\begin{bmatrix}33.33+\mathrm{j}0.8333 & 16.67\\ 16.67 & 33.33+\mathrm{j}16.67\end{bmatrix}.$$

可以求出它的两个特征值为

$$\lambda_1(\mathrm{j}0.001)=k(16.80-\mathrm{j}3.059),\quad \lambda_2(\mathrm{j}0.001)=k(36.60-\mathrm{j}17.16).$$

由于$\boldsymbol{G}(\mathrm{j}0.001)$不是实数矩阵，故 $\lambda_1(\mathrm{j}0.001)$与 $\lambda_2(\mathrm{j}0.001)$不共轭. 注意 $\lambda_1(s)$和 $\lambda_2(s)$都正比于 k. 暂取 $k=1$，令 s 沿 D 形围线连续变化 1 周，即可求得特征值$\lambda_1(s)$和 $\lambda_2(s)$的一系列数值. 在复数平面上将这些数值描成曲线，得图 4.11.1(a)，(b).

从图 4.11.1 显然可以看出，只要参数 $k>0$，曲线 $\lambda_1(s)$和 $\lambda_2(s)$的轨迹一定不会包围点$-1/k+\mathrm{j}0$，即包围该点的周数恰为$-q=0$，因而闭环系统必为稳定. □

本例题表明，这种判据的数字计算量很大，所得特征轨迹的图形与单变量系统的幅相频率特性图形状也很不相同. 一般必须使用专门的计算机软件来计算和绘图.

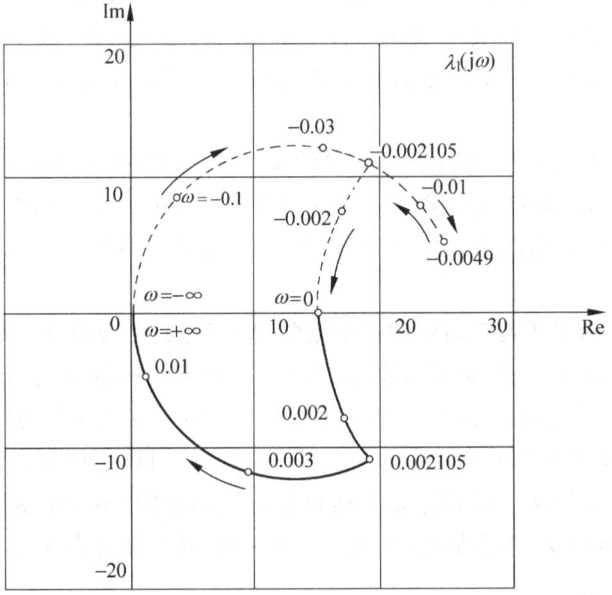

(a)

图 4.11.1 双连通容器系统的特征轨迹

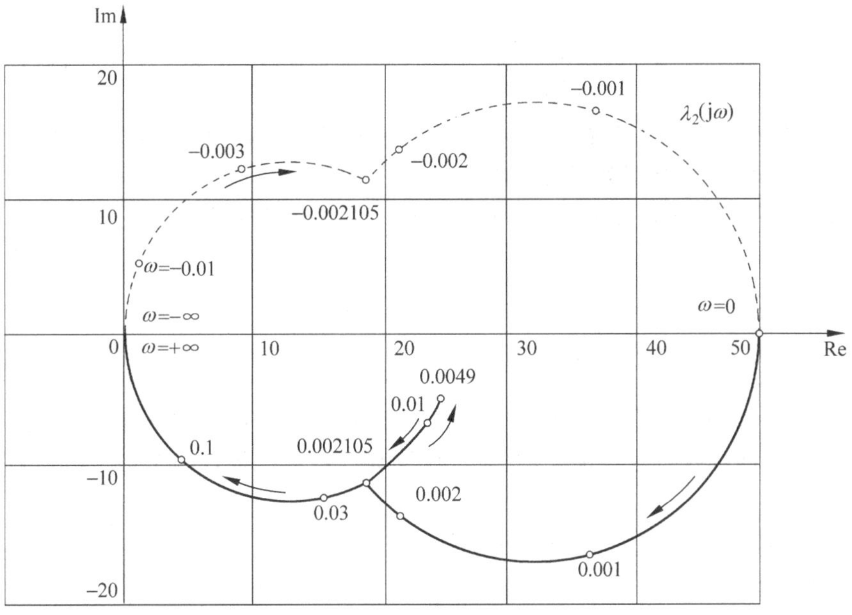

(b)

图 4.11.1 (续)

4.12 对角优势多变量控制系统的稳定条件

以上所述的寻找判断多变量控制系统稳定性的实用判据之困难，使科学家们转而设法寻求宽松一些的稳定性判据. 对角优势系统的稳定判据就是其中一项成果. 开环系统的传递函数矩阵的诸对角元大到一定程度，就称为对角优势系统. 对于对角优势系统，只要每个对角元**单独**接成闭环时系统是稳定的，则整个系统接成闭环时就是稳定的，各非对角元不会破坏闭环系统的稳定性. 所以对角优势系统的稳定判据很有价值. 设计多变量控制系统的有名的**逆奈奎斯特阵列方法**就是在此判据基础上建立起来的.

4.12.1 对角优势矩阵

定义 4.12.1 复数域上的 $m\times m$ 矩阵 $\boldsymbol{A}=(a_{i,j})$ 如果满足

$$|a_{i,i}|>\sum_{\substack{j=1\\(j\neq i)}}^{m}|a_{i,j}|=d_i,\quad i\in 1,2,\cdots,m \tag{4.12.1}$$

则说 $\boldsymbol{A}$ 的第 i 行有**行对角优势**，称 d_i 为其第 i 行的**行估计**. 如果 $\boldsymbol{A}$ 的各行都有行对角优势，则称 $\boldsymbol{A}$ 为**行对角优势矩阵**.

与此对等,如果 **A** 满足

$$|a_{i,i}| > \sum_{\substack{j=1\\(j\neq i)}}^{m} |a_{j,i}| = d'_i, \quad i \in 1,2,\cdots,m \tag{4.12.2}$$

则说 **A** 的第 i 列有**列对角优势**,称 d'_i 为其第 i 列的**列估计**.如果 **A** 的各列都有列对角优势,则称 **A** 为**列对角优势矩阵**.

行对角优势矩阵和列对角优势矩阵统称为**对角优势矩阵**. □

以矩阵

$$\boldsymbol{A} = \begin{bmatrix} 2+\mathrm{j}3 & 1 & \mathrm{j}2 \\ 1 & 3 & 0 \\ 1+\mathrm{j}1 & 1 & 1+\mathrm{j}2 \end{bmatrix}$$

为例,其各列都满足式(4.12.2),所以是列对角优势矩阵.其第1和第2行满足式(4.12.1),即具有行对角优势,但第3行没有行对角优势,故它不是行对角优势矩阵.

对角矩阵是对角优势矩阵的极限情形.

定理 4.12.1 行(或列)对角优势矩阵是非奇异矩阵.

证明 只对行对角优势情形证明就够了.用反证法.假设 **A** 为 $m\times m$ 奇异矩阵,则其各列线性相关.必有一组不全为0的数 $\alpha_1,\alpha_2,\cdots,\alpha_m$ 使下式成立:

$$\sum_{j=1}^{m} \alpha_j a_{i,j} = 0, \quad i = 1,2,\cdots,m.$$

设

$$\max_j |\alpha_j| = |\alpha_k|,$$

则 $\alpha_k \neq 0$.现在考虑第 k 行.由于

$$\sum_{j=1}^{m} \alpha_j a_{k,j} = 0,$$

故

$$\sum_{\substack{j=1\\(j\neq k)}}^{m} \alpha_j a_{k,j} + \alpha_k a_{k,k} = 0.$$

即

$$\alpha_k a_{k,k} = -\sum_{\substack{j=1\\(j\neq k)}}^{m} \alpha_j a_{k,j}.$$

两端取模,得

$$|\alpha_k||a_{k,k}| = \left| -\sum_{\substack{j=1\\(j\neq k)}}^{m} \alpha_j a_{k,j} \right| \leqslant \sum_{\substack{j=1\\(j\neq k)}}^{m} |\alpha_j||a_{k,j}| \leqslant |\alpha_k| \sum_{\substack{j=1\\(j\neq k)}}^{m} |a_{k,j}|.$$

因而有

$$|a_{k,k}| \leqslant \sum_{\substack{j=1\\(j\neq k)}}^{m} |a_{k,j}|.$$

但这与 **A** 为行对角优势矩阵的假设相矛盾. 故 **A** 必为非奇异. □

定义 4.12.2　以复数矩阵 **A** 的对角元 $a_{i,i}$ 在复数平面上所在的点为圆心，以第 i 行的行估计 d_i 为半径作圆，称为矩阵 **A** 的第 i 行的**行格什戈林**(Gershgorin)**圆**.

一个 $m\times m$ 的矩阵有 m 个行格什戈林圆.

与此对等，以 $a_{i,i}$ 所在的点为圆心，以第 i 列的列估计 d'_i 为半径作圆，称为矩阵 **A** 的第 i 列的**列格什戈林圆**. 一个 $m\times m$ 的矩阵有 m 个列格什戈林圆.

推论 4.12.1　行(列)对角优势矩阵的所有行(列)格什戈林圆都**不覆盖坐标系的原点**(即原点既不在圆内，也不在圆周上). 反之，如果所有行(列)格什戈林圆都不覆盖坐标系的原点，则矩阵必具行(列)对角优势.

定理 4.12.2(格什戈林定理，又称特征值估计定理)　$m\times m$ 复数矩阵 **A** 的特征值均位于复数平面上矩阵 **A** 的行格什戈林圆的并集内，即位于下式的区域内：

$$|s-a_{i,i}|\leqslant\sum_{\substack{j=1\\(j\neq i)}}^{m}|a_{i,j}|=d_i,\quad i=1,2,\cdots,m.$$

证明　设 λ 为矩阵 **A** 的一个特征值，则有 $\det(\lambda\boldsymbol{I}-\boldsymbol{A})=0$. 据定理 4.12.1 知矩阵 $(\lambda\boldsymbol{I}-\boldsymbol{A})$ 不是对角优势矩阵，即至少对于它的某一行(设为第 i 行)有

$$|(\lambda\boldsymbol{I}-\boldsymbol{A})_{i,i}|\leqslant\sum_{\substack{j=1\\(j\neq i)}}^{m}|(\lambda\boldsymbol{I}-\boldsymbol{A})_{i,j}|,$$

因 $(\lambda\boldsymbol{I})_{i,i}=\lambda$，而 $(\lambda\boldsymbol{I})_{i,j}=0$(对于 $j\neq i$)，故上式可改写为

$$|\lambda-a_{i,i}|\leqslant\sum_{\substack{j=1\\(j\neq i)}}^{m}|a_{i,j}|=d_i.$$

所以这个特征值 λ 必位于矩阵 **A** 的第 i 个行格什戈林圆的内部，如图 4.12.1 所示. 同理，**A** 的其余特征值也一定类似地位于 **A** 的某个(但未必是第 i 个)行格什戈林圆的内部. 因此，**A** 的所有特征值均位于 **A** 的所有行格什戈林圆的并集内，即位于 $|s-a_{i,i}|\leqslant d_i$ 的并集内($i=1,2,\cdots,m$). □

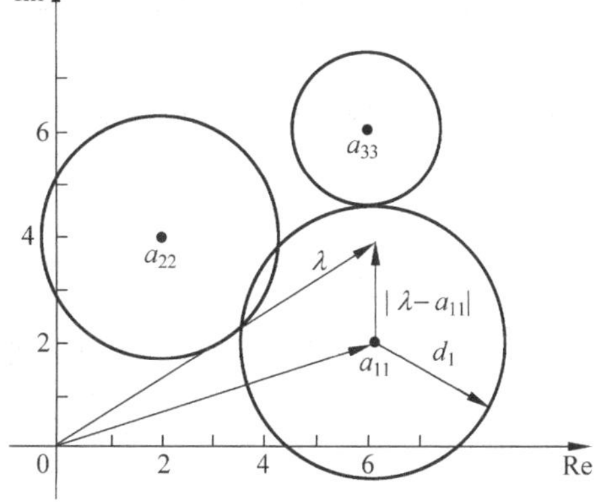

图 4.12.1　矩阵的特征值位于格什戈林圆的内部

同理可证$\boldsymbol{A}$的所有特征值也均位于$\boldsymbol{A}$的所有列格什戈林圆$|s-a_{i,i}|\leqslant d'_i$的并集内,$i=1,2,\cdots,m$.

注意:$m\times m$矩阵$\boldsymbol{A}$有m个特征值.每一个特征值虽均位于$\boldsymbol{A}$的某个格什戈林圆内,但未必每一个格什戈林圆恰好含有一个特征值.可能所有特征值均位于某几个格什戈林圆内,而另几个格什戈林圆内却一个特征值也没有.例如矩阵

$$\boldsymbol{A}=\begin{bmatrix}0 & -3\\ 8 & 10\end{bmatrix}$$

的特征值是$\lambda_1=4,\lambda_2=6$.它们与相应的行格什戈林圆的关系如图4.12.2所示.

推论 4.12.2 对角优势矩阵没有零特征值.

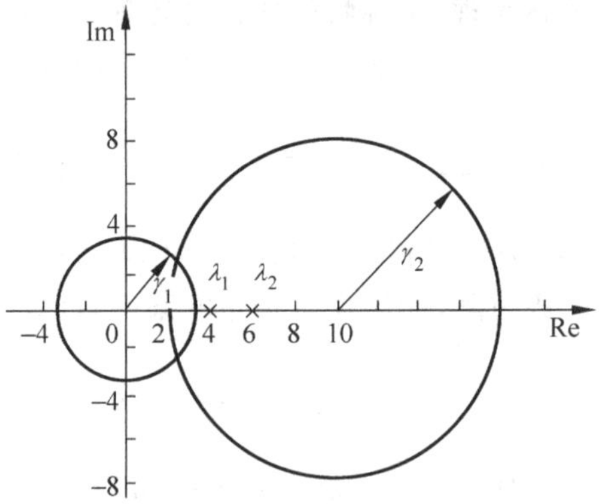

图 4.12.2 有些格什戈林圆内可能不含特征值

4.12.2 对角优势的函数矩阵

下面进而考虑以复变数s为自变量的函数矩阵(如传递函数矩阵).因为函数矩阵的每个元都是s的函数,可能当s取某些值时该矩阵具有对角优势,而当s取另一些值时却没有对角优势.故在讨论函数矩阵的对角优势问题时必须指明s的取值范围.

定义 4.12.3 考虑$m\times m$的函数矩阵$\boldsymbol{Q}(s)$.若对于D形围线上的每个s,均有

$$|q_{i,i}(s)|>\sum_{\substack{j=1\\(j\neq i)}}^{m}|q_{i,j}(s)|=d_i(s),\tag{4.12.3}$$

就说矩阵$\boldsymbol{Q}(s)$**在D形围线上有行对角优势**.若对于D形围线上的每个s,均有

$$|q_{i,i}(s)|>\sum_{\substack{j=1\\(j\neq i)}}^{m}|q_{j,i}(s)|=d'_i(s),\tag{4.12.4}$$

则说矩阵$\boldsymbol{Q}(s)$**在D形围线上有列对角优势**.

推论 4.12.3　若矩阵 $\boldsymbol{Q}(s)$在 D 形围线上为对角优势矩阵，则 $\boldsymbol{Q}(s)$必为非奇异矩阵，其逆矩阵 $\boldsymbol{Q}^{-1}(s)$存在.

定义 4.12.4　当复数自变量 s 沿 D 形围线顺钟向连续变化 1 周时，$m\times m$ 的函数矩阵$\boldsymbol{Q}(s)$的 m 个对角元$q_{i,i}(s)$在复数平面上描出一组 m 条轨迹. 对应于 s 的每个值，分别以 $q_{i,i}(s)$为圆心，以行估计 $d_i(s)$为半径，画出 m 个格什戈林圆. 随着 s 的变化，这些圆扫描出 m 个带状域，称为矩阵 $\boldsymbol{Q}(s)$的**行格什戈林带**. 同样，对应于 s 的每个值，分别以 $q_{i,i}(s)$为圆心，以列估计 $d'_i(s)$为半径，画出 m 个格什戈林圆. 随着 s 的变化，这些圆扫描出 m 个带状区域，称为矩阵 $\boldsymbol{Q}(s)$的**列格什戈林带**.

推论 4.12.4　对于 $m\times m$ 的函数矩阵 $\boldsymbol{Q}(s)$，若 m 条行格什戈林带都**不覆盖坐标系的原点**，则矩阵 $\boldsymbol{Q}(s)$在 D 形围线上有行对角优势；若 m 条列格什戈林带都不覆盖原点，则矩阵 $\boldsymbol{Q}(s)$在 D 形围线上有列对角优势. 反之，若矩阵 $\boldsymbol{Q}(s)$在 D 形围线上有行(列)对角优势，则其 m 条行(列)格什戈林带都不覆盖原点.

有时就把在 D 形围线上有行(列)对角优势的矩阵简称为有行(列)对角优势的矩阵，并把传递函数矩阵在 D 形围线上有行(列)对角优势的控制系统简称为行(列)对角优势系统，或简称为**对角优势系统**.

例 4.12.1　某传递函数矩阵 $\boldsymbol{G}(s)$的逆矩阵为

$$\boldsymbol{G}^{-1}(s)=\begin{bmatrix}2s^3+6s^2+6s+2 & 2s+0.25\\ 1.5s+0.5 & 4s^4+10s^3+14s^2+10s+4\end{bmatrix}. \tag{4.12.5}$$

其两条行格什戈林带如图 4.12.3 所示. 由图可知 $\boldsymbol{G}^{-1}(s)$在 D 形围线上有行对角优势. □

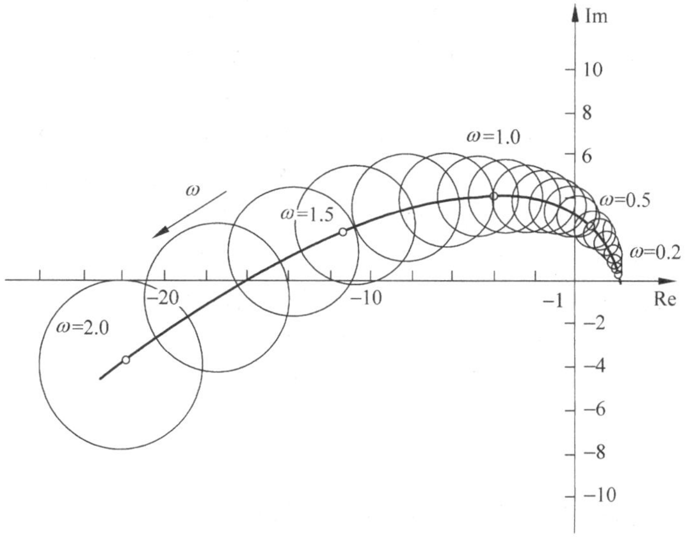

(a)

图 4.12.3　有对角优势的矩阵的格什戈林带

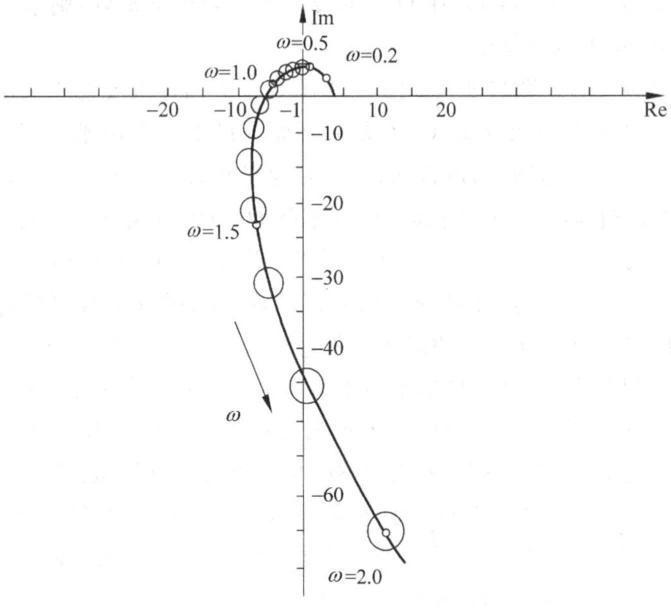

(b)

图 4.12.3 (续)

4.12.3 对角优势系统的奈奎斯特稳定判据

如果多变量控制系统的传递函数矩阵具有对角优势,则可以导出判断系统稳定性的一种方便的判据.本节将叙述并证明这种判据.为便于文字表述,首先引入关于**周数**的记号.考虑方形函数矩阵$\boldsymbol{Q}(s)$.它的行列式$\det\boldsymbol{Q}(s)$是s的标量函数.

定义 4.12.5 当复数自变量s沿(广义)D形围线顺钟向连续变化1周时,函数$\det\boldsymbol{Q}(s)$的轨迹顺钟向包围原点的周数称为**矩阵$\boldsymbol{Q}(s)$的周数**,记作$\mathrm{enc}\,\boldsymbol{Q}(s)$.

显然$\mathrm{enc}\,\boldsymbol{Q}(s)$必为正整数或负整数或零.如果$\boldsymbol{Q}(s)=\boldsymbol{N}(s)\boldsymbol{D}^{-1}(s)$,则有$\mathrm{enc}\,\boldsymbol{Q}(s)=\mathrm{enc}\,\boldsymbol{N}(s)-\mathrm{enc}\,\boldsymbol{D}(s)$.如果$\boldsymbol{Q}(s)$是标量函数,则$\mathrm{enc}\,\boldsymbol{Q}(s)$就是当$s$沿(广义)D形围线顺钟向连续变化1周时该函数本身的轨迹包围原点的周数.

下面是关于对角优势矩阵的周数的重要定理.

定理 4.12.3 若$m\times m$的函数矩阵$\boldsymbol{Z}(s)$在(广义)D形围线上有对角优势,则

$$\mathrm{enc}\,\boldsymbol{Z}(s)=\sum_{i=1}^{m}\mathrm{enc}\,z_{i,i}(s). \tag{4.12.6}$$

证明 引入参数$\theta,0\leqslant\theta<1$,并以如下方式构造函数矩阵$\widetilde{\boldsymbol{Z}}(\theta,s)$:

$\widetilde{\boldsymbol{Z}}(\theta,s)$的对角元为$\tilde{z}_{i,i}(\theta,s)=z_{i,i}(s)$, $i=1,2,\cdots,m$;

$\widetilde{\boldsymbol{Z}}(\theta,s)$的非对角元为$\tilde{z}_{i,j}(\theta,s)=\theta z_{i,j}(s)$, $i,j=1,2,\cdots,m,j\neq i$.

显然$\widetilde{\mathbf{Z}}(\theta,s)$在(广义)D形围线上也是对角优势矩阵，而且当 $\theta=1$ 时有$\widetilde{\mathbf{Z}}(1,s)=\mathbf{Z}(s)$；当$\theta=0$ 时则有

$$\begin{aligned}\widetilde{\mathbf{Z}}(0,s)&=\operatorname{diag}(\tilde{z}_{1,1}(s),\tilde{z}_{2,2}(s),\cdots,\tilde{z}_{m,m}(s))\\&=\operatorname{diag}(z_{1,1}(s),z_{2,2}(s),\cdots,z_{m,m}(s)).\end{aligned}$$

再构造函数

$$\beta(\theta,s)=\frac{\det\widetilde{\mathbf{Z}}(\theta,s)}{\det\widetilde{\mathbf{Z}}(0,s)}=\frac{\det\widetilde{\mathbf{Z}}(\theta,s)}{\prod\limits_{i=1}^{m}z_{i,i}(s)}. \tag{4.12.7}$$

在广义 D 形围线上，由于 $\mathbf{Z}(s)$是对角优势矩阵，所以诸 $z_{i,i}(s)$均不能为 0，即$\beta(\theta,s)$的分母不能为 0. 又根据广义 D 形围线的定义知道：在广义 D 形围线上不会有 $\det\mathbf{Z}(s)$的极点，所以也不可能有 $\det\widetilde{\mathbf{Z}}(\theta,s)$的极点. 所以 $\beta(\theta,s)$的分子必为有限. 因而当 $0\leqslant\theta<1$ 时，在广义 D 形围线上函数 $\beta(\theta,s)$必为有限.

这样，若取 $\theta=1$ 时，而命 s 沿广义 D 形围线连续变化 1 周，则函数 $\beta(1,s)$的图像应是复数平面上的一条封闭曲线.

对于 s 的任一给定的值 $s=s_1$，当 θ 在区间 [0,1]内连续变化时，函数 $\beta(\theta,s_1)$应当描出一条连续曲线 $\gamma(\theta)$，如图 4.12.4 所示. 根据 $\beta(\theta,s)$的定义式(4.12.7)，可知 $\beta(0,s)$恒等于 1. 故当 s 沿广义 D 形围线连续变化 1 周时，曲线 $\gamma(\theta)$上 $\theta=0$ 的这一端固定在实轴上的 $1+\mathrm{j}0$ 这一点不动. 而曲线 $\gamma(\theta)$上 $\theta=1$ 的那一端则是$\beta(1,s_1)$，即封闭曲线 $\beta(1,s)$上对应于 $s=s_1$ 的点. 当 s 沿广义 D 形围线连续变化 1 周时，该点应沿封闭曲线 $\beta(1,s)$运动. 这样，曲线 $\gamma(\theta)$就扫过复数平面上的一个区域，最后返回原始位置.

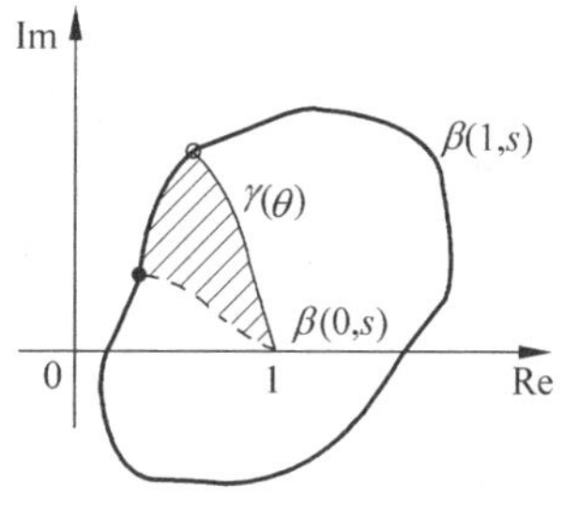

图 4.12.4　曲线 $\gamma(\theta)$扫过的区域

可以断言，曲线 $\gamma(\theta)$扫过的这个区域必定不覆盖原点. 如若不然，则意味着在某一 s 值下曲线 $\gamma(\theta)$通过了原点. 换句话说，当 θ 取区间[0,1]上的某一值，而 s 取广义 D 形围线上的某一值时，有 $\beta(\theta,s)=0$. 但这是不可能的，因为在式(4.12.7)的右端，分子是对角优势矩阵即非奇异矩阵$\widetilde{\mathbf{Z}}(\theta,s)$的行列式，不可能为 0；分母的诸 $z_{i,i}(s)$又都为有限，故商 $\beta(\theta,s)$不可能为 0.

既然 $\gamma(\theta)$扫出的这个区域不覆盖原点，从图 4.12.4 便可知封闭曲线 $\beta(1,s)$不能包围原点，即有

$$\operatorname{enc}\beta(1,s)=0. \tag{4.12.8}$$

命 $\theta=1$，对式(4.12.7)两端取周数函数，得

$$\operatorname{enc}\beta(1,s)=\operatorname{enc}\widetilde{\mathbf{Z}}(1,s)-\sum_{i=1}^{m}\operatorname{enc}z_{i,i}(s).$$

把式(4.12.8)代入上式左端,即得

$$\operatorname{enc}\widetilde{\boldsymbol{Z}}(1,s)=\sum_{i=1}^{m}\operatorname{enc} z_{i,i}(s),$$

这就是式(4.12.6). □

定理4.12.3确认的事实是:对角优势函数矩阵的行列式包围原点的周数等于其各对角元分别包围原点周数之和.换句话说,就行列式包围原点的周数而言,对角优势系统的所有非对角元都可以视为0.这就使对角优势系统的稳定性判断问题大为简化.下面进一步阐述.

根据4.10节所述的多变量系统的特征多项式稳定判据(定理4.10.1),若控制系统的$m\times m$开环传递函数矩阵$\boldsymbol{Q}(s)$的特征多项式$\rho_{\text{open}}(s)$在复数平面的右半面上有q个零点,则系统稳定的充分必要条件是$\operatorname{enc}(\boldsymbol{I}_m+\boldsymbol{Q}(s))=-q$.现在在定理4.12.3中将$\boldsymbol{Z}(s)$取为$(\boldsymbol{I}_m+\boldsymbol{Q}(s))$,并设矩阵$(\boldsymbol{I}_m+\boldsymbol{Q}(s))$在(广义)D形围线上有对角优势,则可以建立下面的命题.

命题4.12.1 设控制系统的$m\times m$开环传递函数矩阵为$\boldsymbol{Q}(s)$.其特征多项式$\rho_{\text{open}}(s)$在复数平面的右半面上有q个零点,矩阵$(\boldsymbol{I}_m+\boldsymbol{Q}(s))$的$m$条行(列)格什戈林带都不覆盖原点,则只要矩阵$(\boldsymbol{I}_m+\boldsymbol{Q}(s))$的$m$个对角元的轨迹分别逆钟向包围原点的周数之和等于$q$,即

$$\sum_{i=1}^{m}\operatorname{enc}(1+q_{i,i}(s))=-q, \tag{4.12.9}$$

闭环系统就是稳定的. □

注意到矩阵$(\boldsymbol{I}_m+\boldsymbol{Q}(s))$的每个对角元即为$1+q_{i,i}(s)$,每个非对角元即为$q_{i,j}(s)$,故矩阵$(\boldsymbol{I}_m+\boldsymbol{Q}(s))$的所有格什戈林圆与矩阵$\boldsymbol{Q}(s)$的对应的格什戈林圆的半径均分别相同,只是圆心分别从$q_{i,i}(s)$右移到$1+q_{i,i}(s)$.因此,矩阵$(\boldsymbol{I}_m+\boldsymbol{Q}(s))$的每个对角元$1+q_{i,i}(s)$分别顺钟向包围原点的周数就等于矩阵$\boldsymbol{Q}(s)$的对应的对角元$q_{i,i}(s)$分别顺钟向包围复数平面上点$-1+\mathrm{j}0$的周数.更进一步,许多情况下控制系统的$m\times m$开环传递函数矩阵$\boldsymbol{Q}(s)$是由被控制对象的矩阵$\boldsymbol{G}(s)$与$m\times m$的常数对角控制器矩阵$\boldsymbol{K}$串联组成,即有$\boldsymbol{Q}(s)=\boldsymbol{G}(s)\boldsymbol{K}=\boldsymbol{G}(s)\operatorname{diag}(k_1,k_2,\cdots,k_m)$,故有$q_{i,i}(s)=g_{i,i}(s)k_i$,从而各$q_{i,i}(s)$分别顺钟向包围复数平面上点$-1+\mathrm{j}0$的周数就等于各$g_{i,i}(s)$分别包围点$-1/k_i+\mathrm{j}0$的周数,$i=1,2,\cdots,m$.

据此可以把命题4.12.1改述如下.

定理4.12.4(对角优势系统的奈奎斯特稳定判据) 设控制系统的$m\times m$开环传递函数矩阵为$\boldsymbol{Q}(s)=\boldsymbol{G}(s)\boldsymbol{K}=\boldsymbol{G}(s)\operatorname{diag}(k_1,k_2,\cdots,k_m)$.矩阵$\boldsymbol{G}(s)$的特征多项式$\rho_{\text{open}}(s)$在复数平面的右半面上有$q$个零点,$\boldsymbol{G}(s)$的$m$条列格什戈林带分别不覆盖复数平面上的点$-1/k_i+\mathrm{j}0$,$i=1,2,\cdots,m$,则只要$\boldsymbol{G}(s)$的$m$个对角元的轨迹分别逆钟向包围点$-1/k_i+\mathrm{j}0$的周数之和等于$q$,闭环系统就是稳定的. □

定理4.12.4显然比定理4.10.1和定理4.11.1更便于使用.它的缺点是:第一,它只能适用于对角优势系统;第二,它只是保证系统稳定的一个充分条件,而

不是必要条件. 不满足定理 4.12.4 的对角优势系统未必不稳定；第三，矩阵的格什戈林带须用专用的计算机软件计算和画出.

关于上述第一项缺点，已有一些方法在某些条件下用补偿矩阵把不具备对角优势的传递函数矩阵补偿为对角优势矩阵；关于第二项缺点，也已有一些方法放宽对于传递函数矩阵的要求，使一些不完全具备对角优势的系统（"广义"对角优势系统）也可以只根据诸对角元包围点 $-1+\mathrm{j}0$ 的周数之和判断闭环稳定性. 但是已有研究工作证明，这项条件愈放宽，所得的控制系统的鲁棒性往往就愈差，所以这样做未必可取.

4.8.4 节曾叙述过对于逆传递函数应用奈奎斯特稳定判据的方法. 仿此，也有对于逆传递函数矩阵应用多变量奈奎斯特稳定判据的方法如下：

定理 4.12.5（应用于逆传递函数矩阵的对角优势系统奈奎斯特稳定判据） 设控制系统的 $m\times m$ 开环传递函数矩阵为 $\boldsymbol{Q}(s)=\boldsymbol{G}(s)\boldsymbol{K}=\boldsymbol{G}(s)\operatorname{diag}(k_1,k_2,\cdots,k_m)$，矩阵 $\boldsymbol{G}(s)$ 的特征多项式 $\rho_{\text{open}}(s)$ 在复数平面的右半面上有 q 个零点，矩阵 $\boldsymbol{G}^{-1}(s)$ 的 m 条行格什戈林带均不覆盖原点，且分别不覆盖复数平面上的点 $-k_i+\mathrm{j}0$，$i=1,2,\cdots,m$. 矩阵 $\boldsymbol{G}^{-1}(s)$ 的 m 个对角元的轨迹分别顺钟向包围原点的周数之和为 $\hat{q}$，分别顺钟向包围点 $-k_i+\mathrm{j}0$ 的周数之和为 $\hat{p}$，且满足

$$\hat{p}-\hat{q}=-q, \tag{4.12.10}$$

则闭环系统稳定.

证明　由于

$$\begin{aligned}\det(\boldsymbol{I}_m+\boldsymbol{Q}(s)) &= \det(\boldsymbol{G}(s)(\boldsymbol{G}^{-1}(s)+\boldsymbol{K}))\\ &= \frac{\det(\boldsymbol{G}^{-1}(s)+\boldsymbol{K})}{\det\boldsymbol{G}^{-1}(s)}.\end{aligned}$$

因而

$$\begin{aligned}\operatorname{enc}(\boldsymbol{I}_m+\boldsymbol{Q}(s)) &= \operatorname{enc}(\boldsymbol{G}^{-1}(s)+\boldsymbol{K})-\operatorname{enc}(\boldsymbol{G}^{-1}(s))\\ &= \operatorname{enc}(\boldsymbol{G}^{-1}(s)+\operatorname{diag}(k_1,k_2,\cdots,k_m))-\operatorname{enc}\boldsymbol{G}^{-1}(s).\end{aligned}$$

因矩阵 $\boldsymbol{G}^{-1}(s)$ 的各条行格什戈林带均不覆盖原点，且分别不覆盖复数平面上的点 $-k_i+\mathrm{j}0$，故知 $\boldsymbol{G}^{-1}(s)$ 与 $\boldsymbol{G}^{-1}(s)+\boldsymbol{K}$ 在（广义）D 形围线上均为行对角优势矩阵. $\operatorname{enc}(\boldsymbol{G}^{-1}(s))$ 和 $\operatorname{enc}(\boldsymbol{G}^{-1}(s)+\boldsymbol{K})$ 分别等于 $\hat{q}$ 和 $\hat{p}$. 因此闭环系统稳定的一个充分条件是式（4.12.10）. □

例 4.12.2　再看例 4.12.1 的系统. 它的传递函数矩阵的逆已在式（4.12.5）给出，并已验证具有对角优势. 现在重新写出：

$$\boldsymbol{G}^{-1}(s)=\begin{bmatrix}2s^3+6s^2+6s+2 & 2s+0.25\\ 1.5s+0.5 & 4s^4+10s^3+14s^2+10s+4\end{bmatrix}. \tag{4.12.11}$$

本例的 $\boldsymbol{G}^{-1}(s)$ 是多项式矩阵，故有

$$\rho_{\text{open}}(s)=\det(\boldsymbol{G}^{-1}(s)).$$

利用代数判据容易判定开环系统为稳定，即有 $q=0$.

当 s 在正虚轴上取值时，矩阵式(4.12.11)的两条行格什戈林带已在图 4.12.3(a)，(b)画出一部分. 利用关于实轴对称的性质容易画出当 s 在负虚轴上取值时的行格什戈林带. 只须再补画 s 沿 D 形围线上围绕复数平面右半面的无穷大半圆周取值时的行格什戈林带，就可以完成全部行格什戈林带的绘制了. 为此，把 $\boldsymbol{G}^{-1}(s)$ 改写为

$$\boldsymbol{G}^{-1}(s)=\begin{bmatrix}2s^3 & \\ & 4s^4\end{bmatrix}\begin{bmatrix}1+\cdots & \cdots \\ \cdots & 1+\cdots\end{bmatrix}.$$

上式中的各"…"均代表 s 的一些负幂项的和. 在 D 形围线的半圆周上，s 可以表示为 $R\mathrm{e}^{\mathrm{j}\theta}$，其中 $R\to\infty$，而 θ 从 90°连续地减少到 −90°. 所以各"…"的负幂项均趋于 0. 上式化为

$$\boldsymbol{G}^{-1}(s)\mid_{s\to\infty}=\begin{bmatrix}2s^3 & \\ & 4s^4\end{bmatrix}\Bigg|_{s\to\infty}\times\boldsymbol{I}_2=\begin{bmatrix}2R^3\mathrm{e}^{\mathrm{j}3\theta} & \\ & 4R^4\mathrm{e}^{\mathrm{j}4\theta}\end{bmatrix}\Bigg|_{R\to\infty}.$$

因此可认为

$$\boldsymbol{G}^{-1}(s)\mid_{s\to\infty}=\begin{bmatrix}\hat{g}_1 & \\ & \hat{g}_2\end{bmatrix},$$

其中，$|\hat{g}_1|$ 和 $|\hat{g}_2|$ 均为无穷大，$\hat{g}_1$ 的角 3θ 从 270°连续地减少到 −270°；而 $\hat{g}_2$ 的角 4θ 则从 360°连续地减少到 −360°. 综合以上，就可沿整条 D 形围线画出 $\boldsymbol{G}^{-1}(s)$ 的两条行格什戈林带的草图，如图 4.12.5 所示.

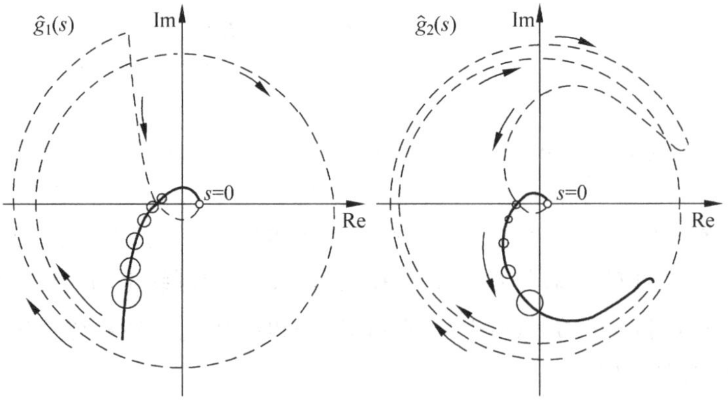

图 4.12.5　$\boldsymbol{G}^{-1}(s)$的完整的行格什戈林带的草图

从图 4.12.3 和图 4.12.5 看出矩阵 $\boldsymbol{G}^{-1}(s)$ 的两条行格什戈林带均不覆盖原点，且只要

$$k_1<9.5,\quad k_2<4.2,\tag{4.12.12}$$

它们就分别不覆盖复数平面上的点 $-k_1+\mathrm{j}0$ 与点 $-k_2+\mathrm{j}0$. 从图 4.12.5 还看出，矩阵 $\boldsymbol{G}^{-1}(s)$ 的两条行格什戈林带均不包围原点，且只要 k_1 和 k_2 在上列范围内取

值，这两条行格什戈林带就均分别不包围点 $-k_1+\mathrm{j}0$ 与 $-k_2+\mathrm{j}0$，于是有 $\hat{p}=0$ 和 $\hat{q}=0$. 因此 $\hat{p}-\hat{q}=0=-q$，满足定理 4.12.5 的要求. 所以式(4.12.12)就是闭环系统稳定的一个充分条件.

数字计算验证表明：第一，当 $k_1=9$，$k_2=4$，闭环系统传递函数矩阵的极点为

$$-2.639,\ -1.177\pm \mathrm{j}0.8853,\ -0.1904\pm \mathrm{j}1.452,\ -0.06292\pm \mathrm{j}0.9436.$$

此时系统虽仍属稳定，但有两对共轭极点的角分别达到 $\pm 97.5°$ 和 $\pm 93.8°$，即均已离虚轴很近，显然系统濒临不稳定.

第二，若将开环增益提高 1 倍，即取 $k_1=18$，$k_2=8$，则闭环系统的极点变为

$$-3.075,\ -1.321\pm \mathrm{j}1.003,\ +0.03483\pm \mathrm{j}1.809,\ +0.07379\pm \mathrm{j}1.038.$$

可见原靠近虚轴的两对共轭极点现已越过虚轴落入复数平面右半面，系统失去稳定. □

4.13 从开环频率特性直接研究闭环系统

本章 4.1 节曾指出，利用频率响应分析法容易分析系统的动态性能，以及系统的各部分对总体性能的影响，容易判明主要因素. 绝大多数情形下，控制系统是闭环系统，而按照控制系统的各部件特性求出的首先是系统的开环频率特性图. 所以需要掌握从开环系统频率特性画出闭环系统频率特性的方法. 本章的下一节将要叙述这种方法. 但是我们将会看到这样做的工作量很大，很繁冗，所以多年来研究出了一系列从开环系统频率特性直接研究闭环系统性能的方法. 本节先讲述这些方法，下一节再叙述从开环特性计算闭环特性的方法.

4.13.1 从开环对数频率特性研究闭环系统的稳定性及静态特性

本章 4.8 节引入的奈奎斯特稳定判据就是根据系统的开环幅相频率特性判断闭环系统稳定性的有效方法. 但我们在 4.7 节已经指出，对于**最小相位系统**，幅频特性函数与相频特性函数之间存在严格确定的关系. 如果幅频特性函数已经给定，就可以用公式把相频特性函数计算出来. 虽然这种计算公式很繁，工程上并不实际使用，但在需要时至少可以根据开环对数幅频特性曲线各段的斜率 η 粗略地勾画出相频特性曲线. 利用这个性质往往就可以直接从开环对数幅频特性判断闭环系统的稳定性和其他动态性能. 以图 4.13.1(a)的对数幅频特性曲线为例，在 $L=0\mathrm{dB}$ 点，有 $\omega=\omega_{\mathrm{cut}}=0.5$. 在 ω_{cut} 附近相当宽的频率段内(大致从 $\omega=0.2$ 到 1.5，频率段的宽度即两端频率之比约为 7.5)，$L(\mu)$ 的斜率 η 都约为 -1，直到距

ω_{cut}相当远的频率段上 η 才变为-2 和-3. 但这些距 ω_{cut} 较远的频率段上的斜率 η 对 ω_{cut} 点的相角影响已不很大. 因此可以判断,ω_{cut}点的相角虽小于$-90°$,但不至于达到$-180°$. 故系统应是稳定的. 事实上这个系统有 $\theta(\omega_{cut})=-139°$,相角稳定裕度是 41°.

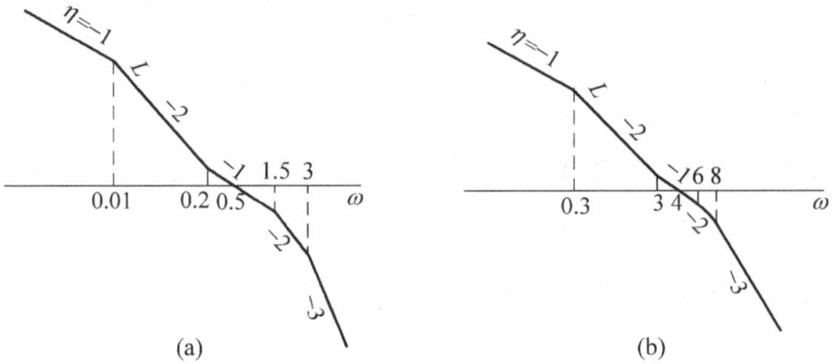

图 4.13.1 从开环幅频特性直接判断闭环稳定性

再看图 4.13.1(b),在 ω_{cut}点附近 $L(\mu)$的斜率 η 虽也约为-1,但这一斜率的频率段的宽度即两端频率之比只有 2 (即 ω 约从 3 到 6). 在距 ω_{cut}点不远的频率段上,η 已变为-2 和-3. 这些距 ω_c 不远的频率段上的 η 值对 ω_{cut}点的相角影响还相当大. 可以判断,ω_{cut}点的相角或是负于$-180°$,或是很接近$-180°$. 故闭环系统或是不稳定,或是虽稳定但裕度也不够. 事实上这个系统在 $\omega_{cut}=4$ 点的相角是$-183°$,闭环系统不稳定.

由此可知,在设计系统时应当使 ω_{cut}点附近相当宽的频率段上 $L(\mu)$的斜率 η 保持约为-1. 如果函数 $L(\mu)$是随 μ 单调减小的,其折线特性的斜率 η 在低于 $\omega_{cut}/2.5$ 的频率段内不陡于-2,在 $\omega_{cut}/2.5$ 至 $2.5\omega_{cut}$的频率段内保持为-1,在高于 $2.5\omega_{cut}$的频率内不陡于-4(图 4.13.2),则系统必是稳定的. 图 4.13.2 所示的系统,$2.5\omega_{cut}$点的相角为$-177°$,可以作为稳定系统的边界描述.

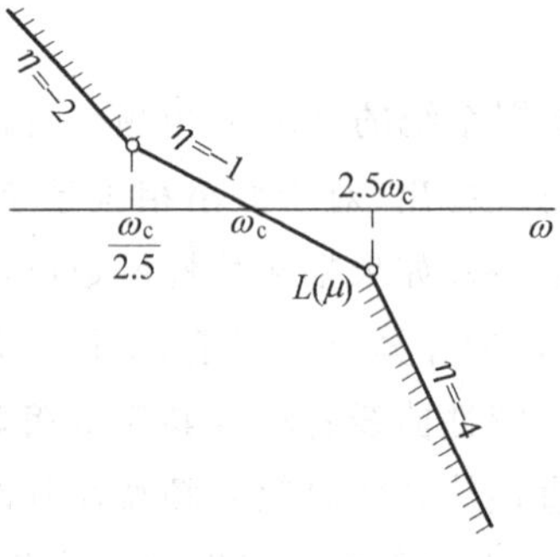

图 4.13.2 稳定系统开环对数幅频特性的界限

从对数幅频特性曲线上还可以确定系统中串联的积分单元的数目 ν,以及其开环比例系数 K. 在此基础上,如果闭环系统是稳定的,那么它的静态特性就确定了. 如图 4.13.3(a),(b),(c)分别是 0 型系统、1 型系统和 2 型系统. 它们的开环比例系数已在图中标出. 图 4.13.3(a)的系统对于单位阶跃信号的静态误差是$1/(K+1)$,图 4.13.3(b)的系统对于阶跃输入信号无静差,对于单位斜坡输入信号的静差为 $1/K$,等等.

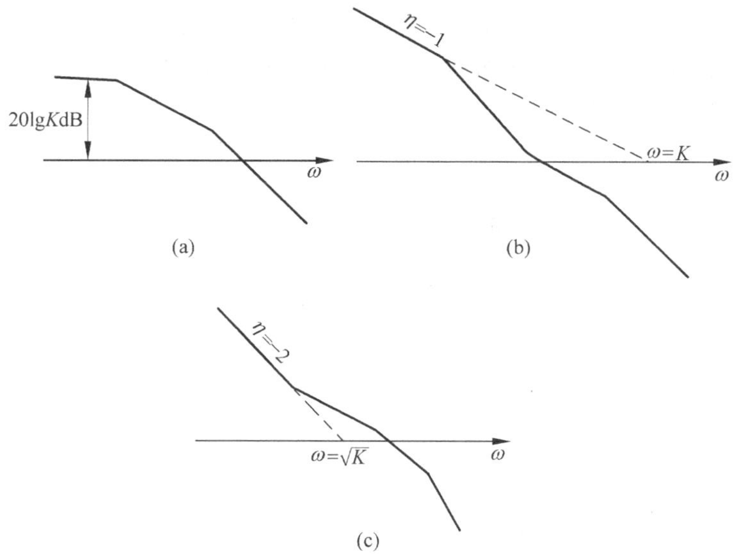

图 4.13.3　判断积分单元数目和开环比例系数

4.13.2　从开环对数频率特性研究闭环系统的动态性能

1. 稳定裕度与动态性能的关系

4.9 节已经指出,稳定裕度可以表征系统稳定的程度.现在我们来研究稳定裕度的另一种重要用途.如果系统的相角稳定裕度 ϕ 很小,就表示该系统的开环幅相特性曲线很接近于复数平面上的 $-1+\mathrm{j}0$ 点,即在某一频率段内其开环频率特性函数 $Q(\mathrm{j}\omega)\approx-1$.所以在该频率段内必有 $|1+Q(\mathrm{j}\omega)|\ll 1$.又由于闭环频率特性

$$H(\mathrm{j}\omega)=\frac{Q(\mathrm{j}\omega)}{1+Q(\mathrm{j}\omega)},$$

于是有

$$|\ H(\mathrm{j}\omega)\ |\gg 1. \tag{4.13.1}$$

这表明:在这个频率段内,闭环幅频特性必有一个谐振峰.系统对输入信号频谱中频率接近谐振峰的谐波分量增益很高,因而其响应必有以接近谐振峰的频率振荡的强烈倾向.

工程上通常认为控制系统的振荡倾向有害.为了避免发生剧烈振荡,就必须在一切频率段避免谐振峰,即避免发生 $Q(\mathrm{j}\omega)\approx-1$,也就是要避免开环对数增益为 0dB 的频率与开环相角为 $-180°$ 的频率过于接近.因而就要求开环幅相频率特性有足够的稳定裕度.

图 4.13.4 是一类典型系统的开环折线对数幅频特性,其中通常有

$$\alpha\geqslant 2,\quad \beta\geqslant 2,\quad \gamma\geqslant 2,\quad \delta\geqslant 1. \tag{4.13.2}$$

今后把开环折线对数幅频特性如图 4.13.4 的系统称为**典型 4 阶开环系统**.工程上

常采用这样的典型系统. 本书对这类系统的特性也将作比较详细的分析. 本书编著者为这类系统的阶跃响应的超调量 $\sigma\%$ 和相角裕度 ϕ(以度计)与谐振峰值 M_r 之间的关系提出如下的经验公式:

$$\sigma\% = \frac{2000}{\phi} - 20, \tag{4.13.3}$$

$$\sigma\% = \begin{cases} 100(M_r - 1), & M_r \leqslant 1.25, \\ 50\sqrt{M_r - 1}, & M_r > 1.25. \end{cases} \tag{4.13.4}$$

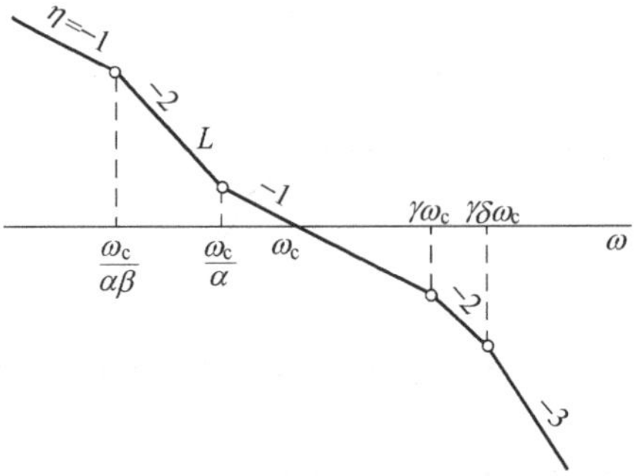

图 4.13.4 典型 4 阶开环系统的折线对数幅频特性

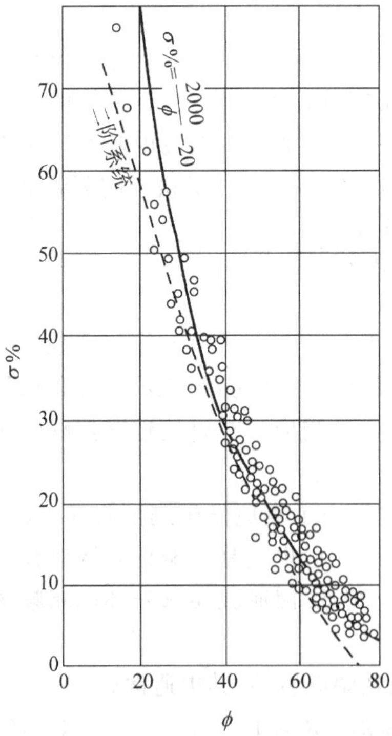

图 4.13.5 超调量与相角稳定裕度的关系

假设在谐振峰附近,开环相频特性随频率的变化比较缓慢,则有文献证明:闭环谐振峰值 M_r 与相角稳定裕度 ϕ 之间有如下的近似关系:

$$M_r \approx \frac{1}{\sin\phi}. \tag{4.13.5}$$

图 4.13.5 和图 4.13.6 是对于一批参数各不相同的系统分别用式(4.13.3)和式(4.13.4)估算阶跃响应下的超调量与实际超调量的比较.

2. 截止角频率与通频带

4.5 节曾指出,惰性单元的对数幅频特性图 $L(\mu)$ 表明惰性单元具有**低通**滤波器的性质. 低频正弦信号通过惰性单元时,由于增益 $L\approx 0$,所以几乎不受衰减. 从 $\omega\approx 1/T$ 这个角频率开始,正弦信号通过时就要受到不同程度的衰减,频率愈高衰减愈多. 以后将会看到,一

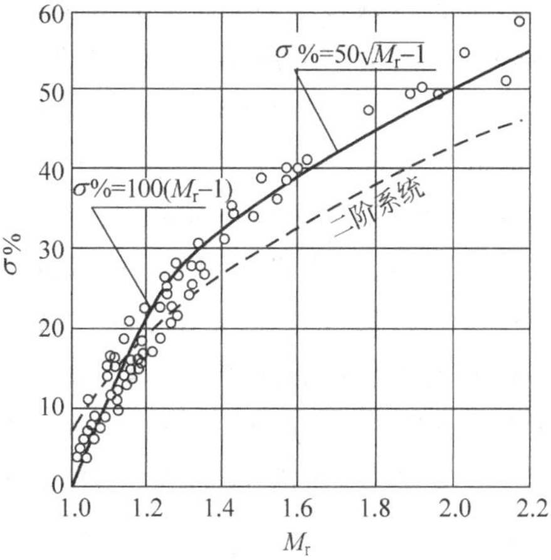

图 4.13.6　超调量与谐振峰值的关系

般情况下,闭环系统的频率特性曲线 $H(j\omega)$也有与此类似的性质：在低频段 $H(j\omega)$的模总是约等于 1；而高频段的模则很小. 其结果,输出信号的波形变化必定不如输入信号剧烈,而会显得“迟钝”. 尽管 L 是随 ω 连续地变化,信号的每个频率成分都受到一定衰减,但毕竟 $\omega=1/T$ 这个特殊角频率可以作为信号“开始”受遏阻的标志. 因此称 $\omega=1/T$ 为闭环系统的**截止(角)频率**. 但正如惰性单元的“截止角频率”一样并不意味着角频率高于 $1/T$ 的成分在通过闭环系统时完全被遏阻.

如果一个对象的开环频率特性和闭环频率特性比较复杂,但仍具有必要的稳定裕度,如图 4.13.7 那样,则闭环频率特性就不会有明显的谐振峰. 所以闭环系统也具有类似图 4.13.8 的低通滤波器性质. 工程上就比照惰性单元的情形规定：以曲线 $L(Q)$通过 0dB 点的角频率为截止角频率,记作 $\omega_{\text{cut-off}}$,简写为 ω_{cut} 或 ω_c. 事实上图 4.13.7 这样的复杂系统,其闭环后的性质大致上就相当于一个通频带为 $\omega_{\text{cut}}=0.4\text{rad}\cdot\text{s}^{-1}$的低通滤波器,只不过闭环频率特性在 ω_{cut}点的幅值并不一定准确等于−3dB 罢了.

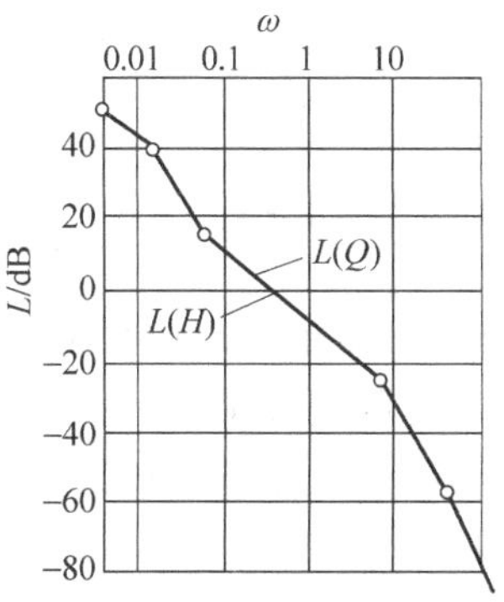

图 4.13.7　典型系统的开环对数幅频特性

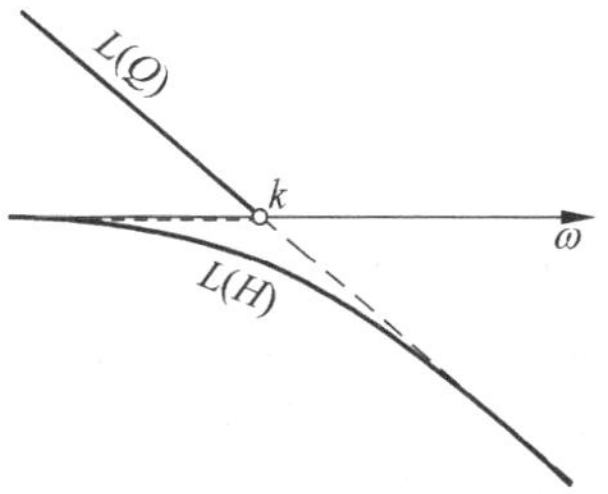

图 4.13.8　典型系统的闭环对数幅频特性

容易理解，闭环控制系统的通频带愈宽，即截止角频率 ω_{cut} 愈高，则愈能准确地复现形状复杂的输入信号. 下面是一个例子. 图 4.13.9 下半所示的是指数函数信号 $x(t)=e^{-t/\tau}$ 的频谱. 把这个信号加到某闭环控制系统上. 该闭环系统的特性是一个惰性单元. 设把它的时间常数依次取为 $T=\tau/0.3,\tau,\tau/3,\tau/10$ 和 $\tau/30$ 等 5 个不同数值，则它的对数幅频特性曲线就分别如图 4.13.9 上半所示的 $L_1(\mu)$，$L_2(\mu)$，$L_3(\mu)$，$L_4(\mu)$和 $L_5(\mu)$所示. 可以看出，$L_1(\mu)$的通频带比输入信号的主要频带还要窄；$L_2(\mu)$和 $L_3(\mu)$的通频带与输入信号的主要频带差不多；$L_4(\mu)$和 $L_5(\mu)$的通频带则比输入信号的主要频带更宽. 可以判断，$L_1(\mu)$不能准确地复现这个输入信号；$L_2(\mu)$和 $L_3(\mu)$会比 $L_1(\mu)$好一些；$L_4(\mu)$和 $L_5(\mu)$则能基本上准确地复现输入信号. 图 4.13.10 是实际的响应曲线 $y(t)$，证实了上述判断.

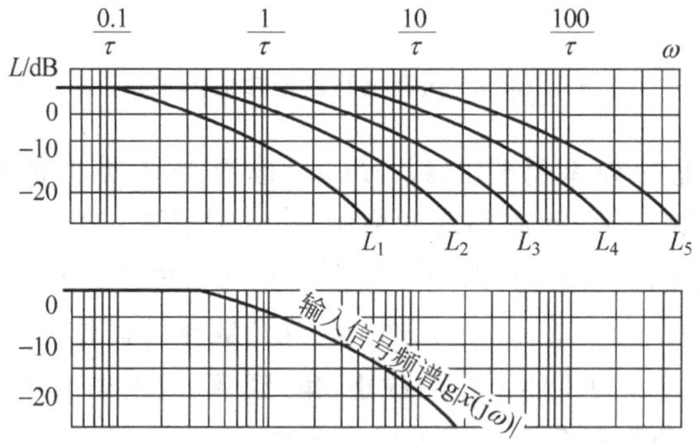

图 4.13.9 系统的通频带与输入信号的主要频段

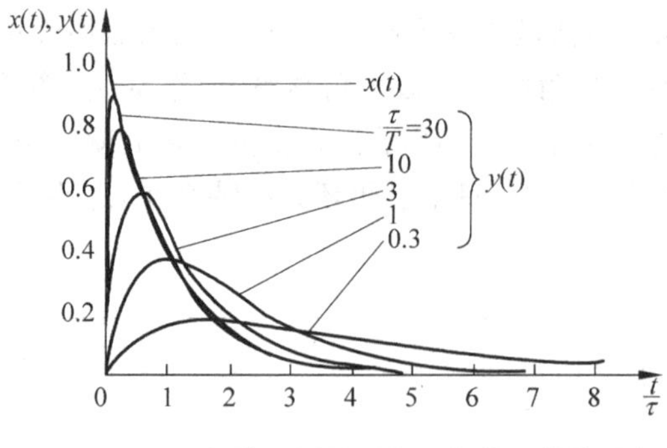

图 4.13.10 通频带不同的系统对指数函数信号的响应

按照上述分析，设计一个控制系统时显然应当尽可能使它的通频带宽一些. 但是由于受到系统中各部件物理性质的限制，控制系统的通频带实际上不可能设计得太宽. 另外，通频带太宽容易在电路中引进高频噪声以致造成放大器的堵塞等障碍，以致系统不能正常工作. 如何把握控制系统通频带的宽度，是设计控制系统的一项重要内容.

3. 开环频率特性中频段与动态性能的关系

一个控制系统的阶跃响应和主要动态指标取决于它的闭环频率特性. 上文已经指出，一般情况下，在低频率段，闭环频率特性的模总是约等于 1，而在高频段，闭环频率特性的模总是很小. 这就是说，大多数系统在低频段和高频段的频率特性彼此并没有重要差别. 所以，影响系统动态性能的主要因素必定是它的中频段的频率特性. 例如系统的闭环幅频特性从低频段过渡到高频段时是如何从 1 减小到 0 的：是减小得较快还是较慢，减小的过程中有没有谐振峰，等等，对于系统的动态特性都有重要影响.

根据本书编著者的经验，“中频段”所指应当是开环对数频率特性 $L(\mu)$ 的值**从约＋30dB 过渡到约－15dB 的频率段**. 从另一角度看，由于 $L(\mu)$ 曲线在这一频率段内经过 0dB，所以 $L(\mu)$ 与 $\theta(\mu)$ 在这一段的形状直接影响到稳定裕度，从而也就影响到动态指标. 由此可知，开环频率特性函数在这个频率段的性质对系统的动态性能的影响最重要.

有文献把中频段定义为 $L(\mu)$ 从 ＋20dB 到－20dB 的频率段；也有的把中频段定义为 ω_{cut} 附近 $L(\mu)$ 的斜率 $\eta=-1$ 的那一段. 当然这些定义都各有道理. 但事实上高频段的幅频特性通常只影响动态响应开始时的一小段，而不至于对动态响应的主要性能指标产生严重影响. 相对来说，$L(\mu)$ 在 ω_{cut} 的低频侧的特性对系统动态性能的影响更大些. 这正是将中频段范围规定为从＋30dB 过渡到－15dB 的频率段的理由.

中频段两端的增益比值既已按上述划定，显然中频段的频率范围就不宜太窄，否则在整个中频段内 $L(\mu)$ 的平均斜率就可能过陡. 根据 4.7 节式(4.7.5)所提示的对数幅频特性与相频特性的关系可知，$L(\mu)$ 的平均斜率过陡会导致相频特性的值过于趋负，以致过于接近－180°，甚至超过－180°. 也就是相角稳定裕度偏小，从而使系统的动态特性较差，甚至破坏系统的稳定. 经验证明，中频段的宽度不宜小于(30～40)∶1. 由此不难推知，对于图 4.13.4 那样的典型系统，它的中频段内 $\eta=-1$ 的那一段的宽度不宜小于(5～9)∶1.

由 4.7 节所述关于频率特性函数的频率尺度与时间尺度的反比性质还可知，对于频率特性曲线形状大致相同的系统来说，一个系统的**阶跃响应时间与截止角频率 ω_{cut} 成反比**. 大多数工程上比较实用的系统，其阶跃响应时间大约在 $(4\sim9)/\omega_{cut}$ 的范围内.

4. 开环频率特性的低频段、衔接频段和高频段与动态性能的关系

在 4.13.1 节中已说明，开环频率特性低频段的性质影响系统的静态特性. 现在要进一步具体指出，开环频率特性在低频段的形状对于阶跃响应尾部的特征有重要影响. 图 4.13.11(a)表示的 3 个系统的开环对数频率特性仅在低频段有些不同. 图 4.13.11(b)表示的是它们对应的闭环对数幅频特性；图 4.13.11(c)表示的是它们各自的闭环阶跃响应曲线. 可以看出它们的阶跃响应过程之间的相似与差别.

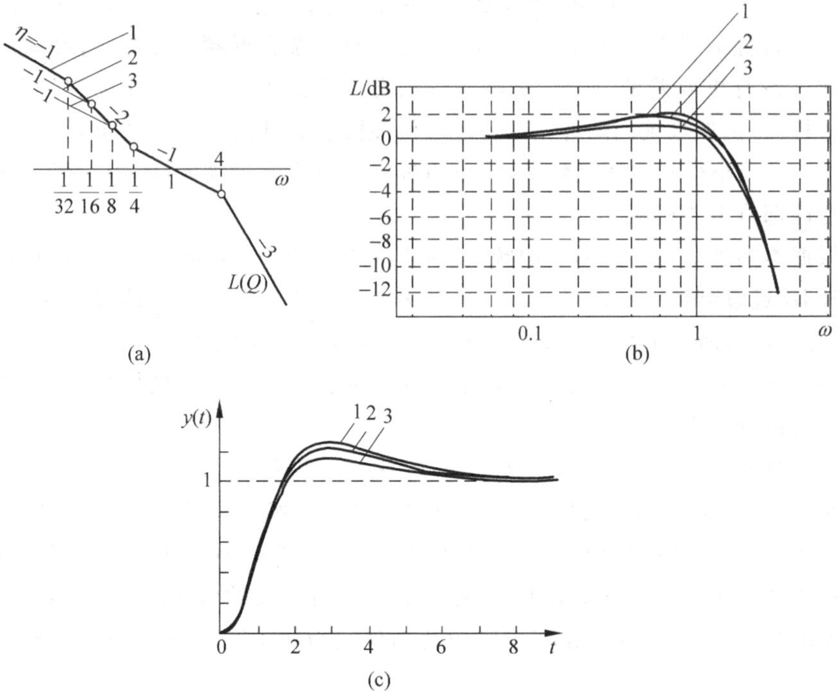

图 4.13.11　开环对数频率特性的低频段对闭环系统阶跃响应的影响

图 4.13.12 的 4 条开环对数幅频特性曲线，其开环比例系数相等. 它们的 ω_c 值和高频段的形状也相同. 这些频率特性彼此间的差别仅在于中频段与低频段之间的“衔接频段”不同. 其中，曲线 1(a-e-i-k-l)的衔接点为 i，它离 ω_{cut} 点最近，故衔接频段对于使中频段平均斜率趋负的影响作用也最大. 根据式(4.7.5)提示的 θ 与 η 的关系可知，曲线 1 代表的系统的相角裕度最小. 因此它的阶跃响应的超调量最大，即动态性能最差. 曲线 2 (a-d-h-k-l)的衔接点为 h，离 ω_{cut} 点稍远，因而超调量会稍小. 频率特性曲线 3 和 4 所对应的超调量更是一个比一个小.

但是，衔接点远就意味着在衔接频段的开环增益低. 因此输入信号的频谱中就有更多的成分不能很好地复现出来. 衔接点愈远，这些不能很好复现的成分在整个频谱中所占比重就愈大. 由于这些成分基本上是低频的，所以可以想象，这个系统的阶跃响应函数的尾部复现输入信号的能力会较差，因此阶跃响应时间会较长.

图 4.13.13 是上述 4 个开环频率特性所对应的闭环阶跃响应曲线. 它们的阶跃响应的开始段基本相同. 为了便于看清 4 条曲线的区别，图中着重画出了阶跃

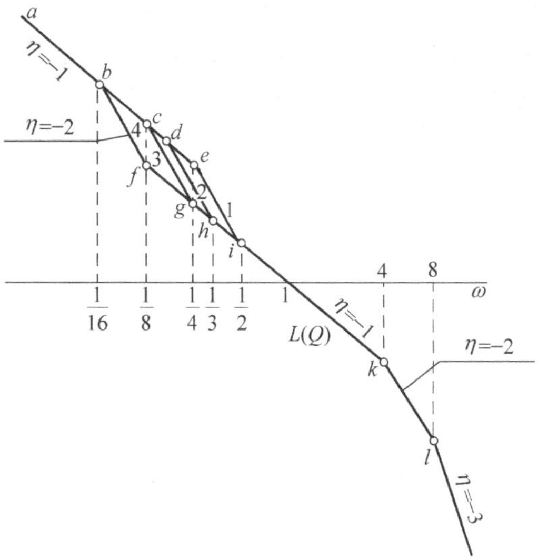

图 4.13.12　开环对数频率特性的衔接频段

响应曲线的中部和尾部.由图可见,由于图 4.13.12 中的频率特性曲线 1,2,3,4 的低频段与中频段的衔接点一个比一个远,相应的阶跃响应曲线在达到峰值点以后,趋向终值的速度就一个比一个慢,阶跃响应的全过程一个比一个长,如图中的 a,b,c 各点所示.这种缓慢地趋向终值的现象,工程上常称为"爬行".在图 4.13.12 中,频率特性曲线 4 的衔接点最远,它的阶跃响应"爬行"的情况也最严重.但由于它的超调量很小(仅略大于 5%),所以在经过峰值点后其阶跃响应很快就进入了 ±5 %的范围以内,阶跃响应就算"结束"了.因此从表面上看,它的阶跃响应显得特别"短",如图 4.13.13 中的 d 点所示.其实只不过是它的整个"爬行"过程都在 ±5%范围内缓慢地进行而已.

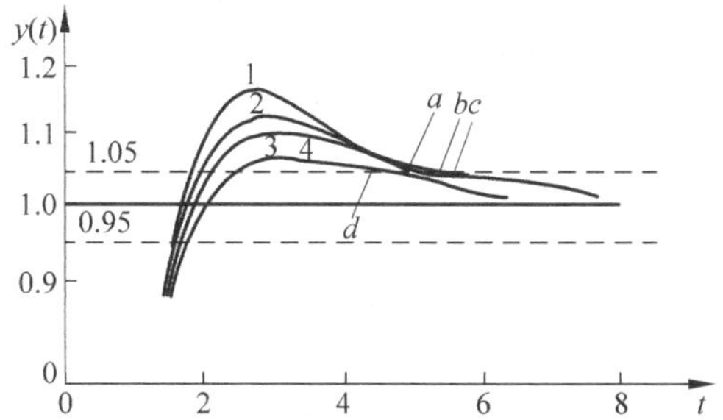

图 4.13.13　开环对数频率特性的衔接频段对阶跃过程中部和尾部的影响

根据以上分析,在设计低频段的频率特性时,如果强调的是减小超调量,就应把衔接点选得离 ω_{cut} 点远些;而如果强调的是避免在响应过程尾段的"爬行"现象,则应把衔接点选得离 ω_{cut} 点近些.

再看图 4.13.14(a).图中所示 3 条开环对数幅频特性曲线仅在高频段有所不同,它们对应的闭环系统的阶跃响应曲线图 4.13.14(b)就只在开始部分有些差别.系统 1 在高频段衰减较快,说明系统对高频信号有较强的抑制作用.因而输入信号频谱中的高频分量不能在输出信号中很好地复现.所以阶跃响应的上升部分就不够陡,亦即不够快.

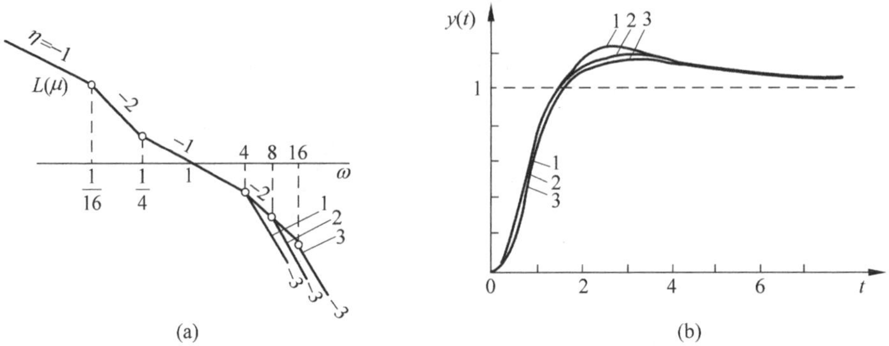

图 4.13.14　开环特性的高频段对阶跃响应的影响

综上所述,开环频率特性的低频段主要影响阶跃响应的尾部;开环频率特性的高频段主要影响阶跃响应的开始段.了解这种对应关系对于控制工程师很重要.

5. 估算阶跃响应时间和超调量的经验公式

工程上常常希望知道一个控制系统的阶跃响应曲线的定量性质,例如超调量的确切大小,阶跃时间的确切长度,等等,以便具体评价控制系统动态过程的质量,以及提出具体的改进方案.为此,人们就希望能根据开环系统的频率特性求出闭环系统的超调量与阶跃响应时间的确切数值.但实际上这需要做很繁冗的计算,无法表示为简明的公式.因而人们就转而寻求一些经验公式.这些公式虽不能给出动态性能指标的准确数值,至少也能为工程分析和设计工作提供有实用价值的近似数据.

下面提供一些这样的经验公式.

如前所述,图 4.13.4 所示的典型 4 阶系统在工程上有相当大的应用,值得重点研究.这个系统的阶跃响应一般可有图 4.13.15 所示的 3 种情况.曲线(a)在阶跃响应过程结束之前($t<t_s$)没有极大值,即没有超调.工程上就认为它是单调过程,可以把它称为"0 类".曲线(b)在阶跃响应过程结束之前出现了一个极大值,可以称为"1 类".曲线(c)在阶跃响应过程结束之前出现两个极值(1 个极大,1 个极小),称为"2 类".阶跃响应过程结束之前出现的极值总数超过 2 个的也称为"2 类".

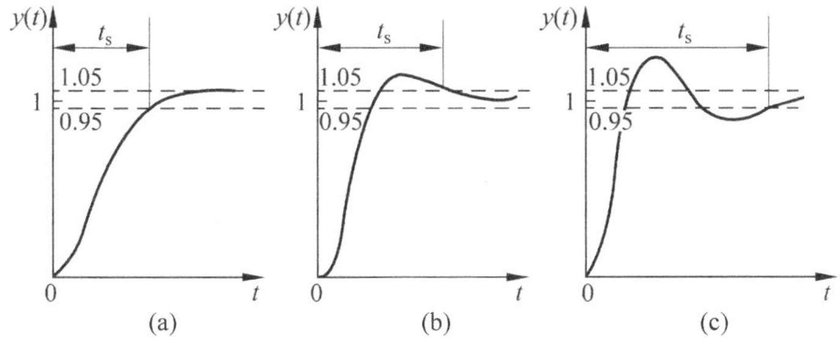

图 4.13.15　振荡程度不同的 3 类系统的阶跃响应

实际使用的反馈控制系统中，阶跃响应属于 1 类的居多数. 这种阶跃响应通常也是工程上认为比较满意的. 2 类阶跃响应的振荡次数太多，通常认为不够满意. 0 类阶跃响应固然没有明显的振荡和超调，但是常伴有比较严重的“爬行”现象，所以也比较少用.

对于图 4.13.4 的典型 4 阶系统，根据本书编著者对大量系统进行计算机仿真并对所得结果作回归分析，可以按照以下 3 项判据判断其阶跃响应属于哪一类：

(1) 若 $\gamma^2\delta<5$ 并且 $\alpha<10$，或 $5<\gamma^2\delta<15$ 而 $\alpha<3$，则阶跃响应大抵属于 2 类.

(2) 若 $\gamma^2\delta<60$ 并且 $\alpha>25$，或 $\gamma^2\delta\geqslant 60$ 而 $\alpha>\beta+6$，则阶跃响应大抵属于 0 类.

(3) 不满足以上两项判据的，大抵属于 1 类.

如果判定阶跃响应属于 1 类，则根据对大量系统仿真所得结果的回归分析，阶跃响应时间 t_s 和超调量 $\sigma\%$ 可按以下经验公式估算(其中 t_s 定义为阶跃响应函数最后进入偏离其静态值的误差为 $\pm 5\%$ 的区间并且不再越出这个区间的时间，下同)：

$$t_s=\frac{1}{\omega_{\text{cut}}}\left[8-\frac{3.5}{\alpha}-\frac{4}{\beta}+\frac{100}{(\alpha\gamma\delta)^2}\right],\tag{4.13.6}$$

$$\sigma\%=\frac{160}{\gamma^2\delta}+6.5\frac{\beta^*}{\alpha}+2,\tag{4.13.7}$$

其中 $\beta^*=\min(\beta,10)$.

如果判定阶跃响应属于 0 类，则阶跃响应时间可按以下经验公式估算：

$$t_s=\frac{2}{\omega_{\text{cut}}}.\tag{4.13.8}$$

以上经验公式在修改后也适用于有饱和特性的系统. 图 4.13.16 所示的反馈控制系统含有一个饱和放大器. 饱和放大器的特性如图 4.13.17 所示. 系统的线性部分的折线对数幅频特性则仍如图 4.13.4 所示. 这样的反馈控制系统在实用上是常见的. 设输入信号 $u(t)$ 是跃变幅度等于 $(1+m)$ 的阶跃函数，即 $u(t)=(1+m)\cdot 1(t)$，其中 $m\geqslant 0$ 描述了放大器在此输入信号下的饱和程度. 若 $u(t)$ 的实际跃变幅度不超过 1，系统在线性条件下运行，则取 $m=0$.

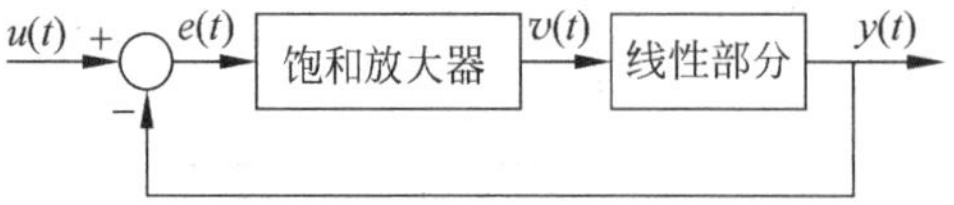

图 4.13.16 有饱和特性的控制系统

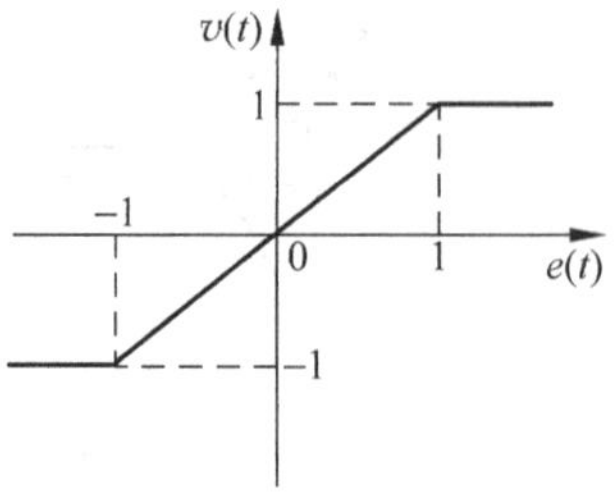

图 4.13.17 饱和放大器的特性

在以上条件下,如果根据上述判据判定阶跃响应函数为1类,则阶跃响应时间和超调量可按以下经验公式估算:

$$t_s = \frac{1}{\omega_{cut}}\left[8 - \frac{3.5}{\alpha} - \frac{4}{\beta} + \frac{100}{(\alpha\gamma\delta)^2} + 0.43m^*\right], \tag{4.13.9}$$

$$\sigma\% = \left[\frac{160}{\gamma^2\delta} + 6.5\frac{\beta^*}{\alpha} + 2\right](1 - 0.11m^*). \tag{4.13.10}$$

其中 $\beta^* = \min(\beta, 10)$, $m^* = \min(m, 5)$.

若阶跃响应函数属于0类,则阶跃响应时间按以下经验公式估算:

$$t_s = \frac{1}{\omega_{cut}}(2 + 0.6m). \tag{4.13.11}$$

本书编著者曾用经验公式(4.13.9)和式(4.13.10)系统地估算200多例典型系统的动态性能指标,其效果如图4.13.18和图4.13.19所示.图中各数据点的

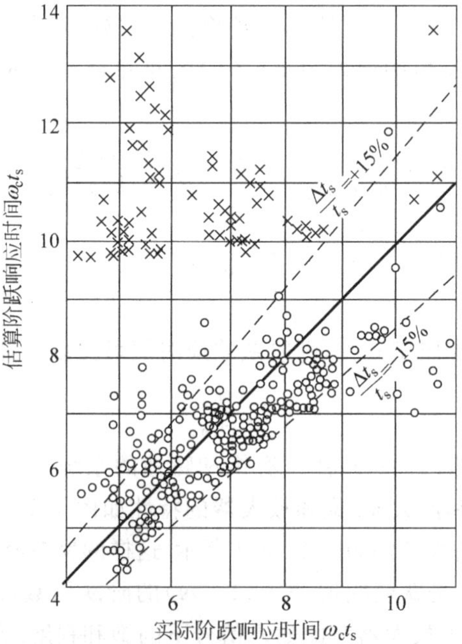

图 4.13.18 检验经验公式(4.13.9)

横坐标是实际动态指标值，纵坐标是用上述经验公式估算出来的动态指标值.因此各数据点偏离通过原点的 45°直线的幅度就反映了经验公式的准确程度.图中用×号标出的是按照曾在我国流行的索洛多夫尼科夫(Солодовников В. В.)方法估算与此相同的一批系统的动态性能指标所得的数据，可供对比和参考.

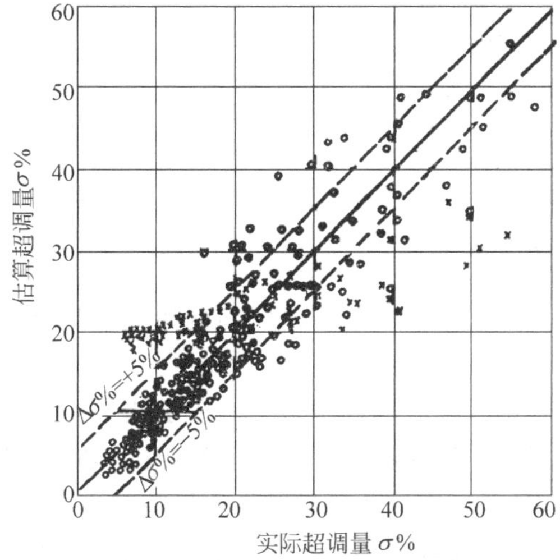

图 4.13.19 检验经验公式(4.13.10)

如果图 4.13.16 所示的线性部分的对数幅频特性如图 4.13.20 所示，且阶跃响应函数为 1 类，则可用以下经验公式：

$$t_s = \frac{1}{\omega_{\mathrm{cut}}}\left[11.5 - \frac{17}{\alpha} - \frac{23}{\beta\gamma} + \frac{60}{\alpha^2\gamma^2} + \frac{2.1m^*}{\gamma}\right], \qquad (4.13.12)$$

$$\sigma\% = \frac{14\beta^*}{\alpha} + \frac{14\beta^*}{\gamma^2} + \frac{1060}{\alpha\gamma^2} - \frac{220m^*}{\alpha\gamma^2} + 3. \qquad (4.13.13)$$

其中 $\beta^* = \min(\beta, 6)$，$m^* = \min(m, 3)$.若阶跃响应函数属于 0 类，则采用以下经验公式：

$$t_s = \frac{1}{\omega_{\mathrm{cut}}}(2.3 + 0.6m). \qquad (4.13.14)$$

如果幅频特性如图 4.13.21 所示，只须用 $\gamma\sqrt{\delta}$代替 γ，仍可利用式(4.13.12)～式(4.13.14)估算其阶跃响应时间 t_s 和超调量 $\sigma\%$.

6. 小惰性的影响

考虑开环传递函数

$$Q(s) = \frac{K(\tau s + 1)}{s(T_1 s + 1)(T_2 s + 1)(T_3 s + 1)},$$

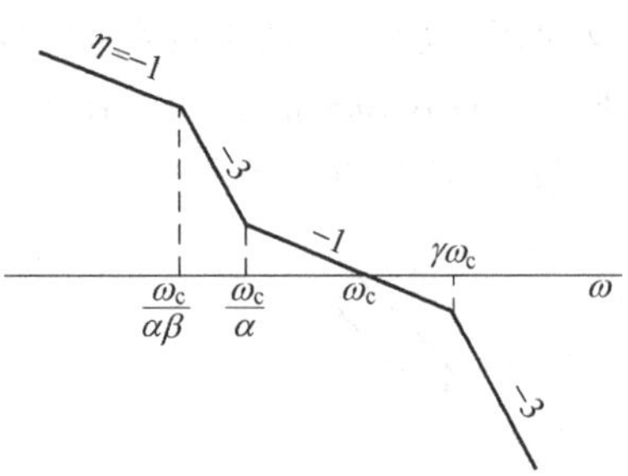

图 4.13.20　衔接频段斜率为－3的开环对数幅频特性

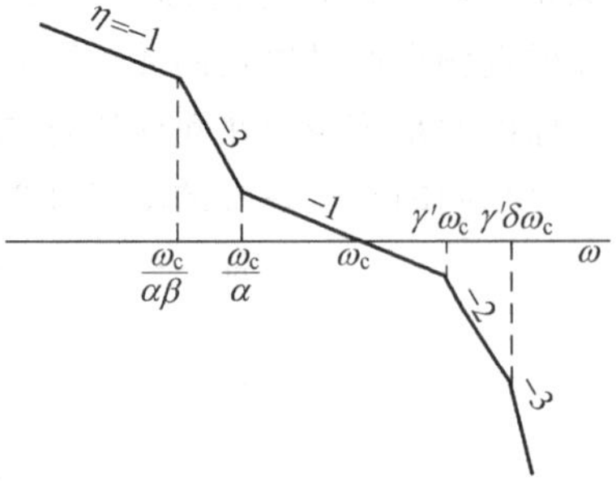

图 4.13.21　高频段与图 4.13.20 略有不同的开环对数幅频特性

其中 $T_1>\tau>T_2>T_3>0$. 设 K 取大小不同的两个数值时开环对数幅频特性如图 4.13.22 所示. 我们注意到,在系统 1 中,当 $\omega=1/T_3$ 时,$L_1<-15\text{dB}$,这说明 $\omega=1/T_3$ 这个角频率属于系统 1 的高频段;但在系统 2 中,当 $\omega=1/T_3$ 时,$L_1>-15\text{dB}$,这说明 $\omega=1/T_3$ 这个角频率属于系统 2 的中频段. 由此可知,$Q(s)$中时间常数为 T_3 的那个惰性单元对系统 1 的动态性能影响较小,可以略而不计;但对系统 2 来说,这个惰性单元就可能有相当大的影响,不能轻易略去.

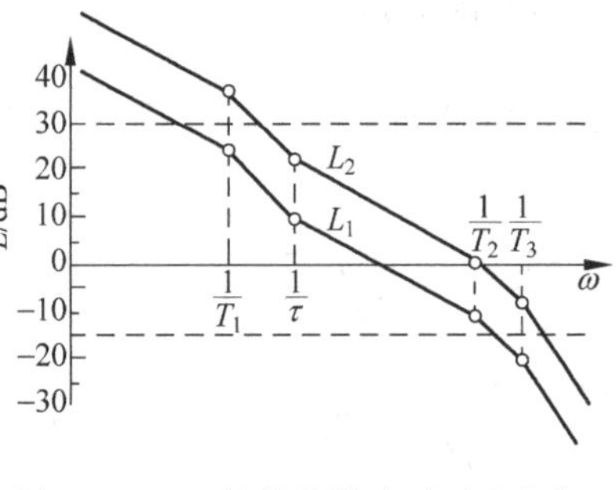

图 4.13.22　惰性的影响可否略去与开环比例系数有关

这个例子表明,在反馈系统中,一个时间常数较小的惰性单元(常称为小惰性单元或小参数单元),其影响可否忽略,要看这个参数属于中频段还是高频段而定. 因而此事与系统的开环比例系数和截止角频率有关,并不是仅仅根据这个时间常数与其他时间常数的相对大小就能确定的.

虽说参数落入高频段的惰性单元的影响可以略而不计,但它并不是毫无影响. 图 4.13.23 的开环频率特性 $L(\mu)$ 在加入两个小参数惰性单元后,成为 $L'(\mu)$. 这两个小参数单元的时间常数分别是 τ_1 和 τ_2,都属于高频段. 为了研究它们对于系统动态性能的影响,可以计算:由于它们的加入,系统的相角稳定裕度发生多大变化. 设两个小参数惰性单元在 $\omega=\omega_{\text{cut}}$ 点的相角为 θ_ε. 可知

$$\theta_\varepsilon=-\arctan\omega_{\text{cut}}\tau_1-\arctan\omega_{\text{cut}}\tau_2. \tag{4.13.15}$$

由于 τ_1 和 τ_2 都是属于高频段的小参数,可以认为有

$$\omega_{\text{cut}}\tau_1\ll 1 \quad 和 \quad \omega_{\text{cut}}\tau_2\ll 1.$$

因此有

$$\arctan\omega_{\text{cut}}\tau_1\approx\omega_{\text{cut}}\tau_1,\quad \arctan\omega_{\text{cut}}\tau_2\approx\omega_{\text{cut}}\tau_2.$$

代入式(4.13.15),得

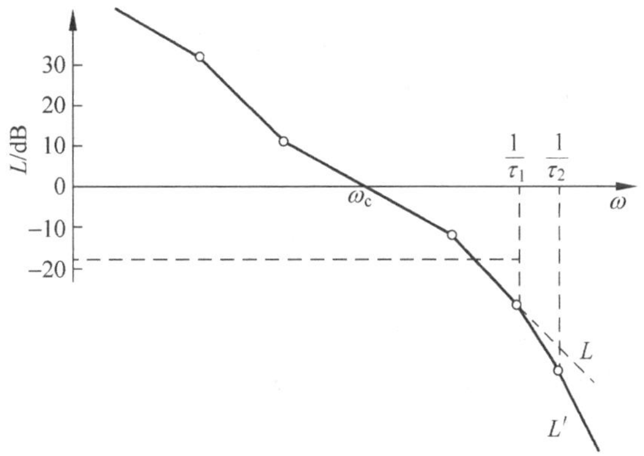

图 4.13.23　小惰性的影响的折算

$$\theta_\varepsilon \approx -\omega_{cut}\tau_1 - \omega_{cut}\tau_2 = -\omega_{cut}(\tau_1 + \tau_2). \qquad (4.13.16)$$

用如上的方法可以估计高频段内小惰性单元对相角稳定裕度的影响,进而估计出它们对超调量的影响.

从式(4.13.16)还可以看出,当高频段内有不止一个小惰性单元时,可以用一个等效的小参数惰性单元去近似地代替它们.等效单元的时间常数等于这些小惰性单元的时间常数的总和.

4.14　闭环系统的频率特性图

4.6 节针对开环系统,特别是针对由一些基本单元框串联所组成的开环系统,研究了其对数频率特性的绘制方法.并在该节最后说明,从开环系统频率特性求闭环系统频率特性的问题将在 4.14.2 节讨论.本节就将考虑这个问题.

设图 4.14.1 所示闭环反馈系统的正向通道和反馈通道的传递函数分别为 $G(s)$ 和 $F(s)$,则有

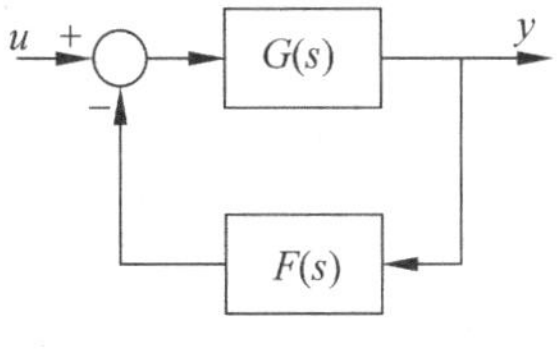

图 4.14.1　闭环反馈系统的框图

$$H(s) = \frac{G(s)}{1+G(s)F(s)} = \frac{G(s)}{1+Q(s)}, \qquad (4.14.1a)$$

其中 $Q(s)=G(s)F(s)$ 是闭环系统的开环传递函数.与此对应,有

$$H(j\omega) = \frac{G(j\omega)}{1+Q(j\omega)}. \qquad (4.14.1b)$$

对于单位反馈系统,$F(s)=1$,故 $Q(s)=G(s)$,于是式(4.14.1)简化为

$$H(s) = \frac{G(s)}{1+G(s)}, \qquad (4.14.2a)$$

或

$$H(\mathrm{j}\omega)=\frac{G(\mathrm{j}\omega)}{1+G(\mathrm{j}\omega)}. \tag{4.14.2b}$$

下面举例说明直接计算 $H(\mathrm{j}\omega)$ 的作图方法.

例 4.14.1 设在图 4.14.1 中有

$$G(s)=\frac{0.86}{s(0.36s+1)(0.3905s^2+0.75s+1)}, \quad F(s)=1. \tag{4.14.3}$$

则可用式(4.14.2)计算闭环系统传递函数.

由于 $G(s)$ 的分母中的 2 次多项式因子满足 $b^2-4ac=(0.75)^2-4(0.3905)(1)<0$,所以它是振荡性的.事实上它有 $T=0.625$,$\zeta=0.6$.根据这些参数,按照 4.6 节所述的绘制过程和本章各有关附录表格给出的数据,不难画出 $G(s)$ 的对数幅频特性和对数相频特性曲线,如图 4.14.2 中的虚线 $L(G)$ 和 $\theta(G)$ 所示.

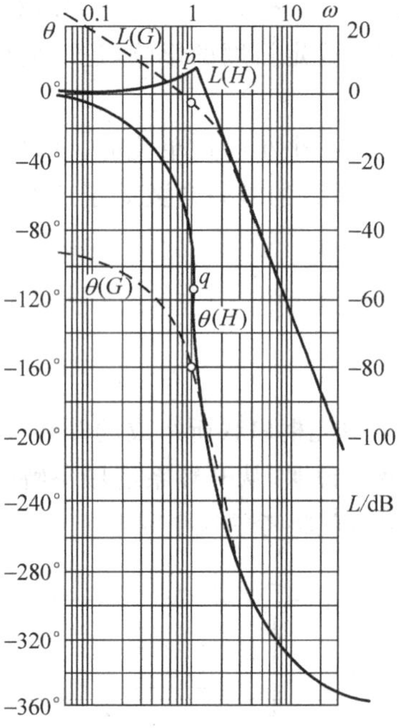

图 4.14.2 开环频率特性和闭环频率特性曲线

进而考虑绘制该系统的闭环对数频率特性曲线.不难理解,为此只能对各频率点逐点地做复数运算.例如对于角频率 $\omega=1$,从图 4.14.2 的虚线可查得 $L(G(\mathrm{j}1))=-1.5\mathrm{dB}$ 即 $|G(\mathrm{j}1)|=0.837$,而 $\arg G(\mathrm{j}1)=-160.7°$.于是 $G(\mathrm{j}1)=0.837\mathrm{e}^{-\mathrm{j}160.7°}$.代入式(4.14.2)做复数运算,得 $H(\mathrm{j}1)=2.41\mathrm{e}^{-\mathrm{j}107.9°}$,故 $|H(\mathrm{j}1)|=2.41$,即 $L(H(\mathrm{j}1))=7.6\mathrm{dB}$,而 $\theta(H(\mathrm{j}1))=-107.9°$.把它们标到图 4.14.2 中,就是 p,q 两点.再命 ω 取其他数值,类似地求出其他诸点.把所求得的各点分别连成图 4.14.2 中的光滑实线,就是所求的 $L(H)$ 和 $\theta(H)$ 曲线. □

从本例可见,直接计算 $H(\mathrm{j}\omega)$ 的作图过程工作量显然很大,需要设法改进.为此,下面分频率段研究图 4.14.2 的闭环频率特性曲线.

4.14.1 闭环频率特性各频率段的主要特征

仔细研究图 4.14.2 的开环和闭环频率特性曲线,发现以下几点特别引人注意.

(1) 在图 4.14.2 的低频段,$L(H)\approx 0\mathrm{dB}$,$\theta(H)\approx 0°$.这并非偶然.在式(4.14.1b)中,如果在某频率段内 $|Q(\mathrm{j}\omega)|$ 很大,即 $|Q(\mathrm{j}\omega)|\gg 1$,则该式分母中的 1 可以略去,

因而在这个频率段内该式简化为

$$H(\mathrm{j}\omega) \approx 1/F(\mathrm{j}\omega). \tag{4.14.4}$$

工程上，如果满足条件

$$L(Q) > 25\mathrm{dB} \quad (\text{即 } |Q| > 18), \tag{4.14.5}$$

通常就认为式(4.14.4)成立. 援引此例，则在 $\omega<0.05$ 的频率段就可以认为本例的系统有 $H(\mathrm{j}\omega)\approx 1$. 一般情况下，在控制系统的低频段式(4.14.5)往往成立.

式(4.14.4)表明，当式(4.14.5)成立时，有 $L(H(\mu))\approx -L(F(\mu))$ 以及 $\theta(H(\omega))\approx -\theta(F(\omega))$. 故只需把 $F(\mathrm{j}\omega)$ 的对数幅频特性与对数相频特性曲线分别以横坐标为对称轴上下倒置，就得 $H(\mathrm{j}\omega)$ 的对数频率特性图. 对于单位反馈系统，在式(4.14.5)成立的情况下就可认为 $H(\mathrm{j}\omega)\approx 1$，亦即 $L(H)\approx 0\mathrm{dB}$，$\theta(H)\approx 0^\circ$.

(2) 在图 4.14.2 的高频段，$H(\mathrm{j}\omega)$ 与 $G(\mathrm{j}\omega)$ 几乎重合. 这也非偶然. 在式(4.14.1b)中，如果在某个频率段内 $|Q(\mathrm{j}\omega)|$ 很小，即 $|Q(\mathrm{j}\omega)|\ll 1$，则该式分母中的 $Q(\mathrm{j}\omega)$ 可以略去，于是在这个频率段内有

$$H(\mathrm{j}\omega) \approx G(\mathrm{j}\omega). \tag{4.14.6}$$

由此可见，如果在某频率段内开环频率特性的模远小于 1，则闭环频率特性函数近似等于主通道频率特性函数.

工程上，如果满足条件

$$L(Q) < -25\mathrm{dB} \quad (\text{即 } |Q| < 0.06), \tag{4.14.7}$$

通常就认为式(4.14.6)成立. 援引此例，则在 $\omega>3$ 的频率段就可以认为本例的系统有 $H(\mathrm{j}\omega)\approx G(\mathrm{j}\omega)$. 一般情况下，在控制系统的高频段式(4.14.7)往往成立.

控制工程师当然希望控制系统尽量准确地复现输入信号，但这就意味着要求在 ω 从 0 到 ∞ 的频率范围内闭环频率特性函数 $H(\mathrm{j}\omega)\approx 1$，也就是要求在 ω 从 0 到 ∞ 的频率范围内开环频率特性函数的模 $|Q(\mathrm{j}\omega)|$ 都要尽可能大，这事实上是做不到的. 因为任何物理可实现的系统都不可能在极高的频率下保持很高的增益. 所以绝对准确地复现输入信号是不可能的. 不过，一个系统的开环频率特性能保持高增益的频率带愈宽，其闭环系统就能把输入信号复现得愈好.

(3) 以上所述闭环系统频率特性在低频段和高频段的特点，并非某一控制系统所特有，而是绝大多数控制系统的共同特征. 所以，绘制闭环系统低频段和高频段的频率特性并不困难. 现在进而考察闭环频率特性的中频段. 在图 4.14.2 的 $L(H)$ 曲线的中频段引人注目地出现了一个高约 8dB 的谐振峰，峰点角频率约为 $\omega_r\approx 1.1\mathrm{rad}\cdot\mathrm{s}^{-1}$. 由此可知该系统的阶跃响应必有明显的振荡倾向，振荡的角频率约为 $1.1\mathrm{rad}\cdot\mathrm{s}^{-1}$，即周期约为 5.7s. 图 4.14.3 是该系统的实际阶跃响应曲线.

曲线证明上述判断是正确的.不过应当强调说明：闭环系统频率特性函数的中频段并非必然具有谐振峰.事实上,各控制系统频率特性的差别主要就在中频段.可以说：闭环控制系统的动态特性主要就取决于其频率特性的中频段.

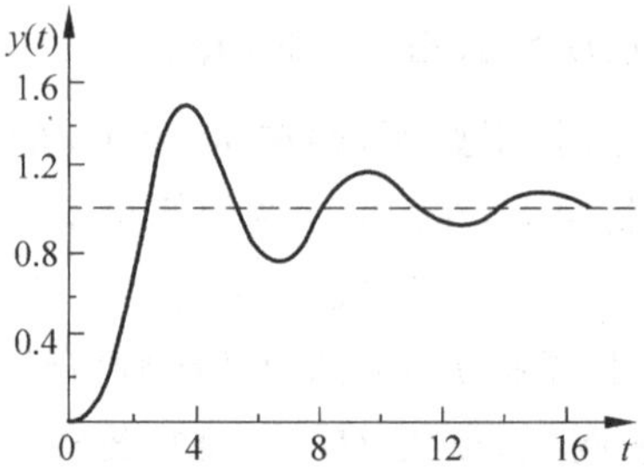

图 4.14.3 例 4.14.1 系统的闭环阶跃响应

因此应该寻找计算和绘制闭环系统中频段频率特性曲线的简易方法.使用MATLAB软件在计算机上计算当然是最快最好的方法.下节将要描述的专用列线图也是一种有效的方法.

4.14.2 绘制闭环系统频率特性图的列线图

在自动控制技术发展的历程中,为了简化工程作图的过程,科学家与工程师们曾经编制一些专用图表,给后人带来很大便利.不过随着计算机的发展与普及,有一些专用图表已很少使用,例如计算闭环频率特性之模的"M圆"、计算闭环频率特性之角的"N圆"等.本书也不再叙述它们.

图 4.14.4(a)所示的闭环对数频率特性列线图是目前尚有一定使用价值的一种列线图(诺模图).它的绘制方法如下：以式(4.14.2b)为依据.以开环频率特性 $G(j\omega)$的模的对数即 $L(G)$的值为纵轴,以 $G(j\omega)$的角即 $\theta(G)$的值为横轴,构造直角坐标系.对于坐标系中的各点,分别按式(4.14.2b)算出函数 $H(j\omega)$.然后将$H(j\omega)$的模相同即 $L(H)$相同的各点分别连接,得到一族曲线,称为等模线；又将 $H(j\omega)$的角相同即 $\theta(H)$相同的各点分别连接,得到另一族曲线,称为等角线.全体等模线与全体等角线组成一张曲线网格.在每条曲线上分别标注其 $L(H)$值和$\theta(H)$值.所得即是图 4.14.4(a)的**闭环对数频率特性列线图**,简称**闭环对数列线图**.容易理解：列线图中各曲线均以 $\theta(G)=-180°$的直线为轴左右对称.

应用闭环对数列线图绘制闭环系统对数频率特性图的方法如下：在开环系统的对数频率特性曲线上任取角频率值为某一 ω 的点,读取该点的函数值 $L(G)$与 $\theta(G)$,在闭环对数列线图的直角坐标系中找到坐标为该值的点,再在曲

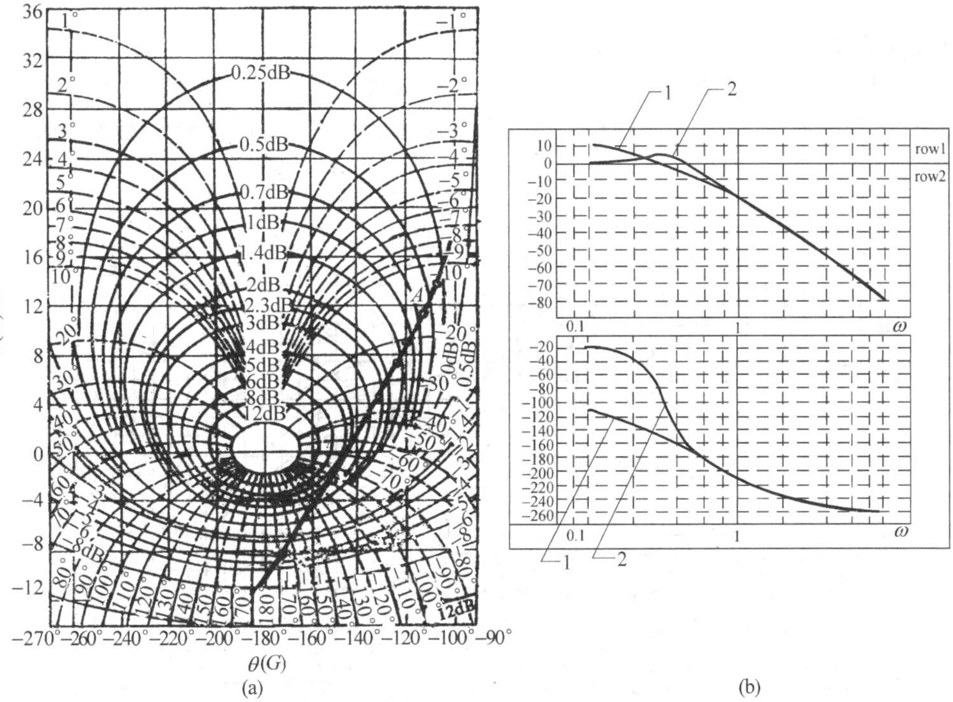

图 4.14.4　应用闭环对数列线图绘制闭环系统对数频率特性

线网格上读出与该点相对应的 $L(H)$ 值和 $\theta(H)$ 值，即为闭环系统对数频率特性曲线上的 $H(\mathrm{j}\omega)$ 值. 如此分别求得中频段各频率值下的 $H(\mathrm{j}\omega)$ 值并标于对数坐标纸上，用曲线板分别光滑地连接，就得到闭环系统对数幅频特性图和对数相频特性图.

4.4.3 节曾述及控制系统的对数幅相特性图，即尼科尔斯图. 如果将绘有本节所述闭环对数列线图的透明卡片叠置在同一比例尺的开环系统尼科尔斯图上，则由开环系统的尼科尔斯曲线与本节所述列线图的曲线网格的一系列交点就可方便地画出闭环对数幅相特性图. 现在举一个例子. 设对象的开环传递函数为

$$G(s)=\frac{0.4}{s(3s+1)(s+1)},$$

其开环频率特性如图 4.14.4(b)之曲线 1. 当角频率为 $\omega=0.1$，从该虚线上读得 $L(G)=11.6\mathrm{dB}$，$\theta(G)=-112°$. 将这些数据标在图 4.14.4(a)的直角坐标系中，得点 A. 再从曲线网格上查得点 A 对应的闭环系统频率特性值为 $L(H)=0.6\mathrm{dB}$ 和 $\theta(H)=-15°$. 依此法逐点进行，即可画出完整的闭环系统频率特性图，如图 4.14.4(b)之曲线 2. 顺便指出：观察图 4.14.4(a)，可见当 ω 变化时，依上法画

出的曲线与 $L(H)=5\text{dB}$ 的等模线相切,故知闭环对数幅频特性的峰值约为 5dB(准确的峰值为 5.1dB).

图 4.14.5 是一幅可供实用的闭环对数列线图. 图 4.14.6 是为便于绘制闭环特性的细部而将图 4.14.5 中相当于复数平面上点 $-1+j0$ 的邻域的列线图放大所得[①].

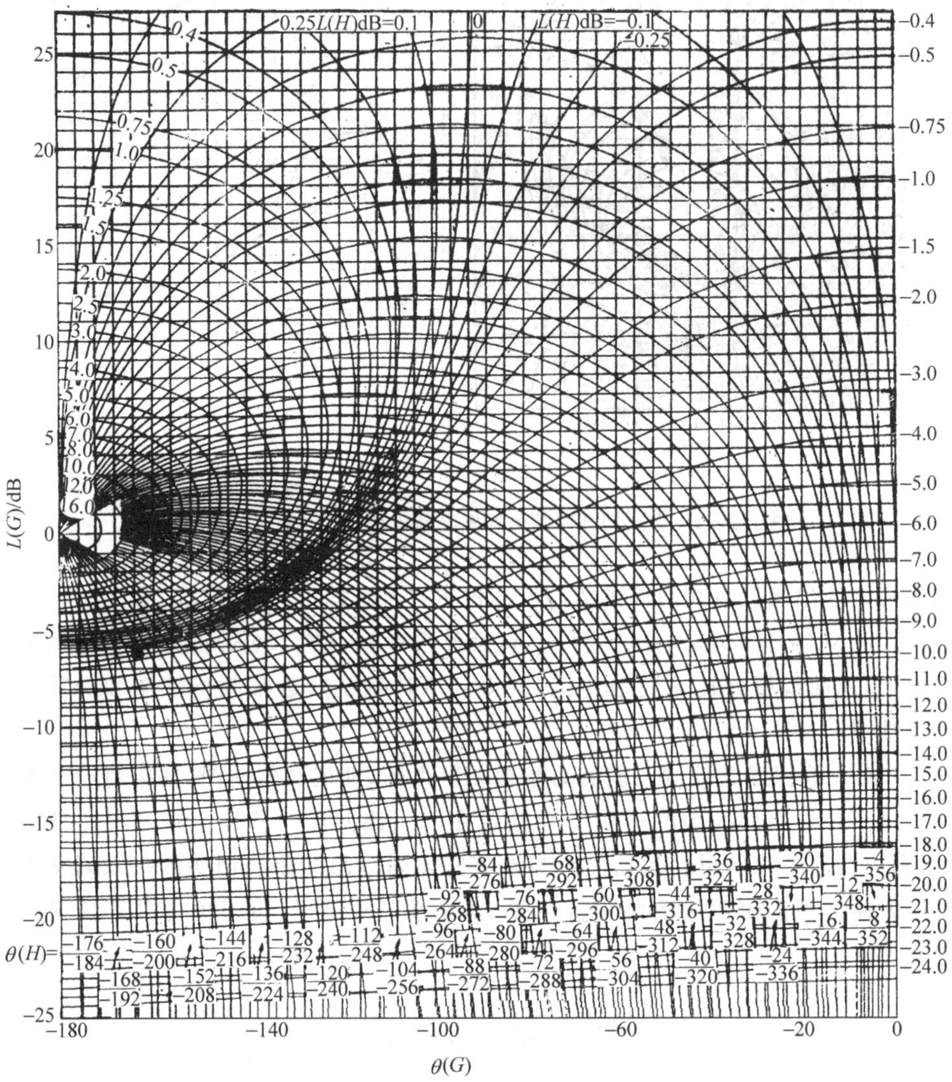

图 4.14.5 闭环对数频率特性列线图

① 图 4.14.5 和图 4.14.6 均引自 Кузовков Н Т, Теория автоматического регулирования, основанная на частотных методах, издание 2-е. Оборонгиз, 1960

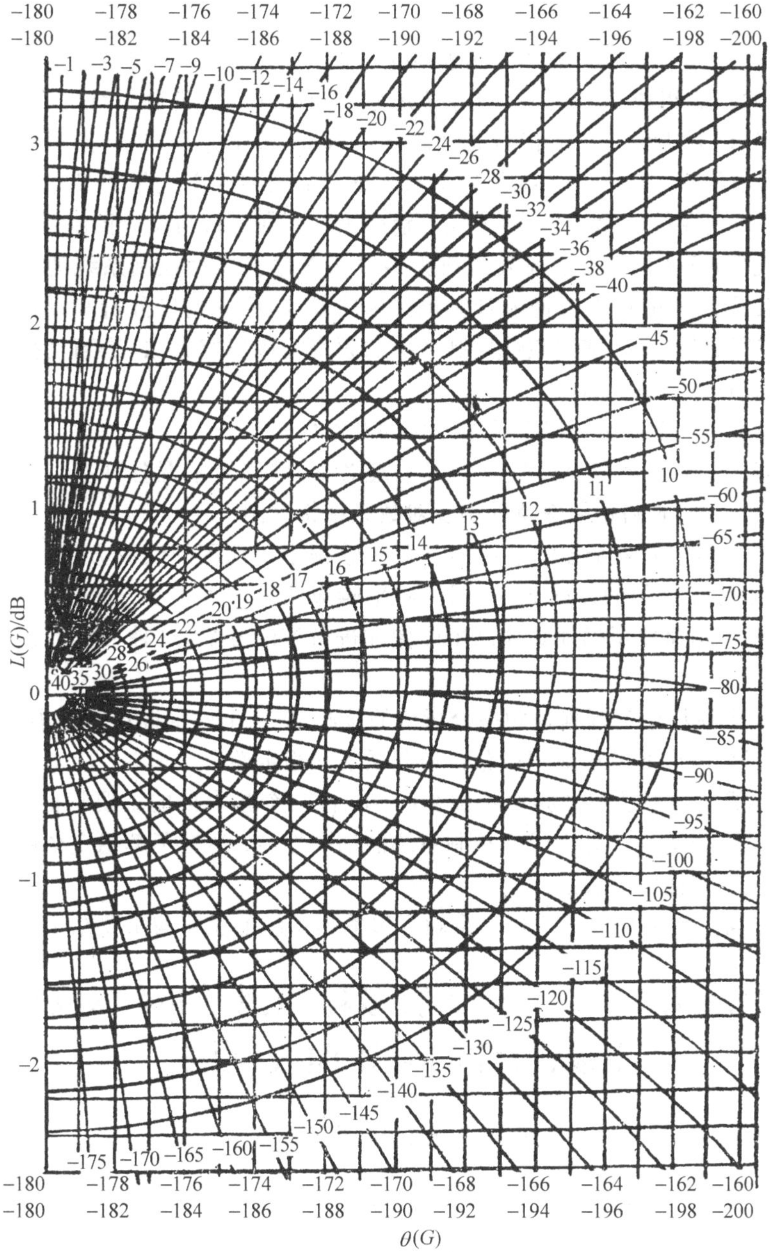

图 4.14.6　闭环对数频率特性列线图(细部)

4.15 小结

自20世纪30年代至今，对线性控制系统的频率响应的研究一直是控制理论的最重要的核心组成部分之一，同时又是分析和设计许多控制系统的有效工具. 频率响应分析方法最突出的优点是物理意义鲜明，数学关系严格，便于理解和思考. 控制系统的频率特性与系统的静态和动态性能之间既有定量的又有定性的关系，因而可以用曲线、图表和经验公式等辅助工具实现分析与设计控制系统. 20世纪70年代后，频率特性方法还发展成为多输入多输出线性控制系统的一种数学上严密、工程上有用的理论. 随着计算机技术的普及，频率响应分析和设计方法如虎添翼，应用更加广泛. 掌握线性控制系统的频率响应研究方法，是当代控制科学家和工程师的一项基本功.

学习本章，应重点掌握以下几个方面的基本内容：

(1) 频率特性的确切数学定义及其物理意义，熟练地掌握各种基本单元的频率特性公式、它们的幅相频率特性图及对数频率特性图.

(2) 熟练地掌握复杂控制系统的开环对数频率特性图的绘制方法，首先是折线对数幅频特性草图的简略画法. 因为频率响应法是一种工程方法，如果只明白原理而不善于迅速地正确地具体画出图像和进行实际分析，这种方法的优点就失去一大半了.

(3) 奈奎斯特稳定判据是频率分析法的核心. 应当牢固掌握这一基本理论，并能在多种复杂情形下灵活地用以分析控制系统的稳定性.

(4) 熟悉闭环系统对数频率特性在低、中、高三个频率段的主要特征；善于用开环系统对数频率特性分析闭环控制系统的动态性能；清楚了解稳定裕度的概念及其与系统动态性能的关系.

(5) 了解频率分析理论应用于多输入多输出系统的思路与重要结论.

附录4.1 1次和2次多项式因子折线对数幅频特性的修正曲线画法

(参看正文4.6节)

因子		修正量 ΔL(和 M_r)
1次多项式	在分母中	见附录4.2
$(Ts+1)$	在分子中	按附录4.2反号
2次多项式	在分母中	见图4.5.8和附录4.3
$(T^2s^2+2\zeta Ts+1)$	在分子中	按图4.5.8和附录4.3反号

附录 4.2　惰性单元折线对数幅频特性的修正量 $\Delta L(\Delta\mu)$

（参看正文 4.5 节）

（$\Delta\mu=\mu-\mu_0$；$\mu_0=\lg(1/T)$）

$\Delta\mu$/dec	0	±0.2	±0.3	±0.5	±1.0
ΔL/dB	−3.0	−1.5	−1.0	−0.4	−0.04

附录 4.3　振荡单元谐振点的对数角频率偏移量 $\Delta\mu_r$ 与谐振峰值 $\Delta L_r(=20\lg M_r)$

（参看正文 4.5 节）

阻尼系数 ζ	0.05	0.1	0.2	0.3	0.4	0.5	0.6	0.7
$\Delta\mu_r$/dec	−0.001	−0.004	−0.018	−0.043	−0.084	−0.151	−0.276	−0.849
ΔL_r/dB	20.0	14.0	8.1	4.8	2.7	1.2	0.35	0.002

附录 4.4　1 次和 2 次多项式因子的对数相频特性曲线画法

（参看正文 4.6 节）

因　子			对数相频特性数据 $\theta(\Delta\mu)$
1 次多项式 $(Ts+1)$	在分母中	$T>0$	见附录 4.5
		$T<0$	按附录 4.5 反号
	在分子中	$T>0$	按附录 4.5 反号
		$T<0$	按附录 4.5
2 次多项式 $(T^2s^2+2\zeta Ts+1)$	在分母中	$\zeta>0$	见附录 4.6
		$\zeta<0$	按附录 4.6 反号
	在分子中	$\zeta>0$	按附录 4.6 反号
		$\zeta<0$	按附录 4.6

附录 4.5　惰性单元对数相频特性曲线的数据

(参看正文 4.5 节)

($\Delta\mu=\mu-\mu_0$；$\mu_0=\lg(1/T)$)

$\Delta\mu$/dec	−2.5	−1.5	−1.0	−0.8	−0.6	−0.4	−0.2	0.0
θ/(°)	−0.2	−2	−6	−9	−14	−22	−32	−45

$\Delta\mu$/dec	0.2	0.4	0.6	0.8	1.0	1.5	2.5
θ/(°)	−58	−68	−76	−81	−84	−88	−89.8

附录 4.6　振荡单元对数相频特性曲线的数据

(参看正文 4.5 节)

($\Delta\mu=\mu-\mu_0$；$\mu_0=\lg(1/T)$)

$\Delta\mu$/dec		−1.5	−1.0	−0.8	−0.6	−0.4	−0.2	−0.1	0.0
θ/(°)	$\zeta=0.1$	−0.4	−1.2	−1.9	−3.1	−5.4	−12	−23	−90
	$\zeta=0.2$	−0.7	−2.3	−3.7	−6.1	−11	−23	−41	−90
	$\zeta=0.3$	−1.1	−3.5	−5.6	−9.1	−16	−32	−52	−90
	$\zeta=0.5$	−1.8	−5.8	−9.2	−15	−25	−46	−65	−90
	$\zeta=0.7$	−2.5	−8.0	−13	−21	−34	−56	−72	−90
	$\zeta=0.9$	−3.3	−10.3	−16	−26	−40	−62	−76	−90

$\Delta\mu$/dec		0.1	0.2	0.4	0.6	0.8	1.0	1.5
θ/(°)	$\zeta=0.1$	−157	−168	−174.6	−176.9	−178.1	−178.8	−179.6
	$\zeta=0.2$	−139	−157	−169	−173.9	−176.3	−177.7	−179.3
	$\zeta=0.3$	−128	−148	−164	−170.9	−174.4	−176.5	−178.9
	$\zeta=0.5$	−115	−134	−155	−165	−170.8	−174.2	−178.2
	$\zeta=0.7$	−108	−124	−146	−159	−167	−172.0	−177.5
	$\zeta=0.9$	−104	−118	−140	−154	−164	−169.7	−176.7

附录 4.7 幅角原理的证明

（参看正文 4.8.1 节）

本章 4.8.1 节只对有理函数这种简单情形证明了幅角原理. 对于不属于有理函数的更一般的传递函数，例如含有延时的传递函数，幅角原理需要另行证明.

幅角原理在更一般情形下的证明，是基于柯西(Cauchy)积分定理.

定理 4.A7.1(柯西积分定理) 设闭围线 C 是复平面上区域 D 的边界，函数 $f(s)$ 在 D 内为正则解析函数(简称正则函数)，并连续到 C 上，则有

$$\oint_C f(s)\mathrm{d}s = 0. \tag{4.A7.1}$$

本书不可能给出柯西积分定理的严格证明. 读者如需要，可参阅相关书籍.

下面将柯西积分定理推广到复平面上的复连通区域.

定理 4.A7.2(推广到复连通区域的柯西积分定理) 设 C_1 和 C_2 是区域 D 上的两条闭围线，C_2 完全在 C_1 的内部，函数 $f(s)$ 在这两条围线所构成的环状区域内为正则，并连续到 C_1 和 C_2 上，则

$$\oint_{C_1} f(s)\mathrm{d}s = \oint_{C_2} f(s)\mathrm{d}s. \tag{4.A7.2}$$

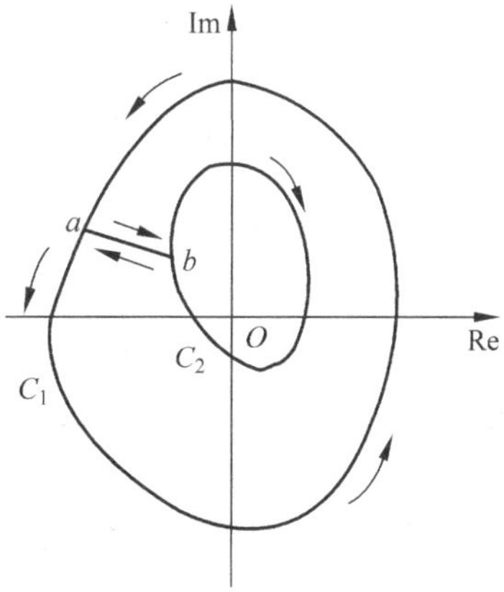

图 4.A7.1 柯西积分定理推广到复连通区域

证明 作割线 ab 如图 4.A7.1 所示. 把式(4.A7.1)中的闭围线 C 取作

$$C = C_1 + ab + \bar{C}_2 + ba,$$

其中 $\bar{C}_2$ 表示逆方向的 C_2，则由于 $\int_{ba} = -\int_{ab}$ 和 $\oint_{\bar{C}_2} = -\oint_{C_2}$，故依柯西积分定理有

$$\oint_C f(s)\mathrm{d}s = \oint_{C_1} f(s)\mathrm{d}s + \int_{ab} f(s)\mathrm{d}s + \oint_{\bar{C}_2} f(s)\mathrm{d}s + \int_{ba} f(s)\mathrm{d}s$$
$$= \oint_{C_1} f(s)\mathrm{d}s - \oint_{C_2} f(s)\mathrm{d}s = 0.$$

故式(4.A7.2)成立. □

利用推广到复连通区域的柯西积分定理，有时可以简化积分的计算.

下面利用推广到复连通区域的柯西积分定理证明一个重要的引理.

引理 4.A7.1 设 C 是复平面上的任意闭围线，a 是 C 内部的一点，则

$$\oint_C \frac{\mathrm{d}s}{s-a} = \mathrm{j}2\pi. \tag{4.A7.3}$$

证明 作以 a 为圆心,以任意的 $r>0$ 为半径的圆 R,使 R 完全位于 C 的内部,则圆周 R 可表为 $s=a+re^{j\theta}$,其中 $0\leqslant\theta<2\pi$. 因被积函数仅在 $s=a$ 有唯一的极点,而在 C 与 R 所构成的环状区域内为正则,并连续到 C 和 R 上,故依推广后的柯西积分定理有

$$\oint_C \frac{ds}{s-a}=\oint_R \frac{ds}{s-a}=\oint_R \frac{ds}{re^{j\theta}}=\oint_R \frac{d(a+re^{j\theta})}{re^{j\theta}}$$
$$=\oint_R \frac{(r)(e^{j\theta})(j)d\theta}{re^{j\theta}}=j\int_0^{2\pi} d\theta=j2\pi. \qquad \square$$

这个引理指出了一个有趣的事实,即只要点 a 位于围线 C 的内部,积分 $\oint_C \frac{ds}{s-a}$ 的值总是等于 $j2\pi$ 而与 a 的具体取值无关.

下面是一般情形下幅角原理的证明. 问题的提法如下:

设 C 是复平面上的任意闭围线,函数 $W(s)$ 可表示为如下的一般形式:

$$W(s)=R(s)X(s), \tag{4. A7. 4}$$

其中

$$R(s)=\frac{(s-z_1)^{m_1}(s-z_2)^{m_2}\cdots(s-z_k)^{m_k}}{(s-p_1)^{n_1}(s-p_2)^{n_2}\cdots(s-p_l)^{n_l}}, \tag{4. A7. 5}$$

$R(s)$ 的零点 $z_i(1\leqslant i\leqslant k)$ 的重数为 $m_i\geqslant 1$,极点 $p_j(1\leqslant j\leqslant l)$ 的重数为 $n_j\geqslant 1$. 如果 $R(s)$ 没有零点,只须把式(4. A7. 4)的分子改写为 c,并不影响下文的讨论. 设定 $R(s)$ 的全部零点和全部极点都位于闭围线 C 的内部,闭围线 C 不通过 $R(s)$ 的任一零点或极点. $X(s)$ 在闭围线 C 的内部是复变数 s 的正则函数,未必是有理函数,且 $X(s)$ 在 C 的内部和在 C 上均不等于 0. 于是除了在 $R(s)$ 的上述有限个极点以外,$W(s)$ 在 C 的内部为正则,且连续到 C 上. 将多重零点和多重极点分别按各自的重数计数,则函数 $W(s)$ 在 C 的内部的零点总数为 $Z=\sum_{i=1}^{k} m_i$,极点总数为 $P=\sum_{j=1}^{l} n_j$. 按照上述各项条件,有幅角原理如下.

定理 4. A7. 3(幅角原理) **当 s 的值沿闭围线 C 连续地变化 1 周时,函数 $W(s)$ 的向量旋转的周数为 $Z-P$.**

换言之,当 s 沿闭围线 C 连续地变化 1 周时,动点 $W(s)$ 在复平面上描出闭曲线 C',称为闭围线 C 的映象. 记 C' 包围原点的周数为 w,则本章正文 4.8.1 节之式(4.8.1)成立.

证明 对式(4. A7. 4)的两端取对数,并注意到式(4. A7. 5),可得

$$\ln W(s)=\ln R(s)+\ln X(s)$$
$$=\sum_{i=1}^{k} m_i \ln(s-z_i)-\sum_{j=1}^{l} n_j \ln(s-p_j)+\ln X(s). \tag{4. A7. 6}$$

将式(4. A7. 6)两端对 s 求微分,得

$$\mathrm{d}\ln W(s)=\sum_{i=1}^{k}\frac{m_i}{s-z_i}\mathrm{d}s-\sum_{j=1}^{l}\frac{n_j}{s-p_j}\mathrm{d}s+\frac{X'(s)}{X(s)}\mathrm{d}s. \tag{4. A7. 7}$$

对式(4. A7. 7)沿 C 求积分,得

$$\oint_C \mathrm{d}\ln W(s)=\sum_{i=1}^{k}m_i\oint_C\frac{1}{s-z_i}\mathrm{d}s-\sum_{j=1}^{l}n_j\oint_C\frac{1}{s-p_j}\mathrm{d}s+\oint_C\frac{X'(s)}{X(s)}\mathrm{d}s. \tag{4. A7. 8}$$

分别考察式(4. A7. 8)的两端. 首先看左端. 分别以 $|W(s)|$ 和 $\arg W(s)$ 表示 $W(s)$ 的模和幅角,即令 $W(s)=|W(s)|\exp(\mathrm{j}\arg W(s))$. 于是有 $\ln W(s)=\ln|W(s)|+\mathrm{j}\arg W(s)$,而

$$\text{式(4. A7. 8) 的左端}=\oint_C \mathrm{d}\ln|W(s)|+\mathrm{j}\oint_C \mathrm{d}\arg W(s).$$

由于 $|W(s)|$ 是 s 的单值函数,它在闭围线 C 的始点与终点的值相同,故上式右端第 1 个积分为 0. 上式右端第 2 个积分是当 s 沿 C 变化 1 周时函数 $W(s)$ 的幅角的总增量,故得

$$\text{式(4. A7. 8) 的左端}=\mathrm{j}\Delta_C\arg W(s), \tag{4. A7. 9}$$

其中记号 Δ_C 表示当 s 沿闭围线 C 变化 1 周时函数的总增量.

再看式(4. A7. 8)的右端. 因在 C 的内部函数 $X(s)$ 为正则,且不等于 0,根据复变函数理论,$X'(s)/X(s)$ 必也为正则,故根据柯西积分定理知道式(4. A7. 8)右端最后一个积分为 0. 又从引理 4. A7. 1 可知,式(4. A7. 8)右端两个和式中的每一个积分的值均等于 $\mathrm{j}2\pi$,即有

$$\begin{aligned}\text{式(4. A7. 8) 的右端}&=\sum_{i=1}^{k}m_i(\mathrm{j}2\pi)-\sum_{j=1}^{l}n_j(\mathrm{j}2\pi)\\&=\left(\sum_{i=1}^{k}m_i-\sum_{j=1}^{l}n_j\right)(\mathrm{j}2\pi)\\&=(Z-P)(\mathrm{j}2\pi).\end{aligned} \tag{4. A7. 10}$$

根据式(4. A7. 9)和式(4. A7. 10)便得

$$\Delta_C\arg W(s)=(Z-P)(2\pi). \tag{4. A7. 11}$$

式(4. A7. 11)的意思是:当 s 沿闭围线 C 连续地变化 1 周时,函数 $W(s)$ 的幅角净增量为 $(Z-P)(2\pi)$,即其向量旋转 $(Z-P)$ 周. □

前文已经指出,幅角原理中说到的"沿闭围线变化"、"旋转的周数"等,都是按照复变函数理论的规定,以逆钟向作为正方向. 但在讨论奈奎斯特稳定判据时,则依照习惯以顺钟向作为正方向. 不过由于规定既以顺钟向作为 s 沿闭围线 C 变化的正方向,又以顺钟向作为向量 $W(s)$ 旋转的正方向即闭曲线 C' 包围原点的正方向,故本章正文 4. 8. 1 节之式(4. 8. 1)仍然成立.

习题

(本章所有习题,如能利用本章各相关附录完成,均可利用.)

4.1 某对象的传递函数为 K/s,若(a)$K=3$,(b)$K=0.05$,分别画出它的对数频率特性图.

4.2 某对象的传递函数为

$$\frac{K}{Ts+1},$$

若(a)$K=20,T=4$,(b)$K=0.8,T=0.1$,分别画出它的折线对数幅频特性、对数幅频特性和对数相频特性图.

4.3 某对象的传递函数为

$$\frac{K}{s+\lambda},$$

其中 $K=12,\lambda=2.5$,画出它的折线对数幅频特性、对数幅频特性和对数相频特性图.

4.4 某对象的传递函数为

$$\frac{5.2}{0.1s^2+0.32s+1},$$

画出它的对数频率特性图.

4.5 某对象的传递函数为

$$\frac{0.2}{s^2+1.9s+10},$$

画出它的对数频率特性图.

4.6 某对象的传递函数为

$$\frac{2.8}{s(0.15s+1)},$$

画出它的折线对数幅频特性、对数幅频特性和对数相频特性图.

4.7 某对象的传递函数为

$$\frac{2.8(\tau s+1)}{s(0.15s+1)},$$

若(a)$\tau=0.05$,(b)$\tau=0.5$,分别画出它的对数幅频和对数相频特性图.

4.8 设有频率为0.5Hz,振幅为1的正弦波信号加在题4.1至题4.7的各对象的输入端,分别求出各对象输出信号在静态下的频率、振幅和相对于输入信号的相位.

4.9　某最小相位对象的折线对数幅频特性如图 4.E.1 所示.求它的传递函数.画出它的对数幅频特性和对数相频特性图.

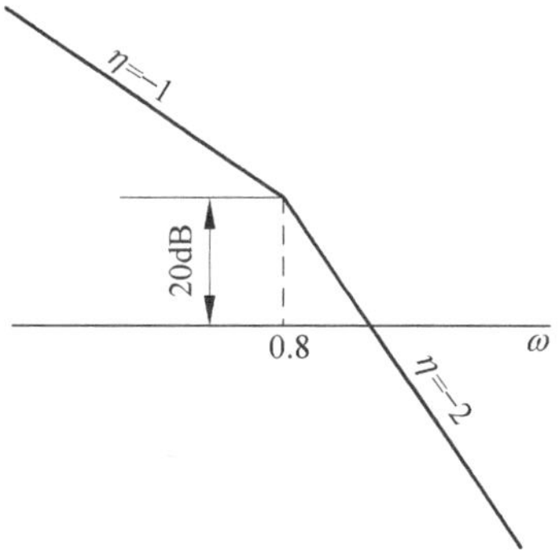

图 4.E.1　题 4.9 的对象

4.10　同上题.但折线对数幅频特性如图 4.E.2 所示.

4.11　图 4.E.3 的系统中,$K=5$.

(a) 求开环传递函数.

(b) 画出开环对数频率特性图.

(c) 求截止角频率 ω_c.

(d) 求闭环传递函数.

(e) 写出闭环系统的微分方程.

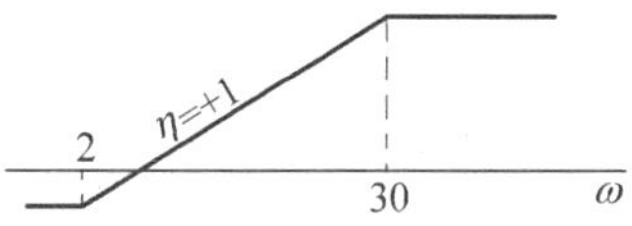

图 4.E.2　题 4.10 的对象

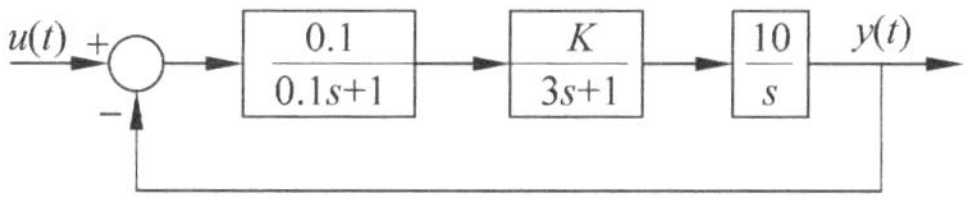

图 4.E.3　题 4.11 的系统

4.12　4.14.1 节曾指出,当开环幅频特性函数的模远大于 1 时,可以近似认为闭环频率特性函数近似等于反馈通道频率特性函数的倒数.试就开环幅频特性函数值为 10(即 20dB)的情形分析:这样的近似对于模和角分别可能造成多大的误差.

4.13　在图 4.E.3 的系统中,若(a)$K=5$,(b)$K=8$,(c)$K=20$,分别用奈奎斯特稳定判据判断系统是否稳定,并求出使系统处于临界状态时的 K 值.

4.14　用劳斯稳定判据验证题 4.13 的结果.

4.15　用谢绪恺-聂义勇稳定判据验证题 4.13 的结果.

4.16　已知图 4.E.4(a)的系统是最小相位的.$G_0(s)$的开环折线对数幅频特性如图 4.E.4(b)所示.求出开环传递函数 $G_0(s)$;画出开环对数相频特性曲线;求出开环比例系数 K 和截止角频率 ω_c;求出闭环传递函数和闭环系统的微分方程.

4.17　同上题,但开环折线对数幅频特性如图 4.E.5 所示.

4.18　同上题,但开环折线对数幅频特性如图 4.E.6 所示.

4.19　用奈奎斯特稳定判据分别判断题 4.16 至题 4.18 的各系统是否稳定.如果稳定,再分别求出当输入信号 $u(t)=1(t)$ 和 $u(t)=t$ 的情况下系统的静态误差.这两个系统的开环比例系数再增大到几倍或减小到几分之一,系统就濒临不稳定状态?

4.20　估算题 4.16 至题 4.18 中各个稳定的系统的阶跃响应时间和超调量.

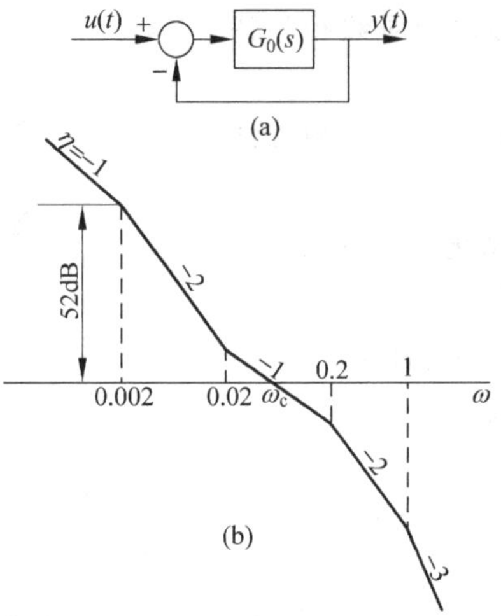

图 4.E.4 题 4.16 的系统及其折线对数幅频特性

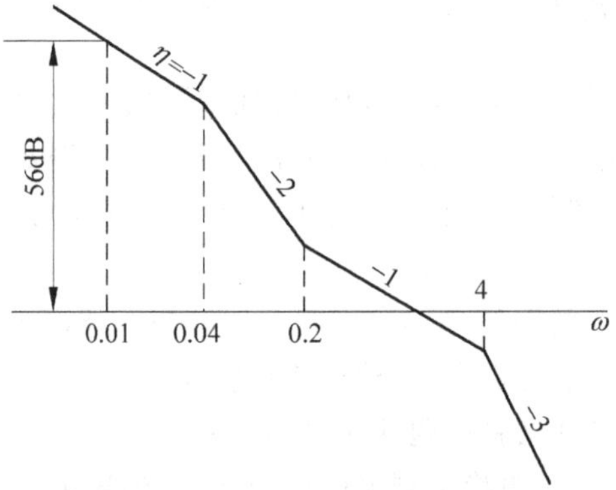

图 4.E.5 题 4.17 的折线对数幅频特性

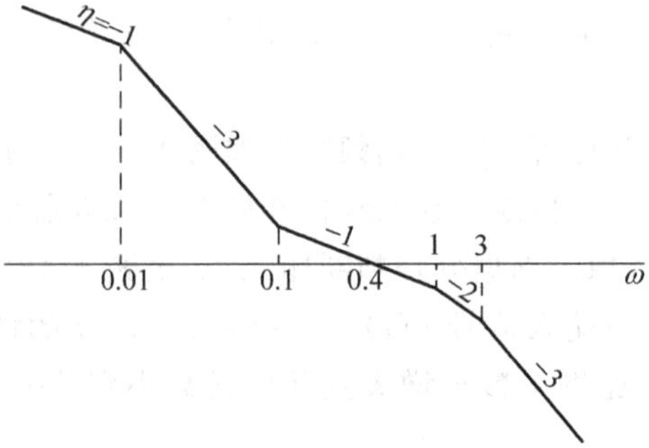

图 4.E.6 题 4.18 的折线对数幅频特性

4.21 已知系统如图 4.E.7 所示. 若 $u(t)=1\cdot\sin(\omega t+30°)$. 试分别对于 $\omega=0.1, 1$ 和 10 三种情况求 $y(t)$ 的静态表达式.

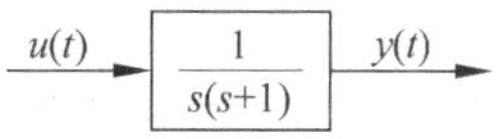

图 4.E.7 题 4.21 的系统

4.22 已知某系统的开环传递函数为

$$G(s)=\frac{10(2s+1)}{s(10s+1)(0.25s+1)(0.1s+1)},$$

且为单位反馈,画出其开环对数频率特性图. 写出闭环传递函数及系统的微分方程. 如果输入信号为 $u(t)=\sin 0.01t$,求静态下输出量 $y(t)$ 的表达式. 又如果 $u(t)=\sin 20t$,求静态下输出量 $y(t)$ 的表达式.

4.23 已知一系统如图 4.E.8 所示,其中 $K>0, T>0$.

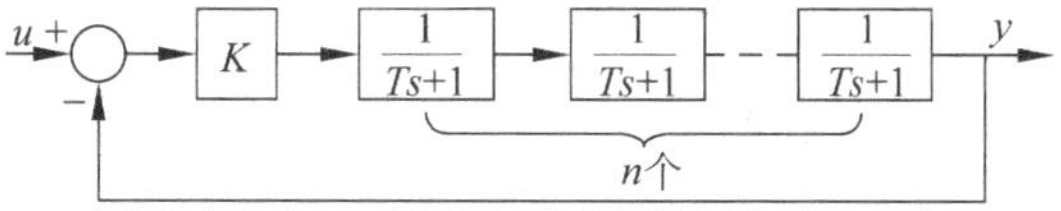

图 4.E.8 题 4.23 的系统

(a) 写出其开环传递函数 $G(s)$. 求证系统稳定的充分必要条件是

$$K<\frac{1}{\cos^n\left(\dfrac{\pi}{n}\right)}.$$

(b) 若比例单元 K 改为积分单元 K/s,系统稳定的充分必要条件又是什么?

4.24 已知三个系统的开环传递函数分别为

$$G_1(s)=\frac{K(T_2s+1)}{s^2(T_1s+1)},$$

$$G_2(s)=\frac{K(T_2s+1)}{s^2(T_1s+1)(T_3s+1)},$$

$$G_3(s)=\frac{K(T_2s+1)(T_4s+1)}{s^3(T_1s+1)(T_3s+1)},\quad (T_1>0, T_2>0, T_3>0, T_4>0).$$

又知它们的奈奎斯特图如图 4.E.9(a),(b),(c)所示. 找出各个传递函数分别对应的奈奎斯特图,并判断单位反馈下各闭环系统的稳定性.

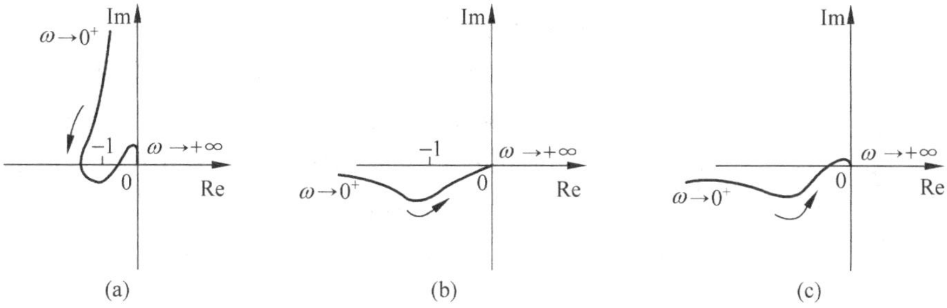

图 4.E.9 题 4.24 的三个系统

4.25　某系统的开环传递函数为

$$Q(s)=\frac{K(T_2s+1)}{s^2(T_1s+1)}.$$

要求画出以下4种情况下的奈奎斯特图,并判断闭环系统的稳定性:

(a) $T_2=0$;　(b) $0<T_2<T_1$;　(c) $0<T_2=T_1$;　(d) $0<T_1<T_2$.

4.26　某系统的开环传递函数为

$$Q(s)=\frac{K(0.5s+1)(s+1)}{(10s+1)(s-1)},$$

要求绘制其奈奎斯特图,并确定使系统稳定的K值范围.

4.27　设控制系统的开环传递函数分别为

(a) $Q(s)=\dfrac{1}{s(s+1)(2s+1)}$,

(b) $Q(s)=\dfrac{4s+1}{s^2(s+1)(2s+1)}$,

(c) $Q(s)=\dfrac{1}{s^2+100}$,

(d) $Q(s)=\dfrac{1}{s(s+1)^2}$,

(e) $Q(s)=\dfrac{(0.2s+1)(0.025s+1)}{s^2(0.005s+1)(0.001s+1)}$.

要求分别画出它们的奈奎斯特图,并判断闭环系统的稳定性.如果闭环系统不稳定,要求求出位于复数平面右半面的闭环极点个数.

4.28　已知反馈控制系统的开环传递函数为

$$Q(s)=\frac{K}{s(T_1s+1)(T_2s+1)(T_3s+1)(T_4s+1)},\quad (T_1,T_2,T_3,T_4>0)$$

如果闭环系统不稳定,闭环传递函数会有几个极点在复数平面的右半面?

4.29　在证明奈奎斯特稳定判据时,曾令复变数s沿包围复数平面的整个右半面的封闭曲线变化一周.那么能否令s沿包围整个左半面的封闭曲线变化一周呢?如果这样包围,稳定判据应该如何表述?

4.30　对于开环传递函数在虚轴上有极点的情形,在应用奈奎斯特稳定判据时,曾定义广义D形围线沿一无穷小的半圆从虚轴上极点的右侧绕过(图4.E.10(a)),如果改为从左侧绕过(图4.E.10(b)),稳定判据应该如何表述?

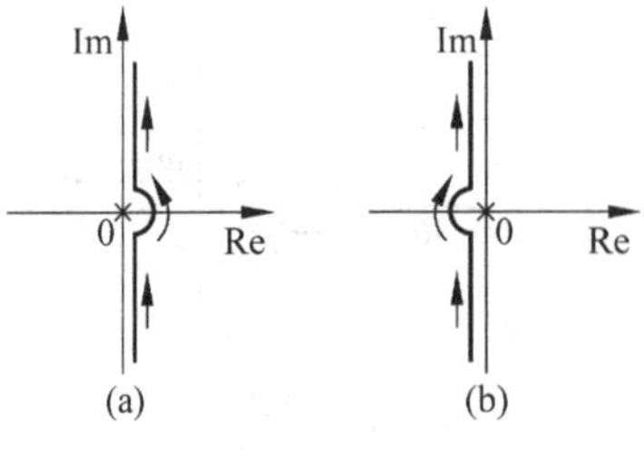

图4.E.10　D形围线绕过虚轴上极点的路径

4.31　某对象的传递函数为

$$G(s)=\frac{K_1}{T_1s+1}\cdot\frac{K_2}{T_2s+1}\cdots\frac{K_n}{T_ns+1}.$$

要求分别用以下三种方法证明其阶跃响应

的静态值为 $K_1K_2\cdots K_n$.

(a) 用拉普拉斯变换的终值定理证明；

(b) 写出其微分方程来证明；

(c) 从惰性单元的性质证明.

4.32　某系统的框图如图 4.E.11 所示，其中 $K>0$，$\tau_1>0$，$\tau_2>0$. 要求分别基于其幅相频率特性图和对数频率特性图回答下列问题：

(a) 若 $r=0$，系统能稳定吗？

(b) 若 $r=1$，如何选 τ_1 及 τ_2 使系统稳定？

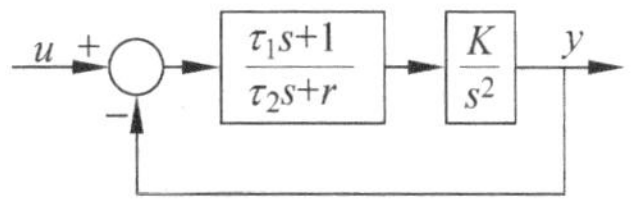

图 4.E.11　题 4.32 的系统

4.33　图 4.E.12(a)，(b)分别表示一个反馈系统的开环奈奎斯特图. 要求从以下 4 个传递函数中找出它们各自对应的开环传递函数，并判断闭环系统的稳定性.

(1) $Q(s)=\dfrac{K(s+1)}{s^2(0.5s+1)}$；　(2) $Q(s)=\dfrac{K(s+1)(0.5s+1)}{s^3(0.1s+1)(0.05s+1)}$；

(3) $Q(s)=\dfrac{K}{s(Ts-1)}$；　(4) $Q(s)=\dfrac{K}{s(-Ts+1)}$.

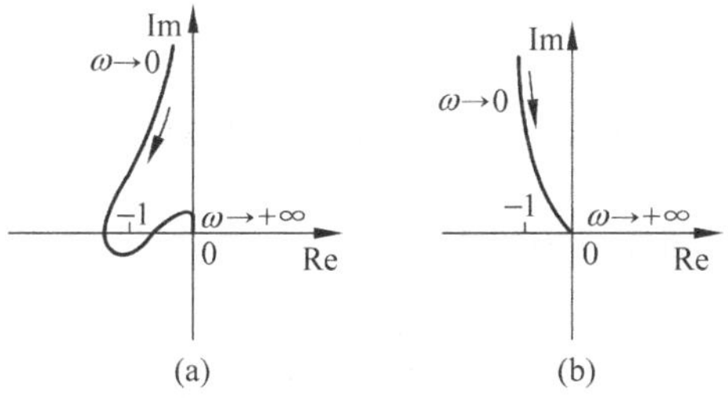

图 4.E.12　题 4.33 的两个开环系统

4.34　已知某最小相位系统的开环对数幅频特性如图 4.E.13 所示.

(a) 写出其开环传递函数；

(b) 画出其相频特性曲线的草图，并从图上求出和标明相角裕度和增益裕度；

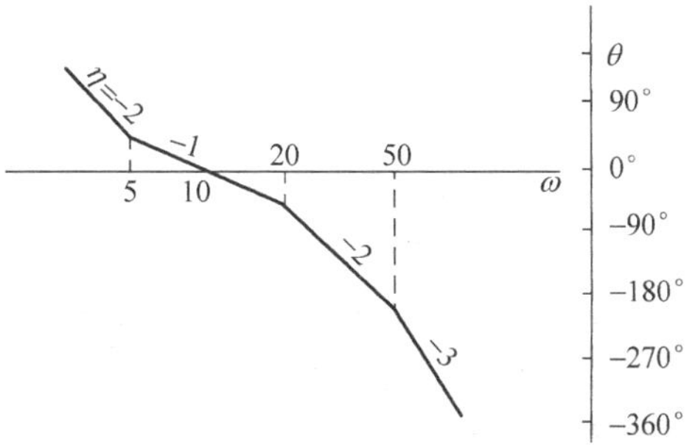

图 4.E.13　题 4.34 系统的开环对数幅频特性

(c) 求出该系统达到临界稳定时的开环比例系数值 K；

(d) 在复数平面上画出其奈奎斯特图的草图，并标明点 $-1+\mathrm{j}0$ 的位置.

4.35 图 4.E.14(a),(b),(c)是三个随动系统的开环对数幅频特性图.已知它们都是最小相位的和单位反馈的.试比较它们在单位阶跃输入下的动态性能及静态误差.又,在恒速输入下它们的静态误差各为多少?

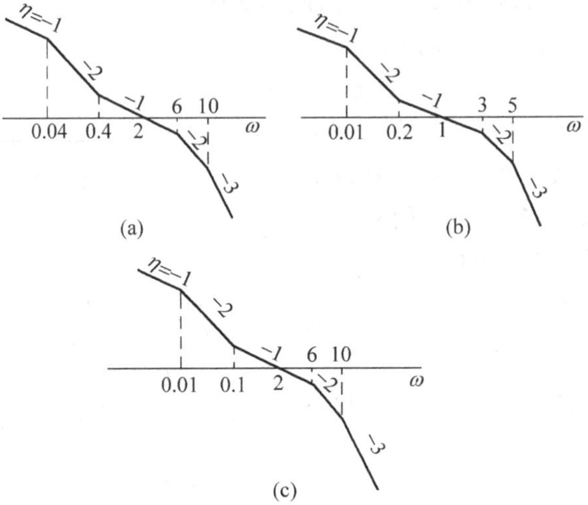

图 4.E.14 题 4.35 的三个随动系统

4.36 某运动对象的传递函数矩阵如下:

$$\boldsymbol{G}(s)=\frac{k}{(s+1)(s+2)}\begin{bmatrix} s & 1 \\ -1 & s \end{bmatrix}$$

其中 $k>0$.用特征多项式方法判定在单位矩阵反馈下保证闭环系统稳定的 k 值范围.(提示:利用第2章习题2.64的结果.)

4.37 运动对象与题4.36相同.画出该对象的特征轨迹.根据特征轨迹判定在单位矩阵反馈下保证闭环系统稳定的 k 值范围.

4.38 某运动对象的传递函数矩阵如下:

$$\boldsymbol{G}(s)=\frac{k}{s(s+1)}\begin{bmatrix} s+1 & s+1 \\ s-2 & s+1 \end{bmatrix},$$

其中 $k>0$.用特征多项式方法判定在单位矩阵反馈下保证闭环系统稳定的 k 值范围.(提示:利用第2章习题2.65的结果.)

4.39 运动对象与题4.38相同.画出该对象的特征轨迹.根据特征轨迹判定在单位矩阵反馈下保证闭环系统稳定的 k 值范围.

4.40 某运动对象的传递函数矩阵如下:

$$\boldsymbol{G}(s)=\begin{bmatrix}\dfrac{s+4}{(s+1)(s+5)} & \dfrac{1}{5s+1}\\ \dfrac{s+1}{s^2+10s+100} & \dfrac{2}{2s+1}\end{bmatrix}.$$

(a) 在 $\omega=0.03\sim30$ 的频率范围内检验 $\boldsymbol{G}(s)$ 是否有行对角优势和列对角优势.

(b) 对 $\boldsymbol{G}(s)$ 进行串联校正，使开环系统传递函数矩阵成为 $\boldsymbol{Q}(s)=\boldsymbol{G}(s)\boldsymbol{K}(s)$，其中

$$\boldsymbol{K}(s)=\begin{bmatrix}\dfrac{3s+1}{4s} & \\ & 1\end{bmatrix}.$$

在 $\omega=0.03\sim30$ 的频率范围内检验 $\boldsymbol{Q}(s)$ 是否有行对角优势和列对角优势.

(c) 如果 $\boldsymbol{Q}(s)$ 有行(或列)对角优势，利用对角优势矩阵的性质判断闭环系统是否稳定.

第5章 线性控制系统频率特性的校正与综合

5.1 引言

对一个稳定的控制系统的性能要求通常总可以归结为：要求其输出量尽可能与输入量保持某种给定的关系(包括保持不变或保持与输入量相等这类最简单的关系). 但是任何一个实际的控制系统都不能完全做到这一点，总有一定的误差. 造成误差的原因很多，其中由于系统本身的结构和参数造成的误差称为原理性误差. 此外，组成系统的元件和部件的不良特性，如摩擦、死区、间隙等非线性因素也都会产生误差. 误差有静态的，也有动态的. 从某种意义上说，误差的大小就表征控制系统性能的优劣. 工程上形成了一些基于误差的性能指标，用以衡量控制系统的性能. 控制系统的静态性能的描述和改进比较简单，所以研究控制系统时主要关心的是系统的动态性能.

本书第 3 章和第 4 章讨论了控制系统的时间域分析和频率域分析方法. 利用这些方法可以在控制系统结构和参数已确定的条件下计算或估算系统的静态和动态性能. 但在工程实际中常常提出相反的要求，就是：被控制对象是给定的，控制器的结构和参数也有一部分已经给定，期望控制系统具有的动态性能指标也已给定，要求设计控制器的余下部分的结构和参数，使控制器与被控制对象组成的控制系统的静态和动态性能满足指标. 这称为系统的**综合**问题. 本章的目的就是研究线性控制系统的综合问题.

可以说，综合问题的内容就是：要求在系统中引入合适的附加装置，以**校正**原有系统在性能方面的缺点，从而使系统满足一定的性能指标(特别是动态性能指标). 引入的附加装置称为**校正装置**. 要解决的问题就是选择接入校正装置的位置以及校正装置的结构和参数. 有时也笼统地把系统的综合称为校正.

校正装置接入系统的主要方式有两种：一种是校正装置与被校正对象相串联，如图 5.1.1 所示. 这种校正方式称为**串联校正**. 另一种形式是从被校正对象的某一点引出反馈信号，接入被校正对象的另一点，如此在被控制对象中构成一个局部反馈回路，并在局部反馈回路内设置校正装置，如图 5.1.2 所示. 图中 $G_1(s)$ 和 $G_2(s)$ 为被校正对象（$G_1(s)$ 中也可能含有串联校正装置）. $G_2(s)$ 和 $G_b(s)$ 构成的闭环称为局部闭环，$G_b(s)$ 为局部闭环中的校正装置. 这种校正方式称为**局部反馈校正**. 也有人把它称为“并联校正”，但欠妥.

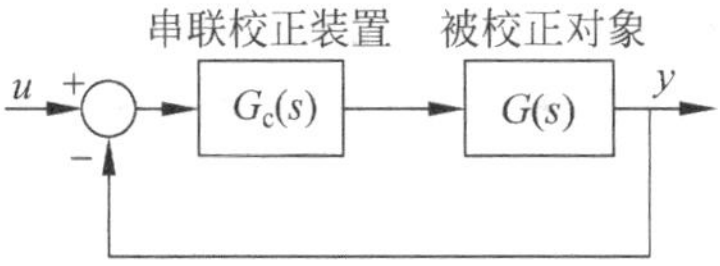

图 5.1.1　串联校正

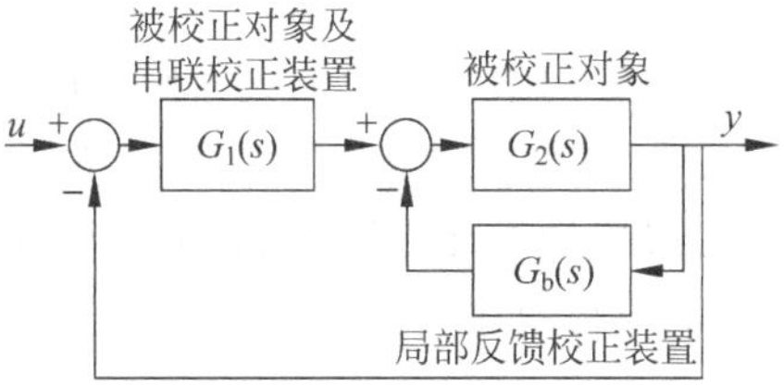

图 5.1.2　局部反馈校正

以上所说的“被校正对象”是指受控对象（例如车床、火炮、炉）和已经按生产功能的需要或其他因素选定的各种部件（例如驱动电机、减速齿轮、向电机供电的可控硅电源、功率放大器等）的总体，即控制系统的既定部分，有时称为“固有”部分.

串联校正和局部反馈校正的应用都很普遍，究竟选择哪种校正方式，取决于系统的结构、可供采用的元件等条件. 有时把两种校正形式结合起来可以收到更好的效果.

控制系统的动态性能常称为**动态品质**或**品质**. 长期以来工程上形成了多种不同的动态性能指标即品质指标. 不同场合下常采用不同的指标描述系统的动态性能. 大体上可以归纳为时间域指标和频率域指标两类. 两类指标在第 3 章和第 4 章曾分别讨论过.

无论是时间域指标还是频率域指标，都在一定程度上综合反映了系统的稳定性、快速性和准确性，只是反映的角度有所不同，所以各种指标之间存在某种联系. 不过性能指标只是从某些工程角度大体描述系统的性能. 数学性质差别很大的两个系统，如不同阶次的系统，也可能具有几乎相同的品质指标. 因此不能指望在不同的品质指标提法之间建立准确的数学对应关系.

本章主要讲述线性控制系统频率特性的校正与综合方法. 但是控制系统的综合所解决的问题只是使系统的动态性能达到要求. 控制系统的全部设计任务除了解决动态性能问题以外，还包括其他工程问题，诸如控制方案和元件部件的选择、可靠性、经济性，以及安装和调整等方面的问题. 这些问题往往需要与相关的专业人员共同研究解决.

本章叙述基于频率响应分析原理的校正和综合方法，其中 5.2 至 5.5 节叙述串联校正；5.6 和 5.7 节叙述局部反馈校正和顺馈校正；5.8 节开始叙述一种多输入多输出控制系统的校正方法，即控制系统的正规矩阵设计方法，以及智能设计方法.本书第6章还要讲述基于根轨迹原理的校正和综合方法.

5.2 串联校正的试探综合法

控制系统的两种主要校正方式中,串联校正比较简单,应用也比较广泛.已经有许多质量较好的串联校正装置的定型产品,有电子的、气动的、液压的等等,尤以电阻电容网络和运算放大器组成的有源校正装置为常见.但许多场合下因安装空间受限或为节约成本等原因而不愿采用定型产品,就须自行设计校正装置.串联校正装置的设计方法有**试探综合法**和**分频段综合法**两类.本节略述试探综合法,下两节将叙述分频段综合法.

5.2.1 超前校正的综合

典型超前校正的传递函数为

$$G_{\text{lead}}(s)=\frac{\alpha Ts+1}{Ts+1},\quad \alpha>1. \tag{5.2.1}$$

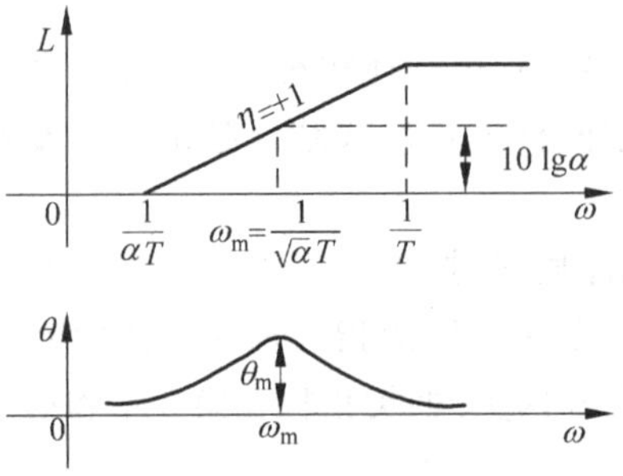

图 5.2.1 超前校正的对数频率特性

其对数频率特性如图5.2.1所示.可见,超前校正能产生相位超前角,这正是"超前校正"名称的由来.超前校正的强度可由参数 α 表征.

超前校正的相频特性函数是

$$\theta(\omega)=\arctan \alpha\omega T-\arctan \omega T. \tag{5.2.2}$$

由于其对数幅频特性的斜率左右对称,据第4章4.7节式(4.7.5)可知其相频特性曲线必也左右对称,因此最大相移点必位于对数频率轴的中点,即

$$\omega_{\mathrm{m}}=\frac{1}{\sqrt{\alpha}T}, \tag{5.2.3}$$

而相角最大提前量为

$$\theta_{\mathrm{m}}=\theta(\omega_{\mathrm{m}})=\arctan\sqrt{\alpha}-\arctan\left(1/\sqrt{\alpha}\right)=2\arctan\sqrt{\alpha}-90^{\circ}. \tag{5.2.4}$$

由此容易导出

$$\theta_{\mathrm{m}}=\arcsin\frac{\alpha-1}{\alpha+1} \tag{5.2.5}$$

和

$$\alpha=\frac{1+\sin\theta_{\mathrm{m}}}{1-\sin\theta_{\mathrm{m}}}. \tag{5.2.6}$$

式(5.2.6)常用于按照要求的相角最大提前量 θ_{m} 求出超前校正应有的强度 α.

超前校正的主要作用是产生超前相角. 可以用它部分地补偿系统的"固有"部分在截止角频率 ω_{cut} 附近的相角滞后,以提高系统的相角稳定裕度,改善系统的动态特性. 但从图 5.2.1 可见,超前校正装置也产生一定的增益. 容易证明在 $\omega=\omega_m$ 点校正装置提供的增益为

$$A(\omega_m)=\sqrt{\alpha} \quad 即 \quad L(\omega_m)=10\lg\alpha \text{dB}. \tag{5.2.7}$$

下面用具体例子说明超前校正的设计过程.

例 5.2.1　设控制系统如图 5.2.2 所示. 系统固有部分的传递函数为

$$G_{plnt}(s)=\frac{100}{s(0.1s+1)(0.01s+1)}. \tag{5.2.8}$$

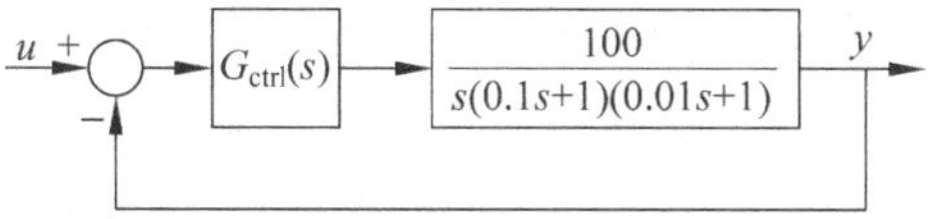

图 5.2.2　控制系统的串联校正

要求设计串联校正装置 $G_{ctrl}(s)$,使(1)系统的速度误差系数 $K_v \geqslant 100s^{-1}$;(2)相角稳定裕度 $\phi \geqslant 30°$;(3)截止角频率 $\omega_{cut} \geqslant 45s^{-1}$.

解　首先画出未校正前固有部分的对数频率特性图,如图 5.2.3 的曲线 L_{plnt} 和 θ_{plnt}.

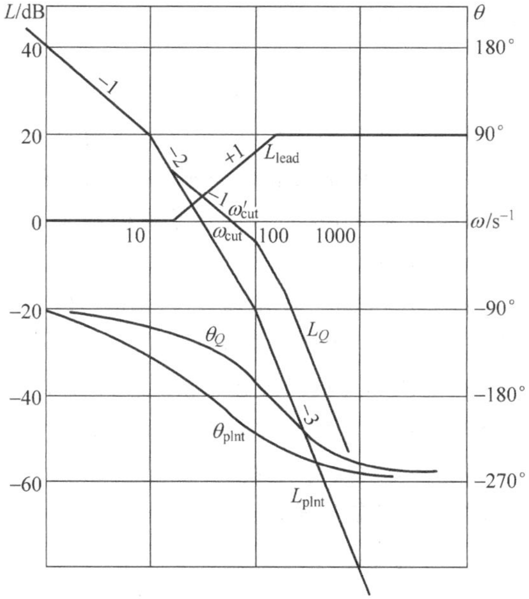

图 5.2.3　超前校正的设计过程

根据动态指标要求,检查 $\omega=\omega_{cut}=45s^{-1}$ 点的相角,从图 5.2.3 的 θ_{plnt} 曲线上可查得该点的相角为 $-192°$. 按 $\phi \geqslant 30°$ 的要求,可知在此点需要校正装置提供的相

角提前量至少为42°.因此需要引入超前校正.

假设超前校正装置的传递函数如下：

$$G_{\text{lead}}(s)=\frac{K_c(\alpha Ts+1)}{(Ts+1)}. \tag{5.2.9}$$

上式中含有3个待定参数：K_c,α 和 T.从理论上说,正好可以满足问题中所提的3个设计条件(1),(2),(3).为此,应当从式(5.2.8)和式(5.2.9)导出校正后的开环系统传递函数(其中含有上述3个待定参数),再从传递函数表达式求出 K_v,γ 和 ω_c 的表达式(其中也含有上述3个待定参数),最后令这些表达式分别等于问题中要求的数值.从所得的3个方程就可以解出所求的3个参数值.

然而这样求解会碰到很大困难.主要困难是：所得的方程(特别是关于 ϕ 的方程)必定是复杂的非线性方程.方程组的求解必定非常繁冗.另一方面,控制系统的设计问题本身又无须求得 K_v,ϕ 和 ω_{cut} 的精确数值.只要注意到问题中对于 K_v,ϕ 和 ω_c 的要求都是用不等式表述,而不是用等式表述,就可以明白这一点.

因此,实际工作中对于上述问题宁愿采用试探法求解.可以采用如下的具体做法.

作为第一步试探,为留有余地,把开环系统截止角频率暂选为 $\omega_{\text{cut}}=50\text{s}^{-1}$；把校正装置提供的相角最大提前量暂选为55°,并假设此最大提前量恰在 $\omega=\omega_{\text{cut}}$ 点实现,即认为 $\omega_m=\omega_{\text{cut}}=50\text{s}^{-1}$,而 $\theta_m=\theta(\omega_m)=55°$.代入式(5.2.6)可求得 $\alpha=10$.再代入式(5.2.3)可求得 $T=0.0063\text{s}$.于是超前校正装置的传递函数为

$$G_{\text{lead}}(s)=\frac{K_c(0.063s+1)}{0.0063s+1}. \tag{5.2.10}$$

以上的试探设计过程中暂选了 $\omega_{\text{cut}}=50\text{s}^{-1}$,并假设超前校正的最大提前量恰在 $\omega=\omega_{\text{cut}}$ 点实现,实际由于超前校正装置的加入,不仅系统的相频特性得到了校正,系统的幅频特性也发生了改变,校正后开环系统的截止角频率未必正好等于 50s^{-1}.现在对上述试探进行检查.

在图5.2.3中查得：在 $\omega=50\text{s}^{-1}$ 点有 $L_{\text{plnt}}=-9\text{dB}$(如只用折线特性而不加修正则为$-8$dB).暂取式(5.2.10)中的系数 K_c 为1,根据式(5.2.7),超前校正产生的增益量为 $10\lg\alpha=10\text{dB}$,故加入校正后开环系统在此频率点的增益应为 $-9+10=1\text{dB}$.可见校正后开环系统的实际截止角频率并非 50s^{-1},而是较此略高,但所差不多.鉴于开始设计时对各暂取量曾留余地,所以对此微小差别不妨暂置不理,而将系数 K_c 就取为1,即将校正装置传递函数取为

$$G_{\text{ctrl}}(s)=G_{\text{lead}}(s)=\frac{0.063s+1}{0.0063s+1}. \tag{5.2.11}$$

加入校正后的开环对数频率特性如图5.2.3的 L_Q 和 θ_Q 所示.进一步检验表明：开环系统的实际截止角频率 ω'_{cut} 为 63s^{-1},实际的相角稳定裕度为31°,满足要求.设计结束.如果达不到要求,还须继续试探和修改,例如进一步增大校正装置提供的相角最大提前量. □

由式(5.2.1)可以判明，本例所用超前校正装置在高频率段的增益大于 1，因此不可能用无源电网络实现，必须引入放大器.

读者可以采用如下 MATLAB 语句绘制校正后系统的开环对数频率特性：

```
nump = 100; denp = [0.001  0.11  1  0];
numc = [0.063  1]; denc = [0.0063  1];
numq = conv(nump,numc); denq = conv(denp,denc);
bode(numq,denq); grid on;
```

通过比较不难发现，所得的开环系统对数幅频特性曲线与图 5.2.3 的折线特性L_Q及θ_Q十分接近，特别是低频段、高频段以及与 0dB 线相交的部分.

有必要指出，如果要求校正装置提供的相位超前量大于 60°，则只用一级超前校正装置就难以实现. 因为为了获得大于 60°的相位超前量，参数α的值将会太大(>14). 这将使高频率段的增益过大，从而加强高频噪声的干扰，使系统难以正常工作. 所以一般应予避免. 必要时应采用其他校正方式，或考虑修改要求的性能指标.

通过上例可以总结出基于频率法综合超前校正的步骤：

(1) 根据静态指标要求选择开环比例系数K，并按照已确定的K值画出系统固有部分的对数频率特性图.

(2) 根据动态指标要求预选ω_{cut}. 从对数频率特性图求出系统固有部分在ω_{cut}点的相角.

(3) 根据性能指标要求的相角稳定裕度，确定在ω_{cut}点是否需要提供相角超前量. 如不需要，就无须引进超前校正；如需要，则算出需要提供的相角超前量.

(4) 如果所需相角超前量不大于 60°，就按式(5.2.6)求出超前校正强度α；如果所需相角超前量大于 60°，应认为超前校正不合用而考虑其他校正方式.

(5) 令$\omega_m=\omega_{cut}$，从式(5.2.3)求出T，并得到校正装置的传递函数.

(6) 分别计算系统固有部分与超前校正装置在ω_{cut}点的增益L_{plnt}和L_{lead}. 如果$L_{plnt}+L_{lead}\geqslant 0$，则校正后系统的截止角频率$\omega'_{cut}$会高于预选值$\omega_{cut}$；如果高出过多，应考虑改用超前滞后校正(详见 5.2.3 节)；如果只是略高一些，则只需核算ω'_{cut}点的相角稳定裕度. 若相角稳定裕度满足要求，综合完毕，否则转第 3 步，算出需要提供的相角超前量，进而修改α. 如果$L_{plnt}+L_{lead}<0$，则实际的ω'_{cut}将低于预选的ω_{cut}. 如不允许，可提高系统的开环增益，使$L_{plnt}+L_{lead}$增高，直至$L_{plnt}+L_{lead}=0$.

5.2.2　滞后校正的综合

滞后校正的传递函数为

$$G_{lag}(s)=\frac{Ts+1}{\beta Ts+1},\quad \beta>1. \tag{5.2.12}$$

其对数频率特性如图 5.2.4 所示. 可见滞后校正能产生相位滞后角,这正是"滞后校正"名称的由来. 滞后校正的强度可由参数 β 表征.

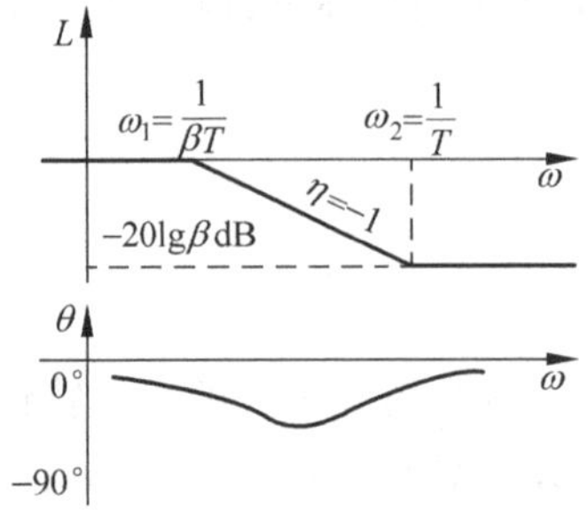

图 5.2.4 滞后校正的对数频率特性

滞后校正的作用和设计方法可用下面的例子说明.

例 5.2.2 某系统固有部分的传递函数为

$$G_{\text{plnt}}(s)=\frac{5}{s(s+1)(0.5s+1)}. \tag{5.2.13}$$

要求设计串联校正装置,使系统的开环比例系数为 $5s^{-1}$,相角稳定裕度 $\phi\geqslant 40°$,截止角频率 $\omega_{\text{cut}}=0.5s^{-1}$.

解 按照式(5.2.13),开环比例系数的要求已经满足. 现在画出系统固有部分的对数频率特性,如图 5.2.5 的 L_{plnt} 和 θ_{plnt}. 由图看出,系统固有部分的截止角频率约为 $2s^{-1}$,该点的相角为 $-200°$. 系统不稳定.

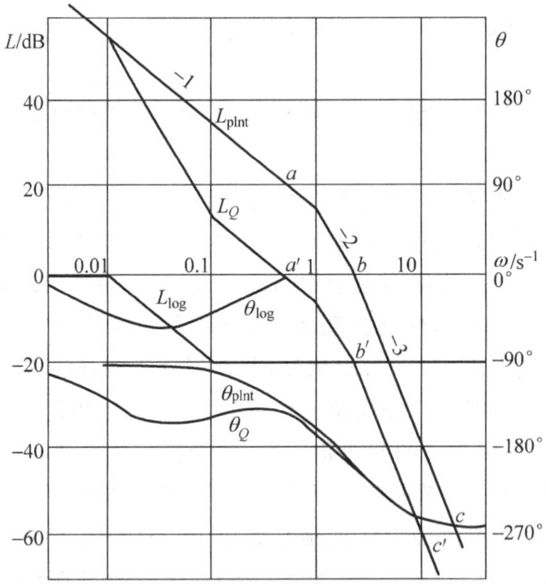

图 5.2.5 滞后校正的设计过程

按照性能指标的要求,系统的截止角频率应为 $\omega_{\text{cut}}=0.5s^{-1}$. 从图中可见,系统固有部分在 $\omega=0.5s^{-1}$ 点的相角约为 $-130°$. 所以,如果能使这一频率成为校正后系统的截止角频率 ω_{cut},可有 50°的相角稳定裕度,可以满足设计指标的要求. 为达到此目的,只须降低系统的开环增益,使图中的折线段 abc 降到 $a'b'c'$ 位置就可以了. 但是只能在中频段和高频段如此降低开环增益,低频段的增益因须满足静态指标的要求，是不能降低的. 这样就须采用滞后校正装置来实现. 它只降低中频段和高频段的开环增益而不影响低频段，因而它既可不降低开环比例系数 K，又可使相角稳定裕度满足要求. 这就是滞后校正的主要功能，也是滞后校正的主要思路.

从图 5.2.5 查出，系统固有部分在 $\omega=0.5\mathrm{s}^{-1}$ 点的增益为 20dB. 要使此角频率成为截止角频率 ω_{cut}，就须把该点的增益降低到 0dB，即降低 20dB. 根据图 5.2.4 可知须使 $20\lg\beta=20\mathrm{dB}$，即应选 $\beta=10$.

将滞后校正装置的高频侧转折点 $\omega_2=1/T$ 选在 $0.2\omega_{\mathrm{cut}}$ 处，即令 $\omega_2=0.1\mathrm{s}^{-1}$，于是其低频侧转折点的角频率就是 $\omega_1=\omega_2/\beta=0.01\mathrm{s}^{-1}$. 滞后校正装置的传递函数为

$$G_{\mathrm{ctrl}}(s)=G_{\mathrm{lag}}(s)=\frac{10s+1}{100s+1}. \tag{5.2.14}$$

加入式(5.2.14)的滞后校正装置以后，开环频率特性如图 5.2.5 中的 L_Q 和 θ_Q 所示. 本例的滞后校正可以用无源(或有源)电网络实现.

注意：由于滞后校正装置本身在 ω_{cut} 点有约 10°的相角滞后量，所以校正后的系统实际相位稳定裕度将不是 50°，而是 40°. 这仍然满足指标要求. 滞后校正对高频段的相频特性影响很小. □

本例把滞后校正的高频侧转折点的角频率 ω_2 选为 $0.2\omega_{\mathrm{cut}}$. 但一般而言，ω_2 选为多大合适呢？容易理解，ω_2 距 ω_{cut} 越远，滞后校正装置本身在 ω_{cut} 点造成的相角滞后量对于稳定裕度带来的不利影响就越小. 然而，ω_2 距 ω_{cut} 越远，低频侧转折点的角频率 $\omega_1=1/(\beta T)$ 距 ω_{cut} 就更远. 它所对应的时间常数 βT 就会很大，它的物理实现会有困难. 另外，ω_2 愈低，就愈容易造成阶跃响应的“爬行”现象. 所以，通常把 ω_2 选为$(0.1\sim0.2)\omega_{\mathrm{cut}}$就可以了，不宜过低. 这样的滞后校正装置在 ω_{cut} 点造成的相角滞后为 5°～12°，虽不很大，但设计时还是应当为它留出余地.

总之，**滞后校正的主要作用是降低中频段和高频段的开环增益，即提高增益稳定裕度，但同时保持低频段的开环增益不受影响，以兼顾静态性能与稳定性**. 它的副作用是会在 ω_{cut} 点产生一定的相角滞后，对相角稳定裕度带来一些不利影响，应予补救.

在上例中，如果要求的相角裕度大于 40°，其他要求不变，则用滞后校正就不能满足. 解决的办法，一是降低 ω_{cut}(如果允许)；二是将校正装置的转折点选在更远离 ω_{cut} 处，以进一步减小其在 ω_{cut} 点造成的相角滞后量(如果滞后校正装置的大时间常数物理上可以实现，并且“爬行”现象不严重)；三是在采用滞后校正的同时再引进超前校正，即采用超前滞后校正. 这将在下节研究.

基于频率法的滞后校正的综合步骤归纳如下：

(1) 根据静态指标要求确定开环比例系数 K. 按照所确定的 K 值画出系统固有部分的对数频率特性图.

(2) 根据动态性能指标试选截止角频率 ω_{cut}. 从图上求出系统固有部分在试选的 ω_{cut}点的相角,判断是否满足相位稳定裕度的要求(注意,计入滞后校正将会造成5°~12°的滞后量). 如果满足,就转第3步,否则,如果允许降低 ω_{cut},就适当降低 ω_{cut}; 如果不允许,就改用下节将要叙述的超前滞后校正.

(3) 从图上查出系统固有部分在 ω_{cut}点的开环增益 $L_{plnt}(\omega_{cut})$. 如果 $L_{plnt}(\omega_{cut})\leqslant 0$,则无须校正,甚至还可提高开环比例系数; 如果 $L_{plnt}(\omega_{cut})>0$,命 $L_{plnt}(\omega_{cut})=20\lg\beta$,求出 β,就是滞后校正应有的强度.

(4) 选择 $\omega_2=(0.1\sim0.2)\omega_{cut}$. 进而确定 $T=1/\omega_2$ 和 $\omega_1=\omega_2/\beta$.

(5) 画出校正后系统的对数频率特性图,校核相角裕度.

5.2.3 超前滞后校正的综合

如前所述,超前校正的主要作用是增加相角稳定裕度,以改善系统的动态特性. 滞后校正的主要作用则是增加增益稳定裕度,同时保持系统的静态增益和静态特性. 如果把这两种校正结合起来,形成超前滞后校正,就有可能同时实现超前校正和滞后校正的功能. 兼顾系统的动态特性和静态特性.

超前滞后校正的传递函数为

$$G_{ldlg}(s)=\frac{(\alpha T_1 s+1)(T_2 s+1)}{(T_1 s+1)(\beta T_2 s+1)},\tag{5.2.15}$$

其中 $\alpha>1,\beta>1$. 它相当于一个超前校正装置与一个滞后校正装置相串联. 如果 $\alpha<\beta$,超前滞后校正的对数频率特性如图5.2.6所示.

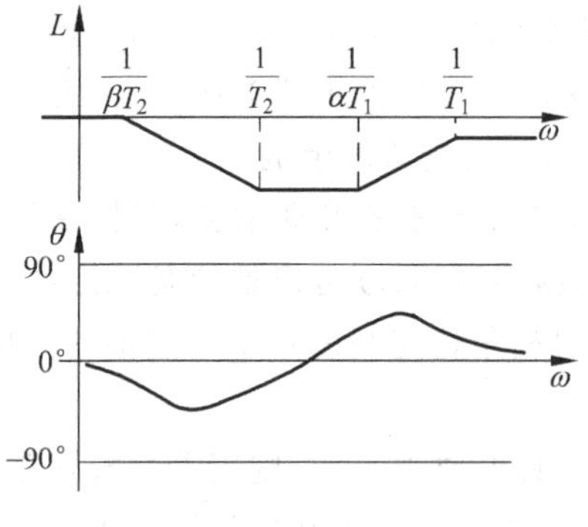

图5.2.6 超前滞后校正的对数频率特性

下面举例说明超前滞后校正的作用及其综合方法.

例5.2.3 对于图5.2.2所示的系统,要求设计串联校正装置,使系统满足如下的性能指标: (1)速度误差系数 $K_v\geqslant 100\text{s}^{-1}$; (2)相角稳定裕度 $\phi\geqslant 40°$; (3)截止角频率 $\omega_{cut}\geqslant 20\text{s}^{-1}$.

下面是对于本例题的两种解决办法.

解1 首先按照式(5.2.8)重新写出被控制对象的传递函数如下:

$$G_{plnt}(s)=\frac{100}{s(0.1s+1)(0.01s+1)}.\tag{5.2.16}$$

据此式确认: 系统的开环比例系数 $K=100\text{s}^{-1}=K_v$ 已能满足设计指标(1)的要求. 画出系统固有部分的对数频率特性图. 如图5.2.7中的 L_{plnt}和 θ_{plnt}.

由图5.2.7可求得在 $\omega=20\text{s}^{-1}$处系统固有部分的对数幅频特性的斜率为 -2,相角为 $-165°$. 为保证40°的相角稳定裕度,必须增加至少25°的超前相角. 所

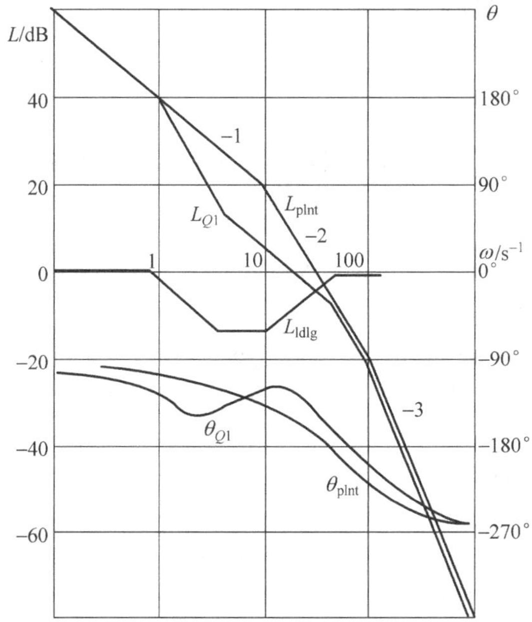

图 5.2.7　超前滞后校正的一种设计过程

以需要加超前校正.

另外,从图 5.2.7 还看出,若选 $\omega_{cut}=20s^{-1}$,就须将中频段的开环增益降低 8dB. 但低频段的增益已由静态指标确定,不能降低. 因此还需要引进滞后校正. 所以本例需用超前滞后校正.

首先综合超前校正. 按 5.2.1 节所述的步骤逐步进行. 但考虑到在引入滞后校正时会带来的 5°～12°的相角滞后量,所以在确定超前校正所应提供的超前角时,应预先计入这一因素. 这样,超前校正在 $\omega_{cut}=20s^{-1}$点应当提供的超前角应为 30°～37°. 试将超前校正的最大相角提前量 θ_m 选为 40°并进入综合超前校正步骤的第 4 步,求得超前校正强度为 $\alpha=4.6$. 再在第 5 步求得超前校正的两个转折点的角频率分别为 $T_1=0.023s$ 和 $\alpha T_1=0.11s$. 因而超前校正的传递函数应为

$$G_{lead}(s)=\frac{0.11s+1}{0.023s+1}. \tag{5.2.17}$$

继而,在第 6 步上求出,在 $\omega_{cut}=20s^{-1}$点上有 $L_G=8dB$,$L_{lead}=6dB$,共计 14dB. 这将会使 ω_{cut}提高很多. 为了将 ω_{cut}保持在 $20s^{-1}$,需要靠滞后校正把中频段增益减少 14dB.

下面就转而进行滞后校正的综合. 直接进入滞后校正综合步骤的第 3 步. 命 $20\lg\beta=14dB$,求得 $\beta=5$. 进而在第 4 步上选 $1/T_2=0.2\omega_{cut}=4s^{-1}$,而 $1/(\beta T_2)=0.8s^{-1}$. 于是滞后校正的传递函数为

$$G_{lag}(s)=\frac{0.25s+1}{1.25s+1}, \tag{5.2.18}$$

而超前滞后校正装置总体的传递函数为

$$G_{\mathrm{ctrl}}(s)=G_{\mathrm{ldlg}}(s)=G_{\mathrm{lead}}(s)G_{\mathrm{lag}}(s)=\frac{(0.25s+1)(0.11s+1)}{(1.25s+1)(0.023s+1)}. \tag{5.2.19}$$

校正装置(式(5.2.19))与系统固有部分串联以后的开环系统传递函数为

$$Q(s)=G_{\mathrm{plnt}}(s)G_{\mathrm{ctrl}}(s)=\frac{100(0.25s+1)(0.11s+1)}{s(0.1s+1)(0.01s+1)(1.25s+1)(0.023s+1)}.$$

上式分子中的因子$(0.11s+1)$与分母中的因子$(0.1s+1)$很相近(时间常数只相差10%),不妨将它们消去.于是得到

$$Q(s)\approx\frac{100(0.25s+1)}{s(1.25s+1)(0.023s+1)(0.01s+1)}. \tag{5.2.20}$$

其对数频率的特性如图5.2.7中的L_{Q1}和θ_{Q1}.经校核,$\theta_{Q1}(\omega_{\mathrm{cut}})=-134°$,系统具有46°的相角稳定裕度,满足要求. □

上述的求解过程是正确的,但不是唯一的.本例的超前滞后校正的综合步骤也可以倒过来.即先综合滞后校正,后综合超前校正,像下面这样进行.

解2 对于上述被控制对象,同前确定系统的开环比例系数$K=K_{\mathrm{v}}=100\mathrm{s}^{-1}$,并画出系统固有部分的对数频率特性,如图5.2.8中的L_{plnt}和θ_{plnt}.从图中看出,在$\omega=\omega_{\mathrm{cut}}=20\mathrm{s}^{-1}$处系统固有部分的对数幅频特性的斜率为$-2$,相角为$-165°$.估计采用超前滞后校正后相角稳定裕度$\phi$有可能达到40°.于是先综合滞后校正.考虑到需要校正装置提供的相角超前量较大,估计α和β因而也都会较大,所以选择$\beta=10$.又选$1/T_2=0.1\omega_{\mathrm{cut}}=2$.于是滞后校正部分的传递函数就确定为

$$G_{\mathrm{lag}}(s)=\frac{0.5s+1}{5s+1}. \tag{5.2.21}$$

继而综合超前校正部分.在图5.2.8上求出系统固有部分在$\omega=20\mathrm{s}^{-1}$处的增益为$L_{\mathrm{plnt}}=8\mathrm{dB}$.为了使此角频率成为开环系统的截止角频率$\omega_{\mathrm{cut}}$,校正装置应当提供8dB的衰减量,以使开环增益在此角频率点成为0.故校正装置在$\omega=20\mathrm{s}^{-1}$点的增益应为$-8\mathrm{dB}$.从图上容易判定:此角频率$\omega=20\mathrm{s}^{-1}$位于校正装置的对数频率特性的高频侧,即须靠滞后校正与超前校正共同造成此衰减.故在图上通过点($\omega=20\mathrm{s}^{-1}$,$L=-8\mathrm{dB}$)画斜率为$+1$的直线段作为校正装置的超前部分.此线段与0dB线相交于$\omega=50\mathrm{s}^{-1}$处,而与滞后校正部分的对数幅频特性相交于$\omega=5\mathrm{s}^{-1}$处.因此超前部分的传递函数为

$$G_{\mathrm{lead}}(s)=\frac{0.2s+1}{0.02s+1}. \tag{5.2.22}$$

将$G_{\mathrm{lead}}(s)$与$G_{\mathrm{lag}}(s)$相乘,就构成超前滞后校正传递函数$G_{\mathrm{ctrl}}(s)$:

$$G_{\mathrm{ctrl}}(s)=G_{\mathrm{ldlg}}(s)=G_{\mathrm{lead}}(s)G_{\mathrm{lag}}(s)=\frac{(0.2s+1)(0.5s+1)}{(0.02s+1)(5s+1)}. \tag{5.2.23}$$

此超前滞后校正装置可以用运算放大器和电阻电容元件实现.将其与系统的固有部分相串联,得到开环系统的传递函数为

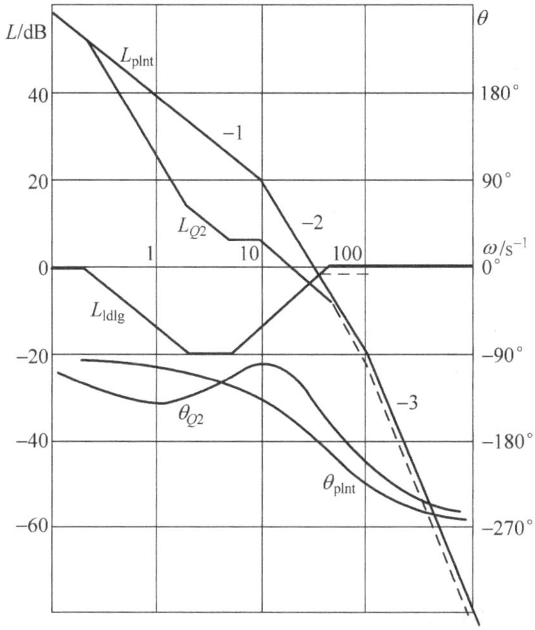

图 5.2.8　超前滞后校正的另一种设计过程

$$Q(s)=G_{plnt}(s)G_{ctrl}(s)=\frac{100(0.5s+1)(0.2s+1)}{s(5s+1)(0.1s+1)(0.02s+1)(0.01s+1)}. \tag{5.2.24}$$

其开环对数幅频特性和相频特性如图 5.2.8 中的 L_{Q2} 和 θ_{Q2} 所示. 从图上可求得 $\omega_{cut}=20s^{-1}$ 处的相角为 $-116°$,故系统具有 64°的相角稳定裕度,满足指标要求. □

比较图 5.2.7 中的对数幅频特性曲线 L_{Q1} 与图 5.2.8 中的对数幅频特性曲线 L_{Q2},可以看出：曲线 L_{Q2} 在 ω_{cut} 附近的中频率段的"平均"斜率不如 L_{Q1} 的那样陡,因此根据 4.13.2 节之第 3 点的论述可以判断：设计 2 的系统在阶跃信号作用下的超调量会比设计 1 的小一些. 另一方面还可看出：曲线 L_{Q2} 在低频与中频之间的衔接段的"平均"增益比 L_{Q1} 的低,因此根据 4.13.2 节之第 4 点的论述可以判断：设计 2 的系统在阶跃信号作用下的"爬行"现象会比设计 1 的严重一些. 图 5.2.9 中的曲线 1 与曲线 2 分别是设计 1 与设计 2 的系统在阶跃信号作用下的响应过程的仿真曲线,验证了上述论断. 读者不妨采用如下 MATLAB 语句绘制阶跃响应曲线来仔细观察"爬行"现象：

```
num1 = 100 * [0.25   1];
den1 = [0.0002875   0.04148   1.283   1   0];
num2 = 100 * [0.1   0.7   1];
den2 = [0.0001   0.01602   0.6532   5.13   1   0];
plant1 = tf(num1,den1); plant2 = tf(num2,den2);
clsys1 = feedback(plant 1,1); clsys2 = feedback(plant 2,1);
```

```
t = 0: 0.01: 1;
y1 = step(clsys1,t); plot(t',y1,'r'); hold on; grid on;
y2 = step(clsys2,t); plot(t',y2,'b');
```

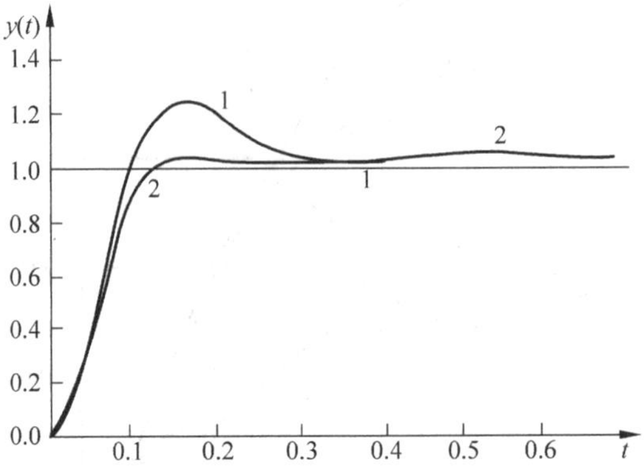

图 5.2.9 例 5.2.3 设计的控制系统的阶跃响应

综上所述,基于频率响应的超前滞后校正的综合可按以下步骤进行:

(1) 根据静态指标要求确定开环比例系数 K,并按照所确定的 K 值画出系统固有部分的对数频率特性图.

(2) 按要求确定 ω_{cut}. 检查系统固有部分对数幅频特性在 ω_{cut} 点的斜率是否为 -2. 如果是,求出 ω_{cut} 处的相角,并注意计入滞后校正将要造成的相角滞后量 $5°\sim12°$.

(3) 按照 5.2.1 节所述的第 3 步至第 6 步综合超前部分 $G_{lead}(s)$. 但在第 6 步上注意:通常在 ω_{cut} 点 $L_{plnt}+L_{lead}$ 比 0dB 高很多,所以要引入滞后校正.

(4) 命 $20\lg\beta=L_{plnt}+L_{lead}$,求出 β.

(5) 按照 5.2.2 节所述的综合滞后校正的第 4 步至第 5 步综合滞后部分 $G_{lag}(s)$.

(6) 将滞后校正与超前校正组合在一起,就构成超前滞后校正.

把 5.2.1 节至 5.2.3 节所叙述的 3 种综合方法加以比较,可以看出,在开始设计时,**如果一时不能确定采用哪种校正,可以先当作超前滞后校正**,按本节所述步骤进行综合. 在综合过程的某一阶段上自然会看出,是否有某一步骤是不必要的,可以跳过去. 另外,综合到最后得到的校正装置的对数幅频特性,如果与单纯超前校正装置或单纯滞后校正装置相差不多,可以把所得结果稍加简化,成为图 5.2.10 中的虚线,就可简化成单纯的超前或滞后校正.

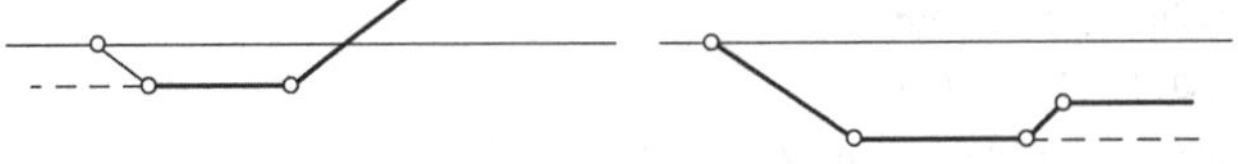

(a) 简化为超前校正　　(b) 简化为滞后校正

图 5.2.10 超前滞后校正的简化

5.2.4 控制系统动态品质受到的约束

本节讨论一个时常被人们误解的问题.

一些控制原理教科书在论述控制系统的设计问题时,往往采用如下的提法:给定被控制对象的传递函数,要求为它设计控制器,使控制器与对象构成的控制系统稳定,并且具有规定的动态品质指标.规定的动态品质指标常常表示为系统的阶跃响应时间 t_s 和超调量 $\sigma\%$.例如:"要求 $t_s\leqslant 4s,\sigma\leqslant 30\%$"(还可能有一些附加要求).多年沿袭下来,这几乎已成为控制系统设计问题的标准提法.

但是对系统的动态品质这样提要求可能欠妥.下面加以讨论.

主要的不妥之处是:它使人们以为,响应时间 t_s 和超调量 $\sigma\%$ 可以任意规定.只要设计任务的委托方规定了 t_s 和 $\sigma\%$,设计人就应当并且能够按此规定设计出控制器.其实,这里有两个问题.

第一,响应时间 t_s 果真可以人为规定吗?设想一台传递函数是 $1/(5s+1)$ 的卷扬机.如果人为规定其 $t_s=0.1s$,似乎只须把控制器的传递函数取为 $33(5s+1)/s$,使开环系统传递函数成为 $33/s$,闭环传递函数就成为 $1/(0.03s+1)$,阶跃响应时间 t_s 就不会超过 0.1s,"满足设计要求"了.这当然是错误的.笨重的卷扬机怎么可能在 0.1s 内完成响应过程?这个设计的错误在于:只考虑输出量的响应过程 $y(t)$,而没有考虑系统的各中间变量,如输出量的变化速度和加速度,即 $\dot{y}(t)$ 和 $\ddot{y}(t)$,以及加在电动机上的电压,等等.如果全部算出来,就会发现它要求系统中所有变量在短时间内都实现极高的数值:控制器要向卷扬机加上极高的电压,使卷扬机在 0.1s 内极快地旋转,等等.这些当然都是不可能的.控制器的能力再强,当它发出指令要向卷扬机加上极高的电压时,执行机构也不可能照办.因为电源不可能产生极高的电压,保护机构也会及时抑制电压的上升.系统中的各种非线性因素都会发挥作用.系统已根本不是线性的.设计人按照线性假设作出的设计完全落空.

由此可见,响应时间实际上主要是受被控制对象硬件的限制.控制系统的设计人主观地规定响应时间没有实际意义.合理的做法是:鉴于设计任务的委托方总是比较了解被控制对象硬件的能力,所以应当由委托方对响应时间提出一个现实的要求,设计人则尽力予以满足.

第二,超调量 $\sigma\%$ 应该人为地规定吗?超调从来不是人们所希望的现象.设计任务的委托方决不会要求所设计的系统"必须具备"多大的超调量.相反,总是希望最好根本不要有任何超调,至少也应该尽力压缩超调量.何必事先具体规定 $\sigma\%$ 的幅度,事后又满足于"达到了规定的幅度"呢?其实,如果对于控制器的复杂程度不加任何限制,要把超调量做得非常小甚至完全无超调,并不是绝对不可能的.不妨设想,只须人为地构造一个无超调的时间函数作为希望的系统输出量函数,求出其拉普拉斯变换,再作一些运算,总是可以算出一个传递函数来作为希望的控制器.只是这样算出来的控制器可能造成很长的“爬行”,或要求实现很大的初始加速度,或是控制器的结构很复杂,要付较大代价才能在工程上实现罢了.

由此可见,对超调量其实不应当提出什么具体指标,而应当在“允许的控制器复杂性”限制下力求超调量小.最好是由设计人提出几种方案.每种方案的控制器复杂程度不同,超调量和“爬行”时间以及最大加速度也不同,通过仿真或试运行,与委托方共同商定选用其一.

5.3 串联校正的预期频率特性综合法

5.2节所述的试探综合法,只能用于比较简单的校正装置的综合,而且要求设计人员有相当熟练的技巧.如果被控制对象比较复杂,或对控制系统的动态性能有较严格的要求,往往就需要多次反复试凑方能勉强成功.甚至简单的超前滞后校正装置本身不能胜任,以致试探法无效,而需要更加**系统化**的综合方法,一步一步地深入设计,方能达到设计目标.这就是**预期频率特性综合法**.

4.13节曾详细研究过开环系统的对数频率特性与闭环系统的动态性能二者之间的对应关系.在此基础上不难理解:如果对闭环系统的动态性能提出明确的要求,应该就可以反过来找到具有所需动态性能的开环控制系统频率特性或传递函数,即图5.3.1中的 $Q(s)$.而只要有了 $Q(s)$,根据串联框组合的性质,即

$$Q(s) = G_{\text{plnt}}(s)G_{\text{ctrl}}(s), \tag{5.3.1}$$

自然就容易求出串联校正装置的传递函数 $G_{\text{ctrl}}(s)$.这就是上面所说的系统化的综合方法的思路.

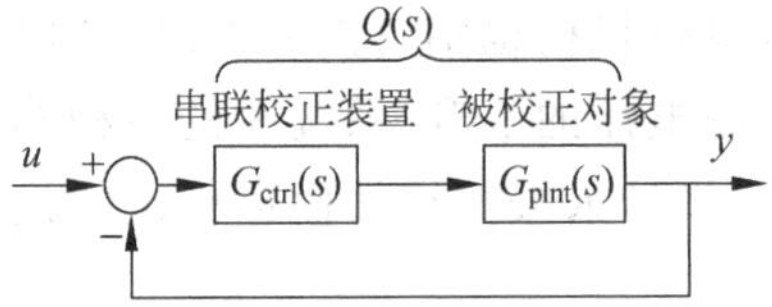

图5.3.1 串联校正

由此可知,系统化的综合方法的**关键**是设计出具有所需静态与动态性能的开环系统传递函数 $Q(s)$.一旦确定了所需要的 $Q(s)$,按照式(5.3.1)计算校正装置的特性 $G_{\text{ctrl}}(s)$就不会有原则性困难.所以需要着重研究如何设计 $Q(s)$.设计人预期所设计的$Q(s)$能使控制系统具备所要求的静态和动态性能.因此把所设计的 $Q(s)$称为**预期开环传递函数**,记作 $Q_{\text{xpct}}(s)$.并称 $Q_{\text{xpct}}(\mathrm{j}\omega)$为**预期开环频率特性**.

4.13节研究开环系统频率特性与闭环系统动态性能之间的关系时,是把整个频率域分为几个频率段,逐段地分析其所对应的闭环系统性能的每一方面.因此,在研究如何设计 $Q_{\text{xpct}}(s)$时,也把预期开环频率特性 $Q_{\text{xpct}}(s)$分为几个频率段,并将要求实现的闭环系统动态性能也分解为几个方面,每个方面的性能主要对应于 $Q_{\text{xpct}}(s)$的某个频率段,如此一段一段地实现 $Q_{\text{xpct}}(s)$的各个局部,最终实现 $Q_{\text{xpct}}(s)$总体.这种设计流程称为**分频段**设计.

图 5.3.1 的系统如不含延时单元，则预期开环传递函数 $Q_{\mathrm{xpct}}(s)$可写成如下的一般形式：

$$Q_{\mathrm{xpct}}(s)=\frac{K\prod_{j=1}^{m}(\tau_j s+1)}{s^{\nu}\prod_{i=1}^{n}(T_i s+1)}=\frac{K(\tau_1 s+1)\cdots(\tau_m s+1)}{s^{\nu}(T_1 s+1)\cdots(T_n s+1)},\qquad(5.3.2)$$

其中 $n\geqslant 0, m\geqslant 0, \nu\geqslant 0, (n+\nu)\geqslant 1, m<(n+\nu)$; $T_i>0, \tau_j>0, \forall i,j$. 工程上罕见 $\nu>2$的系统. 图 5.3.2 是对应于 $Q_{\mathrm{xpct}}(s)$的预期折线对数幅频特性.

设计预期开环传递函数 $Q_{\mathrm{xpct}}(s)$，就是选择式(5.3.2)中的 K,ν，诸 T_i 和诸 τ_j 等参数($i=1,2,\cdots,n, j=1,2,\cdots,m$)，使闭环系统能满足给定的性能指标. 设计出 $Q_{\mathrm{xpct}}(s)$后，根据式(5.3.1)就容易求得串联校正装置的传递函数：

$$G_{\mathrm{ctrl}}(s)=\frac{Q_{\mathrm{xpct}}(s)}{G_{\mathrm{plnt}}(s)}.\qquad(5.3.3)$$

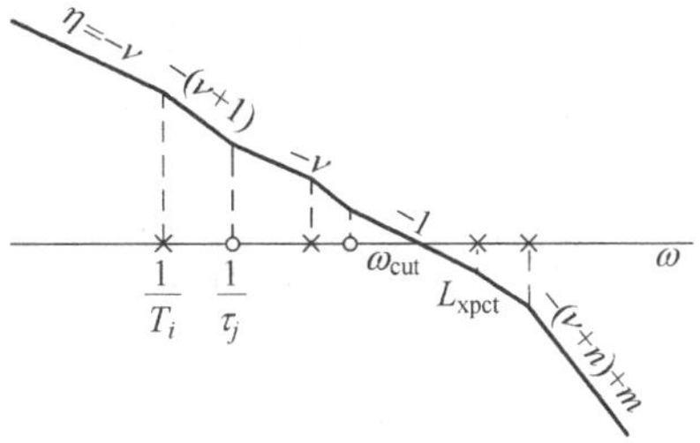

图 5.3.2　预期开环折线对数幅频特性

采用对数频率特性为工具，可将式(5.3.3)的除法计算化为减法，非常方便. 需要注意的是：为了使校正装置便于物理实现，应当保证求出的传递函数 $G_{\mathrm{ctrl}}(s)$是不太复杂的真有理分式. 这一点，在设计 $Q_{\mathrm{xpct}}(s)$时就要考虑到. 至于 $G_{\mathrm{ctrl}}(s)$实现的校正作用是超前还是滞后，或既有超前又有滞后，事先无须限定.

设计预期开环传递函数 $Q_{\mathrm{xpct}}(s)$也就是为预期的开环系统建立数学模型. 由于数学模型不同的系统可以具有类似的性能指标，所以建立预期数学模型的问题的解并不是唯一的. 采用低阶的开环模型，如 2 阶传递函数，系统性能指标与模型参数之间的关系固然比较简单，便于计算，但低阶模型的可选参数少，所以适应性较差，不能保证最后求出的校正装置简单和物理实现容易，因此只适用于综合简单的系统. 采用较高阶的模型，由于可选参数多，比较灵活，其适用范围就比较广，实用价值较大. 但是高阶系统的性能指标与模型参数之间的关系比较复杂，通常无法准确计算. 往往要借助于经验公式和相关的工程图表，或依靠大量的计算机仿真.

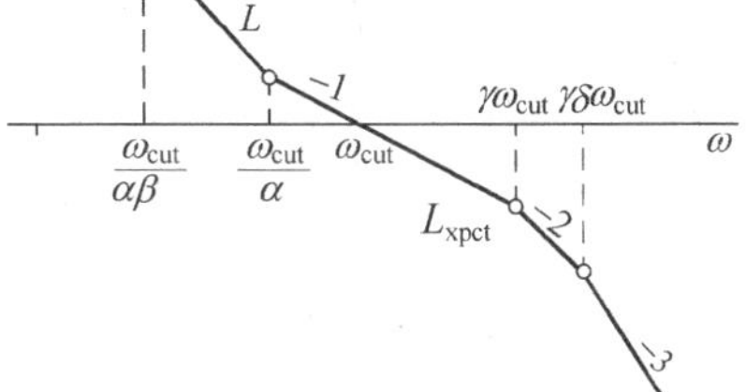

图 5.3.3　典型 4 阶开环系统的对数幅频特性

经验表明，在工程上比较合用的数学模型是一类开环传递函数为 4 阶的有理函数，称为**典型 4 阶开环模型**. 本章将予重点讨论. 它的对数幅频特性图在第 4 章 4.13.2 节的图 4.13.4 已给出，现在再重新画出如图 5.3.3.

典型4阶开环系统主要适用于综合含有1个积分单元的随动系统，即1型随动系统，但对其他类型的控制系统也适用. 它对应的开环传递函数为

$$Q_{\text{xpct}}(s)=\frac{\beta\left(\dfrac{s}{\omega_{\text{cut}}/\alpha}+1\right)}{\left(\dfrac{s}{\omega_{\text{cut}}}\right)\left(\dfrac{s}{\omega_{\text{cut}}/(\alpha\beta)}+1\right)\left(\dfrac{s}{\gamma\omega_{\text{cut}}}+1\right)\left(\dfrac{s}{\gamma\delta\omega_{\text{cut}}}+1\right)}, \tag{5.3.4}$$

其中 ω_{cut} 是开环系统的截止角频率；$\alpha\geqslant 2,\beta\geqslant 2,\gamma\geqslant 2,\delta\geqslant 1$. 系统的开环比例系数为 $K=\beta\omega_{\text{cut}}$. 只要适当选择它的5个参数 $\omega_{\text{cut}},\alpha,\beta,\gamma$ 和 δ，则4.13节所述的对于开环系统频率特性的各项要求都可以满足. 因此这类系统具有较强的典型性. 4.13.2节已给出了估算这类系统的阶跃响应的动态指标的一些经验公式，设计时可以利用. 5.4节就典型4阶开环传递函数的分频段设计流程分几个问题逐一讨论.

5.4 典型4阶开环传递函数的分频段综合

本节从设计的角度出发，对于式(5.3.4)和图5.3.3的典型4阶开环传递函数分各个频率段进行详细研究. 为便于分析，在研究开环特性某一频率段的性质时，对特性的其他频率段分别作某种简化处理. 处理后得到的模型就成为该项研究的专用模型.

5.4.1 高增益原则

一个好的控制系统所以能实现高品质的控制，一方面是靠负反馈，另一方面还需要有高的开环增益，即

$$|Q(\mathrm{j}\omega)|\gg 1. \tag{5.4.1}$$

如果没有足够高的开环增益，负反馈也不可能充分发挥作用. 所以在设计控制系统时总是希望最大限度地实现式(5.4.1)，这就是设计负反馈系统的**高增益原则**.

高增益的含意有两点. 第一点是 $|Q(\mathrm{j}\omega)|$ 愈大愈好；第二点是最好在一切角频率 ω 下 $|Q(\mathrm{j}\omega)|$ 都很大. 但第二点实际上是做不到的. 考察式(5.3.2)的开环传递函数. 当 $s\to 0$，它化为 $Q_{\text{xpct}}(s)\approx K/s^{\nu}$. 如果系统中有串联的积分元件($\nu>0$)，则对于充分低的频率($\omega\to 0$)，$|Q_{\text{xpct}}(\mathrm{j}\omega)|$ 显然总可以很大. 即使没有积分元件($\nu=0$)，由于在低频段有 $Q_{\text{xpct}}(s)\approx K$，只要使用高增益的放大器，也可以使 $|Q_{\text{xpct}}(\mathrm{j}\omega)|$ 很大. 所以高增益原则在低频段总可以实现. 但如果频率升高，式(5.3.2)的模和角都会随着 ω 变化. 由于 $m<(n+\nu)$，当频率相当高时，式(5.3.2)的角总要取负值. 到了 $\arg Q_{\text{xpct}}(\mathrm{j}\omega)\approx-\pi$ 的频率段，即系统的中频段，如果 $|Q_{\text{xpct}}(\mathrm{j}\omega)|$ 仍然很大，则曲线 $|Q_{\text{xpct}}(\mathrm{j}\omega)|$ 与点 $-1+\mathrm{j}0$ 的关系就可能破坏奈奎斯特稳定准则. 所以，为了保证系统稳定，在 $\arg Q_{\text{xpct}}(\mathrm{j}\omega)$ 达到 $-\pi$ 之前，$|Q_{\text{xpct}}(\mathrm{j}\omega)|$ 必须减小到1以下，而不允许无条件地实现式(5.4.1).

有的情况下，为了在较宽的频率段内实现高增益原则，而又不影响系统的稳定性，采用所谓“条件稳定”系统，它的开环频率特性如图 5.4.1 的实线所示. 与该图中的虚线相比较，可以看出它的设计思想.

在更高的频率下，高增益的原则更不可能实现. 由于 $m<(n+\nu)$，对于 $s\to\infty$，必有 $|Q_{xpct}(j\omega)|\to 0$. 这表明，对于充分高的频率，式(5.4.1)总是不可能实现的.

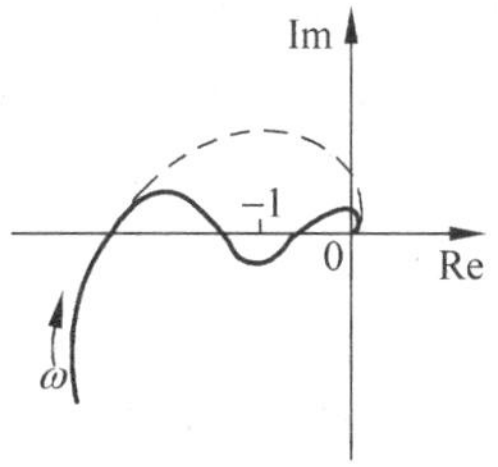

图 5.4.1　条件稳定系统的开环频率特性

以上的分析表明，对于不同的频率段，应当采取不同的设计原则. 在低频段，主要应采用高增益原则；在中频段，主要应考虑稳定性和动态品质；在高频段则应考虑其他因素. 这样就形成分频段综合的思路. 下面详细讨论.

5.4.2　截止角频率

第 4 章 4.13.2 节曾指出，频率特性曲线形状大致相同的系统，其阶跃响应时间反比于截止角频率 ω_{cut}. 该章给出的估算阶跃响应时间的经验公式也表明响应时间反比于 ω_{cut}. 事实上多数实际可用的工程系统的阶跃响应时间满足下面的经验公式：

对于最小相位系统：　　$\omega_{cut} t_s = 4 \sim 7$；　　(5.4.2a)

对于非最小相位系统：　　$\omega_{cut} t_s = 5 \sim 9$.　　(5.4.2b)

因此在设计系统时应当慎重选择 ω_{cut}. 只要条件允许，就尽可能把 ω_{cut} 选高一些. 但必须注意，阶跃响应时间受系统执行机构的限制. 例如一台执行电动机的最大加速度总有一定限度，而加速度与阶跃响应时间的平方成反比，从而与 ω_{cut} 的平方成正比(这一点下文还要证明). 所以对阶跃响应时间不能要求太短，ω_{cut} 也不能选得过高. 另外，要使具有惰性的被控对象对于输入信号产生迅速的响应，系统就需要产生足够大的力或力矩，为此就要很大的电流或很高的电压. 而这往往又要受到系统中某些元件性能的限制. 确定阶跃响应时间时也不能不考虑这些实际因素.

今后，为了在复杂公式中书写方便，有时把 ω_{cut} 简写为 ω_c.

5.4.3　中频段对数幅频特性的斜率

5.4.1 节已经指出，中频段预期频率特性的设计主要应从稳定性与动态品质出发，这就使中频段的设计比较复杂，必须兼顾幅频特性与相频特性. 但是利用最小相位系统的性质可以简化设计工作，因为 4.7 节已指出，最小相位系统的相频特性在某一频率点的数值正比于对数幅频特性斜率在该频率点附近区间内的加权平均值.

为保证系统稳定,它的幅相频率特性曲线不能包围$-1+j0$点.所以频率特性的模由大于1到小于1的过渡应当在复数平面的第4或第3象限内完成,而不能到第2象限才完成.这表明,在ω_c点(即$L(\mu)=0$的点)的相频特性数值应当在$0°$到$-180°$之间,而不能负于$-180°$.因此,在ω_c附近的一段频率区间,对数幅频特性斜率的加权平均值应当在0到-2之间,而不能达到-2甚至超过-2.再考虑到,折线对数幅频特性的斜率总是整数,就可明白,在折线特性穿过0dB的点(即ω_c点),它的斜率事实上只能是-1.而且,在ω_c附近的区间内,此斜率在大部分频率区间的取值都应是-1或0,只在一小段频率区间内,即在离ω_c点两侧相当距离以外,才允许此斜率变为-2或-3.

现在进一步研究:在离ω_c点两侧多远的频率上,折线对数幅频特性的斜率方可取为-2或-3.为便于讨论,将折线对数幅频特性在中频段简化为图5.4.2(a)的专用模型,这相当于在图5.3.3中取定$\beta=\infty$和$\delta=2$所得,所以对于高静态增益和高频段设计合理的系统,图5.4.2(a)有一定的典型性.对于不同的α和γ值算出图5.4.2(a)的系统的闭环阶跃响应的超调量($\sigma\%$)如图5.4.2(b).从该图可见,α或γ过小,即折线特性的斜率开始变陡的频率过于接近ω_{cut}点,都会导致超调量过大.不过,当α或γ增大到相当程度后,再增大也就没有多少影响.通常情况下可初步试选$\alpha\geqslant 4\sim 5$,$\gamma=2\sim 3$.下面还将讨论α过大的害处.

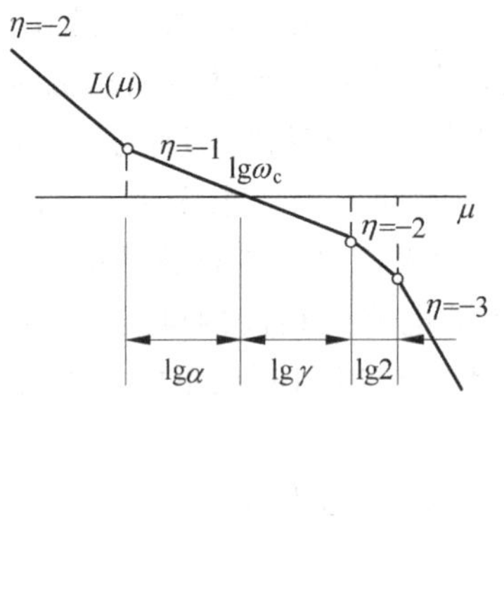

(a)

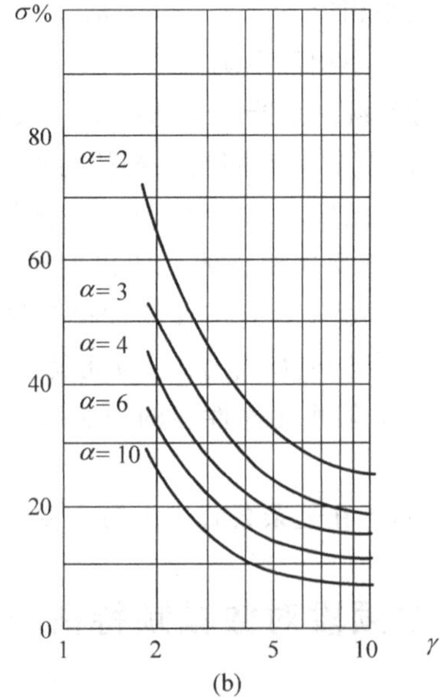

(b)

图5.4.2 中频段开环特性对于闭环系统超调量的影响

5.4.4 高频段

高频段是指比截止角频率 ω_c 高许多倍的频率段. 系统在高频段的频率特性对稳定性已经没有明显影响. $|Q_{xpct}(j\omega)|$在高频段总是小于 1,当然谈不上高增益原则. 系统在高频段的开环频率特性主要影响的是系统作迅速运动时的动态性质,例如阶跃响应过程中的瞬时最大加速度. 由于系统实际能产生的加速度受到设备的限制,所以在设计时不应期望产生过高的瞬时最大加速度. 下面具体分析.

假设系统的开环频率特性如图 5.4.3(a). 它是研究典型 4 阶开环频率特性的高频段性质的专用模型. 对应的框图如图 5.4.3(b)所示；对应的开环传递函数是

$$Q(s)=\frac{Y(s)}{E(s)}=\frac{1}{\dfrac{s}{\omega_c}\left(\dfrac{s}{\gamma\omega_c}+1\right)\left(\dfrac{s}{\gamma\delta\omega_c}+1\right)}. \tag{5.4.3}$$

它相当于在式(5.3.4)中取 $\beta=1$ 所得.

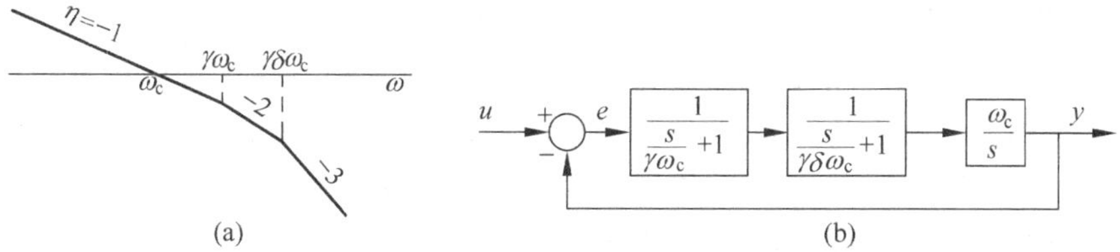

图 5.4.3　高频段参数对于阶跃响应最大加速度的影响

在阶跃信号 $u(t)$加上后很短时间内,输出量 $y(t)$还来不及发生明显变化. 所以经由反馈通道反馈到输入端的信号暂时很小,不起重要作用. 因而在很短时间内可以近似认为有 $e(t)\approx u(t)$. 在这样的条件下,可以根据式(5.4.3)写出系统的近似微分方程如下：

$$\frac{1}{\gamma^2\delta\omega_c^3}y'''+\frac{1}{\gamma\omega_c^2}\left(1+\frac{1}{\delta}\right)y''+\frac{1}{\omega_c}y'=u. \tag{5.4.4}$$

令 $u(t)=1(t)$,在零初始条件下可解得

$$y'(t)=\omega_c\left(1-\frac{\delta}{\delta-1}e^{-\gamma\omega_c t}+\frac{1}{\delta-1}^{-\gamma\delta\omega_c t}\right).$$

命 $y'''(t)=0$,可求得瞬时最大加速度 y''_{max}及其发生的时刻 t_{max}分别为

$$y''_{max}=\gamma\omega_c^2\delta^{-1/(\delta-1)}, \tag{5.4.5}$$

$$t_{max}=\frac{\ln\delta}{(\delta-1)\gamma\omega_c}. \tag{5.4.6}$$

由此可见,瞬时最大加速度 y''_{max}与截止角频率 ω_c 的平方成正比,与截止角频率的高频侧的第 1 个转折点的参数 γ 成正比. y''_{max}与第 2 个转折点的参数 δ 的关系如图 5.4.4 所示. 随着 δ 的升高,y''_{max}也有所升高. 前面已经指出,为了使阶跃响应过

程迅速,在可能的条件下应当尽可能把 ω_c 选高一些. 现在可以补充的是:为了在较高的 ω_c 下不使瞬时最大加速度过大,应当**避免把 γ 和 δ 选得过大**. 工程上通常尽可能把 γ 选为 2 左右.

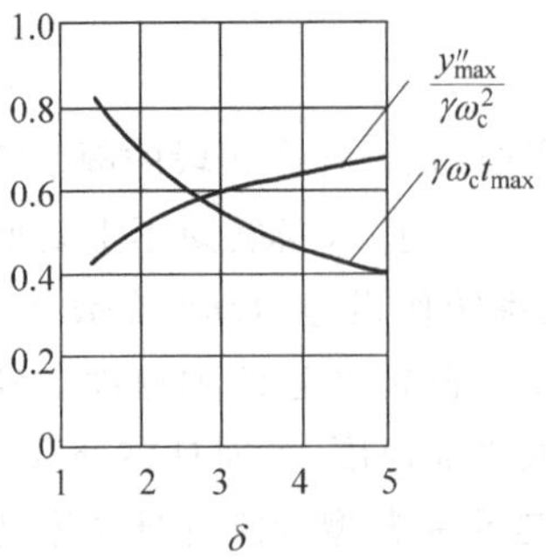

图 5.4.4 参数 δ 对最大加速度的影响

以上的分析都是针对图 5.4.3(a)的专用模型得出的. 实际系统的开环频率特性在低频段比图 5.4.3(a)复杂. 另外,在分析时还忽略了阶跃响应过程初始段很短时间内由输出端反馈到输入端的信号. 因此应当检验所得结论是否可信. 根据对 50 多个低频段频率特性各不相同的系统的实际计算(计算时不忽略初始段的反馈信号),证实:由式(5.4.5)求得的最大加速度值 y''_{max} 的误差在-6%至$+1\%$之间;由式(5.4.6)求得的最大加速度发生时刻 t_{max} 的误差在-6%至$+2\%$之间. 可见上面得出的结论是可信的.

再来讨论高频段频率特性对于系统抗噪声能力的影响.

在工业环境中运行的控制系统,其主要放大器都不免受到各种电磁噪声信号的干扰. 如图 5.4.5 中的 $n(t)$. 噪声涵盖的频率段通常较控制信号的频率段高,但噪声的电平通常很高. 这些噪声信号通过高增益的放大器时,有可能造成放大器饱和(俗称"堵塞"),使放大器乃至整个控制系统不能正常运行. 即使不至于如此严重,噪声信号如果传递到输出端,至少也可能使输出量 $y(t)$ 随着噪声信号变化,造成随机误差. 总之,噪声的存在对控制系统不利.

理论上说,若是系统的有用信号 $u(t)$ 与电磁噪声 $n(t)$ 两者的频带截然不同,自然就可以在系统中加装一个滤波器,把噪声滤除. 然而不幸的是,大多数情况下 $u(t)$ 与 $n(t)$ 的频带有交叉,如图 5.4.6 所示. 过分强调滤除噪声,系统就不能准确复现有用信号. 所以只能在设计预期频率特性时作适当的折衷处理. 也就是使系统在低频段和中频段尽可能较好地复现有用信号,而在高于 ω_c 的频率段使 $|Q(j\omega)|$ 随 ω 的升高而尽快地减小. 这样虽然牺牲一点复现有用信号的精度,以致系统的阶跃响应与真实的阶跃信号有相当的差别,却可以滤除大部分噪声. 因此,为了减轻噪声之害,上面所说的参数 γ 和 δ 也不宜过大.

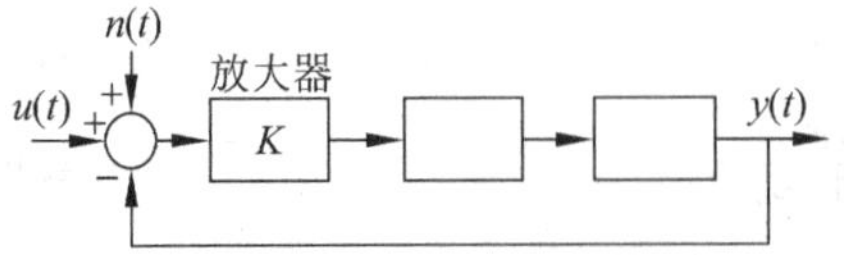

图 5.4.5 电磁噪声的干扰

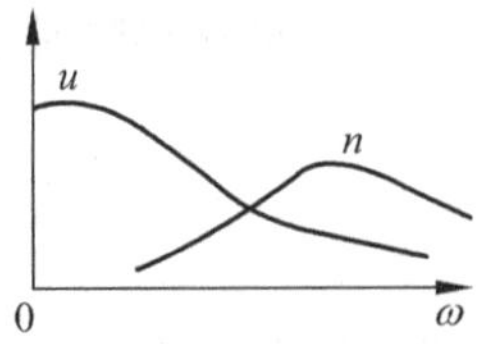

图 5.4.6 有用信号与电磁噪声的频带

总之，预期对数幅频特性在 ω_c 点穿过 0dB 线后，应当在保证足够的相角稳定裕度的前提下，尽快地随频率的升高而迅速减小. 高频侧第一个转折点的角频率最好不要比 $2\omega_c$ 高太多.

5.4.5　低频段

低频段预期开环频率特性的设计原则，一是要满足系统的无静差度要求，二是要满足静态精度要求.

系统对无静差度的要求，是由其所要完成的控制任务决定的. 如果只要求被控制量在扰动下保持为一给定的常值，或跟随输入量作缓慢的变化，则不妨把系统设计成 0 型，即有静差系统. 如果要求被控制量能准确地跟随输入量的迅速变化，则至少应该设计成 1 型的，即 1 阶无静差的随动系统. 根据对无静差度的要求，确定使用的积分元件的数目，这是设计低频段预期开环频率特性的首要内容.

确定积分元件的数目后，就要进一步选定系统的开环比例系数. 开环比例系数的大小取决于静态精度的要求，成反比关系. 详见第 3 章 3.6.2 节. 但需要指出的是，与开环比例系数成反比的静态误差仅仅是系统实际静态误差的一部分，称为原理性误差. 系统中有一些由元件和部件本身的缺陷所造成的误差，常常不能靠提高开环比例系数来减小. 例如，测量元件的误差会百分之百地反映在输出量中；电动机的死区电压、传动齿轮的间隙(游隙)等也不受开环比例系数的影响. 这些称作系统的工艺误差或固有误差. 所以在根据静态误差确定开环比例系数时，应当首先在总静态误差中扣除这一部分固有误差. 开环比例系数选定以后，还应根据外界扰动作用于系统上的位置合理分配于系统的各部分，以求尽量减小外界扰动带来的误差.

低频段预期开环频率特性设计的另一项重要内容是与中频段的衔接问题. 举例说，如果已选定采用 1 个积分单元，开环比例系数为 100，则系统在低频段的传递函数就是 $Q_{low}(s)=100/s$，其频率特性如图 5.4.7 的直线段 1 所示. 假设该系统在中频段的预期特性已经设计好，如该图中的折线段 2，就需要设计一段“过渡”的频率特性，把线段 1 与线段 2 衔接起来. 最简便的衔接方法，自然是用一条斜率比较陡的直线连接这两段频率特性，如图 5.4.8 中斜率为 -2 的线段 A 或斜率为 -3 的线段 B 所示. 因此衔接问题归结为两点：(1)选择衔接段的斜率(-2 还是 -3)；(2)选择衔接点的角频率，即选择图 5.4.8 中的系数 α.

由图 5.4.8 可见，选择 -3 为衔接段斜率，显然比选择 -2 能更好地符合高增益原则. 这是它的优点. 但采用 -3 为衔接段斜率，将使衔接段的开环相频特性更加趋负，从而不利于系统的稳定裕度. 这是必须注意到的.

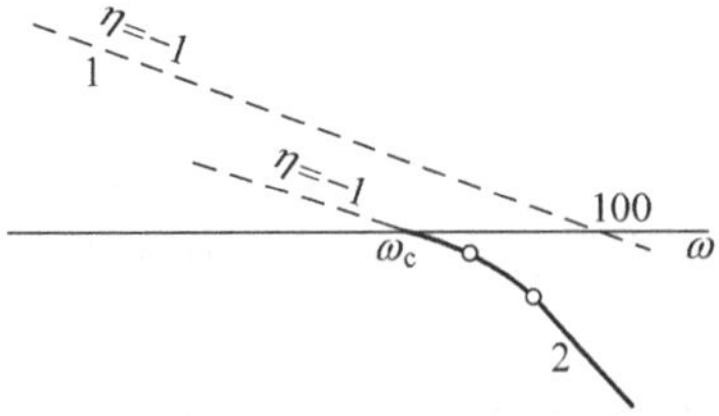

图 5.4.7　低频段与中频段预期特性的衔接

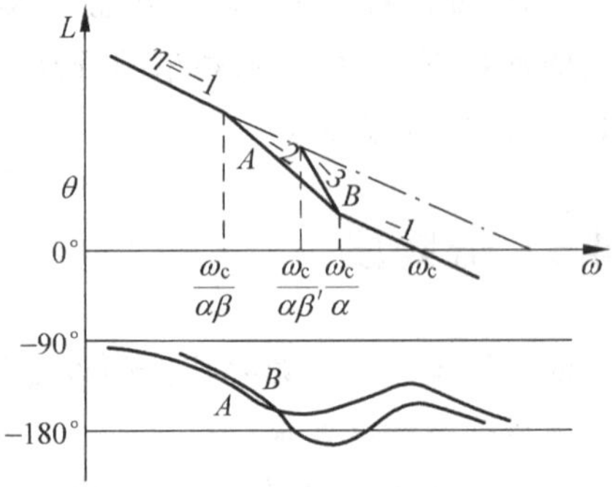

图 5.4.8　低频衔接段的设计

衔接点角频率的选择,即参数 α 的选择,同样要考虑到互相矛盾的因素. α 较小,则衔接点离截止角频率点较近. 它使中频段对数幅频特性中斜率为-1的一段的宽度较窄,系统的相角稳定裕度也较差,这些显然都是不利的. 但是 α 选得过大,也会对系统的动态特性产生不良影响,就是造成“爬行”. 第 4 章 4.13.2 节对“爬行”已有论述. 下面进一步分析图 5.4.8 中以线段 A 衔接的开环对数频率特性的“爬行”运动. 与该特性对应的开环传递函数是

$$Q(s)=\frac{\beta}{\left(\frac{s}{\omega_c}\right)}\frac{\left(\frac{s}{\omega_c/\alpha}+1\right)}{\left(\frac{s}{\omega_c/(\alpha\beta)}+1\right)}.$$

它相当于在式(5.3.4)中取 $\gamma=\infty$ 所得. 它对应的闭环系统特征多项式为

$$\rho(s)=\beta\left(\frac{\alpha}{\omega_c^2}s^2+\frac{\alpha+\frac{1}{\beta}}{\omega_c}s+1\right).$$

当 β 很大时,$\rho(s)$的两个零点分别是

$$s_1,s_2\approx\frac{1}{2}\left(-1\pm\sqrt{1-4/\alpha}\right)\omega_c.$$

如果 $\alpha\gg4$,就有$\sqrt{1-4/\alpha}\approx1-2/\alpha$,于是有

$$s_1\approx-\omega_c/\alpha,\quad s_2\approx-\left(1-\frac{1}{\alpha}\right)\omega_c\approx-\omega_c.$$

可见系统的闭环响应中将出现模态为 $e^{-\omega_c t/\alpha}$ 的运动. 它是时间常数为 α/ω_c 的指数函数. α 愈大,它衰减得愈慢. 这就是“爬行”现象的由来. “爬行”严重的系统在阶跃信号作用下也许仍能较快地进入到离静态值$\pm5\%$的范围内,表面上看似乎阶跃响应并不慢,但它在进入$\pm5\%$的范围后却极缓慢地“爬”向终值. 对于许多实用工程系统来说,这是不可容忍的.

5.4.6 对象的极点与零点之利用

以上讨论了高、中、低三个频率段中设计预期开环频率特性的一些原则. 根据这些讨论,并结合对于待设计系统的特定要求,已经可以初步设计出符合需要的预期开环频率特性. 但是这样做出的初步设计还应加以修改,才更便于实用. 其原因如下.

首先,从以上的讨论中可以看出,预期频率特性的各项特征与系统动态性能之间的关系并不是精确的. 有些关系式是在某些假设下得出的近似公式;有些只给出了一个宽泛的不等式. 有些论述也只是定性而不是定量的. 此外,对于系统性能所提的要求指标通常都有伸缩性. 阶跃响应时间是 4.5s 还是 4.2s,超调量是 24%还是 27%,从工程角度看都不能算是很大的差别. 因此,预期开环频率特性本身就有一定的灵活性,是允许作一些修改和调整的. 如果能利用这种灵活性修改预期开环频率特性,使所设计的控制器(校正装置)更简单,更便于物理实现,当然是值得的.

为了使串联校正装置简单,就应使校正装置的极点和零点的数目尽量少. 达到这个目的的一个办法是使预期开环传递函数 $Q_{xpct}(s)$的部分极点因子和零点因子分别与被校正对象的传递函数 $G_{plnt}(s)$的部分极点因子和零点因子相同. 这样在用式(5.3.3)计算校正装置的传递函数 $G_{ctrl}(s)$时,这些相同的因子就可互相消去,从而简化 $G_{ctrl}(s)$.

举例说,设被校正对象的传递函数为

$$G_{plnt}(s)=\frac{25(0.38s+1)}{(2s+1)(0.021s+1)},$$

而将预期开环传递函数设计为

$$Q_{xpct}(s)=\frac{75(0.4s+1)}{s(1.8s+1)(0.03s+1)(0.02s+1)},$$

则校正装置传递函数应为

$$G_{ctrl}(s)=\frac{Q_{xpct}(s)}{G_{plnt}(s)}=\frac{3(2s+1)(0.4s+1)(0.021s+1)}{s(1.8s+1)(0.38s+1)(0.03s+1)(0.02s+1)}.$$

这个校正装置显然很复杂. 如果修改预期开环传递函数成为

$$Q'_{xpct}(s)=\frac{75(0.38s+1)}{s(2s+1)(0.03s+1)(0.021s+1)},$$

则系统的动态品质应当不致与 $Q_{xpct}(s)$有很大差别,但校正装置传递函数简化为

$$G'_{ctrl}(s)=\frac{3}{s(0.03s+1)}.$$

这就是使预期开环传递函数 $Q'_{xpct}(s)$的极点因子$(2s+1)$和$(0.021s+1)$以及零点

因子$(0.38s+1)$分别与被校正对象的传递函数的极点因子和零点因子相同的效果.这样简化对系统动态性能指标产生的影响可以通过计算机仿真或用经验公式检验.

5.4.7　典型4阶模型的分频段综合举例

例5.4.1　设随动系统的固有部分的传递函数为

$$G_{\text{plnt}}(s)=\frac{1}{s(0.9s+1)(0.007s+1)}. \tag{5.4.7}$$

要求设计校正装置的传递函数$G_{\text{ctrl}}(s)$,使系统的速度误差系数$K_v\geqslant 1000\text{s}^{-1}$,阶跃响应时间$t_s\leqslant 0.25\text{s}$,希望超调量$\sigma\%$不超过30%.

解　基于典型4阶开环模型进行分频段综合.

第1步　画出固有部分的对数幅频特性,如图5.4.9中的折线L_{plnt}.

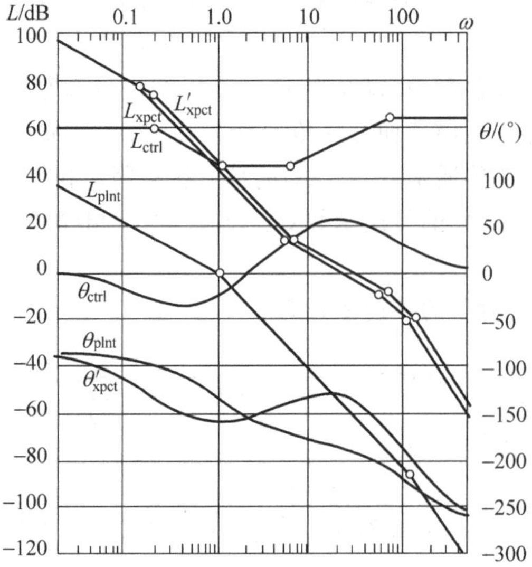

图5.4.9　基于典型4阶模型综合预期开环频率特性

第2步　初选预期开环模型的参数.

采用第4章4.13.2节已给出的估算典型4阶开环系统品质指标的经验公式(4.13.6)和式(4.13.7),以及式(5.4.2)和图5.4.2(b).下面重新写出这些公式:

$$t_s=\frac{1}{\omega_c}\left[8-\frac{3.5}{\alpha}-\frac{4}{\beta}+\frac{100}{(\alpha\gamma\delta)^2}\right], \tag{5.4.8}$$

$$\sigma\%=\frac{160}{\gamma^2\delta}+6.5\frac{\beta^*}{\alpha}+2, \tag{5.4.9}$$

$$\omega_c t_s = 4 \sim 9, \tag{5.4.10}$$

其中 $\beta^* = \min(\beta, 10)$.

现在根据对 t_s 和 $\sigma\%$ 的要求初步选择系统中的参数. 首先将 $t_s = 0.25\text{s}$ 代入经验公式(5.4.10), 得到 $\omega_c = 16 \sim 36\text{s}^{-1}$. 试取 $\omega_c = 25\text{s}^{-1}$.

暂选 $\beta = \infty$(于是有 $\beta^* = 10$)和 $\delta = 2$, 就可利用图 5.4.2(b). 从图中可见, 对于 $\sigma\% = 30\%$, 可以选取的参数组合有: $\gamma = 2, \alpha \approx 8$ 或 $\gamma = 2.5, \alpha \approx 4.5$ 或 $\gamma = 3, \alpha \approx 3.5$, 等等. 现在取 $\gamma = 2.5, \alpha = 4.5$. 这里也可采用另一种做法: 即根据 5.4.4 节所述原则试取 $\gamma = 2.5, \delta = 2$, 代入式(5.4.9), 即得 $\alpha = 4.3$.

根据第 3 章 3.6.2 节式(3.6.11b), 有 $K_v = \lim\limits_{s \to 0} s G_{\text{open}}(s)$. 将式(5.3.4)作为开环系统传递函数 $G_{\text{open}}(s)$ 代入, 便知有 $K_v = \beta \omega_c$. 再代入 $K_v = 1000$ 和 $\omega_c = 25$, 即得 $\beta = 40$.

以上已求得预期开环模型的各基本参数. 进一步算出开环折线对数幅频特性的各个转折点的角频率和时间常数, 汇总列出如下:

$\omega_c = 25\text{s}^{-1}$;

$\alpha = 4.5, \quad \beta = 40, \quad \gamma = 2.5, \quad \delta = 2$;

$\omega_1 = \omega_c/(\alpha\beta) = 0.139, \quad \omega_2 = \omega_c/\alpha = 5.6, \quad \omega_3 = \gamma\omega_c = 62.5$,

$\omega_4 = \gamma\delta\omega_c = 125$;

$T_1 = 1/\omega_1 = 7.2, \quad T_2 = 1/\omega_2 = 0.179, \quad T_3 = 1/\omega_3 = 0.016$,

$T_4 = 1/\omega_4 = 0.008$.

据此可画出预期开环折线幅频特性, 如图 5.4.9 中的 L_{xpct}. 预期开环模型的传递函数为

$$G_{\text{xpct}}(s) = \frac{1000(0.179s + 1)}{s(7.2s + 1)(0.016s + 1)(0.008s + 1)}. \tag{5.4.11}$$

第 3 步 估算预期开环模型的品质指标.

特性 $G_{\text{xpct}}(s)$ 所对应的开环模型的速度误差系数为 $K_v = 1000\text{s}^{-1}$, 静态指标已满足要求. 将 $\omega_c, \alpha, \beta, \gamma, \delta$ 诸参数值代入式(5.4.8)和式(5.4.9), 并认为系统不存在饱和($m = 0$), 估算出动态指标为 $t_s = 0.29\text{s}$ 和 $\sigma\% = 29\%$. 可见指标 $\sigma\%$ 尚可, 但 t_s 不满足要求.

第 4 步 修改模型参数.

鉴于原方案造成 t_s 过大, 应提高 ω_c; 又鉴于原方案的 $\sigma\%$ 尚可, 故从经验公式(5.4.9)知参数 α, γ, δ 可以仍用原数值. 现试改取 $\omega_c = 30\text{s}^{-1}$, 则由第 2 步已确定的 $K_v = \beta\omega_c$ 得新的 β 值为 33. 再试算一次.

新的参数组如下:

$\omega_c = 30\text{s}^{-1}$;

$\alpha = 4.5, \quad \beta = 33, \quad \gamma = 2.5, \quad \delta = 2$;

$\omega_1 = \omega_c/(\alpha\beta) = 0.20, \quad \omega_2 = \omega_c/\alpha = 6.7, \quad \omega_3 = \gamma\omega_c = 75$,

$\omega_4 = \gamma\delta\omega_c = 150$;

$T_1 = 1/\omega_1 = 5.0$, $T_2 = 1/\omega_2 = 0.156$, $T_3 = 1/\omega_3 = 0.0133$,

$T_4 = 1/\omega_4 = 0.0067$.

据此重新画出预期开环折线幅频特性,如图 5.4.9 中的 L'_{xpct}. 新的预期开环模型的传递函数为

$$G'_{\text{xpct}}(s) = \frac{1000(0.156s+1)}{s(5.0s+1)(0.0133s+1)(0.0067s+1)}. \qquad (5.4.12)$$

对新参数组估算出新的动态指标为 $t_s=0.24\text{s}$, $\sigma\%=29\%$. 两项指标都满足要求.

第 5 步 确定校正装置.

将式(5.4.12)与对象的传递函数式(5.4.7)比较,发现对象的一个极点因子$(0.007s+1)$与$G'_{\text{xpct}}(s)$的一个极点因子$(0.0067s+1)$很接近(时间常数相差约5%),可以利用,所以把后者修改为与前者相同,以简化校正装置.

最后得到的预期开环模型为

$$G''_{\text{xpct}}(s) = \frac{1000(0.156s+1)}{s(5.0s+1)(0.0133s+1)(0.007s+1)}. \qquad (5.4.13)$$

因为$G''_{\text{xpct}}(s)$与$G'_{\text{xpct}}(s)$只在高频区有细微差别,故不需再检验其品质指标. 相应的校正装置传递函数为

$$G_{\text{ctrl}}(s) = \frac{G''_{\text{xpct}}(s)}{G_{\text{plnt}}(s)} = \frac{1000(0.9s+1)(0.156s+1)}{(5.0s+1)(0.0133s+1)}. \qquad (5.4.14)$$

在图 5.4.9 中若画出折线 L''_{xpct},它与 L'_{xpct} 事实上几乎重合,故图中省略未画。从该折线减去折线 L_{plnt},即得所求的串联校正装置的折线对数幅频特性 L_{ctrl}.

考虑到实际系统的元件和部件可能会有一些性能缺陷,系统在运行时还要受到来自外界的各种扰动,所以在设计时最好留些余地,也就是使预期系统的性能指标比要求的略高一些. 预期开环模型设计好以后,既可用经验公式估算性能指标,也可以在计算机上进行仿真检验. 如果可能,最好多设计几个方案,以便选择.

针对本例,表 5.4.1 给出了 4 个设计方案的参数和为每个方案估算的性能指标. 图 5.4.10 是这 4 种方案的阶跃响应的仿真曲线. □

表 5.4.1 例 5.4.1 的随动系统的设计方案

方案号	预期开环特性参数					估算性能指标		
	ω_c	α	β	γ	δ	t_s	$\sigma\%$	$y''_{\max}$
1	30	4.5	33	2.5	2.0	0.24	29	1125
2	25	4.5	40	2.5	2.0	0.29	29	781
3	30	5.0	33	1.5	2.5	0.25	43	733
4	40	5.0	25	2.0	3.0	0.176	28	1848

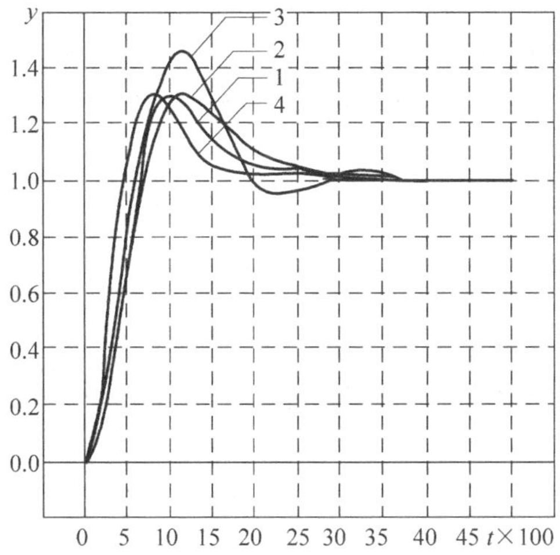

图 5.4.10　例 5.4.1 的设计结果的仿真曲线

5.5　恒值调节系统的综合

第 1 章 1.5 节曾经指出，随动系统与恒值调节系统的技术要求不同. 前者的主要任务是使输出量紧跟控制信号变化，后者则是要使输出量少受扰动的影响. 因而这两种系统的综合问题也不相同.

诚然，这两种系统的差别并不是绝对的. 随动系统的输出量也应少受扰动的影响；恒值调节系统的输出量也应能跟随控制信号变化. 但扰动的影响对于随动系统毕竟属于次要，控制信号的变化对于恒值调节系统实际上也不常发生. 因此两种系统的主要任务之间的差别终究是主要的. 所以对恒值调节系统的综合问题有必要专门研究.

图 5.5.1(a)是一个扰动作用下的反馈控制系统. 它的详细框图如图 5.5.1(b). 其中 $G_1(s)$和 $G_2(s)$是被控制对象的两个部分的传递函数，$K_1(s)$和 $K_2(s)$是串联控制器的两个部分的传递函数，$u(t)$是控制信号，$p(t)$是扰动，$y(t)$是输出量，$e(t)$是误差. 显然有

$$E(s) = \frac{1}{1+K_1(s)G_1(s)K_2(s)G_2(s)}U(s) - \frac{K_2(s)G_2(s)}{1+K_1(s)G_1(s)K_2(s)G_2(s)}P(s). \tag{5.5.1}$$

上式右端第 1 项是控制信号 $u(t)$造成的误差，第 2 项是扰动 $p(t)$造成的误差.

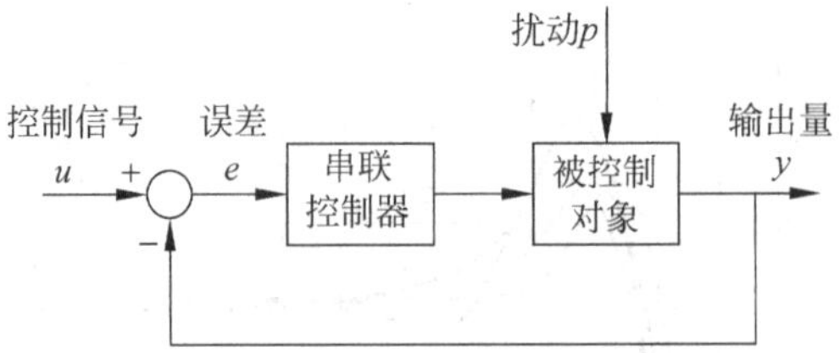

(a)

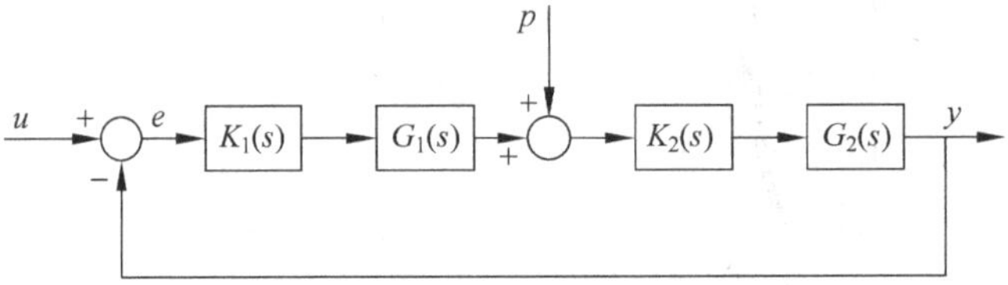

(b)

图 5.5.1 扰动作用下的反馈控制系统

5.5.1 恒值调节系统综合的关键问题

恒值调节系统的综合问题有两个不同于随动系统的主要特点,分述如下.

首先,在式(5.5.1)右端的第1项中,$K_1(s)$和$K_2(s)$均只出现于分母内,故无论增大$K_1(s)$或$K_2(s)$的模,均可减小控制信号造成的误差.但在第2项中,由于$K_2(s)$在分子与分母内同时出现,故增大$K_2(s)$的模无助于减小扰动造成的误差,只有增大$K_1(s)$的模方能达到此目的.因此,对于恒值调节系统来说,在保持系统稳定的前提下,应当增大$K_1(s)$的模,即增大从误差信号到扰动作用点这一段的增益,而不是扰动作用点之后的那一段的增益.换言之,主要的控制器应当放置在从误差信号到扰动作用点之间,而不是放置在扰动作用点之后.所以不妨取消$K_2(s)$,只保留$K_1(s)$作为待设计的串联控制器.如果系统可能受到多种扰动,分别作用于不同的点,就应当分析清楚哪种扰动的影响是主要的,有针对性地确定串联控制器的位置.

其次,在随动系统中,当控制信号$u(t)$作阶跃变化时,总是希望输出量$y(t)$尽快地从原来的值变为应有的新值;而在恒值调节系统中,扰动$p(t)$作阶跃变化时,却并不希望输出量$y(t)$发生变化,而是希望它在受扰后尽快恢复到原值或接近原值.所以,描述随动系统动态品质的那些重要指标,如超调量、阶跃响应时间等,对于恒值调节系统都不适用,必须另订一套品质指标.

下面进一步研究恒值调节系统的综合问题.为便于分析,先把图5.5.1(b)规范化.既然$K_2(s)$无助于减小扰动造成的误差,故取消$K_2(s)$.利用框图变换,把图5.5.1(b)化为图5.5.2的典型恒值调节系统框图.图5.5.2中的$G_{dstb}(s)$等于

图 5.5.1(b)中的 $G_2(s)$，是开环状态下从扰动作用点到被控制对象输出端的已知传递函数，称为**开环扰动传递函数**. 图 5.5.2 中的预期开环传递函数 $G_{xpct}(s)$ 等于图 5.5.1(b)中的 $K_1(s)G_1(s)G_2(s)$，其中的 $G_1(s)G_2(s)$ 是被控制对象主通道的已知传递函数，可合写为 $G_{plnt}(s)$；$K_1(s)$ 是待设计的串联校正装置传递函数，今后改记为 $G_{ctrl}(s)$. 于是有

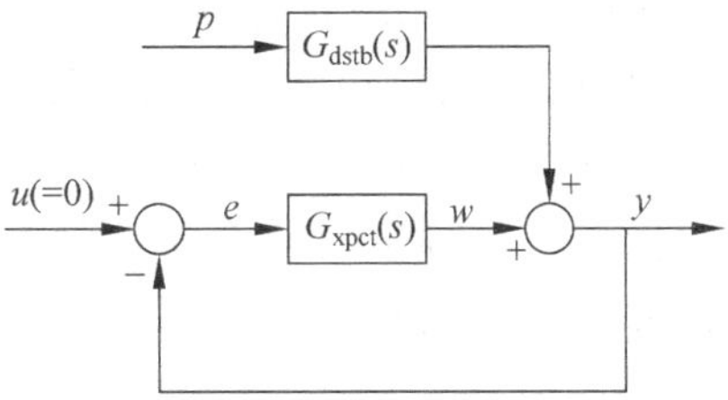

图 5.5.2　典型恒值调节系统框图

$$G_{xpct}(s) = G_{ctrl}(s)G_{plnt}(s), \tag{5.5.2}$$

现在式(5.5.1)化为

$$E(s) = \frac{1}{1+G_{xpct}(s)}U(s) - \frac{G_{dstb}(s)}{1+G_{xpct}(s)}P(s). \tag{5.5.3}$$

其中 $G_{dstb}(s)$ 为已知；因 $G_{xpct}(s)$ 中含有待设计的 $G_{ctrl}(s)$，故 $G_{xpct}(s)$ 为待定.

本节专门研究扰动 $p(t)$ 造成的运动，即认为在图 5.5.2 中有 $u(t)=0$，于是 $e(t)=-y(t)$. 今后用 $H_{dstb}(s)$ 表示闭环系统中从扰动 $p(t)$ 到输出量 $y(t)$ 的传递函数，称为**闭环扰动传递函数**，则由图 5.5.2 得

$$H_{dstb}(s) = \frac{G_{dstb}(s)}{1+G_{xpct}(s)}, \tag{5.5.4}$$

而

$$Y(s) = H_{dstb}(s)P(s). \tag{5.5.5}$$

系统的综合过程如下.

第 1 步　根据技术要求，确定在典型的单位阶跃扰动下，即 $p(t)=1(t)$ 时，要求恒值调节系统的输出量函数 $y(t)$ 具有的各项动态品质指标的值. 进而根据这些指标值具体选定一个希望的输出量函数 $y(t)$. 将其拉普拉斯变换 $Y(s)$ 代入式(5.5.5)求出希望的闭环扰动传递函数 $H_{dstb}(s)$.

第 2 步　将希望的 $H_{dstb}(s)$ 与已知的 $G_{dstb}(s)$ 代入式(5.5.4)求出 $G_{xpct}(s)$. 将 $G_{xpct}(s)$ 和已知的 $G_{plnt}(s)$ 代入式(5.5.2)，求出所需的 $G_{ctrl}(s)$.

不难看出，上述综合过程中，**设计人的主要决策作用集中在第 1 步**. 第 2 步不过是一些硬性的计算，没有设计人作决策的余地. 事实上，扰动下的 $Y(s)$ 一旦选定，控制器 $K(s)$ 客观上就已经被式(5.5.5)、式(5.5.4)和式(5.5.2)确定，只不过还没有计算出来罢了. 设计人虽能一步步地把它计算出来，却不可能左右计算的结果.

综合过程的第 1 步中，决策的难点在于：满足给定的品质指标的函数 $y(t)$ 总是多不胜数. 但在第 1 步中选取哪个函数作为 $y(t)$，可能造成第 2 步中算得的 $G_{ctrl}(s)$ 的复杂程度差别非常大. 有时，某一项品质指标数值的微小调整，虽毫不影响系统的实际品质，但却可以使算出的控制器结构大为简化或大为复杂化，甚至会使 $G_{ctrl}(s)$

本身成为不稳定的或不是真有理函数，因而无法实现. 所以，恒值调节系统综合的**关键问题是：如何选取扰动下的函数 $y(t)$，才能既满足受扰运动的品质指标，又保证能导出物理上可以实现并且简单结构的控制器 $G_{ctrl}(s)$.**

下一节就将研究这个问题. 作为准备，先引入一个有用的命题.

定义 5.5.1 称一个有理函数分子多项式的最高次项与分母多项式的最高次项之比为该有理函数的**高频模型**，记作 hfm. 例如对于有理函数

$$R(s) = \frac{b_m s^m + b_{m-1} s^{m-1} + \cdots + b_0}{a_n s^n + a_{n-1} s^{n-1} + \cdots + a_0}, \quad n > 0, m \geqslant 0, a_n \neq 0, b_m \neq 0 \tag{5.5.6}$$

有

$$\text{hfm}R(s) = (b_m/a_n)s^{m-n}.$$

称一个有理函数 $R(s)$ 的高频模型中 s 的幂次为该有理函数的**次数**，用记号 deg 表示. 例如对于式(5.5.6)有 $\deg R(s) = m - n$. 显然，真有理函数的次数为负整数或 0；严格真有理函数的次数为负整数. 容易理解：两有理函数相乘时，其高频模型相乘，其次数相加. 设 $A(s)$ 和 $B(s)$ 均为有理函数，其中 $B(s)$ 为真有理函数，则

$$\deg(A(s)B(s)) \leqslant \deg(A(s)).$$

命题 5.5.1 设 $R(s)$ 为式(5.5.6)所示的有理函数，c 为非 0 实数，$S(s) = R(s) + c$. 则仅当 $\deg R(s) = 0$ 且 $c = -\text{hfm}R(s)$ 时，$S(s)$ 才能是严格真有理函数.

证明 记 $R(s) = N(s)/D(s)$，其中 $N(s)$ 和 $D(s)$ 均为多项式. 于是有

$$S(s) = \frac{N(s) + cD(s)}{D(s)}.$$

若 $\deg N(s) > \deg D(s)$，则 $S(s)$ 显然不是严格真有理函数；若 $\deg N(s) < \deg D(s)$，则 $S(s)$ 的分子多项式与分母多项式次数相等，且分子最高次项的系数非 0，故 $S(s)$ 也不是严格真有理函数. 当 $\deg N(s) = \deg D(s)$ 并 $c = -b_m/a_n$ 时，且仅当此时，$S(s)$ 的分子多项式 $(N(s) + cD(s))$ 的最高次项的系数恰好为 0，从而分子多项式的次数降低 1 次，使 $S(s)$ 成为严格真有理函数. 既然 $\deg N(s) = \deg D(s)$，故 $\deg R(s) = 0$ 且 $\text{hfm}R(s)$ 等于常数 b_m/a_n. 因此条件 $c = -b_m/a_n$ 可表为 $c = -\text{hfm}R(s)$. □

5.5.2 综合恒值调节系统的约束条件

上节已指出，综合恒值调节系统时所选的受扰输出量函数 $y(t)$ 应当保证最后导出的控制器在物理上可以实现，即 $G_{ctrl}(s)$ 应是真有理函数. 本节要研究为达到此要求，所选的 $y(t)$ 或 $Y(s)$ 应当满足什么约束条件.

认为扰动 $p(t)$ 是单位阶跃函数，即 $P(s) = 1/s$，故由式(5.5.5)可得 $Y(s) = H_{dstb}(s)/s$. 因此只须研究 $H_{dstb}(s)$ 应当满足的条件.

5.5.1 节已指出：设 $A(s)$ 和 $B(s)$ 均为有理函数，其中 $B(s)$ 为真有理函数，则

$\deg(A(s)B(s)) \leqslant \deg(A(s))$. 因此在式(5.5.2)中，当 $G_{\mathrm{ctrl}}(s)$ 为真有理函数时有

$$\deg G_{\mathrm{xpct}}(s) \leqslant \deg G_{\mathrm{plnt}}(s). \tag{5.5.7}$$

一般情况下，实际的被控制对象传递函数 $G_{\mathrm{plnt}}(s)$ 总是严格真有理函数. 故上式提示的就是：$G_{\mathrm{xpct}}(s)$ 应为严格真有理函数，且其次数不高于 $G_{\mathrm{plnt}}(s)$.

由式(5.5.4)容易得出

$$G_{\mathrm{xpct}}(s) = \frac{G_{\mathrm{dstb}}(s)}{H_{\mathrm{dstb}}(s)} - 1. \tag{5.5.8}$$

把命题 5.5.1 运用于式(5.5.8)，取 $R(s)=\dfrac{G_{\mathrm{dstb}}(s)}{H_{\mathrm{dstb}}(s)}$，$c=-1$. 根据该命题，为使 $G_{\mathrm{xpct}}(s)$ 成为严格真有理函数，必须满足条件

$$\deg \frac{G_{\mathrm{dstb}}(s)}{H_{\mathrm{dstb}}(s)} = 0, \quad -1 = -\operatorname{hfm} \frac{G_{\mathrm{dstb}}(s)}{H_{\mathrm{dstb}}(s)}.$$

这意味着要求满足 $\deg H_{\mathrm{dstb}}(s) = \deg G_{\mathrm{dstb}}(s)$ 和 $\operatorname{hfm} H_{\mathrm{dstb}}(s) = \operatorname{hfm} G_{\mathrm{dstb}}(s)$. 显然后一条件包含前一条件. 因此，为保证控制器可实现，闭环扰动传递函数 $H_{\mathrm{dstb}}(s)$ 必须满足的**约束条件是闭环扰动传递函数与开环扰动传递函数二者的高频模型必须相等**，即

$$\operatorname{hfm} H_{\mathrm{dstb}}(s) = \operatorname{hfm} G_{\mathrm{dstb}}(s). \tag{5.5.9}$$

关于此约束条件的物理意义，可以这样理解(参看图 5.5.2)：由于 $G_{\mathrm{dstb}}(s)$ 为严格真有理函数，故在阶跃扰动作用下，由 $G_{\mathrm{dstb}}(s)$ 输出并经过反馈通道而形成的调节量 $w(t)$ 在初始时刻的值即 $w(0^+)$ 只能是 0. 这意味着闭环系统在初始时刻的行为与开环系统无异，即有 $\lim\limits_{s\to\infty}\dfrac{G_{\mathrm{dstb}}(s)}{H_{\mathrm{dstb}}(s)}=1$.

5.5.3 系统受扰运动的数学模型

本节分析满足上节导出的约束条件式(5.5.9)的闭环扰动传递函数 $H_{\mathrm{dstb}}(s)$ 所具有的各项品质指标.

受到式(5.5.9)的约束，闭环扰动传递函数 $H_{\mathrm{dstb}}(s)$ 的次数不能任意选取. 所以须对不同的 $\deg H_{\mathrm{dstb}}(s)$ 分别进行研究. 下面研究 $\deg H_{\mathrm{dstb}}(s)=-1$ 和 $\deg H_{\mathrm{dstb}}(s)=-2$ 这两种情形. $\deg H_{\mathrm{dstb}}(s)$ 超过 -2 的情形工程上少见，本书不专门研究.

1. $\deg H_{\mathrm{dstb}}(s)=-1$ 的情形

为使闭环扰动传递函数 $H_{\mathrm{dstb}}(s)$ 简单，应当令它的分子多项式和分母多项式的次数尽量低. 对于 $\deg H_{\mathrm{dstb}}(s)=-1$ 的情形，这意味着希望 $H_{\mathrm{dstb}}(s)$ 的分子为 1 次多项式而分母为 2 次多项式(如果分子为 0 次而分母为 1 次，则它们所含的可选

系数太少,会使设计工作困难). 因此一般取如下的表达式作为希望的 $H_{dstb}(s)$:

$$H_{dstb}(s)=\frac{Y(s)}{P(s)}=\frac{\mu Ts+\nu}{T^2s^2+2\zeta Ts+1}. \tag{5.5.10}$$

它的高频模型是

$$\mathrm{hfm}\,H_{dstb}(s)=\frac{\mu}{Ts}. \tag{5.5.11}$$

现在 $H_{dstb}(s)$已经由4个实参数 T,ζ,μ 和 ν 完全表征,实现了参数化,其中 T 和 ζ 均为正数. 选定这4个参数的值就具体选定了所希望的 $H_{dstb}(s)$. 这些参数的值决定系统输出量 $y(t)$的各项品质特征: T 是受扰运动的时间常数; ζ 表征运动过程的振荡性,当 $0<\zeta<1$,过程为衰减振荡,其自然振荡周期即为 T; 当 $\zeta\geqslant1$,过程呈非周期性; μ 和 ν 的意义见下. 选定希望的 $H_{dstb}(s)$后,代入式(5.5.8)就可求出待定的主通道预期传递函数 $G_{xpct}(s)$,进而利用式(5.5.2)便可算出需要的串联校正装置 $G_{ctrl}(s)$. 输出量函数 $y(t)$称为扰动下输出量的**恢复过程函数**,或称**受扰运动函数**.

图5.5.3是对数幅频特性 $H_{dstb}(s)$的图像. 为了合理地选择 $H_{dstb}(s)$的上述4个参数,首先研究这些参数与受扰运动品质指标之间的关系.

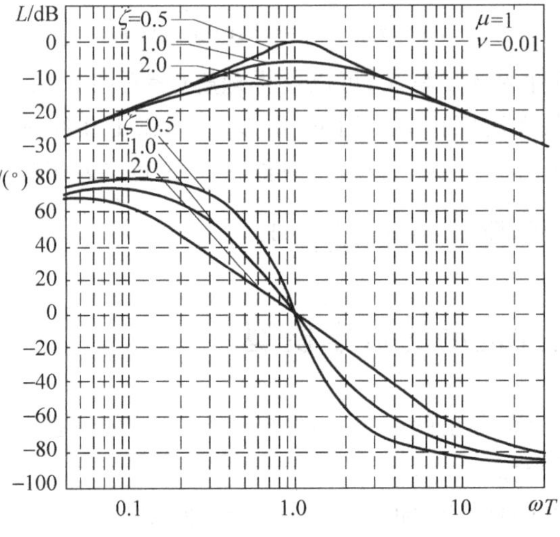

图5.5.3　$\deg H_{dstb}(s)=-1$ 情形下的频率特性 $H_{dstb}(j\omega)$

在式(5.5.10)中取 $P(s)=1/s$,运用拉普拉斯变换的终值定理和初值定理,可分别求得

$$y(\infty)=\nu,\quad y(0^+)=0,\quad \dot{y}(0^+)=\mu/T,\quad \ddot{y}(0^+)=\frac{\nu-2\zeta\mu}{T^2}. \tag{5.5.12}$$

式(5.5.12)说明了参数 μ 和 ν 的物理意义: ν 是单位阶跃扰动造成的输出量静态值,$\nu=0$表示系统对于阶跃扰动无静差. 单位阶跃扰动下输出量的初始速度为 μ/T,初始加速度为$(\nu-2\zeta\mu)/T^2$.

下面计算受扰运动函数 $y(t)$，并研究其品质指标与这些参数的关系. 主要的品质指标是：单位阶跃扰动下输出量的峰值、受扰过程的恢复时间和恢复过程中的加速度峰值. 首先计算输出量函数 $y(t)$.

在式(5.5.10)中取 $P(s)=1/s$，对 $Y(s)$ 求拉普拉斯反变换，表示为

$$y(t) = y_1(t) + y_2(t). \tag{5.5.13}$$

对于 $0<\zeta<1$ 的情形，有

$$y_1(t) = \mu \frac{1}{\sqrt{1-\zeta^2}} e^{-\zeta t/T} \sin\sqrt{1-\zeta^2}\,\frac{t}{T}; \tag{5.5.14a}$$

$$y_2(t) = \nu\left[1 - \frac{1}{\sqrt{1-\zeta^2}} e^{-\zeta t/T} \sin\left(\sqrt{1-\zeta^2}\,\frac{t}{T} + \arctan\frac{\sqrt{1-\zeta^2}}{\zeta}\right)\right]. \tag{5.5.14b}$$

对于 $\zeta=1$ 和 $\zeta>1$ 的情形，也可类似地求得 $y_1(t)$ 和 $y_2(t)$，此处从略.

现在分析式(5.5.14). 由式(5.5.12)已知 ν 是扰动下 $y(t)$ 的静态值，μ/T 是 $y(t)$ 的初速，又 $2\pi T$ 是过程的自然振荡周期，根据经验，恒值调节系统的静态偏差总是很小的量，而在外扰动作用下的初始运动速度则比较大，通常总满足如下关系：

静态值≪初速×自然振荡周期，

即有

$$|\nu| \ll |(\mu/T)|\, 2\pi T = 2\pi|\mu|. \tag{5.5.15}$$

这表明，在式(5.5.14)中 $y_2(t)$ 的量级必远小于 $y_1(t)$ 的量级. 故不妨略去 $y_2(t)$ 而认为 $y(t)\approx y_1(t)$. 于是有

$$y(t) = \mu \frac{1}{\sqrt{1-\zeta^2}} e^{-\zeta t/T} \sin\sqrt{1-\zeta^2}\,\frac{t}{T}, \quad 0<\zeta<1. \tag{5.5.16}$$

考虑输出量的峰值 y_{peak}. 峰值在此可以为极大值也可以为极小值，故可以为正也可以为负. 对于 $0<\zeta<1$ 的情形，在式(5.5.14a)和式(5.5.14b)中分别令 $\mathrm{d}y_1(t)/\mathrm{d}t=0$ 和 $\mathrm{d}y_2(t)/\mathrm{d}t=0$，可分别求得 $y_1(t)$ 和 $y_2(t)$ 的峰值为(二者不是发生于同一时刻)：

$$y_{1\text{peak}} = \mu\exp\left(-\frac{\zeta}{\sqrt{1-\zeta^2}}\arctan\frac{\sqrt{1-\zeta^2}}{\zeta}\right), \tag{5.5.17a}$$

$$y_{2\text{peak}} = \nu\left(1 + \exp\left(-\frac{\zeta}{\sqrt{1-\zeta^2}}\pi\right)\right). \tag{5.5.17b}$$

以 y_{peak} 记 $y(t)$ 的峰值，则根据式(5.5.15)，有理由认为 $y_{\text{peak}}\approx y_{1\text{peak}}$. 于是可以认为有

$$y_{\text{peak}} = \mu\exp\left(-\frac{\zeta}{\sqrt{1-\zeta^2}}\arctan\frac{\sqrt{1-\zeta^2}}{\zeta}\right), \quad 0<\zeta<1. \tag{5.5.18}$$

对于 $\zeta=1$ 和 $\zeta>1$ 的情形，$y(t)$ 峰值的表达式也可仿此求得，此处从略. 顺便

指出：这两种情形下 $y_2(t)$ 均为单调函数，$y_2(t)$ 不存在峰值.

定义阶跃扰动下输出量回落到峰值的 ±10% 并且不再越出 ±10% 范围以外的时刻为受扰过程的**恢复时间**，记作 t_s. 鉴于恒值调节系统受扰时输出量波动的幅度一般不大，所以取其 10% 作为界定 t_s 的标准. 如果取 5%，就可能比波动后的静态值更小，以致不便应用.

以 y_{peak} 为基准，可将式(5.5.14)画成恢复过程的曲线，如图 5.5.4 所示. $\zeta \geqslant 1$ 的情形也一并画于该图. 输出量峰值 y_{peak} 和恢复时间 t_s 与参数 ζ 的关系画在图 5.5.5 中.

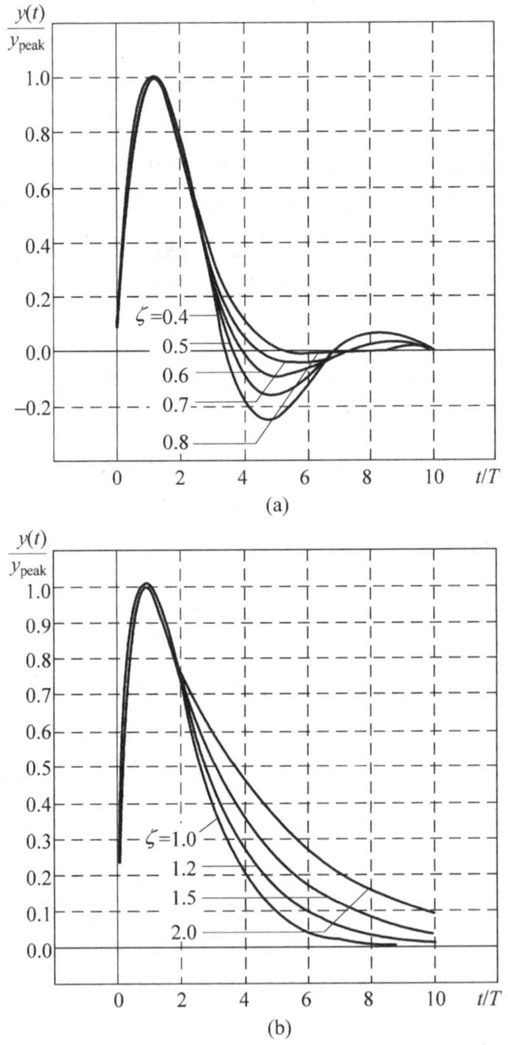

图 5.5.4 $\deg H_{dstb}(s) = -1$ 情形下单位阶跃扰动的恢复过程

现在考虑受扰过程中输出量变化的**加速度峰值** $\ddot{y}_{peak}$. 它也可以指极大值或极小值. 输出量变化的加速度总是抑制输出量因受扰而产生的变化. 所以此加速度

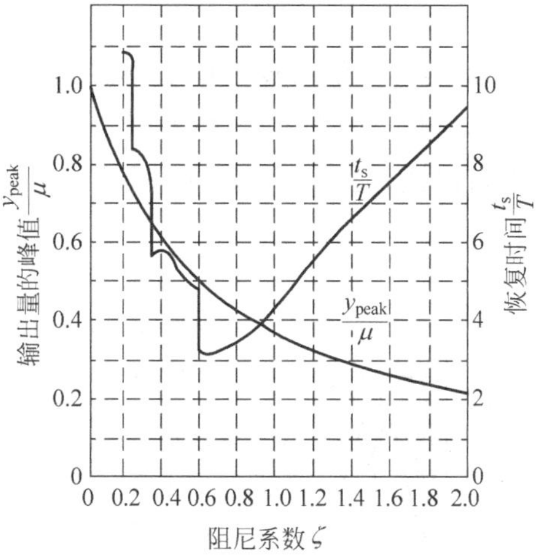

图 5.5.5　$\deg H_{dstb}(s)=-1$ 情形下输出量的峰值与恢复时间

愈大，则扰动下输出量波动的峰值愈小. 但输出量的加速度受限于被控制对象硬件的能力，过大的加速度不可能实现. 式(5.5.12)已经给出输出量的初始加速度 $\ddot{y}(0^+)$. 对于 $\deg H_{dstb}(s)=-1$ 的情形可以证明：只要 $\zeta\geqslant 0.5$，此初始加速度就是全过程中的加速度峰值：$\ddot{y}_{peak}=\ddot{y}(0^+)$；即使 ζ 略小于 0.5，此关系也近似成立. 因 ν 可略而不计，故加速度峰值可近似表示为

$$\ddot{y}_{peak}\approx -\frac{2\zeta\mu}{T^2}. \tag{5.5.19}$$

2. $\deg \boldsymbol{H}_{dstb}(s)=-2$ 的情形

对于 $\deg H_{dstb}(s)=-2$ 的情形，可以取下式作为希望的 $H_{dstb}(s)$：

$$H_{dstb}(s)=\frac{Y(s)}{P(s)}=\frac{\mu Ts+\nu}{\left(\frac{1}{\lambda^2}Ts+1\right)(\lambda^2T^2s^2+2\zeta\lambda Ts+1)}. \tag{5.5.20}$$

它的高频模型是

$$\mathrm{hfm}\, H_{dstb}(s)=\frac{\mu}{T^2s^2}. \tag{5.5.21}$$

式(5.5.20)含有 T,λ,ζ,μ,ν 等 5 个参数，其中 λ 为正数，它表征 $H_{dstb}(s)$的分母中各因子的时间常数的关系：$\lambda<1$ 则惰性因子的时间常数大于 2 阶因子的时间常数，$\lambda>1$ 则相反；λ 愈接近于 1 则诸时间常数彼此愈密集，λ 愈远离 1 则相反. 另外 4 个参数的意义与 $\deg H_{dstb}(s)=-1$ 的情形类似.

认为式(5.5.15)的关系仍然成立，对于单位阶跃扰动情形运用拉普拉斯变换的初值定理和终值定理可求得

$$y(\infty)=\nu,\quad y(0^+)=0,\quad \dot{y}(0^+)=0,\quad \ddot{y}(0^+)=\mu/T^2. \quad (5.5.22)$$

从式(5.5.20)求 $y(t)$ 和 $\ddot{y}(t)$ 的解析解的过程很繁.现在略去,只给出 $y(t)$ 的典型曲线,以及 y_{peak} 和 t_s 与参数 λ 和 ζ 的关系曲线,如图 5.5.6～图 5.5.8 所示.对于 $\deg H_{\text{dstb}}(s)=-2$ 的情形可以证明:初始加速度 $\ddot{y}(0^+)$ 就是全过程的加速度峰值,即有 $\ddot{y}_{\text{peak}}=\ddot{y}(0^+)=\mu/T^2$.

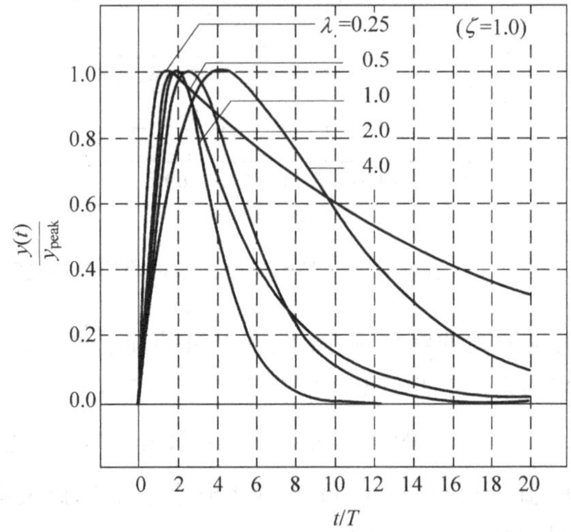

图 5.5.6 $\deg H_{\text{dstb}}(s)=-2$ 情形下单位阶跃扰动的恢复过程

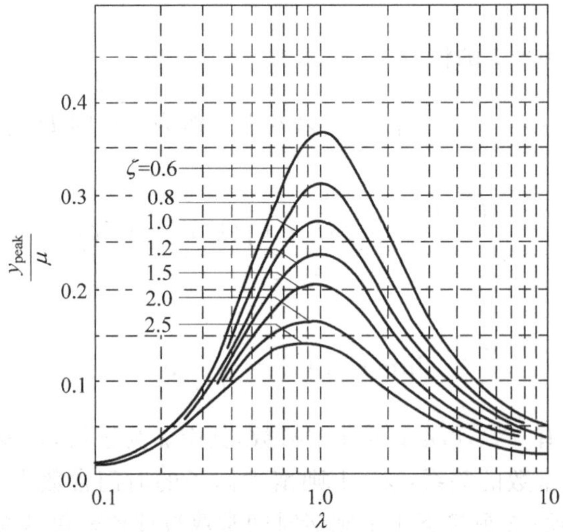

图 5.5.7 $\deg H_{\text{dstb}}(s)=-2$ 情形下输出量的峰值

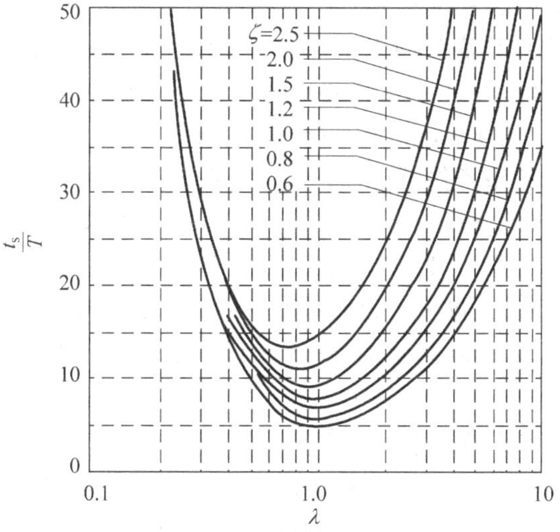

图 5.5.8　$\deg H_{\mathrm{dstb}}(s)=-2$ 情形下的恢复时间

5.5.4　恒值调节系统的综合

以上分析了闭环扰动传递函数 $H_{\mathrm{dstb}}(s)$所受的约束条件，以及单位阶跃扰动下系统输出量的各项品质指标与 $H_{\mathrm{dstb}}(s)$的各参数之间的关系. 现汇总列于表 5.5.1.

表 5.5.1　受扰运动品质指标与 $H_{\mathrm{dstb}}(s)$的各参数之间的关系

$\deg H_{\mathrm{dstb}}(s)$	-1	-2
$H_{\mathrm{dstb}}(s)$的表达式	$\dfrac{\mu Ts+\nu}{T^2s^2+2\zeta Ts+1}$	$\dfrac{\mu Ts+\nu}{\left(\frac{1}{\lambda^2}Ts+1\right)(\lambda^2T^2s^2+2\zeta\lambda Ts+1)}$
约束条件	$\dfrac{\mu}{Ts}=\mathrm{hfm}\,G_{\mathrm{dstb}}(s)$	$\dfrac{\mu}{T^2s^2}=\mathrm{hfm}\,G_{\mathrm{dstb}}(s)$
典型的恢复过程曲线	图 5.5.4	图 5.5.6
静态误差	ν	ν
输出量峰值 y_{peak}	图 5.5.5	图 5.5.7
恢复时间 t_s	图 5.5.5	图 5.5.8
加速度峰值 $\ddot{y}_{\mathrm{peak}}$	$-2\zeta\mu/T^2$	μ/T^2

实际综合恒值调节系统时，按照希望的各项动态品质指标，从表 5.5.1 列出的资料中选择希望的 $H_{\mathrm{dstb}}(s)$的各参数，以确定 $H_{\mathrm{dstb}}(s)$. 这里的难点往往在于：主观上希望实现的动态品质指标项目过多，而可选的参数的数目较少，以致无法兼顾所有的品质指标. 以 $\deg H_{\mathrm{dstb}}(s)=-1$ 的情形为例，一共只有 T,ζ,μ,ν 这 4 个

可选参数,因而可能无法兼顾表5.5.1中所列的1项约束条件和5项品质要求.这种情形下,惟有首先保证满足约束条件和主要的品质指标,再在此前提下检验各次要品质指标是否也已近似满足.不得已时只能根据工程实际情形折衷处理.

选定希望的 $H_{dstb}(s)$ 后,将 $H_{dstb}(s)$ 和已知的 $G_{dstb}(s)$ 代入式(5.5.8)算出 $G_{xpct}(s)$.由于满足了约束条件,算出的 $G_{xpct}(s)$ 必定是严格真有理函数.将 $G_{xpct}(s)$ 和被控制对象的已知部分 $G_{plnt}(s)$ 代入式(5.5.2),即可求出校正装置 $G_{ctrl}(s)$.如果 $\deg G_{xpct}(s) > \deg G_{plnt}(s)$,以致求出的 $G_{ctrl}(s)$ 不是真有理函数,就只好适当修改 $G_{xpct}(s)$,即在 $G_{xpct}(s)$ 的分母中人为地添加一两个因子,以提高 $G_{xpct}(s)$ 的分母的次数,使求出的 $G_{ctrl}(s)$ 成为真有理函数.有时由于其他原因,也需要对算出的 $G_{xpct}(s)$ 作局部修改.

在修改 $G_{xpct}(s)$ 时应当注意以下原则:对 $G_{xpct}(s)$ 的低频段稍作修改,一般不致明显影响其受扰运动的品质;若对 $G_{xpct}(s)$ 的高频段作修改,则通常对受扰运动的品质会有影响.**如果降低 $G_{xpct}(s)$ 的高频段增益,通常会降低系统反应的迅速性,从而造成 y_{peak} 增大.提高 $G_{xpct}(s)$ 的高频段增益则相反**.最好对修改后的系统的动态品质进行仿真校核.

5.5.5 恒值调节系统综合举例

运用以上所述的方法实际综合一个恒值调节系统如下.

例 5.5.1 图5.5.9是一个直流电动机恒值调速系统的框图.输出量 $y(t)$ 是直流电动机转速的增量.扰动作用 $p(t)$ 是电动机负荷力矩的增量.系统各部分的传递函数均已表示在框图内.当扰动量为单位阶跃(1N·m)时,要求转速偏差的峰值不超过 0.5s^{-1},静态偏差不超过 0.03s^{-1}.恢复时间(转速偏差回落到偏差峰值的10%的时间)不超过0.5s.

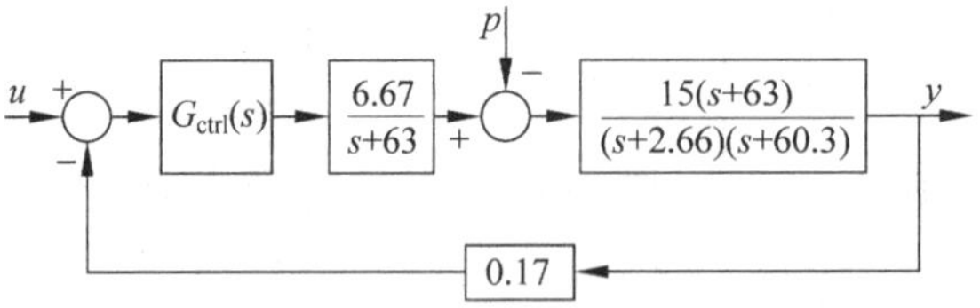

图5.5.9 直流电动机恒值调速系统

解 首先按图5.5.2的规范形式将图5.5.9化为图5.5.10,得到

$$G_{dstb}(s) = \frac{-5.89(0.0159s+1)}{(0.376s+1)(0.0166s+1)}, \tag{5.5.23}$$

$$G_{plnt}(s) = \frac{0.106}{(0.376s+1)(0.0166s+1)}. \tag{5.5.24}$$

由式(5.5.23)知有 $\deg G_{dstb}(s) = -1$ 和 $\text{hfm}\, G_{dstb}(s) = -15/s$,故根据约束条件取

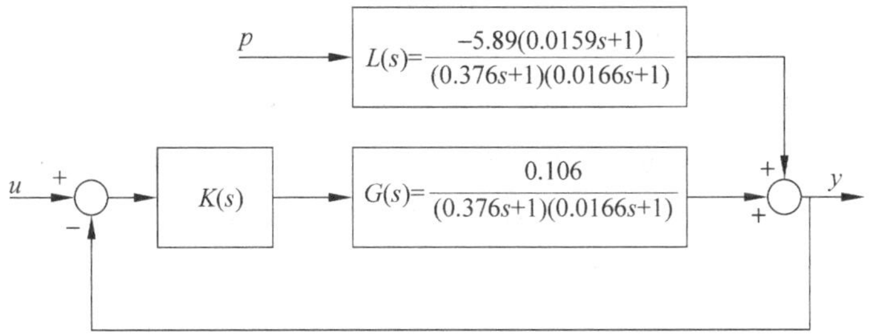

图 5.5.10　直流电动机恒值调速系统的规范化框图

$\deg H_{\text{dstb}}(s)=-1$. 按照表 5.5.1 中相应的栏内列出的传递函数，取

$$H_{\text{dstb}}(s)=\frac{\mu Ts+\nu}{T^2s^2+2\zeta Ts+1}. \tag{5.5.25}$$

现在按照表 5.5.1 中给出的各项关系式逐条列出 T,ζ,μ,ν 这 4 个可选参数应满足的条件.

首先考虑约束条件，得方程

$$\frac{\mu}{Ts}=\frac{-15}{s}. \tag{5.5.26a}$$

其次考虑恢复过程的特征. 观察图 5.5.4 可见：参数 ζ 过小则振荡过剧，ζ 过大则恢复过程太慢. ζ 的值宜选在 0.6～1.5 的范围内. 现在试取

$$\zeta=1.0. \tag{5.5.26b}$$

继之，输出量峰值 y_{peak} 与恢复时间 t_s 是两项重点指标. 从图 5.5.9 和图 5.5.10 及式(5.5.23)可知，本例 y_{peak} 必为负值. 由于已选 $\zeta=1.0$，故可从图 5.5.5 查得(对于 $0<\zeta<1$ 情形也可按式(5.5.18)计算) y_{peak} 约为 0.368μ，根据指标要求就应有

$$|0.368\mu|\leqslant 0.5. \tag{5.5.26c}$$

恢复时间 t_s 依图 5.5.5 可知约为 $4.4T$，故要求

$$4.4T\leqslant 0.5. \tag{5.5.26d}$$

最后，对静态误差的要求指标为

$$|\nu|\leqslant 0.03. \tag{5.5.26e}$$

本例对于加速度峰值未提出限制，故综合时暂不考虑，只留到综合结束时校核.

式(5.5.26a,b,c,d,e)构成一组联立方程，其中有些是等式，有些是不等式. 它们就是要求 $H_{\text{dstb}}(s)$ 的 4 个参数满足的条件. 本例的这组方程有解. 下面是一组可用的解：

$$T=0.09,\quad \zeta=1.0,\quad \mu=-1.35,\quad \nu=-0.03. \tag{5.5.27}$$

观察这组数据，可见式(5.5.15)确实成立.

把式(5.5.27)的各参数代入式(5.5.25)，得

$$H_{\mathrm{dstb}}(s)=-\frac{0.1215s+0.03}{0.0081s^2+0.18s+1}. \tag{5.5.28}$$

用以上数据代入式(5.5.19),可求得所设计的系统输出量的加速度峰值为$\ddot{y}_{\mathrm{peak}}=333$.如果已知该系统允许的加速度峰值的数据,就可以校核此值能否实现.

把式(5.5.28)与式(5.5.23)一同代入式(5.5.8),算得

$$\begin{aligned}G_{\mathrm{xpct}}(s)&=\frac{0.02528s^3+2.152s^2+38.46s+196.3}{0.02528s^3+1.596s^2+4.443s+1}-1\\&=\frac{195.3(0.156s+1)(0.0183s+1)}{(4.05s+1)(0.376s+1)(0.0166s+1)}.\end{aligned} \tag{5.5.29}$$

$G_{\mathrm{xpct}}(s)$果然是严格真有理函数.画出它的对数频率特性,如图5.5.11.可见闭环系统是稳定的,截止角频率$\omega_c=21\mathrm{s}^{-1}$,稳定裕度充分.再把式(5.5.29)与式(5.5.24)一同代入式(5.5.2),算得

$$G_{\mathrm{ctrl}}(s)=\frac{1840(0.156s+1)(0.0183s+1)}{(4.05s+1)}. \tag{5.5.30}$$

此$G_{\mathrm{ctrl}}(s)$本身稳定,但不是真有理函数.为了将它修改成为真有理函数,必须修改$G_{\mathrm{xpct}}(s)$,即须在式(5.5.29)右端的分母中人为地添加一个惰性因子($T_{\mathrm{add}}s+1$).考虑到开环系统的截止角频率为$\omega_c=21\mathrm{s}^{-1}$,试选$T_{\mathrm{add}}\approx0.1\omega_c^{-1}$即0.005s.容易检验加入此惰性因子后$G_{\mathrm{xpct}}(s)$仍有充分的稳定裕度.现在$G_{\mathrm{ctrl}}(s)$成为

$$G_{\mathrm{ctrl}}(s)=\frac{1840(0.156s+1)(0.0183s+1)}{(4.05s+1)(0.005s+1)}. \tag{5.5.31}$$

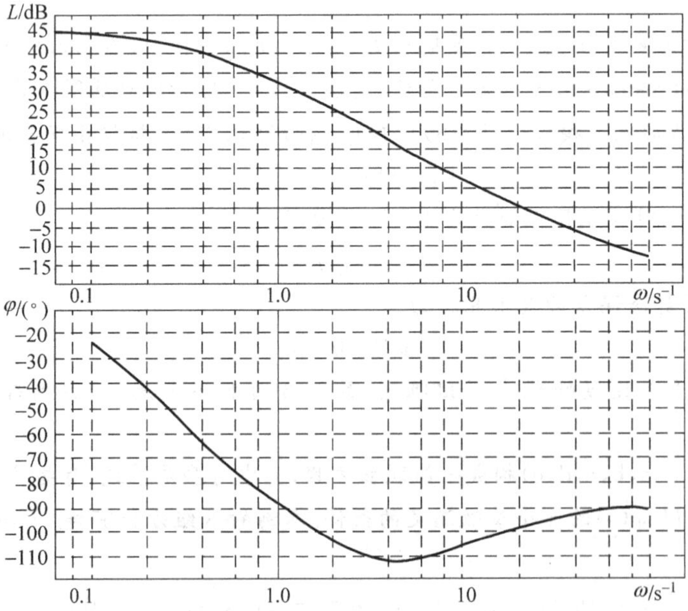

图5.5.11 系统主通道的预期对数频率特性$G_{\mathrm{xpct}}(\mathrm{j}\omega)$

为了检验综合的效果，将此 $G_{ctrl}(s)$ 代入图 5.5.9，并命 $p(t)=1(t)$，在计算机上仿真. 得到的输出量函数 $y(t)$ 如图 5.5.12 所示. 仿真表明：由于在 $G_{ctrl}(s)$ 中添加了上述惰性因子，故恢复过程中的加速度峰值 $\ddot{y}_{peak}$ 稍有降低，成为 291；扰动下的输出量峰值 y_{peak} 则相应地增大到 0.522. 恢复时间延缓到 0.52s. 如果取更大的 T_{add} 值，则 y_{peak} 会更大. □

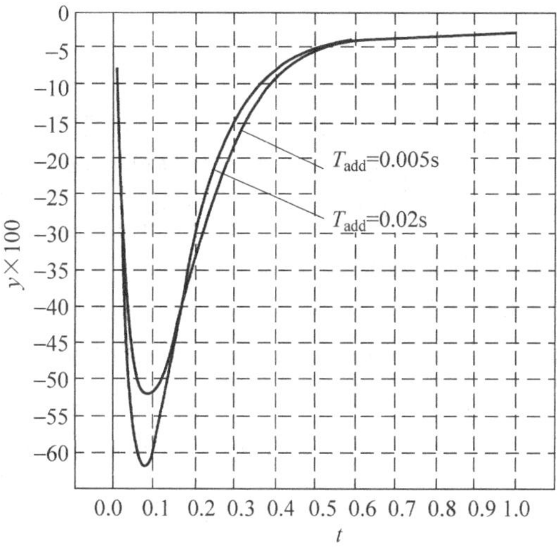

图 5.5.12　恒值调节系统受扰运动的仿真

以上结果说明，为了弥补添加惰性因子造成的影响，在开始综合时，最好预先将允许的 y_{peak} 取得略小些.

5.6　局部反馈校正

局部反馈校正的典型框图如图 5.1.2，现重画于图 5.6.1. 它从系统的固有部分引出反馈信号，设置反馈校正装置 $G_b(s)$. 由 $G_2(s)$ 和 $G_b(s)$ 构成的回路称为**局部闭环**或**内环**，而局部闭环与 $G_1(s)$ 相串联后再构成的闭环称为**主闭环**或**外环**.

为说明局部反馈的校正作用，求出图 5.6.1 中局部闭环的传递函数：

$$G_{locl}(s)=\frac{G_2(s)}{1+G_2(s)G_b(s)}. \tag{5.6.1}$$

其中 $G_2(s)G_b(s)$ 是局部闭环的开环传递函数，记作 $G_{loop}(s)$：

$$G_{loop}(s)=G_2(s)G_b(s). \tag{5.6.2}$$

假设在某个频率段上有 $|G_{loop}(j\omega)|\gg 1$，则称该频率段为**强负反馈**频率段.

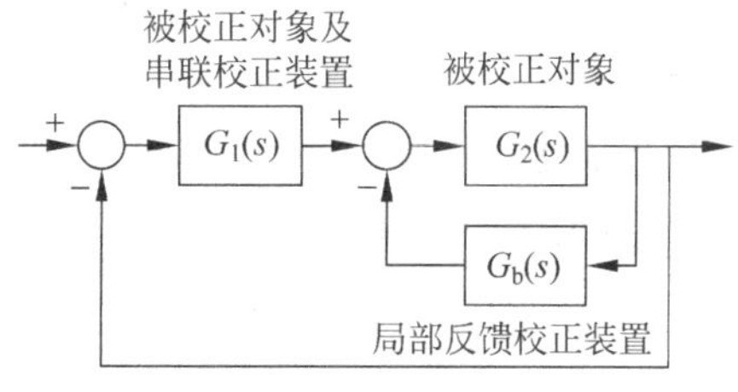

图 5.6.1　局部反馈校正

式(5.6.1)在强负反馈频率段上化为

$$G_{\mathrm{locl}}(s) = \frac{1}{G_{\mathrm{b}}(s)}. \tag{5.6.3}$$

注意,此时 $G_{\mathrm{locl}}(s)$ 与 $G_2(s)$ 几乎无关.反之,假设在某个频率段上有 $|G_{\mathrm{loop}}(\mathrm{j}\omega)| \ll 1$,则称该频率段为**弱负反馈**频率段.式(5.6.1)在弱负反馈频率段上化为

$$G_{\mathrm{locl}}(s) \approx G_2(s), \tag{5.6.4}$$

而与 $G_{\mathrm{b}}(s)$ 几乎无关.

总括式(5.6.3)和式(5.6.4),得到如下命题.

命题 5.6.1 局部闭环的传递函数由式(5.6.1)确定.在**强负反馈**频率段,局部闭环的传递函数近似等于**局部反馈通道传递函数的倒数**,而与加上局部反馈之前原有的传递函数无关.在**弱负反馈**频率段,局部闭环的传递函数近似等于加上局部反馈之前**原有的传递函数**,而弱负反馈几乎不起作用. □

据此,局部反馈的设计思路是:在局部反馈回路中采用高增益,以便在关键的频率段上实现强负反馈,从而将被控制对象的传递函数"改造"得具有希望的动态性质.

例 5.6.1 设图 5.6.1 中的 $G_2(s)$ 是惰性单元,其传递函数为

$$G_2(s) = \frac{K}{Ts+1}, \quad (K>0, T>0) \tag{5.6.5}$$

而局部反馈校正装置为比例单元:

$$G_{\mathrm{b}}(s) = \beta. \quad (\beta > 0) \tag{5.6.6}$$

将式(5.6.5)和式(5.6.6)代入式(5.6.1),容易求得局部闭环的传递函数为

$$G_{\mathrm{locl}}(s) = \frac{G_2(s)}{1+G_2(s)G_{\mathrm{b}}(s)} = \frac{K'}{T's+1}, \tag{5.6.7}$$

其中

$$K' = \frac{K}{1+K\beta}, \quad T' = \frac{T}{1+K\beta}. \tag{5.6.8}$$

可见,惰性单元加上局部比例反馈后,仍为惰性单元,但其时间常数和比例系数都按相同比例减小,而且负反馈愈强(即 β 愈大),减小的幅度就愈大.这里最重要的是时间常数的减小.它表明**比例负反馈削弱了对象原有的惰性**.这通常是受欢迎的.至于比例系数的减小,因为很容易用外加的放大器补偿,所以不重要.

画出 $G_2(s)$ 和 $G_{\mathrm{locl}}(s)$ 的对数频率特性图,如图 5.6.2.图中用虚线表示局部闭环的开环频率特性 $G_{\mathrm{loop}}(\mathrm{j}\omega)=G_2(\mathrm{j}\omega)G_{\mathrm{b}}(\mathrm{j}\omega)$.从图上容易验证命题 5.6.1. □

例 5.6.2 设图 5.6.1 中的 $G_2(s)$ 是随动系统的功率放大器和执行电动机.$G_2(s)$ 的输入量为信号电压 $v(t)$,输出量为电动机轴的转角 $\varphi(t)$.其传递函数为

$$G_2(s) = \frac{\bar{\varphi}(s)}{\bar{v}(s)} = \frac{K}{s(Ts+1)}, \quad (K>0, T>0). \tag{5.6.9}$$

而局部反馈校正装置为测速发电机,其输出电压 $w(t)$ 正比于电动机的转速 $\mathrm{d}\varphi/\mathrm{d}t$,

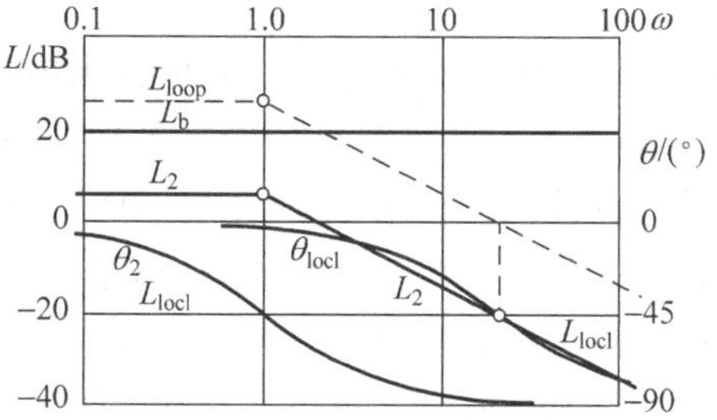

图 5.6.2 经局部比例负反馈改造的惰性单元

故在以转角 $\varphi(t)$ 为输入量时其传递函数为

$$G_b(s) = \frac{\bar{w}(s)}{\bar{\varphi}(s)} = \beta s, \tag{5.6.10}$$

将式(5.6.9)和式(5.6.10)代入式(5.6.1),求得局部闭环的传递函数为

$$G_{locl}(s) = \frac{K'}{s(T's+1)}, \tag{5.6.11}$$

其中

$$K' = \frac{K}{1+K\beta}, \quad T' = \frac{T}{1+K\beta}. \tag{5.6.12}$$

可见本例的局部负反馈所起的作用也是减小时间常数,即削弱惰性的作用.这样用测速发电机实现局部反馈校正是一种常见的方法.

画出 $G_2(s)$ 和 $G_{locl}(s)$ 的对数频率特性图,如图 5.6.3.图中用虚线表示局部闭环的开环频率特性 $G_{loop}(j\omega)=G_2(j\omega)G_b(j\omega)$.从图上容易验证命题 5.6.1. □

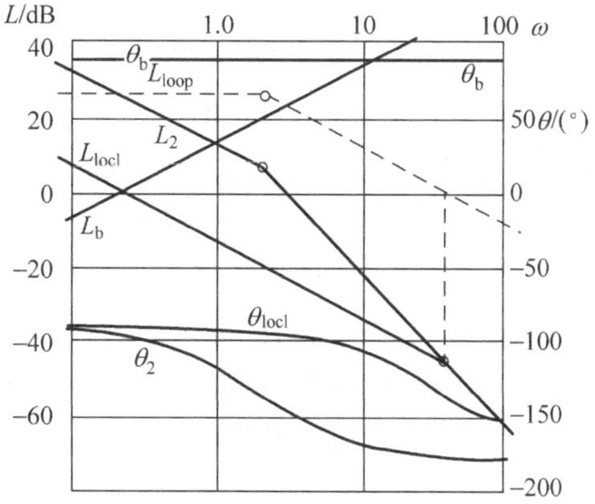

图 5.6.3 经局部速度负反馈改造的惰性积分单元组合

采用局部反馈改造被控制对象后,如果需要,可以再把局部闭环整体当作被控制对象,为它设计串联校正装置,如图 5.6.1 所示.

应当指出,采用局部反馈改造被控制对象固有部分的特性,还有另一些重要优点.

首先,图5.6.1中的$G_2(s)$是系统固有部分的传递函数.由于测量的误差,或由于批量制造的公差,或由于运行条件变化的影响等,它的特性和参数可能并不精确.因而以它为依据设计的控制器也未必准确.局部反馈回路中的$G_b(s)$则是控制系统的设计人自主选定的,可以做得比较准确,从而把$G_2(s)$改造为$1/G_b(s)$的效果也会比较准确和可靠.换句话说,只要局部反馈回路设计得合理,控制系统的动态性能受被控制对象本身的摄动的影响就较小.不仅如此,固有部分$G_2(s)$中的某些饱和、摩擦、齿轮间隙等非线性因素的影响也能得到改善.这是采用局部反馈设计的重要优点之一.

其次,局部反馈校正总是从系统的前向通道的某一元件的输出端引出信号构成反馈回路,也就是说,信号是从功率电平较高的点传向功率电平较低的点.因此通常无须采用附加的放大器.电路的阻抗匹配关系也较容易解决.所以系统整体往往比较简单.

还有,作用在局部反馈回路内各点的各种扰动,由于局部反馈的作用总会在某种程度上受到削弱.例如图5.6.4中的扰动信号$n(t)$,它在局部反馈闭环的输出端a点产生的影响就会由于局部反馈的作用而受到削弱.系统整体的抗扰性能也就得到改善.

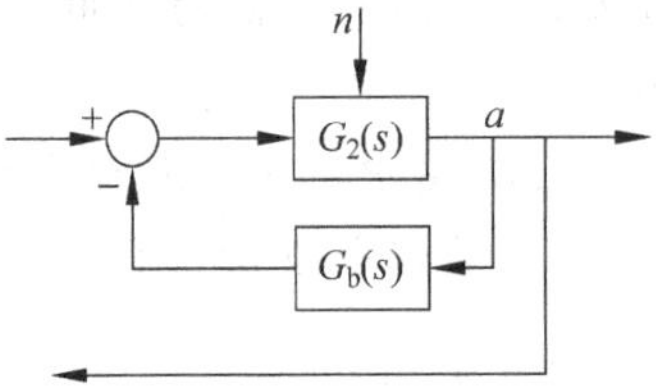

图5.6.4 局部反馈闭环的抗扰作用

还应当指出,局部反馈既然在系统的局部构成一个闭环,而且要求在相当宽的频率段内实现高增益,就有可能引起不稳定的运动.因此在设计局部反馈控制器后,应当首先检验局部闭环是否稳定.如果局部闭环不稳定,或稳定裕度过低,应当在局部闭环中加入必要的校正装置,或适当减小局部闭环回路的增益.总之要首先实现局部闭环的稳定,然后方能进一步设计主闭环的串联校正装置.初学者也许以为,局部闭环本身不稳定似乎无关紧要,可以留到设计主闭环的串联校正装置时一次解决.这种想法是不切实际的.因为在控制系统的实际安装调试流程中,总是要首先接通和调试好内环,然后才能接通和调试外环.而不稳定的内环根本就无法调试.勉强调试可能造成设备损坏或引起保护装置动作而切断系统.所以必须首先保证局部反馈闭环回路本身稳定.

5.7 顺馈控制

串联校正和局部反馈校正都属于闭环反馈控制,即通过对偏差信号进行处理,或是引出系统内部的信号构成局部闭环,以求改善系统性能.本节研究另一种控制方法,即**顺馈控制**,亦称前馈控制.

考察图 5.7.1 所示的顺馈控制与反馈控制相结合的控制系统(常称**复合控制**系统)的典型框图. 其中 $F(s)$称为顺馈控制器. 它产生的控制作用直接施加于被控制对象,因此顺馈控制器实现的是开环控制. 它与闭环控制的区别有二：第一,它不需要等到输出量发生变化并形成偏差后才产生纠正偏差的控制作用,而是在控制作用施加于系统的同时,顺馈控制作用就产生了. 因此它比反馈控制更为"及时". 第二,由于通过 $F(s)$的信号本身不形成闭环,即没有反馈作用,所以如果$F(s)$本身含有误差,或者有外部扰动作用于 $F(s)$上,致使 $F(s)$的输出有了误差,则这个误差将含在 $F(s)$产生的控制作用中,并一道加到被控制对象上,从而造成输出量的误差. 因此顺馈控制不宜单独使用,而应与反馈控制结合使用,以便最终靠反馈作用消除所有误差.

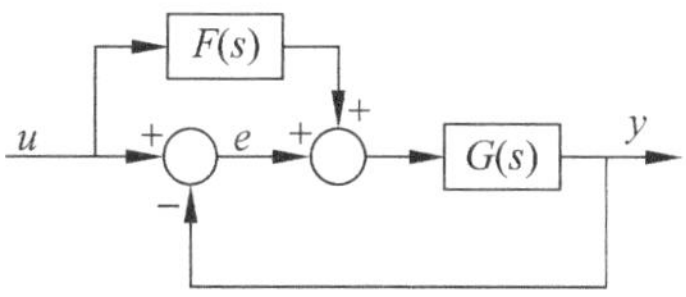

图 5.7.1　复合控制

下面从另一个角度考虑顺馈控制的作用. 从图 5.7.1 所示系统容易导出：它的关于输出量的闭环传递函数 $H_{u-y}(s)$为

$$H_{u-y}(s)=\frac{Y(s)}{U(s)}=\frac{[1+F(s)]G(s)}{1+G(s)}, \tag{5.7.1}$$

而关于误差的闭环传递函数 $H_{u-e}(s)$为

$$H_{u-e}(s)=\frac{E(s)}{U(s)}=\frac{1-G(s)F(s)}{1+G(s)}. \tag{5.7.2}$$

如果选择顺馈控制器的传递函数为 $F(s)=1/G(s)$,则从式(5.7.2)可得 $H_{u-e}(s)=0$,好像输出量可以与输入量完全相同,没有误差,即对控制作用实现了误差的"不变性",但实际上因 $G(s)$总是真有理函数,所以 $F(s)$不可能是真有理函数,故这样的理想控制不可能实现.

虽然如此,但从式(5.7.1)不难看出,加入 $F(s)$的效果等于将原有的闭环系统传递函数乘以$[1+F(s)]$. 如果取 $F(s)=ks$,就相当于引入输出量的微分信号. 它显然有加快响应过程的作用,有利于改善系统的动态品质. 这是采用顺馈控制的实际益处.

更进一步,假设在图 5.7.1 的系统中,对象的传递函数为

$$G(s)=\frac{b_{n-1}s^{n-1}+b_{n-2}s^{n-2}+\cdots+b_1s+b_0}{a_ns^n+a_{n-1}s^{n-1}+\cdots+a_1s+a_0}, \tag{5.7.3}$$

而取顺馈控制器为

$$F(s)=c_1s+c_0, \tag{5.7.4}$$

其中

$$c_1=(a_1b_0-a_0b_1)/b_0^2,\quad c_0=a_0/b_0, \tag{5.7.5}$$

则利用拉普拉斯变换的终值定理并经过推导,可以证明：对于

$$u(t)=r_1\cdot 1(t)+r_2\cdot t$$

类型的输入量函数,其中 r_1,r_2 为任意,恒有

$$\lim_{t\to\infty} e(t) = 0,$$

即实现对输入量无静差. 固然式(5.7.4)也不是真有理函数,同样无法实现,但可以用

$$F'(s) = \frac{c_1 s + c_0}{(\tau_1 s + 1)(\tau_2 s + 1)} \tag{5.7.6}$$

近似实现 $F(s)$,其中 τ_1 和 τ_2 是小时间常数. 当然对于加入 $F'(s)$ 后的系统应当检验其稳定性.

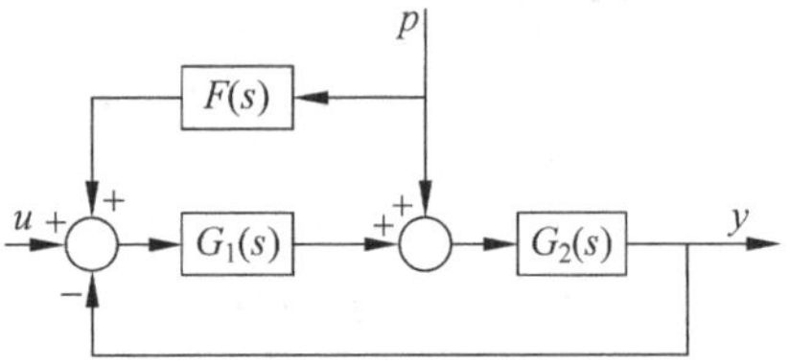

图 5.7.2 复合控制的恒值调节系统

下面考虑图 5.7.2 的系统. 它是一个恒值调节系统,但从扰动作用引入顺馈信号. 其目的也是要在扰动作用施加于系统的同时产生顺馈控制作用,以求比反馈控制更为"及时". 图中 $u(t)$ 为控制量,$p(t)$ 为扰动量,$F(s)$ 为顺馈控制器. 容易求得该系统的输出量关于扰动量的传递函数为

$$H_{p-y}(s) = \frac{Y(s)}{P(s)} = \frac{[1 + F(s)G_1(s)]G_2(s)}{1 + G_1(s)G_2(s)}. \tag{5.7.7}$$

理论上说,在上式中命 $F(s) = -1/G_1(s)$ 可以完全抵消扰动的影响,实现对扰动的"不变性",但如此则 $F(s)$ 不是真有理函数而不可能实现. 实际上适当选择可以实现的 $F(s)$,也能加速响应过程,减小动态误差或静态误差,获取实际益处.

5.8 多变量控制系统的正规矩阵设计方法

本章以上各节所讨论的都是单输入单输出控制系统的常规设计方法. 从本节开始将讨论针对多输入多输出控制系统的一种设计方法,即正规矩阵设计方法. 它也是基于对系统的频率特性分析,但是第一,它的设计目标是使控制系统具有最优鲁棒性. 鉴于鲁棒性是当代控制系统的分析与设计中最受关注的问题之一,所以特别值得重视. 第二,在这种设计方法的基础上已经初步实现了控制系统的智能设计. 因此通过了解这种设计方法,读者可以初步接触控制系统的智能设计问题. 这可能有益于读者的进一步深造.

讨论控制系统的正规矩阵设计方法,要用到一些本书前几章未曾涉及的数学工具. 为适应读者的数学基础并节省篇幅,本节在用到这些数学工具时将只作简要说明,略去某些定理的严格论证. 读者如需进一步了解,可参阅其他著作①.

---

① 例如可参看:高黛陵,吴麒. 多变量频率域控制理论. 北京:清华大学出版社,1998 或吴麒,高黛陵. 控制系统的智能设计. 北京:机械工业出版社,2003

5.8.1　控制系统的鲁棒性与传递函数矩阵的关系

本节研究多变量控制系统的鲁棒性与传递函数矩阵的关系,并将导出多变量鲁棒控制系统的一项重要设计准则,进而提示一种新的设计方法.

假设在设计多变量控制系统时所依据的开环系统传递函数矩阵(称为**名义**开环传递函数矩阵)为 $\boldsymbol{Q}(s)$,其特征轨迹包围复数平面上$-1+\mathrm{j}0$ 点的周数满足基于特征轨迹的奈奎斯特稳定判据,即第 4 章 4.11 节的定理 4.11.1,因而名义系统是稳定的. 又假设 $\boldsymbol{Q}(s)$发生了摄动. 因而在 s 所取的每一数值下,$\boldsymbol{Q}(s)$的特征值发生偏移. 于是 $\boldsymbol{Q}(s)$的整条特征轨迹就会偏离原来的位置. 如果摄动的强度充分大,摄动后的特征轨迹偏离量就可能相当大,因而造成特征轨迹与$-1+\mathrm{j}0$ 点的相对位置的明显变化,甚至可能使特征轨迹包围$-1+\mathrm{j}0$ 点的周数也发生变化,不再满足基于特征轨迹的奈奎斯特稳定判据. 系统因而失去稳定.

为使系统具有优良的鲁棒性,当名义开环传递函数矩阵受到摄动时,应使其特征轨迹对原来轨迹的偏离量尽量小. 可以认为,在开环传递函数矩阵受到一定强度的摄动下,其特征轨迹偏离原来轨迹的幅度愈小,系统的鲁棒性就愈好. 所以要研究的就是: 开环传递函数矩阵具备什么条件,在摄动下其特征轨迹偏离原来轨迹的幅度达到极小?

特征轨迹就是特征函数的轨迹,而特征函数实际就是函数矩阵 $\boldsymbol{Q}(s)$的特征值. 因此问题就归结为: 矩阵应具备什么条件,在受到摄动时其特征值的偏移量才达到极小?

为研究这个问题,需要一些关于复数矩阵的**奇异值分解**的补充数学知识. 不熟悉这些知识的读者,在阅读下面的内容之前可以先读**附录 5.1**.

下面利用复数矩阵的奇异值分解考察矩阵受到摄动时其特征值的偏移问题.

考虑 $m\times m$ 维复数矩阵 $\boldsymbol{G}$. 设它在摄动下变为 $\boldsymbol{G}+\Delta\boldsymbol{G}$,其中 $\Delta\boldsymbol{G}$ 是 $m\times m$ 的不确定复数矩阵. 设 $\boldsymbol{G}$ 的诸特征值为 $\lambda_1,\lambda_2,\cdots,\lambda_m$,而 $\boldsymbol{G}+\Delta\boldsymbol{G}$ 的诸特征值为 λ'_1,$\lambda'_2,\cdots,\lambda'_m$. 要研究的是: 矩阵 $\boldsymbol{G}$ 应具备什么条件,方能使 $\boldsymbol{G}+\Delta\boldsymbol{G}$ 的诸特征值与 $\boldsymbol{G}$ 的诸对应的特征值之间的差值,即特征值的偏移幅度,达到极小.

为此,首先要弄清怎样用数学表达式表示上述差值. 显然不应把新旧特征值之间的差值写作$|\lambda'_1-\lambda_1|$,$|\lambda'_2-\lambda_2|$,等等. 因为矩阵的各特征值的编号是随意的. 矩阵摄动后的第 i 个特征值 λ'_i 在摄动前的原值未必正好是被命名为 λ_i 的那个特征值. 新特征值 λ'_i 所对应的旧特征值,应是所有旧特征值中离 λ'_i 最近的那一个特征值. 因此,特征值 λ'_i 与它所对应的那个旧特征值的差值应当表示为

$$\min_k|\lambda'_i-\lambda_k|$$

方为正确.

下面研究矩阵 $\boldsymbol{G}$ 应具备什么条件,方能使其特征值的偏移幅度达到极小.

定理 5.8.1 设 $\boldsymbol{G}$ 和 $\Delta\boldsymbol{G}$ 均为 $m\times m$ 维复数矩阵，$\boldsymbol{G}$ 的特征值为 $\lambda_1,\lambda_2,\cdots,\lambda_m$，且彼此不相重，而 $\boldsymbol{G}+\Delta\boldsymbol{G}$ 的诸特征值为 $\lambda_1',\lambda_2',\cdots,\lambda_m'$. 则有

$$\min_k |\lambda_i'-\lambda_k| \leqslant \bar{\sigma}(\Delta\boldsymbol{G})\text{cond}\boldsymbol{T},\quad \forall i. \tag{5.8.1}$$

其中 $\bar{\sigma}(\Delta\boldsymbol{G})$ 是矩阵 $\Delta\boldsymbol{G}$ 的最大奇异值，cond$\boldsymbol{T}$ 表示矩阵 $\boldsymbol{T}$ 的条件数，$\boldsymbol{T}$ 是矩阵 $\boldsymbol{G}$ 的任何一个特征向量矩阵. □

在着手证明本定理之前，先考察式(5.8.1)的含义. 上面已经说过，式(5.8.1)的左端是矩阵 $\boldsymbol{G}$ 的第 i 个特征值的偏移量. 所以该式的右端表示的就是各特征值偏移量的上界. 由式可见，此上界与 i 无关. 如果以 $\boldsymbol{G}$ 的 m 个特征值 $\lambda_1,\lambda_2,\cdots,\lambda_m$ 分别在复数平面上的位置为圆心，以式(5.8.1)的右端表达式为半径，分别画 m 个圆，则摄动后的 m 个新特征值 $\lambda_1',\lambda_2',\cdots,\lambda_m'$ 必位于这 m 个圆的内部或圆周上(未必是每个圆内恰好有 1 个新特征值)，如图 5.8.1 所示.

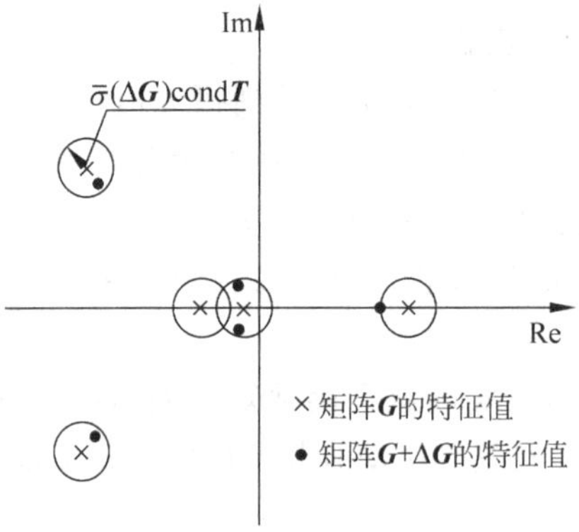

图 5.8.1 摄动下矩阵特征值的偏移

再考察式(5.8.1)的右端. 它是两个因子的乘积：因子 $\bar{\sigma}(\Delta\boldsymbol{G})$ 只取决于矩阵 $\boldsymbol{G}$ 所受摄动 $\Delta\boldsymbol{G}$ 的强度；因子 cond$\boldsymbol{T}$ 是矩阵 $\boldsymbol{G}$ 的特征向量矩阵的条件数，只取决于矩阵 $\boldsymbol{G}$ 本身，而与摄动无关. 式(5.8.1)所表明的就是：一个矩阵的特征向量矩阵的条件数愈小，该矩阵在摄动下的特征值偏移量就愈小.

这个定理对于设计鲁棒控制系统的重要性不言而喻. 下面证明定理 5.8.1.

证明 首先假设 λ_i' 与 $\lambda_1,\lambda_2,\cdots,\lambda_m$ 中的某一个恰好相等，则有

$$\min_k |\lambda_i'-\lambda_k| = 0.$$

把它代入式(5.8.1)的左端，不等式显然成立. 所以只须针对 λ_i' 与 $\lambda_1,\lambda_2,\cdots,\lambda_m$ 中的任何一个都不相等的情形证明本定理就够了.

设矩阵 $\boldsymbol{G}$ 有一个特征值分解为

$$\boldsymbol{A} = \boldsymbol{T}\text{diag}(\lambda_1,\lambda_2,\cdots,\lambda_m)\boldsymbol{T}^{-1}, \tag{5.8.2}$$

因 λ_i' 是 $\boldsymbol{G}+\Delta\boldsymbol{G}$ 的一个特征值，故有

$$\det[\lambda_i'\boldsymbol{I}_m-(\boldsymbol{G}+\Delta\boldsymbol{G})]=0,\quad \forall i. \tag{5.8.3}$$

对式(5.8.3)的左端作如下的推导：

式(5.8.3)的左端

$$\begin{aligned}
&= \det[\lambda_i'\boldsymbol{I}_m-(\boldsymbol{G}+\Delta\boldsymbol{G})]\\
&= \det[\boldsymbol{T}\lambda_i'\boldsymbol{I}_m\boldsymbol{T}^{-1}-\boldsymbol{G}-\Delta\boldsymbol{G}]\\
&= \det[\boldsymbol{T}\lambda_i'\boldsymbol{I}_m\boldsymbol{T}^{-1}-\boldsymbol{T}\,\text{diag}(\lambda_1,\lambda_2,\cdots,\lambda_m)\boldsymbol{T}^{-1}-\Delta\boldsymbol{G}]
\end{aligned}$$

$$= \det\left[\boldsymbol{T}\begin{bmatrix}\lambda_i' - \lambda_1 & & & \\ & \lambda_i' - \lambda_2 & & \\ & & \ddots & \\ & & & \lambda_i' - \lambda_m\end{bmatrix}\boldsymbol{T}^{-1} - \Delta\boldsymbol{G}\right].$$

为便于书写和阅读，引入矩阵$\boldsymbol{\Lambda}$：

$$\boldsymbol{\Lambda} = \begin{bmatrix}\lambda_i' - \lambda_1 & & & \\ & \lambda_i' - \lambda_2 & & \\ & & \ddots & \\ & & & \lambda_i' - \lambda_m\end{bmatrix}.$$

下面继续进行上文的推导：

式(5.8.3)的左端

$$\begin{aligned}
&= \det[\boldsymbol{T}\boldsymbol{\Lambda}\boldsymbol{T}^{-1} - \Delta\boldsymbol{G}] \\
&= \det[\boldsymbol{T}[\boldsymbol{\Lambda} - \boldsymbol{T}^{-1}(\Delta\boldsymbol{G})\boldsymbol{T}]\boldsymbol{T}^{-1}] \\
&= \det \boldsymbol{T} \det[\boldsymbol{\Lambda} - \boldsymbol{T}^{-1}(\Delta\boldsymbol{G})\boldsymbol{T}]\det(\boldsymbol{T}^{-1}) \\
&= \det[\boldsymbol{\Lambda} - \boldsymbol{T}^{-1}(\Delta\boldsymbol{G})\boldsymbol{T}] \\
&= \det[\boldsymbol{\Lambda}[\boldsymbol{I}_m - \boldsymbol{\Lambda}^{-1}\boldsymbol{T}^{-1}(\Delta\boldsymbol{G})\boldsymbol{T}]] \\
&= \det \boldsymbol{\Lambda} \det[\boldsymbol{I}_m - \boldsymbol{\Lambda}^{-1}\boldsymbol{T}^{-1}(\Delta\boldsymbol{G})\boldsymbol{T}].
\end{aligned}$$

既然 λ_i' 与 $\lambda_1, \lambda_2, \cdots, \lambda_m$ 中的任何一个都不相等，故 $\det \boldsymbol{\Lambda} \neq 0$. 把上式代回式(5.8.3)的左端，并消去 $\det \boldsymbol{\Lambda}$，便得

$$\det[\boldsymbol{I}_m - \boldsymbol{\Lambda}^{-1}\boldsymbol{T}^{-1}(\Delta\boldsymbol{G})\boldsymbol{T}] = 0,$$

即

$$\det\left[\boldsymbol{I}_m - \begin{bmatrix}\dfrac{1}{\lambda_i' - \lambda_1} & & & \\ & \dfrac{1}{\lambda_i' - \lambda_2} & & \\ & & \ddots & \\ & & & \dfrac{1}{\lambda_i' - \lambda_m}\end{bmatrix}\boldsymbol{T}^{-1}(\Delta\boldsymbol{G})\boldsymbol{T}\right] = 0, \quad \forall i.$$

众所周知，如果方形矩阵 $\boldsymbol{D}$ 满足 $\det(c\boldsymbol{I} - \boldsymbol{D}) = 0$，则 $\boldsymbol{D}$ 必有一个特征值为 c. 据此由上式可知，方形矩阵

$$\begin{bmatrix}\dfrac{1}{\lambda_i' - \lambda_1} & & & \\ & \dfrac{1}{\lambda_i' - \lambda_2} & & \\ & & \ddots & \\ & & & \dfrac{1}{\lambda_i' - \lambda_m}\end{bmatrix}\boldsymbol{T}^{-1}(\Delta\boldsymbol{G})\boldsymbol{T}, \quad \forall i$$

必有一个特征值为1.于是根据附录5的定理5.A1.2有

$$\bar{\sigma}\left[\begin{bmatrix}\frac{1}{\lambda_i'-\lambda_1} & & & \\ & \frac{1}{\lambda_i'-\lambda_2} & & \\ & & \ddots & \\ & & & \frac{1}{\lambda_i'-\lambda_m}\end{bmatrix}\boldsymbol{T}^{-1}(\Delta\boldsymbol{G})\boldsymbol{T}\right]\geqslant 1,\quad \forall i.$$

进而根据定理5.A1.3有

$$\bar{\sigma}\begin{bmatrix}\frac{1}{\lambda_i'-\lambda_1} & & & \\ & \frac{1}{\lambda_i'-\lambda_2} & & \\ & & \ddots & \\ & & & \frac{1}{\lambda_i'-\lambda_m}\end{bmatrix}\bar{\sigma}(\boldsymbol{T}^{-1})\,\bar{\sigma}(\Delta\boldsymbol{G})\,\bar{\sigma}(\boldsymbol{T})\geqslant 1,\quad \forall i.$$

根据附录5的推论5.A1.1即有

$$\max_k\left|\frac{1}{\lambda_i'-\lambda_k}\right|\bar{\sigma}(\boldsymbol{T}^{-1})\,\bar{\sigma}(\Delta\boldsymbol{G})\,\bar{\sigma}(\boldsymbol{T})\geqslant 1,\quad \forall i.$$

对上式稍作整理,并注意到

$$\max_k\left|\frac{1}{\lambda_i'-\lambda_k}\right|=\frac{1}{\min\limits_k|\lambda_i'-\lambda_k|}$$

及

$$\bar{\sigma}(\boldsymbol{T}^{-1})\,\bar{\sigma}(\boldsymbol{T})=\bar{\sigma}(\boldsymbol{T})/\underline{\sigma}(\boldsymbol{T})=\mathrm{cond}\boldsymbol{T},$$

便得式(5.8.1). □

下面是一个例子.

例5.8.1 考虑以下两个矩阵:

$$\boldsymbol{A}=\begin{bmatrix}12+\mathrm{j}3 & 6-\mathrm{j}6\\ 6-\mathrm{j}6 & 3+\mathrm{j}12\end{bmatrix},\quad \boldsymbol{B}=\begin{bmatrix}20-\mathrm{j}5 & -10+\mathrm{j}10\\ 10-\mathrm{j}10 & -5+\mathrm{j}20\end{bmatrix}.$$

它们的特征值相同:$\lambda_{A1}=\lambda_{B1}=15$,$\lambda_{A2}=\lambda_{B2}=\mathrm{j}15$,但特征向量矩阵不同:

$$\boldsymbol{T}_A=\begin{bmatrix}2 & -1\\ 1 & 2\end{bmatrix},\quad \boldsymbol{T}_B=\begin{bmatrix}2 & 1\\ 1 & 2\end{bmatrix}.$$

可以求得$\mathrm{cond}\boldsymbol{T}_A=1$,而$\mathrm{cond}\boldsymbol{T}_B=3$.现在设矩阵$\boldsymbol{A}$和$\boldsymbol{B}$分别受到摄动强度相同的摄动:

$$\Delta\boldsymbol{A}=\Delta\boldsymbol{B}=\begin{bmatrix}0 & -5\\ 5 & 0\end{bmatrix}.$$

摄动的强度为$\bar{\sigma}(\Delta\boldsymbol{A})=\bar{\sigma}(\Delta\boldsymbol{B})=5$.依式(5.8.1),矩阵$\boldsymbol{A}$的特征值偏移量的上界为5,而矩阵$\boldsymbol{B}$的特征值偏移量的上界则为15.事实上,摄动后矩阵$\boldsymbol{A}$变为

$$\boldsymbol{A}+\Delta\boldsymbol{A}=\begin{bmatrix}12+\mathrm{j}3 & 1-\mathrm{j}6\\ 11-\mathrm{j}6 & 3+\mathrm{j}12\end{bmatrix},$$

新特征值为 $\lambda'_{A1}=14.22-\mathrm{j}0.87$，$\lambda'_{A2}=0.78+\mathrm{j}15.87$. 与矩阵 $\boldsymbol{A}$ 原来的特征值相比，其实际偏移量为 1.17. 而摄动后矩阵 $\boldsymbol{B}+\Delta\boldsymbol{B}$ 的新特征值为 $\lambda'_{B1}=8.06-\mathrm{j}3.69$，$\lambda'_{B2}=6.94+\mathrm{j}18.69$，其实际偏移量达 7.86，即超过矩阵 $\boldsymbol{A}$ 的特征值偏移量的 6 倍. □

由例 5.8.1 可见特征向量矩阵的条件数之重要性. 在设计鲁棒控制系统时显然应使开环系统的名义传递函数矩阵的特征向量矩阵的条件数尽可能小，方可使系统在摄动下保持其开环特征轨迹的偏离幅度达到最小.

这就是对 5.8.1 节开始时所提出的问题的答案.

下面是另一个有趣的例子.

例 5.8.2　某被控制对象的传递函数矩阵为

$$\boldsymbol{G}(s)=\frac{k}{(s+1)(s+2)}\begin{bmatrix}-47+2 & -56s\\ 42s & 50s+2\end{bmatrix}. \tag{5.8.4}$$

它的特征函数是

$$\lambda_1(s)=\frac{2k}{s+2},\quad \lambda_2(s)=\frac{k}{s+1}.$$

显然，只要 k 是正数，上述特征轨迹永远是复数平面右半面上的两个圆，根本不可能接触左半平面，更谈不到包围 $-1+\mathrm{j}0$ 点. 使人感觉这个对象似乎有“无穷大的稳定裕度”，无论增益 k 的值发生多大摄动，这个对象本身接成闭环后总应该是稳定的.

然而实际情形并非如此. 如果把该 $\boldsymbol{G}(s)$ 本身接成闭环，即保持 $k=1$，假设 $\boldsymbol{G}(s)$ 因受到摄动而变为

$$\boldsymbol{G}'(s)=\boldsymbol{G}(s)\begin{bmatrix}1+\delta & \\ & 1-\delta\end{bmatrix},$$

则只要 δ 从 0 增大到 0.07，即只要把 $\boldsymbol{G}(s)$ 的第 1 列增大 7%，同时把第 2 列减小 7%，闭环系统就失去稳定了. 图 5.8.2 是 $\boldsymbol{G}'(s)$ 的特征轨迹的一个支 $\lambda'_1(s)$ 随 δ 而

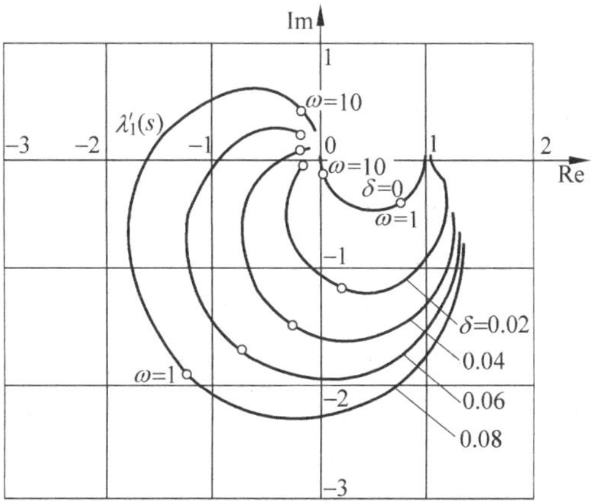

图 5.8.2　摄动下矩阵特征轨迹的变化

变化的情况.从图中可见其特征轨迹对摄动极为敏感.该系统的鲁棒性极差.

本例的矩阵 $\boldsymbol{G}(s)$ 所以缺乏鲁棒性,正是因为 $\boldsymbol{G}(s)$ 的特征向量矩阵是

$$\boldsymbol{T}=\begin{bmatrix}6.938 & 7\\ -6.071 & -6\end{bmatrix}.$$

该特征向量矩阵与 s 无关,是个常数矩阵.它的两个奇异值分别是 13.04 和 0.0663,条件数 cond$\boldsymbol{T}$ 高达 197! □

顺便指出,一个矩阵的特征向量矩阵并不是唯一的.不同的特征向量矩阵的条件数也不同.所以在用式(5.8.1)估计某一矩阵的特征值偏移量的上界时,应当在其所有特征向量矩阵中选取条件数 cond$\boldsymbol{T}$ 最小的一个作为式(5.8.1)中的 $\boldsymbol{T}$,以求尽量减小估计的保守性.

5.8.2 正规矩阵设计方法的基本思路

定义 5.8.1 如果方矩阵 $\boldsymbol{G}$ 与它的共轭转置矩阵在相乘时是可交换的,即有

$$\boldsymbol{G}^{*}\boldsymbol{G}=\boldsymbol{G}\boldsymbol{G}^{*}, \tag{5.8.5}$$

则称 $\boldsymbol{G}$ 是**正规矩阵**.式(5.8.5)中的"$*$"表示向量或矩阵的共轭转置. □

显然,对角矩阵、实数对称矩阵、实数正交矩阵和酉矩阵都是正规矩阵.但正规矩阵不限于这些.下面这个矩阵并不是对角矩阵、实数对称矩阵、实数正交矩阵或酉矩阵,但它满足式(5.8.5),是正规矩阵的一个例子:

$$\boldsymbol{G}=\begin{bmatrix}5+\mathrm{j}4 & 6-\mathrm{j}1\\ -6+\mathrm{j}1 & 5+\mathrm{j}4\end{bmatrix}.$$

显然,如果 $\boldsymbol{G}$ 是正规矩阵,则 $\boldsymbol{G}^{*}$ 也是正规矩阵.如果 $\boldsymbol{G}$ 有逆,则 $\boldsymbol{G}^{-1}$ 也是正规矩阵.但正规矩阵的乘积未必是正规矩阵.

定理 5.8.2 方形矩阵是正规矩阵的充分必要条件是其特征向量矩阵可以取为酉矩阵. □

定理 5.8.2 是正规矩阵的一项基本性质.它有时被作为正规矩阵的定义.在定理 5.8.1 和 5.8.2 的基础上,立即可以导出对于设计鲁棒控制系统极为重要的如下定理.

定理 5.8.3 在同样强度的不确定摄动下,矩阵特征值偏移量上界达到极小的充分必要条件是矩阵为**正规矩阵**.

证明 根据定理 5.8.2,正规矩阵的特征向量矩阵可以取为酉矩阵.又根据附录 5 的推论 5.A1.3,酉矩阵的条件数为 1.这是条件数能达到的最小值.由此可知,在同样强度的摄动下,正规矩阵特征值偏移量的上界达到极小.

反之,如果在摄动下矩阵 $\boldsymbol{G}$ 的特征值偏移量达到极小,则其特征向量矩阵 $\boldsymbol{T}$ 的条件数应达到 1,故特征向量矩阵 $\boldsymbol{T}$ 的最大奇异值与最小奇异值应相等.因此可用 σ 记 $\boldsymbol{T}$ 的所有奇异值.而 $\boldsymbol{T}$ 的奇异值分解式可表为 $\boldsymbol{T}=\boldsymbol{Y}(\sigma\boldsymbol{I})\boldsymbol{U}^{*}=\sigma\boldsymbol{Y}\boldsymbol{U}^{*}$,其中 $\boldsymbol{Y}$

和 $\boldsymbol{U}$ 均为酉矩阵,故 $\boldsymbol{YU}^*$ 也是酉矩阵. 既然 $\boldsymbol{T}$ 是 $\boldsymbol{G}$ 的一个特征向量矩阵,则用 σ 除 $\boldsymbol{T}$ 所得的酉矩阵 $\boldsymbol{YU}^*$ 仍是 $\boldsymbol{G}$ 的一个特征向量矩阵. 根据定理 5.8.2 便知 $\boldsymbol{G}$ 是正规矩阵. □

在 5.8.1 节的例 5.8.1 中,矩阵 $\boldsymbol{A}$ 就是一个正规矩阵,而矩阵 $\boldsymbol{B}$ 则不是.

在 5.8.1 节开始处已经指出,当系统的开环传递函数矩阵受到摄动时,其特征轨迹偏离的幅度愈小,系统的鲁棒性就愈好. 鉴于特征轨迹就是当 s 沿 D 形围线连续变化时特征函数描出的轨迹,所以根据本定理可知：要想使系统的鲁棒性达到最优,办法就是：当 s 沿 D 形围线连续变化时,**使系统的开环传递函数矩阵保持为正规矩阵**. 如果实现了这个要求,则在摄动的作用下,开环特征轨迹的每一点的偏移量的上界都达到最小,整个特征轨迹包围 $-1+\mathrm{j}0$ 点的周数发生变化的风险自然降到最低. 系统能耐受的摄动的强度则达到最大.

为了方便,今后我们把当 s 沿 D 形围线连续变化时保持为正规矩阵的传递函数矩阵简称为**正规传递函数矩阵**.

基于正规传递函数矩阵的多变量鲁棒控制系统设计问题的提法如下：

给定名义对象的 $m\times m$ 维传递函数矩阵 $\boldsymbol{G}(s)$,要求设计 $m\times m$ 维控制器矩阵 $\boldsymbol{K}(s)$,如图 5.8.3,使得

(1) 名义系统 $\boldsymbol{Q}(s)=\boldsymbol{G}(s)\boldsymbol{K}(s)$ 闭环稳定,且静态和动态性能令人满意；

(2) 名义系统的开环传递函数矩阵 $\boldsymbol{Q}(s)$ 是正规矩阵或近似正规矩阵.

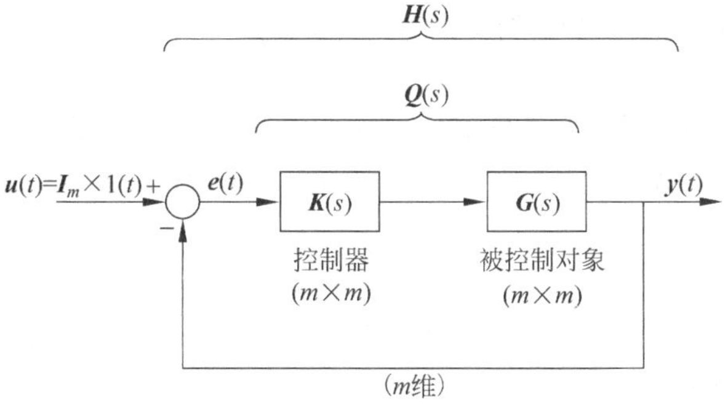

图 5.8.3 多变量控制系统

上述的第(2)项要求只保证所设计的系统具有最优鲁棒性,即能耐受最大限度的摄动而保持稳定. 至于它所能耐受的摄动强度是否已能满足实际工程需要,则须通过实验或仿真确定.

按照上述思路设计控制系统的各种方法,可以统称为设计控制系统的**正规矩阵方法**. 5.8.3 节将叙述其中最先进的一种,即正规矩阵参数优化方法.

在此还要指出设计控制系统的正规矩阵方法**与 $\boldsymbol{H}_\infty$ 控制理论的关系**.

20 多年来,H_∞ 控制理论备受瞩目. 它有严密的数学理论并已有实用的设计软件,按照 H_∞ 控制理论设计的系统具有最优的鲁棒性,所以在控制理论界受到高度

重视. 但是按照 H_∞ 控制理论设计出来的控制器往往很复杂：高达几十阶不为罕见，令人望而却步，而且控制器还可能本身不稳定. 设计过程中又不容易兼顾系统的动态品质. 另外，它的计算过程要用到相当高深的数学工具. 所以基于 H_∞ 控制理论的设计方法在工程界不易普及. 尽管如此，但传递函数矩阵的 H_∞ 范数可以作为评价控制系统鲁棒性的良好指标却是不争的事实. 这里需要特别指出的是：已经证明，**在给定的特征函数下，只要控制系统的传递函数矩阵为正规矩阵，就可以保证其 H_∞ 范数达到最优**①，而且还可以兼顾控制器的简单性. 这对于工程问题显然有重要价值.

5.8.3 控制系统的正规矩阵参数优化设计方法

控制系统的正规矩阵参数优化(Optimization of Parametrized Normal Matrix，简称 OPNORM)设计方法由本书编著者于 1992 年提出，是多变量鲁棒控制系统的一种有效的设计方法. 本节简要叙述这种设计方法.

从工程实用的角度考虑，多变量控制系统的主要设计目标有三，即(1)鲁棒性好；(2)动态品质好；(3)控制器简单.

定理 5.8.3 已经证明正规传递函数矩阵能保证控制系统的最优鲁棒性. 所以上述的多变量控制系统的 3 项主要设计目标中的目标(1)可以修改为

(1a) 控制系统的开环传递函数矩阵是正规矩阵.

现在设计问题的提法如下.

设被控制对象的传递函数矩阵 $\boldsymbol{G}(s)$ 为 $m\times m$ 的实系数有理函数矩阵. 要求为它设计 $m\times m$ 的实系数有理函数控制器矩阵 $\boldsymbol{K}(s)$，使所得的控制系统开环传递函数矩阵

$$\boldsymbol{Q}(s)=\boldsymbol{G}(s)\boldsymbol{K}(s) \tag{5.8.6}$$

为正规矩阵，闭环稳定，且有最佳的鲁棒性和优良的动态品质，而且控制器尽量简单，即 $\boldsymbol{K}(s)$ 的各元的阶尽可能低.

这个问题的主要难点是实现目标(1a). 其困难在于：对于给定的 $\boldsymbol{G}(s)$，如何找到另一个矩阵 $\boldsymbol{K}(s)$，使它们的乘积 $\boldsymbol{Q}(s)$ 成为正规传递函数矩阵.

根据定理 5.8.2，开环传递函数矩阵为正规的充分必要条件是：在 D 形围线上处处都有以酉矩阵为特征向量矩阵的特征函数分解. 因此，只要在全体函数矩阵中取一个在 D 形围线上处处为酉矩阵的函数矩阵作为 $\boldsymbol{U}(s)$，又在全体对角函数矩阵中取一个作为 $\boldsymbol{D}(s)$，用这样取得的 $\boldsymbol{U}(s)$ 和 $\boldsymbol{D}(s)$ 代入下式构造 $\boldsymbol{Q}(s)$：

$$\boldsymbol{Q}(s)=\boldsymbol{U}(s)\boldsymbol{D}(s)\boldsymbol{U}^*(s), \tag{5.8.7}$$

---

① Zhang Lin(张霖). The H_∞ index of normal transfer function matrices. Proc. 1993 IEEE Region 10 Conference on Computer, Communication, Control and Power Engineering, 1993, Beijing, 4, 213—217

则不论所选的是哪一组 $\boldsymbol{U}(s)$ 和 $\boldsymbol{D}(s)$，矩阵 $\boldsymbol{Q}(s)$ 总是正规传递函数矩阵. 总能保证目标(1a)的实现. 在此基础上只须取 $\boldsymbol{K}(s)$ 作为控制器矩阵，使满足式(5.8.6)，即取 $\boldsymbol{K}(s)=\boldsymbol{G}^{-1}(s)\boldsymbol{Q}(s)$，系统就有最优鲁棒性.

至于目标(2)和(3)，可以用优化方法实现. 只须为酉矩阵 $\boldsymbol{U}(s)$ 和对角矩阵 $\boldsymbol{D}(s)$ 规定充分宽的选择空间，总能以目标(2)和(3)为指标选得良好的 $\boldsymbol{U}(s)$ 和 $\boldsymbol{D}(s)$，使所得的控制系统具有良好的动态品质，同时使所得的控制器尽量简单.

为了优选矩阵 $\boldsymbol{U}(s)$ 和 $\boldsymbol{D}(s)$，首先要把它们**参数化**，即把它们表示为一系列参数，然后优化这些参数. 下面细述.

(1) **特征函数矩阵的参数化**

把式(5.8.7)中的对角矩阵 $\boldsymbol{D}(s)$ 写成

$$\boldsymbol{D}(s) = \operatorname{diag}[q_1(s), q_2(s), \cdots, q_m(s)], \tag{5.8.8}$$

则诸 $q_k(s)$ 的总体就是矩阵 $\boldsymbol{Q}(s)$ 的特征函数，$k=1,2,\cdots,m$. 第 4 章 4.11 节的定理 4.11.1 已经证明：多变量控制系统的稳定性取决于诸 $q_k(s)$ 包围复数平面上 $-1+\mathrm{j}0$ 点的周数之和. 如果被控制对象在复数平面的右半面上没有极点，也没有解耦零点，则各 $q_k(s)$ 都不应包围 $-1+\mathrm{j}0$ 点. 这就是为诸 $q_k(s)$ 规定的优选空间.

下面分析矩阵 $\boldsymbol{D}(s)$ 对控制系统的动态性能的影响.

记该控制系统的闭环传递函数矩阵为 $\boldsymbol{H}(s)$，根据式(5.8.7)和式(5.8.8)可得

$$\begin{aligned}\boldsymbol{H}(s) &= [\boldsymbol{I}_m + \boldsymbol{Q}(s)]^{-1}\boldsymbol{Q}(s)\\ &= [\boldsymbol{I}_m + \boldsymbol{U}(s)\boldsymbol{D}(s)\boldsymbol{U}^{-1}(s)]^{-1}\boldsymbol{U}(s)\boldsymbol{D}(s)\boldsymbol{U}^{-1}(s)\\ &= [\boldsymbol{U}(s)(\boldsymbol{I}_m + \boldsymbol{D}(s))\boldsymbol{U}^{-1}(s)]^{-1}\boldsymbol{U}(s)\boldsymbol{D}(s)\boldsymbol{U}^{-1}(s)\\ &= \boldsymbol{U}(s)[\boldsymbol{I}_m + \boldsymbol{D}(s)]^{-1}\boldsymbol{U}^{-1}(s)\boldsymbol{U}(s)\boldsymbol{D}(s)\boldsymbol{U}^{-1}(s)\\ &= \boldsymbol{U}(s)[\boldsymbol{I}_m + \boldsymbol{D}(s)]^{-1}\boldsymbol{D}(s)\boldsymbol{U}^{-1}(s)\\ &= \boldsymbol{U}(s)\operatorname{diag}\left[\frac{q_1(s)}{1+q_1(s)}, \frac{q_2(s)}{1+q_2(s)}, \cdots, \frac{q_m(s)}{1+q_m(s)}\right]\boldsymbol{U}^{-1}(s).\end{aligned} \tag{5.8.9}$$

记

$$h_k(s) = \frac{q_k(s)}{1+q_k(s)}, \quad k = 1,2,\cdots,m, \tag{5.8.10}$$

则式(5.8.9)可写为

$$\boldsymbol{H}(s) = \boldsymbol{U}(s)\operatorname{diag}[h_1(s), h_2(s), \cdots, h_m(s)]\boldsymbol{U}^{-1}(s). \tag{5.8.11}$$

显然诸 $h_k(s)$ 正是闭环系统传递函数矩阵 $\boldsymbol{H}(s)$ 的特征函数.

关于诸 $q_k(s)$ 与诸 $h_k(s)$ 的关系，即开环系统特征函数的一支与闭环系统特征函数的一支之间的关系，式(5.8.10)表明：它恰如一个虚拟的单变量系统的开环传递函数与闭环传递函数之间的关系. 这个虚拟的系统以 $q_k(s)$ 为其开环传递函数，$k=1,2,\cdots,m$，如图 5.8.4. 这样的虚拟的单变量系统共有 m 个. 只要按单变量系统的传统设计原则设计诸 $q_k(s)$，就不难使诸

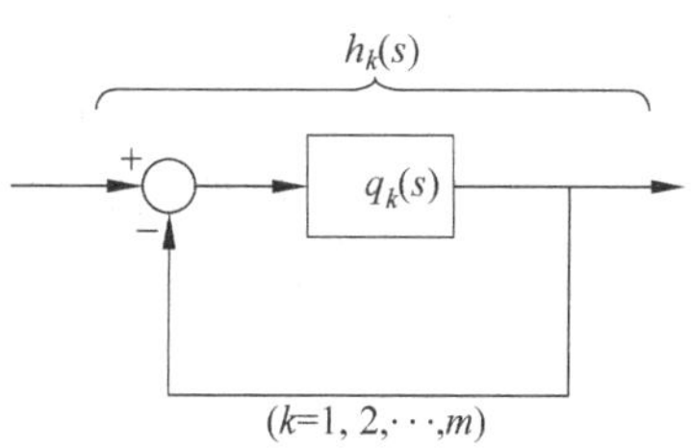

图 5.8.4 虚拟的单变量系统

$h_k(s)$具有良好的动态品质.

进而从式(5.8.11)可以看出,矩阵$\boldsymbol{H}(s)$的各元$h_{i,j}(s)$可以表为

$$h_{i,j}(s)=\sum_{k=1}^{m}u_{i,k}(s)\,\hat{u}_{k,j}(s)h_k(s),\quad \forall\, i,j. \tag{5.8.12}$$

其中$u_{i,k}(s)$是矩阵$\boldsymbol{U}(s)$的(i,k)元,$\hat{u}_{k,j}(s)$是矩阵$\boldsymbol{U}^{-1}(s)$的(k,j)元.实际上总是把矩阵$\boldsymbol{U}(s)$取为实常数矩阵,故诸$u_{i,k}(s)$和诸$\hat{u}_{k,j}(s)$实际上都是实常数,因而矩阵$\boldsymbol{H}(s)$的每个元$h_{i,j}(s)$都是诸$h_k(s)$的线性组合.所以不难理解,如果某一个$h_k(s)$的动态品质不好(例如响应很慢或有剧烈振荡),自然会对相关的各$h_{i,j}(s)$即实际系统的响应产生不好的影响.反之,如果每个$h_k(s)$的动态品质都很好,则实际系统的响应$h_{i,j}(s)$自然也不至于太差.

总之,只须按照单变量控制系统的传统设计原则设计$\boldsymbol{D}(s)$的各对角元$q_k(s)$,所得的多变量系统就有良好的稳定性和动态品质.

如果采用第4章4.13.2节所述的典型4阶开环模型,则矩阵$\boldsymbol{D}(s)$的每个元可以用图4.13.4中的$\omega_c,\alpha,\beta,\gamma,\delta$等5个参数表示.$n\times n$的矩阵$\boldsymbol{D}(s)$就有$5n$个参数.对这些参数的优选过程就化为对这些参数值的优选过程.

(2) 特征向量矩阵的参数化

前已说明,为了保证系统的鲁棒性,特征向量矩阵$\boldsymbol{U}(s)$应是酉矩阵.只要$\boldsymbol{U}(s)$是酉矩阵,控制系统就总有最优鲁棒性.从这个意义上说,所有酉矩阵的"价值"相同.所以$\boldsymbol{U}(s)$有很宽的选择空间.

困难的是:矩阵$\boldsymbol{U}(s)$的各元是s的函数.要求$\boldsymbol{U}(s)$是酉矩阵就意味着当s沿D形围线变化时$\boldsymbol{U}(s)$应一直保持为酉矩阵.这样的函数矩阵很难构造.即使构造出来,由此求得的控制器矩阵$\boldsymbol{K}(s)$也会复杂得无法实现.

本章的附录5指出,实数正交矩阵是酉矩阵的特例.所以把$\boldsymbol{U}(s)$取为实数正交矩阵是解决上述困难的一个好办法.这样也可以使控制器矩阵$\boldsymbol{K}(s)$尽量简单.以下我们把取为实常数正交矩阵的$\boldsymbol{U}(s)$简记为$\boldsymbol{U}$.

对于2×2的情形,可以取实数ψ为参数,任选下面两个公式之一把$\boldsymbol{U}$参数化:

$$\boldsymbol{U}=\boldsymbol{U}(\psi)=\begin{bmatrix}\sin\psi & -\cos\psi\\ \cos\psi & \sin\psi\end{bmatrix}\quad 或\quad \boldsymbol{U}=\boldsymbol{U}(\psi)=\begin{bmatrix}\sin\psi & \cos\psi\\ \cos\psi & -\sin\psi\end{bmatrix}, \tag{5.8.13}$$

其中$0\leqslant\psi<\pi$.不难验证$\boldsymbol{U}(\psi)$是正交矩阵.

对于$m>2$的$m\times m$维矩阵,则可以取满足$|\boldsymbol{x}|=1$的m维任意实数向量$\boldsymbol{x}$为参数,用下面的公式把$\boldsymbol{U}$参数化:

$$\boldsymbol{U}=\boldsymbol{U}(\boldsymbol{x})=\boldsymbol{I}_m-2\boldsymbol{x}\boldsymbol{x}^{*}. \tag{5.8.14}$$

不难验证$\boldsymbol{U}(\boldsymbol{x})$是正交矩阵.

这样,对矩阵$\boldsymbol{U}(s)$的优选过程就化为对参数ψ或参数向量$\boldsymbol{x}$的优选过程.

应当说明，为保证控制系统的最佳鲁棒性，只要求 $\boldsymbol{U}$ 是酉矩阵. 故本来可以在全体复数酉矩阵中优选，现在把优选的空间局限于实常数正交矩阵. 这只是全体酉矩阵的一个很小的子集合. 后来又进一步把优选的范围局限于式(5.8.13)和式(5.8.14)，这就是更小的子集合了. 如此一再压缩优选的空间，似乎不利于优选的效果. 其实，这些“小小的”子集合才是工程上现实可行的选择范围. 实际经验表明，在这些子集合中优选，选择的空间事实上已经足够.

(3) **控制器的简化**

如前所述，只要选取一组单变量传递函数构成对角矩阵 $\boldsymbol{D}(s)$，又在式(5.8.13)或式(5.8.14)中选取实数 ψ 或实数向量 $\boldsymbol{x}$ 构成实数正交矩阵 $\boldsymbol{U}$，把它们代入式(5.8.7)构成开环系统传递函数矩阵 $\boldsymbol{Q}(s)$，此 $\boldsymbol{Q}(s)$ 就是正规矩阵. 再用式(5.8.6)算出控制器矩阵 $\boldsymbol{K}(s)$，此 $\boldsymbol{K}(s)$ 就既能保证系统的稳定性和动态品质，又保证系统具有最优鲁棒性. 设计的 3 项主要目标之(1a)和(2)就都实现了.

但是如此算得的控制器矩阵 $\boldsymbol{K}(s)$ 可能相当复杂. 式(5.8.7)提示：矩阵 $\boldsymbol{Q}(s)$ 的每个元 $q_{i,j}(s)$ 都是矩阵 $\boldsymbol{D}(s)$ 的诸对角元 $q_k(s)$ 的线性组合. 由于计算线性组合时要将诸 $q_k(s)$ 通分求和，所以诸 $q_{i,j}(s)$ 的表达式就会比较复杂. 而式(5.8.6)中的求逆运算更会使所得的 $\boldsymbol{K}(s)$ 的每个元都成为阶很高的复杂有理函数. 这与上述 3 项主要目标之(3)相矛盾.

从工程角度看，控制器的简单性很重要. 传递函数表达式过于复杂的控制器，其结构必然也很复杂，会影响控制的可靠性. 这在许多情况下是不可接受的. 不仅如此，复杂控制器所含众多参数的调整和维护非常困难. 最后，复杂控制器可能既大又重，如果用计算机实现，则占用计算机的机时也多. 这在有些场合(例如航天器)也是不允许的.

因此在用 OPNORM 方法设计控制系统时，必须把初步计算得到的控制器矩阵 $\boldsymbol{K}(s)$ 简化，也就是用阶比较低的传递函数矩阵 $\widetilde{\boldsymbol{K}}(s)$ 去拟合阶比较高的传递函数矩阵 $\boldsymbol{K}(s)$. 这并非锦上添花，而有重要的实际意义.

用低阶函数 $\widetilde{\boldsymbol{K}}(s)$ 拟合高阶函数 $\boldsymbol{K}(s)$ 自然有误差. 二者的阶相差愈大，拟合误差也愈大. 由于拟合误差，实际得到的开环传递函数矩阵 $\widetilde{\boldsymbol{Q}}(s)$ ($=\boldsymbol{G}(s)\widetilde{\boldsymbol{K}}(s)$) 与式(5.8.7)所选定的正规矩阵 $\boldsymbol{Q}(s)$ 之间也有误差，从而影响到 $\widetilde{\boldsymbol{Q}}(s)$ 的正规性和系统的鲁棒性. 必须综合考虑和适当处理控制器的简单性与控制系统的鲁棒性之间的矛盾，就是在容许的拟合误差下，以尽量低阶的有理函数 $\widetilde{\boldsymbol{K}}(s)$ 拟合由式(5.8.7)和式(5.8.6)算得的矩阵 $\boldsymbol{K}(s)$. 因此拟合过程也是对 $\widetilde{\boldsymbol{K}}(s)$ 的阶的优选过程.

从上述各点已经可以看出，用 OPNORM 方法设计控制器，需要进行多变量的复杂函数的优化计算. 优化过程的每一步都要计算一个试选的控制器的控制效果，并对各次试选的结果作多方面的比较. 其计算量显然远非常规的设计方法可比. 要实现这样的设计过程，不但需要依靠计算机，而且必须：(1)建立一个庞大的专家设计知识库，只要输入控制系统的设计参数，立刻就能从知识库中“查到”该系统的性能数据，无须每次求解微分方程或每次计算频率特性；(2)将优化过程分解为几个层次，实现多层优化.

5.9 节将叙述用于 OPNORM 方法的专家设计知识库和多层优化算法流程.

5.9 正规矩阵参数优化设计方法的专家知识库和设计流程

建立专家设计知识库的方法如下：针对线性的 4 阶最小相位系统和 5 阶非最小相位系统的传递函数的各参数，在全部参数空间里有计划地取许多点，即取许多组不同的设计参数，对每组设计参数一一算出对应的控制系统的动态性能指标. 然后把如此得到的大量数据加以归纳整理，特别是吸收多位有丰富设计经验的专家们的意见，把设计参数与系统性能指标之间的关系以统计方式表达为一些近似的实用公式或数据表格，形成专家设计知识库. 本书编著者指导学生们完成了如上的大量计算和归纳，形成了一个示范性的专家设计知识库，并在其基础上于 1998 年开发了基于 OPNORM 方法的**控制系统智能设计软件 IntelDes 3.0**. 由于这些专家知识来自大量控制系统的实际数据，所以用它们构成的设计知识库对于指导选取设计参数有很高的实用价值.

关于这一专家知识库和设计流程，下面叙述 4 项内容：(1)品质指标公式中的权系数；(2)品质指标的等级化；(3)知识库的数据表格；(4)多层优化的设计流程.

1. 品质指标公式中的权系数

由于工程上习惯使用的阶跃响应时间、超调量等传统指标等不便于实现智能设计，上述知识库采用的是 3.11 节所述的误差积分指标. 为抑制剧烈振荡和过长的“爬行”，对于典型 4 阶最小相位系统采用的品质指标是

$$PI_{\mathrm{MP}} = \omega_{\mathrm{cut}}^2\int_0^\infty t\left[e^2(t) + \left(\frac{\lambda_a}{\omega_{\mathrm{cut}}}\right)^2 \dot{e}^2(t)\right]\mathrm{d}t. \tag{5.9.1}$$

非最小相位系统的阶跃响应过程在初始段常常出现“负峰”，因而品质指标更为复杂. 为非最小相位系统选取的品质指标是

$$PI_{\mathrm{NMP}} = \omega_{\mathrm{cut}}\int_0^\infty \left(1 + \frac{\omega_{\mathrm{cut}} t}{\lambda_b}\right)\left[e^2(t) + \left(\frac{\lambda_a}{\omega_{\mathrm{cut}}}\right)^2 \dot{e}^2(t)\right]\mathrm{d}t. \tag{5.9.2}$$

可以证明，式(5.9.1)右端的定积分与 ω_{cut}^2 成反比，而式(5.9.2)右端的定积分与 ω_{cut} 成反比. 所以当公式中将它们分别乘以 ω_{cut}^2 和 ω_{cut} 后，所得的指标值 PI_{MP} 和 PI_{NMP} 都是不显含 ω_{cut} 的常数.

品质指标 PI_{MP} 和 PI_{NMP} 中含有权系数 λ_a 和 λ_b. 这些权系数的选取是重要的实际问题. 科学公式中含有权系数是极为常见的. 初学者往往以为权系数的具体取

值问题"没有理论价值"而不予重视. 其实在工程上实际应用公式时，权系数究竟应取多大，正是最实际的问题. 在一定范围内，把任何一个权系数取得大一些或小一些都无所谓正确或错误，但是实际效果却有优劣之分. 任何行业的设计人如何选取某一权系数的值，往往都直接反映其设计水平. 权系数的选取要靠工程经验解决.

式(5.9.1)中权系数 λ_a 的作用是调节误差 e 及其导数 $\dot{e}$ 二者在品质指标中所占的"比重". λ_a 的值大一些，相当于对误差的剧烈波动给予的"惩罚"重一些，因此能抑制系统运动的振荡性，但代价是延长响应过程. λ_a 的值小一些则相反.

式(5.9.2)中权系数 λ_b 的作用是调节"负峰"与"爬行"二者在品质指标中所占的"比重". λ_b 的值大一些，相当于削弱对时间 t 的加权，于是对响应过程尾部出现的"爬行"给予的"惩罚"减轻一些，相对来说就是对响应过程初始段出现的"负峰"给予的"惩罚"加重. 反之，如果 λ_b 的值小一些，则对于"爬行"给予的"惩罚"相对加重，也说就是对"负峰"给予的"惩罚"减轻一些.

本书编著者选取这两个权系数的方法如下.

首先构造一批(十几个)最小相位的闭环控制系统的数学模型，并求出它们各自的阶跃响应曲线. 这些阶跃响应的超调量、振荡剧烈程度、"爬行"过程长度等各不相同. 编著者邀请 6 位富有控制工程经验的专家观察这些曲线并对它们作综合评估，请他们分别根据各自的经验把这些曲线按照总体的品质优劣排序. 专家们各自独立地对这些曲线排出的序列，彼此非常一致. 这个序列称作"专家序列"，记作 S_{Exp}.

然后在式(5.9.1)中对权系数 λ_a 依次赋予一批不同的值. 对 λ_a 的每一个值，用计算机仿真算出这一批系统中每个系统的品质指标 PI_{MP}，并按照 PI_{MP} 值的大小将这一批系统也排成序列，记作 $S_{\text{Com}}(\lambda_a)$. 权系数 λ_a 取不同的值时所得的序列 $S_{\text{Com}}(\lambda_a)$ 也不同. 将这些不同的 $S_{\text{Com}}(\lambda_a)$ 与"专家序列"S_{Exp} 对比，并找出与 S_{Exp} 最相近的那个 $S_{\text{Com}}(\lambda_a)$. 可以认为它所采用的那个 λ_a 的值最好地反映了多数专家的经验. 权系数 λ_b 的确定过程与此相仿. 只是根据的是一批非最小相位的闭环控制系统的数学模型.

本书编著者与学生们照此优选式(5.9.1)和式(5.9.2)中的权系数值，最后选定：

$$\lambda_a = 0.22, \quad \lambda_b = 0.18. \tag{5.9.3}$$

2. 品质指标的等级化

建立控制系统动态品质指标的目的，是把控制系统的动态品质加以量化，以便比较和优选. 这是工程上常用的手段. 但不应绝对化地理解品质指标的数字，不应被人为规定的一套量化体系束缚. 品质指标在宏观上固然可以刻画控制系统的性质，但在微观上，它的精确数值却并没有多大意义. 如果两个控制系统的动态品质指标分别是 0.52 和 0.54,或者超调量分别是 22%和 24%,我们只能认为它们的动态性能"属于同一水平",而不应机械地强调前者比后者"好 2 个百分点".

在控制系统的设计过程中用到优化计算时,常规的算法是追求某一指标达到其极大值或极小值.但如果因为某指标可以量化,就绝对化地理解该指标值的意义,机械地追求该指标的精确极小值,而对控制系统的其他性质仅仅因其不便量化就不予重视;或者把每种性质都勉强地量化,并人为地构造它们的某种加权和,又把这种加权和当作绝对的"综合指标"并机械地对它进行精确优化,以为这样得到的就是"最优的"控制系统,未免过于"形式主义".比较好的做法是将动态品质指标**等级化**,即将品质指标的值划分为几个等级.对于某一动态品质指标值属于同一等级的控制系统,将它们的该动态性能视为相同,转而比较控制系统的其他方面的性能.

经验表明,可以将控制系统动态品质性能划分为 5 个等级:"优"、"良"、"中"、"可"、"劣".在采用式(5.9.1)和式(5.9.2)的误差积分指标时,各品质指标等级对应的性能指标数值范围如表 5.9.1 所示.等级为"劣"的控制系统工程上不可采用.

表 5.9.1 动态品质指标的等级

动态品质指标等级	最小相位系统的动态品质指标 PI_{MP}	非最小相位系统的动态品质指标 PI_{NMP}
优(Excellent)	<0.4	<3.5
良(Good)	0.4~0.6	3.5~5.0
中(Medium)	0.6~0.8	5.0~6.5
可(Acceptable)	0.8~1.0	6.5~8.0
劣(Poor)	>1.0	>8.0

图 5.9.1(a),(b)显示动态品质等级为"优"和"良"的几个最小相位系统的阶跃响应曲线(各系统的截止角频率 ω_{cut} 相同).图 5.9.2(a),(b)显示动态品质等级为"优"和"中"的几个非最小相位系统的阶跃响应曲线(各系统的截止角频率 ω_{cut} 相同).这些响应曲线表明,属于同一动态品质等级的各系统,其动态性能从工程角度看确实可以认为彼此相同或相近,没有必要在同一等级内部再予细分或"精确优化".

3. 知识库的数据表格

5.8.3 节已指出,为了用 OPNORM 方法设计控制系统,需要对大量的试选控制器计算控制效果并作全面比较.为此而建立的专家设计知识库应做到:只要输入控制系统的设计参数,立刻就能从知识库中"查到"系统的性能数据,无须每次求解微分方程.因此,知识库中的数据应取表格的形式:设计人输入表格的是系统的参数组,表格输出的是系统的品质指标.

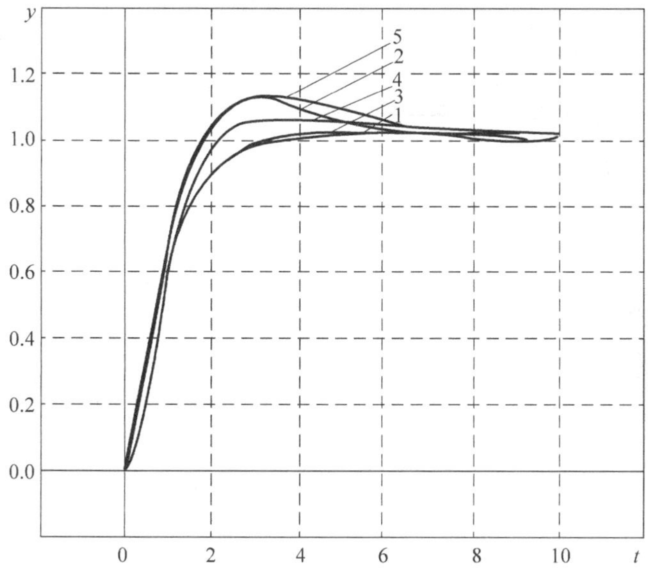

曲线号	PI_{MP}
1	0.321
2	0.350
3	0.363
4	0.383
5	0.393

(a) 性能等级=优

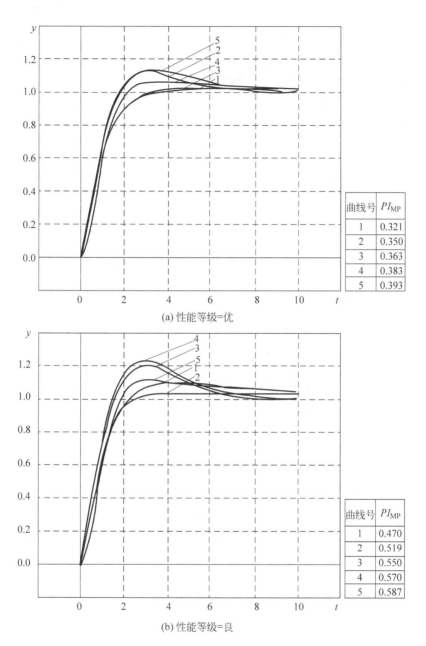

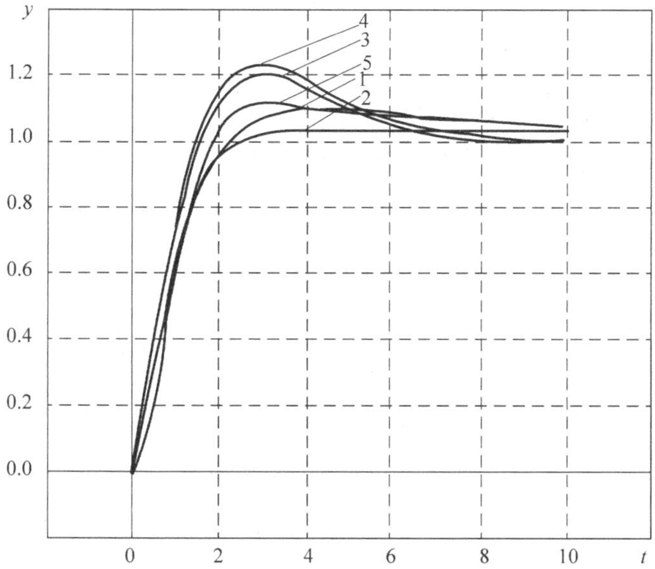

曲线号	PI_{MP}
1	0.470
2	0.519
3	0.550
4	0.570
5	0.587

(b) 性能等级=良

图 5.9.1　几个典型最小相位系统的阶跃响应

知识库容纳的参数组的数量不可太少，否则不能保证设计知识的代表性和可靠性．但是数量也不宜太多，否则既要多占计算机的空间，查阅时也会耗费较多机时．

根据图 4.13.4，典型 4 阶最小相位系统的开环传递函数本有 5 个参数：ω_{cut}，α，β，γ，δ．为压缩知识库的容量，将 δ 的值固定为 1．另外，上文已指出式(5.9.1)和

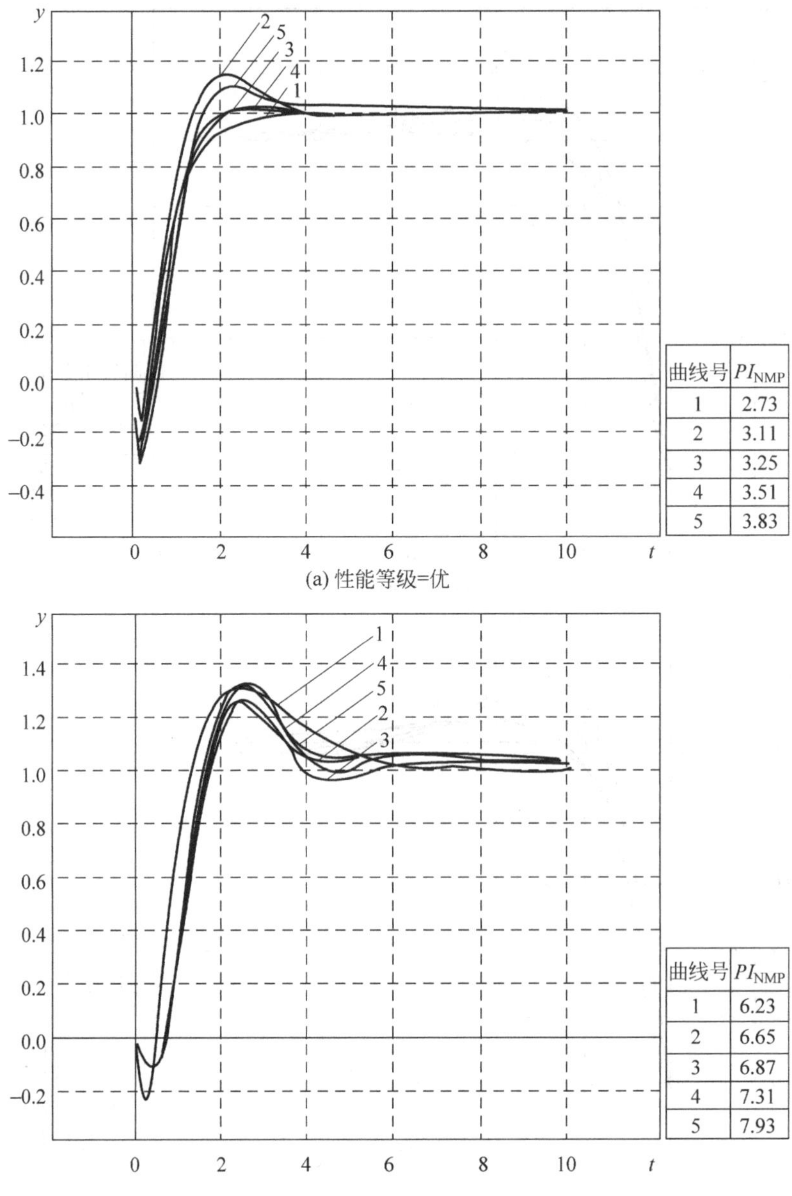

曲线号	PI_{NMP}
1	2.73
2	3.11
3	3.25
4	3.51
5	3.83

(a) 性能等级=优

曲线号	PI_{NMP}
1	6.23
2	6.65
3	6.87
4	7.31
5	7.93

(b) 性能等级=中

图 5.9.2 几个典型非最小相位系统的阶跃响应

式(5.9.2)定义的品质指标 PI_{MP} 与 ω_{cut} 无关. 所以事实上知识库中的数据只依赖于 α,β,γ 等 3 个参数. 截止角频率 ω_{cut} 只用以量度系统阶跃响应的速度. 在 OPNORM 的专家知识库中,参数 α 和 β 各取 13 个不同的值,均在 2 至 32 之间;参数 γ 取 11 个值,在 2 至 20 之间. 参数在上述范围内取值的系统闭环后都是稳定的. 将这些参数值组合起来,共形成 $13\times13\times11=1859$ 个参数组. 典型非最小相位系统的参数组更多达 47880 个(其中稳定的系统有 2721 个).

可以想象,为如此数量的控制系统计算出品质指标值,并填入数据库,是一项计算量庞大的工程. 这一工程已由本书编著者与学生完成. 表 5.9.2 是它的一个很小的示意性的片断. 实际使用时可以用内插法局部加密.

表 5.9.2　典型 4 阶最小相位系统动态品质指标的知识库(片断)

典型 4 阶最小相位系统设计参数			动态品质指标 PI_{MP}
$\lg\alpha$	$\lg\beta$	$\lg\gamma$	
0.4	0.3	0.5	0.7989
		0.6	0.5770
		0.7	0.4558
		0.8	0.3854
		1.0	0.3148
		⋮	⋮
	0.4	0.5	0.9213
		0.6	0.6591
		0.7	0.5181
		0.8	0.4365
		0.9	0.3867
		1.0	0.3549
		⋮	⋮
	0.5	0.6	0.7398
		0.7	0.5801
		0.8	0.4884
		0.9	0.4324
		1.0	0.3967
		1.1	0.3730
		⋮	⋮
0.5	0.4	0.5	0.8496
		0.6	0.6259
		0.7	0.5032
		0.8	0.4314
		0.9	0.3872
		1.0	0.3589
		1.1	0.3402
		⋮	⋮

4. 多层优化的设计流程

把以上所述各点综合起来,就可以形成 OPNORM 设计方法的思路和流程. OPNORM 设计方法的主要思路如下.

(1) 在设计知识库中动态性能等级为“优”的区域内取一组参数,形成诸 $q_k(s)$,并形成矩阵 $\boldsymbol{D}(s)$. 又取一个参数 ψ(或向量 $\boldsymbol{x}$),按照式(5.8.13)或式(5.8.14)形成矩阵 $\boldsymbol{U}(s)$. 再按照式(5.8.7)和式(5.8.6)算出 $\boldsymbol{Q}(s)$ 和 $\boldsymbol{K}(s)$.

(2) 试用低阶有理函数分别拟合 $\boldsymbol{K}(s)$ 的各元 $K_{i,l}(s)$, $i,l=1,2,\cdots,m$,使拟合误差 $E_{i,l}$ 分别达到各自的极小值 $E_{i,l\min}$.

(3) 如果诸 $E_{i,l\min}$ 的总体太大,表明系统的鲁棒性可能欠佳. 应升高拟合函数的阶数再试.

(4) 如果拟合函数的阶太高,表明为达到理想的鲁棒性所需的控制器太复杂. 应降低原来要求的动态性能等级(例如从“优”降为“良”,或从“良”降为“中”,等等)再试.

(5) 如此分层次地进行优化,直至系统的鲁棒性、控制器的复杂性、系统的动态性能三者依次达到可能的最优效果.

体现上述思路的设计流程如下.

正规矩阵参数优化方法的智能设计流程 OPNORM

OP1:输入被控制对象的 $m\times m$ 传递函数矩阵 $\boldsymbol{G}(s)$, $m\geqslant 1$;
　　输入要求的阶跃响应时间 t_s;

OP2:根据 t_s 按照 5.4.2 节的式(5.4.2)选取截止角频率 ω_{cut};
　　在主要角频率段即 $0.02\omega_{cut}\sim 10\omega_{cut}$ 内设定 p 个频率点 $\omega_1,\omega_2,\cdots,\omega_p$;

OP3:动态品质等级 grade := “优”;

OP4:控制器阶 $n:=1$;
　　[说明:OP1~OP4:优选准备. 从品质指标等级最高而控制器又最简单的方案开始]

OP5:从知识库中等级为 grade 的区域内取设计参数组,形成矩阵 $\boldsymbol{U}(s)$ 和 $\boldsymbol{D}(s)$;
　　计算 $\boldsymbol{Q}(s)$;
　　计算控制器矩阵 $\boldsymbol{K}(s)$;

OP6:用一组 n 阶的有理函数 $\tilde{k}_{i,l}(s)$ 分别拟合 $\boldsymbol{K}(s)$ 的各元 $k_{i,l}(s)$, $i,l=1,2,\cdots,m$,对于每个元,优选 $\tilde{k}_{i,l}(s)$ 的分子和分母多项式的诸系数,使每个元在各频率点 $\omega_1,\omega_2,\cdots,\omega_p$ 上的总体拟合误差 $E_{i,l}$ 分别达到极小值 $E_{i,l\min}$,所得各 $\tilde{k}_{i,l}(s)$ 的总体称为拟合控制器 $\tilde{\boldsymbol{K}}(s)$;
　　$E_{\min}:=\max\limits_{i,l}E_{i,l\min}$;
　　[说明:OP5~OP6:以指定阶数的有理函数矩阵拟合控制器矩阵并计算拟合误差]

OP7:在等级为 grade 的区域内优选设计参数组,使 $E_{\min}$ 达到极小值 $E_{\min\min}$;
　　记录局部优化的结果 grade, n, $\tilde{\boldsymbol{K}}(s)$ 和 $E_{\min\min}$;

OP8：判断 $E_{\min\min}$ 是否满意；**若** $E_{\min\min}$ 满意(不过大)**则转 OP11**

否则；

[说明：OP7～OP8：在指定品质指标等级和指定阶数的控制器矩阵内优选设计参数组，记录局部优选结果]

OP9：**若** n 已达到限制阶数**则转 OP12**；

否则；

OP10：$n:=n+1$；**转 OP5**；

[说明：OP9～OP10：若优选结果不满意则升高控制器矩阵的阶重新拟合]

OP11：判断 n 是否满意；**若** n 满意(不过高)**则转 OP15**；

否则；

OP12：**若** grade 已达到"可"**则转 OP14**；

OP13：grade $:=$ grade-1；**转 OP4**；

[说明：OP11～OP13：若控制器矩阵阶已达高限则降低要求的品质指标等级(由"优"降为"良"，或由"良"降为"中"，或由"中"降为"可")重新优选]

OP14：提示：在所限制的控制器阶数下无法兼顾控制系统的鲁棒性与动态品质；

OP15：列表显示在每一设计阶段上曾得到的局部设计结果的数据(grade，n，$\tilde{\boldsymbol{K}}(s)$ 和 $E_{\min\min}$)，供设计人参考；

OP16：**结束**；

[说明：OP14～OP16：若品质指标等级已达低限而控制器矩阵阶又已达高限则停止优选]

设计流程 OPNORM 中的各项"判断"操作，可以由程序根据预先设置的判断标准自动完成，也可以暂停执行程序而向设计人请示，由设计人作出判断并处理.

OPNORM 有以下 3 项特点不同于常规计算机辅助控制系统设计(CACSD)程序：

(1) **自动化设计**. 如果事先已在 OPNORM 中设定各项"判断"的标准，由 OPNORM 自动进行判断操作，则设计人除了在 **OP1** 步骤中输入原始的数据外，在设计过程中无须再输入任何其他设计参数. 程序也不需要向设计人提问. 全部设计过程都是在存储于知识库中的高级专家设计知识的指导下由程序自动完成. 与"问答式"设计相比，全自动设计大大降低了对设计人的技术要求.

(2) **分层次优化**. 控制系统的设计应当兼顾多方面的要求. 常规的 CACSD 软件往往把几项性能指标"加权"合为一项指标进行优选. 这是机械的思维方式，不合工程师的辩证思维. 加权优化实际上是每项指标都不能优化. 不仅如此，各项指标的权值如何分配又成为新的争议点，增加了设计人的困惑. OPNORM 将各项性能要求分置于优选程序的各层次中.最重要的性能要求置于最内层.由内向外,重要性递减.例如多变量控制系统的鲁棒性最为重要,控制器的简单性次之,系统的动态性能又次之.所以在 OPNORM 智能设计流程的多层循环中,内层以体现系统鲁棒性的拟合误差为指标,中层以体现控制器简单性的控制器阶数为指标,外层以系统的动态性能等级为指标.执行这样的流程的结果,无论循环在哪一点结束,总是首先保证系统的鲁棒性达到最好.控制器的简单性则是在保证最好的系统鲁棒性的前提下尽量求其好,但在不得已时它对系统鲁棒性让步.至于动态性能,则是在保证系统鲁棒性和控制器的简单性二者的前提下才尽量求其好,不得已时它对系统鲁棒性和控制器的简单性二者让步.如此分层优化比加权优化更能达到工程要求的设计效果.

(3) **设计人最终决策**.常规的 CACSD 软件通常是按照规定的程序算出唯一的设计结果.设计人别无选择.OPNORM 则在每次经过步骤 **OP7** 时都记录局部优化的结果(grade,n,$\tilde{\boldsymbol{K}}(s)$和 $E_{\min\min}$),最后在步骤 **OP15** 展示所有的局部优化结果.设计人既可以接受程序推荐的最终结果,也可以出于某种考虑而改选某一局部优化结果.设计人保有最终决策权.这样比"事事由程序决策"或"事事向设计人提问"的做法更能体现对设计人的真正尊重.

5.10 正规矩阵参数优化方法设计实例

本节以实例说明采用 OPNORM 方法为某汽轮发电机组设计 2 输入 2 输出的鲁棒控制器,并且用控制系统智能设计软件 IntelDes 3.0 具体实现的过程.

正如 5.9 节所指出,在使用 IntelDes 3.0 软件进行智能设计时,设计人只需在设计流程的第 1 步(**OP1**)输入两项原始数据.其他步骤都由 IntelDes 3.0 软件自动完成.这两项原始数据是被控制对象的传递函数矩阵 $\boldsymbol{G}(s)$和要求的阶跃响应时间 t_s.

被控制对象是某电厂某 125MW 汽轮发电机组.该汽轮发电机组及与其相关的电力系统简化后的状态方程组如下:

$$\dot{\boldsymbol{x}} = \boldsymbol{Ax} + \boldsymbol{Bu}, \tag{5.10.1a}$$

$$\boldsymbol{y} = \boldsymbol{Cx} + \boldsymbol{Du}. \tag{5.10.1b}$$

其中

$$\boldsymbol{x} = (\Delta P_e\ \Delta \Omega\ \Delta V_t\ \Delta E_f\ \Delta P_m\ \Delta \mu)^{\mathrm{T}},$$

$$\boldsymbol{u} = (\Delta V_g\ \Delta V_f)^{\mathrm{T}},$$

$$\boldsymbol{y} = (\Delta \Omega\ \Delta V_t)^{\mathrm{T}}.$$

式中 P_e 为电功率,P_m 为机械功率,Ω 为机组角速度,V_t 为端电压,E_f 为假想空载电动势,μ 为汽门开度,V_g 为汽门控制电压,V_f 为励磁控制电压,Δ 表示微偏增量.要求设计的是机组的转速和端电压的 2 输入 2 输出控制系统,即以 $\Delta\Omega$ 和 ΔV_t 作

为系统的输出向量 $\boldsymbol{y}$，而以 ΔV_g 和 ΔV_f 作为系统的输入向量 $\boldsymbol{u}$. 这样的控制系统，如果能有好的动态品质，特别是如果有好的鲁棒稳定性，可以有利于在线路发生故障时保持系统稳定的能力，从而提高机组满负荷发电的能力，减轻电厂的所谓“窝电”现象.

设计任务的委托方给出的汽轮发电机组的原始数据为

$$\boldsymbol{A}=\begin{bmatrix} -0.3362 & 1.475 & -0.3817 & 0.2532 & & \\ -35.78 & -0.4271 & & & 35.78 & \\ -0.08833 & -0.03016 & -0.1003 & 0.06652 & & \\ & & & -1.000 & & \\ & & & & -3.333 & 3.333 \\ & & & & & -2.500 \end{bmatrix},$$

$$\boldsymbol{B}=\begin{bmatrix} 0 & 0 & 0 & 0 & 0 & 2.500 \\ 0 & 0 & 0 & 1.000 & 0 & 0 \end{bmatrix}^{\mathrm{T}},$$

$$\boldsymbol{C}=\begin{bmatrix} 0 & 1 & 0 & 0 & 0 & 0 \\ 0 & 0 & 1 & 0 & 0 & 0 \end{bmatrix},$$

$$\boldsymbol{D}=\boldsymbol{0}_{2\times 2}.$$

由以上的参数矩阵导出系统的传递函数矩阵如下：

$$\boldsymbol{G}(s)=\boldsymbol{C}(s\boldsymbol{I}-\boldsymbol{A})^{-1}\boldsymbol{B}+\boldsymbol{D}$$
$$=\frac{1}{d(s)}\begin{bmatrix} n_{1,1}(s) & n_{1,2}(s) \\ n_{2,1}(s) & n_{2,2}(s) \end{bmatrix}, \tag{5.10.2}$$

其中各多项式 $d(s)$，$n_{1,1}(s)$，$n_{1,2}(s)$，$n_{2,1}(s)$，$n_{2,2}(s)$ 的系数见表 5.10.1. 该表中的各系数就是要在设计流程的步骤 1(**OP1**)向智能设计软件输入的两项原始数据中的第 1 项.

表 5.10.1　汽轮发电机组传递函数矩阵 $G(s)$ 各多项式的系数表

	$d(s)$	$n_{1,1}(s)$	$n_{1,2}(s)$	$n_{2,1}(s)$	$n_{2,2}(s)$
s^6	0.02103				
s^5	0.1619				
s^4	1.536				0.001399
s^3	8.165	6.270	−0.1906		0.008759
s^2	16.75	9.007	−1.112	−0.1891	0.09473
s^1	10.98	2.737	−1.588	−1.070	0.4692
s^0	1	0	0	−0.8805	0.6632

把这些多项式分别分解因子，可得

$$d(s)=(9.269s+1)(s+1)(0.4s+1)(0.3s+1)(0.01891s^2+0.01429s+1),$$

$$n_{1,1}(s)=2.737s(2.291s+1)(s+1),$$

$$n_{1,2}(s)=-1.588s(0.4s+1)(0.3s+1),$$

$$n_{2,1}(s) = -0.8805(s+1)(0.2148s+1),$$

$$n_{2,2}(s) = 0.6632(0.4s+1)(0.3s+1)(0.01758s^2+0.00751s+1). \tag{5.10.3}$$

注意：$\boldsymbol{G}(s)$的公分母 $d(s)$中含有因子$(0.01891s^2+0.01429s+1)$. 这是代表同步发电机固有的强振荡倾向的因子. 其自然振荡角频率为 $\omega_0 \approx 7.3\mathrm{s}^{-1}$，即约1.2Hz，而阻尼系数仅为 0.05. 这样的因子对于系统的稳定性和动态品质显然很不利. 可以断言：为这样的对象设计控制器，特别是多变量鲁棒控制器，会有相当大的困难.

需要输入的第 2 项原始数据是要求的阶跃响应时间 t_s. 由于发电机的励磁回路的电磁惰性很大，设计任务的委托方提出的要求是：t_s 应不超过 9.5s.

启动智能设计软件 IntelDes 3.0 并输入以上两项原始数据后，软件就不再向设计人询问其他设计参数，也不再提出别的问题. 余下的设计步骤全部由 IntelDes 3.0自动完成，实现自动化设计.

由智能设计软件 IntelDes 3.0 自动完成的各设计步骤如下.

首先，IntelDes 3.0 对 $\boldsymbol{G}(s)$进行分析，求出它的全部史密斯-麦克米伦极点和零点如下：

极点：$-0.1079, -1.0000, -2.5000, -3.333, -0.3778\pm \mathrm{j}7.262$；

零点：0.

以上分析结果表明：被控制对象在复数平面的右半平面上既无极点又无零点，是最小相位对象. 顺便指出，对象的一对共轭极点 $-0.3778\pm \mathrm{j}7.262$ 正是上述强振荡倾向的反映.

软件 IntelDes 3.0 据此就从它备有的 3 个设计知识库中调用适用于最小相位系统并采用误差积分指标的设计知识库，进行下面各步的设计. 按照 5.9 节所述的 OPNORM 智能设计流程，首先是计算控制系统应有的截止角频率 ω_{cut}（步骤 **OP2**). IntelDes 3.0 根据 5.4.2 节的式(5.4.2a)取 $\omega_{\mathrm{cut}}=7/t_s$，算得应取$\omega_{\mathrm{cut}}=0.74\mathrm{s}^{-1}$. 我们注意到：前文说到的那个代表同步发电机固有的强振荡倾向的因子的自然振荡角频率 ω_0 比 ω_{cut}高很多. ω_0 并未落入系统的中频段. 这就减轻了设计的困难. 反之，如果要求系统的响应过快，即要求的 t_s 值过小，就会提高要求的 ω_{cut}，使 ω_0 与 ω_{cut}过于接近，系统的动态品质就不会好.

确定 ω_{cut}后，IntelDes 3.0 就按照标准的 OPNORM 智能设计流程运行，一层一层地循环优选开环系统特征函数的其他各参数和特征向量矩阵的各参数，并用阶尽可能低的控制器矩阵拟合所算出的控制器矩阵. IntelDes 3.0 保留每次优选所得到的局部最优结果，供设计人最终选择.

由以上所说的设计过程可见，采用智能设计软件设计控制系统，对设计人员的技术要求降低到了最低限度. 事实上，设计人甚至无须详细了解 OPNORM 设计理论，无须拥有丰富设计经验，只要依靠智能设计软件，就可以完成基于

OPNORM 方法的设计. 对于理论修养和实践经验都不足的许多第一线设计工程师,这显然很有价值.

在时钟频率为 166MHz 的个人微型计算机上进行本实例的设计时,控制器的优选过程耗时约 5～6min.

在设计过程结束时,得到了可供设计人作最终选择的几个控制器. 其中控制效果较好又不甚复杂的两个控制器如表 5. 10. 2 所示.

表 5. 10. 2　为汽轮发电机组初步设计的两个控制器的比较

控制器代号	K3	K4
控制器传递函数矩阵每个元的阶数	3 阶	4 阶
系统的阶跃响应的超调量	41%	23%
系统的阶跃响应的动态品质	振荡较剧烈	无振荡
系统两通道间的交连	36%	0.3%

经过比较,设计人最终选用其中的 4 阶控制器 K4. 该控制器的传递函数矩阵如下:

$$\boldsymbol{K}_4(s)=\begin{bmatrix} k_{1,1}(s) & k_{1,2}(s) \\ k_{2,1}(s) & k_{2,2}(s) \end{bmatrix},\tag{5.10.4}$$

其中

$$k_{1,1}(s)=\frac{1.11(0.392s+1)(0.311s+1)(0.0173s^2+0.00738s+1)}{s^2(0.142s+1)(0.108s+1)},$$

$$k_{1,2}(s)=\frac{0.815(2.90s+1)(0.403s+1)(0.298s+1)}{s^2(0.00242s^2+0.0981s+1)},$$

$$k_{2,1}(s)=\frac{1.47(s+1)(0.212s+1)(-0.0405s+1)}{s^2(0.176s+1)},$$

$$k_{2,2}(s)=\frac{1.40(0.988s+1)(6.72s^2+5.17s+1)}{s^2(0.0515s+1)(0.0465s+1)}.$$

在控制器 K4 的优选过程中,由软件自动优选所得的控制系统特征函数矩阵(即 5. 8. 3 节式(5. 8. 7)中的矩阵 $\boldsymbol{D}(s)$)为

$$\boldsymbol{D}(s)=\mathrm{diag}(q_1(s),q_2(s)),\tag{5.10.5}$$

其中

$$q_1(s)=\frac{0.697}{s(0.123s+1)^2},\tag{5.10.6a}$$

$$q_2(s)=\frac{9.95(2.91s+1)}{s(46.6s+1)(0.0491s+1)^2}.\tag{5.10.6b}$$

图 5. 10. 1 是 $q_1(s)$ 和 $q_2(s)$ 的对数频率特性曲线. 从曲线不难判断,它们所对应的闭环系统的动态品质应当是好的.

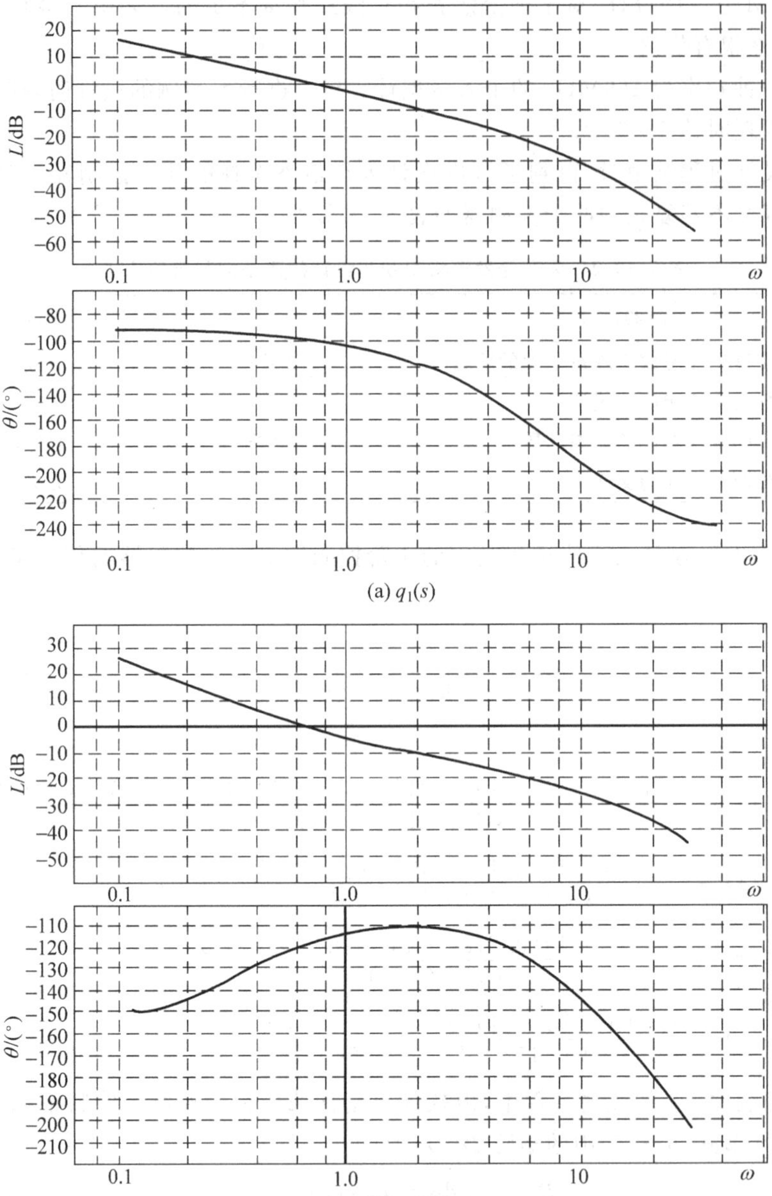

图 5.10.1　采用 OPNORM 方法得到的特征函数的对数频率特性曲线

利用 IntelDes 3.0 的仿真功能可以求得采用控制器 K4 时系统的阶跃响应，如图 5.10.2 所示. 图 5.10.2(a)是 $\boldsymbol{u}=[1(t)\quad 0]^{\mathrm{T}}$，即 $\Delta V_g=1(t)$ 而 $\Delta V_f=0$ 时系统的两个通道的响应. 图 5.10.2(b)是 $\boldsymbol{u}=[0\quad 1(t)]^{\mathrm{T}}$，即 $\Delta V_f=1(t)$ 而 $\Delta V_g=0$ 时系统的两个通道的响应. 从图中看出，系统是稳定的，阶跃响应的超调量不到 30%，基本上没有振荡. 系统的两个通道之间几乎没有交连. 动态品质令人满意.

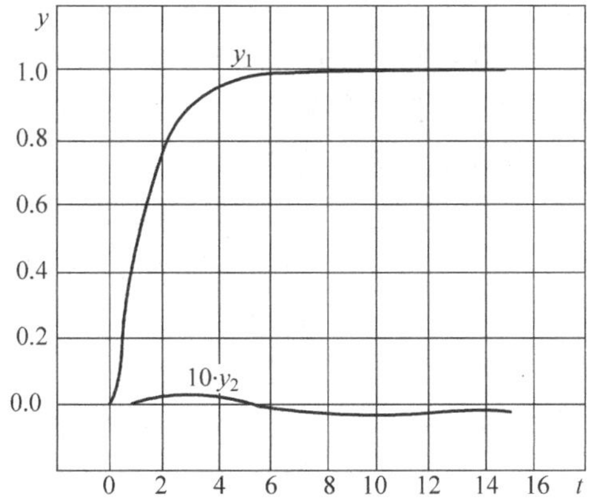

(a) $\boldsymbol{u}=[1(t)\ \ 0]^{\mathrm{T}}$

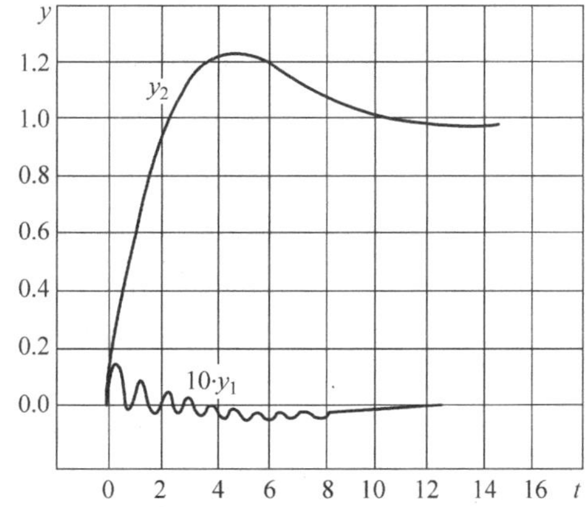

(b) $\boldsymbol{u}=[0\ \ 1(t)]^{\mathrm{T}}$

图 5.10.2　采用 OPNORM 方法设计的汽轮发电机组控制系统的阶跃响应

作为对比，表 5.10.3 列出了对上述被控制对象采用另外几种多变量控制系统设计方法所得的设计效果(这几种方法本书未叙述).

表 5.10.3　几种方法设计汽轮发电机组控制器的效果比较

设计方法	有增益平衡的特征轨迹方法	无增益平衡的特征轨迹方法	反标架正规化设计方法	OPNORM 设计方法
控制器传递函数矩阵每个元的阶	3 阶	5 阶	6 阶	4 阶
系统的阶跃响应的超调量	26%	19%	40%	23%
系统的阶跃响应的振荡性	略有振荡	略有振荡	无振荡	无振荡
通道间的交连	60% 有剧烈振荡	>20% 无振荡	轻微交连 无振荡	轻微交连 无振荡

从表5.10.3可以看出：

(1) 有的设计方法在通道之间产生剧烈振荡(如图5.10.3，注意其振荡角频率正是前述的该同步电机的自然振荡角频率 ω_0)，因而事实上难以采用. 这是该方法采用增益平衡技术设计带来的零极相消效应.

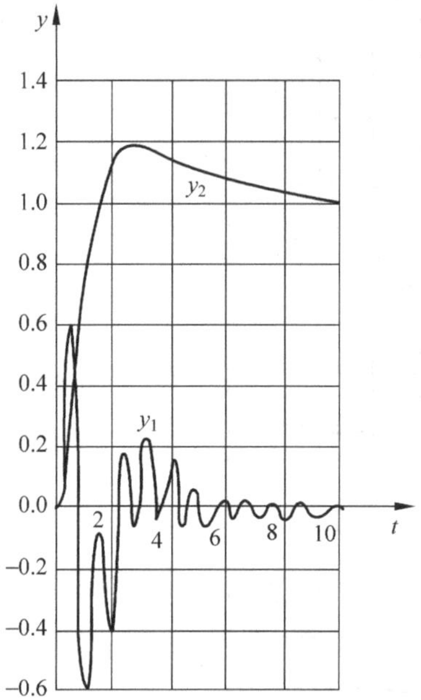

图5.10.3 3阶特征轨迹设计方法导致系统通道间交连的剧烈振荡

(2) 有的设计方法得到的系统的动态品质虽然可以接近OPNORM方法，但其控制器过于复杂(阶过高)，工业实现困难较大.

(3) 有的设计方法得到的系统的动态品质虽然可以类似OPNORM方法，但通道间的交连很大，这在工业上也不受欢迎.

特别应当指出的是，用OPNORM方法设计的控制系统的鲁棒性达到最优. 这是其他设计方法达不到的. 表征鲁棒性的一种数学指标是控制系统传递函数矩阵的"斜度"(skewness)，此指标本书不予细述. 图5.10.4列出了本例的被控制对象在未加OPNORM控制器之前和加上之后的系统"斜度"的曲线. 可以看出，在未加控制器之前，被控制对象在大部分频率段中的"斜度"很大，即鲁棒性很差. 而在加入控制器之后，除了在 ω_0 附近一小段频率范围以外，开环系统的"斜度"都很小，说明控制系统的鲁棒性有明显改善. 对于改进电力系统在故障时保持稳定的

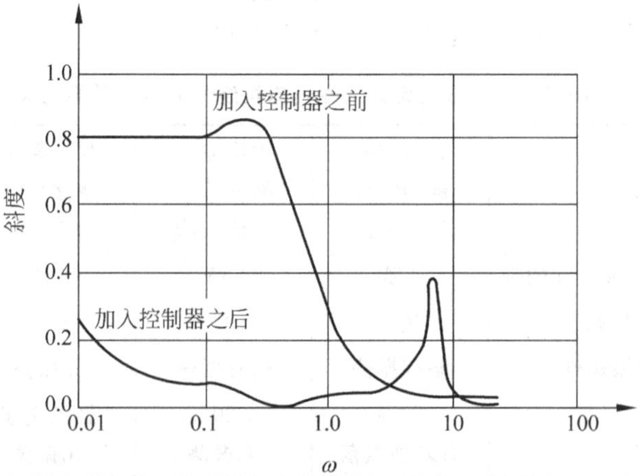

图5.10.4 汽轮发电机组控制系统的"斜度"曲线

能力，从而提高机组满负荷发电的能力，减轻电厂的所谓“窝电”现象，控制系统鲁棒性的改善是很有意义的.

5.11 控制系统的智能设计

钱学森指出，控制科学是一门技术科学，其目的是要把控制论的成果“直接用在工程上设计被控制系统或被制导系统”①. 设计出性能优良的控制系统，从来都是控制科学的核心内容和终极归宿，也是控制科学家和工程师们呕心沥血奋斗的目标. 一百多年来已经产生了许多精妙的控制系统设计方法和优良的计算机辅助设计软件. 但是令中外控制科学家们困惑不安的是，工程实践中至今仍年复一年地大量沿用着某些相当原始的设计方法，如“人工试凑式设计”，耗时费力而效果往往不如人意. 这种先进的理论与落后的实践之间的脱节现象不但在中国，就是在国外也很常见.

最初人们曾以为，造成这种局面的主要原因是先进控制理论包含的庞大而复杂的数学计算妨碍了推广. 于是随着计算机的普及，计算机辅助控制系统设计(computer-aided control system design，简称 CACSD)这一学科在 20 世纪 60 至 70 年代应运而生，80 年代又出现了基于专家系统的控制系统计算机辅助设计(expert systems approach to CACSD). 这是科学家们为克服上述脱节现象而作的巨大努力. 但是上述的严重脱节局面并无明显改善. 众多新颖高级的控制系统设计理论，以及相关的精致的 CACSD 软件，仍然只停留在高级专家的圈子里，难以为第一线的广大设计工程师掌握并为他们服务. 控制理论愈来愈高深，离工程实际却愈来愈远，不大像是人们改造世界的锐利武器.

问题的症结在于：控制系统的设计过程是**计算与决策**二者的结合. 决策的具体内容固然包含正确处理设计流程中各步骤之间的逻辑关系，但更重要的是正确选取具体的设计参数. 任何一种控制系统设计理论总是包含一些由设计人自由选取的设计参数. 例如最简单的线性单变量控制系统的频率域设计方法，就须由设计人选定预期开环系统的对数频率特性. 这就是它的设计参数. 设计参数在形式上虽是由设计人“自由”选取，但它对设计结果有决定性意义. 不论哪种设计方法，一旦选定了设计参数，控制器在客观上就被确定. 设计人只能从设计参数出发一步一步地把控制器计算出来. 至于计算的结果，设计人已经无法左右. 所以，选取设计参数是决定性的步骤. 控制科学家和教科书虽然提供先进的设计理论，但不可能向第一线的工程师大量提供高级专家的设计知识，特别是**选取设计参数的具体知识**. 现有的设计控制系统的专家系统通常也只注意指导设计人处理设计流程

① Tsien，H S. Engineering Cybernetics. Preface. New York：McGraw-Hill，1954.（在科学出版社 1958 年的汉译本《工程控制论》中，“被制导系统”译作“被操纵系统”.）

中各步骤之间的逻辑关系,而很少提供选取设计参数的具体知识.

选取设计参数并不容易,需要照顾许多要求:所选的设计参数必须保证系统稳定,动态品质满意,系统的鲁棒性好,还必须使控制器能够工程实现,即其传递函数必须是真有理函数并在复数平面的右半面没有极点,控制器的阶要尽量低,等等.

设计人在选取设计参数时竟要顾及这样多互相矛盾的要求,可见其难.许多工程师事实上并不善于选取设计参数,尤其是不善于为一种新问世的设计方法选取恰当的设计参数.一般教科书和文献只讲新设计方法的原理,现有设计软件和专家系统又偏重于新设计方法中处理流程各步骤之间的逻辑关系,它们都很少给出选取设计参数的具体知识.而若不会恰当地选取设计参数,则设计理论与常规的CACSD软件和专家系统对于第一线上的设计工程师就不能提供切实的帮助.

常规的CACSD软件和专家系统采取"人机分工、问答互动"的做法:计算机只管计算,一切需要决策的问题都向设计人"请示".这似乎也合理.但这种分工给经验不足的多数设计人的实际感觉是:在选取设计参数这一最关键的环节上设计软件"不得力",设计人不得不毫无把握地盲目"试选"参数.本意是对设计人的决策权力的"尊重",却变成了对设计人的弱点的袖手旁观和嘲弄.结果,设计人最终可能不得不放弃某种很先进的设计方法,转而重新拾起"人工试凑式设计"等原始方法.这是先进的设计方法难以大范围推广应用的重要原因之一.

要从根本上改善上述状况,使先进的设计理论得到广泛应用,最核心的工作是:既理清先进设计方法所含的各步骤之间的逻辑关系,又系统地整理出在每个步骤上正确地**选取设计参数和作出决策**的具体知识.但这是常规CACSD软件和专家系统做不到也不打算做的.由于不含有具体的专家设计知识,常规的CACSD软件难以称职地担任设计师或助理设计师,只能扮演计算员的角色.

今天,控制理论用到的数学愈来愈深奥,设计过程中的决策问题也愈来愈复杂.在第一线上承担实际设计任务的工程师事实上很难做到步步紧跟控制理论的迅速发展并不断掌握最新颖的设计方法中选取自由参数的技巧.这个矛盾已经十分尖锐.

解决这个矛盾的主要方法是:下工夫收集和整理高级专家设计控制系统的具体知识和经验,集成到计算机辅助设计软件中.使设计人在设计过程中需要作决策时能得到专家知识的具体指导.就选取设计参数这一环节而言,则是将高级专家选取设计参数的具体知识和经验,以设计知识库的形式,注入CACSD软件,使设计人可以利用这些专家知识来选取合适的设计参数,甚至就由设计软件凭借所储存的专家知识自动地为设计人选取这些参数.这样不但可以大大减少设计人决策的盲目性,提高设计的质量,而且有可能变问答式设计过程为完全自动化的设计过程.

关于设计参数与所设计的控制系统的性能指标之间的关系，可以这样理解：把一个控制系统的全部设计参数视为一个高维数的向量，想象成向量空间（可称为参数空间）中的一个点．把系统的多方面的性能指标视为另一个高维数的向量，想象成另一个向量空间（可称为性能空间）中的一个点．参数空间的所有的点与性能空间的所有的点之间具有某种映射关系．这种映射关系就是控制理论的研究内容．对于性能空间中一个任意给定的点，在参数空间中可能存在一个与之相对应的点．控制系统设计的任务就是找出参数空间中的这个点．控制理论的任务就是系统地讲清找出这个点的方法．一百几十年来，控制科学家们用越来越深奥的数学工具讲述这种方法．第一线上的设计工程师越来越难以跟上，不得不另辟蹊径．

蹊径之一就是：首先通过数值计算，为参数空间中的大量的点算出性能空间中对应的点，并汇集高级专家的经验，把这许多点与点的对应关系编成一本“字典”，储存于计算机中．在设计控制系统时，根据要求的性能数据（和约束数据，以及其他许多数据）到这本“字典”中去查，查出应当选取的设计参数数据，再在其基础上作某些补充计算，完成设计．这种看似“笨拙”的方法其实也许倒是现实可行的和高效的．常规的 CACSD 软件中一旦注入了这样的“字典”，就不但能计算，也能辅助设计人决策，既不同于常规的 CACSD 软件也不同于现有的基于专家系统的 CACSD 软件，而成为可以实现**控制系统的智能设计**（**Intelligent Design of Control System**）的新型软件．

控制系统的智能设计并不是否定用深奥数学工具研究控制理论．恰恰相反，它是帮助推广用深奥数学工具研究控制理论所得到的成果，扩大先进控制理论的应用面．工程师必须对先进控制理论的基本原理与基本内容有相当的了解，才能正确使用智能设计软件，并正确理解和处理计算机给出的设计结果．智能设计既推动控制科学家与控制工程师之间的合理分工，又是加强他们之间互相联系的有效纽带．

只是，推行智能设计，需要一批科学家和工程师先耗费大量精力进行计算，做上述的编“字典”的工作，供后人享用．在计算机已经相当普及的今天，系统地完成这样的大量计算和编纂这样的“字典”，客观条件已经具备．但环顾读者诸君的书架，虽有很多各种外国语的字典词典，很多各种学科的工程手册和设计规范手册，却惟独缺少这样一部控制系统的高级设计“字典”．这既使人遗憾，也发人深思．

本书编著者和学生们经过多年努力，研制了一种控制系统智能设计软件，命名为 **IntelDes 3.0**．该软件也许可以充当代表上述思路的这类设计手册的一件粗糙样品．本书中的部分数值计算和控制系统计算机仿真曲线以及 5.10 节的设计实例就是用 IntelDes 3.0 软件实现的．承清华大学出版社鼎力帮助，编著者将 IntelDes 3.0 制成光盘，随书赠送读者试用，以说明上述思想．详见本章的**附录 5.2**．

5.12 小结

作为一门技术科学,控制科学的最终目的是要把先进的控制理论落实到设计先进控制系统的方法.随着控制理论向高度和深度发展,随着计算技术和计算机的大范围普及,控制系统的工程设计方法不断有新的发展:从原始的"人工试凑式设计"方法发展到主要基于作图的频率域设计方法,再发展到以优化为主要手段并大量使用计算机的现代设计方法,实现了跨度很大的螺旋式上升过程.

本章较详细地叙述了控制工程师应当很好掌握的一些基本设计方法,也略述了较深的多变量系统设计方法.熟悉和理解这些设计方法,对于正在走向未来的控制工程师们是一项重要的基本要求.

本章5.2节叙述的串联校正的试探综合法是多年来国际和国内已经形成传统的通用方法,但其适用范围有限.5.2.4节还指出了其采用的传统品质指标提法存在的问题.5.3和5.4节叙述的预期特性综合法比试探综合法进步,其主要内容在国际和国内也已形成多年,但所用到的选定主要参数的若干原则是本书相关编著者在教学和工程实践中独立总结的.5.5节所述的恒值调节系统综合方法是本书相关编著者独立研发的.5.8至5.11节的理论内容和关于控制系统智能设计的论述都是本书相关编著者以及所指导的学生们独立研究的成果.

设计方法不同于计算方法.它的途径和答案都不是唯一的.学习设计方法必须与设计的实践相结合.本章虽然提供了少量习题,读者最好还是通过工程实践收集一些实际设计问题试做控制系统设计.即使不能做完全部设计过程,即使所设计的方案不能获得主管方面的完全认同,相信读者通过这样的设计实践也能获得书本不可能提供的许多知识和经验,会是有益的.

附录5.1 关于复数矩阵的奇异值分解的若干补充知识

(参看正文5.8.1节)

本附录列出关于复数矩阵的奇异值分解的若干补充知识.限于本书的篇幅,其中若干定理的证明均予略去.读者如需深入了解,可参看相关的书籍①.

定义5.A1.1 一组长度为1的n维复数向量$a_1,a_2,\cdots$如果两两互相正交,即满足$|a_i|=1,a_i{}^*a_j=0,\forall i,j,i\neq j$,其中"$*$"表示向量或矩阵的共轭转置,则称这些向量是**标准正交向量**.

---

① 例如可参看:高黛陵,吴麒.多变量频率域控制理论.北京:清华大学出版社,1998或吴麒,高黛陵.控制系统的智能设计.北京:机械工业出版社,2003

定义 5. A1. 2 由一组 n 个 n 维标准正交向量并列构成的 $n\times n$ 复数矩阵称为**酉矩阵**.

例 5. A1. 1 下面两个矩阵都是 3×3 的酉矩阵：

$$\boldsymbol{A}_1=\begin{bmatrix}\frac{1}{2}-\mathrm{j}\,\frac{1}{2} & \frac{1}{\sqrt{11}} & \frac{3}{\sqrt{44}}+\mathrm{j}\,\frac{3}{\sqrt{44}}\\ \mathrm{j}\,\frac{1}{2} & -\frac{1}{\sqrt{11}}-\mathrm{j}\,\frac{2}{\sqrt{11}} & \frac{3}{\sqrt{44}}+\mathrm{j}\,\frac{2}{\sqrt{44}}\\ \frac{1}{2} & \frac{1}{\sqrt{11}}-\mathrm{j}\,\frac{2}{\sqrt{11}} & -\frac{2}{\sqrt{44}}-\mathrm{j}\,\frac{3}{\sqrt{44}}\end{bmatrix},\quad \boldsymbol{A}_2=\begin{bmatrix}1&0&0\\0&1&0\\0&0&1\end{bmatrix}.$$

□

可以证明,任何酉矩阵的共轭转置就是它的逆,并也是酉矩阵. 两个同维数的酉矩阵的乘积也是酉矩阵.

实数正交矩阵是酉矩阵的特例.

定理 5. A1. 1(矩阵的奇异值分解定理) 设 $\boldsymbol{G}$ 为 $m\times l$ 维的任意复数矩阵,则存在 $m\times m$ 的酉矩阵 $\boldsymbol{Y}$ 与 $l\times l$ 的酉矩阵 $\boldsymbol{U}$,使

$$\boldsymbol{G}=\boldsymbol{Y\Sigma U}^*, \tag{5. A1. 1}$$

其中$\boldsymbol{\Sigma}$ 为维数与 $\boldsymbol{G}$ 相同的非负实数伪对角矩阵：

$$\boldsymbol{\Sigma}=\left[\begin{array}{c:c}\boldsymbol{S}_{r\times r} & \boldsymbol{0}_{r\times(l-r)}\\ \hdashline \boldsymbol{0}_{(m-r)\times r} & \boldsymbol{0}_{(m-r)\times(l-r)}\end{array}\right],\quad \boldsymbol{S}=\begin{bmatrix}\sigma_1 & & \\ & \ddots & \\ & & \sigma_r\end{bmatrix}, \tag{5. A1. 2}$$

而 r 是矩阵 $\boldsymbol{G}$ 的秩,$r\leqslant\min(m,l)$. 诸 σ_i 为正实数,且依从大到小顺序排列,即

$$\sigma_1\geqslant\sigma_2\geqslant\cdots\geqslant\sigma_r>0. \tag{5. A1. 3}$$

矩阵$\boldsymbol{\Sigma}$ 的主对角线上共有 $\min(m,l)$个元,其中前 r 个就是对角矩阵 $\boldsymbol{S}$ 的对角元,即正实数 $\sigma_1,\sigma_2,\cdots,\sigma_r$. 如果 $r<\min(m,l)$,则主对角线上还有 $\min(m,l)-r$ 个 0 元. 包括这些可能有的 0 元在内的所有 $\min(m,l)$个非负实数都称为矩阵 $\boldsymbol{G}$ 的**奇异值**. 如果 $\boldsymbol{G}$ 是方形非奇异矩阵,则 $m=l=r$,而矩阵$\boldsymbol{\Sigma}$ 中的 3 个零块均不存在.

矩阵 $\boldsymbol{Y}$ 和 $\boldsymbol{U}$ 分别称为矩阵 $\boldsymbol{G}$ 的左右**奇异向量矩阵**,或**奇异标架矩阵**. 它们的各列分别称为左右**奇异向量**,或**奇异标架向量**. □

定理 5. A1. 1 的证明此处从略. 实数方矩阵的奇异值分解提出于 19 世纪 70 年代. 复数方矩阵的奇异值分解提出于 1902 年. 把奇异值分解推广到非方形的矩阵则实现于 1939 年. 矩阵的奇异值分解在多变量控制理论中,特别是在多变量鲁棒控制系统的分析与设计中,有很重要的用处.

为了方便,常把矩阵 $\boldsymbol{G}$ 的最大奇异值和最小奇异值分别记作 $\sigma_{\max}(\boldsymbol{G})$和 $\sigma_{\min}(\boldsymbol{G})$,或 $\bar{\sigma}(\boldsymbol{G})$和 $\underline{\sigma}(\boldsymbol{G})$. 如果矩阵 $\boldsymbol{G}$ 为欠秩(或方形矩阵为奇异),则显然有 $\sigma_{\min}(\boldsymbol{G})=0$.

定义 5. A1. 3 矩阵 $\boldsymbol{G}$ 的最大奇异值与最小奇异值之比称为矩阵 $\boldsymbol{G}$ 的**条件数**,记作 $\mathrm{cond}\,\boldsymbol{G}$ ：

$$\operatorname{cond} \boldsymbol{G} = \frac{\sigma_{\max}(\boldsymbol{G})}{\sigma_{\min}(\boldsymbol{G})}. \tag{5.A1.4}$$

显然恒有 $1 \leqslant \operatorname{cond} \boldsymbol{G} \leqslant \infty$. 如果 $\operatorname{cond} \boldsymbol{G}=\infty$,则意味着矩阵 $\sigma_{\min}(\boldsymbol{G})=0$,即 $\boldsymbol{G}$ 为欠秩矩阵或奇异矩阵. 所以常用 cond $\boldsymbol{G}$ 表征矩阵 $\boldsymbol{G}$"接近欠秩(奇异)的程度",认为 cond $\boldsymbol{A}$ 愈大意味着矩阵 $\boldsymbol{A}$ 愈"接近"欠秩(奇异).

例 5.A1.2 对于矩阵

$$\boldsymbol{G} = \begin{bmatrix} \mathrm{j}\dfrac{1}{\sqrt{2}} & -\mathrm{j}\dfrac{1}{\sqrt{2}} & 0 \\ -\dfrac{2}{\sqrt{3}} & -\dfrac{2}{\sqrt{3}} & -\dfrac{2}{\sqrt{3}} \end{bmatrix},$$

有 $m=2, l=3, r=2$. 对它作奇异值分解的结果是

$$\boldsymbol{\Sigma} = \begin{bmatrix} 2 & 0 & 0 \\ 0 & 1 & 0 \end{bmatrix}, \quad \boldsymbol{S} = \begin{bmatrix} 2 & \\ & 1 \end{bmatrix},$$

$$\boldsymbol{Y} = \begin{bmatrix} 0 & \mathrm{j} \\ -1 & 0 \end{bmatrix}, \quad \boldsymbol{U} = \begin{bmatrix} \dfrac{1}{\sqrt{3}} & \dfrac{1}{\sqrt{2}} & \dfrac{1}{\sqrt{6}} \\ \dfrac{1}{\sqrt{3}} & -\dfrac{1}{\sqrt{2}} & \dfrac{1}{\sqrt{6}} \\ \dfrac{1}{\sqrt{3}} & 0 & -\dfrac{2}{\sqrt{6}} \end{bmatrix}.$$

$$\sigma_1 = 2, \qquad \sigma_2 = 1, \qquad \operatorname{cond} \boldsymbol{G} = 2.$$ □

可以证明(此处从略):对于任意给定的复数矩阵,其 $\min(m,l)$ 个奇异值全体作为一组非负实数是**唯一确定**的,但其左右奇异标架矩阵不是唯一确定的.

推论 5.A1.1 方形对角矩阵的奇异值就是其各对角元的模.

证明 设 $\boldsymbol{G}=\operatorname{diag}[g_1, g_2, \cdots, g_n]$,将其各对角元分别按模和角表示为 $g_i = |g_i| \mathrm{e}^{\mathrm{j}\theta_i}, \forall i$,则 $\boldsymbol{G}$ 可表为 $\boldsymbol{G}=\boldsymbol{Y\Sigma U}^*$,其中 $\boldsymbol{\Sigma}=\operatorname{diag}[|g_1|, |g_2|, \cdots, |g_n|]$ 为非负实数对角矩阵,$\boldsymbol{Y}=\operatorname{diag}[\mathrm{e}^{\mathrm{j}\theta_1}, \mathrm{e}^{\mathrm{j}\theta_2}, \cdots, \mathrm{e}^{\mathrm{j}\theta_n}]$,$\boldsymbol{U}=\boldsymbol{I}_n$ 均为酉矩阵,满足式(5.A1.1)和式(5.A1.2)的规范,注意到全体奇异值作为一组实数的唯一确定性质,即知各 $|g_i|$ 就是 $\boldsymbol{G}$ 的奇异值. □

推论 5.A1.2 方形非奇异矩阵的奇异值与它的逆矩阵的奇异值互为倒数.

证明 如果 $\boldsymbol{G}=\boldsymbol{Y\Sigma U}^*$,则有 $\boldsymbol{G}^{-1}=(\boldsymbol{U}^*)^{-1}(\boldsymbol{\Sigma})^{-1}(\boldsymbol{Y})^{-1}$. 因酉矩阵之逆也是酉矩阵,实数对角矩阵之逆也是实数对角矩阵,故 $\boldsymbol{G}^{-1}$ 事实上已表示成式(5.A1.1)之形,只须将矩阵 $(\boldsymbol{\Sigma})^{-1}$ 的各对角元改为依从大到小顺序排列(同时调整矩阵 $\boldsymbol{Y}$ 和 $\boldsymbol{U}$ 的各列的顺序),即满足奇异值分解式的规范,故 $(\boldsymbol{\Sigma})^{-1}$ 的各对角元,亦即矩阵 $\boldsymbol{G}$ 的各奇异值的倒数,就是 $\boldsymbol{G}^{-1}$ 的奇异值. □

推论 5.A1.3 酉矩阵的所有奇异值均为 1,其条件数为 1.

证明 设 $\boldsymbol{G}$ 为 $n \times n$ 的酉矩阵,则 $\boldsymbol{G}=\boldsymbol{G}\boldsymbol{I}_n\boldsymbol{I}_n$. 此等式右端的表达式已经符合式(5.A1.1)的规范,其中 $\boldsymbol{Y}=\boldsymbol{G}, \boldsymbol{\Sigma}=\boldsymbol{I}_n, \boldsymbol{U}=\boldsymbol{I}_n$,故矩阵 $\boldsymbol{\Sigma}$ 的全部对角元均为 1. 注意到全体奇异值作为一组实数的唯一确定性质,可知它们就是 $\boldsymbol{G}$ 的全部奇异值. □

定理 5.A1.2 方形矩阵 $\boldsymbol{G}$ 的最大奇异值和最小奇异值与该矩阵的各特征值的模之间有如下关系：

$$\sigma_{\max}(\boldsymbol{G}) \geqslant |\lambda_i(\boldsymbol{G})| \geqslant \sigma_{\min}(\boldsymbol{G}), \tag{5.A1.5}$$

其中 $\lambda_i(\boldsymbol{G})$ 表示矩阵 $\boldsymbol{G}$ 的任意一个特征值. □

定理 5.A1.3 设 $\boldsymbol{A}$ 和 $\boldsymbol{B}$ 是维数相同的方形矩阵，则有

$$\sigma_{\max}(\boldsymbol{AB}) \leqslant \sigma_{\max}(\boldsymbol{A})\sigma_{\max}(\boldsymbol{B}), \tag{5.A1.6}$$

$$\sigma_{\min}(\boldsymbol{AB}) \geqslant \sigma_{\min}(\boldsymbol{A})\sigma_{\min}(\boldsymbol{B}). \tag{5.A1.7}$$

定理 5.A1.2 和 5.A1.3 的证明从略. □

附录 5.2 控制系统智能设计软件 IntelDes 3.0

（参看正文 5.11 节）

控制系统智能设计软件 IntelDes 3.0 是由国家自然科学基金资助的某重点科研项目的一部分，于 1998 年 5 月完成[①]. 承清华大学出版社鼎力帮助，现在将 IntelDes 3.0 制成光盘，随书赠送读者试用.

IntelDes 3.0 收入了单变量与多变量控制系统的分析、设计和仿真的大量知识和方法，并编制了独特的设计知识库和采用了可视化计算与可视化设计界面，大大提高用户的自主计算能力和操作的便利程度. 在 IntelDes 3.0 中，分析、仿真和设计已经较好地集成起来，在操作过程中实现了一体化. 控制系统设计过程中每一步都给出相关的分析和仿真结果，以帮助设计人决策和选择参数. 由于采用了面向对象的机制，使得对于图形、数据文件及操作记录的管理更加方便，且高度可靠. 在软件的操作和帮助功能方面，嵌入了齐全的帮助信息，还提供了一个表达式计算平台作为设计人进行自主设计工作的功能模块，进一步提高了 IntelDes 3.0 的开放性. 本附录将扼要叙述 IntelDes 3.0 的特点及各项功能.

IntelDes 3.0 的版权属于清华大学自动化系. 未经清华大学自动化系书面授权，任何个人或单位不得非法复制和销售. 由于本书编著者和出版社都不是经营软件的商业性人员和机构，所以**对于读者在试用 IntelDes 3.0 软件独立进行设计工作时可能遇到的问题，编著者和出版社不能承担商业性的义务**.

5.A2.1 IntelDes 3.0 的功能及界面

IntelDes 3.0 提供了以传递函数、传递函数矩阵和框图描述的对象的输入、维护、分析、设计、仿真，以及有关传递函数矩阵的数值计算等多种功能. 具体包括：

---

① 先后参加过该软件研制工作的清华大学自动化系博士研究生、硕士研究生和本科学生有：葛军、张霖、李卫东、李东海、郭建军、延俊华、齐宝华、杨玮、谭柳湘、方亚隽、苏怀远、夏凡、敖云等.

(1)收入了已实现智能化的3种频率域设计方法,即逆奈奎斯特阵列(INA)方法,抽取对象响应特征方法和正规矩阵参数优化(OPNORM)方法.此外,还收入了特征轨迹方法和反标架正规化方法.(2)为设计人提供了基于误差积分指标的最小相位和非最小相位系统预期开环传递函数知识库,及抽取对象响应特征设计方法的知识库.(3)根据设计人提供的对象参数和设计要求,知识库智能地设置各项计算的范围和显示的区域.(4)提供28类面向单变量和多变量系统的典型单元,可以方便地实现单变量和多变量系统的混合仿真.(5)通过表达式运算,可以实现以表达式描述的任意非线性单元和任意函数输入信号的仿真.(6)提供针对可调参数的控制系统成批仿真.(7)提供传递函数矩阵的表达式运算功能.(8)提供一个具有开放性的计算平台(表达式计算器).

读者在使用IntelDes 3.0软件前,应先阅读光盘内的《用户使用手册》.在运行IntelDes 3.0时,系统首先显示欢迎界面,按ENTER键或ESC键可以进入系统主窗口.主窗口显示的主菜单包括:文件(File)、编辑(Edit)、计算(Computation)、分析(Analysis)、设计(Design)、仿真(Simulation)、选项(Option)、工具(Tool)、窗口(Window)、帮助(Help)等一级菜单项.IntelDes 3.0采用列表的方法操作矩阵数据(图5.A2.1).列表中提供多个功能按钮,如创建、编辑、删除、保存、另存为、复制、粘贴、排序、打印、显示、更名、分析、设计、仿真、关闭、帮助.

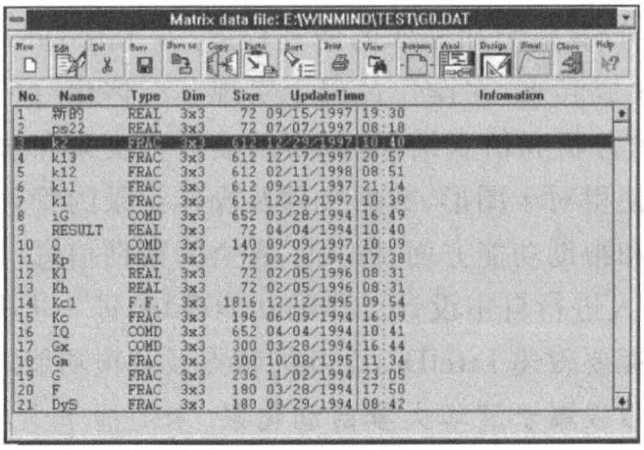

图5.A2.1 矩阵列表

5.A2.2 矩阵文件及其编辑

矩阵类型包括6类:实数矩阵(D)、复数矩阵(C)、各元为多项式并有多项式公分母的矩阵(X)、各元的分子分母均未分解成因式的有理分式矩阵(F)、各元为多项式并有多项式公分母但各元及公分母均已分解成因式的矩阵(V)、各元的分子分母均已分解成因式的有理分式矩阵(U).不同类型的矩阵可相互转换.矩阵名不能超过8个字符,且不能以' '_和空格开始.输入矩阵参数时,界面提供表达式计算器,可以输入数学表达式并用计算按钮(Calc)计算(图5.A2.2).

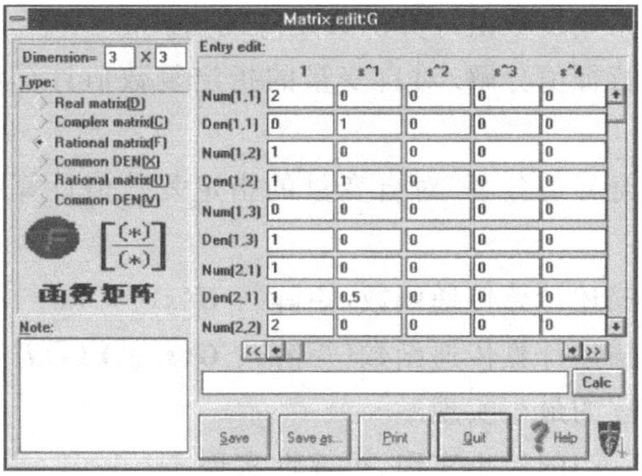

图 5. A2. 2 矩阵编辑

5.A2.3 传递函数矩阵的分析

IntelDes 3.0 提供的传递函数矩阵分析功能包括：传递函数矩阵各元的奈奎斯特图、伯德图、传递函数矩阵的对角优势度、格什戈林带、奥斯特洛夫斯基带、传递函数矩阵的零点和极点、特征轨迹、奇异值轨迹、斜度. 各项分析功能又各有选项. 对于所有的分析指标，用户可通过图形/数据切换看到和打印以图形和数据表示的结果，并可选择打印到剪贴板、打印到打印机或打印到文件(图 5. A2. 3).

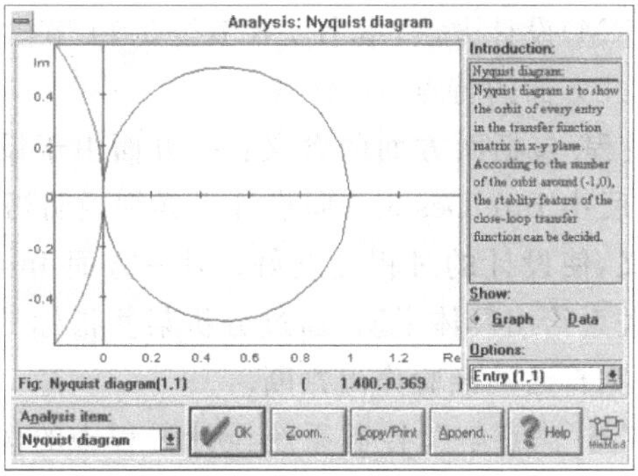

图 5. A2. 3 分析界面

5.A2.4 传递函数矩阵的运算

IntelDes 3.0 提供传递函数矩阵的多种运算功能. 运算结果可以是一个新的矩阵，也可以是用矩阵表示的向量或多项式. IntelDes 3.0 提供的运算功能包括：

(1) 传递函数矩阵及常数矩阵的加、减、乘、求逆、求转置等的混合四则运算，复数矩阵求共轭转置，不可逆复数矩阵求伪逆运算.

(2) 对自变量的指定复数值计算函数矩阵的值.

(3) 常数矩阵的特征值分解.对自变量的指定复数值计算函数矩阵的特征值分解.

(4) 常数矩阵的奇异值分解.对自变量的指定复数值计算函数矩阵的奇异值分解.

(5) 由状态空间描述计算传递函数(矩阵)：$\boldsymbol{G}(s)=\boldsymbol{C}(s\boldsymbol{I}-\boldsymbol{A})^{-1}\boldsymbol{B}+\boldsymbol{D}$.

(6) 由系统矩阵描述计算传递函数(矩阵)：$\boldsymbol{G}(s)=\boldsymbol{V}(s)\boldsymbol{T}^{-1}(s)\boldsymbol{U}(s)+\boldsymbol{W}(s)$.

(7) 状态空间描述的最小实现.

(8) 传递函数(矩阵)的最小实现、可控性实现.

(9) 传递函数矩阵的史密斯-麦克米伦标准形实现及变换矩阵.

(10) 线性代数方程组 $\boldsymbol{A}\boldsymbol{x}=\boldsymbol{b}$ 的求解(当 $\boldsymbol{A}$ 为非奇异矩阵时,计算 $\boldsymbol{x}=\boldsymbol{A}^{-1}\boldsymbol{b}$,否则用伪逆 $\boldsymbol{A}^{+}$ 计算 $\boldsymbol{x}=\boldsymbol{A}^{+}\boldsymbol{b}$).

(11) 矩阵范数的计算(1范数、2范数、无穷范数、Frobenius 范数).

(12) 随机矩阵的创建(随机病态常数矩阵、随机正交矩阵、单模矩阵等).

5.A2.5 控制系统的设计

IntelDes 3.0 提供多种设计方法,其中3种为智能设计方法,均配有相应的知识库及智能的数据管理,能实现自动化或半自动化的设计流程.其中一种是正规矩阵参数优化(OPNORM)设计方法,本书5.8节至5.11节已有叙述.其计算量可能较大.本软件有以下几方面的特点.

(1) 可视化设计过程.包括两方面的含义：一方面由于设计过程的计算周期比较长,因此在等待过程中 IntelDes 3.0 向设计人详细说明当前在进行什么运算,计算结果将是什么意义,使设计的过程更友好；另一方面 IntelDes 3.0 对计算结果与当前所选层次的关系给出具体说明,通过分析某些指标的变化提示当前计算的趋势,设计人可以根据自己的经验作出判断.

(2) 协调"最优解"与"满意解".控制系统设计过程中的优化有时只需要达到"满意",并不需要达到理论上的精确最优.但优化算法通常并不理会这一意图.智能设计软件则按照设计人的意愿实现"最优"或"满意"计算.设计人可以及时终止优化过程,停止在当前获得的已经满意的局部优化结果上.

(3) 对所设计的控制器的评价应兼顾控制效果及控制器的复杂程度.就线性系统而言,控制器复杂程度一般指控制器传递函数矩阵的阶数,控制效果则包含多方面的动态性能指标.IntelDes 3.0 在给出设计结果的同时给出各项指标的值,由设计人自主取舍.IntelDes 3.0 也可以按照某种权系数计算综合指标,但并不擅自删除某一设计结果.

正规矩阵参数优化方法的知识库存有大量不同性能等级的预期开环系统传

递函数,分别用误差积分指标和传统动态性能指标描述.利用知识库,设计人可以设计最小相位控制系统或具有1个右半平面零点的非最小相位控制系统.

使用正规矩阵参数优化方法进行设计时,系统首先自动计算对象的极点和零点,并显示于预分析界面(图5.A2.4).

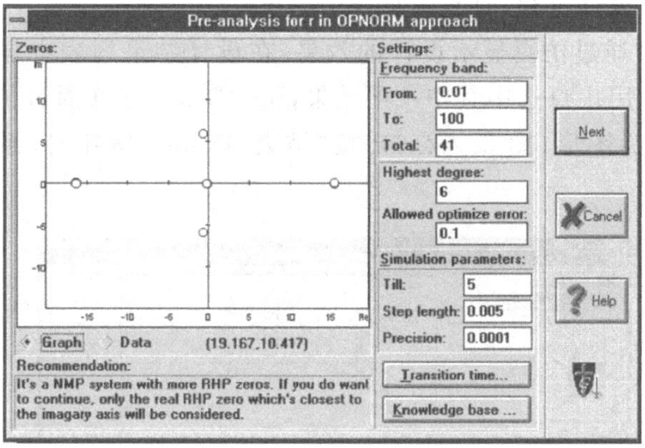

图5.A2.4 OPNORM预分析

在预分析步骤中要求设计人设置以下参数:

(1) 进行设计计算的频率范围;

(2) 允许的控制器最高阶次和允许的拟合误差;

(3) 进行仿真时使用的仿真参数;

(4) 允许的阶跃响应时间(也可换算成截止角频率);

(5) 设计人选用的(最小相位的或非最小相位的)设计知识库(关于知识库性质的信息可以通过知识库选项的按钮了解).

IntelDes 3.0备有3个预期开环传递函数的设计知识库:基于误差积分指标的最小相位系统知识库,基于误差积分指标的非最小相位系统知识库,以及基于阶跃响应时间和超调量的最小相位系统知识库.在基于误差积分指标的设计知识库中,系统模型按照误差积分指标值的范围分为优、良、中、可、劣5个等级(见5.9节表5.9.1).

非最小相位系统的知识库可以处理右半平面有1个实数零点的非最小相位系统的设计.该右半平面零点至少须大于截止角频率值ω_c的3倍,否则一般难以设计成功.

优化计算一般需要数分钟,设计人要耐心等待.图5.A2.5显示的是某一优化计算过程中的系统界面.界面中被优化参数的数据

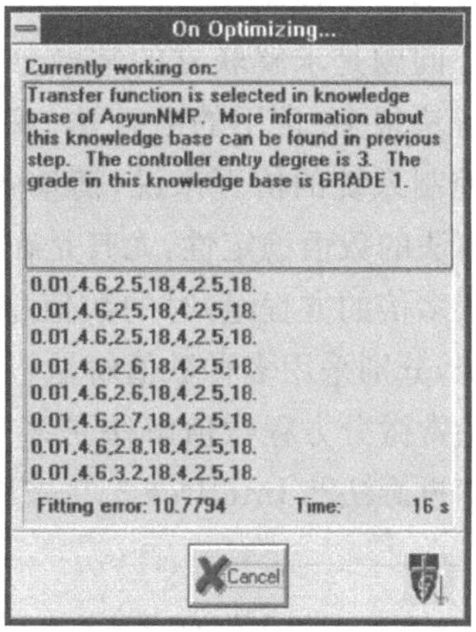

图5.A2.5 优化过程

不断更新,使优化进程透明.设计人可在任意时刻按“中止(Cancel)”按钮停止计算,系统自动保存当前时刻的计算参数作为计算结果.这样,当设计人认为拟合误差已满意时,可以避免为盲目追求理论最优的精确解而无谓地等待.

一次设计结束后,设计人如认为需要,可以修改计算的参数(阶次和性能等级)而开始另一个设计过程,直到满足要求为止.

IntelDes 3.0 通过仿真显示设计的效果.在设计结果列表中显示设计得到的多个控制器结果.用户每选中其中一项结果,IntelDes 3.0 就通过仿真计算将系统的阶跃响应显示为图形(图 5.A2.6).按“结束(Done)”按钮时,系统自动保存结果,设计完成.

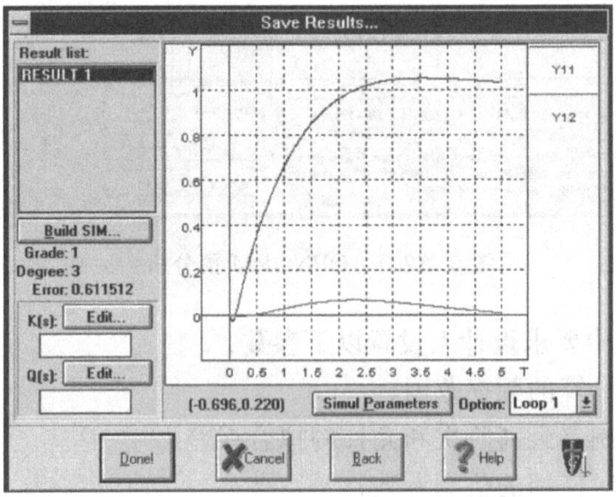

图 5.A2.6 设计结果处理

5.A2.6 控制系统的仿真

在多变量控制系统的设计中,控制系统的仿真是一种重要的辅助手段.仿真的核心问题是求解联立的常微分方程组与代数方程组的数值解.常微分方程组的数值解法很多.常用的欧拉法、梯形法、龙格-库塔法、宫锡芳法等各有优缺点.但对于控制系统的仿真来说,衡量微分方程组的各种数值解法的优缺点时,应当特别注意算法的数值稳定性,尤其是在求解病态(stiff)方程组(即系统中各时间常数大小相差很多倍的方程组)时的数值稳定性.本书编著者曾指导研究生对多类不同性质的系统,分别采用多种数值解法进行仿真,并加以比较.结论是:最适合于控制系统仿真的常微分方程数值解法是多步法中的吉尔(G. W. Gear)算法,其次是单步法中的斜率投影法①.IntelDes 3.0 采用的就是自起步变阶变步长的吉尔算法.

① 张阿卜.控制系统仿真算法的若干研究及一类系统动态指标的经验公式.清华大学自动化系硕士学位论文,1981

IntelDes 3.0 提供了 28 类典型单元和 7 类典型仿真信号供用户选择. 每种典型仿真单元和典型信号都是一个特定的数据结构.

以图 5. A2. 7 的系统为例,只须在 IntelDes 3. 0 中写入如下的仿真数据文件就可以对它进行仿真,得到如图 5. A2. 8 的结果. 其中,$X1$,$X2$,$X3$ 为用户设定的中间向量名,**U** 为输入向量名,**Y** 为输出向量名.

```
Y = G * X3,
X3 = K * X2,
X2 = U - X1,
X1 = F * Y.
```

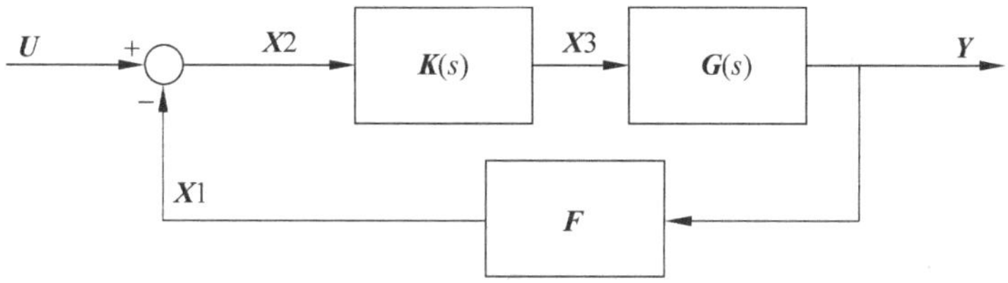

图 5. A2. 7　控制系统框图

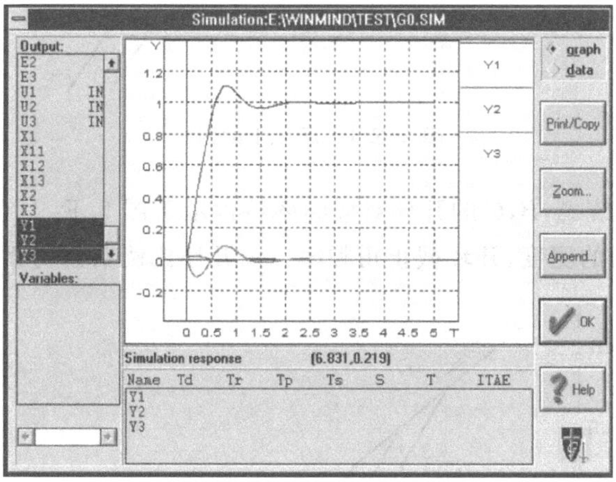

图 5. A2. 8　仿真结果界面

由于计算机内存容量的限制,应该保持:

要求显示步数=(显示终点－显示起点)/初始步长≤8000.

如果仿真计算精度达不到要求,用户可以修改参数,缩短仿真初始步长或降低设定的仿真精度,重做仿真.

IntelDes 3.0 可以通过可调参数实现控制系统的批仿真. 用户在选项单中指定一组可调参数,包括参数名称、参数的变化区间、参数的当前取值. 软件自动进行成批仿真. 一批计算可得多组系统的输出响应. 在显示结果时,通过控制滑动条,可以随参数的变化而动态地显示指定变量的响应曲线连续地变化的效果. 这种功能可以支持用户进行参数的微调操作,以获得最佳设计效果.

习题

5.1 随动系统 A 的开环对数幅频特性如图 5.E.1 之特性 A 所示.如果将其开环频率特性右移 2 倍频程,成为特性 B.问:

(a) 两个闭环系统的动态、静态性能有何不同?

(b) 如采用串联校正装置,怎样才能使系统 A 达到与系统 B 一样的性能?

(c) 系统 A 和 B 哪一个较难实现,为什么?

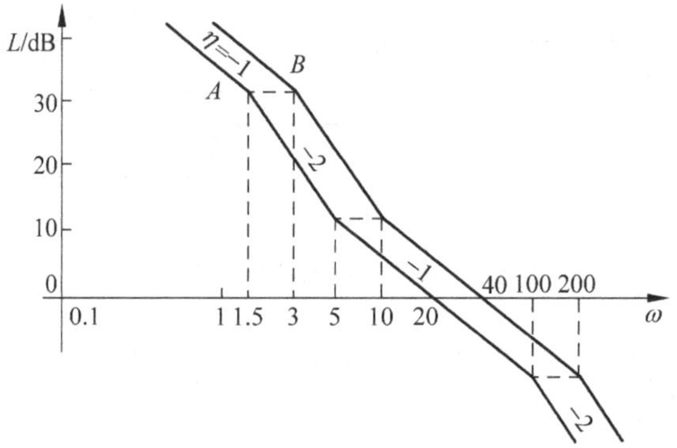

图 5.E.1 题 5.1 的图

5.2 随动系统 A,B,C 的开环对数频率特性示于图 5.E.2.它们的中频段斜率为 −1 的频率段的宽度、开环截止角频率以及开环比例系数均相同.彼此不同的

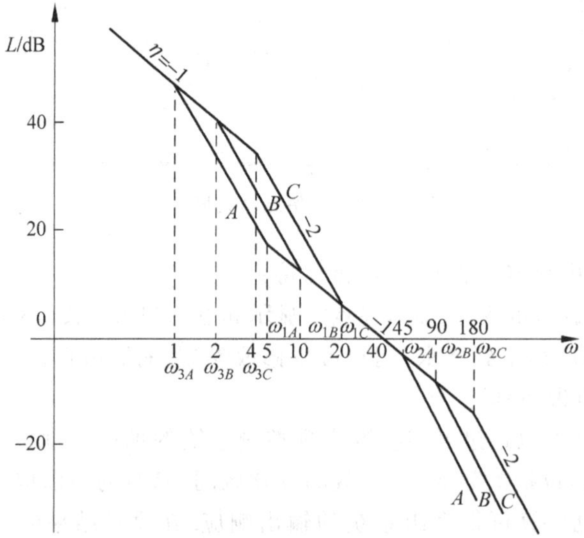

图 5.E.2 题 5.2 的图

只是角频率 ω_1, ω_2 和 ω_3 的取值.

(a) 分别算出这 3 个闭环系统的静态指标,并估算出它们的动态指标.

(b) 讨论应如何配置角频率 ω_1, ω_2 和 ω_3,使系统具有较好的性能指标.

5.3　在图 5.E.3 中,已知

$$G(s)=\frac{2.55\times 10^5}{s^3+115s^2+1500s}.$$

检验闭环系统是否稳定.如果保持系统的开环比例系数以及开环截止频率 ω_{cut} 不变,为使系统具有足够的稳定裕度,应采用哪种形式的串联校正装置?为什么?

5.4　设有一被控制对象,其开环传递函数为

$$G(s)=\frac{K}{s(s+1)(2s+1)}.$$

设计一个超前滞后校正装置,使 $K_v=10\text{s}^{-1}$,相角裕度为 50°,增益裕度大于 10dB.

5.5　已知系统结构如图 5.E.4 所示,其中

$$G(s)=\frac{0.2}{s(0.5s+1)(0.1s+1)}$$

为系统固有部分的传递函数. $G_c(s)$ 为校正装置的传递函数. 设计 $G_c(s)$ 保证 $K_v=100\text{s}^{-1}$ 且动态性能尽可能好.

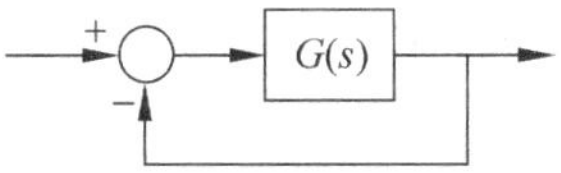

图 5.E.3　题 5.3 的图

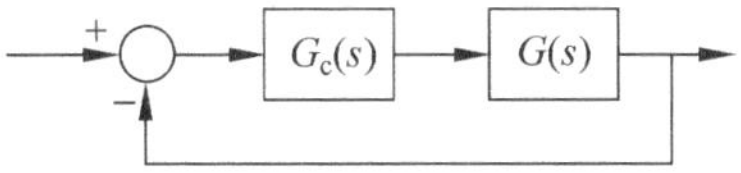

图 5.E.4　题 5.5 的图

5.6　某直流电机恒值调速系统的结构与图 5.5.10 相同,但传递函数 $G(s)$ 和 $L(s)$ 与该图中给出的不同,分别为

$$G(s)=\frac{240(0.2s+1)}{(2.5s+1)(0.45s+1)},$$

$$L(s)=\frac{-6.3}{0.43s+1}.$$

要求设计主通道的串联校正装置 $K(s)$,使系统在幅度为 1N·m 的阶跃式负载力矩扰动 $p(t)$ 作用下,输出量 $y(t)$ 的最大波动幅度不超过 1.0rad·s^{-1},恢复时间(指 $y(t)$ 的变化量恢复到 0.1rad·s^{-1} 以内并且不再越出这一限度的时间)不超过 0.5s,静态下 $y(t)$ 的偏差量不超过 0.01rad·s^{-1}.

5.7　采用速度微分反馈的随动系统如图 5.E.5 所示.确定该系统的等效开

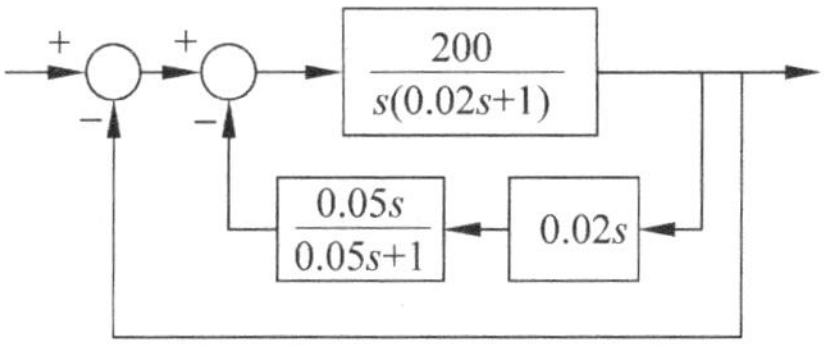

图 5.E.5　题 5.7 的图

环传递函数,并估算其主要的性能指标.

5.8 采用速度反馈的控制系统如图 5.E.6 所示.要求满足以下性能指标:闭环系统阻尼系数 $\zeta=0.5$,阶跃响应时间 $t_s \leqslant 0.2$s,速度误差系数 $K_v \geqslant 5s^{-1}$.要求采用两种综合方法确定参数 K_1 和 K_3:

(a) 先求出原系统的等效开环传递函数,用串联校正方法确定参数 K_1 和 K_3.

(b) 用局部反馈校正的综合方法.

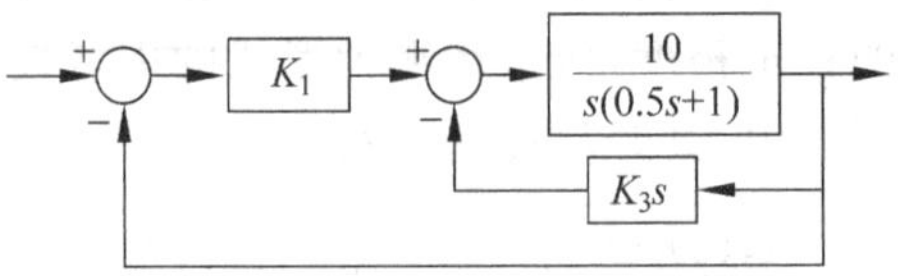

图 5.E.6 题 5.8 的图

5.9 某具有测速发电机反馈校正的控制系统的框图如图 5.E.7 所示.要求满足以下性能指标:$K_v \geqslant 4s^{-1}$,$t_s \leqslant 1$s,$\sigma\% \leqslant 20\%$.试确定参数 K_1 和 K_2 的值.

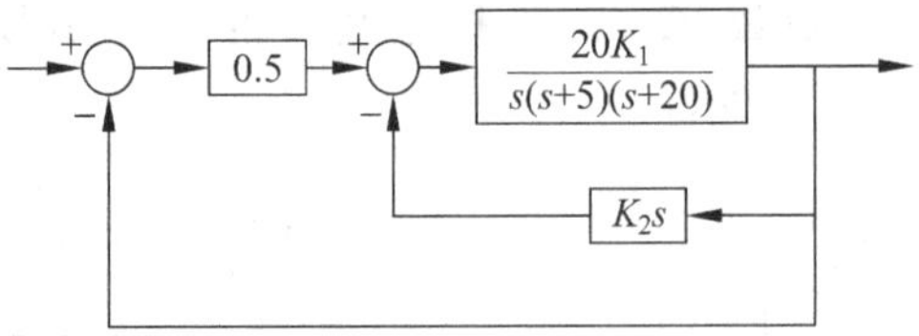

图 5.E.7 题 5.9 的图

5.10 某带测速发电机反馈的位置随动系统如图 5.E.8,其中 K_k 为测速发电机的比例系数.若要求系统的阶跃响应的超调量 $\sigma\% \leqslant 10\%$,阶跃响应时间 $t_s \leqslant 4$s,单位速度输入下的静态角度误差 $e_{st} \leqslant 0.9$rad,试确定系数 K 和 K_k.

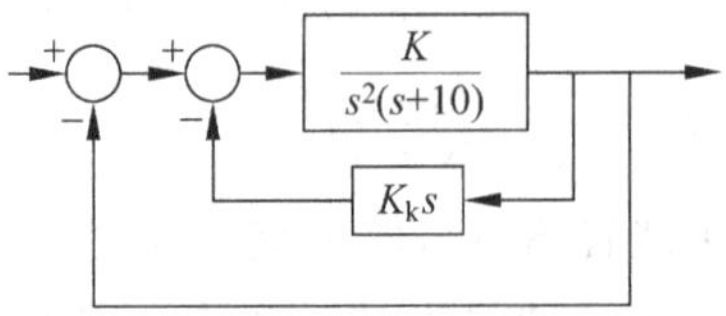

图 5.E.8 题 5.10 的图

5.11 某型导弹及其自动驾驶仪简化后的传递函数矩阵如下:

$$\boldsymbol{G}_{\text{plnt}}(s)=\frac{1}{d(s)}\begin{bmatrix} n_{1,1}(s) & n_{1,2}(s) \\ n_{2,1}(s) & n_{2,2}(s) \end{bmatrix}, \tag{5.E.1}$$

其中公分母 $d(s)$ 和各分子 $n_{i,j}(s)$ 均为 s 的多项式.这些多项式的各项的系数如表 5.E.1 所示,要求为它设计两输入两输出的串联校正控制器矩阵,使其在单位矩阵反馈下的阶跃响应为无静差,阶跃响应时间不超过 2.5s.(提示:首先分析

$G_{plnt}(s)$，如果它是非最小相位对象，应利用 5.4.2 节的式(5.4.2b)选择开环截止角频率.)

表 5.E.1 式(5.E.1)中各多项式的系数

	$d(s)$	$n_{1,1}(s)$	$n_{1,2}(s)$	$n_{2,1}(s)$	$n_{2,2}(s)$
s^{11}	8.595×10^{-3}				
s^{10}	1.066	2.656	-5.314×10^{-4}	-1.354×10^{-2}	−2.628
s^{9}	21.49	8.159	-1.632×10^{-3}	-3.559×10^{-2}	−8.286
s^{8}	93.17	−573.0	-3.000×10^{-2}	−0.5699	565.4
s^{7}	752.9	−1532	5.005	1.381	1566
s^{6}	1373	-2.422×10^{4}	11.32	−11.25	2.434×10^{4}
s^{5}	1135	-4.051×10^{4}	47.51	−95.99	4.052×10^{4}
s^{4}	510.1	-2.798×10^{4}	69.79	−144.8	2.788×10^{4}
s^{3}	129.8	−9712	46.46	−95.53	9638
s^{2}	17.65	−1685	15.86	−32.28	1666
s^{1}	1	−116.8	2.727	−5.504	115.0
s^{0}	0	0	0.1877	−0.3767	0

第6章 根轨迹方法及控制系统根轨迹的校正

6.1 引言

控制系统的设计往往要求系统满足一定的时间响应指标.因为时间响应指标最直接地说明了该系统中被控制量的特性,所以它是判断系统品质的最主要的依据.求解被控系统的微分方程或者进行计算机仿真可以获得系统的时间响应,但缺点是,它们很难预测某些系统参数的变化如何影响系统的时间响应,而且当系统的时间响应不满足要求时,也很难告诉设计人员应当修改哪些参数以及如何修改这些参数.反复修改参数并求解是一件十分费时的工作.尽管计算机可以帮助设计人员,使计算求解时间大幅度下降,但如果对参数修改与系统响应之间的关系所知甚少或一无所知,那么盲目仿真所花的时间仍然十分可观,而且也很难得到较为理想的结果.

所以,除了检查时间响应以外,设计人员需要一些间接的方法来进行分析与设计,以便能更有效地获得较为理想的系统.这些方法不能过于繁冗,应当能够较好地预言系统参数变化对系统特性的影响,而且它们应当能够指出如何改变参数才能获得更好的特性.

除了第4章讲述的频率特性方法以外,另一个重要的分析与设计方法就是根轨迹方法.在前面章节内关于系统稳定性及输出响应的讨论中已经指出,系统的闭环稳定性取决于闭环传递函数的极点位置;而且,系统的时间响应也与闭环传递函数的极点有密切的关系.举例来说,图6.1.1可以定性地表示闭环极点的希望位置.当闭环极点位于图6.1.1(a)的阴影区域时,闭环系统的阶跃响应具有 $\zeta>\zeta_1$ 的阻尼系数(图中 ζ_1 等于该射线与负实轴夹角的余弦),并以不低于 $\exp(-\sigma_1 t)$ 的速度衰减.在图6.1.1(a) 所示的区域中,假设闭环极点负实部不变,那么如果闭环极点太接近负实轴,系统响应有时会过于迟缓.所以如果能使闭环系统的极点位于图 6.1.1 (b) 的阴影区域之内,就可以具有更理想的闭环特性. 当然,图 6.1.1 (b) 只代表某种理想的情况,要使闭环极点完全分布在这个区域之内不是一件很容易的事.

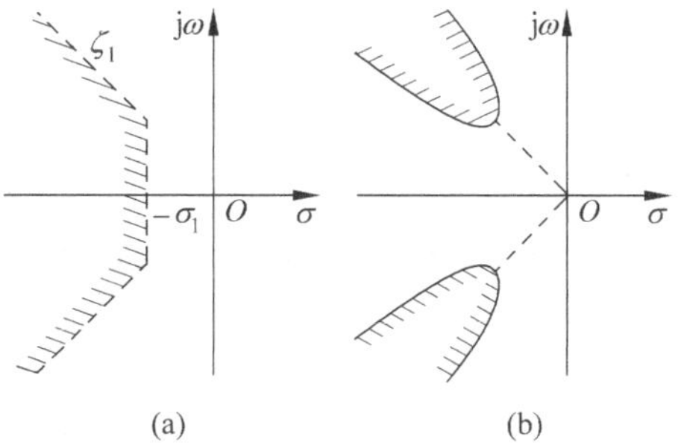

图 6.1.1　希望闭环极点所在区域的定性表示

根据上面的讨论可知,最好能有一种由开环传递函数直接判断闭环极点分布的方法. **根轨迹方法**就是研究闭环极点分布与回路增益之间的关系的方法,而且,经过简单的推广,还可以利用这种方法来选择某些除了回路增益之外的参数,以使闭环系统的极点分布在预先确定的位置上,或者在预先确定的位置附近.

本章的内容安排如下. 在 6.2 节中介绍根轨迹的基本概念,在 6.3 节中讨论根轨迹的基本性质,在 6.4 节中介绍根轨迹方法的某些应用,然后在 6.5 节中专门介绍补根轨迹的基本性质,在 6.6 节中讨论了常用串联校正装置的性质后,在 6.7 节、6.8 节和 6.9 节中分别讨论用根轨迹方法设计超前、滞后、超前滞后校正的一般方法.

6.2　根轨迹的基本概念及绘制

6.2.1　根轨迹

根轨迹方法是埃文斯(W. R. Evans)于 1948 年提出的一种求解闭环特征方程根的图解方法. 它根据开环传递函数的极点和零点的分布,用作图方法求得闭环极点在 s 平面内随回路增益变化的轨迹. 为了理解根轨迹的概念,先研究一个简单系统的闭环极点与回路增益的关系.

例 6.2.1　图 6.2.1 是某个位置控制系统的框图,其中前向通道传递函数为

$$G(s)=\frac{K}{s(s+2)}.$$

试分析当增益从 $K=-\infty$ 变化到 $K=0$,然后再变化到 $K=+\infty$ 时,闭环传递函数极点如何变

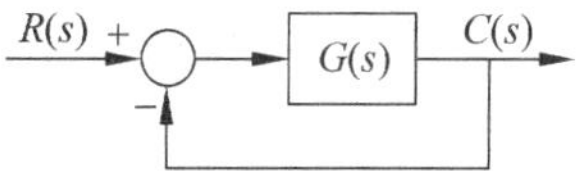

图 6.2.1　单位反馈控制系统

化,并在复平面上画出闭环传递函数极点的变化曲线.

解 该系统的闭环传递函数为

$$H(s)=\frac{C(s)}{R(s)}=\frac{G(s)}{1+G(s)}=\frac{K}{s^2+2s+K}.$$

根据闭环特征方程 $s^2+2s+K=0$,可知闭环极点为

$$s_{1,2}=-1\pm\sqrt{1-K}.$$

在 $K>0$ 时,闭环传递函数极点与增益 K 的关系如表 6.2.1 所示.

表 6.2.1 例 6.2.1 中增益 K 与闭环极点的关系

K	0	0.75	1	2	5	…
s_1	0	−0.5	−1	−1+j1	−1+j2	…
s_2	−2	−1.5	−1	−1−j1	−1−j2	…

图 6.2.2(a) 中的粗实线表示增益与闭环极点的关系. 图中用"×"表示开环极点,线上圆点旁所标的数字为增益,线上的箭头表示增益增大的方向.

计算增益为 $K=-\infty\to0$ 时的闭环极点位置,就可得到图 6.2.2 (b) 所示的粗虚线,其中箭头也表示增益增大的方向.

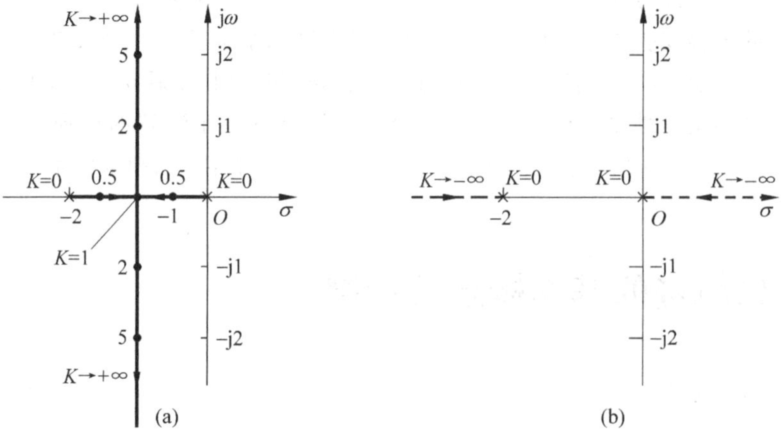

图 6.2.2 例 6.2.1 中闭环极点随增益变化的示意图

图 6.2.2 中的粗实线和粗虚线表示增益变化时闭环极点位置的变化. 得到图 6.2.2所示的曲线后,就可以知道任何增益下闭环极点的位置,从而大致预言闭环系统的性质. 譬如说,当 $K=0\sim1$ 时,闭环系统具有两个实极点,是一个过阻尼系统;当 $K>1$ 时,闭环系统具有一对共轭极点,是一个欠阻尼系统. 由于这是一个标准的二阶系统,所以得知闭环极点的位置就可以计算系统阶跃响应的主要动态指标. □

为了便于区分及叙述起见,通常将图 6.2.2(a) 中的粗实线称为**根轨迹**,它表示增益从 $K=0$ 变化到 $K=+\infty$时闭环特征方程根的轨迹;将图 6.2.2(b) 中的

粗虚线称为**补根轨迹**，它表示增益从 $K=-\infty$ 变化到 $K=0$ 时闭环特征方程根的轨迹. 如果将根轨迹和补根轨迹画到同一幅图上来表示增益从 $K=-\infty$ 变化到 $K=+\infty$ 时闭环特征方程根的轨迹，就称为**全根轨迹**. 不过，下文在不需要区分或不会引起混淆的场合有时也将根轨迹、补根轨迹与全根轨迹通称为根轨迹.

6.2.2 根轨迹的幅值条件和幅角条件

给定图 6.2.3 所示的负反馈控制系统，其中开环传递函数为

$$G(s)F(s)=KW(s)=\frac{KB(s)}{A(s)},\quad (K\geqslant 0). \tag{6.2.1}$$

式中：$B(s)$ 和 $A(s)$ 分别是 s 的 m 和 n 次首一多项式，且 $n\geqslant m$；K 代表增益，它是将 $G(s)F(s)$ 的分子多项式与分母多项式化为首一多项式后的值，它也许不同于通常定义的开环增益.

经过计算，可以得到闭环传递函数

$$G_{\mathrm{CL}}(s)=\frac{G(s)}{1+G(s)F(s)}, \tag{6.2.2}$$

从而得到方程

$$1+G(s)F(s)=0. \tag{6.2.3}$$

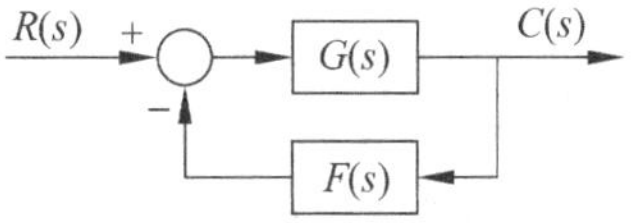

图 6.2.3　反馈控制系统

该方程与系统的闭环特征方程同根，故而在很多场合下也被称为系统的闭环特征方程.

显然，对任意 $K>0$，闭环极点必定满足式 (6.2.3)，或者说满足

$$G(s)F(s)=-1. \tag{6.2.4}$$

由于 $G(s)F(s)$ 对任意 s 值均可以用它的幅值(模)与幅角来表示，所以式 (6.2.4) 可以被改写为

$$|G(s)F(s)|=|KW(s)|=1, \tag{6.2.5}$$

$$\arg[G(s)F(s)]=\arg[W(s)]=(2k+1)\times 180^\circ,\quad k=0,\pm 1,\pm 2,\cdots. \tag{6.2.6}$$

式 (6.2.5) 和式 (6.2.6) 分别被称为根轨迹的**幅值条件**(模条件)和**幅角条件**，计算机辅助绘制根轨迹的方法及手工绘制根轨迹图的方法都是寻找在增益 K 从 0 变化到 $+\infty$ 时满足上述两个条件的 s 值. 读者很容易验证，表 6.2.1 中的闭环极点都满足式 (6.2.5) 与式(6.2.6).

要确定 s 平面上的点 s_0 是否在根轨迹上，实际上就是将点 s_0 作为一个试验点来检查 $\arg[G(s_0)F(s_0)]$ 是否符合幅角条件式(6.2.6). 事实上，只要找出 s 平面上满足幅角条件式 (6.2.6) 的点就可以画出根轨迹，但要确定该点所对应的增益，则要利用幅值条件式(6.2.5).

在计算幅角时这样约定：若矢量与实轴平行且与实轴正方向同向，则该矢量的幅角为 0°. 另外，该矢量沿逆时针方向转动时它的幅角增加.

6.2.3 计算机辅助绘制根轨迹

利用上述根轨迹的幅值条件与幅角条件,借助一些适当的算法,读者就可以编制程序,利用计算机来计算并绘制根轨迹.近几十年来,世界上出现了众多的可用于控制系统计算设计的计算机辅助设计软件及语言,当前国际控制界应用最广的控制系统计算机辅助设计语言就是 MATLAB.下面给出一个利用 MATLAB 绘制根轨迹的示例.

例 6.2.2 给定系统的开环传递函数

$$G(s)=\frac{K(s+4)}{(s+1)(s+2)(s+5)},\quad (K\geqslant 0).$$

试用 MATLAB 语言绘制闭环系统的根轨迹.

解 在 MATLAB 窗口中执行如下语句:

```
num = [1 4]; den = [1 8 17 10];
v = [-6 2 -4 4]; axis(v); axis('square'); hold on;
rlocus(num,den);
```

便可得到图 6.2.4 所示的根轨迹图,图中"×"表示开环极点的位置,"○"表示开环零点的位置. □

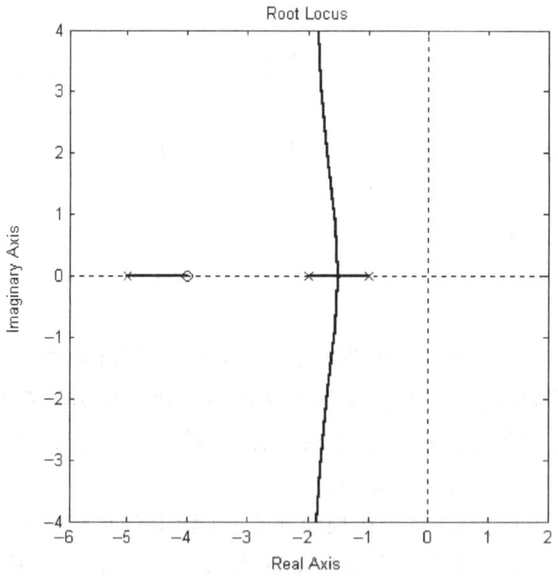

图 6.2.4　例 6.2.2 的根轨迹图

在例 6.2.2 中,MATLAB 语句中的 num 与 den 分别表示开环的分子多项式和分母多项式按降幂排列时由其系数构成的向量.举例来说,开环分母多项式为

$$(s+1)(s+2)(s+5) = s^3 + 8s^2 + 17s + 10,$$

所以记 den=[1　8　17　10].

使用上例中三行语句中的第一行和第三行就可以画出根轨迹图,第二行不是必需的,它的目的只是让图形更加美观易读.读者还可以采用更多的语句来添加标题、标注坐标值等等.

从图 6.2.4 可见,根轨迹是关于实轴对称的.这一点很容易理解,因为闭环系统的极点要么是实数,要么是共轭复数.

在控制系统的分析中,利用 MATLAB 可以获得精确的根轨迹图以便进行数据计算.但在许多情况下,只要画出根轨迹的大致形状和变化趋势来进行定性分析,就可以确定控制系统的基本性质以及校正方法.所以,读者仍应掌握迅速绘制简单系统根轨迹示意图的方法.在 6.2.2 节中将讨论根轨迹的性质,熟悉了这些性质,就很容易手工绘制简单系统的根轨迹图.

6.3　根轨迹的基本性质

为便于以图解形式计算一个试验点所对应的幅角,需要将式 (6.2.1) 改写为

$$\begin{aligned} G(s)F(s) &= KW(s) = \frac{KB(s)}{A(s)} \\ &= \frac{K(s-z_1)(s-z_2)\cdots(s-z_m)}{(s-p_1)(s-p_2)\cdots(s-p_n)},\quad (K \geqslant 0). \end{aligned} \tag{6.3.1}$$

式中:诸 z_i 和 p_i 分别是开环传递函数的零点和极点;系统具有 m 个开环零点和 n 个开环极点,$n \geqslant m$;$A(s)$和 $B(s)$均为首一多项式.

上述系统的根轨迹具有如下基本性质.

性质 1　根轨迹以实轴为对称轴.　□

这是一个很明显的事实,因为闭环极点如果不是实数,就一定是共轭复数.

性质 2　**根轨迹的分支数**等于开环传递函数的极点数.　□

闭环特征方程的次数由开环分子多项式和分母多项式的最高次数决定.由于假定 $n \geqslant m$,所以闭环特征方程的次数为 n,即 $1+G(s)F(s)=0$ 有 n 个根.当增益由 0 逐渐增大时,各个闭环极点将沿 s 平面内的连续曲线移动,所以根轨迹的分支数应当为 n,或者说根轨迹应当有 n 个分支.

性质 3　根轨迹点 s_0 对应的增益为

$$K = \left| \frac{(s_0-p_1)(s_0-p_2)\cdots(s_0-p_n)}{(s_0-z_1)(s_0-z_2)\cdots(s_0-z_m)} \right|. \tag{6.3.2}$$

□

由根轨迹的幅值条件可以直接得到这一结论.根据这一性质,可以精确计算根轨迹点所对应的增益值,也可以从根轨迹图上测量相应线段的长度来大致估算增益值.

性质 4　根轨迹的起点是开环传递函数的极点，**根轨迹的终点**是开环传递函数的零点. □

式(6.2.5)的幅值条件可以被改写为$|W(s)|=1/K$. 根轨迹的起点是根轨迹上 $K=0$ 的点，由

$$\lim_{K\to 0}|W(s)|=\lim_{K\to 0}\frac{1}{K}=\infty \tag{6.3.3}$$

可知，根轨迹的起点对应于使开环传递函数的幅值趋于无穷的点，显然，这些点是开环传递函数的 n 个极点.

根轨迹的终点是根轨迹上 $K\to+\infty$ 的点，由

$$\lim_{K\to +\infty}|W(s)|=\lim_{K\to +\infty}\frac{1}{K}=0 \tag{6.3.4}$$

可知，根轨迹的终点对应于使开环传递函数的幅值趋于 0 的点，显然，这些点包括开环传递函数的零点. 不过，在 $n>m$ 的情况下，$|s|\to\infty$ 的点也可以使式(6.3.4)成立，所以严格地讲，根轨迹的终点是开环传递函数的 m 个有限零点和 $n-m$ 个无穷远零点.

根据上述的理由，读者不难得出 $n<m$ 时关于根轨迹分支数、根轨迹起点及根轨迹终点的结论.

性质 5　实轴上的根轨迹右侧的极点和零点数之和为奇数. □

现以图 6.3.1 为例来确定几个试验点是否为根轨迹上的点. 图中用"×"表示开环极点 p_1, p_2, p_3, p_4，"○"表示开环零点 z_1，"●"表示试验点.

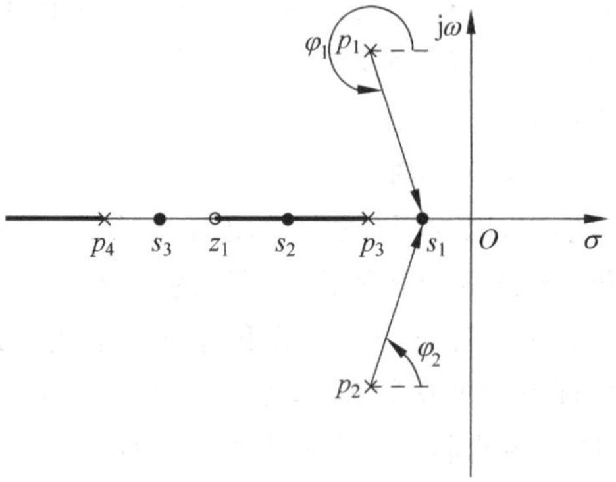

图 6.3.1　实轴上的根轨迹

事实上，对实轴上的点而言，一对共轭极点指向该点的矢量与正实轴的夹角之和总是 360°，即 $\varphi_1+\varphi_2=360°$，所以它们使传递函数的幅角减少 360°，故而对实轴上的点是否满足幅角条件毫无影响. 同样，一对共轭零点对实轴上的点是否满足幅角条件也毫无影响. 因此在确定实轴上的某点是否为根轨迹点时，根本不必考虑共轭的开环极点和零点，只需要考虑实轴上的极点和零点即可.

由于实轴上的试验点右侧的极点和零点与该试验点构成的矢量具有幅角

180°,该试验点左侧的极点和零点与该试验点构成的矢量具有幅角 0°,所以判断实轴上的根轨迹只需要看该实轴试验点右侧的极点和零点即可.

下面先看试验点 s_1,考虑所有极点和零点与试验点构成的幅角,可以算得

$$\begin{aligned}\arg[W(s_1)] &= \arg(s_1 - z_1) - \arg(s_1 - p_3) - \arg(s_1 - p_4) \\ &= 0° - 0° - 0° = 0°.\end{aligned}$$

可见,s_1 不满足幅角条件,所以不是根轨迹上的点.

另外,很容易判定 s_2 是根轨迹点,不考虑它左侧的极点和零点,可得

$$\arg[W(s_2)] = -\arg(s_2 - p_3) = -180°.$$

而 s_3 不是根轨迹点,因为

$$\arg[W(s_3)] = \arg(s_3 - z_1) - \arg(s_3 - p_3) = 180° - 180° = 0°.$$

显然,只有该实轴试验点右侧的极点和零点数目之和为奇数时,该试验点才可能是根轨迹点.

绘制实轴上的根轨迹时,可以将实轴上最右方的极点或零点编号为 1,然后沿实轴向左查看,将首先遇到的极点或零点编号为 2,将再遇到的极点或零点编号为 3,等等. 于是,根轨迹就是第一个极点或零点与第二个极点或零点之间的实轴部分、第三个极点或零点与第四个极点或零点之间的实轴部分,等等.

性质 6 趋向无穷远的**根轨迹的渐近线与实轴的夹角**为

$$\gamma = \frac{(2k+1)\times 180°}{n-m}, \quad k = 0,1,\cdots,n-m-1, \tag{6.3.5}$$

根轨迹的渐近线与实轴的交点坐标为

$$\sigma_a = \frac{\sum_{j=1}^{n} p_j - \sum_{i=1}^{m} z_i}{n-m}. \tag{6.3.6}$$

□

研究根轨迹的渐近线实际就是研究 s 趋于无穷时的根轨迹. 将式 (6.3.1) 代入式(6.2.4),两端取倒数并将 K 移项到右边,可得

$$\frac{(s-p_1)(s-p_2)\cdots(s-p_n)}{(s-z_1)(s-z_2)\cdots(s-z_m)} = -K. \tag{6.3.7}$$

展开上式的分母多项式和分子多项式,再进行长除,可得

$$s^{n-m} + as^{n-m-1} + \cdots = -K \tag{6.3.8}$$

其中 $a = \sum_{j=1}^{n}(-p_j) - \sum_{i=1}^{m}(-z_i)$, 省略号代表 s^{n-m-2} 项和更低次的项. 对式 (6.3.8) 取 $1/(n-m)$ 次幂,可得

$$s\left(1 + \frac{a}{s} + \cdots\right)^{\frac{1}{n-m}} = (-K)^{\frac{1}{n-m}}. \tag{6.3.9}$$

在上式的省略部分中,s 的幂次均低于 -1. 所以当 $s \to \infty$ 时,省略部分趋于 0. 对上式左端进行二项式展开,该式就成为

$$s\left(1+\frac{1}{n-m}\cdot\frac{a}{s}+\cdots\right)=(-K)^{\frac{1}{n-m}}. \tag{6.3.10}$$

同样,当 $s\to\infty$ 时,上式中省略部分亦趋于 0.

在式 (6.3.10) 中令 $s=\sigma+\mathrm{j}\omega$,记 $-1=\cos(2k\pi+\pi)+\mathrm{j}\sin(2k\pi+\pi)$,就可以对该式右侧利用棣莫弗尔(De Moivre)公式

$$(\cos\theta+\mathrm{j}\sin\theta)^x=\cos(x\theta)+\mathrm{j}\sin(x\theta), \tag{6.3.11}$$

从而获得

$$\sigma+\mathrm{j}\omega-\frac{a}{n-m}=K^{\frac{1}{n-m}}\left[\cos\frac{(2k+1)\pi}{n-m}+\mathrm{j}\sin\frac{(2k+1)\pi}{n-m}\right],\quad (K\geqslant 0). \tag{6.3.12}$$

令式 (6.3.12) 等号两端实部与虚部分别相等,便可得

$$\sigma-\frac{a}{n-m}=K^{\frac{1}{n-m}}\cos\frac{(2k+1)\pi}{n-m}, \tag{6.3.13}$$

$$\omega=K^{\frac{1}{n-m}}\sin\frac{(2k+1)\pi}{n-m}. \tag{6.3.14}$$

将式 (6.3.14) 除以式 (6.3.13),即可得到代表 ω 与 σ 关系的直线方程

$$\omega=\left(\sigma-\frac{a}{n-m}\right)\tan\frac{(2k+1)\pi}{n-m},\quad k=0,\pm1,\pm2,\cdots. \tag{6.3.15}$$

令 $\omega=0$,因为上式中的正切函数不总为零,所以得到渐近线与实轴的交点坐标

$$\sigma_{\mathrm{a}}=\frac{a}{n-m}=\frac{\sum\limits_{j=1}^{n}p_j-\sum\limits_{i=1}^{n}z_i}{n-m}. \tag{6.3.16}$$

另外,式 (6.3.15) 中的 $\tan[(2k+1)\pi/(n-m)]$ 代表渐近线的斜率,由于互不相同的渐近线只有 $n-m$ 条,所以这些渐近线与实轴的夹角 γ 应如式 (6.3.5) 所示.

对式 (6.3.5) 还可以按照如下解释来理解. 当试验点 s 很远时,可以认为 $G(s)F(s)$ 的所有有限零点和极点指向该试验点的向量方向几乎相同,所以当试验点 $s\to\infty$ 时,就可以认为 $G(s)F(s)$ 的所有有限零点和极点指向该点的向量的幅角均为 γ,所以

$$\begin{aligned}\arg_{s\to\infty}[G(s)F(s)]&=\arg_{s\to\infty}\frac{K(s-z_1)(s-z_2)\cdots(s-z_m)}{(s-p_1)(s-p_2)\cdots(s-p_n)}\\&=(m-n)\gamma.\end{aligned} \tag{6.3.17}$$

由幅角条件式(6.2.6) 可得 $(m-n)\gamma=180^\circ\times(2k+1)$,$k=0,\pm1,\pm2,\cdots$,经整理同样可以得到式 (6.3.5).

图 6.3.2 分别表示具有两支、三支与四支渐近线的情况. 具有更多渐近线的情况可以类推.

性质 7　根轨迹的会合点和根轨迹的分离点是这段根轨迹上增益 K 取极值的点. □

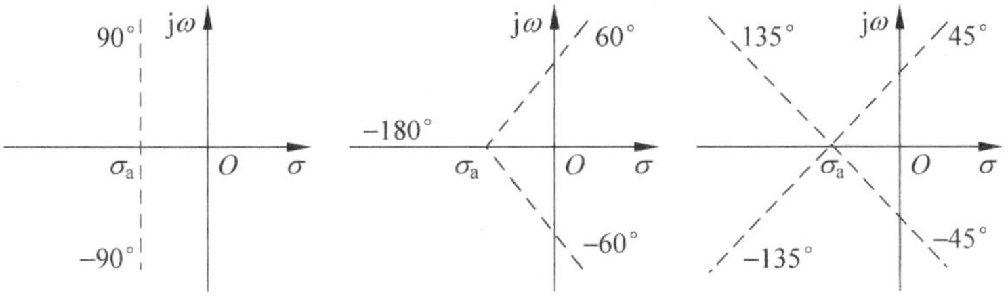

(a) $n-m=2$　　(b) $n-m=3$　　(c) $n-m=4$

图 6.3.2　渐近线的方向

下面首先说明,实轴上根轨迹的会合点是实轴根轨迹对应的 K 取极大值的点,实轴上根轨迹的分离点是实轴根轨迹对应的 K 取极小值的点.

实轴上根轨迹的会合点是指实轴上的根轨迹随 K 的增大按相迎方向运动并在实轴上相遇的点. 实轴上根轨迹的分离点是指根轨迹随 K 的增大按照某些方向会集到实轴上的点,但相遇后将沿实轴按相背的方向运动.

图 6.3.3 清楚表明了实轴根轨迹与增益 K 的关系,图中的 σ 轴代表实轴. 在开环极点 p_1 和 p_2 处的根轨迹对应于 $K=0$,开环零点 z_1 和 z_2 处的根轨迹对应于 $K\to+\infty$. 在图 6.3.3(a)中,当 K 增加时,实轴上的闭环极点向 s_i 移动. 当增益 K 达到某个值时,实轴根轨迹在 s_i 会合,如果 K 继续增加,根轨迹就会离开实轴. 所以说,实轴上根轨迹的会合点 s_i 是与该实轴根轨迹对应的增益 K 取某个极大值的点. 利用图 6.3.3(b)则很容易解释,实轴上根轨迹的分离点 s_a 是与该实轴根轨迹对应的增益 K 取某个极小值的点. 根据同样的思路,可以将上述结论推广到实轴以外的根轨迹的会合点与分离点.

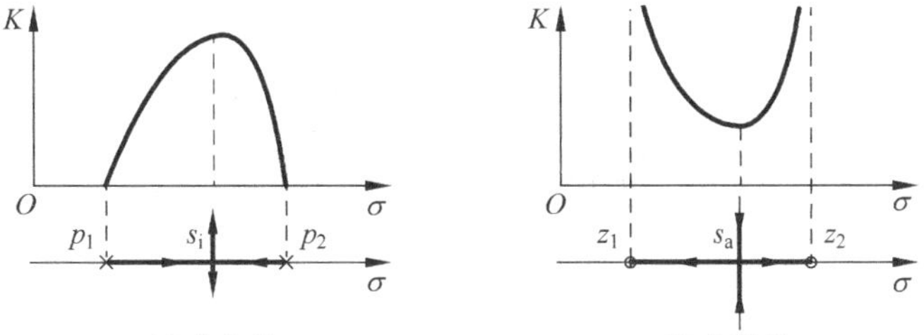

(a) 会合点　　(b) 分离点

图 6.3.3　实轴根轨迹的会合点与分离点

下面讨论寻找根轨迹会合点和分离点的一般方法. 根轨迹的会合点和分离点实际就是闭环特征方程有重根的点. 根据

$$1+G(s)F(s)=1+K\frac{B(s)}{A(s)}=\frac{A(s)+KB(s)}{A(s)}=0, \tag{6.3.18}$$

可以得到闭环特征方程

$$\varphi_c(s)=A(s)+KB(s)=0. \tag{6.3.19}$$

它具有二重根的充分必要条件为 $\varphi_c(s)=0$ 和 $\varphi_c'(s)=0$. 由 $\varphi_c'(s)=0$ 可得

$$\frac{\mathrm{d}\varphi_c(s)}{\mathrm{d}s}=A'(s)+KB'(s)=0. \tag{6.3.20}$$

将上式写成 $K=-A'(s)/B'(s)$，以此代入式 (6.3.19)，经整理可得

$$A(s)B'(s)-A'(s)B(s)=0. \tag{6.3.21}$$

满足式 (6.3.21) 的 s 值即闭环特征方程的二重根.

为便于进一步推广讨论，可以将式 (6.3.19) 写成 $K=-A(s)/B(s)$，将它对 s 求导即得

$$\frac{\mathrm{d}K}{\mathrm{d}s}=\frac{A(s)B'(s)-A'(s)B(s)}{B^2(s)}. \tag{6.3.22}$$

对照式 (6.3.21) 可知，闭环特征方程的二重根除满足特征方程外还应满足

$$\frac{\mathrm{d}K}{\mathrm{d}s}=0. \tag{6.3.23}$$

需要注意的是，闭环特征方程的二重根点中只有那些位于根轨迹上的点才是会合点或分离点. 所以求得重根点后必须代入 $K=-A(s)/B(s)$，找出满足 $K>0$ 的点.

根轨迹上也可能出现三条根轨迹会合的情况，这对应于特征方程具有三重根的情形. 三重根点除了满足式 (6.3.23) 外，还应满足

$$\frac{\mathrm{d}^2K}{\mathrm{d}s^2}=0. \tag{6.3.24}$$

图 6.3.4 以实轴上的根轨迹点为例，表明了两支根轨迹会合和三支根轨迹会合时，会合点附近的根轨迹的方向. 图中各相邻根轨迹的进入方向和离开方向彼此之间交叉排列，并且彼此之间具有相等的夹角. 具有更多支根轨迹会合的情况可以依此类推.

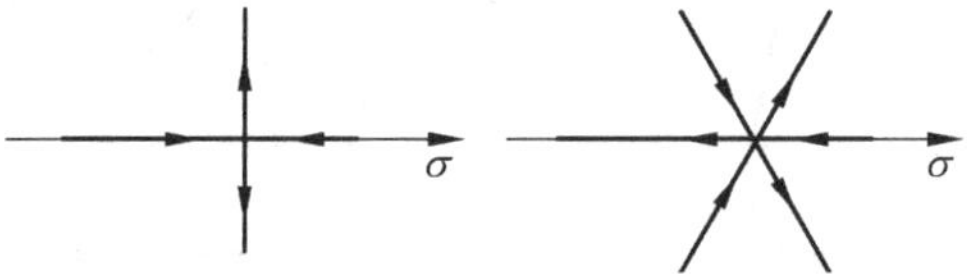

图 6.3.4 会合点附近的根轨迹方向

性质 8 根轨迹离开复数极点 p_r 的出射角为

$$\varphi_{p_r}=-180^\circ+\sum_{i=1}^{m}\arg(p_r-z_i)-\sum_{\substack{j=1\\ j\neq r}}^{n}\arg(p_r-p_j), \tag{6.3.25}$$

根轨迹到达复数零点 z_r 的入射角为

$$\varphi_{z_r}=180^\circ-\sum_{\substack{i=1\\ i\neq r}}^{m}\arg(z_r-z_i)+\sum_{j=1}^{n}\arg(z_r-p_j). \tag{6.3.26}$$

□

计算根轨迹离开复数极点的出射角的方法是在距复数极点 p_r 很近的范围内寻找符合幅角条件的点. 因为该试验点离 p_r 非常近,所以除 p_r 之外的所有极点指向该试验点的向量的幅角就等于它们指向 p_r 的向量的幅角,而所有零点指向该试验点的向量的幅角就等于它们指向 p_r 的向量的幅角. 所以利用幅角条件可以得到

$$\sum_{i=1}^{m}\arg(p_r-z_i)-\varphi_{p_r}-\sum_{\substack{j=1\\ j\neq r}}^{n}\arg(p_r-p_j)$$
$$=(2k+1)\times 180^\circ,\quad (k=0,\pm 1,\pm 2,\cdots).\tag{6.3.27}$$

由于只有一支根轨迹从 p_r 出发,故可以令 $k=0$.

对式(6.3.27)进行移项处理,即可得到出射角计算式(6.3.25). 利用相同的方法,可以获得根轨迹到达复数零点的入射角计算式(6.3.26).

如果开环传递函数具有二重复数极点 $p_r=p_{r+1}$,那么这两个极点指向该试验点的向量的幅角之和应为 $2\varphi_{p_r}$,所以幅角条件就应该写成

$$\sum_{i=1}^{m}\arg(p_r-z_i)-2\varphi_{p_r}-\sum_{\substack{j=1\\ j\neq r,j\neq r+1}}^{n}\arg(p_r-p_j)$$
$$=(2k+1)\times 180^\circ,\quad (k=0,\pm 1,\pm 2,\cdots).\tag{6.3.28}$$

考虑到此时有两支根轨迹从 p_r 出发,所以根轨迹从 p_r 的出射角为

$$\varphi_{p_r}=\frac{1}{2}\Big[-(2k+1)\times 180^\circ-\sum_{\substack{j=1\\ j\neq r,j\neq r+1}}^{n}\arg(p_r-p_j)$$
$$+\sum_{i=1}^{m}\arg(p_r-z_i)\Big],\quad (k=0,1).\tag{6.3.29}$$

注意,这是两个相差 180°的幅角.

类似地,如果开环传递函数具有二重复数零点 $z_r=z_{r+1}$,那么根轨迹到 z_r 的入射角则为

$$\varphi_{z_r}=\frac{1}{2}\Big[(2k+1)\times 180^\circ-\sum_{\substack{i=1\\ i\neq r,i\neq r+1}}^{m}\arg(z_r-z_i)$$
$$+\sum_{j=1}^{n}\arg(z_r-p_j)\Big],\quad (k=0,1).\tag{6.3.30}$$

这同样是两个相差 180°的幅角.

对于更多重开环复数极点和复数零点的情况可以依此类推.

性质9　条件稳定系统的根轨迹与虚轴相交,其交点满足

$$G(\mathrm{j}\omega)F(\mathrm{j}\omega)=-1.\tag{6.3.31}$$

□

条件稳定系统是指某个参数或某些参数在一定范围内时闭环稳定,超出该范围时闭环不稳定的系统. 在这里则指增益在某些范围内使闭环稳定,否则就使闭

环不稳定的系统.

根轨迹与虚轴的交点实部为零,即 $s=\mathrm{j}\omega$. 以 $s=\mathrm{j}\omega$ 代入式 (6.2.4) 就得到式 (6.3.31). 式 (6.3.31) 是一个复数方程,故可以改写为

$$\left.\begin{aligned}\mathrm{Re}[1+G(\mathrm{j}\omega)F(\mathrm{j}\omega)]&=0,\\ \mathrm{Im}[1+G(\mathrm{j}\omega)F(\mathrm{j}\omega)]&=0.\end{aligned}\right\}\tag{6.3.32}$$

解方程式(6.3.32) 就可求得该交点所对应的频率及对应的增益 K.

根轨迹与虚轴的交点表示临界稳定状态,所以任何判断闭环稳定性的方法均可以用来求取根轨迹与虚轴的交点. 除了式 (6.3.32) 外,另一种常用的方法是劳思准则.

例 6.3.1 给定单位负反馈控制系统的开环传递函数

$$G(s)=\frac{K(s^2+3s+3.25)}{s^2(s+0.5)(s+8)(s+10)}.$$

作该系统的根轨迹图,并根据本节给出的根轨迹性质计算根轨迹图上的特征数据.

解 由给定的开环传递函数可知,该系统有 2 个($m=2$)开环零点 $-1.5\pm\mathrm{j}1$, 5 个($n=5$)开环极点 0,0,-0.5,-8,-10. 利用 MATLAB 可得系统的根轨迹如图 6.3.5 所示.

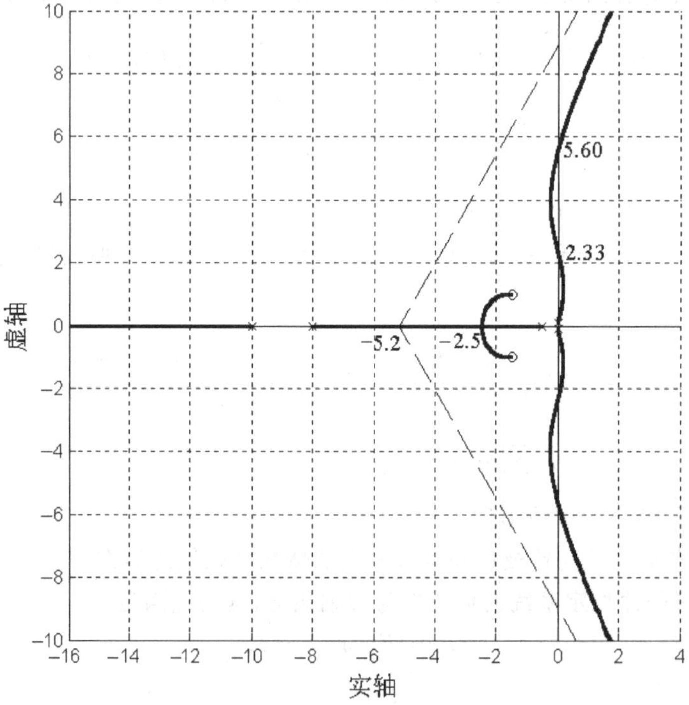

图 6.3.5 例 6.3.1 的根轨迹图

从图 6.3.5 可以看出，该系统具有 5 支根轨迹，它们从 5 个开环极点出发，其中两支分别到达两个开环零点，另 3 支趋向无穷远(性质 2 和性质 4).

实轴根轨迹位于区间$(-\infty,-10)$ 以及$(-8,-0.5)$.$(-8,-0.5)$ 内的根轨迹的右方有 3 个开环极点，$(-\infty,-10)$ 内的根轨迹的右方有 5 个开环极点，3 和 5 均为奇数(性质 5).

因为 $n-m=3$，所以趋向无穷远的根轨迹具有 3 条渐近线，它们与实轴的夹角为

$$\gamma=\frac{180^\circ\times(2k+1)}{3}=60^\circ,-180^\circ,-60^\circ.$$

注意，复平面上的幅角 φ 与 $\varphi\pm360^\circ$ 代表相同的方向. 所以，今后在不会引起混淆的地方，常常将超过$\pm180^\circ$的幅角改写为$\pm180^\circ$范围之内的幅角.

这些渐近线与实轴的交点为

$$\sigma_a=\frac{\sum_{j=1}^{n}p_j-\sum_{i=1}^{m}z_i}{n-m}=-5.167.$$

2 条$\pm60^\circ$的渐近线如图 6.3.5 中的虚线所示(性质 6).

图 6.3.5 表明实轴根轨迹具有一个会合点. 由开环传递函数可知

$$A(s)=s^5+18.5s^4+89s^3+40s^2,B(s)=s^2+3s+3.25.$$

将 $A(s)$和 $B(s)$代入 $A(s)B'(s)-A'(s)B(s)=0$，并移项整理，可得

$$3s^6+49s^5+271.75s^4+774.5s^3+987.75s^2+260s=0.$$

利用 MATLAB 的 roots 命令可以得到它的 4 个实根 $0,-0.3467,-2.4763,-9.0388$. 从根轨迹图可见，惟有$-2.4763$ 在实轴根轨迹上，所以它可能是实轴根轨迹的会合点. 再由

$$K=-\frac{A(s)}{B(s)}\bigg|_{s=-2.4763}=257.8593>0$$

可以验证-2.4763 确为实轴根轨迹的会合点(性质 7).

现在计算根轨迹到达两个复数开环零点的入射角. 设根轨迹到零点$-1.5+\mathrm{j}1$ 的入射角为 φ_{z_1}，那么，读者不必记忆式 (6.3.26)，只要用 $s=-1.5+\mathrm{j}1$ 直接代入幅角条件

$$\begin{aligned}\varphi_{z_1}&+\arg(s+1.5+\mathrm{j}1)-2\arg(s)-\arg(s+0.5)-\arg(s+8)\\&-\arg(s+10)=180^\circ,\end{aligned}$$

就可以求得 $\varphi_{z_1}=173.08^\circ$. 所以根轨迹到零点$-1.5-\mathrm{j}1$ 的入射角为 $\varphi_{z_2}=-173.08^\circ$(性质 8).

最后计算根轨迹与虚轴的交点. 该系统的闭环特征方程为

$$\begin{aligned}&s^5+18.5s^4+89s^3+40s^2+K(s^2+3s+3.25)\\&=s^5+18.5s^4+89s^3+(40+K)s^2+3Ks+3.25K=0.\end{aligned}$$

令 $s=\mathrm{j}\omega$，即得 $\mathrm{j}\omega^5+18.5\omega^4-\mathrm{j}89\omega^3-(40+K)\omega^2+\mathrm{j}3K\omega+3.25K=0$，从而得到

$$\omega^5-89\omega^3+3K\omega=0,$$

$$18.5\omega^4-(40+K)\omega^2+3.25K=0.$$

经整理后的方程为

$$(\omega^4-36.75\omega^2+169.25)\omega^2=0.$$

除零解外，可得 $\omega_1^2=5.3988$ 和 $\omega_2^2=31.3515$. 或者说，根轨迹与虚轴的交点为 $\omega_1=2.325$ 和 $\omega_2=5.600$.

再由

$$K=\frac{1}{3}(89\omega^2-\omega^4)$$

得到与交点对应的增益 $K_1=150.44$ 和 $K_2=602.46$(性质 9). □

例 6.3.1 中的数据都是根据开环传递函数求得的. 这表明，如果有一幅根轨迹图，哪怕不是很精确的根轨迹图，只要辅以适当的计算，就可以获得分析和设计系统所需要的准确关键数据，譬如临界稳定的增益、分离会合点的增益等等. 利用这些增益可以估计与某个给定增益对应的闭环极点的位置范围. 反过来讲，如果利用根轨迹的性质获得本例中关键根轨迹点的位置数据，那么手工草绘根轨迹图，也会得到与图 6.3.5 差不多的图形. 这正是这些性质的另一个用途.

尽管利用 MATLAB 可以画出精确的根轨迹，但在许多场合下，利用一幅根轨迹示意图就可以分析系统的基本性质，并由此决定如何对系统进行校正以便获得期望的闭环特性. 特别是对于那些并非十分复杂的系统，只要利用本节所述的根轨迹性质作简单的计算就能够画出根轨迹的草图. 通过计算来绘制简单根轨迹图不仅对分析与设计十分重要，对正确阅读和理解计算机所作的根轨迹图也很有帮助.

例 6.3.2 给定单位负反馈控制系统中被控对象的传递函数

$$G(s)=\frac{K}{s(s+2.73)(s^2+2s+2)},$$

试通过计算手工绘制根轨迹示意图.

解 (i) 开环传递函数有 4 个极点：$p_1=0, p_2=-2.73, p_{3,4}=-1\pm \mathrm{j}1$，没有零点. 所以根轨迹有 4 个分支，它们从 4 个开环极点出发，在 4 个方向上趋向无穷远. 为了后面计算分离点、会合点的需要，可将闭环特征方程写成

$$K=-s(s+2.73)(s^2+2s+2)=-(s^4+4.73s^3+7.46s^2+5.46s).$$

(ii) 在坐标平面上标出 4 个极点的位置后就可以判断，实轴上的根轨迹应当在 -2.73 与原点之间.(参见图 6.3.7)

(iii) 根轨迹有 4 条渐近线($n-m=4$)，所以渐近线与实轴的夹角为

$$\gamma=\frac{(2k+1)\times 180^\circ}{4}=\pm 45^\circ, \pm 135^\circ,$$

渐近线与实轴的交点坐标为

$$\sigma_a = \frac{0-2.73-1-1}{4} = -1.183.$$

(iv) 实轴根轨迹的两端是两个开环极点，所以实轴根轨迹上必定有会合点. 由 $dK/ds=0$ 可得

$$4s^3+14.19s^2+14.92s+5.46=0.$$

利用试算或计算机辅助求解，可得一个实根 $s=-2.057$. 它在实轴根轨迹上，由此可以断定它就是一个会合点. 为验证起见，这里可以通过计算

$$K=-A(s)\mid_{s=-2.0565}=2.931>0$$

来加以确定.

(v) 存在两个共轭复数开环极点，所以需要计算根轨迹离开该极点的出射角. 图 6.3.6 标注了从各个开环极点到 p_3 的向量的幅角. 设根轨迹离开极点 p_3 的出射角为 φ_{p_3}，那么由幅角条件

$$-\arg(p_3-p_1)-\arg(p_3-p_2)-\varphi_{p_3}-\arg(p_3-p_4)=(2k+1)\times180°$$

可得 $\varphi_{p_3}=-75°$. 所以 $\varphi_{p_4}=75°$.

在需要进行幅角计算的场合下，最好如图 6.3.6 那样画出简易图形并标注出相应的角度. 这样既有利于理解，又不容易出错.

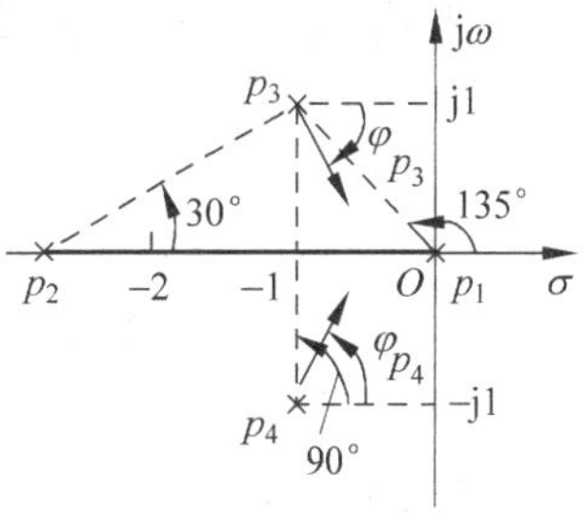

图 6.3.6 例 6.3.2 中出射角的计算

(vi) 由于两条根轨迹以 ±45°方向趋向无穷远，所以根轨迹必然与虚轴相交. 系统的闭环特征方程为

$$\varphi(s)=s^4+4.73s^3+7.46s^2+5.46s+K=0.$$

下面采用劳思准则来求根轨迹与虚轴的交点. 列写劳思阵列如下：

s^4	1	7.46	K
s^3	4.73	5.46	
s^2	6.3057	K	
s^1	$\frac{34.4291-4.73K}{6.3057}$		
s^0	K		

由 $34.4291-4.73K=0$ 可以求得临界稳定的增益 $K=7.2789$. 再由辅助方程

$$6.3057s^2+K=6.3057s^2+7.2789=0$$

可得交点频率 $\omega=\pm1.074$.

(vii) 根据以上数据可以画出图 6.3.7 所示的根轨迹图. 由于根轨迹与虚轴的交点为 $\omega=1.074$，而渐近线与虚轴的交点为 $\omega=1.183$，所以根轨迹穿越渐近线. □

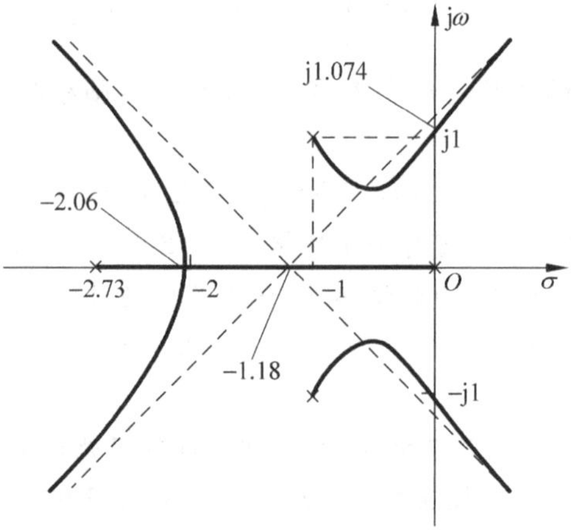

图 6.3.7 例 6.3.2 的根轨迹图

6.4 根轨迹方法应用示例

利用根轨迹可以研究被控对象参数与闭环稳定性的关系，而且可以通过分析闭环极点的位置来了解闭环系统的大致时间响应. 本节通过示例来说明根轨迹的一些基本应用，并将根轨迹的条件推广到更复杂的系统.

6.4.1 条件稳定系统

根轨迹是回路增益变化时闭环极点的变化轨迹，所以画出根轨迹的草图就可以判断闭环系统是否稳定，若辅以适当的计算，还可以确定使闭环稳定的增益范围.

例 6.4.1 给定开环传递函数

$$G(s)=\frac{K(s+1)(s+5)}{s^3(s+80)(s+100)}.$$

试画出它们的根轨迹示意图，并说明 K 使闭环稳定的取值范围.

解 (i) 绘制根轨迹图. 利用 MATLAB 可以作出系统的根轨迹图，但由于各个极点、零点的数值相差太大，很难在一幅根轨迹图上清楚显示根轨迹各部分的细节. 为此，采用 MATLAB 命令绘制本例的根轨迹图时，要以不同坐标范围画根轨迹来观察各部分的细节.

图 6.4.1 所示为徒手绘制的根轨迹示意图. 根据开环传递函数的极点和零点位置，很容易理解该根轨迹图. 本例的五支根轨迹中有两支按照 $\pm60°$ 的方向趋于无穷远. 原点处有三重极点，所以根轨迹从原点出发时的出射角为 $\pm60°$ 和 $-180°$. 另外，在实轴上有一段从 -80(极点)到 -5(零点)的根轨迹，但这不是一支描述增

益从零变化到无穷的完整根轨迹.在复杂的系统中,从极点到零点的根轨迹上也可以出现分离、会合点.

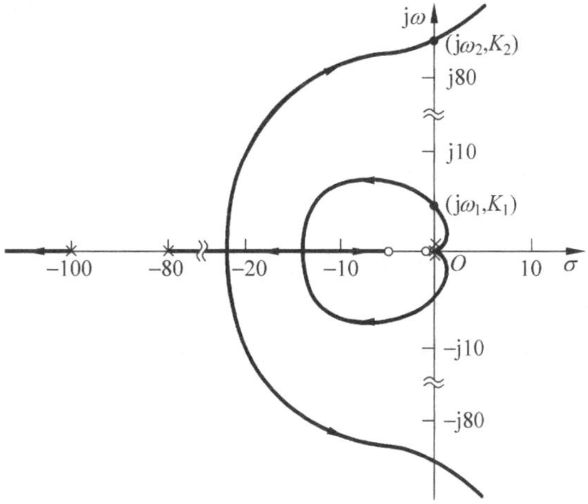

图 6.4.1 例 6.4.1 的根轨迹示意图

(ii) 由根轨迹图可见,根轨迹两次穿越虚轴,当增益满足 $K_1<K<K_2$ 时闭环系统稳定.

系统的闭环特征方程为

$$\varphi_c(s)=s^5+180s^4+8000s^3+Ks^2+6Ks+5K=0,$$

以 $s=j\omega$ 代入上述特征方程,分列实部与虚部方程,再经过适当代换可得

$$\omega^6-6925\omega^4+40000\omega^2=0,$$

$$K=\frac{8000\omega^2-\omega^4}{6}.$$

由此可以解得 $\omega_1^2=5.7810$,$\omega_2^2=6919.22$,即 $\omega_1=2.404$,$\omega_2=83.182$.计算相应的增益可得 $K_1=7702$,$K_2=1.246\times10^6$.所以使闭环系统稳定的增益范围为

$$7702<K<1.246\times10^6.$$

(iii) 从根轨迹图还可以看出,闭环系统的三个实极点中有一个与零点−1很接近,另一个离零点−5较近,第三个则位于负实轴上较远的位置,故而系统的时间响应主要由一对共轭的主导极点决定.因为通过调整增益可以使闭环系统的这对主导极点位于较理想的位置,所以,通过调整增益就可能使本例的闭环系统具有较好的时间响应. □

6.4.2 增加极点或零点对根轨迹的影响

根轨迹直接与开环传递函数的极点和零点有关,所以增加一个开环极点或增加一个开环零点必然会使根轨迹移动,从而使闭环极点位置发生变化.用根轨迹

方法对系统进行校正实际上就是为校正装置传递函数选择合适的极点和零点,以使闭环系统的极点位于希望的位置.所以,了解增加一个开环极点或者开环零点对根轨迹的影响,对选择校正装置传递函数的极点和零点具有重要的指导作用.

例 6.4.2 给定开环传递函数

$$G_1(s)=\frac{K}{(s+1)(s+3)},\quad G_2(s)=\frac{K(s+4)}{(s+1)(s+3)}.$$

试画出它们的根轨迹,并说明增加一个零点对根轨迹的影响.

解 (i) $G_1(s)$有2个开环实轴极点-1与-3.所以实轴上的根轨迹在$(-3,-1)$区间之内.根轨迹具有与实轴垂直的渐近线,渐近线与实轴的交点坐标为-2.它的根轨迹很简单,是图6.4.2中的虚线和$(-3,-1)$之间的线段.

(ii) $G_2(s)$有2个开环实极点-1与-3,1个开环零点-4.所以实轴上的根轨迹在$(-\infty,-4)$和$(-3,-1)$的范围内.实轴上的分离点、会合点坐标为-5.732和-2.268.它的根轨迹如图6.4.2中的实线所示.

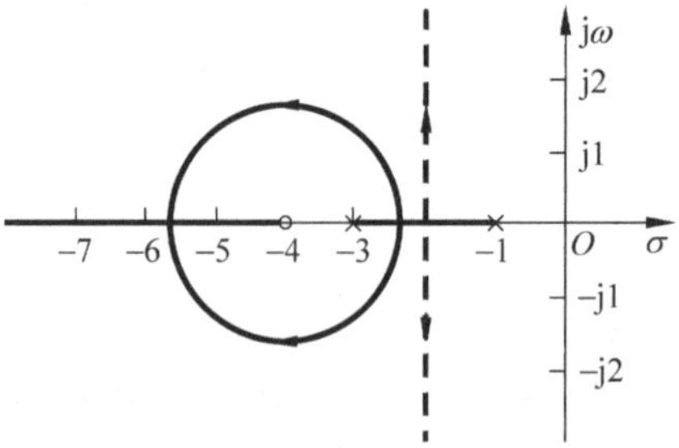

图 6.4.2 例 6.4.2 的根轨迹图

(iii) 对照$G_1(s)$与$G_2(s)$的根轨迹可以发现,$G_2(s)$增加一个零点后,根轨迹向左方移动. □

例 6.4.3 给定开环传递函数

$$G_1(s)=\frac{K}{(s+1)(s+3)},\quad G_2(s)=\frac{K}{(s+1)(s+3)(s+4)}.$$

试画出它们的根轨迹,并说明增加一个极点对根轨迹的影响.

解 (i) $G_1(s)$的根轨迹为图6.4.3中的虚线和$(-3,-1)$之间的线段,其特征数据见例6.4.2.

(ii) $G_2(s)$有3个开环实轴极点-1,-3与-4.所以实轴上的根轨迹在$(-\infty,-4)$和$(-1,-3)$范围内.三支根轨迹趋向无穷远,根轨迹渐近线方向为$\pm 60°$,$180°$.渐近线与实轴的交点坐标为-2.667.实轴上的会合点坐标为-1.785.它的根轨迹如图6.4.3中的实线所示.

(iii) 对照$G_1(s)$与$G_2(s)$的根轨迹可以发现,增加一个极点后,根轨迹向右方移动. □

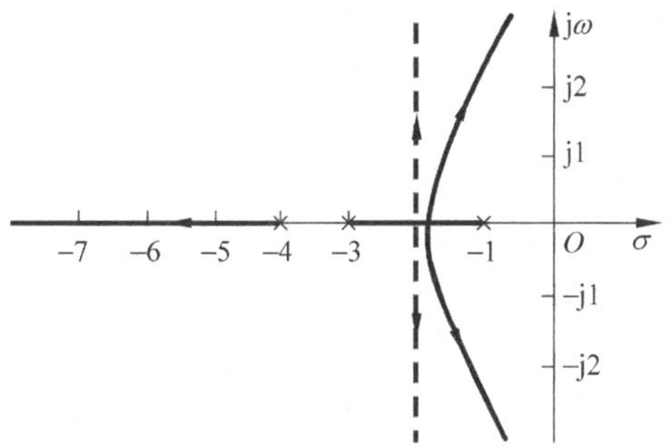

图 6.4.3 例 6.4.3 的根轨迹图

例 6.4.2 和例 6.4.3 针对特定系统显示了增加零点或极点对根轨迹的影响. 但是这种现象具有普遍性,特别是对实轴以外那些与闭环复数极点相对应的根轨迹.

6.4.3 参数根轨迹和根轨迹族

开环传递函数中可能发生变化的参数不仅仅是增益. 为了利用根轨迹方法来研究传递函数中除了增益以外的参数变化对稳定性的影响,可以利用闭环特征方程来获得另一种形式的传递函数,以便将需要研究的可变参数改写到开环增益通常所在的位置.

设开环传递函数为

$$G(s) = \frac{B(s,K_1)}{A(s,K_1)}, \tag{6.4.1}$$

其中 K_1 不是传递函数的增益,s 的多项式 $B(s,K_1)$ 与 $A(s,K_1)$ 均可以是 K_1 的函数. 如果能将闭环特征方程 $\varphi_c(s)=A(s,K_1)+B(s,K_1)=0$ 改写为

$$\varphi_c(s) = P(s) + K_1 Q(s) = 0. \tag{6.4.2}$$

那么就可以认为,式 (6.4.2) 也是开环传递函数

$$G_1(s) = \frac{K_1 Q(s)}{P(s)} \tag{6.4.3}$$

所对应的闭环特征方程.

从绘制根轨迹的角度来看,可以将传递函数式(6.4.3) 称为等价开环传递函数,K_1 则相当等价开环传递函数中的增益. 在非增益参数 K_1 变化时,以该等价开环传递函数画出的闭环根轨迹被称为**参数根轨迹**. 利用这种参数根轨迹就可以详细研究参数 K_1 变化时闭环极点位置的变化. 需要指出的是,该等价开环传递函数与原来的开环传递函数经单位反馈后具有完全相同的闭环特征方程,但具有不同的闭环传递函数.

例 6.4.4　给定负反馈系统的开环传递函数

$$G(s)=\frac{2(s+1)}{s^2(s+a)},\quad a>0.$$

试用根轨迹方法分析开环参数 a 变化时的闭环稳定性.

解　按本例题的要求,应当画参数 a 变化时的根轨迹.

(i) 写出等价的开环传递函数. 系统的闭环特征方程为

$$\varphi(s)=s^3+as^2+2s+2=0.$$

在等价开环传递函数中,参数 a 应当位于分子上相当于增益的位置上. 将包含参数 a 的项作为等价开环传递函数的分子多项式,就可以得到

$$G_1(s)=\frac{as^2}{s^3+2s+2}.$$

显然,它与原系统具有相同的闭环特征方程.

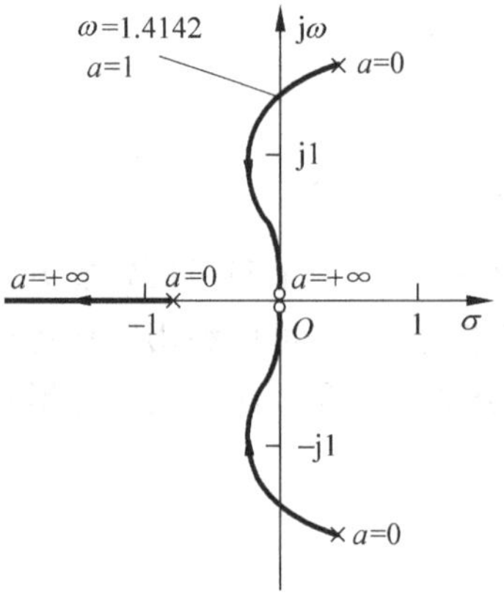

图 6.4.4　例 6.4.4 的闭环极点轨迹示意图

(ii) 根据 $G_1(s)$ 画根轨迹. 参数 a 变化时的根轨迹示意图如图 6.4.4 所示,$G_1(s)$ 具有三个极点 $0.386\pm j1.564$ 与 -0.771,两个零点均在原点. 所以,实轴上的根轨迹在区间 $(-\infty,-0.771)$ 内,这段根轨迹代表稳定的闭环极点. 两个右半平面的极点说明 a 小时闭环不稳定.

(iii) 本例根轨迹分析中的关键是判断从 $0.386\pm j1.564$ 出发的两支根轨迹是否穿越虚轴以及 a 为何值时穿越虚轴. 利用闭环特征方程以及根轨迹与虚轴交点的计算公式,可以得到使闭环临界稳定的值 $a=1$,它对应 $\omega=1.4142$. 所以系统的稳定条件为 $a>1$. 从根轨迹图还可以看出,闭环极点比较接近虚轴,闭环主导极点的阻尼系数很小,所以闭环阶跃响应会有较大的超调,而且可能产生较强的、缓慢衰减的振荡. □

例 6.4.5　给定图 6.4.5 所示的反馈控制系统,其中 $K>0$. 试用根轨迹方法求得合适的 K 值,以使闭环主导极点的阻尼系数为 0.707.

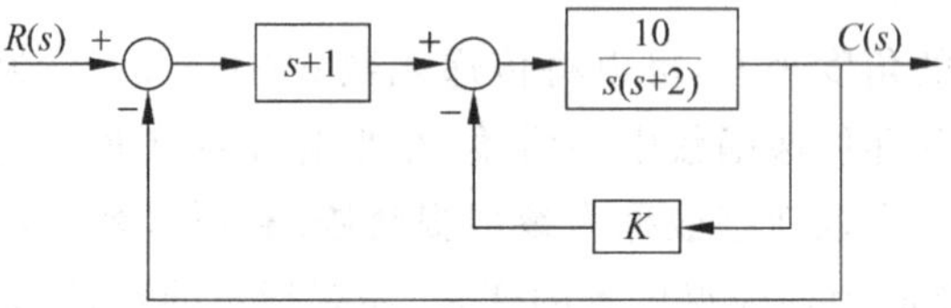

图 6.4.5　例 6.4.5 的反馈控制系统

解　(i) 本例的开环传递函数和闭环传递函数分别为

$$G_{OP}(s)=\frac{10(s+1)}{s(s+2)+10K},\quad G_{CL}(s)=\frac{10(s+1)}{s^2+12s+10+10K}.$$

其中 K 是内环的开环传递函数增益，但不在 $G_{OP}(s)$ 的增益位置上，所以需要采用绘制参数根轨迹的方法. 闭环系统的特征方程为

$$\varphi_c(s)=s^2+12s+10+10K=0.$$

为绘制 K 变化时的根轨迹，可以写出等价开环传递函数

$$G_1(s)=\frac{10K}{s^2+12s+10}=\frac{10K}{(s+11.099)(s+0.901)}.$$

(ii) 根据 $G_1(s)$ 绘制的根轨迹如图 6.4.6 所示.

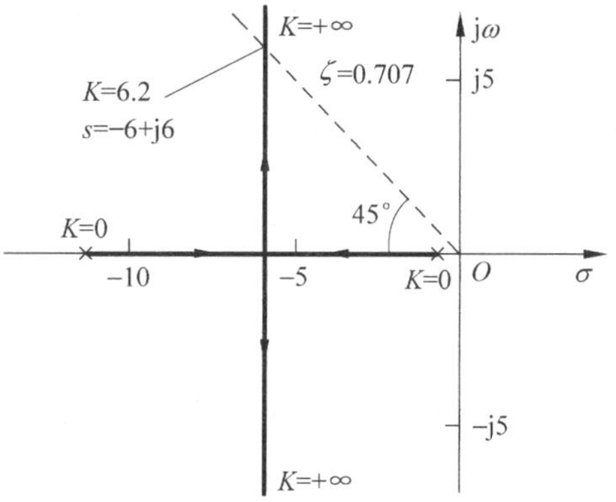

图 6.4.6　例 6.4.5 的闭环根轨迹图

图中与实轴负方向成 45°角的射线对应于阻尼系数 $\zeta=0.707$. 根轨迹在实轴上的会合点(在本例中也是根轨迹渐近线与实轴的交点)坐标为 −6，所以希望的闭环极点应为 $s=-6\pm j6$. 由根轨迹的幅值条件可以得出

$$K=-\left.\frac{s^2+12s+10}{10}\right|_{s=-6+j6}=6.2.$$ □

在开环传递函数中有两个变化参数的情况下，可以通过适当改写闭环特征方程来绘制闭环系统的极点随这两个参数变化的轨迹. 设闭环特征方程为

$$P(s)+K_1Q_1(s)+K_2Q_2(s)=0,\tag{6.4.4}$$

其中：$P(s)$，$Q_1(s)$，$Q_2(s)$是 s 的多项式；K_1，K_2 是任意可变参数. 先令 K_1 和 K_2 中的任意一个为零，譬如说，令 $K_2=0$，那么闭环特征方程就变为

$$P(s)+K_1Q_1(s)=0.\tag{6.4.5}$$

K_1 变化时，它的根就在以开环传递函数

$$G_1(s)=\frac{K_1Q_1(s)}{P(s)}\tag{6.4.6}$$

绘制的闭环根轨迹上.

再将特征方程式(6.4.4) 改写为

$$1+\frac{K_2Q_2(s)}{P(s)+K_1Q_1(s)}=0, \tag{6.4.7}$$

这相当于该特征方程对应一个开环传递函数

$$G_2(s)=\frac{K_2Q_2(s)}{P(s)+K_1Q_1(s)}. \tag{6.4.8}$$

这时,开环极点(即 $G_2(s)$的极点)正是方程式(6.4.5)的根,它们在以 $G_1(s)$为开环传递函数所绘制的根轨迹上,随 K_1 的变化而变化.

所以当 K_1 和 K_2 同时变化时,闭环系统的全部根将不是由一组根轨迹表示,而是由若干组根轨迹来表示,这若干组根轨迹的出发点就在根据 $G_1(s)$绘制的根轨迹上.在两个参数变化时绘制的若干组根轨迹被称为**根轨迹族**.对不太复杂的系统,很容易画出根轨迹族的示意图,这样就能分析两个参数变化时闭环系统的稳定性及其他性能.

例 6.4.6 给定负反馈控制系统的开环传递函数

$$G(s)=\frac{K}{s(s+a)},\quad K>0,a>0.$$

试用根轨迹方法分析 K 和 a 同时变化时闭环系统的稳定性.

解 (i) 列写系统的闭环特征方程 $s^2+as+K=0$.

(ii) 令 $K=0$,闭环特征方程成为 $s^2+as=0$.构造等价开环传递函数

$$G_1(s)=\frac{as}{s^2}=\frac{a}{s},$$

就可以绘制出相应的根轨迹.

它是实轴上$(-\infty,0)$内的线段,即负实轴,见图6.4.7实轴上的虚线.图中实轴下方所标注的-1,-2和-3是实轴坐标值.应当注意的是,绘制根轨迹时采用了化简后的开环传递函数 $G_1(s)=1/s$,一个二阶传递函数变成了一阶传递函数.

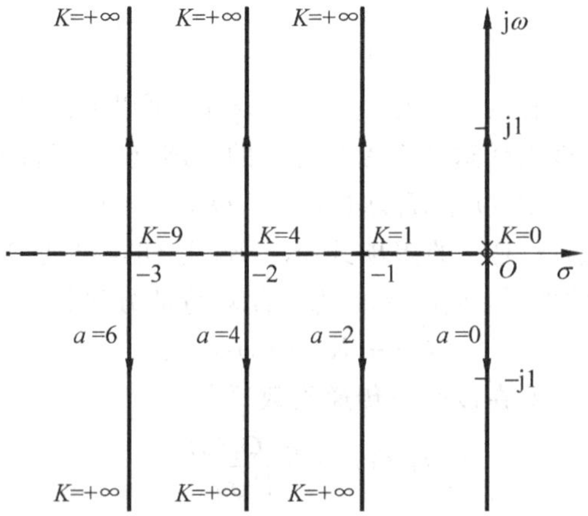

图 6.4.7 例 6.4.6 的根轨迹族

(iii) 令 $K\neq 0$，将闭环特征方程 $s^2+as+K=0$ 改写为

$$1+G_2(s)=1+\frac{K}{s(s+a)}=0,$$

并根据 $G_2(s)$ 绘制根轨迹.

当 a 给定时，闭环系统根轨迹是负实轴上 $(-a,0)$ 间的线段以及一条实轴坐标为 $(-a/2)$ 且平行于虚轴的直线. 譬如说，当 $a=2$ 给定时，闭环系统根轨迹是负实轴上 $(-2,0)$ 间的线段以及一条实轴坐标为 -1 且平行于虚轴的直线.

所以 a 变化时，闭环系统的根轨迹就是一组 $(-a,0)$ 间的线段以及一组平行于虚轴的直线，从而构成图 6.4.7 所示的根轨迹族. □

在采用根轨迹方法设计系统时，根轨迹族对选择参数具有参考价值. 譬如在图 6.4.7 中，如果确定了希望闭环极点位置的范围，就可以选择合适的 (a,K) 组合来满足闭环系统的要求. 对稍微复杂的系统，不易徒手绘制根轨迹族的示意图，此时可以利用 MATLAB 命令将 K_1 为给定离散值、K_2 连续变化时的多个根轨迹画到同一个坐标上，从而构成根轨迹族.

6.4.4 延时系统

对有理分式形式的开环传递函数，很容易利用根轨迹的性质绘制根轨迹的示意图，或者利用 MATLAB 绘制精确的根轨迹图. 但是有些传递函数并不具有有理分式的形式，譬如带有纯时间延迟的系统，或简称为延时系统.

延时系统的根轨迹也遵守幅角条件和幅值条件. 但是，由于延时系统不具有严格的有理分式函数形式，所以延时系统根轨迹的形状与通常具有有理分式传递函数的系统有明显差别.

设一个闭环系统的开环传递函数为

$$G(s)=KW(s)\mathrm{e}^{-Ts},\quad K>0, \tag{6.4.9}$$

其中：$W(s)$ 相当于式 (6.3.1) 中的有理分式部分，T 是纯延迟时间.

令 $s=\sigma+\mathrm{j}\omega$，则有 $\exp(-Ts)=\exp(-T\sigma-\mathrm{j}T\omega)$. 该系统的闭环特征方程为 $1+KW(s)\exp(-Ts)=0$，即

$$KW(s)\mathrm{e}^{-T\sigma-\mathrm{j}T\omega}=-1. \tag{6.4.10}$$

令式 (6.4.10) 等号两侧的幅值和幅角分别相等，就可以得到延时系统根轨迹的幅值条件与幅角条件：

$$|KW(s)|\mathrm{e}^{-T\sigma}=1, \tag{6.4.11}$$

$$\arg W(s)=(2k+1)\pi+\omega T,\quad k=0,\pm 1,\pm 2,\cdots. \tag{6.4.12}$$

据此，可以研究延时系统根轨迹的几个典型性质.

(1) 根轨迹的起点. 按照幅值条件式(6.4.11),延时系统根轨迹的起点($K=0$时的根轨迹点)应满足

$$\lim_{K\to 0} |W(s)| e^{-T\sigma} = \lim_{K\to 0} \frac{1}{K} = \infty. \tag{6.4.13}$$

显然,$W(s)$的所有极点满足上式,但$\sigma\to-\infty$也满足上式. 所以延时系统根轨迹的起点是有理分式部分的极点以及左半s平面上若干趋于无穷远的点.

(2) 根轨迹的终点. 延时系统根轨迹的终点($K\to\infty$时的根轨迹点)应满足

$$\lim_{K\to\infty} |W(s)| e^{-T\sigma} = \lim_{K\to\infty} \frac{1}{K} = 0. \tag{6.4.14}$$

它的解是$W(s)$的全部零点以及若干$\sigma\to+\infty$的点. 所以延时系统根轨迹的终点是有理分式部分的零点以及右半s平面上若干趋于无穷远的点.

(3) 根轨迹的渐近线. 既然$K\to 0$与$K\to\infty$时若干根轨迹趋向无穷远,就需要讨论趋向无穷远的根轨迹的渐近线.

由于

$$\arg W(s)\big|_{s\to\infty} = \arg\frac{1}{s^{n-m}} = -(n-m)\arctan\frac{\omega}{\sigma},$$

所以幅角条件成为

$$-(n-m)\arctan\frac{\omega}{\sigma} = (2k+1)\pi + \omega T, \quad k=0,\pm1,\pm2,\cdots. \tag{6.4.15}$$

当$\sigma\to-\infty$,ω为有限值时,$\arctan(\omega/\sigma)=\pi$. 幅角条件成为

$$-(n-m)\pi = (2k+1)\pi + \omega T, \quad k=0,\pm1,\pm2,\cdots, \tag{6.4.16}$$

所以渐近线满足

$$\omega = -\frac{(n-m)\pm(2k+1)}{T}\pi, \quad k=0,\pm1,\pm2,\cdots. \tag{6.4.17}$$

可见,趋向左半s平面无穷远的根轨迹的渐近线是平行于实轴的直线.

不过上式可以进一步简化. 当$n-m$为奇数时,式(6.4.17)的分子为偶数,所以该式被简记为

$$\omega = \frac{2k\pi}{T}, \quad k=0,\pm1,\pm2,\cdots. \tag{6.4.18}$$

而当$n-m$为偶数时,式(6.4.17)的分子为奇数,所以该式被简记为

$$\omega = \frac{(2k+1)\pi}{T}, \quad k=0,\pm1,\pm2,\cdots. \tag{6.4.19}$$

当$\sigma\to+\infty$,ω为有限值时,$\arctan(\omega/\sigma)=0$,所以幅角条件成为

$$(2k+1)\pi+\omega T=0,\quad k=0,\pm 1,\pm 2,\cdots. \tag{6.4.20}$$

考虑到 k 可取所有整数,故对上式加以改写可以得到渐近线方程

$$\omega=\frac{(2k+1)\pi}{T},\quad k=0,\pm 1,\pm 2,\cdots. \tag{6.4.21}$$

可见,趋向右半 s 平面无穷远处的根轨迹的渐近线也是平行于实轴的直线.

根据上面的讨论还可以知道,延时系统的根轨迹有无穷多个分支,当 K 由 0 增加时,大部分根轨迹从 s 平面上实部为 $-\infty$ 的点出发,穿过虚轴进入右半平面,并趋向实部为 $+\infty$ 的点.

(4) 其他. 在实轴上,$\omega=0$,所以延时系统的根轨迹与开环传递函数为 $G(s)=KW(s)$ 的闭环根轨迹相同. 另外,根轨迹的分离点、会合点也可以利用 $\mathrm{d}K/\mathrm{d}s=0$,即

$$\frac{\mathrm{d}}{\mathrm{d}s}\left[-\frac{\mathrm{e}^{Ts}}{W(s)}\right]=0 \tag{6.4.22}$$

来计算.

例 6.4.7　给定负反馈控制系统的开环传递函数

$$G(s)=\frac{K\mathrm{e}^{-Ts}}{s(s+2)},\quad K>0, T=1.$$

试用根轨迹方法分析增益 K 变化时闭环系统的稳定性.

解　如果不存在延时,该系统的根轨迹十分简单,它包括实轴上 $(-2,0)$ 的线段以及平行于虚轴、与实轴交点坐标为 -1 的直线. 但由于延时环节的存在,Ts 引入额外的幅角,所以根轨迹点必然会移动. 下面利用延时系统根轨迹的性质来绘制根轨迹的示意图.

(i) 根轨迹的起点. 本例中 $n-m=2$,是偶数,所以利用式 (6.4.19) 计算起点根轨迹(来自无穷远的根轨迹)的渐近线.

$$\omega=(2k+1)\pi,\quad k=0,\pm 1,\pm 2,\cdots.$$

(ii) 根轨迹的终点. 利用式 (6.4.21) 可以计算终点根轨迹(趋向无穷远的根轨迹)的渐近线为

$$\omega=(2k+1)\pi,\quad k=0,\pm 1,\pm 2,\cdots.$$

起点处根轨迹的渐近线与终点处根轨迹的渐近线表达式相同,但这并不意味着同一条根轨迹的起点和终点具有相同的渐近线,更不意味着 $\omega=(2k+1)\pi$ 就是一条根轨迹.

(iii) 实轴上的根轨迹点. 实轴上的根轨迹根据 $G(s)=1/(s^2+2s)$ 计算,它是 $(-2,0)$ 之间的线段.

(iv) 根轨迹上的分离点和会合点. 将闭环特征方程写成

$$K=-s(s+2)e^{Ts},$$

由 $dK/ds=0$ 可得

$$(s^2+4s+2)e^{-Ts}=0,$$

解得 $s=-2\pm\sqrt{2}$. 由于 $s=-2+\sqrt{2}$时,$K=0.4612$,故取实轴上的会合点为 $s=-2+\sqrt{2}$.

(v) 当 $k=0,\pm1,\pm2,\cdots$时,根轨迹形成许多分支. 为绘制根轨迹的示意图,需要判断各支根轨迹的范围. 由于

$$\arg W(s)=-\arctan\frac{\omega}{\sigma}-\arctan\frac{\omega}{2+\sigma},$$

所以根轨迹的幅角条件成为

$$-\arctan\frac{\omega}{\sigma}-\arctan\frac{\omega}{2+\sigma}=(2k+1)\pi+\omega,\quad k=0,\pm1,\pm2,\cdots.$$

改写上式,并重新排列 k 的取值,可以得到

$$\arctan\frac{\omega}{\sigma}+\arctan\frac{\omega}{2+\sigma}=(2k+1)\pi-\omega,\quad k=0,\pm1,\pm2,\cdots.$$

为简单起见,下面只讨论上半 s 平面. $k=0$ 时的根轨迹构成根轨迹的第一分支,这时有

$$\arctan\frac{\omega}{\sigma}+\arctan\frac{\omega}{2+\sigma}=\pi-\omega.$$

当 $\sigma\to+\infty$时,上式左端趋于0,所以 $\omega\to\pi$. 而 $\sigma=0$ 时,上式左端值在 $\pi/2$ 和 π 之间,故可以判断 ω 的值在 0 到 $\pi/2$ 之间. 因此根轨迹的第一分支在 $(0,\pi)$ 范围内变化.

$k=1$ 时的根轨迹构成根轨迹的第二分支,这时有

$$\arctan\frac{\omega}{\sigma}+\arctan\frac{\omega}{2+\sigma}=3\pi-\omega.$$

当 $\sigma\to-\infty$时,上式左端趋于 2π,所以 $\omega\to\pi$; 而当 $\sigma\to+\infty$时,上式左端趋于0,所以 $\omega\to3\pi$. 令 $\sigma=0$,上式左端值在 $\pi/2$ 和 π 之间,故可以判断 ω 的值在 2π 到 2.5π 之间. 因此根轨迹的第二分支在 $(\pi,3\pi)$ 范围内变化.

如此依次处理,就可以得到根轨迹的各个分支的变化范围. 本例的根轨迹示意图见图6.4.8.

(vi) 延时系统的根轨迹都穿越虚轴,所以要计算根轨迹与虚轴的交点坐标才能确定 K 的稳定范围. 将 $s=j\omega$ 代入闭环特征方程 $s(s+2)=-Ke^{-Ts}$,可得

$$\omega\sqrt{4+\omega^2}\,e^{j\left(\frac{\pi}{2}+\arctan\frac{\omega}{2}\right)}=Ke^{j[(2k+1)\pi-\omega]},\quad k=0,\pm1,\pm2,\cdots.$$

对 $k=0,1,2,\cdots$用试算方法解超越方程

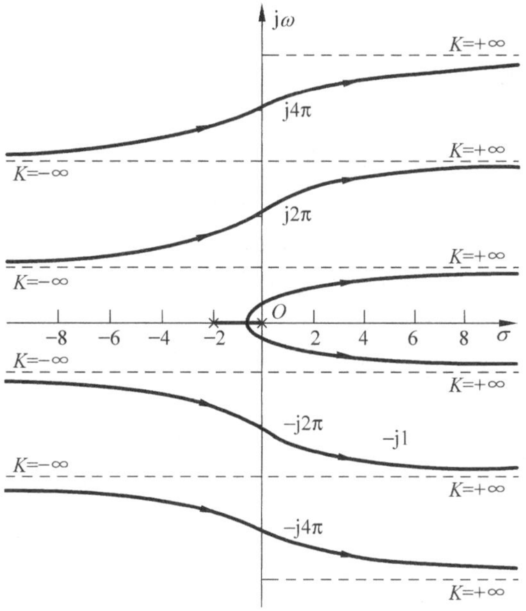

图 6.4.8　例 6.4.7 的延时系统的部分根轨迹

$$\frac{\pi}{2}+\arctan\left(\frac{\omega}{2}\right)=(2k+1)\pi-\omega,$$

可得

$$\omega=\pm 1.077,\pm 6.5783,\pm 12.7223,\cdots,$$

$$K=2.446,45.23,163.84,\cdots.$$

由此可知，$K>2.446$ 时，闭环系统不稳定. □

例 6.4.7 也从根轨迹的角度说明了延时系统的特点. 延时系统的根轨迹随着增益的加大一定进入右半 s 平面，从而导致闭环系统不稳定，所以延时系统的增益常常受到严格的限制.

6.5　补根轨迹的基本性质

在 6.2 节中提到了补根轨迹的概念. 尽管大多数闭环控制系统在化为标准负反馈结构时具有正的增益，但在很多情况下也会出现增益为负的情形. 而且，将非最小相位系统化为标准形式时，很可能遇到负增益的情形. 在研究除了增益以外的某个参数对系统稳定性的影响时，由于要改写传递函数，也可能出现改写后的传递函数增益为负的情况. 另外，即使对一个最小相位的连续系统进行采样，在用根轨迹方法研究该采样系统的稳定性时，仍然会遇到负增益的情形. 关于采样系统的情形将在第 8 章讲述. 这里先用几个示例说明出现负增益的情形以及相应的幅角条件.

6.5.1 几个示例

例 6.5.1 设一个单位负反馈系统的开环传递函数为最小相位传递函数 $G(s)$. 试求 K 从 0 变化到 $-\infty$ 时根轨迹的幅角条件.

解 本例中传递函数的幅角为 $\arg G(s)=\arg KW(s)$. 因为 $K<0$,故令 $K'=-K>0$,所以本例中传递函数的幅角又可以被表示成

$$\arg[-K'W(s)]=180°+\arg[K'W(s)].$$

利用式 (6.2.6) 的幅角条件,可得

$$\arg[G(s)]=180°+\arg[K'W(s)]=(2k+1)\times 180°,\quad k=0,\pm 1,\pm 2,\cdots.$$

故而本例中根轨迹的幅角条件应被记为

$$\arg[G(s)]=k\times 360°,\quad k=0,\pm 1,\pm 2,\cdots.$$

在 6.1 节中将 $K<0$ 对应的根轨迹定义为补根轨迹,所以上式就是补根轨迹的幅角条件. □

例 6.5.2 设一个单位正反馈系统的开环传递函数为最小相位传递函数 $G(s)$. 试求 K 从 0 变化到 $+\infty$ 时根轨迹的幅角条件.

解 由于本例所讨论的系统是正反馈系统,所以闭环传递函数可以写为

$$G_{CL}(s)=\frac{G(s)}{1-G(s)}.$$

其特征方程为 $1-G(s)=0$,或记为 $G(s)=1$. 两端取幅角,就能得到本例中根轨迹的幅角条件

$$\arg[G(s)]=k\times 360°.$$ □

例 6.5.3 设一个单位负反馈系统的开环传递函数具有如下所示的一种非最小相位形式

$$G(s)=\frac{K(1-T_1s)}{s(1+Ts)},\quad T_1>0,K>0,T>0.$$

试求 K 从 0 变化到 $+\infty$ 时根轨迹的幅角条件.

解 本例中传递函数的幅角应为

$$\begin{aligned}\arg G(s)&=\arg\frac{K(1-T_1s)}{s(1+Ts)}=\arg\left[-\frac{K(T_1s-1)}{s(Ts+1)}\right]\\&=180°+\arg\left[\frac{K(T_1s-1)}{s(Ts+1)}\right],\end{aligned}$$

所以由式 (6.2.6) 可知,本例中根轨迹的幅角条件应被记为

$$\arg\frac{K(T_1s-1)}{s(Ts+1)}=k\times 360°,\quad k=0,\pm 1,\pm 2,\cdots.$$ □

在例 6.5.2 和例 6.5.3 中采用了不同的反馈结构或不同性质的传递函数. 尽管传递函数中的增益不为负,但在负反馈结构下将开环传递函数写成标准形式

$$G(s)=\frac{K(s-z_1)\cdots(s-z_m)}{(s-p_1)(s-p_2)\cdots(s-p_n)}$$

后,却遇到了增益小于零的情形,而且最后得到了与补根轨迹完全相同的幅角条件. 换句话说,在用根轨迹方法对某个系统进行研究时,即使原来的目的不是研究增益小于零时的补根轨迹,但有时候仍要采用绘制补根轨迹的方法才能对该系统进行分析与设计.

6.5.2　补根轨迹的幅值条件和幅角条件

为了将 6.5.1 节中的情形统一起来进行讨论,这里采用如下的传递函数

$$G(s)=KW(s)=\frac{K(s-z_1)\cdots(s-z_m)}{(s-p_1)(s-p_2)\cdots(s-p_n)},\quad (K<0) \tag{6.5.1}$$

来作为研究补根轨迹的标准形式. 令 $K'=-K$,闭环特征方程 $G(s)=KW(s)=-1$ 可以被改写为 $K'W(s)=1$,其中 $K'>0$. 两端取模和幅角,就可以得到补根轨迹的幅值条件与幅角条件

$$|K'W(s)|=1, \tag{6.5.2}$$

$$\arg[W(s)]=k\times 360^\circ,\quad k=0,\pm 1,\pm 2,\cdots. \tag{6.5.3}$$

不难看出,不管增益的符号如何,补根轨迹的幅值条件与根轨迹的幅值条件完全相同. 但由于增益的符号发生了变化,所以补根轨迹的幅角条件与根轨迹的幅角条件不同. 故而在补根轨迹的性质中,所有仅跟幅值有关的性质都与根轨迹的性质相同,但所有跟幅角有关的性质则与根轨迹不同.

6.5.3　补根轨迹的基本性质

为了便于与根轨迹的性质进行对比,下面列举补根轨迹性质时不连续编号,而是采用与 6.3 节(根轨迹的基本性质)中所用的相同序号,但后加一个"C"以示区别.

性质 5C　实轴上根轨迹右侧的极点数和零点数之和为偶数. □

对实轴上的试验点,由于所有共轭极点和共轭零点指向该试验点的向量的幅角之和为 360°,该试验点左侧的实轴极点和实轴零点指向该试验点的向量的幅角均为 0°,所以在验证幅角条件时,只需要计算该试验点右侧的实轴极点和实轴零点到该试验点的向量幅角的代数和. 当该试验点右侧的实轴极点和实轴零点数总和为偶数时,便构成 $360^\circ\times k$ 的幅角,从而满足补根轨迹的幅角条件. 由此可见,正实轴上最右方的极点或零点到正无穷远的部分一定是补根轨迹.

性质 6C　趋向无穷远的根轨迹的渐近线与实轴的夹角为

$$\gamma=\frac{360^\circ\times k}{n-m},\quad k=0,\pm 1,\cdots,\pm(n-m-1). \tag{6.5.4}$$

□

性质 8C 根轨迹离开复数极点 p_r 的出射角为

$$\varphi_{p_r} = -360^\circ + \sum_{i=1}^{m}\arg(p_r - z_i) - \sum_{\substack{j=1\\ j\neq r}}^{n}\arg(p_r - p_j). \qquad (6.5.5)$$

根轨迹到达复数零点 z_r 的入射角为

$$\varphi_{z_r} = 360^\circ - \sum_{\substack{i=1\\ i\neq r}}^{m}\arg(z_r - z_i) + \sum_{j=1}^{n}\arg(z_r - p_j). \qquad (6.5.6)$$

□

只要在6.2节的性质6和性质8的推导步骤中用360°代替180°就可以得到性质6C和性质8C.

例 6.5.4 给定负反馈系统的开环传递函数

$$G(s)F(s) = \frac{K(1-2s)}{s(s+1)}, \quad K > 0.$$

画出增益 K 从 0 变化到 $+\infty$ 时的闭环极点的变化轨迹.

解 首先将给定的开环传递函数改写为

$$G(s)F(s) = \frac{-K(2s-1)}{s(s+1)} = \frac{K'(s-0.5)}{s(s+1)},$$

其中 $K'=-2K<0$. 所以,作增益 K 从 0 变化到 $+\infty$ 时的闭环极点的变化轨迹实际上是画增益为 $-\infty<K'<0$ 时的补根轨迹.

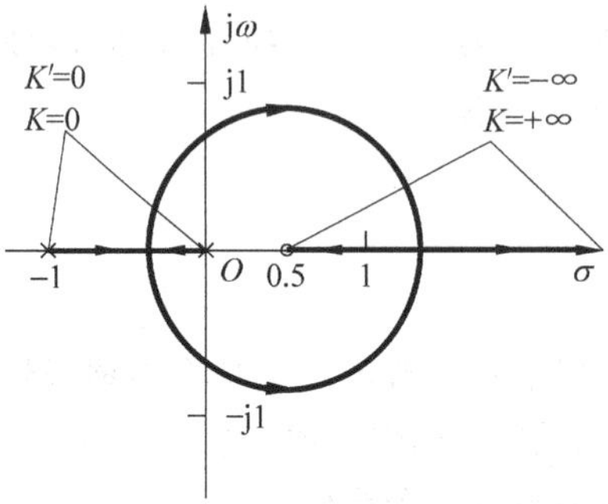

图 6.5.1 例 6.5.4 的闭环极点随增益变化的轨迹示意图

按照补根轨迹的性质,实轴上的根轨迹应在区间 $(-1,0)$ 与 $(0.5,+\infty)$ 内,参见图 6.5.1. 记 $K'=-s(s+1)/(s-0.5)$,利用 $\mathrm{d}K/\mathrm{d}s=0$,可得会合点 -0.366 和分离点 1.366. 由这些数据就可以画出补根轨迹图 6.5.1. 图中按照题意用箭头标明了增益 K 从 0 变化到 $+\infty$ 时闭环极点的变化方向. 为对照起见,也标出了 $K'=0$ 与 $K'=-\infty$ 的位置. 像大部分这类二阶系统一样,不在实轴上的根轨迹部分是一个圆周. □

例 6.5.5 给定负反馈系统的开环传递函数

$$G(s) = \frac{K(s-1)}{s(s+1)(s+2)}, \quad F(s) = 1.$$

试画出系统的全根轨迹.

解 画系统的全根轨迹就是要画 $-\infty<K<+\infty$ 的闭环极点变化轨迹.

(i) 画系统的根轨迹. 根轨迹的特征数据如下(参见图 6.5.2):

开环极点: 0, -1 和 -2; 开环零点: 1.

实轴上的根轨迹区段为 $(-2,-1)$ 和 $(0,1)$.

两支根轨迹趋向无穷远，所以取 $k=0$ 和 1，可以算出渐近线与实轴的夹角为

$$\gamma=\frac{180^\circ(2k+1)}{2}=\pm 90^\circ.$$

渐近线与实轴的交点为$(-1-2-1)/2=-2$.

在区间 $(-2,-1)$ 内应有分离点，由 $K=-s(s+1)(s+2)/(s-1)$ 和 $\mathrm{d}K/\mathrm{d}s=0$ 得

$$s^3-3s-1=0.$$

它的解为 -1.532，-0.347，1.879. 所以分离点坐标为 $s=-1.532$. 根轨迹如图 6.5.2中的实线所示.

(ii) 画系统的补根轨迹. 补根轨迹图中与幅角条件及负增益有关的特征数据如下.

实轴上的根轨迹区段为 $(-\infty,-2)$，$(-1,0)$ 和 $(1,+\infty)$.

两支根轨迹趋向无穷远，所以渐近线与实轴的夹角为

$$\gamma=\frac{360^\circ\times k}{2}=0^\circ,-180^\circ.$$

在区间 $(-1,0)$ 与 $(1,+\infty)$ 内应有分离点、会合点，这正好是前面求根轨迹在实轴上的会合点时所得到的另外两个解 $s=-0.347$ 与 $s=1.879$. 补根轨迹如图 6.5.2中虚线所示.

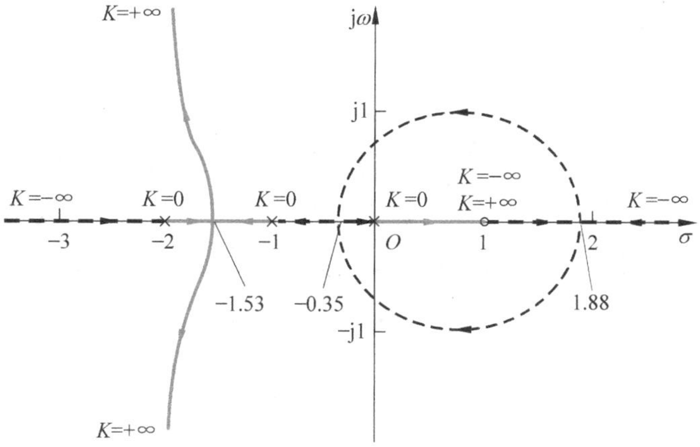

图 6.5.2　例 6.5.5 的全根轨迹示意图

(iii) 系统的全根轨迹. 根轨迹和补根轨迹一道构成系统的全根轨迹. 图中箭头表示增益由 $K=-\infty$ 变化到 $K=0$、再变化到 $K=+\infty$ 的方向. □

图 6.5.3 是某些系统的全根轨迹示意图，其中实线表示根轨迹，虚线表示补根轨迹，箭头表示增益增大的反向. 从图中可以看到，极点和零点位置的相对变化有时会使根轨迹形状发生很大的变化. 实际系统的根轨迹与系统的极点和零点分布有关，不一定和图中的情况相同，但尽管如此，参看这些根轨迹图仍然有助于绘制某些典型系统的根轨迹示意图.

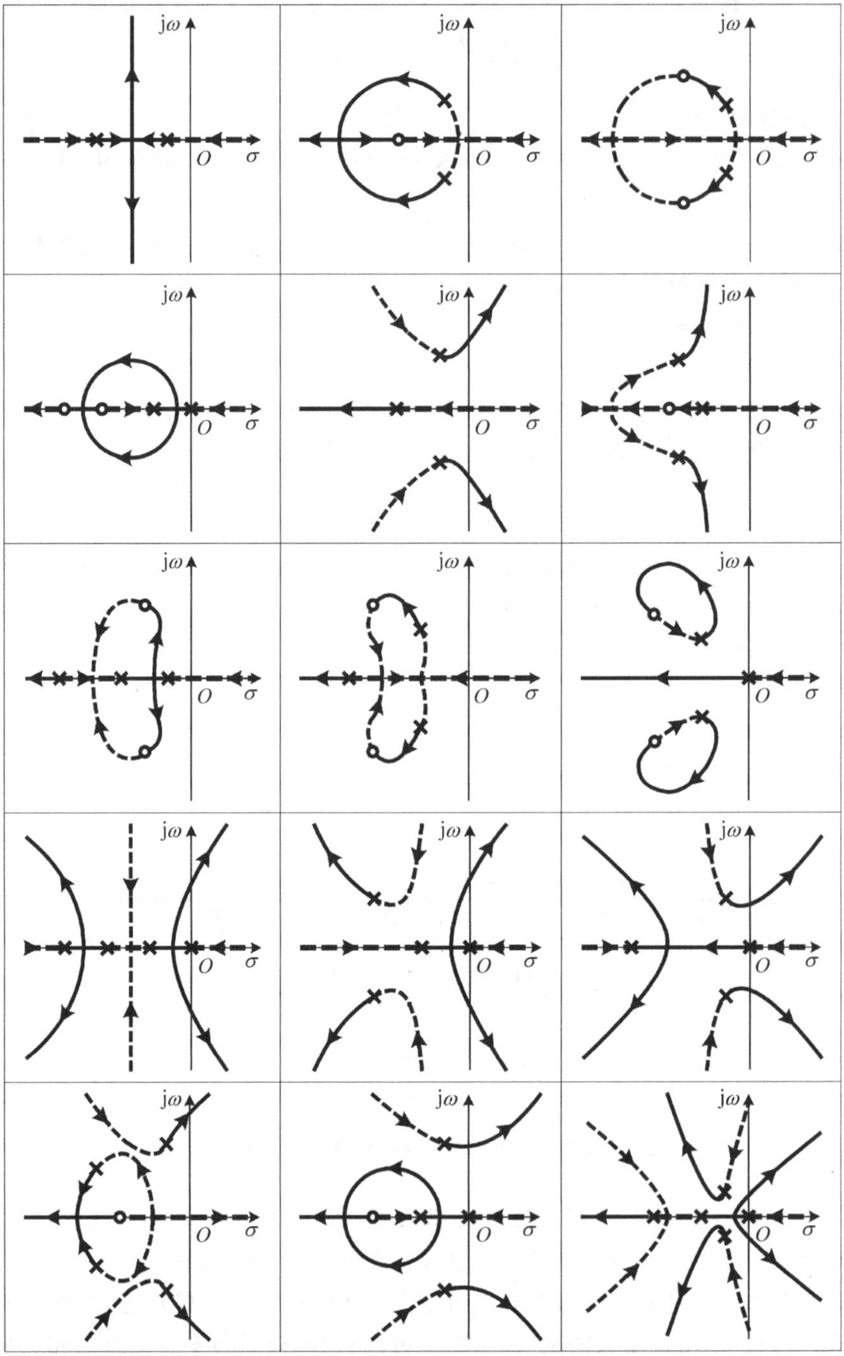

图 6.5.3　部分系统的全根轨迹示意图

6.6　常用串联校正装置的性质

当被控对象的性能不符合要求时，往往需要在系统中安排一些具有某种动态特性的部件来改善闭环控制系统的性能. 将这些部件安排在适当的部位，并为这些部件选择参数的过程称为**校正**. 要设计的部件就被称为**校正装置**. 因为校正的过程是选择一些装置来克服原有系统性能的缺陷或弥补原有系统性能的不足，所以也可以将校正称为**补偿**.

进行校正可以采用多种结构形式，图 6.6.1 的 (a)、(b) 与 (c) 分别画出了串联校正、局部反馈校正以及前馈校正的典型结构. 图中 $G_p(s)$ 和 $G_1(s)$ 表示被控对象的传递函数，而 $G_f(s)$，$G_c(s)$ 与 $F(s)$ 则是需要设计的校正装置的传递函数.

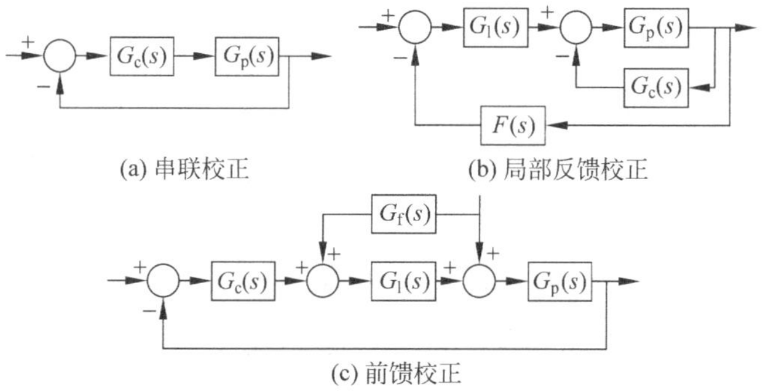

图 6.6.1　几种典型的校正回路结构

串联校正方法是直接改变开环传递函数. 由于自动控制原理已经提供了许多由开环传递函数间接判断闭环特性的方法，所以由希望的闭环特性大致可以确定期望的开环传递函数，再利用串联传递函数的计算规则就能确定所需要的校正装置 $G_c(s)$ 的类型并计算它们的参数. 从这个意义上讲，串联校正装置的概念及计算较为直观、简单. 另外，串联校正装置被安排在回路中能量较低的位置，所以校正装置的功率消耗较低.

局部反馈校正系统的特性除取决于 $G_1(s)$ 外，还取决于由 $G_p(s)$ 和反馈校正装置传递函数 $G_c(s)$ 构成的局部闭环系统的特性. 但这个局部闭环系统的特性由反馈部分传递函数 $G_c(s)$ 确定，故而较难由 $G_c(s)$ 直接预言整个系统的闭环特性. 所以，对给定的闭环性能要求，也难以直接确定 $G_c(s)$ 的参数，而且设计所需的计算也更为复杂. 但是，有时采用较简单的反馈校正装置就能获得与某个复杂串联校正装置相同的效果.

前馈校正主要用来克服可测量扰动的影响. 在扰动作用达到输出之前，前馈校正装置 $G_f(s)$ 就会产生前馈作用来抵消扰动的影响. 如果扰动可测，而且各部分数学模型准确，前馈校正能很好地消除扰动影响. 不过它不能克服由前馈通道本身引起的误差,所以一般与反馈控制联合使用.

本章下面各节讨论串联校正装置的根轨迹设计方法.串联校正装置主要包括超前校正装置、滞后校正装置和超前滞后校正装置.工业中广泛使用的PID调节器也可以被认为属于这类校正装置.

6.6.1 超前校正装置

例 6.6.1 给定图 6.6.2 所示的电路,求从输入电压 e_i 到输出电压 e_o 的传递函数,并计算 $s=j\omega$ 时该传递函数的相角.

解 (i) 根据电路计算的原理,可以算得传递函数为

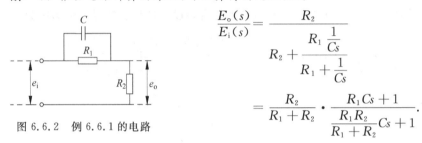

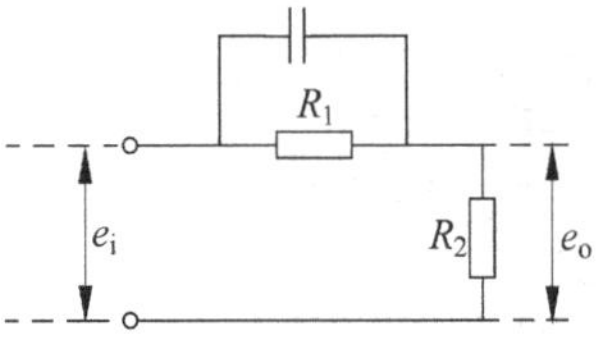

图 6.6.2 例 6.6.1 的电路

$$\frac{E_o(s)}{E_i(s)}=\frac{R_2}{R_2+\dfrac{R_1\dfrac{1}{Cs}}{R_1+\dfrac{1}{Cs}}}=\frac{R_2}{R_1+R_2}\cdot\frac{R_1Cs+1}{\dfrac{R_1R_2}{R_1+R_2}Cs+1}.$$

令 $(R_1+R_2)/R_2=\alpha$, $R_1C=\alpha T$,显然 $\alpha>1$,那么

$$\frac{E_o(s)}{E_i(s)}=\frac{1}{\alpha}\cdot\frac{\alpha Ts+1}{Ts+1}.$$

(ii) 当 $s=j\omega$ 时,该传递函数的相角为

$$\arg\left(\frac{E_o(j\omega)}{E_i(j\omega)}\right)=\arctan(\alpha T\omega)-\arctan(T\omega)>0.$$ □

例 6.6.1 的传递函数就是超前校正装置的传递函数,它始终具有正的相角.在校正设计中,记超前校正装置传递函数为

$$G_c(s)=\frac{1}{\alpha}\cdot\frac{\alpha Ts+1}{Ts+1}=\frac{s+\dfrac{1}{\alpha T}}{s+\dfrac{1}{T}}. \tag{6.6.1}$$

在采用根轨迹方法进行校正设计时,通常采用 $G_c(s)=(s-z_c)/(s-p_c)$ 的形式.与式(6.6.1)比较,可知 $z_c=-1/(\alpha T)$, $p_c=-1/T$, $p_c=\alpha z_c$.由于在超前校正时,经常需要调整增益来获得满意的闭环极点位置,所以实际采用的超前校正装置传递函数可以写成

$$G_c(s)=K_c\frac{s-z_c}{s-p_c}. \tag{6.6.2}$$

甚至,为了表明极点与零点之间的数值关系而写成

$$G_c(s)=K_c\frac{s-\dfrac{p_c}{\alpha}}{s-p_c}=K_c\frac{s-z_c}{s-\alpha z_c}. \tag{6.6.3}$$

图 6.6.3 是 $G_c(s)$的零点和极点位置图，根据图中的角度标记可知，对上半复平面内任一个试验点 s_0，$G_c(s)$的幅角为

$$\arg[G_c(s_0)] = \arctan(s_0 - z_c) - \arctan(s_0 - p_c)$$
$$= \theta - \psi = \varphi > 0. \qquad (6.6.4)$$

所以说，超前校正装置提供了一个**超前角** φ.

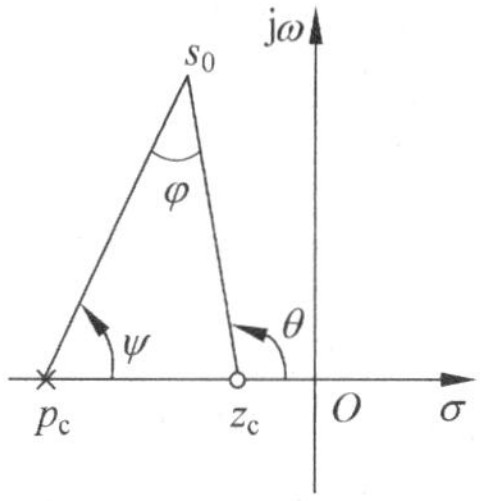

图 6.6.3　超前校正装置传递函数的零点和极点的位置

按照图 6.6.1(a)的结构，在超前校正情况下，对一个试验点 s_0，开环传递函数的幅角为

$$\arg[G_p(s_0)G_c(s_0)]$$
$$= \arg[G_p(s_0)] + \arg[G_c(s_0)]. \qquad (6.6.5)$$

所以一个超前校正装置总是使校正后开环传递函数的幅角增加.

设 s_1 是根据 $G_p(s)$画出的根轨迹上的一个点，或者说是未校正系统根轨迹上的一个点，那么 s_1 满足

$$\arg[G_p(s_1)] = (2k+1) \times 180°, \quad (k = 0, \pm 1, \pm 2, \cdots). \qquad (6.6.6)$$

显然，它一般不可能位于超前校正后系统的根轨迹上，或者说它不可能位于以传递函数 $G_p(s)G_c(s)$绘制的根轨迹上.

实际上，超前校正装置的加入使复平面上满足

$$\arg[G_p(s_0)] + \arg[G_c(s_0)] = (2k+1) \times 180°, \quad (k = 0, \pm 1, \pm 2, \cdots), \qquad (6.6.7)$$

即满足

$$\arg[G_p(s_0)] = -\varphi + (2k+1) \times 180°, \quad (k = 0, \pm 1, \pm 2, \cdots), (6.6.8)$$

的点 s_0 成为校正后系统的根轨迹点. 可见

$$\arg[G_p(s_0)] < \arg[G_p(s_1)]. \qquad (6.6.9)$$

如果不针对具体的传递函数，很难计算 s_0 和 s_1 的准确位置. 但对一般系统，仍有可能大致讨论 s_0 与 s_1 的相对位置关系.

对多数系统而言，极点数目总大于零点数目，而且设计时感兴趣的区域一般在左半 s 平面上离实轴和虚轴适当距离的地方. 设 s 是感兴趣的区域内的一个给定点，那么 $G_p(s)$的幅角可以记为 $\arg[G_p(s)] = \theta_p - \psi_p$，其中 θ_p 是所有零点指向 s 的向量的幅角之和，ψ_p 是所有极点指向 s 的向量的幅角之和. 如果 s_0 在 s_1 的左侧(即 s_0 的实部小于 s_1 的实部)，则当 s 从 s_1 向 s_0 方向移动时，上述幅角 θ_p 与 ψ_p 均会增加，但因为 $G_p(s)$的极点数多于零点数，所以 ψ_p 的增加量一般比 θ_p 的增加量大，即 $\arg[G_p(s)]$减少，这就说明原系统根轨迹左方的 s_0 有可能成为超前校正后系统根轨迹上的点. 如果 s_0 在 s_1 的右侧，则当 s 从 s_1 向 s_0 方向移动时，$\arg[G_p(s)]$增加，所以原系统根轨迹右方的 s_0 不可能成为超前校正后系统根轨迹上的点.

根据上面的讨论可以知道，一般说来，加入超前校正后，未校正系统根轨迹左方的点有可能满足校正后的幅角条件，或者说，系统经超前校正后，根轨迹将向左方移

动.反过来说,如果在感兴趣的区域内要求根轨迹向左方移动,就要进行超前校正.

根轨迹向左方移动说明闭环极点可能具有更负的实部,这就意味着,加入超前校正可以使闭环系统具有更高的稳定裕度以及更快的时间响应.

将超前校正装置与一个理想的**比例微分(PD)调节器**加以比较有助于理解超前校正的作用.一个理想的比例微分调节器的传递函数为 $G_c(s)=K_c(1+T_d s)$,其中 T_d 被称为微分时间.微分控制作用根据误差的变化速度进行控制,而不是等输出积累了很大偏差之后才进行控制,所以微分控制作用具有某种"预测"误差的变化而"提前"控制的功能,因而它能提高系统的响应速度.

从根轨迹的角度看,理想的比例微分控制器和对象传递函数串联就相当于在开环传递函数中增加一个零点.由6.4.2节的例6.4.2可知,增加一个零点往往会使根轨迹左移.但一个理想的比例微分控制器是很难实现的,而且它对回路中的高频噪声具有放大作用,既不便制造又不利于噪声抑制.所以工业比例微分调节器的实际传递函数一般为

$$G_c(s)=\frac{1}{\delta}\cdot\frac{1+T_d s}{1+\dfrac{T_d}{K_d}s}. \tag{6.6.10}$$

其中:δ 被称为比例带,它是比例增益的倒数,$K_d>1$ 是微分增益.

与式(6.6.1)及式(6.6.2)相比较可知,式(6.6.10)正是超前校正装置的传递函数.当 α 很大时,超前校正装置的特性便很接近理想比例微分控制器的特性.由此可以得出结论:一个超前校正装置的功能与一个理想比例微分控制器近似相等,它能使根轨迹左移,并使系统的响应速度加快.

注意,在工程使用中,PD调节器的传递函数不采用式(6.6.10)的形式,而是直接写成

$$G_c(s)=\frac{1}{\delta}(1+T_d s). \tag{6.6.11}$$

由上面的讨论可知,如果一个系统稳定裕度较低,时间响应较慢,那么采用超前校正就可能增加系统的稳定裕度并提高闭环系统的时间响应速度.

6.6.2 滞后校正装置

例 6.6.2 给定图6.6.4所示的电路,求从输入电压 e_i 到输出电压 e_o 的传递函数,并计算 $s=j\omega$ 时该传递函数的相角.

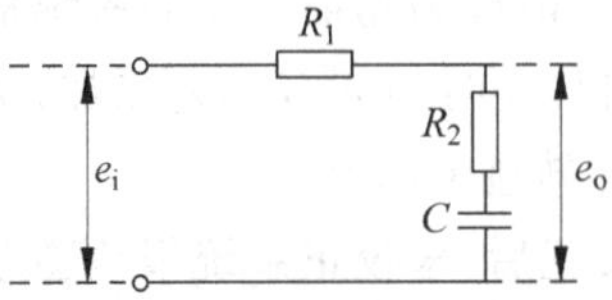

图6.6.4 例6.6.2的电路

解 (i) 根据电路计算的原理,可以算得传递函数为

$$\frac{E_o(s)}{E_i(s)}=\frac{R_2Cs+1}{(R_1+R_2)Cs+1}.$$

令 $R_2C=T$,$(R_1+R_2)/R_2=\beta>1$,那么

$$\frac{E_o(s)}{E_i(s)} = \frac{Ts+1}{\beta Ts+1}.$$

(ii) 当 $s=j\omega$ 时，该传递函数的相角为

$$\arg\left(\frac{E_o(j\omega)}{E_i(j\omega)}\right) = \arctan(T\omega) - \arctan(\beta T\omega) < 0.$$ □

例 6.6.2 的传递函数就是滞后校正装置的传递函数，它始终具有负的相角. 在校正设计中，记滞后校正装置传递函数为

$$G_c(s) = \frac{Ts+1}{\beta Ts+1}. \tag{6.6.12}$$

在采用根轨迹方法进行校正设计时，常用极点和零点来表示传递函数. 与超前校正情况相同，设计时也需要调整增益来获得希望的闭环极点位置，所以，滞后校正装置的传递函数也可记为

$$G_c(s) = K_c \frac{s-z_c}{s-p_c}. \tag{6.6.13}$$

与式(6.6.12)比较，可知 $z_c=-1/T$，$p_c=-1/(\beta T)$，$z_c=\beta p_c$. 与超前校正装置传递函数不同的是，这里 $|z_c|>|p_c|$. 另外，这里的 K_c 不仅包含了 $1/\beta$，它还包含必要的附加增益. 再有，为了表明极点与零点之间的数值关系，还可以记为

$$G_c(s) = K_c \frac{s-\beta p_c}{s-p_c} = K_c \frac{s-z_c}{s-\dfrac{z_c}{\beta}}. \tag{6.6.14}$$

图 6.6.5 表示滞后校正装置传递函数的零点和极点的位置. 按照与超前校正类似的讨论可知，对上半复平面内的一个点，滞后校正装置传递函数的幅角为负值. 在一般情况下，与超前校正相反，进行串联滞后校正之后的根轨迹在复平面上感兴趣的区域内会向右方移动.

既然滞后校正使系统的根轨迹右移，那么一般可以说，滞后校正不能改善系统的闭环稳定性，也不能使闭环系统的时间响应加快. 所以滞后校正显然不适宜被应用于稳定裕度不大的系统，也不适宜被应用于时间响应较慢的系统.

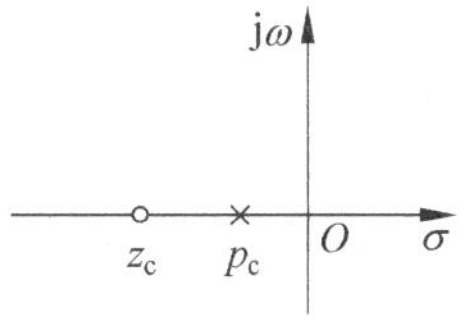

图 6.6.5　滞后校正装置传递函数的零点和极点的位置

滞后校正的作用可以根据它与一个工业**比例积分**(PI)**调节器**的关系加以讨论. 一个工业 PI 调节器的传递函数为

$$G_c(s) = \frac{1}{\delta}\left(1+\frac{1}{T_i s}\right). \tag{6.6.15}$$

其中 T_i 被称为积分时间. PI 调节器相当于使系统的类型增加，而类型增加会明显提高系统的静态误差系数. 但是由于无法制造一个理想的积分器，所以一个工业 PI 调节器的实际传递函数为

$$G_c(s)=\frac{1}{\delta}\cdot\frac{1+\dfrac{1}{T_i s}}{1+\dfrac{1}{K_i T_i s}}=\frac{1}{\delta}\cdot\frac{s+\dfrac{1}{T_i}}{s+\dfrac{1}{K_i T_i}},\tag{6.6.16}$$

其中 K_i 是积分增益. 式(6.6.16)正是滞后校正装置的传递函数. 由于 K_i 较大，所以式(6.6.16)所示的传递函数的特性与式(6.6.15)所示的传递函数的特性相似. 这就表明滞后校正的作用与一个工业 PI 调节器的作用相似. 所以，恰当地使用滞后校正，可以减小系统的静态误差.

6.6.3 超前滞后校正装置

例 6.6.3 给定图 6.6.6 所示的电路，求从输入电压 e_i 到输出电压 e_o 的传递函数.

解 根据电路计算的原理，可以算得传递函数为

$$\frac{E_o(s)}{E_i(s)}=\frac{(R_1C_1s+1)(R_2C_2s+1)}{(R_1C_1s+1)(R_2C_2s+1)+R_1C_2s}.$$

令 $R_1C_1=T_1, R_2C_2=T_2, R_1C_1+R_2C_2+R_1C_2=T_1/\beta+\beta T_2, \beta>1$，那么可得

$$\frac{E_o(s)}{E_i(s)}=\frac{(1+T_1s)(1+T_2s)}{\left(1+\dfrac{T_1}{\beta}s\right)(1+\beta T_2 s)}.$$ □

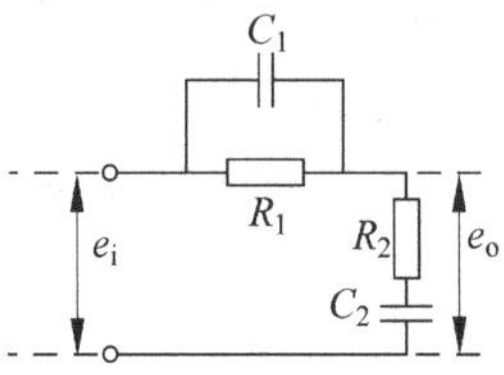

图 6.6.6 例 6.6.3 的电路

例 6.6.3 的传递函数就是**超前滞后校正装置**的传递函数，与式(6.6.2)和式(6.6.11)相比较可知，它兼有超前和滞后校正装置传递函数的形式. 所以一般情况下也可以被记为超前校正装置和滞后校正装置串联的形式

$$\frac{E_o(s)}{E_i(s)}=\frac{(1+\alpha T_1s)(1+T_2s)}{(1+T_1s)(1+\beta T_2s)}.\tag{6.6.17}$$

在采用根轨迹方法进行校正设计时，超前滞后校正装置的传递函数可以被记为

$$G_c(s)=K_c\frac{(s-z_1)(s-z_2)}{(s-p_1)(s-p_2)},\tag{6.6.18}$$

其中 $p_1=\alpha z_1, \alpha>1, z_2=\beta p_2, \beta>1, |p_1|>|z_1|>|z_2|>|p_2|$，$\alpha$ 可以等于 β，也可以不等于 β.

超前滞后校正装置传递函数的零点和极点的位置如图 6.6.7 所示. 对照图 6.6.3 和图 6.6.5 可知，超前滞后校正装置传递函数中的一对零点和极点与超前校正装置的零点和极点位置对应，它们远离原点；另一

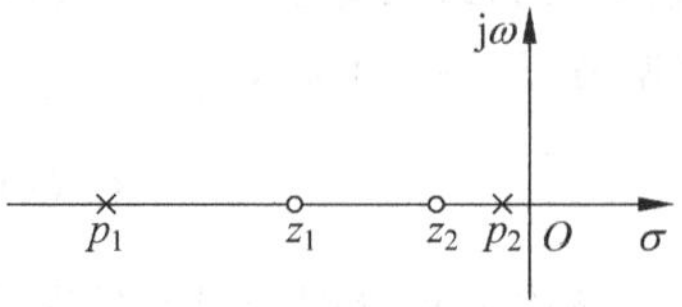

图 6.6.7 超前滞后校正装置传递函数的零点与极点位置

对零点和极点与滞后校正装置的零点和极点位置对应，它们接近原点. 所以超前滞后校正装置兼有超前校正和滞后校正功能，即它既能增加稳定裕度、提高响应速度，又能减小静态误差.

超前滞后校正装置的功能很接近工业**比例积分微分（PID）调节器**. 工业 PID 调节器的传递函数为

$$G_c(s)=\frac{1}{\delta}\left(1+\frac{1}{T_i s}+T_d s\right). \tag{6.6.19}$$

不过由于物理实现的原因，实际的传递函数与式（6.6.19）略有不同，譬如可以采用

$$G_c(s)=K_c\frac{1+\dfrac{1}{T_i s}+T_d s}{1+\dfrac{1}{K_i T_i s}+\dfrac{T_d}{K_d}s}. \tag{6.6.20}$$

由于 T_d 比较小，K_i 与 K_d 比较大，所以上式可以化简为

$$G_c(s)=K_c\frac{T_i T_d s^2+T_i s+1}{\varepsilon_1 T_i T_d s^2+T_i s+\varepsilon_2}. \tag{6.6.21}$$

其中：$\varepsilon_1=1/K_d<1$，$\varepsilon_2=1/K_i<1$. 对式（6.6.21）的分子多项式和分母多项式进行因式分解，可以得到 $G_c(s)$ 的两个零点和两个极点，它们在实轴上的位置正好符合图 6.6.7.

工业 PID 参数的选择被称为 PID 参数整定. 有许多方法可以进行参数整定，其中最著名的是齐格勒-尼科尔斯（Ziegler and Nichols）整定方法. 这是一种工业上被广泛采用的经验设定方法. 它假设被控对象是惯性环节或者二阶振荡环节，它们可以包含某种时间延迟，这种假设符合大多数工业对象——特别是过程工业对象——的特性. 获得对象的开环阶跃响应曲线或者使系统达到闭环临界稳定（持续振荡）状态后，可以采用某些特征参数来按照给定经验公式选择 $\delta(K_c)$、T_i 与 T_d.

不过，对于某些系统，譬如开环不稳定的系统或者比较复杂的系统，也许难以获得采用齐格勒-尼科尔斯方法所必需的数据. 这时可以按照超前校正、滞后校正或超前滞后校正的方法进行设计，推导出近似的 PID 参数，获得一个可以工作的闭环系统. 然后再用反复试探的方法细调参数，使闭环系统特性满足要求.

6.7　超前校正

在 6.6.1 节中已经分析了超前校正装置的作用，它使根轨迹向左方移动，从而提高系统的稳定裕度、加快闭环系统的时间响应速度. 本节将介绍如何选择超前校正装置传递函数的极点、零点和增益来将闭环根轨迹的有关部分移动到希望的位置.

6.7.1　超前校正的基本设计方法

采用图 6.6.1(a)的结构，设超前校正装置的传递函数为

$$G_c(s) = K_c \frac{s - z_c}{s - p_c}, \tag{6.7.1}$$

其中 $p_c = \alpha z_c, \alpha > 1$. 既然超前校正装置的作用是针对给定的期望闭环极点提供超前角，所以在设计超前校正装置的第一步工作是计算系统对给定的闭环主导极点而言还缺多少超前角.

1. 希望的超前角

设希望的闭环主导极点为 s_d，根据 6.6.1 节的分析，如果该希望的闭环主导极点在未校正系统根轨迹的左方，就说明需要进行超前校正.

设未校正系统中的对象传递函数为 $G_p(s)$，那么按照幅角条件，使校正后系统的根轨迹通过该闭环主导极点的条件为

$$\begin{aligned}\arg[G_p(s_d)G_c(s_d)] &= \arg[G_p(s_d)] + \arg[G_c(s_d)] \\ &= (2k+1)\times 180^\circ, \quad (k = 0, \pm 1, \pm 2, \cdots).\end{aligned} \tag{6.7.2}$$

所以该超前装置必须提供幅角

$$\varphi = \arg[G_c(s_d)] = (2k+1)\times 180^\circ - \arg[G_p(s_d)], \quad (k = 0, \pm 1, \pm 2, \cdots). \tag{6.7.3}$$

由式(6.6.4)和图 6.6.3 可知，超前装置提供的超前角为

$$\arg(s_d - z_c) - \arg(s_d - p_c) = \theta - \psi,$$

所以任何能够构成角度 φ 的点 p_c 和 z_c 都可以成为该超前装置传递函数 $G_c(s)$ 的极点和零点，或者说有无穷多个极点和零点组合可以满足一个超前校正要求. 图 6.7.1 中画出了 3 组极点和零点，分别以 p_{c1} 和 z_{c1}、p_{c2} 和 z_{c2} 及 p_{c3} 和 z_{c3} 来表示.

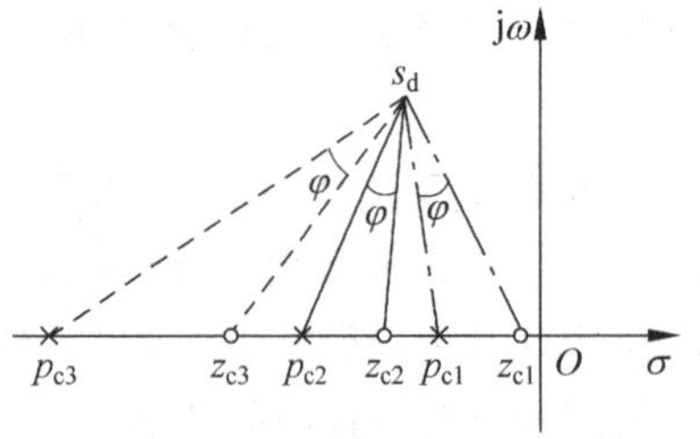

图 6.7.1　提供超前角 φ 的极点、零点示例

选择不同的极点和零点组合都有可能提供需要的超前角，从而使闭环系统具有希望的主导极点，但不同的选择对系统其他方面有不同的影响. 下面仅从两个方面讨论极点和零点的选择方法.

2. 获得最小的极点与零点比值的方法

从校正装置传递函数实现的观点来看，极点与零点的比值 α 不宜太大，太大时可能出现元件选配或加工制造的困难，常用的 α 值一般不高于 10 或 20. 图 6.7.2 给

出了一个作角平分线求超前校正装置传递函数极点和零点的方法，这是一种简便的方法，它可以被用来求出具有最小 α 值的极点和零点. 该方法的步骤如下：

(1) 过 P 点(主导极点 s_d 所在的点)作实轴的平行线 PA；

(2) 作 $\angle APO$ 的平分线 PE，即 $\angle APE = \angle EPO$；

(3) 在 PE 两侧各作过 P 点的直线，使它们与 PE 的夹角为 $\varphi/2$，即 $\angle DPE = \angle EPC = \varphi/2$；

(4) 以 PD 与实轴的交点作为极点 p_c，以 PC 与实轴的交点作为零点 z_c.

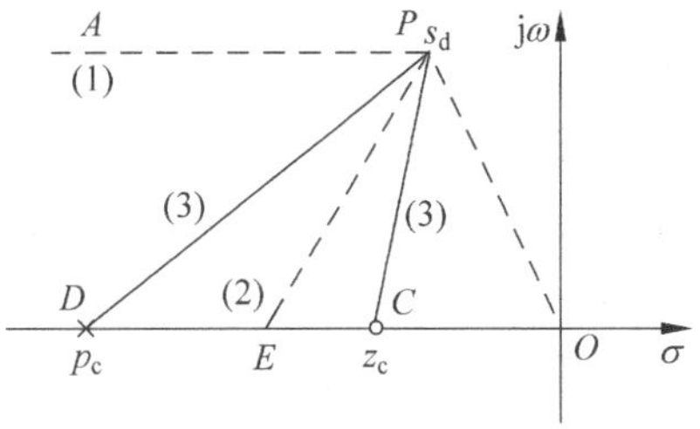

图 6.7.2 用角平分线方法求极点与零点

将 α 表示成图中直线间某些角度的函数，通过求极值的方法可以证明，对一个给定的 φ，图示的角平分线方法可以使极点与零点的比值最小，即 α 值最小.

3. 极点和零点的位置与开环增益的关系

希望的闭环主导极点不仅要满足幅角条件，而且要满足幅值条件. 选择不同的校正装置极点和零点可能会使校正后系统根轨迹上的同一点 s_d 对应不同的回路增益，从而对应不同的静态误差. 由于未校正系统的传递函数已定，所以这里所说的不同回路增益主要指不同的校正装置传递函数的增益.

由根轨迹的幅值条件

$$|G_p(s_d)G_c(s_d)| = |G_p(s_d)| K_c \left|\frac{s_d - z_c}{s_d - p_c}\right| = 1 \tag{6.7.4}$$

可得

$$K_c = \left|\frac{1}{G_p(s_d)}\right| \left|\frac{s_d - z_c}{s_d - p_c}\right| = \left|\frac{1}{G_p(s_d)}\right| \left|\frac{\overline{DP}}{\overline{CP}}\right|. \tag{6.7.5}$$

式中的 $\overline{CP}$ 与 $\overline{DP}$ 是图 6.7.2 中相应线段的长度：$\overline{CP}$ 表示 s_d 与零点 z_c 之间的线段的长度，$\overline{DP}$ 表示 s_d 与极点 p_c 之间的线段的长度.

设校正前系统的静态速度误差系数为 $K'_v = \lim\limits_{s\to 0} sG(s)$，那么校正后的静态速度误差系数为

$$\begin{aligned} K_v &= \lim_{s\to 0} sG_p(s)G_c(s) \\ &= K'_v K_c \frac{z_c}{p_c} = K'_v K_c/\alpha. \end{aligned} \tag{6.7.6}$$

就是说，与校正前相比，校正后系统的静态速度误差系数应乘一个因子 K_c/α.

图 6.7.1 所示的 3 种情况分别对应不同的 α 与 K_c，因而对应不同的静态速度误差系数. 由图 6.7.1 中的线段长度可以定性地看出，与 p_{c2} 和 z_{c2}(实线与实轴的交点)相比，p_{c1} 和 z_{c1}(点划线与实轴的交点)具有更大的 α，而 $\overline{DP}/\overline{CP}$ 却变小. 由

式(6.7.5)可知,校正装置采用 p_{c1} 和 z_{c1} 时,由于$\overline{DP}/\overline{CP}$变小,所以 K_c 也较低.由此可以得出结论,校正装置传递函数的极点和零点向右移动时,校正后系统的静态速度误差系数会有较大幅度的下降.按照类似的方法进行讨论并辅以适当的验证性计算可知,当校正装置传递函数的极点和零点向左移动时,譬如图7.6.1中以虚线与实轴的交点表示的 p_{c3} 和 z_{c3},尽管 α 会增加,但 K_c 有更大的增加,所以静态速度误差系数仍可能有少许增加.文献中存在根据静态速度误差系数计算校正装置极点和零点的方法,但这种关系比较复杂,这里不作介绍,下文在6.7.2节中会通过示例定性地说明极点和零点的位置与静态误差的关系.

4. 超前校正的一般设计步骤

用根轨迹方法设计超前校正的参考步骤如下:

(1) 绘制未校正系统的根轨迹,如果希望的闭环主导极点 s_d 在未校正系统根轨迹的左方,则进行超前校正设计;

(2) 根据给定闭环主导极点 s_d 来计算所需要的超前角 φ;

(3) 根据算得的超前角 φ 来选择校正装置传递函数的极点 p_c、零点 z_c 以及增益 K_c;

(4) 画出校正后系统的根轨迹图,检验闭环主导极点以及其他闭环性能要求是否符合要求,若不满足可以适当修改(3)中选择的 p_c 和 z_c.

在上述步骤中,如果仅仅要求提供一定的超前角,那么选择 p_c 和 z_c 的方法不是唯一的,但如果同时提出静态误差系数要求,这时就不能随意选择 p_c 或 z_c.另外,如果设计时给定的闭环性能指标为时域指标,那么在计算之前应转换为相应的闭环主导极点位置.不过,除了典型二阶系统之外,这种转换没有精确的定量关系,所以需要在设计完成时进行阶跃响应仿真来确认是否满足性能指标要求,有时甚至需要反复修改闭环主导极点的位置才能设计出符合要求的系统.

6.7.2 设计示例

例 6.7.1 给定负反馈控制系统的开环传递函数

$$G_p(s) = \frac{4}{s(s+2)}.$$

(1) 用根轨迹方法设计串联超前校正装置,使闭环系统的主导极点满足 $\omega_n = 4\text{rad/s}$ 和 $\zeta = 0.5$;

(2) 重新设计串联超前校正装置,使闭环系统的主导极点满足 $\omega_n = 4\text{rad/s}$ 和 $\zeta = 0.5$,并同时使静态速度误差系数为 $K_v = 6\text{s}^{-1}$.

解 (1) 设计第一问的校正装置.

(i) 绘制未校正系统的根轨迹并分析闭环性能指标.本例所示为一个很简单的二阶系统,可以直接计算闭环特征方程而得到闭环极点 $s_{1,2} = -1 \pm \mathrm{j}\sqrt{3}$,它们对

应于 $\omega_n=2\text{rad/s}$ 和 $\zeta=0.5$. 该系统是一个 1 型系统，可以看出静态速度误差系数为 $K'_v=2\text{s}^{-1}$. 该系统的根轨迹如图 6.7.3 所示.

(ii) 确定校正装置类型. 按照例题的要求，希望的闭环主导极点为

$$s_d=-\zeta\omega_n\pm j\omega_n\sqrt{1-\zeta^2}=-2\pm j2\sqrt{3}.$$

从图 6.7.3 中可以看出，希望的 s_d 在现有根轨迹的左侧，因此应当采用超前校正. 设超前校正装置传递函数为

$$G_c(s)=K_c\frac{s-z_c}{s-p_c}.$$

(iii) 计算所需的超前角. 利用未校正的传递函数及闭环主导极点可以算得

$$\arg[G_p(-2+j2\sqrt{3})]=\arg\left[\frac{4}{(-2+j2\sqrt{3})(j2\sqrt{3})}\right]=-210°.$$

显然，上述角度应增加 30°才能满足幅角条件，即需要超前角 $\varphi=30°$.

(iv) 选择超前校正装置传递函数的极点、零点以及增益. 仅从满足闭环主导极点的角度来讲，可以任选一个零点，再根据 $\varphi=30°$ 用作图或计算的方法求得极点. 作为练习，下面采用作角平分线的方法来求极点和零点. 由图 6.7.4 可得 $p_c=-5.46$，$z_c=-2.93$，它们相当于 $\alpha=1.863$. 所以校正装置的传递函数形式应当为

$$G_c(s)=K_c\frac{s+2.93}{s+5.46}.$$

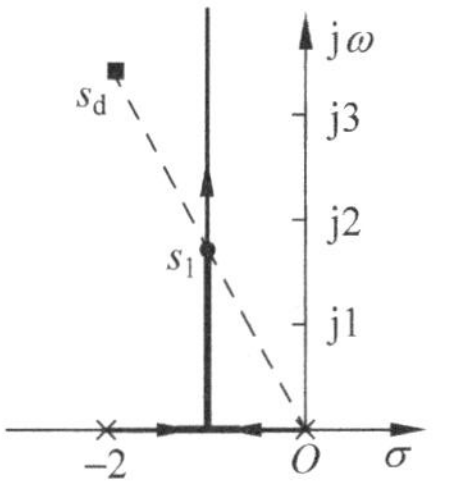

图 6.7.3　例 6.7.1 中未校正系统的根轨迹（上半平面）

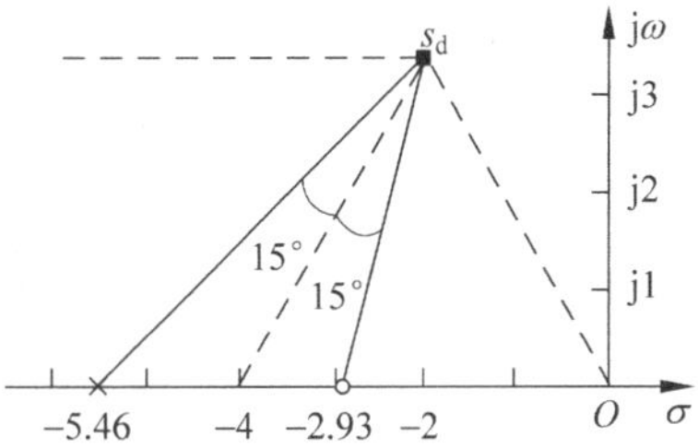

图 6.7.4　用角平分线方法求极点与零点

只要计算正确，所得的极点和零点必然可以保证校正后系统的根轨迹通过 s_d，但 s_d 究竟是否成为闭环系统的极点还取决于回路增益，在这里实际取决于校正装置传递函数的增益 K_c. 按照根轨迹的幅值条件可得

$$|G_p(s_d)G_c(s_d)|=\left|\frac{4K_c(s+2.93)}{s(s+2)(s+5.46)}\right|_{s_d=-2+j2\sqrt{3}}=\frac{4K_c}{18.91}=1,$$

从而求得 $K_c=4.73$.

(v) 闭环系统特性数据检验. 闭环系统的根轨迹如图 6.7.5 所示. 闭环系统的一对共轭极点为 $s_{1,2}=-2\pm j2\sqrt{3}$. 由于开环传递函数的极点数比零点数多 2，故开环极点的代数和与闭环极点的代数和相等，从而得到第三个极点 $s_3=-7.46-(-4)=-3.46$. 需要注意的是，如果上述计算过程中作了较多的近似处理，则要用闭环系

统的特征方程才能正确计算出闭环极点. 就本例而言, $s_{1,2}$ 不是严格意义上的主导极点, 但闭环零点 -2.93 可以部分抵消极点 s_3 的作用, 所以闭环响应与仅以 $s_{1,2}$ 为闭环极点的系统很接近.

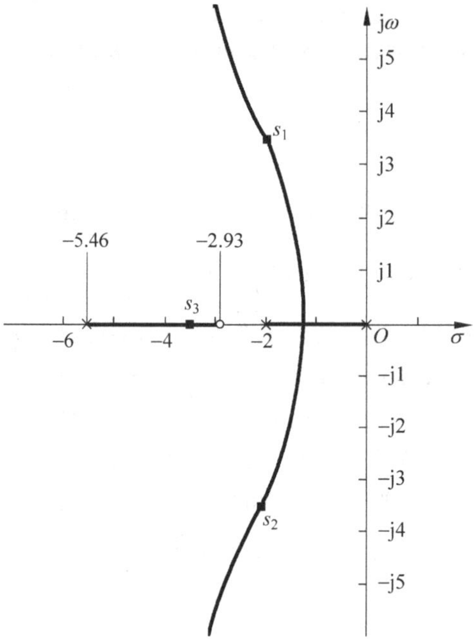

图 6.7.5　例 6.7.1 中校正后系统的根轨迹图

(2) 重新设计串联超前校正装置, 以满足 $K_v = 6\mathrm{s}^{-1}$ 的要求.

上述校正后系统的静态速度误差系数为

$$K_v = \lim_{s \to 0} sG_p(s)G_c(s) = \frac{4 \times 4.73 \times 2.93}{2 \times 5.46} = 5.08\mathrm{s}^{-1},$$

不满足第二问的要求. 第二问要求的静态速度误差系数与未校正系统静态速度误差系数的比为 $6/2=3$, 故由式(6.7.6) 可知, K_c/α 应不低于 3. 与 $K_v = 5.08\mathrm{s}^{-1}$ 比较, 静态速度误差系数还要提高 1.2 倍. 按照 6.7.1 节的讨论, 应当将校正装置传递函数的极点和零点向左侧移动. 利用方程求解的方法比较复杂, 这里采用试算的方法.

任取一个零点 -4, 很容易通过作图或计算获得极点 -8, 这相当 $\alpha=2$. 按照幅值条件可知, 相应的校正装置传递函数增益为

$$K_c = \left| \frac{s(s+2)(s+8)}{4(s+4)} \right|_{s_d = -2+j2\sqrt{3}} = 6.$$

此时 $K_c/\alpha = 3$, 基本满足要求. 计算

$$K_v = \lim_{s \to 0} sG_p(s)G_c(s) = \frac{4 \times 6 \times 4}{2 \times 8} = 6\mathrm{s}^{-1}$$

就可以确认系统的静态速度误差系数已经满足要求. □

超前校正主要用来提供为获得希望闭环主导极点所需要的超前角，但例 6.7.1 中的计算也说明，如果适当选择校正装置传递函数的极点和零点，使它们向左方移动，也能提高静态误差系数. 这种增益的提高是采用试算方法获得的. 尽管计算不太困难，不过，一般总要通过几次试算才能得到符合要求的结果. 再者，这种提高十分有限. 在本例中，零点再向左移动时，静态误差系数的增加越来越慢. 一般而言，不可以使 z_c 无限向左方移动来提高增益. 譬如说，如果在上例中选择 $z_c=-8$，就无法求得 p_c.

例 6.7.2　负反馈控制系统的开环传递函数与例 6.7.1 相同. 试解决如下问题：

(1) 设计超前校正装置时取零点 $z_c=-2$，计算极点 p_c 及增益 K_c，使闭环系统的主导极点满足 $\omega_n=4\text{rad/s}$ 与 $\zeta=0.5$ 的要求；

(2) 计算校正后的静态速度误差系数 K_v；

(3) 比较校正前后的阶跃响应曲线.

解　(1) 由例 6.7.1 的分析可知，超前校正需要提供超前角 $\varphi=30^\circ$. 若选定 $z_c=-2$，很容易算出 $p_c=-4$(见图 6.7.6). 故超前校正装置传递函数应当具有 $G_c(s)=(s+2)/(s+4)$ 的形式. 按照根轨迹的幅值条件，可以算得 $K_c=4$. 所以超前校正装置传递函数为

$$G_c(s)=\frac{4(s+2)}{s+4}.$$

图 6.7.6 是校正后系统的根轨迹示意图.

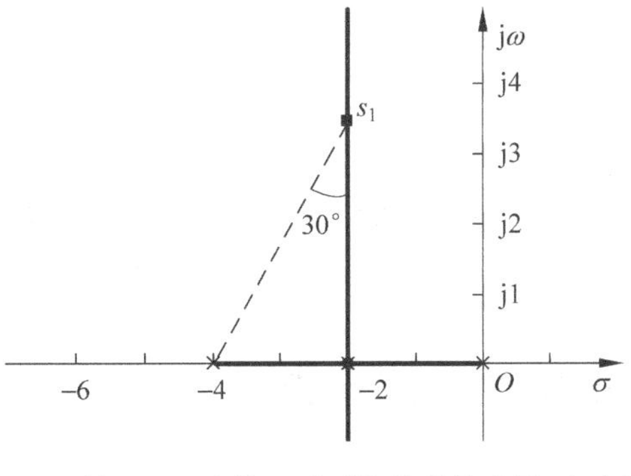

图 6.7.6　例 6.7.2 中校正后系统的根轨迹图(上半平面)

(2) 校正后系统的静态速度误差系数为

$$K_v=\lim_{s\to 0} sG_p(s)G_c(s)=\frac{4\times 4}{4}=4\text{s}^{-1}$$

(3) 校正前后的单位阶跃响应曲线如图 6.7.7 所示. 图中纵坐标 $c(t)$ 表示闭环输出，虚线为校正前的单位阶跃响应曲线，实线为校正后的单位阶跃响应曲线. 可以看出，由于采用了超前校正，闭环系统的时间响应速度明显加快. □

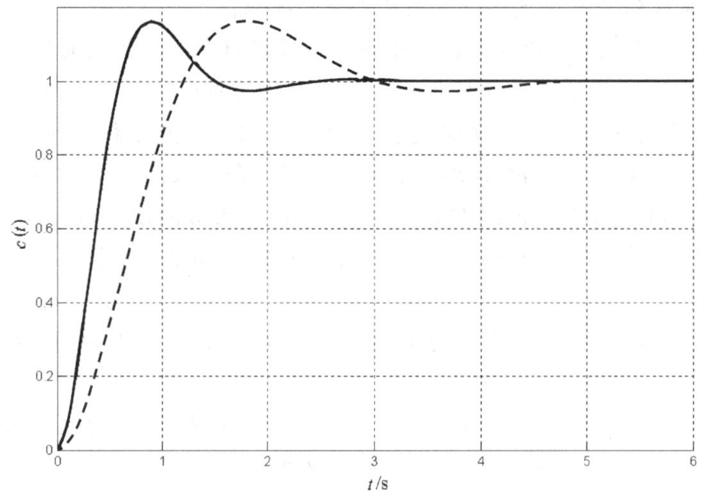

图 6.7.7 例 6.7.2 的单位阶跃响应曲线
(实线：校正后；虚线：校正前)

例 6.7.2 实际提示了超前校正的另一种设计方法.在对静态误差系数没有明确要求的情况下,利用超前校正装置的零点消去原系统开环传递函数中的一个最靠近原点的极点,可以使系统的根轨迹向左方移动,从而满足对闭环极点的要求.与例 6.7.1 相比,例 6.7.2 中校正装置传递函数的极点和零点偏向右方,校正后系统的静态速度误差系数也较低,这再次印证了 6.7.1 节中对极点和零点位置与静态误差关系的定性讨论结果.

6.8 滞后校正

滞后校正使根轨迹向右方移动,所以一般不用它来提高系统的稳定性.本节将介绍采用根轨迹方法设计时利用滞后校正装置来改进系统静态特性的方法.

6.8.1 滞后校正的基本设计方法

串联滞后校正装置的传递函数为

$$G_c(s) = K_c \frac{s - z_c}{s - p_c}, \tag{6.8.1}$$

其中 $z_c = \beta p_c$, $\beta > 1$.滞后校正使根轨迹右移,而根轨迹右移会使闭环系统时间响应振荡加剧、衰减变慢,所以选择滞后校正装置传递函数的极点和零点时应使根轨迹的移动尽量小；同时,为了提高静态性能,选择极点和零点时应使希望闭环极点所对应的开环增益尽量大.

1. 极点和零点的选择原则

首先，为了使根轨迹的移动尽量小，极点和零点必须彼此非常接近. 设 $s_1=\sigma_1+j\omega_1$ 为校正前系统根轨迹上的点. 增加滞后校正之后，滞后校正装置传递函数产生的滞后角为

$$\varphi=\arctan\left(\frac{\omega_1}{\sigma_1-z_c}\right)-\arctan\left(\frac{\omega_1}{\sigma_1-p_c}\right)<0. \tag{6.8.2}$$

显然，当 $z_c\approx p_c$ 时，$\varphi\approx 0$，所以即使根轨迹稍向右移，也不会使 s_1 附近的根轨迹发生很大变化.

不过，s_1 附近的根轨迹不发生变化并不等于闭环极点不发生变化，因为闭环极点的实际位置还取决于 K_c 的值. 假设未校正系统的闭环极点基本满足闭环极点位置的要求，那么按照根轨迹的幅值条件，有

$$\begin{aligned}|G_p(s_1)G_c(s_1)|&=\left|G_p(s_1)\cdot K_c\cdot\frac{s_1-z_c}{s_1-p_c}\right|=|G_p(s_1)|\cdot K_c\cdot\left|\frac{s_1-z_c}{s_1-p_c}\right|\\&\approx 1\cdot K_c\cdot 1=1\end{aligned} \tag{6.8.3}$$

即 $K_c\approx 1$. 这就是说，选择 $K_c\approx 1$ 就能保证闭环极点位置基本不变.

设校正前系统的静态速度误差系数为 $K'_v=\lim\limits_{s\to 0}sG(s)$，那么校正后的静态速度误差系数为

$$K_v=\lim_{s\to 0}sG_p(s)G_c(s)=K'_vK_c\frac{z_c}{p_c}=K'_vK_c\beta\approx K'_v\beta. \tag{6.8.4}$$

式(6.8.4)表明，在基本不改变闭环主导极点位置的情况下，滞后校正可以使系统的静态速度误差系数近似增加到原来的 β 倍. 从这里也可以看出，滞后校正的主要作用是提高静态性能.

既然滞后校正的主要用途是提高系统的静态性能，所以一般希望 $\beta=z_c/p_c$ 比较大，但为了不使闭环主导极点有明显变化，z_c 与 p_c 又必须彼此非常接近，故而滞后校正装置传递函数的极点和零点都必须选择得很接近原点.

图 6.8.1 是一幅示意图，它表示滞后校正对根轨迹位置影响的一种情形. 图中虚线表示校正前的根轨迹，实线表示校正后的根轨迹，实线根轨迹上的圆点表示可能的闭环极点位置. 由于 z_c 和 p_c 彼此非常接近，所以产生的滞后角很小，根轨迹的移动也就不大. 当 $K_c\approx 1$ 时，闭环极点位置不会发生很大变化，但当 K_c 与 1 相差较大时，闭环极点将沿新的根轨迹移动，它与 s_1 的距离可能会变得比较大，从而不符合对希望闭环极点位置的要求.

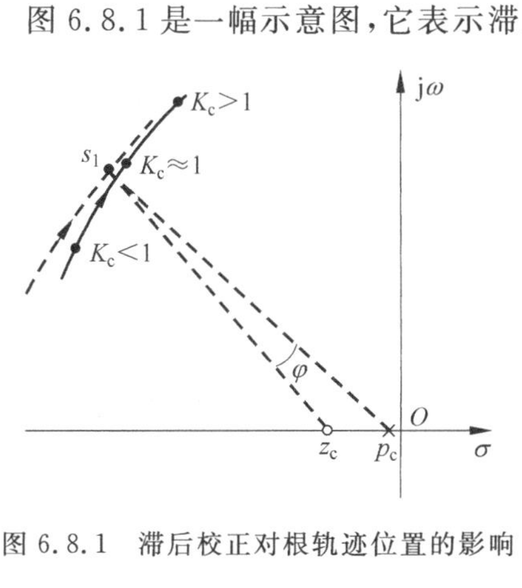

图 6.8.1　滞后校正对根轨迹位置的影响

对 $K_c \neq 1$ 的情况还可以作进一步讨论. 针对图 6.8.1 的特定情况可以看出，当 $K_c < 1$ 时，校正后系统的闭环极点沿新的根轨迹向左下方移动，这时新的闭环极点有可能位于未校正系统的闭环极点的左下方. 这意味着滞后校正可能会使系统的稳定性有少许提高，但所付出的代价可能是系统的开环增益下降. 另外，它与超前校正提高稳定性的不同点在于：在这种情况下，闭环主导极点所对应的振荡频率也可能降低，从而使系统的响应速度下降.

尽管在上面的讨论中得出了 $K_c \approx 1$ 的结论，但式(6.8.1)中的 K_c 不能取消. 因为加了滞后校正之后，根轨迹总会略有移动，闭环主导极点不可能维持在原来的位置，所以仍需对 K_c 作微小调整来使闭环主导极点位于设计者所希望的位置附近，并同时使系统的静态误差系数符合要求.

2. 滞后校正的一般设计步骤

用根轨迹方法设计滞后校正的参考步骤如下：

(1) 绘制未校正系统的根轨迹，如果给定的闭环主导极点 s_d 在未校正系统根轨迹上或在其右侧附近，但未校正系统的静态速度误差系数低于要求的值，就进行滞后校正计算；

(2) 计算希望的静态速度误差系数与未校正系统静态速度误差系数的比 K_v/K'_v，取 β 等于或略大于 K_v/K'_v；

(3) 在原点附近根据 $z_c/p_c=\beta$ 来选择滞后校正装置传递函数的零点和极点，然后按照对闭环主导极点的设计要求选定闭环极点位置并计算相应的增益 K_c；

(4) 画出校正后系统的根轨迹图，检验闭环主导极点以及其他闭环特性要求是否得到满足，若不满足可以适当修改 β 值并重新选择 p_c 和 z_c.

选择 p_c 和 z_c 的主要依据是增益的增加倍数，一般将它们选定在原点附近而不需要严格的计算.

6.8.2 设计示例

例 6.8.1 已知单位负反馈系统的开环传递函数为

$$G_p(s)=\frac{K}{s(s+3)(s+5)}.$$

(1) 试调整增益 K，使闭环系统的一对共轭极点的阻尼系数为 $\zeta=0.6$；

(2) 设计串联校正装置使系统的静态速度误差系数为 $K_v=10\mathrm{s}^{-1}$，并维持 (1) 中的闭环主导极点位置不发生较大变化.

解 (1) 作未校正系统的根轨迹(见图 6.8.2). 由于 $\zeta=0.6$，故设闭环系统的一个复极点为 $s_1=-\sigma+\mathrm{j}\omega=-\sigma+\mathrm{j}4\sigma/3$，那么根据根轨迹的幅角条件

$$-\arctan\left(\frac{4}{-3}\right)-\arctan\left(\frac{4\sigma}{3(3-\sigma)}\right)-\arctan\left(\frac{4\sigma}{3(5-\sigma)}\right)=(2k+1)\times 180^\circ,$$

可以解得 $\sigma=1.0164$，所以 $s_1=-1.0164+\mathrm{j}1.3552$. 再根据幅值条件算得 $K=17.1239$. 在该增益下，闭环系统的第三个极点为 $s_3=-5.9672$.

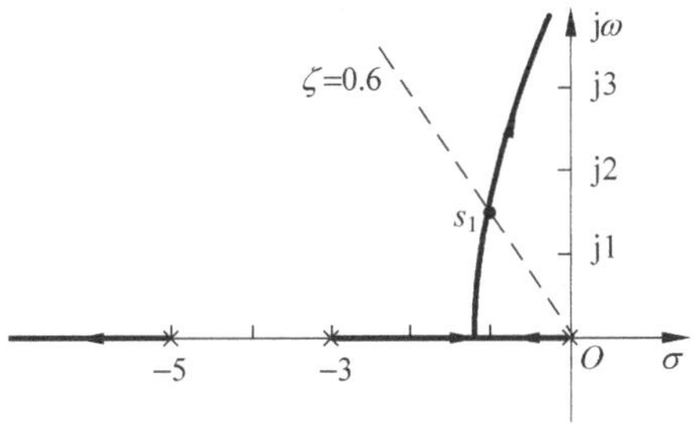

图 6.8.2 例 6.8.1 中未校正系统的根轨迹图(上半平面)

(2) 未校正系统的静态速度误差系数为

$$K_v' = \lim_{s\to 0} sG_p(s) = 1.1416\mathrm{s}^{-1}.$$

由 $K_v/K_v'=8.76$，可知应采用滞后校正. 设滞后校正装置的传递函数为

$$G_c(s) = K_c \frac{s-z_c}{s-p_c},$$

令 $z_c/p_c=\beta=9$，选 $z_c=-0.09$，$p_c=-0.01$，所以滞后校正装置的传递函数为

$$G_c(s) = K_c \frac{s+0.09}{s+0.01}.$$

校正后系统的根轨迹图如图 6.8.3 所示，其中原点附近的极点和零点过于密集，需要将图形放大才能辨认，不过这段根轨迹对分析校正后的系统而言作用不大. 图中的两段虚线是校正前的根轨迹，它们与校正后的根轨迹非常接近. 由该图可见，闭环系统的一对共轭极点发生了少许变化. 如果取 $K_c=1$，求闭环特征方程的根，可得 $s_{1,2}=-0.977\pm\mathrm{j}1.308(\zeta\approx0.6)$，$s_3=-0.097$，$s_4=-5.958$.

采用滞后校正使闭环极点位置略有变化是难免的，本例中可以认为校正后闭环共轭极点位置没有太大变化. 极点 $s_3=-0.097$ 与校正装置传递函数的零点十分接近，其作用被该零点近似抵消，极点 $s_4=-5.958$ 远离原点，所以认为 $s_{1,2}=-0.977\pm\mathrm{j}1.308$ 是闭环系统的一对主导极点. 计算系统的静态速度误差系数，可得 $K_v=10.273\ \mathrm{s}^{-1}$，这满足设计要求. □

例 6.8.1 中的设计结果不是唯一的，如果希望闭环主导极点的阻尼系数严格不变，就可以算得 $K_c=0.997$，$s_{1,2}=-0.9783\pm\mathrm{j}1.3043$，$s_3=-0.097$，$s_4=-5.956$，$K_v=10.244\mathrm{s}^{-1}$. 这一结果与 $K_c=1$ 的结果相差极小. 不过，由于闭环系统是 4 阶，所以解幅角条件方程来求闭环极点和相应增益稍有困难，最好通过试算或借助适当的简单程序.

上例的结果与希望的值相差很小，不必再进行修正. 不过，如果希望闭环主导极点的移动再小一些，也可以重新选择校正装置传递函数的极点和零点. 根轨迹的右移是因为校正装置传递函数的极点和零点造成的幅角，所以若使该极点与零

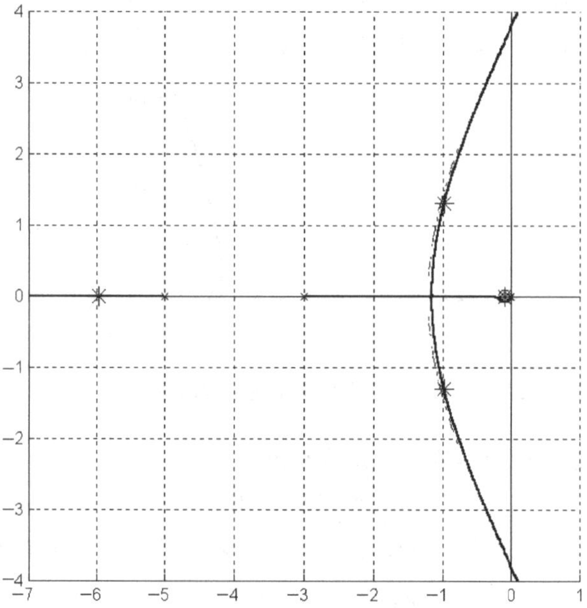

图 6.8.3 例 6.8.1 中校正后系统的根轨迹图

点之间的距离进一步减小,譬如选 $z_c=-0.045$ 和 $p_c=-0.005$,就一定可以使闭环主导极点更接近原来的位置. 另外,如果希望进一步提升静态误差系数,可以适当加大 β 值. 譬如选择 $z_c=-0.09$ 和 $p_c=-0.0075$,就可以将静态速度误差系数提高到 13 以上.

6.9 超前滞后校正

超前滞后校正兼有超前校正和滞后校正的优点,只要适当选择校正装置的参数,就能既提高系统的稳定性、提高响应速度,又改善系统的静态特性. 所以设计的目标可以是主导极点位置和静态误差指标.

6.9.1 超前滞后校正的一般设计方法

串联超前滞后校正装置的传递函数形式为

$$G_c(s)=K_c\frac{(s-z_1)(s-z_2)}{(s-p_1)(s-p_2)},\tag{6.9.1}$$

其中: $p_1/z_1=\alpha,\alpha>1,z_2/p_2=\beta,\beta>1$. 由于实现的方式不同,可以有 $\alpha=\beta$ 及 $\alpha\neq\beta$ 两种情况.

如果 $\alpha\neq\beta$,就可以将超前滞后校正装置理解为一个超前校正装置和一个滞后校正装置串联. 所以设计时不妨先设计超前校正装置,再设计滞后校正装置. 设计超前校正装置时采用超前校正设计的方法与步骤，这时主要考虑闭环主导极点的位置，而不必考虑静态误差系数的问题. 因而在极点 p_1 和零点 z_1 的选择上有较大的余地，譬如采用角平分线的方法、选择 z_1 消去未校正系统中最接近原点的实极点的方法以及随意选择 z_1 的方法. 然后再对已经实施了超前校正的系统采用滞后校正设计的方法和步骤进行设计，以便满足静态误差要求，从而最后确定 z_2，p_2 与 K_c.

但如果 $\alpha=\beta$，超前校正装置和滞后校正装置部分的参数会彼此制约，在选择 α 或 β 值时既要考虑需要增加的超前角，又要使闭环主导极点对应于合适的增益，所以一般不能随意选择超前校正部分的极点和零点. 这种情况下的参考设计步骤如下：

(1) 根据希望的闭环主导极点 s_d 计算需要由超前校正部分提供的超前角 φ；

(2) 确定满足静态误差系数要求的 K_c；

(3) 根据 φ 和幅值条件选择 z_1 和 p_1，其中 $p_1/z_1=\alpha$；

(4) 选择 z_2 和 $p_2(z_2/p_2=\alpha)$ 使 $|s_d-z_2|/|s_d-p_2|\approx 1$，并使 $\arg[(s_d-z_2)/(s_d-p_2)]$ 尽可能地小；

(5) 检查校正后系统的性能指标.

6.9.2 设计示例

这一节给出两个示例，第一个示例的校正装置中 $\alpha=\beta$，第二个校正示例的校正装置中 $\alpha\neq\beta$.

例 6.9.1 给定单位负反馈控制系统的开环传递函数

$$G_p(s)=\frac{4}{s(s+0.5)}.$$

试设计串联校正装置使闭环系统主导极点满足 $\zeta=0.5$，$\omega_n=5\text{rad/s}$，并使系统的静态速度误差系数为 $K_v=50\text{s}^{-1}$.

解 (i) 对未校正系统的分析. 通过简单计算可以得到 $s_{1,2}=-0.25\pm \text{j}1.984$，$\zeta=0.125$，$\omega_n=2\text{rad/s}$，$K_v=8\text{s}^{-1}$. 而希望的闭环主导极点为

$$s_d=-\zeta\omega_n\pm \text{j}\omega_n\sqrt{1-\zeta^2}=-2.5\pm \text{j}4.33.$$

显然，各项指标均不满足要求.

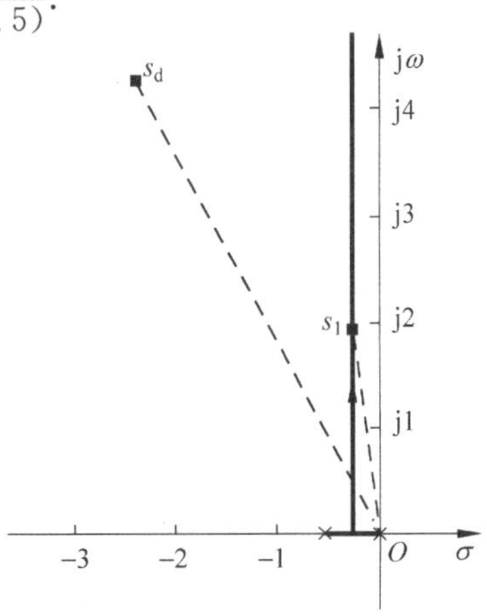

图 6.9.1 例 6.9.1 中未校正系统的根轨迹图(上半平面)

从未校正系统的根轨迹图(见图 6.9.1)可以看出，希望的闭环主导极点在未校正系统根轨迹的左侧，所以需要加超前校正. 与希

望的静态速度误差系数相比，未校正系统的静态速度误差系数太小，一般很难用超前校正装置获得如此大的增益提升，所以本例宜采用超前滞后校正.

本例的设计中所采用的超前滞后校正装置传递函数形式为

$$G_c(s)=K_c\frac{(s-z_1)(s-z_2)}{(s-p_1)(s-p_2)}.$$

其中：$p_1/z_1=z_2/p_2=\alpha>1$.

(ii) 计算所缺的超前角. 取 $s_d=-2.5+j4.33$，可以计算幅角

$$\arg[G_p(s_d)]=\arg\left[\frac{1}{s_d(s_d+0.5)}\right]=-234.8^\circ,$$

所以需要的超前角为 $\varphi\approx55^\circ$.

由于要同时考虑静态速度误差系数，故而需要计算校正装置的增益. 由

$$K_v=\lim_{s\to0}sG_p(s)G_c(s)=\lim_{s\to0}sG_p(s)K_c=50\text{s}^{-1},$$

可得 $K_c=6.25$.

在选择 z_2 和 p_2 时，由于 z_2 和 p_2 彼此很接近，所以一般总能保证闭环主导极点满足 $|(s-z_2)/(s-p_2)|\approx1$. 所以根轨迹的幅值条件简化成为

$$|G_p(s_d)G_c(s_d)|\approx|G_p(s_d)|\cdot K_c\cdot\left|\frac{s_d-z_1}{s_d-p_1}\right|=\frac{5}{4.77}\cdot\left|\frac{s_d-z_1}{s_d-p_1}\right|=1,$$

即

$$\frac{|s_d-z_1|}{|s_d-p_1|}=\frac{4.77}{5}.$$

$\varphi\approx55^\circ$ 和 $|s_d-z_1|/|s_d-p_1|=4.77/5$ 就唯一确定了 z_1 和 p_1，这个关系可用图 6.9.2 表示. 图中 $\angle DPC=55^\circ$，$|\overline{PC}|/|\overline{PD}|=4.77/5$. 利用上述关系列出方程，就可以精确计算 C 点与 D 点的位置，不过，计算过程比较繁冗. 在图上试取 z_1，通过反复试算也可得到 $z_1=-0.5$，$p_1=-5$，这相当于 $\alpha=10$.（解方程所得的精确值为 $z_1=-0.489$，$p_1=-5.009$.）

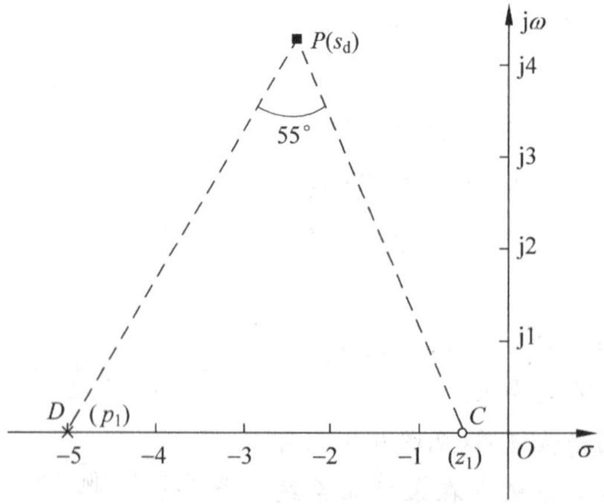

图 6.9.2 例 6.9.1 中 z_1 与 p_1 的位置

滞后校正部分的极点 p_2 和零点 z_2 可以按照 $\alpha=10$ 选择. 选择时要使它们不会明显影响闭环主导极点的位置，也不会明显影响闭环主导极点所对应的增益. 譬如说使

$$\left|\frac{s_d-z_2}{s_d-p_2}\right|\approx 1,\quad -3^\circ<\arg\left[\frac{s_d-z_2}{s_d-p_2}\right]<0^\circ.$$

这里取 $p_2=-0.01$，$z_2=-0.1$，所以

$$G_c(s)=6.25\,\frac{(s+0.5)(s+0.1)}{(s+5)(s+0.01)},$$

校正后的开环传递函数则为

$$G_p(s)G_c(s)=\frac{25(s+0.1)}{s(s+5)(s+0.01)}.$$

其中校正装置的一个零点 $z_1=-0.5$ 与未校正系统开环传递函数的一个极点相互抵消.

校正后系统的根轨迹如图 6.9.3 所示，图中根轨迹上的小方块表示闭环极点的位置. 通过计算可以得到 $s_{1,2}=-2.454\pm j4.304$，$s_3=-0.102$，$K_v=50\text{s}^{-1}$. 其中，s_3 与校正装置的一个零点 $z_2=-0.1$ 近似抵消，s_1 与希望的主导极点位置相差很小. 所以认为已经达到设计要求. □

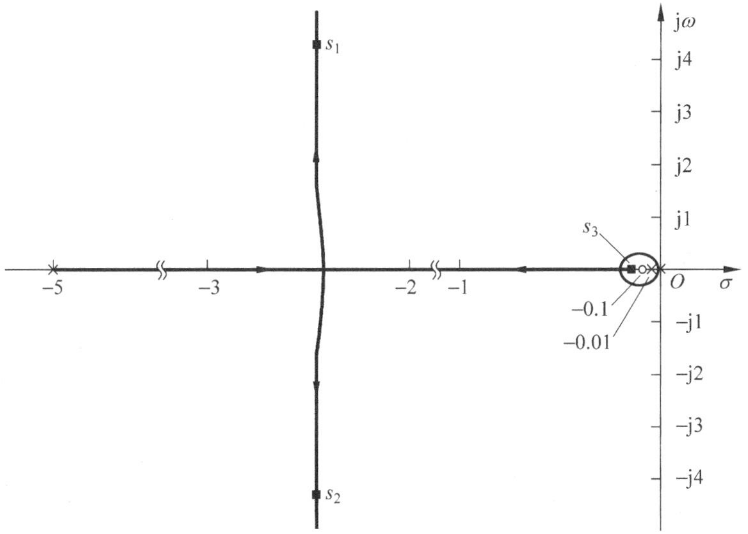

图 6.9.3　例 6.9.1 中校正后系统的根轨迹示意图

例 6.9.2　给定负反馈控制系统的开环传递函数

$$G_p(s)=\frac{4}{s(s+2)}.$$

用根轨迹方法设计串联校正装置，使闭环系统的主导极点满足 $\omega_n=4\text{rad/s}$ 和 $\zeta=0.5$，并使系统的静态速度误差系数为 $K_v=20\text{s}^{-1}$.

解 (i) 本例题中的开环传递函数和闭环主导极点与例 6.7.1 及例 6.7.2 相同. 按闭环极点的要求,需要采用超前校正;但由于要求静态速度误差系数有较大的提升,所以应当采用超前滞后校正. 下面采用单独设计超前校正部分与滞后校正部分的方法.

(ii) 超前校正设计. 希望的闭环主导极点为 $s_d=-2\pm j2\sqrt{3}$. 采用例 6.7.2 的设计结果,即 $z_1=-2, p_1=-4, \alpha=2$,可得超前校正装置传递函数为

$$G_{c1}(s)=\frac{4(s+2)}{s+4}.$$

(iii) 滞后校正设计. 经超前校正后,系统的开环传递函数成为

$$G_p(s)G_{c1}(s)=\frac{16}{s(s+4)}.$$

超前校正后系统的静态速度误差系数为 $K_v''=4s^{-1}$. 按照设计要求, $K_v/K_v''=5$,所以在选择滞后校正装置传递函数极点和零点时应满足 $\beta=5$. 若选 $z_2=-0.1, p_2=-0.02$,可得滞后校正装置的传递函数 $G_{c2}(s)=(s+0.1)/(s+0.02)$. 所以超前滞后校正装置的传递函数为

$$G_c(s)=G_{c1}(s)G_{c2}(s)=\frac{4(s+2)(s+0.1)}{(s+4)(s+0.02)}.$$

校正后系统的开环传递函数为

$$G_p(s)G_c(s)=\frac{16(s+0.1)}{s(s+4)(s+0.02)}.$$

根轨迹的形状与例 6.9.1 中图 6.9.3 的根轨迹形状十分相似,这里不再给出. 可以算得闭环极点 $s_{1,2}=-1.959\pm j3.441, s_3=-0.102, K_v=20s^{-1}$. □

6.10 小结

本章介绍了闭环控制系统的根轨迹和采用根轨迹的分析设计方法. 闭环系统的根轨迹是闭环极点随开环增益变化的轨迹,经过推广,它可以被用来表示一个非开环增益的参数变化时闭环极点的变化趋势,甚至可以表示两个参数变化时闭环极点的变化趋势. 由于控制系统的稳定性直接由闭环极点的位置决定,而且闭环响应特性与闭环极点位置密切相关,所以根轨迹方法在控制系统稳定性以及其他性能的研究中有着重要的作用.

绘制根轨迹的主要条件为幅角条件,但要确定根轨迹上的点所对应的开环增益,则要使用幅值条件. 为便于绘制根轨迹,首先要在负反馈回路结构下将给定开环传递函数写成某种标准形式,即要使分子多项式和分母多项式的最高次项系数均为正实数,或者将它们均变为首一多项式并进行因式分解,这时得到的增益可能为正,也可能为负. 增益从零到正无穷变化时,闭环极点就构成根轨迹,而增益从零到负无穷变化时,闭环极点就构成补根轨迹. 根轨迹和补根轨迹可以通过计

算机程序精确绘制，而且可以从图上获得准确的根轨迹点数据和增益数据. 不过，对于不太复杂的系统，只要先利用根轨迹和补根轨迹的性质计算出某些特征根轨迹点的位置数据，就可以徒手迅速绘制出足敷使用的根轨迹草图，从中得出正确的、对分析和设计有启发的结论.

在采用根轨迹方法对系统进行串联校正设计时，也使用超前、滞后和超前滞后校正装置. 前面在采用频率方法设计时已经讨论了它们的性能和作用，本章则从根轨迹的角度来解释这些校正装置的作用，从而得到采用根轨迹进行设计的基本方法. 采用根轨迹方法可以清楚地说明超前校正和滞后校正的作用. 超前校正装置提供一个超前角，使校正后系统的闭环主导极点向左方移动，从而提高系统的稳定性和提高系统的响应速度；而且，只要参数选择适当，也能略微提高系统的静态性能. 滞后校正很容易在基本不改变原有闭环主导极点位置的前提下提升系统的开环增益，从而较大幅度地提高系统的静态性能；当然，如果不需要提高静态性能，也不考虑对响应速度的不利影响，滞后校正也能在不大的程度上改进稳定性.

如果从频率响应和根轨迹这两个方面来互相印证、互相补充地研究校正装置参数对闭环系统性能的影响，那么，对校正装置的设计方法及参数选取原则就会有更为深入的理解. 校正设计时，设计步骤和参数选取常常不是唯一的. 只有对校正设计原理具有深刻的理解，才能够更加灵活、妥当地选取校正装置参数，从而获得最理想的闭环特性.

习题

6.1　给定如下被控对象传递函数：

(a) $\dfrac{K}{(s-1)(s+5)}$；　　(b) $\dfrac{K}{(s+1)^4}$；

(c) $\dfrac{K(s^2+1)}{(s+2)^3}$；　　(d) $\dfrac{K(s+0.5)}{s^3+s^2+1}$；

(e) $\dfrac{K(s+2)}{(s^2+6s+10)(s^2+2s+4)}$；　　(f) $\dfrac{K(s^2+2s+5)}{s(s+2)(s+3)}$.

其中增益 K 由 0 变化到 $+\infty$. 试画出上述系统在单位负反馈结构下的根轨迹；如果根轨迹穿过虚轴，则求出使闭环系统稳定的增益范围.

6.2　已知单位负反馈控制系统的开环传递函数为

$$G(s)=\frac{K(s+2)}{s(s+4)(s+8)(s^2+2s+5)},\quad K\geqslant 0.$$

试画出系统的根轨迹，并求系统临界稳定时的增益 K.

6.3　给定负反馈控制系统的开环传递函数

$$G(s)=\frac{K(s^2+2s+5)}{s^2(s+1)(s+3)}.$$

试画出它们的根轨迹，并说明 K 使闭环稳定的取值范围.

6.4 给定单位负反馈控制系统的前向通道传递函数

$$G(s)=\frac{K(s^2+0.2s+6.26)}{s(s^2+0.2s+4.01)}.$$

试画出它的根轨迹，并求根轨迹与虚轴的交点.

6.5 已知系统如图 6.E.1 所示，其中 $K>0$. 试作该系统的根轨迹图，并说明 K 在什么范围内取值时系统为过阻尼系统？K 在什么范围内为欠阻尼系统？

6.6 已知单位负反馈控制系统的开环传递函数为

$$G(s)=\frac{K(s^2+6s+10)}{s^2+2s+10},\quad K\geqslant 0.$$

试证明该系统的根轨迹是圆心位于原点、半径为$\sqrt{10}$的圆弧.

6.7 已知系统如图 6.E.2 所示. 为使闭环系统极点为 $s_{1,2}=-1\pm j\sqrt{3}$，试用根轨迹方法确定增益 K 和速度反馈系数 k 的值.

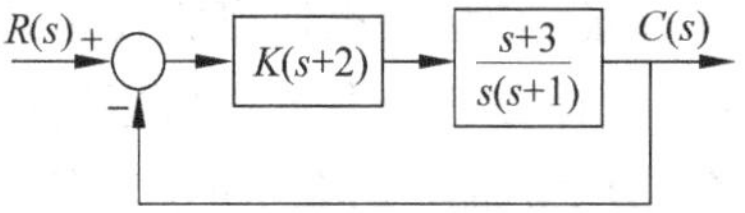

图 6.E.1 习题 6.5 的控制系统

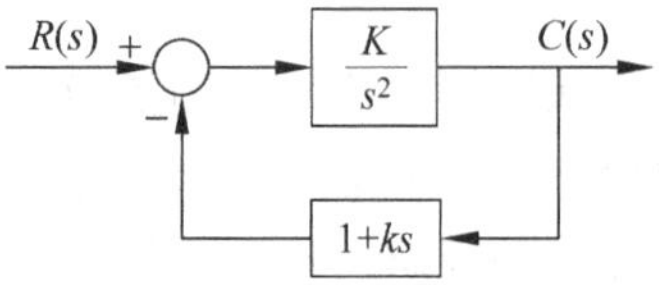

图 6.E.2 习题 6.7 的控制系统

6.8 已知单位负反馈控制系统的开环传递函数为

$$G(s)=\frac{K}{s(s+1)(s+a)}.$$

当增益 K 和参数 a 从 0 变到无穷大时，试画出系统的根轨迹族.

6.9 图 6.E.3 表示一个具有时间延迟的系统，其中 $K>0$，$T=1$. 试绘制该系统的根轨迹图，并确定使闭环系统稳定的 K 值范围.

6.10* 参照 6.4.4 节关于延时系统根轨迹的讨论步骤写出延时系统补根轨迹的相关性质，并画出开环传递函数为

$$G(s)=\frac{Ke^{-s}}{s(s+1)}$$

的系统的补根轨迹.

6.11 设控制系统如图 6.E.4 所示，其中 $K>0$，$T>0$. 试按 $a>0$ 和 $a<0$ 两种情况画根轨迹图，并利用根轨迹图说明 a 在什么范围内闭环系统稳定.

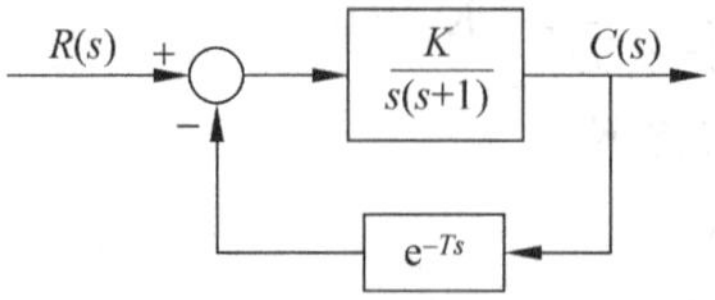

图 6.E.3 习题 6.9 的控制系统

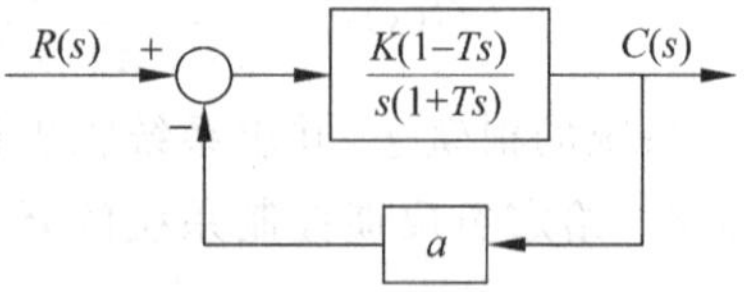

图 6.E.4 习题 6.11 的控制系统

6.12 已知单位负反馈控制系统的开环传递函数为

$$G(s)=\frac{K(2-s)}{s(s+3)},\quad (K>0).$$

(a) 画出系统的根轨迹图；

(b) 判断点 $s=2\pm j\sqrt{10}$是否在根轨迹上；

(c) 求使系统稳定的 K 的取值范围.

6.13 设例 6.4.4 中的 $a<0$,试用根轨迹方法分析闭环系统的稳定性.

6.14 图 6.E.5 所示的控制系统具有两个反馈回路.试画出 K 由 0 变化到$+\infty$时闭环系统的根轨迹,并求 $K=20$ 时闭环系统的极点.

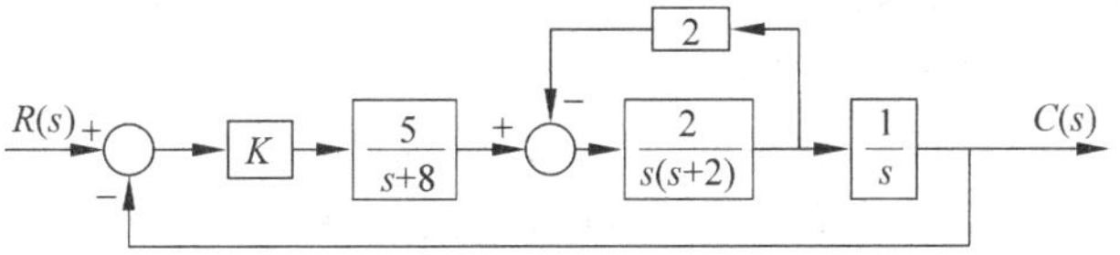

图 6.E.5 习题 6.14 的控制系统

6.15* 对例 6.4.1 的系统取 $K_1=50000$ 与 $K_2=180000$,分别求闭环极点.通过仿真获得单位阶跃响应的峰值和峰值时间,并与按照闭环共轭极点计算的值加以比较,再通过闭环极点的分布来解释仿真值与计算值的差别.

6.16* 对一个给定的超前角 φ,用图 6.7.2 所示的角平分线方法可以使极点和零点的比值最小,即 α 值最小.试证明这一结论.

6.17 在例 6.7.1 中,校正前的开环传递函数与超前校正装置传递函数分别为

$$G_p(s)=\frac{4}{s(s+2)},\quad G_c(s)=4.73\,\frac{s+2.93}{s+5.46}.$$

校正后闭环系统的主导极点满足 $\omega_n=4\text{rad/s}$ 和 $\zeta=0.5$,校正后的静态速度误差系数为 $K_v=5.0765\text{s}^{-1}$.

(a) 现重新进行设计,令超前校正装置的传递函数为

$$G_c(s)=K_c\,\frac{s+1}{s+p},$$

闭环主导极点不变,试求该校正装置传递函数中的参数 K_c 与 p；

(b) 求相应的静态速度误差系数 K_v,简要说明超前校正装置传递函数零点和极点的位置对静态速度误差系数的影响.

6.18 设在习题 6.17 中还要求校正后系统的静态速度误差系数为 $K_v=20\text{s}^{-1}$,说明应设计何种类型的校正装置,并计算该装置的参数.

6.19 已知某负反馈控制系统的开环传递函数为

$$G(s)=\frac{15}{s(s+1)(0.1s+1)}.$$

要求闭环主导极点的阻尼系数为 0.75、无阻尼自然振荡频率不小于 4rad/s.试用

根轨迹方法确定串联校正装置的参数.

6.20 设单位负反馈控制系统中的开环传递函数为

$$G_p(s)=\frac{10}{s(s+2)(s+5)}.$$

试设计校正装置 $G_c(s)$,使闭环系统主导极点位于 $s=-2\pm j2\sqrt{3}$,且静态速度误差系数为 $K_v=50s^{-1}$.

6.21* 给定单位负反馈系统的开环传递函数

$$G_p(s)=\frac{2s+1}{s(s+1)(s+2)}.$$

试设计一个校正装置,使系统的单位阶跃响应曲线呈现出的最大超调量小于或等于30%,调整时间小于或等于3s.

6.22* 在图6.6.1(a)所示的单位负反馈控制系统中,设 $G_p(s)=160/s^2$,试设计校正装置使闭环系统的单位阶跃响应超调量不大于5%,调整时间不大于1s.

上册部分习题参考答案

第 2 章

2.1 (a) $R_1R_2C_1C_2\dfrac{d^2u_2}{dt^2}+(R_1C_1+R_2C_2+R_1C_2)\dfrac{du_2}{dt}+u_2=R_1C_1\dfrac{dv}{dt}+v$;

(b) $R_1R_2C_1C_2\dfrac{d^2u_3}{dt^2}+(R_1C_1+R_2C_2+R_1C_2)\dfrac{du_3}{dt}+u_3$

$$=R_1R_2C_1C_2\frac{d^2v}{dt^2}+(R_1C_1+R_2C_2)\frac{dv}{dt}+v;$$

(c) $0.25\dfrac{d^2u_2}{dt^2}+1.5\dfrac{du_2}{dt}+u_2=\dfrac{dv}{dt}+v$.

2.5 (a) $T_aT_mK_3\dfrac{d^3\varphi}{dt^3}+T_mK_3\dfrac{d^2\varphi}{dt^2}+K_3\dfrac{d\varphi}{dt}+\dfrac{K_1K_2}{k_d}\varphi$

$=\dfrac{K_1K_2}{k_d}\psi-\dfrac{R_a}{k_d^2}\left(T_a\dfrac{dM_L}{dt}+M_L\right)$. (b)、(c)、(d)(略).

2.8 (a) $\begin{bmatrix}x_1(k+1)\\x_2(k+1)\end{bmatrix}=\begin{bmatrix}1+\alpha & -\lambda\\k & 1+\gamma-k\lambda\end{bmatrix}\begin{bmatrix}x_1(k)\\x_2(k)\end{bmatrix}$;

(b) $\begin{bmatrix}x_1(k+1)\\x_2(k+1)\end{bmatrix}=\begin{bmatrix}3.5 & -250\\0.004 & -1\end{bmatrix}\begin{bmatrix}x_1(k)\\x_2(k)\end{bmatrix}$.

2.9 $x_1(k+1)=(1+C)x_1(k)-ax_1^2(k)+p_{12}ba[x_2^2(k)-x_1(k)x_2(k)]+\cdots$
$+p_{2n}ba[x_n^2(k)-x_2(k)x_n(k)]$;

$x_2(k+1)=p_{21}ba[x_1^2(k)-x_2(k)x_1(k)]+(1+C)x_2(k)-ax_2^2(k)\cdots$
$+p_{1n}ba[x_n^2(k)-x_1(k)x_n(k)]$;

$\vdots$

$x_n(k+1)=p_{n1}ba[x_1^2(k)-x_n(k)x_1(k)]+p_{n2}ba[x_2^2(k)-x_n(k)x_2(k)]+\cdots$
$+(1+C)x_n(k)-ax_n^2(k)$.

2.10 $\boldsymbol{A}=\begin{bmatrix}-\dfrac{1}{C_1R_1}-\dfrac{1}{C_1R_2} & -\dfrac{1}{C_1R_2}\\ -\dfrac{1}{C_2R_2} & -\dfrac{1}{C_2R_2}\end{bmatrix}$, $\boldsymbol{b}=\begin{bmatrix}\dfrac{1}{C_1R_1}\\ \dfrac{1}{C_2R_2}\end{bmatrix}$, $\boldsymbol{c}^{T}=[-1\quad 0]$, $d=1$.

2.22 (a) $\begin{bmatrix}x_1(n)\\x_2(n)\end{bmatrix}=\begin{bmatrix}3.5 & -250\\0.004 & -1\end{bmatrix}^n\begin{bmatrix}10000\\20\end{bmatrix}$; (b) 1066.3; (c) 2.2656.

2.23 (a) $e^{\boldsymbol{A}t}=\begin{bmatrix}-\dfrac{2}{7}e^{-2t}+\dfrac{9}{7}e^{5t} & \dfrac{2}{3}e^{-2t}-\dfrac{2}{3}e^{5t}\\ e^{-2t}-e^{5t} & \dfrac{3}{7}e^{-2t}+\dfrac{4}{7}e^{5t}\end{bmatrix}$; (b) 特征值：$e^{-2t}$, e^{5t};

(c) $\begin{bmatrix} e^{-2t} & 0 \\ 0 & e^{5t} \end{bmatrix}$, $\boldsymbol{T}=\begin{bmatrix} -2 & 1 \\ 1 & 3 \end{bmatrix}$.

2.24

(a) $$e^{At}=\frac{1}{6}\begin{bmatrix} 12e^{-t}-12e^{-3t}+6e^{-4t} & 7e^{-t}-15e^{-3t}+8e^{-4t} & e^{-t}-3e^{-3t}+2e^{-4t} \\ -12e^{-t}+36e^{-3t}-24e^{-4t} & -7e^{-t}+45e^{-3t}-32e^{-4t} & -e^{-t}+9e^{-3t}-8e^{-4t} \\ 12e^{-t}-108e^{-3t}+16e^{-4t} & 7e^{-t}-135e^{-3t}+128e^{-4t} & e^{-t}-27e^{-3t}+32e^{-4t} \end{bmatrix};$$

(b) 特征值：e^{-t}, e^{-3t}, e^{-4t}；(c) $\begin{bmatrix} e^{-t} & & \\ & e^{-3t} & \\ & & e^{-4t} \end{bmatrix}$, $\boldsymbol{T}=\begin{bmatrix} 1 & 1 & 1 \\ -1 & -3 & -4 \\ 1 & 9 & 16 \end{bmatrix}$.

2.25 (a) $\boldsymbol{\Phi}(t)=\begin{bmatrix} -2e^{-3t}+3e^{-2t} & -e^{-3t}+e^{-2t} \\ 6e^{-3t}-6e^{-2t} & 3e^{-3t}-2e^{-2t} \end{bmatrix}$;

(b) $\boldsymbol{x}(t)=\begin{bmatrix} \frac{5}{6}+\frac{2}{3}e^{-3t}-\frac{3}{2}e^{-2t} \\ -1-2e^{-3t}+3e^{-2t} \end{bmatrix}$, $y(t)=\frac{11}{6}+\frac{8}{3}e^{-3t}-\frac{9}{2}e^{-2t}$;

(c) $\boldsymbol{x}(t)=\begin{bmatrix} \frac{5}{6}-\frac{4}{3}e^{-3t}+\frac{3}{2}e^{-2t} \\ -1+4e^{-3t}-3e^{-2t} \end{bmatrix}$, $y(t)=\frac{11}{6}-\frac{16}{3}e^{-3t}+\frac{9}{2}e^{-2t}$;

2.26 $\boldsymbol{x}(t)=\begin{bmatrix} 2e^{-t}-3e^{-2t}+3e^{-3t} \\ -3e^{-t}+6e^{-2t}-3e^{-3t} \end{bmatrix}$, $y(t)=-e^{-t}-9e^{-2t}+4e^{-3t}$;

2.27 $\boldsymbol{x}(t)=\begin{bmatrix} 3e^{-2t}-2e^{-3t} \\ -6e^{-2t}+6e^{-3t} \end{bmatrix}$, $y(t)=9e^{-2t}-8e^{-3t}$;

2.29 (a) $\boldsymbol{A}=\begin{bmatrix} 0 & 1 \\ -3 & -4 \end{bmatrix}$；(b) 特征根：$-3, -1$，模态：$e^{-3t}, e^{-t}$；(c)（略）.

2.47 $\dfrac{G_1G_2G_3G_4}{1+G_3G_4G_5+G_2G_3G_6+G_1G_2G_3G_4G_7}$.

第3章

3.5 (a) 不稳定；(b) 不稳定；(c) 稳定；(d) 临界稳定；(e) 稳定.

3.8 $0<K<1$.

3.9 $K<\left(1+\alpha+\frac{1}{\alpha}\right)^2-1$.

3.10 (a) $n=3, -1<K<8$；(b) $n=4, -1<K<4$；(c) $n=5, -1<K<2.8854$.

3.11 $K=666.25, \omega=4.062$.

3.12 $K>1$ 时，$\tau<\frac{2(K+1)}{K-1}$；$0<K<1$ 时，$\tau>0$.

3.14 (a) $0<K<14$ 时；(b) $0.675<K<4.88$.

3.16 (a) $0.5c, 0.5c, 0.5c$；(b) c, c, c；(c) c, c, c.

3.17 (a) $e_{st}=0.85$；(b) 提高扰动点前的比例系数.

3.18 (a) $e_{st}=\dfrac{K_2}{1+K_1K_2}$；(b) $e_{st}=\dfrac{1+K_2}{1+K_1K_2}$；(c) 主要增大 K_1 之前积分；(d) 主要增大 K_1 之后积分，对减小 $r(t)$ 造成的误差有利.

3.19 $e_{st}=0$.

3.20 $L(s)=\dfrac{1}{K_1}$.

3.21 (a) $G(s)=\dfrac{600}{(s+60)(s+10)}$；(b) $\zeta\approx1.43$.

3.22 (a) $\zeta=\dfrac{1}{8}$，欠阻尼，振荡幅度大；(b) ζ 变大，减弱振荡；(c) $\gamma=0.2875$.

3.25 斜坡函数输入：$e_{st}=0$；加速度函数输入：$e_{st}=\dfrac{a_2}{a_0}$.

第4章

4.11 (a) $G_{OP}(s)=\dfrac{5}{s(1+0.1s)(1+3s)}$；(b) 略；(c) $\omega_c=1.2645$；

(d) $G_{CL}(s)=\dfrac{5}{0.3s^3+3.1s^2+s+5}$；(e) $0.3\dfrac{d^3y}{dt^3}+3.1\dfrac{d^2y}{dt^2}+\dfrac{dy}{dt}+5y=5x$

4.16 (1) $G_0(s)=\dfrac{0.796(1+50s)}{s(1+s)(1+5s)(1+500s)}$；(3) $\omega_c=0.0796$；

(4) $G_{CL}(s)=\dfrac{40s+0.8}{2500s^4+3005s^3+506s^2+41s+0.8}$；

(5) $3125y^{(4)}+3756.25\dddot{y}+632.5\ddot{y}+51.25\dot{y}+y=50\dot{x}+x$

4.21 $\omega=0.1$ 时，$y(t)=10\sin(0.1t-67.5°)$；

$\omega=1$ 时，$y(t)=0.707\sin(t-105°)$；

$\omega=10$ 时，$y(t)=0.01\sin(10t-144.3°)$.

4.23 (a) $G_{OP}(s)=\dfrac{K}{(1+Ts)^n}$；(b) $K<\dfrac{\tan\dfrac{\pi}{2n}}{T\cos^n\dfrac{\pi}{2n}}$.

4.24 $G_1(s)$ 对应图(b)，稳定；$G_2(s)$ 对应图(c)：$K_0>-1$，稳定，$K_0<-1$，不稳定；$G_3(s)$ 对应图(a)，稳定.

4.26 $K>6$ 或 $K<-20$.

4.28 有2个根在右半平面.

4.33 图(a)对应(2)，系统稳定；图(b) 对应(3)，系统不稳定.

4.34 (a) $G_{OP}(s)=\dfrac{50(1+0.2s)}{s^2(1+0.05s)(1+0.02s)}$；(c) $K=227.5$.

4.35 阶跃输入下，图(a)、(b)、(c)的静差均为0；

恒速输入下,图(a)、(b)、(c)的静差均为0.05.

第6章

6.1 稳定增益范围:(a) $K\geqslant5$;(b) $K\leqslant289$;(c) $K\geqslant0$;(d) $K\geqslant2$;(e) $K\leqslant64.3520$;(f) $K>0$.

6.2 $K=132.59$.

6.3 $K\geqslant14$.

6.4 交点 $\omega=2.6458$,$K=14$.

6.5 过阻尼的增益范围为 $0<K<0.07179$ 和 $K>13.9282$;欠阻尼的增益范围为 $0.07179<K<13.9282$.

6.7 $k=0.5$,$K=4$.

6.9 $K=1.135$.

6.11 $0<\alpha<1/TK$.

6.12 (c) $0<K<3$.

6.13 对 $a<0$ 均不稳定.

6.14 $K=20$ 时,闭环极点为 -7.3799,-4.0831,$0.7315\pm j2.4703$.

6.15* (1) $K_1=95000$ 时,闭环极点为 -119.27,-46.65,$-6.55\pm j6.65(\zeta=0)$,-0.98;(2) $K_2=180000$ 时,闭环极点为 -127.96,$-21.86\pm j22.19$ $(\zeta=0.7)$,-7.33,-0.99.

6.17 (a) $p=-2.857$,$K_c=3.4287$.(b) $K_v=2.4$.

6.18 $G_2(s)=(s+0.09)/(s+0.01)$.

6.19 $G_c(s)=1.4933(s+1)/(s+10)$.

6.20 $G_c(s)=33.6(s+2)(s+0.2)/[(s+20)(s+0.0133)]$.

6.21* 提示:与典型二阶系统比较,如果选择校正装置时抵消对象的一个极点,第三个闭环极点使响应变慢,所以允许采用较小阻尼系数,但应采用很高的无阻尼自然频率;如果校正装置传递函数不抵消对象的一个极点,那么闭环零点使超调量变大、响应加快,所以应当采用较大的阻尼系数.

6.22* 提示:闭环零点使超调量变大,而本题要求的超调量很小,所以应尽量减小闭环零点的影响. 为此,可选 $G_c(s)=K_c(s+0.01)/(s+p)$进行设计.

上册名词索引

（按汉语拼音音序和英文字母顺序排列）
（括号内数字是页码）

F

G

H

I

J

K

L

M

N

O

P

Q

R

S

T

W

《全国高等学校自动化专业系列教材》丛书书目

教材类型	编　　号	教材名称	主编/主审	主编单位	备注
本科生教材					
控制理论与工程	Auto-2-(1+2)-V01	自动控制原理(研究型)	吴麒、王诗宓	清华大学	
	Auto-2-1-V01	自动控制原理(研究型)	王建辉、顾树生/杨自厚	东北大学	
	Auto-2-1-V02	自动控制原理(应用型)	张爱民/黄永宣	西安交通大学	
	Auto-2-2-V01	现代控制理论(研究型)	张嗣瀛、高立群	东北大学	
	Auto-2-2-V02	现代控制理论(应用型)	谢克明、李国勇/郑大钟	太原理工大学	
	Auto-2-3-V01	控制理论 CAI 教程	吴晓蓓、徐志良/施颂椒	南京理工大学	
	Auto-2-4-V01	控制系统计算机辅助设计	薛定宇/张晓华	东北大学	
	Auto-2-5-V01	工程控制基础	田作华、陈学中/施颂椒	上海交通大学	
	Auto-2-6-V01	控制系统设计	王广雄、何朕/陈新海	哈尔滨工业大学	
	Auto-2-8-V01	控制系统分析与设计	廖晓钟、刘向东/胡佑德	北京理工大学	
	Auto-2-9-V01	控制论导引	万百五、韩崇昭、蔡远利	西安交通大学	
	Auto-2-10-V01	控制数学问题的MATLAB求解	薛定宇、陈阳泉/张庆灵	东北大学	
控制系统与技术	Auto-3-1-V01	计算机控制系统(面向过程控制)	王锦标/徐用懋	清华大学	
	Auto-3-1-V02	计算机控制系统(面向自动控制)	高金源、夏洁/张宇河	北京航空航天大学	
	Auto-3-2-V01	电力电子技术基础	洪乃刚/陈坚	安徽工业大学	
	Auto-3-3-V01	电机与运动控制系统	杨耕、罗应立/ 陈伯时	清华大学、华北电力大学	
	Auto-3-4-V01	电机与拖动	刘锦波、张承慧/陈伯时	山东大学	
	Auto-3-5-V01	运动控制系统	阮毅、陈维钧/陈伯时	上海大学	
	Auto-3-6-V01	运动体控制系统	史震、姚绪梁/谈振藩	哈尔滨工程大学	
	Auto-3-7-V01	过程控制系统(研究型)	金以慧、王京春、黄德先	清华大学	
	Auto-3-7-V02	过程控制系统(应用型)	郑辑光、韩九强/韩崇昭	西安交通大学	
	Auto-3-8-V01	系统建模与仿真	吴重光、夏涛/吕崇德	北京化工大学	
	Auto-3-8-V01	系统建模与仿真	张晓华/薛定宇	哈尔滨工业大学	
	Auto-3-9-V01	传感器与检测技术	王俊杰/王家祯	清华大学	
	Auto-3-9-V02	传感器与检测技术	周杏鹏、孙永荣/韩九强	东南大学	
	Auto-3-10-V01	嵌入式控制系统	孙鹤旭、林涛/袁著祉	河北工业大学	
	Auto-3-13-V01	现代测控技术与系统	韩九强、张新曼/田作华	西安交通大学	
	Auto-3-14-V01	建筑智能化系统	章云、许锦标/胥布工	广东工业大学	
	Auto-3-15-V01	智能交通系统概论	张毅,姚丹亚/史其信	清华大学	
	Auto-3-16-V01	智能现代物流技术	柴跃廷、申金升/吴耀华	清华大学	

续表

教材类型	编　号	教材名称	主编/主审	主编单位	备注
本科生教材					
信号处理与分析	Auto-5-1-V01	信号与系统	王文渊/阎平凡	清华大学	
	Auto-5-2-V01	信号分析与处理	徐科军/胡广书	合肥工业大学	
	Auto-5-3-V01	数字信号处理	郑南宁/马远良	西安交通大学	
计算机与网络	Auto-6-1-V01	单片机原理与接口技术	杨天怡、黄勤	重庆大学	
	Auto-6-2-V01	计算机网络	张曾科、阳宪惠/吴秋峰	清华大学	
	Auto-6-4-V01	嵌入式系统设计	慕春棣/汤志忠	清华大学	
	Auto-6-5-V01	数字多媒体基础与应用	戴琼海、丁贵广/林闯	清华大学	
软件基础与工程	Auto-7-1-V01	软件工程基础	金尊和/肖创柏	杭州电子科技大学	
	Auto-7-2-V01	应用软件系统分析与设计	周纯杰、何顶新/卢炎生	华中科技大学	
实验课程	Auto-8-1-V01	自动控制原理实验教程	程鹏、孙丹/王诗宓	北京航空航天大学	
	Auto-8-3-V01	运动控制实验教程	綦慧、杨玉珍/杨耕	北京工业大学	
	Auto-8-4-V01	过程控制实验教程	李国勇、何小刚/谢克明	太原理工大学	
	Auto-8-5-V01	检测技术实验教程	周杏鹏、仇国富/韩九强	东南大学	
研究生教材					
	Auto(*)-1-1-V01	系统与控制中的近代数学基础	程代展/冯德兴	中科院系统所	
	Auto(*)-2-1-V01	最优控制	钟宜生/秦化淑	清华大学	
	Auto(*)-2-2-V01	智能控制基础	韦巍、何衍/王耀南	浙江大学	
	Auto(*)-2-3-V01	线性系统理论	郑大钟	清华大学	
	Auto(*)-2-4-V01	非线性系统理论	方勇纯/袁著祉	南开大学	
	Auto(*)-2-6-V01	模式识别	张长水/边肇祺	清华大学	
	Auto(*)-2-7-V01	系统辨识理论及应用	萧德云/方崇智	清华大学	
	Auto(*)-2-8-V01	自适应控制理论及应用	柴天佑、岳恒/吴宏鑫	东北大学	
	Auto(*)-3-1-V01	多源信息融合理论与应用	潘泉、程咏梅/韩崇昭	西北工业大学	
	Auto(*)-4-1-V01	供应链协调及动态分析	李平、杨春节/桂卫华	浙江大学	

教师反馈表

感谢您购买本书！清华大学出版社计算机与信息分社专心致力于为广大院校电子信息类及相关专业师生提供优质的教学用书及辅助教学资源.

我们十分重视对广大教师的服务，如果您确认将本书作为指定教材，请您务必填好以下表格并经系主任签字盖章后寄回我们的联系地址，我们将免费向您提供有关本书的其他教学资源.

您需要教辅的教材：			
您的姓名：			
院系：			
院/校：			
您所教的课程名称：			
学生人数/所在年级：	______人/　1　2　3　4　硕士　博士		
学时/学期	______学时/______学期		
您目前采用的教材：	作者：______ 书名：______ 出版社：______		
您准备何时用此书授课：			
通信地址：			
邮政编码：		联系电话	
E-mail：			
您对本书的意见/建议：		系主任签字 盖章	

我们的联系地址：

清华大学出版社　学研大厦 A602，A604 室

邮编：100084

Tel：010-62770175-4409，3208

Fax：010-62770278

E-mail：liuli@tup.tsinghua.edu.cn；hanbh@tup.tsinghua.edu.cn